WOWbooks
Mobile Serise 02

윈·도·우·폰·개·발·의·모·든·것

윈도우폰
프로그래밍
정복

Windows Phone Programming
Complete Guide

김상형 저

와우북스

윈도우폰 프로그래밍 정복

-윈도우폰 개발의 모든 것-

•인 쇄   1쇄 발행 2012년 4월 6일

•저 자   김 상 형
•발 행   와우북스
•출 판   와우북스
•본문디자인 김 덕 중
•표지디자인 포   인

•등 록   2008년 3월 4일 제313-2008-000043호
•주 소   마포구 연남동 223-102 유일빌딩 3층
•전 화   02)334-3693 팩스 02)334-3694
•e-mail   mumongin@wowbooks.kr
•홈페이지   www.wowbooks.co.kr
•ISBN   978-89-94405-10-0   13560

•가 격   39,000원

지금은 명실공히 스마트폰 전성시대입니다. 스마트폰은 더 이상 일부 소수 매니아의 전유물이 아니라 남녀노소 누구나 휴대하고 사용하는 생필품입니다. 스마트폰은 이미 우리의 삶 깊숙히 침투해 있으며 우리의 일상생활은 물론이고 사고방식과 사회생활까지도 영향을 끼치고 있습니다. 휴대폰뿐만 아니라 태블릿, TV 등으로 영역을 확대하고 있으며 앞으로도 발전 속도는 더 가속화될 전망입니다.

현재 스마트폰 시장은 애플의 아이폰과 구글의 안드로이드가 각축을 벌이고 있는 상황입니다. 나름대로의 장점과 특징을 가진 두 운영체제는 선의의 경쟁을 통해 양적, 질적으로 계속 성장하고 있습니다. 스마트폰의 보급이 완성되어감에 따라 스마트폰용 응용 프로그램 개발 수요도 폭발적으로 성장하고 있으며 애플 앱스토어와 구글 마켓도 양질의 앱 확보를 위해 치열한 전쟁을 벌이고 있습니다.

이런 혼란스러운 상황에서 마이크로소프트는 이전의 윈도우 모바일을 버리고 완전히 새로운 운영체제인 윈도우폰으로 스마트폰 시장에 새롭게 참여하였습니다. 윈도우폰은 새로운 메트로 UI로 단장했으며 닷넷 프레임워크를 채용하여 생산성이 높습니다. 또한, 데스크탑 운영체제와의 통합성이 뛰어나며 곧 발표될 윈도우 8과도 호환되어 데스크탑의 경험을 모바일에서도 그대로 활용할 수 있습니다. 모바일을 위해 완전히 새롭게 만든 운영체제인 만큼 아이폰과 안드로이드에 비해서는 확실히 색다른 경험을 제공합니다.

윈도우폰의 시장 참여로 인해 모바일 삼국지 시대가 열렸습니다. 아직은 초창기인 만큼 윈도우폰은 경쟁 제품에 비해 여러모로 부족한 점이 많습니다. 하지만 저력을 갖춘 회사인 만큼 무서운 속도로 발전하고 있습니다. 망고 버전에서 대대적인 기능 추가를 단행하여 스마트폰으로서의 기본 면모를 갖추었고 다음 버전인 아폴로에서 또 다시 환골탈태하여 본격적인 경쟁을 펼칠 것입니다. 지금은 다가올 윈도우폰 시대를 맞이하기 위해 적극적으로 준비해야 할 시점입니다.

이 책은 윈도우폰 개발의 모든 것을 담기 위해 최선을 다하였습니다. 자습서 형식을 채택하여 누구나 쉽게 읽을 수 있도록 했으며 핵심적이고도 간결한 예제로 윈도우폰의 구조와 철학을 이해할 수 있도록 하였습니다. 윈도우폰이 한참 발전하는 과도기에 쓰여진 책이라 아직은 많이 부족하지만 윈도우폰의 발전과 함께 부지런히 성장해 나가겠습니다. 이 책의 출판에 도움을 주신 많은 분께 감사드립니다.

2012년 4월

김상형

▪ 이 책이 다루는 내용

이 책은 윈도우폰 개발 기법에 대한 모든 것을 다룹니다. 윈도우폰 운영체제에 대한 소개와 개발툴 설치, 컨트롤 배치 방법 및 이벤트 처리 방법 등의 기본적인 내용은 물론이고 센서, 위치, 게임, 멀티미디어 등의 고급 기법 등을 두루 설명합니다. 응용 프로그램 작성에 필요한 모든 기법을 망라하고 있으며 최종적으로 완성된 예제 하나를 마켓 플레이스에 등록하는 실습으로 마무리합니다.

윈도우폰 개발의 기본 언어인 C#에 대해서는 이미 알고 있다고 가정하므로 따로 설명하지 않습니다. 따라서 이 책을 읽는 독자들은 닷넷에 대한 개요와 C# 언어에 대한 기본 문법은 미리 숙지하셔야 합니다. C#은 C/C++ 언어나 자바와 문법적인 구조가 비슷하므로 기존 언어에 익숙한 사람이라면 금방 배울 수 있으나 고유한 문법들이 존재하고 일부 문법은 난이도가 높으므로 따로 시간을 내서 공부할 필요가 있습니다.

윈도우폰은 실버라이트와 XNA 두 개의 프레임워크를 제공하는데 이 책은 주로 실버라이트를 위주로 실습을 진행합니다. XNA와 게임 프로그래밍은 별도의 과목이므로 자세하게 다루지 못했으며 간단하게 개요만 살펴 보고 실버라이트와 통합되는 부분만 중점적으로 설명하였습니다. 클라우드나 푸시 통지 서비스, 광고 API 등의 고급 응용예는 아직 기반 시설이 완전히 정착되지 못했고 집필 시간도 부족하여 아쉽게도 다루지 못하였습니다.

이 책의 내용 흐름은 전체적으로 자습서(Tutorial) 형식을 띠고 있습니다. 개발툴 설치부터 배치, 이벤트 등등 먼저 알아야 할 것은 앞쪽에 배치하고 강의를 하듯이 자연스러운 순서대로 설명을 전개합니다. 모든 예제는 핵심 문법 이해를 돕기 위해 실습 위주로 간결하게 작성되어 있습니다. 따라서 C# 언어의 문법만 알고 있으면 누구나 혼자서 학습할 수 있으며 윈도우폰 개발의 큰 흐름을 익힐 수 있도록 구성하였습니다.

▪ 배포 예제

이 책의 모든 예제는 실습을 가정하고 작성되어 있습니다. 예제 작성 과정을 일일이 설명하며 필요한 모든 소스를 지면에 실었습니다. 그러나 시간 관계상 실습하기 어려운 분들도 있으므로 모든 예제의 완성된 소스를 다음 사이트를 통해 배포합니다.

http://www.winapi.co.kr/wp

이 페이지는 예제 배포 및 원고 관리, 추가 강좌 제공 등을 위해 마련한 홈페이지입니다. 배포 예제는 윈도우폰 SDK가 업그레이드됨에 따라 형식이 달라질 수도 있으므로 이 페이지의 안내를 따라 예제를 다운로드받고 설치하십시오.

예제는 하나의 압축 파일로 제공되며 각 장별로 서브 디렉토리를 구성하여 예제들을 정리해 놓았습니다. 모든 예제는 비주얼 스튜디오 익스프레스에서 열어서 컴파일할 수 있도록 제공됩니다. 본문의 예제에는 다음과 같은 표식이 붙어 있으며 예제의 이름을 명시합니다.

TimerClock

해당 장에서 이 예제를 열어 보면 모든 소스를 살펴볼 수 있으며 수정 후 컴파일해 볼 수도 있습니다. 예제명만 있는 경우는 해당 예제의 MainPage.xaml 파일을 참고하시면 됩니다. 프로젝트에 속한 부속 파일인 경우는 다음과 같이 예제명 다음에 부속 파일의 이름을 적습니다.

WpFirst.AppManifest.xml

이 경우는 해당 예제의 지정한 파일을 열어서 참고하십시오.

▪ 독자 지원

예제 배포를 위해 마련한 홈페이지에는 정오표와 일부 원고의 미리 보기 등이 제공됩니다. 정확한 집필과 편집을 위해 최선의 노력을 다했으나 그럼에도 틀린 내용이나 오탈자가 존재할 수도 있습니다. 출판 후에 발견된 오타는 최대한 신속하게 정오표에 등록하여 책을 읽는데 혼란이 없도록 관리하겠습니다. 정오표에 등록되지 않은 오타는 관리자 메일로 알려 주시기를 부탁드립니다.

출판된 책은 SDK가 매번 업데이트될 때마다 개정하기 어렵습니다. 따라서 이 책 출판 후에 새로 발표된 SDK나 변화된 환경에 대해서는 추가 강좌를 작성하여 홈페이지에 올리도록 하겠습니다. 윈도우폰 개발에 관련된 여러 가지 소식이나 새로운 기술에 대한 최신 기법도 꾸준히 올려 항상 최신 내용을 담을 수 있도록 관리하겠습니다.

이 책의 초판은 윈도우폰의 초창기에 쓰여졌습니다. 완전히 새로운 기술인데다가 관련 자료도 부족하고 SDK도 여러 번 개정되는 혼란한 시기에 집필하다 보니 부득이하게 틀린 내용이나 어색한 기법이 있을 수도 있고 기술이 계속 변함에 따라 이전의 방법보다 더 좋은 방법이 개발되었을 수도 있습니다. 잘못된 내용이나 더 좋은 개발 관련 팁도 관리자 메일로 알려 주시면 다음번 개정판 작업시에 소중하게 반영하겠습니다.

Contents

Chapter 3 패널

Chapter 4 컨트롤

Chapter 5 이벤트

Chapter 10 애니메이션

Chapter 11 앱바

Chapter 14 바인딩

Chapter 15 템플릿

Chapter 16 항목 컨트롤

Chapter 17 태스크

Chapter 18 XNA

Chapter 19 센서

Chapter 23 개발자 등록

윈도우폰

1-1 윈도우폰

1-1-1 새로운 운영체제

몇 년 전부터 스마트폰 시장이 폭발적으로 팽창하기 시작해서 지금은 모바일 춘추전국 시대라고 할 수 있다. 초기에는 일부 매니아층만 사용하다가 지금은 너도나도 스마트폰을 쓰고 있으며 앞으로는 모든 전화기가 스마트폰으로 바뀔 것이 거의 확실하다. 이제 스마트폰이 없는 생활을 상상하기 힘들며 스마트폰은 명실공히 생필품 대열에 들어섰다. 이 책을 펴 들은 사람이라면 더 이상 구구절절 설명하지 않아도 실감할 것이다.

이전 세대의 노말폰은 공장에서 생산된 그대로 사용해야 했다. 이에 비해 스마트폰은 임의의 소프트웨어를 설치하여 기능을 확장할 수 있다는 것이 가장 큰 특징이자 장점이다. 설치된 소프트웨어에 따라 전화기의 기능과 용도가 완전히 달라진다. 다수의 프로그램이 충돌 없이 매끄럽게 실행되려면 전화기의 모든 자원을 관리하고 통제하는 운영체제라는 시스템 소프트웨어가 필요하다. 스마트폰은 크기만 작을 뿐이지 사실상 들고 다니는 컴퓨터라고 할 수 있다.

어떤 운영체제를 사용하는가에 따라 스마트폰의 계열을 분류한다. 많은 모바일 운영체제가 있었고 지금도 만들어지고 있지만 현재 주요 경쟁 선수는 애플의 아이폰과 구글의 안드로이드이다. 점유율상으로 안드로이드가 약간 더 앞서가는 모양새지만 경쟁이 워낙 치열해서 우열을 가리기 어렵고 한 치 앞의 예측조차 쉽지 않다. 이 책의 주제인 윈도우폰은 상당히 늦게 참여한 후발 주자이다.

사실 윈도우폰의 역사는 보기보다 꽤 오래되었다. 태초의 모바일 시장을 개척한 장본인이며 그 전에 포켓 PC, 윈도우 모바일이라는 이름으로 어느 정도 시장을 선점했었다. 특히 우리나라에서는 거의 유일한 모바일 운영체제였었다. 태곳적에는 컴팩의 iPac이 유명했었고 최근에는 삼성 전자의 옴니아가 대표적인 기종이었다.

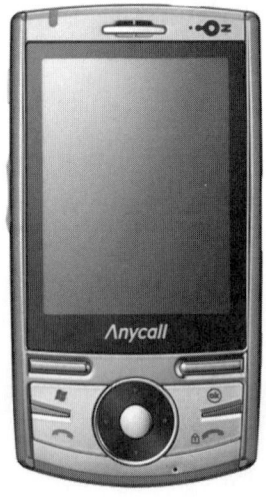

윈도우 모바일의 운영체제인 Windows CE는 데스크탑 윈도우즈 API의 축소판이다. 그래서 기존의 방법대로 개발할 수 있었으며 사용 방법도 PC와 거의 유사해서 컴퓨터를 쓰듯이 폰을 사용할 수 있었다. 데스크탑의 경험이 그대로 재활용된다는 것이 윈도우 모바일의 최대 강점이 었으며 특히 오피스의 호환은 엄청난 장점이자 무기였다. 이러한 장점을 내세워 한때는 전성기 를 누렸으나 변화된 환경에 적응하지 못함으로써 점점 도태되기 시작했다.

윈도우 모바일은 PC와 유사한 모바일 환경을 구축하기 위해 PC의 모든 자산을 가져왔다. 그러나 데스크탑에서 이식한 컨트롤은 모바일 환경에 어울리지 않았고 예쁘지도 못했다. 사무적 인 기능만 제공할 뿐 사용자의 감성을 자극하기에는 한참 부족했다. 마우스를 대체하기 위해 도입한 스타일러스가 가장 큰 문제였다. 감압식 스크린에서 정밀한 터치가 가능했지만 손가락으 로 조작하기 어려웠으며 좁은 스크롤 바는 사용하기 난감했다. 특히 당시 유행하기 시작한 멀티 터치를 지원하지 못하는 것이 결정타였다.

윈도우 모바일의 또 다른 문제는 파편화(Fragmentation)였다. 장비 제조사들은 기능 차별화를 위해 다양한 기능을 마구잡이로 추가하였으며 Windows CE는 이를 허용했을 뿐만 아니라 공식 적으로 지원하기까지 했다. 덕분에 다양한 곳에 활용되는 이점이 있었지만 시간이 흐름에 따라 윈도우 모바일의 발목을 잡는 골칫거리가 되었다. 변종 하드웨어가 등장함에 따라 소프트웨어 호환성이 떨어졌고 사용자 경험도 통일되지 못했다.

윈도우 모바일이 고전하고 있는 사이 아이폰이나 안드로이드 같은 모바일 전용의 운영체제가 등장했다. 이들은 처음부터 모바일을 타겟으로 개발된 것이어서 편의성이 높고 디자인도 우수했다. 정전식 터치 스크린을 채용하여 스크롤 바가 아닌 본문 자체를 드래그하여 부드럽게 스크롤하는 방식이었다. 또한, GPS나 센서 등의 각종 첨단 기능을 도입하여 활용도를 극적으로 높였다. 그야말로 스마트폰의 대중화를 활짝 열어젖혔다.

아이폰이 먼저 시장을 선점했다. 사람들은 혁신적인 기능과 디자인에 매료되었다. 새 버전이 나올 때마다 밤을 새서 줄을 설 정도로 인기가 많았고 없어서 못 파는 지경이었다. 또한, 이때부터 앱스토어 열풍이 불어 개발자들이 너도나도 참여하기 시작했다. 앱이 풍성해지자 더 많은 사용자가 아이폰을 선택했고 이때부터 스마트폰 시장이 폭발하기 시작했다.

잠시 후 안드로이드가 기세 좋게 등장하여 시장을 반으로 갈라 먹었다. 초기의 아이폰에 비해 멀티태스킹이 가능했고 오픈된 라이센스 정책에 의해 무수히 많은 하드웨어가 쏟아져 나왔다. 각 장비 제작사는 듀얼 코어 CPU, 슈퍼 아몰레드, DBM, NFC 등의 차별화된 하드웨어를 채택하여 기능을 한층 더 강화했다. 이후 안드로이드는 초고속 성장세를 이어갔다.

새로운 강자들의 등장으로 윈도우 모바일은 급속도로 도태되기 시작한다. 장비 제조사 및 통신사로부터 버림받은 기종이 되었고 마침내 사용자들과도 점점 멀어져갔다. 개발사들은 더 이상 윈도우 모바일 앱을 만들지 않았고 심지어 장비 제조사들도 기존 장비들을 방치했다. 급기야 옴레기라는 치욕적인 별명까지 붙을 정도로 시장에서 완전히 폐기될 위기에 내몰렸다.

마이크로소프트는 이런 상황을 참담한 심정으로 지켜볼 수밖에 없었다. 기존의 윈도우 모바일로는 새 강자들과의 경쟁에서 도저히 승산이 없었기 때문이다. 준비하고 있던 윈도우 모바일의 새 버전(Photon)을 완전히 폐기하고 절치부심하며 새로운 방식의 운영체제를 만들었다. 그것이 바로 윈도우폰이다. 윈도우폰은 기존의 윈도우 모바일과는 완전히 다르며 혁신을 위해 호환성을 포기하는 초강수를 두었다.

뿐만 아니라 아이폰이나 안드로이드와도 동작 방식이나 디자인에서 상당히 다른 면모를 보여준다. 가장 늦게 나온 만큼 가장 최신이며 미래 지향적이다. 취향에 따라 호불호가 갈리는 부분이므로 더 좋다고는 감히 말하기 어렵지만 타 운영체제에 비해 확실히 색다르다. 완전히 새로 만들었으므로 참신하다고 평가할 수도 있지만 다른 각도에서 보면 낯설기도 하다.

2009년에 개발을 발표하여 2010년 초부터 개발툴 베타 버전을 배포했다. 2010년 가을 여러 회사에서 장비를 발표했으나 한글이 지원되지 않아 국내에는 출시되지 못했다. 2011년 초에 망고 개발툴이 릴리즈되고 2011년 말에 국내에도 정식 발매되었다. 이제 막 개발을 완료하고 시장에 진입한 상태이므로 2012년이 거의 원년이라고 할 수 있다. 당장은 본격적인 경쟁보다는 세 확장에 주력해야 하는 입장이다.

마이크로소프트는 윈도우폰 대중화를 위해 여러 가지 노력을 하고 있는데 그중 대표적인 것이 노키아와의 전략적 제휴이다. 이 둘은 변화에 적극 대처하지 못해 뒤처진 신세라는 공통점이 있다. 그러나 하드웨어 1위, 소프트웨어 1위를 점유한 대단한 회사들의 결합이어서 엄청난 파급을 가져올 것으로 예상되며 그 효과가 서서히 나타나고 있다.

2015년에 윈도우폰이 안드로이드에 이어 2위가 될 것이라는 희망적인 전망도 있지만 현재 상황은 그리 녹록지 않다. 서서히 개선되고 있지만 점유율이 기대만큼 쉽게 확대되지 않는다. 윈도우폰이 쫓아가는 만큼 경쟁 제품도 가만히 주저앉아 있지 않고 더욱 가속적으로 멀어지고 있다. 이제 본격적으로 쫓고 쫓기는 게임이 시작되는 찰나이다.

1-1-2 과거와의 단절

소프트웨어에 있어서 호환성은 지극히 중요하다. 하지만 호환성을 지키는 것은 상상 이상으로 어렵다. 상황이 달라짐에 따라 과거의 코드가 불필요해질 수도 있고 과거의 유산이 새로운 기능과 충돌을 일으켜 혁신을 방해하는 경우도 많다. 하지만 소프트웨어 개발사들은 어떤 댓가를 치르더라도 후방 호환성을 유지하기 위해 필사의 노력을 기울인다. 이미 개발해 놓은 소프트웨어를 계승해야 하고 사용자의 지식도 보호해야 하기 때문이다.

하지만 윈도우폰은 상식적인 전례를 깨고 과거의 전신인 윈도우 모바일을 완전히 탈피하였다. 과거의 모든 성과를 버리는 대신 혁신을 선택한 것이다. 다소 무모한 결정일 수도 있지만 마이크로소프트는 과감하게 과거의 굴레를 벗어 던졌다. 윈도우 모바일의 한계 때문이기도 하지만 그보다는 사용자들의 인식이 너무 좋지 않아 그대로는 시장에 진입하기 어렵다는 정치적인 이유도 있다.

윈도우 모바일과 윈도우폰의 가장 큰 차이점은 개발 언어이다. 윈도우폰은 네이티브 언어를 버리고 닷넷 관리 코드로만 앱을 작성한다. 플랫폼과 주 개발 언어가 바뀜으로 인해 과거의 윈도우 모바일 코드는 더 이상 호환되지 않는다. 윈도우 모바일을 버림으로 인해 다음과 같은 불이익이 생긴다.

❶ 윈도우 모바일의 우수한 앱을 모두 폐기하는 셈이므로 당장은 사용자를 유혹할 만한 킬러 소프트웨어가 없다. 활발하게 개발되고 있지만 경쟁사에 비해 아직까지 절대적으로 부족하다. 이는 초기 점유율 확대에 큰 걸림돌이 된다.

❷ 기존 개발자들의 지식과 경험을 재사용할 수 없으며 모두 맨바닥에서부터 다시 공부해야 한다. 개발자들에게도 엄청난 비용이 발생하며 개발 저변이 넓지 못하므로 앱 증가 속도도

그만큼 느릴 것이다.

❸ 관리 코드로만 실행되므로 메모리를 많이 소모하고 속도도 느리다. 앱의 안정성은 증가하지만 섬세하고 강력한 시스템 소프트웨어를 제작하기에는 한계가 있다.

❹ 멀티태스킹을 일정 부분 포기했다. 모바일에서는 문제가 많은 기능이지만 있으면 좋은 기능인 것은 분명한 사실이다.

물론 관리 코드로 인한 이점도 있다. 고수준 언어인 만큼 개발 속도가 빨라 양질의 소프트웨어를 신속하게 공급할 수 있으므로 초기 앱 부족은 금방 해결될 것으로 기대된다. 수 년 동안 검증된 닷넷은 안정성이 확보되어 있으며 개발자도 웬만큼 확보되어 있다. 실행 속도의 단점 정도는 고성능 하드웨어로 극복할 수 있다. 완전히 새로 짠 판이므로 후방 호환성의 굴레로부터 자유로우며 디자인에도 혁신을 가할 수 있다. 엄청난 희생을 감수하고 위험한 도전을 하는 데는 다 그만한 이유가 있을 것이다.

개인적으로 윈도우 모바일이 버려야 할 만큼 몹쓸 운영체제는 아니었다고 생각한다. 유행에 뒤떨어진 감이 있지만 빠르고 가볍고 대중적이어서 계승한 후 충분히 수정, 발전할 수 있지 않았을까 하는 생각이 들기도 한다. 이미 단절을 결정했으므로 이제는 돌이키기 어렵다. 과거와의 단절이 과연 잘한 것인지는 현재 시점에서 정확하게 평가하기 어렵고 시간이 지난 후에 재평가될 것이다.

그렇다면 윈도우폰은 과연 윈도우 모바일을 정말 버렸을까? 표면적으로는 그렇지만 하위 시스템에는 아직도 잔재가 남아 있다. 기반 운영체제는 여전히 Windows CE여서 제작사나 통신사는 아직까지 네이티브 코드를 사용할 수 있다. 그 위에 닷넷과 실버라이트를 덧씌워 일반 개발자는 쓸 수 없도록 봉인되어 있을 뿐이다. 필요하다고 판단되면 언제든지 봉인을 풀 수 있으며 실제로 그럴 가능성도 다분하다.

1-1-3 역사

윈도우폰은 이제 막 개발을 시작한 운영체제라 역사가 일천하다. 지금 시작하는 사람은 과거에 신경 쓸 필요 없이 최신 개발툴로 공부하면 그만이다. 하지만 짧은 역사라도 과거의 행적을 알아야 현재를 이해할 수 있고 미래를 정확하게 예측할 수 있으므로 간단하게 정리해 보자.

첫 버전인 7.0(NoDo)은 2010년 10월에 발표되었다. 실제 사용을 위한 버전이라기보다는 시장에 참여한다는 선전 포고 정도의 의미밖에 없었다. 초기 버전이라 전화기가 가져야 할 아주 기본적인 기능만 제공하는 정도였다. 심지어 복사, 붙여 넣기도 되지 않다가 2011년 1월 업데이트에서 추가되었다. 가장 기본적인 기능을 업데이트로 제공할 정도로 개발이 급박하게 진행되었음을 엿볼 수 있다.

제대로 폰의 모습을 갖추기 시작한 것은 2011년 5월 24일 발표된 7.1(Mango) 베타부터이다. 윈도우폰의 버전은 7.5이지만 운영체제와 개발툴의 버전은 7.1로 다르게 붙여졌다. 한참 발전하고 있는 때여서 기능 추가의 속도와 양이 그야말로 굉장하다. 7.1에서 무려 500가지의 기능이 추가되었는데 굵직한 것만 들어보면 다음과 같다.

- 아시아 16개국의 언어 지원. 한국어 입력 및 출력 가능
- 실버라이트 4.0 기반으로 변경됨.
- 실버라이트, XNA 프레임워크 통합 적용 가능
- 비주얼 베이직으로도 개발 가능
- 스케줄링 지원 : 일정 시간 후에 특정 작업을 시작하도록 등록
- 백그라운드 프로세싱 : 음악 재생 및 파일 다운로드. 제한적 멀티태스킹 지원
- 라이브 타일 : 두 개의 면을 주기적으로 바꾼다.
- 카메라 사용 가능 : 프로그램에서 카메라의 플래시, 포커스 기능 사용
- 소켓 : TCP, UDP 통신
- 콤파스, 자이로스코프 등의 센서 지원, 에뮬레이터에 센서 시뮬레이션 추가
- 로컬 DB : LINQ로 DB 액세스
- IE 9 웹브라우저 : HTML5 기능 일부 지원
- DeviceStatus 클래스로 폰의 배터리, 키보드 유무 등의 정보 조사
- 몇 개의 론처, 추저 추가
- 시스템 트레이에 색상 및 투명도를 지원하며 프로그래스 바 표시 가능

과연 엄청난 기능이 추가되었으며 전화기로서 갖추어야 할 기능 대부분이 확립되었다고 할 수 있다. 이 외에도 무수히 많은 자잘한 기능이 추가되었고 성능 향상을 위한 최적화도 수행되었다. 개발툴도 같이 업그레이드되었으며 도움말 문서와 샘플들도 보강되고 디자인 가이드도 새로 발표되었다.

새로운 기능이 추가되기만 했으며 이전 기능이 사라지거나 바뀐 것은 거의 없다. 7.0 이후의 후방 호환성은 철저히 잘 지키고 있으므로 새 개발툴로 이전 버전의 프로젝트들도 정상적으로

컴파일된다. 또한, 7.0으로 만든 프로젝트를 7.1로 쉽게 업그레이드할 수 있다. 앞으로도 지속적으로 기능은 추가될 것이며 후방 호환성은 보장될 것으로 기대된다.

2012년 3월 26일에는 7.1.1 버전인 탱고(Tango)가 발표되었다. 탱고는 기능상의 추가는 없고 주로 저사양 장비를 위해 메모리 및 멀티태스킹 기능이 축소된 버전이다. 망고와 거의 비슷하되 다음과 같이 차이점이 있다.

- LTE 지원
- 256M 장비를 위한 에뮬레이터 지원 및 512M 에뮬레이터 업데이트
- 윈도우 8에서도 에뮬레이터 실행 가능
- 마이크로소프트 광고 SDK 최신 버전으로 업데이트
- 말레이지아, 인도네시아 등 160개국 언어 지원

탱고는 주로 저가폰을 타겟으로 하며 국내에는 탱고 기반의 폰이 출시되지 않을 전망이다. 기능적으로 더 개선된 것도 거의 없고 오히려 백그라운드 에이전트 미지원, 고해상도 비디오 코덱 제거, 멀티태스킹 제약 등 고급 기능이 축소되었다. 저사양 테스트를 위한 에뮬레이터만 제공되는 정도이므로 굳이 관심을 가지지 않아도 상관없는 버전이며 현재는 망고 버전으로 학습하는 것이 이상적이다.

아직 정식으로 발표되지는 않았지만 7.1 다음의 로드맵도 이미 예고되어 있으며 벌써부터 제조사에서 은밀하게 출시를 준비하고 있다는 소문이 돌고 있다. 버전 8.0에 해당하는 아폴로는 다음 기능들이 더 추가될 것으로 예고되어 있다.

- 멀티 코어 CPU 지원
- 4가지 해상도 지원
- 윈도우8과 앱 호환
- 마이크로 SD, NFC 칩 지원
- 네이티브 코드 사용 가능
- IE 10 브라우저 탑재

단순한 기능 추가를 넘어 고성능 폰을 타겟으로 하며 이를 위해 정책들도 상당히 수정될 것으로 예상된다. 물론 아직까지는 소문에 불과하므로 어디까지 반영될지 알 수 없다. 하지만 이

정보를 통해 앞으로의 발전 방향을 대충 예상할 수 있으며 차후 개발에도 참고할 만하다. 특히 윈도우 8 데스크탑과 호환되면 상당한 파괴력을 과시할 것이며 앞으로의 전개는 그야말로 흥미진진해질 것이다.

두 가지 이상의 버전이 생김으로 인해 개발툴도 멀티 타겟팅을 지원한다. 원하는 버전으로 프로젝트를 생성할 수 있고 버전간의 업그레이드도 가능하다. 따라서 개발자는 두 버전의 차이점과 추가된 기능들도 잘 알아야 한다. 하지만 현실적으로 윈도우폰은 새 버전이 나오면 모든 폰이 온라인으로 일괄 업데이트되므로 이전 버전에 대해서는 굳이 몰라도 상관없다.

이 책은 7.1을 기준으로 쓰여졌다. 현재 발표된 장비가 대부분 7.1 기반이고 이전 장비도 모두 업데이트되었으므로 7.0앱을 만들어야 하는 경우는 사실상 거의 없다. 따라서 이 책은 가급적 7.0에 대한 이론은 자제하고 7.1에 대해서만 집중하기로 한다. 역사적인 이유가 있는 경우에 한해서만 7.0과 비교할 것이다.

1-2 윈도우폰의 구조

1-2-1 하드웨어 사양

Windows CE 운영체제는 장비와 소프트웨어 구성이 자유로웠다. 마이크로소프트는 플랫폼 빌더를 제공하며 장비 제작사는 꼭 필요한 구성 요소를 선택하여 장비에 맞춘 운영체제를 조립하여 탑재하는 식이었다. 덕분에 전화기뿐만 아니라 다양한 영역에서 용도에 꼭 맞는 장비를 제작하여 활용할 수 있었으며 택배원이나 경찰 등이 사용하는 특수한 장비에도 윈도우 모바일이 두루 활용되었다.

그러나 장비의 구성이 너무 자유롭다 보니 표준을 벗어난 변종들이 생기기 시작했다. 소프트웨어 호환성이 떨어지고 사용자 경험이 일관되지 못하는 심각한 문제가 발생했다. 개발자는 각 장비마다 테스트를 따로 해야 하고 사용자는 장비를 바꿀 때마다 사용법을 다시 익혀야 했다. 장비가 너무 다양해져서 호환성이 떨어지는 이런 현상을 파편화라고 한다. 원론적으로 파편화를 완전히 없앨 수는 없지만 최소화해야 한다.

윈도우 모바일은 PC의 축소판이며 그러다 보니 사용자 입장에서나 개발자 입장에서나 다양하고 복잡할 수밖에 없다. 다양성은 긍정적인 면도 있지만 통일되지 못한 환경은 유지 보수비용을 증가시키고 종국에는 관리 불가능한 상태까지 상황을 악화시킨다. 그래서 새로 만든 윈도우폰은

장비 구성에 적당히 제약을 가하기로 했다. 개방형이나 폐쇄형이나 둘 다 장단점이 있는데 윈도
우폰은 개방형의 안드로이드와 폐쇄형의 아이폰 중간 수준을 선택했다.

장비는 각 제조사가 자유롭게 만들되 마이크로소프트는 일정한 가이드라인을 제시하고 이
범위 내에서만 자율권을 허용하는 것이다. 적정한 하드웨어 최소 사양을 스펙으로 명시하고 이
를 지키도록 하되 스펙의 범위 밖에서는 제조사의 재량권을 허용한다. 마이크로소프트가 요구하
는 윈도우폰의 최소 스펙은 대충 다음과 같다.

하드웨어	요구 스펙
CPU	1GHz 이상의 CPU. 멀티미디어와 게임을 위한 최소 사양이다.
GPU	DirectX 9 이상의 3D 가속 기능 제공
메모리	256M 이상
저장 장치	8G 이상의 플래시 메모리
화면 크기	480 * 800 단일 해상도. 320 * 480도 잠시 지원했으나 현재는 제외됨
입력 장치	최소 4개의 동시 입력이 가능한 멀티 터치 스크린
하드웨어 버튼	화면 아래에 뒤로, 시작, 검색 세 개의 하드웨어 버튼 배치
카메라	500만 화소 이상의 플래시 지원 카메라
센서	가속, 조도, 근접 센서, 콤파스
기타	GPS, 진동 기능, FM 라디오

최소 사양이 명시되어 있으므로 개발자는 모든 윈도우폰에 상기의 기능이 있음을 보장받으며
그래서 개발이 한결 수월해진다. 가속 센서가 항상 있으므로 언제든지 사용할 수 있고 모든
윈도우폰은 GPS로 현재 위치를 파악할 수 있다. 하드웨어 구성에 제약이 있는 대신 소프트웨어
의 호환성이 극대화되며 사용자도 일관된 방법으로 장비를 사용할 수 있다. CPU, GPU, 메모리
의 사양도 다소 높게 책정되어 있어 장비의 성능을 충분히 활용할 수 있다.

이 스펙은 어디까지나 대충의 요구 스펙일 뿐이다. 왜 확정이 아닌 대충인가 하면 윈도우폰
SDK가 업데이트될 때마다 스펙도 수시로 바뀌었기 때문이다. 이 글을 쓰고 있는 현재 시점에는
CPU 속도에 대한 명시적인 제한이 사라졌으며 카메라도 필수가 아닌 옵션으로 바뀌었다. 차후
에는 LTE나 와이브로 같은 초고속망이 대중화될 것으로 예상하여 WiFi는 선택 옵션이었으나
지금은 다시 필수로 바뀌었다.

요구 스펙 중 가장 문제가 된 부분은 화면 해상도이다. 해상도를 고정함으로써 모든 앱의
화면 배치를 통일하겠다는 의도였으나 변화하는 시장 상황을 무시한 근시안적 결정이었다. 윈도

우폰 개발 초기에는 480*800이 주류였었고 비교적 고급 사양이었지만 요즘은 1280 이상의 고해상도 장비들도 흔해져 이 정도로는 경쟁이 되지 않는다. 결국, 아폴로는 고정 해상도를 포기할 것으로 알려졌다.

지금까지의 전례만 봐도 앞으로의 최소 스펙은 계속 바뀔 것임을 짐작할 수 있다. 제조사들이 현실적인 합당한 이유로 규격 완화를 요구하고 있으며 마이크로소프트는 일정 부분 이를 수용할 수밖에 없다. 환경이 바뀜에 따라 스펙은 계속 조정될 것이다. 그러나 최소한의 요건은 분명히 명시하고 있으므로 심각한 수준의 파편화는 어느 정도 방지될 것으로 예상된다. 예를 들어 터치가 안 되는 폰이나 카메라가 없는 장비는 없을 것이다.

1-2-2 디자인 철학

시장에 새로 진입한 입장에서 승부를 걸 수 있는 가장 확실한 부분이 디자인이다. 다른 폰이랑 똑같아서는 안 되며 뭔가 다르다는 것을 보여주기 위해 디자인에서 차별화를 해야 한다. 마이크로소프트는 획기적인 디자인을 위해 많은 연구를 하였으며 그 결과 채택한 것이 메트로(Metro) 스타일이다. Zune에 성공적으로 적용한 것이어서 이미 그 우수함이 입증된 것을 윈도우폰에도 적용하였으며 이후 윈도우8에도 지속적으로 채용할 예정이다.

메트로를 뜻 그대로 풀이하면 대도시라는 뜻이다. 대도시의 지하철 안내판, 교통 표지판처럼 간략하면서도 시인성이 높은 디자인을 지향한다. 바쁜 도시인들이 지나가다가 흘낏 쳐다보기만 해도 필요한 정보를 금방 취득할 수 있을 정도로 간결함을 중시한다. 이를 위해 상징적인 그림과 간략한 문자를 활용하며 여백을 중요시하여 너무 빽빽하지 않게 배치하여 시원스럽게 디자인한다.

메트로 UI의 기본 철학은 Clean, Light, Open, Fast이다. 디자인 가이드에는 이 용어들에 대해 장황하게 설명하고 우수함을 강조하는데 간단하게 번역해 보자면 깔끔, 간결, 직관, 즉시 정도 되겠다. 장식보다는 내용을 중시하고 하드웨어와 소프트웨어를 매끄럽게 통합하며 일관된 사용자 경험에 중점을 둔다.

메트로는 직관적이고 쉬운 디자인을 위해 타이포그래피, 즉 문자를 적절히 잘 활용할 것을 강조한다. 그림만으로 디자인을 구성하지 않고 필요한 곳에는 문자를 아낌없이 사용한다. GUI의 특징을 대변하는 아이콘은 예쁘고 직관적이지만 적절하게 디자인되지 않을 경우 사실 헷갈리는 면도 많다. 대표적으로 다음 두 아이콘을 보자.

엘리베이터의 열림/닫힘 버튼이다. 간결하면서도 화살표의 방향으로부터 열림인지 닫힘인지를 쉽게 구분할 수 있다. 그러나 완전히 반대되는 아이콘임에도 이 둘을 같이 모아 놓으면 무척이나 헷갈린다. 엘리베이터를 열어야 하는데 닫힘 버튼을 누르는 실수 정도는 누구나 해 보았을 것이다. 이것이 바로 아이콘의 맹점이다. 아이콘 밑에 Open, Close라는 문자가 같이 있으면 훨씬 덜 헷갈릴 것이다.

그림이 더 쉽지만 웬만큼 잘 디자인하지 않고는 처음 보는 사람들이 그 의미를 바로 이해하기 쉽지 않으며 외우기는 더 어렵다. 메트로 UI는 예쁜 아이콘과 함께 항상 문자열을 대동하여 깔끔하면서도 직관성이 우수하며 헷갈리지 않는다. 아이콘과 문자를 같이 배치하기 위해 윈도우폰의 모든 컨트롤은 큼직하게 재설계하였다. 또 크기가 큼에도 여백을 충분히 배치하여 터치의 정확도를 향상시킨다.

윈도우폰에서 메트로 UI가 가장 잘 드러난 부분이 바로 시작 화면이다. 지금까지의 모바일 장비 디자인은 대체로 획일적이었다. 아이폰이나 안드로이드는 홈 화면에 프로그램의 아이콘들을 바둑판식으로 배치해 놓고 아이콘을 눌러 프로그램을 실행한다. 다른 모바일 운영체제들도 거의 비슷한 방식을 사용하거나 약간 변형된 정도이다. 윈도우폰의 시작 화면은 완전히 다른데 작은 아이콘 대신 큼지막한 라이브 타일을 배치한다.

라이브 타일은 프로그램을 실행하는 아이콘이기도 하지만 사용자가 관심을 가질만한 중요한 정보를 실시간으로 보여주는 기능도 제공한다. 아이폰이나 안드로이드에서 정보를 얻고 싶으면 일단 해당 앱을 실행해야 하는데 비해 라이브 타일은 그 자체만으로 정보를 보여준다는 면에서 매력적이다. 시작 화면만 봐도 날씨, 메일, 부재중 메시지, 오늘의 일정 등을 바로 확인할 수 있으며 가만히 두면 정보가 실시간으로 갱신된다.

원하는 정보를 제공하는 앱을 선별하여 시작 화면에 타일로 고정시켜 둘 수 있다. 타일만 잘 배치해 두어도 시작 화면을 통해 필수 정보를 다 알 수 있어서 편리하다. 물론 라이브 타일은 요약적인 정보만 보여주므로 더 상세한 정보는 해당 앱을 실행하여 확인해야 한다. 경쟁 제품인 아이폰에는 대응되는 기능이 없으며 안드로이드는 앱 위젯으로 비슷한 효과를 낼 수 있다.

윈도우폰의 디자인은 통합된 경험(Integrated Experience)을 지향한다. 모든 서비스를 모바일 장비에서 경험할 수 있도록 하고 필요할 경우 외부로도 연결한다는 것이다. 이런 역할을 담당하는 디자인 요소가 바로 허브이며 가로로 긴 화면을 제공하여 보통 파노라마라고도 부른다. 허브는 로컬의 정보와 외부 온라인에 존재하는 관련 정보를 하나의 앱에 통합하여 보여준다. 관련 정보가 허브에 모두 표시되므로 여러 앱을 번갈아가며 실행할 필요가 없다.

윈도우폰은 피플, 게임, 마켓, 사진, 미디어, 오피스 등 기본적으로 여섯 가지의 허브를 제공한다. 피플 허브는 사람들의 연락처를 관리하는 기본 기능뿐만 아니라 소셜 네트워크와 연결하여 지인들의 최신 소식을 보여주기도 한다. 사진 허브는 디지털카메라로 찍은 사진뿐만 아니라 네트워크에 공유된 사진도 같이 표시한다. 물론 파노라마 앱을 개발자가 직접 만들 수 있는 컨트롤도 제공한다.

마이크로소프트는 일관된 디자인을 위해 별도의 디자인 가이드라인을 배포한다. 시스템이 아무리 메트로 UI를 잘 지키더라도 개발자들이 만든 앱이 제멋대로라면 통일성을 얻지 못할 것이다. 그래서 디자인 가이드라인은 색상이나 크기뿐만 아니라 동작 방식까지도 구체적으로 제시한다. 개발자나 디자이너는 이 가이드를 참조하여 전체와 잘 어울릴 수 있는 앱을 작성해야 한다.

1-2-3 프레임워크

윈도우폰 플랫폼은 다음 4가지 컴포넌트로 구성된다. 앱 개발뿐만 아니라 실행, 판매, 이용까지를 아우르는 윈도우폰 전체의 구성 요소들이다. 이 컴포넌트들이 모두 완벽하게 조화를 이루어야 윈도우폰 플랫폼이 성립된다.

- 런타임 : 앱을 개발하기 위한 개발 및 실행 플랫폼이다. 하위에 공용 라이브러리가 있고 그 위에 실버라이트와 XNA 두 개의 프레임워크로 구성된다.
- 개발툴 : 비주얼 스튜디오를 주 개발툴로 하여 에뮬레이터, 익스프레션 블랜드 등으로 구성된다. 방대한 양의 문서와 샘플도 여기에 포함된다.
- 클라우드 : 윈도우 애저(Azure), Xbox Live, 통지 서비스, 커뮤니티 등으로 구성된다. 윈도우폰 앱은 클라우드를 통해 정보와 경험을 공유한다.
- 포털 : 개발된 앱을 등록하여 사용자에게 공개하며 사용자는 포털을 통해 앱을 구매한다. 일명 마켓 플레이스라고 불리우며 개발자와 사용자를 연결하는 역할을 한다.

개발툴은 잠시 후 설치해 볼 것이고 클라우드나 마켓 플레이스는 한참 후에 실습해 볼 것이다. 개발을 하는 입장에서 가장 중요한 요소는 역시 런타임이다. 윈도우폰 런타임의 전체 구조는 다음과 같다.

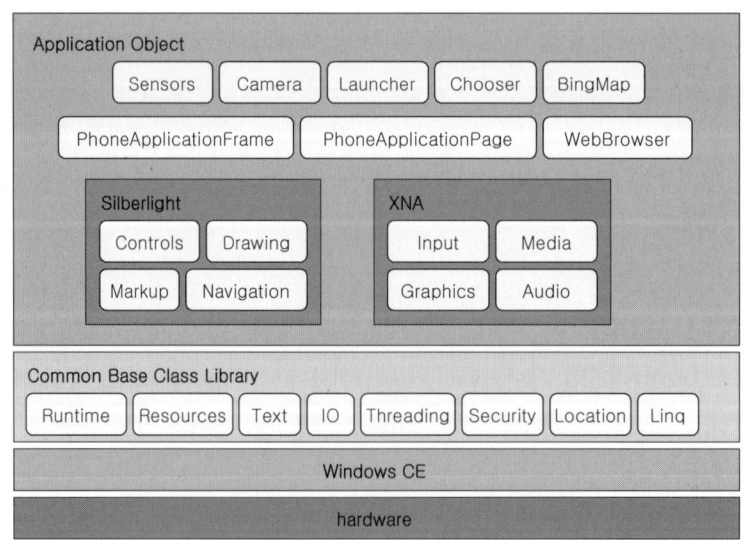

제일 하위에는 윈도우폰의 실장비인 하드웨어가 있고 그 위에 Windows CE 운영체제가 배치되어 있다. 운영체제는 상위의 요소들에게 하드웨어를 추상화하는 역할을 한다. 운영체제 위에는 공용으로 사용되는 클래스 라이브러리들이 있고 그 위에 두 개의 주요한 프레임워크가 제공된다. 개발하고자 하는 앱의 성격에 따라 프레임워크부터 선택해야 한다.

- 실버라이트 : XAML로 UI를 디자인하고 C#으로 코드를 작성한다. 사용자가 컨트롤을 조작하면 이벤트가 발생하며 코드는 이벤트를 처리하여 사용자와 상호 작용한다. 대부분의 시간 동안 이벤트를 대기하면서 한가하게 지내다가 사용자 입력이 있을 때만 반응한다. 일반적인 GUI 프로그램의 동작 방식과 어울리며 사무용 앱이나 유틸리티류 제작에 적합하다.
- XNA : 루프 방식으로 동작하며 입력과 상관없이 계속 실행된다. 고속으로 화면을 갱신하며 주기적으로 사용자의 입력을 감시하는 방식을 사용한다. 화면이 빠르게 변하는 게임이나 출력이 화려하고 복잡한 엔터테인먼트 앱 제작에 적합하다. 게임은 사용자의 동작이 없더라도 진행되어야 하므로 이벤트 방식보다는 루프 방식이 더 어울린다.

두 프레임워크는 동작 방식이나 사용 용도가 명확히 구분되므로 프로젝트를 처음 작성할 때부터 어떤 프레임워크를 사용할 것인가를 결정해야 한다. 일반적인 지침상으로 게임은 XNA가 어울리고 그 외는 실버라이트가 적합하다. 그러나 두 플랫폼의 경계가 명확하지 않으며 강제적인 구분도 아니다. 사무용 앱도 장식이 많이 들어가면 XNA를 사용할 수 있고 보드 게임 정도는 실버라이트로 만들 수도 있다.

또 7.1부터는 두 플랫폼이 상호의 코드를 교차 호출 가능해서 동시에 사용하는 것도 가능해졌다. 이 책에서는 더 일반적이고 범용성이 높은 실버라이트를 주로 다룬다. XNA는 게임 제작에 특화된 프레임워크인데다 게임은 일반 앱과는 제작 방법이 다르다. 게임은 따로 공부해야 하는 별도의 분야이므로 뒷부분에서 약간 소개만 할 것이다. 구조가 워낙 판이하게 달라 같이 배우면 오히려 헷갈리고 효율이 떨어지므로 당분간은 실버라이트 위주로 실습한다.

마이크로소프트가 윈도우폰 개발 프레임워크로 선택한 것들은 모두 이미 존재하던 것들이다. C#은 닷넷의 주 개발 언어이고 실버라이트는 웹에서 RIA 앱 개발을 위해 도입된 것이며 XNA는 Zune과 Xbox용 게임 제작에 널리 사용되고 있다. 윈도우폰만을 위해 새로 만든 것이 아니라 기존의 개발 방법들을 가져와 약간씩 수정을 거쳐 재사용한다. 그 주된 이유는 윈도우폰 개발이 워낙 급박하게 이루어져서이기도 하지만 기존 개발자들의 지식을 최대한 활용하기 위해서이다.

C#은 닷넷 열풍과 함께 많이 알려졌고 이미 상당한 수준의 개발자들이 확보되어 있다. 실버라

이트와 XNA도 발표된지 오래되어 실 프로젝트에도 많이 사용되고 있다. 이미 저변이 확보되어 있으므로 개발자들이 빠르게 적용할 수 있으리라 판단했을 것이다. 그러나 안타깝게도 국내의 사정은 아직 그렇지 못하다. C#은 그럭저럭 대중화되었지만 실버라이트를 잘 하는 사람은 무척 드물다.

플래시와 경쟁하기 위해 야심차게 내 놓았지만 참패를 면치 못했고 지금은 HTML5로 인해 마땅히 활용도를 찾기도 힘든 상황이다. XNA도 사실 그다지 대중적인 라이브러리라고 보기 어렵다. 게다가 WCF나 LINQ 같은 기술은 아예 들어보지도 못한 사람도 많다. 마이크로소프트 기술에 익숙하지 않은 개발자들은 새로 배워야 할 것들이 많다. 익숙해지면 개발은 편리하지만 학습의 난이도는 다소 높은 편이다.

1-3 개발 준비

1-3-1 앱 허브

개발이든 학습이든 시작하려면 개발툴부터 설치해야 한다. 윈도우폰 관련 개발툴은 모두 무료로 제공되므로 따로 비용이 들지는 않는다. 다른 운영체제도 개발툴은 모두 무료로 배포하고 있으며 경쟁이 워낙 치열한 상황이다 보니 그럴 수밖에 없다. 개발자들이 앱을 만들지 않으면 운영체제가 성공하기 어려우므로 가급적 많은 개발자를 끌어들여야 한다.

그래서 운영체제 제작사들은 개발툴을 무료로 제공할 뿐만 아니라 여러모로 풍부한 지원까지 아끼지 않는다. 마이크로소프트는 윈도우폰 개발자 지원을 위한 별도의 홈페이지를 마련했는데 이 사이트를 앱 허브라고 한다. 주소는 다음과 같다. 앞으로 종종 방문할 것이므로 즐겨 찾기에 등록해 두도록 하자.

```
http://create.msdn.com
```

앱 허브는 윈도우폰 뿐만 아니라 Xbox 개발자들도 지원하는 포털 사이트이다. 여기서 개발툴을 배포하며 개발에 관련된 문서와 최신 뉴스도 제공한다. 또한, 차후 완성된 앱을 배포하는 곳도 앱 허브이다. 사이트 모양은 다음과 같되 인터넷의 본질상 여러분이 책을 볼 때쯤에는 디자인이나 링크의 위치가 바뀔 수도 있다. 사이트가 바뀌더라도 배치가 약간 조정되는 정도이므로 이 책에서 언급하는 링크는 어렵지 않게 찾을 수 있을 것이다.

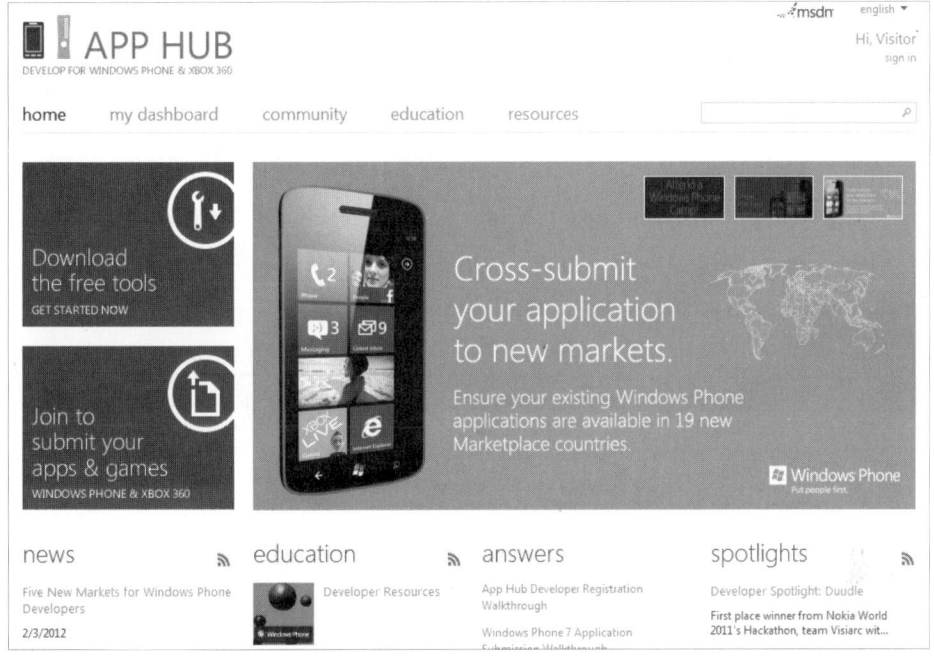

오른쪽 위의 언어 콤보 박스에서 한국어를 선택하면 한글 사이트로 이동한다. 그러나 메뉴 정도만 한글화되어 있을 뿐 주요 문서들은 아직 영문이라 딱히 한글로 바꿀 필요가 없다. 중국어, 일본어 링크도 있는데 중국어는 마찬가지로 제목만 한문이다. 반면 일본어를 선택하면 거의 모든 문서가 일본어로 번역되어 있어서 약간 서운하다.

앱 허브에서 개발툴은 물론 윈도우폰과 관련된 최신 뉴스를 볼 수 있고 자습서나 교육 자료 등도 받을 수 있다. 단계별로 입문을 도와주는 자습서가 전반적으로 쉽게 설명되어 있으므로 시간 날 때마다 틈틈이 주요 문서들은 한 번씩 훑어보는 것이 좋다.

1-3-2 개발툴 설치

윈도우폰 개발툴 설치를 위한 환경은 비교적 검소하다. 비스타 서비스팩 2나 윈도우즈 7에 설치할 수 있되 스타터 에디션은 제외된다. 메모리나 하드 디스크는 크게 고사양을 요구하지 않지만 에뮬레이터가 가속 기능을 사용하므로 그래픽 카드는 DirectX 10을 지원해야 한다. 꼭 필요한 것은 아니지만 원활한 개발을 위해 모니터는 가급적 해상도가 높은 것을 쓰는 것이 좋다. 아쉽게도 윈도우즈 XP는 필수 구성 요소가 부족하다는 이유로 설치할 수 없다.

베타 버전은 원활한 업데이트를 지원하지 않으며 충돌이 발생할 가능성이 높다. 이전에 베타 버전을 설치한 적이 있다면 정식 버전을 설치하기 전에 모두 제거해야 한다. 베타는 제거도 쉽지 않은데 일일이 삭제해야 하고 재부팅도 여러 번 해야 한다. 가장 이상적인 설치 방법은 운영체제부터 다시 설치하는 것이다. 이 책은 아무 것도 없는 깨끗한 상태에서의 설치를 가정하고 설명한다.

개발툴은 정식 비주얼 스튜디오 2010과 무료로 제공되는 비주얼 스튜디오 익스프레스(Visual Studio Express:VSE로 약칭) 두 가지가 있다. 정식 버전에 Add in을 추가하는 식으로 개발 환경을 구성할 수 있으나 유료인데다 언어나 버전을 정확하게 맞춰야 하므로 설치하기 까다롭다. VS는 범용 개발툴이라 전용 개발툴에 비해 사용법도 복잡하고 정식 버전임에도 윈도우폰 개발에 있어서는 뒤처지는 부분도 있어 굳이 정식 버전을 사용할 필요가 없다.

무료 개발툴인 VSE가 오히려 더 설치하기 쉽고 윈도우폰 개발에 최적화되어 있으므로 이 책은 무료 버전을 사용하기로 한다. VSE는 비록 평가판이지만 등록 코드를 받으면 기간에 상관없이 계속 사용할 수 있다. 개발툴 다운로드를 위해 앱 허브 사이트 왼쪽 위의 Download the free tools 링크를 클릭한다. 개발툴 다운로드를 위한 안내 페이지가 나타날 것이다.

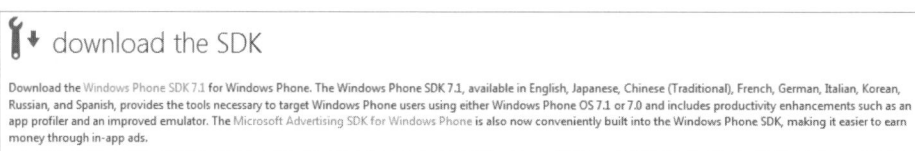

개발툴 다운로드 링크나 안내 페이지는 수시로 바뀔 수 있으므로 자세한 설치 안내는 최신 웹사이트를 참조하도록 하자. 본문 중에 Windows Phone SDK 7.1 링크를 누르면 설치 화면으로 넘어간다.

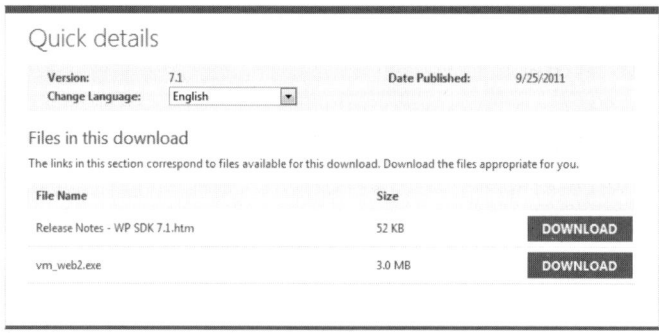

언어 콤보 박스에서 Korean을 선택하면 한국어로 바뀌며 한국어 페이지로 다시 이동한다. 한국어 개발툴을 설치하면 메뉴는 물론이고 예제의 주석이나 리소스의 샘플 문자열까지도 모두 한글로 나타난다. 그러나 한국어는 업데이트가 느리므로 영문에 비해 불리한 면이 있고 한국어라고 해서 도움말까지 한글로 나오는 것은 아니어서 별반 도움이 되지 않는다. 여기서는 업데이트에 유리한 영문 버전을 사용하기로 한다.

wm_web2.exe가 설치 파일이다. 다운로드 버튼을 누르고 실행하면 설치가 시작된다. 고작 3M 정도밖에 안되는 실행 파일이지만 필요한 요소를 다운로드받아 설치해 준다. 조건을 만족하지 않을 경우는 설치가 거부되는데 예를 들어 비스타는 서비스팩 2까지 업데이트되어 있어야 하며 이전 베타 버전의 일부라도 남아 있어서는 안 된다. 에러 메시지의 내용을 읽고 먼저 조건을 만족시켜야 한다.

이것저것 따로 설치하는 것이 아니라 원클릭으로 모든 설치가 완료되므로 편리하다. 설치 과정은 별 특별한 내용이 없으며 일반적인 응용 프로그램 설치와 유사하다. 라이센스에 동의하고 Install Now(한국어는 지금 설치) 버튼을 누르면 설치가 진행된다. Custom(사용자 지정) 버튼을 클릭하면 설치 경로를 원하는 곳으로 변경할 수 있다.

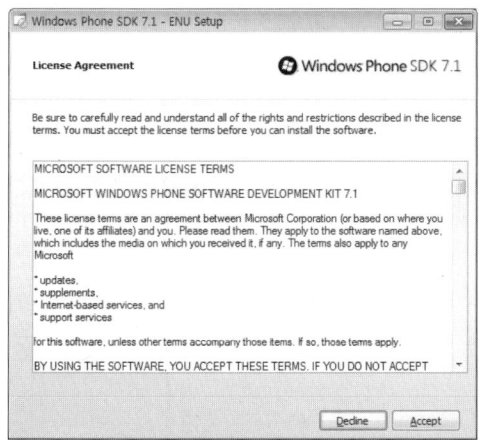 

닷넷 프레임워크 4, 개발 리소스, XNA Game Studio 등 여러 가지 구성요소를 다운로드받는데 용량이 작지 않으므로 시간이 꽤 오래 걸린다. 설치 시점에 따라 다운로드 시간은 가변적인데 빠를 때는 불과 몇 분에 완료되지만 접속자가 몰릴 때는 1시간 이상이 걸리기도 한다.

닷넷 프레임워크 4.0이 설치되어 있지 않을 경우 닷넷을 먼저 업데이트하며 이 과정에서 시스템 재부팅을 요구한다. 재부팅이 완료되면 설치가 계속된다. 업데이트를 미리 해 놓았다면 재부팅은 하지 않는다. 설치가 완료되면 다음 대화상자가 나타난다.

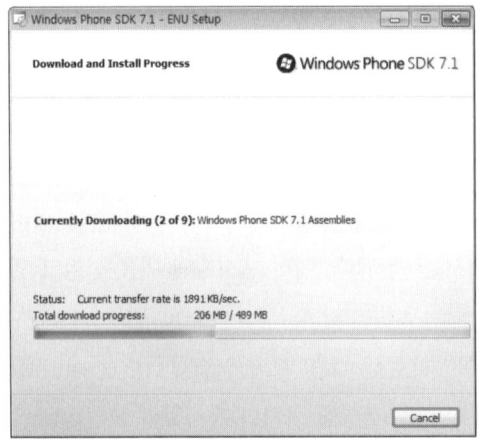

이 대화상자에서 Run 버튼을 누르면 비주얼 스튜디오 2010 익스프레스가 실행된다. 물론 이후에는 시작 메뉴에서 VS 2010 Express를 선택하면 된다. 앞으로 자주 사용할 것이므로 빠른 실행에 등록해 놓도록 하자. 개발툴의 모습은 다음과 같다.

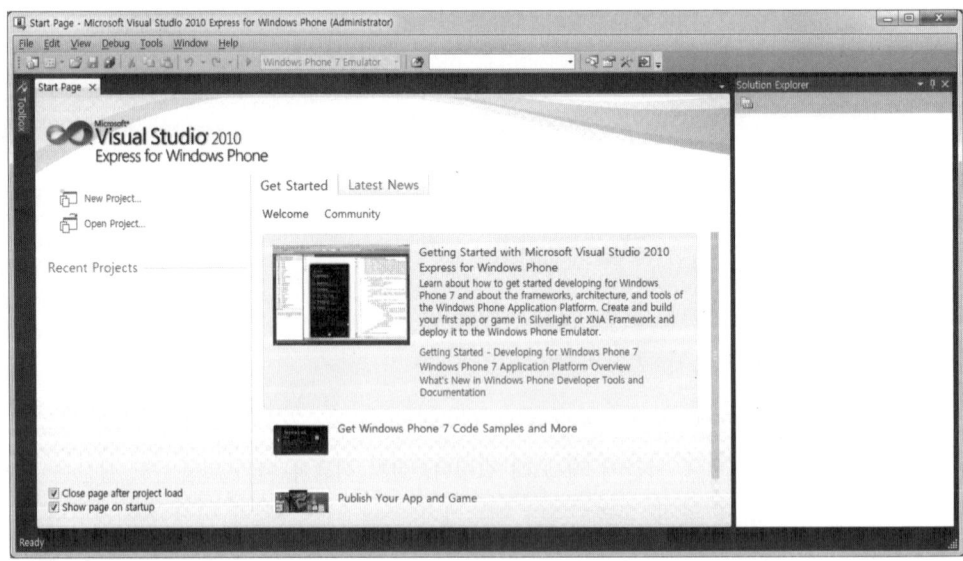

오른쪽에 솔루션 탐색기가 있고 중앙에 스타트 페이지가 있다. 스타트 페이지에는 처음 입문하는 사람들이 읽을 만한 문서들이 표시되어 있다. About 창의 버전을 확인해 보자.

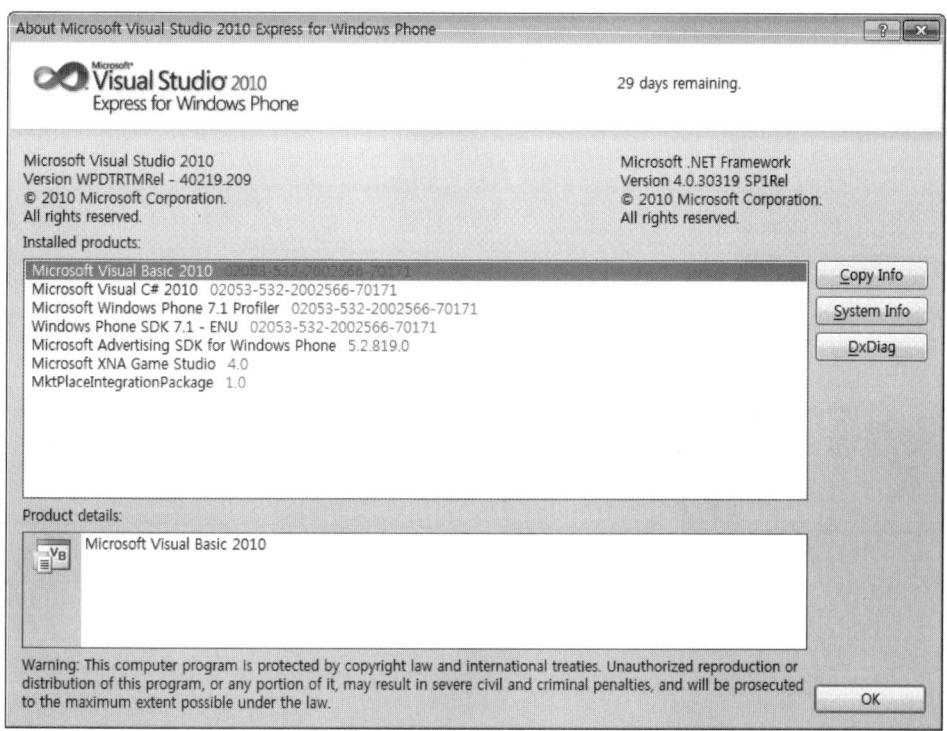

오른쪽 위에 보면 29일 남았다는 안내 문자열이 표시되는데 평가판이므로 30일 동안만 사용할 수 있다. 평가 기간 이후에도 계속 사용하려면 Live ID로 등록해야 한다. Live ID 등록을 위해 개인 정보를 요구하므로 완전한 무료는 아닌 셈이다. 치열한 경쟁 분위기상 개발툴은 통 크게 무료로 제공하는 것이 일반적인데 다소 쫀쫀해 보인다.

7.1 설치 후 새로 발표된 7.1.1 탱고 SDK도 같이 설치한다. 탱고는 별도의 SDK로 발표되어 있지 않고 7.1 설치 후 추가(Patch)되는 방식이다. 실행 파일을 다운로드받아 실행하면 바로 설치된다. 탱고는 저사양 장비를 위한 테스트 에뮬레이터만 제공할 뿐 특별히 추가된 기능이 없으므로 단순히 학습을 위해서라면 굳이 업데이트를 설치하지 않아도 상관없다. 이후에도 추가 업데이트가 발표되면 같은 방식으로 설치하면 된다.

이상으로 개발툴 설치를 마쳤다. 일반적인 응용 프로그램 설치 과정과 유사하므로 큰 어려움 없이 설치할 수 있다. VSE만 설치하면 필요한 관련 개발툴이 한꺼번에 설치되므로 추가로 더 설치해야 할 것은 없다. 다만, 차후에 어떤 프로그램을 개발하는가에 따라 SQL 서버나 Azure SDK 등이 더 필요할 수도 있다.

1-3-3 Live ID

윈도우폰 개발을 하려면 Live ID가 반드시 필요하다. Live ID는 마이크로소프트 제국에 들어 오기 위한 신분증명서에 해당한다. 단일 ID로 마이크로소프트의 여러 서비스를 이용할 수 있다. 최초 월릿(Wallet)이었다가 패스포트(Passport)로 이름이 바뀌었고 지금은 Live ID라고 한다. 마 이크로소프트의 여러 서비스를 실제로 사용해 봐야 정책을 이해할 수 있으며 그래야 윈도우폰도 더 잘 사용할 수 있다. 다음 사이트에서 가입한다.

```
https://www.live.com
```

회원 가입하는 것이므로 특별한 비용이 들지 않으며 절차도 간단하다. 한국에서 접속하면 한글로 된 페이지가 나타난다.

기존의 마이크로소프트 ID가 이미 있다면 오른쪽 로그인창에서 ID와 암호를 입력하고 로그인
하면 된다. 그렇지 않다면 왼쪽의 계정 신청 버튼을 눌러 새로 회원 가입한다. 국내의 웹사이트에
서 흔히 하는 회원 가입 절차와 비슷하다.

ID, 암호, 이름, 생년월일 정도의 간단한 정보만 입력하면 가입된다. 주민등록번호나 핸드폰 번호 따위의 민감한 정보는 요구하지 않으므로 부담 없이 가입할 수 있다. Live ID에 가입하면 핫메일을 이용할 수 있고 무료 파일 저장 공간인 SkyDrive에 25G의 웹 하드 공간도 자유롭게 활용할 수 있다.

Live ID의 서비스 종류와 자세한 사용 방법에 대해서는 여기서 소개하지 않는다. 다른 웹 서비스들과 마찬가지로 웬만한 건 다 지원되며 온라인상에 자세한 안내가 되어 있으므로 웹사이트를 참고하기 바란다. 매일 바뀌므로 지면에서는 소개해 봐야 별 의미가 없다.

Live ID를 만들었으면 이제 개발툴을 정식으로 등록할 수 있다. 사실 지금 Live ID가 필요한 이유가 바로 개발툴 등록 때문이다. VSE의 Help/Register Product 메뉴 항목을 선택하면 다음 대화상자가 나타난다.

아직 평가판 상태이며 평가 날짜가 지나면 사용할 수 없다. 평가 기간이 끝나기 전에 등록해야 한다. 등록키를 얻기 위해 가운데에 있는 Obtain 버튼을 누르면 다음 웹사이트로 이동한다.

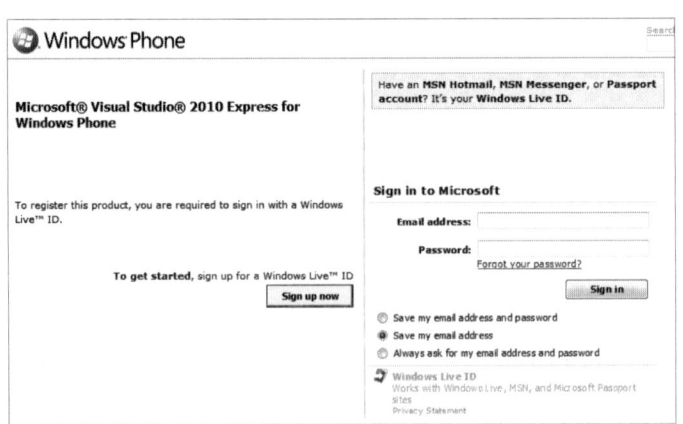

Live ID와 암호를 입력하여 로그인하면 간단한 설문 조사를 실시한다. 개인 정보와 관심 분야, 각 기술에 대한 숙련도 등을 입력한다.

꽤 양이 많은데 모든 설문에 답하면 최종적으로 다음과 같은 등록키가 발급된다. 나의 개인 정보로부터 발급된 키이므로 일부를 살짝 가렸다.

이 번호를 VSE의 등록 대화상자에 붙여 넣고 등록 버튼을 누르면 평가판 제약이 사라지며 기간에 상관없이 사용할 수 있다. About 대화상자를 열어 보면 며칠 남았다는 메시지가 사라졌을 것이다. 이 등록키는 계속 유효하므로 포맷한 후 다시 설치해도 재사용할 수 있다. 이상의 등록 과정은 차후의 정책에 의해 다소 변경될 수도 있지만 크게 달라지지는 않을 것이다.

마지막으로 개발자와 개발폰을 등록해야 한다. 개발자 등록을 해야 마켓 플레이스에 앱을 올려 판매할 수 있다. 또 실장비가 있더라도 개발폰으로 등록하지 않으면 예제를 장비에 올려서 테스트할 수 없다. 무분별한 불법 복제를 방지하기 위해 등록한 폰에 대해서만 예제 직접 설치를 허용한다. 최종적인 테스트와 판매를 위해서는 이 두 과정도 꼭 필요하다.

그러나 당장은 학습을 먼저 해야 하는 초보자에게 이 과정은 너무 복잡하고 비용도 많이 든다. 개발자 등록에 연 99$의 비싼 비용을 물어야 한다. 지금 공부를 시작하는 입장에서는 에뮬레이터 만으로도 충분하므로 이 과정이 당장 필요치는 않다. 99$는 1년간의 비용인데 공부하는데 1년이 걸리면 다시 재등록해야 하므로 지금은 그럴 필요가 없다. 그래서 개발자 등록은 공부가 어느 정도 진행된 후에 하는 것이 좋다. 이 책의 거의 마지막에 가서 마켓에 앱을 올리기 전에 개발자 등록을 할 것이다.

1-3-4 선수 과목

윈도우폰으로 모바일 개발을 하겠다고 결심한 사람은 어떤 식으로든 개발을 해 보았거나 최소한 언어에 대한 경험 정도는 있을 것이다. 설마 윈도우폰으로 프로그래밍에 입문하려는 사람은 없을 것이다. 윈도우폰 개발 환경은 프로그래밍 입문 환경으로는 전혀 적합하지 않다. 윈도우폰 개발을 하려면 다음과 같은 선수 과목을 먼저 학습해 두어야 한다.

- C# : 윈도우폰의 주 개발 언어이므로 기본 문법은 완전히 학습한 상태여야 한다. 언어만 사용하므로 닷넷의 윈폼이나 ADO는 몰라도 무관하다. 최소한 객체 지향 개념은 완벽하게 꿰뚫고 있어야 복잡한 클래스 계층을 쉽게 익힐 수 있다.
- XML : 실버라이트의 마크업 언어인 XAML은 XML 규칙을 따른다. XML 문서의 기본 규칙과 편집 방법 등에 대한 개념이 있어야 한다. XML 네임스페이스 정도까지만 이해하고 있다면 별 무리가 없다.
- 비주얼 스튜디오 : 기본 개발툴이므로 사용법을 잘 알아야 한다. 데스크탑 환경에서 마이크로소프트의 개발툴을 사용해 본 경험이 있으면 충분하며 그렇지 않다 하더라도 새로 배우는데 시간이 오래 걸리지는 않는다.
- 실버라이트 : 윈도우폰 UI 작성에 사용된다. 웹 실버라이트에 경험이 있다면 개발이 아주 쉬워진다. 모른다면 이 책과 함께 배우면 된다.

윈도우폰의 전신인 윈도우 모바일에 대한 경험은 없어도 무관하다. Win32를 직접 사용할 수도 없을뿐더러 개발 언어나 절차가 완전히 다르므로 과거의 경험이 별 도움이 되지 않는다.

차라리 아예 모르는 것이 더 나을 수도 있다. 윈도우 모바일은 윈도우폰과는 아예 다른 플랫폼이므로 이 책은 윈도우 모바일에 대해서는 언급하지 않는다.

선수 과목 중 준비가 안 된 부분이 있다면 이 책과 함께 공부하면 된다. 그러나 C#만큼은 반드시 완벽하게 이해한 상태여야 한다. C#은 하나의 독립된 언어이고 복잡한 문법 체계를 가지므로 실무 개발과 함께 공부하는 것은 무리이다. 병행 학습은 효율이 좋지 않으므로 콘솔 환경에서 문법을 확실히 습득 및 정리하는 것이 바람직하다. 닷넷의 기본 개념, 객체 지향 이론 등은 물론이고 최소한 다음 문법 정도는 확실하게 이해하고 있어야 한다.

- property 관련 문법
- partial class 선언
- Nullable 타입

실버라이트의 경우 슈퍼셋은 데스크탑의 WPF이다. WPF는 프리젠테이션을 위한 완벽한 기능을 제공하지만 너무 복잡해서 웹에 쓰기에는 부담스럽다. 그래서 WPF를 경량화하여 웹에 쓸 수 있도록 간략화한 것이 실버라이트이다. 모바일 환경의 실버라이트는 웹용 실버라이트에서 잘 안 쓰는 기능을 제거하고 모바일용으로 필요한 기능을 추가하여 정리한 것이다. 기술의 계보와 포함관계를 따져 보면 다음과 같다.

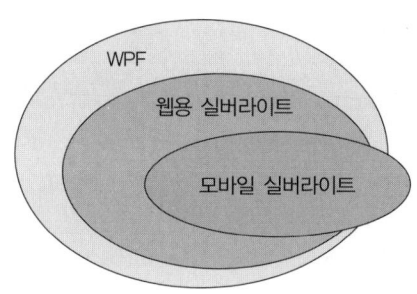

WPF를 간략화한 실버라이트를 다시 좀 더 줄이고 손질하여 만든 것이 바로 모바일 실버라이트이다. 기술의 원천이 WPF이므로 WPF에 대한 경험이 많다면 유리하며 웹용 실버라이트라도 해 보았다면 많은 도움이 될 것이다. 그러나 국내에는 이 두 기술이 많이 대중화되지 못했으므로 대부분의 경우 그렇지 못할 것이다. 이 책에서는 아예 실버라이트를 모른다고 가정하고 처음부터 설명한다.

제대로 개발을 하려면 윈도우폰 실장비도 하나 정도는 구비하는 것이 좋다. 에뮬레이터로도 대부분의 학습을 할 수 있지만 멀티 터치, 센서, 진동 등 특정 주제는 실장비에서만 테스트 가능하다. 장비를 구하는 가장 정석적인 방법은 대한민국 방방곡곡에 퍼져있는 핸드폰 가게에 가서 개통하는 것이다. 그러나 경제적 부담이 만만치 않은데다 일정 기간 통신사의 노예가 되어야 하므로 솔직히 선뜻 개통하기는 망설여진다.

그런 경우 중고로 장비를 장만하는 것도 한 방편이다. 굳이 개통하지 않아도 개발용으로 문제 없이 사용할 수 있으며 USIM만 바꿔 끼우면 실제 장비로도 사용할 수 있다. 초기에 개발자들이 들여온 중고 물량이 상당수 있어 구하기도 쉽다. 굳이 비싼 외제를 살 필요없이 국내 L사나 S사의 장비 정도면 이미 세계적인 품질을 만족하므로 국산으로 구입하면 된다. 윈도우폰은 운영체제 업데이트가 자동으로 수행되므로 굳이 최신폰을 고집할 필요도 없다.

나는 국내 L 사의 옵티머스7이라는 장비를 구입했으며 이 책의 모든 예제를 이 장비로 테스트 해 보았다. 초창기에 발매된 장비이지만 최신 윈도우폰 운영체제까지 무난하게 잘 업그레이드되었으며 안드로이드 장비에 사용하던 USIM을 끼우기만 하면 실제 통화용으로도 전혀 부족하지 않다.

학습을 하건 개발을 하건 제대로 하려면 일정 정도의 투자는 꼭 필요하다. 그러나 너무 서두를 필요는 없다. 장비를 구한다고 해서 바로 개발폰으로 쓸 수 있는 것은 아니고 개발자 등록 후 개발폰으로 등록하는 과정을 거쳐야 한다. 당장은 에뮬레이터로 실습 가능하므로 일단 보류해 두었다가 실력이 좀 늘고 실장비 테스트가 필요할 때 장만해도 늦지 않다.

CHAPTER 02
개발 환경

2-1 첫 번째 예제

2-1-1 WpFirst 예제

앞 장에서 윈도우폰에 대한 개요를 살펴보고 개발툴을 설치하여 모든 실습 준비를 완료했다. 이제 본격적인 개발 실습을 시작해 보자. 먼저 마법사로 기본 프로젝트를 생성 및 실행하여 개발 절차를 익혀 보고 마법사가 만든 프로젝트를 분석 및 수정해 보기로 한다. 마법사가 만든 프로젝트는 윈도우폰 프로젝트의 모범적인 구조와 골격을 잘 보여주므로 분석해 볼 가치가 충분하다.

비주얼 스튜디오 익스프레스를 실행하고 메뉴에서 File/New Project 항목을 선택(또는 단축키 Ctrl+Shift+N)하면 새 프로젝트를 생성하는 다음 대화상자가 나타난다. 익스프레스 버전이 아닌 정식 비주얼 스튜디오의 경우는 File/New/Project 식으로 메뉴가 한 단계 더 들어가며 대화상자의 모양도 조금 다르다. 하지만 큰 틀은 비슷하므로 VSE를 기준으로 설명해도 이해하는데 어려움은 없을 것이다. 이후 모든 실습은 VSE를 기준으로 한다.

대화상자의 왼쪽에는 VSE로 개발 가능한 템플릿의 범주가 표시되어 있다. C#과 비주얼 베이직 두 언어로 개발할 수 있으며 각각 실버라이트와 XNA 범주가 제공된다. 이 책은 C# 언어를 주로 사용하며 당분간은 실버라이트 프레임워크로 실습을 진행한다. C# 언어의 Silverlight for Windows Phone 범주를 선택하자.

개발툴을 최초 설치한 경우 디폴트 언어가 Visual Basic으로 선택되어 있는데 반드시 Visual C#으로 바꾸기 바란다. 언어를 선택하면 대화상자 중앙에 이 범주에 속하는 템플릿 목록이 나타나며 오른쪽에는 선택한 템플릿의 간략한 설명과 미리 보기가 표시된다. 윈도우폰용 앱을 생성하기 위해 템플릿 목록의 제일 위에 있는 Windows Phone Application 항목을 선택하고 프로젝트 이름은 WpFirst로 입력한다.

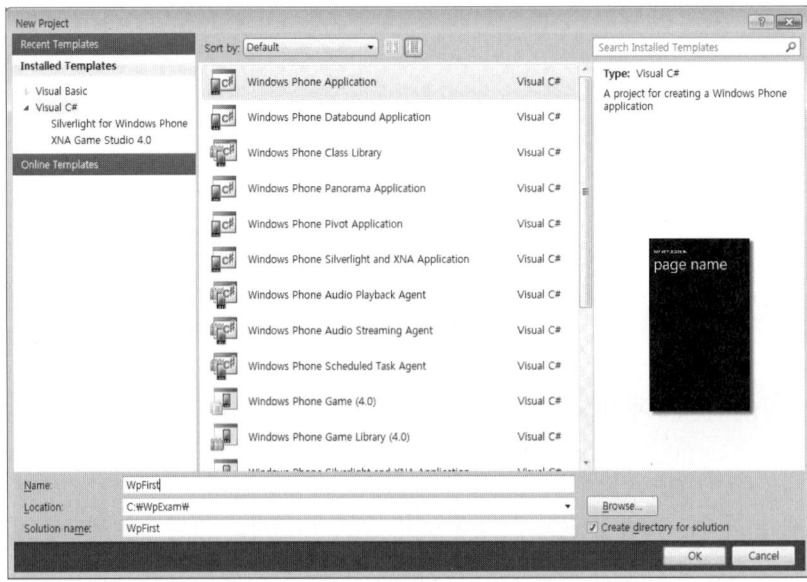

저장 위치는 적당한 실습 폴더를 지정하되 이 책은 C:\WpExam 폴더를 미리 준비해 두고 실습 폴더로 사용한다. 프로젝트 이름을 입력하면 솔루션 이름도 같은 이름으로 자동 입력된다. 예제별로 솔루션을 각각 따로 만드는 것이 관리하기 편리하므로 Create directory for solution 체크 박스도 그대로 두는 것이 좋다.

이 대화상자에서 다른 옵션은 특별히 조정할 것이 없으며 프로젝트 템플릿의 종류와 이름만 입력하면 된다. 아래쪽의 OK 버튼을 누르면 타겟 버전을 묻는 대화상자가 나타난다. 7.1 버전부터 멀티 타겟팅을 지원하므로 어떤 버전을 목표로 하는 프로그램인지를 선택해야 한다.

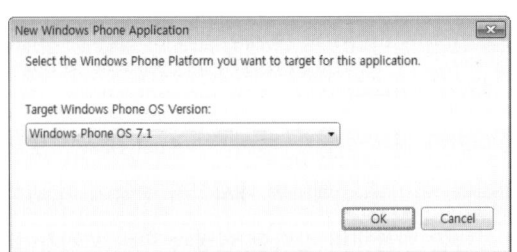

디폴트로 최신 버전이 선택되어 있으므로 특별한 이유가 없는 한 OK 버튼을 눌러 디폴트를
받아들이면 된다. 버전을 선택하면 새 프로젝트의 골격이 생성되고 첫 페이지인 MainPage.xaml
이 개발창에 열린다.

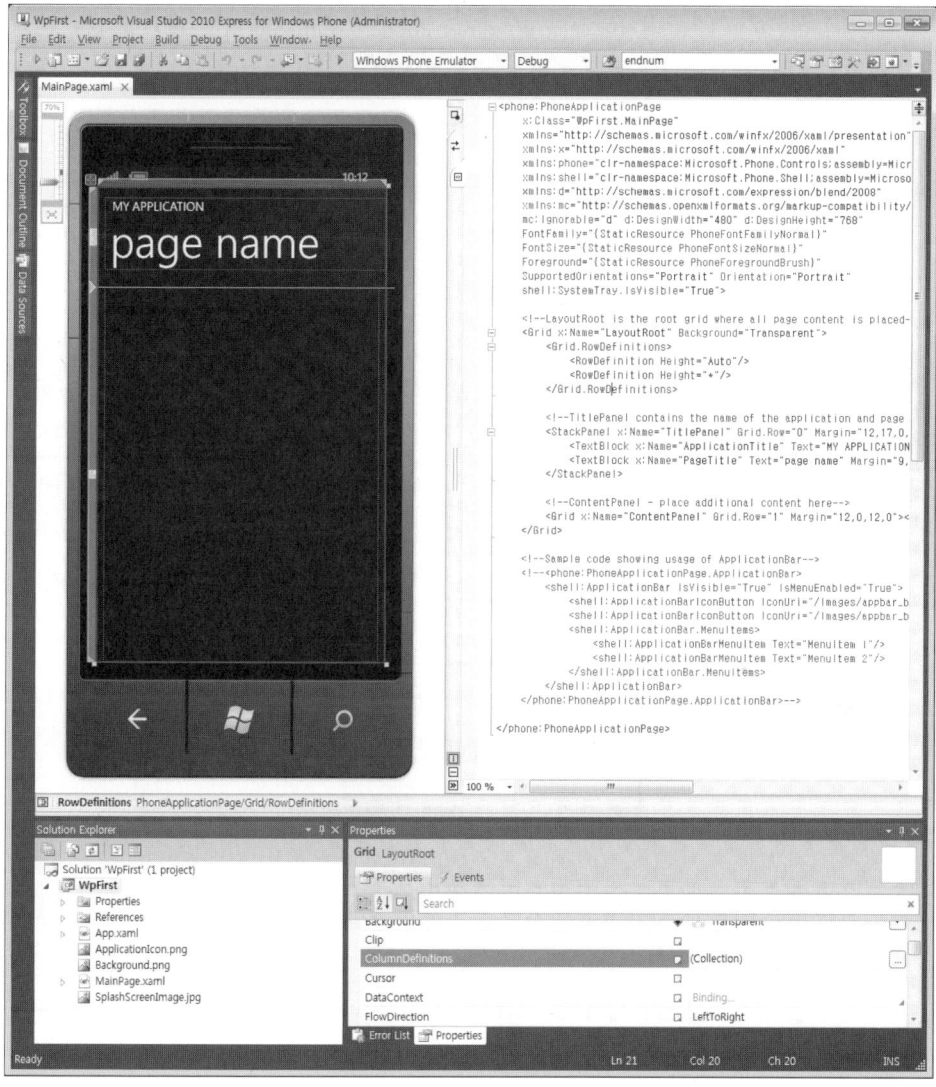

소스창은 왼쪽의 디자인 뷰와 오른쪽의 소스창으로 분할되어 있다. 디자인 뷰에 위젯을 드래
그하여 배치할 수도 있고 소스창에서 태그를 입력해 넣음으로써 위젯을 배치할 수도 있다. 솔루

션 탐색기에는 프로젝트의 구조가 나타나며 이 창에서 프로젝트의 구성 파일을 관리한다. VSE 의 각 변에 부착되는 창의 위치는 드래그하여 마음대로 변경할 수 있다.

마법사가 만든 프로젝트는 별다른 기능은 없지만 완벽한 구조를 가지고 있으며 그 자체로 실행 가능하다. 실행하기 전에 위쪽의 툴바에서 실행 대상이 Windows Phone Emulator로 되어 있는지 확인한다. 7.0 버전에서는 Windows Phone 7 Emulator라고 칭했었지만 7.1부터는 숫자 7이 빠져 윈도우폰이 7로 끝나지 않음을 분명히 하고 있다. 7.1.1에서는 한 번 더 바뀌어 256MB 의 저사양 장비를 위한 소형 에뮬레이터도 추가되었다.

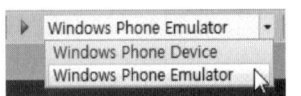 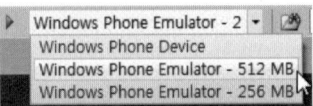

실장비와 에뮬레이터 중 하나를 선택할 수 있는데 대부분의 경우 아직 실장비가 없으므로 에뮬레이터에서 실행해 볼 것이다. 7.1.1을 설치한 경우라도 굳이 256MB 에뮬레이터로 테스트 할 필요는 없으므로 512MB 에뮬레이터를 선택하면 된다. 디폴트로 512MB 에뮬레이터가 선택 되어 있으므로 특별히 바꾸지만 않으면 된다. F5키를 눌러 실행하거나 툴바의 ▶ 버튼을 누르면 실행된다. 만약 대상을 실장비로 해 놓은 상태에서 실행하면 다음 에러 메시지가 나타난다.

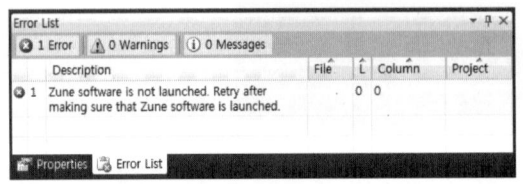

실장비에서 테스트하려면 개발자로 등록하고 개발폰도 언락해야 하며 Zune 소프트웨어를 설 치하고 장비를 연결해 두어야 한다. 비용도 많이 들고 무척 번거로우므로 당분간은 에뮬레이터 에서 실습하자. 이 에러 메시지가 나타나면 당황할 필요 없이 대상을 에뮬레이터로 바꾸기만 하면 된다.

F5를 누르면 에뮬레이터가 기동된다. 비록 가짜 장비이지만 하나의 완벽한 컴퓨터이므로 부팅 되는데 약간의 시간이 소요된다. 부팅 완료 후 예제가 에뮬레이터에 설치되고 잠시 후 마법사가 만든 프로젝트가 에뮬레이터 화면에 나타난다. 이때 VSE는 디버깅 모드로 전환하여 디버깅 준비

를 하며 디버깅 중에는 프로젝트의 소스를 편집할 수 없다.

마법사가 만든 프로젝트에는 별다른 코드가 없으므로 앱 이름과 페이지 이름을 표시하는 문자열만 두 개 나타날 뿐이다. 기본 구조만 가지는 예제이므로 화면을 클릭해 봐야 아무 반응이 없다. 화면 오른쪽의 숫자들은 성능 측정을 위한 참조값이며 디버깅 중에만 나타나므로 신경 쓰지 않아도 된다.

에뮬레이터 아래쪽의 Back 버튼(←)을 눌러 프로그램을 종료하면 디버깅이 끝나며 시작 화면으로 돌아온다. VSE는 디버깅을 종료하고 개발 상태로 즉시 돌아온다. 에뮬레이터 자체는 굳이 종료하지 않아도 상관없으며 다시 띄우는데 상당한 시간이 소요되므로 띄워 놓고 계속 사용하는 것이 편리하다. 디버깅 중에 에뮬레이터를 강제 종료하면 연결이 끊어진다는 귀찮은 메시지가 출력된다. 확인 버튼만 누르면 별다른 문제는 없다.

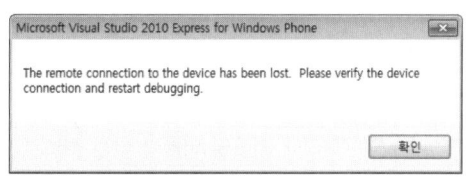

에뮬레이터를 띄워 놓은 상태에서 Back키를 눌러 프로그램을 정상 종료하는 것이 바람직하며 불가피할 경우 VSE에서 Shift+F5나 Debug 툴바의 Stop 버튼으로도 디버깅을 끝낼 수 있다. F5키로 실행하면 디버깅을 준비해야 하므로 VSE의 창들도 바뀌고 개발툴도 디버깅을 위해 같이 실행되므로 테스트 속도가 느리다. 디버깅이 아니라 단순히 결과만 확인하려면 Ctrl + F5로 실행하는 것이 편리하다.

2-1-2 프로젝트의 구조

마법사가 만든 첫 예제의 구조를 분석해 보자. WpFirst는 아무 기능이 없지만 윈도우폰용 앱의 기본 구조를 잘 보여주며 이 구조에 살을 붙여 프로그램을 완성해 나가므로 철저히 분석해 볼 필요가 있다. 여기서는 어디까지나 프로젝트의 거시적인 구조를 구경해 보는 것뿐이므로 모든 코드를 상세하게 다 이해할 필요는 없다.

솔루션 탐색기에는 프로젝트를 구성하는 모든 파일이 계층
적으로 표시되어 있다. 만약 솔루션 탐색기가 보이지 않는다
면 메뉴에서 View/other windows/Solution Explorer 항목을 선
택(Ctrl+W, S)하여 보이도록 하고 VSE의 한쪽 벽에 적당히
도킹시켜 둔다. 구성 파일의 종류에 따라 폴더별로 구분되어
있는데 모든 항목을 펼쳐 보면 다음과 같다.

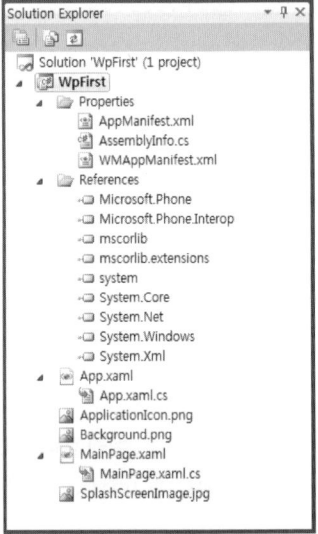

그룹별로 폴더를 구성하며 이미지 파일은 루트에 배치되어
있다. 이미지 파일은 다음 항에서 따로 연구해 볼 것이다.
Properties 폴더에는 프로젝트의 속성을 정의하는 다음 3개의
파일이 있다. 개발과 직접적인 연관성이 낮으며 구성 요건상
존재하는 파일이므로 지금은 가벼운 마음으로 구경만 해 보면
된다.

파 일	설 명
AppManifest.xml	패키지 생성에 필요한 정보들이 기록되어 있다. 컴파일을 위한 정보이므로 편집할 필요는 없다.
AssemblyInfo.cs	어셈블리에 기록될 이름과 버전 정보가 기록되어 있다.
WMAppManifest.xml	타이틀 바에 나타날 제목, 아이콘 등을 지정한다. 마켓에 배포하기 위한 정보들도 이 파일에 기록된다.

이 파일을 열어 보면 아직은 이해하기 어려운 구문들이 잔뜩 나열되어 있다. AppManifest.xml
은 사실상 아무 내용이 없고 비어 있으며 앞으로도 이 파일을 편집할 필요는 거의 없다.

WpFirst.AppManifest.xml

```
<Deployment xmlns="http://schemas.microsoft.com/client/2007/deployment"
        xmlns:x="http://schemas.microsoft.com/winfx/2006/xaml"
>
    <Deployment.Parts>
    </Deployment.Parts>
</Deployment>
```

AssemblyInfo.cs에는 프로젝트의 버전과 제작자에 대한 정보가 기록된다. 프로그램의 제목, 설명, 제작사 정보, 저작권자, 버전 정보 등의 메타 데이터가 포함되어 있으며 대부분의 정보는 비어 있는 상태이다.

WpFirst.AssemblyInfo.cs

```
using System.Reflection;
using System.Runtime.CompilerServices;
using System.Runtime.InteropServices;
using System.Resources;

// General Information about an assembly is controlled through the following
// set of attributes. Change these attribute values to modify the information
// associated with an assembly.
[assembly: AssemblyTitle("WpFirst")]
[assembly: AssemblyDescription("")]
[assembly: AssemblyConfiguration("")]
[assembly: AssemblyCompany("")]
[assembly: AssemblyProduct("WpFirst")]
[assembly: AssemblyCopyright("Copyright ©  2012")]
[assembly: AssemblyTrademark("")]
[assembly: AssemblyCulture("")]

// Setting ComVisible to false makes the types in this assembly not visible
// to COM components.  If you need to access a type in this assembly from
// COM, set the ComVisible attribute to true on that type.
[assembly: ComVisible(false)]

// The following GUID is for the ID of the typelib if this project is exposed to COM
[assembly: Guid("6a6de208-9b6c-4bea-b47d-99b43229493a")]

// Version information for an assembly consists of the following four values:
//
//      Major Version
//      Minor Version
//      Build Number
//      Revision
//
// You can specify all the values or you can default the Revision and Build Numbers
// by using the '*' as shown below:
```

```
[assembly: AssemblyVersion("1.0.0.0")]
[assembly: AssemblyFileVersion("1.0.0.0")]
[assembly: NeutralResourcesLanguageAttribute("en-US")]
```

프로그램을 최종 릴리즈할 때는 이 파일에 정확한 정보를 기록해 넣어야 한다. 이 파일은 손으로 직접 편집하는 것보다 프로젝트의 속성창에서 대화상자를 통해 편집하는 것이 편리하고 정확하다. Project/WpFirst Properties 메뉴를 선택하면 프로젝트 속성창이 나타나며 이 창에서 AssemblyInfo 버튼을 누르면 어셈블리 정보를 입력하는 대화상자가 나타난다.

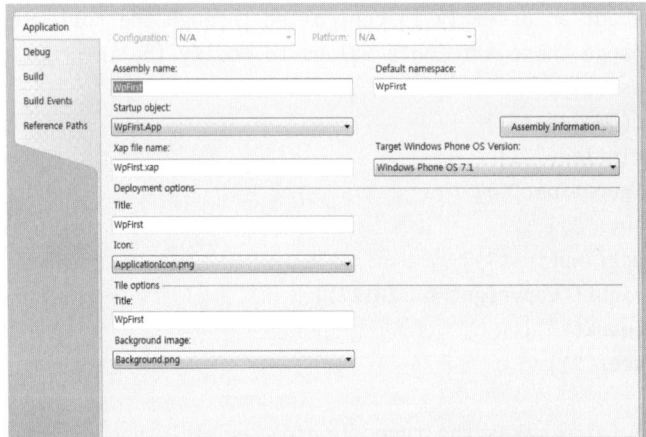

이 정보들은 프로그램의 실행과는 상관없고 배포나 업데이트시에 필요하다. 차후 마켓 플레이스에 등록할 때 누가 만든 프로그램인지 사용자들에게 보여지며 업데이트시 버전을 비교할 때 사용된다. 다음은 윈도우폰용 앱의 메타 데이터가 저장된 WMAppManifest.xml 파일을 보자. 이 파일에는 상대적으로 더 많은 정보가 기록되어 있으며 직접 편집해야 하는 경우도 가끔 있다.

WpFirst.WMAppManifest.xml

```xml
<?xml version="1.0" encoding="utf-8"?>

<Deployment xmlns="http://schemas.microsoft.com/windowsphone/2009/deployment"
AppPlatformVersion="7.1">
```

```xml
<App xmlns="" ProductID="{04163e7c-a37d-4f12-848f-06160acbda11}" Title="WpFirst"
RuntimeType="Silverlight" Version="1.0.0.0" Genre="apps.normal"  Author="WpFirst
author" Description="Sample description" Publisher="WpFirst">
    <IconPath IsRelative="true" IsResource="false">ApplicationIcon.png</IconPath>
    <Capabilities>
      <Capability Name="ID_CAP_GAMERSERVICES"/>
      <Capability Name="ID_CAP_IDENTITY_DEVICE"/>
      <Capability Name="ID_CAP_IDENTITY_USER"/>
      <Capability Name="ID_CAP_LOCATION"/>
      <Capability Name="ID_CAP_MEDIALIB"/>
      <Capability Name="ID_CAP_MICROPHONE"/>
      <Capability Name="ID_CAP_NETWORKING"/>
      <Capability Name="ID_CAP_PHONEDIALER"/>
      <Capability Name="ID_CAP_PUSH_NOTIFICATION"/>
      <Capability Name="ID_CAP_SENSORS"/>
      <Capability Name="ID_CAP_WEBBROWSERCOMPONENT"/>
      <Capability Name="ID_CAP_ISV_CAMERA"/>
      <Capability Name="ID_CAP_CONTACTS"/>
      <Capability Name="ID_CAP_APPOINTMENTS"/>
    </Capabilities>
    <Tasks>
      <DefaultTask  Name ="_default" NavigationPage="MainPage.xaml"/>
    </Tasks>
    <Tokens>
      <PrimaryToken TokenID="WpFirstToken" TaskName="_default">
        <TemplateType5>
          <BackgroundImageURI IsRelative="true" IsResource="false">Background.png
          </BackgroundImageURI>
          <Count>0</Count>
          <Title>WpFirst</Title>
        </TemplateType5>
      </PrimaryToken>
    </Tokens>
  </App>
</Deployment>
```

ProductID 속성에는 프로젝트의 고유한 번호인 GUID가 지정되어 있으며 이 값은 마켓 플레이스에서 앱끼리의 구분을 위해 사용되는 고유한 식별번호이다. 마법사가 프로젝트 생성시에 자동으로 붙이며 GUID의 특성상 절대로 중복되지 않으므로 프로그램의 고유 ID로 사용한다.

차후 격리 저장소를 관리할 때 이 값이 필요하다.

Capabilities 섹션에는 이 프로그램이 사용하는 기능들의 목록이 나열되어 있다. 예를 들어 ID_CAP_LOCATION은 위치 추적 장치인 GPS 기능을 사용한다는 뜻이다. 이 목록은 마켓 플레이스에서 노출되며 사용자들은 이를 보고 폰의 어떤 기능을 쓰는 앱인지 판단한다. 기본적으로 대부분의 기능이 미리 포함되어 있으므로 당분간은 건드릴 필요가 없지만 특수한 기능을 사용할 때는 직접 써넣어야 하는 경우도 있다.

DefaultTask 엘리먼트는 MainPage.xaml을 지정하고 있는데 이는 프로그램 실행 직후에 표시할 메인 페이지를 지정한다. 프로그램의 진입점(Entry Point)을 지정하는 역할을 한다. 이 구문이 있기 때문에 MainPage.xaml이 시작 페이지가 되며 실행 직후에 어떤 페이지를 열어야 하는지를 알게 된다. 프로그램의 배경 이미지나 제목 문자열 등도 기록되어 있다.

이상으로 Properties 폴더에 있는 세 파일의 내용을 살펴보았는데 대부분 고급 옵션들이라 당분간은 이 파일을 직접 편집할 필요가 없다. 고급 기능을 추가한다거나 마켓 플레이스에 제출하기 전에 편집하면 된다. 이 파일들을 편집할 필요가 있을 때 관련 부분에서 따로 언급하기로 한다.

References 폴더에는 이 프로젝트가 참조하는 라이브러리 파일들이 들어 있다. 닷넷 시스템, 윈도우폰 라이브러리, 윈도우 시스템 등 앱 제작에 필수적인 라이브러리들이 기본적으로 포함되어 있다. 더 필요한 추가 기능이 있으면 Project/Add Reference 메뉴 항목을 통해 라이브러리를 추가한다. 기본 포함된 라이브러리로 충분하지만 고급 기능을 사용할 때는 실습중에 종종 다른 라이브러리를 추가할 것이다.

App.xaml과 App.xaml.cs 파일 한 쌍은 응용 프로그램을 정의하며 시작, 활성화, 종료 등의 주요 이벤트를 처리하고 앱 전역 리소스를 정의한다. XAML 파일은 디자인이나 리소스를 정의함으로써 페이지의 외형을 만들고 CS 파일은 코드를 정의함으로써 동작을 기술한다. 이 두 파일은 항상 쌍으로 작성되며 솔루션 탐색기에는 XAML 아래에 CS 파일이 배치되어 종속적임을 나타낸다. App.xaml의 소스부터 보자.

App.xaml

```
<Application
    x:Class="WpFirst.App"
    xmlns="http://schemas.microsoft.com/winfx/2006/xaml/presentation"
    xmlns:x="http://schemas.microsoft.com/winfx/2006/xaml"
```

```
    xmlns:phone="clr-namespace:Microsoft.Phone.Controls;assembly=Microsoft.Phone"
    xmlns:shell="clr-namespace:Microsoft.Phone.Shell;assembly=Microsoft.Phone">

    <!--Application Resources-->
    <Application.Resources>
    </Application.Resources>

    <Application.ApplicationLifetimeObjects>
        <!--Required object that handles lifetime events for the application-->
        <shell:PhoneApplicationService
            Launching="Application_Launching" Closing="Application_Closing"
            Activated="Application_Activated" Deactivated="Application_Deactivated"/>
    </Application.ApplicationLifetimeObjects>

</Application>
```

루트 엘리먼트에는 네임스페이스가 4개나 선언되어 있다. XML 네임스페이스는 태그에 대한 접두 구분자이다. 데스크탑용 XAML이 윈도우폰용으로 확장되고 쉘 관련 기능도 포함하다 보니 네임스페이스가 많이 필요해졌다. 각 네임스페이스의 정의는 다음과 같다.

네임스페이스	설 명
xmlns	기본 네임스페이스이다.
x	XAML 관련 용어를 정의한다.
phone	윈도우폰 관련 용어를 정의한다.
shell	쉘 관련 용어를 정의한다.

Application.Resources 엘리먼트에는 색상이나 브러시, 스타일 등 앱 수준의 전역적인 리소스를 정의한다. 마법사가 만든 프로젝트에는 빈 태그만 작성되어 있는데 차후 이 태그 안에 필요한 리소스를 정의하게 된다. 당장은 비어 있지만 차후 전역 리소스를 작성할 일이 많으므로 마법사가 미리 빈 태그를 작성해 놓았다.

아래쪽에는 앱의 생명 주기를 처리하는 이벤트 핸들러 이름이 지정되어 있으며 이 메서드들은 코드 파일에 정의되어 있다. 다음은 App.xaml과 연결된 코드 파일을 보자. 길이가 꽹장히 길지만 주석만 잔뜩 작성되어 있고 빈 메서드들뿐이어서 실질적인 내용은 별로 없는 셈이다.

```csharp
using System;
using System.Collections.Generic;
using System.Linq;
using System.Net;
using System.Windows;
using System.Windows.Controls;
using System.Windows.Documents;
using System.Windows.Input;
using System.Windows.Media;
using System.Windows.Media.Animation;
using System.Windows.Navigation;
using System.Windows.Shapes;
using Microsoft.Phone.Controls;
using Microsoft.Phone.Shell;

namespace WpFirst
{
    public partial class App : Application
    {
        /// <summary>
        /// Provides easy access to the root frame of the Phone Application.
        /// </summary>
        /// <returns>The root frame of the Phone Application.</returns>
        public PhoneApplicationFrame RootFrame { get; private set; }

        /// <summary>
        /// Constructor for the Application object.
        /// </summary>
        public App()
        {
            // Global handler for uncaught exceptions.
            UnhandledException += Application_UnhandledException;

            // Standard Silverlight initialization
            InitializeComponent();

            // Phone-specific initialization
            InitializePhoneApplication();
```

```csharp
    // Show graphics profiling information while debugging.
    if (System.Diagnostics.Debugger.IsAttached)
    {
        // Display the current frame rate counters.
        Application.Current.Host.Settings.EnableFrameRateCounter = true;

        // Show the areas of the app that are being redrawn in each frame.
        //Application.Current.Host.Settings.EnableRedrawRegions = true;

        // Enable non-production analysis visualization mode,
        // which shows areas of a page that are handed off to GPU with a colored
        // overlay.
        //Application.Current.Host.Settings.EnableCacheVisualization = true;

        // Disable the application idle detection by setting the
        // UserIdleDetectionMode property of the
        // application's PhoneApplicationService object to Disabled.
        // Caution:- Use this under debug mode only. Application that disables
        // user idle detection will continue to run
        // and consume battery power when the user is not using the phone.
        PhoneApplicationService.Current.UserIdleDetectionMode =
        IdleDetectionMode.Disabled;
    }

}

// Code to execute when the application is launching (eg, from Start)
// This code will not execute when the application is reactivated
private void Application_Launching(object sender, LaunchingEventArgs e)
{
}

// Code to execute when the application is activated (brought to foreground)
// This code will not execute when the application is first launched
private void Application_Activated(object sender, ActivatedEventArgs e)
{
}

// Code to execute when the application is deactivated (sent to background)
// This code will not execute when the application is closing
private void Application_Deactivated(object sender, DeactivatedEventArgs e)
```

```csharp
{
}

// Code to execute when the application is closing (eg, user hit Back)
// This code will not execute when the application is deactivated
private void Application_Closing(object sender, ClosingEventArgs e)
{
}

// Code to execute if a navigation fails
private void RootFrame_NavigationFailed(object sender,
NavigationFailedEventArgs e)
{
    if (System.Diagnostics.Debugger.IsAttached)
    {
        // A navigation has failed; break into the debugger
        System.Diagnostics.Debugger.Break();
    }
}

// Code to execute on Unhandled Exceptions
private void Application_UnhandledException(object sender,
ApplicationUnhandledExceptionEventArgs e)
{
    if (System.Diagnostics.Debugger.IsAttached)
    {
        // An unhandled exception has occurred; break into the debugger
        System.Diagnostics.Debugger.Break();
    }
}

#region Phone application initialization

// Avoid double-initialization
private bool phoneApplicationInitialized = false;

// Do not add any additional code to this method
private void InitializePhoneApplication()
{
    if (phoneApplicationInitialized)
        return;
```

```
        // Create the frame but don't set it as RootVisual yet; this allows the
        // splash
        // screen to remain active until the application is ready to render.
        RootFrame = new PhoneApplicationFrame();
        RootFrame.Navigated += CompleteInitializePhoneApplication;

        // Handle navigation failures
        RootFrame.NavigationFailed += RootFrame_NavigationFailed;

        // Ensure we don't initialize again
        phoneApplicationInitialized = true;
    }

    // Do not add any additional code to this method
    private void CompleteInitializePhoneApplication(object sender,
    NavigationEventArgs e)
    {
        // Set the root visual to allow the application to render
        if (RootVisual != RootFrame)
            RootVisual = RootFrame;

        // Remove this handler since it is no longer needed
        RootFrame.Navigated -= CompleteInitializePhoneApplication;
    }

    #endregion
    }
}
```

소스 선두에는 using 선언문들이 작성되어 있다. 자주 사용하는 클래스들을 자유롭게 사용하기 위해 중요한 네임스페이스가 미리 포함되어 있다. 이 정도면 웬만한 예제는 다 만들 수 있지만 일부 고급 클래스들은 추가 using문이 필요하다.

실버라이트의 Application으로부터 파생된 App 클래스가 정의되어 있는데 이 클래스가 응용 프로그램 객체이다. 클래스 선언문에 partial 키워드가 지정되어 있음을 유의하자. partial은 클래스를 여러 모듈에서 나누어 선언한다는 뜻인데 이 코드 외에도 컴파일 중에 자동으로 생성되는 코드가 더 있다는 뜻이다. 나머지 조각은 잠시 후에 살펴볼 것이다.

멤버로 PhoneApplicationFrame 타입의 RootFrame 프로퍼티를 선언하는데 이 객체가 앱의 시작 화면이다. 윈도우폰 앱은 유일한 프레임 하나를 가지며 프레임은 여러 개의 페이지로 구성된다. 페이지는 필요한 만큼 얼마든지 추가할 수 있다. 프레임은 소속된 페이지를 관리하고 전환하는 중요한 역할을 하는데 RootFrame이 바로 그것이다.

생성자는 미처리 예외 핸들러를 지정하고 앱 실행에 필요한 초기화를 수행한다. InitializePhoneApplication에서 루트 프레임 객체를 생성하고 보이도록 만들며 차후의 참조를 위해 RootVisual 속성에 대입해 둔다. 디버깅 상태로 실행 중이면 프레임 카운트를 출력하고 아이들 탐지를 금지하여 디버깅의 효율성을 높인다.

생성자 아래쪽에는 생명 주기 메서드들과 치명적인 에러를 처리하는 메서드가 정의되어 있되 빈 메서드일 뿐이며 아직 코드는 없다. 앱수준의 시작, 종료, 활성화, 비활성화될 때의 처리가 필요하면 이 메서드의 본체에 코드를 작성한다. 에러 처리 메서드는 디버깅 중에 예외 발생시 프로그램 실행을 중지시키는 코드가 작성되어 있다.

App.xaml과 App.xaml.cs는 앱이 되기 위한 기본 요건만을 가지고 있을 뿐 아직은 알맹이가 없는 셈이다. 가장 중요한 파일은 메인 페이지의 구조와 동작을 지정하는 MainPage.xaml과 MainPage.xaml.cs 파일이며 이 파일에서 첫 화면의 디자인을 정의하고 코드를 작성하여 동작을 기술한다. 이 두 파일이 가장 중요하며 주요 실습 대상이다.

MainPage.xaml

```xml
<phone:PhoneApplicationPage
    x:Class="WpFirst.MainPage"
    xmlns="http://schemas.microsoft.com/winfx/2006/xaml/presentation"
    xmlns:x="http://schemas.microsoft.com/winfx/2006/xaml"
    xmlns:phone="clr-namespace:Microsoft.Phone.Controls;assembly=Microsoft.Phone"
    xmlns:shell="clr-namespace:Microsoft.Phone.Shell;assembly=Microsoft.Phone"
    xmlns:d="http://schemas.microsoft.com/expression/blend/2008"
    xmlns:mc="http://schemas.openxmlformats.org/markup-compatibility/2006"
    mc:Ignorable="d" d:DesignWidth="480" d:DesignHeight="768"
    FontFamily="{StaticResource PhoneFontFamilyNormal}"
    FontSize="{StaticResource PhoneFontSizeNormal}"
    Foreground="{StaticResource PhoneForegroundBrush}"
    SupportedOrientations="Portrait" Orientation="Portrait"
    shell:SystemTray.IsVisible="True">
```

```xml
<!--LayoutRoot is the root grid where all page content is placed-->
<Grid x:Name="LayoutRoot" Background="Transparent">
    <Grid.RowDefinitions>
        <RowDefinition Height="Auto"/>
        <RowDefinition Height="*"/>
    </Grid.RowDefinitions>

    <!--TitlePanel contains the name of the application and page title-->
    <StackPanel x:Name="TitlePanel" Grid.Row="0" Margin="12,17,0,28">
        <TextBlock x:Name="ApplicationTitle" Text="MY APPLICATION"
        Style="{StaticResource PhoneTextNormalStyle}"/>
        <TextBlock x:Name="PageTitle" Text="page name" Margin="9,-7,0,0"
        Style="{StaticResource PhoneTextTitle1Style}"/>
    </StackPanel>

    <!--ContentPanel - place additional content here-->
    <Grid x:Name="ContentPanel" Grid.Row="1" Margin="12,0,12,0"></Grid>
</Grid>

<!--Sample code showing usage of ApplicationBar-->
<!--<phone:PhoneApplicationPage.ApplicationBar>
    <shell:ApplicationBar IsVisible="True" IsMenuEnabled="True">
        <shell:ApplicationBarIconButton IconUri="/Images/appbar_button1.png"
        Text="Button 1"/>
        <shell:ApplicationBarIconButton IconUri="/Images/appbar_button2.png"
        Text="Button 2"/>
        <shell:ApplicationBar.MenuItems>
            <shell:ApplicationBarMenuItem Text="MenuItem 1"/>
            <shell:ApplicationBarMenuItem Text="MenuItem 2"/>
        </shell:ApplicationBar.MenuItems>
    </shell:ApplicationBar>
</phone:PhoneApplicationPage.ApplicationBar>-->

</phone:PhoneApplicationPage>
```

이 문서는 화면 하나에 대응되는 PhoneApplicationPage 객체를 정의한다. 프로젝트의 메인 페이지므로 첫 화면의 모습이라고 할 수 있다. 마법사가 만든 프로젝트는 메인 페이지 하나로만 구성되어 있지만 페이지는 필요한 만큼 더 추가할 수 있다. 페이지의 속성으로 네임스페이스와 페이지 전체에 적용되는 속성값들이 정의되어 있다.

App.xaml에 비해 d, mc 두 개의 네임스페이스가 더 정의되어 있는데 이것들은 우리가 직접 사용하는 것이 아니라 뷰 디자이너나 블랜드(Expression Blend) 등의 디자인 툴이 소스 관리를 위해 사용하는 것이다. 디자인 화면 크기 등의 속성이 정의되어 있는데 툴이 알아서 쓰는 것이므로 특별히 신경 쓸 필요가 없다.

FontFamily, FontSize, Foreground 속성은 페이지 전체에 적용되는 폰트, 색상값이며 절대값이 아닌 테마 스타일로 지정되어 있다. 테마가 바뀌면 이 값들도 영향을 받는다. SupportedOrientations 속성은 페이지가 지원하는 방향을 의미하되 디폴트는 세로 방향만 지원한다. SystemTray.IsVisible은 화면 상단에 있는 시스템 트레이의 보임 여부 지정한다.

PhoneApplicationPage 엘리먼트의 자식 엘리먼트로 페이지의 레이아웃을 정의한다. LayoutRoot 그리드 안에 TitlePanel 스택 패널과 ContentPanel 그리드가 배치되어 있다. 다음에 상세히 배우 겠지만 그리드는 표 형태로 컨트롤을 담는 컨테이너이며 스택 패널은 일렬로 컨트롤을 담는 컨테이너이다. 루트 레이아웃은 전체 화면이며 화면은 타이틀 영역과 내용물 영역으로 구성된다. 마법사가 용도에 따라 객체의 이름을 미리 적절하게 붙여 놓은 것이다.

타이틀 패널의 높이는 내용물만큼이고 컨텐트 패널이 나머지 전체를 다 차지한다. 타이틀 패널 안에 두 개의 텍스트 블록을 배치하여 앱 이름과 페이지 이름 문자열 두 개를 표시한다. 텍스트 블록(TextBlock)은 문자열을 출력하는 가장 단순한 컨트롤이다. 아래쪽의 컨텐트 패널 그리드에는 페이지의 실제 내용이 배치되는데 현재는 비어 있다. 실제 프로젝트에서는 사용자를 대면하는 컨트롤이 컨텐트 패널 그리드에 배치될 것이다.

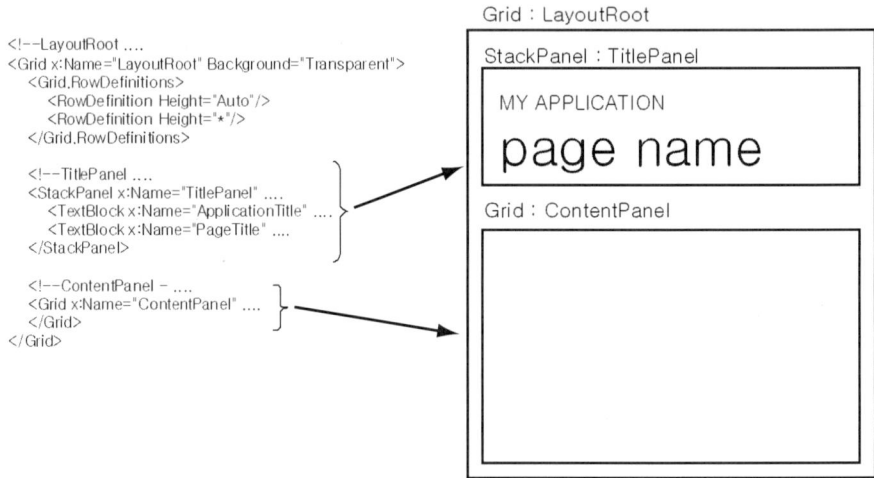

레이아웃 아래쪽에는 앱바와 메뉴를 정의하는 구문이 작성되어 있되 모든 앱이 앱바를 사용하는 것은 아니므로 주석 처리되어 있다. 앱바를 사용하고 싶으면 이 주석을 푼 후 적당한 아이콘을 제공하고 이벤트 핸들러를 작성하면 된다. 앱바나 메뉴를 사용하는 경우를 위해 마법사가 미리 샘플 앱바 생성문을 주석으로 제공한다.

화면 구성은 XAML 파일로 정의하고 동작은 대응되는 CS 파일로 처리한다. 솔루션 탐색기에서 MainPage.xaml 노드를 펼치면 대응되는 MainPage.xaml.cs 파일이 나타난다. 또는 팝업 메뉴에서 View Code(단축키 F7) 항목을 선택해도 된다.

MainPage.xaml.cs

```csharp
using System;
using System.Collections.Generic;
using System.Linq;
using System.Net;
using System.Windows;
using System.Windows.Controls;
using System.Windows.Documents;
using System.Windows.Input;
using System.Windows.Media;
using System.Windows.Media.Animation;
using System.Windows.Shapes;
using Microsoft.Phone.Controls;

namespace WpFirst
{
    public partial class MainPage : PhoneApplicationPage
    {
        // Constructor
        public MainPage()
        {
            InitializeComponent();
        }
    }
}
```

위쪽에는 App.xaml.cs와 마찬가지로 자주 사용하는 클래스를 위해 using 선언이 미리 되어 있다. MainPage는 실버라이트의 PhoneApplicationPage로부터 파생되며 페이지의 기본 기능을 가진다. App 클래스와 마찬가지로 partial로 선언되어 있음을 유의하자. 생성자에서 초기화 메서드인 InitializeComponent를 호출하는데 이 메서드에 의해 XAML 파일의 레이아웃이 화면에 나타난다.

마법사가 만든 소스 파일은 아니지만 컴파일 결과로 생성되는 파일도 있다. 이 파일들은 프로젝트의 소스가 아니어서 솔루션 탐색기에는 보이지 않으며 파일 탐색기로 봐야 보인다. 솔루션 탐색기에서 같이 보고 싶으면 상단의 두 번째 버튼인 Show All Files 버튼(📄)을 누른다. 이 옵션을 선택하면 오브젝트 파일이 저장된 obj 폴더와 실행 파일이 저장된 Bin 폴더도 솔루션 탐색기에 나타난다.

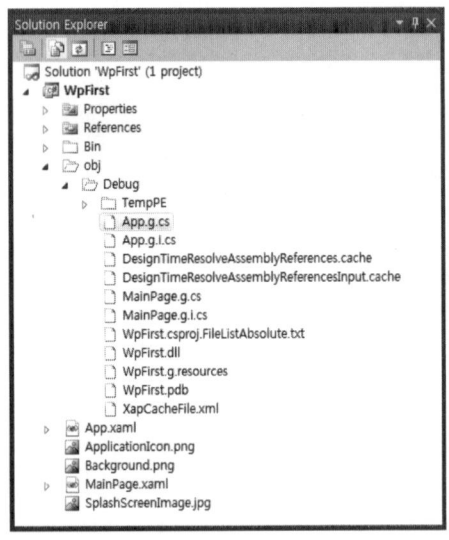

obj 폴더는 컴파일 중에 생성되는 목적 파일들과 중간 소스 파일들이 저장된다. obj/Debug 폴더에 여러 파일이 생성되어 있는데 그 중 App.g.cs 파일이 보일 것이다. 파일명 중간의 g는 컴파일 중에 생성(Generated)되었다는 의미이며 컴파일러가 XAML로부터 생성하는 코드가 여기에 작성된다. 자동으로 생성되는 파일이므로 우리가 직접 편집할 필요는 없으며 편집해서도 안 된다.

App.g.cs

```
#pragma checksum "C:\WpExam\WpFirst\WpFirst\App.xaml" "{406ea660-64cf-4c82-b6f0-42
d48172a799}" "2EF310DA8D6B401A135852884BB35090"
//-------------------------------------------------------------------------------
```

```
// <auto-generated>
//      This code was generated by a tool.
//      Runtime Version:4.0.30319.239
//
//      Changes to this file may cause incorrect behavior and will be lost if
//      the code is regenerated.
// </auto-generated>
//------------------------------------------------------------------------

using System;
using System.Windows;
using System.Windows.Automation;
using System.Windows.Automation.Peers;
using System.Windows.Automation.Provider;
using System.Windows.Controls;
using System.Windows.Controls.Primitives;
using System.Windows.Data;
using System.Windows.Documents;
using System.Windows.Ink;
using System.Windows.Input;
using System.Windows.Interop;
using System.Windows.Markup;
using System.Windows.Media;
using System.Windows.Media.Animation;
using System.Windows.Media.Imaging;
using System.Windows.Resources;
using System.Windows.Shapes;
using System.Windows.Threading;


namespace WpFirst {


    public partial class App : System.Windows.Application {

        private bool _contentLoaded;

        /// <summary>
        /// InitializeComponent
        /// </summary>
        [System.Diagnostics.DebuggerNonUserCodeAttribute()]
```

```
        public void InitializeComponent() {
            if (_contentLoaded) {
                return;
            }
            _contentLoaded = true;
            System.Windows.Application.LoadComponent(this, new
            System.Uri("/WpFirst;component/App.xaml", System.UriKind.Relative));
        }
    }
}
```

이 파일에서 App 클래스를 다시 정의하는데 보다시피 partial 지정자가 붙어 있다. App.xaml.cs
에서 정의한 App 클래스와 App.g.cs에 정의한 App 클래스가 합쳐져서 최종적으로 하나의 App
클래스가 된다. 닷넷은 컴파일러에 의해 클래스의 일부를 자동으로 생성하여 사용자의 코드와
합치기 위해 partial 키워드를 제공한다.

이 파일의 App 클래스는 사용자 코드의 생성자에서 호출하는 InitializeComponent 메서드를
정의한다. 이 메서드는 XAML 파일의 선언문을 읽어 객체를 만드는 역할을 한다. App.xaml에는
위젯이 없으므로 아직은 생성되는 객체가 없다. MainPage.xaml로부터 생성되는 MainPage.g.cs
파일을 보면 이 메서드가 어떤 역할을 하는지 감이 올 것이다.

MainPage.g.cs

```
#pragma checksum "C:\WpExam\WpFirst\WpFirst\MainPage.xaml" "{406ea660-64cf-4c82-b6
f0-42d48172a799}" "72DA2C8E69A2143D9C6F5DE57A909997"
//------------------------------------------------------------------------------
// <auto-generated>
//     This code was generated by a tool.
//     Runtime Version:4.0.30319.239
//
//     Changes to this file may cause incorrect behavior and will be lost if
//     the code is regenerated.
// </auto-generated>
//------------------------------------------------------------------------------

using Microsoft.Phone.Controls;
using System;
using System.Windows;
```

```csharp
using System.Windows.Automation;
using System.Windows.Automation.Peers;
using System.Windows.Automation.Provider;
using System.Windows.Controls;
using System.Windows.Controls.Primitives;
using System.Windows.Data;
using System.Windows.Documents;
using System.Windows.Ink;
using System.Windows.Input;
using System.Windows.Interop;
using System.Windows.Markup;
using System.Windows.Media;
using System.Windows.Media.Animation;
using System.Windows.Media.Imaging;
using System.Windows.Resources;
using System.Windows.Shapes;
using System.Windows.Threading;


namespace WpFirst {


    public partial class MainPage : Microsoft.Phone.Controls.PhoneApplicationPage {

        internal System.Windows.Controls.Grid LayoutRoot;

        internal System.Windows.Controls.StackPanel TitlePanel;

        internal System.Windows.Controls.TextBlock ApplicationTitle;

        internal System.Windows.Controls.TextBlock PageTitle;

        internal System.Windows.Controls.Grid ContentPanel;

        private bool _contentLoaded;

        /// <summary>
        /// InitializeComponent
        /// </summary>
        [System.Diagnostics.DebuggerNonUserCodeAttribute()]
        public void InitializeComponent() {
```

```
        if (_contentLoaded) {
            return;
        }
        _contentLoaded = true;
        System.Windows.Application.LoadComponent(this, new System.Uri
        ("/WpFirst;component/MainPage.xaml", System.UriKind.Relative));
        this.LayoutRoot = ((System.Windows.Controls.Grid)
                        (this.FindName("LayoutRoot")));
        this.TitlePanel = ((System.Windows.Controls.StackPanel)
                        (this.FindName("TitlePanel")));
        this.ApplicationTitle = ((System.Windows.Controls.TextBlock)
                        (this.FindName("ApplicationTitle")));
        this.PageTitle = ((System.Windows.Controls.TextBlock)
                        (this.FindName("PageTitle")));
        this.ContentPanel = ((System.Windows.Controls.Grid)
                        (this.FindName("ContentPanel")));
    }
  }
}
```

MainPage의 나머지 조각이 이 파일에 정의되어 있다. 클래스 선두를 보면 MainPage.xaml에서 선언한 LayoutRoot, TitlePanel 등의 엘리먼트들이 멤버로 선언되어 있다. InitializeComponent 메서드는 XAML 파일에 선언된 엘리먼트를 실제로 생성하고 이름으로부터 객체를 찾아 멤버에 대입한다. XAML 파일에 문자열 형태로 선언된 엘리먼트를 코드에서 바로 참조할 수 있는 객체로 생성 및 대입해 주는 것이다.

내부에서 이런 동작을 하기 때문에 사용자 코드에서는 XAML에 있는 엘리먼트를 객체처럼 바로 사용할 수 있다. XAML 문서에 엘리먼트를 배치하고 Name 속성에 이름만 지정하면 멤버 선언, 생성, 대입 등은 자동으로 처리되며 이런 자동화된 멤버 검색을 위해 클래스가 partial로 선언되어 있는 것이다. 자동 생성된 파일을 우리가 편집하거나 참조할 필요는 없지만 존재 자체는 알아 두는 것이 좋다.

Bin 폴더에는 컴파일된 실행 파일이 생성된다. 최종 결과 파일은 확장자가 XAP으로 되어 있는 압축 파일이다. 이 압축 파일 안에 배경 이미지와 실행 파일인 DLL, 매니페스트 등이 저장되어 있다. 확장자는 XAP이지만 실제 포맷은 ZIP이므로 압축 유틸리티로 안쪽의 내용을 살펴볼 수 있다.

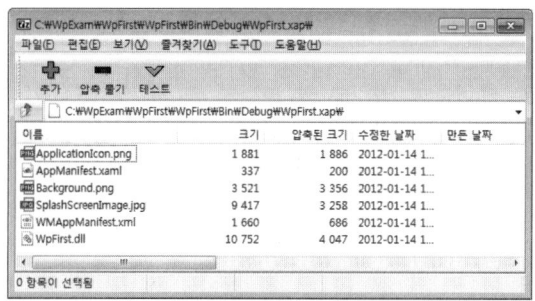

프로젝트에 이미지나 리소스를 추가하면 이 XAP 파일 안에 포함되어 같이 배포되며 마켓 플레이스에 제출할 때 라이센스 키나 서명 등이 포함된다. 즉, XAP은 완성된 프로젝트의 최종 결과물이며 폰에 바로 설치할 수 있는 배포 파일이다.

이상으로 마법사가 생성한 프로젝트의 구성 파일과 중간 파일, 그리고 최종 실행 파일까지 두루 살펴보았다. 처음 배우는 단계에서는 이 구조가 무척 복잡해 보이고 헷갈리겠지만 이 모두를 지금 다 알아야 하는 것은 아니므로 걱정할 필요는 없다. 당분간은 MainPage만 잘 편집하면 원하는 대부분의 작업을 다 할 수 있다.

2-1-3 수정 및 에러 처리

분석이 끝났으므로 이제 분석된 예제를 조금이나마 뜯어고쳐 보자. 마법사가 만든 프로젝트를 분석하는 것은 재미도 없고 따분하다. 뭔가 만들어 보고 결과가 화면에 나타나는 것을 확인해 봐야 실습하는 재미가 있는 법이다. 아직 배운 것이 별로 없으므로 많이 수정해 볼 수는 없지만 일부 출력문 정도는 바꿔 볼 수 있을 것이다.

MainPage.xaml 파일을 열고 소스 편집창을 보면 타이틀 패널에 두 개의 TextBlock 컨트롤이 배치되어 있다. 첫 번째 TextBlock의 Text 속성에 MY APPLICATION이라는 문자열이 지정되어 있는데 이 문자열이 화면 상단에 나타나는 앱의 이름이다. 이 속성을 Test Application으로 수정해 보자. 소스 편집창은 메모장과 기능이 비슷하므로 키보드로 직접 문자열을 수정하면 된다.

```
<!--TitlePanel contains the name of the application and page title-->
<StackPanel x:Name="TitlePanel" Grid.Row="0" Margin="12,17,0,28">
    <TextBlock x:Name="ApplicationTitle" Text="MY APPLICATION" Style="{Stat
    <TextBlock x:Name="PageTitle" Text="page name" Margin="9,-7,0,0" Style='
</StackPanel>
```

소스 편집창에서 문자열을 편집하면 디자인 뷰의 문자열도 같이 바뀐다. 다음은 그 아래에 있는 페이지 제목 텍스트 블록을 수정해 보자. 이번에는 소스 편집창에서 바꾸지 말고 속성창을 사용한다. 디자인 뷰의 page name 컨트롤에서 마우스 오른쪽 버튼을 눌러 팝업 메뉴를 불러내고 Properties 항목을 선택하면 다음과 같은 속성창이 열린다. 속성창은 작업하기 편한 곳에 도킹 시켜 놓고 사용할 수 있다.

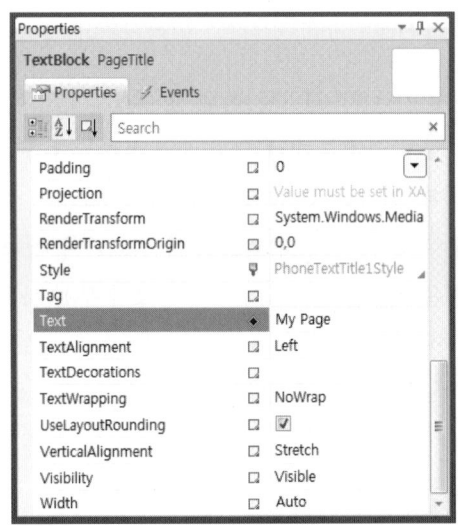

속성창에는 텍스트 블록의 속성들이 나열되는데 Text 속성을 찾아 오른쪽 란에 My Page라고 입력한다. 디자인 뷰와 소스창의 내용도 동시에 바뀔 것이다. 소스창의 텍스트 블록 엘리먼트는 다음과 같아진다.

```
<TextBlock x:Name="ApplicationTitle" Text="Test Application"
        Style="{StaticResource PhoneTextNormalStyle}"/>
<TextBlock x:Name="PageTitle" Text="My Page" Margin="9,-7,0,0"
        Style="{StaticResource PhoneTextTitle1Style}"/>
```

여기까지 작업한 후 F5키를 눌러 실행해 보면 변경된 문자열이 에뮬레이터에 나타난다. 윈도 우폰 프로젝트는 유니코드에 기반하므로 한글 문자열도 출력 가능하다. 세팅에서 언어를 한글로 바꾸지 않아도 출력은 별다른 조건 없이 언제나 가능하며 이는 한글뿐만 아니라 세계의 모든 언어가 다 마찬가지이다. 따옴표 안에 원하는 문자열을 기입하면 된다.

컨트롤의 속성을 편집하는 방법 두 가지를 모두 실습해 보았다. 소스창에서 직접 수정할 수도 있고 GUI 방식의 속성창에서 수정할 수도 있는데 속성창이 더 예뻐 보이지만 실제로는 소스창에서 바로 수정하는 것이 더 빠르다.

이번에는 에러를 수정해 보자. 소스를 잘못 편집하여 오타나 구문상의 에러가 발생하면 문제되는 부분에 밑줄을 그어 표시해 준다. 소스를 다음과 같이 잠시 변경해 보자.

```
<!--TitlePanel contains the name of the application and page title-->
<Stack x:Name="TitlePanel" Grid.Row="0" Margin="12,17,0,28">
    <TextBlock x:Name="ApplicationTitle" Test="테스트 앱" Style="{Stati
    <TextBlock x:Name="PageTitle" Text="나의 페이지" Margin="9,-7,0,0" ￦
</StackPanel>
```

StackPanel의 여는 태그를 Stack으로 바꾸고 TextBlock의 Text 속성을 Test로 잘못 입력했다고 하자. 에러가 있는 부분에 즉시 밑줄이 그어지므로 컴파일하지 않고도 오타 여부를 바로 알수 있다. 밑줄이 그어진 구문에 커서를 가져가면 어떤 이유로 에러가 발생했는지 풍선 도움말로 알려 준다. 에러가 있는 상태에서 F5키를 누르면 에러가 발생한 부분의 줄 번호와 에러의 이유가 Error List 창에 출력된다.

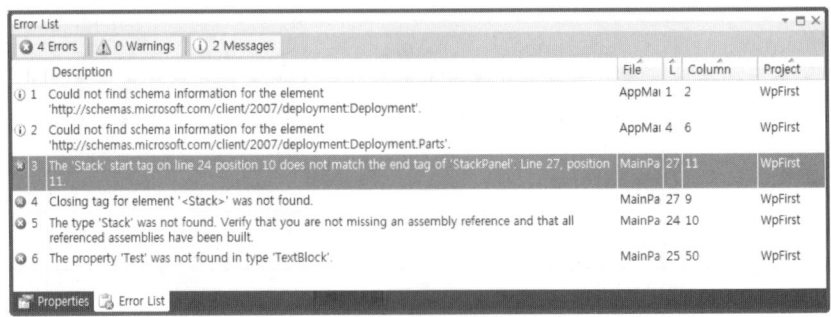

목록에서 수정할 에러를 더블클릭하면 에러가 발생한 곳으로 즉시 이동한다. 툴이 오류를 실시간으로 알려 주므로 오타 정도는 수정하기 쉽다. 물론 툴이 지적해 주는 오류는 어디까지나 문법적인 오류에 국한되며 논리적인 오류는 디버거로 잡아야 한다.

2-1-4 이미지 파일

마법사가 만든 프로젝트에는 3개의 이미지 파일이 포함되어 있다. 별도의 폴더에 들어 있지 않고 루트에 배치되어 있으며 솔루션 탐색기에서 더블클릭하면 모양을 즉시 확인할 수 있다.

파 일	설 명	이미지
ApplicationIcon.png	응용 프로그램 아이콘이며 앱 목록에 이 아이콘이 표시된다. 크기는 62*62이다.	
Background.png	앱이 라이브 타일에 등록될 때 사용할 백그라운드 이미지이다. 173 * 173 크기로 정의되어 있다.	
SplashScreenImage.jpg	실행 직후에 첫 페이지가 초기화되기 전에 나타나는 대기 화면 이미지이다. 시계가 그려진 큰 이미지이다. 윈도우폰의 물리적인 화면 크기인 480 * 800의 크기를 가진다.	

이 이미지들이 어디에 사용되는지 확인해 보자. 에뮬레이터의 시작 화면에서 오른쪽 끝에 있는 ⊙ 버튼을 클릭하면 설치된 프로그램의 목록이 나타난다. 에뮬레이터는 실제폰과 달리 웹 브라우저, 설정 2개의 앱만 설치되어 있으며 방금 우리가 실습했던 WpFirst도 같이 설치되어 있을 것이다. ApplicationIcon.png 이미지는 이 목록에서 앱을 대표하는 이미지로 사용된다.

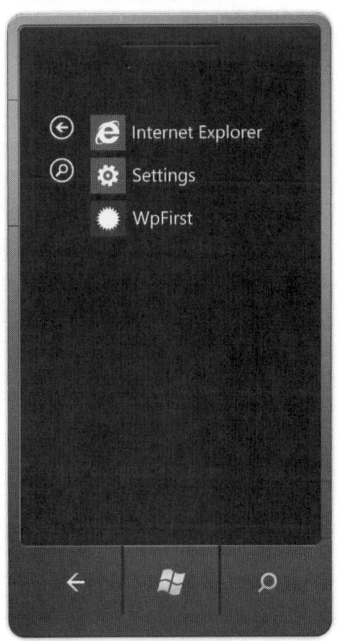

목록에서 이 아이콘을 클릭하면 WpFirst 앱이 실행된다. 자주 사용하는 앱은 시작 화면에 타일로 고정할 수도 있다. 윈도우즈에서 자주 사용하는 프로그램의 아이콘을 작업 표시줄의 빠른 실행 툴바에 등록하는 것과 유사하다. 앱 목록에서 WpFirst 아이콘을 롱 클릭하면 팝업 메뉴가 나타나는데 여기서 pin to start 항목을 선택하면 시작 화면에 앱이 고정된다. 시작 화면의 타일에 표시되는 이미지가 Background.png이며 아이콘 이미지보다는 훨씬 더 크다.

앱 목록에서건 타일에서건 아이콘을 클릭하면 앱이 실행된다. 앱이 실행되는동안 약간의 초기화 과정을 거치는데 이 기다리는 시간 동안 SplashScreenImage.jpg가 화면에 표시된다. WpFirst 예제의 경우 기동 시간이 짧기 때문에 스플래시 화면이 큰 의미가 없고 보이는 시간도 거의 순간에 불과하다. 하지만 초기화 시간이 꽤 오래 걸리는 대형 프로그램의 경우는 어떤 프로그램이 기동 중인지 사용자에게 명확하게 알리는 것이 좋다.

이 세 이미지는 모든 앱에 공통적으로 필요하므로 마법사가 미리 디폴트를 만들어 프로젝트에 포함시켜 놓았다. 하지만 모양이 너무 획일적이고 멋도 없어 프로그램의 개성을 표현하기에는 적합하지 않다. 아이콘은 프로그램의 얼굴과도 같으므로 상용으로 판매할 앱이라면 프로그램의 특징을 잘 설명할 수 있는 아이콘을 디자인해야 하며 스플래시 화면도 멋들어지게 만들어 기다리는 시간 동안 지루하지 않도록 해야 한다.

아이콘의 디자인을 바꾸는 방법은 간단하다. 마법사가 만든 이미지와 동일한 크기의 그래픽 파일을 원하는 모양으로 디자인한 후 프로젝트에 포함시킨다. 이미지 파일의 이름은 WMAppManifest. xml에 기록되어 있으므로 이 파일을 수정하면 임의의 그래픽 파일로 교체할 수 있다. 그러나 매니페스트를 직접 편집하는 것은 오타가 발생할 위험이 있으므로 가급적이면 프로젝트 속성창에서 지정하는 것이 바람직하다.

속성창 아래쪽에 Icon과 Tile의 Background Image 콤보 박스를 열어 원하는 그래픽 파일로 변경한다. 속성창을 편집하면 매니페스트 파일에도 적용된다. 스플래시 이미지는 이름이 고정되어 있어서 다른 파일로 바꿀 수 없다. 디자인을 변경하려면 마법사가 만들어 놓은 SplashScreenImage. jpg 그래픽 파일 자체를 수정해야 한다. 아이콘이나 타일 이미지도 동일한 방법으로 파일 자체를 수정할 수 있다.

솔루션 탐색기에서 이미지 파일을 더블클릭하면 그림판이 열리며 그림판으로 이미지를 편집한다. 비주얼 스튜디오는 내장 이미지 편집기가 제공되지만 무료로 배포되는 VSE는 그렇지 못하므로 외부의 편집기가 열리는데 통상 그림판이다. 그림판은 기능이 너무 부족하므로 포토샵 같은 전문 그래픽 편집툴을 사용하는 것이 편리하다.

예쁘고 직관적인 아이콘은 마켓 플레이스에서 성공하는 주요 요인 중 하나이다. 성능 좋은 코드만큼이나 아이콘의 첫인상이 중요하므로 세심하게 신경 써야 하는 부분이다. 그러나 이 책의 모든 예제는 어디까지나 실습용 예제들이므로 별도의 아이콘을 디자인하지 않고 마법사가 제공한 디폴트 이미지만 사용한다.

2-2 개발툴

2-2-1 비주얼 스튜디오

윈도우폰 앱 개발용으로 배포되는 비주얼 스튜디오 익스프레스(VSE)는 무료 툴이지만 상용 툴에 못지않은 편리함을 제공한다. 프로젝트의 골격을 만들어 주는 마법사, 화면을 비주얼 편집할 수 있는 디자이너, 컨트롤의 속성을 편집하는 속성창 등 컴파일러가 갖추어야 할 모든 기능을 빠짐없이 다 구비하고 있다.

비주얼 스튜디오와 사용 방법이 거의 유사하므로 기존 사용자들은 따로 배울 필요도 없을 정도로 직관적이다. 만약 비주얼 스튜디오를 처음 사용한다면 여기서 간단하게나마 사용 방법을 알아보자. 쉬운 툴이지만 익숙한 사람들도 미처 기능을 잘 몰라 제대로 활용하지 못하는 경우가 있으므로 어떤 기능들이 있는지 한 번쯤은 연구해 보는 것이 좋다.

소스 편집창에는 여러 파일을 열어 놓고 편집할 수 있다. 솔루션 탐색기에서 파일을 더블클릭하면 소스창에 즉시 열린다. 열려 있는 모든 파일이 소스창 위쪽에 탭으로 표시되며 탭을 클릭하면 즉시 전환된다. 키보드로 창을 전환할 때는 Ctrl+Tab키를 눌러 문서 목록을 불러낸 후 원하는 문서에 포커스가 맞춰질 때까지 Tab키를 누른 후 놓으면 즉시 전환된다.

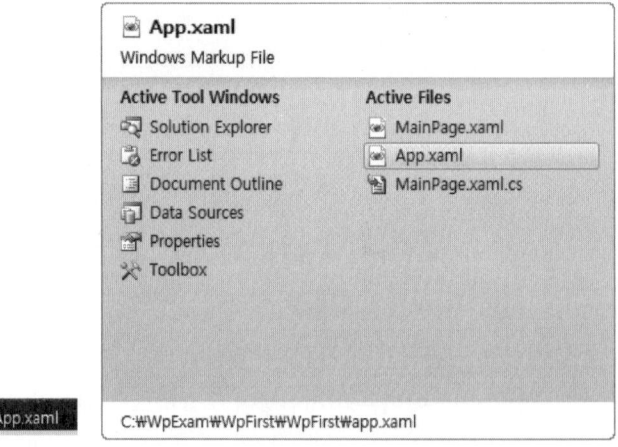

주로 두 파일 사이를 왔다 갔다 하며 편집한다면 Ctrl+Tab만 눌러도 두 파일이 빠르게 토글된다. XAML 파일은 디자인 뷰와 소스 뷰 두 개의 페인으로 분할 표시되어 화면 모양과 소스를 동시에 보면서 편집할 수 있다. 어느 쪽에서 편집을 하건 양쪽의 디자인과 소스는 실시간으로 동기화된다.

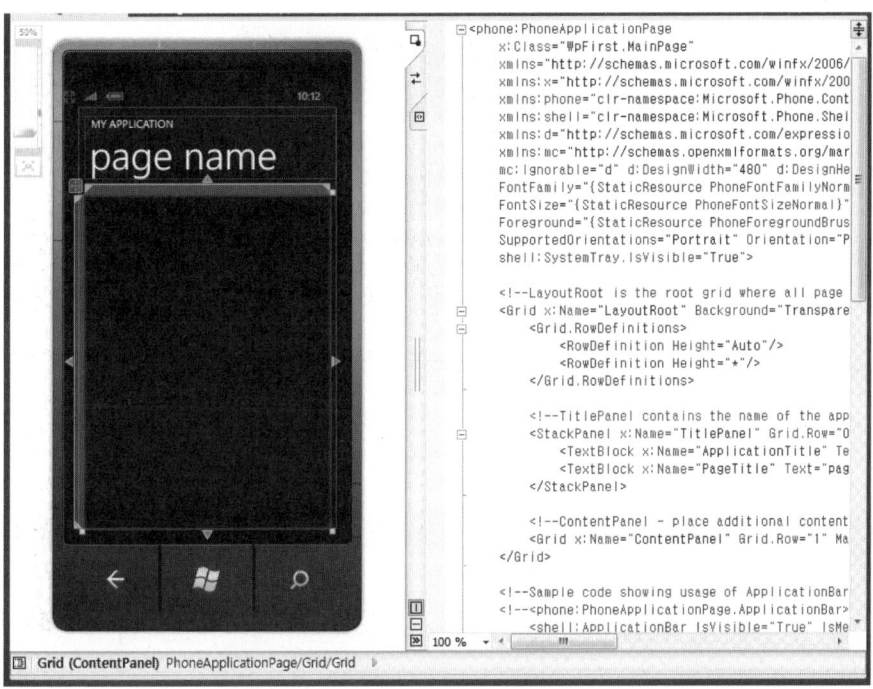

디자인 뷰 왼쪽에 흐릿하게 표시되는 슬라이더를 드래그하여 미리 보기의 확대 배율을 조정한다. 100% 배율이 가장 정확하지만 화면 면적을 너무 많이 차지하는 문제가 있다. 대충의 모양만 확인한다면 50% 정도만 해도 충분히 쓸만하다. 디자인 뷰와 소스 뷰 중간의 경계선을 드래그하여 양쪽 뷰의 비율을 조정할 수 있으며 경계선 아래, 위쪽의 버튼들로 두 뷰의 배치 상태를 빠르게 전환할 수 있다.

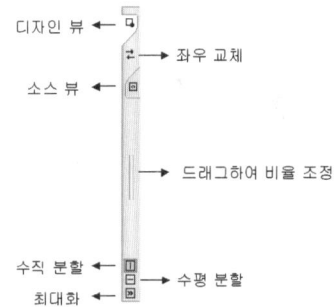

디자인 뷰는 잠시 숨겨 두고 소스를 최대한 넓게 보고 싶다면 경계선의 소스 뷰 아이콘을 더블클릭한다. 최대화된 상태에서 경계선의 분할 버튼이나 확장 버튼을 다시 클릭하면 원래 상태로 돌아온다. 소스는 주로 가로로 길므로 작은 모니터에서 긴 줄을 편집하기 불편한데 이럴 때는 수직 분할을 사용하는 것도 괜찮은 방법이다.

예제의 경우 주로 상단에 컨트롤이 배치되어 굳이 미리 보기의 아래쪽을 볼 필요가 없는데 이럴 때는 수직 분할 배치가 효율적이다. 물론 모니터가 충분히 넓다면 어느 방향으로나 두 뷰를 널찍하게 볼 수 있어 편리할 것이다. 고해상도 모니터나 듀얼 모니터가 있다면 작업 효율이 엄청나게 향상된다.

소스창은 수직으로 2분할 가능하여 동시에 소스의 두 군데를 보면서 편집할 수 있다. 길이가 긴 소스를 편집할 때는 위쪽을 참조하면서 아래쪽을 편집할 수 있어 이 기능이 굉장히 편리하다. 스크롤 바 위쪽의 분할 버튼을 더블클릭하면 절반으로 분할되며 드래그하면 임의의 비율로 분할 된다. 분할된 상태에서 경계선을 더블클릭하면 분할 전의 원래 상태로 돌아간다.

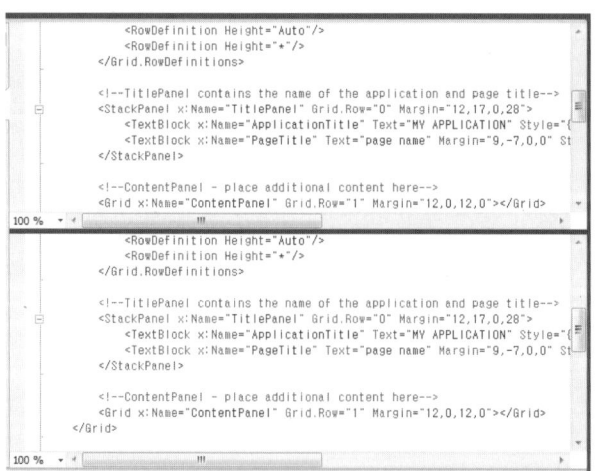

VSE의 각 벽에는 여러 가지 뷰가 도킹되어 있으며 이 뷰들을 통해 정보를 보거나 컨트롤의 속성을 편집한다. View/Other Windows 메뉴에는 VSE가 제공하는 모든 뷰의 목록이 있으며 이 메뉴에서 보고자 하는 뷰를 선택한다. 다음은 아래쪽에 솔루션 탐색기, 에러 목록, 속성창을 도킹시켜 놓은 모습이다. 보통 이 세 뷰만 열어 놓으면 작업하는데 별 무리가 없다.

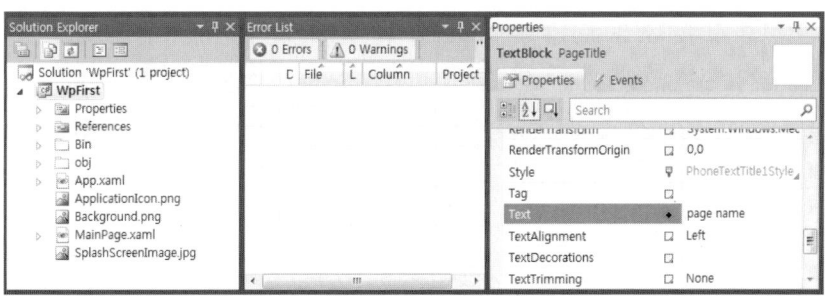

각 뷰들은 별도의 창으로 분리하여 사용할 수도 있고 뷰끼리 겹쳐 놓고 탭 형태로 사용할 수도 있다. 뷰의 타이틀 바를 드래그하면 도킹시킬 면을 안내하는 표식이 나타나며 표식의 화살표에 드롭함으로써 도킹할 방향을 선택한다. 다른 뷰 위에 겹치면 아래쪽에 탭이 나타나며 이 경우 탭을 클릭하여 뷰를 선택한다. 다음은 세 개의 뷰를 겹쳐 놓은 모습이다.

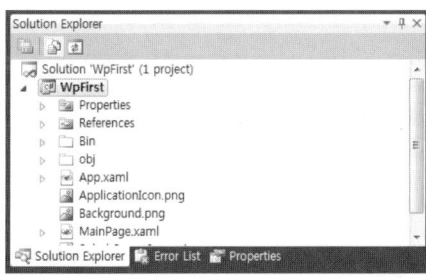 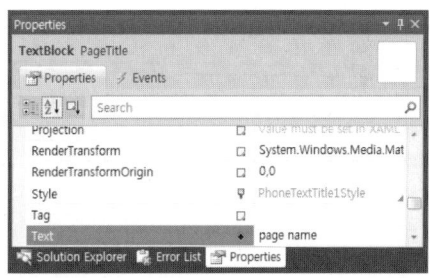

여러 뷰가 겹쳐 있으므로 화면 면적을 아낄 수 있는 이점이 있지만 동시에 보이지 않으므로 탭을 눌러 뷰를 전환해야 한다는 불편함이 있다. 자주 사용하지 않는 뷰는 겹쳐 놓고 늘 참조하는 뷰는 별도의 공간을 할당하는 것이 좋다.

자주 사용하지 않는 뷰는 벽에 잠시 숨겨둘 수도 있는데 이때는 탭 모양만 나타난다. 탭에 마우스 커서를 가져가면 즉시 확대되며 확대된 상태에서 오른쪽 위의 압정 버튼을 누르면 도킹 상태가 된다. 압정을 다시 누르면 숨김 상태가 된다. VSE의 왼쪽 벽에는 툴박스, 문서 계층

보기 등의 뷰가 숨어 있는데 이들도 원한다면 도킹시켜 놓고 사용할 수 있다.

비주얼 스튜디오의 프로젝트는 디버그/릴리즈 모드를 선택하여 컴파일한다. VS에는 구성 콤보 박스가 있지만 VSE의 툴바에는 이 모드를 선택하는 콤보 박스가 따로 없다. VSE는 교육용 툴이고 상대적으로 초보자를 대상으로 한 무료 컴파일러이기 때문이다. 메뉴에서 Tools/Settings/ Expert Settings 항목을 선택하여 전문가용으로 바꾸어야 구성 콤보 박스가 툴바에 나타난다. 릴리즈 모드로 컴파일할 때는 세팅을 바꾼 후 구성 콤보 박스에서 Release를 선택해야 한다.

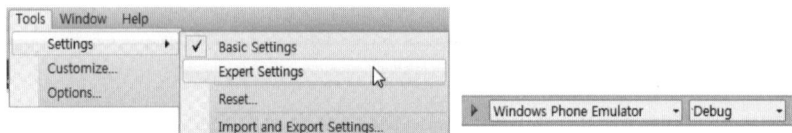

이 외에도 VSE는 다양한 커스터마이징 기능을 제공한다. 툴바의 팝업 메뉴에서 Customize 항목을 선택하면 툴바나 메뉴, 컨텍스트 메뉴를 사용자 정의할 수 있는 대화상자가 나타난다. 이 대화상자에서 툴바의 버튼을 추가하거나 제거한다. 자주 사용하는 명령을 툴바에 버튼으로 등록해 놓고 사용할 수 있다.

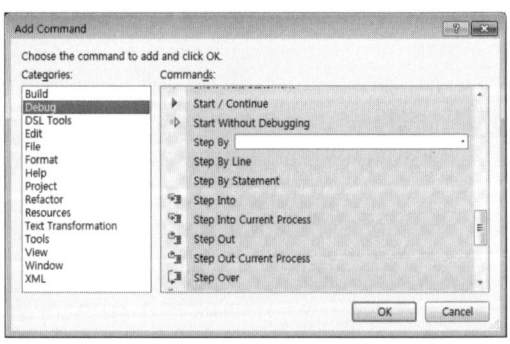

예를 들어 디버깅을 시작하는 명령은 툴바에 있지만 디버깅하지 않고 바로 실행하는 명령이 툴바에 없어 매번 Ctrl+F5 단축키를 눌러야 하는 불편함이 있다. 버튼을 배치할 툴바를 선택해 놓고 Add Command 버튼을 눌러 Start Without Debugging 버튼을 등록해 놓으면 예제를 실행할 때 굳이 키보드를 누르지 않아도 되므로 상당히 편리하다.

2-2-2 디자인 뷰

화면의 모양을 정의하는 XAML 파일을 열면 디자인 뷰와 소스 뷰가 같이 열린다. 디자인 뷰는 화면의 실제 모양을 보여주기도 하며 마우스로 위젯을 배치하고 속성을 조정하여 화면을 만들 수도 있다. 첫 예제인 WpFirst는 정적인 화면만 보여주어 다소 심심한데 이번에는 디자인 뷰를 활용하여 사용자의 입력에 반응하는 예제를 만들어 보자. 실질적인 첫 번째 실습이다. EchoText라는 이름으로 프로젝트를 새로 만든다.

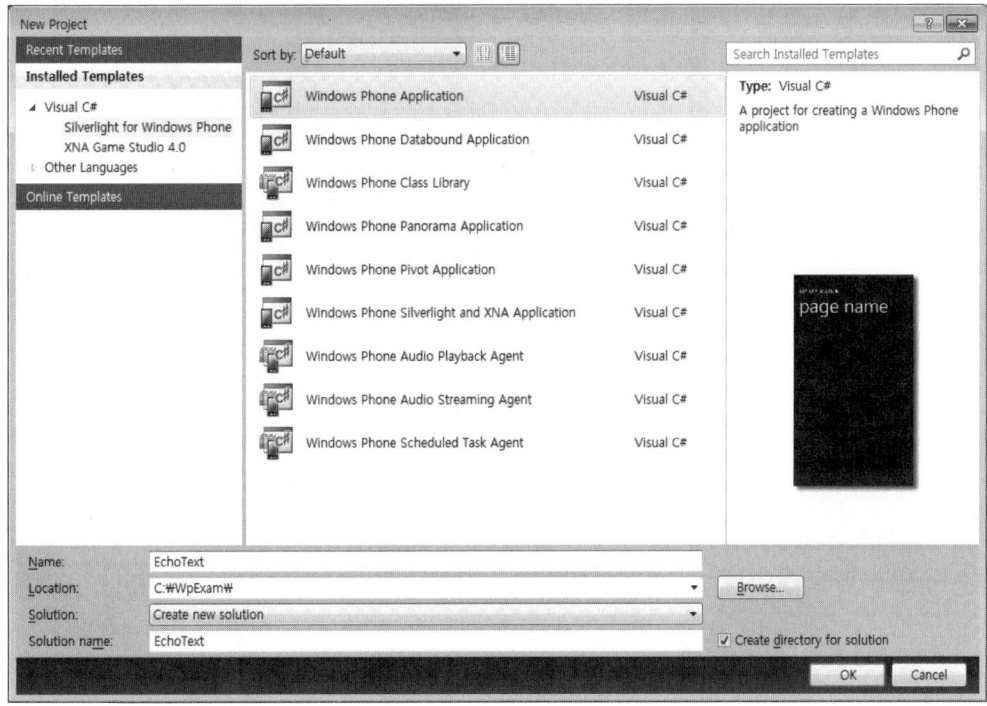

프로젝트가 이미 열려 있는 상태에서 새로운 프로젝트를 만들 때는 Solution 콤보 박스가 표시

되는데 이 콤보 박스에서 새 프로젝트를 솔루션에 포함시킬 것인지를 선택한다. 대개의 경우 예제별로 솔루션을 구성하므로 디폴트인 Create new solution 옵션을 선택하면 된다. OK 버튼을 누른 후 버전을 7.1로 선택하면 프로젝트가 생성되고 MainPage.xaml 파일이 열린다.

새로 만든 프로젝트는 타이틀 패널에 두 개의 텍스트 블록이 배치되어 있으며 아래쪽의 컨텐트 그리드는 텅 비어 있다. 여기다 위젯을 배치한다. VSE 왼쪽 벽의 툴박스(ToolBox) 탭을 열어 압정으로 고정시켜 두고 툴박스에서 TextBox 컨트롤을 드래그하여 컨텐트 패널의 좌상단에 배치한다. 이어서 Button 컨트롤을 드래그하여 TextBox 아래쪽에 놓고 TextBlock 컨트롤을 Button 아래쪽에 놓는다.

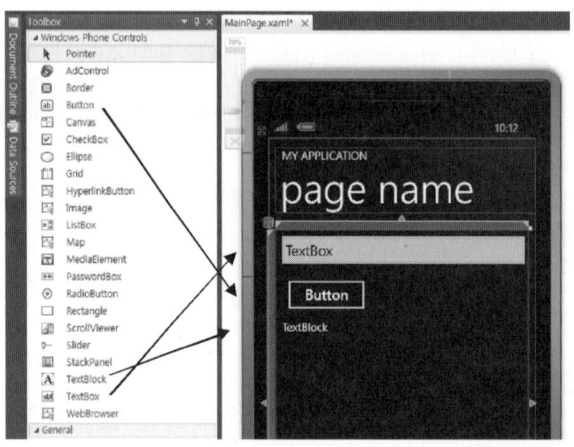

툴박스의 컨트롤을 바로 드래그해서 떨어뜨려도 되고 툴박스에서 클릭하여 선택한 후 디자인 뷰의 원하는 위치를 클릭해도 된다. 드롭한 곳에 배치되므로 위치는 다시 조정해야 한다. 일단 배치한 후 드래그하여 위치를 옮기거나 크기를 변경할 수 있고 Del키를 눌러 삭제할 수도 있다. 위 그림과 같이 세 컨트롤의 왼쪽변을 가지런히 맞춘다.

다음에 상세하게 배우겠지만 TextBox는 문자열을 입력받는 컨트롤이고 Button은 클릭 이벤트를 발생시켜 사용자의 명령을 받아들이는 컨트롤이다. TextBlock은 단순히 문자열을 보여주기만 한다. 텍스트 박스에 문자열을 입력한 후 버튼을 클릭하면 입력된 문자열을 텍스트 블록으로 다시 출력(Echo)해 볼 것이다.

컨트롤을 배치한 후 속성을 적당히 조정한다. 디자인 뷰에서 컨트롤을 선택하면 속성창에 선택된 컨트롤의 속성이 나타난다. 만약 속성창이 보이지 않으면 컨트롤의 팝업 메뉴에서 Properties

항목을 선택하거나 단축키 F4를 누른다. 컨트롤에 따라 조정할 수 있는 속성의 종류는 다르다. 다음은 텍스트 박스와 버튼의 속성 목록이다.

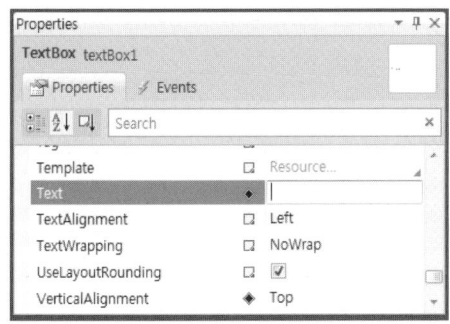 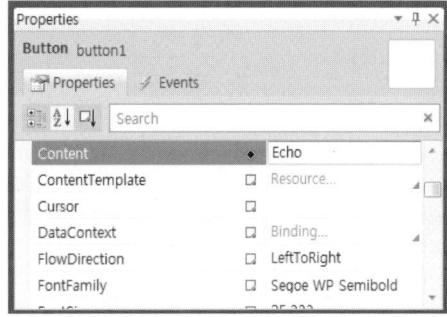

Name 속성은 컨트롤의 이름을 의미하는데 속성창의 제일 위에 표시되어 있다. Name 속성도 변경 가능하지만 여기서는 디폴트로 주어지는 이름을 그대로 사용하기로 한다. 나머지 속성은 다음과 같이 변경한다. 디자인 뷰에서 컨트롤을 순서대로 선택하고 속성창에서 해당 속성을 찾아 직접 입력하면 된다. 마법사가 타이틀 패널에 배치해 놓은 PageTitle 텍스트 블록의 Text 속성은 예제 이름인 EchoText로 변경한다.

컨트롤 속성	값
textBox1의 Text	(모두 지운다)
button1의 Content	Echo
textBlock1의 Text	Echo:
PageTitle의 Text	EchoText

속성을 변경하면 디자인 뷰에도 변경된 속성값이 즉시 반영되며 소스창의 엘리먼트에도 속성이 변경된다. 여기까지 작업한 후의 디자인 뷰는 다음과 같다.

모양은 그럴싸하게 만들어졌지만 아직 코드가 없으므로 동작은 하지 않는다. 동작을 정의하려면 이벤트 핸들러를 작성해야 한다. 이 예제의 경우 버튼을 클릭할 때 동작하므로 버튼의 클릭 이벤트 핸들러를 작성한다. 디자인 뷰에 배치된 button1을 더블클릭하면 MainPage.xaml.cs 파일에 button1_Click이라는 무난한 이름의 이벤트 핸들러 메서드가 생성되고 소스 편집창이 열릴 것이다.

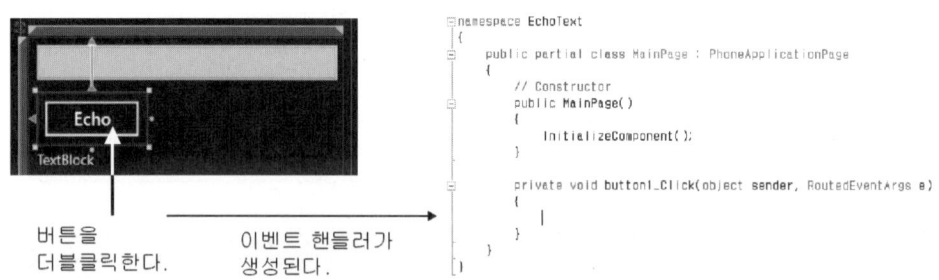

버튼을 더블클릭한다.   이벤트 핸들러가 생성된다.

이벤트 핸들러는 메서드의 껍데기만 작성되어 있을 뿐 본체는 비어 있다. 여기다 버튼을 클릭했을 때 어떤 동작을 할 것인지 코드를 작성한다. 메서드에 다음 코드를 채워 넣는다.

```
private void button1_Click(object sender, RoutedEventArgs e)
{
    textBlock1.Text = "Echo:" + textBox1.Text;
}
```

이 코드는 텍스트 박스에 입력된 문자열인 Text 속성을 읽어 앞쪽에 "Echo:"을 붙인 후 텍스트 블록에 그대로 출력하라는 명령이다. F6 키를 눌러 컴파일하고 F5를 눌러 실행해 보자. 에뮬레이터가 기동되며 프로그램이 화면에 나타날 것이다.

텍스트 박스를 클릭하면 아래쪽에 소프트웨어 키보드가 열리며 이 키보드의 키를 클릭하여 문자열을 입력한다. 적당한 문자열을 입력한 후 Echo 버튼을 누르면 텍스트 박스의 문자열이 아래쪽의 텍스트 블록에도 나타날 것이다. 간단한 동작이지만 사용자의 입력에 반응을 보이는 것이다.

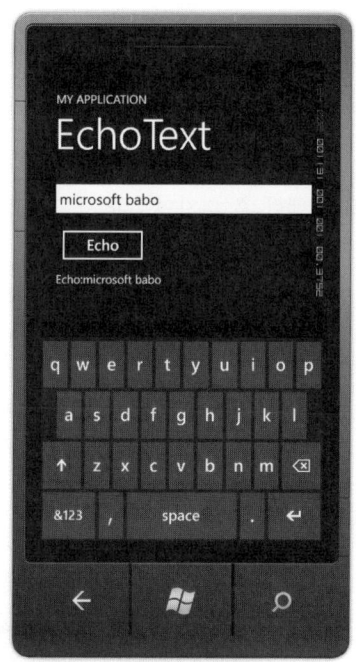

에뮬레이터 아래쪽의 Back 키를 누르면 키보드가 닫히며 다시 한 번 더 Back 키를 누르면 프로그램이 종료되고 개발 환경으로 돌아온다. 쉬운 예제이지만 첫 실습 예제라는 의미가 있으므로 한 번 정도 더 재현 실습을 해 보아라.

2-2-3 디자인 뷰 사용

디자인 뷰는 마우스로 드래그해서 컨트롤을 배치하므로 초보자도 사용하기 쉽고 직관적이다. 마치 그림을 그리듯이 앱의 화면을 그려낼 수 있다. 비주얼 베이직이나 델파이 정도를 사용해 본 경험이 있다면 아주 쉽다. 그렇지 않다면 다음 과정을 따라 연습해 보자. DesignTest 따위의 연습용 프로젝트를 만들고 한 번씩만 따라해 보면 된다.

◆ 컨트롤 배치

컨트롤은 4가지 방법으로 배치할 수 있으며 상황에 따라 가장 편리한 방법을 사용하면 된다. 컨텐트 패널에 가장 만만한 컨트롤인 버튼을 각 방법으로 배치해 보자.

❶ 툴박스에서 Button 컨트롤을 더블클릭한다. 컨텐트 패널의 좌상단에 기본 크기대로 배치된다.

❷ 툴박스에서 Button을 선택한 후 디자인 뷰의 임의 위치를 클릭한다. 클릭한 위치에 기본 크기대로 배치된다.

❸ 툴박스에서 Button을 선택한 후 디자인 뷰에서 드래그한다. 드래그를 시작한 위치에 드래그한 크기로 배치된다.

❹ 툴박스에서 Button을 드래그하여 디자인뷰에 드롭한다. 드롭한 위치에 기본 크기대로 배치된다.

배치하는 방법에 따라 컨트롤의 위치와 크기가 달라질 뿐 결과적으로 버튼 하나가 배치된다는 점은 동일하다.

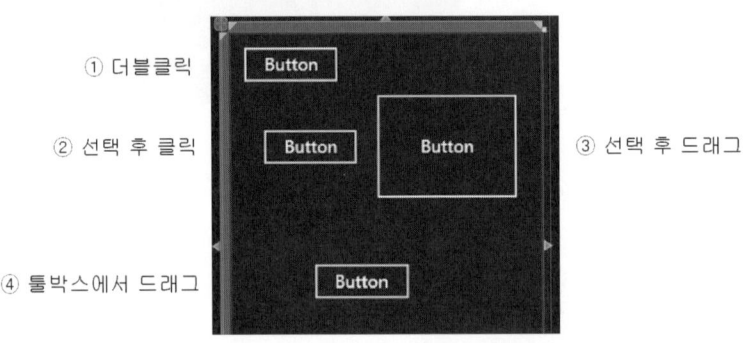

위치와 크기는 배치한 후에라도 언제든지 조정 가능하므로 어떤 방법으로 배치하나 사실 별 차이가 없는 셈이다.

◆ 컨트롤 선택

컨트롤의 속성을 조정하거나 삭제하려면 먼저 대상 컨트롤을 선택해야 한다. 하나의 컨트롤을 선택하려면 단순히 해당 컨트롤을 클릭하면 된다. 선택된 컨트롤 주변에는 마진 표시와 크기 조정을 위한 사이즈 그립이 나타나 선택된 컨트롤임을 표시한다.

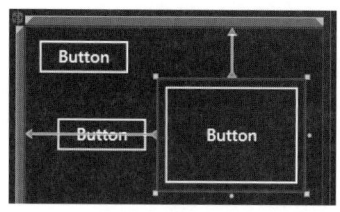

여러 개의 컨트롤을 선택할 때는 Ctrl키나 Shift키를 누른 채로 차례대로 클릭한다. 또는 빈 영역을 드래그하여 사각형으로 감싸는 마키 셀렉션을 사용할 수도 있다. 사각 영역에 일부라도 포함된 컨트롤이 모두 선택된다. 바탕화면에서 아이콘을 선택하는 방법과 동일하다.

◆이동 및 크기 변경

컨트롤을 이동할 때는 드래그해서 원하는 곳에 떨어뜨린다. 단, 툴박스에서 다른 컨트롤이 선택되어 있는 상태에서는 선택된 컨트롤이 배치되므로 반드시 Pointer 툴을 선택한 채로 이동해야 한다. 컨트롤을 배치한 후 툴박스는 자동으로 Pointer 툴을 선택해 준다. 크기를 조정할 때는 각 변이나 모서리의 크기 조정 그립을 드래그한다. 윈도우를 옮기고 크기를 조정하는 방법과 같다.

◆컨트롤 삭제

잘못 배치한 컨트롤은 언제든지 삭제할 수 있다. 컨트롤의 팝업 메뉴에서 Delete 항목을 선택하거나 더 간단하게는 키보드의 Del키를 누르면 된다. 복수 개의 컨트롤을 선택해 놓고 한꺼번에 삭제할 수도 있다. 혹시 실수로 잘못 삭제했으면 Ctrl+Z키를 눌러 복구할 수 있다.

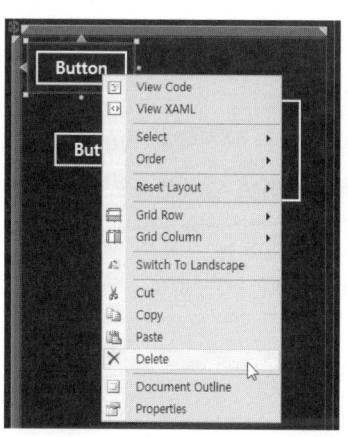

팝업 메뉴의 Cut, Copy, Paste 항목은 클립보드를 통해 컨트롤을 복사하거나 붙여 넣는다. 프로젝트 간에 컨트롤을 복사한다거나 비슷한 컨트롤의 사본을 만들 때는 이 기능이 편리하다.

◆속성 설정

디자인 뷰에서 컨트롤을 선택하면 속성창에 선택한 컨트롤의 속성이 나타난다. 속성창의 구조는 다음과 같다.

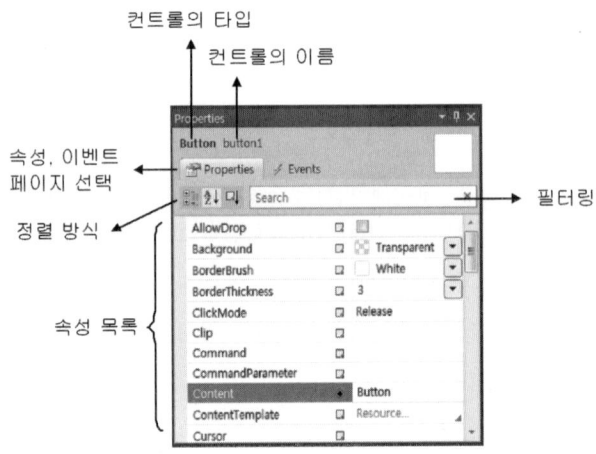

제일 위쪽에는 컨트롤의 타입과 이름이 표시되어 있다. 이름 란을 마우스로 클릭하면 포커스를 받으며 편집 가능한 상태가 되어 이름을 변경할 수 있다. 이름 아래쪽에는 두 개의 탭이 있는데 이 탭으로 속성 페이지와 이벤트 페이지를 선택한다. 속성 페이지의 툴바 버튼들은 속성을 범주별, 알파벳순, 소스순으로 정렬하는데 다음 그림의 왼쪽은 범주별로 정렬한 것이고 오른쪽은 알파벳순으로 정렬한 것이다.

속성의 수가 굉장히 많을 때는 목록에서 속성을 찾기도 쉽지 않다. 범주별로 표시해 놓으면 비슷한 속성을 편집할 때 편리하며 알파벳순으로 표시해 놓으면 이름으로부터 속성을 찾을 때 편리하다. 툴바 오른쪽의 Search 란은 속성을 필터링한다. 예를 들어 Search에 con이라고 입력하면 이름에 con이 포함된 속성만 나타난다.

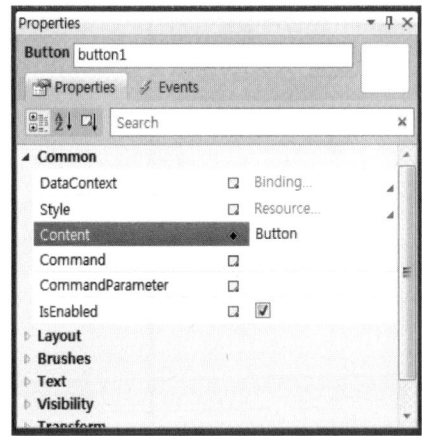
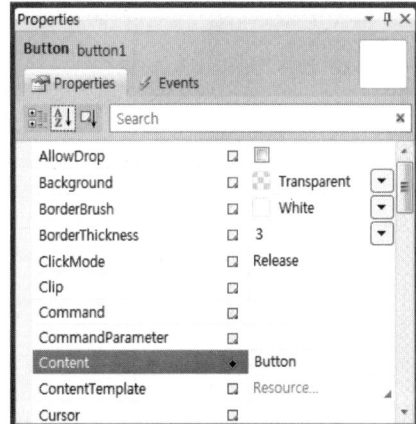

속성을 편집하는 방법은 속성의 타입에 따라 다르다. 문자열이나 숫자는 오른쪽 란에서 직접 입력하며 진위형은 체크 박스를 토글한다. 몇 가지 선택 사항이 있는 열거형은 콤보 박스에서 고르며 색상이나 마진 같은 복잡한 타입은 별도로 열리는 팝업창에서 세부 속성을 상세하게 편집할 수 있다.

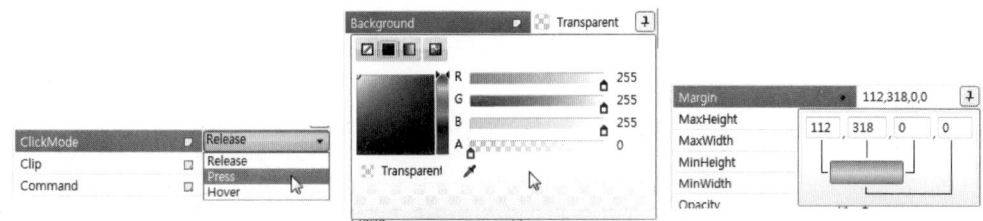

복잡한 속성도 그래픽으로 구조를 상세하게 보여주며 개별 필드를 편리하게 편집할 수 있어 직관적이다. 이런 것을 보면 VSE가 얼마나 편리한 툴인가를 실감하게 된다.

◆이벤트 편집

속성창 위쪽의 Events 버튼을 누르면 컨트롤에서 발생 가능한 이벤트 목록이 표시되며 이 페이지에서 이벤트의 핸들러를 지정하거나 수정한다. 이벤트를 연결하는 방법도 여러 가지가 있는데 지금 당장 실습하기는 어려우므로 여기서는 구경만 해 두고 차후 관련장에서 상세하게 실습해 보기로 하자.

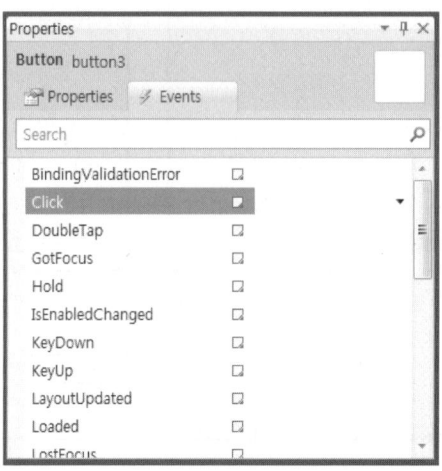

디자인 뷰의 팝업 메뉴에서 Switch to Landscape/Portrait 항목을 선택하면 디자인 창의 가로, 세로 방향을 바꿀 수 있다. 보통 세로 모드로 디자인하지만 가로 전용앱은 가로로 돌려놓고 디자인하는 것이 편리하다.

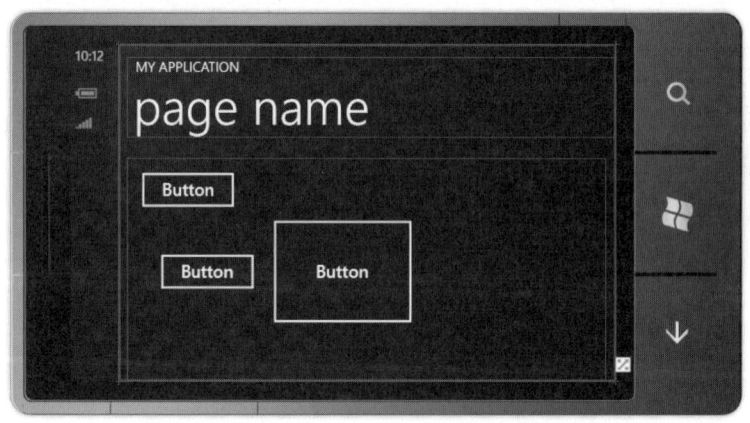

보다시피 디자인 뷰는 굉장히 편리하며 직관적이라 배우기도 쉽다. 디자인 뷰 외에도 더 전문적인 Expression Blend도 제공되는데 이 툴을 사용하면 속성뿐만 아니라 애니메이션이나 상태까지 정의할 수 있어 훨씬 더 멋진 컨트롤을 만들 수 있다.

그러나 이 책은 디자인 뷰보다는 XAML에 직접 코드를 기입하는 방식을 주로 사용한다. GUI 툴은 익숙해지면 편리하지만 실습 순서를 그대로 재현하기 어렵다는 치명적인 문제가 있다. 실제 개발에는 디자인 뷰가 편리하지만 지면으로 실습 예제를 보일 때는 코드가 훨씬 더 따라하기 수월하고 시행착오도 적다. 여기 누르고 저기로 드래그하세요 식으로 단계를 설명해서는 그대로 재현하기 어렵다.

또 툴이 만드는 코드는 기계적이기 때문에 아무래도 사람이 만든 것보다 깔끔하지 못하며 결과 코드가 지저분할 수밖에 없다. 불필요한 속성까지 다 나열되어 코드 길이가 장황하게 길어지며 속성의 순서도 임의적이라 읽기는 더 어렵다. 앞에서 만든 EchoText 예제의 코드를 보면 이를 분명히 확인할 수 있다.

```
<!--ContentPanel - place additional content here-->
<Grid x:Name="ContentPanel" Grid.Row="1" Margin="12,0,12,0">
    <TextBox Height="72" HorizontalAlignment="Left" Name="textBox1" Text=""
VerticalAlignment="Top" Width="460" />
    <Button Content="Echo" Height="72" HorizontalAlignment="Left"
Margin="12,78,0,0" Name="button1" VerticalAlignment="Top" Width="160"
Click="button1_Click" />
    <TextBlock Height="30" HorizontalAlignment="Left" Margin="12,156,0,0"
Name="textBlock1" Text="TextBlock" VerticalAlignment="Top" />
</Grid>
```

첫 번째 텍스트 블록의 Text="" 지정문은 분명히 쓸데없는 문장이며 정렬 관련 속성도 디폴트와 동일하기 때문에 없어도 상관없다. 비슷한 속성을 연이어 정의하지 않고 알파벳순으로 나열한다는 점도 비상식적이다. 마치 웹 편집기가 만든 HTML 문서가 쓸데없이 복잡한 것과 같으며 비슷한 한계를 가지고 있다.

독자들이 이 배치를 재현하려면 예제 작성시에 설명한 방식대로 드래그, 드롭, 속성 조정을 정확하게 수행해야 한다. 드롭하는 위치에 따라 마진값 등은 조금씩 달라질 수도 있어 정확한 재현은 사실상 어렵다. 하지만 코드를 직접 입력해 넣으면 훨씬 더 쉽다. EchoText2 예제를 만든 후 위 코드를 XAML의 컨텐트 패널 위치에 붙여 넣기만 하면 된다.

원작자가 만든 배치가 어떠한 손실 없이 그대로 재현된다. 학습 중에나 실제 개발을 할 때나 이전에 만든 소스를 가져와 수정하는 경우가 많은데 GUI 툴은 Copy & Paste가 안되므로 코드 재활용이 어렵다. 간단한 테스트 예제를 신속하게 만들 때는 디자인 뷰가 편리하지만 적어도 학습할 때는 툴의 도움을 받기보다는 손으로 직접 작성하는 것이 확실한 이해에 더 도움이 된다.

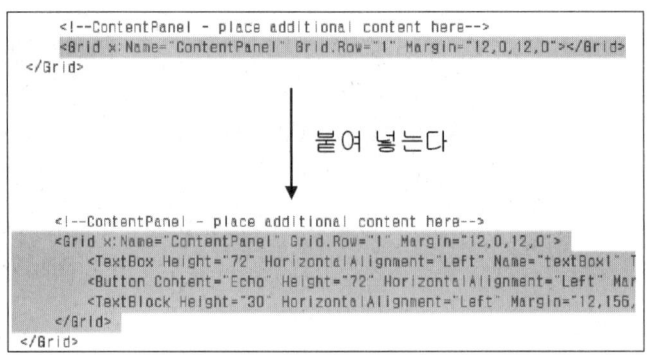

2-2-4 디버거

논리적인 문제를 수정할 때는 디버그의 도움을 받아야 한다. 디버깅을 하려면 프로젝트를 디버그 모드로 컴파일해야 하는데 VSE는 디폴트 모드가 디버그여서 특별히 구성을 바꾸지만 않았다면 기본적으로 디버깅 기능을 사용할 수 있다. VSE는 디버깅도 잘 지원하며 비주얼 스튜디오와 단축키가 비슷해서 사용하기도 쉽다.

단축키	설 명
F5	디버깅 시작
F9	중단점 토글
F10	단계 실행
F11	함수 안으로 추적
Shift + F5	디버깅 중지

먼저 의심가는 부분에 중단점을 지정한다. EchoText 예제의 button1_Click 메서드 본체에 캐럿을 위치시키고 F9키를 눌러 중단점을 설정해 보자. 중단점으로 설정된 행은 빨간색 배경으로 반전되며 다시 F9키를 누르면 중단점이 해제된다. F9키 대신 편집창의 왼쪽 거터 영역을 클릭해도 중단점이 토글된다.

```
        private void button1_Click(object sender, RoutedEventArgs e)
        {
            textBlock1.Text = "Echo:" + textBox1.Text;
        }
    }
```

이 예제는 코드가 한 줄밖에 없어 사실 여기 외에는 중단점을 지정할만한 곳이 없지만 실제 프로젝트에서는 의심되는 코드에 중단점을 설정해야 한다. 중단점을 설정한 상태에서 F5키를 눌러 디버깅을 시작한다. 중단점에 이르기 전에는 평상시와 동일하게 실행된다. 텍스트 박스에 test 문자열을 입력하고 Echo 버튼을 누르면 button1_Click 메서드가 호출되며 중단점에서 실행을 멈춘다.

VSE는 디버깅을 시작할 때 디버깅 관련 창을 띄우는데 실행이 중지된 상태에서 이 창들을 통해 프로그램의 현재 상태를 확인할 수 있다. Locals 창에는 현재 실행 중인 메서드의 지역변수 목록이 나타나며 이 창에서 지역변수와 클래스 멤버들의 값을 확인한다. Watch 창에는 관심 있는 변수를 등록해 두고 지속적으로 감시한다. textBox1.Text 속성을 선택해 놓고 팝업을 연후 Add Watch 항목을 선택하면 이 변수가 Watch창에 등록된다.

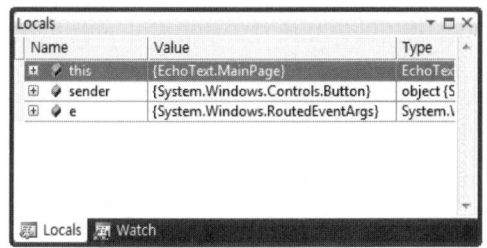 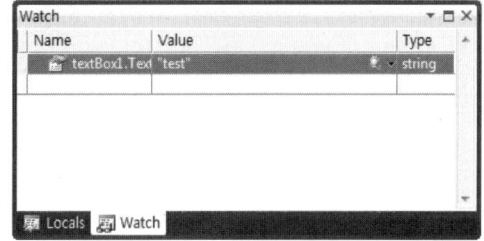

멤버를 가지는 객체는 왼쪽의 + 버튼을 누르면 확장되며 객체의 내부를 살펴볼 수 있다. 변수의 현재값만 확인해 보려면 소스창에서 원하는 변수에 커서를 대 보기만 하면 된다. 변수의 현재값이 툴팁으로 간략하게 표시된다.

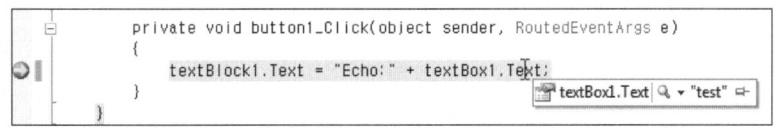

Call Stack 창은 현재 메서드에 이르기까지의 호출 계층을 보여준다. EchoText 예제는 호출 구조가 단순하지만 대형 프로젝트인 경우는 어떤 함수를 거쳐 현재 함수까지 실행되어 왔는지를 확인할 수 있다.

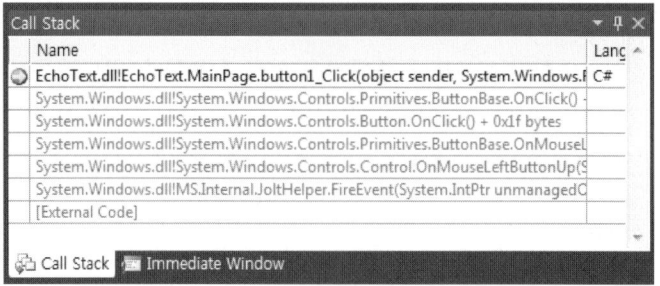

다음 단계로 진행하려면 F10키를 누르고 함수의 안까지 추적해 들어가려면 F11키를 누른다. 다음 중단점까지 계속 실행하려면 F5키를 누른다. 실행 중에도 중단점은 언제든지 설정 및 해제가 가능하다. 이런 식으로 예제를 단계 실행하면서 변수값의 변화와 실행 흐름을 관찰해 보면서 프로그램의 논리적인 버그를 발견한다.

프로그램을 종료하거나 Shift+F5로 디버깅을 중지하면 디버거도 종료되며 개발 환경으로 돌아온다. 디버거를 사용하는 방법 자체는 아주 쉽다. 그러나 디버거는 문제를 발견하는 과정을 도와줄 뿐이지 그 자체가 버그를 수정해 주는 것은 아니다. 디버그를 사용하여 논리적인 버그의 발생 원인을 알아내고 문제를 해결하는 데는 숙련된 경험이 요구된다.

2-2-5 비주얼 베이직

윈도우폰은 닷넷에 기반하며 닷넷은 원래 언어에 독립적인 플랫폼이다. 윈도우폰 개발에도 여러 가지 언어를 사용할 수 있는데 초기 버전은 C#만 지원했으나 현재는 C#과 비주얼 베이직 2가지 언어를 지원한다. 앞으로 지원 언어가 더 늘어날 수도 있다. 마이크로소프트가 원래 베이직으로 부흥한 회사여서 비주얼 베이직에 대한 애정은 각별하다.

앞에서 만든 EchoText 예제를 비주얼 베이직으로 똑같이 만드는 실습을 해 보자. 메뉴에서 File/New Project 항목을 선택하고 왼쪽 템플릿 범주에서 Other Languages/Visual Basic의 Silverlight Windows Phone을 선택한다. 템플릿은 앞 실습과 마찬가지로 Windows Phone Application을 선택하고 프로젝트 이름은 EchoTextVb로 입력한다.

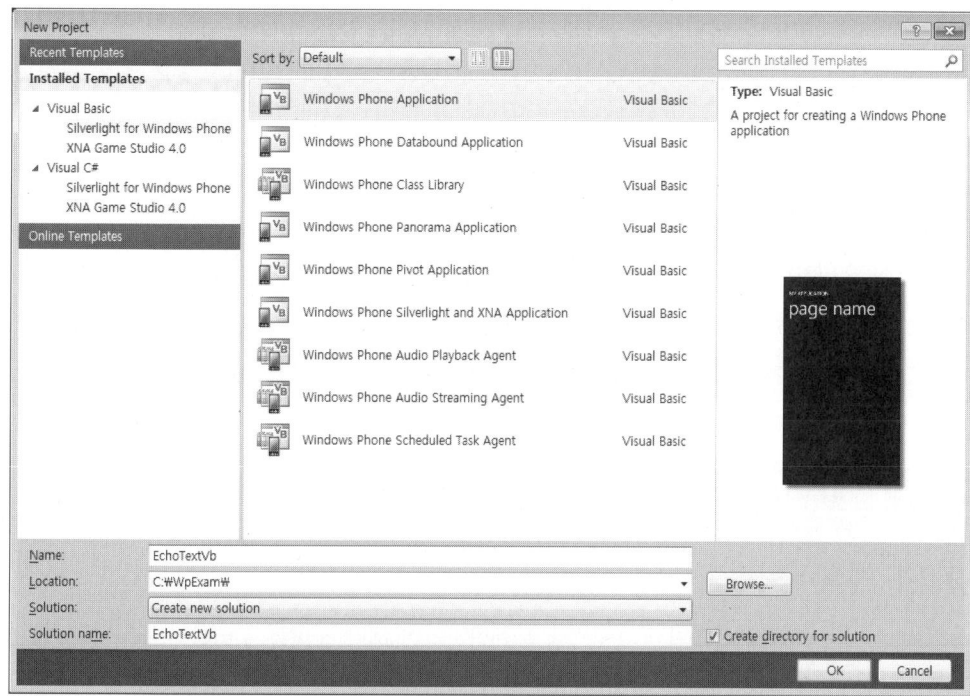

OK 버튼을 누르고 버전을 7.1로 선택하면 프로젝트가 생성되고 MainPage.xaml 파일이 열릴 것이다. XAML은 페이지의 디자인을 정의하는 마크업이므로 언어에 상관없이 동일하다. 앞 예제와 똑같은 절차대로 컨트롤을 배치하거나 아니면 이미 작성된 XAML 구문을 그대로 복사하여 컨텐트 패널에 붙여 넣는다. 컨트롤이 똑같이 배치될 것이다.

디자인은 그대로 복사해 올 수 있지만 이벤트 핸들러는 언어가 다르므로 새로 만들어야 한다. 디자인 뷰의 버튼을 더블클릭하면 빈 이벤트 핸들러가 생성되고 소스창이 열린다. 비주얼 베이직의 메서드가 생성되어 있으며 형식이 C#과는 상당히 다르다. 이 메서드에 다음 코드를 채워 넣는다. 본체의 코드는 단순한 대입문이라 C#과 동일하지만 문장 끝에 세미콜론이 붙지 않는다는 점에서 차이가 난다.

```
Private Sub button1_Click(sender As System.Object, e As System.Windows.RoutedEventArgs)
    textBlock1.Text = "Echo:" + textBox1.Text
End Sub
```

실행해 보면 앞 예제와 완전히 같은 프로그램이 실행될 것이다. 디자인 배치가 같고 동작을 정의하는 코드의 내용도 같으므로 결과 프로그램도 같을 수밖에 없다. 사실 C#으로 만들 수 있는 모든 프로그램은 비주얼 베이직으로도 만들 수 있다. 문법만 조금 다를 뿐이지 능력이 다른 것은 아니다.

이 책에서는 비주얼 베이직으로 개발이 가능하다는 것만 소개하며 앞으로는 C#만으로 실습을 진행하기로 한다. 닷넷의 공식적인 주 언어는 C#이며 대부분 C#을 사용하므로 대세를 따르는 것이 유리하다. 비주얼 베이직도 좋은 언어인 것은 분명하지만 C#에 비해 자료를 구하기가 상대적으로 어려워 곤란한 경우가 많다.

2-3 에뮬레이터

2-3-1 에뮬레이터

특정 장비에서 실행되는 프로그램을 개발하려면 해당 장비를 구비하는 것이 원칙적이다. 윈도우폰 개발도 마찬가지로 실제 윈도우폰이 있어야 개발 및 테스트를 원활하게 수행할 수 있다. 그러나 당장 그 비싼 장비를 구입하는 것은 무척 부담스러우며 특히 막 학습을 시작한 사람들에게는 굳이 진짜 폰이 필요하지도 않다. 폰만 있다고 해서 테스트가 가능한 것도 아니며 유료 개발자로 등록까지 해야 한다.

이런 사람들을 위해 SDK는 진짜 폰과 기능이 거의 유사한 에뮬레이터를 제공한다. 실장비에 비해 진동이나 카메라 등 물리적인 하드웨어가 필요한 기능을 테스트할 수 없는 한계가 있지만 초반 실습용으로는 크게 부족하지 않다. SDK와 함께 설치되므로 별도로 설치할 필요도 없고 비싼 통신비도 들지 않으며 고장 날 염려도 없다. 처음 배우는 초보자에게 에뮬레이터는 아주 좋은 실습 수단이다.

비록 가짜 장비이지만 에뮬레이터도 하나의 완전한 컴퓨터이다. 부팅하는데 상당한 시간이 걸리고 메모리도 많이 소비한다. 최소 50메가에서 수백 메가씩의 메모리를 요구하므로 호스트 PC의 메모리도 넉넉해야 한다. 모양이나 사용법은 실제폰과 거의 동일하되 호스트 PC의 화면을 손가락으로 터치할 수 없으므로 마우스로 클릭해야 한다는 정도가 다르다.

VSE에서 예제를 작성하고 F5나 Ctrl+F5를 눌러 예제를 실행시키면 에뮬레이터가 자동으로 실행된다. 에뮬레이터는 화면의 임의 위치에 열리는데 바깥쪽 테두리를 드래그하여 위치를 옮긴다. 화면 안쪽이나 아래쪽의 버튼은 폰을 터치하는 것이므로 이 영역을 드래그해서는 에뮬레이

터를 옮길 수 없으며 화면 바깥을 드래그해야 한다. 에뮬레이터 바깥의 오른쪽 위로 마우스를
옮기면 에뮬레이터를 조작하는 툴바가 나타나며 마우스가 멀어지면 툴바도 사라진다.

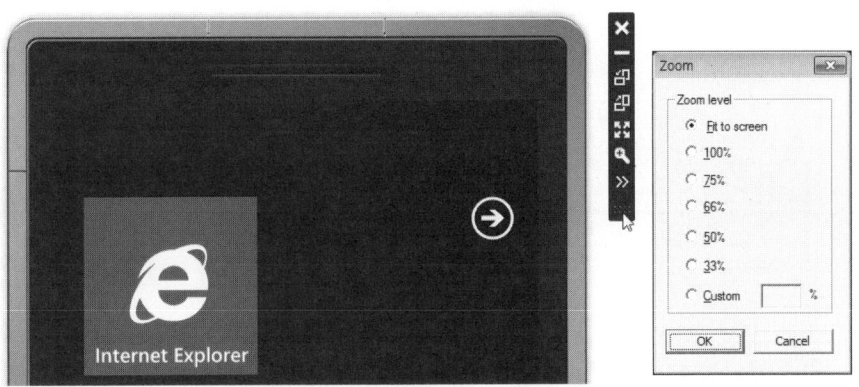

에뮬레이터는 호스트 PC의 모니터 크기에 맞게 적당한 크기로 축소되어 표시된다. 실제 크기
와 달리 축소되어 있지만 대충의 배치 정도를 확인하기에는 충분하다. 정확한 실제 모습을 보고
싶으면 배율을 100%로 조정한다. 툴바의 🔍 버튼을 누르면 확대 배율을 선택하는 팝업창이
열리며 이 창에서 배율을 선택한다.

100% 배율로 보는 것이 가장 정확하지만 그럴 수 없는 이유가 있다. 윈도우폰의 세로 해상도
800에 테두리와 아래쪽 버튼 영역까지 합하면 세로 픽셀수가 1100이나 된다. 웬만한 고해상도
모니터가 아니면 한눈에 볼 수 없는 크기이며 그래서 축소된 형태로 보여주는 것이다. 설사 고해
상도 모니터라 하더라도 에뮬레이터가 화면을 너무 크게 차지하면 개발툴의 영역이 좁아져 불편
하다.

100% 크기로 보면 에뮬레이터가 실제폰보다는 훨씬 더 크게 보이는데 이는 개발 PC의 모니
터 밀도가 실제 폰의 밀도보다 훨씬 더 낮기 때문이다. 개발 중에는 굳이 100% 크기로 볼 필요가
없으며 적당히 축소된 상태가 오히려 보기에 더 좋다. 호스트 PC의 모니터 크기에 맞게 적당히
축소하려면 툴바에서 ✛ 버튼을 누른다. 대개의 경우 75% 정도의 적당한 비율로 축소될 것이다.

툴바의 🔄, 🔄 버튼은 에뮬레이터의 방향을 반시계, 시계방향으로 회전시킨다. 실제폰은 손으
로 잡고 회전시키면 되지만 PC 모니터의 에뮬레이터를 회전시킬 수는 없으므로 버튼으로 방향
을 선택한다. 윈도우폰은 3가지 방향을 지원하므로 에뮬레이터도 마찬가지로 3방향으로만 회전
한다. 다음은 설정앱을 실행해 놓고 반시계방향으로 회전시켜본 것이다.

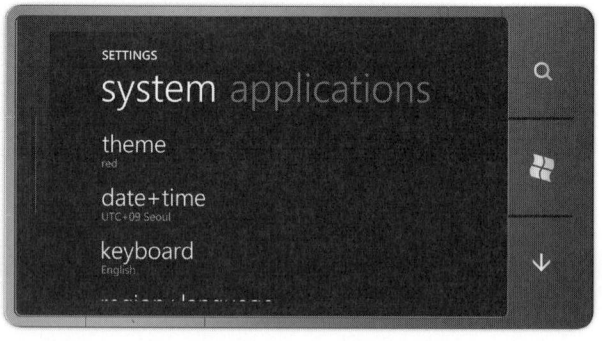

실제 장비를 회전한 것과 동일한 효과가 나타난다. 앱으로 방향 전환 이벤트가 전달되고 가로를 지원하는 앱은 레이아웃을 다시 배치하여 가로 방향에 적합한 모양으로 바뀐다. 앞에서 실습한 EchoText 예제는 가로 방향을 지원하는 코드가 없어 회전시켜도 모양이 바뀌지 않는다. 툴바의 ⏵⏵ 버튼을 누르면 에뮬레이터의 오른쪽에 추가툴이 나타난다.

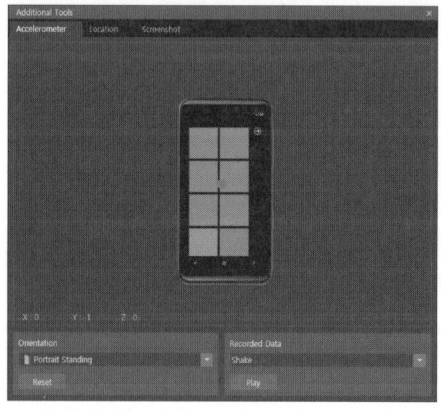
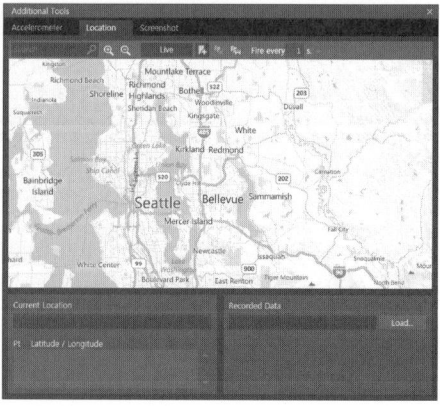

이 대화상자에서 가속도 센서와 GPS 기능을 시뮬레이션하고 화면 캡처 기능을 제공한다.

에뮬레이터는 실장비가 아니므로 센서가 없으며 GPS도 내장되어 있지 않다. 센서는 폰의 움직임을 감지하는데 PC 모니터에 그려진 에뮬레이터를 잡고 흔들 수는 없는 노릇이며 에뮬레이터를 밖에 가지고 나갈 수도 없으므로 위치가 바뀌지도 않는다.

이런 기능은 반드시 실장비가 있어야만 테스트 가능하며 실제로 7.0에서는 에뮬레이터로 이 기능을 테스트할 수 없었다. 그러나 7.1 이후에는 추가 툴로 센서와 GPS를 흉내 내는 기능이 제공되어 에뮬레이터로도 테스트할 수 있다. 진짜 센서에 반응하지 않더라도 화면에서 폰을 기울여 센서값을 만들어 내며 GPS 좌표를 전달하여 위치가 바뀐 것처럼 흉내 낸다. 이 툴들의 사용 방법은 관련 부분에서 상세하게 소개하기로 한다.

Screenshot 페이지는 에뮬레이터의 화면을 캡처한다. Capture 버튼을 누르면 에뮬레이터의 화면이 이미지로 작성되며 Save 버튼을 눌러 디스크의 파일로도 저장할 수 있다. 폰의 실행 화면을 뜨는 것이므로 폰의 테두리는 포함되지 않으며 순수한 화면만 캡처된다. 다음은 EchoText 예제의 실행 모습을 캡처한 것이다. 캡처 기능은 마켓 플레이스에 앱을 제출할 때 프로그램의 실행 화면 작성용으로 유용하게 사용된다.

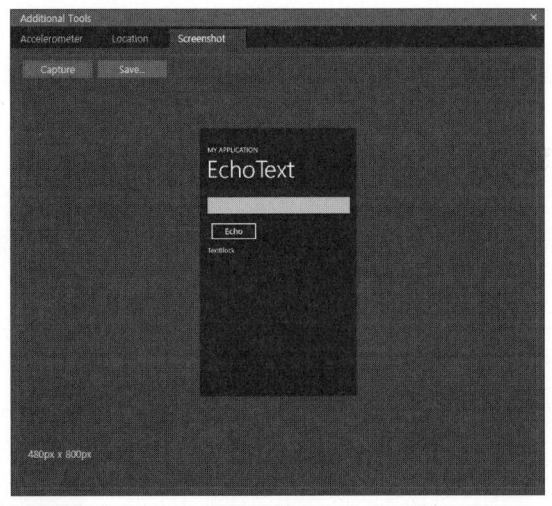

툴바의 ✖ 버튼은 에뮬레이터를 종료하며 ▬ 버튼은 에뮬레이터를 최소화한다. 에뮬레이터는 언제든지 종료할 수 있되 디버깅 중에 종료하면 연결이 끊어진다는 귀찮은 메시지가 나타나므로 예제를 먼저 종료하는 것이 좋다. 다시 띄우는데 꽤 오랜 시간이 걸리므로 특별한 이유가 없는 한은 띄워 놓고 계속 사용하는 것이 편리하다.

에뮬레이터는 딱 하나만 실행된다. 설사 VSE를 두 개 띄워 놓고 서로 다른 프로젝트를 실행하더라도 에뮬레이터가 각각 열리지는 않는다. 각각의 VSE에서 다른 프로젝트를 열어 놓고 하나의 에뮬레이터로 번갈아가며 테스트할 수 있다. 그러나 동시에 디버깅을 하는 것은 안 된다. 한쪽에서 디버깅을 시작하면 이미 실행 중인 앱은 자동으로 종료된다.

2-3-2 에뮬레이터 버튼

에뮬레이터 아래쪽에는 뒤로, 시작, 검색 세 개의 버튼이 배치되어 있으며 이는 윈도우폰의 일반적인 구조와 동일하다. 마우스로 에뮬레이터의 버튼을 누르면 관련 기능이 동작하며 각 버튼을 길게 누르는 것도 지원된다. 시작 버튼을 길게 누르면 음성 인식이 실행되고 뒤로 버튼을 길게 누르면 실행 중인 프로그램의 목록이 나타난다.

실제 폰에는 이 외에도 볼륨 조정이나 전원, 카메라 셔터 버튼 등이 더 장착된다. 그러나 에뮬레이터는 이 버튼들을 따로 제공하지 않으므로 호스트 PC의 단축키를 대신 사용해야 한다. 각 단축키가 에뮬레이터의 실제 버튼과 연결되어 있으며 단축키를 누르면 해당 버튼의 기능이 동작한다.

단축키	설 명
F1	뒤로
F2 또는 윈도우	시작
F3	검색
F6	카메라 반셔터
F7	카메라 촬영
F9/F10	볼륨 증가, 감소
PgUp/PgDn	하드웨어 키보드 on/off
Pause	하드웨어 키보드 토글

F9, F10 키를 누르면 볼륨이 조정되며 에뮬레이터 상단에 현재 볼륨값이 표시된다. F7키를 누르면 비록 가짜지만 카메라가 실행된다.

에뮬레이터의 시작 화면에는 IE만 타일로 등록되어 있다. 에뮬레이터는 호스트 PC의 네트워크를 공유하므로 기본적으로 인터넷에 연결되어 있다. 호스트 PC가 프록시로 연결되어 있는 경우는 다소 복잡한 설정 과정을 거쳐야 한다. 만약 에뮬레이터의 인터넷이 안 된다면 이는 대부분 호스트 PC의 설정에 문제가 있는 것이다. 시작 화면의 오른쪽에 있는 버튼을 누르면 앱 목록이 나타난다.

에뮬레이터는 테스트를 위한 장비이므로 실장비만큼 많은 프로그램이 내장되어 있지 않으며 IE와 설정 앱만 설치되어 있다. 그리고 우리가 개발 중에 설치한 EchoText 예제도 목록에 나타난다. VSE에서 작성한 프로젝트를 F5키로 실행하면 에뮬레이터에 먼저 설치된 후 실행되기 때문이다.

윈도우폰 장비들은 보통 하드웨어 키보드가 없으며 그래서 문자열을 입력할 때 화면 키보드 (SIP)가 대신 열린다. EchoText 예제를 실행한 후 텍스트 박스를 클릭하면 아래쪽에 키보드가 열리며 화면 키보드의 키를 클릭하여 문자열을 입력한다. 에뮬레이터는 디폴트로 물리적인 키보드가 없는 장비를 흉내 낸다.

그런데 실제 장비 중에 키보드를 가지는 것들도 있다. 이런 장비는 SIP 대신에 실제 키보드로 문자열을 입력한다. 에뮬레이터는 키보드를 가진 장비도 흉내 낼 수 있는데 호스트 PC의 키보드를 폰의 하드웨어 키보드처럼 사용한다. PgUp은 하드웨어 키보드 기능을 켜고 PgDn은 끄며 Pause는 하드웨어 키보드를 토글한다. EchoText 예제를 실행한 상태에서 Pause키를 누르면 위쪽 상태란에 ENU라는 표식이 나타나며 호스트 PC의 키보드로 빠르게 입력할 수 있다.

실장비는 하드웨어 키보드가 없어도 화면상의 버튼을 양손으로 터치하여 입력할 수 있지만 에뮬레이터는 마우스로 일일이 버튼을 클릭해야 하므로 불편하고 느리다. 에뮬레이터에서 문자 입력을 할 때는 하드웨어 키보드 기능을 켜고 호스트 PC의 키보드를 사용하는 것이 편리하다.

2-3-3 설정 변경

모든 시스템이나 장비는 사용자의 취향에 따라 모양과 동작을 조정할 수 있는 다양한 설정을 제공한다. 설정은 상황에 따라 장비의 효율성을 극대화하며 비용을 최소화한다. 또한, 획일성을 극복하고 천차만별의 개성을 발휘할 수 있는 중요한 수단이다. 윈도우폰도 물론 설정 기능을 제공한다. 시작 화면에서 ⊙ 버튼을 눌러 앱 목록을 불러내고 Settings를 선택하면 시스템 설정을 편집하는 앱이 실행된다.

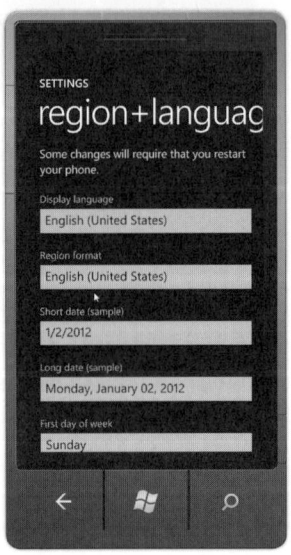

시스템 전역적인 설정과 응용 프로그램별 설정이 별도의 페이지로 구분되어 제공되며 각 페이지는 변경 가능한 설정들이 목록으로 표시되어 있다. 실장비에는 벨소리, 와이파이, 화면 밝기, 블루투스, 배터리 등의 다양한 옵션이 있지만 에뮬레이터는 개발용이므로 꼭 필요한 옵션만 제공한다. 테마, 시간, 언어 정도의 필수 설정뿐이다. 테마는 관련장에서 알아보기로 하고 여기서는 언어를 바꾸어 보자. 목록에서 region+language 항목을 선택하면 언어를 선택하는 화면으로 전환된다.

에뮬레이터는 항상 영어를 기준으로 실행된다. 윈도우폰이 미제라서 그렇기도 하지만 영어가 명실공히 세계 공용어이기 때문이다. 다행히 망고부터는 한국어도 지원된다. 언어 설정 페이지에서 Display language 콤보 박스를 클릭하면 지원하는 언어 목록이 나타나며 아래쪽으로 스크롤하면 한국어도 보인다. 이 항목을 선택하면 표시 언어, 지역, 날짜 포맷 등이 모두 우리나라 형식으로 바뀐다.

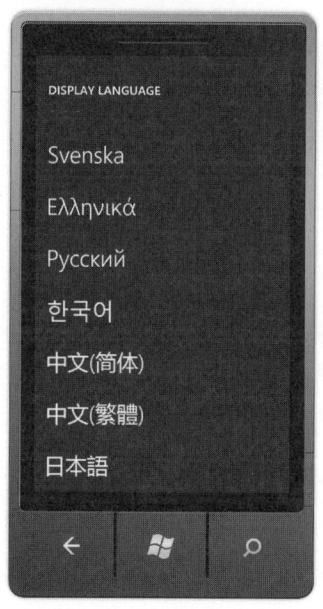
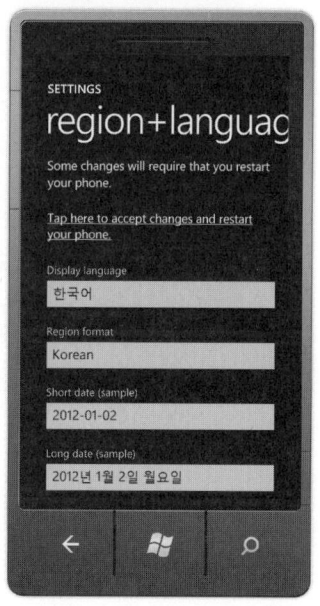

필요하다면 일본어나 중국어로도 변경할 수 있다. 변경 사항을 적용하려면 재부팅이 필요하다는 설명이 있고 설정 페이지 상단에는 재부팅을 하는 링크가 나타난다. 데스크탑과 마찬가지로 언어는 전역적인 설정이라 실행 중에는 변경할 수 없고 시스템을 다시 시작해야 한다. 이 링크를 클릭하여 에뮬레이터를 재부팅한다. 에뮬레이터 자체가 종료되는 것은 아니고 에뮬레이터내의 윈도우폰 운영체제만 재부팅되며 다소 시간이 걸린다.

잠시 기다리면 시작 페이지가 다시 나타날 것이다. 시작 페이지에는 문자열이 없어 한글 환경인지 확인되지 않지만 설정창으로 들어가 보면 설정의 모든 항목이 한글로 번역되어 있다. 아쉽게도 한글 글꼴이 그다지 예쁘지는 않다. EchoText 예제를 실행하여 텍스트 박스를 클릭하면 한글 키보드가 아래쪽에 나타난다. 이 키보드를 사용하여 한글, 영문, 숫자를 입력한다. 한영 전환은 아래쪽 space 키 옆의 ENU/한 버튼으로 토글한다.

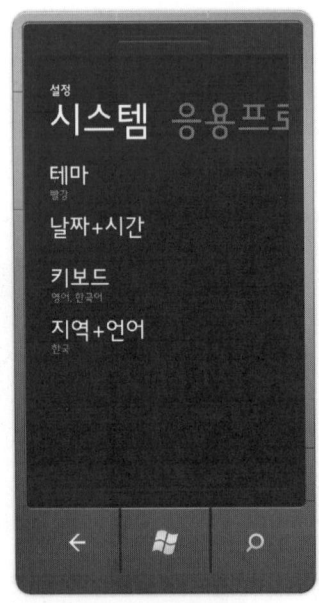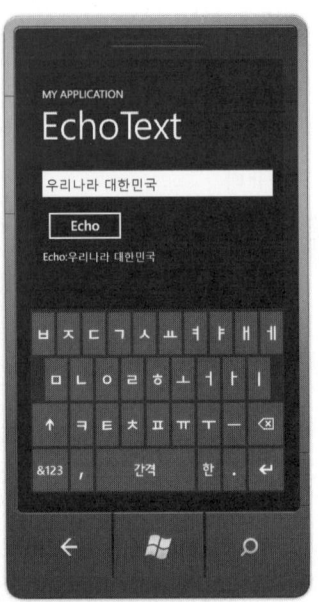

에뮬레이터는 종료시 모든 기억 장소를 리셋한다. 생성해 놓은 파일, 변경한 설정은 물론이고 설치한 예제들까지 전부 삭제되고 공장 출하 상태로 되돌린다. 실장비가 아니고 개발용이므로 항상 디폴트로 돌려 깨끗한 상태에서 테스트를 수행하기 위함이다. 다소 비상식적이지만 이편이 테스트용 장비로서의 소임에는 오히려 맞는다고 할 수 있다. 에뮬레이터에 대해 무슨 짓을 했더라도, 설사 완전히 다운되어 버렸더라도 다시 실행하면 어김없이 깨끗한 상태로 돌아온다.

언어 설정도 마찬가지로 에뮬레이터를 종료했다가 다시 실행하면 디폴트 언어인 영어로 돌아온다. 한국어를 테스트하려면 매번 에뮬레이터를 띄울 때마다 설정을 변경하고 재부팅까지 해야 하는 불편함이 있다. 대신 한국어 테스트 후 다시 영문으로 돌아오고 싶을 때는 설정을 바꿀 필요없이 종료해 버리면 된다는 면에서 간편하다. 사실 굳이 매번 실행할 때마다 한글 입력을 테스트할 필요는 없지 않은가? 영문으로 잘 입력된다면 한글도 분명히 잘 입력될 것이다.

2-3-4 디버깅 정보

예제를 디버그 모드에서 실행(F5)하면 에뮬레이터의 화면 오른쪽에 여러 가지 숫자가 수직으로 표시되며 화면을 조작하면 이 값들이 수시로 바뀐다. EchoText 예제를 실행한 후 문자열을 입력해 보자.

에뮬레이터에 표시되는 이 값들은 프로그램의 실행 속도나 메모리 사용량 등 성능 측정에 사용되는 디버깅 정보이다. 위쪽부터 순서대로 다음 값들을 표시한다. 상당히 전문적인 정보들이라 해석하기도 쉽지 않으며 실행 중에도 주기적으로 계속 바뀐다.

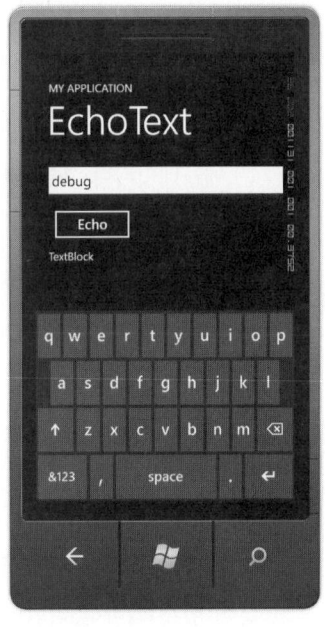

값	설 명
Composition Thread FPS	보조 스레드의 화면 갱신 속도이다.
UI Thread FPS	UI 스레드의 화면 갱신 속도이다.
Texture Memory Usage	응용 프로그램이 텍스처를 위해 사용하는 메모리양이다.
Surface Counter	GPU로 전달되는 표면의 개수이다.
Intermediate Surface Counter	캐시된 표면에 의해 생성되는 암시적 표면의 개수이다.
Screen Fill Rate Counter	프레임당 그려지는 픽셀수이다. 1이면 480*800개이다.

화면에 빨간색으로 표시되면 속도가 느리거나 메모리 사용량이 과다하다는 뜻이며 이 값을 참고하여 프로그램을 최적화할 수 있다. 에뮬레이터에 이 값이 표시되는 이유는 App.xaml.cs에 다음과 같은 코드가 있기 때문이다.

```
public App()
    {
    ....
        if (System.Diagnostics.Debugger.IsAttached)
```

```
    {
        // Display the current frame rate counters.
        Application.Current.Host.Settings.EnableFrameRateCounter = true;
```

EnableFrameRateCounter 속성은 프로그램이 스스로의 성능치를 화면에 출력할 것인가를 지정하며 마법사는 이 속성을 true로 초기화하므로 화면에 성능 측정 정보가 나타난다. 즉 이 정보는 에뮬레이터나 개발툴이 출력하는 것이 아니라 개별 앱이 자신의 정보를 직접 조사하여 출력하는 것이다. 이 코드를 주석 처리하거나 속성값을 false로 바꾸면 더 이상 정보가 출력되지 않는다.

에뮬레이터는 개발용 장비이므로 디버깅 정보를 화면에 출력하는 것은 바람직하다. 그러나 이 값 때문에 화면이 번잡스러워지며 컨트롤위에 겹쳐 표시되므로 보기에 좋지 않다. 또한, 최종 최적화시에나 필요한 정보이며 항상 필요한 것도 아니다. 단순히 프로그램의 동작만 확인할 때는 이 값을 출력하지 않는 것이 오히려 더 깔끔하다.

그렇다고 매번 소스를 수정하여 출력문을 주석 처리하는 것은 무척 귀찮은 일이다. 디버깅 정보 출력을 원치 않을 때는 디버깅을 하지 않으면 된다. 코드에서 보다시피 이 정보는 디버거가 붙어 있을 때만 출력된다. 릴리즈 모드로 컴파일하거나 아니면 F5 대신 Ctrl+F5로 실행하면 이 정보가 나타나지 않는다. 사실 매 테스트마다 단계 실행을 해 볼 것은 아니므로 F5보다는 Ctrl + F5로 실행하는 것이 더 편리하다. 이 책의 모든 에뮬레이터 화면은 깔끔한 인쇄를 위해 디버그가 아닌 실행 상태에서 캡처하였다.

에뮬레이터는 실제폰과 거의 유사한 테스트 환경을 제공하므로 에뮬레이터만으로도 웬만한 개발과 학습을 수행할 수 있다. 그러나 성능이 실장비와 같지 않고 일부 지원하지 않는 기능도 있어서 최종 테스트에는 부적합하다. 그래서 마켓에 발표하기 전에 모든 기능이 정상적으로 잘 실행되는지 실장비에서도 반드시 테스트해 보아야 한다.

2-4 　도움말

2-4-1 트레이닝 킷

본격적인 윈도우폰 학습을 하려면 자료가 많이 필요하다. 아직 출판된 책이 많지 않은데다 한동안은 지속적으로 업그레이드되는 격변기일 것이므로 MS가 공식적으로 제공하는 도움말과 자료를 먼저 읽어 보는 것이 좋다. 초보자를 위한 도움말과 읽을거리는 윈도우폰의 공식 홈페이지인 앱 허브에서 제공한다.

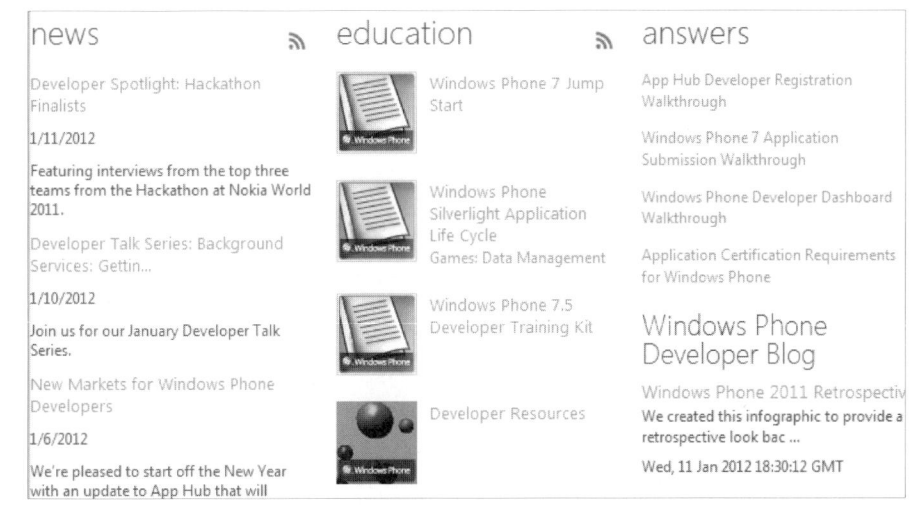

각종 최신 뉴스와 교육 관련 자료, 질문과 답변 등이 제공된다. 홈페이지 내용은 수시로 업데이트되므로 여러분이 이 책을 읽을 때는 위에서 보인 것과는 당연히 달라질 것이다. 항상 째려보고 있다가 새로운 자료가 올라오면 참고하도록 하자.

이중 초보자가 가장 먼저 읽어볼 만한 문서는 Training Kit이다. 따라 하기식 실습 매뉴얼이라 초보자라도 읽다 보면 개발 절차와 윈도우폰 관련 코드에 대해서 하나씩 감을 잡을 수 있다. 개발 화면 캡처와 입력해야 할 코드들이 잘 정리되어 있으며 실행결과까지 다 보여줄 정도로 친절도가 높다.

세부 메뉴로 들어가면 Hello World 개발과 실버라이트, XNA 각 프레임워크를 사용한 개발 방법에 대한 자습서가 나타난다. 난이도에 따라 쉬운 것부터 실습이 배치되어 있어 순서대로 읽으면서 따라 하기에 적합하다. 비록 영어로 되어 있지만 워낙 쉽게 쓰여져 있으므로 처음 감을 잡기에는 최고의 자료이다.

Windows Phone 7 Jump Start는 동영상 강의를 제공한다. 총 19강으로 되어 있으며 윈도우폰 개발에 대한 전반적인 내용을 모두 다루고 있다. 이런 품질 높은 강의 동영상까지 제공하는 것은 참 고마운 일이나 아쉽게도 리스닝이 안 되는 독자들에게는 그림의 떡이다. 본토 수준의 영어 리스닝이 가능하다면 이 강의 동영상이 큰 도움이 될 것이다.

Windows Phone 7 Jump Start   ARTICLE
Submitted   9/27/2010

Windows Phone MVPs Rob Miles and Andy Wigley train developers to build amazing applications and games for Windows Phone 7.

Andy and Rob provide a good bit of humor along with their incredible depth of knowledge. There are 19 self-paced sessions in total, each about 50 minutes. Think of this as a semester's worth of class time to help you in your quest to become an awesome Windows Phone 7 developer.

Session 1: Introduction
Session 2: Building a Silverlight Application, Part 1
Session 3: Building a Silverlight Application, Part 2
Session 4: Building Games for the Windows Phone 7 Platform
Session 5: Building XNA Games for the Windows Phone 7 Platform, Part 1
Session 6: Building XNA Games for the Windows Phone 7 Platform, Part 2
Session 7: Advanced Application Development, Part 1
Session 8: Advanced Application Development, Part 2
Session 9: Advanced Application Development, Part 3
Session 10: Marketing Your Windows Phone 7 Application
Session 11: Working with Media
Session 12: Final Silverlight Topics and Wrap-Up
Session 13: Panorama and Pivots
Session 14: XNA Deep Dive, Part 1
Session 15: XNA Deep Dive, Part 2
Session 16: Location and Bing Maps
Session 17: Optimizing for Performance
Session 18: Designing Apps Using Expression Blend & Metro
Session 19: Ask the Experts podcast

이 외에도 앱 허브는 방대한 양의 읽을거리와 학습 자료를 제공한다. platform overview는 플랫폼의 전반적인 구조에 대해서 설명하며 풍부한 코드 샘플, 언제든지 참고할 수 있는 레퍼런스, UI 디자인 가이드 등도 제공된다. 시간이 허락하는 한 이 자료들을 가급적 많이 읽어 보기 바란다.

2-4-2 온라인 도움말

마이크로소프트는 개발자 지원을 잘하는 회사로 유명하다. Win32나 닷넷 같은 이전의 개발툴은 공식 문서인 MSDN만 참조해도 모든 개발이 가능할 정도로 제공하는 문서양이 실로 방대하며 문서의 품질도 우수하다. 체계적으로 분류가 잘 되어 있고 검색도 정확도가 높으며 비영어권 개발자들을 위해 평이하고도 쉬운 간결한 문장을 사용한다.

윈도우폰의 경우도 마찬가지로 상당한 양의 문서가 제공되며 문서의 품질도 만족스러울 만큼 높은 편이다. 그러나 무료 개발툴인 VSE에는 MSDN이 같이 설치되지 않으므로 온라인 도움말을 참조해야 한다. VSE의 메뉴에서 Help/View Help 항목을 선택하면 웹브라우저에 도움말 사이트가 열린다.

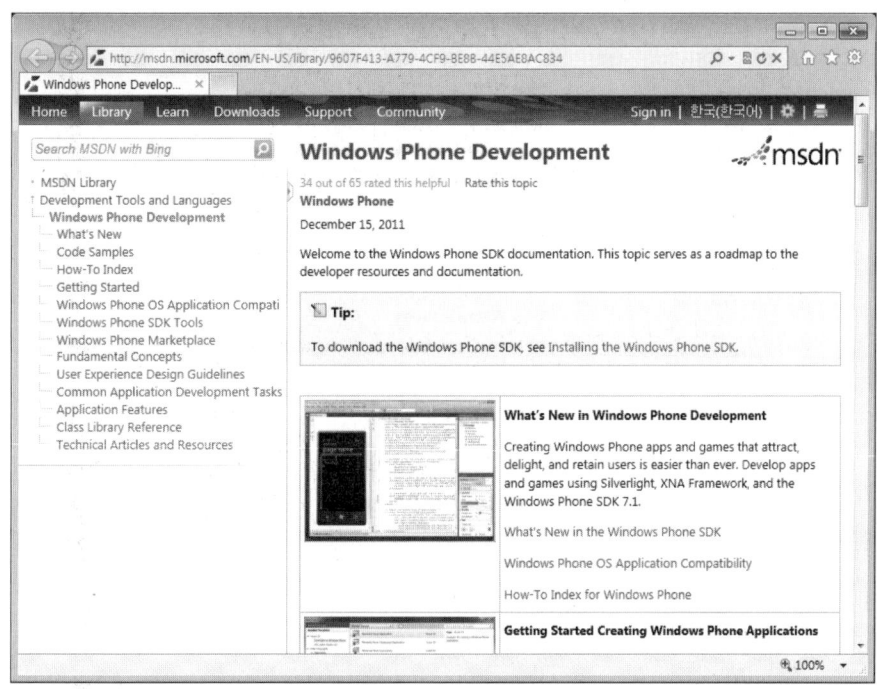

왼쪽의 트리에는 개발툴의 새로운 기능, 개발툴 설치, 플랫폼 개요, 자습서 등의 문서들이 체계적으로 분류되어 계층적으로 제공된다. 이 문서들을 순서대로 읽어 보면 처음 시작할 때 엄청난 도움을 받을 수 있으며 실제 개발을 할 때 레퍼런스로도 부족함이 없다. 전체 다 인쇄하면 대략 2,000페이지 정도가 된다. 실제로 다 인쇄해서 읽어 보았는데 공식 문서인 만큼 이것만 읽어도 윈도우폰 개발의 중요한 핵심은 다 파악할 수 있다.

공식 문서에서 가장 자주 참조할 항목은 Class Library Reference이다. 객체 지향 라이브러리를 잘 사용하려면 레퍼런스 사용법에 익숙해야 한다. 네임스페이스 목록이 나타나고 각 네임스페이스를 클릭하면 내부의 클래스에 대한 도움말을 읽을 수 있다.

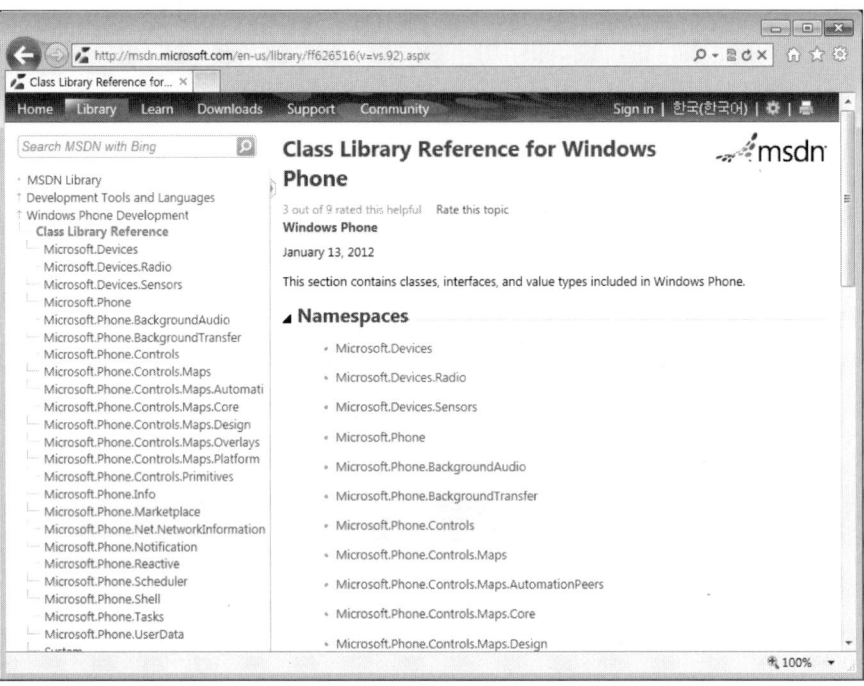

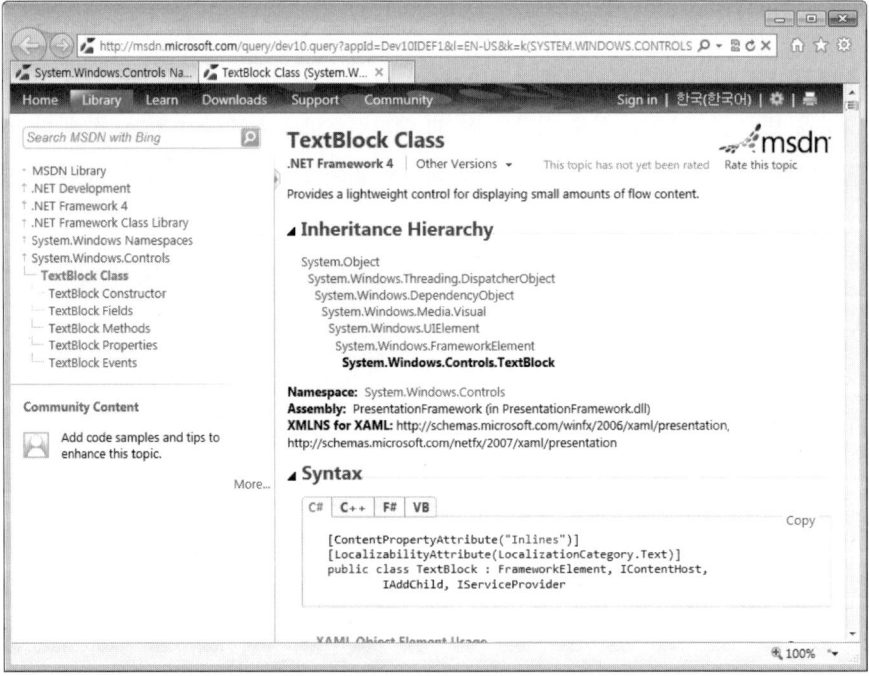

특정 클래스나 컨트롤에 대한 도움말이 필요하면 소스창이나 XAML 엘리먼트에서 F1키를 누르면 된다. TextBlock 엘리먼트 위에 커서를 두고 F1키를 누르면 이 컨트롤에 대한 도움말로 즉시 이동한다. 컨트롤뿐만 아니라 속성이나 메서드에 대해서도 같은 방식으로 도움말을 바로 볼 수 있다. 도움말이 웹 브라우저로 나타나므로 매번 새로운 창이 생성된다는 것은 다소 불편한 점이다.(앞의 그림 참조)

제일 위에는 클래스 계층도와 선언문이 있고 아래쪽에는 프로퍼티, 메서드, 이벤트, 필드 순으로 목록이 나타난다. 각 멤버를 클릭하면 멤버에 대한 상세한 설명이 나타나며 일부는 바로 실행해볼 수 있는 예제 코드까지 제공된다.

온라인 도움말은 자주 업데이트되므로 여기서 보인 화면과는 달라질 수도 있다. 인터넷에 연결해야만 볼 수 있다는 면에서 불편하지만 요즘 인터넷 속도가 충분하므로 별 문제되지 않으며 거대한 MSDN을 다 설치하지 않아도 온라인에서 최신 도움말을 볼 수 있어서 편리하다.

2-4-3 샘플 예제

제작사가 제공하는 공식 샘플은 초기 학습에 굉장히 큰 도움이 된다. 즉시 컴파일 가능한 상태로 제공되므로 바로 실행해 볼 수 있고 프로젝트의 구조를 살펴보고 실제 어떤 코드가 사용되는지 구경해 볼 수 있다. 물론 마음대로 수정해 볼 수도 있다. View/Help 명령으로 도움말 페이지를 연 후 Code Samples 란을 보면 다수의 샘플이 제공된다.

현재 총 51개의 예제가 기능별로 분류되어 제공되며 예제 개수는 지속적으로 늘어나고 있다. 예제에 대한 미리 보기와 간단한 설명이 제공되며 예제 프로젝트를 다운로드할 수 있는 링크가 제공된다. 모든 예제는 C#용과 VB용으로 두 가지가 제공된다. 예제를 다운로드하여 압축을 푼 후 File/Open project 명령으로 예제를 실행해 보면 된다.

예제는 모두 짤막짤막하고 간단한 것들이어서 쉽게 분석되며 관련 기법의 핵심만 간추려 공부할 수 있다. 시간 날 때마다 하나씩 열어서 분석해 보면 많은 도움이 되며 예제 하나를 분석할 때마다 실력이 쑥쑥 향상된다는 느낌이 들 것이다.

공식적으로 제공되는 도움말 외에도 커뮤니티를 통해 공개된 소스를 구해 분석해 보는 것도 좋다. 앱 허브에도 공식 샘플 외에 주기적으로 대형 프로젝트 샘플이 올라오며 그 중 일부는 상용 앱에 필적하는 고급 기법을 보여준다. 처음 배울 때는 남의 소스가 큰 도움이 되며 그런 면에서 보면 이 책의 예제들도 초반에 참고하기에 좋은 자료이다.

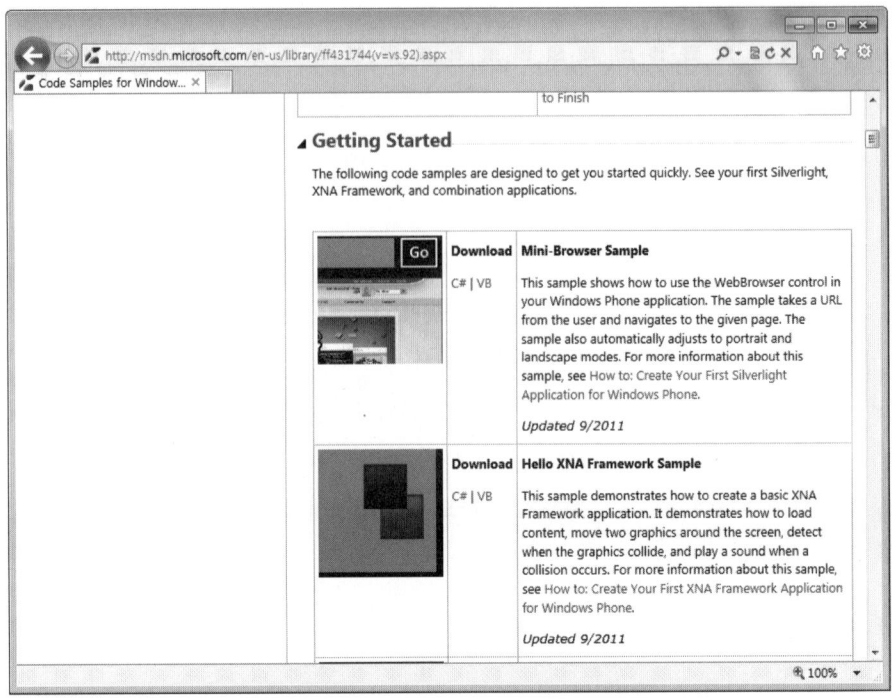

인터넷 커뮤니티도 항상 주시해야 한다. 우리나라에도 윈도우폰 카페들이 많이 있지만 아직 제대로 활성화되지는 않았다. 조만간 활성화된 커뮤니티가 등장할 것이며 서로의 경험과 팁을 공유할 수 있을 것이다.

패널

스택 패널

3-1-1 컨트롤 계층

윈도우폰은 그래픽 기반의 GUI 운영체제이다. 문자를 입력할 수 있는 하드웨어 키보드가 없고 터치를 주로 사용하므로 문자 입력보다는 그래픽 위주가 될 수밖에 없다. 어느 화면을 보나 예쁜 모양의 이미지나 도형들로 장식되어 있으며 버튼, 리스트 박스, 텍스트 박스 같은 컨트롤들로 채워져 있다. 심지어 문자열들도 텍스트 블록 컨트롤로 출력하며 작도 메서드로 직접 그리는 경우가 거의 없다.

대신 컨트롤들이 사용자에게 정보를 보여주고 터치를 통해 입력을 받아들인다. 사용자를 대면하는 주된 장치가 바로 컨트롤이다. 그래서 컨트롤을 배치하여 간결하고 직관적인 화면을 디자인하는 기술은 윈도우폰 앱 개발의 가장 기초에 해당한다. 보여줄 정보에 적합한 컨트롤을 선정하고 어느 환경에서나 일관된 모양을 가지도록 예쁘게 배치하는 것이 관건이다. 이번 장과 다음 장은 이런 기술들에 대해 연구해 보기로 한다.

윈도우폰의 기반 플랫폼인 실버라이트는 객체 지향 클래스 라이브러리를 제공하며 모든 컨트롤은 클래스 계층속에 존재한다. 홀로 존재하는 것이 아니라 다른 컨트롤과 부모 자식 관계를 구성하여 체계를 이룬다. 따라서 개별 컨트롤을 따로 공부하는 것보다 전체적인 클래스 계층을 연구하고 구조를 파악하는 것이 차후의 학습이나 실제 개발에도 아주 유용하다.

전체 클래스 계층은 상당히 복잡하지만 컨트롤과 관련된 상위 계층만 정리해 보면 다음과 같다. 모바일 실버라이트의 클래스 계층은 상위 프레임워크인 WPF나 웹용 실버라이트의 계층도와는 약간 다르다. 이 계층도는 실버라이트의 전반적인 클래스 계층 체계를 보여주며 개발 중에

항상 참고해야 할 정도로 중요하다. 가능하다면 외워 두는 것이 좋으며 대충이라도 전체적인
구조를 익혀 두도록 하자.

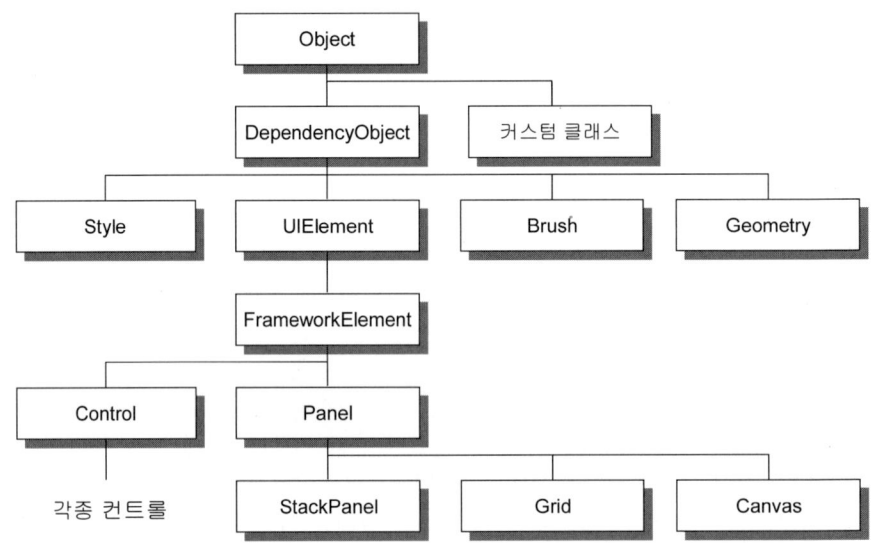

계층의 최상위에 Object가 있고 Object로부터 무수히 많은 클래스들이 가지를 뻗어가며 상속
된다. 클래스 계층을 따라 위에서부터 순서대로 속성들을 연구해 보자. 부모 클래스의 멤버들은
자식 클래스로 상속되므로 부모의 멤버들을 미리 연구해 두면 자식 클래스를 훨씬 더 빠르고
정확하게 이해할 수 있다.

모든 닷넷 클래스는 Object로부터 파생되며 컨트롤들도 마찬가지이다. Object는 닷넷의 루트
클래스이며 객체 비교를 위한 Equals 메서드, 객체 출력을 위한 ToString 메서드 등 가장 기본적
인 메서드를 제공한다. Object 자체는 하위 클래스를 위한 부모로 사용될 뿐 별다른 기능은 없다.
계산이나 정보 저장을 위한 간단한 자료 구조 클래스가 필요하다면 Object로부터 상속을 받아
필요한 멤버를 추가한다.

DependencyObject는 실버라이트의 종속 속성(dependency property) 기능을 관리하는 클래스
로서 종속 속성을 구현하는 정적 메서드(GetValue, SetValue)를 제공한다. 종속 속성은 바인딩,
애니메이션 등 윈도우폰 개발의 주요 기술을 구현하는 핵심 기능이다. 종속 속성과 관련 기술에
대한 상세한 내용은 차후에 따로 알아보기로 하되 일단은 거의 모든 컨트롤이 이 기능을 활용한
다는 점만 알아 두자.

그래서 컨트롤뿐만 아니라 실버라이트의 주요 클래스들은 모두 DependencyObject로부터 파생된다. 모든 컨트롤의 부모인 UIElement는 물론이고 컨트롤에 속성 집합을 제공하는 스타일, 배경을 채색하는 브러시, 궤적 정보를 저장하는 지오메트리 등 무수히 많은 자식 클래스들이 파생된다. Object가 닷넷의 루트 클래스라면 DependencyObject는 실버라이트의 루트 클래스에 해당된다.

UIElement는 화면에 보이고 입력을 받아들이는 역할을 하며 이름 그대로 사용자와의 인터페이스(UI)를 구성하는 기본 요소(Element)이다. 다음 도표는 UIElement의 주요 속성을 정리한 것이다. 처음 공부할 때는 필수적으로 이해해야 하는 속성만 설명하므로 전체 속성은 레퍼런스를 참조하기 바란다. 대부분의 속성은 읽고 쓸 수 있으므로 값을 지정하는 것뿐만 아니라 조사하는 것도 가능하다.

속 성	설 명
IsHitTestVisible	터치 입력을 받을 것인가를 의미한다.
Opacity	불투명 정도이다. 0은 투명이며 1은 불투명이다. 디폴트는 1이다.
Visibility	컨트롤의 보임 여부를 지정한다.
RenderTransform	변환 방법을 지정하는 객체이다.
RenderTransformOrigin	변환의 원점을 지정한다.
AllowDrop	드롭 타겟으로 사용되는가를 지정한다.

화면에 보이므로 보임 여부와 불투명 정도를 지정하는 속성이 제공되며 회전이나 확대를 위한 변환 객체를 지정할 수 있다. 또한, 입력을 받아들이는 도구이므로 터치 입력을 받을 것인지 아닌지를 지정하는 속성도 제공된다. 그래서 UIElement로부터 파생되는 모든 컨트롤은 숨길 수 있고 반투명하게 출력할 수 있으며 터치 입력을 받아들일 수 있다.

UIElement로부터 파생되는 FrameworkElement는 여기에 몇 가지 속성을 추가하여 좀 더 구체적이고 기능이 많다. 레이아웃을 처리하여 객체의 계층을 구성하며 데이터 바인딩 관련 기능을 제공하고 생명 주기를 관리한다. FrameworkElement는 UIElement의 유일한 서브 클래스이며 형제 클래스가 없다. 몇 가지 속성이 추가되어 있지만 모든 컨트롤의 루트라는 점에서 사실상 UIElement와 동일하며 이런 식이라면 굳이 계층을 구성할 필요가 없어 보인다.

하지만 커스텀 컨트롤 제작시 좀 더 단순한 상위 클래스로부터 상속받기 위해 두 클래스가 계층을 이루도록 되어 있다. UIElement는 커스텀 컨트롤 제작을 위한 상속 출발점으로 사용하기 위해 존재한다. 그러나 이 기법은 WPF에서만 해당되며 실버라이트에는 해당되지 않는다. 즉 실버라이트에서는 UIElement와 FrameworkElement를 구분해야 할 아무런 이유가 없는 셈이다.

그럼에도 WPF의 계층 구조를 물려받다 보니 이렇게 될 수밖에 없다. WPF와 웹용 실버라이트를 간략화한 모바일용 실버라이트에는 상위 프레임워크의 영향을 받는 부분이 있다. 모바일만을 위해 새로 만든 것이 아니라 다른 프레임워크를 가져와 쓰다 보니 구조상 자유도가 떨어질 수밖에 없다. 태생적인 한계로 인해 모바일용 라이브러리의 입장에서는 비상식적이고 불합리해 보이는 것들이 가끔 존재한다. 추가된 주요 속성은 다음과 같다.

속 성	설 명
Name	객체의 이름을 정의한다. 코드에서 참조하려면 이름을 반드시 지정해야 한다. 명칭이므로 자유롭게 이름을 줄 수 있지만 명칭 규칙에 맞아야 한다. 코드에서 참조하지 않으면 생략해도 무방하다.
Width, Height	폭과 높이이다.
MinWidth, MinHeight	가능한 최대 크기를 지정한다.
MaxWidth, MaxHeight	가능한 최소 크기를 지정한다.
ActualWidth, ActualHeight	실제 그려진 폭과 높이이다. 그려진 후에 결정된다.
HorizontalAlignment	수평 정렬 방식을 지정한다. Left, Center, Right, Stretch 중 하나이며 디폴트는 Stretch이다.
VerticalAlignment	수직 정렬 방식을 지정한다. Top, Center, Bottom, Stretch 중 하나이며 디폴트는 Stretch이다.
Margin	바깥 여백을 지정한다. 4면에 모두 같은 여백을 줄 수도 있고 각 변마다 여백을 각각 지정할 수도 있다.

화면에 배치되므로 크기와 정렬 관련 속성을 가지고 인접 컨트롤과 간격을 띄우기 위한 마진 속성이 제공된다. Name 속성은 코드에서 참조할 컨트롤의 이름을 지정하며 이름이 있어야 코드에서 컨트롤을 조작할 수 있다. Name 속성은 FrameworkElement 클래스 소속이므로 다른 계층의 객체에는 이 속성이 없다. 예를 들어 DependencyObject로부터 상속된 Brush 객체는 Name 속성으로 이름을 지정할 수 없다. 이럴 경우는 x:Name 속성을 대신 사용한다. 두 속성의 차이점은 다음과 같다.

■ Name : 간단하지만 FrameworkElement 서브 클래스의 객체에만 사용할 수 있어 범용성이 떨어진다.

■ x:Name : 모든 객체에 이름을 붙일 수 있지만 x: 접두를 붙이는 것이 귀찮고 소스의 모양새도 좋지 못하다.

두 속성 모두 이름을 부여한다는 기능적인 면은 동일하다. 이름을 줄 수 있는 모든 클래스의 최상위에 Name 속성을 둔다면 자연스럽지만 클래스 계층이 애매하다 보니 이런 문제가 발생하는 것이다. 이 책에서는 가급적이면 간략한 Name 속성을 사용하고 불가피할 경우에만 x:Name을 사용하기로 한다.

FrameworkElement로부터 Control과 Panel이 파생된다. Control로부터 파생되는 각종 컨트롤에 대해서는 다음 장에서 연구해 보기로 하고 이번 장에서는 컨트롤을 배치하는 Panel 클래스와 그 서브 클래스들 위주로 연구할 것이다. 즉, 컨트롤을 사용하는 방법에 앞서 컨트롤을 화면에 배치하는 방법부터 공부한다. 컨트롤을 잘 사용하기 위해서는 화면의 제 위치에 원하는 크기대로 놓을 수 있어야 한다.

Panel은 일정한 규칙에 따라 자식 컨트롤을 화면에 배치하는 레이아웃 역할을 한다. 컨트롤을 놓는 판이라고 이해하면 된다. Panel 자체는 추상 클래스이며 그 파생 클래스인 StackPanel, Grid, Canvas 등이 실제로 자식들을 배치한다. 마법사가 만든 프로젝트를 보면 그리드와 스택 패널이 사용되었음을 알 수 있다. 패널 클래스별로 컨트롤을 배치하는 방법이 다르며 고유의 규칙에 따라 컨트롤의 그룹을 구성한다.

다음은 Panel 클래스의 주요 속성이다. 모양이나 크기와 관련된 대부분의 속성을 부모로부터 상속받으므로 고유 속성은 많지 않다. 물론 Panel로부터 파생되는 서브 클래스들은 배치 방법에 따라 추가 속성을 더 가진다.

속 성	설 명
Background	배경을 칠할 브러시를 지정한다. #RRGGBB 형식으로 색상의 강도를 지정하거나 Red, Blue 같은 이름으로 지정한다.
Children	차일드 컨트롤의 컬렉션이다.

눈에 보이므로 배경 색상을 가지고 차일드 컨트롤의 목록을 보유한다. Children은 UIElement Collection 타입이며 UIElement로부터 파생되는 컨트롤의 목록을 관리한다. Count 프로퍼티로 개수를 조사할 수 있으며 Add, Remove, Clear 메서드로 실행 중에 차일드의 목록을 첨삭할 수 있다. 차일드의 목록을 멤버로 가짐으로써 패널이 컨트롤의 컨테이너가 되는 것이다.

3-1-2 스택 패널

스택 패널(StackPanel)은 선언문에 나타난 순서대로 차일드를 일렬로 배치한다. 등장 순서대로 컨트롤을 차곡차곡 쌓아서 배치하므로 컨트롤끼리 겹치지 않는다는 특징이 있다. 쌓는 방향은 Orientation 속성으로 지정하며 디폴트는 수직인 Vertical이어서 별다른 지정이 없으면 위에서부터 아래로 컨트롤이 차례대로 배치된다. 수평으로 나란히 배치하고 싶으면 Orientation 속성을 Horizontal로 변경한다.

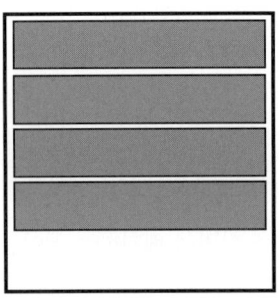 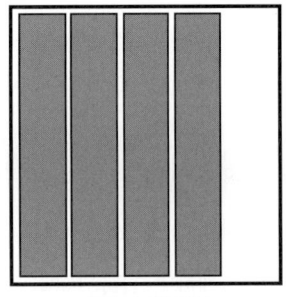

수직 스택 패널   수평 스택 패널

스택 패널을 사용하는 예제를 만들어 보자. 앞 장에서 설명한 방법대로 프로젝트를 새로 생성하되 프로젝트 이름은 Stack1로 지정한다. 마법사가 만들어준 레이아웃에서 컨텐트 패널 안쪽에 스택 패널과 버튼들을 배치하는 구문을 작성한다. 아래쪽의 앱바를 위한 주석문은 삭제하고 예제간의 구분을 위해 PageTitle 텍스트 박스의 Text 속성에는 예제의 이름을 써 넣는다.

Stack1

```
<phone:PhoneApplicationPage
    x:Class="Stack1.MainPage"
    xmlns="http://schemas.microsoft.com/winfx/2006/xaml/presentation"
    xmlns:x="http://schemas.microsoft.com/winfx/2006/xaml"
    xmlns:phone="clr-namespace:Microsoft.Phone.Controls;assembly=Microsoft.Phone"
    xmlns:shell="clr-namespace:Microsoft.Phone.Shell;assembly=Microsoft.Phone"
    xmlns:d="http://schemas.microsoft.com/expression/blend/2008"
    xmlns:mc="http://schemas.openxmlformats.org/markup-compatibility/2006"
    mc:Ignorable="d" d:DesignWidth="480" d:DesignHeight="768"
    FontFamily="{StaticResource PhoneFontFamilyNormal}"
    FontSize="{StaticResource PhoneFontSizeNormal}"
```

```
        Foreground="{StaticResource PhoneForegroundBrush}"
        SupportedOrientations="Portrait" Orientation="Portrait"
        shell:SystemTray.IsVisible="True">

        <!--LayoutRoot is the root grid where all page content is placed-->
        <Grid x:Name="LayoutRoot" Background="Transparent">
            <Grid.RowDefinitions>
                <RowDefinition Height="Auto"/>
                <RowDefinition Height="*"/>
            </Grid.RowDefinitions>

            <!--TitlePanel contains the name of the application and page title-->
            <StackPanel x:Name="TitlePanel" Grid.Row="0" Margin="12,17,0,28">
                <TextBlock x:Name="ApplicationTitle" Text="MY APPLICATION"
Style="{StaticResource PhoneTextNormalStyle}"/>
                <TextBlock x:Name="PageTitle" Text="Stack1" Margin="9,-7,0,0"
Style="{StaticResource PhoneTextTitle1Style}"/>
            </StackPanel>

            <!--ContentPanel - place additional content here-->
            <Grid x:Name="ContentPanel" Grid.Row="1" Margin="12,0,12,0">
                <StackPanel Background="Blue" Orientation="Vertical">
                    <Button Content="111" />
                    <Button Content="222" />
                    <Button Content="333" />
                </StackPanel>
            </Grid>
        </Grid>
    </phone:PhoneApplicationPage>
```

소스가 길지만 대부분 마법사가 만들어준 것이고 직접 작성한 것은 몇 줄 되지 않는다. 페이지 제목 문자열은 예제 간의 구분을 위해 붙이는 것뿐이므로 실제 분석해 봐야 할 부분은 컨텐트 패널 안의 구문뿐이다. 이 예제는 스택 패널을 연구하므로 컨텐트 패널 안에 스택 패널을 놓고 그 안에 버튼들을 배치했다.

스택 패널이 차지하는 영역을 분명히 확인하기 위해 파란색의 배경을 지정했으며 방향은 수직으로 지정했다. Orientation 속성의 디폴트가 Vertical이므로 이 속성 지정문은 삭제해도 상관없다. 스택 패널 안에 세 개의 버튼을 배치하고 버튼간의 구분을 위해 Content 속성에 번호를 지정했다.

이어서 수평 스택 패널에 버튼을 배치하는 예제를 만들어 보자. 위 예제에서 Orientation 속성만 Horizontal로 바꾸어도 되지만 여러 가지 결과를 신속하게 비교해 보기 위해 별도의 프로젝트를 새로 만든다. Stack2 예제를 만들고 앞 예제의 구문을 복사해 온 후 Orientation 속성과 페이지의 이름 문자열만 변경한다.

Stack2

```xml
<phone:PhoneApplicationPage
    x:Class="Stack2.MainPage"
    xmlns="http://schemas.microsoft.com/winfx/2006/xaml/presentation"
    xmlns:x="http://schemas.microsoft.com/winfx/2006/xaml"
    xmlns:phone="clr-namespace:Microsoft.Phone.Controls;assembly=Microsoft.Phone"
    xmlns:shell="clr-namespace:Microsoft.Phone.Shell;assembly=Microsoft.Phone"
    xmlns:d="http://schemas.microsoft.com/expression/blend/2008"
    xmlns:mc="http://schemas.openxmlformats.org/markup-compatibility/2006"
    mc:Ignorable="d" d:DesignWidth="480" d:DesignHeight="768"
    FontFamily="{StaticResource PhoneFontFamilyNormal}"
    FontSize="{StaticResource PhoneFontSizeNormal}"
    Foreground="{StaticResource PhoneForegroundBrush}"
    SupportedOrientations="Portrait" Orientation="Portrait"
    shell:SystemTray.IsVisible="True">

    <!--LayoutRoot is the root grid where all page content is placed-->
    <Grid x:Name="LayoutRoot" Background="Transparent">
        <Grid.RowDefinitions>
            <RowDefinition Height="Auto"/>
            <RowDefinition Height="*"/>
        </Grid.RowDefinitions>

        <!--TitlePanel contains the name of the application and page title-->
        <StackPanel x:Name="TitlePanel" Grid.Row="0" Margin="12,17,0,28">
            <TextBlock x:Name="ApplicationTitle" Text="MY APPLICATION"
Style="{StaticResource PhoneTextNormalStyle}"/>
            <TextBlock x:Name="PageTitle" Text="Stack2" Margin="9,-7,0,0"
Style="{StaticResource PhoneTextTitle1Style}"/>
        </StackPanel>

        <!--ContentPanel - place additional content here-->
```

```
        <Grid x:Name="ContentPanel" Grid.Row="1" Margin="12,0,12,0">
            <StackPanel Background="Blue" Orientation="Horizontal">
                <Button Content="111" />
                <Button Content="222" />
                <Button Content="333" />
            </StackPanel>
        </Grid>
    </Grid>
</phone:PhoneApplicationPage>
```

두 예제의 실행 결과는 다음과 같다. 컨트롤의 배치 결과는 디자인 뷰에도 나타나므로 굳이 에뮬레이터에서 실행해 보지 않아도 바로 확인할 수 있다.

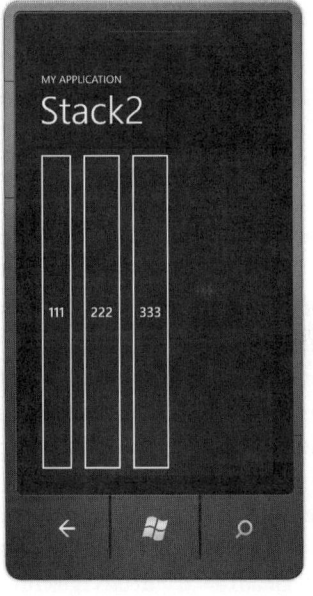

파란색의 스택 패널이 컨텐트 패널을 가득 채우고 있으며 스택 패널 안에 세 개의 버튼들이 나란히 배치되어 있다. 수직 스택 패널의 버튼들은 위에서 아래로 차례대로 배치되고 수평 스택 패널의 버튼들은 왼쪽에서 오른쪽으로 차례대로 배치된다는 것만 다르다. 차일드 컨트롤 사이의 간격은 따로 없으며 서로 밀착된다. 만약 차일드 사이를 적당히 띄우고 싶다면 버튼의 Margin 속성으로 바깥 여백을 주어야 한다.

배치 규칙이 워낙 단순하고 명료해서 무척 쉬운 편이다. 그러나 스택 패널과 차일드의 정렬 관계는 다소 복잡하다. 스택 패널에 놓이는 차일드는 스택 방향 쪽으로는 고유의 크기를 가지고 스택 반대 방향 쪽으로는 가득 채워진다. 예를 들어 수직 스택 패널에 놓인 버튼의 경우 수직 방향의 높이는 버튼의 고유 높이를 유지하지만 반대 방향인 수평 폭은 스택 패널과 같다. 수평 스택 패널에 놓인 버튼의 경우 수평 방향의 폭은 버튼의 고유 폭을 유지하지만 반대 방향인 수직 높이는 스택 패널과 같다.

이렇게 되는 이유는 스택 패널에 놓이는 컨트롤의 정렬 속성이 스택 패널에 의해 영향을 받기 때문이다. 컨트롤의 정렬 상태는 HorizontalAlignment, VerticalAlignment 속성으로 지정하는데 두 속성의 디폴트는 모두 Stretch여서 수평으로나 수직으로나 최대한 넓은 면적을 차지한다. 그러나 스택 패널의 방향과 같은 방향의 정렬 속성은 무시된다. 예를 들어 수직 스택 패널에 놓이는 컨트롤의 VerticalAlignment 속성은 아무 효과가 없다.

차곡차곡 차일드를 배치하는 스택 패널의 특성상 Orientation과 같은 방향의 크기는 Stretch가 아니어야 남는 공간이 생기며 그래야 여러 컨트롤을 쌓을 수 있기 때문이다. 그러나 스택 패널의 방향과 반대쪽 정렬 속성은 원하는 대로 지정할 수 있으며 컨트롤의 크기도 Width, Height 속성으로 자유롭게 지정할 수 있다. 다음 예제로 이를 확인해 보자.

Stack3

```
<phone:PhoneApplicationPage
    x:Class="Stack3.MainPage"
    xmlns="http://schemas.microsoft.com/winfx/2006/xaml/presentation"
    xmlns:x="http://schemas.microsoft.com/winfx/2006/xaml"
    xmlns:phone="clr-namespace:Microsoft.Phone.Controls;assembly=Microsoft.Phone"
    xmlns:shell="clr-namespace:Microsoft.Phone.Shell;assembly=Microsoft.Phone"
    xmlns:d="http://schemas.microsoft.com/expression/blend/2008"
    xmlns:mc="http://schemas.openxmlformats.org/markup-compatibility/2006"
    mc:Ignorable="d" d:DesignWidth="480" d:DesignHeight="768"
    FontFamily="{StaticResource PhoneFontFamilyNormal}"
    FontSize="{StaticResource PhoneFontSizeNormal}"
    Foreground="{StaticResource PhoneForegroundBrush}"
    SupportedOrientations="Portrait" Orientation="Portrait"
    shell:SystemTray.IsVisible="True">

    <!--LayoutRoot is the root grid where all page content is placed-->
    <Grid x:Name="LayoutRoot" Background="Transparent">
```

```xml
    <Grid.RowDefinitions>
        <RowDefinition Height="Auto"/>
        <RowDefinition Height="*"/>
    </Grid.RowDefinitions>

    <!--TitlePanel contains the name of the application and page title-->
    <StackPanel x:Name="TitlePanel" Grid.Row="0" Margin="12,17,0,28">
        <TextBlock x:Name="ApplicationTitle" Text="MY APPLICATION"
Style="{StaticResource PhoneTextNormalStyle}"/>
        <TextBlock x:Name="PageTitle" Text="Stack3" Margin="9,-7,0,0"
Style="{StaticResource PhoneTextTitle1Style}"/>
    </StackPanel>

    <!--ContentPanel - place additional content here-->
    <Grid x:Name="ContentPanel" Grid.Row="1" Margin="12,0,12,0">
    <Grid x:Name="ContentPanel" Grid.Row="1" Margin="12,0,12,0">
        <StackPanel Background="Blue" Orientation="Horizontal">
            <Button Content="111" HorizontalAlignment="Center"/>
            <Button Content="222" Width="200" VerticalAlignment="Center"/>
            <Button Content="333" VerticalAlignment="Bottom"/>
        </StackPanel>
    </Grid>
    </Grid>
</phone:PhoneApplicationPage>
```

수평 스택 패널에 세 개의 버튼을 배치하되 각 버튼에 정렬 속성과 크기 속성을 지정했다.

111 버튼은 수평 정렬을 중앙으로 지정했지만 수평 스택패널 내부에 있으므로 이 지정은 무시된다. 111 버튼을 가운데에 놓는 것은 컨트롤을 수평으로 차곡차곡 놓는다는 수평 스택 패널의 배치 규칙과 맞지 않기 때문이다. 만약 수평 중앙을 원하는 컨트롤이 둘 이상이면 두 컨트롤은 서로 겹쳐 보일 것이며 이는 컨트롤이 겹치지 않는다는 규칙에 위배된다. 또 첫 번째 컨트롤을 오른쪽 정렬하고 두 번째 컨트롤을 왼쪽 정렬하면 배치 순서도 엉망이 될 것이다.

222 버튼은 수직 정렬을 중앙으로 지정하였다. 그래서 높이를 가득 채우지 않고 내용물 높이만큼만 차지하며 수직 중앙에 배치된다. 이 경우는 자신이 이미 차지한 영역에 아래, 위 공간을 사용하지 않을 뿐이므로 다른 컨트롤과 겹치거나 순서가 바뀔 위험이 전혀 없다. 버튼의 폭은 지정한대로 200만큼 차지하며 원한다면 높이도 지정할 수 있다. 333 버튼은 수직 정렬을 바닥으로 지정하여 스택 패널 아래쪽에 배치된다.

스택 패널의 배치 규칙이 다소 복잡하다고 느껴질 수도 있다. 그러나 글로 설명하기에 복잡할 뿐이지 차례대로 겹치지 않게 배열하기 위해 어쩔 수 없는 지극히 상식적인 규칙일 뿐이다. 특별히 정렬을 변경하지만 않으면 사용하는데 별 어려움이 없다.

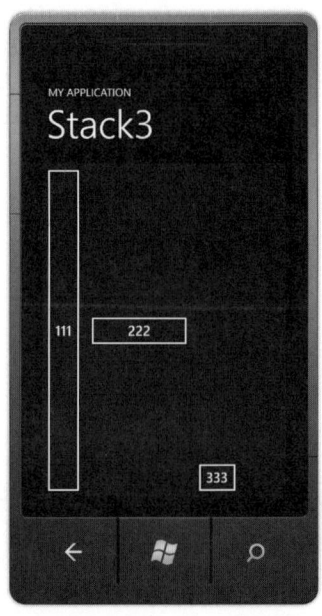

3-1-3 보이기 속성

UIElement 클래스의 Visibility 속성은 컨트롤의 보임 여부를 지정한다. 컨트롤을 일단 생성해 놓되 일시적으로 화면에서 숨기고 싶을 때 이 속성을 사용한다. 보임 여부라 하면 보임, 안 보임 둘 중 하나인 것이 상식적이지만 이 속성의 값은 상식과는 조금 다르다. 다음 두 가지 속성값 중 하나를 가진다.

속성값	설 명
Visible	보인다.
Collapsed	숨겨지며 자리를 차지하지 않는다.

디폴트는 물론 보이는 Visible이며 이 속성을 바꾸지 않는 한 배치한 모든 컨트롤은 화면에 나타난다. 보이는 동안은 사용자로부터 입력을 받아들이며 포커스도 받을 수 있다. Collapsed일 때는 단순히 숨기만 하는 것이 아니라 자리도 차지하지 않아 완전히 사라진 것처럼 취급된다. 이 속성의 정확한 효과는 스택 패널에 있을 때 명확하게 나타난다. 다음 배치를 보자.

Visibility1

```
<phone:PhoneApplicationPage
    x:Class="Visibility1.MainPage"
    xmlns="http://schemas.microsoft.com/winfx/2006/xaml/presentation"
    xmlns:x="http://schemas.microsoft.com/winfx/2006/xaml"
    xmlns:phone="clr-namespace:Microsoft.Phone.Controls;assembly=Microsoft.Phone"
    xmlns:shell="clr-namespace:Microsoft.Phone.Shell;assembly=Microsoft.Phone"
    xmlns:d="http://schemas.microsoft.com/expression/blend/2008"
```

```xml
    xmlns:mc="http://schemas.openxmlformats.org/markup-compatibility/2006"
    mc:Ignorable="d" d:DesignWidth="480" d:DesignHeight="768"
    FontFamily="{StaticResource PhoneFontFamilyNormal}"
    FontSize="{StaticResource PhoneFontSizeNormal}"
    Foreground="{StaticResource PhoneForegroundBrush}"
    SupportedOrientations="Portrait" Orientation="Portrait"
    shell:SystemTray.IsVisible="True">

    <!--LayoutRoot is the root grid where all page content is placed-->
    <Grid x:Name="LayoutRoot" Background="Transparent">
        <Grid.RowDefinitions>
            <RowDefinition Height="Auto"/>
            <RowDefinition Height="*"/>
        </Grid.RowDefinitions>

        <!--TitlePanel contains the name of the application and page title-->
        <StackPanel x:Name="TitlePanel" Grid.Row="0" Margin="12,17,0,28">
            <TextBlock x:Name="ApplicationTitle" Text="MY APPLICATION"
Style="{StaticResource PhoneTextNormalStyle}"/>
            <TextBlock x:Name="PageTitle" Text="Visibility1" Margin="9,-7,0,0"
Style="{StaticResource PhoneTextTitle1Style}"/>
        </StackPanel>

        <!--ContentPanel - place additional content here-->
        <Grid x:Name="ContentPanel" Grid.Row="1" Margin="12,0,12,0">
            <StackPanel Background="Blue">
                <Button Content="111" />
                <Button Content="222" Visibility="Collapsed"/>
                <Button Content="333" />
            </StackPanel>
        </Grid>
    </Grid>
</phone:PhoneApplicationPage>
```

수직 스택 패널에 3개의 버튼을 배치하되 가운데 버튼의 보이기 상태를 Collapsed로 지정했다. 가운데 버튼이 잠시 숨기만 하는 것이 아니라 원래 없었던 것처럼 아예 사라져 버리며 아래쪽의 세 번째 버튼이 위로 올라와 빈자리를 메운다. 실행 결과는 다음 왼쪽 그림과 같다.

　　스택 패널은 차일드를 차곡차곡 배치하는데 Collapsed 상태의 컨트롤에게는 아예 자리를 배정하지 않고 완전히 무시해 버린다. 만약 오른쪽 그림처럼 가운데 버튼이 일시적으로 투명해진 것처럼 하고 싶다면 Visibility 속성으로 숨기는 것이 아니라 Opacity 속성으로 투명색으로 만들어야 한다. Opacity 속성은 컨트롤의 투명도를 지정하며 1이면 불투명이고 0이면 투명이며 0.5이면 반투명이다.

Visibility2

```
<phone:PhoneApplicationPage
    x:Class="Visibility2.MainPage"
    xmlns="http://schemas.microsoft.com/winfx/2006/xaml/presentation"
    xmlns:x="http://schemas.microsoft.com/winfx/2006/xaml"
    xmlns:phone="clr-namespace:Microsoft.Phone.Controls;assembly=Microsoft.Phone"
    xmlns:shell="clr-namespace:Microsoft.Phone.Shell;assembly=Microsoft.Phone"
    xmlns:d="http://schemas.microsoft.com/expression/blend/2008"
    xmlns:mc="http://schemas.openxmlformats.org/markup-compatibility/2006"
    mc:Ignorable="d" d:DesignWidth="480" d:DesignHeight="768"
    FontFamily="{StaticResource PhoneFontFamilyNormal}"
    FontSize="{StaticResource PhoneFontSizeNormal}"
```

```
        Foreground="{StaticResource PhoneForegroundBrush}"
        SupportedOrientations="Portrait" Orientation="Portrait"
        shell:SystemTray.IsVisible="True">

    <!--LayoutRoot is the root grid where all page content is placed-->
    <Grid x:Name="LayoutRoot" Background="Transparent">
        <Grid.RowDefinitions>
            <RowDefinition Height="Auto"/>
            <RowDefinition Height="*"/>
        </Grid.RowDefinitions>

        <!--TitlePanel contains the name of the application and page title-->
        <StackPanel x:Name="TitlePanel" Grid.Row="0" Margin="12,17,0,28">
            <TextBlock x:Name="ApplicationTitle" Text="MY APPLICATION"
Style="{StaticResource PhoneTextNormalStyle}"/>
            <TextBlock x:Name="PageTitle" Text="Visibility2" Margin="9,-7,0,0"
Style="{StaticResource PhoneTextTitle1Style}"/>
        </StackPanel>

        <!--ContentPanel - place additional content here-->
        <Grid x:Name="ContentPanel" Grid.Row="1" Margin="12,0,12,0">
            <StackPanel Background="Blue">
                <Button Content="111" />
                <Button Content="222" Opacity="0"/>
                <Button Content="333" />
            </StackPanel>
        </Grid>
    </Grid>
</phone:PhoneApplicationPage>
```

가운데 버튼의 Opacity 속성에 0을 대입하여 버튼을 완전히 투명하게 만들었다. 이렇게 하면 보이기는 하지만 투명하므로 화면에 나타나지는 않는다. 투명할 뿐 숨겨진 것은 아니므로 자리는 차지하며 333 버튼이 투명한 222 버튼 아래쪽에 배치된다.

그렇다면 투명한 상태일 때 사용자가 이 버튼을 클릭하면 어떤 일이 벌어질까? 버튼에 대한 이벤트 핸들러를 작성하여 버튼 클릭시 메시지 박스를 열어 보자. 디자인 뷰에서 가운데 버튼을 더블클릭하면 이벤트 핸들러가 생성되고 XAML 파일에 이벤트와 핸들러를 연결하는 구문이 작성된다. 빈 핸들러 메서드에 다음 코드를 작성한다.

```
private void Button_Click(object sender, RoutedEventArgs e)
{
    MessageBox.Show("버튼을 클릭하였습니다.");
}
```

버튼 클릭시 메시지 박스를 열라는 명령이다. 이벤트 핸들러 작성법에 대해서는 차후 자세히 배울 것이다. 코드를 작성한 후 실행해 보면 비록 투명해서 안 보이지만 클릭 입력에 반응하는 것을 알 수 있다. 111과 333 부근의 빈 영역을 클릭하면 화면 상단에 메시지 박스가 나타난다.

만약 투명하게 만들고 사용자의 입력도 받지 않으려면 IsHitTestVisible 속성을 사용한다. 이 속성에 false를 대입하면 보임 여부에 상관없이 사용자의 입력을 받지 않는다. 세 번째 예제를 만들어 이를 확인해 보자.

Visibility3

```
<phone:PhoneApplicationPage
    x:Class="Visibility3.MainPage"
    xmlns="http://schemas.microsoft.com/winfx/2006/xaml/presentation"
    xmlns:x="http://schemas.microsoft.com/winfx/2006/xaml"
    xmlns:phone="clr-namespace:Microsoft.Phone.Controls;assembly=Microsoft.Phone"
    xmlns:shell="clr-namespace:Microsoft.Phone.Shell;assembly=Microsoft.Phone"
    xmlns:d="http://schemas.microsoft.com/expression/blend/2008"
    xmlns:mc="http://schemas.openxmlformats.org/markup-compatibility/2006"
    mc:Ignorable="d" d:DesignWidth="480" d:DesignHeight="768"
    FontFamily="{StaticResource PhoneFontFamilyNormal}"
    FontSize="{StaticResource PhoneFontSizeNormal}"
    Foreground="{StaticResource PhoneForegroundBrush}"
    SupportedOrientations="Portrait" Orientation="Portrait"
    shell:SystemTray.IsVisible="True">
```

```xml
    <!--LayoutRoot is the root grid where all page content is placed-->
    <Grid x:Name="LayoutRoot" Background="Transparent">
        <Grid.RowDefinitions>
            <RowDefinition Height="Auto"/>
            <RowDefinition Height="*"/>
        </Grid.RowDefinitions>

        <!--TitlePanel contains the name of the application and page title-->
        <StackPanel x:Name="TitlePanel" Grid.Row="0" Margin="12,17,0,28">
            <TextBlock x:Name="ApplicationTitle" Text="MY APPLICATION"
Style="{StaticResource PhoneTextNormalStyle}"/>
            <TextBlock x:Name="PageTitle" Text="Visibility3" Margin="9,-7,0,0"
Style="{StaticResource PhoneTextTitle1Style}"/>
        </StackPanel>

        <!--ContentPanel - place additional content here-->
        <Grid x:Name="ContentPanel" Grid.Row="1" Margin="12,0,12,0">
            <StackPanel Background="Blue">
                <Button Content="111" />
                <Button Content="222" Opacity="0" Click="Button_Click"
IsHitTestVisible="False" />
                <Button Content="333" />
            </StackPanel>
        </Grid>
    </Grid>
</phone:PhoneApplicationPage>
================================= CS =========================================
using System;
using System.Collections.Generic;
using System.Linq;
using System.Net;
using System.Windows;
using System.Windows.Controls;
using System.Windows.Documents;
using System.Windows.Input;
using System.Windows.Media;
using System.Windows.Media.Animation;
using System.Windows.Shapes;
using Microsoft.Phone.Controls;

namespace Visibility3
```

```
{
    public partial class MainPage : PhoneApplicationPage
    {
        // Constructor
        public MainPage()
        {
            InitializeComponent();
        }

        private void Button_Click(object sender, RoutedEventArgs e)
        {
            MessageBox.Show("버튼을 클릭하였습니다.");
        }
    }
}
```

참고로 소스 리스트의 가운데에 있는 ═CS═ 줄은 XAML 파일과 CS 파일을 구분하는 역할을 한다. 구분선 위쪽이 MainPage.xaml이며 아래쪽은 MainPage.xaml.cs 파일을 덤프해 놓은 것이다. 이 둘은 파일은 다르지만 한 페이지의 모양과 동작을 표현한다는 면에서 관련성이 있는 파일이므로 한 리스트에 같이 덤프하기로 한다.

Visibility2 예제와 거의 동일하되 가운데 버튼의 IsHitTestVisible 속성이 False라는 점만 다르다. 이제 실행해 보면 가운데 버튼은 보이지 않고 클릭 입력에도 반응하지 않지만 자리는 차지한다. 배치는 그대로 유지한 채로 잠시 숨기고만 싶다면 이 예제와 같은 방법을 사용한다.

보임 여부, 자리 차지 여부, 사용자 입력 여부 등은 세 가지 속성을 잘 조합해서 표현해야한다. 실버라이트의 슈퍼셋인 WPF에는 Visibility 속성에 일시적으로 숨기는 Hidden이라는 속성 값이 있지만 모바일용 실버라이트에는 이 속성값이 없으므로 다소 복잡하다. 보다시피 WPF에 익숙한 사람이라도 윈도우폰에서는 어떤 점이 다른지를 잘 알아 두어야 한다.

UIElement에는 보이기 상태를 지정하는 Visibility 속성 외에도 현재 보이는 상태인지를 조사하는 IsVisible 이라는 읽기 전용의 속성도 있다. 이 두 속성은 비슷한 것 같지만 용도가 다르다. Visibility 속성은 컨트롤 그 자체가 보이는지를 가리킬 뿐이지만 IsVisible 속성은 부모의 상태까지 고려하여 보임 여부를 조사한다. 컨트롤 자체는 보이는 상태라도 부모가 숨겨지면 컨트롤도 같이 숨겨지는데 이때는 Visibility 속성과 IsVisible 속성이 달라질 수도 있다.

3-1-4 ScrollViewer

스택 패널은 여러 개의 차일드를 가질 수 있으며 개수 제한은 없다. 필요한 만큼 얼마든지 많은 차일드를 가질 수 있으며 차일드의 총 크기만큼 스택 패널의 크기도 자동으로 확장된다. 그러나 화면 크기보다 더 많은 차일드를 가지면 뒤쪽의 차일드는 화면을 벗어나 보이지 않는다. 다음 예제를 보자.

Scroll1

```xml
<phone:PhoneApplicationPage
    x:Class="Scroll1.MainPage"
    xmlns="http://schemas.microsoft.com/winfx/2006/xaml/presentation"
    xmlns:x="http://schemas.microsoft.com/winfx/2006/xaml"
    xmlns:phone="clr-namespace:Microsoft.Phone.Controls;assembly=Microsoft.Phone"
    xmlns:shell="clr-namespace:Microsoft.Phone.Shell;assembly=Microsoft.Phone"
    xmlns:d="http://schemas.microsoft.com/expression/blend/2008"
    xmlns:mc="http://schemas.openxmlformats.org/markup-compatibility/2006"
    mc:Ignorable="d" d:DesignWidth="480" d:DesignHeight="768"
    FontFamily="{StaticResource PhoneFontFamilyNormal}"
    FontSize="{StaticResource PhoneFontSizeNormal}"
    Foreground="{StaticResource PhoneForegroundBrush}"
    SupportedOrientations="Portrait" Orientation="Portrait"
    shell:SystemTray.IsVisible="True">

    <!--LayoutRoot is the root grid where all page content is placed-->
    <Grid x:Name="LayoutRoot" Background="Transparent">
        <Grid.RowDefinitions>
            <RowDefinition Height="Auto"/>
            <RowDefinition Height="*"/>
        </Grid.RowDefinitions>

        <!--TitlePanel contains the name of the application and page title-->
        <StackPanel x:Name="TitlePanel" Grid.Row="0" Margin="12,17,0,28">
            <TextBlock x:Name="ApplicationTitle" Text="MY APPLICATION"
Style="{StaticResource PhoneTextNormalStyle}"/>
            <TextBlock x:Name="PageTitle" Text="Scroll1" Margin="9,-7,0,0"
Style="{StaticResource PhoneTextTitle1Style}"/>
        </StackPanel>
```

```
        <!--ContentPanel - place additional content here-->
        <Grid x:Name="ContentPanel" Grid.Row="1" Margin="12,0,12,0">
            <StackPanel>
                <TextBlock Text="스크롤 영역을 테스트합니다. 내용물이 많아도 아래위로
스크롤해 가며 이동할 수 있습니다."
                    TextWrapping="Wrap"/>
                <Button Content="111" Height="200"/>
                <Button Content="222" Height="200"/>
                <Button Content="333" Height="200"/>
                <Button Content="444" Height="200"/>
                <Button Content="555" Height="200"/>
                <Button Content="666" Height="200"/>
            </StackPanel>
        </Grid>
    </Grid>
</phone:PhoneApplicationPage>
```

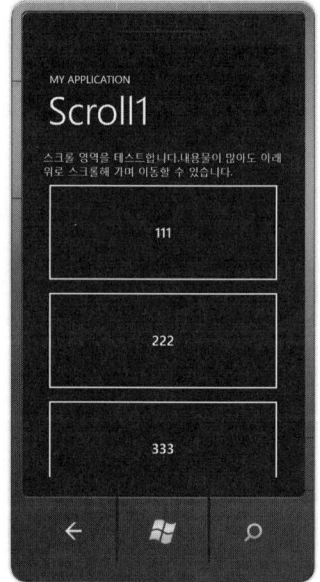

수직 스택 패널에 텍스트 블록 하나와 여섯 개의 버튼을 배치했다. 버튼의 높이를 200픽셀로 높게 지정하여 일부가 화면을 벗어나도록 했다. 고의적으로 이렇게 하지 않더라도 컨트롤 수가 많아지면 한 화면에 다 보이지 않는 경우는 언제든지 발생할 수 있다.

버튼이 워낙 커서 444 버튼 이후는 화면에 보이지 않으며 보이지 않으니 누를 방법도 없다. 이럴 때는 ScrollViewer로 스택 패널을 한 번 더 감싸야 한다. 다음과 같이 수정해 보자.

Scroll2

```
<phone:PhoneApplicationPage
    x:Class="Scroll2.MainPage"
```

```xml
    xmlns="http://schemas.microsoft.com/winfx/2006/xaml/presentation"
    xmlns:x="http://schemas.microsoft.com/winfx/2006/xaml"
    xmlns:phone="clr-namespace:Microsoft.Phone.Controls;assembly=Microsoft.Phone"
    xmlns:shell="clr-namespace:Microsoft.Phone.Shell;assembly=Microsoft.Phone"
    xmlns:d="http://schemas.microsoft.com/expression/blend/2008"
    xmlns:mc="http://schemas.openxmlformats.org/markup-compatibility/2006"
    mc:Ignorable="d" d:DesignWidth="480" d:DesignHeight="768"
    FontFamily="{StaticResource PhoneFontFamilyNormal}"
    FontSize="{StaticResource PhoneFontSizeNormal}"
    Foreground="{StaticResource PhoneForegroundBrush}"
    SupportedOrientations="Portrait" Orientation="Portrait"
    shell:SystemTray.IsVisible="True">

    <!--LayoutRoot is the root grid where all page content is placed-->
    <Grid x:Name="LayoutRoot" Background="Transparent">
        <Grid.RowDefinitions>
            <RowDefinition Height="Auto"/>
            <RowDefinition Height="*"/>
        </Grid.RowDefinitions>

        <!--TitlePanel contains the name of the application and page title-->
        <StackPanel x:Name="TitlePanel" Grid.Row="0" Margin="12,17,0,28">
            <TextBlock x:Name="ApplicationTitle" Text="MY APPLICATION"
Style="{StaticResource PhoneTextNormalStyle}"/>
            <TextBlock x:Name="PageTitle" Text="Scroll2" Margin="9,-7,0,0"
Style="{StaticResource PhoneTextTitle1Style}"/>
        </StackPanel>

        <!--ContentPanel - place additional content here-->
        <Grid x:Name="ContentPanel" Grid.Row="1" Margin="12,0,12,0">
            <ScrollViewer>
                <StackPanel>
                    <TextBlock Text="스크롤 영역을 테스트합니다.내용물이 많아도
아래위로 스크롤해 가며 이동할 수 있습니다."
                        TextWrapping="Wrap"/>
                    <Button Content="111" Height="200"/>
                    <Button Content="222" Height="200"/>
                    <Button Content="333" Height="200"/>
                    <Button Content="444" Height="200"/>
                    <Button Content="555" Height="200"/>
                    <Button Content="666" Height="200"/>
```

```
            </StackPanel>
        </ScrollViewer>
      </Grid>
   </Grid>
</phone:PhoneApplicationPage>
```

ScrollViewer는 스크롤 가능한 영역을 제공한다. 딱 하나의 차일드를 가질 수 있으며 차일드가 커서 당장 안보이더라도 화면을 드래그하여 아래쪽으로 이동 가능하다. 차일드 개수는 하나뿐이 지만 패널을 넣어 두고 패널 안에 컨트롤을 배치하면 얼마든지 많은 컨트롤을 스크롤 영역에 배치할 수 있다.

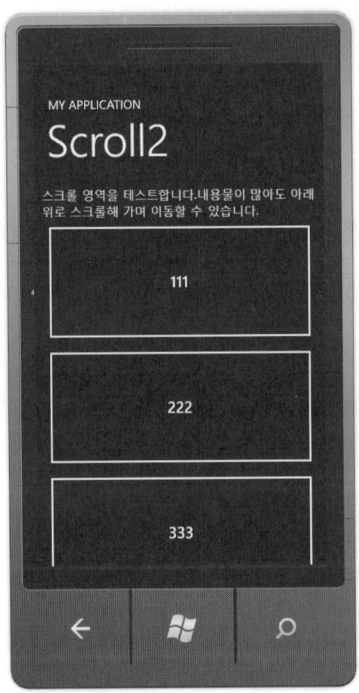

최초 실행시에는 앞 예제와 마찬가지로 444 이후의 버튼이 화면 아래쪽에 있어 보이지 않지만 스크롤하여 아래쪽으로 이동할 수 있다는 점이 다르다. 모든 컨트롤을 한눈에 다 볼 수는 없지만 스크롤하여 이동함으로써 사용할 컨트롤이 보이도록 할 수 있다. 스크롤 중에 오른쪽 변에 스크 롤 막대가 나타나 현재 스크롤 위치를 보여준다.

모바일 장비는 화면이 좁으므로 많은 내용을 보여주기 위해서는 스크롤이 필수적이다. 아무리 정보가 많고 길어도 스크롤 뷰어에 넣어 두면 모든 내용을 순차적으로 볼 수 있다. 스크롤 뷰어에는 주로 패널이 배치되고 그 안에 컨트롤들을 놓는데 스크롤 방향이 수직인 경우가 많으므로 통상 수직 스택 패널을 감싸는 경우가 많다. 다음은 스크롤 뷰어의 주요 속성이다.

속 성	설 명
HorizontalScrollBarVisibility	수평 스크롤 바를 보일 것인가를 지정한다.
VerticalScrollBarVisibility	수직 스크롤 바를 보일 것인가를 지정한다.
HorizontalOffset	수평으로 얼마나 스크롤되어 있는지를 조사한다.
VerticalOffset	수직으로 얼마나 스크롤되어 있는지를 조사한다.
ComputedHorizontalScrollBarVisibility	수평 스크롤 바가 보이는지를 조사한다.
ComputedVerticalScrollBarVisibility	수직 스크롤 바가 보이는지를 조사한다.
ViewportWidth, ViewportHeight	보이는 영역의 폭과 높이를 조사한다.
ScrollableWidth, ScrollableHeight	스크롤 가능한 영역의 폭과 높이를 조사한다.

스크롤 바 보이기 여부를 지정하는 속성은 다음 4가지 값 중 하나를 가진다.

값	설 명
Visible	스크롤 바를 항상 보여준다.
Hidden	스크롤 바가 나타나지 않는다. 보이지는 않지만 스크롤은 가능하다.
Disabled	스크롤 바가 나타나지 않는다.
Auto	뷰포트가 내용물을 전부 보여주지 못할 때 스크롤 바가 나타난다.

디폴트로 수직 스크롤 바는 Visible이고 수평 스크롤 바는 Disabled이다. 그래서 세로 방향으로만 스크롤되는데 수평 스크롤 바도 보이도록 수정해 보자.

Scroll3

```
<phone:PhoneApplicationPage
    x:Class="Scroll3.MainPage"
    xmlns="http://schemas.microsoft.com/winfx/2006/xaml/presentation"
    xmlns:x="http://schemas.microsoft.com/winfx/2006/xaml"
    xmlns:phone="clr-namespace:Microsoft.Phone.Controls;assembly=Microsoft.Phone"
```

```xml
    xmlns:shell="clr-namespace:Microsoft.Phone.Shell;assembly=Microsoft.Phone"
    xmlns:d="http://schemas.microsoft.com/expression/blend/2008"
    xmlns:mc="http://schemas.openxmlformats.org/markup-compatibility/2006"
    mc:Ignorable="d" d:DesignWidth="480" d:DesignHeight="768"
    FontFamily="{StaticResource PhoneFontFamilyNormal}"
    FontSize="{StaticResource PhoneFontSizeNormal}"
    Foreground="{StaticResource PhoneForegroundBrush}"
    SupportedOrientations="Portrait" Orientation="Portrait"
    shell:SystemTray.IsVisible="True">

    <!--LayoutRoot is the root grid where all page content is placed-->
    <Grid x:Name="LayoutRoot" Background="Transparent">
        <Grid.RowDefinitions>
            <RowDefinition Height="Auto"/>
            <RowDefinition Height="*"/>
        </Grid.RowDefinitions>

        <!--TitlePanel contains the name of the application and page title-->
        <StackPanel x:Name="TitlePanel" Grid.Row="0" Margin="12,17,0,28">
            <TextBlock x:Name="ApplicationTitle" Text="MY APPLICATION"
Style="{StaticResource PhoneTextNormalStyle}"/>
            <TextBlock x:Name="PageTitle" Text="Scroll3" Margin="9,-7,0,0"
Style="{StaticResource PhoneTextTitle1Style}"/>
        </StackPanel>

        <!--ContentPanel - place additional content here-->
        <Grid x:Name="ContentPanel" Grid.Row="1" Margin="12,0,12,0">
            <ScrollViewer HorizontalScrollBarVisibility="Visible">
                <StackPanel>
                    <TextBlock Text="스크롤 영역을 테스트합니다. 내용물이 많아도
아래위로 스크롤해 가며 이동할 수 있습니다."
                               TextWrapping="Wrap"/>
                    <Button Content="111" Height="200"/>
                    <Button Content="222" Height="200"/>
                    <Button Content="333" Height="200"/>
                    <Button Content="444" Height="200"/>
                    <Button Content="555" Height="200"/>
                    <Button Content="666" Height="200"/>
                </StackPanel>
            </ScrollViewer>
```

```
        </Grid>
      </Grid>
</phone:PhoneApplicationPage>
```

HorizontalScrollBarVisibility 속성을 Visible로 수정하였다. 수평 스크롤 영역이 생겼으므로 텍스트 블록은 개행되지 않고 대신 스크롤 영역이 텍스트의 폭만큼 넓어진다. 텍스트가 한눈에 다 보이지 않지만 옆으로 스크롤해서 가려진 텍스트를 읽을 수 있다.

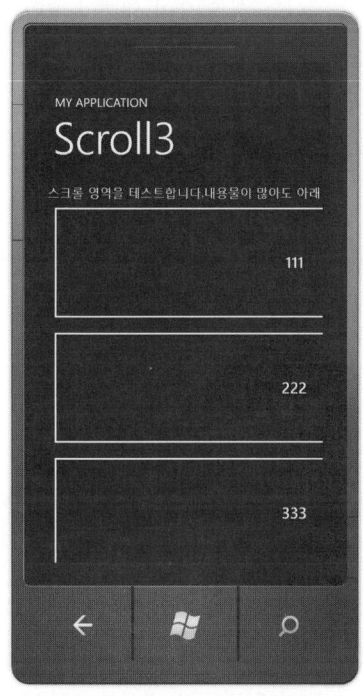
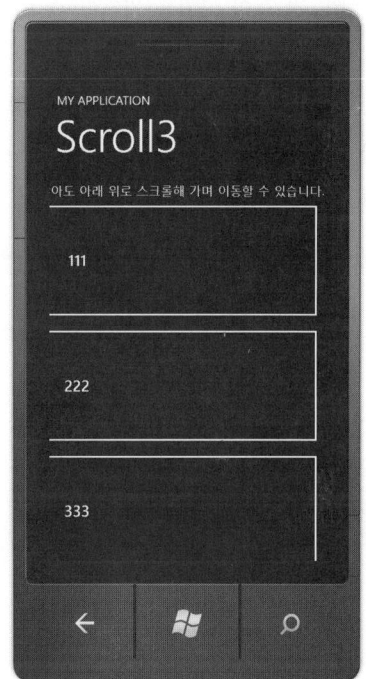

모바일 환경은 화면이 수직으로 더 길고 엄지손가락이 좌우 스크롤보다는 상하 스크롤에 더 익숙하기 때문에 수평으로 스크롤하는 경우보다 수직으로 스크롤하는 것이 더 일반적이다. 또 윈도우폰의 피봇, 파노라마가 자체적으로 수평 스크롤을 사용하므로 내용물은 수직으로 스크롤하는 것이 좋다.

3-2-1 행열의 속성

그리드는 표 형태로 컨트롤을 배치하는 패널이다. 표는 가로 행과 세로 열이 만나는 셀들로 구성되며 각 셀에 컨트롤을 배치한다. 바둑판 같은 격자를 만들고 각 격자에 컨트롤을 배치한다고 생각하면 된다. 스택은 1차원으로 컨트롤을 배치하는데 비해 그리드는 2차원으로 배치하므로 한 화면에 더 많은 컨트롤을 배치할 수 있고 훨씬 더 활용성이 높다.

또한, 각 셀의 크기를 지정할 수 있고 비율로도 나눌 수 있으며 셀끼리 병합도 가능해 응용의 묘미가 있다. 다양한 형태로 배치할 수 있고 다른 패널을 대체할 수 있을 만큼 범용적이어서 윈도 우폰에서 가장 권장되는 패널이다. 다만, 기능이 복잡한 만큼 이것저것 지정해야 할 것들이 많아 사용 방법은 다소 어렵다. 그리드의 주요 속성은 다음과 같다.

속 성	설 명
RowDefinitions	행의 구성과 속성을 지정하는 RowDefinition 컬렉션이다.
ColumnDefinitions	열의 구성과 속성을 지정하는 ColumnDefinition 컬렉션이다.
ShowGridLines	그리드의 셀 사이에 선을 그릴 것인가를 지정한다. 배치를 살펴보기 위한 테스트 용으로 주로 사용된다.

행의 속성은 RowDefinitions 엘리먼트 안의 RowDefinition 엘리먼트들로 지정하며 열의 속성은 ColumnDefinitions 엘리먼트 안의 ColumnDefinition 엘리먼트들로 지정한다. 그리드의 크기는 RowDefinition, ColumnDefinition 엘리먼트의 개수로 결정된다. 예를 들어 RowDefinition 엘리먼트가 3개 있고 ColumnDefinition 엘리먼트가 5개 있으면 총 15개의 셀이 생성되고 그 수만큼 컨트롤을 배치할 수 있다. 행열 속성이 지정되어 있지 않으면 1행 1열이며 그리드 전체가 하나의 단일 셀로 구성된다.

Grid 엘리먼트 안에 행열의 속성이 먼저 정의되고 그 아래에 행열에 들어갈 차일드 컨트롤이 배치된다. 다음은 3행 2열의 그리드를 정의하고 각 셀에 좌표 문자열을 가지는 버튼을 배치한다. 셀의 영역을 분명히 확인하기 위해 ShowGridLines 속성에 true를 지정했다.

Grid1

```xml
<phone:PhoneApplicationPage
    x:Class="Grid1.MainPage"
    xmlns="http://schemas.microsoft.com/winfx/2006/xaml/presentation"
    xmlns:x="http://schemas.microsoft.com/winfx/2006/xaml"
    xmlns:phone="clr-namespace:Microsoft.Phone.Controls;assembly=Microsoft.Phone"
    xmlns:shell="clr-namespace:Microsoft.Phone.Shell;assembly=Microsoft.Phone"
    xmlns:d="http://schemas.microsoft.com/expression/blend/2008"
    xmlns:mc="http://schemas.openxmlformats.org/markup-compatibility/2006"
    mc:Ignorable="d" d:DesignWidth="480" d:DesignHeight="768"
    FontFamily="{StaticResource PhoneFontFamilyNormal}"
    FontSize="{StaticResource PhoneFontSizeNormal}"
    Foreground="{StaticResource PhoneForegroundBrush}"
    SupportedOrientations="Portrait" Orientation="Portrait"
    shell:SystemTray.IsVisible="True">

    <!--LayoutRoot is the root grid where all page content is placed-->
    <Grid x:Name="LayoutRoot" Background="Transparent">
        <Grid.RowDefinitions>
            <RowDefinition Height="Auto"/>
            <RowDefinition Height="*"/>
        </Grid.RowDefinitions>

        <!--TitlePanel contains the name of the application and page title-->
        <StackPanel x:Name="TitlePanel" Grid.Row="0" Margin="12,17,0,28">
            <TextBlock x:Name="ApplicationTitle" Text="MY APPLICATION"
Style="{StaticResource PhoneTextNormalStyle}"/>
            <TextBlock x:Name="PageTitle" Text="Grid1" Margin="9,-7,0,0"
Style="{StaticResource PhoneTextTitle1Style}"/>
        </StackPanel>

        <!--ContentPanel - place additional content here-->
        <Grid x:Name="ContentPanel" Grid.Row="1" Margin="12,0,12,0">
            <Grid ShowGridLines="true">
                <Grid.RowDefinitions>
                    <RowDefinition />
                    <RowDefinition />
                    <RowDefinition />
                </Grid.RowDefinitions>
                <Grid.ColumnDefinitions>
```

```
            <ColumnDefinition />
            <ColumnDefinition />
        </Grid.ColumnDefinitions>

        <Button Content="0,0" Grid.Row="0" Grid.Column="0" />
        <Button Content="0,1" Grid.Row="0" Grid.Column="1" />
        <Button Content="1,0" Grid.Row="1" Grid.Column="0" />
        <Button Content="1,1" Grid.Row="1" Grid.Column="1" />
        <Button Content="2,0" Grid.Row="2" Grid.Column="0" />
        <Button Content="2,1" Grid.Row="2" Grid.Column="1" />
        </Grid>
      </Grid>
    </Grid>
</phone:PhoneApplicationPage>
```

RowDefinition 엘리먼트가 3개, ColumnDefinition 엘리먼트가 2개 있으므로 이 그리드는 3행 2열, 총 6개의 셀로 구성된다. 각 버튼은 좌에서 우로, 위에서 아래로 순서대로 셀에 배치했다. 버튼을 배치할 셀 좌표는 Grid.Row, Grid.Column 속성으로 지정한다. 셀 좌표는 0부터 시작하며 좌상단 셀이 (0,0)이다. 좌표를 생략하면 첫 행 첫 열에 배치된다.

Grid.Row, Grid.Column 속성은 그리드에 정의되어 있지만 그리드에 소속된 컨트롤이 사용하는데 이런 속성을 연결된 속성(Attached Property)이라고 한다. 그리드에 소속된 컨트롤은 이 두 속성으로 자신이 배치될 셀 좌표를 반드시 지정해야 한다. 배치 결과는 다음과 같다.

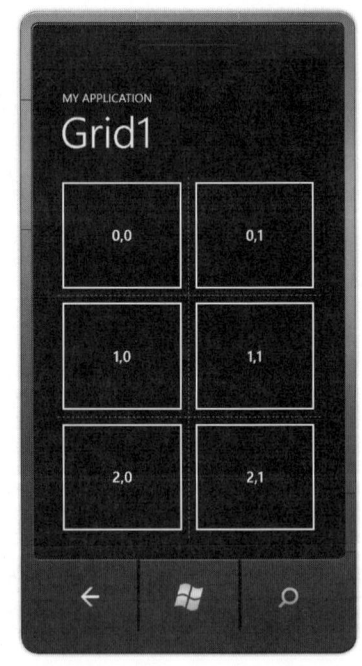

컨텐트 패널이 6개의 격자로 분할되어 있고 각 셀에 버튼들이 하나씩 배치되어 있다. 만약 2행 3열로 바꾸고 싶다면 RowDefinition을 하나 줄이고 ColumnDefinition을 하나 늘리면 된다. 물론 이 경우 각 버튼의 셀 좌표도 조정해야 할 것이다.

각 행과 열에 별다른 지정이 없으면 모든 셀이 그리드의 영역을 공평하게 나누어 분할한다. ColumnDefinition 엘리먼트의 Width 속성이나 RowDefinition 엘리먼트의

Height 속성으로 크기를 지정하면 셀을 원하는 크기대로 생성할 수 있다. 크기값은 다음 세 가지 종류가 있다.

크기값	설 명
정수	지정한 픽셀 수만큼만 차지한다.
n*	비율에 따라 크기를 균등 분할한다.
Auto	컨트롤 크기만큼만 차지한다.

절대적인 크기값을 지정할 수도 있고 다른 셀과의 비율만큼 나누기를 할 수도 있다. 다음 예제를 보자.

Grid2

```
<phone:PhoneApplicationPage
    x:Class="Grid2.MainPage"
    xmlns="http://schemas.microsoft.com/winfx/2006/xaml/presentation"
    xmlns:x="http://schemas.microsoft.com/winfx/2006/xaml"
    xmlns:phone="clr-namespace:Microsoft.Phone.Controls;assembly=Microsoft.Phone"
    xmlns:shell="clr-namespace:Microsoft.Phone.Shell;assembly=Microsoft.Phone"
    xmlns:d="http://schemas.microsoft.com/expression/blend/2008"
    xmlns:mc="http://schemas.openxmlformats.org/markup-compatibility/2006"
    mc:Ignorable="d" d:DesignWidth="480" d:DesignHeight="768"
    FontFamily="{StaticResource PhoneFontFamilyNormal}"
    FontSize="{StaticResource PhoneFontSizeNormal}"
    Foreground="{StaticResource PhoneForegroundBrush}"
    SupportedOrientations="Portrait" Orientation="Portrait"
    shell:SystemTray.IsVisible="True">

    <!--LayoutRoot is the root grid where all page content is placed-->
    <Grid x:Name="LayoutRoot" Background="Transparent">
        <Grid.RowDefinitions>
            <RowDefinition Height="Auto"/>
            <RowDefinition Height="*"/>
        </Grid.RowDefinitions>

        <!--TitlePanel contains the name of the application and page title-->
        <StackPanel x:Name="TitlePanel" Grid.Row="0" Margin="12,17,0,28">
```

```
        <TextBlock x:Name="ApplicationTitle" Text="MY APPLICATION"
Style="{StaticResource PhoneTextNormalStyle}"/>
        <TextBlock x:Name="PageTitle" Text="Grid2" Margin="9,-7,0,0"
Style="{StaticResource PhoneTextTitle1Style}"/>
    </StackPanel>

    <!--ContentPanel - place additional content here-->
    <Grid x:Name="ContentPanel" Grid.Row="1" Margin="12,0,12,0">
        <Grid ShowGridLines="true">
            <Grid.RowDefinitions>
                <RowDefinition Height="100"/>
                <RowDefinition Height="Auto"/>
                <RowDefinition Height="*"/>
            </Grid.RowDefinitions>
            <Grid.ColumnDefinitions>
                <ColumnDefinition Width="200"/>
                <ColumnDefinition Width="Auto"/>
            </Grid.ColumnDefinitions>

            <Button Content="0,0" Grid.Row="0" Grid.Column="0" />
            <Button Content="0,1" Grid.Row="0" Grid.Column="1" />
            <Button Content="1,0" Grid.Row="1" Grid.Column="0" />
            <Button Content="1,1" Grid.Row="1" Grid.Column="1" />
            <Button Content="2,0" Grid.Row="2" Grid.Column="0" />
            <Button Content="2,1" Grid.Row="2" Grid.Column="1" />
        </Grid>
    </Grid>
    </Grid>
</phone:PhoneApplicationPage>
```

행의 속성을 보자. 첫 행이 100픽셀만큼 차지하고 두 번째 행은 버튼의 높이만큼만 차지한다. 마지막 행은 *로 비율 분할을 하되 다른 셀이 비율을 사용하지 않으므로 나머지 높이를 모두 다 사용한다. 첫 열의 폭은 200픽셀이고 두 번째 열은 버튼 폭만큼으로 지정되어 있다. 배치 결과는 다음과 같다.

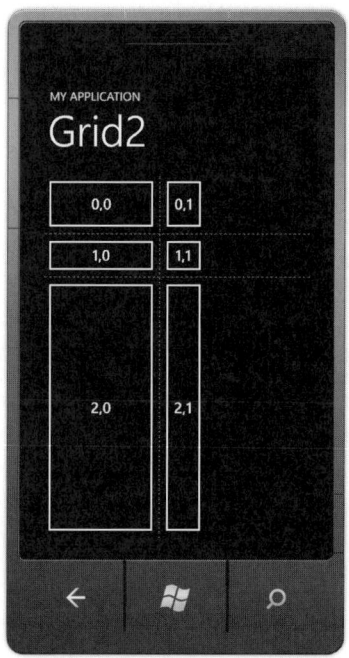

    높이는 * 크기를 가지는 행이 있어 그리드를 가득 채우지만 폭은 모든 열이 일정한 크기만큼만 사용하므로 오른쪽이 비게 된다. *값 앞에는 숫자값이 올 수 있는데 이 값은 남은 크기를 분할할 비율을 지정한다. *값을 가지는 행이나 열이 하나밖에 없으면 나머지를 혼자 다 차지한다는 뜻이지만 둘 이상일 경우 비율에 따라 크기를 나눈다. 다음 예제를 보자.

Grid3

```
<phone:PhoneApplicationPage
    x:Class="Grid3.MainPage"
    xmlns="http://schemas.microsoft.com/winfx/2006/xaml/presentation"
    xmlns:x="http://schemas.microsoft.com/winfx/2006/xaml"
    xmlns:phone="clr-namespace:Microsoft.Phone.Controls;assembly=Microsoft.Phone"
    xmlns:shell="clr-namespace:Microsoft.Phone.Shell;assembly=Microsoft.Phone"
    xmlns:d="http://schemas.microsoft.com/expression/blend/2008"
    xmlns:mc="http://schemas.openxmlformats.org/markup-compatibility/2006"
    mc:Ignorable="d" d:DesignWidth="480" d:DesignHeight="768"
    FontFamily="{StaticResource PhoneFontFamilyNormal}"
    FontSize="{StaticResource PhoneFontSizeNormal}"
```

```
                Foreground="{StaticResource PhoneForegroundBrush}"
                SupportedOrientations="Portrait" Orientation="Portrait"
                shell:SystemTray.IsVisible="True">

            <!--LayoutRoot is the root grid where all page content is placed-->
            <Grid x:Name="LayoutRoot" Background="Transparent">
                <Grid.RowDefinitions>
                    <RowDefinition Height="Auto"/>
                    <RowDefinition Height="*"/>
                </Grid.RowDefinitions>

                <!--TitlePanel contains the name of the application and page title-->
                <StackPanel x:Name="TitlePanel" Grid.Row="0" Margin="12,17,0,28">
                    <TextBlock x:Name="ApplicationTitle" Text="MY APPLICATION"
        Style="{StaticResource PhoneTextNormalStyle}"/>
                    <TextBlock x:Name="PageTitle" Text="Grid3" Margin="9,-7,0,0"
        Style="{StaticResource PhoneTextTitle1Style}"/>
                </StackPanel>

                <!--ContentPanel - place additional content here-->
                <Grid x:Name="ContentPanel" Grid.Row="1" Margin="12,0,12,0">
                    <Grid ShowGridLines="true">
                        <Grid.RowDefinitions>
                            <RowDefinition Height="1*"/>
                            <RowDefinition Height="2*"/>
                            <RowDefinition Height="3*"/>
                        </Grid.RowDefinitions>
                        <Grid.ColumnDefinitions>
                            <ColumnDefinition Width="1*" />
                            <ColumnDefinition Width="Auto" />
                            <ColumnDefinition Width="2*" />
                        </Grid.ColumnDefinitions>

                        <Button Content="0,0" Grid.Row="0" Grid.Column="0" />
                        <Button Content="0,1" Grid.Row="0" Grid.Column="1" />
                        <Button Content="0,2" Grid.Row="0" Grid.Column="2" />
                        <Button Content="1,0" Grid.Row="1" Grid.Column="0" />
                        <Button Content="1,1" Grid.Row="1" Grid.Column="1" />
                        <Button Content="1,2" Grid.Row="1" Grid.Column="2" />
                        <Button Content="2,0" Grid.Row="2" Grid.Column="0" />
                        <Button Content="2,1" Grid.Row="2" Grid.Column="1" />
```

```
            <Button Content="2,0" Grid.Row="2" Grid.Column="0" />
            <Button Content="2,2" Grid.Row="2" Grid.Column="2" />
        </Grid>
      </Grid>
    </Grid>
</phone:PhoneApplicationPage>
```

이 예제는 그리드를 3행 3열로 분할하고 열과 행을 모두 비율에 따라 분할했다. 먼저 행의 경우를 보자. 각 행의 높이를 1*, 2*, 3*로 지정했는데 이 경우 행의 높이는 1:2:3으로 분할된다. 전체 높이를 1+2+3의 합인 6으로 등분한 후 1행에 1만큼, 2행에 2만큼, 3행에 3만큼 높이를 할당한다. 이때 1, 2, 3이라는 절대값은 별 의미가 없으며 비율만 의미가 있다. 2, 4, 6으로 하나 10, 20, 30으로 하나 결과는 마찬가지이다.

다음은 열의 경우를 보자. 가운데 열의 폭을 Auto로 지정하여 버튼의 폭만큼만 차지하도록 했다. 좌우의 두 열은 1*, 2*로 지정하여 가운데 열을 배치하고 남은 폭을 1:2로 분할한다. Auto 폭을 가지는 가운데 버튼의 크기를 먼저 결정하고 남은 공간을 3등분하여 첫 번째 버튼과 마지막 버튼에 1:2로 배분할 것이다. 실행 결과는 다음과 같다.

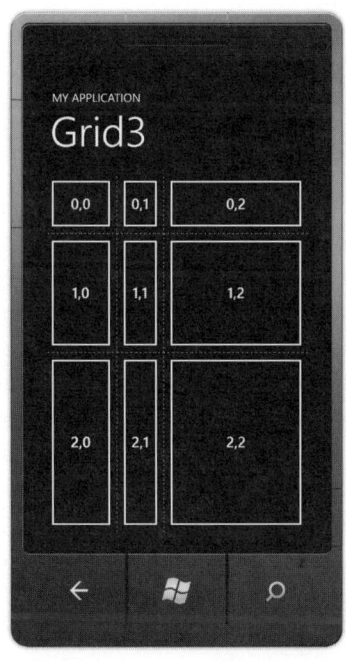

절대 크기를 지정하는 것은 편리하고 직관적이지만 화면 크기나 방향이 바뀔 때도 크기가 고정적이어서 호환성에 불리하다. 보통 Auto와 * 크기를 많이 사용한다. 크기를 고정시켜 놓고 싶으면 Auto로 지정하고 나머지 영역을 다 사용하고 싶으면 * 크기를 지정한다.

3-2-2 셀 병합

그리드는 행열로 구성된 도표 안에 컨트롤을 배치하지만 그렇다고 해서 반드시 네모반듯한 바둑판 모양으로만 배치하는 것은 아니다. 셀끼리 병합함으로써 약간의 변형을 가할 수 있는데 이때는 다음 두 속성을 사용한다.

속 성	설 명
RowSpan	병합할 행 수를 지정한다.
ColumnSpan	병합할 열 수를 지정한다.

두 속성을 동시에 적용하여 수평, 수직 방향으로 여러 셀을 합치는 것도 가능하다. HTML의 \<table\> 태그와 비슷한 방식이라 웹 페이지 제작에 경험이 많다면 어렵지 않게 이해할 수 있는 속성이다. 다음 예제를 보자.

CellSpan

```
<phone:PhoneApplicationPage
    x:Class="CellSpan.MainPage"
    xmlns="http://schemas.microsoft.com/winfx/2006/xaml/presentation"
    xmlns:x="http://schemas.microsoft.com/winfx/2006/xaml"
    xmlns:phone="clr-namespace:Microsoft.Phone.Controls;assembly=Microsoft.Phone"
    xmlns:shell="clr-namespace:Microsoft.Phone.Shell;assembly=Microsoft.Phone"
    xmlns:d="http://schemas.microsoft.com/expression/blend/2008"
    xmlns:mc="http://schemas.openxmlformats.org/markup-compatibility/2006"
    mc:Ignorable="d" d:DesignWidth="480" d:DesignHeight="768"
    FontFamily="{StaticResource PhoneFontFamilyNormal}"
    FontSize="{StaticResource PhoneFontSizeNormal}"
    Foreground="{StaticResource PhoneForegroundBrush}"
    SupportedOrientations="Portrait" Orientation="Portrait"
    shell:SystemTray.IsVisible="True">
```

```
<!--LayoutRoot is the root grid where all page content is placed-->
<Grid x:Name="LayoutRoot" Background="Transparent">
    <Grid.RowDefinitions>
        <RowDefinition Height="Auto"/>
        <RowDefinition Height="*"/>
    </Grid.RowDefinitions>

    <!--TitlePanel contains the name of the application and page title-->
    <StackPanel x:Name="TitlePanel" Grid.Row="0" Margin="12,17,0,28">
        <TextBlock x:Name="ApplicationTitle" Text="MY APPLICATION"
Style="{StaticResource PhoneTextNormalStyle}"/>
        <TextBlock x:Name="PageTitle" Text="CellSpan" Margin="9,-7,0,0"
Style="{StaticResource PhoneTextTitle1Style}"/>
    </StackPanel>

    <!--ContentPanel - place additional content here-->
    <Grid x:Name="ContentPanel" Grid.Row="1" Margin="12,0,12,0">
        <Grid ShowGridLines="true">
            <Grid.RowDefinitions>
                <RowDefinition />
                <RowDefinition />
                <RowDefinition />
                <RowDefinition />
            </Grid.RowDefinitions>
            <Grid.ColumnDefinitions>
                <ColumnDefinition />
                <ColumnDefinition />
                <ColumnDefinition />
            </Grid.ColumnDefinitions>

            <Button Content="0,0" Grid.Row="0" Grid.Column="0"
                    Grid.ColumnSpan="2"/>
            <Button Content="0,2" Grid.Row="0" Grid.Column="2" />
            <Button Content="1,0" Grid.Row="1" Grid.Column="0"
                    Grid.RowSpan="3"/>
            <Button Content="1,1" Grid.Row="1" Grid.Column="1" />
            <Button Content="1,2" Grid.Row="1" Grid.Column="2" />
            <Button Content="2,1" Grid.Row="2" Grid.Column="1"
                    Grid.ColumnSpan="2" Grid.RowSpan="2"/>
        </Grid>
    </Grid>
</Grid>
```

```
    </Grid>
</phone:PhoneApplicationPage>
```

　4행 3열 총 12개의 셀로 그리드를 구성하되 여러 셀을 병합하여 사용하므로 버튼은 여섯 개만 배치했다. 첫 번째 버튼은 ColumnSpan을 2로 지정하여 오른쪽의 한 칸을 더 사용한다. 분할된 셀폭의 2배만큼을 사용하는 것이다. 세 번째 버튼은 RowSpan을 3으로 지정하여 아래쪽의 두 칸을 더 사용한다. 보다시피 3칸 이상도 병합할 수 있다.

　마지막 버튼은 ColumnSpan, RowSpan 속성을 동시에 지정하여 행으로 2칸, 열로 2칸을 차지하여 총 4칸을 혼자 사용한다. 배치된 결과는 다음과 같다. 버튼이 여러 셀에 걸쳐 영역을 차지하므로 ShowGridLines 속성으로 그은 셀 경계가 버튼들 사이에 그어져 있다.

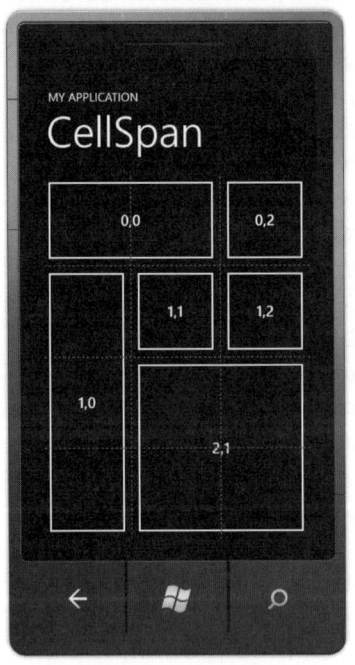

　그리드의 셀 병합 기능을 잘 사용하면 컨트롤을 지그재그로 배치할 수도 있다. 꼭 바둑판식으로만 배치하는 것이 아니라 변형을 가할 수 있어서 그리드의 활용성이 높다. 물론 원하는 배치를 만들어 내려면 다소 손이 많이 가고 한 번에 원하는 배치를 만들기는 쉽지 않다. 배치가 복잡할 수록 많은 연습과 시행착오를 거쳐야 한다.

그리드는 범용적이며 호환성도 뛰어나 실무 프로젝트에서도 가장 권장되는 패널이다. 그러나 이 책은 코드의 가독성과 실습의 편의성을 높이기 위해 스택 패널을 주로 사용한다. 그리드는 행열의 속성을 일일이 정의해야 하므로 마크업양이 많으며 그러다 보니 핵심 배치만 살펴보기에는 적합하지 않기 때문이다. 반면 스택 패널은 별 선언 없이 컨트롤을 나열할 수 있어 코드의 가독성이 높아 학습용으로 적절하다.

3-3 　캔버스

3-3-1 캔버스

캔버스는 특별한 배치 규칙이 없으며 차일드를 지정한 좌표에 배치하는 아주 단순한 패널이다. 컨트롤의 배치 좌표는 Canvas.Left와 Canvas.Top 연결 속성으로 지정하며 캔버스의 좌상단을 원점으로 한 픽셀 좌표에 컨트롤이 배치된다. 다음 예제로 버튼과 사각형을 캔버스에 배치해 보자.

Canvas1

```
<phone:PhoneApplicationPage
    x:Class="Canvas1.MainPage"
    xmlns="http://schemas.microsoft.com/winfx/2006/xaml/presentation"
    xmlns:x="http://schemas.microsoft.com/winfx/2006/xaml"
    xmlns:phone="clr-namespace:Microsoft.Phone.Controls;assembly=Microsoft.Phone"
    xmlns:shell="clr-namespace:Microsoft.Phone.Shell;assembly=Microsoft.Phone"
    xmlns:d="http://schemas.microsoft.com/expression/blend/2008"
    xmlns:mc="http://schemas.openxmlformats.org/markup-compatibility/2006"
    mc:Ignorable="d" d:DesignWidth="480" d:DesignHeight="768"
    FontFamily="{StaticResource PhoneFontFamilyNormal}"
    FontSize="{StaticResource PhoneFontSizeNormal}"
    Foreground="{StaticResource PhoneForegroundBrush}"
    SupportedOrientations="Portrait" Orientation="Portrait"
    shell:SystemTray.IsVisible="True">

    <!--LayoutRoot is the root grid where all page content is placed-->
```

```xml
<Grid x:Name="LayoutRoot" Background="Transparent">
    <Grid.RowDefinitions>
        <RowDefinition Height="Auto"/>
        <RowDefinition Height="*"/>
    </Grid.RowDefinitions>

    <!--TitlePanel contains the name of the application and page title-->
    <StackPanel x:Name="TitlePanel" Grid.Row="0" Margin="12,17,0,28">
        <TextBlock x:Name="ApplicationTitle" Text="MY APPLICATION"
Style="{StaticResource PhoneTextNormalStyle}"/>
        <TextBlock x:Name="PageTitle" Text="Canvas1" Margin="9,-7,0,0"
Style="{StaticResource PhoneTextTitle1Style}"/>
    </StackPanel>

    <!--ContentPanel - place additional content here-->
    <Grid x:Name="ContentPanel" Grid.Row="1" Margin="12,0,12,0">
        <Canvas Background="Blue">
            <Button Content="111" Canvas.Left="100" Canvas.Top="50"/>
            <Button Content="222" Canvas.Left="200" Canvas.Top="80"/>
            <Button Content="333" Canvas.Left="230" Canvas.Top="120"/>
            <Rectangle Fill="Red" Canvas.Left="50" Canvas.Top="300"
                        Width="60" Height="60"/>
            <Rectangle Fill="Green" Canvas.Left="80" Canvas.Top="330"
                        Width="60" Height="60"/>
            <Rectangle Fill="Red" Canvas.Left="250" Canvas.Top="300"
                        Width="60" Height="60" Canvas.ZIndex="2"/>
            <Rectangle Fill="Green" Canvas.Left="280" Canvas.Top="330"
                        Width="60" Height="60" Canvas.ZIndex="1"/>
        </Canvas>
    </Grid>
</Grid>
</phone:PhoneApplicationPage>
```

캔버스의 영역을 확인하기 위해 파란색 배경을 지정했으며 캔버스 안에 버튼과 사각형들을 배치했다. 복잡한 규칙없이 좌표만 지정하면 되므로 사용하기는 정말 쉽다. 실행해 보면 캔버스의 여기저기에 컨트롤이 배치된다.

　세 개의 버튼은 각각 (100,50), (200,80), (230,120) 좌표를 지정했으며 정확하게 지정한 곳에 버튼의 크기대로 배치되었다. 임의 위치에 배치할 수 있다는 면에서 자유도가 높고 사용하기도 쉽지만 여러 가지 문제가 있다. 우선 강제 규칙없이 절대 좌표를 마음대로 지정하므로 컨트롤끼리 영역이 겹칠 가능성이 있다. 컨트롤은 선언된 순서대로 생성되므로 먼저 선언된 컨트롤이 아래쪽에 깔리고 나중에 선언된 컨트롤이 위에 겹쳐진다.

　위 예제에서 222 버튼과 333 버튼의 일부가 겹쳐 있으며 222 위에 333이 배치된 것이다. 버튼의 경우는 투명한 영역이 있어서 겹치더라도 서로를 가리지 않으며 일부만 보여도 클릭이 가능하지만 이미지나 도형들은 그렇지 않다. 완전한 모습이 보여야 하며 설사 의도적으로 일부를 가리더라도 순서를 통제할 수 있어야 한다. 아래쪽의 빨간색과 초록색 사각형을 보자. 빨간색을 먼저 선언하고 초록색을 나중에 선언했으므로 빨간색 위에 초록색이 겹쳐 있다.

　만약 이 순서를 바꾸고 싶다면 컨트롤의 선언 순서를 바꿔야 한다. 아니면 Canvas.ZIndex 연결 속성으로 수직 순서를 지정할 수 있는데 값이 높을수록 더 위쪽에 배치된다. 오른쪽의 두 사각형은 역시 빨간색, 초록색 순으로 선언했지만 빨간색의 ZIndex를 더 높게 지정함으로써 선언순서와 무관하게 빨간색이 더 위로 올라온다.

캔버스의 또 다른 문제는 절대 좌표를 사용함으로써 장치 해상도에 종속된다는 점이다. 게다가 좌표가 픽셀 단위여서 문제가 더 심각하다. 윈도우폰은 480*800 해상도를 가지지만 장래에는 더 높은 해상도의 장비가 나올 가능성도 있고 장비가 회전되면 해상도가 순식간에 800*480으로 반대로 바뀌기도 한다. 이럴 경우 절대 좌표는 일관된 배치를 만들지 못하는 한계가 있다. 다음 항에서 이 문제에 대해 좀 더 자세히 연구해 보자.

3-3-2 프레임과 페이지

실버라이트 응용 프로그램은 Application 클래스로 표현되며 이 객체를 정의하는 파일이 바로 App.xaml과 App.xaml.cs이다. 이 파일을 열어 보면 Application으로부터 파생된 App 클래스를 선언함으로써 응용 프로그램을 정의한다. 앱은 하나의 프레임과 여러 개의 페이지로 구성된다. 프레임은 프로그램의 화면이라고 할 수 있으며 PhoneApplicationFrame 클래스로 표현한다. App.xaml.cs에 선언된 RootFrame이 바로 프레임이다.

프레임 안에는 여러 개의 페이지가 존재한다. 페이지는 PhoneApplicationPage 클래스로 표현하며 MainPage.xaml.cs는 이 클래스로부터 파생된 MainPage 클래스를 정의한다. 마법사가 만든 프로젝트에는 MainPage밖에 없지만 이후 SecondPage, ThirdPage 등의 페이지를 얼마든지 추가할 수 있다. 페이지 안에는 패널 및 컨트롤들이 계층적으로 배치되어 사용자 UI를 구성한다. 이 배치 관계를 한눈에 보고 싶으면 툴바에서 Document Outline창을 열어 보면 된다. 다음은 바로 앞에서 만든 Canvas1 예제의 객체 배치도이다.

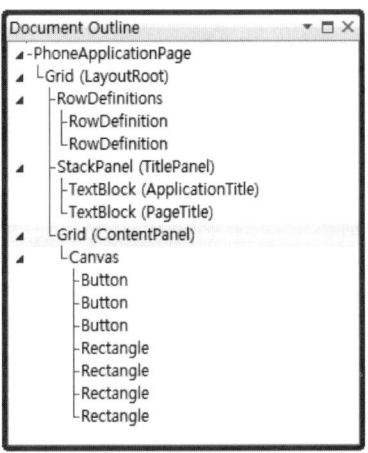

페이지를 루트로 하며 최상위에 그리드가 있고 그 안에 제목을 표시하는 스택 패널과 내용을 표시하는 컨텐트 패널 그리드가 있다. 컨텐트 패널 안에는 캔버스가 있고 캔버스 안에 버튼과 사각형 도형들이 다수 배치되어 있다. 객체끼리의 포함관계를 보여주는 이 계층도를 비주얼 트리(Visual Tree)라고 한다. 비주얼 트리를 통해 객체간의 중첩 구조를 한눈에 살펴볼 수 있으며 트리에서 객체를 선택하면 디자인 뷰에도 선택된다.

프로그램을 구성하는 요소 중 앱이나 프레임은 단지 존재할 뿐이며 특별한 경우가 아니면 건드릴 필요가 없다. 반면 페이지는 전체적인 배치와 화면의 속성을 조정하기 위해 프로그래밍할 경우가 많다. 다음은 페이지의 속성들이며 이 속성값들은 페이지 전체의 모양과 동작에 영향을 끼친다.

속 성	설 명
FontFamily	글꼴의 모양을 지정한다.
FontSize	글꼴의 크기를 지정한다.
Foreground	전경 색상을 지정한다.
SupportedOrientations	화면의 가능한 방향을 지정한다.
Orientation	초기 방향값을 지정한다.
shell:SystemTray.IsVisible	위쪽의 시스템 트레이를 보일 것인지 아닌지를 지정한다. 디폴트는 True 이나 False로 변경하면 전체 화면을 다 사용하는 앱을 만들 수 있다.

마법사가 만든 프로젝트는 이 속성들을 기본값으로 지정하지만 필요하다면 XAML 파일에서 PhoneApplicationPage 엘리먼트의 속성을 편집하여 언제든지 변경할 수 있다. 글꼴 관련 속성은 페이지에 속한 모든 컨트롤에 적용되어 일관된 글꼴이 적용되도록 한다. SupportedOrientations 속성은 가능한 화면 방향값의 종류이며 다음 셋 중 하나의 값을 지정한다.

값	설 명
Portrait	세로 방향만 지원한다.
Landscape	가로 방향의 왼쪽, 오른쪽 두 가지를 지원한다.
PortraitOrLandscape	세 방향을 모두 지원한다.

Orientation 속성은 페이지의 초기 방향을 지정한다. 지원 가능한 방향과 초기 방향은 의미가 다르다는 것을 유의하자. 지원 가능하다는 것은 장비를 회전시키면 해당 방향으로 바뀔 수 있다는

뜻이고 초기 방향은 최초 실행시의 방향을 지정한다. 초기 방향은 다음과 같은 값들을 지정할 수 있다.

속성값	설 명
None	초기 방향을 지정하지 않는다.
Portrait, PortraitUp	세로 방향이다.
Landscape	가로 방향이다.
LandscapeLeft	가로 왼쪽 방향이다.
LandscapeRight	가로 오른쪽 방향이다.
PortraitDown	이 모드는 현재 지원하지 않는다.

수직 방향 하나가 있고 수평은 왼쪽, 오른쪽 두 가지가 있다. 수직으로 거꾸로 선 방향은 별 실용성이 없으므로 지원하지 않는다. 마법사로 프로젝트를 새로 생성하면 세로 모드만 지원하며 초기 방향도 세로이다.

```
SupportedOrientations="Portrait" Orientation="Portrait"
```

화면 방향의 디폴트는 세로 방향인 Portrait여서 화면이 항상 세로 방향이다. 에뮬레이터를 돌려도 화면은 언제나 세로 방향으로 유지된다. 과연 그런지 Canvas1 예제를 실행한 후 에뮬레이터를 왼쪽으로 돌려 보자. 에뮬레이터 오른쪽의 툴바에서 ⊞ 버튼을 누르면 왼쪽으로 회전된다. 장비의 회전은 사용자가 직접 하는 것이며 코드에서 강제로 특정 방향으로 바꾸는 방법은 없다. 에뮬레이터의 이 버튼은 실장비를 회전시키는 흉내를 낸다.

에뮬레이터만 돌아갈 뿐 화면에는 아무런 변화가 없다. 그러나 SupportedOrientations 속성을 변경하면 가로 방향으로 바꿀 수 있으며 세로와 가로를 둘 다 지원할 수도 있다. 다음 예제를 보자.

Canvas2

```xml
<phone:PhoneApplicationPage
    x:Class="Canvas2.MainPage"
    xmlns="http://schemas.microsoft.com/winfx/2006/xaml/presentation"
    xmlns:x="http://schemas.microsoft.com/winfx/2006/xaml"
    xmlns:phone="clr-namespace:Microsoft.Phone.Controls;assembly=Microsoft.Phone"
    xmlns:shell="clr-namespace:Microsoft.Phone.Shell;assembly=Microsoft.Phone"
    xmlns:d="http://schemas.microsoft.com/expression/blend/2008"
    xmlns:mc="http://schemas.openxmlformats.org/markup-compatibility/2006"
    mc:Ignorable="d" d:DesignWidth="480" d:DesignHeight="768"
    FontFamily="{StaticResource PhoneFontFamilyNormal}"
    FontSize="{StaticResource PhoneFontSizeNormal}"
    Foreground="{StaticResource PhoneForegroundBrush}"
    SupportedOrientations="PortraitOrLandscape" Orientation="Portrait"
    shell:SystemTray.IsVisible="True">

    <!--LayoutRoot is the root grid where all page content is placed-->
    <Grid x:Name="LayoutRoot" Background="Transparent">
        <Grid.RowDefinitions>
            <RowDefinition Height="Auto"/>
            <RowDefinition Height="*"/>
        </Grid.RowDefinitions>

        <!--TitlePanel contains the name of the application and page title-->
        <StackPanel x:Name="TitlePanel" Grid.Row="0" Margin="12,17,0,28">
            <TextBlock x:Name="ApplicationTitle" Text="MY APPLICATION"
Style="{StaticResource PhoneTextNormalStyle}"/>
            <TextBlock x:Name="PageTitle" Text="Canvas2" Margin="9,-7,0,0"
Style="{StaticResource PhoneTextTitle1Style}"/>
        </StackPanel>

        <!--ContentPanel - place additional content here-->
        <Grid x:Name="ContentPanel" Grid.Row="1" Margin="12,0,12,0">
            <Canvas Background="Blue">
```

```
        <Rectangle Fill="Red" Canvas.Left="178" Canvas.Top="253"
                   Width="100" Height="100"/>
        </Canvas>
      </Grid>
    </Grid>
</phone:PhoneApplicationPage>
```

페이지의 SupportedOrientations 속성을 PortraitOrLandscape로 변경하여 가로, 세로를 모두 지원하도록 했다. 컨텐트 패널의 중앙에는 빨간색 사각형을 하나 배치하였다. 캔버스의 크기는 대략 (456, 607) 정도이고 사각형은 100*100의 크기를 가지므로 (178, 253) 좌표에 놓으면 정확하게 화면 중앙이 된다. 과연 그런지 확인해 보자.

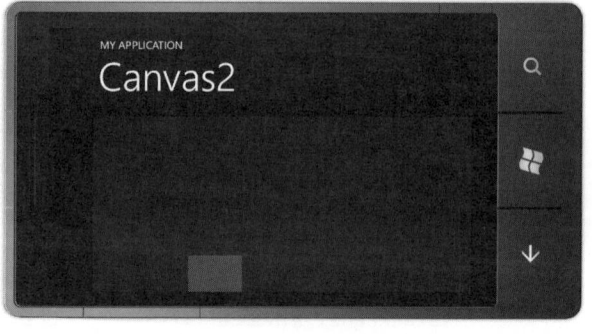

디버거로 캔버스 크기를 조사하고 대충이나마 계산하여 좌표를 결정했으므로 사각형은 과연 캔버스의 중앙에 나타난다. 그러나 이 좌표는 어디까지나 현재 장비에서만 중앙일 뿐이며 환경이 바뀌면 그렇지 않을 수도 있다. 장비의 해상도가 높아지면 캔버스가 커지며 이렇게 되면 (178, 253) 좌표는 중앙보다는 훨씬 더 왼쪽 위가 될 것이다.

장비가 바뀌지 않더라도 화면 방향이 바뀌면 사각형은 역시 중앙을 벗어난다. 에뮬레이터를 왼쪽으로 회전시키면 480*800 해상도가 800*480으로 바뀌며 따라서 캔버스 크기도 바뀌기 때문이다. 실장비에서는 센서에 의해 화면 방향이 수시로 바뀐다. 가로, 세로 방향을 다 지원하도록 페이지 속성을 설정했으므로 에뮬레이터를 돌리면 배치가 가로 기준으로 바뀌지만 사각형의 좌표까지 조정해 주는 것은 아니다.

보다시피 캔버스의 절대 좌표 지정 방식은 테스트 예제를 만들 때나 컨트롤의 좌표를 섬세하게 조정할 때는 편리하지만 장비 호환성에는 지극히 불리하다. 반면 스택 패널이나 그리드는 화면의 크기를 고려하여 차일드의 위치나 크기를 결정하므로 이런 문제가 훨씬 덜하다. 과연 그런지 그리드로 똑같은 예제를 만들어 보자.

GridOrient

```
<phone:PhoneApplicationPage
    x:Class="GridOrient.MainPage"
    xmlns="http://schemas.microsoft.com/winfx/2006/xaml/presentation"
    xmlns:x="http://schemas.microsoft.com/winfx/2006/xaml"
    xmlns:phone="clr-namespace:Microsoft.Phone.Controls;assembly=Microsoft.Phone"
    xmlns:shell="clr-namespace:Microsoft.Phone.Shell;assembly=Microsoft.Phone"
    xmlns:d="http://schemas.microsoft.com/expression/blend/2008"
    xmlns:mc="http://schemas.openxmlformats.org/markup-compatibility/2006"
    mc:Ignorable="d" d:DesignWidth="480" d:DesignHeight="768"
    FontFamily="{StaticResource PhoneFontFamilyNormal}"
    FontSize="{StaticResource PhoneFontSizeNormal}"
    Foreground="{StaticResource PhoneForegroundBrush}"
    SupportedOrientations="PortraitOrLandscape" Orientation="Portrait"
    shell:SystemTray.IsVisible="True">

    <!--LayoutRoot is the root grid where all page content is placed-->
    <Grid x:Name="LayoutRoot" Background="Transparent">
        <Grid.RowDefinitions>
            <RowDefinition Height="Auto"/>
            <RowDefinition Height="*"/>
        </Grid.RowDefinitions>

        <!--TitlePanel contains the name of the application and page title-->
        <StackPanel x:Name="TitlePanel" Grid.Row="0" Margin="12,17,0,28">
            <TextBlock x:Name="ApplicationTitle" Text="MY APPLICATION"
Style="{StaticResource PhoneTextNormalStyle}"/>
```

```
            <TextBlock x:Name="PageTitle" Text="GridOrient" Margin="9,-7,0,0"
    Style="{StaticResource PhoneTextTitle1Style}"/>
        </StackPanel>

        <!--ContentPanel - place additional content here-->
        <Grid x:Name="ContentPanel" Grid.Row="1" Margin="12,0,12,0">
            <Grid Background="Blue">
                <Grid.RowDefinitions>
                    <RowDefinition />
                    <RowDefinition />
                    <RowDefinition />
                </Grid.RowDefinitions>
                <Grid.ColumnDefinitions>
                    <ColumnDefinition />
                    <ColumnDefinition />
                    <ColumnDefinition />
                </Grid.ColumnDefinitions>

                <Rectangle Fill="Red" Grid.Row="1" Grid.Column="1"
                           Width="100" Height="100"/>
            </Grid>
        </Grid>
    </Grid>
</phone:PhoneApplicationPage>
```

3행 3열의 그리드를 생성하고 정중앙의 1,1 셀에 사각형을 배치했다. 행열의 속성에 특별히 크기를 지정하지 않았으므로 모든 셀은 균등한 크기를 가지며 따라서 중앙셀은 항상 그리드의 가운데 자리를 차지할 것이다. 이 셀에 사각형을 놓았으므로 화면 회전과 상관없이 사각형도 언제나 그리드의 중앙에 배치된다.

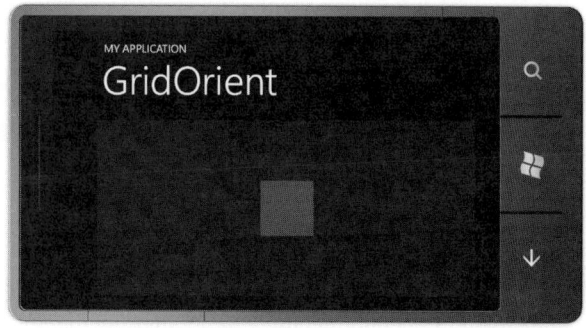

설사 장비의 해상도가 바뀌더라도 그리드는 새 해상도에 맞게 균등 분할을 조정하므로 가운데 셀이 항상 중앙이다. 원론적인 방법을 설명하기 위해 9셀 그리드를 사용했는데 사실 이 예제는 셀을 9개나 나눌 필요도 없이 1셀 그리드 안에 사각형을 배치하기만 해도 문제가 해결된다. 다음과 같이 코드를 변경해도 효과는 동일하며 안쪽의 그리드는 삭제해도 상관없다.

```
<Grid x:Name="ContentPanel" Grid.Row="1" Margin="12,0,12,0">
    <Grid Background="Blue">
        <Rectangle Fill="Red" Width="100" Height="100"/>
    </Grid>
</Grid>
```

그리드의 셀 안에서 모든 컨트롤은 자동으로 중앙 정렬되기 때문이다. 캔버스는 오로지 지정한 좌표에 컨트롤을 무식하게 배치할 뿐이지만 그리드는 균등 분할, 비율 분할 등의 섬세한 배치 규칙을 제공하고 셀 내에서 정렬까지 조정할 수 있다. 이런 장치를 잘 활용하면 일관된 배치를 쉽게 만들어낼 수 있으며 코드까지 활용하면 방향 전환 이벤트를 받아 방향에 따라 완전히 다른 배치를 만들 수도 있다.

3-3-3 소스 리스트의 형식

여기까지 세 개의 패널에 대해 기본적인 연구를 해 보았으며 여러분도 책을 따라 실습을 같이 해 봤을 것이다. 눈으로만 책을 읽지 말고 직접 코드를 작성해 보고 결과를 확인해 보아야 하며 때로는 직접 코드를 뜯어 고쳐가며 변화를 주고 어떤 점이 다른지 연구해 볼 필요가 있다. 그래서 이 책의 예제들은 전체 소스 리스트를 모두 보여주고 직접 입력하거나 변경해야 할 부분을 굵게 표시해 두었다.

설사 실습을 하지 않는다 하더라도 초보자에게 전체 소스 리스트가 유용하다. 왜냐하면 어떤 코드를 작성하는가도 중요하지만 어느 위치에 작성하는가도 못지않게 중요하기 때문이다. 위치를 정확하게 표시하기 위해서는 전체 소스를 다 보이는 수밖에 없다. 특히 초보자들은 아직 마법사가 만들어준 코드에도 익숙하지 않으므로 정확한 작성 위치를 알기 어렵다.

그러나 실습도 어느 정도 진행되었으므로 이제부터는 불필요하게 전체 소스를 덤프하지 않고 입력해야 할 소스만 보이기로 한다. 전체 소스는 지면을 낭비할 뿐만 아니라 핵심 코드를 살펴보는데는 오히려 비효율적이다. 사실 XAML 파일에서 페이지의 속성이나 루트 그리드의 내용은 거의 바뀌지 않으며 컨텐트 패널의 내용만 바뀔 뿐이다.

마법사가 만들어준 소스에서 아래쪽의 주석으로 된 앱바 부분도 불필요하다. 따라서 앞으로는 매번 전체 소스를 덤프하는 대신 직접 입력해야 하는 부분과 마법사가 만든 코드 중 바뀌는 부분에 대해서만 소스를 기재한다. 이 장에서 처음 만든 Stack1 예제를 예로 들면 다음과 같이 컨텐트 패널의 안쪽만 표시할 것이다.

Stack1

```
<Grid x:Name="ContentPanel" Grid.Row="1" Margin="12,0,12,0">
    <StackPanel Background="Blue" Orientation="Vertical">
        <Button Content="111" />
        <Button Content="222" />
        <Button Content="333" />
    </StackPanel>
</Grid>
```

이 소스만 봐도 어떤 배치를 만들기 위한 코드인지 바로 알 수 있다. 컨텐트 패널 외에 페이지의 제목을 표시하는 PageTitle 텍스트 블록에 예제의 제목을 지정하는 문장도 입력해야 하나 실행과는 상관이 없고 생략해도 무관하므로 소스 리스트에는 싣지 않기로 한다. 페이지 제목은 예제간의 구분을 위해 붙이는 것뿐이므로 논리와는 하등의 상관이 없다.

```xml
<phone:PhoneApplicationPage
    x:Class="Stack1.MainPage"
    xmlns="http://schemas.microsoft.com/winfx/2006/xaml/presentation"
    xmlns:x="http://schemas.microsoft.com/winfx/2006/xaml"
    xmlns:phone="clr-namespace:Microsoft.Phone.Controls;assembly=Microsoft.Phone"
    xmlns:shell="clr-namespace:Microsoft.Phone.Shell;assembly=Microsoft.Phone"
    xmlns:d="http://schemas.microsoft.com/expression/blend/2008"
    xmlns:mc="http://schemas.openxmlformats.org/markup-compatibility/2006"
    mc:Ignorable="d" d:DesignWidth="480" d:DesignHeight="768"
    FontFamily="{StaticResource PhoneFontFamilyNormal}"
    FontSize="{StaticResource PhoneFontSizeNormal}"
    Foreground="{StaticResource PhoneForegroundBrush}"
    SupportedOrientations="Portrait" Orientation="Portrait"
    shell:SystemTray.IsVisible="True">

    <!--LayoutRoot is the root grid where all page content is placed-->
    <Grid x:Name="LayoutRoot" Background="Transparent">
        <Grid.RowDefinitions>
            <RowDefinition Height="Auto"/>
            <RowDefinition Height="*"/>
        </Grid.RowDefinitions>

        <!--TitlePanel contains the name of the application and page title-->
        <StackPanel x:Name="TitlePanel" Grid.Row="0" Margin="12,17,0,28">
            <TextBlock x:Name="ApplicationTitle" Text="MY APPLICATION" Style="...
            <TextBlock x:Name="PageTitle" Text="Stack1" Margin="9,-7,0,0" Style="...
        </StackPanel>

        <!--ContentPanel - place additional content here-->
        <Grid x:Name="ContentPanel" Grid.Row="1" Margin="12,0,12,0">
            <StackPanel Background="Blue" Orientation="Vertical">
                <Button Content="111" />
                <Button Content="222" />
                <Button Content="333" />
            </StackPanel>
        </Grid>
    </Grid>

    <!-- Sample code showing usage of ApplicationBar-->
    <!--<phone:PhoneApplicationPage.ApplicationBar>
        <shell:ApplicationBar IsVisible="True" IsMenuEnabled="True">
            <shell:ApplicationBarIconButton IconUri="/Images/appbar_button1...
            <shell:ApplicationBarIconButton IconUri="/Images/appbar_button2...
            <shell:ApplicationBar.MenuItems>
                <shell:ApplicationBarMenuItem Text="MenuItem 1"/>
                <shell:ApplicationBarMenuItem Text="MenuItem 2"/>
            </shell:ApplicationBar.MenuItems>
        </shell:ApplicationBar>
    </phone:PhoneApplicationPage.ApplicationBar>-->

</phone:PhoneApplicationPage>
```

➤ 꼭 필요한 부분만 보인다.

컨텐트 패널 외에 더 수정해야 할 부분이 있다면 그 부분만 간략히 적을 것이다. 예를 들어 Canvas2 예제는 페이지의 SupportedOrientations 속성을 변경하는데 이 부분의 코드만 위쪽에 밝히고 중간 부분은 말줄임표로 생략한 후 컨텐트 패널의 소스를 덤프한다. 소스 리스트가 훨씬 더 짧지만 내용을 파악하는 데는 무리가 없다.

Stack2

```
SupportedOrientations="PortraitOrLandscape" Orientation="Portrait"
....
```

```
<Grid x:Name="ContentPanel" Grid.Row="1" Margin="12,0,12,0">
    <Canvas Background="Blue">
        <Rectangle Fill="Red" Canvas.Left="178" Canvas.Top="253"
                Width="100" Height="100"/>
    </Canvas>
</Grid>
```

물론 전체 소스 리스트를 좋아하는 독자들도 있고 생략된 부분으로 인해 사소한 오해나 실수를 할 수도 있다. 하지만 지면 낭비가 너무 심해 그렇게 하기 어려움을 양해해 주기 바란다. 만약 간략화된 소스 리스트만으로 내용을 파악하는 것이 어렵다면 언제든지 배포 예제를 열어 전체 소스를 볼 수 있으므로 큰 문제는 되지 않을 것이다.

또한, 실행 모습을 보여주는 에뮬레이터 캡처도 전체를 다 보이지 않고 안쪽의 화면만 캡처하여 보이기로 한다. 에뮬레이터 껍데기는 보기에는 예쁘지만 실행 결과와는 직접적인 상관이 없다. 실행 결과는 보통 화면 위쪽에 출력되는데 이런 경우는 화면의 일부만 잘라서 실행 결과가 있는 부분만 보일 것이다. 이 또한, 지면을 아끼기 위한 고육책이다.

개발과는 아무 상관이 없지만 이후 책을 읽는데 숙지해야 할 내용이라 별도의 지면을 할애해 소스 리스트의 형식에 대해 설명했다. 부디 이 점을 양지하고 책의 소스를 읽는데 혼란이 없기를 바란다.

3-4 배치 관련 속성

3-4-1 정렬

정렬 속성은 패널 내에서 컨트롤의 배치 위치를 결정한다. 컨트롤을 배치할 영역이 컨트롤보다 더 클 경우 여백이 생기는데 이때 여백과 컨트롤을 어떻게 분배할 것인가를 지정하는 것이 정렬 속성이다. 수평, 수직 각 방향에 대해 정렬 속성을 따로 지정할 수 있다. 수직 방향 정렬은 VerticalAlignment 속성으로 지정하며 다음 4가지 값 중 하나를 가진다.

값	설 명
Top	위쪽 정렬
Center	중앙 정렬
Bottom	아래쪽 정렬
Stretch	부모의 높이를 가득 채운다.

위, 가운데, 아래 중 한 곳으로 정렬할 수 있고 주어진 높이를 가득 채울 수도 있다. 수평 방향 정렬을 지정하는 HorizontalAlignment도 비슷하되 값의 이름만 약간 다르다. 상하 대신 좌우로 속성값의 이름만 바뀔 뿐이다.

값	설 명
Left	왼쪽 정렬
Center	중앙 정렬
Right	오른쪽 정렬
Stretch	부모의 폭을 가득 채운다.

수평, 수직으로 모두 Stretch 정렬을 지정하면 컨트롤이 부모의 전체 영역을 가득 채운다. 단, Stretch 정렬을 했더라도 Width, Height 속성으로 폭과 높이를 지정하면 이 경우는 지정한 폭과 높이가 우선적으로 적용된다. 즉, 정렬값보다는 명시적으로 지정한 크기가 더 우선이다.

정렬 속성 자체는 굉장히 이해하기 쉽다. 그러나 패널 안에서는 패널 자체의 배치 규칙이 더 우선적으로 적용되기 때문에 상식과는 다르게 정렬되기도 한다. 패널의 고유한 규칙들이 정렬에 제약을 가하기 때문이다. 예제를 만들어 패널별로 정렬이 적용되는 방식을 확인해 보자. 다음 예제는 스택 패널에서의 정렬을 테스트한다.

Align1

```
<Grid x:Name="ContentPanel" Grid.Row="1" Margin="12,0,12,0">
    <StackPanel Background="Blue">
        <Button Content="default" />
        <Button Content="L, T" HorizontalAlignment="Left" VerticalAlignment="Top"/>
        <Button Content="C, C" HorizontalAlignment="Center" VerticalAlignment="Center" />
        <Button Content="R, B" HorizontalAlignment="Right" VerticalAlignment="Bottom" />
        <Button Content="200" Width="200"/>
```

```
    <Button Content="200 L" Width="200" HorizontalAlignment="Left"/>
  </StackPanel>
</Grid>
```

앞에서 얘기했다시피 이번 예제부터는 컨텐트 패널 안쪽의 소스만 보인다. 스택 패널에 6개의 버튼을 배치하되 각각 다른 정렬을 지정했다. 각 버튼이 어떤 위치에 배치될 것인지 예측해 보고 결과와 비교해 보아라.

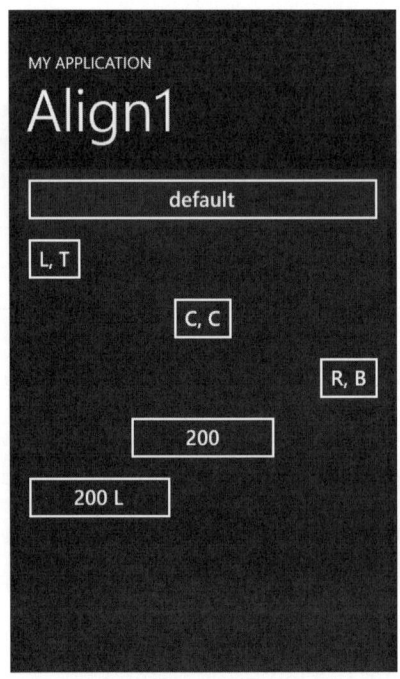

아무런 정렬 속성을 지정하지 않으면 양쪽으로 모두 Stretch가 적용된다. 그러나 앞에서 알아 봤다시피 스택 패널은 자신의 방향 쪽 정렬은 무시한다. 수직 스택 패널에서 수직 정렬값은 적용되지 않는다. 수직으로 순서대로 배치한다는 스택 패널의 배치 규칙과 충돌이 발생하기 때문이다. 만약 첫 컨트롤을 수직으로 가득 채워 버리면 나머지 컨트롤은 모두 가려질 것이다. 수평 쪽으로만 가득 채워지고 높이는 버튼의 고유 높이가 적용된다.

그 아래쪽으로 세 버튼은 각각 왼쪽(위), 가운데, 오른쪽(아래)로 지정했다. 이번에도 수평 정렬은 잘 적용되지만 수직 정렬값은 완전히 무시당한다. Width 속성으로 폭을 명시적으로 지정하면 Stretch 정렬 속성을 가지더라도 폭을 다 채우지 않고 지정한 폭을 우선적으로 적용한다. 이 경우 버튼 좌우에 여백이 생기므로 수평 정렬을 지정할 수 있다. 마지막 버튼은 폭을 200으로 지정하고 수평 정렬을 왼쪽으로 지정한 것이다.

다음은 그리드의 경우를 보자. 수평, 수직 정렬의 디폴트가 Stretch이므로 별다른 지정이 없으면 컨트롤이 주어진 셀을 가득 채운다. 그러나 정렬값을 지정하면 크기와 셀 내에서의 위치를 조정할 수 있다.

Align2

```
<Grid x:Name="ContentPanel" Grid.Row="1" Margin="12,0,12,0">
    <Grid Background="Blue" ShowGridLines="true">
        <Grid.RowDefinitions>
            <RowDefinition />
            <RowDefinition />
        </Grid.RowDefinitions>
        <Grid.ColumnDefinitions>
            <ColumnDefinition />
            <ColumnDefinition />
            <ColumnDefinition />
        </Grid.ColumnDefinitions>

        <Button Content="default" Grid.Row="0" Grid.Column="0" />
        <Button Content="C,C" Grid.Row="0" Grid.Column="1"
                HorizontalAlignment="Center" VerticalAlignment="Center" />
        <Button Content="R,B" Grid.Row="0" Grid.Column="2"
                HorizontalAlignment="Right" VerticalAlignment="Bottom" />
        <Button Content="C,d" Grid.Row="1" Grid.Column="0"
                HorizontalAlignment="Center" />
        <Button Content="L,T" Grid.Row="1" Grid.Column="1"
                HorizontalAlignment="Left" VerticalAlignment="Top" />
        <Button Content="R,B" Grid.Row="1" Grid.Column="1"
                HorizontalAlignment="Right" VerticalAlignment="Bottom" />
    </Grid>
</Grid>
```

2행 3열의 그리드를 만들고 버튼들을 배치하되 각각 다른 정렬값을 주었다. 셀은 사각의 영역이므로 수평, 수직 정렬을 자유롭게 지정할 수 있다.

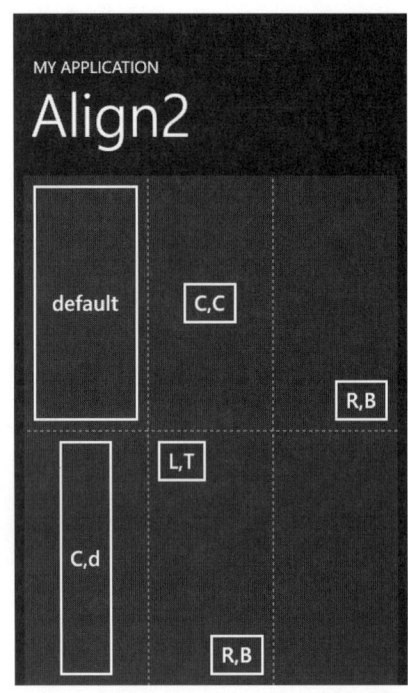

별다른 정렬 지정이 없을 경우 수평, 수직으로 가득 채워 컨트롤은 셀 크기와 동일하게 배치된다. default 버튼이 이 방식으로 배치된 것이다. 정렬을 지정하면 셀 중앙(C,C 버튼)이나 오른쪽 아래 (R,B 버튼)에 컨트롤을 놓을 수도 있다. 한쪽을 생략하면 생략한 쪽은 자동으로 Stretch가 적용된다. C,d 버튼은 수평으로는 가운데에 배치되지만 수직 쪽으로는 셀의 높이를 모두 사용한다.

그리드는 한 셀에 두 컨트롤을 배치하는 재미있는 기능을 제공한다. Grid.Row, Grid.Column 속성을 같은 값으로 지정하면 두 컨트롤이 같은 셀을 공유한다. 단, 이 경우 정렬을 하지 않으면 두 컨트롤이 완전히 겹쳐 하나는 보이지 않을 것이다. 정렬값을 다르게 지정하면 셀 내의 각각 다른 위치에 컨트롤을 배치할 수 있다. 위 예제에서 L,T 버튼과 R,B 버튼은 셀 좌표는 같지만 정렬이 다르므로 같은 셀 내에서 겹치지 않는다. 마지막 셀은 사용하지 않고 버렸다.

캔버스는 정렬 지정을 완전히 무시한다. 절대 좌표를 지정해서 원하는 위치에 원하는 크기대로 배치하므로 정렬의 의미가 없다. 정렬이란 배치하고자 하는 공간이 컨트롤보다 더 클 때 공간의 어디에 컨트롤을 놓을 것인가를 지정하는 속성이다. 캔버스는 여백의 개념이 없으므로 정렬 속성을 적용할 여지가 없다.

3-4-2 마진과 패딩

별다른 지정이 없으면 컨트롤은 자신에게 주어진 영역을 모두 사용하여 가급적이면 넓은 자리를 차지한다. 혼자 있을 때는 상관없지만 여러 컨트롤이 인접해 있을 때는 다닥다닥 붙어서 보기에 갑갑하다. 뿐만 아니라 너무 빽빽하게 붙어서 터치의 정확도가 떨어지는 기능상의 문제도 있다. 마우스로 클릭하는 데스크탑 환경에서는 붙어 있어도 상관없지만 손가락으로 터치하는 정전식 스크린은 최소한 손가락 면적만큼의 간격이 확보되어야 한다.

다수의 컨트롤을 밀도있게 배치할 때는 적당한 여백을 주어 컨트롤 사이의 간격을 띄울 필요가 있다. 여백을 적절히 배치하면 보기에도 시원스럽고 손가락으로 터치해도 실수할 위험이 없다. 컨트롤의 여백은 Margin 속성으로 지정한다. Margin은 Thickness 타입이며 Left, Top, Right, Bottom 4가지 속성으로 각 변의 여백을 따로 지정한다. 다음이 XAML 문서에서 마진을 지정하는 원칙적인 방법이다.

```
Margin = "왼쪽여백, 위쪽여백, 오른쪽여백, 아래쪽여백"
```

좌상우하(LTRB)순으로 각 변의 마진을 콤마로 구분하여 4개의 숫자를 순서대로 지정한다. 이 방법은 각 변의 여백을 개별적으로 지정할 수 있다는 면에서 섬세하지만 여백이 모두 같을 때는 같은 숫자를 4번이나 반복해야 하므로 오히려 번거롭다. 그래서 4변의 여백을 일괄적으로 지정하는 형태와 수평, 수직 여백을 지정하는 간략화된 형태도 지원한다.

```
Margin = "상하좌우여백"
Margin = "수평여백, 수직여백"
```

4면의 여백을 모두 동일하게 지정할 때는 숫자 하나만 지정하고 수평, 수직 여백을 따로 지정할 때는 두 개의 숫자만 지정한다. 2개의 숫자만 지정할 때 수평값은 좌우 여백이 되고 수직값은 상하 여백이 된다. 각 변의 여백을 각각 다르게 지정할 때만 4개의 값을 모두 지정한다. 모든 변의 여백을 동일하게 지정하는 것이 일반적이어서 4개의 값을 다 지정하는 경우보다 하나만 지정하는 경우가 더 많다.

Margin과 달리 Control 클래스는 Padding이라는 여백을 추가로 지원한다. 마진은 컨트롤과 부모와의 간격인데 비해 패딩은 컨트롤과 내용물과의 간격이다. 마진이 바깥 여백이라면 패딩은 안쪽 여백에 해당한다. 패딩도 마진과 같은 Thickness 타입이므로 지정하는 방법은 동일하다. 4면에 대해 동일한 여백을 지정할 수도 있고 수평, 수직으로 2개의 여백을 주거나 상하좌우 각각에 대해 개별적으로 여백을 지정할 수도 있다.

MarginPadding

```
<Grid x:Name="ContentPanel" Grid.Row="1" Margin="12,0,12,0">
    <Grid Background="Blue" ShowGridLines="true">
        <Grid.RowDefinitions>
            <RowDefinition />
            <RowDefinition />
            <RowDefinition />
        </Grid.RowDefinitions>
        <Grid.ColumnDefinitions>
            <ColumnDefinition />
            <ColumnDefinition />
        </Grid.ColumnDefinitions>

        <TextBox Text="default" Grid.Row="0" Grid.Column="0"/>
        <TextBox Text="30" Grid.Row="0" Grid.Column="1"
                    Margin="30"/>
        <TextBox Text="30,5" Grid.Row="1" Grid.Column="0"
                    Margin="30, 5"/>
        <TextBox Text="0,20,40,60" Grid.Row="1" Grid.Column="1"
                    Margin="0, 20, 40, 60"/>
        <TextBox Text="P30" Grid.Row="2" Grid.Column="0"
                    Padding="30"/>
        <TextBox Text="M0,30 P20" Grid.Row="2" Grid.Column="2"
                    Margin="0,30" Padding="20"/>
    </Grid>
</Grid>
```

그리드를 6개의 셀로 나누고 각 셀에 텍스트 박스를 배치한 후 마진과 패딩을 각각 다르게 지정하였다. 셀 안에 텍스트 박스가 어떻게 배치되었는지 비교해 보자. 각 텍스트 박스의 캡션에 설정값을 표시해 두었다.

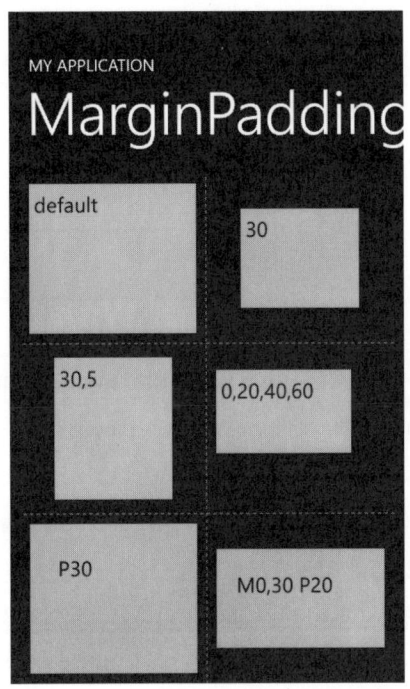

첫 번째 텍스트 박스는 마진을 전혀 지정하지 않았다. 이 경우 텍스트 박스는 주어진 셀을 가득 채우며 셀 경계와 여백이 없다. 바깥쪽으로 파란색 배경이 약간 보이는 것은 텍스트 박스의 테두리 일부가 투명색으로 디자인되어 있기 때문이다. 마진이 없는 텍스트 박스들이 나란히 배치되어 있으면 무척 답답해 보일 것이다.

두 번째 텍스트 박스는 마진을 30으로 지정하였다. 숫자를 하나만 지정하였으므로 좌상우하 4면 모두 30픽셀씩의 마진이 적용되며 텍스트 박스의 모든 면이 셀 경계선과 30픽셀만큼 떨어진다. 세 번째 텍스트 박스는 수평으로 30, 수직으로 5만큼의 마진을 지정하였다. 좌우는 셀과 30만큼 떨어지고 상하는 5만큼 떨어진다. 4번째 경우는 각 변마다 마진을 각각 다르게 지정했는데 간격을 이렇게 띄워야 하는 경우는 무척 드물다.

다섯 번째 텍스트 박스는 마진 없이 패딩만 30으로 지정했다. 텍스트 박스와 셀 사이에는 간격이 없고 대신 텍스트 박스 안쪽의 P30이라는 문자열이 텍스트 박스의 경계선과 30픽셀만큼 떨어진다. 바깥쪽 여백은 없고 안쪽 여백만 있는 것이다. 마지막 텍스트 박스는 마진과 패딩을 모두 지정해 보았다. 마진과 패딩의 차이점을 분명히 알 수 있을 것이다.

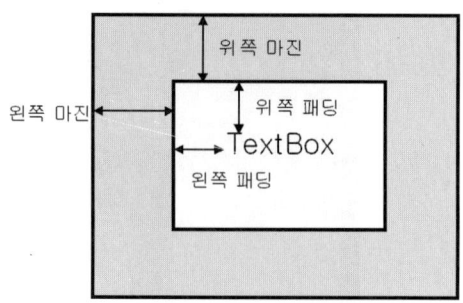

마진은 컨트롤과 부모 사이의 간격이고 패딩은 컨트롤과 내용물과의 간격이다. 마진과 패딩은 적용되는 방향이 반대이지만 둘 다 여백이라는 면에서 비슷하다. 하지만 차이점도 많다.

❶ 패딩은 컨트롤의 내부이므로 크기에 포함되는데 비해 마진은 컨트롤의 외부에 존재하는 여백이므로 크기에서 제외된다.

❷ 패딩은 터치 영역이지만 마진은 그렇지 않다. 패딩 영역을 누르면 해당 컨트롤을 누른 것으로 인식되지만 마진은 컨트롤 외부이므로 터치 이벤트가 발생하지 않는다. 따라서 밀집한 컨트롤의 터치 정확도를 높이려면 패딩이 아니라 마진을 주어야 한다.

❸ 마진은 FrameworkElement에 정의된 속성이어서 화면에 보이는 모든 컨트롤에 존재한다. 그러나 패딩은 Control과 TextBlock 등 내용물이 있는 컨트롤에만 정의되어 있다. 내용물이 없는 컨트롤은 안쪽 여백의 개념이 없다.

마진과 패딩을 직접 편집하는 것이 어렵고 헷갈린다면 속성창의 도움을 받을 수 있다. 해당 컨트롤을 선택해 놓고 속성창의 Margin 속성을 열어 보면 다음과 같은 팝업창이 나타난다.

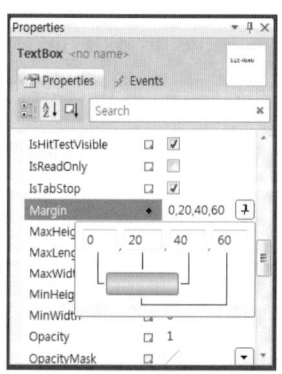

마진의 네 값이 어느 변의 여백인지를 분명히 보여주므로 헷갈리지 않고 정확한 값을 지정할 수 있다.

3-4-3 그리드와 마진

마진은 여백을 띄우는 속성이지만 컨트롤을 절대 좌표에 배치하는 수단으로도 사용할 수 있다. 이 기법을 사용하면 그리드를 캔버스 대용으로 활용할 수 있으며 캔버스로 가능한 모든 배치를 만들어 낼 수 있다. 다음 예제는 앞에서 만들었던 캔버스 예제를 그리드로 다시 구현해 본 것이다.

GridMargin

```
<Grid x:Name="ContentPanel" Grid.Row="1" Margin="12,0,12,0">
    <Grid Background="Blue">
        <Button Content="111" HorizontalAlignment="Left"
                VerticalAlignment="Top" Margin="100,50,0,0" />
        <Button Content="222" HorizontalAlignment="Left"
                VerticalAlignment="Top" Margin="200,80,0,0" />
        <Button Content="333" HorizontalAlignment="Left"
                VerticalAlignment="Top" Margin="230,120,0,0" />
    </Grid>
</Grid>
```

1셀 그리드 안에 버튼 3개를 배치하되 정렬은 모두 왼쪽 위로 맞추었다. 정렬의 디폴트가 Stretch이므로 컨트롤의 크기대로 배치하고 싶으면 반드시 좌상단 기준으로 바꿔야 한다. 모든 컨트롤을 그리드의 원점에 배치하되 Margin 속성으로 컨트롤의 좌상단 좌표를 지정한다. 왼쪽 마진과 위쪽 마진은 그리드의 좌상단 원점과의 거리를 지정하므로 결국, 절대 좌표를 지정하는 셈이다.

실행 결과는 캔버스에 컨트롤을 배치한 것과 완전히 동일해서 어떤 패널을 사용했는지 구분되지 않는 정도다. 다만, 캔버스는 ZIndex 속성으로 컨트롤의 순서를 지정할 수 있지만 그리드는

그렇지 않다는 차이점이 있다. 디자인 뷰에서 컨트롤을 드래그하여 컨텐트 패널 안에 배치할 때 이 방법으로 컨트롤을 배치한다. 앞 장에서 만들었던 EchoText 예제를 보면 모든 컨트롤이 컨텐트 패널에 배치되어 있고 마진으로 컨트롤의 좌표가 지정되어 있음을 알 수 있다.

디자인 뷰가 마진 속성으로 컨트롤을 배치하는 이유는 마우스 드래그 동작과 잘 어울리기 때문이다. 마우스를 드래그하면 픽셀 단위로 컨트롤을 옮길 수 있고 픽셀 단위의 임의 위치에 컨트롤을 배치하는 가장 손쉬운 방법이 마진이다. 위 예제도 디자인 뷰에서 컨트롤을 드래그하여 위치를 마음대로 옮길 수 있다. 디자인 뷰에서 333 버튼을 드래그하여 움직여 보자.

버튼을 드래그하면서 XAML 소스창을 보면 마진의 처음 두 값이 드롭한 위치로 바뀔 것이다. 디자인 뷰에서 편리하게 위치를 조정할 수 있지만 절대 좌표를 지정하는 방식이라 호환성에는 불리하다. 캔버스와 동일한 문제가 있으므로 테스트 예제 제작 정도에만 활용하고 실제 프로젝트에서는 셀을 나누어 셀 안에 배치하는 것이 바람직하다.

그리드에 마진을 쓸 수 있는 것과 마찬가지로 스택 패널에도 마진을 사용할 수 있다. 그러나 이 경우는 기준점이 스택 패널의 원점인 좌상단이 아니라 직전 컨트롤이 배치된 바로 아래쪽(수평 스택 패널의 경우 오른쪽) 좌표이므로 마진이 절대 좌표와는 다른 의미가 되어 버린다. 다음 예제로 테스트해 보자.

StackMargin

```
<Grid x:Name="ContentPanel" Grid.Row="1" Margin="12,0,12,0">
    <StackPanel Background="Blue">
        <Button Content="111" Margin="100,50,0,0" />
```

```
        <Button Content="222" Margin="200,80,0,0" />
        <Button Content="333" />
    </StackPanel>
</Grid>
```

스택 패널에 3개의 버튼을 배치하고 마진을 지정했다.

111 버튼은 마진으로 지정한 (100, 50)에 제대로 배치되었다. 그러나 222 버튼은 (200, 80)에 배치되는 것이 아니라 111 버튼이 배치된 바로 아래 왼쪽 좌표를 기준으로 하여 (200, 80) 만큼 떨어진 곳에 배치된다. 이 위치는 절대 좌표도 아니고 헷갈리기만 할 뿐이므로 실용성이 없다. 스택 패널에서는 행 내에서 여백을 띄울 때만 마진을 사용해야 한다.

3-4-4 패널의 중첩

패널은 차일드 컨트롤의 목록을 UIElementCollection 타입의 Children 프로퍼티로 관리한다. UIElementCollection 타입은 쉽게 말해서 UIElement의 배열이다. 따라서 UIElement로부터 파생되는 모든 클래스의 객체를 차일드로 포함할 수 있다. 그런데 Panel도 UIElement로부터 파생된다. 따라서 패널의 자식 목록에 다른 패널이 포함되는 것이 문법적으로 합당하다.

즉 패널끼리 중첩되어 더 복잡한 모양을 만들어 낼 수 있다. 중첩의 깊이에도 제한이 없어 패널을 여러 단계로 중첩시킬 수 있다. 하나의 패널은 기능이 단순하고 보잘 것 없지만 패널들을 중첩시켜서 응용하면 상상 가능한 모든 배치를 다 만들어낼 수 있다. 다음이 간단한 중첩의 예이다.

```xml
<Grid x:Name="ContentPanel" Grid.Row="1" Margin="12,0,12,0">
    <StackPanel Background="Blue">
        <Button Content="111" />
        <StackPanel Orientation="Horizontal" Background="Green" >
            <Button Content="222" />
            <Button Content="333" />
            <Button Content="444" />
        </StackPanel>
        <Button Content="555" />
    </StackPanel>
</Grid>
```

수직 스택 패널 안에 수평 스택 패널을 중첩시켰다. 수평 스택 패널의 영역을 명확히 보이기 위해 초록색 배경을 지정했다. 111 버튼과 수평 스택 패널, 555 버튼은 형제 관계이며 수평 스택 패널과 222, 333, 444는 부모 자식 관계이다. Document Ouline 창에서 비주얼 트리를 확인해 보면 이 관계가 분명해진다.

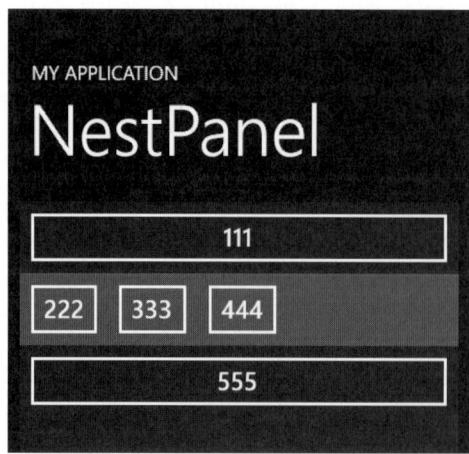

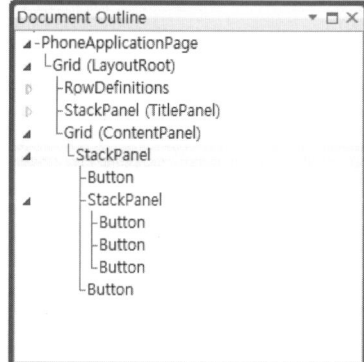

스택 패널과 그리드를 중첩시킬 수도 있고 3중, 4중으로 중첩시키는 것도 물론 가능하다. 사실 이 예제는 이미 여러 단계의 중첩을 사용하고 있다. 전체 소스를 보면 레이아웃 루트 그리드 안에 컨텐트 패널이 있고 그 안에 수직 스택 패널, 수평 스택 패널이 있으므로 벌써 4중으로 중첩한 셈이다. 패널 중첩은 배치의 특수한 형태라기보다는 아주 흔한 일반적인 기법이다.

패널에 대한 모든 것을 살펴보았으므로 이제 마법사가 만든 배치를 완벽하게 이해할 수 있을 것이다. 주석이나 스타일 지정 등은 빼고 패널 구조만 추려 보면 다음과 같다.

```
<Grid x:Name="LayoutRoot" Background="Transparent">
    <Grid.RowDefinitions>
        <RowDefinition Height="Auto"/>
        <RowDefinition Height="*"/>
    </Grid.RowDefinitions>

    <StackPanel x:Name="TitlePanel" Grid.Row="0" Margin="12,17,0,28">
        <TextBlock x:Name="ApplicationTitle" Text="MY APPLICATION"... />
        <TextBlock x:Name="PageTitle" Text="page name" Margin="9,-7,0,0"...."/>
    </StackPanel>

    <Grid x:Name="ContentPanel" Grid.Row="1" Margin="12,0,12,0"></Grid>
</Grid>
```

제일 상위의 레이아웃 루트 그리드는 2행으로 되어 있다. 위쪽 셀의 높이는 Auto여서 내용물 높이만큼만 차지하고 아래쪽 셀의 높이는 *여서 나머지 공간을 모두 차지한다. 위쪽 셀에는 타이틀 패널이 배치되고 아래쪽 셀에는 컨텐트 패널이 배치된다. 타이틀 패널은 수직 스택 패널 이며 두 개의 텍스트 블록을 배치하여 프로그램 제목과 페이지 제목을 보여준다. 이 배치는 윈도우폰 앱의 권장되는 기본 구조이다.

페이지의 공간 대부분을 차지하는 컨텐트 패널은 1셀만으로 구성된 그리드이며 마법사가 만 든 프로젝트에는 최초 비어 있는 상태이다. 이 그리드에 배치하고 싶은 컨트롤을 배치하되 컨텐 트 패널을 직접 사용할 수도 있고 다른 패널을 중첩시킨 후 사용할 수도 있다. 이 책은 일관성을 위해 가급적이면 컨텐트 패널은 그대로 두고 필요한 패널을 중첩시키는 방법을 사용한다.

컨트롤

4-1 문자열 컨트롤

4-1-1 텍스트 블록

앞 장에서는 컨트롤의 컨테이너인 패널을 활용하여 화면을 디자인하는 방법에 대해 연구 및 실습해 보았다. 이번 장은 사용자를 직접 대면하는 컨트롤을 차례대로 연구해 볼 것이다. 실버라이트는 아주 많은 컨트롤을 제공하여 모두 공부하는데 꽤 많은 시간이 걸린다. 자주 사용하는 주요 컨트롤의 클래스 계층부터 정리해 두고 하나씩 연구해 보자.

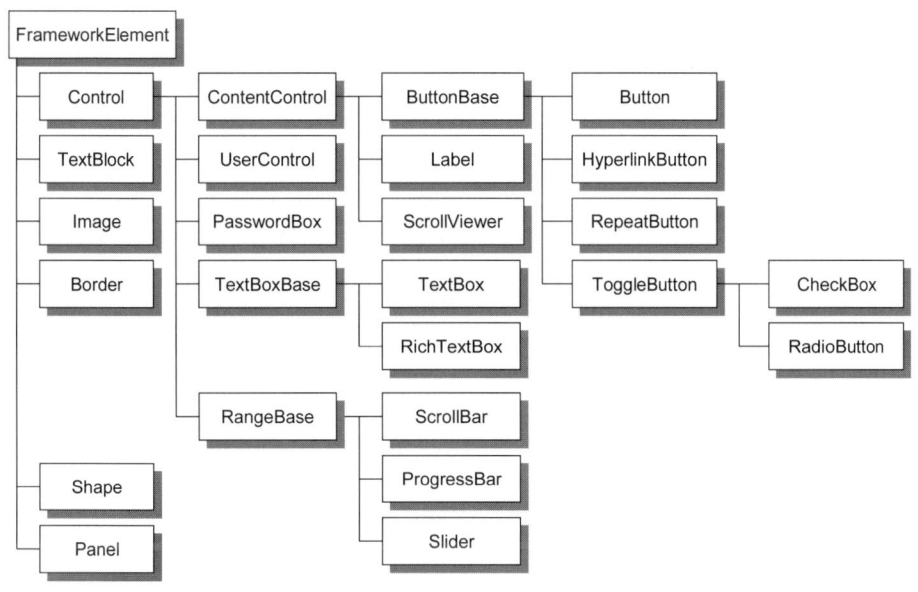

컨트롤은 FrameworkElement로부터 파생된다. 따라서 모든 컨트롤은 크기와 정렬 상태를 가지며 마진을 지정할 수 있고 투명도와 보임 여부를 조정할 수 있다. 클래스 계층이 다소 복잡한데 FrameworkElement로부터 직접 파생되는 컨트롤도 있고 Control이나 ContentControl 단계를 거쳐 파생되는 컨트롤도 있다.

클래스 계층을 연구해 보기 전에 우선 가장 기본적인 컨트롤인 TextBlock부터 연구해 보자. 텍스트 블록은 문자열을 화면에 표시한다. 실버라이트는 화면에 직접 문자열을 출력하는 메서드가 없으므로(XNA는 있다) 텍스트 블록을 통해서만 문자열을 출력할 수 있다. 문자열 형태로 된 정보를 보여줄 때 주로 사용되며 다른 컨트롤의 캡션으로도 활용된다. 주요 속성은 다음과 같다.

속 성	설 명
Text	출력할 문자열을 지정한다. 디폴트는 빈 문자열이므로 반드시 지정해야 한다.
TextWrapping	자동 개행 여부를 지정한다. Wrap, NoWrap 두 가지가 있으며 디폴트는 NoWrap이다.
TextAlignment	문자열 정렬 방식을 지정한다. Left, Center, Right 세 가지가 있으며 디폴트는 왼쪽이다. 균등 분할 정렬하는 Justify는 실버라이트 4 이상의 RichTextBox에서만 지원되므로 폰에서는 적용할 수 없다.
FontSize	글꼴의 크기를 픽셀 단위의 실수로 지정한다. 디폴트는 11이다.
FontStyle	Italic일 경우 기울임 글꼴로 출력한다.
FontWeight	글자의 굵기를 지정한다. Thin, Normal, Bold, Black 등의 굵기 레벨이 있다.
TextDecorations	밑줄, 윗줄, 취소선을 긋는다.
FontFamily	글꼴 이름을 지정한다. 해당 글꼴이 지원되지 않는 경우를 고려하여 대체 글꼴을 콤마로 구분하여 지정할 수 있다.
FontSource	폰트의 소스를 지정한다. 로컬 폰트, 패키지 파일, zip이나 ttf 파일 중 하나를 지정할 수 있되 디폴트는 Nothing이며 기본 폰트를 사용한다.
FontStretch	자간을 지정한다. Condensed, Normal, Expanded
Foreground	글자의 전경색을 지정한다. 단일색뿐만 아니라 임의의 브러시를 지정할 수도 있다.
Inlines	글자의 서식을 지정하는 Inline 객체의 컬렉션이다.
LineStackingStrategy	행의 높이를 결정하는 방식을 지정한다. 가장 큰 문자의 높이를 따르는 MaxHeight가 디폴트이되 BlockLineHeight로 변경하면 블록의 높이를 따른다.
LineHeight	줄간을 픽셀 단위로 지정한다. 이 값이 0이면 폰트 크기에 따라 자동으로 줄간이 결정된다.
Padding	안쪽 여백을 지정한다.

이 속성들은 주로 글꼴의 모양과 문자를 배치하는 방법을 지정한다. 안타깝게도 일부 속성은 윈도우폰 환경에서 아직 지원되지 않는 것들도 있고 문서와 다르게 일부 기능만 동작하는 것도 있다. 아주 상식적인 속성들이므로 예제를 만들어 결과만 확인해 봐도 쉽게 이해할 수 있을 것이다. 다음 예제는 스택 패널에 텍스트 블록을 여러 개 배치해 두고 각 속성을 적용해 본 것이다.

TextBlockProp

```
<Grid x:Name="ContentPanel" Grid.Row="1" Margin="12,0,12,0">
    <StackPanel>
        <TextBlock Text="NoWrap : 동해물과 백두산이 마르고 닳도록 하느님이 보우하사
            우리나라 만세"/>
        <TextBlock Text="Wrap : 동해물과 백두산이 마르고 닳도록 하느님이 보우하사
            우리나라 만세" TextWrapping="Wrap"/>
        <TextBlock Text="LineHeight : 동해물과 백두산이 마르고 닳도록 하느님이 보우하사
            우리나라 만세" TextWrapping="Wrap" LineHeight="40"/>
        <TextBlock Text="Left Align"/>
        <TextBlock Text="Center Align" TextAlignment="Center"/>
        <TextBlock Text="Right Align" TextAlignment="Right"/>
        <TextBlock Text="FontSize = 10" FontSize="10"/>
        <TextBlock Text="FontSize = 30" FontSize="30"/>
        <TextBlock Text="FontSize = 50" FontSize="50"/>
        <TextBlock Text="Italic Style" FontStyle="Italic"/>
        <TextBlock Text="Bold Style" FontWeight="Bold"/>
        <TextBlock Text="Underline Style" TextDecorations="Underline" />
        <TextBlock Text="Stretch Property" FontStretch="UltraCondensed" />
        <TextBlock Text="Stretch Property" FontStretch="UltraExpanded" />
    </StackPanel>
</Grid>
```

각 속성이 어떤 효과를 발휘하는지 살펴보자. 위에서부터 아래로 순서대로 출력되어 있고 Text 속성에 적용한 속성값들을 밝혀 두었다.

TextWrapping 속성은 자동 개행 여부를 지정하며 긴 줄을 여러 줄에 나누어 출력할 때 사용한다. 자동 개행을 하지 않을 경우(NoWrap) 수평 폭보다 더 긴 문자열은 잘려서 보이지 않는다. LineHeight는 픽셀 단위로 줄간을 띄우고 TextAlignment 속성은 텍스트 블록내에서 문자열의 수평 정렬 위치를 지정한다. 수평 정렬만 가능하며 수직 정렬은 지정할 수 없다. FontSize 속성은 폰트의 크기를 픽셀 단위로 지정한다.

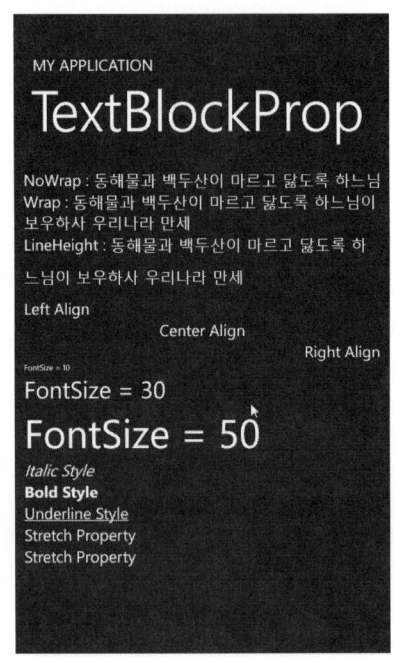

문자열은 기울임(Italic), 굵게(Bold), 밑줄(Underline) 세 가지 스타일로 출력할 수 있다. 대부분의 워드 프로세서가 지원하는 상식적인 스타일이라 이해하기는 쉽지만 이 스타일들을 지정하는 속성의 이름이 상당히 비직관적이다. TextDecorations 속성은 밑줄뿐만 아니라 윗줄, 취소선 등도 그을 수 있지만 모바일 실버라이트는 밑줄만 지원한다. 자간을 지정하는 FontStretch 속성도 아직은 제대로 동작하지 않는다.

텍스트 블록에서 가장 중요한 속성은 출력할 문자열을 지정하는 Text 속성이다. 단순 문자열을 지정할 때는 Text 속성에 문자열 리터럴을 바로 대입하지만 길고 복잡한 문자열인 경우는 TextBlock 엘리먼트 안에 문자열로 적을 수도 있다. 출력 대상 문자열은 다음 두 가지 방법으로 지정한다.

```
<TextBlock Text="짧은 문자열"/>
<TextBlock>아주 상당히 퍽 무척 매우 긴 전달 사항</TextBlock>
```

두 방식은 형태상의 차이만 있을 뿐 결과적으로 출력되는 문자열은 같다. 하지만 몇 가지 차이점이 있는데 우선은 선행 공백의 인정 여부가 다르다. Text 속성에 지정한 리터럴은 따옴표 안에 있으므로 공백을 인정하지만 엘리먼트의 경우는 그렇지 않다. 이 차이점은 잠시 후 예제로 확인해 보자.

또 다른 중요한 차이점은 문자열 중간에 자식 엘리먼트를 쓸 수 있는가 아닌가 하는 점이다. XML의 속성값은 단순한 문자열일 뿐이므로 객체를 포함할 방법이 없지만 엘리먼트로 쓰면 자식 엘리먼트를 중간에 삽입할 수 있다. 자식 엘리먼트는 문자의 서식을 변경하고 강제 개행할 위치를 지정한다. 예를 들어 문자열 중간에서 강제 개행을 하고 싶다면 <LineBreak /> 엘리먼트를 삽입한다.

```
<TextBlock>문자열을 화면에 <LineBreak/> 표시하는 컨트롤</TextBlock>
```

<LineBreak /> 엘리먼트는 <TextBlock> 엘리먼트의 자식 엘리먼트이며 XML 규칙상 적법한 구문이다. 엘리먼트끼리 중첩 가능하기 때문이다. 그러나 Text 속성 안에 엘리먼트를 넣는 구문은 XML 규칙상 허용되지 않는다. 다음 구문은 명백한 에러이다.

```
<TextBlock Text="문자열을 화면에<LineBreak/> 표시하는 컨트롤"/>
```

왜냐하면 엘리먼트가 속성보다 더 상위의 구조인데 속성 안에 엘리먼트를 넣는다는 것이 말이 안되기 때문이다. 게다가 XML 규칙상 문자열 중간의 < 문자는 태그로 인정되지도 않는다. < 문자는 속성값 중간에 나올 수 없으며 굳이 < 문자를 있는 그대로 출력하려면 < 으로 이스케이프해야 한다.

<TextBlock>의 자식 엘리먼트로 Run 엘리먼트를 삽입하면 문자의 개별 속성을 변경할 수 있다. Run 객체는 TextBlock의 Inlines 프로퍼티에 컬렉션으로 저장되며 문자의 서식을 지정한다. Run 엘리먼트는 FontSize, FontWeight, FontStyle 등 서식과 관련된 대부분의 속성을 지원한다. 다음 예제는 문자열 서식에 관련된 여러 가지 기법을 보여준다.

TextFormat

```
<Grid x:Name="ContentPanel" Grid.Row="1" Margin="12,0,12,0">
    <StackPanel>
        <TextBlock Text="Times New Roman" FontFamily="Times New Roman" FontSize="30"/>
        <TextBlock Text="Arial" FontFamily="Arial" FontSize="30"/>
        <TextBlock Text="Courier New" FontFamily="상형체, Courier New" FontSize="30"/>
        <TextBlock Text="Yellow" Foreground="Yellow" FontSize="30"/>
        <TextBlock Text="Green" Foreground="Green" FontSize="30"/>
```

```xml
        <TextBlock Text="    문자열을 화면에 표시하는 컨트롤"/>
        <TextBlock>    문자열을 화면에 표시하는 컨트롤</TextBlock>
        <TextBlock>문자열을 화면에 <LineBreak/> 표시하는 컨트롤</TextBlock>
        <TextBlock>
            다양한
            <Run FontSize="30" FontWeight="Bold">서식</Run>
            을
            <Run FontSize="40" Foreground="Yellow" FontStyle="Italic">적용</Run>
            할 수 있다.<LineBreak />
            여러 줄 출력도 가능하다.
        </TextBlock>
    </StackPanel>
</Grid>
```

실행 결과는 다음과 같다. 예제의 간결성을 위해 간단한 몇 가지 서식만 적용해 봤는데 거의 워드 프로세서 수준의 문자열 포맷팅이 가능하다.

FontFamily 속성은 폰트의 타입 페이스를 지정한다. 윈도우폰은 타 운영체제에 비해 폰트 지원이 상당히 풍부한 편이어서 다양한 폰트를 활용할 수 있다. 폰트가 없을 경우를 대비하여 FontFamily 속성에 여러 개의 폰트를 콤마로 구분하여 지정한다. 세 번째 텍스트 블록의 경우 상형체라는 폰트가 없을 경우 Courier New 폰트를 대신 사용하라는 뜻이다. 문자의 색상은 Foreground 속성으로 지정한다. 노란색과 초록색으로 출력해 보았다.

초록색 아래의 텍스트 블록들은 앞에서 설명한 내용들을 확인한다. 보다시피 Text 속성의 앞에 있는 공백은 그대로 출력되지만 엘리먼트에 작성한 공백은 무시됨을 알 수 있다. XML은 불필요한 공백은 무시하며 둘 이상의 공백도 하나로 합쳐 버린다. <LineBreak/>는 문자열을 강제 개행하며 Run 엘리먼트를 중간 중간에 삽입하여 색상, 글꼴 크기, 스타일, 폰트 등을 자유롭게 변경한다. Run 객체에 이름을 주면 실행 중에도 속성을 변경할 수 있다.

4-1-2 Control

윈도우폰의 주요 컨트롤들은 Control로부터 파생된다. 따라서 Control의 속성들은 하위 컨트롤에 공통적으로 적용된다. Control의 주요 속성은 다음과 같다.

속 성	설 명
Background	배경을 칠할 브러시를 지정한다.
BorderBrush	경계선을 칠할 브러시를 지정한다.
BorderThickness	경계선의 두께를 지정한다. 이 값을 0으로 지정하면 경계선이 숨겨진다.
IsTabStop	탭 내비게이션을 지원할 것인지를 지정한다.
TabIndex	탭 순서를 지정한다.
TabNavigation	탭 적용 방식을 지정한다.
HorizontalContentAlignment	내용물의 수평 배치 방법을 지정한다.
VerticalContentAlignment	내용물의 수직 배치 방법을 지정한다.

버튼이나 체크 박스 등의 컨트롤은 내부에 문자열 캡션을 표시한다. 그러므로 문자열의 서식을 지정할 수 있는 속성들이 필요하다. Control은 위 도표의 속성들 외에도 폰트와 관련된 다음 속성들을 제공한다.

FontFamily, FontSize, FontStyle, FontWeight, FontStretch, Foreground

이 속성들은 앞에서 알아본 TextBlock에 모두 존재하는 것들이다. 그런데 이상한 것은 Control과 TextBlock이 부모 자식 관계가 아니라 형제 관계라는 점이다. 위 속성들은 상속에 의해 한 번만 정의한 것이 아니라 Control과 TextBlock에 이중으로 정의되어 있으며 이는 일반적인 객체 지향 클래스 계층 설계 원칙과 맞지 않다.

이렇게 되어 있는 이유는 실버라이트가 모양보다는 기능에 따라 컨트롤을 분류해 놓았기 때문이다. 컨트롤은 FrameworkElement로부터 직접 파생되는 것과 Control을 거쳐 파생되는 것으로 나누어져 있다. 전자는 주로 화면에 뭔가를 보여주기만 하며 사용자와는 상호 작용을 하지 않는다. TextBlock, Image, Border 등이 그 예이다.

후자는 정보를 보여주는 것 외에도 사용자로부터 입력을 받아들여 상호 작용을 한다는 점에서 기능이 더 많다. Button, TextBox, Slider 등이 그 예이다. 두 컨트롤 그룹의 역할이 명확히 다르므로 계층을 구분해 놓았다. 그러다 보니 폰트와 관련된 속성이 양쪽에 중복되어 나타난다. 그렇다고 해서 폰트 관련 속성들을 더 상위의 FrameworkElement에 둘 수는 없다. Image나 Shape, Panel 등의 컨트롤은 문자열을 표시하지 않기 때문이다.

실버라이트의 클래스들을 모양이 아닌 기능별로 분류한 것은 나름대로 이유가 있고 또 그럴 수밖에 없는 내부적인 사정이 있을 것이다. 하지만 설계가 부자연스럽다보니 속성이 불필요하게 중복될 뿐만 아니라 몇 가지 혼란스러운 면들이 있다. 예를 들자면 다음과 같다.

❶ TextBlock이나 Image도 보통 컨트롤이라고 부르는데 Control 파생이 아니다. 실버라이트는 일반적인 컨트롤을 칭할 때 아예 더 상위의 UIElement 타입을 사용한다.

❷ TextBlock은 Control의 파생 클래스가 아니며 그래서 Background 속성이 없다. 단독으로는 배경 색상을 지정할 수 없으며 무조건 투명이다. 당연히 될 것으로 기대되는 기능이 없는 셈이다.

❸ 배경을 가진 텍스트 블록을 출력하려면 Border로 감싸고 Border의 Background 속성을 지정해야 한다. Border는 Control 파생이 아님에도 Background 속성이 중복 정의되어 있다. Border와 TextBlock은 형제 관계임에도 속성 목록이 일관되지 못하다.

❹ 비슷한 기능을 하는 속성의 이름이 제각각이어서 무척이나 헷갈린다. TextBlock의 문자열은 Text 속성으로 지정하고 Button의 캡션은 Content 속성으로 지정한다. 버튼의 Content는 문자열보다는 더 복잡한 객체여서 그렇지만 초보자에게는 분명 혼란스러운 부분이다.

❺ 부모로부터 상속받은 속성이 동작하지 않는 경우가 있다. Control은 내용물의 정렬을 지정하는 Horizontal(Vertical)ContentAlignment라는 속성을 제공하지만 TextBox에서는 이 속성이 동작하지 않으며 대신 TextAlignment라는 다른 속성을 사용해야 한다.

객체 지향 클래스 라이브러리의 장점은 부모를 알면 자식을 알 수 있고 형제들끼리 유사해서 금방 익숙해질 수 있다는 직관성이지만 실버라이트는 아쉽게도 이런 기대에 부합하지 못한다. 직관적이지 못하므로 익숙해질 때까지는 항상 레퍼런스를 잘 참고하는 수밖에 없다.

4-1-3 텍스트 박스

텍스트 박스는 사용자로부터 문자열을 입력받는 컨트롤이다. 단순 문자열이어서 서식은 적용할 수 없지만 여러 줄 입력은 가능하다. 폰트와 관련된 속성들은 Control로부터 상속받으며 다음 속성을 추가로 더 가진다.

속 성	설 명
AcceptsReturn	강제 개행을 허용할 것인가를 지정한다.
TextWrapping	자동 개행을 할 것인가를 지정한다.
IsReadOnly	읽기 전용 여부이다. 디폴트는 False이다.
MaxLength	입력받을 최대 문자 수를 지정한다. 디폴트는 0이며 제한이 없다.
CaretBrush	캐럿을 그릴 브러시이다.
LineHeight	줄간을 지정한다.
SelectedText	선택한 문자열이다.
SelectionStart	선택 문자열의 시작 오프셋
SelectionLength	선택 문자열의 길이
SelectionForeground	선택 문자열의 색상
SelectionBackground	선택 문자열의 배경색
HorizontalScrollBarVisibility	수평 스크롤 바를 보일 것인지를 지정한다.
VerticalScrollBarVisibility	수직 스크롤 바를 보일 것인지를 지정한다.

텍스트 블록에 비해 사용자가 직접 편집할 수 있으므로 이를 금지하기 위한 읽기 전용 속성이 있으며 입력 문자수를 제한하는 속성이 제공된다. 이 속성들을 사용하면 필요할 때만 입력을 허용하거나 정해진 길이 이상은 입력하지 못하도록 금지할 수 있다. 클립보드 동작이 가능하므로 선택 블록을 조사하거나 변경하는 속성들도 제공된다.

모바일 장비는 긴 문장보다는 이름이나 검색식 등 한 줄짜리 정보를 입력받는 경우가 많다. 그래서 디폴트 속성으로 생성시 딱 한 줄만 입력받으며 자동 개행도 하지 않고 강제 개행도 허용하지 않는다. 물론 원한다면 관련 속성을 조정하여 여러 줄을 입력받을 수도 있고 엔터키로 강제 개행할 수도 있다. 다음 예제로 텍스트 박스의 속성을 테스트해 보자.

TextBoxTest

```
<Grid x:Name="ContentPanel" Grid.Row="1" Margin="12,0,12,0">
    <StackPanel>
        <TextBox />
        <TextBox Text="ReadOnly" IsReadOnly="True"/>
        <TextBox Text="Max 8" MaxLength="8" />
        <TextBox Height="200" TextWrapping="Wrap" AcceptsReturn="True"
                 Background="Yellow" BorderBrush="Red" BorderThickness="5"/>
    </StackPanel>
</Grid>
```

첫 번째 텍스트 박스는 아무런 속성도 주지 않았다. 문자열이 오른쪽 끝에 닿으면 자동으로 스크롤되며 원하는 만큼 길게 입력할 수 있지만 개행은 할 수 없다. 입력한 문자열은 코드에서 Text 속성을 읽음으로써 구할 수 있으며 코드에서 Text 속성을 변경하는 것도 물론 가능하다. IsReadOnly 속성을 지정하면 Text 속성으로 지정한 문자열을 읽을 수만 있으며 사용자가 값을 편집할 수는 없다. 물론 코드에서 Text 속성을 변경하여 문자열을 바꿀 수 있고 IsReadOnly 속성을 풀 수도 있다.

MaxLength 속성은 최대 입력 문자 수를 제한한다. 8자로 제한해 두었고 이미 5개의 문자가 입력되어 있으므로 추가로 3개의 문자만 더 입력할 수 있으며 그 이상의 문자 입력은 거부된다. MaxLength 속성은 사용자가 직접 입력할 수 있는 문자의 개수를 제한할 뿐이며 코드로는 더 많은 문자를 입력할 수 있다. 이 경우 사용자는 미리 입력된 문자를 지울 수는 있지만 더 추가하지는 못하며 MaxLength 이하로 삭제했을 경우는 제한 범위내에서 문자를 더 입력할 수 있다.

마지막 텍스트 박스는 옵션의 효과를 살펴보기 위해 가급적 많은 속성을 설정했다. 자동 개행을 허용하고 엔터키로 강제 개행도 지원하므로 여러 줄을 입력할 수 있다. 텍스트 박스의 하단에 닿으면 스크롤이 발생하며 아래쪽으로 얼마든지 긴 문장을 입력할 수 있다. 배경색은 노란색으로 하고 경계선은 빨간색 5픽셀 두께로 지정했다.

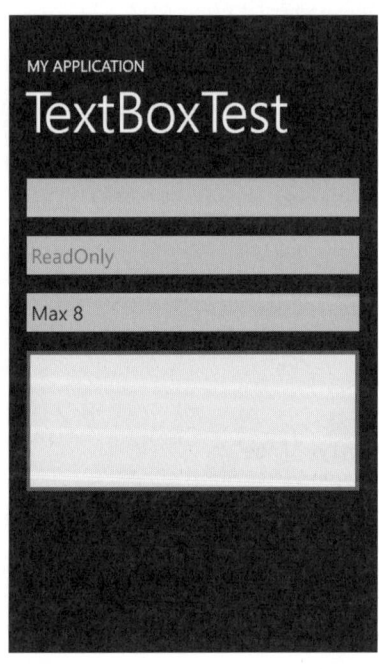

실행 직후에는 텍스트 박스만 보이지만 텍스트 박스를 탭하면 포커스를 주고 아래쪽에 화면 키보드가 열린다. 화면 키보드의 문자들을 클릭하여 입력하며 다른 곳을 탭하거나 Back 키를 누르면 키보드는 닫힌다. 에뮬레이터에서 Pause 키를 누르면 하드웨어 키보드가 활성화되므로 호스트 PC의 키보드로도 문자열을 입력할 수 있다. 하드웨어 키보드가 활성화되면 화면 키보드는 나타나지 않는다.

입력 중에 임의 위치로 캐럿을 이동하거나 블록을 선택하여 클립보드 동작을 할 수도 있다. 아래쪽 텍스트 박스에 긴 문자열을 입력해 보자. 화면을 오래 누르고 있으면(Long Press) 위쪽에 빨간색의 캐럿이 나타나는데 이 캐럿을 드래그하여 원하는 곳으로 옮긴다. 캐럿은 누른 위치보다 더 위쪽에 나타나는데 이는 드래그 중에 손가락이 문자열을 가리지 않도록 하기 위해서이다.

클립보드로 복사할 때는 복사할 영역을 먼저 선택한다. 단어를 탭하면 단어 전체가 선택되며 이 상태에서 아래쪽의 삼각형 마커를 드래그하여 선택 영역을 확장한다. 블록이 선택된 상태에서 BS키를 누르면 블록 전체가 삭제되며 다른 문자를 입력하면 대체된다. 블록 위쪽에 나타나는 복사 버튼을 누르면 선택 영역이 클립보드로 복사된다. 잘라내기 기능은 별도로 없으므로 복사 후 삭제해야 한다.

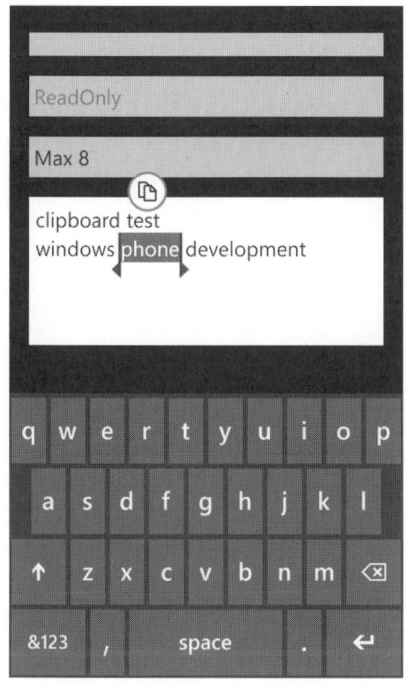
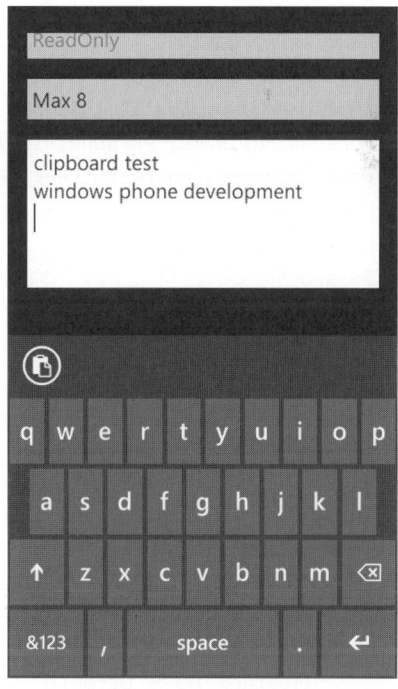

클립보드에 문자열을 복사하면 키보드 위쪽에 붙여넣기 버튼이 나타난다. 붙여 넣을 자리로 이동한 후 이 버튼을 누르면 클립보드의 문자열이 현재 캐럿 위치에 붙여진다. 붙여넣기 버튼은 계속 열린 채로 유지되므로 여러 번 붙여 넣을 수 있다. 클립보드는 시스템 전역적인 저장소이므로 다른 텍스트 박스는 물론이고 앱끼리도 문자열을 교환할 수 있다.

스마트폰의 문자 입력 장치는 무척 불편하고 비효율적이어서 데스크탑 키보드에 비할 바가 못된다. 게다가 사용자들은 무척 바쁜 사람들이고 책상에 편하게 앉아 입력하는 것도 아니다. 지하철에 서서 입력할 수도 있고 한 손밖에 못 쓰는 상황도 흔하다. 그래서 앱이 최대한 정확하고 빠르게 입력할 수 있도록 도와주어야 하는데 가장 기본적인 방법은 입력할 가능성이 높은 문자들만 표시하는 것이다.

InputScope 속성은 텍스트 박스로 무엇을 입력받을 것인가를 지정한다. 입력받을 정보의 종류를 미리 예측하여 꼭 필요한 문자키만 화면 키보드에 보여줌으로써 사용자가 입력할 범위를 제한한다. 예를 들어 수치값을 입력받는다면 알파벳 키는 보여주지 않는 식이다. 가능한 값의 종류는 다음과 같다. 자세한 설명을 달지 않더라도 이름으로부터 어떤 문자를 입력받을지 대충 짐작할 수 있을 것이다.

```
Default
RegularExpression
FileName, FullFilePath
EmailUserName, EmailSmtpAddress, Url, LogOnName
PersonalFullName, PersonalMiddleName, PersonalNameSuffix
PostalAddress, AddressStreet, AddressCity, AddressCountryName
CurrencyAmount
Date, Time
Password
TelephoneNumber
Text, Chat
```

다음 예제로 InputScope 속성에 따라 화면 키보드가 어떻게 달라지는지 확인해 보자. 스택 패널에 여섯 개의 텍스트 박스를 배치하고 각각 InputScore 속성을 다르게 주었다.

InputScopeTest

```
<Grid x:Name="ContentPanel" Grid.Row="1" Margin="12,0,12,0">
    <StackPanel>
        <TextBox Text="Default"/>
```

```
        <TextBox Text="Text" InputScope="Text"/>
        <TextBox Text="Number" InputScope="Number"/>
        <TextBox Text="Tel" InputScope="TelephoneNumber"/>
        <TextBox Text="Email" InputScope="EmailUserName"/>
        <TextBox Text="Url" InputScope="Url"/>
    </StackPanel>
</Grid>
```

InputScope 속성에 따라 아래쪽에 열리는 화면 키보드의 모양과 동작이 달라진다. 위에서부터 순서대로 텍스트 박스를 탭하여 어떤 키보드가 열리는지 보자. 별다른 지정이 없으면 기본 키보드가 열린다.

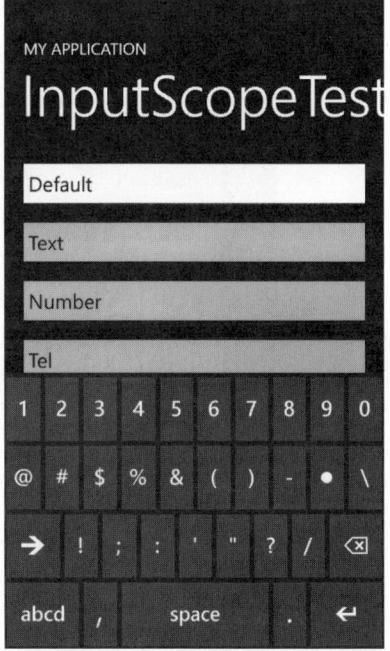

기본 키보드에는 알파벳과 공백, 쉼표, 마침표 등 일반적인 문자열 입력에 주로 사용되는 문자들이 배치되어 있다. 왼쪽 아래의 &123 키를 누르면 숫자와 기호들을 입력할 수 있는 키보드로 바뀌며 모드 변환 버튼 위의 좌우 화살표(← →)버튼을 눌러 기호의 페이지를 변환한다. abcd 키를 누르면 다시 영문 모드로 돌아온다.

설정에서 언어를 한국어로 바꾸면 공백 옆에 언어 변환키가 추가로 배치되어 한글도 입력 가능하다. 키의 개수가 많지 않으므로 알파벳, 숫자, 기호, 한글 등 여러 가지 모드를 스위칭해가며 문자를 입력하는 방식이다. 마침표를 길게 누르면 자주 사용하는 구두점 몇 개가 팝업으로 열려 모드를 바꾸지 않고도 입력할 수 있다.

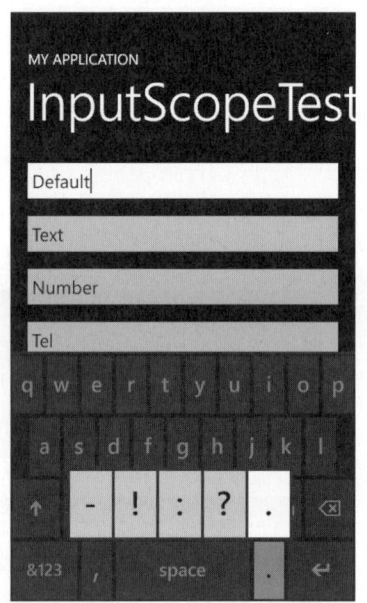

기본 키보드는 거의 대부분의 문자를 입력할 수 있으므로 사실 제일 무난하다. 그러나 한글, 영문, 기호, 숫자를 골고루 입력하려면 모드 전환을 자주 해야 하므로 불편하다. 그래서 좀 더 전문적인 문자만 보여주는 옵션들이 있다. 다음은 Text 옵션을 선택한 키보드이다.

Text 옵션은 기본 키보드와 유사하되 자동 완성 기능을 제공한다는 점이 독특하다. kor 까지만 입력하면 이 문자들로 시작되는 단어 후보를 키보드 위쪽에 보여주며 후보를 클릭하면 단어가 완성된다. Congratulations 같은 긴 단어도 철자를 전부 타이핑할 필요 없이 몇 번의 클릭만으로 쉽게 입력할 수 있다. 아쉽게도 한글에 대해서는 후보 단어 기능이 아직 제공되지 않는다.

공백 옆의 이모티콘 키를 누르면 이모티콘들이 키보드에 나타나 ^.^이나 ^_~ 같은 여러 문자를 한 번에 쉽게 입력할 수 있다. 기본 키보드로 이 문자열을 입력하려면 모드를 바꿔가며 여러 개의 키를 눌러야 하나 이모티콘 키는 훨씬 더 쉽다. 채팅이나 게시판에 글을 올릴 때 아주 유용한 기능이다.

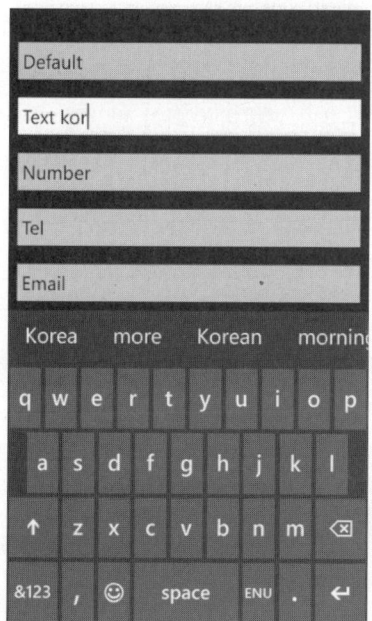
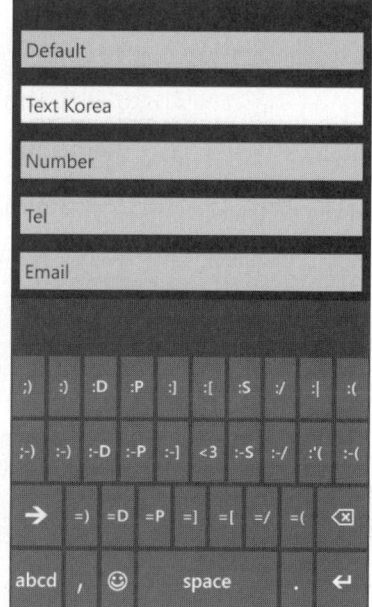

다음은 주로 숫자를 입력하는 옵션이다.

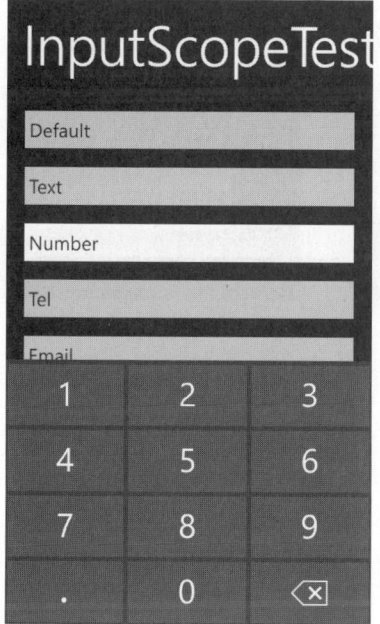
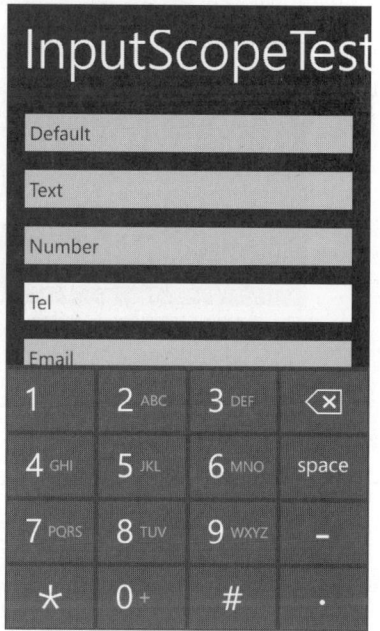

Number 모드는 숫자키만 표시되어 오로지 숫자만 입력할 수 있다. 숫자 외에는 실수 입력을 위한 마침표와 수정을 위한 BS 키 정도만 있으며 마침표를 길게 누르면 음수나 쉼표가 팝업으로 열린다. 키 개수가 적은 만큼 키가 큼직해서 누르기 편하며 오타가 발생할 가능성이 획기적으로 줄어든다. 가격이나 무게 등의 수치값을 입력할 때는 이 옵션이 가장 편리하다.

TelephoneNumber 옵션은 숫자 외에도 전화번호를 구성하는 -라든가 *, # 같은 키가 추가로 나타난다. 마침표를 길게 누르면 괄호나 쉼표가 팝업으로 열리며 0을 길게 누르면 + 기호를 입력할 수 있다. 이 두 옵션은 다른 입력 모드로 바꾸는 키가 없어 제한된 문자만 입력 가능하며 따라서 엉뚱한 문자를 입력할 위험이 없다. 다음은 email과 인터넷 주소 입력 모드이다.

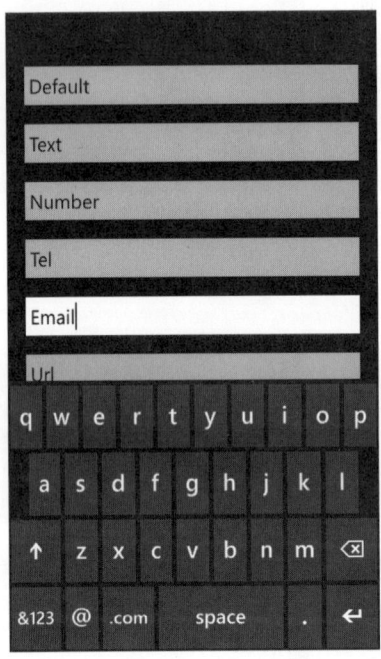 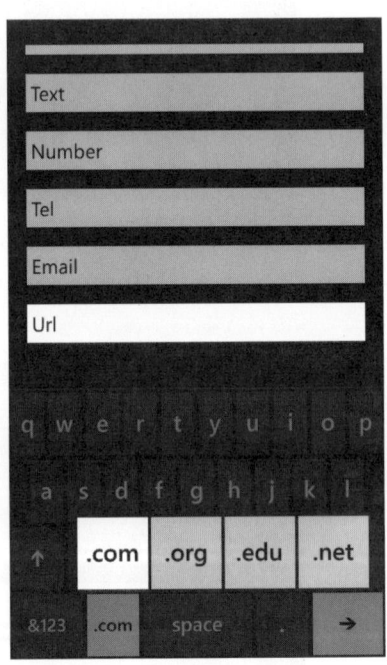

email 주소 입력의 편의를 위해 @ 문자키가 따로 배치되어 있어 기호 페이지로 이동하지 않아도 된다. 인터넷 주소 입력에 사용되는 Url 입력 모드는 @이 없는 대신 입력한 주소로 이동하는 → 버튼이 오른쪽 아래에 배치된다. 주소의 끝에 주로 추가되는 .com을 길게 누르면 .net이나 .org 같은 문자열이 팝업으로 열려 빠른 주소 입력을 도와준다. 한국어 키보드인 경우는 .co.kr과 .kr도 추가된다.

이 외에도 많은 입력 모드가 존재하며 모드마다 키의 구성이 약간씩 다르다. 모든 입력 모드의 공통점은 가급적이면 꼭 필요한 키만 표시함으로써 사용자의 입력 편의성과 시간을 절약해주는 것이다. 각 모드마다 어떤 키가 나타나는지는 직접 적용해서 살펴보기 바란다. 이름이 달라도 키보드 구성은 동일한 모드도 있고 윈도우폰이 아직 지원하지 않는 모드도 있다.

InputScope 속성으로 사용자의 입력 시간을 상당히 절약할 수 있지만 그럼에도 모바일 폰에서 키 입력은 귀찮고 시간이 오래 걸리므로 좀 더 편리한 방법을 제공하는 것이 좋다. 가능하다면 키보드 입력을 최소화해야 한다. 예를 들어 테란, 저그, 프로토스 같이 셋 중 하나를 선택해야 한다면 문자열로 입력받는 것보다는 라디오 버튼이 더 편리하고 1~10 사이의 값 중 하나를 입력받는다면 슬라이더를 사용하여 드래그하는 것이 더 빠르다.

텍스트 박스에서 가장 자주 발생하는 이벤트는 문자열이 편집될 때 발생하는 TextChanged 이벤트이다. 문자열이 변경될 때마다 특정한 작업을 수행해야 한다면 이 이벤트를 처리한다. 디폴트 이벤트이므로 디자인 뷰에서 텍스트 박스를 더블클릭하면 이 이벤트의 핸들러를 작성할 수 있다. 다음 예제는 입력된 글자가 3자 이상일 때만 OK 버튼을 활성화한다.

TextChanged

```
<Grid x:Name="ContentPanel" Grid.Row="1" Margin="12,0,12,0">
    <StackPanel>
        <TextBlock Text="이름을 입력하시오."/>
        <TextBox Text="" TextChanged="TextBox_TextChanged" />
        <Button Name="btnOK" Content="OK" IsEnabled="False" />
    </StackPanel>
</Grid>
=================================== CS =========================================
private void TextBox_TextChanged(object sender, TextChangedEventArgs e)
{
    btnOK.IsEnabled = (sender as TextBox).Text.Length >= 3;
}
```

사람 이름은 최소 3자 정도는 되어야 한다. 이름이 외자인 사람도 있어 이 예는 사실 좀 억지스럽지만 상품 코드나 학번처럼 길이가 고정된 경우는 반드시 형식에 맞추어야 한다. 문자열이 편집되는 TextChanged 이벤트를 처리하면 매 입력시마다 형식에 맞는지 점검하여 조치를 취할 수 있다.

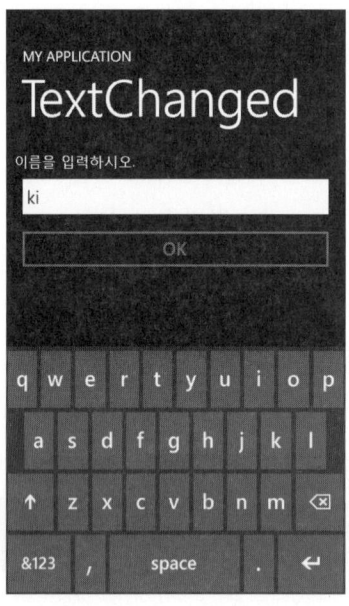
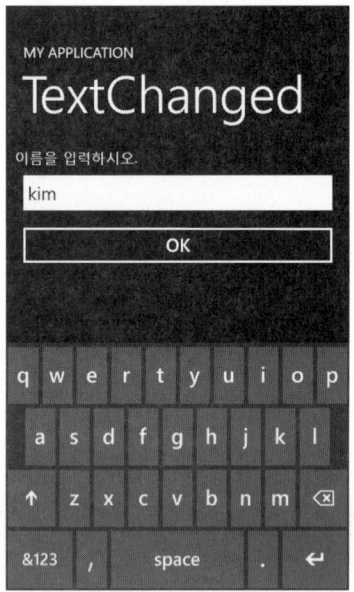

버튼의 IsEnabled 속성이 False로 지정되어 있어 최초 실행하면 OK 버튼은 사용 금지 상태이다. 텍스트 박스에 글자를 3자 이상 입력하면 OK 버튼이 활성화되며 글자를 지우면 다시 금지된다. 매 입력시마다 이벤트를 받아 점검하므로 잘못된 정보를 입력할 위험이 없다.

4-1-4 패스워드

사용자로부터 비밀번호를 입력받을 때는 PasswordBox 컨트롤을 사용한다. 비밀번호는 문자열이지만 유출되면 곤란하므로 텍스트 박스로 입력받지 않고 패스워드 박스를 사용한다. 문자열을 입력받는다는 면에서 텍스트 박스와 거의 유사하며 속성들도 비슷하지만 비밀번호는 짧은 단어이므로 자동 개행이나 강제 개행 등의 기능은 지원하지 않는다. 폰트 관련 속성도 있지만 비밀번호 입력에는 서식이 중요하지 않으므로 잘 사용되지 않는다.

비밀번호를 입력하는 방식은 텍스트 박스와 동일하다. 문자를 입력할 때 정확히 입력했는지 확인하기 위해 마지막 문자만 잠시 보일 뿐이며 입력 완료된 문자는 즉시 대체 문자로 바뀐다. 그래서 직접 입력하는 사람 외에는 옆에서 봐도 어떤 문자열인지 알기 어렵다. 대체 문자는 PasswordChar 속성으로 설정하며 디폴트 대체 문자는 속이 꽉 찬 원(●) 모양이다. 다음 예제로 간단하게 테스트해 보자.

```
<Grid x:Name="ContentPanel" Grid.Row="1" Margin="12,0,12,0">
    <StackPanel>
        <PasswordBox />
        <PasswordBox PasswordChar="$"  />
    </StackPanel>
</Grid>
```

스택 패널 안에 두 개의 패스워드 박스를 배치했으며 대체 문자만 다르게 설정했다.

어떤 문자를 입력하든지 즉시 대체 문자로 바뀌어 표시된다. 물론 내부적으로는 입력한 문자열
을 가지고 있으며 화면에만 표시되지 않을 뿐이다. 코드에서 **Password** 속성으로 입력한 비밀번호
를 읽을 수 있다.

4-1-5 보더

Border는 경계선과 배경색을 그리는 컨트롤이다. 장식용으로 사용되므로 사용자와 상호작용
은 하지 않으며 다른 컨트롤을 꾸미는 용도로 사용한다. 주요 속성은 다음과 같다.

속 성	설 명
Child	보더로 둘러쌀 차일드 컨트롤을 지정한다.
Background	배경 색상을 지정한다.
BorderBrush	경계선 색상을 지정한다.
BorderThickness	경계선의 두께를 지정한다. Thickness 타입이므로 4면에 대해 각각 다른 두께를 지정할 수 있다.
CornerRadius	모서리의 둥근 정도를 지정한다.
Padding	차일드와의 안쪽 여백을 지정한다.

배경색과 경계선은 Control에도 정의되어 있으므로 Control 파생 클래스는 자신의 속성을 사용하면 된다. 그러나 Control 파생이 아닌 컨트롤은 자체적으로 배경색을 지정할 수 없으므로 Border의 차일드로 배치한 후 Border의 배경색 속성을 사용해야 한다. 배경색을 지정할 수 없는 대표적인 컨트롤은 TextBlock이며 이미지를 표시하는 Image 컨트롤도 마찬가지이다.

보더는 단 하나의 차일드만을 가진다. XAML 문서에서는 <Border> 엘리먼트의 자식 엘리먼트로 컨트롤을 배치한다. 즉 차일드를 Border로 감싼다. 만약 여러 개의 차일드를 묶어서 경계선을 지정하고 싶다면 보더 안에 패널을 배치하고 패널 안에 컨트롤을 배치해야 한다. 다음 예제는 보더를 이용하여 텍스트 블록에 배경색과 경계선을 그린다.

BorderTest

```
<Grid x:Name="ContentPanel" Grid.Row="1" Margin="12,0,12,0">
    <StackPanel Background="LightGray">
        <Border Background="Blue" Margin="10" >
            <TextBlock Text="TextBlock" Foreground="Yellow" FontSize="40" />
        </Border>
        <Border Background="Red" Padding="10"  Margin="10"
            BorderThickness="5" BorderBrush="LightGreen" CornerRadius="10">
            <TextBlock Text="TextBlock" FontSize="40" />
        </Border>
    </StackPanel>
</Grid>
```

수직 스택 패널 안에 두 개의 텍스트 블록을 배치했다. 패널은 자체적으로 배경색을 지원하므로 Background 속성에 원하는 색상을 지정하면 된다. 텍스트 블록은 스스로 배경색을 그리지 못하므로 보더로 감싸고 보더의 속성으로 배경색을 지정해야 한다.

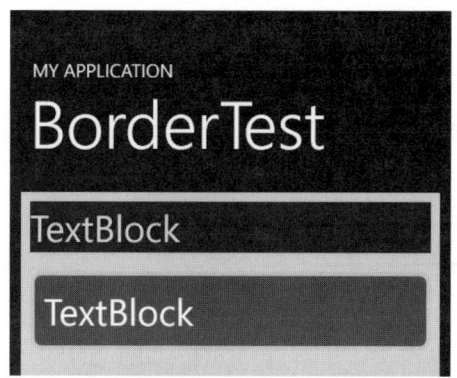

위쪽 텍스트 블록을 감싸는 보더는 파란색 배경을 지정했다. 보더의 배경색이 곧 차일드인 텍스트 블록의 배경색이 된다. 텍스트 블록의 배경은 항상 투명하므로 부모의 배경색이 뒤쪽에 보인다. 텍스트 블록의 전경색은 노란색으로 지정했다. 배경색은 보더의 Background 속성으로 지정하고 전경색은 텍스트 블록의 Foreground 속성으로 지정한다.

아래쪽 텍스트 블록은 더 많은 속성을 지정했다. 배경색은 빨간색으로 채색하고 경계선은 5픽셀 두께의 연두색으로 두르고 모서리는 10픽셀 반지름으로 둥그렇게 표현했다. 패딩을 적당히 주어 내용물인 텍스트 블록과 10픽셀만큼의 간격을 두었다. 배경색과 전경색을 표현하는 전문적인 컨트롤이므로 여러 가지 방식으로 장식할 수 있다.

4-2 버튼

4-2-1 Button

버튼은 클릭을 입력받는 컨트롤이다. 모바일 폰에서는 손가락으로 화면을 탭하는 동작이 클릭에 해당된다. 화면을 손가락으로 누르는 탭 동작은 가장 쉬우면서도 신속하게 전달할 수 있는 의사 표현이다. 그래서 명령을 입력받는 용도로 버튼이 주로 사용된다. Button은 탭 동작에 대해 클릭 이벤트를 발생시킴으로써 특정 코드를 실행시키는 역할을 한다.

클래스 계층도를 보면 Control로부터 ContentControl이 파생되고 다시 ButtonBase가 파생되는데 이 클래스가 버튼 관련 클래스들의 최상위 부모이다. 이 클래스로부터 푸시 버튼 뿐만 아니라 체크 박스나 라디오 버튼 등 탭 입력을 받는 여러 가지 버튼 컨트롤들이 파생된다. ButtonBase의 주요 속성은 다음과 같다.

속 성	설 명
Content	버튼 표면에 표시할 내용물이다. 보통 문자열 상수를 표시한다.
Command	버튼을 눌렀을 때 실행할 명령이다.
IsFocused	포커스를 가지고 있는지 조사한다.
IsMouseOver	마우스가 버튼 위에 있는지 조사한다.
IsPressed	눌러진 상태인지 조사한다.
ClickMode	클릭 이벤트를 언제 발생시킬 것인가를 지정한다.

버튼 표면에 출력할 캡션을 Content 속성으로 지정하며 현재 상태를 표현하는 다수의 진위형 속성이 제공된다. Button 자체는 별다른 추가 속성이 없으며 Content 속성에 캡션만 지정하면 쉽게 배치할 수 있다. 다음은 버튼의 가장 간단한 예이다.

```
<Button Content="Click" />
```

표면에 Click이라는 캡션을 가지는 버튼이 배치된다. 버튼은 클릭하여 명령을 입력받는 컨트롤이므로 이벤트 핸들러를 반드시 작성해야 한다. ButtonTest라는 이름으로 새 프로젝트를 만들고 수직 스택 패널 안에 버튼 3개를 배치해 보자.

```
<Grid x:Name="ContentPanel" Grid.Row="1" Margin="12,0,12,0">
    <StackPanel>
        <Button Name="btnMessage" Content="MessageBox" />
        <Button Name="btnEnable" Content="Enable" />
        <Button Name="btnDisable" Content="Disable" />
    </StackPanel>
</Grid>
```

꼭 필요한 것은 아니지만 이벤트 핸들러의 이름이 버튼의 이름을 따라 가므로 Name 속성에 버튼의 이름을 지정하는 것이 좋다. 이 상태에서 실행해 보면 화면에 버튼이 나타나지만 클릭해도 아무런 반응이 없다. 사용자의 버튼 클릭에 대해 반응하려면 이벤트 핸들러를 생성하고 코드도 작성해야 한다.

이벤트 핸들러 작성법에 대해서는 다음 장에서 체계적으로 연구해 보기로 하되 버튼의 경우는 디자인 뷰에서 더블클릭하면 이벤트 핸들러가 생성된다. 첫 번째 버튼을 더블클릭해 보자. 코드 창이 열리면서 다음과 같은 이벤트 핸들러 메서드가 생성될 것이다.

```csharp
private void btnMessage_Click(object sender, RoutedEventArgs e)
{

}
```

컨트롤의 이름과 이벤트의 이름을 조합하여 핸들러 메서드가 생성된다. btnMessage_Click이라는 메서드 이름은 btnMessage 버튼을 Click할 때의 동작을 정의한다는 뜻이다. XAML 파일의 버튼 객체 배치문에는 이벤트와 이벤트 핸들러를 연결하는 다음 문장이 자동으로 작성된다.

```xml
<Button Name="btnMessage" Content="MessageBox" Click="btnMessage_Click" />
```

Click 이벤트가 발생하면 btnMessage_Click 메서드를 호출하라는 지시 사항이다. 메서드의 껍데기만 생성될 뿐 아직 본체는 비어 있는데 이 안에 버튼이 클릭되었을 때의 동작을 코드로 기술한다. 같은 방식으로 나머지 두 버튼에 대해서도 클릭 이벤트 핸들러를 생성하고 코드를 작성한다. 작업이 완료된 후의 소스는 다음과 같다.

ButtonTest

```xml
<Grid x:Name="ContentPanel" Grid.Row="1" Margin="12,0,12,0">
    <StackPanel>
        <Button Name="btnMessage" Content="MessageBox" Click="btnMessage_Click" />
        <Button Name="btnEnable" Content="Enable" Click="btnEnable_Click" />
        <Button Name="btnDisable" Content="Disable" Click="btnDisable_Click" />
    </StackPanel>
</Grid>
================================== CS ======================================
using System;
using System.Collections.Generic;
using System.Linq;
using System.Net;
using System.Windows;
using System.Windows.Controls;
using System.Windows.Documents;
```

```csharp
using System.Windows.Input;
using System.Windows.Media;
using System.Windows.Media.Animation;
using System.Windows.Shapes;
using Microsoft.Phone.Controls;

namespace ButtonTest
{
    public partial class MainPage : PhoneApplicationPage
    {
        // Constructor
        public MainPage()
        {
            InitializeComponent();
        }

        private void btnMessage_Click(object sender, RoutedEventArgs e)
        {
            MessageBox.Show("버튼을 클릭하였습니다.");
        }

        private void btnEnable_Click(object sender, RoutedEventArgs e)
        {
            btnMessage.IsEnabled = true;
        }

        private void btnDisable_Click(object sender, RoutedEventArgs e)
        {
            btnMessage.IsEnabled = false;
        }
    }
}
```

이 예제부터는 XAML의 레이아웃뿐만 아니라 연결된 소스 파일에도 코드가 작성된다. 앞 장에서 미리 설명했지만 노파심에 한 번 더 설명하자면 MainPage.xaml과 MainPage.xaml.cs 파일을 한 리스트에 모두 출력하되 중간에 구분선을 삽입하여 구분한다. 이후에는 using 선언문이나 클래스 선언문, 생성자 등은 제외하고 추가된 코드만 간략하게 보일 것이다.

모든 버튼에 클릭 이벤트 핸들러가 작성되었으며 XAML 파일에는 Click 속성으로 이벤트 핸들러가 연결되어 있다. 실행하면 세 개의 버튼이 수직으로 나란히 배치되며 각 버튼을 누르면 이벤트 핸들러가 호출된다. 제일 위의 MessageBox 버튼을 클릭하면 화면 상단에 메시지 박스가 나타난다.

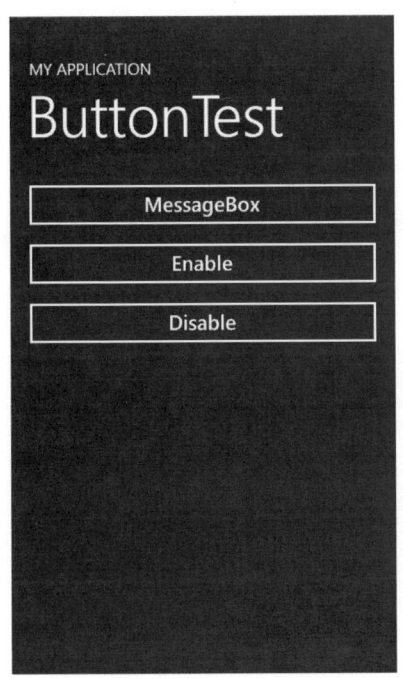 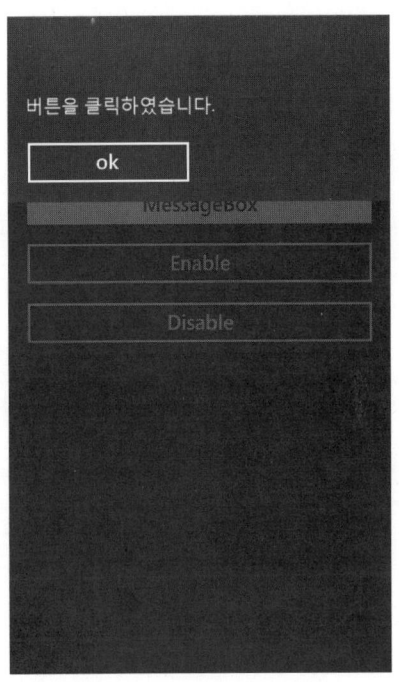

  사용자가 버튼을 누를 때 코드가 실행되어 뭔가 반응을 보이는 것이다. 메시지 박스는 다음 항에서 연구해 볼 것이다. ok 버튼을 누르면 메시지 박스가 닫힌다. 아래쪽의 두 버튼을 클릭하면 첫 번째 버튼의 IsEnabled 속성을 토글하여 사용 가능성을 제어한다. IsEnabled 속성은 UIElement로부터 상속받은 것이며 모든 컨트롤이 지원한다. Disable 버튼을 누르면 MessageBox 버튼이 회색으로 바뀌며 이 상태에서는 클릭해도 반응하지 않는다.

버튼의 명령을 수행할 수 없는 상황일 때는 IsEnabled 속성을 false로 변경하여 사용자가 이 버튼을 누르지 못하도록 금지할 수 있다. IsEnabled 뿐만 아니라 대부분의 속성도 실행 중에 변경하여 상태를 조정할 수 있다. 당장 불필요한 컨트롤은 숨길 수 있고 캡션이나 색상을 변경하여 현재 상태를 사용자에게 보여주기도 한다.

4-2-2 클릭 모드

버튼의 ClickMode 속성은 클릭 이벤트를 언제 발생시킬 것인가를 지정한다. 다음 세 가지 값 중 하나를 지정한다.

ClickMode	설 명
Release	버튼을 눌렀다가 뗄 때 이벤트가 발생한다. 버튼을 뗄 때도 터치가 버튼 위에 있어야 한다.
Press	버튼을 누를 때 이벤트가 발생한다.
Hover	버튼 위로 마우스 커서가 올 때 이벤트가 발생한다.

버튼을 누를 때 클릭한 것이라고 생각하기 쉽지만 사실은 그렇지 않다. 클릭의 정확한 의미는 누르는 것이 아니라 눌렀다가 떼는 것이다. 그래서 ClickMode 속성의 디폴트도 Release이다. 다음 예제로 이 속성을 테스트해 보자.

ClickModeTest

```
<Grid x:Name="ContentPanel" Grid.Row="1" Margin="12,0,12,0">
    <StackPanel>
        <Button Name="btn1" Content="Release" ClickMode="Release" Click="btn1_Click" />
        <Button Name="btn2" Content="Press" ClickMode="Press" Click="btn2_Click" />
        <Button Name="btn3" Content="Hover" ClickMode="Hover" Click="btn3_Click" />
    </StackPanel>
</Grid>
================================= CS =========================================
private void btn1_Click(object sender, RoutedEventArgs e)
{
    MessageBox.Show("버튼을 클릭했습니다.");
}
```

```
private void btn2_Click(object sender, RoutedEventArgs e)
{
    MessageBox.Show("버튼을 클릭했습니다.");
}

private void btn3_Click(object sender, RoutedEventArgs e)
{
    MessageBox.Show("버튼을 클릭했습니다.");
}
```

　세 버튼에 각각 다른 클릭 모드를 지정해 두고 버튼을 눌러 보며 메시지 박스가 언제 열리는지를 살펴보면 된다.

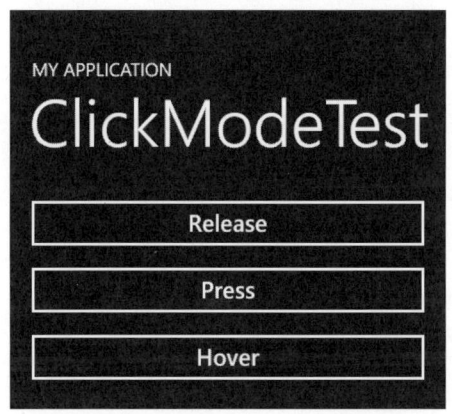

　Release 클릭 모드의 버튼은 눌렀다가 뗄 때 이벤트가 발생하며 터치를 뗄 때도 손가락이 여전히 버튼 위에 있어야 한다. 눌러만 놓고 손가락을 버튼 밖으로 옮겨 버리면 이때는 클릭 이벤트가 발생하지 않는다. 누른 자리에서 떼야 하므로 반응이 느리지만 무심결에 버튼을 눌렀더라도 취소할 수 있는 방법을 제공한다는 면에서 안전하다.

　반면 Press 클릭 모드의 버튼은 누르는 즉시 이벤트가 발생한다. 이벤트가 즉시 발생하므로 반응은 빠르지만 잘못 눌렀을 경우에 취소할 수는 없다는 것이 단점이다. 사람들은 버튼만 보면 일단 손가락이 버튼 위로 가는 이상한 버릇이 있어 잘못된 명령을 내리는 경우가 허다하다. 게임처럼 빠른 반응이 필요한 경우에만 Press 클릭 모드를 사용하고 일반적인 명령 버튼은 취소가 가능한 Release 클릭 모드를 사용하는 것이 좋다.

Hover 클릭 모드는 마우스가 버튼 위로 올라오기만 해도, 즉 마우스 버튼을 누르지 않아도 클릭 이벤트가 발생한다. 가장 신속하게 명령을 내릴 수 있는 방법이지만 마우스가 없는 모바일 장비에서는 실용성이 없으며 Press와 동일하게 동작한다. 웹용 실버라이트에서나 의미가 있는 속성일 뿐이며 모바일 장비에 마우스나 트랙볼이 도입되지 않는 한 별 실용성이 없다.

다음은 버튼의 Content 속성에 대해 연구해 보자. 버튼의 속성 중 가장 눈에 띄는 중요한 속성은 캡션을 지정하는 Content이며 반드시 지정해야 한다. 주로 명령의 의미를 설명하는 "Start", "종료" 등의 짧은 문자열을 버튼 표면에 표시한다. 그러나 Content 속성의 타입은 string이 아니라 Object라는 점을 유의하자.

Object 타입이라는 것은 닷넷의 모든 객체를 버튼 표면에 표시할 수 있다는 뜻이다. 문자열뿐만 아니라 이미지를 보여줄 수 있고 도형이나 브러시로 그릴 수도 있으며 심지어는 패널을 배치하여 복잡한 컨트롤 그룹을 표시할 수도 있다. 다음 예제는 타원과 문자열로 버튼 표면을 장식한다.

ButtonContent

```
<Grid x:Name="ContentPanel" Grid.Row="1" Margin="12,0,12,0">
    <StackPanel>
        <Button>
            <Button.Content>
                <StackPanel>
                    <Ellipse Width="50" Height="50" Fill="Yellow"/>
                    <TextBlock Text="Click" />
                </StackPanel>
            </Button.Content>
        </Button>
    </StackPanel>
</Grid>
```

Content 속성을 지정하는 문법이 다소 생소하다. 속성을 별도의 엘리먼트로 분리하여 상세하게 표현하는 이런 문법을 속성-엘리먼트(Property-Element)라고 하는데 차후 상세하게 연구해 볼 것이다. Content 속성으로 수직 스택 패널을 배치하고 그 안에 노란색 타원 도형과 텍스트 블록을 배치했다.

버튼 안에 타원이 그려지고 아래쪽에 텍스트 블록으로 캡션도 표시된다. 브러시로 화려한 배경을 채워 넣을 수도 있고 이미지를 사용하면 예쁜 모양의 그림을 그릴 수도 있다.

4-2-3 메시지 박스

메시지 박스는 사용자에게 메시지를 보여주거나 간단한 질문을 할 수 있는 가장 기본적인 입출력 장치이다. 컨트롤은 아니지만 이후의 원활한 실습을 위해 꼭 필요하므로 이번 기회에 연구해 보자. MessageBox 클래스는 별다른 속성이 없으며 메시지를 출력하는 두 개의 정적 메서드만 제공한다. 다음 메서드는 문자열 형태의 메시지를 사용자에게 보여준다.

```
static MessageBoxResult Show(string messageBoxText)
```

인수로 표시할 문자열을 전달하되 한글도 문제없이 사용할 수 있다. 메시지 박스가 화면 상단에 열리며 메시지가 중앙에 출력된다. 메시지 박스는 모달 대화상자이므로 이 대화상자를 닫기 전에는 일체의 다른 동작을 할 수 없다. 대화상자는 다음 여러 가지 방법으로 닫을 수 있다.

- 메시지 박스의 ok 버튼을 탭한다.
- 장치의 Back키를 누른다.
- Esc 키를 누른다. 모바일 장비에는 이 키가 없으므로 누를 수 없다.

어떤 방법으로 닫거나 리턴값은 동일하며 단순히 메시지를 보여주었을 뿐이므로 사실 리턴값을 볼 필요도 없다. 다음 메서드는 사용자에게 질문을 한다.

```
static MessageBoxResult Show(string messageBoxText, string caption,
    MessageBoxButton button)
```

메시지 문자열 외에도 캡션 문자열과 메시지 박스에 표시할 버튼의 종류를 지정한다. 버튼 종류는 OK와 OKCancel 두 가지가 있다. 전달 사항은 OK 버튼만 있어도 상관없지만 질문할 때는 응답을 받기 위해 두 개의 버튼이 필요하므로 OKCancel로 지정해야 한다. 리턴값으로는 사용자가 어떤 버튼을 눌렀는지를 알려 주는데 OK, Cancel 둘 중 하나이다. 리턴값을 보고 사용자의 의도를 파악하고 다음 동작을 결정한다.

MessageBoxTest

```xml
<Grid x:Name="ContentPanel" Grid.Row="1" Margin="12,0,12,0">
    <StackPanel>
        <Button Name="btnMessage" Content="Message" Click="btnMessage_Click" />
        <Button Name="btnQuestion" Content="Question" Click="btnQuestion_Click" />
        <TextBlock Name="text" Text="샘플 텍스트" FontSize="50" Foreground="Green"/>
    </StackPanel>
</Grid>
================================= CS =========================================
private void btnMessage_Click(object sender, RoutedEventArgs e)
{
    MessageBox.Show("단순한 메시지를 전달합니다.");
}

private void btnQuestion_Click(object sender, RoutedEventArgs e)
{
    MessageBoxResult result = MessageBox.Show("노란색을 좋아합니까?",
        "질문", MessageBoxButton.OKCancel);
    if (result == MessageBoxResult.OK)
    {
        text.Foreground = new SolidColorBrush(Colors.Yellow);
    }
    else
    {
        text.Foreground = new SolidColorBrush(Colors.Green);
    }
}
```

스택 패널에 두 개의 버튼을 배치하고 버튼의 클릭 이벤트 핸들러에서 두 가지 종류의 메시지 박스를 출력했다.

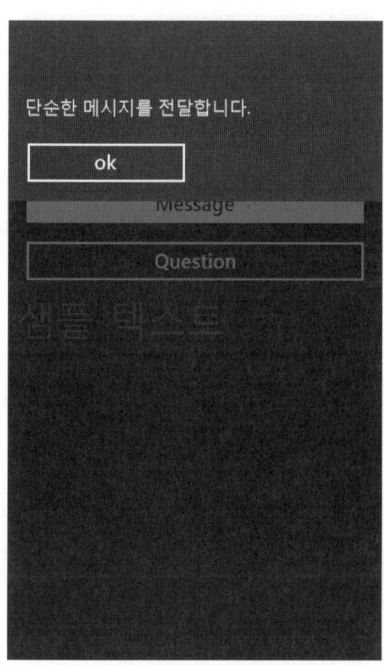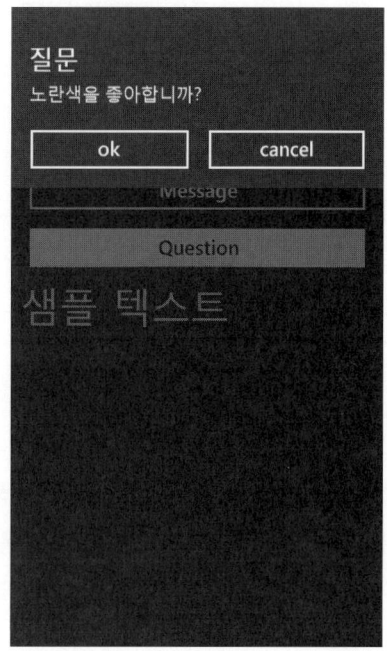

위쪽 버튼을 누르면 메시지만 보여준다. 메시지를 다 읽고 난 후에 ok 버튼을 눌러 메시지 박스를 닫는다. 아래쪽 버튼을 누르면 메시지 박스로 질문을 하고 질문 결과에 따라 텍스트 블록의 색상을 변경한다. 실행 중에 사용자의 의도를 묻고 답변에 따라 어떤 동작을 할 것인지를 결정한다. ok 버튼을 누르면 텍스트 블록이 노란색이 되고 cancel 버튼을 누르면 초록색이 된다.

메시지 박스를 사용하는 방법 자체는 굉장히 쉽다. 테스트용으로는 충분히 쓸만하지만 기능상으로 부족한 점이 너무 많아 실제 프로젝트에 사용하기는 망설여진다. 사용자를 직접 대면하는 중요한 역할을 함에도 디자인이 너무 단순하고 촌스럽다. 시커먼 색인데다 화면 가운데에 열리는 것이 아니라 화면 위쪽에 열려 눈에 잘 띄지도 않는다. 테두리라도 있으면 분명히 구분될 텐데 너무 무신경하게 만들어 놓은 것 같다.

기능적으로도 버튼의 종류가 ok, cancel 딱 두 가지밖에 없다. 버튼 종류 열거형에 YesNo, YesNoCancel도 정의되어 있지만 웹용 실버라이트에서만 지원되며 모바일 실버라이트는 이 버튼들을 지원하지 않는다. 그러다 보니 가부 질문을 하는데도 Yes, No가 아니라 Ok, Cancel 버튼을 대신 사용해야 한다. 윈도우폰을 얼마나 다급하게 만들었는지를 잘 보여주는 대목이며 차후 버전에서는 좀 더 개선되기를 기대한다.

4-2-4 진동

메시지 박스는 전달 사항을 시각적으로 사용자에게 알리는데 비해 진동은 촉각으로 알리는 출력 장치이다. 이 장의 주제인 컨트롤과 직접적인 상관은 없지만 메시지 박스와 사용 용도가 비슷하므로 간단하게 소개하기로 한다. 진동을 발생시키는 클래스는 VibrateController이다. 별 도의 생성자는 없고 Default 정적 생성자로 객체를 생성한다. 다음 두 메서드로 진동을 시작하거 나 중지한다.

```
void Start(TimeSpan duration)
void Stop()
```

Start 메서드로 진동할 시간을 지정하되 범위는 0 ~ 5초이다. 음수일 수는 없고 5초 이상을 지정하면 예외가 발생한다. 짧은 진동은 0.1초 정도면 사용자가 느끼기에 충분하다. Stop은 진동 을 즉시 중지한다. 다음 예제는 버튼을 눌러 여러 길이로 진동을 발생시킨다.

VibrateTest

```
<Grid x:Name="ContentPanel" Grid.Row="1" Margin="12,0,12,0">
    <StackPanel>
        <Button Name="btn50" Content="0.05" Click="btn50_Click" />
        <Button Name="btn200" Content="0.2" Click="btn200_Click" />
        <Button Name="btn3000" Content="3" Click="btn3000_Click" />
        <Button Name="btnStop" Content="Stop" Click="btnStop_Click" />
    </StackPanel>
</Grid>
================================= CS =========================================
using Microsoft.Devices;

namespace VibrateTest
{
    public partial class MainPage : PhoneApplicationPage
    {
        VibrateController vibrate = VibrateController.Default;
```

```csharp
        public MainPage()
        {
            InitializeComponent();
        }

        private void btn50_Click(object sender, RoutedEventArgs e)
        {
            vibrate.Start(TimeSpan.FromMilliseconds(50));
        }

        private void btn200_Click(object sender, RoutedEventArgs e)
        {
            vibrate.Start(TimeSpan.FromMilliseconds(200));
        }

        private void btn3000_Click(object sender, RoutedEventArgs e)
        {
            vibrate.Start(TimeSpan.FromMilliseconds(3000));
        }

        private void btnStop_Click(object sender, RoutedEventArgs e)
        {
            vibrate.Stop();
        }
    }
}
```

XAML 문서에는 길이별로 진동을 발생시키는 버튼 4개를 배치했으며 각 버튼의 이벤트 핸들러가 소스 파일에 작성되어 있다. 소스 파일 선두에 using Microsoft.Devices; 선언문이 있음을 유의하자. VibrateController 클래스는 Microsoft.Devices 네임스페이스에 정의되어 있으므로 이 네임스페이스에 대한 using 문을 작성해야 한다. 이 선언문이 없으면 클래스가 선언되지 않았다는 에러가 발생한다.

마법사가 만들어준 소스 파일 선두에는 자주 사용하는 네임스페이스에 대한 using 선언문이 미리 작성되어 있어 이 선언문만으로도 대부분의 클래스를 사용할 수 있다. 그러나 일부 특수한 클래스들은 추가로 using문을 작성해야 한다. 소스 목록에는 마법사가 작성한 using문은 제외하고 추가로 필요한 using문만 표시하므로 직접 프로젝트를 만들 때는 using 문을 빼 먹지 않도록 주의하자.

MainPage 클래스의 선두에서 vibrate 객체를 페이지의 멤버로 선언하고 Default 정적 메서드로 초기화했다. 각 버튼의 핸들러는 시간을 달리하여 다양한 형태로 진동을 발생시킨다. 진동할 시간은 TimeSpan 클래스의 FromMilliseconds 메서드로 1/1000초 단위로 지정한다. 에뮬레이터에서의 실행 결과는 다음과 같다.

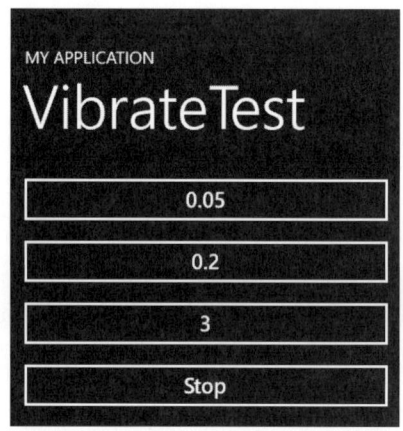

안타깝게도 에뮬레이터에서는 버튼을 눌러 봤자 화면상으로는 아무런 반응이 없다. 별다른 에러는 발생하지 않지만 진동 출력은 무시당한다. 에뮬레이터는 실장비가 아니므로 진동 모터가 없기 때문이다. 이런 예제는 반드시 실장비로 테스트해 봐야 제대로 동작하는지 확인할 수 있다. 실장비에서 테스트하려면 개발자 등록하고 장비를 언락하는 다소 복잡한 절차가 필요하다.

실장비로 테스트해 보면 버튼을 누를 때 장비가 떨리는 것을 확인할 수 있다. 0.2초가 꽤 짧은 시간이지만 진동을 느끼기에는 상당히 긴 시간이라는 생각이 들 것이다. 짧은 알림 진동이라면 길어도 0.1초를 넘기지 않는 것이 바람직하다.

4-3 여러 가지 버튼

4-3-1 하이퍼링크

하이퍼링크 버튼은 Button과 형제 관계이며 사용하는 방법도 거의 비슷하다. 그러나 모양은 완전히 다른데 테두리 없이 문자열로만 되어 있고 캡션에 밑줄이 그어져 누를 수 있는 링크임을 표시한다. 테두리가 없으므로 버튼에 비해서는 크기가 작다. 속성은 대부분 ButtonBase로부터 물려받으며 다음 두 개의 고유 속성을 가진다.

속 성	설 명
NavigateUri	버튼을 클릭했을 때 이동할 주소를 지정한다. 앱 내부의 상대 주소일 수도 있고 외부의 절대 주소일 수도 있다.
TargetName	웹 페이지를 열 윈도우나 프레임을 지정한다. 또는 앱 내에서 이동할 객체를 지정한다.

이 속성들은 클릭했을 때 이동할 주소를 지정한다. 별다른 코드가 없어도 링크로 이동하는 것은 자동으로 수행되므로 이 경우는 이벤트 핸들러를 작성할 필요가 없다. 이 두 속성 외에는 Button과 사용하는 방법이 거의 비슷하다. Content 속성으로 캡션을 표시하고 클릭 이벤트를 처리한다.

HyperTest

```
<Grid x:Name="ContentPanel" Grid.Row="1" Margin="12,0,12,0">
    <StackPanel>
        <HyperlinkButton Name="btnMessage" Content="MessageBox"
                Click="btnMessage_Click" />
        <StackPanel Orientation="Horizontal" Margin="40">
            <TextBlock Text="사용법을 보시려면 " />
            <HyperlinkButton Name="btnHere" Content="여기"
                Click="btnHere_Click" />
            <TextBlock Text="를 누르세요." />
        </StackPanel>
        <HyperlinkButton Name="btnWeb" Content="Microsoft"
                NavigateUri="http://www.microsoft.com" TargetName="_blank"/>
    </StackPanel>
</Grid>
================================= CS =========================================
private void btnMessage_Click(object sender, RoutedEventArgs e)
{
    MessageBox.Show("버튼을 클릭하였습니다.");
}

private void btnHere_Click(object sender, RoutedEventArgs e)
{
```

```
    MessageBox.Show("메뉴얼을 참고하시오.");
}
```

스택 패널에 세 개의 하이퍼링크 버튼을 배치했다. 캡션에는 모두 밑줄이 그어져 문자열만 표시하는 텍스트 블록과는 다름을 분명히 표시한다.

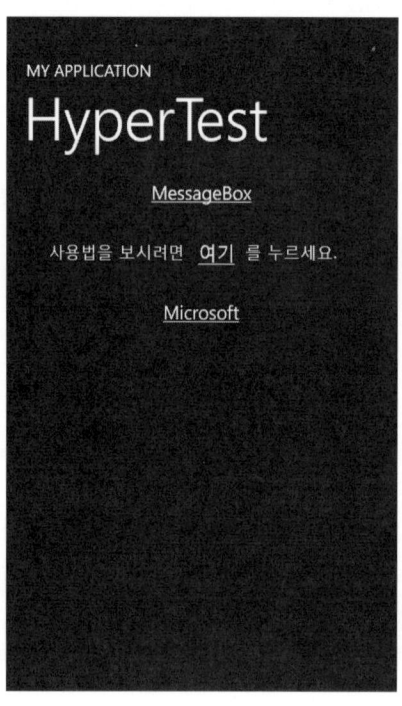

첫 번째 하이퍼링크 버튼은 앞 예제의 버튼과 기능이 동일하다. Content로 캡션을 지정하며 클릭 이벤트 핸들러에서 메시지 박스를 열었다. 버튼과 기능은 동일하지만 화면에서 차지하는 면적이 작다는 것이 장점이다. 가로로 긴 문자열 중 일부에 하이퍼링크 버튼을 배치하여 문장 내에 링크를 걸 수도 있다. 가운데 줄은 수평 스택 패널에 텍스트 블록으로 안내문을 출력하되 링크가 필요한 부분만 하이퍼링크 버튼을 배치했다.

"여기" 링크를 클릭하면 도움말을 보여준다. 예제에서는 이벤트 핸들러가 호출된다는 것을 확인하기 위해 메시지 박스로 도움말을 대신했는데 도움말을 출력하는 페이지로 이동한다거나 미리 작성된 HTML 문서를 웹 브라우저 뷰에 출력하여 진짜 도움말을 보여줄 수도 있다. 중요한 것은 링크를 클릭할 때 이벤트가 발생한다는 점이다.

웹의 링크와 마찬가지로 외부 웹사이트로도 링크를 걸 수 있다. 클릭했을 때 이동할 웹사이트를 NavigateUri 속성에 지정하고 사이트를 열 위치를 TargetName 속성에 지정한다. TargetName 속성은 HTML <A> 태그의 TARGET 속성과 동일하다. "_blank"로 주면 새로운 빈 페이지를 열어 이동한다. 이 버튼을 누르면 에뮬레이터에 내장된 브라우저가 실행되면서 마이크로소프트 사이트로 이동한다. 프로그램 제작사 홈페이지로 연결할 때 아주 유용하다.

이 외에 하이퍼링크는 앱 내부의 페이지 사이를 이동하는 중요한 기능을 제공한다. 앱은 여러 개의 페이지로 구성되며 페이지 사이를 이동하며 실행되는데 하이퍼링크의 NavigateUri 속성에 이동할 페이지의 경로를 지정하면 된다. 아직 페이지 여러 개로 구성된 예제를 만들 단계는 아니며 그 전에 더 알아야 할 것이 많으므로 여기서는 하이퍼링크 버튼의 기본 기능만 구경해 보고 페이지 내비게이션 기능은 다음에 연구해 보자.

4-3-2 체크 박스

체크 박스는 둘 중 하나의 옵션을 선택할 때 사용하는 컨트롤이다. 진위형 옵션을 선택할 때 사용하며 사용자가 버튼을 눌러 체크 상태를 토글한다. ButtonBase로부터 버튼의 기본 속성을 모두 상속받고 ToggleButton으로부터 체크 여부를 조사하는 IsChecked와 상태의 개수를 지정하는 IsThreeState 속성을 상속받는다.

체크 박스는 참, 거짓 둘 중 하나의 값을 선택하는 용도로 주로 사용하지만 IsThreeState 속성이 True이면 참도 거짓도 아닌 제3의 상태도 입력받을 수 있다. 제3의 상태는 둘 중 어느 것도 아니거나 아직 결정할 수 없는 애매한 상태를 표현한다. 체크 박스를 클릭하면 체크, 언체크 두 가지 상태를 토글하지만 IsThreeState 상태의 체크 박스는 체크, 언체크, 미결정 세 가지 상태를 순환한다.

IsChecked 속성은 체크 박스의 초기 상태를 지정하거나 현재 상태를 조사한다. 체크되어 있으면 True이고 그렇지 않으면 False이다. IsThreeState 속성이 True인 경우는 제3의 상태를 가질 수 있는데 미결정 상태인 경우 IsChecked 속성은 Nothing(null)값을 가진다. 세 가지 상태를 표현해야 하므로 IsChecked 속성의 타입은 bool이 아니라 Nullable<bool> 타입이다.

사용자가 체크 박스를 클릭하면 Click 이벤트가 발생한다. 뿐만 아니라 체크 상태가 바뀔 때마다 Checked, Unchecked 이벤트가 발생한다. 체크 상태가 바뀌는 즉시 어떤 작업을 하고 싶다면 이 이벤트의 핸들러에 코드를 작성한다. 다음 예제는 체크 박스의 기본 동작을 보여준다.

CheckBoxTest

```
<Grid x:Name="ContentPanel" Grid.Row="1" Margin="12,0,12,0">
    <StackPanel>
        <CheckBox Name="chkDisable" Content="Disable Button" Checked="chkDisable_
            Checked" Unchecked="chkDisable_Unchecked" Click="chkDisable_Click" />
        <Button Name="btnTest" Content="Test Button"/>
        <CheckBox Name="chkMale"  Content="남자" IsChecked="True"/>
        <CheckBox Name="chkMarry"  Content="기혼" IsThreeState="True" />
        <CheckBox Name="chkAcademy" Content="대졸" />
    </StackPanel>
</Grid>
================================ CS ========================================
private void chkDisable_Checked(object sender, RoutedEventArgs e)
{
    btnTest.IsEnabled = false;
}

private void chkDisable_Unchecked(object sender, RoutedEventArgs e)
{
    btnTest.IsEnabled = true;
}

private void chkDisable_Click(object sender, RoutedEventArgs e)
{
    if (chkDisable.IsChecked == true)
    {
        btnTest.IsEnabled = false;
    }
    else
    {
        btnTest.IsEnabled = true;
    }
}
```

스택 패널에 4개의 체크 박스를 배치했다. 이 체크 박스를 토글하면 Test Button의 사용 가능
성 상태가 토글된다. 버튼의 사용 가능 상태는 허용, 금지 둘 중 하나이므로 체크 박스로 선택하

기에 적합한 옵션이다.

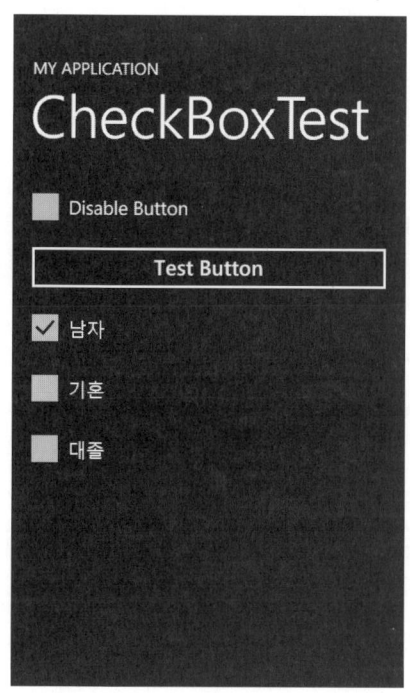 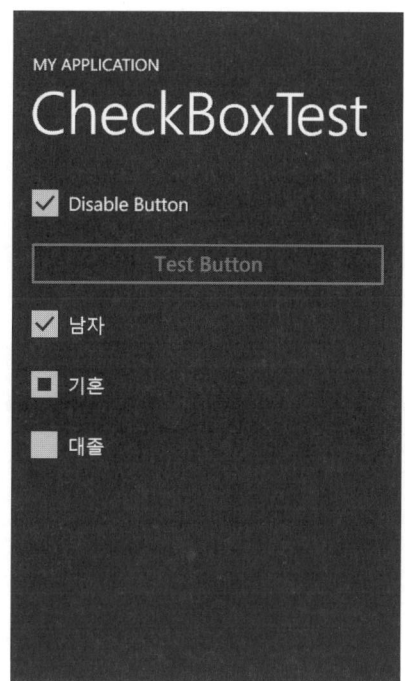

첫 번째 체크 박스의 Checked, Unchecked 이벤트 핸들러에서 체크 여부에 따라 btnTest 버튼의 IsEnabled 속성을 토글한다. 사용자가 체크 박스를 누를 때마다 버튼의 사용 가능 여부가 바뀔 것이다. 두 이벤트 대신 Click 이벤트를 받아 체크 박스의 IsChecked 속성을 직접 점검해 보고 체크 여부를 판단할 수도 있다. 위 예제에서 Click 이벤트 핸들러와 Checked, Unchecked 이벤트 핸들러는 둘 중 하나만 있으면 된다.

Checked, Unchecked 이벤트는 발생시 체크 박스의 상태가 명확하므로 IsChecked 속성을 볼 필요 없이 바로 처리할 수 있다는 점에서 편리하다. 하지만 세 가지 상태를 표현하는 체크 박스의 미결정 상태에 대한 이벤트가 따로 없어 이 두 메서드만으로는 모든 상태를 처리할 수 없다는 문제가 있고 비슷한 코드를 두 메서드에 나누어 작성하는 구조도 바람직하지 않다. Click 이벤트 핸들러는 클릭할 때마다 전달되므로 모든 경우를 처리할 수 있고 한 메서드에서 모든 상태를 통합하여 처리할 수 있다는 면에서 편리하다.

체크 박스의 상태가 바뀔 때마다 즉시 처리할 필요가 없다면 핸들러는 굳이 작성하지 않아도 상관없다. 페이지를 닫을 때나 별도의 완료 버튼을 누를 때 IsChecked 속성을 일괄적으로 조사하면 된다. 아래쪽의 체크 박스들은 이벤트를 처리하지 않으며 사용자가 자유롭게 토글하도록 내버려둔다. chkMale 체크 박스는 성별을 선택하는데 성별은 남자 아니면 여자이므로 체크 박스로 선택하기에 적합한 정보이다.

chkMarry 체크 박스는 기혼 여부를 묻는다. 기혼 아니면 미혼 두 가지 중 하나가 일반적이지만 가끔 사실혼, 동거, 별거 등의 애매한 경우가 있다. 또 민감한 개인 정보이므로 밝히기 싫은 사람도 있을 것이다. 이런 경우를 위해 chkMarry 체크 박스는 IsThreeState 속성을 True로 지정하여 미결정 상태를 지원한다. 사용자가 이 체크 박스를 탭하면 다음 세 가지 상태가 순환된다.

마지막 chkAcademy 체크 박스는 학력을 묻는데 이 옵션은 체크 박스로 입력하기에는 적합하지 않다. 체크 박스는 정반대의 옵션 중 하나를 선택하는 것이므로 반대 대상이 무엇인지 명확해야 한다. 대졸의 반대말을 고졸이라고 할 수는 없다. 중졸도 있을 수 있고 대학원졸도 있을 수 있으므로 이런 옵션은 체크 박스보다는 라디오 버튼이나 리스트 박스가 더 어울린다.

4-3-3 라디오 버튼

라디오 버튼은 여러 개의 옵션 중 하나를 선택받을 때 사용한다. 여러 옵션 중에 하나의 옵션만 선택할 수 있으며 그룹 내에서 하나의 버튼이 선택되면 나머지 버튼의 선택은 자동으로 해제된다. 한 페이지에 여러 개의 라디오 버튼이 배치될 수도 있으므로 어떤 버튼들이 같은 그룹인지를 지정해야 한다. 라디오 그룹은 GroupName 속성으로 지정하며 같은 그룹명을 가진 라디오 버튼들이 하나의 그룹에 속한다.

버튼과 마찬가지로 클릭할 때마다 Click 이벤트가 오며 체크 상태가 바뀔 때 Checked, Unchecked 이벤트가 발생한다. 모든 라디오 버튼마다 체크, 언체크 이벤트 핸들러를 일일이 만드는 것은 귀찮으므로 Click 이벤트 핸들러 하나만 만들어 현재 상태를 조사하는 방식이 더 편리하다. 현재 체크 상태는 IsChecked 속성으로 조사한다. 다음 예제는 라디오 버튼으로 버튼의 색상과 정렬 상태를 실행 중에 변경한다.

```xml
<Grid x:Name="ContentPanel" Grid.Row="1" Margin="12,0,12,0">
    <StackPanel>
        <Border Margin="10"  Background="Gray" BorderBrush="White" BorderThickness="5">
            <StackPanel>
                <RadioButton Name="rRed" GroupName="Color" Content="Red"
                            Click="ColorRadio_Clicked" IsChecked="True" />
                <RadioButton Name="rGreen" GroupName="Color" Content="Green"
                            Click="ColorRadio_Clicked" />
                <RadioButton Name="rBlue" GroupName="Color" Content="Blue"
                            Click="ColorRadio_Clicked"/>
                <RadioButton Name="rYellow" GroupName="Color" Content="Yellow"
                            Click="ColorRadio_Clicked"/>
            </StackPanel>
        </Border>

        <Border Background="Gray" Margin="10" BorderBrush="White" BorderThickness="5">
            <StackPanel Orientation="Horizontal">
                <RadioButton Name="rLeft" GroupName="Align" Content="Left"
                            Click="AlignRadio_Clicked" />
                <RadioButton Name="rCenter" GroupName="Align" Content="Center"
                            Click="AlignRadio_Clicked" IsChecked="True" />
                <RadioButton Name="rRight" GroupName="Align" Content="Right"
                            Click="AlignRadio_Clicked" />
            </StackPanel>
        </Border>
        <Button Name="btnTest" Content="Test Button" FontSize="30" Background="Red"/>
    </StackPanel>
</Grid>
==================================== CS =========================================
private void ColorRadio_Clicked(object sender, RoutedEventArgs e)
{
    if (rRed.IsChecked == true)
        btnTest.Background = new SolidColorBrush(Colors.Red);
    if (rGreen.IsChecked == true)
        btnTest.Background = new SolidColorBrush(Colors.Green);
    if (rBlue.IsChecked == true)
        btnTest.Background = new SolidColorBrush(Colors.Blue);
    if (rYellow.IsChecked == true)
        btnTest.Background = new SolidColorBrush(Colors.Yellow);
```

```
}

private void AlignRadio_Clicked(object sender, RoutedEventArgs e)
{
    if (rLeft.IsChecked == true)
        btnTest.HorizontalContentAlignment = System.Windows.HorizontalAlignment.Left;
    if (rCenter.IsChecked == true)
        btnTest.HorizontalContentAlignment = System.Windows.HorizontalAlignment.Center;
    if (rRight.IsChecked == true)
        btnTest.HorizontalContentAlignment = System.Windows.HorizontalAlignment.Right;
}
```

색상 그룹은 빨초파노 4가지 옵션이 있고 정렬 그룹은 좌중우 3가지 옵션이 있다. 선택 가능한 옵션이 여러 개이므로 라디오 버튼을 사용하는 것이 이상적이다. 각 라디오 버튼은 소속된 그룹 이름을 각각 Color, Align으로 다르게 지정하여 서로 독립적으로 선택된다. 즉, Color 그룹에서 어떤 색상을 선택하나 Align 그룹에 속한 라디오 버튼의 선택 상태는 영향을 받지 않는다. 각 그룹에서 초기 선택될 라디오 버튼은 IsChecked 속성을 True로 지정해 두었다.

시각적으로도 다른 그룹임을 명확히 하기 위해 보더로 둘러쌌다. 보더는 단 하나의 차일드만 가질 수 있으므로 보더 안에 스택 패널을 먼저 배치하고 스택 패널 안에 라디오 버튼들을 배치해야 한다. 색상 그룹은 수직 스택 패널에 배치하고 정렬 그룹은 수평 스택 패널에 배치했는데 어차피 라디오 버튼의 소속 그룹은 이름으로 결정되므로 배치 형태는 중요하지 않다. 그리드로 라디오 버튼을 2열로 배열해도 상관없다. 수직 배치가 시원스럽지만 공간을 너무 많이 차지하는 것이 단점이다.

Color 그룹의 라디오 버튼들은 버튼의 배경색을 선택한다. 색상을 변경하는 코드가 비슷비슷 하므로 모두 같은 핸들러를 공유한다. Red 버튼의 Click 이벤트 핸들러를 먼저 정의하고 나머지 버튼은 목록에서 핸들러를 고르거나 또는 복수 개의 버튼을 선택해 놓고 한꺼번에 핸들러를 지정한다. Color 그룹의 클릭 이벤트 핸들러에서는 어떤 라디오 버튼이 체크되어 있는지를 조사하여 버튼의 Background 속성을 대응되는 색으로 변경한다.

Align 그룹은 버튼의 캡션 정렬 방식을 선택한다. 마찬가지로 이벤트 핸들러는 공유하며 체크된 라디오 버튼에 따라 버튼의 HorizontalContentAlignment 속성을 대응되는 값으로 변경한다. 실행해 보자.

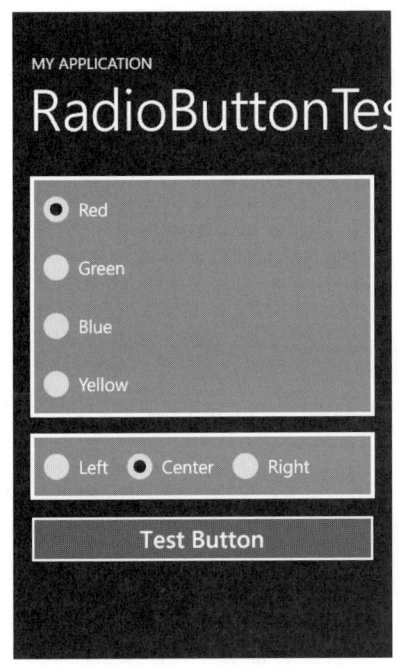
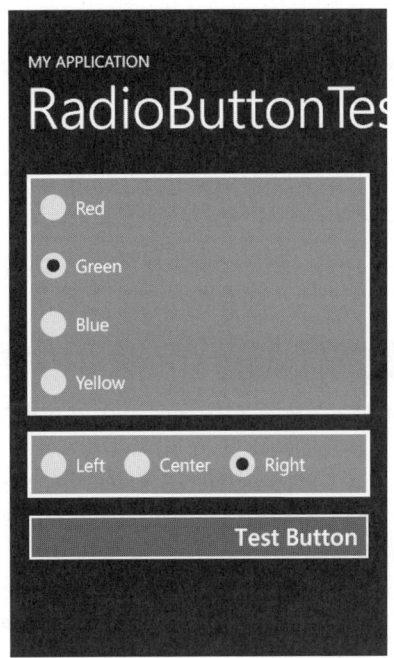

최초 버튼은 빨간색 배경에 중앙 정렬 상태이지만 라디오 버튼을 눌러 옵션을 변경하면 색상과 정렬 상태가 바뀐다. 두 그룹의 라디오 버튼은 상호간의 선택에 전혀 영향을 미치지 않으며 독립적으로 색상과 정렬 상태를 선택할 수 있다. 참고로 위 예제는 두 그룹을 명확히 구분하기 위해 GroupName 속성을 일일이 지정했지만 두 그룹은 소속 패널이 다르므로 GroupName을 생략해도 상관없다. 하지만 중간에 배치가 바뀔 수도 있으므로 원론적으로 그룹명을 지정하는 것이 바람직하다.

라디오 버튼은 여러 개의 옵션 중 하나를 배타적으로 선택할 때 아주 편리하다. 선택 가능한 옵션을 한눈에 볼 수 있고 한 번의 터치만으로 옵션을 변경할 수 있다. 그러나 라디오 버튼이 워낙 거대해서 지나치게 화면 면적을 많이 차지한다는 것이 단점이다. 옵션 개수가 8개를 넘어가면 리스트 박스가 적합하고 연속적인 값이라면 슬라이더를 사용하는 것이 바람직하다.

4-3-4 RepeatButton

Button은 한 번 누를 때 클릭 이벤트가 딱 한 번만 발생한다. 이에 비해 RepeatButton은 누르고 있는 동안 계속해서 클릭 이벤트가 발생한다. 버튼을 놓을 때까지 특정 작업을 반복적으로 계속 수행하고 싶을 때 이 버튼을 사용한다. 반복과 관련된 두 개의 주요 속성을 제공하는데 Delay는 반복을 시작하기 전에 대기할 시간이며 Interval은 반복할 주기이다. 둘 다 단위는 1/1000초이다.

버튼을 누른다고 해서 즉시 반복을 시작하는 것이 아니라 Delay만큼 잠시 대기하며 계속 누르고 있으면 Interval 간격으로 클릭 이벤트가 발생한다. 두 반복 속성의 디폴트는 시스템 설정값을 따르되 그다지 빠르지 않게 설정되어 있다. 데스크탑 키보드의 대기, 반복 속도와 개념상 동일하다. 다음 예제는 반복 버튼으로 수치값을 빠르게 증감시킨다.

RepeatButtonTest

```
<Grid x:Name="ContentPanel" Grid.Row="1" Margin="12,0,12,0">
    <StackPanel>
        <RepeatButton Name="btnDec" Content="-" Click="btnDec_Click" />
        <TextBlock Name="txtCount" Text="10" FontSize="50"
HorizontalAlignment="Center" />
        <RepeatButton Name="btnInc" Content="+" Click="btnInc_Click"
                        Delay="100" Interval="100"/>
    </StackPanel>
</Grid>
================================== CS =========================================
private void btnDec_Click(object sender, RoutedEventArgs e)
{
    int Value = int.Parse(txtCount.Text);
    Value--;
    txtCount.Text = Value.ToString();
}

private void btnInc_Click(object sender, RoutedEventArgs e)
{
    int Value = int.Parse(txtCount.Text);
    Value++;
    txtCount.Text = Value.ToString();
}
```

수직 스택 패널에 반복 버튼 2개와 텍스트 블록을 배치하고 반복 버튼을 누를 때 텍스트 블록의 값을 증감시킨다. 푸시 버튼이 아니므로 다다다다 계속 누를 필요 없이 누른 채로 가만히 있어도 값이 지속적으로 변한다.

위쪽 버튼은 반복 속도에 대한 별다른 지정을 하지 않았으므로 누른 즉시 감소하지도 않고 계속 누르고 있어도 감소 속도가 느리다. 반면 아래쪽 버튼은 0.1초만 대기하며 0.1초에 한 번씩 이벤트를 발생시키므로 증가 속도가 훨씬 더 빠르다. 속도가 빠르면 값을 신속하게 조정할 수 있지만 원하는 값에서 정확하게 멈추기 어려우므로 적당한 수준에서 선택해야 한다.

이 컨트롤은 단독으로는 잘 사용되지 않으며 주로 커스텀 컨트롤 작성시에 내부 컨트롤로 활용된다. 예를 들어 스크롤 바의 양쪽 끝에 있는 증감 버튼 등에 이 버튼을 활용하면 적당하다. 물론 필요하다면 이 예제처럼 단독으로도 사용할 수 있다.

4-4 범위 컨트롤

4-4-1 프로그래스

RangeBase는 범위를 표현하는 컨트롤이다. 특정 범위에서 현재 값을 보여준다거나 사용자로부터 값을 신속하게 입력받을 때 사용한다. 이 클래스로부터 다음 세 개의 컨트롤이 파생된다.

이중 ScrollBar는 웹용 실버라이트에서는 지원되지만 모바일용 실버라이트에서는 아직 사용할 수 없다. 대부분의 대형 컨트롤이 자체 스크롤 기능을 제공하고 값 선택용으로는 슬라이더를 대신 사용할 수 있으므로 별 문제가 되지 않는다. 주요 속성은 아래 도표와 같다.

속 성	설 명
Minimum	범위의 최소값
Maximum	범위의 최대값
Value	현재값. 범위를 벗어나면 자동으로 범위 내의 값으로 맞추어진다.
SmallChange	양쪽 끝의 화살표 버튼을 누를 때의 미세 조정값
LargeChage	트랙을 누를 때의 대충 조정값

ProgressBar는 작업 경과 상황을 막대그래프 형태로 보여준다. 진행 정도를 표시하기만 할 뿐이며 사용자가 값을 조작할 수는 없다. 범위의 초기값은 0~100으로 설정되어 있어서 백분율로 표시할 때는 디폴트를 그대로 사용하면 된다. 작업량이 정해져 있는 경우는 Maximum 속성에 최대값을 지정하고 작업 한 단위를 수행할 때마다 Value를 1씩 증가시키면 된다.

IsIndeterminate 속성이 True이면 작업이 진행 중임을 표시할 뿐 경과를 보여주지는 않는다. 이 경우 범위의 최소, 최대값은 의미가 없다. 조그마한 점들이 왼쪽에서 오른쪽으로 움직이는 애니메이션을 보여줌으로써 작업 중임을 표시한다. 작업 종료 시점을 정확히 알 수 없거나 작업량을 계산하기 힘들 때는 이 속성을 사용한다.

Progress

```
<Grid x:Name="ContentPanel" Grid.Row="1" Margin="12,0,12,0">
    <StackPanel>
        <ProgressBar Height="30" Value="50" IsIndeterminate="True" />
        <ProgressBar Name="progress" Height="30" Value="50" />
        <Button Name="btnInc" Content="Increase" Click="btnInc_Click" />
        <Button Name="btnDec" Content="Decrease" Click="btnDec_Click" />
    </StackPanel>
</Grid>
================================= CS =========================================
private void btnInc_Click(object sender, RoutedEventArgs e)
{
    progress.Value += 3;
```

```
}

private void btnDec_Click(object sender, RoutedEventArgs e)
{
    progress.Value -= 3;
}
```

위쪽 프로그래스는 반복적인 애니메이션으로 작업 진행 중임을 표시한다. 아래쪽 프로그래스는 현재 진행 정도를 막대그래프 형식으로 표시하며 버튼을 클릭하면 값이 증감된다.

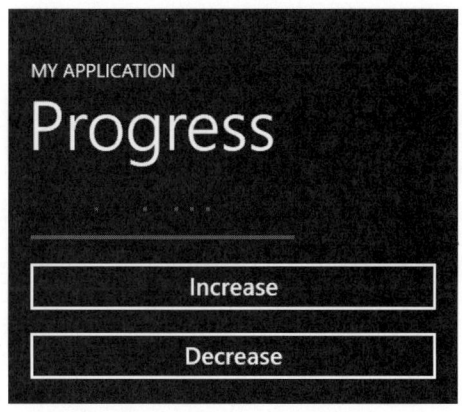

IsIndeterminate 프로그래스 바는 배치해 놓기만 하면 애니메이션이 자동으로 재생되며 중지할 수 있는 방법은 따로 제공되지 않는다. 숨겨진 채로 생성해 두었다가 작업 시작할 때 보이고 작업이 끝난 후 숨기는 식으로 사용한다. 숨길 때는 Visibility 속성을 사용할 수도 있고 Opacity 속성을 사용할 수도 있는데 자리를 차지하는가 아닌가의 차이가 있으므로 부모 패널의 특성에 따라 선택해야 한다.

예제에서는 편의상 버튼을 눌러 프로그래스를 증감시켰지만 실제 프로젝트에서는 작업을 진행하는 루프 내부에서 프로그래스값을 하나씩 증가시킨다. 예를 들어 성적 통계를 계산한다면 Maximum 속성을 학생 총인원수로 설정하고 한 학생의 성적을 처리할 때마다 Value를 1씩 증가시킨다. 작업을 시작할 때 프로그래스 바는 왼쪽에서 시작하여 오른쪽으로 점점 증가하며 작업이 완료되면 완전한 막대 모양이 된다.

프로그래스 바는 UI 스레드에서 동작하며 작업 루프와 CPU를 공유한다. 프로그래스 갱신을 위해 별도의 시간을 사용하므로 아주 바쁜 작업을 할 때는 성능에 부정적인 영향을 미칠 수도 있다. 이런 문제를 해결하기 위해 비공식적인 커스텀 컨트롤로 작업 스레드에서 동작하는 특별한 종류의 프로그래스 바가 따로 제공되기도 한다. 보통의 반복 작업에서는 크게 신경쓰지 않아도 상관없다.

4-4-2 슬라이더

슬라이더는 범위 내의 값을 보여주기도 하고 프로그래스 바와는 달리 사용자가 썸을 드래그하거나 트랙을 탭하여 값을 변경할 수도 있다. 범위의 초기값은 0~10으로 설정되어 있다. Orientation 속성으로 슬라이더의 방향을 결정하는데 디폴트는 수평이다. 수평 슬라이더는 오른쪽으로 드래그할 때 값이 증가하며 수직 슬라이더는 위쪽으로 드래그할 때 증가한다. isDirectionReversed 속성을 true로 설정하면 증가 방향이 반대가 되는데 직관적이지 못하므로 사용하지 않는 것이 좋다.

사용자가 슬라이더를 조작하여 값을 변경하면 ValueChanged 이벤트가 발생한다. 이벤트의 인수로 RoutedPropertyChangedEventArgs<double> 타입의 객체가 전달되며 이 객체의 NewValue, OldValue 속성을 통해 변경 전후의 값을 알 수 있다. 값이 변경될 때 즉시 적용하려면 ValueChanged 이벤트 핸들러에서 NewValue값을 사용하면 된다. 다음 예제는 수평, 수직 양방향으로 두 개의 슬라이더를 배치하고 슬라이더의 현재값을 텍스트 블록에 출력한다.

Slider

```
<Grid x:Name="ContentPanel" Grid.Row="1" Margin="12,0,12,0">
    <StackPanel>
        <Slider Name="horzSlider" Margin="20"
                ValueChanged="horzSlider_ValueChanged" />
        <TextBlock Name="horzValue" Text="0" FontSize="50"/>
        <Slider Name="vertSlider" Margin="20" Height="200"
            Orientation="Vertical" ValueChanged="vertSlider_ValueChanged" />
        <TextBlock Name="vertValue" Text="0" FontSize="50"/>
    </StackPanel>
</Grid>
================================= CS =======================================
private void horzSlider_ValueChanged(object sender,
RoutedPropertyChangedEventArgs<double> e)
{
```

```
        horzValue.Text = e.NewValue.ToString();
}

private void vertSlider_ValueChanged(object sender,
RoutedPropertyChangedEventArgs<double> e)
{
        vertValue.Text = e.NewValue.ToString();
}
```

슬라이더는 탭이나 드래그 등의 터치 동작으로 값을 조정하므로 터치 영역이 상당히 넓게 설정되어 있다. 슬라이더의 임의 영역을 터치할 수 있으므로 슬라이더 근처에는 터치를 입력받는 다른 컨트롤을 두지 않는 것이 좋다. 부득이하게 터치 입력 컨트롤을 인접하게 배치해야 한다면 위 예제처럼 적당히 마진을 주어 간격을 띄워야 한다. 마진이 전혀 없으면 썸이 화면 가장자리에 밀착하므로 손가락으로 드래그하기 곤란하다.

썸 앞뒤의 트랙을 클릭하면 1씩 값이 증감되며 썸을 드래그하면 임의의 값으로 조정된다. 썸을 드래그할 때는 꼭 흰색 썸을 정확하게 누를 필요 없이 주변을 대충 눌러도 잘 드래그 된다. 썸 주변에 터치를 받아들이는 투명한 영역이 있기 때문이다. 트랙은 RepeatButton으로 구현되어 있으므로 누른 채로 가만히 있으면 값이 계속 증감된다.

드래그할 때 Value는 정밀도가 높은 실수값으로 변경되는데 정확도가 굳이 필요치 않다면 정수로 캐스팅하거나 적당한 자리에서 반올림하여 사용하면 된다. ValueChanged 이벤트 핸들러에서 이벤트 인수의 NewValue 속성으로 새 값을 조사할 수도 있고 horzSlider.Value처럼 객체의 값을 바로 참조해도 상관없다.

슬라이더는 넓은 범위의 연속적인 값을 신속하게 선택하는 용도로 적합하다. 볼륨이나 밝기, 온도 등 정확도보다는 대충의 값이 필요한 경우 값을 빠르게 조정할 수 있다. 손가락으로 썸을 드래그하는 동작은 정확도가 떨어지므로 개수나 가격 등 정밀성을 요구하는 값 입력에는 적합하지 않다. 이런 값은 텍스트 박스로 수치값을 입력받는 것이 합리적이다.

슬라이더 자체는 현재의 값을 정확하게 보여주는 기능이 없으며 썸의 위치로 대충 판별해야 한다. 정확한 값을 사용자에게 보여주려면 위 예제처럼 텍스트 블록을 배치하고 값이 변경될 때마다 텍스트 블록에 값을 출력한다. 현재값을 보여주기만 하므로 텍스트 블록이 가장 이상적이지만 키보드 입력도 겸해서 받으려면 텍스트 박스도 무방하다.

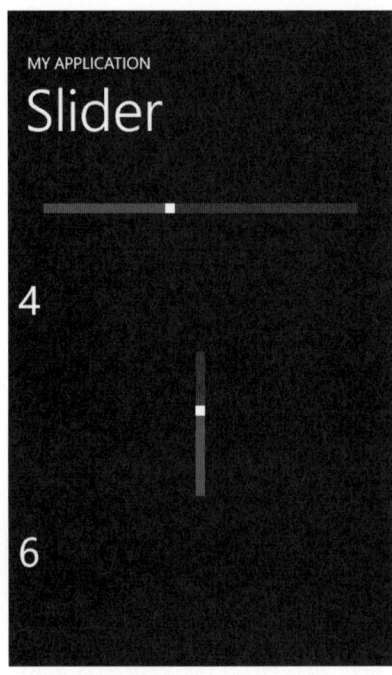

슬라이더는 음악이나 동영상의 재생 위치를 표시하는 용도로도 사용된다. 총 재생 분량만큼 범위를 지정하고 재생이 진행될 때 슬라이더에 현재 위치를 보여주며 사용자가 슬라이더를 조작하면 임의 위치로 이동한다. 이럴 때는 ValueChanged 이벤트보다는 드래그를 끝내고 손가락을 놓는 시점에 발생하는 LostMouseCapture 이벤트를 사용하는 것이 좋다. 다음 예제로 차이점을 비교해 보자.

SliderDrag

```
<Grid x:Name="ContentPanel" Grid.Row="1" Margin="12,0,12,0">
    <StackPanel>
        <TextBlock Name="txtPos1" Text="0" FontSize="50"/>
        <Slider Name="Slider1" Margin="20" Maximum="10000" LargeChange="10"
            ValueChanged="Slider1_ValueChanged" />
        <TextBlock Name="txtPos2" Text="0" FontSize="50"/>
        <Slider Name="Slider2" Margin="20" Maximum="10000" LargeChange="10"
            LostMouseCapture="Slider2_LostMouseCapture" />
    </StackPanel>
</Grid>
```

```
================================= CS =================================
private void Slider1_ValueChanged(object sender,
RoutedPropertyChangedEventArgs<double> e)
{
    txtPos1.Text = Slider1.Value.ToString("0.00");
}

private void Slider2_LostMouseCapture(object sender, MouseEventArgs e)
{
    txtPos2.Text = Slider2.Value.ToString("0.00");
}
```

텍스트 블록과 슬라이더를 두 쌍 배치했다. 텍스트 블록은 동영상 재생 위치를 보여준다고 가정
하자. 재생 위치를 신속하게 조정하기 위해 썸을 클릭할 때 10만큼씩 증감하도록 했으며 너무
긴 실수를 보여줄 필요는 없으므로 소수점 두 자리까지 반올림하여 잘라서 출력한다. 위쪽은
ValueChanged 이벤트를 사용하였고 아래쪽은 LostMouseCapture 이벤트를 사용하였다.

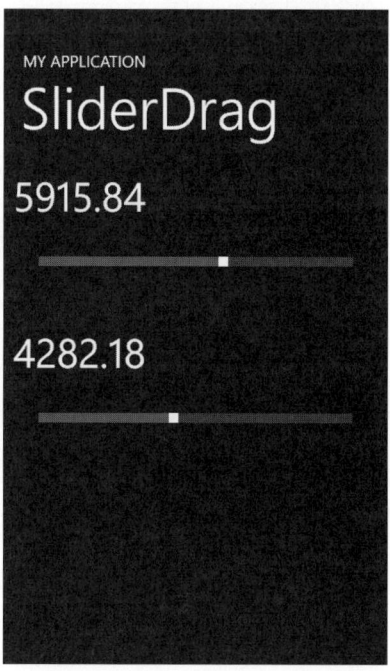

탭을 하건 드래그를 하건 두 경우 모두 값이 바뀌는 것은 마찬가지이다. 그러나 위쪽은 드래그 중에도 값이 바뀌지만 아래쪽은 드래그 중에는 바뀌지 않고 드롭할 때 바뀐다. 동영상이나 음악의 재생 위치를 변경하는 것은 상당한 시간을 요구하는데 드래그하는 족족 새 위치를 찾아가는 것은 모바일 장비의 능력치를 오버하는 힘든 작업이다.

심지어 그 강력한 데스크탑에서도 동영상 재생 위치는 드래그하는 족족 바뀌지 않고 띄엄띄엄 바뀐다. 사실 드래그 중에 재생 위치를 일일이 바꿀 필요도 없고 그래봤자 영상이 제대로 보이지도 않는다. 이런 작업은 가급적이면 수행 횟수를 최소화하는 것이 좋으면 이 요구에 부합하는 이벤트가 바로 LostMouseCapture이다.

4-4-3 컨트롤 값의 초기화

슬라이더의 Value 속성은 별 지정이 없으면 최소값으로 초기화된다. 디폴트 범위가 0~10이므로 최초 실행시 Value는 0부터 시작할 것이다. 대개의 경우는 첫 값을 가지는 것이 무난하지만 때로는 처음 시작시부터 중간값을 가질 수도 있다. 이럴 때는 XAML 문서에 슬라이더의 Value 속성을 원하는 값으로 지정하면 된다. 다음 예제는 슬라이더의 Value를 4로 초기화한다.

SliderInit1

```
<Grid x:Name="ContentPanel" Grid.Row="1" Margin="12,0,12,0">
    <StackPanel>
        <TextBlock Name="txtValue" Text="0" FontSize="50"/>
        <Slider Name="Slider" Margin="20" Value="4"
                ValueChanged="Slider_ValueChanged" />
    </StackPanel>
</Grid>
================================== CS =======================================
private void Slider_ValueChanged(object sender,
RoutedPropertyChangedEventArgs<double> e)
{
    txtValue.Text = Slider.Value.ToString();
}
```

<Slider> 엘리먼트의 Value 속성에 4를 대입했을 뿐이다. Value는 읽기 쓰기가 가능한 속성이므로 이 대입문 자체는 아무런 문제가 없다. 그러나 이 예제를 실행해 보면 보기 좋게 다운되어버리며 디버깅해 보면 ValueChanged 이벤트 핸들러의 코드에서 NullReferenceException 예외가 발생한다. 이 핸들러에서 참조하는 txtValue 객체가 아직 초기화되지 않았다는 뜻이다.

이 문제의 원인은 ValueChanged 이벤트가 Value가 바뀔 때마다 호출되며 슬라이더 생성 중에 Value값을 초기화해도 호출되기 때문이다. Value="4" 대입문을 실행할 때는 XAML의 엘리먼트들이 초기화되는 중이며 MainPage의 txtValue 멤버는 아직 초기화되지 않은 상태이다. 따라서 이 시점에서는 txtValue를 참조할 수 없다. 요약하자면 비주얼 트리를 만들고 있는 중에 발생한 이벤트 핸들러에서는 컨트롤을 함부로 참조해서는 안 된다.

사실 ValueChanged 이벤트의 정의에서부터 근본적인 문제가 있는데 이 이벤트는 값이 바뀔 때마다 발생하는 것으로 되어 있다. XAML에서 값을 초기화하는 동작은 첫 값을 주는 것이므로 값이 바뀌는 것과는 약간 성질이 다르다. 사용자가 컨트를를 직접 조작할 때만 이벤트가 발생한다면 이런 문제가 없겠지만 실버라이트의 이벤트는 그렇지 않으므로 문제를 회피해야 한다.

가장 쉬운 방법은 이벤트 핸들러에서 컨트롤이 제대로 초기화되었는지 null 체크를 해 보는 것이다. 참조하고자 하는 컨트롤이 제대로 초기화되었을 때만 컨트롤을 액세스하고 그렇지 않을 때는 아무 동작도 하지 않는다. 다음과 같이 예제를 수정하면 초기화 중에는 txtValue를 액세스하지 않으므로 최소한 다운되지는 않는다.

SliderInit2

```
<Grid x:Name="ContentPanel" Grid.Row="1" Margin="12,0,12,0">
    <StackPanel>
        <TextBlock Name="txtValue" Text="0" FontSize="50"/>
        <Slider Name="Slider" Margin="20" Value="4"
                ValueChanged="Slider_ValueChanged" />
    </StackPanel>
</Grid>
================================ CS ======================================
private void Slider_ValueChanged(object sender,
RoutedPropertyChangedEventArgs<double> e)
{
    if (txtValue != null)
    {
        txtValue.Text = Slider.Value.ToString();
```

```
        }
}
```

그러나 이렇게 하면 최초 Value값을 지정할 때의 이벤트가 무시되므로 텍스트 블록에 초기값이 출력되지 않는 또 다른 문제가 발생한다. 슬라이더의 썸은 중간쯤에 있지만 이 값을 출력하는 텍스트 블록은 아직 0이다. 이 상태에서 슬라이더를 움직이면 그때야 비로소 텍스트 블록의 값이 제대로 출력된다.

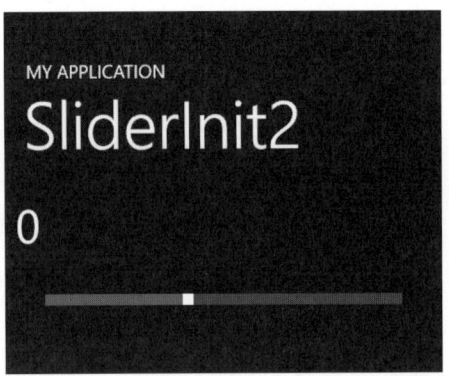

임시방편으로 XAML문서에서 txtValue의 Text 속성에 직접 4를 대입하여 슬라이더의 초기값과 일치시켜 놓을 수는 있다. 하지만 이런 식이면 초기값을 바꿀 때마다 두 군데를 같이 수정해야 하는 추가 일거리가 생기므로 코드 관리상 좋은 구조는 아니다. 매 이벤트 핸들러마다 초기화 중의 에러를 피하기 위해 조건문을 넣는 것도 귀찮은 일이며 실행 속도나 프로그램 크기가 낭비된다.

이 문제의 정석적인 해법은 XAML에서 속성값을 초기화하지 않고 비주얼 트리를 완성한 후에 초기화하는 것이다. 이 시점은 생성자에서 InitializeComponent 메서드를 호출한 직후이다. XAML 파일의 Value 대입문을 제거하고 다음과 같이 코드를 작성하면 모든 문제가 해결된다.

SliderInit3

```
<Grid x:Name="ContentPanel" Grid.Row="1" Margin="12,0,12,0">
    <StackPanel>
        <TextBlock Name="txtValue" Text="0" FontSize="50"/>
```

```
        <Slider Name="Slider" Margin="20"
            ValueChanged="Slider_ValueChanged" />
    </StackPanel>
</Grid>
=============================== CS ======================================
public MainPage()
{
    InitializeComponent();

    Slider.Value = 4;
}

private void Slider_ValueChanged(object sender,
RoutedPropertyChangedEventArgs<double> e)
{
    txtValue.Text = Slider.Value.ToString();
}
```

InitializeComponent 메서드가 리턴하면 비주얼 트리가 완성된 상태이므로 이때부터는 모든 컨트롤을 자유롭게 액세스할 수 있다. Slider.Value = 4; 코드를 실행할 때는 txtValue가 이미 초기화되어 있으므로 아무 문제가 없다. 이벤트 핸들러의 null 체크 조건문이 없어도 코드는 정상 실행되며 텍스트 블록에도 초기값이 잘 표시된다.

그렇다고 모든 속성을 생성자에서 초기화할 필요는 없다. 속성을 변경할 때 이벤트가 발생하고 그 이벤트에서 다른 컨트롤을 참조하는 경우에만 이 방식을 사용하면 된다. XAML문서에서 초기값을 지정할 수 없어 불편하지만 이벤트 핸들러마다 초기화 여부를 점검하지 않아도 되므로 코드는 훨씬 더 간단해진다.

속성의 초기화 문제는 슬라이더에만 발생하는 것이 아니라 모든 컨트롤에 공통적으로 나타난다. CheckBoxTest 예제의 chkDisable 체크 박스는 최초 언체크 상태로 시작되는데 만약 체크 상태로 초기화한다고 해 보자. XAML 문서에 IsChecked="true" 대입문을 써넣으면 될 것 같지만 앞 예제와 똑같은 문제가 발생한다.

```
<CheckBox Name="chkDisable" Content="Disable Button" Checked="chkDisable_Checked"
        Unchecked="chkDisable_Unchecked" Click="chkDisable_Click" IsChecked="true" />
```

체크 박스의 IsChecked 속성이 바뀌면 Checked 이벤트가 발생하며 여기서 참조하는 btnTest

객체가 아직 초기화되지 않았으므로 문제가 발생하는 것이다. 문제가 발생하는 원인이 앞 예제와 동일하므로 해결 방법도 역시 동일하다. chkDisable.IsChecked = true; 대입문을 생성자의 끝 부분으로 옮기면 깔끔하게 해결된다.

이상으로 윈도우폰이 제공하는 기본 컨트롤에 대해 소개했다. 이 외에도 윈도우폰에는 더 많은 컨트롤들이 있으며 툴킷을 설치하면 훨씬 더 많은 컨트롤을 사용할 수 있다. 피봇, 파노라마, 리스트 박스 같은 고급 컨트롤은 훨씬 더 복잡하고 먼저 알아야 할 것이 많으므로 차후에 상세하게 연구해 볼 것이다.

이벤트

5-1 이벤트

5-1-1 이벤트

GUI 방식의 운영체제들은 거의 예외 없이 이벤트 드리븐 방식으로 동작한다. 이벤트는 사용자의 입력이나 시스템의 상태 변화 등 일체의 변화에 대한 정보이다. 사용자가 장비를 조작할 때는 물론이고 그렇지 않을 때도 시스템에는 사소한 변화들이 생기며 매 변화에 대해 이벤트가 발생한다.

프로그램은 대부분의 이벤트를 무시하지만 관심 있는 이벤트에 대해 핸들러를 등록해 두면 사건 발생시 핸들러가 호출된다. 핸들러에서는 이벤트의 정보를 분석하여 어떤 사건이 발생했는지 알아내고 이벤트에 대한 적절한 처리를 수행함으로써 프로그램이 실행된다. 앞 장에서 이미 클릭, 값 변화, 상태 변화 등의 몇 가지 이벤트에 대해 핸들러를 작성해 보았다.

이 장에서는 다른 이벤트들에 대해서도 연구해 보고 이벤트를 처리하는 여러 가지 방법에 대해서 실습해 보기로 하자. 이벤트를 처리한다는 것은 프로그램이 사용자와 상호 작용을 한다는 뜻이다. 다음 목록은 UIElement 클래스에서 발생 가능한 이벤트들이다. 사용자를 대면하는 UIElement는 이벤트를 받을 수 있는 루트 클래스이며 그 파생 클래스들도 마찬가지로 이 이벤트들을 받을 수 있다.

이벤트	설 명
KeyDown	키를 눌렀다.
KeyUp	키를 뗐다.

이벤트	설 명
ManipulationStarted	터치를 시작했다.
ManipulationDelta	터치의 위치가 바뀌었다.
ManipulationCompleted	터치가 완료되었다.
GotFocus	포커스를 얻었다.
LostFocus	포커스를 잃었다.
MouseEnter	마우스가 영역 안으로 들어왔다.
MouseLeave	마우스가 영역을 벗어났다.
MouseLeftButtonDown	마우스 왼쪽 버튼을 눌렀다.
MouseLeftButtonUp	마우스 왼쪽 버튼을 뗐다.
MouseMove	마우스 커서가 이동한다.
MouseWheel	마우스 휠이 회전되었다.
LostMouseCapture	마우스 캡처가 종료되었다.

키보드 입력, 터치 입력, 포커스 변화 등에 대한 이벤트들이 제공된다. 모바일 장비에는 마우스가 없음에도 마우스 관련 이벤트들도 다수 정의되어 있는데 터치 스크린이 마우스의 기능을 겸하기 때문이다. 화면을 터치하면 터치 이벤트와 마우스 이벤트가 동시에 발생하며 둘 중 어떤 이벤트를 처리하나 결과는 마찬가지이다. 다음은 FrameworkElement의 이벤트 목록이다.

이벤트	설 명
Loaded	객체가 생성되고 트리에 추가되었다.
Unloaded	객체가 트리에서 분리되었다.
SizeChanged	크기가 변경되었다.
LayoutUpdated	비주얼 트리가 변경되었다. 화면 방향이 바뀔 때 호출된다.

이 중 Loaded 이벤트가 초기화 목적으로 종종 사용된다. 페이지가 처음 로드될 때 특정한 초기화 작업을 하고 싶다면 Loaded 이벤트에 코드를 작성한다. Unloaded는 자원을 정리하기에 적합한 시점이되 C#은 가비지 컬렉터 기능이 있으므로 별로 할 일이 없다. 다음은 Control의 이벤트 목록이다. 실행 중에 사용 가능성이 바뀔 수 있으므로 이에 대한 이벤트가 추가로 지원된다.

이벤트	설 명
IsEnabledChanged	IsEnabled 속성이 변경되었다. 즉, 사용 가능성이 바뀌었다.

개별 컨트롤은 자신의 특성에 맞는 고유의 이벤트를 추가로 제공한다. 컨트롤별로 제공하는 이벤트의 종류는 다르다. 예를 들어 사용자가 누를 수 있는 버튼에는 Click 이벤트가 있고 문자열을 입력받는 텍스트 박스는 TextChanged, SelectionChanged 이벤트를 제공한다. 이들은 이미 앞 장에서 일부 실습까지 해 보았다. 각 컨트롤에 발생 가능한 이벤트는 속성창의 Events 페이지에서 확인할 수 있다.

5-1-2 핸들러 작성

이벤트를 받으려면 관심 있는 이벤트에 대해 핸들러를 미리 등록해야 한다. 핸들러는 이벤트를 처리하는 메서드이다. 이벤트 발생시 시스템은 핸들러가 등록되어 있는지 보고 등록된 핸들러를 호출하여 이벤트를 처리할 기회를 제공한다. 핸들러가 등록되지 않은 이벤트는 무시당하거나 디폴트 처리된다.

예를 들어 사용자가 버튼을 클릭할 때 특정한 동작을 하고 싶다면 버튼의 Click 이벤트에 대한 핸들러를 등록하고 원하는 동작을 코드로 기술하면 된다. 핸들러를 등록하지 않으면 사용자가 버튼을 클릭해도 이벤트는 무시되며 아무 일도 일어나지 않는다. 버튼만 잠시 반전되어 눌러졌다는 표시만 할 뿐이다.

이벤트 핸들러는 여러 가지 방법으로 만들 수 있다. 핸들러를 작성하여 이벤트를 처리하는 것은 GUI 프로그래밍의 기본이므로 모든 방법을 상세하게 알아둘 필요가 있다. HandlerTest라는 이름으로 실습용 예제를 만들고 직접 실습을 진행해 보자. 눈으로만 봐서는 절차를 익히기 어려우므로 이 예제만큼은 반드시 실습해 보아야 한다.

```
<Grid x:Name="ContentPanel" Grid.Row="1" Margin="12,0,12,0">
    <StackPanel>
        <Button Content="First" Name="btnFirst" />
        <TextBox Name="textBox" Text="textBox" />
        <Button Content="NoName" />
        <CheckBox Content="Second" Name="chkSecond" />
        <Button Content="Third" Name="btnThird" />
        <Button Content="Fourth" Name="btnFourth" />
        <Button Content="Fifth" Name="btnFifth" />
        <Button Content="Sixth" Name="btnSixth" />
    </StackPanel>
</Grid>
```

컨텐트 패널에 버튼과 텍스트 박스 등 컨트롤만 잔뜩 배치해 놓았다. 디자인 뷰에는 컨트롤들이 수직으로 배치되어 나타나지만 아직 동작은 정의되지 않았다. 이 컨트롤에 각각 다른 방법으로 이벤트 핸들러를 등록해 볼 것이다. 컨트롤에는 Name 속성을 미리 지정해 놓았는데 이벤트 핸들러의 이름이 컨트롤의 Name 속성을 따라가므로 이름을 먼저 주고 핸들러를 작성하는 것이 좋다. 위쪽부터 순서대로 핸들러를 작성해 보자.

❶ 핸들러를 작성하는 가장 쉬운 방법은 디자인 뷰에서 컨트롤을 더블클릭하는 것이다. 가장 자주 발생하는 디폴트 이벤트에 대한 핸들러를 디폴트 이름으로 생성해 준다. 버튼의 경우는 Click이 디폴트 이벤트이다. 제일 위쪽의 btnFirst 버튼을 더블클릭해 보자. 소스 파일창으로 이동하며 다음과 같은 핸들러 메서드가 생성될 것이다.

```
private void btnFirst_Click(object sender, RoutedEventArgs e)
{

}
```

핸들러 메서드의 껍데기만 만들어졌으며 본체 안은 비어 있다. 이 버튼이 어떤 기능을 가지는지 개발툴이 알 수 없으므로 개발툴이 동작까지 정의할 수는 없다. 본체 안에 코드를 채우는 것은 개발자가 직접 해야 한다. 다음 코드를 작성해 보자.

```
private void btnFirst_Click(object sender, RoutedEventArgs e)
{
    MessageBox.Show("First clicked");
}
```

핸들러 메서드가 호출되었다는 것을 확인하기 위해 메시지 박스를 열었다. 실제 프로젝트에서는 버튼의 의미에 맞는 동작을 기술해야 한다. XAML 파일의 소스를 확인해 보면 btnFirst 버튼의 뒤쪽에 Click 속성이 기록된다. 이 속성에 의해 버튼의 클릭 이벤트와 btnFirst_Click 핸들러가 연결된다.

```
<Button Content="First" Name="btnFirst" Click="btnFirst_Click" />
```

핸들러의 이름은 컨트롤이름_이벤트이름 식으로 붙여진다. btnFirst_Click이라는 메서드 이름은 btnFirst 컨트롤에 대한 Click 이벤트의 핸들러라는 뜻이다. 메서드의 이름만 봐도 어떤 컨트롤의 어떤 이벤트를 처리하는지 바로 알 수 있다. 텍스트 박스의 경우는 디폴트 이벤트가 TextChanged이다. 두 번째 텍스트 박스를 더블클릭하면 다음 핸들러가 생성된다.

```
private void textBox_TextChanged(object sender, TextChangedEventArgs e)
{

}
```

textBox_TextChanged라는 디폴트 이름이 붙여진다. 사용자가 문자열을 편집할 때마다 어떤 작업을 하고 싶다면 이 핸들러에 코드를 작성한다. 다음은 세 번째 NoName 버튼을 더블클릭해 보자. 이 버튼은 NoName이라는 캡션만 지정되어 있을 뿐 Name 속성이 지정되어 있지 않다. 다음 메서드가 생성될 것이다.

```
private void Button_Click(object sender, RoutedEventArgs e)
{

 }
```

컨트롤의 이름이 없으므로 핸들러 메서드의 이름에 타입이 대신 사용되어 Button_Click으로 붙여진다. 이름이 없는 버튼이 또 있다면 이후의 핸들러는 Button_Click_1, Button_Click_2식으로 일련번호가 붙여진다. 이런 식이면 어떤 핸들러가 어떤 컨트롤과 연결되는지 짝을 찾기 어렵다. 그래서 핸들러를 작성할 컨트롤은 Name 속성을 먼저 지정하는 것이다.

여기까지 실습한 후 btnFirst 버튼을 눌러 보면 메시지 박스가 나타날 것이다. 버튼의 클릭 이벤트에 대해 btnFirst_Click 핸들러 메서드가 호출되고 이 메서드에서 메시지 박스를 열었기 때문이다. 버튼이 사용자의 클릭 동작에 대해 반응을 보인 것이다.

❷ 더블클릭에 의해 핸들러를 작성하는 방법은 가장 쉽지만 디폴트 이벤트에 대한 핸들러만 작성할 수 있다. 텍스트 블록은 화면에 배치되기만 할 뿐 사용자와 상호작용을 하는 경우가 거의 없어 마땅히 처리할 이벤트가 없다. 그래서 디폴트 이벤트가 정의되어 있지 않으며 디자인 뷰에서 더블클릭해도 아무 반응이 없다. 타이틀 패널의 페이지 제목 텍스트 블록은 더블클릭해도 핸들러가 생성되지 않는다.

임의의 이벤트에 대한 핸들러를 작성하려면 속성창을 사용해야 한다. 만약 속성창이 보이지 않는다면 컨트롤의 팝업 메뉴에서 Properties 항목을 선택한다. 속성창은 Properties와 Events 두 개의 페이지로 구성되는데 Events 페이지에 발생 가능한 이벤트 목록이 나타난다. chkSecond

체크 박스의 Events 페이지를 열어 보자.

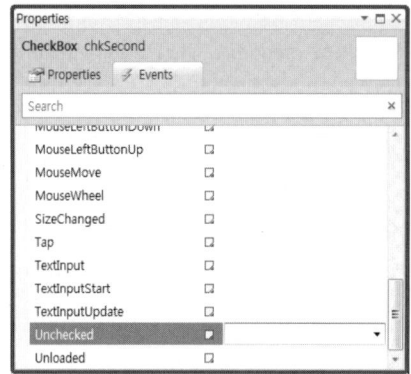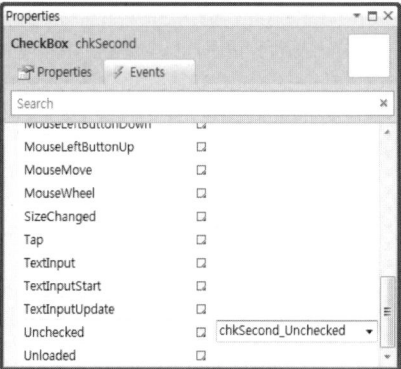

최초 Checked 이벤트에 포커스가 맞춰져 있는데 체크 박스는 Checked가 디폴트 이벤트이기 때문이다. 즉, 체크 박스를 더블클릭하면 Checked 이벤트의 핸들러가 만들어진다. 디폴트가 아닌 다른 이벤트의 핸들러를 작성하려면 목록에서 원하는 이벤트를 선택한다. 아래쪽에 있는 Unchecked 이벤트를 선택하고 이 이벤트를 더블클릭한다. 다음과 같은 이벤트 핸들러 메서드가 생성될 것이다. 메서드 안쪽에 메시지 박스를 여는 코드를 작성한다.

```
private void chkSecond_Unchecked(object sender, RoutedEventArgs e)
{
    MessageBox.Show("Checkbox unchecked");
}
```

실행해 보면 체크 박스의 체크가 해제될 때 메시지 박스가 나타난다. Unchecked 외에도 같은 방법으로 목록에서 아무 이벤트나 골라 핸들러를 작성할 수 있다. 앞 장의 체크 박스 예제가 이 방법으로 작성된 것이다. 체크 박스에서는 Click도 디폴트 이벤트가 아니므로 속성창에서 이벤트를 골라 핸들러를 작성해야 한다.

❸ 속성창에서 이벤트를 더블클릭하면 핸들러 이름은 디폴트 형식인 컨트롤이름_이벤트이름 식으로 붙여진다. 바로 앞 실습에서 체크 박스의 Unchecked 이벤트 핸들러는 chkSecond_Unchecked로 붙여졌다. 이벤트는 마음대로 선택했지만 이름은 아직도 개발툴이 붙여준 디폴트이다.

디폴트 이름은 핸들러의 호출 시점을 잘 설명하지만 논리적인 동작까지 함축적으로 나타내지는 못한다. 핸들러의 이름을 마음대로 정하고 싶다면 속성창의 이벤트 목록 오른쪽에 원하는 이름을 직접 입력한다. 디자인 뷰에서 btnThird 버튼을 선택해 놓고 속성창의 Click 이벤트 오른쪽란에 thsutleoakstp라는 이름을 입력한 후 Enter키를 눌러 보자.

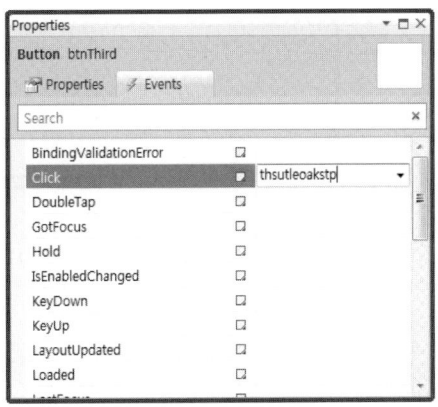

입력한 이름대로 핸들러 메서드가 생성되며 XAML 파일에는 Click 이벤트를 이 메서드와 연결하는 구문이 작성된다. 이제 메서드의 안쪽에 코드를 채워 넣는다.

```
<Button Content="Third" Name="btnThird" Click="thsutleoakstp" />

private void thsutleoakstp(object sender, RoutedEventArgs e)
{
    MessageBox.Show("태연이가 제일 예뻐");
}
```

메서드의 이름은 어디까지나 명칭일 뿐이므로 문법에만 맞는다면 임의의 이름을 붙일 수 있다. 과연 그런지 확인하기 위해 이 실습은 정말 아무 이름이나 붙여 보았는데 원칙적으로는 컨트롤의 동작에 부합하는 직관적인 이름을 붙여야 한다. 예를 들어 이 버튼이 게임을 시작하는 동작을 한다면 StartGame 등으로 이름을 붙이는 것이 좋다.

❹ 매 이벤트마다 핸들러를 새로 작성해야 하는 것은 아니다. 이미 작성된 핸들러를 여러 컨트롤이 공유할 수도 있다. 속성창의 이벤트 콤보 박스를 열어 보면 호환 가능한 이벤트 핸들러의 목록이 나타나며 이중 하나를 선택하면 기존 이벤트 핸들러와 연결된다. btnFourth 버튼의 Click 이벤트 콤보 박스를 열어 보자.

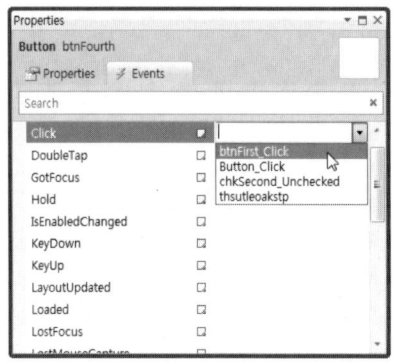

앞 실습에서 이미 작성했던 핸들러가 목록에 나타날 것이다. 이 목록에서 btnFirst_Click 핸들러를 선택하면 XAML 파일에 핸들러를 연결하는 구문이 작성된다. 핸들러는 이미 만들어져 있으므로 코드 파일에는 변화가 없다.

```
<Button Content="Fourth" Name="btnFourth" Click="btnFirst_Click" />
```

이렇게 되면 한 핸들러를 두 컨트롤이 공유하는 상태가 된다. 핸들러 메서드는 어떤 컨트롤로부터 이벤트가 발생한 것인지 이벤트 핸들러의 sender 인수로 판별한다. 이벤트를 보낸 컨트롤이 누구인가에 따라 각각 다른 동작을 할 수 있다.

```
private void btnFirst_Click(object sender, RoutedEventArgs e)
{
    Button btn = sender as Button;
    if (btn == btnFirst)
    {
        MessageBox.Show("First clicked");
    }
    else
    {
        MessageBox.Show("Fourth clicked");
    }
}
```

이 방법을 잘 활용하면 여러 컨트롤이 이벤트 핸들러를 공유할 수 있다. 컨트롤들이 비슷한 동작을 한다면 매 컨트롤마다 핸들러를 따로 만들 필요 없이 하나의 핸들러에 통합하여 작성하고 핸들러 내에서 sender에 따라 처리를 다르게 하면 된다. 코드가 짧아질 뿐만 아니라 유사한 작업을 한곳에서 모아서 처리하므로 관리의 효율성, 편의성도 증가한다.

앞 장의 라디오 버튼 예제는 이 방법으로 핸들러를 통합하였다. Color 그룹과 Align 그룹의 라디오 버튼들은 모두 색상과 정렬 속성을 조정한다는 공통점이 있으므로 각 라디오 버튼마다 핸들러를 만들 필요 없이 한 핸들러에서 한꺼번에 처리하는 것이 훨씬 더 유리하다. 라디오 버튼은 7개나 되고 체크, 언체크 이벤트가 각각 전달되지만 그룹별로 딱 2개의 클릭 핸들러만 정의하여 공유함으로써 코드가 훨씬 더 간결해졌다.

⑤ 디자인 뷰나 속성창을 통해 핸들러를 작성하면 뒤처리를 개발툴이 알아서 해준다. 이제 개발 툴이 어떤 동작을 하는지 다 파악했으므로 이 처리를 수작업으로 직접 할 수도 있다. btnFifth 버튼의 핸들러는 손으로 직접 만들어 보자. 다음 메서드를 코드창 아래에 추가한다.

```
private void HandMade_Click(object sender, RoutedEventArgs e)
{
    MessageBox.Show("직접 만든 핸들러이다");
}
```

손으로 직접 입력하므로 메서드의 이름은 마음대로 정할 수 있다. 아직은 핸들러만 정의했을 뿐 어떤 컨트롤의 어떤 이벤트와 연결되는지를 지정하지 않았다. XAML 파일의 btnFifth 버튼에 다음 속성을 기록하여 이벤트와 핸들러를 연결한다.

```
<Button Content="Fifth" Name="btnFifth" Click="HandMade_Click"/>
```

Click 이벤트를 HandMade_Click 핸들러와 연결했다. 메서드 이름을 일일이 다 입력할 필요 없이 Click=까지만 입력하면 호환되는 핸들러 목록이 나타나므로 이 중에서 원하는 핸들러를 고르기만 하면 된다.

이제 실행하면 다섯 번째 버튼을 누를 때 메시지 박스가 나타날 것이다. 개발툴의 도움을 받지 않고 직접 만들었지만 소스에 기록된 결과가 같으므로 실행 결과도 동일하다.

❻ 마지막 방법은 코드에서 실행 중에 핸들러를 지정하는 것이다. 이벤트는 핸들러를 연결하는 += 연산자를 제공한다. 다음 코드를 작성해 보자.

```
public MainPage()
{
    InitializeComponent();

    btnSixth.Click += Sixth_OnClick;
}

....

private void Sixth_OnClick(object sender, RoutedEventArgs e)
{
    MessageBox.Show("코드로 연결한 핸들러이다");
}
```

핸들러 메서드를 작성해 놓고 페이지의 생성자에서 += 연산자로 btnSixth버튼의 Click 이벤트에 이 핸들러를 연결한다. 컨트롤의 경우는 사실 이런 어려운 방법을 쓸 이유가 없지만 디자인 뷰에 배치되지 않는 객체는 코드를 사용하여 실행 중에 핸들러를 연결하는 방법밖에 없다. 센서나 GPS 등 비가시적인 객체들은 코드로 핸들러를 연결한다. 잠시 후 터치 입력시에 이 방법을 사용해 볼 것이다.

이 방법을 사용하면 여러 개의 핸들러를 연결할 수 있고 실행 중에 -= 연산자로 핸들러를 분리할 수도 있다. 또 디자인 타임에 미리 연결해 놓는 것이 아니라 필요할 때 핸들러를 연결하고 제거할 수 있다는 이점이 있지만 사실 별 실용성은 없다. 이상으로 핸들러를 작성하는 여러 가지 방법을 실습했는데 각 방법별로 어떤 차이점이 있는지 정리해 보자.

방법	이벤트	핸들러 이름	비고
1.더블클릭	디폴트	디폴트	가장 빠르고 쉬움
2.속성창 더블클릭	선택	디폴트	임의 이벤트 처리 가능
3.속성창 입력	선택	선택	임의 이름 가능
4.목록에서 선택	선택	연결	기존 핸들러 연결 가능
5.수작업	선택	선택	마음대로 할 수 있음
6.+= 연산자	선택	선택	필요할 때만 연결 가능

각 방법이 다 장단점이 있으므로 상황에 따라 가장 편리한 방법을 골라 사용하면 된다. 여기까지 실습을 진행하면 예제의 전체 소스는 다음과 같이 되어 있을 것이다. 코드 파일에는 핸들러 메서드가 정의되어 있고 XAML 파일에는 컨트롤의 이벤트와 핸들러를 연결하는 구문이 작성되어 있다. 만약 실습 프로젝트가 이 소스와 다르다면 뭔가 실수를 한 것이므로 어디가 잘못되었는지 점검해 보도록 하자.

HandlerTest

```
<Grid x:Name="ContentPanel" Grid.Row="1" Margin="12,0,12,0">
    <StackPanel>
        <Button Content="First" Name="btnFirst" Click="btnFirst_Click" />
        <TextBox Name="textBox" Text="textBox" TextChanged="textBox_TextChanged" />
        <Button Content="NoName" Click="Button_Click" />
        <CheckBox Content="Second" Name="chkSecond" Unchecked="chkSecond_Unchecked" />
        <Button Content="Third" Name="btnThird" Click="thsutleoakstp" />
        <Button Content="Fourth" Name="btnFourth" Click="btnFirst_Click" />
        <Button Content="Fifth" Name="btnFifth" Click="HandMade_Click" />
        <Button Content="Sixth" Name="btnSixth" />
    </StackPanel>
</Grid>
=================================== CS =========================================
namespace HandlerTest
{
    public partial class MainPage : PhoneApplicationPage
    {
        // Constructor
        public MainPage()
        {
            InitializeComponent();

            btnSixth.Click += Sixth_OnClick;
        }

        private void btnFirst_Click(object sender, RoutedEventArgs e)
        {
            Button btn = sender as Button;
            if (btn == btnFirst)
            {
```

```csharp
                MessageBox.Show("First clicked");
            }
            else
            {
                MessageBox.Show("Fourth clicked");
            }
        }

        private void textBox_TextChanged(object sender, TextChangedEventArgs e)
        {

        }

        private void Button_Click(object sender, RoutedEventArgs e)
        {

        }

        private void chkSecond_Unchecked(object sender, RoutedEventArgs e)
        {
            MessageBox.Show("Checkbox unchecked");
        }

        private void thsutleoakstp(object sender, RoutedEventArgs e)
        {
            MessageBox.Show("태연이가 제일 예뻐");
        }

        private void HandMade_Click(object sender, RoutedEventArgs e)
        {
            MessageBox.Show("직접 만든 핸들러이다");
        }

        private void Sixth_OnClick(object sender, RoutedEventArgs e)
        {
            MessageBox.Show("코드로 연결한 핸들러이다");
        }
    }
}
```

실행 모습은 다음과 같다. 각 버튼을 누를 때마다 반응을 보일 것이다.

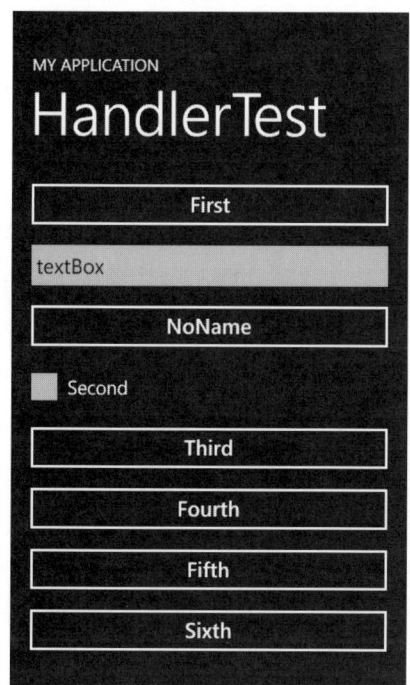
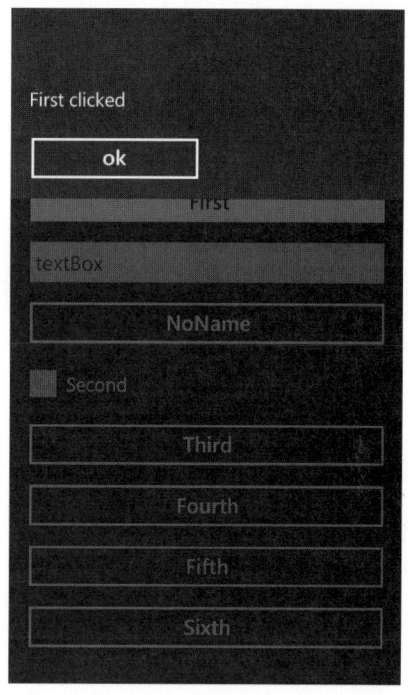

핸들러를 만드는 방법을 배웠으므로 이제는 핸들러를 지우는 방법에 대해 알아보자. 사람은 언제든지 실수할 수 있으며 마우스를 삐끗 잘못 굴려 엉뚱한 핸들러를 만드는 경우가 왕왕 있다. 또 핸들러가 더 이상 필요 없어지는 경우도 언제든지 발생할 수 있다. 이럴 때는 핸들러 등록을 취소해야 한다.

핸들러를 제거하는 방법은 핸들러를 등록하는 방법의 반대 절차대로 하면 된다. btnFifth의 Click 핸들러를 삭제해 보자. XAML 파일에서 btnFifth 엘리먼트의 Click 이벤트 지정문을 삭제 한다. 또는 속성창에서 Click 이벤트 오른쪽의 핸들러 이름을 삭제해도 된다.

```
<Button Content="Fifth" Name="btnFifth" Click="HandMade_Click" />
```

핸들러 연결문만 삭제하면 사용자가 버튼을 클릭해도 핸들러가 호출되지 않으므로 일단은 제거된 것이다. 완전하게 제거하려면 코드창에서 핸들러 메서드의 본체까지 삭제해 버리면 된 다. 속성창에서 핸들러 이름을 삭제할 때 개발툴이 핸들러 메서드 자체는 삭제하지 않는데 왜냐하면 이 핸들러를 다른 컨트롤이 공유할 수도 있기 때문이다. 그래서 핸들러 본체를 삭제하는 것은 사용자가 직접 해야 한다.

핸들러를 삭제하는 것은 등록하는 방법의 반대이므로 개념적으로 이해하기 쉽다. 그렇다면 편집은 어떻게 할까? 예를 들어 이미 등록한 핸들러의 이름을 바꾸고 싶다거나 각 컨트롤별로 개별적으로 생성해 놓은 핸들러를 하나로 통합하는 경우도 있을 것이다. 따로 실습을 하지는 않겠지만 원리를 이해하고 있다면 전혀 어려운 작업이 아니다.

이상으로 핸들러를 만들고 삭제하는 여러 가지 방법에 대한 실습을 마쳤다. 이 실습은 컨트롤을 자유자재로 다루기 위해, 짧고 명료한 코드를 만들기 위해 굉장히 중요한 의미가 있으므로 적어도 두 번 정도는 반복해볼 가치가 있다. 좀 귀찮더라도 핸들러를 만드는 모든 방법을 완전히 터득하고 이벤트와 핸들러를 연결하는 원리까지도 숙지해야 한다. 핸들러를 능수능란하게 요리할 수 있을 때까지 연습해 보아라.

5-1-3 방향 이벤트

3장에서 잠시 소개한대로 윈도우폰은 3가지 화면 방향을 지원한다. 프로그램은 장비의 방향에 상관없이 모든 내용물을 제대로 보여주어야 한다. 가장 기본적인 방법은 스크롤을 지원하는 것이다. 지금 당장은 다 보이더라도 방향이 바뀌면 아래쪽이 가려질 가능성이 있으므로 조금이라도 내용이 길다면 스크롤 뷰어 안에 배치하는 것이 좋다. 화면이 좁아 한눈에 다 안보이더라도 최소한 스크롤해서 이동할 수는 있어야 한다.

또는 그리드나 스택 패널을 잘 활용하여 방향이 바뀌더라도 일관된 배치를 보여줄 수 있도록 한다. 이 실습은 3장에서 이미 해 보았다. 그리드는 비율로 분할할 수 있으므로 셀 크기가 바뀌더라도 최소한 가려지지는 않는다. 이것이 어렵거나 셀 크기 변경으로 인해 현실적이지 못하다면 방향에 따라 완전히 다른 배치를 만들어낼 수도 있다. 장비의 방향이 바뀔 때 PhoneApplicationPage의 다음 이벤트가 전달되는데 이 이벤트에서 배치를 조정하면 된다.

```
void OrientationChanged(object sender, OrientationChangedEventArgs e)
```

인수로 전달된 e의 Orientation 속성은 현재 화면 방향을 나타내는 열거형이다. 이 방향에 따라 레이아웃의 속성이나 배치를 조정한다. 페이지 객체는 차일드에 완전히 덮여 디자인뷰에서 보이지 않으므로 속성창에서 이벤트 핸들러를 작성해야 한다.

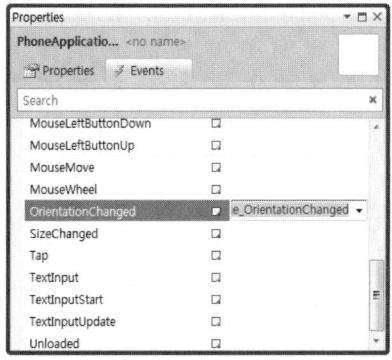

XAML 코드창에서 PhoneApplicationPage 엘리먼트에 커서를 위치시키면 속성창에 이 객체의 속성이 나타나며 Events 페이지에서 OrientationChanged 이벤트를 더블클릭하면 핸들러가 생성된다. XAML 파일의 PhoneApplicationPage 엘리먼트에는 OrientationChanged 이벤트에 대한 핸들러를 연결하는 구문이 작성된다. 다음 예제는 화면 방향에 따라 배치가 완전히 바뀌는 예를 보여준다.

OrientChange

```
SupportedOrientations="PortraitOrLandscape" Orientation="Portrait"
shell:SystemTray.IsVisible="True"
OrientationChanged="PhoneApplicationPage_OrientationChanged">

....

<Grid x:Name="ContentPanel" Grid.Row="1" Margin="12,0,12,0">
    <StackPanel Name="ContentStack">
        <TextBox Width="400" Height="400" />
        <StackPanel Height="200" Width="300" >
            <Button Content="Load" />
            <Button Content="Save" />
        </StackPanel>
    </StackPanel>
</Grid>
=================================== CS ===================================
private void PhoneApplicationPage_OrientationChanged(object sender,
OrientationChangedEventArgs e)
{
```

```
    if ((e.Orientation & PageOrientation.Portrait) != 0)
    {
        ContentStack.Orientation = System.Windows.Controls.Orientation.Vertical;
    }
    else
    {
        ContentStack.Orientation = System.Windows.Controls.Orientation.Horizontal;
    }
}
```

페이지의 속성을 조정하여 가로, 세로를 모두 지원하도록 했다. 컨텐트 패널에는 수직 스택 패널 안에 큼지막한 텍스트 박스와 버튼 2개를 배치하였다. 세로 방향이 길쭉하므로 버튼을 텍스트 박스 아래에 배치하는 것이 적합하다. 만약 이 배치 그대로 가로로 돌려 버리면 컨텐트 패널의 높이가 줄어들므로 아래쪽의 버튼은 보이지 않게 될 것이다.

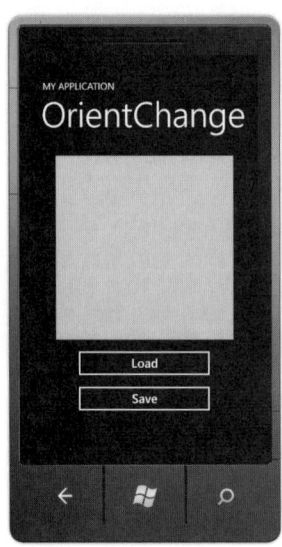

이런 문제를 방지하기 위해 화면 방향이 변경될 때 이벤트 핸들러에서 스택 패널의 방향을 화면과 같은 방향으로 맞춘다. 화면이 세로이면 스택 패널을 수직으로 설정하고 화면이 가로이면 스택 패널의 방향을 수평으로 바꾼다. 수직일 때는 버튼이 아래쪽에 나타나지만 수평일 때는 버튼이 오른쪽에 나타난다.

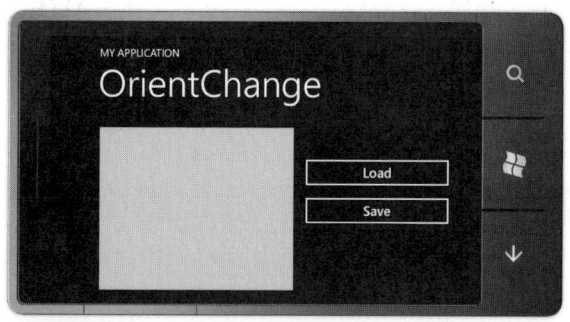

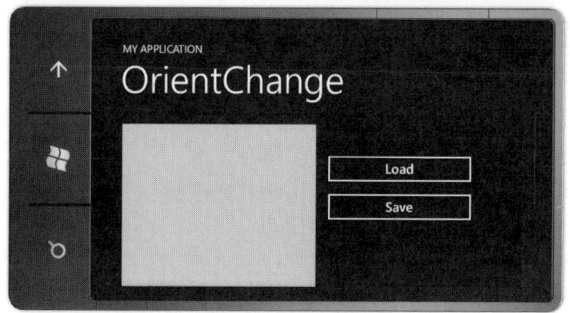

화면의 남는 여백을 최대한 활용한다는 전략이다. 방향에 상관없이 텍스트 박스와 버튼이 항상 보이며 앱을 사용하는데 아무 문제가 없다. 물론 배치가 달라졌으므로 세로 화면과 가로 화면의 구조는 달라지며 원칙적으로 가로 화면과 세로 화면의 크기와 비율이 다르므로 완전히 같을 수는 없다. 최대한 비슷하게 배치하여 사용하는데 이상 없도록 조정해 주는 것이다.

이벤트 핸들러에서 인수로 전달된 화면 방향을 판별할 때 다음과 같이 상수를 직접 비교해서는 안 된다. PageOrientation 열거형에는 Portrait뿐만 아니라 PortraitUp, PortraitDown 등의 값도 있기 때문에 비트 연산한 후 0이 아닌지 비교해야 화면 방향이 세로인지 정확하게 판별해 낼 수 있다.

```
if (e.Orientation == PageOrientation.Portrait)
```

직관적으로 이해하기 쉬운 스택 패널의 방향을 변경함으로써 화면 방향에 따라 달라지는 레이아웃을 만들어 보았는데 그리드를 사용하면 훨씬 더 복잡하고 정밀한 배치를 만들 수 있다. 그리드의 각 셀에 배치된 컨트롤들을 다른 셀로 옮길 수 있으므로 응용의 여지가 훨씬 더 많은 셈이다.

이 예제는 이벤트 핸들러 대신 메서드를 재정의하는 방법으로도 작성할 수 있다. 화면 방향이 바뀌면 이벤트도 발생하지만 페이지 객체의 OnOrientationChanged 메서드가 호출되기도 하므로 이 메서드를 재정의해도 동일한 효과를 낼 수 있다.

```
SupportedOrientations="PortraitOrLandscape" Orientation="Portrait"
shell:SystemTray.IsVisible="True">

....

<Grid x:Name="ContentPanel" Grid.Row="1" Margin="12,0,12,0">
    <StackPanel Name="ContentStack">
        <TextBox Width="400" Height="400" />
        <StackPanel Height="200" Width="300" >
            <Button Content="Load" />
            <Button Content="Save" />
        </StackPanel>
    </StackPanel>
</Grid>
==================================== CS ========================================
protected override void OnOrientationChanged(OrientationChangedEventArgs e)
{
    if ((e.Orientation & PageOrientation.Portrait) != 0)
    {
        ContentStack.Orientation = System.Windows.Controls.Orientation.Vertical;
    }
    else
    {
        ContentStack.Orientation = System.Windows.Controls.Orientation.Horizontal;
    }
    base.OnOrientationChanged(e);
}
```

OrientationChanged 이벤트를 처리하는 대신 OnOrientationChanged 메서드를 재정의했을 뿐 효과는 동일하다. 이처럼 이벤트도 발생하고 메서드도 호출되는 몇 가지 예가 있는데 어떤 방법을 사용하나 결과는 같다. 메서드를 재정의하는 쪽이 조금 더 쉬운 편이다.

5-1-4 앱의 이벤트

컨트롤이나 페이지와 마찬가지로 앱 자체에도 이벤트가 발생한다. 전역 앱 수준에서도 여러 가지 사건이 발생하는데 주로 생명 주기와 관련된 이벤트들이다. AppEvent라는 이름으로 새 프로젝트를 생성한 후 App.xaml 파일을 보면 4개의 이벤트 핸들러가 이미 등록되어 있다.

```
<Application.ApplicationLifetimeObjects>
    <!--Required object that handles lifetime events for the application-->
    <shell:PhoneApplicationService
        Launching="Application_Launching" Closing="Application_Closing"
        Activated="Application_Activated" Deactivated="Application_Deactivated"/>
</Application.ApplicationLifetimeObjects>
```

뿐만 아니라 App.xaml.cs 파일에는 이 핸들러들의 본체까지도 이미 작성되어 있다. 그러나 메서드의 본체는 비어 있으며 메서드 위쪽에 이벤트가 언제 발생하는지를 설명한 주석만 잔뜩 작성되어 있다.

```
// Code to execute when the application is launching (eg, from Start)
// This code will not execute when the application is reactivated
private void Application_Launching(object sender, LaunchingEventArgs e)
{
}

// Code to execute when the application is activated (brought to foreground)
// This code will not execute when the application is first launched
private void Application_Activated(object sender, ActivatedEventArgs e)
{
}

// Code to execute when the application is deactivated (sent to background)
// This code will not execute when the application is closing
private void Application_Deactivated(object sender, DeactivatedEventArgs e)
{
}

// Code to execute when the application is closing (eg, user hit Back)
// This code will not execute when the application is deactivated
private void Application_Closing(object sender, ClosingEventArgs e)
```

```
    {
    }
```

마법사가 앱의 이벤트 핸들러를 미리 만들어 놓은 이유는 필요할 때 추가 작업 없이 메서드의
본체에 코드를 채워 넣어 사용하라는 뜻이다. 이 이벤트들이 정확하게 언제 발생하는지 핸들러
에서 메시지 박스를 열어 확인해 보자. 메서드의 본체까지 다 만들어져 있으므로 본체 안에
코드만 채워 넣으면 된다.

AppEvent

```
private void Application_Launching(object sender, LaunchingEventArgs e)
{
    MessageBox.Show("App Launching");
}

private void Application_Activated(object sender, ActivatedEventArgs e)
{
    MessageBox.Show("App Activated");
}

private void Application_Deactivated(object sender, DeactivatedEventArgs e)
{
    MessageBox.Show("App Deactivated");
}

private void Application_Closing(object sender, ClosingEventArgs e)
{
    MessageBox.Show("App Closing");
}
```

에뮬레이터에 예제를 설치해 놓고 실행해 보자. 예제를 실행하면 Launching 이벤트가 즉시 발생
하며 종료하기 전에 Closing 이벤트가 발생한다.

Launching 이벤트 발생시 뒤쪽에는 스플래시 화면이 떠 있으므로 아직 앱이 실행되기 전임을
알 수 있다. Closing 이벤트는 앱이 완전히 닫힌 후 전달된다. 두 이벤트는 프로그램 전역적인
초기화와 정리를 하기에 적합한 시점이다.

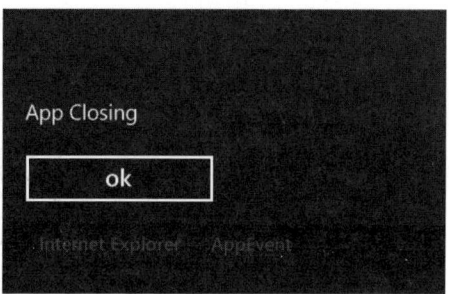

앱을 다시 실행한 후 Start 버튼을 눌러 시작 화면으로 이동해 보자. 이때는 종료 이벤트 대신 Deactivated 이벤트가 발생한다. 실행 중에 시작 화면으로 나가면 프로그램이 종료되는 것이 아니라 비활성화된다는 것을 알 수 있다. 이 상태에서 Back 버튼을 눌러 다시 복귀하면 Activated 이벤트가 발생하며 앱이 재기동된다. 이 두 이벤트에서는 실행 정보를 저장해 두었다가 복구하는 코드가 주로 작성된다.

앱의 생명 주기를 다루는 작업은 지금 실습하기에는 복잡하고 어렵다. 아직 더 많은 것들을 알아야 하므로 여기서는 앱의 어떤 이벤트가 언제 발생하는지만 구경해 보자. 관련 내용은 실행 모델을 다룰 때 다시 자세히 공부하게 될 것이다.

5-2 │ 터치

5-2-1 저수준 터치

스마트폰의 주 입력 장치는 화면이다. 키보드나 마우스 같은 전통적인 입력 장치가 거의 없으므로 출력 장치인 화면이 입력을 겸한다. 사용자는 화면을 탭하거나 드래그하여 다양한 명령을 내리며 문자를 입력할 때도 화면 키보드를 사용한다. 윈도우폰은 2가지 수준의 터치 입력 인터페이스를 제공한다.

- 저수준 : 특정 객체에서 발생한 이벤트를 전달하는 것이 아니라 화면 전체의 터치 이벤트를 전달한다. 터치에 대한 모든 정보를 제공하므로 고수준의 제스처는 직접적으로 지원하지 않는다.
- 고수준 : 모든 손가락의 터치 정보를 통합하여 손가락이 움직인 거리나 속도 등을 제공한다. 저수준 정보를 가공해서 제공하므로 사용하기는 훨씬 더 쉽다.

저수준 이벤트부터 연구해 보자. 저수준 이벤트는 Touch 객체로 입력받는다. Touch는 멀티 터치 입력을 처리하는 응용 프로그램 서비스로서 이미 생성되어 있으므로 따로 생성할 필요없이 바로 사용할 수 있다. Touch는 터치 정보를 받는 FrameReported 이벤트를 제공하며 다음 핸들러로 터치 이벤트를 받는다.

```
void OnTouchFrameEventHandler(Object sender, TouchFrameEventArgs args)
```

FrameReported 이벤트에 대해 핸들러를 등록해 놓으면 터치 발생시마다 이 메서드가 호출된다. args 인수에 터치에 관련된 정보가 들어 있으며 이 객체를 분석하여 사용자가 어디를 눌렀는지를 알아낸다. Timestamp 속성은 터치가 발생한 시간이며 args의 다음 메서드들로 터치에 대한 더 상세한 정보를 조사한다.

```
TouchPointCollection GetTouchPoints(UIElement relativeTo)
TouchPoint GetPrimaryTouchPoint(UIElement relativeTo)
```

relativeTo 인수로 터치 좌표의 기준이 되는 컨트롤을 전달하되 null이면 화면 좌상단 원점을 기준으로 한 좌표가 조사된다. 멀티 터치를 지원하므로 TouchPoint 객체의 컬렉션이 리턴되며 컬렉션 안에는 누른 손가락의 개수만큼 정보가 들어 있다. 다음은 TouchPoint의 속성이다.

속 성	설 명
Action	터치의 동작(Down, Up, Move)를 표시하는 TouchAction 열거형이다.
Position	터치가 발생한 좌표이다. 기준 컨트롤의 왼쪽, 위를 터치했다면 음수가 전달될 수도 있다.
Size	터치가 발생한 사각 영역의 크기이며 터치의 강도인 압력을 나타낸다. 그러나 윈도우폰은 아직 압력을 지원하지 않는다.
TouchDevice	터치를 발생시킨 장비에 대한 정보이다. 이 객체의 Id는 터치한 손가락의 번호이다. DirectlyOver는 터치가 발생한 곳 아래쪽의 컨트롤이다.

GetPrimaryTouchPoint 메서드는 제일 먼저 터치한 손가락에 대한 정보만 조사한다. 데스크탑 환경처럼 마우스로 클릭하거나 다른 손가락에는 관심이 없는 경우는 이 메서드로 터치 정보를 구한다. 다음 예제로 화면 터치시 어떤 정보들이 전달되는지 연구해 보자.

```
<Grid x:Name="ContentPanel" Grid.Row="1" Margin="12,0,12,0">
    <StackPanel>
        <Button Name="btnClear" Content="Clear" Click="btnClear_Click" />
        <TextBlock Name="log" />
    </StackPanel>
</Grid>
================================== CS =======================================
namespace TouchDumpLow
{
    public partial class MainPage : PhoneApplicationPage
    {
        public MainPage()
        {
            InitializeComponent();
            Touch.FrameReported += OnTouchFrameReported;
        }

        private void btnClear_Click(object sender, RoutedEventArgs e)
        {
            log.Text = "";
        }

        void OnTouchFrameReported(object sender, TouchFrameEventArgs args)
        {
            TouchPointCollection tpc = args.GetTouchPoints(null);
            TouchPoint tp = tpc[0];
            String str = String.Format("num={0},Action={1},Pos=({2},{3})\n",
                tpc.Count, tp.Action, tp.Position.X, tp.Position.Y);
            log.Text += str;

            if (tp.Action == TouchAction.Down) args.SuspendMousePromotionUntilTouchUp();
        }
    }
}
```

터치 이벤트로 전달되는 모든 정보를 문자열 형태로 조립하여 텍스트 블록에 출력한다. 터치에 대한 로그를 출력하는 셈이다. 이벤트가 굉장히 자주 전달되어 로그가 금방 가득 찰 수 있으므로 로그를 삭제하는 버튼을 배치했다. 페이지의 생성자에서 Touch의 FrameReported 이벤트를 등록한다. Touch는 폼에 배치하는 컨트롤이 아니므로 코드에서 += 연산자로 이벤트 핸들러를 등록해야 한다.

터치 이벤트 핸들러는 인수로 전달된 args의 정보들을 읽기 쉽게 문자열 형태로 조립하여 아래쪽의 log 텍스트 블록에 덧붙인다. 이 문자열을 살펴보면 전달되는 모든 이벤트의 정보를 엿볼 수 있다. 예제를 실행해 놓고 화면의 임의 위치를 살짝 드래그해 보자.

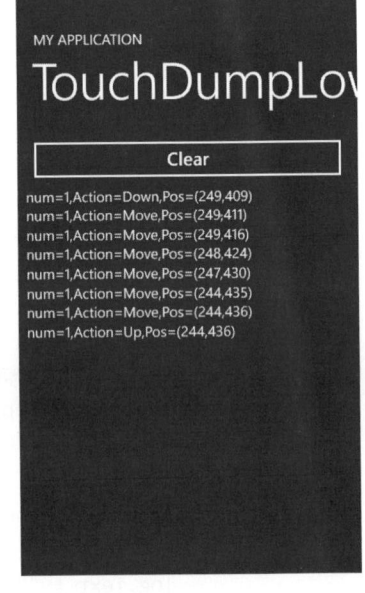

Down 이벤트가 한 번 오고 손가락이 이동하는 족족 연이어 Move가 여러 차례 전달되며 최종적으로 Up이 온다. 에뮬레이터에서는 멀티 터치가 안 되므로 터치 개수는 항상 1이지만 실장비에서는 누른 손가락 개수만큼의 TouchPoint 객체가 전달되며 각 객체는 서로 다른 좌표를 가리키고 있을 것이다. 손가락 사이의 거리가 어떻게 바뀌는지를 판별하여 확대나 축소 등의 동작을 구현한다.

터치의 좌표는 화면의 좌상단을 기준으로 한다. 그러나 GetTouchPoints 메서드의 인수를 btnClear로 바꾸면 이 버튼을 기준으로 한 좌표가 전달된다. 버튼의 위쪽이나 왼쪽을 터치할 수도 있으므로 좌표는 음수가 될 수도 있다. 저수준은 화면에서 발생하는 모든 터치 동작을 감시할 수 있다는 면에서 강력하다. 그러나 가공된 정보가 아니므로 사용하기는 불편하다.

5-2-2 사운드 출력

잠시 후 터치를 이용한 드럼 연주 예제를 작성해볼 것이다. 화면에 표시된 드럼을 손가락으로 두드리면 북소리를 내는 예제이다. 이 실습을 위해 먼저 소리를 내는 방법을 간단하게 소개한다. 사운드는 메시지 박스와 달리 실행 흐름을 막지 않는다는 면에서 디버깅용으로도 가치가 있다. 특정 이벤트가 잘 발생하는지 소리를 내 보면 프로그램을 중지하지 않고도 쉽게 알 수 있어 편리하다.

윈도우폰에서 소리를 내는 방법은 여러 가지가 있다. 공식적인 방법은 MediaPlayer나 MediaElement 객체를 사용하는 것인데 전문 멀티미디어 클래스답게 기능이 굉장히 많다. 여러 파일의 목록을 재생할 수도 있고 사운드뿐만 아니라 동영상도 재생 가능하다. 하지만 기능이 많은 만큼 사용 방법이 복잡해서 간단한 효과음 용도로 사용하기에는 어울리지 않는다.

좀 더 쉬운 방법은 XNA의 사운드 기능을 활용하는 것이다. 게임용 라이브러리인만큼 단순한 효과음 재생은 훨씬 더 편리하다. 실버라이트 프로젝트에서 XNA의 기능을 사용하려면 Microsoft. Xna.Framework 어셈블리를 레퍼런스에 추가해야 한다. SoundTest라는 이름으로 프로젝트를 만든 후 Project/Add Reference 메뉴 항목을 선택하고 목록에서 Microsoft.Xna.Framework를 선택한다.

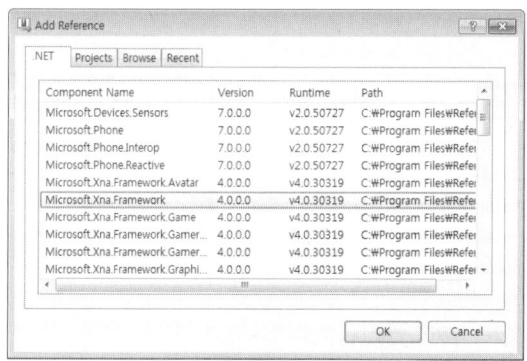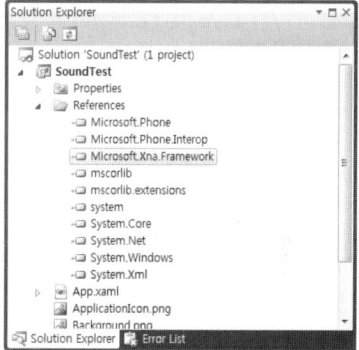

다음은 재생할 사운드 파일을 준비한다. 압축 사운드 파일은 사용할 수 없고 wav 포맷만 사용할 수 있다. 적당한 사운드 파일을 준비해 놓고 Project/Add Existing Item 항목에서 사운드 파일을 선택하면 프로젝트 폴더로 복사된다. 효과음 사운드 파일은 인터넷에서 쉽게 구할 수 있는데 여기서는 총소리를 내는 bullet.wav라는 파일을 사용했다. 솔루션 탐색기의 References 노드에 Xna 어셈블리가 추가되어 있고 루트 아래에 bullet.wav 파일이 복사되어 있을 것이다.

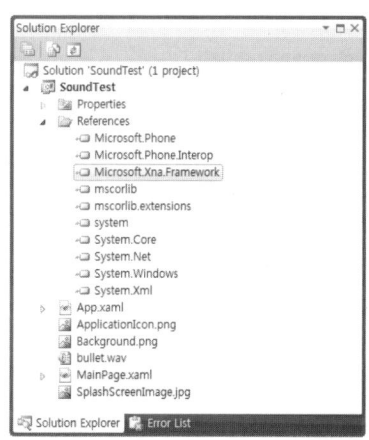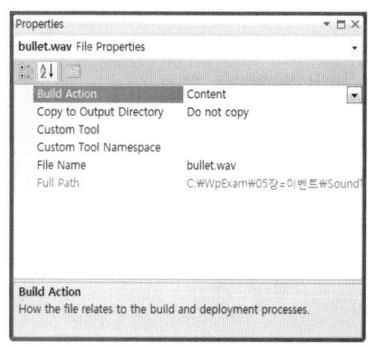

bullet.wav를 선택해 놓고 속성창을 보면 Build Action이 Content로 되어 있는데 디폴트대로 두면 된다. 레이아웃에 버튼을 배치하고 버튼을 클릭할 때 소리를 내 보자.

SoundTest

```
<Grid x:Name="ContentPanel" Grid.Row="1" Margin="12,0,12,0">
    <StackPanel>
        <Button Name="btnShot" Content="발사" Click="btnShot_Click" />
    </StackPanel>
</Grid>
================================= CS =================================
using System.IO;
using Microsoft.Xna.Framework;
using Microsoft.Xna.Framework.Audio;

namespace SoundTest
{
    public partial class MainPage : PhoneApplicationPage
    {
        Stream wav;
        SoundEffect effect;
        public MainPage()
        {
            InitializeComponent();

            wav = TitleContainer.OpenStream("bullet.wav");
            effect = SoundEffect.FromStream(wav);
            FrameworkDispatcher.Update();
        }

        private void btnShot_Click(object sender, RoutedEventArgs e)
        {
            effect.Play();
        }
    }
}
```

사운드 파일을 액세스해야 하고 XNA 프레임워크의 여러 클래스가 필요하므로 소스 선두에 관련 네임스페이스에 대한 using 선언을 해야 한다. 사운드를 읽어올 때는 TitleContainer의 다음 정적 메서드를 호출한다. TitleContainer는 정적 메서드 하나만을 가지는 아주 간단한 클래스이다. OpenStream 메서드는 스토리지에서 인수로 전달한 스트림을 읽어온다.

```
static Stream TitleContainer.OpenStream (string name)
```

이 메서드로 읽은 스트림을 Stream 타입의 변수에 대입해 놓는다. 다음은 스트림으로부터 직접 소리를 낼 수 있는 SoundEffect 객체를 생성한다. 이때는 다음 정적 메서드를 호출하고 리턴되는 객체를 SoundEffect 타입의 변수에 대입한다.

```
static SoundEffect FromStream(Stream stream)
```

효과음을 준비한 후 FrameworkDispatcher.Update 메서드를 호출한다. 이 메서드는 전원 상태나 미디어 목록 등을 갱신하여 재생 준비를 하는데 프레임워크 상태를 갱신하지 않으면 새로 추가한 효과음이 재생되지 않는다. 효과음을 재생할 때는 다음 메서드를 호출한다.

```
bool Play([float volume, float pitch, float pan])
```

인수로 볼륨, 속도, 좌우 소리 비율 등을 지정할 수도 있되 모든 인수를 생략하면 무난한 디폴트 옵션으로 사운드를 재생한다. 예제에서는 버튼 클릭 이벤트에서 Play 메서드를 호출하여 소리를 출력했다. "발사" 버튼을 누를 때마다 총소리가 날 것이다. 에뮬레이터도 호스트 PC의 스피커를 통해 소리를 내 주므로 굳이 실장비에 올려보지 않아도 테스트해 볼 수 있다.

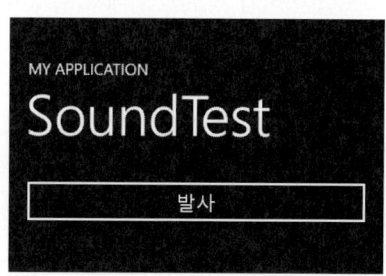

고작 소리 하나 내는데 절차가 너무 복잡해 보인다. 사운드 리소스를 프로젝트에 추가해야 하고 재생하기 전에 멤버에 이것저것 준비해야 할 것이 많아 번거롭다. 다음과 같이 클릭 이벤트에서 모든 것을 처리해도 소리가 재생되기는 한다.

```
private void btnShot_Click(object sender, RoutedEventArgs e)
{
    SoundEffect effect = SoundEffect.FromStream(TitleContainer.OpenStream("bullet.wav"));
    FrameworkDispatcher.Update();
    effect.Play();
}
```

메서드 내에서 스트림을 읽고 효과음 만들고 프레임워크 업데이트까지 한 후 Play 메서드를 호출하는 식이다. 하지만 이 방법은 매 클릭시마다 처음부터 사운드를 준비하므로 반응성이 떨어진다. 사운드를 준비하는 것은 상당한 시간이 소요되며 사운드 파일이 크면 눈에 띄게 느려질 것이다. 미리 효과음 재생을 위한 준비를 완벽하게 해 두어야 Play 메서드를 호출할 때 실시간으로 소리를 낼 수 있다.

5-2-3 드럼 연주

터치를 입력받는 방법과 사운드를 재생하는 방법을 알아보았으니 이제 터치 이벤트를 활용하여 간단한 타악기 연주 예제를 만들어 보자. 두드려서 연주하는 타악기는 터치 동작과 잘 맞고 또 윈도우폰은 멀티 터치도 훌륭히 지원하므로 여러 타악기를 동시에 두드리는 동시 재생도 가능하다.

먼저 악기 모양의 배경 이미지와 각 악기의 소리에 해당하는 사운드 파일을 준비한다. 멋진 드럼 세트 이미지를 보여주면 좋겠으나 드럼이 없어 집에서 사용하는 집기들을 대충 모아서 디지털 카메라로 사진을 찍었다. 드럼 이미지 정도야 웹에서 쉽게 구할 수 있지만 저작권법이 워낙 골치 아파서 좀 촌스럽기는 하지만 그냥 직접 찍었다. 쟁반이나 도마, 냄비 등을 북이라고 생각하자.

촬영한 사진은 윈도우폰 화면 크기와 같은 800 * 480 크기의 jpg 파일로 저장하여 배경 이미지로 사용한다. 캔버스에 배경 이미지를 출력할 때는 Image 컨트롤을 사용한다. Image 컨트롤은 다음 장에서 상세하게 연구해 볼 것이다. 사운드 파일은 북소리 비슷한 wav 파일 여섯 개를 준비했다.

새 프로젝트를 생성한 후 Project/Add Existing Item 메뉴 항목을 선택하여 이미지 파일과 사운드 파일을 프로젝트에 포함시킨다. 사운드를 출력하려면 앞 장에서 설명한대로 Microsoft.Xna.Framework 어셈블리에 대한 참조를 추가해야 한다. 전체 소스는 다음과 같다. 지금까지의 예제와는 구조가 좀 다르므로 전체 소스를 보인다.

DrumPlay

```xml
<phone:PhoneApplicationPage
    x:Class="DrumPlay.MainPage"
    xmlns="http://schemas.microsoft.com/winfx/2006/xaml/presentation"
    xmlns:x="http://schemas.microsoft.com/winfx/2006/xaml"
    xmlns:phone="clr-namespace:Microsoft.Phone.Controls;assembly=Microsoft.Phone"
    xmlns:shell="clr-namespace:Microsoft.Phone.Shell;assembly=Microsoft.Phone"
    xmlns:d="http://schemas.microsoft.com/expression/blend/2008"
    xmlns:mc="http://schemas.openxmlformats.org/markup-compatibility/2006"
    mc:Ignorable="d" d:DesignWidth="800" d:DesignHeight="480"
    FontFamily="{StaticResource PhoneFontFamilyNormal}"
    FontSize="{StaticResource PhoneFontSizeNormal}"
    Foreground="{StaticResource PhoneForegroundBrush}"
    SupportedOrientations="Landscape" Orientation="Landscape"
    shell:SystemTray.IsVisible="False">

<Canvas>
    <Image Stretch="UniformToFill" Source="DrumPlay.jpg" />
    <Ellipse Name="Area1" Width="201" Height="196" Canvas.Left="50" Canvas.Top="36"
            Fill="Red" Opacity="0.5" />
    <Rectangle Name="Area2" Width="123" Height="124" Canvas.Left="307" Canvas.Top="66"
            Fill="Red" Opacity="0.5" />
    <Ellipse Name="Area3" Width="190" Height="183" Canvas.Left="554" Canvas.Top="49"
            Fill="Red" Opacity="0.5" />
    <Ellipse Name="Area4" Width="186" Height="189" Canvas.Left="50" Canvas.Top="259"
            Fill="Red" Opacity="0.5" />
    <Rectangle Name="Area5" Width="237" Height="150" Canvas.Left="280" Canvas.Top="273"
            Fill="Red" Opacity="0.5" />
```

```
            <Ellipse Name="Area6" Width="141" Height="137" Canvas.Left="570" Canvas.Top="297"
                  Fill="Red" Opacity="0.5" />
     </Canvas>
</phone:PhoneApplicationPage>
================================== CS ==========================================
using System.IO;
using Microsoft.Xna.Framework;
using Microsoft.Xna.Framework.Audio;

namespace DrumPlay
{
    public partial class MainPage : PhoneApplicationPage
    {
        static int Num = 6;
        Shape[] Areas = new Shape[Num];
        SoundEffect[] Effect = new SoundEffect[Num];

        public MainPage()
        {
            InitializeComponent();

            // 루프를 돌기 위해 타원 영역들을 배열에 넣는다.
            Areas[0] = Area1;
            Areas[1] = Area2;
            Areas[2] = Area3;
            Areas[3] = Area4;
            Areas[4] = Area5;
            Areas[5] = Area6;

            // 타원 영역은 모두 숨긴다.
            for (int i = 0; i < Num; i++)
            {
                Areas[i].Opacity = 0;
            }

            // 사운드 파일 준비
            Effect[0] = SoundEffect.FromStream(TitleContainer.OpenStream("sound1.wav"));
            Effect[1] = SoundEffect.FromStream(TitleContainer.OpenStream("sound2.wav"));
            Effect[2] = SoundEffect.FromStream(TitleContainer.OpenStream("sound3.wav"));
            Effect[3] = SoundEffect.FromStream(TitleContainer.OpenStream("sound4.wav"));
            Effect[4] = SoundEffect.FromStream(TitleContainer.OpenStream("sound5.wav"));
```

```
        Effect[5] = SoundEffect.FromStream(TitleContainer.OpenStream("sound6.wav"));
        FrameworkDispatcher.Update();

        Touch.FrameReported += new TouchFrameEventHandler(Touch_FrameReported);
    }

    void Touch_FrameReported(object sender, TouchFrameEventArgs e)
    {
        TouchPointCollection tpc = e.GetTouchPoints(null);

        // 타원을 눌렀으면 대응되는 소리를 낸다.
        for (int i = 0; i < Num; i++)
        {
            for (int j = 0; j < tpc.Count; j++)
            {
                if (tpc[j].Action == TouchAction.Down &&
                    tpc[j].TouchDevice.DirectlyOver == (UIElement)Areas[i])
                {
                    Effect[i].Play();
                }
            }
        }
    }
}
}
```

페이지의 속성이 지금까지의 예제와는 달리 특이하게 설정되어 있다. 악기는 보통 양손으로 조작하므로 폰의 방향을 가로로 고정했으며 초기 방향도 가로이다. 화면이 가로로 넓어야 양손으로 두 개 이상의 악기를 두드리기 쉽다. 시스템 트레이는 굳이 필요치 않으므로 숨겼으며 전체 화면을 다 사용한다. 앱 제목이나 페이지 제목도 딱히 필요 없으므로 모두 없애 버리고 캔버스가 전체 화면을 다 차지한다. 주로 게임들이 이런 식인데 이 예제도 게임과 비슷하므로 전체 화면을 다 사용했다.

캔버스의 첫 차일드로 Image 컨트롤을 배치하고 미리 준비해 두었던 DrumPlay.jpg를 배경으로 지정한다. Image가 제일 먼저 선언되었으므로 제일 아래쪽 바닥에 깔릴 것이다. 그 위에 악기의 모양과 영역에 맞추어 타원, 네모 등의 도형을 배치했다. 도형의 색상을 반투명한 빨간색으로 지정하여 드래그하여 위치와 크기를 조정하기 쉽도록 했다. 실제 드럼 세트 이미지라도 이 방식대로면 두드릴 부분을 쉽게 정의할 수 있다. 디자인 화면의 모습은 다음과 같다.

이 도형들은 실행시에 터치의 히트 테스트 영역으로 사용된다. 디자인 타임에는 영역 조정을 위해 일단 보여야 하므로 반투명한 색상으로 설정했지만 실행될 때는 투명하게 속성을 조정하여 숨길 것이다. XAML 파일에는 Opacity 속성이 0.5로 지정되어 있지만 실행 직후에 생성자에서 모든 도형의 Opacity 속성을 0으로 변경한다. 그리고 미리 준비해 둔 사운드 파일을 읽어들이고 터치 이벤트 핸들러를 등록한다.

터치 핸들러는 이중 루프를 돌며 각 악기의 영역이 터치되었는지를 조사한다. 여러 개의 악기가 배치되어 있고 터치도 여러 손가락으로 동시에 할 수 있으므로 이중 루프를 돌며 각 손가락이 누른 모든 악기를 조사해야 한다. i 루프는 악기에 대한 루프이고 j 루프는 손가락에 대한 루프이다. 모든 악기의 영역에 대해 터치한 모든 손가락의 좌표를 비교해 보고 하나라도 일치하는 영역이 있으면 대응되는 소리를 재생한다. 실행 모습은 다음과 같다.

에뮬레이터에서 마우스로 악기를 클릭하면 소리가 날 것이다. 도형들이 악기의 모양에 맞게 배치되어 있으므로 히트 테스트는 아주 정확하다. 아쉽게도 에뮬레이터는 마우스가 하나밖에 없어 멀티 터치를 할 수는 없다. 실장비에서는 여러 손가락을 동시에 눌러 한 번에 북 여러 개를 두드릴 수 있다. 다음은 실 장비에서의 실행 모습이며 멀티 터치가 제대로 동작한다.

대충 만들다 보니 실제 악기 이미지가 아니고 소리도 실제 악기와 잘 어울리지 않지만 터치 이벤트로 악기를 재생하는 기본적인 방법을 보여주기에는 부족함이 없다. 이 예제의 방식을 응용하면 피아노나 실로폰 정도는 어렵지 않게 만들 수 있을 것이다. 건반이 좀 많다 뿐이지 만드는 원리는 동일하다.

5-2-4 고수준 터치

고수준 터치 인터페이스는 터치를 시작할 때, 터치한 상태로 이동 중일 때, 터치를 종료할 때 각각 분리된 이벤트가 발생한다. 매 시점마다 이벤트가 다르고 터치 정보를 있는 그대로 전달하는 것이 아니라 쓰기 편리한 가공된 형태로 전달하므로 사용하기 훨씬 더 쉽다. 고수준 터치 이벤트는 UIElement에 정의되어 있으므로 그 파생 클래스들은 모두 이 이벤트를 받는다.

터치를 시작할 때는 ManipulationStarted 이벤트가 전달된다. 컨트롤을 누를 때 이 이벤트가 발생한다. 인수로 ManipulationStartedEventArgs 타입의 객체가 전달되며 이 객체 안에 다음과 같은 정보가 들어 있다. 이 정보를 통해 어디를 눌렀는지 알아낸다.

속 성	설 명
ManipulationOrigin	터치를 시작한 좌표이다.
ManipulationContainer	좌표 계산을 위한 컨테이너이다. 터치 좌표는 이 컨트롤의 좌상단을 원점으로 한다.

터치한 상태에서 이동할 때는 ManipulationDelta 이벤트가 발생한다. 손가락 좌표가 바뀔 때마다 전달되므로 이 이벤트는 터치를 놓을 때까지 여러 번 반복적으로 발생한다. 이벤트 인수로 ManipulationDeltaEventArgs 타입의 객체가 전달되는데 이 인수를 통해 각 이동시의 정보는 물론이고 총 이동 거리나 속도 등의 누적된 정보까지도 쉽게 구할 수 있다.

속 성	설 명
DeltaManipulation	최근 이동 정보이다. Translation 속성은 이동한 거리를 나타내며 Scale은 확대 배율이다. 단일 터치일 때 Scale은 항상 0이다.
CumulativeManipulation	누적 이동 정보이다.
IsInertial	관성 이동인 경우 true이다.
Velocities	이동 속도이다. LinearVelocity는 직선 속도이다.

터치 완료시에는 ManipulationCompleted 이벤트가 발생한다. ManipulationCompletedEventArgs 타입의 인수가 전달된다. 최종 이동 거리와 속도를 조사할 수 있다.

속 성	설 명
FinalVelocities	최종 속도이다.
TotalManipulation	총 이동 정보이다.

다음 예제를 통해 고수준 터치 이벤트의 발생 시점과 인수들의 값을 관찰해 보자.

TouchDumpHigh

```
<Grid x:Name="ContentPanel" Grid.Row="1" Margin="12,0,12,0">
    <StackPanel>
        <Button Content="Button" Height="150"
                ManipulationStarted="Button_ManipulationStarted"
                ManipulationDelta="Button_ManipulationDelta"
```

```
                ManipulationCompleted="Button_ManipulationCompleted" />
        <TextBlock Name="log" />
    </StackPanel>
</Grid>
================================ CS =======================================
private void Button_ManipulationStarted(object sender, ManipulationStartedEventArgs e)
{
    String str = String.Format("Started:({0},{1})\n", e.ManipulationOrigin.X,
e.ManipulationOrigin.Y);
    log.Text = str;
}

private void Button_ManipulationDelta(object sender, ManipulationDeltaEventArgs e)
{
    String str = String.Format("Delta:recent=({0},{1}) cumu=({2}, {3}) vel=({4},{5})\n",
        e.DeltaManipulation.Translation.X, e.DeltaManipulation.Translation.Y,
        e.CumulativeManipulation.Translation.X, e.CumulativeManipulation.Translation.Y,
        e.Velocities.LinearVelocity.X, e.Velocities.LinearVelocity.Y);
    log.Text += str;
}

private void Button_ManipulationCompleted(object sender, ManipulationCompletedEventArgs e)
{
    String str = String.Format("Completed:total=({0},{1}) vel=({2},{3})\n",
        e.TotalManipulation.Translation.X, e.TotalManipulation.Translation.Y,
        e.FinalVelocities.LinearVelocity.X, e.FinalVelocities.LinearVelocity.Y);
    log.Text += str;
}
```

스택 패널에 버튼과 텍스트 블록을 배치해 두고 버튼에서 발생하는 터치 이벤트 정보를 텍스트 블록에 덤프한다. 버튼에 대한 터치만 덤프하므로 버튼 바깥을 클릭해도 아무 반응이 없다. 이 예제를 통해 각 이벤트가 언제 발생하고 인수의 의미는 무엇인지를 연구할 수 있다.

버튼을 눌렀다 떼면 Started와 Completed 이벤트가 연이어 발생할 것이다. 버튼을 누른 후 이동하면 중간에 Delta 이벤트가 무수히 발생한다. 직전 이벤트에서의 이동 거리와 최초 터치한 후의 총 이동 거리 등을 구할 수 있다. 이 인수들을 분석하여 필요한 정보를 골라 사용하면 된다.

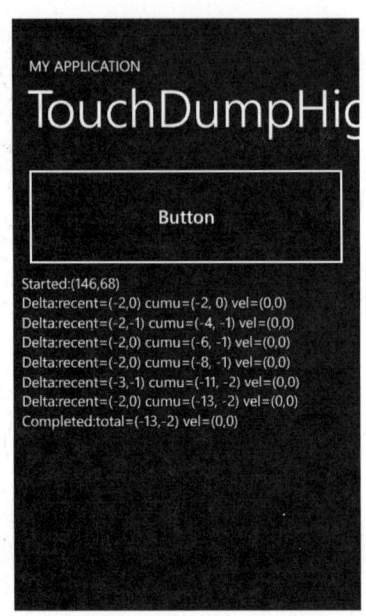

고수준 터치 인터페이스의 가장 기본적인 사용예는 드래그이다. 다음 예제는 버튼을 드래그하여 드롭한 위치로 이동시킨다.

TouchMove

```
<Grid x:Name="ContentPanel" Grid.Row="1" Margin="12,0,12,0">
    <Canvas>
        <Button Name="btn" Content="Button" ManipulationDelta="btn_ManipulationDelta" />
    </Canvas>
</Grid>
================================ CS ========================================
private void btn_ManipulationDelta(object sender, ManipulationDeltaEventArgs e)
{
    if (sender is Button == false) return;
    Point tr = e.DeltaManipulation.Translation;
    Canvas.SetLeft(btn, Canvas.GetLeft(btn) + tr.X);
    Canvas.SetTop(btn, Canvas.GetTop(btn) + tr.Y);
}
```

드래그에 의해 버튼의 좌표를 임의로 조정해야 하므로 이 경우는 캔버스에 배치하는 것이 가장 쉽다. 물론 그리드에 배치해 놓고 마진으로 좌표를 조정할 수도 있다. 터치 시작이나 끝 이벤트는 굳이 처리할 필요가 없으며 Delta 이벤트에서 이동 거리만큼 좌표를 조정하면 된다. 이동 대상이 버튼이 맞는지 확인하고 최후 이동 거리만큼 버튼의 좌상단 좌표를 조정했다.

손가락으로(에뮬레이터에서는 물론 마우스로) 버튼을 드래그하면 손가락을 따라 버튼이 이동 하며 놓으면 그 자리에 멈출 것이다. 버튼을 누른 후 즉시 이동하는 것이 아니라 일정한 거리만 큼 이동해야 Delta 이벤트가 발생하며 그래서 한 박자 느리게 이동한다. 이는 클릭과 드래그를 구분하기 위해서이다.

5-3 여러 가지 이벤트

5-3-1 키보드 이벤트

컨트롤이 포커스를 가진 상태에서 키보드를 누르면 KeyDown 이벤트가 발생하며 키를 뗄 때 KeyUp 이벤트가 발생한다. 인수로 KeyEventArgs 객체가 전달되며 이 객체의 Key 속성을 통해 어떤 키를 눌렀는지 조사한다. 다음 예제는 키보드의 커서 이동키로 버튼의 위치를 이동시킨다.

KeyDown

```
<Grid x:Name="ContentPanel" Grid.Row="1" Margin="12,0,12,0">
    <Canvas Name="canvas">
        <Button Name="btn" Canvas.Left="200" Canvas.Top="300"
                Content="Button" KeyDown="btn_KeyDown" />
    </Canvas>
</Grid>
================================= CS =========================================
private void btn_KeyDown(object sender, KeyEventArgs e)
{
    switch (e.Key)
    {
        case Key.Left:
            Canvas.SetLeft(btn, Canvas.GetLeft(btn) - 5);
            break;
        case Key.Right:
            Canvas.SetLeft(btn, Canvas.GetLeft(btn) + 5);
            break;
        case Key.Up:
            Canvas.SetTop(btn, Canvas.GetTop(btn) - 5);
            break;
        case Key.Down:
            Canvas.SetTop(btn, Canvas.GetTop(btn) + 5);
            break;
    }
}
```

캔버스의 중간쯤에 버튼을 배치하고 버튼의 KeyDown 이벤트에서 상하좌우 키 입력을 받아 버튼 자신의 좌표를 5씩 증감시킨다. 키 이벤트를 받으려면 버튼이 포커스를 가져야 하므로 버튼을 한 번 터치해야 한다. 그리고 에뮬레이터가 호스트 PC의 키 입력을 받아야 하므로 PgUp 이나 Pause 버튼을 누른 후 커서 이동키를 조작한다.

커서 이동키로 버튼의 위치를 이동시킬 수는 있지만 사실 이 예제는 현실적으로 전혀 쓸모가 없다. 모바일 장비는 대부분 하드웨어 키보드를 내장하지 않으며 설사 키보드가 있는 모델이라 하더라도 키보드를 항상 펼쳐 놓지는 않는다. 에뮬레이터에서는 이 예제를 테스트할 수 있지만 대부분의 실장비에서는 버튼을 움직일 방법이 없다. 키보드가 없는 장비에서도 프로그램을 조작할 수 있어야 하므로 키보드를 주 입력 장치로 사용해서는 안 된다.

모바일 장비에서 키보드는 어디까지나 보조적인 입력장치일 뿐이며 주 입력 장치는 항상 터치이다. 앱의 모든 동작은 터치로 가능해야 하며 설사 키보드를 주 입력 수단으로 사용하더라도 대체적인 조작 방법을 제공해야 한다. 실버라이트는 모바일 전용의 라이브러리가 아니고 웹에서도 사용되므로 키보드 입력 이벤트를 지원하지만 모바일용 앱을 개발할 때는 키보드 이벤트를 아예 고려하지 않는 것이 좋다.

KeyDown 이벤트보다는 차라리 PhoneApplicationPage의 BackKeyPress 이벤트가 더 실용성이 있다. 이 이벤트는 장비의 아래쪽에 있는 하드웨어 Back키를 누를 때 발생한다. 모든 윈도우폰은 Back키를 가지고 있으므로 장비 호환성을 걱정할 필요가 없다. BackKeyPress 이벤트를 처리하지 않으면 페이지를 종료하는 디폴트 동작을 하지만 이벤트를 가로채면 원하는 다른 동작을 할 수도 있다. 다음 예제는 종료전에 미저장 정보를 확인한다.

BackPress

```
SupportedOrientations="Portrait" Orientation="Portrait"
shell:SystemTray.IsVisible="True"
BackKeyPress="PhoneApplicationPage_BackKeyPress">

    ....

<Grid x:Name="ContentPanel" Grid.Row="1" Margin="12,0,12,0">
    <StackPanel>
        <TextBlock Text="게시물 작성" />
        <TextBox Name="txtPost" Height="200" AcceptsReturn="true" TextWrapping="Wrap"
                 TextChanged="txtPost_TextChanged" />
    </StackPanel>
</Grid>
================================== CS =========================================
namespace BackPress
{
    public partial class MainPage : PhoneApplicationPage
    {
        bool Modified = false;
        public MainPage()
        {
            InitializeComponent();
        }

        private void PhoneApplicationPage_BackKeyPress(object sender,
            System.ComponentModel.CancelEventArgs e)
        {
            if (Modified)
            {
                MessageBoxResult result = MessageBox.Show(
                    "미저장 정보를 버리고 종료합니다.",
                    "잠깐만요", MessageBoxButton.OKCancel);
                if (result == MessageBoxResult.Cancel)
                {
                    e.Cancel = true;
                }
            }
        }
```

```
        private void txtPost_TextChanged(object sender, TextChangedEventArgs e)
        {
            Modified = true;
        }
    }
}
```

컨텐트 패널에 게시물을 입력하는 텍스트 박스를 배치하고 TextChanged 이벤트에서 내용이 조금이라도 편집되면 Modified 멤버를 true로 변경하여 편집되었음을 기록한다. 내용을 입력해 놓은 상태에서 의도적이건 실수이건 Back키를 누르면 페이지가 종료되며 이때 입력해 놓은 문자열은 잃어버릴 것이다.

이런 사고를 방지하기 위해 페이지에 BackKeyPress 이벤트에 대한 핸들러를 등록하였다. 페이지의 이벤트이므로 XAML 소스 창에서 페이지를 선택해 놓고 속성창에서 이벤트 핸들러를 작성해야 한다. 핸들러는 Modified가 true인 경우 정말 종료할 것인지 메시지 박스로 사용자에게 확인한다. 이 메시지 박스에서 사용자가 cancel 버튼을 클릭하면 이벤트 인수의 Cancel 프로퍼티에 true를 대입하여 페이지 종료를 거부할 수 있다.

내용이 편집되지 않았거나 확인 대화상자에서 사용자가 ok 버튼을 누른 경우에는 페이지가 정상적으로 종료된다. 예제를 실행한 후 아무 내용도 입력하지 않고 Back 버튼을 누르면 질문없이 종료될 것이다. 설사 편집을 했더라도 ok 버튼을 누르면 그냥 종료하고 cancel 버튼을 누를 때만 종료를 거부한다.

Back키는 또한, 페이지 내부에서 이전 정보로 이동하는 용도로도 사용된다. 대표적인 예가 웹 브라우저인데 링크를 타고 사이트를 돌아다니다가 Back키를 누르면 이전에 방문했던 사이트로 돌아간다. 처음 열었던 사이트에서 Back키를 누를 때만 웹 브라우저를 종료하며 그 외의 경우는 뒤로 가기 명령으로 사용된다. BackKeyPress 이벤트에서 정보의 스택을 점검하여 뒤로 갈 것인지 페이지를 종료할 것인지를 판별하여 동작을 결정하면 된다.

Back 버튼은 BackKeyPress 이벤트로 가로챌 수 있으며 원하는 대로 동작을 수정할 수도 있다. 그러나 Start 버튼은 어떤 방법을 사용하더라도 가로챌 수 없으며 운영체제가 이를 허락하지 않는다. Start 버튼은 시작 화면으로 돌아오는 용도로 기능이 고정되어 있으며 폰의 상태에 상관없이 사용자의 명령에 즉각적으로 반응해야 하기 때문이다. Start 버튼의 동작을 마음대로 수정하도록 내 버려두면 일관성이 사라지며 사용자들은 혼란스러워할 것이다.

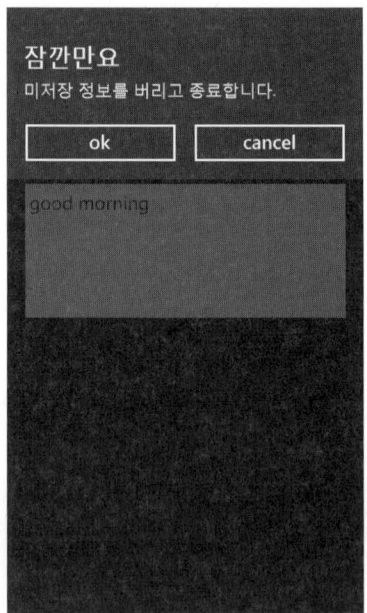

5-3-2 타이머 이벤트

주기적인 작업을 처리할 때는 타이머 이벤트를 사용한다. 타이머 이벤트는 DispatcherTimer 객체가 발생시키며 이 클래스는 다음 네임스페이스에 선언되어 있다. 따라서 소스 선두에 using 선언을 반드시 해야 한다.

```
using System.Windows.Threading;
```

다음은 DispatcherTimer의 주요 속성이다.

속 성	설 명
Interval	타이머 이벤트 발생 주기이며 TimeSpan 객체로 지정한다. 초 단위나 1/1000초 단위로 주기를 지정할 수 있다.
IsEnabled	타이머가 동작 중인지 아닌지를 알아내는 읽기 전용의 속성이다.

타이머를 시작 및 중지시킬 때는 Start, Stop 두 메서드를 호출한다. Start는 타이머를 시작하며 IsEnabled 속성을 true로 설정한다. Stop은 타이머를 중지시키고 IsEnabled 속성을 false로 설정한

다. IsEnabled는 읽기 전용 속성이므로 이 속성으로 타이머를 시작, 중지시킬 수는 없으며 반드시 Start, Stop 메서드를 호출해야 한다. 타이머가 동작을 시작하면 지정한 주기마다 Tick 이벤트가 발생하며 다음 핸들러가 호출된다.

void dispatcherTimer_Tick(object sender, EventArgs e)

이 핸들러에서 주기적으로 해야 할 일을 처리한다. 타이머는 가시적인 컨트롤이 아니므로 디자인 뷰나 속성창에서 핸들러를 등록할 수 없으며 생성자에서 += 연산자로 핸들러를 등록해야 한다. 타이머의 가장 전형적인 사용예는 시계이다. 다음 예제는 타이머를 사용하여 1초 단위로 시간을 갱신한다.

TimerClock

```
<Grid x:Name="ContentPanel" Grid.Row="1" Margin="12,0,12,0">
    <StackPanel>
        <TextBlock FontSize="45" Name="txtTime" Text="Now Time"/>
    </StackPanel>
</Grid>
================================ CS =========================================
using System.Windows.Threading;

namespace TimerClock
{
    public partial class MainPage : PhoneApplicationPage
    {
        public MainPage()
        {
            InitializeComponent();

            DispatcherTimer timer = new DispatcherTimer();
            timer.Interval = new TimeSpan(0, 0, 1);
            timer.Tick += OnTick;
            timer.Start();
        }

        void OnTick(object sender, EventArgs args)
        {
            DateTime now = DateTime.Now;
```

```
            txtTime.Text = String.Format("{0}:{1}:{2}", now.Hour, now.Minute,
now.Second);
        }
    }
}
```

컨텐트 패널에는 큼지막한 폰트로 텍스트 블록을 배치해 두었다. 페이지의 생성자에서 1초 간격의 타이머를 설치하고 기동시킨다. 틱 이벤트가 발생할 때마다 현재 시간을 조사하여 시:분:초 형태로 포맷팅하여 텍스트 블록으로 출력한다.

타이머 이벤트는 사용자의 조작과는 상관없이 주기적으로 발생하므로 가만히 내버려 두어도 시간이 잘 갱신된다. 시분초까지만 출력했는데 날짜 포맷팅 메서드를 사용하면 날짜나 요일 등도 물론 출력할 수 있다.

5-3-3 이벤트 라우팅

이벤트는 최초 이벤트를 발생시킨 컨트롤에게 전달되지만 이후 비주얼 트리를 따라 부모에게도 전달된다. 이벤트가 트리를 따라 전파되는 것을 라우팅(Routing)이라고 한다. 부모에게 먼저 전달된 후 자식에게 하달되는 터널링(Tunneling) 방식과 자식에게 먼저 전달된 후 부모에게 보고되는 버블링(Bubbling) 방식이 있는데 실버라이트는 버블링 방식만 지원한다.

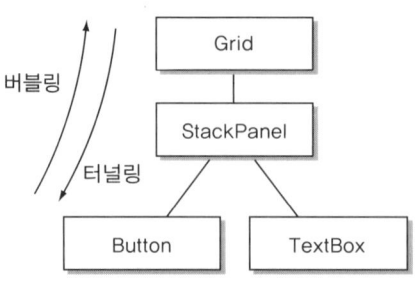

이벤트의 인수로 전달되는 RoutedEventArgs나 또는 그 파생 객체의 OriginalSource 속성에는 최초 이벤트를 받은 컨트롤이 기록되어 있다. 이 인수를 점검해 보면 자신에게 직접 발생한 이벤트인지 아니면 자식이 받아서 전달한 이벤트인지를 구분할 수 있다.

이벤트를 더 이상 라우팅하지 않으려면 이벤트 인수의 Handled 멤버에 true를 대입하면 된다. 자식이 이벤트를 완전히 처리하여 더 이상 부모에게 보고할 필요가 없다면 이때는 라우팅을 중지한다. Handled 멤버를 특별히 건드리지 않으면 부모에게로 버블링된다. 다음 예제로 라우팅의 동작 방식을 관찰해 보자.

EventRoute

```
<Grid x:Name="ContentPanel" Grid.Row="1" Margin="12,0,12,0">
    <Grid Name="grid" Background="Yellow"
            ManipulationStarted="grid_ManipulationStarted">
        <StackPanel Name="stack1" Background="Blue" Margin="30"
                    Height="200" VerticalAlignment="Top"
                    ManipulationStarted="stack1_ManipulationStarted">
            <Canvas Name="canvas1" Background="White" Width="100" Height="100"
                    Margin="30" ManipulationStarted="canvas1_ManipulationStarted">
            </Canvas>
        </StackPanel>
        <StackPanel Name="stack2" Background="Red" Margin="30,300,30,30"
                    Height="200" VerticalAlignment="Top"
                    ManipulationStarted="stack2_ManipulationStarted">
            <Canvas Name="canvas2" Background="White" Width="100" Height="100"
                    Margin="30" ManipulationStarted="canvas2_ManipulationStarted">
            </Canvas>
        </StackPanel>
    </Grid>
</Grid>
==================================== CS ====================================
private void canvas1_ManipulationStarted(object sender, ManipulationStartedEventArgs e)
{
    MessageBox.Show("canvas1 down");
}

private void canvas2_ManipulationStarted(object sender, ManipulationStartedEventArgs e)
{
    MessageBox.Show("canvas2 down");
```

```
}

private void stack1_ManipulationStarted(object sender, ManipulationStartedEventArgs e)
{
    String original = "";
    if (e.OriginalSource is StackPanel) original = "stack1";
    if (e.OriginalSource is Canvas) original = "canvas1";
    MessageBox.Show("stack1 down, OriginalSource = " + original);
    e.Handled = true;
}

private void stack2_ManipulationStarted(object sender, ManipulationStartedEventArgs e)
{
    String original = "";
    if (e.OriginalSource is StackPanel) original = "stack2";
    if (e.OriginalSource is Canvas) original = "canvas2";
    MessageBox.Show("stack2 down, OriginalSource = " + original);
    // e.Handled = true;
}

private void grid_ManipulationStarted(object sender, ManipulationStartedEventArgs e)
{
    MessageBox.Show("grid down");
}
```

그리드 안에 두 개의 스택을 놓고 각 스택 안에는 캔버스를 배치해 놓았다. 패널들이 3단계로 계층을 이루되 마진을 적절히 활용하여 모든 패널의 일부가 보이도록 했으며 색상으로 서로를 쉽게 구분할 수 있도록 해 놓았다. 각 패널은 터치 이벤트를 처리하며 메시지 박스로 터치를 받았음을 표시한다. 예제를 실행해 놓고 패널들을 클릭해 보자.

제일 바깥쪽의 노란색 그리드를 클릭하면 그리드를 눌렀다는 메시지 박스가 나타난다. 파란색의 스택을 클릭하면 스택을 눌렀다는 메시지 박스가 나타나며 이때 OriginalSource가 누구인지를 보여준다. 스택을 클릭했을 때는 당연히 OriginalSource도 스택이다. 여기까지의 결과를 보면 터치한 패널의 터치 이벤트가 자연스럽게 호출된다.

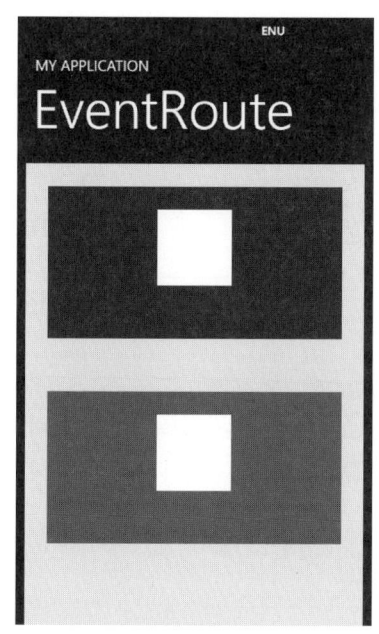

제일 안쪽의 흰색 캔버스를 클릭하면 이때 라우팅이 발생한다. 캔버스는 자신의 터치 핸들러에서 캔버스를 눌렀다는 메시지를 출력하며 이 이벤트를 부모인 스택에게로 라우팅한다. 스택도 터치 이벤트를 받으며 이때는 OriginalSource가 스택이 아니라 캔버스가 된다. 즉, 스택을 눌러서 터치 이벤트가 발생된 것이 아니라 자식인 캔버스를 눌러서 이벤트가 라우팅된 것이다.

파란색 스택의 터치 핸들러는 Handled에 true를 대입하여 더 이상 위쪽으로 라우팅을 하지 않도록 하였다. Handled에 true를 대입한다는 것은 자신이 이벤트를 완전히 처리하여 부모에게 더 이상 보고할 필요가 없다는 뜻이다. 만약 Handled에 true를 대입하지 않으면 이벤트는 더 상위의 그리드로도 전달된다. 이를 테스트하기 위해 빨간색의 스택은 Handled를 건드리지 않았다. 빨간색 스택을 클릭하면 그리드로도 이벤트가 라우팅되며 빨간색 스택 안쪽의 흰색 캔버스를 클릭하면 세 개의 터치 핸들러가 차례대로 호출된다.

이벤트가 비주얼 트리를 따라 위쪽으로 전달되는 것을 확인할 수 있다. 사실 노란색 그리드의 위쪽에도 컨텐트 패널 그리드와 레이아웃 루트 그리드가 더 있는데 이들에게도 이벤트가 라우팅된다. 다만, 핸들러를 등록하지 않았기 때문에 아무런 반응이 없는 것뿐이다. 위쪽의 그리드가 핸들러를 정의하면 이들에게도 이벤트가 전달될 것이다.

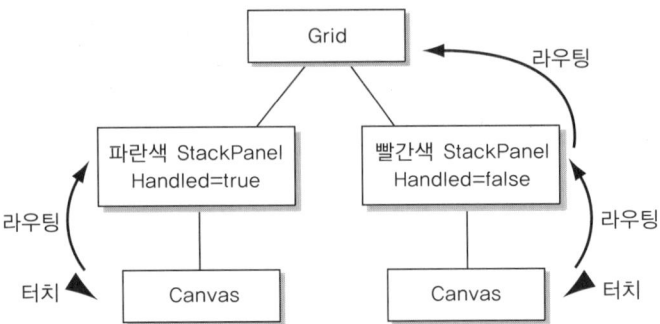

이벤트 라우팅은 자식이 이벤트를 처리하지 않아도 부모가 일괄적으로 처리할 수 있다는 면에서 실용성이 있다. 다음 예제는 타원 도형의 클릭 이벤트를 받아 버튼의 색상을 선택한다. 타원 객체가 여러 개 있지만 핸들러는 딱 하나만 등록하면 된다.

```
<Grid x:Name="ContentPanel" Grid.Row="1" Margin="12,0,12,0">
    <StackPanel>
        <Button Name="btn" Content="Button" FontSize="50" />
        <StackPanel Name="ColorStack" Orientation="Horizontal"
                    ManipulationStarted="ColorStack_ManipulationStarted">
            <Ellipse Name="eRed" Width="60" Height="60" Margin="5" Fill="Red" />
            <Ellipse Name="eGreen" Width="60" Height="60" Margin="5" Fill="Green" />
            <Ellipse Name="eBlue" Width="60" Height="60" Margin="5" Fill="Blue" />
            <Ellipse Name="eYellow" Width="60" Height="60" Margin="5" Fill="Yellow" />
            <Ellipse Name="eCyan" Width="60" Height="60" Margin="5" Fill="Cyan" />
            <Ellipse Name="eMagenta" Width="60" Height="60" Margin="5" Fill="Magenta" />
        </StackPanel>
    </StackPanel>
</Grid>
==================================== CS ========================================
private void ColorStack_ManipulationStarted(object sender, ManipulationStartedEventArgs e)
{
    if (e.OriginalSource is Ellipse)
    {
        btn.Background = (e.OriginalSource as Ellipse).Fill;
    }
}
```

수직 스택 패널에 버튼과 수평 스택 패널을 배치하고 수평 스택 패널에는 색깔별로 타원 객체를 여섯 개 배치했다. 각 타원에 대해 핸들러를 일일이 설치할 필요 없이 타원들의 부모인 수평 스택 패널에만 핸들러를 설치하고 이 핸들러에서 색상 변경을 일괄 처리한다. 타원을 누르면 버튼의 색상이 타원색으로 변경될 것이다.

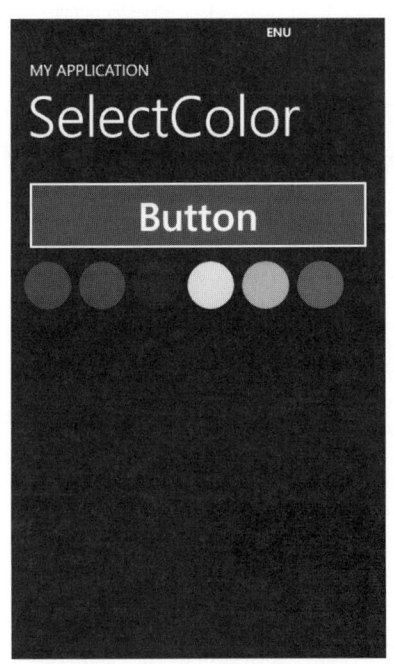

사용자가 타원을 클릭하면 타원의 터치 핸들러가 호출된다. 그러나 타원에 대한 터치 핸들러는 등록되어 있지 않으므로 자동으로 부모에게로 이벤트가 라우팅되며 이 경우 수평 스택 패널이 이벤트를 받는다. 수평 스택 패널의 터치 핸들러는 OriginalSource를 보고 어떤 타원이 클릭되었는지를 알아내고 OriginalSource를 Ellipse 타입으로 캐스팅한 후 Fill 속성을 버튼의 배경색으로 대입한다.

만약 이벤트 라우팅 기능이 없다면 모든 타원 객체에 대해 터치 핸들러를 등록하고 각 핸들러에 버튼의 색상을 변경하는 기능을 중복 작성해야 할 것이다. 타원이 여섯 개 정도면 이 방법도 무리는 없지만 만약 수백 개가 넘는다면 어떻게 되겠는가? 이벤트 라우팅은 차일드 개수에 상관없이 부모가 자식의 모든 이벤트를 일괄 처리할 수 있다는 점에서 강력하고 편리하다. 위 예제에서 색상을 더 늘리고 싶다면 코드는 변경할 필요없이 타원만 더 배치하면 된다.

5-3-4 트리거와 액션

이벤트는 동작을 처리하므로 반드시 코드를 작성해야 한다. 디자이너 혼자 XAML 문서만으로는 이벤트를 처리할 수 없으며 그러다 보니 개발자와 디자이너가 협의를 해야 할 일이 많아진다. 디자이너가 어떤 시도를 해 보려면 혼자서는 이벤트 핸들러를 만들 수 없으며 개발자에게 일일이 부탁해야 하는 것이다. 논리와는 상관이 없고 디자인에 관련된 이벤트라면 디자이너가 개발자에게 종속되는 문제가 발생한다.

트리거와 액션은 이런 단점을 해결하기 위한 장치이다. 트리거는 어떤 이벤트에 반응할 것인가를 정의하며 액션은 이벤트 발생시 어떤 동작을 할 것인가를 정의한다. 둘 다 XAML 파일내에 정의할 수 있으므로 개발자 없이 디자이너 혼자서도 많은 시도를 해 볼 수 있다. 다음 예제는 트리거의 전형적인 사용예를 보여준다.

TriggerTest

```
<Grid x:Name="ContentPanel" Grid.Row="1" Margin="12,0,12,0">
    <StackPanel>
        <TextBlock Name="text" FontSize="20" Text="Left Align">
            <TextBlock.Triggers>
                <EventTrigger>
                    <BeginStoryboard>
                        <Storyboard x:Name="story">
                            <DoubleAnimation Storyboard.TargetName="text"
                                Storyboard.TargetProperty="FontSize"
                                From="20" To="72" Duration="00:00:03"
                                AutoReverse="True"/>
                        </Storyboard>
                    </BeginStoryboard>
                </EventTrigger>
            </TextBlock.Triggers>
        </TextBlock>
    </StackPanel>
</Grid>
```

코드는 전혀 작성하지 않았으며 오로지 XAML 안에서만 동작을 정의했다. EventTrigger 엘리먼트는 어떤 이벤트에 대한 처리인지를 지정하는데 별 지정이 없으면 Loaded 이벤트에 대해 반응한다. EventTrigger의 자식으로 애니메이션을 정의하는 Storyboard 엘리먼트가 포함되며 이벤트 발생시의 동작을 정의한다. 위 예제의 스토리보드는 FontSize 속성을 20에서 시작하여 72까지 점점 크게 만드는 동작을 3초간 수행한다. 애니메이션은 다음에 자세하게 연구해 볼 것이다. 실행해 보자.

코드를 전혀 작성하지 않았음에도 실행 직후에 텍스트 블록이 커졌다가 작아지는 애니메이션이 실행된다. 트리거와 액션은 XAML만으로 컨트롤의 동작을 정의한다는 면에서 이점이 있다. 클릭이나 마우스 버튼 누름 등의 모든 이벤트에 대해 반응할 수 있고 애니메이션뿐만 아니라 속성 변경이나 컨트롤 제거, 사운드 재생 등을 지원한다. 버튼을 클릭할 때 텍스트 블록의 색상을 바꾸거나 소리를 낼 수도 있다.

그러나 실망스럽게도 윈도우폰의 현재 버전은 딱 위 예제 수준 정도만 지원한다. 오로지 Loaded 이벤트만 처리할 수 있고 액션도 스토리보드만 가능하다. 이래서는 실행 중에 사용자와의 상호작용을 정의하기 어렵다. 똑같은 효과를 내려면 이벤트 핸들러에서 애니메이션을 실행하거나 VSM 객체로 상태 변화를 처리해야 하는데 이러면 코드가 개입되므로 트리거를 쓰는 의미가 없다.

데스크탑 실버라이트는 다양한 이벤트와 액션을 지원하고 심지어 컨트롤의 행동까지도 XAML로 정의할 수 있어 디자이너 혼자서도 많은 작업을 할 수 있다. 아쉽게도 모바일용 실버라이트는 아직 이 기능을 다 지원하지 못하며 겨우 생색만 내는 수준이다. 여기서는 트리거의 개념만 간단하게 소개하기로 한다. 현재 버전에서는 지원이 미약하지만 다음 버전에서는 웹용 실버라이트 수준으로 개선되었으면 좋겠다.

5-3-5 TabTabTab

여기까지 여러분은 패널에 컨트롤을 배치하는 방법, 기본 컨트롤을 사용하는 방법, 컨트롤의 이벤트를 처리하는 방법 등에 대해 배웠다. 아직도 더 연구할 것들이 한참 많이 남았지만 이 정도만 해도 윈도우폰 개발의 가장 기초적인 부분은 대충이나마 훑어 본 것이다. 이 즈음해서 비록 단순하지만 완성된 게임 하나를 만들어 보자. 버튼의 클릭 이벤트만으로도 간단한 게임 정도는 만들 수 있다.

여기서 만들 게임은 버튼에 적힌 숫자를 순서대로 클릭해서 지우는 게임이다. 머리는 필요없고 오로지 빠른 눈알 회전과 번개 같은 양 손가락 터치 기술만 있으면 된다. 가급적 짧은 시간에 숫자를 빨리 찾아 신속하게 없애는 것이 게임의 관건이다. 난이도는 쉽지만 생각보다 시간 단축은 쉽지 않아서 나름대로 재미는 있는 편이다. 특히 옆 친구와 경쟁이 붙으면 은근히 오기가 생겨서 중독성도 있다.

이 게임의 아이디어는 직접 창작한 것이 아니고 각종 모바일 플랫폼에 유사한 형태로 이미 발표되어 있는 것을 모방한 것이다. 참신한 아이디어로 새로운 게임을 만들어 보고 싶겠지만 아직은 기획보다는 구현을 익힐 단계이므로 모방작이라도 잘 만들어서 개선해 보자. 다음은 이 게임의 전체 소스이다. 단 하나의 페이지로 되어 있으며 논리가 간단하기 때문에 보다시피 게임임에도 길이가 별로 길지 않다.

사운드를 사용하므로 2개의 wav 파일을 프로젝트에 포함시켜야 하며 XNA 프레임워크에 대한 참조도 추가해야 한다. 게임을 위해서는 넓은 화면이 필요하므로 페이지 타이틀 패널은 제외하였으면 전체 화면을 다 사용한다.

TabTabTab

```
<StackPanel>
    <Button Name="btnStart" Content="게임 시작" FontSize="50" Margin="20"
            Click="btnStart_Click" />
    <StackPanel Orientation="Horizontal">
        <TextBlock Name="txtTimer" Text="경과시간" FontSize="50" Margin="20" Width="200"/>
        <TextBlock Name="txtNext" Text="다음숫자" FontSize="50" Foreground="Yellow"
                    Margin="20" Width="200" TextAlignment="Right" />
    </StackPanel>
    <Canvas Width="480" Height="480" Name="board" >
        <TextBlock Name="txtOver" Text="게임 끝" Canvas.Left="140" Canvas.Top="200"
                    FontSize="50" Visibility="Collapsed" />
    </Canvas>
</StackPanel>
================================= CS =================================
using System.Diagnostics;
```

```
using System.Windows.Threading;
using System.IO;
using Microsoft.Xna.Framework;
using Microsoft.Xna.Framework.Audio;

namespace TabTabTab
{
    public partial class MainPage : PhoneApplicationPage
    {
        Button[] arBtn = new Button[16];
        Random rnd = new Random();
        Stopwatch watch = new Stopwatch();
        DispatcherTimer timer = new DispatcherTimer();
        int endnum = 30;
        int nextnum;
        bool[] used = new bool[33];
        SoundEffect correct, wrong;

        public MainPage()
        {
            InitializeComponent();

            // 16개의 버튼 생성하여 숨겨둔다.
            for (int y = 0; y < 4; y++)
            {
                for (int x = 0; x < 4; x++)
                {
                    int idx = y * 4 + x;
                    arBtn[idx] = new Button();
                    arBtn[idx].Width = 120;
                    arBtn[idx].Height = 120;
                    Canvas.SetLeft(arBtn[idx], x * 120);
                    Canvas.SetTop(arBtn[idx], y * 120);
                    board.Children.Add(arBtn[idx]);

                    arBtn[idx].Click += OnBtnClick;

                    arBtn[idx].Visibility = System.Windows.Visibility.Collapsed;
                    arBtn[idx].IsHitTestVisible = false;
                    arBtn[idx].FontSize = 40;
                }
```

```
        }

        // 0.1초 단위의 타이머 생성
        timer.Interval = new TimeSpan(0, 0, 0, 0, 100);
        timer.Tick += OnTick;

        // 사운드 파일 읽음
        correct = SoundEffect.FromStream(TitleContainer.OpenStream("correct.wav"));
        wrong = SoundEffect.FromStream(TitleContainer.OpenStream("wrong.wav"));
        FrameworkDispatcher.Update();
    }

    private void btnStart_Click(object sender, RoutedEventArgs e)
    {
        int idx;

        // 모든 숫자 미사용으로 표시. 첨자 0은 미사용
        for (idx = 0; idx <= endnum; idx++)
        {
            used[idx] = false;
        }

        // 버튼에 1~16까지 난수 채우고 모든 버튼 표시
        for (idx = 0; idx < 16; idx++)
        {
            arBtn[idx].Content = GetUnUsedNumber(1,16).ToString();
            arBtn[idx].Visibility = System.Windows.Visibility.Visible;
            arBtn[idx].IsHitTestVisible = true;
        }

        // 다음 숫자 1로 초기화
        nextnum = 1;
        txtNext.Text = nextnum.ToString();

        // 시간 초기화. 타이머 시작
        watch.Reset();
        watch.Start();
        timer.Start();
        txtOver.Visibility = System.Windows.Visibility.Collapsed;
    }
```

```csharp
private void OnBtnClick(object sender, RoutedEventArgs e)
{
    Button btn = sender as Button;
    int num = Int32.Parse((string)btn.Content);

    // 다음 숫자가 아니면 리턴
    if (num != nextnum)
    {
        wrong.Play();
        return;
    }
    correct.Play();

    // 다른 숫자로 바꿀 범위
    int replacebound = endnum - 16;

    // 범위 안이면 새 난수로 할당, 아니면 버튼 숨김
    if (num <= replacebound)
    {
        btn.Content = GetUnUsedNumber(17, endnum).ToString();
    }
    else
    {
        btn.Visibility = System.Windows.Visibility.Collapsed;
        btn.IsHitTestVisible = false;
    }

    // 게임 끝 처리
    if (nextnum == endnum)
    {
        watch.Stop();
        timer.Stop();
        txtOver.Visibility = System.Windows.Visibility.Visible;
    }
    else
    {
        // 다음 숫자 증가
        nextnum++;
        txtNext.Text = nextnum.ToString();
    }
}
```

```
// 경과 시간 표시
void OnTick(object sender, EventArgs args)
{
    txtTimer.Text = String.Format("{0:0}:{1:00}",
        watch.Elapsed.TotalSeconds, watch.Elapsed.Milliseconds / 10);
}

// 미사용 숫자 찾아줌
int GetUnUsedNumber(int st, int ed)
{
    int num;
    do
    {
        num = rnd.Next(st, ed + 1);
    } while (used[num] == true);
    used[num] = true;

    return num;
}
}
}
```

루트 패널은 수직 스택 패널이다. 게임 시작 버튼이 제일 위에 있고 그 아래에 경과 시간과 다음 숫자를 보여주는 텍스트 블록이 수평 스택 패널에 나란히 배치되어 있다. 텍스트 블록은 폭이 200이되 마진이 20이므로 텍스트 블록 하나당 240픽셀씩 딱 절반의 공간을 차지한다. 나머지 아랫부분은 폭과 높이가 480인 캔버스가 차지한다.

이 캔버스에 16개의 버튼을 배치할 것이다. 디자인 타임에 XAML 문서에 버튼을 미리 배치해 놓을 수도 있지만 비슷한 코드가 반복되므로 보기에 좋지 않다. 다량의 컨트롤을 생성할 때는 코드에서 루프를 돌며 배치하는 것이 유리하다. XAML은 선언적인 배치만 허용할 뿐 코드가 아니므로 루프나 조건문을 쓸 수 없다. 코드로 생성한 컨트롤들은 배열에 저장할 수 있으므로 이후의 반복 작업에도 유리하다.

캔버스 중앙에는 게임 끝임을 알리는 텍스트 블록이 배치되어 있되 디폴트로 숨겨져 있다. 숨긴 채로 배치만 해 놓고 게임이 완료될 때 보일 것이다. 캔버스 아래쪽에 남는 공간이 조금 있지만 그냥 버리기로 한다. 디자인 중의 화면은 다음과 같다.

이제 코드를 보자. 생성자에서 루프를 돌며 16개의 버튼을 생성한다. 가로, 세로 각각 4행, 4열로 배치하므로 버튼은 16개가 필요하며 이 버튼들을 저장하기 위해 크기 16의 버튼 배열 arBtn을 필드로 선언했다. 화면상에 버튼은 2차원으로 배열되지만 유한 개수이므로 1차원 배열에 저장했다.

각 버튼은 좌에서 우로, 위에서 아래로 번호를 매긴다. 480 크기의 폭을 4개의 버튼이 나눠먹으므로 폭, 높이는 120이면 정확하다. 생성한 모든 버튼에 동일한 클릭 이벤트 핸들러를 지정한다. 어떤 버튼을 누르나 게임을 처리하는 논리는 동일하므로 같은 핸들러를 공유해도 상관없으며 핸들러에서는 sender 인수로 어떤 버튼이 눌러졌는지를 파악할 수 있다.

생성한 버튼은 일단 모두 숨겨 두며 게임이 시작될 때 표시된다. 결과 시간 표시를 위해 0.1초 단위의 타이머를 생성하되 아직 시작은 하지 않는다. 게임 진행 중에 출력할 두 개의 사운드 파일을 미리 로드해 놓았다. 생성자가 리턴하면 게임을 위한 모든 초기화가 완료된다. 실제 게임은 위쪽의 시작 버튼을 누를 때 시작된다.

게임 시작시 버튼에 1~16까지의 숫자를 난수로 채워 넣는다. 이때 같은 숫자가 두 번 반복되어서는 안 된다. 한 번 사용한 숫자는 사용했음을 표기해 놓기 위해 used 배열을 사용한다. 최초이 배열은 모두 false로 초기화되며 GetUnUsedNumber 메서드에서 이 배열을 참조하여 범위 내의 미사용 숫자 하나를 골라 준다. 선택된 숫자는 사용됨으로 표시되어 재사용되지 않는다.

다음 찾을 숫자에 1을 대입하고 시작 시간을 초기화한 후 스톱워치와 타이머를 기동시킨다. 스톱워치는 경과 시간을 측정하기 위해 필요하고 타이머는 경과 시간을 출력하기 위해 필요하다. 게임이 시작되면 게임 끝 텍스트 블록은 숨긴다. 초기화 완료 직후의 모습은 다음과 같다.

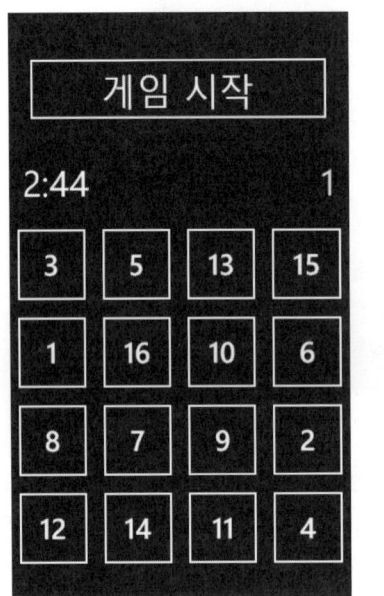

16개의 버튼이 생성되고 각 버튼에 숫자를 무작위로 할당하되 중복되는 숫자는 없다. 숫자를 난수로 선택하므로 게임을 시작할 때마다 배치는 매번 달라진다. 다음 찾을 숫자는 1로 표시되고 타이머에 의해 시간은 계속 흘러간다. 사용자는 다음 찾을 숫자의 버튼을 클릭함으로써 게임을 진행할 것이다.

게임의 주요 진행 루틴은 16개 버튼의 클릭 이벤트를 처리하는 OnBtnClick 메서드에 작성되어 있다. sender 인수를 Button으로 캐스팅한 후 내용 텍스트를 읽어 몇 번 버튼을 눌렀는지 알아낸다. 순서에 맞는 버튼을 눌렀다면 다음 단계로 진행하되 그렇지 않으면 틀렸다는 사운드를 발생시키고 바로 리턴한다. 1을 찾을 차례인데 2나 3을 누르면 아무 일도 일어나지 않는다.

다음 찾을 버튼을 제대로 눌렀을 때의 처리는 두 가지 경우로 분기한다. endnum 변수는 찾을 숫자의 끝 번호인데 30으로 초기화되어 있다. 버튼은 16개지만 30까지 숫자가 계속 생성된다. 게임 초반에는 버튼을 누른다고 해서 사라지는 것이 아니라 다음 숫자로 대체된다. 어느 숫자까지 대체할 것인가를 replacebound에 계산한다.

끝 번호가 30이면 replacebound는 14가 된다. 그래서 1 ~ 14까지는 버튼을 누를 때 17~30까지의 숫자 중 하나를 새로 선정해서 버튼에 다시 표시한다. 이때도 17 ~ 끝번까지의 숫자 중의 하나를 난수로 선택하여 무작위로 다음 숫자를 배치한다. 그렇게 하지 않으면 1,2,3,4를 누른 순서가 17,18,19,20부터 반복되므로 게임이 재미가 없어진다.

15 이후부터는 더 찾을 숫자가 없으므로 버튼을 숨겨 버린다. 30번까지 모든 버튼을 다 제거하면 게임이 끝난다. 게임 종료시 게임 오버 텍스트 블록을 표시하고 타이머와 스톱워치는 중지시킨다. 끝번에 도달하지 않았으면 다음 찾을 숫자를 증가시키고 표시한다. 게임 진행 중의 상황은 다음과 같다.

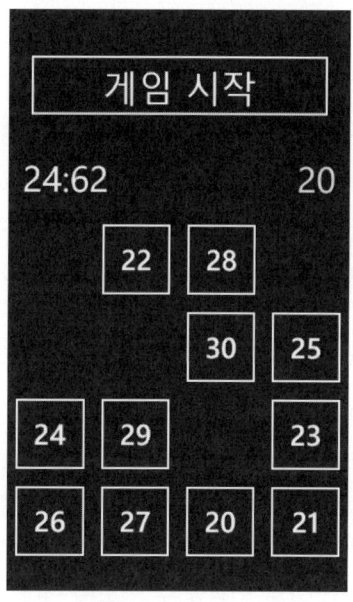

아래쪽에는 두 개의 유틸리티 함수가 작성되어 있다. OnTick 메서드는 초당 10회씩의 이벤트를 받아 스톱워치의 현재값을 화면에 출력한다. 시간 측정은 1/100초 단위로 표시하지만 그렇다고 해서 타이머를 초당 100회나 실행할 필요는 없다. 어차피 경과 시간의 차로 계산하므로 호출 주기가 늦어도 시간은 정확하다.

GetUnUsedNumber 메서드는 st ~ ed 범위에서 미사용 숫자 하나를 찾아 리턴한다. 이때 주의할 것은 ed도 범위에 포함된다는 것이다. Random의 Next 메서드는 범위의 마지막은 제외하므로 ed에 1을 더한 난수를 구해야 한다. 예를 들어 3 ~ 8 사이에서 하나를 구하고 싶다면 Next(3,

9)를 호출해야 한다. 난수로 고른 숫자가 used 배열에 true로 되어 있으면 다시 골라 미사용 숫자를 찾아낸다. 고른 숫자는 used 배열에 사용했음을 표기해 둔다. used 배열은 첨자와 숫자를 일치시키기 위해 0번 첨자는 사용하지 않으며 끝 첨자는 최대값보다 1 더 커야 한다.

숫자의 끝값인 endnum 변수는 게임의 길이를 지정하는 역할을 한다. 이 값이 16이면 초기에 표시된 버튼만 제거하면 끝나게 되어 너무 짧다. 32이면 두 바퀴를 돌므로 좀 더 길어지고 난이도도 증가한다. endnum은 차후 프로그램의 옵션에서 변경 가능하게 만들 계획이라 상수가 아닌 변수로 선언해 두었으며 게임 논리는 이 값을 항상 참조한다.

endnum에서 주의할 것은 이 변수의 유효 범위가 16 ~ 32까지라는 점이다. 버튼이 16개인데 끝수가 16보다 작은 것은 말이 안 된다. 32보다 더 큰 값이 안 되는 이유는 GetUnUsedNumber 메서드가 너무 단순하기 때문이다. 이 메서드는 남은 수 중의 하나를 난수로 선택하는데 그러다 보면 특정 값이 너무 늦게 나올 가능성이 있어 게임의 연속성이 보장되지 않는다.

예를 들어 endnum이 100일 때 17 ~ 100까지의 숫자 중에서 골라 배치하다 보면 16 버튼을 누를 때까지 17이 선택되지 않을 수도 있다. 실제로 endnum을 100에 맞춰 놓고 테스트해 보면 문제를 금방 알 수 있을 것이다. 이 문제를 해결하려면 난수를 골라 주는 함수가 더 정교해져야 한다. 다음은 이 프로그램의 개작 힌트이다. 이후 윈도우폰 개발을 배우면서 하나씩 기능을 첨가해 보기 바란다.

- 버튼을 클릭할 때 애니메이션 효과를 넣으면 훨씬 더 재미있는 효과를 낼 수 있다.
- 클릭시 진동을 울리는 것도 손맛을 배가시킬 수 있다.
- 사운드가 단순한데 좀 더 다양한 사운드를 넣어 보고 옵션으로 선택할 수 있게 한다.
- 랭킹을 기록하면 경쟁심을 유발하여 더 몰입감을 느낄 수 있다.
- endnum의 범위를 옵션으로 변경할 수 있도록 한다.
- 버튼을 25개 배치하면 난이도가 증가한다.

게임 규칙은 아주 단순하지만 개선하기에 따라서 마켓에 발표할만한 게임이 될 수도 있다. 이 책의 말미에서는 이 게임을 개량하여 마켓에 등록하는 실습을 해 볼 것이다.

이미지

6-1 이미지

6-1-1 Image

Image 컨트롤은 비트맵 이미지를 표시하며 주로 화면을 장식하는 용도로 사용된다. 모바일 프로그램은 기능성만큼이나 예쁘고 깜찍한 디자인이 중요한데 화면을 꾸미는 가장 좋은 방법이 바로 비트맵이다. 디자인이 중요한 프로그램은 아예 비트맵으로 떡칠을 해 놓기도 한다. 다채로운 색상으로 장식된 이미지는 보기에 즐겁고 텍스트에 비해 좁은 면적에 복잡하고 함축적인 정보를 표시할 수 있어 직관성이 우수하다.

이미지는 디지털카메라로 직접 얻을 수도 있고 웹을 검색해 보면 잘 만들어진 이미지들이 많이 공개되어 있다. 또는 전문 디자이너들이 포토샵 같은 그래픽 편집툴로 용도에 맞게 제작할 수도 있다. 디자인이 아무리 복잡해도 미리 완성된 그림이므로 출력 속도가 빠르고 일정하다. 실버라이트는 다음 두 가지 포맷의 이미지를 지원한다.

- JPG : 가장 널리 사용되는 포맷이며 손실 압축 방식으로 저장된 이미지이다. 손실로 인해 원본과는 미세한 차이가 있지만 압축률이 엄청나게 높아 크기가 작은 것이 장점이다. 사진 저장에 이상적인 포맷이다.
- PNG : 웹 표준 이미지 포맷이며 무손실 압축 방식을 사용하여 원본을 그대로 저장한다. JPG에 비해 압축률은 떨어지지만 설계도나 순서도 등의 정밀한 이미지를 왜곡없이 표현할 수 있다. 투명 레이어를 지원하여 사각형이 아닌 임의의 형태로도 출력 가능하다.

JPG가 크기면에서 유리하고 디코더의 속도도 훨씬 더 빠르므로 일반적인 용도로는 JPG면 충분하되 투명 영역이나 알파 채널이 있을 때는 PNG가 적합하다. 웹용 실버라이트의 Image 컨트롤은 이 외에도 bmp, gif, tiff 등의 포맷을 더 지원하며 게임 라이브러리인 XNA도 gif와 bmp를 지원한다. 모바일 실버라이트는 딱 두 가지 포맷밖에 지원하지 못해 아쉬운 감이 있지만 이 두 가지 포맷만 잘 사용해도 이미지를 표현하는 데는 크게 부족하지 않다.

Image 컨트롤이 출력할 이미지 데이터는 외부에 파일 형태로 존재한다. 파일은 리소스로 불러들인 후 사용해야 하므로 다른 컨트롤에 비해 잔손이 많이 가는 편이다. ImageTest라는 이름으로 프로젝트를 생성하고 실습해 보자. 개발툴을 다루는 절차를 익혀야 하므로 직접 실습해볼 필요가 있다. 외부 이미지를 관리하기 위해 프로젝트 루트에 이미지를 저장할 Images 폴더를 생성한다. 솔루션 탐색기의 팝업 메뉴에서 Add/New Folder 명령을 선택한다.

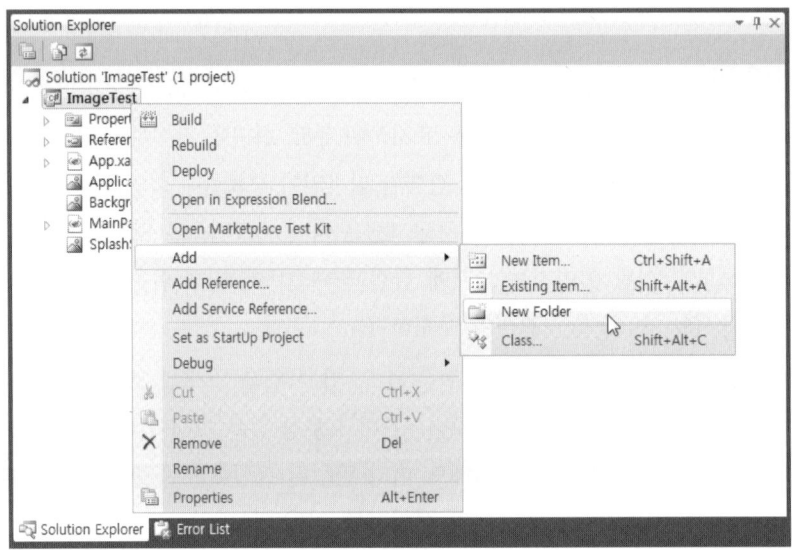

솔루션 탐색기의 프로젝트 트리에 생성되는 새 노드의 이름을 Images로 입력한다. 폴더 이름은 꼭 Images가 아니어도 상관없으며 임의대로 붙일 수 있다. 이후 이 폴더에 이미지를 추가할 것이다. 이미지를 위해 별도의 폴더를 반드시 준비해야 하는 것은 아니며 프로젝트 루트에 추가해도 상관없다. 하지만 프로젝트가 커지면 이미지가 수십 장이 넘을 수도 있으므로 별도의 폴더에 따로 정리하는 것이 효율적이다.

Images 폴더의 팝업 메뉴에서 Add/Existing Items 항목을 선택하면 파일 열기 대화상자가 나타난다. 이 대화상자에서 이미지 파일을 선택하여 프로젝트에 추가한다. 임의 폴더에 있는 파일을 선택할 수 있으므로 미리 프로젝트 폴더로 파일을 복사해 놓을 필요는 없다. 파일명에 한글이나 공백이 있어도 문제없이 읽을 수 있다. 대화상자 아래쪽의 다음 콤보 박스는 파일을 추가하는 방식을 선택한다.

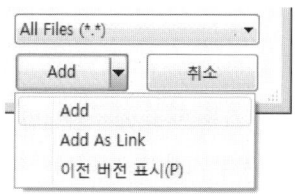

Add는 이미지 파일을 프로젝트 폴더로 복사하여 사본을 만든다. 반면 Add As Link는 이미지의 경로만 복사할 뿐 파일 자체는 복사하지 않는다. 어떤 명령을 사용하건 컴파일 후에 이미지가 실행 파일에 포함되는 것은 동일하다. 하지만 링크로 연결해 놓은 원본 파일이 사라지면 이미지를 찾지 못하는 문제가 있으며 프로젝트를 백업할 때 연결된 파일도 같이 백업해야 하므로 번거롭다. 가급적이면 프로젝트의 구성 파일은 프로젝트 폴더 안에 두는 것이 차후의 관리에 유리하며 그래서 디폴트는 Add이다.

실습용으로 적당한 이미지 파일을 준비해 두고 추가 대화상자에서 이 파일을 선택한다. 여기서는 240 * 180 크기의 hanbok.jpg라는 작은 이미지 파일을 사용했다. 직접 실습하고 있다면 작업 PC의 아무 파일이나 사용해도 무방하며 그것도 귀찮다면 배포 예제의 같은 파일을 사용하자. 파일을 선택하면 프로젝트의 Images 폴더에 복사되어 프로젝트의 일부가 된다. 이미지 파일을 출력하기 위해 컨텐트 패널에 Image 컨트롤을 배치한다.

```
<Grid x:Name="ContentPanel" Grid.Row="1" Margin="12,0,12,0">
    <StackPanel>
        <Image Source="/ImageTest;component/Images/hanbok.jpg"/>
    </StackPanel>
</Grid>
```

출력할 이미지의 경로는 Source 속성으로 지정하는데 절대 URL을 지정할 수도 있고 XAP 파일을 기준으로 한 상대 경로로 지정할 수도 있다. 상대 경로 지정시는 다음 형식을 따른다.

```
"/네임스페이스;component/경로"
```

준비한 파일은 Images 폴더의 hanbok.jpg라는 파일이
므로 경로 자리에 Images/hanbok.jpg라고 적는다. 만약
서브 폴더를 만들지 않고 루트에 이미지를 추가했다면
파일 이름만 적으면 된다. 디자인 뷰에 이미지가 즉시
표시된다. 실행해 보자.

Image 컨트롤은 부모의 크기를 가득 채워 가급적이면
이미지를 크게 보여주되 종횡비는 유지한다. 그래서 이
미지의 폭은 스택 패널에 맞게 가득 차고 높이는 종횡비
로부터 자동으로 계산된다. 샘플 이미지가 240 * 180의
작은 크기여서 확대되었는데 만약 화면 폭보다 더 큰 이
미지를 사용했다면 축소된다.

여기까지의 작업 과정을 요약하면 이미지를 프로젝트
에 추가하고 Image 컨트롤의 Source 속성에 이미지의 경
로를 적어준다. 다소 손이 많이 가는데 이보다 좀 더 쉬운 방법도 있다. XAML 파일의 아래쪽에
<Image /> 엘리먼트를 입력하여 빈 이미지 컨트롤을 배치한다. 직접 입력하기 싫으면 왼쪽의
툴박스에서 Image 컨트롤을 드래그해서 배치해도 된다.

```
<Grid x:Name="ContentPanel" Grid.Row="1" Margin="12,0,12,0">
    <StackPanel>
        <Image Source="/ImageTest;component/Images/hanbok.jpg"/>
        <Image />
    </StackPanel>
</Grid>
```

XAML 편집창에서 <Image /> 엘리먼트에 캐럿을 위치하면 속성창에 이 컨트롤의 속성이
나타난다. 속성 목록에서 Source 속성 오른쪽의 ... 버튼을 누르면 프로젝트에 포함된 이미지의
목록이 나타난다. 이 대화상자에서 Add 버튼을 누른 후 원하는 이미지를 선택한다. korandoc.jpg
파일을 선택했다.

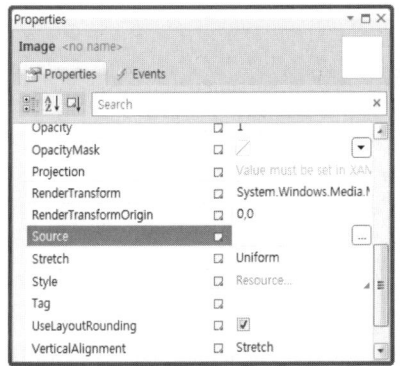 

선택한 파일이 Images 폴더로 복사될 뿐만 아니라 XAML 파일에 정확한 경로까지 입력되어 편리하다. 심지어 Images 폴더가 없으면 직접 생성해 주므로 여러 단계의 작업을 한 번에 처리할 수 있다.

```
<Grid x:Name="ContentPanel" Grid.Row="1" Margin="12,0,12,0">
    <StackPanel>
        <Image Source="/ImageTest;component/Images/hanbok.jpg"/>
        <Image Source="/ImageTest;component/Images/korandoc.jpg" />
    </StackPanel>
</Grid>
```

이제 실행해 보면 이미지 두 개가 아래위로 나란히 나타날 것이다. 로컬 경로의 이미지뿐만 아니라 웹의 이미지도 표시할 수 있다. 소스를 잠시 수정하여 두 번째 이미지를 다음과 같이 URL로 바꿔 보자.

```
<Grid x:Name="ContentPanel" Grid.Row="1" Margin="12,0,12,0">
    <StackPanel>
        <Image Source="/ImageTest;component/Images/hanbok.jpg"/>
        <Image Source="http://www.winapi.co.kr/data/child2.jpg" />
    </StackPanel>
</Grid>
```

웹에서 이미지를 비동기적으로 다운로드하여 출력한다. 실행하면 웹의 이미지가 출력되며 신기하게도 디자인 뷰에도 나타난다. 개발툴이 원격지의 파일을 다운로드받아 디자인 뷰에 표시해 주므로 실행해 보지 않고도 결과를 바로 알 수 있다.

6-1-2 빌드 액션

프로젝트에 포함된 이미지 파일의 속성창을 보면 제일 위에 Build Action이라는 속성이 있다. 이 속성은 이름 그대로 빌드시 어떤 동작을 할 것인가를 지정한다. 프로젝트를 구성하는 모든 파일에 대해 지정할 수 있으며 컴파일시에 이 속성이 지시하는 대로 파일을 처리한다.

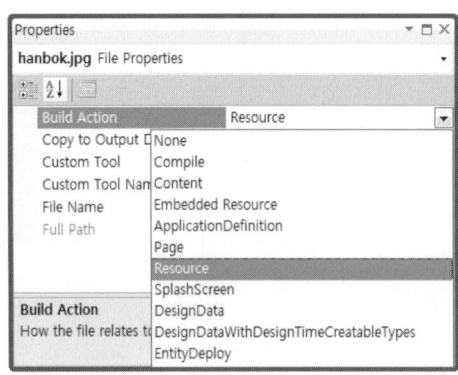

콤보 박스를 열어 보면 빌드 액션으로 가능한 값의 목록에 나타난다. 많은 옵션이 있지만 모바일 환경에서는 모든 옵션을 다 사용할 수 없고 일부만 실질적인 의미가 있다. 각 속성에 따른 동작은 다음과 같다.

Build Action	설 명
None	컴파일되지 않으며 출력 그룹에 포함되지도 않는다. 그냥 프로젝트의 일부로 존재할 뿐이다. 설명 문서 등이 좋은 예이다.
Compile	컴파일되어 출력 그룹에 포함된다. 코드 파일은 보통 이 속성을 가진다.
Content	컴파일은 되지 않지만 출력 그룹에는 포함된다. 웹 페이지 문서나 구성 파일들이 이 속성을 가진다.
Resource	출력 그룹에 DLL이나 실행 파일 형태로 포함된다. 리소스 파일은 보통 이 속성을 가진다.

이미지 리소스의 디폴트 빌드 액션은 Resource여서 컴파일된 후 실행 파일의 일부로 포함된다. 이미지 컨트롤은 실행 파일의 이미지를 읽어와 화면에 출력할 것이다. 두 번째 이미지의 빌드 액션을 Content로 바꿔 보자. Image 컨트롤이 아니라 이미지 파일 자체의 속성이므로 솔루션 탐색기에서 korandoc.jpg 파일을 선택해 놓고 속성을 조정해야 한다.

빌드 액션을 변경하면 컴파일 중에 리소스가 배치되는 경로가 달라지므로 이대로 실행하면 이미지가 출력되지 않는다. 빌드 액션이 Content일 때는 파일의 순수한 경로만 적어야 한다. 소속 폴더와 파일명을 적되 루트에 배치했다면 파일명만 적으면 될 것이다. 다음과 같이 수정하면 제대로 출력된다.

```
<Grid x:Name="ContentPanel" Grid.Row="1" Margin="12,0,12,0">
    <StackPanel>
        <Image Source="/ImageTest;component/Images/hanbok.jpg"/>
        <Image Source="/Images/korandoc.jpg" />
    </StackPanel>
</Grid>
```

어떤 빌드 액션을 사용하나 경로만 제대로 지정하면 이미지는 정상적으로 출력되지만 컴파일 된 후의 위치에 따라 아주 미세한 차이가 발생한다.

- Resource : 실행 파일을 구성하는 파일로 처리되며 dll 파일 안에 포함된다. 실행 파일과 함께 메모리로 로드되므로 리소스를 읽어들이는 속도는 빠르다. 하지만 실행 파일 자체가 커지므로 프로그램 자체의 기동 속도는 느리다.
- Content : 실행 파일이 사용하는 파일로 처리되며 dll 파일과 같은 경로에 배치된다. xap 파일 안에는 들어가지만 실행 파일 안은 아니다. 실행 파일 자체는 작아지지만 리소스를 읽을 때 이미지를 따로 읽어들여야 하므로 출력 속도는 느리다.

요약하자면 실행 파일인 dll 안에 포함되느냐 아니면 dll과 동등한 위치에 분리된 파일로 존재 하느냐가 다르다. 컴파일 결과 배치되는 위치가 다르므로 실행 중에 읽어오는 경로도 달라진다. 구체적으로 어떤 차이점이 있는지 컴파일 결과 생성된 xap 파일을 직접 들여다보자. 확장자를 zip으로 바꾸어 사본을 뜨면 대부분의 압축 프로그램으로 열어볼 수 있으며 압축을 풀면 폴더 구조까지 살펴볼 수 있다.

korandoc.jpg 파일은 Images 폴더에 파일 형태로 포함되어 있으며 Images 폴더는 ImageTest. dll 실행 파일이 있는 루트에 있다. 만약 Images 폴더를 만들지 않았다면 이미지 파일은 실행 파일과 같은 폴더에 형제로 존재하는 것이다. 반면 hanbok.jpg 파일은 컴파일되어 dll 파일 안에 포함되어 있으므로 파일 형태로는 보이지 않는다.

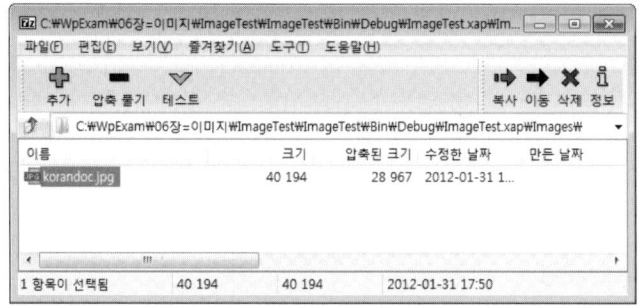

그렇다면 이미지 리소스는 어떤 빌드 액션을 사용하는 것이 유리할까? 이 질문에 대해서는 딱히 정답이 없으며 빌드 액션에 따른 차이점도 실감하기 어렵다. 디폴트로 주어지는 Resource 는 실행 속도에 유리하고 Content는 기동 속도에 유리하다. 자주 사용하는 자잘한 이미지라면 디폴트대로 두는 것이 좋고 아주 가끔 사용하는 대용량 이미지라면 Content로 바꿔 볼 만하다.

6-1-3 Stretch

Image 컨트롤의 크기와 이 컨트롤에 출력할 이미지의 크기는 대개의 경우 일치하지 않는다. 위 예제처럼 이미지가 더 작은 경우도 있고 고해상도 이미지는 컨트롤보다 훨씬 더 클 것이다. 컨트롤이 놓이는 화면은 기껏해야 480*800이지만 카메라로 촬영한 이미지들은 적어도 수평폭이 2560을 넘어간다. 컨트롤의 배치 크기를 미리 계산하여 이미지를 딱 맞게 작성하지 않는 한 크기가 일치하지 않는다.

크기의 불일치가 발생할 경우 어떤 형태로든 이미지의 크기는 조정되어야 한다. 이미지가 더 크다면 축소하여 컨트롤 영역에 맞추어야 전체 이미지가 보이며 반대로 컨트롤이 더 크다면 확대하여 주어진 영역을 최대한 활용해야 한다. Stretch 속성은 이미지를 어떤 식으로 확대할 것인가를 지정한다.

속성값	설 명
None	컨트롤의 크기와 상관없이 이미지의 원래 크기를 유지한다.
Uniform	주어진 영역을 채우되 종횡비를 유지한다. 이 값이 디폴트이다.
Fill	주어진 영역을 가득 채우며 종횡비는 유지하지 않는다.
UniformToFill	주어진 영역에 종횡비를 고려하여 채우되 원본 영역과 출력 영역의 크기가 다르면 원본의 일부를 잘라서라도 출력 영역을 가득 채운다.

Stretch의 디폴트가 Uniform이므로 앞 예제의 작은 이미지가 화면 폭에 맞게 확대되었다. 다른 속성값으로 변경하면 이미지의 크기가 바뀐다. 이런 속성은 설명을 읽는 것보다 직접 바꿔 보고 출력해 봐야 의미를 정확하게 알 수 있다. 다음 예제는 Stretch 속성을 테스트하며 실행 중에 라디오 버튼으로 옵션을 변경하여 속성의 효과를 즉시 확인한다. 샘플 이미지는 Images 폴더 안에 hanbok.jpg 파일로 준비해 두었다.

ImageStretch

```
<Grid x:Name="ContentPanel" Grid.Row="1" Margin="12,0,12,0">
    <StackPanel>
        <StackPanel Orientation="Horizontal">
            <RadioButton Name="btnNaN" Content="Default Size" Click="btnNaN_Click"
                         IsChecked="true" />
            <RadioButton Name="btn300" Content="300*300" Click="btn300_Click" />
        </StackPanel>
        <StackPanel Orientation="Horizontal">
            <RadioButton Name="btnNone" Content="None" Click="btnNone_Click" />
            <RadioButton Name="btnUni" Content="Uni" Click="btnUni_Click"
                         IsChecked="true" />
            <RadioButton Name="btnFill" Content="Fill" Click="btnFill_Click" />
            <RadioButton Name="btnUniFill" Content="UniFill" Click="btnUniFill_Click" />
        </StackPanel>
        <Border Width="456" Height="456" Background="Gray">
            <Image Name="img" Source="/ImageStretch;component/Images/hanbok.jpg" />
        </Border>
    </StackPanel>
</Grid>
===================================== CS =========================================
private void btnNaN_Click(object sender, RoutedEventArgs e)
{
    img.Width = Double.NaN;
    img.Height = Double.NaN;
}

private void btn300_Click(object sender, RoutedEventArgs e)
{
    img.Width = 300;
    img.Height = 300;
}
```

```
private void btnNone_Click(object sender, RoutedEventArgs e)
{
    img.Stretch = Stretch.None;
}

private void btnUni_Click(object sender, RoutedEventArgs e)
{
    img.Stretch = Stretch.Uniform;
}

private void btnFill_Click(object sender, RoutedEventArgs e)
{
    img.Stretch = Stretch.Fill;
}

private void btnUniFill_Click(object sender, RoutedEventArgs e)
{
    img.Stretch = Stretch.UniformToFill;
}
```

속성 테스트를 위한 참고 예제이므로 소스는 굳이 분석해 볼 필요가 없다. 스택 패널에 라디오 버튼들을 배치하고 각 버튼을 클릭할 때 이미지 컨트롤의 속성을 실행 중에 바꿔 본다. 위쪽의 라디오 버튼은 이미지의 크기인 Width, Height 속성을 조정하고 아래쪽의 라디오 버튼은 Stretch 속성을 변경한다. 이미지 컨트롤에게 일정한 영역을 주기 위해 정사각형의 Border로 감싸고 회색 배경색을 칠해 놓았다. 실행해 보자.

이미지의 크기인 Width, Height는 디폴트로 Double.NaN으로 정의되어 있다. 폭과 높이를 정의하지 않는다는 말은 부모의 영역을 가급적 많이 차지한다는 뜻이다. 디폴트 Stretch 모드인 Uniform은 부모의 영역을 채우되 이미지의 종횡비는 유지한다. 그래서 이미지의 폭은 보더의 폭과 같이 수평으로 가득 채우며 높이는 종횡비 비율에 따라 결정된다. 이미지가 작으므로 확대가 발생했는데 화면보다 더 큰 이미지라면 축소가 발생한다.

보더는 정사각형 모양이되 이미지는 가로 쪽이 길기 때문에 보더의 아래위에 여백이 남는다. Stretch 속성을 None으로 지정하면 이미지를 확대하지 않고 원래 크기대로 출력한다. 이 예제의 이미지는 250*180의 작은 이미지이므로 원본대로 작게 나타난다. 만약 화면보다 더 큰 고해상도 이미지를 원본 크기대로 출력하면 일부가 잘려서 보이지 않는다. None 모드는 축소도, 확대도 아니고 말 그대로 아무 조작도 하지 않고 있는 그대로 보여주는 것이다.

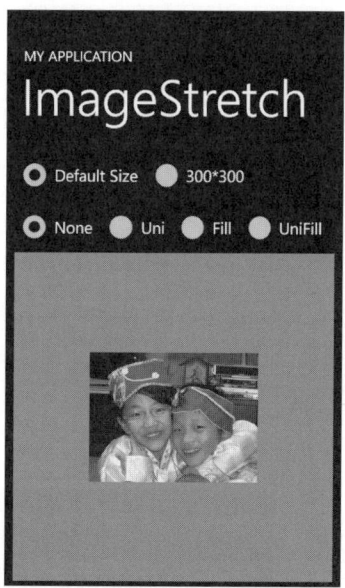

이미지는 부모 영역의 중앙에 정렬되며 여백은 상하좌우에 균등하게 배분된다. 중앙이 아닌 곳에 이미지를 출력하려면 이미지 컨트롤의 VerticalAlignment, HorizontalAlignment 속성으로 정렬을 조정한다. 다음은 Fill과 UniformToFill 스트레치 모드를 선택한 것이다.

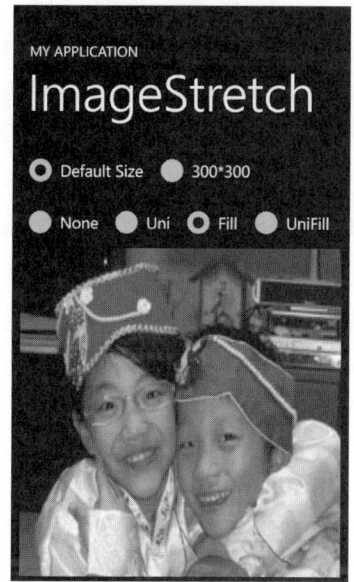
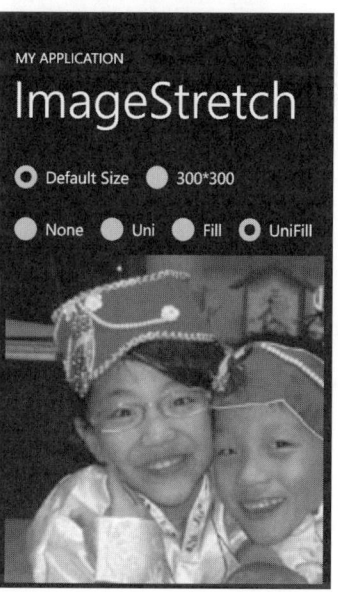

Fill 모드는 주어진 부모 영역을 가득 채우며 종횡비는 유지하지 않는다. 보다 영역 전체를 차지하므로 여백은 없다. 종횡비를 무시하고 부모 영역의 크기에 맞추어 이미지를 변형하므로 길쭉해지거나 찌그러진다. UniformToFill 모드는 부모 영역을 가득 채우되 종횡비는 유지한다. 부모 크기보다 큰 쪽은 불가피하게 잘리는데 이 사진의 경우 가로가 더 길므로 가로 쪽 일부가 화면 밖으로 사라진다.

이미지 컨트롤의 크기를 제한하려면 Width, Height 속성에 원하는 크기값을 지정한다. 300*300 라디오 버튼을 선택하면 컨트롤이 300*300 크기로 강제 조정되며 이미지는 이 영역 안에 출력된다. 300*300은 이미지의 크기인 250*180보다는 조금 더 큰 영역이다. 이 상태에서 Stretch 모드를 변경해 보자.

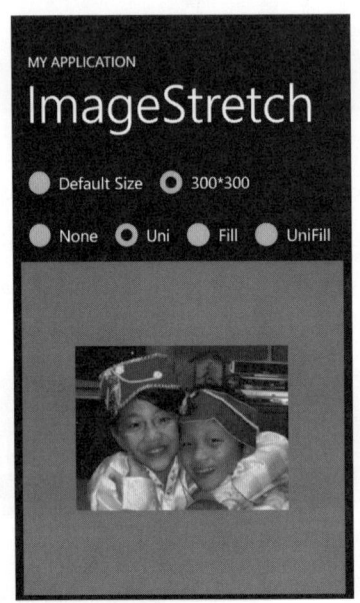

이미지 컨트롤이 300*300 크기라고 해서 이미지도 그 크기대로 출력되는 것은 아니다. Uniform 모드는 여전히 종횡비를 유지하므로 폭은 300으로 커지고 높이는 종횡비 비율에 따라 약간 늘어날 것이다. 컨트롤의 크기에 강제로 맞추어 이미지를 출력하려면 Fill 모드를 사용해야 하며 이 경우 종횡비는 유지되지 않는다.

컨트롤의 크기와 이미지의 크기, Stretch 모드와의 관계는 알듯하면서도 살짝 헷갈리는 면이 있다. 대충 구경만 하고 넘어가지 말고 옵션을 이리저리 바꾸어 가며 결과를 잘 관찰해 보고

머릿속으로 정리해 볼 필요가 있다. 또 이미지가 작은 경우만 테스트해 보았는데 화면보다 더 큰 이미지로도 테스트해 보자. 원리는 동일하지만 확대 대신 축소가 발생한다는 점이 다르다.

6-2 브러시

6-2-1 단일색

Control의 Background 속성은 배경색을 지정하고 Foreground 속성은 내용물을 칠할 전경색을 지정한다. 이 외에도 색상을 지정하는 속성이 몇 개 더 있지만 컨트롤의 색상은 대부분 전경색과 배경색 이 두 속성으로 결정된다. 색상과 관련된 속성들의 타입은 Color가 아니라 Brush이다. 브러시는 면을 채색하는 그래픽 객체이며 여러 가지 종류가 있다. 그래서 단색뿐만 아니라 그래디언트나 이미지 같은 복잡한 무늬도 사용할 수 있다.

다른 그래픽 라이브러리와 달리 실버라이트에는 선을 그리는 그래픽 객체인 Pen이 따로 정의되어 있지 않으며 무조건 브러시로 그린다. 왜냐하면 실버라이트는 벡터 기반의 그래픽 라이브러리이며 벡터는 자유롭게 확대 가능하기 때문이다. 아무리 가느다란 선도 확대하면 면적이 되므로 선도 브러시로 채색한다. 브러시의 클래스 계층은 다음과 같다.

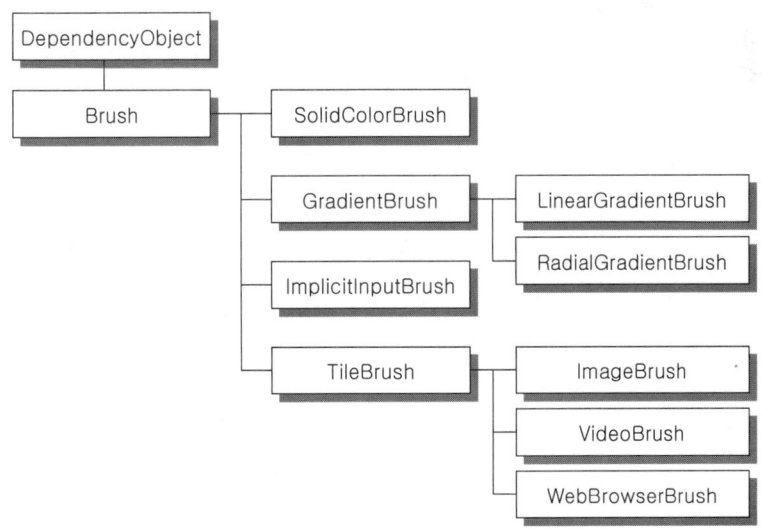

이 계층도에서 보다시피 Brush는 루트 클래스에 해당하는 DependencyObject로부터 상속된다. 단순히 그림을 그리는 도구일 뿐이므로 사용자와 상호 작용하는 컨트롤이 아니며 색상이나 무늬를 정의할 뿐이다. 가장 자주 사용되는 브러시는 단일 색상으로 면을 채우는 SolidColorBrush이다. 생성자는 다음과 같다.

SolidColorBrush(Color color)

인수로 브러시의 색상을 전달한다. XAML 문서에서는 객체를 생성할 필요 없이 속성에 색상 값을 대입하면 단색으로 채색된다. 실버라이트는 색상을 지정하는 여러 가지 방식을 제공한다.

포 맷	초록색
#RGB	#0f0
#ARGB	#f0f0
#RRGGBB	#00ff00
#AARRGGBB	#ff00ff00
sc# R, G, B	sc# 0, 1, 0
sc# A, R, G, B	sc# 1, 0, 1, 0

빨강, 초록, 파란색의 강도를 16진수로 지정하되 0~F까지 한자리로 강도를 지정할 수도 있고 00~FF까지 2자리로 지정할 수도 있다. 한자리가 간단해 보이지만 16단계로만 강도를 지정할 수 있어 해상도가 떨어지고 일반적이지 않으므로 가급적이면 2자리로 지정하는 것이 좋다. 16진수 2자리면 0~255 단계의 강도를 표현할 수 있다. 웹 표준의 #RRGGBB 형식으로 총 1,600만 가지 색상을 표현할 수 있으며 이 방식이 가장 보편적이다.

알파값을 지정할 때는 앞에 16진수 2자리를 더 추가하여 #AARRGGBB 형식으로 8자리의 16진수로 표현한다. 알파가 80이면 반투명한 색이며 0이면 완전 투명이고 FF면 불투명이다. 알파값을 별도로 지정하지 않으면 불투명한 것으로 간주한다. 즉 AA가 생략된 #RRGGBB는 불투명한 색상이다. 색상값의 강도를 나타내는 16진수의 a~f까지 알파벳은 대소문자를 구분하지 않는다.

sc# 방식은 16진 정수 대신 0~1 사이의 실수로 색상의 강도를 표현한다. RGB 방식과는 색상 모델이 다른데 RGB는 80이 중간값이지만 sc# 방식은 0.2 정도가 중간값이다. 색상 요소의 값을 직접 지정하는 대신 미리 정의된 색상 이름을 사용할 수도 있다. Colors 클래스에는 다음 141개의 색상에 대한 정적 상수가 정의되어 있다. 이 색상은 웹에서 자주 사용되는 표준 색상이기도 하다.

Name	Hex	Name	Hex	Name	Hex	Name	Hex
AliceBlue	#FFF0F8FF	DarkTurquoise	#FF00CED1	LightSeaGreen	#FF20B2AA	PapayaWhip	#FFFFEFD5
AntiqueWhite	#FFFAEBD7	DarkViolet	#FF9400D3	LightSkyBlue	#FF87CEFA	PeachPuff	#FFFFDAB9
Aqua	#FF00FFFF	DeepPink	#FFFF1493	LightSlateGray	#FF778899	Peru	#FFCD853F
Aquamarine	#FF7FFFD4	DeepSkyBlue	#FF00BFFF	LightSteelBlue	#FFB0C4DE	Pink	#FFFFC0CB
Azure	#FFF0FFFF	DimGray	#FF696969	LightYellow	#FFFFFFE0	Plum	#FFDDA0DD
Beige	#FFF5F5DC	DodgerBlue	#FF1E90FF	Lime	#FF00FF00	PowderBlue	#FFB0E0E6
Bisque	#FFFFE4C4	Firebrick	#FFB22222	LimeGreen	#FF32CD32	Purple	#FF800080
Black	#FF000000	FloralWhite	#FFFFFAF0	Linen	#FFFAF0E6	Red	#FFFF0000
BlanchedAlmond	#FFFFEBCD	ForestGreen	#FF228B22	Magenta	#FFFF00FF	RosyBrown	#FFBC8F8F
Blue	#FF0000FF	Fuchsia	#FFFF00FF	Maroon	#FF800000	RoyalBlue	#FF4169E1
BlueViolet	#FF8A2BE2	Gainsboro	#FFDCDCDC	MediumAquamarine	#FF66CDAA	SaddleBrown	#FF8B4513
Brown	#FFA52A2A	GhostWhite	#FFF8F8FF	MediumBlue	#FF0000CD	Salmon	#FFFA8072
BurlyWood	#FFDEB887	Gold	#FFFFD700	MediumOrchid	#FFBA55D3	SandyBrown	#FFF4A460
CadetBlue	#FF5F9EA0	Goldenrod	#FFDAA520	MediumPurple	#FF9370DB	SeaGreen	#FF2E8B57
Chartreuse	#FF7FFF00	Gray	#FF808080	MediumSeaGreen	#FF3CB371	SeaShell	#FFFFF5EE
Chocolate	#FFD2691E	Green	#FF008000	MediumSlateBlue	#FF7B68EE	Sienna	#FFA0522D
Coral	#FFFF7F50	GreenYellow	#FFADFF2F	MediumSpringGreen	#FF00FA9A	Silver	#FFC0C0C0
CornflowerBlue	#FF6495ED	Honeydew	#FFF0FFF0	MediumTurquoise	#FF48D1CC	SkyBlue	#FF87CEEB
Cornsilk	#FFFFF8DC	HotPink	#FFFF69B4	MediumVioletRed	#FFC71585	SlateBlue	#FF6A5ACD
Crimson	#FFDC143C	IndianRed	#FFCD5C5C	MidnightBlue	#FF191970	SlateGray	#FF708090
Cyan	#FF00FFFF	Indigo	#FF4B0082	MintCream	#FFF5FFFA	Snow	#FFFFFAFA
DarkBlue	#FF00008B	Ivory	#FFFFFFF0	MistyRose	#FFFFE4E1	SpringGreen	#FF00FF7F
DarkCyan	#FF008B8B	Khaki	#FFF0E68C	Moccasin	#FFFFE4B5	SteelBlue	#FF4682B4
DarkGoldenrod	#FFB8860B	Lavender	#FFE6E6FA	NavajoWhite	#FFFFDEAD	Tan	#FFD2B48C
DarkGray	#FFA9A9A9	LavenderBlush	#FFFFF0F5	Navy	#FF000080	Teal	#FF008080
DarkGreen	#FF006400	LawnGreen	#FF7CFC00	OldLace	#FFFDF5E6	Thistle	#FFD8BFD8
DarkKhaki	#FFBDB76B	LemonChiffon	#FFFFFACD	Olive	#FF808000	Tomato	#FFFF6347
DarkMagenta	#FF8B008B	LightBlue	#FFADD8E6	OliveDrab	#FF6B8E23	Transparent	#00FFFFFF
DarkOliveGreen	#FF556B2F	LightCoral	#FFF08080	Orange	#FFFFA500	Turquoise	#FF40E0D0
DarkOrange	#FFFF8C00	LightCyan	#FFE0FFFF	OrangeRed	#FFFF4500	Violet	#FFEE82EE
DarkOrchid	#FF9932CC	LightGoldenrodYellow	#FFFAFAD2	Orchid	#FFDA70D6	Wheat	#FFF5DEB3
DarkRed	#FF8B0000	LightGray	#FFD3D3D3	PaleGoldenrod	#FFEEE8AA	White	#FFFFFFFF
DarkSalmon	#FFE9967A	LightGreen	#FF90EE90	PaleGreen	#FF98FB98	WhiteSmoke	#FFF5F5F5
DarkSeaGreen	#FF8FBC8F	LightPink	#FFFFB6C1	PaleTurquoise	#FFAFEEEE	Yellow	#FFFFFF00
DarkSlateBlue	#FF483D8B	LightSalmon	#FFFFA07A	PaleVioletRed	#FFDB7093	YellowGreen	#FF9ACD32
DarkSlateGray	#FF2F4F4F						

Black, White, Yellow, Green 등 잘 알려진 색상은 이름을 사용하는 것이 입력하기 편하고 읽기도 쉽다. XAML 문서에서도 Background="Blue" 식으로 이 색상 명칭을 바로 사용할 수 있다. 141개나 되는 색상에 일일이 이름을 붙여 놓았지만 아쉽게도 전부 영어라 우리에게는 별 도움이 되지 않는다. 다음 예제는 단색 브러시로 여러 가지 색상을 채색한다.

BrushTest

```
<Grid x:Name="ContentPanel" Grid.Row="1" Margin="12,0,12,0">
    <StackPanel>
        <StackPanel Orientation="Horizontal">
            <Button Content="Brush" FontSize="50" Height="200" Width="200"
                    Background="#ffff00" Foreground="Red" />
            <Button Content="Brush" FontSize="50" Height="200" Width="200"
```

```
                    Background="sc#1,1,0" Foreground="Red" />
        </StackPanel>
        <Canvas Height="200">
            <Button Canvas.Left="20" Canvas.Top="50" FontSize="50" Height="100" Width="360"
                    Background="Red"/>
            <Button Canvas.Left="0" Height="200" Width="100" Background="#00ff00" />
            <Button Canvas.Left="100" Height="200" Width="100" Background="#c000ff00" />
            <Button Canvas.Left="200" Height="200" Width="100" Background="#8000ff00" />
            <Button Canvas.Left="300" Height="200" Width="100" Background="#4000ff00" />
        </Canvas>
    </StackPanel>
</Grid>
```

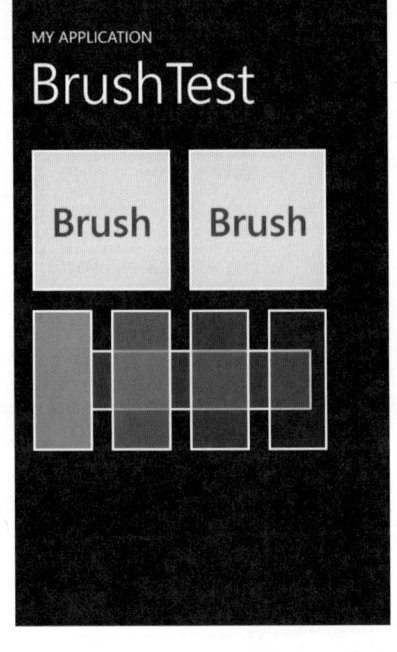

스택 패널에 버튼 여러 개를 배치하고 전경색과 배경색을 단색으로 지정하였다. 이 예제에서 버튼은 클릭을 입력받기 위해서가 아니라 단지 색상을 채색할 수 있는 컨트롤로 선택된 것뿐이다. 색상을 가지는 모든 컨트롤을 같은 방식으로 채색할 수 있다. SolidColorBrush는 엘리먼트로 선언할 필요 없이 = 연산자로 속성에 색상값을 대입하면 된다.

위쪽 두 버튼은 노란색 배경색에 빨간색 전경색으로 그렸다. Background 속성은 노란색으로, Foreground 속성은 빨간색으로 지정했으므로 노란 바탕에 빨간색 캡션이 출력된다. 노란색은 #ffff00으로 지정할 수도 있고 #sc1,1,0으로 지정할 수도 있다. 물론 Yellow라는 명칭을 사용하는 것도 가능하며 사실 명칭을 사용하는 것이 제일 쉽다.

아래쪽에는 캔버스에 빨간색 배경의 버튼을 배치해 두고 그 위에 알파값이 각각 다른 초록색 버튼을 얹었다. 제일 왼쪽의 불투명한 초록색은 뒤쪽의 빨간 버튼을 완전히 가리지만 알파값을 주면 배경의 빨간색이 비쳐 보인다. 투명도가 높을수록(=불투명도가 낮을수록) 뒤쪽 배경이 더 많이 비친다. 반투명 효과는 예쁜 화면을 디자인하는데 무척 요긴하게 사용된다.

6-2-2 직선 그래디언트

그래디언트는 두 가지 이상의 색상을 혼합하여 점점 변하는 형태로 채색하는 브러시이다. 단색 브러시에 비해 다양한 효과를 낼 수 있고 멋스러워서 자주 사용된다. 추상 클래스인 GradientBrush 로부터 직선, 원형 그래디언트 브러시가 파생되며 다음 공통 속성을 제공한다. 이 속성들은 색상의 개수와 분포 형태 등을 제어한다.

속 성	설 명
GradientStops	각 지점의 색상 및 상대적인 위치를 지정한다. 이 정보들이 여러 개 모여 GradientStopCollection을 구성하여 그래디언트 무늬가 된다. Offset 속성은 면적 내에서 지점의 상대적 위치를 0~1사이의 실수로 지정하며 Color 속성은 해당 지점의 색상이다.
SpreadMethod	SpreadMethod 속성은 무늬의 반복 방식을 지정한다. Pad는 끝 부분을 반복하고 Reflect는 반사하며 Repeat는 똑같은 무늬를 반복한다. 디폴트 값은 Pad이다.
ColorInterpolationMode	색상의 사이를 채우는 방법을 지정한다. scRgb 방법과 SRgb 방법이 있다.
MappingMode	위치를 지정하는 좌표가 출력 영역에 대해 절대적인지(Absolute) 상대적인지(RelativeToBoundingBox)를 지정한다. 디폴트는 상대 좌표이다.

LinearGradientBrush는 직선 형태로 색상이 점점 변하는 브러시이다. StartPoint, EndPoint 속성으로 채색할 시작점과 끝점을 지정한다. 두 점의 좌표가 의미하는 값은 맵핑 모드에 따라 달라진다. 절대 좌표일 수도 있고 상대 좌표일 수도 있는데 디폴트 맵핑 모드는 상대 좌표이다. 상대 좌표 체계에서 두 속성은 0과 1사이의 실수 두 쌍을 사용하여 시작점, 끝점의 좌표를 지정한다.

(0, 0)은 채색 영역의 좌상단을 의미하고 (1,1)은 우하단을 의미한다. 중앙 지점은 당연히 (0.5, 0.5)가 될 것이다. 두 속성이 어디를 가리키는가에 따라 색상이 변하는 방향과 각도가 결정된다. 디폴트는 각각 좌상단과 우하단으로 설정되어 있으므로 이 속성들을 생략하면 좌상단점에서 시작하여 우하단쪽으로 비스듬하게 색상이 변한다.

GradientStops컬렉션은 GradientStop 객체의 집합으로 양 끝점이나 중간 지점의 색상과 위치를 지정한다. 채색에 사용할 색상의 개수는 GradientStop 객체의 개수에 의해 결정된다. GradientStop. Offset 속성은 채색 영역에서 상대적인 지점을 나타낸다. Offset 0은 시작 지점이고 1은 끝점이며 0.5는 중간 지점이다. GradientStop.Color는 해당 지점에서의 색상이다. Offset과 Color로 각 지점의 색상을 정의하며 이런 지점 여러 개가 모여 색상을 변화시킴으로써 직선 그래디언트 브러시가 정의된다.

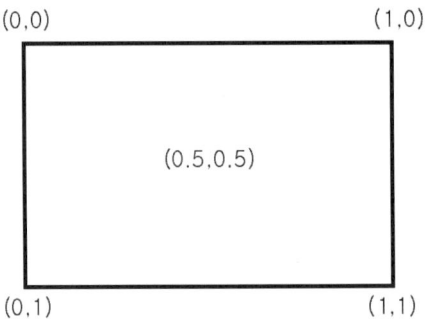

다음 예제는 그리드에 6개의 버튼을 3행 2열로 배치하고 여러 가지 방식으로 그래디언트 브러시를 만들어 채색한다. 각 브러시는 시작점, 끝점, 오프셋이 조금씩 다른데 이 값을 조합함으로써 무늬가 어떻게 달라지는지 관찰해 보자.

```
<Grid x:Name="ContentPanel" Grid.Row="1" Margin="12,0,12,0">
    <Grid>
        <Grid.RowDefinitions>
            <RowDefinition />
            <RowDefinition />
            <RowDefinition />
        </Grid.RowDefinitions>
        <Grid.ColumnDefinitions>
            <ColumnDefinition />
            <ColumnDefinition />
        </Grid.ColumnDefinitions>

        <Button Grid.Row="0" Grid.Column="0">
            <Button.Background>
                <LinearGradientBrush StartPoint="0,0" EndPoint="1,0">
                    <GradientStop Color="Black" Offset="0" />
                    <GradientStop Color="White" Offset="1" />
                </LinearGradientBrush>
            </Button.Background>
        </Button>
        <Button Grid.Row="0" Grid.Column="1">
            <Button.Background>
                <LinearGradientBrush StartPoint="0,0" EndPoint="0,1">
```

```xml
                        <GradientStop Color="Black" Offset="0" />
                        <GradientStop Color="White" Offset="1" />
                    </LinearGradientBrush>
                </Button.Background>
            </Button>
            <Button Grid.Row="1" Grid.Column="0">
                <Button.Background>
                    <LinearGradientBrush StartPoint="0,0" EndPoint="1,1">
                        <GradientStop Color="Black" Offset="0" />
                        <GradientStop Color="White" Offset="1" />
                    </LinearGradientBrush>
                </Button.Background>
            </Button>
            <Button Grid.Row="1" Grid.Column="1">
                <Button.Background>
                    <LinearGradientBrush StartPoint="0,1" EndPoint="1,0">
                        <GradientStop Color="Black" Offset="0" />
                        <GradientStop Color="White" Offset="1" />
                    </LinearGradientBrush>
                </Button.Background>
            </Button>
            <Button Grid.Row="2" Grid.Column="0">
                <Button.Background>
                    <LinearGradientBrush StartPoint="0,0" EndPoint="1,0">
                        <GradientStop Color="Black" Offset="0.2" />
                        <GradientStop Color="White" Offset="0.8" />
                    </LinearGradientBrush>
                </Button.Background>
            </Button>
            <Button Grid.Row="2" Grid.Column="1">
                <Button.Background>
                    <LinearGradientBrush StartPoint="0,0" EndPoint="0,1">
                        <GradientStop Color="Black" Offset="0" />
                        <GradientStop Color="Blue" Offset="0.5" />
                        <GradientStop Color="White" Offset="1" />
                    </LinearGradientBrush>
                </Button.Background>
            </Button>
        </Grid>
    </Grid>
```

그래디언트 브러시는 단색 브러시보다 복잡하므로 속성값으로 지정할 수 없고 별도의 엘리먼트로 분리해서 표기해야 한다. 버튼의 Background 속성에 대해 LinearGradientBrush를 생성하여 지정했다. 이 문법에 대해서는 이장 끝에서 다시 연구해 볼 것이다. 실행 결과를 보고 각 브러시가 어떤 식으로 채색되는지 순서대로 살펴보자.

첫 번째 버튼은 시작점을 (0,0)으로 지정하고 끝점을 (1,0)으로 지정했으므로 왼쪽위에서 오른쪽위로 수평으로 이동하며 색이 변한다. (0,1)~(1,1)로 왼쪽 아래에서 오른쪽 아래로 지정해도 수평으로 색상이 변하는 것은 동일하므로 채색 결과는 같다. 두 개의 GradientStop 객체가 정의되어 있으며 각각 시작점이 검은색이고 끝점이 흰색임을 지정한다. 왼쪽에서 검은색으로 시작하여 점점 밝아지다가 중간 지점에서는 회색이 되고 오른쪽으로 갈수록 흰색에 가까워진다.

두 번째 버튼은 EndPoint를 (0,1)로 바꾸어 위에서 아래로 채색했다. 시작점은 좌상단으로 같지만 끝점을 오른쪽 끝에서 아래쪽으로 옮김으로써 흰색이 아래쪽으로 이동한다. EndPoint를 1,1로 바꾸면 우하향 대각선으로 색상이 변하며 StartPoint를 0,1로 주고 EndPoint를 1,0으로 주면 우상향 대각선으로 색상이 변한다. StartPoint, EndPoint의 조합에 의해 무늬의 방향이 결정됨을 알 수 있다.

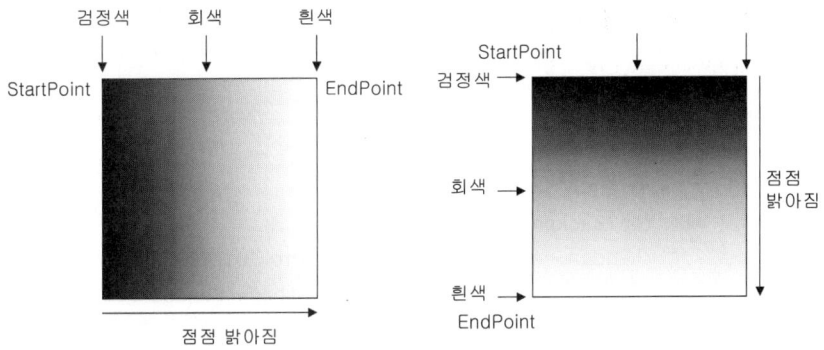

GradientStop 객체의 오프셋을 꼭 시작점, 끝점과 맞출 필요는 없다. 다섯 번째 버튼은 시작점의 오프셋을 0.2로 주고 끝점의 오프셋을 0.8로 주어 무늬의 시작과 끝을 중간쯤으로 옮겼다. 이 범위 바깥은 같은 색상이 반복된다. 음수 오프셋도 줄 수 있는데 이 경우는 보이지 않는 바깥 부분에서 색상이 시작하기도 한다. 오프셋뿐만 아니라 시작점, 끝점도 0~1 사이의 범위를 벗어날 수 있다.

GradientStop은 필요한 만큼 여러 개 배치할 수 있다. 여섯 번째 버튼은 중간 지점인 0.5 오프셋에 파란색을 하나 더 삽입하여 세 가지 색상이 변하도록 했다. 검은색이 파란색으로 점점 변하다가 파란색이 다시 흰색으로 변한다. 7개의 GradientStop을 지정하면 무지개색으로 채색하는 것도 가능하다. 중간 지점에 여러 색상을 사용하기 위해 StartPoint, EndPoint에 색상을 바로 지정하지 않고 별도의 GradientStop 컬렉션을 사용하는 것이다.

시작점과 끝점이 채색영역의 시작, 끝 부분과 일치하지 않고 중간쯤에 설정된 경우는 그래디언트 무늬가 전 영역을 채우지 못하고 좌우(또는 상하)에 남는 부분이 생긴다. SpreadMethod 속성은 시작, 끝 범위의 바깥 부분을 어떻게 처리할 것인가를 지정한다. 세 가지 방식이 있는데 다음 예제로 각 방식의 채색 결과를 확인해 보자.

SpreadMethodTest

```
<Grid x:Name="ContentPanel" Grid.Row="1" Margin="12,0,12,0">
    <StackPanel>
        <Button Height="100" >
            <Button.Background>
                <LinearGradientBrush StartPoint="0.2,0" EndPoint="0.5,0"
                                     SpreadMethod="Pad">
```

```
                <GradientStop Color="Black" Offset="0" />
                <GradientStop Color="White" Offset="1" />
            </LinearGradientBrush>
        </Button.Background>
    </Button>
    <Button Height="100" >
        <Button.Background>
            <LinearGradientBrush StartPoint="0.2,0" EndPoint="0.5,0"
                                  SpreadMethod="Repeat">
                <GradientStop Color="Black" Offset="0" />
                <GradientStop Color="White" Offset="1" />
            </LinearGradientBrush>
        </Button.Background>
    </Button>
    <Button Height="100" >
        <Button.Background>
            <LinearGradientBrush StartPoint="0.2,0" EndPoint="0.5,0"
                                  SpreadMethod="Reflect">
                <GradientStop Color="Black" Offset="0" />
                <GradientStop Color="White" Offset="1" />
            </LinearGradientBrush>
        </Button.Background>
    </Button>
    </StackPanel>
</Grid>
```

수직 스택 패널에 버튼 3개를 배치하고 그래디언트 브러시를 적용했다. StartPoint의 수평 좌표를 0.2로 지정하고 EndPoint의 수평 좌표를 0.5로 지정했으므로 영역의 가운데 부분만 그래디언트 무늬로 채운다. 0.2지점의 왼쪽과 0.5 지점의 오른쪽은 채색 대상에서 제외되는데 이 부분을 어떻게 채울 것인가가 SpreadMethod 속성에 의해 결정된다.

디폴트 모드인 Pad는 마지막 무늬를 계속 반복한다. 즉 0.2 왼쪽은 0.2지점의 색상인 검은색으로 채우고 0.5 오른쪽은 0.5지점의 색상인 흰색으로 채우는 것이다. Repeat 모드는 도장을 찍듯이 무늬를 계속 반복한다. 0.5 이후부터 0.2의 무늬가 다시 시작된다. Reflect는 반복하되 매 반복 시마다 반대로 뒤집어서 채색한다. 실행 결과를 보면 금방 이해될 것이다.

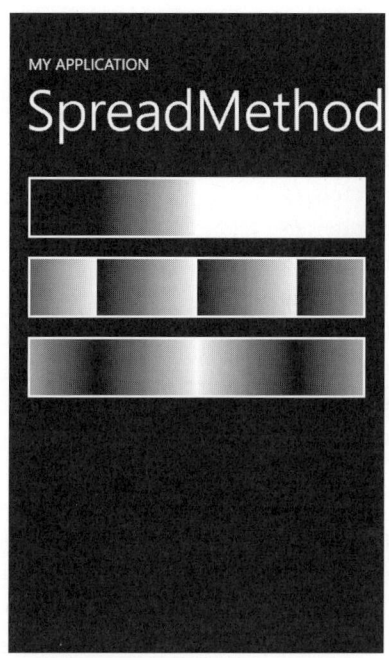

6-2-3 원형 그래디언트

RadialGradientBrush는 원형으로 색상을 점점 변화시키는 그래디언트 브러시이다. 원의 중심에서 시작하여 원주 쪽으로 이동하면서 색상이 바뀌는 무늬를 만들어 낸다. GradientBrush로부터 상속받은 속성들 외에 다음 4개의 고유 속성을 가진다.

속 성	설 명
GradientOrigin	무늬가 시작될 중앙 지점을 x, y 좌표로 지정한다. 디폴트는 중앙 지점인 0.5, 0.5이다.
Center	채색 지점의 중앙이 어디쯤인지를 x, y 좌표로 지정한다. 디폴트는 중앙 지점인 0.5, 0.5이다.
RadiusX, RadiusY	채색 지점의 외곽 반지름을 지정한다. 둘 다 디폴트는 0.5이다.

중앙 지점을 가리키는 속성이 두 개여서 다소 헷갈리는데 다음 예제를 통해 이 두 속성의 정확한 의미를 연구해 보자.

```
<Grid x:Name="ContentPanel" Grid.Row="1" Margin="12,0,12,0">
    <Grid>
        <Grid.RowDefinitions>
            <RowDefinition />
            <RowDefinition />
            <RowDefinition />
        </Grid.RowDefinitions>
        <Grid.ColumnDefinitions>
            <ColumnDefinition />
            <ColumnDefinition />
        </Grid.ColumnDefinitions>

        <Button Grid.Row="0" Grid.Column="0">
            <Button.Background>
                <RadialGradientBrush GradientOrigin="0.5,0.5" Center="0.5,0.5"
                                     RadiusX="0.5" RadiusY="0.5">
                    <GradientStop Color="Black" Offset="0" />
                    <GradientStop Color="White" Offset="1" />
                </RadialGradientBrush>
            </Button.Background>
        </Button>
        <Button Grid.Row="0" Grid.Column="1">
            <Button.Background>
                <RadialGradientBrush GradientOrigin="0.5,0.5" Center="0.5,0.5"
                                     RadiusX="0.5" RadiusY="0.5">
                    <GradientStop Color="White" Offset="0" />
                    <GradientStop Color="Black" Offset="1" />
                </RadialGradientBrush>
            </Button.Background>
        </Button>
        <Button Grid.Row="1" Grid.Column="0">
            <Button.Background>
                <RadialGradientBrush GradientOrigin="0.7,0.7" Center="0.5,0.5"
                                     RadiusX="0.5" RadiusY="0.5">
                    <GradientStop Color="Black" Offset="0" />
                    <GradientStop Color="White" Offset="1" />
                </RadialGradientBrush>
            </Button.Background>
        </Button>
```

```xml
            <Button Grid.Row="1" Grid.Column="1">
                <Button.Background>
                    <RadialGradientBrush GradientOrigin="0.5,0.5" Center="0.7,0.7"
                                         RadiusX="0.5" RadiusY="0.5">
                        <GradientStop Color="Black" Offset="0" />
                        <GradientStop Color="White" Offset="1" />
                    </RadialGradientBrush>
                </Button.Background>
            </Button>
            <Button Grid.Row="2" Grid.Column="0">
                <Button.Background>
                    <RadialGradientBrush GradientOrigin="0.3,0.3" Center="0.5,0.5"
                                         RadiusX="0.5" RadiusY="0.5">
                        <GradientStop Color="White" Offset="0" />
                        <GradientStop Color="Black" Offset="1" />
                    </RadialGradientBrush>
                </Button.Background>
            </Button>
            <Button Grid.Row="2" Grid.Column="1">
                <Button.Background>
                    <RadialGradientBrush GradientOrigin="0.5,0.5" Center="0.5,0.5"
                                         RadiusX="1.0" RadiusY="1.0">
                        <GradientStop Color="Black" Offset="0" />
                        <GradientStop Color="White" Offset="1" />
                    </RadialGradientBrush>
                </Button.Background>
            </Button>
        </Grid>
</Grid>
```

예제의 구조는 앞 예제와 동일하되 채색할 때 사용한 배경 브러시만 다르다. 직선 그래디언트 브러시와는 달리 중심에서 시작하여 바깥쪽으로 색상이 점점 변하며 무늬가 원형이다.

첫 번째 버튼은 모든 속성을 디폴트대로 적용하여 채색했다. 중심부는 시작색인 검은색으로 채색되고 바깥쪽으로 이동할수록 점점 흰색이 된다. 두 번째 버튼은 시작색과 끝색을 바꾸어 반대로 채색했다. 채색 시작점은 정확하게 중심이고 반지름은 영역의 절반만큼이어서 영역의 끝에서 색상 변화가 멈춘다.

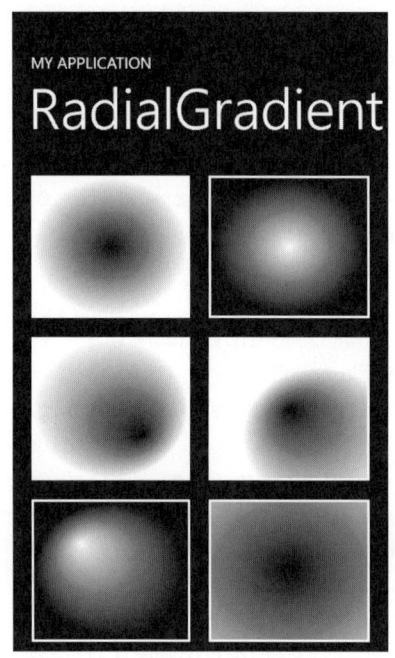

세 번째 버튼은 GradientOrigin을 0.7로 옮겨 시작색인 검은색을 약간 오른쪽 아래로 이동시켰다. GradientOrigin 속성은 무늬내에서 시작색의 좌표를 지정한다. 네 번째 버튼은 Center를 0.7로 옮겨 채색 영역을 오른쪽 아래로 이동한다. 시작점은 여전히 면적의 중앙에 있으며 원 전체가 이동한다. 두 속성은 시작점을 옮기는가 채색 영역을 옮기는가의 차이가 있다. 다섯 번째 버튼은 왼쪽 위에서 광원이 비치는 듯한 입체적인 공모양을 표현한다. 이런 모양을 그리려면 채색 영역은 중앙에 두고 시작색의 좌표를 옮겨야 한다.

채색 영역의 반지름은 디폴트로 모두 0.5여서 중앙에서 면적의 끝에 닿을 때까지 그린다. 그러다 보니 변의 중간 부분은 끝색이 정확하게 맞지만 모서리 부분은 끝색이 반복된다. 반지름을 바꾸면 더 넓은 영역을 채색할 수 있다. 여섯 번째 버튼은 반지름을 1로 지정하여 영역 전체를 가득 채웠다. 이 경우 끝색인 흰색은 영역 외부에 있어서 보이지 않는다.

6-2-4 이미지 브러시

TileBrush는 특정한 방식으로 영역을 채운다. 이미지나 동영상, 웹 페이지의 내용을 브러시로 정의하여 영역을 채울 수 있는 재미있는 브러시이다. 다음은 TileBrush의 공통 속성이다.

속 성	설 명
AlignmentX	수평 정렬 방식을 지정한다. Left, Center, Right 중 하나이며 디폴트는 Center이다.
AlignmentY	수직 정렬 방식을 지정한다. Top, Center, Bottom 중 하나이며 디폴트는 Center이다.
Stretch	이미지를 늘릴 방법을 지정한다. 디폴트는 Fill이다.

TileBrush의 파생 클래스인 ImageBrush는 이미지로 영역을 채운다. 채색에 사용할 이미지는 ImageSource 속성으로 지정한다. Image 컨트롤과 마찬가지 방법으로 이미지 파일을 프로젝트에 포함시키고 ImageSource 속성에 경로를 지정하면 된다.

다음 예제는 보리밭 풍경을 촬영한 barley.jpg 이미지로 버튼의 표면과 텍스트 문자열의 내부를 채색한다. 앞에서 설명한 절차대로 이미지 파일을 불러오되 이미지가 하나밖에 없으므로 서브 폴더는 생략하고 루트에 바로 배치했다. 솔직히 이런 예제를 만들 때는 원칙도 중요하지만 퍼뜩퍼뜩 만들어 볼 수 있어야 한다.

ImageBrush

```
<Grid x:Name="ContentPanel" Grid.Row="1" Margin="12,0,12,0">
    <StackPanel>
        <Button Height="200">
            <Button.Background>
                <ImageBrush ImageSource="/ImageBrush;component/barley.jpg" />
            </Button.Background>
        </Button>
        <Button Height="200">
            <Button.Background>
                <ImageBrush ImageSource="/ImageBrush;component/barley.jpg"
                        Stretch="None" />
            </Button.Background>
        </Button>
        <TextBlock FontFamily="Arial Black" FontSize="120" Text="TEXT">
            <TextBlock.Foreground>
                <ImageBrush ImageSource="/ImageBrush;component/barley.jpg" />
            </TextBlock.Foreground>
        </TextBlock>
    </StackPanel>
</Grid>
```

위쪽의 버튼들은 배경색을 두 가지 방식으로 채색했다. 위쪽 버튼은 Stretch 속성을 따로 지정하지 않아 디폴트인 Fill이 적용되며 이미지를 버튼 크기에 맞게 늘려서 채운다. 아래쪽 버튼은 Stretch 속성을 None으로 지정하여 이미지의 크기만큼만 채웠다. 이미지 컨트롤에서와 마찬가지로 종횡비를 유지하는 Uniform, 가득 채우면서 종횡비를 유지하는 UniformToFill 등의 Stretch 모드도 사용할 수 있다.

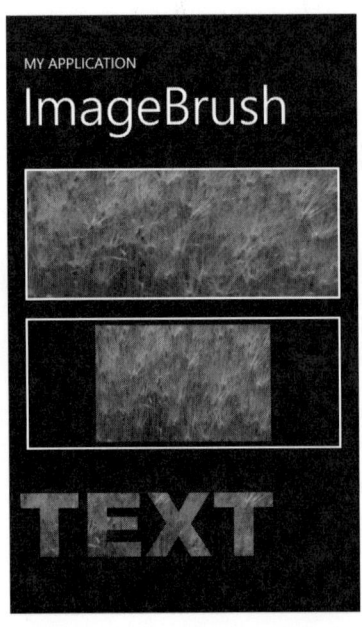

두 버튼의 채색 결과만 놓고 보면 이미지 브러시 대신 이미지 컨트롤로 출력하는 것과 별반 다르게 없어 보인다. 그러나 이미지 브러시는 임의의 영역을 채색할 수 있는 브러시이므로 색상을 사용하는 모든 곳에 적용할 수 있다는 큰 차이점이 있다. 아래쪽 텍스트 블록은 전경색에 이미지 브러시를 적용하여 글자의 획 사이가 보리밭 풍경으로 그려진다. 예술적 감각이 미천하여 별 볼품이 없지만 샘플 이미지만 그럴듯한 것으로 선정하면 아주 색다른 효과를 낼 수 있다.

이미지 브러시외에 몇 개의 TileBrush 파생 클래스가 더 제공된다. VideoBrush는 동영상으로 영역을 채운다. 어디다 써먹을까 싶겠지만 이 브러시를 사용하면 카메라로부터 입수된 동영상을 화면에 바로 보여줄 수 있다. 한참 뒤 쪽에서 카메라 제작에 이 브러시를 사용해 볼 것이다. 또 위 예제와 비슷한 방식으로 글자의 획 사이나 버튼 표면에 애니메이션을 표시할 수도 있다. WebBrowserBrush는 특이하게도 웹 화면으로 영역을 채운다.

6-2-5 브러시의 활용

브러시는 채색뿐만 아니라 무늬가 필요한 모든 곳에 사용된다. UIElement의 Opacity 속성은 불투명도를 지정한다. 이 속성을 잘 활용하면 특정 컨트롤을 잠시 숨길 수도 있고 반투명하게 만들기도 한다. 이미지 위에 텍스트 블록을 반투명하게 배치하면 이미지를 가리지 않고도 정보를 표시할 수 있다. 그러나 이 속성은 물체의 전체적인 투명도를 변경할 수 있을 뿐이며 일부만 투명하게 만들지 못한다.

이에 비해 OpacityMask 속성은 브러시로 각 부분의 투명도를 섬세하게 조정할 수 있다. 이 속성에 사용되는 브러시는 투명도만 조정하므로 RGB 색상은 무시되고 A 요소인 알파값만 사용된다. 영역에 따라 다른 투명도를 지정하는 것이 주된 목적이므로 단색보다는 주로 그래디언트 브러시가 사용된다. 다음 예제를 보자.

OpacityMask

```
<Grid x:Name="ContentPanel" Grid.Row="1" Margin="12,0,12,0">
    <StackPanel>
        <Image Source="/sunflower.jpg" Stretch="None"/>
        <Image Source="/sunflower.jpg" Stretch="None" Opacity="0.5"/>
        <Image Source="/sunflower.jpg" Stretch="None">
            <Image.OpacityMask>
                <RadialGradientBrush>
                    <GradientStop Color="#ff000000" Offset="0" />
                    <GradientStop Color="#ff000000" Offset="0.5" />
                    <GradientStop Color="#00000000" Offset="1" />
                </RadialGradientBrush>
            </Image.OpacityMask>
        </Image>
        <Image Source="/sunflower.jpg" Stretch="None">
            <Image.OpacityMask>
                <LinearGradientBrush StartPoint="0,0" EndPoint="0,1">
                    <GradientStop Color="#80000000" Offset="0" />
                    <GradientStop Color="#00000000" Offset="1" />
                </LinearGradientBrush>
            </Image.OpacityMask>
        </Image>
    </StackPanel>
</Grid>
```

해바라기 모양의 sunflower.jpg를 프로젝트의 루트에 포함시키고 이미지 컨트롤에 다양한 형식으로 출력했다.

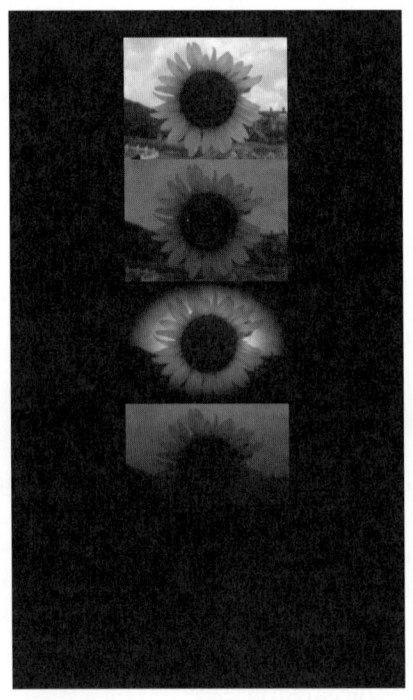

별 지정없이 그냥 출력하면 해바라기 이미지가 원본 그대로 보인다. Opacity 속성을 0.5로 지정하면 반쯤 투명해져서 흐릿하게 보인다. 뒤에 별다른 컨트롤이 없고 배경이 검은색이므로 흐릿해 보이지만 다른 이미지나 컨트롤이 있다면 해바라기 뒤쪽으로 배경이 슬쩍 비칠 것이다. 이미지가 전체적으로 반투명해졌다.

이미지의 일부만 반투명하게 출력하려면 알파값을 변화시키는 브러시를 생성하여 OpactiyMask 속성으로 지정한다. 세 번째 이미지는 원형 그래디언트 브러시를 불투명 마스크로 지정하였다. 중앙에서 절반쯤의 위치까지는 불투명하고 절반에서 가장자리 끝까지는 0.5~0으로 투명도가 점점 높아지도록 함으로써 해바라기의 꽃잎 끝 부분에서 이미지가 점점 흐려진다. 이미지는 더 또렷해 보이고 주변 배경은 부드럽게 제거된다. 이것을 그래픽 용어로 Feather 효과라고 한다.

직선 그래디언트 브러시를 적용하면 평행하게 흐려지는 이미지가 출력된다. 위쪽 시작점은 반투명색을 지정하고 아래쪽은 완전 투명색을 지정하여 밑으로 내려올수록 이미지가 점점 흐려진다. 이 기법을 잘 활용하면 바닥에 반사되는 이미지를 그럴듯하게 그릴 수 있다. 원본 이미지를 출력하고 아래쪽에 이미지를 뒤집은 모양에 그래디언트 마스크를 적용하면 된다.

6-3 XAML의 문법

6-3-1 속성 엘리먼트

윈도우폰의 마크업 언어인 XAML은 XML에 기반하는 포맷이며 XML의 모든 문법을 준수한다. XML의 기본 규칙만 알고 있으면 XAML 문서를 작성하는 것은 쉬운 편이다. 그러나 XML의 문법만으로는 복잡한 마크업을 표현하기에 부족한 부분이 있어 XML과는 다른 독특한 문법이 제공된다. XML 규칙에 어긋나지는 않지만 엘리먼트 구성에 유연성이 있고 표기법이 독특하다.

XAML 문법은 윈도우폰 개발의 절반에 해당할 정도로 상당한 의미가 있다. 쉽다고 그냥 막 쓰지 말고 확장된 고유 문법에 대해서도 잘 연구해 두어야 자유자재로 마크업을 구사할 수 있다. 여기서는 XAML 마크업에 대해 연구해 보자. 버튼의 배경색을 빨간색으로 지정할 때는 다음 코드가 가장 간단하다.

```
<Button Content="Click" Background="Red"/>
```

<Button> 엘리먼트를 작성하고 속성으로 캡션과 배경색을 지정했다. 캡션은 단순 문자열이므로 속성에 대입하면 되고 배경색도 단색 브러시일 경우는 색상값만 지정하면 된다. 딱 한 줄로 버튼 컨트롤을 배치했다. XML 정의에 의해 /> 태그로 끝내는 대신 닫는 태그를 명시적으로 표기하여 두 줄로 쓸 수 있다.

```
<Button Content="Click" Background="Red">
</Button>
```

형태만 다를 뿐 똑같은 문장이다. 속성이 좀 복잡한 객체는 하위 엘리먼트로 분리하여 표기할 수도 있다. 배경 색상을 별도의 엘리먼트로 분리하면 다음과 같아진다.

```
<Button Content="Click">
    <Button.Background>
        Red
```

```
        </Button.Background>
    </Button>
```

Background 속성 대신 Button.Background 엘리먼트를 작성하고 이 엘리먼트 안에 배경 색상을 기록했다. Background 속성의 타입이 Color가 아닌 Brush이므로 이 구문에서 배경색의 값인 Red는 빨간색을 의미하는 것이 아니라 정확하게는 빨간색의 단색 브러시를 의미한다. 객체를 분명히 밝히자면 다음과 같이 쓰는 것이 원칙적이다.

```
<Button Content="Click">
    <Button.Background>
        <SolidColorBrush Color="Red"/>
    </Button.Background>
</Button>
```

단색 브러시 객체를 생성하여 배경색으로 지정하는 구문이다. SolidColorBrush는 단색으로 채색하는 브러시이며 Color 속성으로 색상을 지정한다. SolidColorBrush 엘리먼트 또한, 끝 태그를 명시적으로 표기할 수 있으며 여는 태그와 닫는 태그 사이에 색상을 지정한다.

```
<Button Content="Click">
    <Button.Background>
        <SolidColorBrush>
            Red
        </SolidColorBrush>
    </Button.Background>
</Button>
```

Color 속성 또한, Color 클래스 타입이므로 별도의 엘리먼트로 다시 감쌀 수 있다.

```
<Button Content="Click">
    <Button.Background>
        <SolidColorBrush>
            <SolidColorBrush.Color>
                Red
            </SolidColorBrush.Color>
        </SolidColorBrush>
    </Button.Background>
</Button>
```

속성을 엘리먼트로 독립 표기할 수 있고 엘리먼트의 속성을 하위 엘리먼트로 계속 분리할 수 있다. 더 잘게 나눈다면 Color 객체의 속성인 A, R, G, B 요소까지도 각각의 엘리먼트로 분리할 수 있다. 결국, 최종값이 정수, 실수, 진위형, 문자열 등의 단순 타입이 될 때까지 분리 가능하다.

동일한 버튼을 정의하는 코드를 여러 벌 작성해 보았는데 표현 방식만 다를 뿐 배치되는 결과는 모두 같다. 단색 브러시의 경우 색상값 하나만으로 간단하게 지정할 수 있으므로 불필요하게 하위 엘리먼트를 독립 표기할 이유가 사실상 없다. 그래서 Background="Red" 식으로 대입문으로 표기하는 방법을 허용하며 보통 이 방법을 사용한다.

그러나 문제는 모든 객체가 단색 브러시처럼 단순하지 않다는 것이다. 속성이 여러 개인 복잡한 객체는 속성값에 대입하는 식으로 정의하기 어렵다. 예를 들어 버튼의 배경을 흑백 직선 그래디언트 브러시로 채운다고 해 보자. 그래디언트 브러시는 색상만으로 정의할 수 없으며 시작점, 끝점 좌표와 시작색, 끝색 등의 훨씬 더 상세한 정보가 필요하다. 과연 다음과 같이 표기할 수 있을까?

```
<Button Content="Click" Background="Linear, 0.0, 1.0, Black, White" />
```

0.0에서 시작하여 1.0까지 수평으로 검은색에서 흰색으로 색상이 점점 변하는 직선 그래디언트 브러시로 배경을 칠하라는 뜻이다. 컴파일러가 이 복잡한 구문을 제대로 해석하는 것은 불가능하다. 필요한 정보들을 콤마로 구분해서 나열할 수는 있다 하더라도 속성값의 나열 순서를 정하기 어려워 어떤 값이 어떤 속성에 대입될지 애매하다.

꼭 이런 구문을 지원하려면 속성의 나열 순서를 엄격한 규칙으로 정할 수 있을 것이다. 하지만 개발자가 그 순서를 일일이 외워서 입력하기 어려울 뿐만 아니라 코드를 읽는 사람 입장에서도 어떤 객체를 정의한 것인지 파악하기 곤란하다. 그래서 좀 길어지더라도 객체를 구성하는 속성들을 별도의 분리된 엘리먼트로 상세하게 표기하는 문법을 지원하는 것이다. 그래디언트 브러시를 버튼의 배경으로 지정하려면 다음과 같이 표기해야 한다.

```
<Button Content="Click">
    <Button.Background>
        <LinearGradientBrush StartPoint="0,0" EndPoint="1,0">
            <LinearGradientBrush.GradientStops>
                <GradientStopCollection>
                    <GradientStop Color="Black" Offset="0" />
```

```
                    <GradientStop Color="White" Offset="1" />
                </GradientStopCollection>
            </LinearGradientBrush.GradientStops>
        </LinearGradientBrush>
    </Button.Background>
</Button>
```

객체 자체가 복잡하므로 코드도 복잡해질 수밖에 없다. 코드는 길어졌지만 속성과 값의 대응
관계가 분명하므로 최소한 애매하거나 판독 불가능하지는 않다. Background 엘리먼트의 자식
엘리먼트로 LinearGradientBrush를 배치하여 직선 그래디언트 브러시임을 분명히 한다. 시작점
과 끝점의 좌표는 단순한 실수값이므로 StartPoint, EndPoint 속성에 대입한다.

하지만 각 중단점의 위치와 색상을 지정하는 GradientStops 속성은 GradientStopCollection 타
입이라 속성 대입문으로 지정할 수 없으며 다시 하위 엘리먼트로 분리해야 한다. 이 컬렉션 안에
GradientStop 객체를 필요한 만큼 써넣을 수 있으며 각 GradientStop 객체는 Color 속성과 Offset
속성으로 위치와 색상을 명시한다. 컴파일러는 이 구문을 해석하여 속성을 정의하고 객체를 만
들어 배경 브러시를 생성할 것이다.

복잡한 객체 타입의 속성을 별도의 엘리먼트로 분리하여 표기하는 문법을 속성-엘리먼트
(Property-Element) 문법이라고 한다. 어렵게 생각할 필요없이 속성을 a="b" 식으로 대입하는
대신 <a> 엘리먼트로 따로 분리하여 b를 구체적으로 상세하게 기술하는 문법이라고 외워두면
된다. 표기하는 방법에 따라 Background 속성에 단색을 지정할 수도 있고 <Button.Background>
엘리먼트에 복잡한 브러시 객체를 정의할 수도 있다. 상황에 따라 편리한 방법을 사용하되 다음
과 같이 쓰는 것은 위법이다.

```
<Button Content="Click" Background="Yellow">
    <Button.Background>
        Red
    </Button.Background>
</Button>
```

속성이면 속성, 엘리먼트면 엘리먼트로 기술해야지 둘 다 기술하면 어떤 값을 참조해야 할지
애매해지기 때문이다. 위 코드는 속성으로 노란색, 엘리먼트로 빨간색을 지정하여 어떤 색으로
칠해야 할지 명확하지 않다. 설사 두 값이 같다 하더라도 불필요하게 중복된 표현식은 허용되지
않는다.

6-3-2 내용 속성

앞 항에서 보인 직선 그래디언트 브러시 생성 코드는 그야말로 원칙대로 기술한 것이다. 브러시의 GradientStops 속성이 GradientStopCollection 타입이므로 이 태그들을 모두 다 써 준 것이다. 문법이 요구하는 대로 쓰다 보니 앞 절에서 실습할 때 사용한 브러시 생성문에 비해 훨씬 더 복잡해 보인다.

이대로 사용하면 너무 복잡하고 길어지므로 문법은 몇 가지 규칙을 마련하여 좀 더 간략화된 방법을 지원한다. 첫 번째 규칙은 요소의 집합을 정의하는 컬렉션의 경우 컬렉션 자체에 대한 태그 지정문을 생략하는 것이다. 브러시 생성문에서 컬렉션 이름인 <GradientStopCollection> 태그는 생략 가능하다. 이 규칙을 적용하면 다음과 같이 짧아진다.

```
<Button Content="Click">
    <Button.Background>
        <LinearGradientBrush StartPoint="0,0" EndPoint="1,0">
            <LinearGradientBrush.GradientStops>
                <GradientStopCollection>
                    <GradientStop Color="Black" Offset="0" />
                    <GradientStop Color="White" Offset="1" />
                </GradientStopCollection>
            </LinearGradientBrush.GradientStops>
        </LinearGradientBrush>
    </Button.Background>
</Button>
```

컴파일러는 GradientStops 속성이 GradientStopCollection 타입임을 이미 알고 있으며 자식 엘리먼트로 GradientStop 객체가 포함되어 있으므로 컬렉션 타입을 생략해도 어떤 타입의 컬렉션인지 알 수 있다. SolidColorBrush 태그 안에 Red라고 쓸 때 Red가 Color 타입임을 알 수 있는 것과 같다.

두 번째 규칙은 내용 속성(Content Property)으로 지정된 속성에 대해서는 태그를 생략할 수 있다는 것이다. 내용 속성은 클래스 선언문에 닷넷 어트리뷰트(Attribute)로 지정된다. 레퍼런스에서 GradientBrush 클래스의 선언문을 확인해 보면 다음과 같이 닷넷 어트리뷰트가 지정되어 있는 것을 확인할 수 있다.

```
[ContentPropertyAttribute("GradientStops", true)]
public abstract class GradientBrush : Brush
```

ContentPropertyAttribute는 이 클래스의 내용 속성을 지정하며 GradientBrush의 경우는 GradientStops가 내용 속성으로 지정되어 있다. 규칙에 의해 내용 속성은 생략 가능하므로 한 단계 더 줄일 수 있다. GradientStops 태그를 삭제해도 상관없다.

```
<Button Content="Click">
    <Button.Background>
        <LinearGradientBrush StartPoint="0,0" EndPoint="1,0">
            <LinearGradientBrush.GradientStops>
                <GradientStopCollection>
                    <GradientStop Color="Black" Offset="0" />
                    <GradientStop Color="White" Offset="1" />
                </GradientStopCollection>
            </LinearGradientBrush.GradientStops>
        </LinearGradientBrush>
    </Button.Background>
</Button>
```

LinearGradientBrush 태그 안에 포함되어 있는 GradientStop 객체 집합은 내용 속성인 GradientStops 속성을 정의한다는 것을 분명히 알 수 있다. 정리된 코드는 다음과 같이 짧아지며 이 코드가 일반적으로 많이 사용되는 코드이다.

```
<Button Content="Click">
    <Button.Background>
        <LinearGradientBrush StartPoint="0,0" EndPoint="1,0">
            <GradientStop Color="Black" Offset="0" />
            <GradientStop Color="White" Offset="1" />
        </LinearGradientBrush>
    </Button.Background>
</Button>
```

시작점, 끝점의 좌표와 중간 지점들에 대한 정보 등 꼭 필요한 태그만 있으므로 간결하다. 형제 관계의 RadialGradientBrush에도 마찬가지 규칙이 적용된다. 앞에서 브러시 실습에 사용했던 코드가 바로 이런 규칙들에 의해 만들어진 것이다.

처음 구경해 보면 이상의 규칙들이 무척 복잡하다고 느껴질 것이다. 그러나 이 문법은 XAML 에서 광범위하게 사용되며 지금까지의 실습에서 우리는 알게 모르게 이 문법을 이미 사용하고 있었다. 과연 그런지 레퍼런스에서 패널의 루트 클래스인 Panel의 선언문을 확인해 보자.

```
[ContentPropertyAttribute("Children", true)]
public abstract class Panel : FrameworkElement
```

클래스 선언문 위에 내용 속성을 지정하는 닷넷 어트리뷰트가 지정되어 있다. 이 지정에 의해 Panel 파생 클래스는 Children 속성을 내용 속성으로 간주하므로 Children 속성에 대해서는 태그를 생략할 수 있다. Children은 UIElementCollection 타입이며 이 안에 임의의 자식 컨트롤을 포함한다. 스택 패널 안에 버튼 두 개를 배치하려면 원래는 다음과 같이 써야 한다.

```
<StackPanel>
    <StackPanel.Children>
        <Button Content="111" />
        <Button Content="222" />
    </StackPanel.Children>
</StackPanel>
```

스택 패널이 Children 속성을 가지며 Children 컬렉션 안에 자식 컨트롤인 버튼이 포함되는 것이다. 그러나 스택 패널 안에 차일드가 포함되는 것은 너무너무 당연한 일인데 매번 컬렉션 속성의 이름을 밝히는 것은 번거롭다. 그래서 Children 속성을 내용 속성으로 지정해 놓고 생략을 허가하며 다음과 같이 간단하게 표기한다.

```
<StackPanel>
    <Button Content="111" />
    <Button Content="222" />
</StackPanel>
```

보통 이 방법을 사용하며 우리가 지금까지 패널을 사용해왔던 방법이다. 패널 클래스에 내용속성 지정이 되어 있기 때문에 이런 간략화된 구문이 가능한 것이다. 패널 안에 선언된 엘리먼트는 누가 봐도 패널에 소속되는 차일드라는 것이 명백하므로 헷갈릴 여지가 없고 코드를 읽는 사람도 한눈에 구조를 파악할 수 있다.

내용 속성을 활용하는 또 한 가지 예를 더 들어 보자. TextBlock의 경우 서식의 컬렉션인 Inlines 속성을 내용 속성으로 선언한다. 앞에서 알아본 TextBlock의 서식 예제 코드는 원래 다음과 같이 표기하는 것이 원칙이다.

```
<TextBlock>
    <TextBlock.Inlines>
```

```
            다양한
            <Run FontSize="30" FontWeight="Bold">서식</Run>
            을
            <Run FontSize="40" Foreground="Yellow" FontStyle="Italic">적용</Run>
            할 수 있다.<LineBreak />
            여러 줄 출력도 가능하다.
        </TextBlock.Inlines>
    </TextBlock>
```

Inlines 컬렉션 안에 LineBreak나 Run 객체가 포함된다. 하지만 번거로우므로 Inlines를 내용 속성으로 지정하고 생략 가능하게 만들어 놓았다. TextBlock 엘리먼트 안에 포함된 것은 별 지정이 없더라도 출력해야 할 내용임이 너무나 명백하기 때문이다. TextBlock 클래스의 선언문을 보면 이를 확인할 수 있다.

```
[ContentPropertyAttribute("Inlines", true)]
public sealed class TextBlock : FrameworkElement
```

내용 속성(Content Property)이라는 용어의 의미는 객체에 당연히 포함되는 내용이므로 불필요하게 태그를 쓰지 않도록 한다는 뜻이다. 컴파일러는 클래스에 지정된 어트리뷰트를 참조하여 별 지정이 없으면 하위 엘리먼트를 내용으로 인식한다.

도형

7-1 도형

7-1-1 Shape

실버라이트는 선이나 사각형 같은 기본 도형들도 컨트롤로 제공한다. 좀 이상하게 들리겠지만 화면에 임의의 도형을 그리는 메서드는 지원하지 않는다. 패널 안에 컨트롤을 배치하여 도형을 표현하거나 아니면 실행 중에 도형 객체를 생성하여 패널의 차일드로 추가하는 방식을 사용한다. 완전히 불규칙한 모양의 도형은 객체보다는 이미지를 사용하는 것이 더 좋다.

개별 도형 컨트롤은 모양이 단순하기 때문에 속성만 잘 파악하면 사용하기는 굉장히 쉬운 편이다. 지나치게 상세한 설명은 생략하고 속성 위주로 도형의 특성을 정리하고 간단한 예제로 도형을 출력해 보기로 하자. 예제만 실행해 봐도 각 도형을 어떻게 활용하는지 감을 잡을 수 있을 것이다. 도형의 클래스 계층 구조는 다음과 같다.

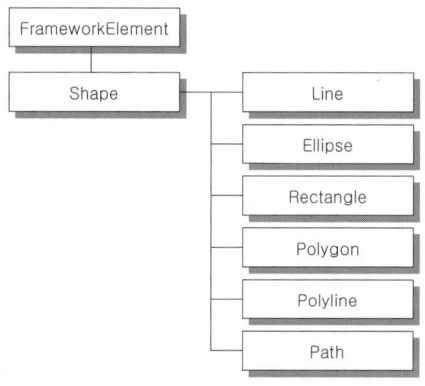

도형 컨트롤의 루트는 Shape이며 이 클래스로부터 모양별로 도형 클래스들이 파생된다. 선, 사각형, 타원, 다각형 등의 기본 도형들이 클래스로 정의되어 있으며 임의의 곡선을 표현하는 패스도 제공된다. 그런데 이상하게도 2D 그래픽의 가장 기본 요소인 점은 정의되어 있지 않다. 실버라이트는 벡터 그래픽 라이브러리이며 벡터에서는 점도 확대하면 원이나 사각형이 된다. 반대로 얘기하자면 원이나 사각형을 아주 작게 그리면 점을 표현할 수 있다.

도형들은 FrameworkElement로부터 파생되므로 패널에 배치되고 터치 입력도 받을 수 있으며 변환도 적용할 수 있다. 단순히 모양을 표현하기만 하는 것이 아니라 사용자와 상호작용한다. Shape의 주요 속성은 다음과 같으며 주로 선의 모양이나 채우는 무늬 등을 지정한다. Shape의 모든 파생 클래스에게도 이 속성들이 공통적으로 적용된다.

속 성	설 명
Fill	내부를 채울 브러시
Stroke	외곽선을 그릴 브러시
StrokeThickness	선의 굵기를 픽셀 단위로 지정한다.
Stretch	주어진 공간을 어떻게 채울 것인가를 지정하는 확대 방식
StrokeStartLineCap	선 시작부분의 모양
StrokeEndLineCap	선 끝부분의 모양. Flat, Square, Round, Triange 중 하나이다.
StrokeLineJoin	선이 만나는 부분의 모양. Miter, Bevel, Round 중 하나이다.
StrokeMiterLimit	마이터 한계값을 지정한다.
StrokeDashArray	선의 모양
StrokeDashCap	대시의 모양
StrokeDashOffset	선 무늬가 시작될 오프셋
GeometryTransform	그리기 전에 적용할 변환 객체
Stretch	주어진 공간을 어떻게 채울 것인가를 지정하는 확대 방식

이 속성 중 가장 이해하기 쉬운 속성이 Fill과 Stroke이다. Fill 속성은 도형의 내부를 채울 브러시를 지정하고 Stroke 속성은 도형의 바깥쪽 외곽선을 그릴 브러시를 지정한다. 선이 굵어질 수 있으므로 외곽선도 브러시로 채색한다.

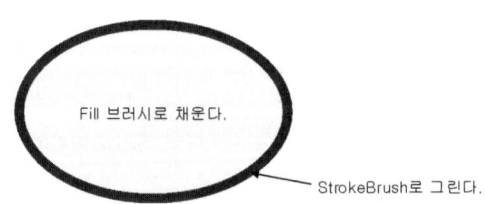

Fill 브러시로 채운다.

StrokeBrush로 그린다.

Stretch 속성은 도형의 확대 방식을 지정한다. Image 컨트롤의 Stretch 속성과 의미는 동일하며 사용 가능한 속성값도 같다. 도형 자신보다 넓은 영역에 배치할 때 Stretch 속성으로 크기나 종횡비를 결정한다. 디폴트는 None이어서 자신의 고유 크기대로 출력된다.

Shape로부터 파생된 모든 도형은 이 속성들을 가지며 더불어 도형을 정의하기 위한 자신의 고유 속성을 추가로 정의한다. 주로 도형의 위치나 모양을 정의하는 좌표값들이다. 다음은 가장 기본적인 세가지 도형의 속성들이다.

■ Line : 직선을 긋는 컨트롤이므로 양 끝점의 좌표가 필요하다. X1, Y1 속성으로 시작점 좌표를 지정하고 X2, Y2 속성으로 끝점 좌표를 지정하며 이 두 점을 잇는 직선이 배치된다. 선은 닫힌 내부 면적이 없으므로 Fill 속성은 사용하지 않는다.

■ Ellipse : 타원을 그린다. Width, Height 속성으로 크기를 지정하면 이 크기에 내접하는 타원이 배치된다. 폭과 높이가 같으면 정원이 될 것이고 다르면 타원이 될 것이다. 크기를 지정하는 속성만 있을 뿐이며 위치를 지정하는 속성은 없다. 타원의 위치는 부모 패널의 배치 규칙에 따라 결정된다.

■ Rectangle : 사각형을 그린다. 타원과 마찬가지로 지정한 크기에 배치된다. 추가 속성으로 모서리의 둥근 정도를 지정하는 RadiusX, RadiusY 속성이 정의되어 있다. 사각형 모서리에 내접하는 타원의 반지름을 지정함으로써 둥근 사각형을 그린다. 모서리 반지름은 0보다는 크고 사각형 크기의 절반 이하이어야 한다.

이상의 세 도형은 기하학적 정의가 간단하므로 속성도 단순하고 직관적이다. 다음 예제는 스택 패널에 3개의 기본 도형을 배치한다.

BasicShape

```
<Grid x:Name="ContentPanel" Grid.Row="1" Margin="12,0,12,0">
    <StackPanel>
        <Line X1="200" Y1="0" X2="300" Y2="80" Margin="10" Stroke="White"
                StrokeThickness="4"/>
        <Ellipse Width="100" Height="80" Margin="10" Fill="Yellow" Stroke="Red"
                StrokeThickness="6"/>
        <Rectangle Width="100" Height="80" Margin="10" Fill="Blue" Stroke="White"
                StrokeThickness="5"/>
        <Rectangle Width="100" Height="80" Margin="10" RadiusX="15" RadiusY="15"
```

```
                    Fill="Blue" Stroke="White" StrokeThickness="5"/>
      </StackPanel>
  </Grid>
```

선은 속성으로 지정한 좌표에 배치된다. 굵기 3의 흰색선으로 그렸으며 도형끼리 너무 밀착하지 않도록 10픽셀의 마진을 지정했다. 타원과 사각형은 Width와 Height 속성으로 크기를 지정한다. 이 두 속성을 생략하면 패널의 배치 규칙에 따라 크기가 결정된다. 그리드에 배치하면 주어진 셀을 가득 채우지만 스택 패널이나 캔버스에 배치하면 크기가 0이어서 보이지 않는다. 제일 아래쪽 사각형은 RadiusX, RadiusY 속성을 15로 지정하여 모서리를 둥글게 처리했다.

7-1-2 선의 속성

Shape 클래스는 선의 모양에 대한 여러 가지 속성을 제공한다. Stroke는 선을 채울 브러시이고 StrokeThickness는 선의 굵기를 픽셀 단위를 지정한다. 이 두 속성은 직관적으로 이해되며 앞 예제에서 이미 실습해 보았다. 다음은 좀 더 고급 속성들이다.

◆선의 끝 모양

선이 굵어지면 선의 끝 부분도 굵어진다. 가느다란 선일 때는 상관없지만 굵어지면 이 부분에도 모양을 지정할 수 있다. 선의 끝 부분을 어떻게 그릴 것인가를 StrokeStartLineCap, StrokeEndLineCap 속성으로 지정한다. 선의 시작 부분과 끝 부분에 각각 다른 모양을 지정할 수 있다. PenLineCap 열거형의 다음 값 중 하나를 지정한다.

속성값	설 명
Flat	평평하게 마무리하며 지정한 좌표까지만 선을 긋는다.
Square	사각형으로 마무리하며 지정한 좌표보다 선 두께의 절반만큼 더 그린다.
Round	둥근 모양으로 그린다.
Triangle	삼각형 모양으로 그린다.

예제를 만들어 눈으로 관찰해 보면 차이점을 쉽게 알 수 있다. 다음 예제는 4개의 굵은 선을 그리고 끝 모양을 각각 다르게 지정했다. 보통 양쪽의 모양을 일치시키지만 시작 모양과 끝 모양을 다르게 지정할 수도 있다.

LineCap

```
<Grid x:Name="ContentPanel" Grid.Row="1" Margin="12,0,12,0">
    <StackPanel>
        <Line X1="100" Y1="50" X2="400" Y2="50" Stroke="White" StrokeThickness="20"
    StrokeStartLineCap="Flat" StrokeEndLineCap="Flat"/>
        <Line X1="100" Y1="50" X2="400" Y2="50" Stroke="White" StrokeThickness="20"
    StrokeStartLineCap="Square" StrokeEndLineCap="Square"/>
        <Line X1="100" Y1="50" X2="400" Y2="50" Stroke="White" StrokeThickness="20"
    StrokeStartLineCap="Round" StrokeEndLineCap="Round"/>
        <Line X1="100" Y1="50" X2="400" Y2="50" Stroke="White" StrokeThickness="20"
    StrokeStartLineCap="Triangle" StrokeEndLineCap="Triangle"/>
    </StackPanel>
</Grid>
```

Flat과 Square는 모양이 같지만 지정한 좌표보다 더 바깥쪽으로 그리는가 아닌가의 차이가 있다. 둥근 모양, 삼각형은 장식만큼 바깥으로 삐져 나가는데 사각형도 동일한 양만큼 밖으로 나와야 길이가 같아진다. Flat는 장식이 없으므로 정확하게 지정한 좌표까지만 그려진다. 당연한 얘기겠지만 이 속성은 끝을 가지는 선에만 해당되며 사각형이나 타원처럼 닫힌 폐곡선에는 적용되지 않는다.

◆조인 속성

StrokeLineJoin 속성은 선끼리 만나는 부분의 모양을 지정한다. PenLineJoine 열거형으로 값을 지정한다.

속성값	설 명
Miter	끝을 뾰족하게 처리한다.
Bevel	깎인 모양으로 처리한다.
Round	둥근 모양으로 처리한다.

사각형처럼 모서리가 있는 도형은 꺾이는 부분이 이 속성의 영향을 받는다.

```
<Grid x:Name="ContentPanel" Grid.Row="1" Margin="12,0,12,0">
    <StackPanel>
        <Rectangle Width="300" Height="80" Margin="10" Stroke="White"
                   StrokeThickness="20" StrokeLineJoin="Miter"/>
        <Rectangle Width="300" Height="80" Margin="10" Stroke="White"
                   StrokeThickness="20" StrokeLineJoin="Bevel"/>
        <Rectangle Width="300" Height="80" Margin="10" Stroke="White"
                   StrokeThickness="20" StrokeLineJoin="Round"/>
        <Polyline Points="80,10,350,30,80,50" Margin="10" Stroke="White"
                   StrokeThickness="20" StrokeLineJoin="Miter"/>
        <Polyline Points="80,10,350,30,80,50" Margin="10" Stroke="White"
                   StrokeThickness="20" StrokeLineJoin="Miter"
                   StrokeMiterLimit="5"/>
        <Polyline Points="80,10,350,30,80,50" Margin="10" Stroke="White"
                   StrokeThickness="20" StrokeLineJoin="Miter"
                   StrokeMiterLimit="1"/>
        <Polyline Points="80,10,350,30,80,50" Margin="10" Stroke="White"
                   StrokeThickness="20" StrokeLineJoin="Miter"
                   StrokeMiterLimit="100"/>
    </StackPanel>
</Grid>
```

디폴트인 Miter는 각지게 모서리를 그린다. Bevel은 모서리를 반듯하게 깎으며 Round는 둥글게 처리한다. 선이 굵고 각도가 좁으면 끝 부분으로 지나치게 멀리 가며 화면을 벗어날 수도 있다. 얼마나 멀리 갈 것인가를 마이터 리미터(MiterLimit)라고 하는데 디폴트는 굵기의 절반으로 정의되어 있다. 이 예제의 선은 획 굵기가 20이므로 마이터 리미터는 10이다.

이 값은 StrokeMiterLimit로 조정하며 1 이상의 정수값을 지정한다. 5로 주면 절반 정도만 나가고 1로 주면 지정한 좌표에서 자른다. 디폴트보다 길게 주면 더 뾰족하게 만들 수도 있다. 물론 아무리 멀어도 두 선이 만나 사라지는 지점을 넘지는 않는다.

◆ 대시

대시는 선분의 모양을 지정한다. 선은 기본적으로 직선으로 그려지지만 StrokeDashArray 속성으로 모양을 지정하면 점선이나 쇄선을 그릴 수도 있다. 이 속성은 실수의 배열로 그릴 부분과 건너뛸 부분의 길이를 지정한다. 다음 예제는 굵기 10의 선 여러 개를 그리되 선 모양을 다양하게 바꿔 보았다.

LineDash

```
<Grid x:Name="ContentPanel" Grid.Row="1" Margin="12,0,12,0">
    <StackPanel>
        <Line X1="100" Y1="50" X2="400" Y2="50" Stroke="White"
                StrokeThickness="10" />
        <Line X1="100" Y1="50" X2="400" Y2="50" Stroke="White"
                StrokeThickness="10" StrokeDashArray="1,1"/>
        <Line X1="100" Y1="50" X2="400" Y2="50" Stroke="White"
                StrokeThickness="10" StrokeDashArray="3,3"/>
        <Line X1="100" Y1="50" X2="400" Y2="50" Stroke="White"
                StrokeThickness="10" StrokeDashArray="3,1"/>
        <Line X1="100" Y1="50" X2="400" Y2="50" Stroke="White"
                StrokeThickness="10" StrokeDashArray="4,1,1,1"/>
        <Line X1="100" Y1="50" X2="400" Y2="50" Stroke="White"
                StrokeThickness="10" StrokeDashArray="1"/>
        <Line X1="100" Y1="50" X2="400" Y2="50" Stroke="White"
                StrokeThickness="10" StrokeDashArray="4,1,1"/>
        <Line X1="100" Y1="50" X2="400" Y2="50" Stroke="White"
                StrokeThickness="10" StrokeDashArray="4,1,1,1"
                StrokeDashOffset="1"/>
```

```
            <Line X1="100" Y1="50" X2="400" Y2="50" Stroke="White"
                  StrokeThickness="10" StrokeDashArray="4,1,1,1"
                  StrokeDashOffset="2"/>
       </StackPanel>
</Grid>
```

별다른 지정이 없으면 이어진 실선으로 그려진다. StrokeDashArray 속성을 1,1로 지정하면 한 칸 그리고 한 칸 건너뛰기를 계속 반복하라는 뜻이다. 점과 공백이 같은 길이로 반복되므로 점선이 된다. 3,3으로 지정하면 3칸씩 그리고 3칸씩 건너뛰므로 간격이 더 멀어져 듬성 듬성한 점선이 그어진다. 3,1은 선이 간격보다 3배 더 크다.

4,1,1,1은 일점쇄선을 그린다. 배열이므로 개수에 상관없이 숫자를 나열할 수 있다. 이 배열이 왜 일점쇄선인지는 종이에 배열을 반복해 보면 된다. 배열의 짝수 번째는 선을 그릴 길이이고 홀수 번째는 공백의 길이이다. 긴 줄 하나 긋고 짧게 건너뛰고 짧은 줄 긋고 다시 짧게 건너뛰기를 계속 반복하므로 일점쇄선이 된다. 이점쇄선을 그리려면 어떤 패턴을 반복해야 하는지 직접 만들어 보아라.

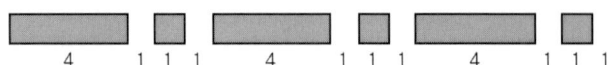

4　1 1 1　　4　1 1 1　　4　1 1 1

배열 요소의 개수는 보통 짝수이지만 꼭 그럴 필요는 없다. 배열은 계속 순환하여 적용되므로 홀수여도 상관없다. StrokeDashArray 속성을 1로만 지정해도 한 칸 그리고 한 칸 띄우기를 계속 반복하여 점선을 그린다. 4,1,1로 지정하면 4칸 그리고 1칸 건너뛰고 1칸 그린 후 다시 배열 처음으로 돌아와 4칸 건너뛰고 1칸 그리고 1칸 건너뛴다. 결국, 4,1,1은 4,1,1,4,1,1을 두 번 반복하는 것과 같다. 직관적이지 못하므로 가급적이면 짝수로 지정하는 것이 좋다.

StrokeDashOffset은 대시를 시작할 오프셋을 지정한다. 디폴트는 0이어서 대시 무늬의 처음부터 시작하지만 이 값이 지정되면 지정된 픽셀만큼 건너 뛴 후 그리기 시작한다. 선이 왼쪽으로 지정한 만큼 평행 이동하는 것과 같다. 이 속성을 실행 중에 주기적으로 변경하면 선의 무늬가 애니메이션되는 색다른 효과를 낼 수 있다.

◆대시 속성

점선을 구성하는 조각선들도 개별적으로 시작과 끝을 가지는데 이 모양도 지정할 수 있다. 물론 선이 충분히 굵어야만 모양이 제대로 보인다. StrokeDashCap 속성을 사용하며 값은 선 끝모양과 동일하다.

LineDashCap

```
<Grid x:Name="ContentPanel" Grid.Row="1" Margin="12,0,12,0">
    <StackPanel>
        <Line X1="10" Y1="50" X2="470" Y2="50" Stroke="White" StrokeThickness="20"
            StrokeDashArray="4,4" StrokeDashCap="Flat"/>
        <Line X1="10" Y1="50" X2="470" Y2="50" Stroke="White" StrokeThickness="20"
            StrokeDashArray="4,4" StrokeDashCap="Square"/>
        <Line X1="10" Y1="50" X2="470" Y2="50" Stroke="White" StrokeThickness="20"
            StrokeDashArray="4,4" StrokeDashCap="Round"/>
        <Line X1="10" Y1="50" X2="470" Y2="50" Stroke="White" StrokeThickness="20"
            StrokeDashArray="4,4" StrokeDashCap="Triangle"/>
    </StackPanel>
</Grid>
```

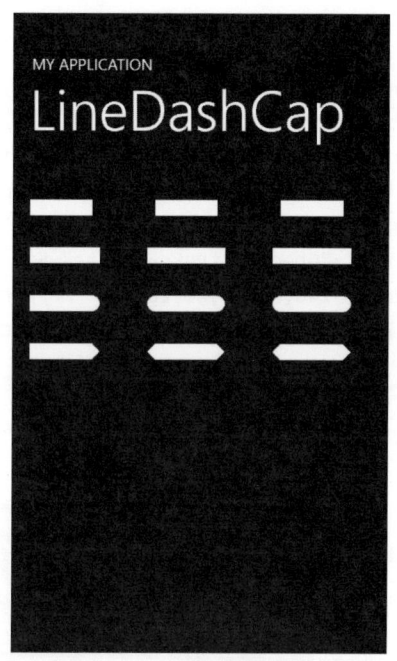

적용되는 부분이 선의 끝 부분이 아니라 대시의 각 조각선 끝이라는 것만 다를 뿐 원리는 선 끝 모양 속성과 동일하다. 대시의 모양을 둥그렇게 그리면 선이 부드러워 보인다.

7-1-3 다각형

선 여러 개를 그릴 때는 Line 도형을 계속 이어서 그린다. 그러나 이 방법은 너무 많은 객체가 생성되므로 메모리 낭비가 심하다. 여러 개의 선을 이어서 그릴 때는 다각형 도형인 Polyline을 사용한다. 연결해서 그릴 점의 좌표들을 Points 속성에 순서대로 지정하면 이 좌표들을 연결하여 다각선을 그린다.

배열의 홀수 번째는 X 좌표이고 짝수 번째는 Y 좌표이며 이런 좌표를 필요한 만큼 나열할 수 있다. 하지만 점이 최소한 두 개는 있어야 두 점을 연결하여 선을 그을 수 있다. 다음 예제는 3개의 좌표를 연결하여 가장 간단한 다각형인 삼각형을 그린다. 점 3개를 이으면 삼각형이 될 것 같지만 막상 실행해 보면 기대하는 것과는 다르게 그려진다.

```
<Grid x:Name="ContentPanel" Grid.Row="1" Margin="12,0,12,0">
    <StackPanel>
        <Polyline Points="240,0,200,80,280,80" Margin="10"
                    Fill="Green" Stroke="White" StrokeThickness="4"/>
        <Polyline Points="240,0,200,80,280,80,240,0" Margin="10"
                    Fill="Green" Stroke="White" StrokeThickness="4"/>
        <Polygon Points="240,0,200,80,280,80" Margin="10"
                    Fill="Green" Stroke="White" StrokeThickness="4"/>
    </StackPanel>
</Grid>
```

　　삼각형인 것은 분명히 맞는데 시작과 끝이 연결되지 않으므로 한쪽이 터진 개곡선이 그려진다. 이 도형을 닫아서 폐곡선 삼각형을 그리려면 시작점을 마지막에 한 번 더 지정해야 한다. 이론적으로 n각형을 그리고 싶다면 n+1개의 점을 연결해야 한다. 아니면 시작과 끝을 강제로 연결하여 폐곡선을 그리는 Polygon 도형을 사용한다. Polygon으로 그리면 삼각형의 세 꼭지점만 지정해도 완전한 삼각형이 완성된다.

Points 배열에는 얼마든지 많은 좌표를 적을 수 있다. 각 좌표를 구성하는 X, Y 요소와 좌표간은 콤마로 구분할 수도 있고 공백으로 구분할 수도 있다. 심지어 콤마와 공백을 마구 섞어서 사용해도 무방하다. 다음 네 가지 모두 동일한 삼각형을 그린다.

```
Points="240,0,200,80,280,80"
Points="240 0 200 80 280 80"
Points="240,0 200,80 280,80"
Points="240 0,200 80,280 80"
```

개인적으로 X와 Y는 콤마로 구분하고 좌표 사이는 공백으로 구분하는 형태가 괜찮아 보인다. 구분자를 두 개나 지정하므로 편리하지만 일관성이 없어서 오히려 지저분해 보이기는 한다. 이런 경우는 차라리 하나로 통일하는 편이 더 깔끔하다. Points 뿐만 아니라 점선의 대시를 정의하는 배열도 마찬가지로 콤마와 공백 모두 사용 가능하다.

Polygon의 FillRule 속성은 다각형의 내부를 어떤 규칙으로 채울 것인가를 지정한다. 다각형이 복잡할 경우 다각형의 안쪽인지 바깥쪽인지 구별하는 복잡한 알고리즘이 필요하다. EvenOdd와 NonZero 두 가지 알고리즘을 지원하며 디폴트는 EvenOdd이다. 이 알고리즘은 보기보다 복잡하므로 따로 연구해 보기 바란다. 볼록한 다각형의 경우는 어떤 알고리즘을 사용하나 결과는 동일하며 다각형의 선분이 서로 만나는 경우는 채움 규칙에 따라 채색 여부가 달라진다.

7-1-4 자유 곡선

도형을 사용하여 자유 곡선을 그리는 예제를 만들어 보자. 터치 입력을 받아 손가락이 움직이는대로 곡선을 그리는 예제이며 GUI 운영체제의 전형적인 실습 예제 중 하나이지만 이제서야 이 예제를 만들어 볼 수 있게 되었다. 앞에서 얘기했다시피 실버라이트는 캔버스에 직접 그리는 명령을 제공하지 않으므로 도형을 사용해야만 원하는 그림을 그릴 수 있다.

자유 곡선이라고 해도 터치가 매 점마다 전달되는 것은 아니므로 직선 여러 개를 이어 붙이면 곡선처럼 보인다. 자유 곡선을 그릴 때는 화면 전체에 발생하는 터치를 받아야 하므로 저수준 터치를 사용한다. 고수준 터치는 단순한 이동보다는 제스처나 멀티 터치를 위한 정보를 제공하므로 궤적을 추적하여 그리기에는 적합하지 않다.

```
<Grid x:Name="ContentPanel" Grid.Row="1" Margin="12,0,12,0">
    <Canvas x:Name="DoHwaJi" />
</Grid>
================================ CS =========================================
namespace FreeLine
{
    public partial class MainPage : PhoneApplicationPage
    {
        double x, y;
        public MainPage()
        {
            InitializeComponent();
            Touch.FrameReported += OnTouchFrameReported;
        }

        void OnTouchFrameReported(object sender, TouchFrameEventArgs args)
        {
            TouchPointCollection tpc = args.GetTouchPoints(DoHwaJi);
            TouchPoint tp = tpc[0];

            if (tp.Action == TouchAction.Down)
            {
                x = tp.Position.X;
                y = tp.Position.Y;
            }

            if (tp.Action == TouchAction.Move)
            {
                Line line = new Line();
                line.X1 = x;
                line.Y1 = y;
                line.X2 = x = tp.Position.X;
                line.Y2 = y = tp.Position.Y;
                line.Stroke = new SolidColorBrush(Colors.White);
                line.StrokeThickness = 5;
                line.StrokeStartLineCap = line.StrokeEndLineCap = PenLineCap.Square;

                DoHwaJi.Children.Add(line);
            }
```

```
        }
    }
}
```

컨텐트 패널에 캔버스 하나만 배치했다. 디자인 타임에는 비어 있지만 실행 중에 터치 입력을
받으면 캔버스에 Line 객체를 추가하여 선을 그린다. 터치한 임의 좌표에 Line 객체를 배치해야
하므로 캔버스가 제격이다. 코드에서 차일드를 추가하기 위해 캔버스에 DoHwaJi라는 이름을
주었으며 그 외 별다른 속성을 지정할 필요는 없다. 이 캔버스는 이름이 의미하는 바대로 선을
그리는 도화지로 사용된다.

화면을 누를 때 처음 누른 위치를 x, y 변수에 저장해 두고 이동할 때는 x, y에서 이동한
새 좌표까지 Line 객체를 생성한다. 이 객체는 누른 위치에서 이동한 위치까지의 좌표를 가질
것이다. 다음 선을 위해 현재 위치를 x, y에 저장해 둔다. 선의 색상은 흰색으로 하고 굵기는
5로 설정했다. Line 객체를 캔버스에 추가하면 선이 화면에 나타나며 손가락을 연속으로 움직이
면 선끼리 연결되어 이어진 곡선처럼 보인다.

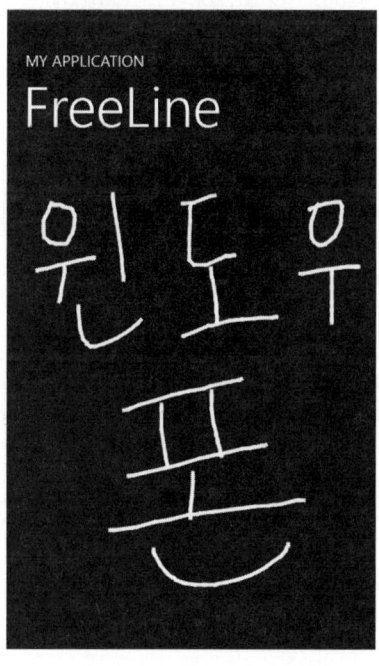

잘 동작하지만 직선을 연결해서 그리다 보니 다소 부자연스럽다. 굵기 5의 선이 이어지다가 각도가 심하게 꺾이면 마치 끊어진 것처럼 보인다. 그래서 끝 장식을 Square로 지정하여 연속되도록 했지만 선 끝 부분이 겹쳐서 약간 굵어 보이는 문제가 있다.

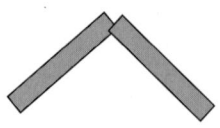 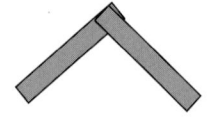

끊어져 보인다. 　　　　　　두꺼워 보인다.

좀 더 부드러운 곡선을 그리려면 Line 객체 여러 개를 쓰는 것보다 다각선 하나를 쓰는 것이 더 좋다. 다각선은 원래부터 이어진 선이므로 꺾이더라도 각져 보이지 않는다. 다음은 다각선으로 자유 곡선을 그린다.

FreeLine2

```
<Grid x:Name="ContentPanel" Grid.Row="1" Margin="12,0,12,0">
    <Canvas x:Name="DoHwaJi" />
</Grid>
================================== CS =====================================
namespace FreeLine2
{
    public partial class MainPage : PhoneApplicationPage
    {
        Polyline poly;
        public MainPage()
        {
            InitializeComponent();
            Touch.FrameReported += OnTouchFrameReported;
        }

        void OnTouchFrameReported(object sender, TouchFrameEventArgs args)
        {
            TouchPointCollection tpc = args.GetTouchPoints(DoHwaJi);
            TouchPoint tp = tpc[0];

            if (tp.Action == TouchAction.Down)
```

```
        {
            poly = new Polyline();
            poly.Points.Add(new Point(tp.Position.X, tp.Position.Y));
            poly.Stroke = new SolidColorBrush(Colors.White);
            poly.StrokeThickness = 5;

            DoHwaJi.Children.Add(poly);
        }

        if (tp.Action == TouchAction.Move)
        {
            poly.Points.Add(new Point(tp.Position.X, tp.Position.Y));
        }
      }
    }
}
```

터치할 때 새 Polyline 객체를 생성하고 Points 배열에 터치한 좌표를 기록한다. 그리고 손가락이 이동할 때마다 새 좌표를 Points 배열에 누적시킴으로써 손가락이 이동한 궤적을 일일이 기록한다. 한 번 그리는 선이 하나의 연결된 객체이므로 직선에 비해 훨씬 더 부드럽게 출력된다. 또한, 생성되는 객체의 수가 적기 때문에 메모리도 절약되며 속도도 더 빠르다.

그러나 다각선을 사용하더라도 손가락을 빨리 움직이면 두 점 사이의 거리가 멀어져 곡선이 직선 형태로 보이는 문제가 있다. 다각선 대신 곡선 형태의 패스를 사용하면 좀 더 사실적인 곡선을 그릴 수 있지만 계산량이 많아 속도에는 불리하다.

7-2 패스

7-2-1 지오메트리

Shape 파생 클래스로 그릴 수 있는 도형은 비교적 단순한 것들이며 한 객체로 하나의 도형만 그린다. 원호, 곡선 같은 더 복잡한 도형이나 여러 개의 도형을 조합한 복합 도형은 Path로 그린다. Path는 도형을 직접 그리지 않고 경로를 먼저 정의한 후 경로를 그린다. 대부분의 속성은 Shape로부터 상속받으며 경로를 표현하는 Geometry 타입의 Data 속성만 추가로 정의한다.

Geometry는 기하학적 도형을 정의한다. 순수한 도형의 좌표만 정의할 뿐이며 도형을 그리기 위한 선의 속성이나 브러시 등의 정보는 포함하지 않는다. Geometry 자체는 추상 클래스이며 다음 파생 클래스들이 선, 타원, 사각, 그룹, 패스 등의 실제 도형을 정의한다.

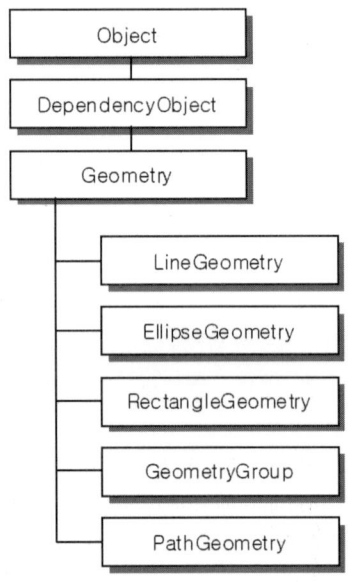

계층도에서 보다시피 Geometry는 거의 루트라고 할 수 있는 DependencyObject로부터 바로 파생되며 Shape와는 친척 관계가 아니다. 비록 사용하는 목적은 비슷하지만 내부 구조는 완전히 다르다. 그리기 정보가 없고 순수한 좌표값만 가지는 데이터 클래스일 뿐이다. Geometry 자체의 속성은 다음 두 개이다.

속 성	설 명
Bounds	지오메트리를 포함하는 사각 영역을 조사한다. 좌표만 고려할 뿐 획이 굵어짐에 따라 확장되는 부분은 포함하지 않는다.
Transform	지오메트리에 적용할 변환 객체이다.

LineGeometry는 선을 정의한다. StartPoint, EndPoint 속성으로 선의 시작점과 끝점을 지정한다. Line은 X, Y 실수 두 쌍으로 점을 표현하는데 비해 LineGeometry는 Point 타입의 두 속성으로 선을 표현한다는 점이 다르다. 이 두 속성은 종속 속성이어서 애니메이션에도 사용할 수 있다.

EllipseGeometry는 타원을 정의한다. Center 속성으로 원의 중심점을 지정하고 RadiusX, RadiusY 속성으로 장축과 단축의 반지름을 지정한다. 외접 사각형을 사용하는 Ellipse와는 방식이 완전히 다르며 기하학적 요소의 집합으로 타원을 정의한다.

RectangleGeometry는 직사각형을 정의한다. Rect 속성으로 사각형의 좌표를 지정하고 RadiusX, RadiusY 속성으로 모서리의 둥근 정도를 지정한다. Rect 타입은 x, y, width, height 속성으로 사각 영역을 지정한다. 좌상단과 우상단 좌표(LTRB)를 지정하는 것이 아니라 좌상단과 폭, 높이(XYWH)를 지정한다는 점을 주의하자.

다시 한 번 더 강조하지만 Geometry는 도형에 대한 정보만 가지고 있을 뿐 그리기와 관련된 어떠한 속성도 제공하지 않는다. 그리기와 관련된 모든 정보는 Path가 정의한다. 다음 예제를 통해 이를 확인해 보자.

PathTest

```
<Grid x:Name="ContentPanel" Grid.Row="1" Margin="12,0,12,0">
    <StackPanel>
        <Path>
            <Path.Data>
                <EllipseGeometry Center="240,60" RadiusX="50" RadiusY="40" />
            </Path.Data>
        </Path>
        <Path Fill="Yellow" Stroke="Red" StrokeThickness="6">
            <Path.Data>
                <EllipseGeometry Center="240,60" RadiusX="50" RadiusY="40" />
            </Path.Data>
        </Path>
    </StackPanel>
</Grid>
```

수직 스택 패널에 두 개의 패스를 배치했다. 두 개의 패스는 똑같은 타원 지오메트리를 정의한다. 지오메트리에는 중심점, 반지름 등의 속성만 지정되어 있을 뿐 이 타원을 어떻게 그리라는 지시 사항은 없다. 위쪽 패스는 그리기에 관련된 속성을 지정하지 않았고 아래쪽 패스는 굵기 6의 빨간색으로 경계선을 그리고 내부는 노란색으로 칠하도록 했다. 실행 결과는 다음과 같다.

두 개의 패스 중 아래쪽의 타원만 출력되었으며 위쪽의 타원은 아예 보이지도 않는다. 왜냐하면 패스가 그리기 속성을 지정하지 않을 경우 Fill과 Stroke의 디폴트는 모두 null이며 투명하기 때문이다. 타원 지오메트리에서는 그리기 속성을 지정할 수 없고 지오메트리를 포함하는 패스가 이 정보를 제공해야 한다. 지오메트리는 도형의 좌표만 정의하고 이 도형을 어떻게 그릴 것인가는 Path에 의해 결정된다.

실행 화면에서는 위쪽 타원이 보이지 않지만 디자인 뷰에서는 위쪽 타원도 흐릿하게 표시되어 있다. 디자인 중에는 객체를 편집할 수 있어야 하므로 그리기 정보가 없어도 일단 표시는 된다. 그래야 선택을 하고 속성을 조정할 수 있기 때문이다. 뷰 디자이너에서 위쪽 패스가 보이는 것은 단지 개발툴의 배려일 뿐이다.

Path는 대부분의 그래픽 라이브러리들이 지원하는 개념이다. 그러나 실버라이트의 Path와는 개념이 약간 다르다. 원래 Path는 좌표 정보만 가지고 그리기 정보는 가지지 않는 것이 원칙이지만 실버라이트는 Path가 그리기 정보를 가진다. 다른 그래픽 환경에서의 Path 개념에 대응되는 실버라이트의 개념은 Geometry이다. 일반적인 그래픽 라이브러리에 익숙한 사람에게는 다소 혼란스러운 개념이므로 참고적으로 알아 두자.

다음 예제는 패스로 기본 도형을 그린다. 앞에서 Shape 파생 클래스로 그린 예제를 패스 버전으로 다시 작성해 본 것이다. Path 안에 각 도형을 지오메트리로 정의하고 Path는 이 도형을 어떻게 그릴 것인지 그리기 속성을 제공한다.

BasicPath

```
<Grid x:Name="ContentPanel" Grid.Row="1" Margin="12,0,12,0">
    <StackPanel>
        <Path Margin="10" Stroke="White" StrokeThickness="5">
            <Path.Data>
                <LineGeometry StartPoint="200,0" EndPoint="300,80" />
            </Path.Data>
        </Path>
        <Path Margin="10" Fill="Yellow" Stroke="Red" StrokeThickness="6">
            <Path.Data>
                <EllipseGeometry Center="240,60" RadiusX="50" RadiusY="40" />
            </Path.Data>
        </Path>
        <Path Margin="10" Fill="Blue" Stroke="White" StrokeThickness="5">
            <Path.Data>
                <RectangleGeometry Rect="200,0,100,80" />
            </Path.Data>
        </Path>
        <Path Margin="10" Fill="Blue" Stroke="White" StrokeThickness="5">
            <Path.Data>
                <RectangleGeometry Rect="200,0,100,80" RadiusX="15" RadiusY="15" />
            </Path.Data>
        </Path>
    </StackPanel>
</Grid>
```

스택 패널 안에 직선, 타원, 사각형, 둥근 사각형 지오메트리를 가지는 패스를 배치했다. 각 패스는 서로 다른 그리기 속성값을 가진다. 그리는 절차가 다를 뿐이지 실행 결과는 도형 객체로 그린 것과 완전히 동일하다.

GeometryGroup은 여러 개의 지오메트리를 차일드로 가지는 컬렉션이다. Children 속성으로 차일드의 그룹을 구성함으로써 복합 도형을 정의한다. 여러 개의 지오메트리를 조합하면 겹쳐진 영역이 생길 수도 있는데 이때 내부를 어떻게 채울 것인가는 FillRule 속성으로 지정한다.

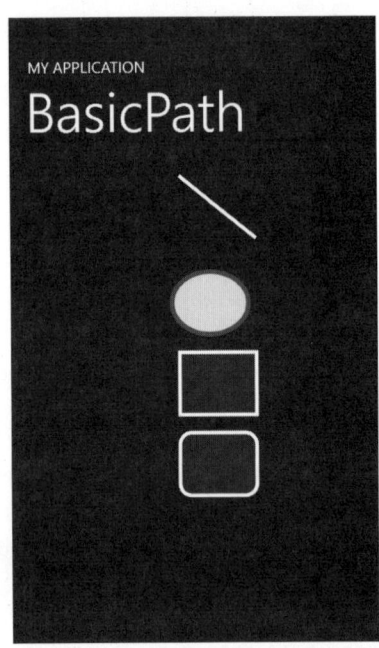

Path의 Data 속성은 단 하나만의 지오메트리를 가질 수 있다. 그러나 GeometryGroup을 Path에 넣고 그룹 안에 여러 개의 지오메트리를 배치하는 방식으로 복수 개의 지오메트리를 하나의 Path에 넣을 수 있다.

앞 예제를 지오메트리 그룹으로 바꿔 보자.

GeometryGroupTest

```
<Grid x:Name="ContentPanel" Grid.Row="1" Margin="12,0,12,0">
    <StackPanel>
        <Path Fill="Blue" Stroke="White" StrokeThickness="5">
            <Path.Data>
                <GeometryGroup>
                    <LineGeometry StartPoint="200,0" EndPoint="300,80" />
                    <EllipseGeometry Center="240,140" RadiusX="50" RadiusY="40" />
                    <RectangleGeometry Rect="200,200,100,80" />
                    <RectangleGeometry Rect="200,300,100,80" RadiusX="15" RadiusY="15" />
                </GeometryGroup>
            </Path.Data>
        </Path>
    </StackPanel>
```

```
        </StackPanel>
    </Grid>
```

모든 지오메트리를 그룹으로 정의했으므로 결국, 패스는 하나밖에 없으며 소스가 훨씬 더 짧다. 네모, 동그라미, 직선 등의 여러 가지 지오메트리를 하나로 묶어 복잡한 모양을 그리고 싶을 때 GeometryGroup을 사용한다.

하지만 같은 패스에 속한 지오메트리는 전부 동일할 속성으로 그려지므로 각 지오메트리별로 색상이나 굵기를 다르게 지정할 수는 없다.

7-2-2 PathGeometry

PathGeometry는 작은 도형들의 조각을 모아 하나의 지오메트리를 정의한다. PathFigure 객체의 컬렉션인 Figure 속성은 피규어의 집합을 정의하고 피규어는 일련의 조각들로 하나의 도형을 정의한다. 피규어의 속성은 다음과 같다.

속 성	설 명
StartPoint	피규어의 시작 좌표를 지정한다.
IsClosed	시작점과 끝점을 연결할 것인가를 지정한다. 디폴트는 False이다.
IsFilled	내부 영역을 히트 테스트, 랜더링, 클리핑에 사용할 것인가를 지정한다. 디폴트는 True이다.
Segments	피규어에 속하는 세그먼트의 컬렉션을 정의한다.

세그먼트는 도형을 구성하는 하나의 조각이다. PathFigure는 StartPoint에서 시작하여 여러 개의 세그먼트를 연결함으로써 하나의 복잡한 도형을 정의한다. 세그먼트의 클래스 계층도는 다음과 같다. 직선, 다각선, 원호, 베지어 등의 세그먼트 클래스가 제공된다. 세그먼트는 피규어를 구성하는 조각이므로 모두 개곡선이다.

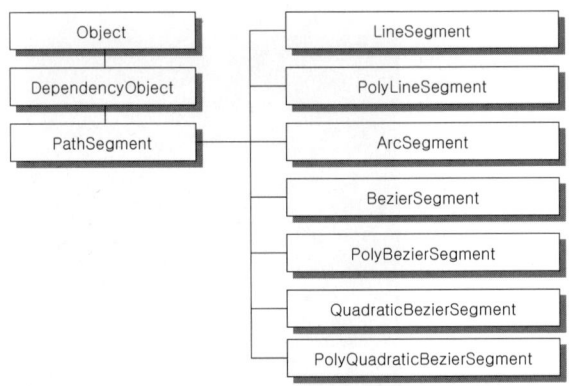

여기까지만 봐도 객체간의 포함 관계가 엄청나게 복잡하다. 세그먼트들을 모아 피규어를 정의하고 이런 피규어를 모아 패스 지오메트리를 구성하며 패스 지오메트리는 패스에 의해 화면에 출력된다. 세그먼트를 연결한 결과인 피규어는 하나의 도형이지만 이런 피규어들을 모은 패스 지오메트리는 분리된 여러 개의 도형을 포함할 수 있다.

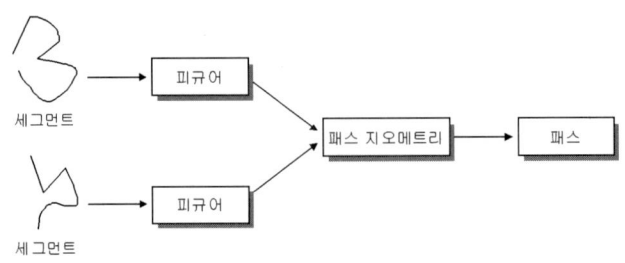

가장 단순한 세그먼트부터 정리해 보자. LineSegment는 피규어의 StartPoint에서 시작하여 자신의 Point 속성이 가리키는 좌표까지 선분을 긋는다. 이어지는 선분들은 직전 선분의 끝점에서부터 자신의 Point 좌표까지 선을 이어서 계속 그린다. PolyLineSegment는 Points 속성으로 좌표의 배열을 정의하고 이 배열을 연결하여 다각선을 그린다.

PathGeometryTest

```
<Grid x:Name="ContentPanel" Grid.Row="1" Margin="12,0,12,0">
    <StackPanel>
        <Path Fill="Blue" Stroke="White" StrokeThickness="5">
            <Path.Data>
                <PathGeometry>
                    <PathFigure StartPoint="200,20" IsClosed="True">
                        <LineSegment Point="160,100" />
                        <LineSegment Point="280,100" />
                        <LineSegment Point="240,20" />
                    </PathFigure>
                    <PathFigure StartPoint="200,120" IsClosed="True">
                        <PolyLineSegment Points="160, 200, 280,200,240,120" />
                    </PathFigure>
                    <PathFigure StartPoint="200,220" IsClosed="False" IsFilled="False">
                        <PolyLineSegment Points="160,300, 280,300,240,220" />
                    </PathFigure>
                </PathGeometry>
            </Path.Data>
        </Path>
    </StackPanel>
</Grid>
```

패스 안에 PathGeometry가 있고 그 안에 세 개의 피규어가 있다. 각 피규어는 연속되는 선분 4개, 4개의 점으로 구성된 폐곡선, 4개의 점으로 구성된 개곡선을 정의한다. 세 개의 마름모 전체가 하나의 패스 지오메트리에 포함되며 제일 바깥쪽의 패스에 의해 파란색으로 채워지고 굵기 5의 흰색 선으로 외곽선을 그린다.

제일 위의 마름모를 보자. 피규어의 StartPoint로 좌상단의 시작점을 지정하고 이 시작점으로부터 세 개의 LineSegment를 연결하여 선분을 긋는다. IsClosed 속성이 True이므로 시작점과 끝점이 자동으로 연결되어 마름모가 된다. 세 개의 선을 연결하는 대신 **PolyLineSegment**로 세 좌표를 나열해도 결과는 동일하다.

마지막 3번째 마름모는 피규어의 두 속성을 테스트한다. IsClosed를 False로 지정하면 시작점과 끝점을 연결하지 않음으로써 개곡선을 그린다. IsFilled 속성을 False로 지정하면 내부를 채우지 않으며 이 영역에 대해서는 터치 입력도 받지 않는다.

직선 세그먼트 4개가 모여 하나의 마름모 피규어를 정의하고 이런 마름모 3개가 모여 하나의 패스 지오메트리를 구성하며 제일 바깥쪽의 패스는 선과 채우기 속성을 정의함으로써 전체적으로 하나의 그림을 완성하는 것이다.

그렇다면 왜 이렇게 복잡한 계층까지 구성해 가며 패스로 그리는 것일까? 위와 같은 출력을 원한다면 패스가 아니더라도 일반 도형으로 얼마든지 그릴 수 있다. 그러나 아무런 차이가 없다면 패스를 만들어 놨을 리가 없지 않은가? 어떤 차이점이 있는지 다음 예제로 확인해 보자.

```
<Grid x:Name="ContentPanel" Grid.Row="1" Margin="12,0,12,0">
    <StackPanel>
        <Path Fill="Blue" Stroke="White" StrokeThickness="5" StrokeDashArray="4,1,1,1" >
            <Path.Data>
                <PathGeometry>
                    <PathFigure StartPoint="200,20" IsClosed="True">
                        <LineSegment Point="160,100" />
                        <LineSegment Point="280,100" />
                        <LineSegment Point="240,20" />
                    </PathFigure>
                </PathGeometry>
            </Path.Data>
        </Path>
        <Canvas Height="100" Width="480">
            <Line X1="200" Y1="20" X2="160" Y2="100" Stroke="White"
                StrokeThickness="5" StrokeDashArray="4,1,1,1"  />
            <Line X1="160" Y1="100" X2="280" Y2="100" Stroke="White"
                StrokeThickness="5" StrokeDashArray="4,1,1,1"  />
            <Line X1="280" Y1="100" X2="240" Y2="20" Stroke="White"
                StrokeThickness="5" StrokeDashArray="4,1,1,1"  />
            <Line X1="240" Y1="20" X2="200" Y2="20" Stroke="White"
                StrokeThickness="5" StrokeDashArray="4,1,1,1"  />
        </Canvas>
    </StackPanel>
</Grid>
```

똑같은 마름모를 그리되 위쪽은 패스로 아래쪽은 Line을 연결해서 그렸으며 외곽선은 일점쇄선으로 지정했다. 실행 결과는 다음과 같다. 대충 봐도 몇 가지 차이점이 보인다.

❶ 패스는 그리기 속성을 한 번만 지정하고 개별 세그먼트들은 좌표만 지정하므로 마크업 길이가 훨씬 짧다. 속성이 복잡할수록 이 차이는 더 벌어진다. 단 패스는 전체가 한 번에 그려지는 그룹이므로 매 세그먼트마다 다른 속성을 줄 수 없으며 꼭 그렇게 하려면 패스를 분리해야 한다.

❷ 패스는 IsClosed 속성으로 내부를 채울 수 있지만 Line을 연결해서는 내부를 채울 수 없다. 물론 Polygon을 쓰면 가능하지만 패스는 직선뿐만 아니라 곡선 영역까지도 하나의 폐곡선으로 채울 수 있다는 점에서 우월하다.

❸ 패스는 전체가 하나의 도형이므로 선의 속성이 연속된다. 일점쇄선을 자세히 보면 패스로 그린 마름모는 외곽선 전체의 일점쇄선 패턴이 균일하다. 그러나 Line은 매 선분마다 패턴이 새로 시작되므로 연속적이지 못하다.

❹ 패스는 그리기뿐만 아니라 클리핑 등의 다른 용도로도 사용된다. 클리핑을 사용하면 패스 지오메트리가 정의하는 모양대로 출력을 제한할 수 있다.

요약하자면 도형은 개별적으로 하나씩 출력하는 것이지만 패스는 모든 도형의 좌표만 정의한 후 한 번에 그리는 것이다. 속도나 메모리 사용량에서도 패스가 유리하며 변환이나 애니메이션 도 통째로 적용할 수 있다.

7-2-3 원호

ArcSegment는 원호 세그먼트를 정의한다. 원호는 완전한 원이 아니라 원주의 일부분이다. 직선 이나 사각형에 비해 모양이 천차만별로 달라질 수 있어 좌표를 지정하는 방식이 복잡하고 직관적 이지 못하다. 속성은 다음과 같다.

속 성	설 명
Point	원호의 끝 점을 정의한다. 시작점은 피규어의 마지막 위치이다.
Size	타원의 수평, 수직 반지름을 지정한다.
SweepDirection	원호를 그릴 방향을 지정한다. 디폴트는 반시계방향이다.
IsLargeArc	타원의 큰 쪽을 그릴 것인가 아닌가를 지정한다. 디폴트는 작은 쪽이다.
RotationAngle	타원의 회전 각도를 지정한다.

원이라는 도형은 중심점과 반지름으로 정의하며 원의 일부인 원호는 여기에 시작각도, 끝각도 등의 정보가 더 필요하다. 그러나 ArcSegment는 기하학적으로 원호를 정의하지 않고 두 점을 연결하는 선의 크기와 원호의 방향 등으로 지정한다. 왜 그런가 하면 피규어는 이어서 그리는 것이므로 이전, 이후 세그먼트와의 연결이 용이해야 하기 때문이다. 각도는 끝점의 좌표를 계산하기 어렵다.

원호를 그리려면 일단 두 끝점을 지정한다. 시작점은 피규어의 마지막 점 또는 원호가 첫 세그먼트라면 피규어의 StartPoint이다. 끝점은 Point 속성으로 지정한다. 두 끝점이 정의되면 이 두 점을 지나는 수많은 원호를 생각할 수 있다. 이중 어떤 원호를 선택할 것인가를 나머지 속성들로 결정한다.

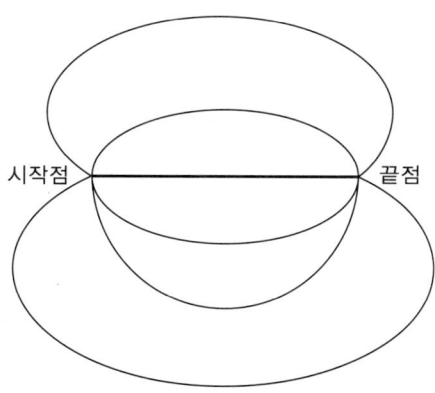

Size 속성은 width, height 속성으로 원호의 반지름을 지정한다. 폭과 높이가 동일하면 정원 모양이 되고 다르면 찌그러진 타원이 된다. 직경이 아니라 반지름이므로 이 크기가 타원의 크기와 일치하지는 않는다.

SweepDirection은 원호를 그릴 방향을 지정한다. 디폴트는 반시계 방향이므로 왼쪽의 시작점과 오른쪽의 끝점을 이으면 원호가 아래쪽에 그려진다. 시계 방향으로 바꾸면 위쪽 면에 그려질 것이다. 방향을 바꾸는 대신 시작점과 끝점을 교환해도 결과는 같다.

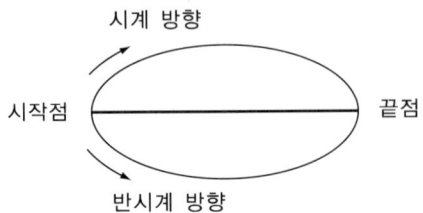

IsLargeArc 속성은 원호의 큰 쪽을 그릴 것인가 작은 쪽을 그릴 것인가를 지정하는데 디폴트는 작은 쪽이다. 큰 쪽으로 바꾸면 원호가 반대쪽에 그려지며 훨씬 더 커진다. RoateAngle 속성은 X축 기준으로 타원을 얼마나 기울일 것인가를 지정한다. 360분법의 각도로 지정하며 디폴트는 0이다.

사람이 이 속성들을 조합하여 원하는 모양의 원호를 만들기는 쉽지 않다. 각 값을 바꿔 가며 원호를 여러 개 그려 보면서 차이점을 관찰해 보는 수밖에 없다. 다음 예제는 실행 중에 원호의 속성을 바꿔 가며 테스트한다. 학습을 위한 테스트 예제이므로 굳이 분석해 볼 필요는 없다. 화면이 좁아 부득이하게 타이틀 패널은 제외했다.

ArcTest

```xml
<!--LayoutRoot is the root grid where all page content is placed-->
<Grid x:Name="LayoutRoot" Background="Transparent">
    <!--ContentPanel - place additional content here-->
    <Grid x:Name="ContentPanel" Grid.Row="1" Margin="12,0,12,0">
        <StackPanel>
            <TextBlock Name="txtWidth" Text="Width : " />
            <Slider Name="sliderWidth" Minimum="50" Maximum="200"
                    LargeChange="10" ValueChanged="sliderWidth_ValueChanged" />
            <TextBlock Name="txtHeight" Text="Height : " />
            <Slider Name="sliderHeight" Minimum="50" Maximum="200"
                    LargeChange="10" ValueChanged="sliderHeight_ValueChanged" />
            <CheckBox Name="dircheck" Content="CCW SweepDirection"
                    Checked="dircheck_Checked" Unchecked="dircheck_Unchecked" />
```

```xml
            <CheckBox Name="isLarge" Content="IsLargeArc" Checked="isLarge_Checked"
                        Unchecked="isLarge_Unchecked" />
            <TextBlock Name="txtAngle" Text="Rotate : " />
            <Slider Name="sliderAngle" Minimum="0" Maximum="360"
                    ValueChanged="sliderAngle_ValueChanged" />
            <Path Stroke="White" StrokeThickness="3">
                <Path.Data>
                    <PathGeometry>
                        <PathFigure StartPoint="100,100">
                            <ArcSegment x:Name="arc" Point="300,100" Size="100,100" />
                        </PathFigure>
                    </PathGeometry>
                </Path.Data>
            </Path>
        </StackPanel>
    </Grid>
</Grid>
```

================================= CS ===

```csharp
namespace ArcTest
{
    public partial class MainPage : PhoneApplicationPage
    {
        // Constructor
        public MainPage()
        {
            InitializeComponent();

            sliderWidth.Value = 100;
            sliderHeight.Value = 100;
            // for call ValueChanged
            sliderAngle.Value = 1;
            sliderAngle.Value = 0;
            dircheck.IsChecked = true;
        }

        private void sliderWidth_ValueChanged(object sender,
            RoutedPropertyChangedEventArgs<double> e)
        {
            if (arc == null) return;
            arc.Size = new Size(e.NewValue, sliderHeight.Value);
            txtWidth.Text = "Width : " + e.NewValue;
```

```
        }

        private void sliderHeight_ValueChanged(object sender,
            RoutedPropertyChangedEventArgs<double> e)
        {
            if (arc == null) return;
            arc.Size = new Size(sliderWidth.Value, e.NewValue);
            txtHeight.Text = "Height : " + e.NewValue;
        }

        private void dircheck_Checked(object sender, RoutedEventArgs e)
        {
            arc.SweepDirection = SweepDirection.Counterclockwise;
        }

        private void dircheck_Unchecked(object sender, RoutedEventArgs e)
        {
            arc.SweepDirection = SweepDirection.Clockwise;
        }

        private void isLarge_Checked(object sender, RoutedEventArgs e)
        {
            arc.IsLargeArc = true;
        }

        private void isLarge_Unchecked(object sender, RoutedEventArgs e)
        {
            arc.IsLargeArc = false;
        }

        private void sliderAngle_ValueChanged(object sender,
            RoutedPropertyChangedEventArgs<double> e)
        {
            arc.RotationAngle = e.NewValue;
            txtAngle.Text = "Angle : " + e.NewValue;
        }
    }
}
```

시작점은 100, 100이고 끝점은 300, 100으로 지정하여 가로로 200픽셀 떨어진 두 점을 지정했다. 크기를 100, 100으로 지정했으므로 직경이 200인 원호가 그려진다. 디폴트 방향이 반시계방향이므로 원호는 아래쪽으로 그려진다. CCW 체크 박스를 클릭하면 원호의 방향이 위쪽으로 바뀔 것이다.

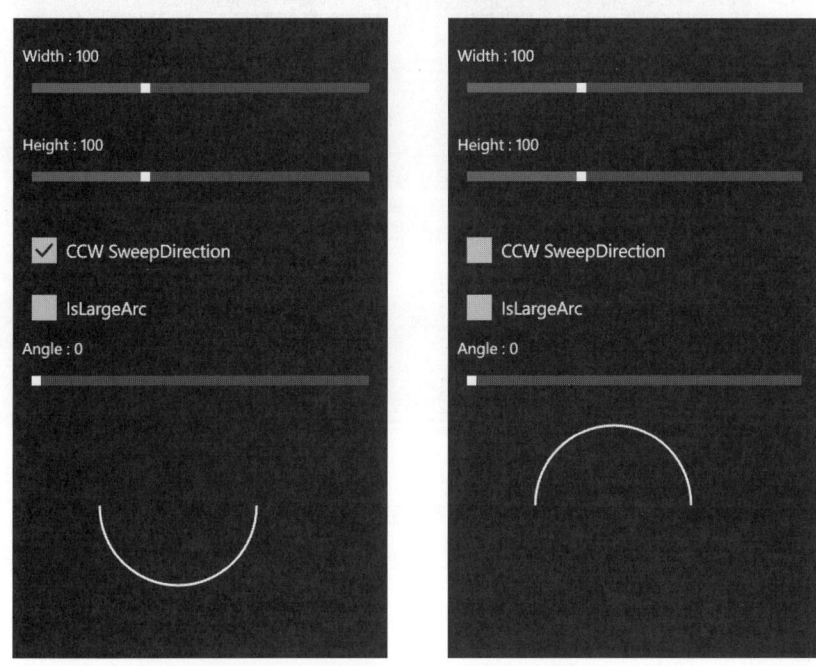

높이를 줄이면 원호가 작아지고 늘리면 원호가 길쭉해지지만 여전히 원의 반 정도 길이이며 원호의 각도는 180도를 유지한다. 폭을 줄여도 시작점과 끝점이 고정되어 있으므로 마찬가지로 각도는 180도이다. 폭을 늘리면 원호의 각도가 줄어들어 원호의 일부만 보인다. 다음은 폭을 120으로 늘린 모습이다. 이 상태에서 IsLargeArc 속성을 True로 지정하면 원호의 큰 부분이 그려진다.

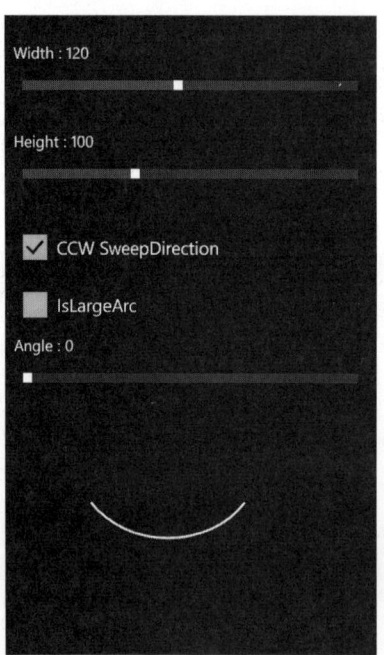 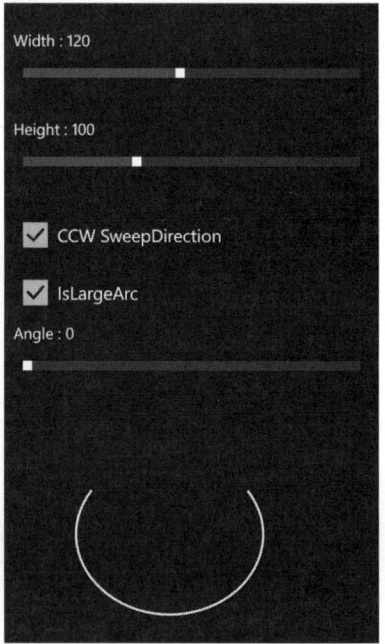

테스트 예제를 만들어서 값을 요모조모로 바꿔 봐도 직관적으로 이해하기 상당히 난해하며 설명하기는 더 어렵다. 직접 값을 바꿔 보고 차이점을 관찰해 보면서 연구해 보는 수밖에 없다.

7-2-4 베지어 곡선

베지어 곡선은 수학식에 기반하여 곡선을 정의한다. 곡선 정의에 필요한 점의 개수에 따라 2차, 3차 베지어 곡선 두 종류가 있다. BezierSegment는 3차 베지어 곡선을 정의한다. 시작점과 Point3가 끝점이고 Point1, Point2 속성이 두 개의 조절점으로 작용한다. QuadraticBezierSegment 는 2차 베지어 곡선을 정의한다. 시작점과 Point2가 끝점이고 Point1이 중간의 조절점으로 작용한다.

PolyBezierSegment, PolyQuadraticBezierSegment는 이름으로 유추할 수 있듯이 배열에 점들을 정의함으로써 연속적으로 이어지는 곡선을 그린다. 베지어 곡선의 수학적 정의나 조절점으로 곡선을 만드는 방법 등은 전문 그래픽 기술서에 많이 소개되어 있으므로 간단하게 예제 하나만 보이기로 한다. 2차, 3차 베지어 곡선을 각각 하나씩 그려 보았다.

```
<Grid x:Name="ContentPanel" Grid.Row="1" Margin="12,0,12,0">
    <StackPanel>
        <Path Stroke="White" StrokeThickness="3">
            <Path.Data>
                <PathGeometry>
                    <PathFigure StartPoint="0,100">
                        <BezierSegment Point3="400,200" Point1="300,0" Point2="100,200" />
                    </PathFigure>
                </PathGeometry>
            </Path.Data>
        </Path>
        <Path Stroke="White" StrokeThickness="3">
            <Path.Data>
                <PathGeometry>
                    <PathFigure StartPoint="0,100">
                        <QuadraticBezierSegment Point2="400,200" Point1="300,0" />
                    </PathFigure>
                </PathGeometry>
            </Path.Data>
        </Path>
    </StackPanel>
</Grid>
```

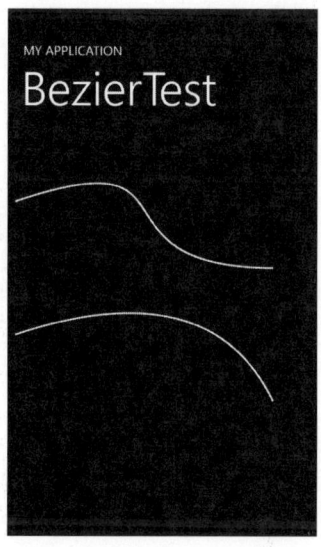

베지어 곡선의 구현 원리는 수학식으로 정의되어 있으므로 조절점이 정해져 있다면 그려지는 결과도 항상 일정하다. 조절점만 잘 배치하면 원하는 곡선을 정확하게 그릴 수 있지만 직선과는 달리 직관적으로 모양을 상상하기 어려워 상당한 경험을 요구한다. 그래서 보통은 그래픽 툴로 그린 후 좌표를 가져오는 식으로 작업한다.

7-2-5 미니 언어

패스 지오메트리들은 설정할 수 있는 속성들이 많고 속성 이름들도 길어서 마크업 길이가 상당하다. 여러 세그먼트를 조합하면 엘리먼트 개수도 많아져 원하는 도형을 정의하려면 상당한 길이의 마크업을 작성해야 한다. 이런 불편함을 해결하기 위해 Path 클래스의 Data 속성은 미니 언어를 지원한다. 문자열 상수 안에 다음의 기호들로 지오메트리를 간략하게 정의할 수 있다.

명 령	설 명
M(m) x,y	이동할 좌표를 지정한다. 대문자는 절대 좌표를 의미하고 소문자는 현재 위치를 기준으로 한 상대 좌표를 의미한다. 여러 개의 이동 명령을 사용하면 좌표들을 연결하여 선을 긋는다.
L(l) x,y	현재 좌표와 지정한 좌표를 연결하여 선을 긋는다. 같은 명령이 이어질 때는 좌표만 계속 나열하면 된다. 예를 들어 L 1,2 L 3,4는 L 1,2 3,4로 간략하게 표기한다.
H(h) x	수평선을 긋는다.
V(v) y	수직선을 긋는다.
C(c) c1, c2, end	현재 좌표를 시작점으로 하고 c1, c2를 제어점으로 하고 end를 끝점으로 하는 3차 베지어 곡선을 그린다.
Q(q) c1, end	현재 좌표를 시작점으로 하고 c1을 제어점으로 하고 end를 끝점으로 하는 2차 베지어 곡선을 그린다.
S(s) c1, end	이전 곡선과 연결되는 부드러운 3차 베지어 곡선을 그린다.
T(s) c1, end	이전 곡선과 연결되는 부드러운 2차 베지어 곡선을 그린다.
A x,y,ra,large,dir,end	현재 좌표와 end를 연결하는 타원호를 그린다. x, y는 수평, 수직 반지름이며 ra는 회전 각도이다. large가 1이면 180도 이상의 타원을 그리고 dir이 1이면 양의 각도로 그린다.
Z(z)	현재 좌표와 시작 좌표를 연결하여 도형을 닫는다.

메타 파일이나 벡터 그래픽 안에 도형들을 부호화하여 표기하는 방식과 유사하다. 명령 하나가 세그먼트 하나를 정의하며 명령의 인수들은 세그먼트의 속성에 대응된다. 엘리먼트를 일일이

정의할 필요 없이 꼭 필요한 인수만 문자열 안에 밝힘으로써 복잡한 패스를 짧게 정의할 수 있다. 다음 예제는 마름모와 베지어 곡선을 그린다.

PathData

```
<Grid x:Name="ContentPanel" Grid.Row="1" Margin="12,0,12,0">
    <StackPanel>
        <Path Data="M 200,20 L 160,100 280,100 240,20 Z"
    Fill="Blue" Stroke="White" StrokeThickness="5"/>
        <Path Data="M 100,10 C 120,200 300,-80 350,100"
    Fill="Gray" Stroke="Yellow" StrokeThickness="4"/>
    </StackPanel>
</Grid>
```

첫 번째 미니 언어를 말로 해석하자면 (200, 20)으로 이동하고 (160, 100)까지 선을 긋고 이어서 (280, 100), (240, 20)까지 계속 선을 그은 후 시작점과 끝점을 연결하라는 뜻이다. 4개의 점을 연결함으로써 마름모를 그렸다. 보다시피 마크업에 비해 부호화된 언어가 길이도 짧고 읽기도 쉬운 편이다.

복잡한 도형을 패스로 정의할 때는 미니 언어가 아주 유용하다. 이 방법을 사용하면 클립 아트 수준의 패스도 그릴 수 있다. 물론 이것도 일종의 언어이므로 능숙하게 활용하려면 많은 연습이 필요하며 예술적 감각도 요구된다.

리소스

8-1   XAML 리소스

8-1-1 반복 코드

코드에서나 마크업에서나 불필요한 반복은 반드시 피해야 할 대상이다. 비슷비슷한 코드가 반복되면 메모리를 많이 소모하고 용량도 늘어날 뿐만 아니라 차후 프로젝트를 관리할 때도 손이 많이 가 유지, 보수하기 불편하다. 코드는 반복을 제거하기 위해 주로 루프를 활용하며 함수나 매크로 같은 우수한 장치들도 풍부하게 제공된다. 비슷한 코드를 루프 안에 배치해 놓고 돌리면 반복을 최소화할 수 있다.

그러나 마크업은 선언적 언어일 뿐 실행되는 코드가 아니므로 루프나 함수의 도움을 받을 수 없으며 그러다 보니 비슷한 코드를 나열할 수밖에 없는 상황이 발생한다. 예를 들어 Button 객체 10개를 배치하려면 <Button> 엘리먼트를 10번 쓰는 수밖에 없다. 그러나 속성의 경우는 반복을 피할 수 있는 좋은 방법이 제공된다. 모든 버튼의 속성이 동일하다면 속성값을 미리 등록해 놓고 계속 사용할 수 있다.

이때 사용하는 장치가 XAML 리소스이다. XAML 리소스는 공유 및 재사용 가능한 객체이다. 색상이나 크기값 등에 이름을 부여하여 정의해 놓으면 같은 값을 여러 마크업에서 사용할 수 있다. 일반적인 리소스는 이미지나 문자열 같은 데이터를 의미하지만 XAML 리소스는 객체라는 점이 다르다. 마법사가 만든 App.xaml 파일을 보면 다음과 같은 리소스 섹션이 이미 작성되어 있음을 볼 수 있다.

```
<!--Application Resources-->
<Application.Resources>
</Application.Resources>
```

태그안이 비어 있지만 이 안에 객체 생성문을 써넣으면 공유 가능한 리소스가 된다. 필요할 때 여기다 리소스를 작성하라고 마법사가 미리 빈 태그를 마련해 놓은 것이다. 페이지에는 리소스 섹션이 따로 준비되어 있지 않으므로 직접 리소스 섹션을 작성해야 한다. 다음 형식으로 페이지의 리소스 섹션을 작성한다.

```
<phone:PhoneApplicationPage.Resources>
리소스 섹션
</phone:PhoneApplicationPage.Resources>
```

아무 객체나 다 리소스로 정의할 수 있는 것은 아니고 재사용할 수 있는 것들만 가능하다. 컨트롤은 유일한 부모에 속해야 하므로 리소스로 정의할 수 없으며 주로 컨트롤의 속성을 지정하는 객체들이 리소스로 정의된다.

리소스는 반복적인 사용을 위해 정의하는 것이므로 차후의 참조를 위해 반드시 이름이 있어야 한다. x:Key 속성은 리소스에 이름을 정의하며 참조할 때 이 이름이 사용된다. x:Name으로도 이름을 지정할 수 있지만 범위와 상관없이 XAML 전체에 유일한 이름을 주어야 하므로 불편하다. x:Key로 지정한 이름은 리소스가 정의된 범위내에서만 중복되지 않으면 된다.

다음 두 예제를 통해 XAML 리소스가 어떤 식으로 반복을 제거하는지, 리소스를 사용하면 어떤 이점이 있는지 실험해 보자.

ResourceBrush

```
<Grid x:Name="ContentPanel" Grid.Row="1" Margin="12,0,12,0">
    <StackPanel>
        <Button Content="Button1">
            <Button.Background>
                <LinearGradientBrush StartPoint="0,0" EndPoint="1,0">
                    <GradientStop Color="Gray" Offset="0" />
                    <GradientStop Color="White" Offset="1" />
                </LinearGradientBrush>
            </Button.Background>
        </Button>
        <Button Content="Button2" >
            <Button.Background>
                <LinearGradientBrush StartPoint="0,0" EndPoint="1,0">
                    <GradientStop Color="Gray" Offset="0" />
                    <GradientStop Color="White" Offset="1" />
```

```
                </LinearGradientBrush>
            </Button.Background>
        </Button>
        <Ellipse Width="200" Height="100" >
            <Ellipse.Fill>
                <LinearGradientBrush StartPoint="0,0" EndPoint="1,0">
                    <GradientStop Color="Gray" Offset="0" />
                    <GradientStop Color="White" Offset="1" />
                </LinearGradientBrush>
            </Ellipse.Fill>
        </Ellipse>
        <Rectangle Width="200" Height="100" >
            <Rectangle.Fill>
                <LinearGradientBrush StartPoint="0,0" EndPoint="1,0">
                    <GradientStop Color="Gray" Offset="0" />
                    <GradientStop Color="White" Offset="1" />
                </LinearGradientBrush>
            </Rectangle.Fill>
        </Rectangle>
    </StackPanel>
</Grid>
```

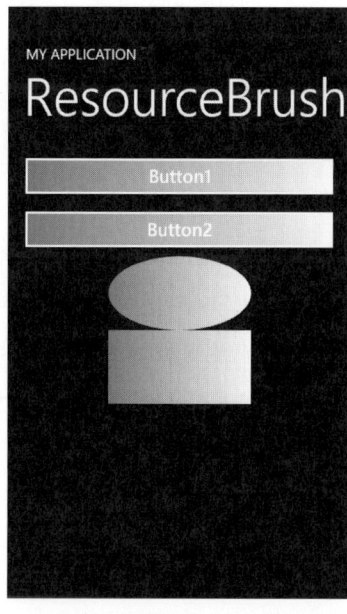

    수직 스택 패널에 버튼 2개와 타원, 사각형 도형을 배치했다. 회색에서 흰색으로 변하는 수평 그래디언트 브러시를 버튼의 배경으로 지정했으며 나머지 컨트롤도 모두 동일한 브러시로 채색했다. 버튼은 Background 속성에 브러시를 지정하고 도형은 Fill 속성에 지정한다. 코드가 길지만 동일한 브러시를 계속 나열하는 식이라 읽기는 아주 쉬우며 코드만 봐도 실행 결과가 바로 상상될 정도이다.

    이 예제의 문제는 똑같은 브러시를 4번이나 정의한다는 점이다. 모양은 완전히 같지만 적용되는 컨트롤과 속성이 제각각이므로 일일이 브러시를 정의할 수밖에 없다. 이럴 때 사용하는 것이 바로 XAML 리소스이다. 다음 예제는 똑같은 도형을 배치하지만 코드가 훨씬 더 짧고 보기에도 좋다.

```
<phone:PhoneApplicationPage.Resources>
    <LinearGradientBrush x:Key="gradient" StartPoint="0,0" EndPoint="1,0">
        <GradientStop Color="Gray" Offset="0" />
        <GradientStop Color="White" Offset="1" />
    </LinearGradientBrush>
</phone:PhoneApplicationPage.Resources>
....
<Grid x:Name="ContentPanel" Grid.Row="1" Margin="12,0,12,0">
    <StackPanel>
        <Button Content="Button1">
            <Button.Background>
                <StaticResource ResourceKey="gradient" />
            </Button.Background>
        </Button>
        <Button Content="Button2" Background="{StaticResource gradient}" />
        <Ellipse Width="200" Height="100" Fill="{StaticResource gradient}" />
        <Rectangle Width="200" Height="100" Fill="{StaticResource gradient}" />
    </StackPanel>
</Grid>
```

페이지 엘리먼트 선두에 리소스 섹션을 작성하고 이 안에 수평 그래디언트 브러시를 gradient 라는 이름으로 정의했다. 리소스에 정의되는 객체는 당장 사용하기 위해 생성하는 것이 아니라 재사용을 위해 등록하는 것이므로 반드시 x:Key 속성으로 이름을 부여해야 한다. 이름이 없으면 참조할 수 없으므로 등록을 하나 마나이며 그래서 에러 처리된다.

리소스에 등록한 객체를 사용할 때는 StaticResource 엘리먼트를 작성하고 ResourceKey 속성 으로 리소스의 이름을 지정한다. 첫 번째 버튼은 Background 속성에 gradient 리소스를 지정하여 수평 그래디언트 브러시로 배경을 칠했다. 참조할 리소스를 별도의 분리된 엘리먼트로 지정하는 것이 원칙적이지만 보다시피 너무 길고 불편하다.

리소스의 주 목적이 코드를 짧게 쓰기 위해서인데 리소스를 참조하는 문법이 이렇게 길면 곤란하다. 그래서 리소스를 참조하는 간략화된 문법이 지원된다. 리소스를 적용할 속성의 대입 문 다음에 { } 괄호를 쓰고 StaticResource 예약어와 리소스 이름을 밝힌다. 형식적인 엘리먼트 괄호나 닫는 태그 등을 모조리 생략하고 꼭 필요한 정보만 추려서 기술한다.

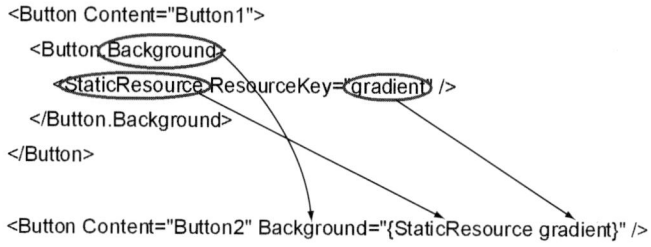

```
<Button Content="Button1">
    <Button.Background>
        <StaticResource ResourceKey="gradient" />
    </Button.Background>
</Button>

<Button Content="Button2" Background="{StaticResource gradient}" />
```

똑같은 객체를 생성하는 문장이지만 다섯 줄의 코드가 단 한 줄로 줄어들었다. 간략형의 리소스 대입문이 이미 따옴표 안에 있으므로 { } 괄호 안의 리소스의 이름인 gradient는 따옴표를 쓰지 않음을 유의하자. 두 번째 버튼은 이 형식으로 리소스를 참조하며 결과는 첫 번째 버튼과 동일하다. 아래쪽의 타원과 사각형도 간략화된 표기법을 사용했다.

두 예제를 비교해 보면 리소스를 사용하는 쪽이 코드가 훨씬 더 짧고 입력하기도 편하다는 것을 분명히 알 수 있다. 간략화된 표기법의 원본을 보이기 위해 첫 번째 버튼을 좀 길게 써서 그렇지 사실 딱 4줄로 모든 컨트롤을 배치할 수 있다. 리소스의 정의문이 길수록 차이가 더 벌어지며 리소스를 참조하는 곳이 많을수록 절약 효과가 두드러진다.

또한, 리소스는 코드의 관리 효율성을 증가시킨다. 위 예제에서 브러시의 시작색을 회색에서 검은색으로 바꾸고 싶다고 해 보자. 리소스를 사용한 경우는 리소스만 수정하면 되지만 그렇지 않은 경우는 매 컨트롤마다 브러시의 속성을 일일이 수정해야 한다. 번거로울 뿐만 아니라 실수로 하나를 수정하지 않을 경우 예상치 못한 부작용이 발생할 수도 있다.

8-1-2 닷넷 타입 사용

앞 예제는 리소스의 실습 객체로 브러시를 사용했다. 적용 결과가 화면에 바로 보이고 적당히 복잡해서 리소스의 실용성을 잘 보여주는 예이기 때문이다. 브러시 같은 실버라이트 객체인 경우는 리소스 정의문에 클래스 이름을 사용하여 <LinearGradientBrush> 엘리먼트로 정의하면 된다. 객체의 클래스명이 곧 XAML의 엘리먼트 이름과 같아 아주 쉽다.

컨트롤의 속성이 실버라이트 객체인 경우보다 문자열이나 실수 같은 단순 타입인 경우가 훨씬 더 많다. 단순 타입의 속성을 리소스로 정의할 때는 엘리먼트 이름을 어떻게 적어야 할까? 단순 타입이지만 객체보다 오히려 더 복잡하다. 기본 타입은 닷넷에 의해 정의되며 문자열의 클래스 타입은 String이고 실수형은 Double이다. 그러나 이 타입명을 엘리먼트로 바로 사용할 수는 없다.

왜냐하면 XAML은 실버라이트의 마크업 언어이지 닷넷의 마크업 언어가 아니어서 닷넷에 정의된 타입을 직접 인식하지 못하기 때문이다. 실버라이트에는 String 타입이 정의되어 있지 않으므로 <String>이라는 엘리먼트를 기술하면 어떤 타입인지 알지 못한다. XAML에서 이 타입을 사용하려면 닷넷에 정의된 타입임을 분명히 밝혀야 한다. 엘리먼트의 소속을 밝히려면 XML 네임스페이스를 사용하며 닷넷에 대해 다음과 같이 네임스페이스를 정의한다.

```
xmlns:dotnet="clr-namespace:System;assembly=mscorlib"
```

닷넷의 핵심 어셈블리인 mscorlib 안에 닷넷의 기본 타입들이 정의되어 있다. 이 어셈블리에 대해 dotnet이라는 이름의 네임스페이스를 정의하였다. 네임스페이스의 이름은 어디까지나 명칭일 뿐이므로 임의대로 붙일 수 있다. 닷넷 라이브러리를 참조한다고 해서 dotnet이라고 붙였는데 system이나 basic 따위로 붙여도 상관없다. 네임스페이스를 정의한 후 접두를 붙여서 dotnet:String, dotnet:Double 형식으로 닷넷 타입의 객체를 리소스로 정의한다.

BasicResource

```
<phone:PhoneApplicationPage
    x:Class="BasicResource.MainPage"
    xmlns="http://schemas.microsoft.com/winfx/2006/xaml/presentation"
    xmlns:x="http://schemas.microsoft.com/winfx/2006/xaml"
    xmlns:phone="clr-namespace:Microsoft.Phone.Controls;assembly=Microsoft.Phone"
    xmlns:shell="clr-namespace:Microsoft.Phone.Shell;assembly=Microsoft.Phone"
    xmlns:d="http://schemas.microsoft.com/expression/blend/2008"
    xmlns:mc="http://schemas.openxmlformats.org/markup-compatibility/2006"
    xmlns:dotnet="clr-namespace:System;assembly=mscorlib"
    mc:Ignorable="d" d:DesignWidth="480" d:DesignHeight="768"
    FontFamily="{StaticResource PhoneFontFamilyNormal}"
    FontSize="{StaticResource PhoneFontSizeNormal}"
    Foreground="{StaticResource PhoneForegroundBrush}"
    SupportedOrientations="Portrait" Orientation="Portrait"
    shell:SystemTray.IsVisible="True">

    <phone:PhoneApplicationPage.Resources>
        <SolidColorBrush x:Key="btnface">Red</SolidColorBrush>
        <Thickness x:Key="btnmargin">20</Thickness>
        <dotnet:String x:Key="btncaption">Caption</dotnet:String>
        <dotnet:Double x:Key="btnsize">40</dotnet:Double>
```

```
        </phone:PhoneApplicationPage.Resources>

....

            <Grid x:Name="ContentPanel" Grid.Row="1" Margin="12,0,12,0">
                <StackPanel>
                    <Button Content="Button1" Background="{StaticResource btnface}"
                            Click="Button_Click" />
                    <Button Content="Button2" Margin="{StaticResource btnmargin}" />
                    <Button Content="{StaticResource btncaption}"
                            FontSize="{StaticResource btnsize}" />
                </StackPanel>
            </Grid>
================================= CS =========================================
private void Button_Click(object sender, RoutedEventArgs e)
{
    String message = String.Format("size={0}, caption={1}",
        Resources["btnsize"], Resources["btncaption"]);
    MessageBox.Show(message);
}
```

이 예제는 단색 브러시와 마진, 버튼의 캡션, 폰트 크기 등의 속성값을 리소스로 정의한다. 브러시나 마진의 타입인 SolidColorBrush, Thickness는 실버라이트에 정의된 클래스이므로 별도의 접두를 붙일 필요가 없지만 캡션, 폰트 속성은 닷넷의 타입이므로 반드시 dotnet 접두를 붙여야 한다. 이를 위해 페이지 엘리먼트에 dotnet 네임스페이스를 정의했다.

컨텐트 패널에는 버튼 3개를 배치하고 각 속성에 리소스를 적용했다. 첫 번째 버튼은 리소스에 정의된 빨간색 단색 브러시인 btnface로 배경을 칠한다. 두 번째 버튼은 마진 속성에 btnmargin 리소스를 적용하여 상하좌우로 20픽셀만큼 여백을 두었다. btnmargin은 Thickness 타입으로 정의되어 있으므로 마진뿐만 아니라 패딩에도 적용할 수 있다. 마찬가지로 btnface도 꼭 버튼 배경색에만 사용하라는 법은 없으며 브러시 타입의 모든 속성에 사용 가능하다.

한 컨트롤의 여러 속성에 리소스를 동시에 적용할 수도 있다. 세 번째 버튼은 Content 속성에 btncaption 문자열 리소스를 지정하고 폰트 크기에 btnsize 실수 리소스를 적용하였다. Caption이라는 문자열이 40픽셀 크기로 표시될 것이다. 실행해 보면 리소스에 정의된 속성값이 각 버튼에 적용되어 있다.

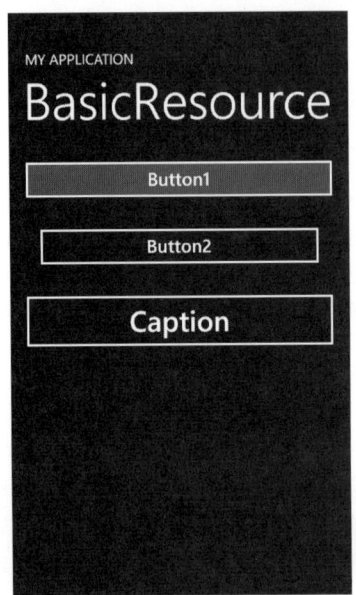 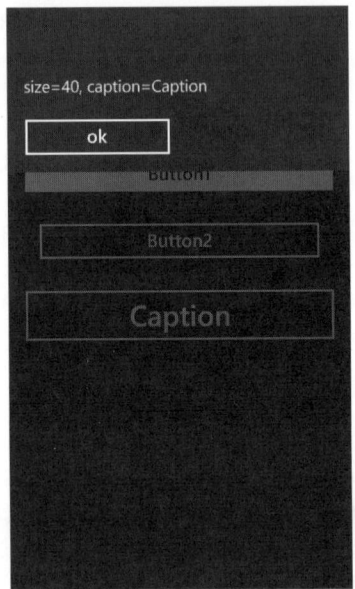

리소스는 XAML 문서에서 정의하고 XAML 내부에서 주로 사용하지만 필요하다면 코드에서도 사용할 수 있다. 리소스는 리소스 섹션이 정의된 객체의 Resources 속성에 저장된다. 위 예제는 페이지에서 리소스를 정의하므로 페이지의 Resources 속성에 리소스 목록이 저장되어 있을 것이다.

Resources는 ResourceDictionary 타입이며 이름과 실제값의 쌍으로 저장되어 있다. 코드에서 리소스의 실제값을 구하고 싶다면 Resources["리소스명"] 문법으로 참조한다. 리소스 자체는 임의의 Object 타입이므로 읽은 후에 실제 타입으로 캐스팅해야 한다. 첫 번째 버튼의 클릭 이벤트 핸들러에서 btnsize와 btncaption 리소스의 값을 읽어 메시지 박스로 출력했다.

리소스의 실제값이 출력될 것이다. 코드에서 값을 읽을 수 있다는 것만 확인해 봤는데 읽은 값을 원하는 곳에 적용하면 된다. 예를 들어 동적으로 생성한 버튼에 btncaption 문자열을 대입하고 싶으면 리소스값을 읽은 후 버튼의 Content 속성에 대입한다.

8-1-3 리소스의 범위

리소스는 이름으로부터 참조되므로 사용전에 반드시 등록되어야 한다. 존재하지도 않는 리소스를 참조할 수는 없다. 페이지의 선두에서 리소스를 선언하면 페이지에 배치된 모든 컨트롤들이 리소스를 활용할 수 있다. 순서는 중요하지 않으므로 리소스 등록문이 컨트롤보다 뒤에 있어도 상관없지만 보통은 페이지 위쪽에 등록한다.

아무튼, 페이지 내에 해당 이름의 리소스가 존재하면 참조하는데 문제가 없다. 리소스의 목록을 저장하는 Resources 속성은 FrameworkElement가 제공하는 속성이다. 따라서 페이지뿐만 아니라 FrameworkElement로부터 파생되는 패널이나 컨트롤에도 리소스를 정의할 수 있다. 과연 그런지 다음 예제로 테스트해 보자.

StackResource

```
<Grid x:Name="ContentPanel" Grid.Row="1" Margin="12,0,12,0">
    <StackPanel Name="stack">
        <StackPanel.Resources>
            <SolidColorBrush x:Key="btnface">Red</SolidColorBrush>
        </StackPanel.Resources>
        <Button Content="Button" Background="{StaticResource btnface}"
                Click="Button_Click" />
    </StackPanel>
</Grid>
================================== CS ========================================
private void Button_Click(object sender, RoutedEventArgs e)
{
    SolidColorBrush brush = (SolidColorBrush)stack.Resources["btnface"];
    MessageBox.Show(brush.Color.ToString());
}
```

스택 패널 안에 Resources 섹션을 두고 이 안에 빨간색 브러시 리소스를 btnface라는 이름으로 등록했다. 스택 패널에 리소스를 등록했으므로 스택 패널내의 모든 컨트롤은 이 리소스를 자유롭게 사용할 수 있다. 스택에 버튼 하나를 배치하고 btnface 리소스로 배경색을 지정했다.

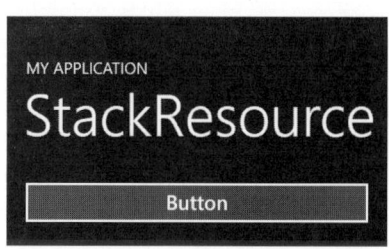

버튼의 배경색이 빨간색으로 출력된다는 것은 리소스가 잘 적용되었다는 뜻이다. 스택 패널이 리소스를 정의하고 그 차일드인 버튼이 이 리소스를 참조한 것이다. 한 단계 위의 컨텐트 패널에 리소스를 등록해도 이상 없이 동작한다. 코드를 다음과 같이 수정해 보자.

```
<Grid x:Name="ContentPanel" Grid.Row="1" Margin="12,0,12,0">
    <Grid.Resources>
        <SolidColorBrush x:Key="btnface">Red</SolidColorBrush>
    </Grid.Resources>
    <StackPanel Name="stack">
        <Button Content="Button" Background="{StaticResource btnface}"
                Click="Button_Click" />
    </StackPanel>
</Grid>
```

버튼은 스택 패널 소속이지만 스택 패널이 컨텐트 그리드 소속이므로 버튼은 그리드의 손자에 해당한다. 따라서 그리드가 정의한 리소스를 버튼이 사용할 수 있다. 리소스 정의를 레이아웃 루트에 두어도 되고 더 위쪽의 페이지에 두어도 상관없다. 비주얼 트리에서 더 위쪽에만 등록되어 있으면 된다.

리소스는 등록된 범위에 대해 지역적이다. btnface 리소스는 스택 패널에 등록되어 있으므로 스택 패널 바깥에서는 사용할 수 없다. 코드에서 이 리소스를 참조할 때는 스택의 Resources 속성에서 리소스를 검색해야 한다. 버튼의 클릭 이벤트 핸들러는 stack.Resources 목록에서 btnface 리소스를 찾아 색상값을 메시지 박스로 출력해 보았다. 페이지에 정의된 속성이 아니므로 페이지의 Resources 속성을 검색해서는 찾을 수 없다.

페이지 내의 모든 컨트롤이 참조하는 리소스라면 페이지 선두에 정의하는 것이 가장 이상적이다. 만약 모든 페이지에서 참조해야 할 전역 리소스라면 페이지보다 더 상위의 객체인 앱에 등록해야 한다. AppResource 프로젝트를 생성한 후 전역 리소스를 정의해 보자. App.xaml 파일에 리소스 섹션이 이미 준비되어 있으므로 섹션 안에 리소스만 정의하면 된다.

AppResource.App.xaml

```
<!--Application Resources-->
<Application.Resources>
    <SolidColorBrush x:Key="btnface">Red</SolidColorBrush>
</Application.Resources>
```

실습 편의상 빨간색 브러시 리소스 하나만 정의했는데 얼마든지 많은 리소스를 정의할 수 있다. 문자열이나 실수 같은 닷넷 기본 타입에 대한 리소스를 선언하려면 앞에서 알아본 대로 네임스페이스를 선언한 후 접두를 붙여야 한다. App.xaml의 Application 엘리먼트에 dotnet 네임스페이스를 선언하면 된다. 앱에 선언된 리소스는 프로젝트 내의 모든 페이지에서 자유롭게 참조할 수 있다.

AppResource.MainPage.xaml

```
<Grid x:Name="ContentPanel" Grid.Row="1" Margin="12,0,12,0">
    <StackPanel>
        <Button Content="Button" Background="{StaticResource btnface}"
            Click="Button_Click" />
    </StackPanel>
</Grid>
=================================== CS =====================================
private void Button_Click(object sender, RoutedEventArgs e)
{
    App app = (App)Application.Current;
    SolidColorBrush brush = (SolidColorBrush)app.Resources["btnface"];
    MessageBox.Show(brush.Color.ToString());
}
```

페이지에 리소스 선언문이 따로 없지만 btnface 리소스를 별 제약없이 참조할 수 있으며 버튼은 빨간색으로 잘 출력된다. 리소스 참조문은 지역 범위부터 검색해 보고 지역에서 리소스가 발견되지 않으면 비주얼 트리를 따라 위쪽 부모를 검색한다. 패널에 리소스가 없으므로 페이지의 리소스를 뒤져 보며 페이지에도 없으면 앱 클래스의 리소스를 검색한다.

이 예제는 스택 패널이나 그리드, 페이지에는 btnface가 정의되어 있지 않지만 전역 앱에 정의되어 있으므로 리소스가 잘 적용된다. 만약 앱에서도 리소스가 발견되지 않으면 null이 리턴되며 최종적으로 에러 처리된다. 코드에서 앱의 리소스를 읽을 때는 app 객체의 리소스 컬렉션을 검색한다. Application.Current 속성으로 전역 앱 객체를 구하고 이 객체의 Resources 목록을 뒤지면 된다.

이 프로젝트에는 페이지가 하나밖에 없지만 MainPage 외에 다른 페이지를 추가로 만들더라도 모든 페이지에서 앱의 전역 리소스를 사용할 수 있다. 앱은 모든 페이지의 부모이므로 앱에 정의된 리소스는 프로젝트에 전역적이다. 실제 프로젝트는 보통 여러 개의 페이지로 구성되므로 전역 리소스가 무척 실용적이다.

전역 앱보다 더 넓은 범위에도 리소스를 정의할 수 있다. 리소스를 별도의 분리된 파일로 정의하고 프로젝트에서 참조하면 복수 개의 프로젝트가 하나의 리소스를 공유할 수 있다. ShareResource 프로젝트로 공유 리소스 실습을 해 보자. 프로젝트 생성 후 팝업 메뉴에서 Add/New Item 항목을 선택하고 리소스를 저장할 파일을 추가한다.

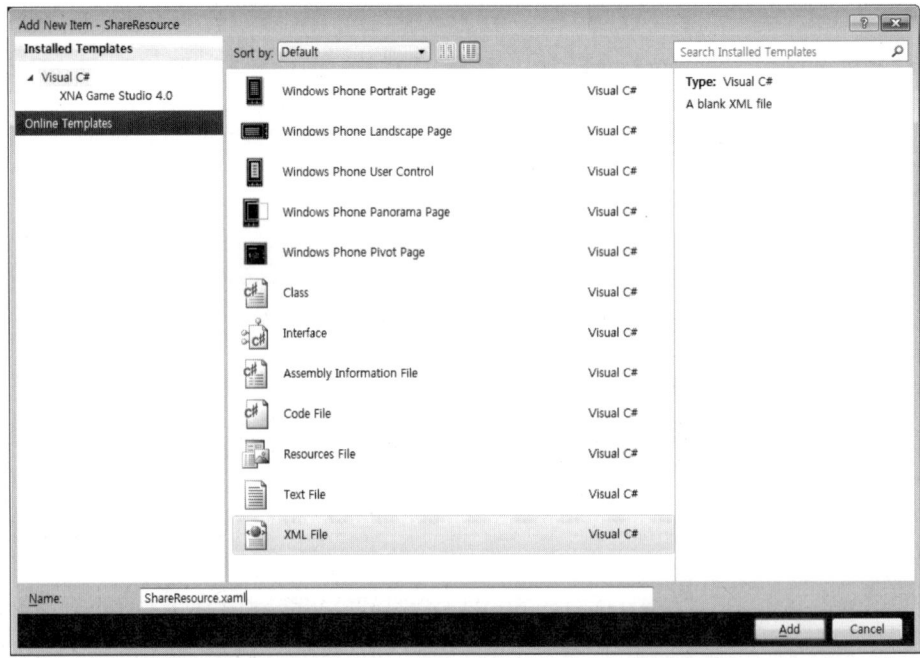

앞에서 설명했듯이 리소스와 XAML 리소스는 다르다. 리소스를 저장한다고 해서 Resource File을 선택하면 안 된다. XAML은 XML 문서이므로 XML File을 선택하고 파일명은 ShareResource.xaml 로 지정한다. 추가된 파일의 확장자가 xaml이어서 Build Action이 Page로 디폴트 설정되는데 이 문서는 페이지 레이아웃이 아닌 리소스를 저장하는 데이터 파일이므로 Build Action을 Resource 로 변경해야 한다. 새로 추가한 파일에 다음 코드를 작성한다.

ShareResource.ShareResource.xaml

```
<?xml version="1.0" encoding="utf-8" ?>
<ResourceDictionary
```

```
xmlns="http://schemas.microsoft.com/winfx/2006/xaml/presentation"
xmlns:x="http://schemas.microsoft.com/winfx/2006/xaml"
>
<SolidColorBrush x:Key="btnface">Red</SolidColorBrush>
</ResourceDictionary>
```

<ResourceDictionary> 엘리먼트 안에 빨간색의 단색 브러시 리소스를 btnface라는 이름으로 정의했다. XAML 문서이므로 XAML의 기본 네임스페이스를 선언해야 하며 리소스에 이름을 지정하기 위해 x:Key 속성을 사용하므로 x 네임스페이스도 선언해야 한다. 물론 닷넷 타입에 대한 리소스를 작성한다면 dotnet 네임스페이스 선언도 필요하다. 페이지에서 공유 리소스를 사용해 보자.

ShaoreResource.MainPage.xaml

```
<phone:PhoneApplicationPage.Resources>
    <ResourceDictionary>
        <ResourceDictionary.MergedDictionaries>
            <ResourceDictionary Source="/ShareResource;component/ShareResource.xaml" />
        </ResourceDictionary.MergedDictionaries>
    </ResourceDictionary>
</phone:PhoneApplicationPage.Resources>

....

<Grid x:Name="ContentPanel" Grid.Row="1" Margin="12,0,12,0">
    <StackPanel>
        <Button Content="Button" Background="{StaticResource btnface}" />
    </StackPanel>
</Grid>
```

페이지 선두에 공유 리소스를 참조한다는 선언을 한다. C언어의 #include와 유사한 선언문이라고 할 수 있다. 페이지 리소스 섹션에 ResourceDictionary의 Source 속성으로 공유 리소스 파일의 위치를 알려 주면 이 파일에 정의된 리소스를 페이지에서 읽어들인다. 과연 잘 적용되는지 컨텐트 패널의 버튼에 적용해 보았으며 빨간색 배경으로 출력되면 성공한 것이다.

여러 프로젝트에 공통으로 사용할 리소스는 별도의 분리된 리소스 파일에 작성해 두고 프로젝트끼리 공유한다. 여러 프로젝트에 두루 적용함으로써 관련된 프로젝트에 동일한 속성을 적용할 수 있어 통일감을 줄 수 있으며 차후 리소스를 수정할 때도 공유 리소스 파일만 수정하면 모든 프로젝트가 일괄 변경되어 관리하기도 훨씬 더 쉽다.

리소스는 선언된 위치에 따라 지역적으로 정의되므로 범위가 다르다면 이름이 중복될 수도 있다. 중복된 이름을 적용하면 가장 좁은 범위의 리소스가 우선적으로 적용된다. 다음 예제는 페이지, 컨텐트 패널, 스택 패널 등에 btnface라는 똑같은 이름으로 리소스를 정의하되 색상을 모두 다르게 정의했다. 각 영역에 버튼을 배치하여 어떤 리소스가 적용되는지 테스트한다.

ResourceRange

```
<phone:PhoneApplicationPage.Resources>
    <SolidColorBrush x:Key="btnface">Red</SolidColorBrush>
</phone:PhoneApplicationPage.Resources>

<!--LayoutRoot is the root grid where all page content is placed-->
<Grid x:Name="LayoutRoot" Background="Transparent">
    <Grid.RowDefinitions>
        <RowDefinition Height="Auto"/>
        <RowDefinition Height="*"/>
    </Grid.RowDefinitions>

    <!--TitlePanel contains the name of the application and page title-->
    <StackPanel x:Name="TitlePanel" Grid.Row="0" Margin="12,17,0,28">
        <TextBlock x:Name="ApplicationTitle" Text="MY APPLICATION"
Style="{StaticResource PhoneTextNormalStyle}"/>
        <TextBlock x:Name="PageTitle" Text="ResourceRange" Margin="9,-7,0,0"
Style="{StaticResource PhoneTextTitle1Style}"/>
        <Button Content="TitlePanel Button"
                Background="{StaticResource btnface}" />
    </StackPanel>

    <!--ContentPanel - place additional content here-->
    <Grid x:Name="ContentPanel" Grid.Row="1" Margin="12,0,12,0">
        <Grid.RowDefinitions>
            <RowDefinition Height="Auto"/>
            <RowDefinition Height="*"/>
        </Grid.RowDefinitions>
        <Grid.Resources>
```

```xml
            <SolidColorBrush x:Key="btnface">Blue</SolidColorBrush>
        </Grid.Resources>

        <Button Content="ContentPanel Button"
                Background="{StaticResource btnface}" />
        <StackPanel Grid.Row="1">
            <StackPanel.Resources>
                <SolidColorBrush x:Key="btnface">Green</SolidColorBrush>
            </StackPanel.Resources>
            <Button Content="StackPanel Button"
                    Background="{StaticResource btnface}" />
        </StackPanel>
    </Grid>
</Grid>
```

리소스의 이름이 모두 같아도 선언된 범위가 다르므로 문법적으로 아무 문제가 없다. 세 개의
버튼이 배치되어 있는데 모두 btnface 리소스를 배경색으로 사용한다. 버튼의 선언문은 완전히
동일하지만 배치된 위치에 따라 적용할 리소스가 달라지고 따라서 버튼의 배경색도 달라진다.

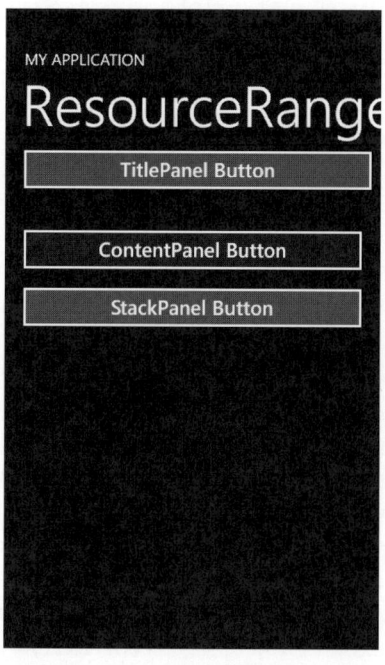

소스의 구조는 복잡하지만 이 현상을 이해하는 것은 아주 쉽다. 왜냐하면 프로그래밍 언어의 지역변수, 전역변수의 관계와 동일하기 때문이다. 명칭 충돌이 발생할 경우 지역이 우선이고 지역에서 발견되지 않으면 전역을 참조하는 자연스러운 법칙을 따른다. 물론 전역에도 명칭이 없으면 이때는 에러 처리된다.

리소스를 지역적으로 정의하도록 해 놓은 이유는 아주 복잡한 레이아웃을 작성할 때 서브 패널별로 필요한 리소스를 각각 정의하기 위해서이다. 레이아웃이 거대해지면 실제로 이런 경우가 있지만 그렇더라도 리소스의 이름을 재사용하는 것은 바람직하지 않다. 문법적으로 중복을 허용하더라도 가급적이면 유일한 이름을 주는 것이 헷갈리지 않는 방법이다. 이름이 중복되지 않으면 이런 복잡한 규칙을 신경 쓰지 않아도 될 것이다.

8-2 스타일

8-2-1 반복되는 속성

스타일은 여러 가지 속성값의 집합에 대해 이름을 붙여 놓은 것이다. 리소스는 단 하나의 객체에 대한 값을 정의하는데 비해 스타일은 복수의 속성값을 한꺼번에 정의한다. 스타일도 리소스의 일종이므로 정의하는 방법이 동일하며 적용되는 규칙도 같다. 하지만 정의하는 대상인 Style 객체가 여러 속성값의 목록을 가진다는 점이 다르다. 스타일을 사용하지 않는 평범한 예제부터 구경해 보자.

TextStyle1

```
<Grid x:Name="ContentPanel" Grid.Row="1" Margin="12,0,12,0">
    <StackPanel>
        <TextBlock Text="홀로서기" FontSize="40" Margin="0,0,0,20"
            HorizontalAlignment="Center" />
        <TextBlock Text="기다림은" FontFamily="Arial" FontSize="30"
            Foreground="LightGreen" HorizontalAlignment="Center"  />
        <TextBlock Text="만남을 목적으로 하지 않아도" FontFamily="Arial"
            FontSize="30" Foreground="LightGreen" HorizontalAlignment="Center"  />
        <TextBlock Text="좋다." FontFamily="Arial" FontSize="30"
            Foreground="LightGreen" HorizontalAlignment="Center"  />
        <TextBlock Text="가슴이 아프면" FontFamily="Arial" FontSize="30"
```

```
          Foreground="LightGreen" HorizontalAlignment="Center"  />
      <TextBlock Text="아픈 채로" FontFamily="Arial" FontSize="30"
          Foreground="LightGreen" HorizontalAlignment="Center"  />
      <TextBlock Text="바람이 불면" FontFamily="Arial" FontSize="30"
          Foreground="LightGreen" HorizontalAlignment="Center"  />
      <TextBlock Text="고개를 높이 쳐들면서,날리는" FontFamily="Arial"
          FontSize="30" Foreground="LightGreen" HorizontalAlignment="Center"  />
      <TextBlock Text="아득한 미소." FontFamily="Arial" FontSize="30"
          Foreground="LightGreen" HorizontalAlignment="Center"  />
    </StackPanel>
</Grid>
```

수직 스택 패널 안에 일련의 텍스트 블록을 배치하여 시를 출력했다. 제목으로 사용된 제일 위의 텍스트 블록만 제외하고 나머지는 모두 같은 속성을 가진다. 시답게 멋스럽게 출력하기 위해 꽤나 복잡한 속성들을 모든 텍스트 블록에 반복 지정했다.

```
FontFamily="Arial" FontSize="30" Foreground="LightGreen" HorizontalAlignment="Center"
```

폰트도 큼직하게 키우고 연두색으로 중앙 정렬했다. 똑같은 속성들이 시의 행수만큼 반복적으로 나타난다. 실행하면 시 한 편이 그럴듯하게 출력되지만 솔직히 정말 무식한 방법이다.

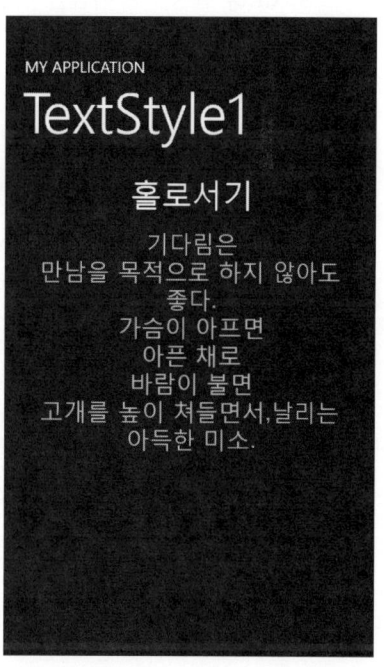

앞에서 배운 대로라면 각 속성값을 리소스로 정의하고 텍스트 블록에는 리소스를 지정하여 반복을 줄일 수 있을 것 같다. 그러나 실제로 해 보면 매 텍스트 블록마다 리소스 지정문이 또 반복된다. 게다가 FontSize="30" 구문보다 FontSize="{StaticResource name}"이 더 길고 형식이 특이해서 원래 코드보다 오히려 더 장황해져 리소스를 정의하는 보람이 없다.

이럴 때 필요한 것이 바로 스타일이며 리소스 중에서 가장 자주 사용되고 실용성이 높다. 스타일은 여러 속성값을 통째로 하나의 이름으로 정의할 수 있고 스타일명만 지정함으로써 모든 속성을 일괄 적용할 수 있다. 리소스 섹션에 Style 엘리먼트로 Style 객체를 정의한다. Style 클래스의 속성은 다음과 같다.

속 성	이 름
TargetType	스타일이 적용될 컨트롤의 타입을 지정한다.
BasedOn	상속받을 부모 스타일을 지정한다. 상속을 받지 않을 경우 생략한다.
Setters	스타일에 포함되는 Setter 객체의 컬렉션이며 어떤 속성에 어떤 값을 대입할 것인가를 지정한다. 필요한 만큼 Setter를 가질 수 있다.

스타일도 리소스이므로 참조를 위해서는 당연히 이름이 있어야 한다. 다른 리소스와 마찬가지로 x:Key 속성으로 이름을 지정한다. TargetType 속성은 스타일에 정의되는 속성이 어떤 컨트롤을 대상으로 하는 것인지를 밝힌다. 컨트롤에 따라 지정 가능한 속성의 종류가 다르므로 애초에 스타일을 정의할 때부터 대상 컨트롤을 명시해야 한다. BasedOn 속성은 스타일간의 상속 관계를 지정하는데 다음 항에서 따로 연구해 보자.

스타일의 가장 중요한 멤버는 정의할 속성의 목록을 가지는 Setters 컬렉션이며 이 안에 다수 개의 Setter 객체가 포함된다. Setter는 속성 하나에 대한 값을 정의하며 이런 값 정의들의 집합이 스타일이다. Setter의 Property 멤버로 정의할 속성의 이름을 지정하고 Value 멤버로 속성의 값을 지정한다. 다음이 세터의 예이다.

```
<Setter Property="Foreground" Value="LightGreen" />
```

Foreground 속성을 LightGreen으로 지정한다는 뜻이다. 만약 Value에 지정할 값이 단순 타입이 아니라 더 복잡한 타입이라면 속성-엘리먼트 문법에 따라 Setter.Value 엘리먼트를 따로 분리한 후 이 엘리먼트 안에 객체를 정의한다. 예를 들어 전경색을 그래디언트 브러시로 지정하려면 다음 구문을 작성한다.

```
<Setter Property="Foreground">
    <Setter.Value>
        <LinearGradientBrush >
            어쩌고 저쩌고
        </LinearGradientBrush>
    </Setter.Value>
```

분리된 엘리먼트 안이므로 얼마든지 큰 객체를 상세하게 표현할 수 있다. 세터는 개수의 제한이 없으면 정의할 속성의 개수만큼 나열한다. 같은 속성에 대해 2개 이상의 세터를 정의하더라도 에러는 발생하지 않으며 뒤쪽의 세터가 우선 적용된다.

스타일을 적용할 때는 리소스 참조 구문대로 컨트롤의 Style 속성에 {StaticRecource 스타일이름}을 대입한다. 스타일에 저장된 모든 세터가 컨트롤에 일괄 적용된다. 이제 스타일을 사용하여 앞 예제를 훨씬 더 짧고 간결하게 수정해 보자. 속성을 지정하는 방식만 바뀐 것이므로 실행 결과는 같다.

TextStyle2

```
<Grid x:Name="ContentPanel" Grid.Row="1" Margin="12,0,12,0">
    <StackPanel>
        <StackPanel.Resources>
            <Style TargetType="TextBlock" x:Key="poet">
                <Setter Property="FontFamily" Value="Arial" />
                <Setter Property="FontSize" Value="30" />
                <Setter Property="Foreground" Value="LightGreen" />
                <Setter Property="HorizontalAlignment" Value="Center" />
            </Style>
        </StackPanel.Resources>

        <TextBlock Text="홀로서기" FontSize="40" Margin="0,0,0,20"
            HorizontalAlignment="Center" />
        <TextBlock Text="기다림은" Style="{StaticResource poet}" />
        <TextBlock Text="만남을 목적으로 하지 않아도" Style="{StaticResource poet}" />
        <TextBlock Text="좋다." Style="{StaticResource poet}" />
        <TextBlock Text="가슴이 아프면" Style="{StaticResource poet}" />
        <TextBlock Text="아픈 채로" Style="{StaticResource poet}" />
        <TextBlock Text="바람이 불면" Style="{StaticResource poet}" />
        <TextBlock Text="고개를 높이 쳐들면서,날리는" Style="{StaticResource poet}" />
```

```
        <TextBlock Text="아득한 미소." Style="{StaticResource poet}" />
    </StackPanel>
</Grid>
```

텍스트 블록이 모두 스택 패널에 있으므로 위쪽의 페이지에 정의할 필요없이 가까운 스택 패널의 리소스 섹션에 스타일을 정의했다. 스타일이 적용될 타겟은 TextBlock으로 지정했고 이름은 poet로 주었다. 스타일 안에 FontFamily, FontSize, Foreground, HorizontalAlignment 속성에 대한 4개의 세터를 포함시키고 각 속성에 적용할 값을 정의했다.

이렇게 정의한 poet 스타일을 제일 위의 제목만 제외하고 모든 텍스트 블록에 Style 속성으로 지정한다. 스타일에 정의된 모든 속성이 텍스트 블록에 일괄 적용되며 스타일이 같은 텍스트 블록은 모두 동일한 모양으로 출력된다.

각 텍스트 블록에 개별적으로 속성을 지정할 필요가 없어 코드가 짧아지는 장점이 있다. 또 모든 텍스트 블록의 모양이 스타일에 정의되어 있으므로 스타일만 편집하면 전체적인 모양을 한꺼번에 바꿀 수 있어 수정하기도 쉽다. 예를 들어 시 본문의 색상을 빨간색으로 바꾸고 싶으면 Foreground 세터의 Value 속성만 Red로 편집하면 된다.

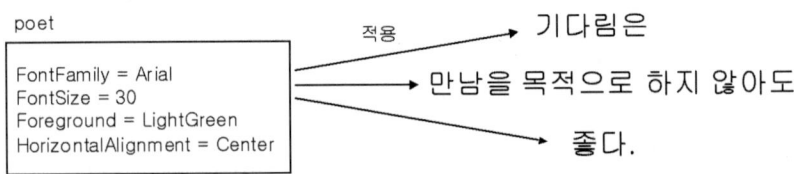

8-2-2 스타일 재정의

스타일의 적용을 받는 컨트롤이라고 해서 스타일에 정의된 모든 속성을 액면대로 강제로 다 받아들여야 하는 것은 아니다. 스타일의 속성 중 원치 않는 속성을 빼고 선택적으로 적용할 수는 없고 일단은 모든 속성이 적용된다. 하지만 적용한 후 마음에 안 드는 속성이 있으면 다른 값으로 바꿀 수도 있고 스타일에 없는 속성을 추가로 더 적용할 수도 있다.

스타일에 정의된 속성보다는 개별 컨트롤에서 지역적으로 적용한 속성의 우선권이 더 높다. 이는 전역보다 지역이 우선 적용되는 지극히 상식적인 규칙의 예라고 할 수 있다. 이 규칙을 잘 활용하면 스타일의 일부 속성을 재정의하는 효과가 나타난다. 다음 예제로 확인해 보자.

```xml
<Grid x:Name="ContentPanel" Grid.Row="1" Margin="12,0,12,0">
    <StackPanel>
        <StackPanel.Resources>
            <Style TargetType="TextBlock" x:Key="poet">
                <Setter Property="FontFamily" Value="Arial" />
                <Setter Property="FontSize" Value="30" />
                <Setter Property="Foreground">
                    <Setter.Value>
                        <LinearGradientBrush StartPoint="0,0" EndPoint="1,0">
                            <GradientStop Color="Gray" Offset="0" />
                            <GradientStop Color="White" Offset="1" />
                        </LinearGradientBrush>
                    </Setter.Value>
                </Setter>
                <Setter Property="HorizontalAlignment" Value="Center" />
            </Style>
        </StackPanel.Resources>

        <TextBlock Text="홀로서기" FontSize="40" Margin="0,0,0,20"
            HorizontalAlignment="Center" />
        <TextBlock Text="기다림은" Style="{StaticResource poet}" />
        <TextBlock Text="만남을 목적으로 하지 않아도" Style="{StaticResource poet}"
                TextDecorations="Underline"/>
        <TextBlock Text="좋다." Style="{StaticResource poet}"
                FontSize="50" />
        <TextBlock Text="가슴이 아프면" Style="{StaticResource poet}"
                Foreground="Yellow" />
    </StackPanel>
</Grid>
```

좀 더 분위기 있게 출력하기 위해 스타일의 전경색 속성을 직선 그래디언트 브러시로 교체했다. 앞에서 설명한대로 복잡한 객체는 Setter.Value 엘리먼트로 분리하여 정의하면 된다. 글자의 색상이 회색에서 시작해서 오른쪽으로 갈수록 밝아질 것이다.

첫 행은 스타일이 지정한 속성을 그대로 받아들인다. 두 번째 행은 스타일에 정의된 모든 속성을 적용한 후 TextDecorations 속성을 추가로 더 지정하여 밑줄을 그었다. 스타일에 정의되지 않은 속성을 추가로 더 지정한 것이다.

세 번째 행은 스타일 적용 후 폰트의 크기를 50으로 확대한다. 스타일에는 FontSize 속성이 30으로 정의되어 있지만 지역적으로 50으로 변경하였으므로 이 값이 더 우선 적용된다. 같은 원리로 마지막 행은 전경색을 노란색으로 변경한다. 대부분의 컨트롤에 공통적으로 적용할 속성은 스타일에 정의하더라도 개별 컨트롤별로 일부 달라지는 속성은 각 컨트롤이 원하는 대로 지정하면 된다.

8-2-3 속성의 상속

스타일의 BasedOn 속성은 기존 스타일을 상속하여 스타일끼리 계층을 구성한다. 상속을 받는 스타일은 기존 스타일에 정의된 모든 속성을 복사 받은 후 일부 속성을 다른 값으로 변경하거나 더 필요한 속성을 추가로 정의한다. 상속에 의해 기존 속성을 약간 변형하여 다른 스타일을 쉽게 만들 수 있으며 이 과정에서 기존 스타일이 더욱 상세하고 구체적으로 확장된다. 클래스간의 상속과 개념적으로 동일하다.

BaseStyle

```
<Grid x:Name="ContentPanel" Grid.Row="1" Margin="12,0,12,0">
    <StackPanel>
        <StackPanel.Resources>
```

```xml
        <Style TargetType="TextBlock" x:Key="Title">
            <Setter Property="FontSize" Value="40" />
            <Setter Property="Foreground" Value="Cyan" />
            <Setter Property="FontFamily" Value="Arial" />
            <Setter Property="FontWeight" Value="Bold" />
        </Style>
        <Style TargetType="TextBlock" x:Key="Item" BasedOn="{StaticResource Title}">
            <Setter Property="FontSize" Value="30" />
            <Setter Property="Foreground" Value="Yellow" />
            <Setter Property="FontStyle" Value="Italic" />
        </Style>
    </StackPanel.Resources>
    <TextBlock Text="서론" Style="{StaticResource Title}" />
    <TextBlock Text="1.도입부" Style="{StaticResource Item}" />
    <TextBlock Text="본론" Style="{StaticResource Title}" />
    <TextBlock Text="1.문제 제기" Style="{StaticResource Item}" />
    <TextBlock Text="2.예시" Style="{StaticResource Item}" />
    <TextBlock Text="3.방향제시" Style="{StaticResource Item}" />
    <TextBlock Text="결론" Style="{StaticResource Title}" />
    </StackPanel>
</Grid>
```

이 예제는 텍스트 블록에 적용되는 두 개의 스타일을 정의한다. Title 스타일은 크기 40의 하늘색이며 Arial 폰트를 사용하고 굵은 글꼴로 정의되어 있다. Item 스타일은 Title 스타일을 상속받으며 크기를 30으로 변경하고 색상을 노란색으로 바꾸며 이탤릭 속성을 추가로 지정한다. FontFamily와 FontWeight 속성은 변경하지 않았으므로 기존 스타일의 값이 그대로 사용된다.

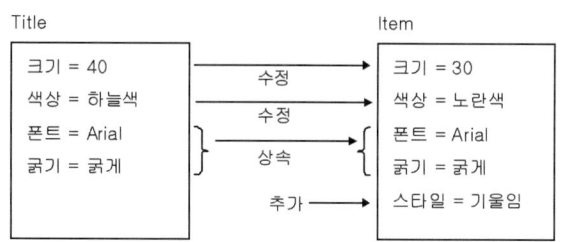

물려받을 것은 받고 받은 후 마음에 안 드는 것은 뜯어 고치고 더 필요한 것은 추가하는 것이다. 스택 패널에 7개의 텍스트 블록을 배치하고 스타일을 지정해 보았다.

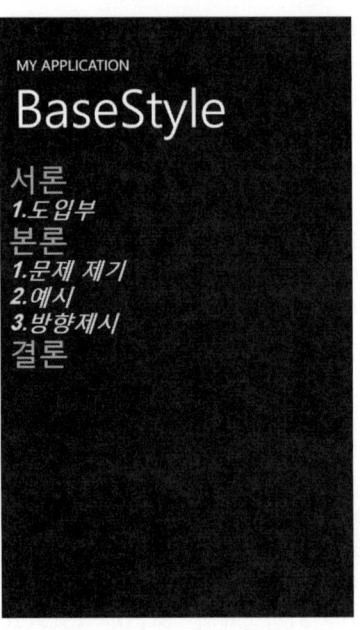

Title은 큰 제목에 사용하기 위한 스타일이며 Item은 중간 제목에 사용할 스타일이다. 두 스타일은 완전 별개가 아니라 상속 관계로 서로 묶여 있어서 부모를 변경하면 자식도 영향을 받는다. 예를 들어 Title의 FontFamily를 다른 것으로 변경하면 이 스타일을 상속받는 Item의 폰트도 같이 바뀔 것이다. 스타일끼리 계층을 구성해 놓으면 부모의 멤버만 수정해도 자식 스타일의 속성도 일괄적으로 수정되는 이점이 있다.

스타일이라는 개념은 워드 프로세서에도 존재하며 윈도우폰의 스타일도 워드나 아래 한글의 스타일과 개념적으로 동일하다. 문단이나 문자의 속성 집합을 정의한다는 면에서 목적이 같고 적용 후에 일부를 재정의할 수 있다는 것과 상속 관계를 구성한다는 점도 동일하다. 워드를 많이 사용해본 사람은 스타일의 개념을 훨씬 더 빨리 파악할 수 있을 것이다.

8-2-4 암시적 스타일

스타일을 정의할 때 x:Key 속성으로 이름을 부여하고 컨트롤에 적용할 때 스타일명을 지정하는 방식을 명시적 스타일이라고 한다. 컨트롤에 어떤 속성 집합을 적용할지 이름으로 분명히 밝히는 방식이다. 앞 예제들이 모두 이 방식으로 스타일을 사용했으며 지극히 상식적인 스타일 사용 방법이다.

망고 버전에서 새로 추가된 기능인 암시적 스타일은 이름을 생략하고 컨트롤에도 따로 스타일 지정을 하지 않는다. 대신 TargetType으로 지정한 타입의 모든 컨트롤에 강제적으로 스타일이 적용된다. 다수의 컨트롤에 스타일을 적용할 때는 이 방법도 고려해 볼만하다. 다음 예제는 TextStyle2 예제를 암시적 스타일로 다시 작성해 본 것이다.

ImplicitStyle

```
<Grid x:Name="ContentPanel" Grid.Row="1" Margin="12,0,12,0">
    <StackPanel>
        <StackPanel.Resources>
            <Style TargetType="TextBlock" >
                <Setter Property="FontFamily" Value="Arial" />
                <Setter Property="FontSize" Value="30" />
                <Setter Property="Foreground" Value="LightGreen" />
                <Setter Property="HorizontalAlignment" Value="Center" />
            </Style>
        </StackPanel.Resources>

        <TextBlock Text="홀로서기" FontSize="40" Margin="0,0,0,20"
            HorizontalAlignment="Center"
            FontFamily="{StaticResource PhoneFontFamilyNormal}"
            Foreground="{StaticResource PhoneForegroundBrush}" />
        <TextBlock Text="기다림은" />
        <TextBlock Text="만남을 목적으로 하지 않아도" />
        <TextBlock Text="좋다." />
        <TextBlock Text="가슴이 아프면" />
        <TextBlock Text="아픈 채로" />
        <TextBlock Text="바람이 불면" />
        <TextBlock Text="고개를 높이 쳐들면서,날리는" />
        <TextBlock Text="아득한 미소." />
    </StackPanel>
</Grid>
```

스타일 정의문에는 이름(x:Key)이 없고 TargetType만 TextBlock으로 지정되어 있다. 텍스트 블록에는 스타일 지정이 없지만 자동으로 암시적 스타일이 적용된다. 첫 번째 제목 텍스트 블록은 이 스타일을 적용하지 말아야 하지만 암시적 스타일은 TargetType과 같은 모든 컨트롤에 강제적으로 적용된다. 그래서 예외를 적용할 컨트롤에 대해서는 일일이 스타일을 재정의하여 원래대로 돌려놓아야 한다. 실행 결과는 TextStyle2 예제와 완전히 동일하다.

텍스트 블록마다 붙어있던 스타일 지정문이 제거되었으므로 코드가 더 짧고 꼭 필요한 속성만 남았으므로 읽기도 편하다. 모든 텍스트 블록에 같은 스타일을 지정하려면 이 방법도 썩 훌륭하다. 그러나 이 예제처럼 예외가 있는 컨트롤이 있으면 암시적 스타일을 취소하기 위해 별도의 마크업을 더 작성해야 하는 문제가 있다. 이 문제를 해결하려면 암시적 스타일을 적용할 컨트롤들을 별도의 서브 패널로 묶고 패널의 리소스 섹션에 스타일을 정의하면 된다.

```xml
<Grid x:Name="ContentPanel" Grid.Row="1" Margin="12,0,12,0">
    <StackPanel>
        <TextBlock Text="홀로서기" FontSize="40" Margin="0,0,0,20"
            HorizontalAlignment="Center" />
        <StackPanel>
            <StackPanel.Resources>
                <Style TargetType="TextBlock" >
                    <Setter Property="FontFamily" Value="Arial" />
                    <Setter Property="FontSize" Value="30" />
                    <Setter Property="Foreground" Value="LightGreen" />
                    <Setter Property="HorizontalAlignment" Value="Center" />
                </Style>
            </StackPanel.Resources>

            <TextBlock Text="기다림은" />
            <TextBlock Text="만남을 목적으로 하지 않아도" />
            <TextBlock Text="좋다." />
            <TextBlock Text="가슴이 아프면" />
            <TextBlock Text="아픈 채로" />
            <TextBlock Text="바람이 불면" />
            <TextBlock Text="고개를 높이 쳐들면서,날리는" />
            <TextBlock Text="아득한 미소." />
        </StackPanel>
    </StackPanel>
</Grid>
```

제목 텍스트 블록은 위쪽에 따로 배치하고 본문 텍스트 블록을 위해 수직 스택 패널을 하나 더 삽입한다. 이 스택 패널의 리소스 섹션에 암시적 스타일을 정의하면 바깥쪽의 제목 텍스트 패널에는 적용되지 않는다. 여기서 안쪽의 스택 패널은 차일드의 배치보다는 스타일의 컨테이너 역할만 한다.

8-3-1 시스템 테마

테마는 여러 가지 리소스의 집합이며 시스템 곳곳에 광범위하게 적용된다. 시스템은 항상 테마를 참조하여 화면을 그리고 컨트롤을 배치한다. 값이 고정되어 있지 않고 사용자가 직접 편집할 수 있어서 폰의 분위기를 바꾸는 중요한 수단이다. 똑같은 운영체제라도 획일적이지 않으며 테마를 어떻게 설정하는가에 따라 개인들 취향에 맞게 폰을 꾸밀 수 있다.

테마는 또한, 일관성과 장치간의 호환성을 확보하기 위한 기본 지침을 제공한다. 앱 제작자가 모두 달라도 테마에 의해 비슷한 형태를 유지한다. 테마를 참조하면 장비의 해상도나 능력치에 영향을 덜 받으며 미래에 발표될 장비까지 고려되어 있다. 예를 들어 화면이 작은 장비에는 작은 글꼴 테마를 사용하고 고해상도 장비에는 큰 글꼴을 사용하여 사용자가 보기에는 비슷한 크기로 보이도록 한다.

테마는 설정의 theme 페이지에서 사용자가 직접 편집할 수 있다. 에뮬레이터도 기본적인 테마 편집 기능을 제공한다. 프로그램 목록에서 Settings를 실행하고 제일 위의 theme 항목을 선택해 보자.

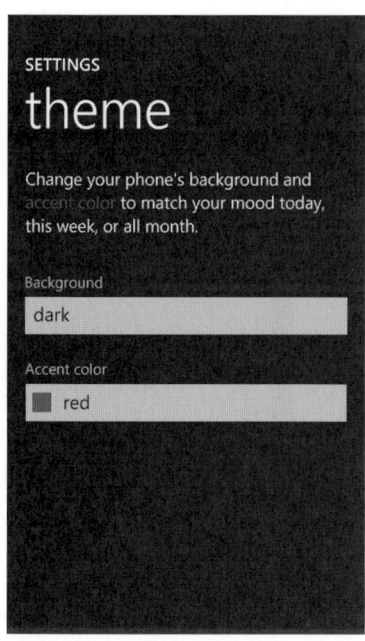 

타 운영체제에 비해 윈도우폰의 테마는 아직 옵션이 많지 않다. 편집 가능한 옵션은 배경색과 강조색 정도에 불과하다. 물론 앞으로 버전이 올라가면 더 많은 옵션이 추가될 것이다. 배경색은 다음 둘 중 하나를 선택한다.

- dark : 어두운 테마이다. 주로 검은색 계열의 짙은 색상을 사용하므로 배터리 절약에 유리하다. 그래서 디폴트 배경색이 dark로 설정되어 있다.
- light : 밝은 테마이다. 흰색 계열의 밝은 색상을 사용하여 보기에 화사하지만 배터리를 너무 많이 소모하는 단점이 있다. 또 밝아서 눈이 부신 역효과도 있다.

강조색은 시스템의 주요 부분을 채색하는 색상이다. 시작 화면의 타일이 강조색으로 그려지며 프로그래스 바의 막대 등 여러 컨트롤도 강조색으로 주요 정보를 표시한다. 강조색은 10가지 색상 중 하나를 선택한다. 색상의 실제값은 시스템마다 조금씩 달라질 수 있다. 윈도우폰 7.0과 7.1은 Lime, Magenta 강조색이 약간 다르게 설정되어 있으며 사업자나 제조사가 별도의 색상을 더 추가할 수도 있다.

에뮬레이터에서 테마를 편집해 보자. 배경색은 light로 바꾸고 강조색은 green으로 선택했다. 테마를 변경하는 즉시 폰의 전체적인 분위기가 완전히 바뀐다. 시작 화면의 배경색은 흰색이 되며 타일은 초록색으로 바뀐다.

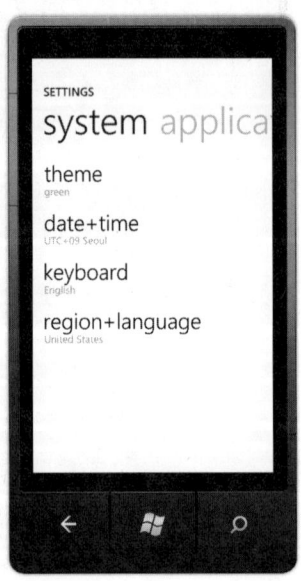

또한, 개별 앱들도 변경된 테마의 영향을 받는다. 배경이 검은색에서 흰색으로 바뀌므로 텍스트 블록의 문자열은 반대로 흰색에서 검은색으로 바뀐다. 그래야 글자를 제대로 읽을 수 있다. 만약 흰바탕에 흰색으로 출력하면 아무것도 보이지 않을 것이다. 이런 이유로 모든 프로그램은 항상 테마를 참조해야 한다.

8-3-2 테마 리소스

사용자가 편집할 수 있는 옵션은 두 가지뿐이지만 시스템 내부적으로는 테마에 따라 많은 값이 바뀐다. 테마에 따라 결정되는 값들을 테마 리소스라고 한다. 시스템은 테마 리소스를 사전으로 관리하며 앱은 키를 통해 이 리소스를 읽고 XAML과 코드에서 참조한다. 리소스의 실제값은 사용자의 선택이나 시스템 구성에 따라 달라진다. 어떤 테마 리소스들이 있는지 범주별로 정리해 보자.

◆브러시 속성

채색을 위한 색상을 정의한다. 리소스 이름이 모두 Brush로 끝나며 실제 타입은 단색 브러시인 SolidColorBrush이다. 즉 브러시가 사용되는 모든 곳에 이 리소스를 사용할 수 있다. 가장 자주 참조되는 것은 역시 사용자가 직접 선택한 강조색이다.

이 름	설 명
PhoneAccentBrush	강조색 브러시이다.
PhoneForegroundBrush	기본 전경 및 경계선 색상이다.
PhoneBackgroundBrush	페이지와 컨트롤의 기본 배경색이다.
PhoneContrastBackgroundBrush	대비되는 요소의 배경색
PhoneContrastForegroundBrush	대비되는 요소의 전경색
PhoneDisabledBrush	사용금지되었을 때의 전경색
PhoneSubtleBrush	민감한 상태의 전경색
TransparentBrush	완전투명한 배경색. 터치되는 영역이다.
PhoneSemitransparentBrush	반투명한 배경색
PhoneChromeBrush	앱바의 색상

이 브러시들이 실제 어떤 색으로 정의되어 있는지 확인하는 것은 어렵지 않다. 브러시를 사용하는 아무 속성에나 리소스를 적용해 보면 바로 눈으로 확인할 수 있다. 다음 예제는 시스템 테마의 모든 브러시를 덤프한다.

```
<Grid x:Name="ContentPanel" Grid.Row="1" Margin="12,0,12,0">
    <StackPanel Background="Purple">
        <StackPanel>
            <TextBlock FontSize="32" Text="PhoneAccentBrush"
                       Foreground="{StaticResource PhoneAccentBrush}" />
            <TextBlock FontSize="32" Text="PhoneForegroundBrush"
                       Foreground="{StaticResource PhoneForegroundBrush}" />
            ==== 이하 생략 ====
        </StackPanel>
    </StackPanel>
</Grid>
```

텍스트 블록에 리소스의 이름을 출력하고 전경색으로 테마 리소스의 브러시를 지정했으며 투명색 확인을 위해 스택 패널에는 자주색 배경을 깔아 두었다. 현재의 테마 설정을 보여주므로 실행 결과는 테마에 따라 다르다. 왼쪽이 dark 테마에서 실행한 것이며 오른쪽은 light 테마에서 실행한 것이다.

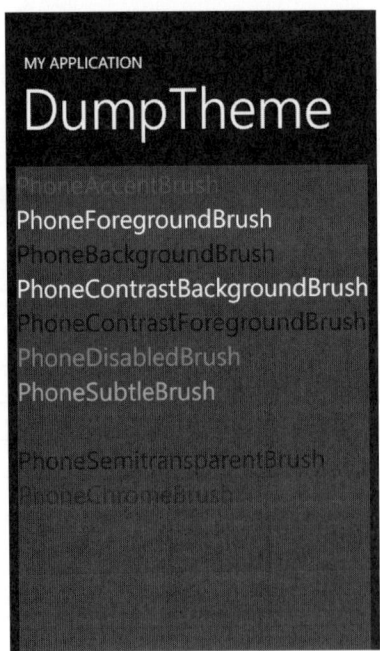
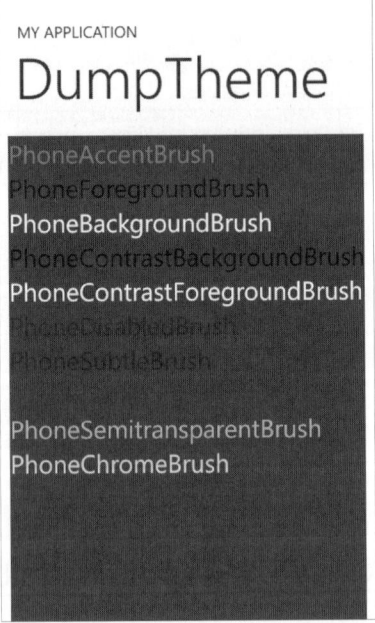

배경색이 바뀌면 테마 리소스의 브러시 색상도 바뀐다. 또 실장비에서 실행할 경우 장비 제작사의 설정에도 영향을 받을 것이다. 나머지 테마 리소스들도 이 방식대로 예제를 만들어 실제값을 확인해 볼 수 있다.

◆색상 속성

일반적인 채색에 사용하는 색상을 정의한다. 리소스 이름이 모두 Color로 끝나므로 타입은 모두 Color이다. 즉, Color 타입의 모든 속성에 이 리소스를 사용할 수 있다. 대부분 브러시 속성과 용도가 같되 타입이 Color라는 것만 다르므로 목록만 보이고 설명은 생략한다.

```
PhoneAccentColor, PhoneForegroundColor, PhoneBackgroundColor,
PhoneDisabledColor, PhoneSubtleColor, PhoneContrastBackgroundColor,
PhoneContrastForegroundColor, PhoneChromeColor, PhoneSemitransparentColor
```

◆TextBox 브러시와 색상

텍스트 박스의 각 부분을 채색하는 브러시와 색상을 정의한다. 대부분 명칭으로부터 용도를 짐작할 수 있다.

```
PhoneTextBoxBrush, PhoneTextCaretBrush, PhoneTextBoxForegroundBrush,
PhoneTextBoxEditBackgroundBrush, PhoneTextBoxEditBorderBrush,
PhoneTextBoxReadOnlyBrush, PhoneTextBoxSelectionForegroundBrush
PhoneTextBoxColor, PhoneTextCaretColor, PhoneTextBoxForegroundColor,
PhoneTextBoxEditBackgroundColor, PhoneTextBoxEditBorderColor,
PhoneTextBoxReadOnlyColor, PhoneTextBoxSelectionForegroundColor
```

◆토글 버튼 브러시와 색상

라디오 버튼과 체크 박스를 채색하는 브러시와 색상을 정의한다. 버튼의 상태별로 채색할 브러시가 구분되어 있다.

```
PhoneRadioCheckBoxBrush, PhoneRadioCheckBoxDisabledBrush,
PhoneRadioCheckBoxCheckBrush, PhoneRadioCheckBoxCheckDisabledBrush,
PhoneRadioCheckBoxPressedBrush, PhoneRadioCheckBoxPressedBorderBrush
PhoneRadioCheckBoxColor, PhoneRadioCheckBoxDisabledColor,
PhoneRadioCheckBoxCheckColor, PhoneRadioCheckBoxCheckDisabledColor,
PhoneRadioCheckBoxPressedColor, PhoneRadioCheckBoxPressedBorderColor
```

◆폰트 이름과 크기

폰트 패밀리의 이름과 크기를 정의한다. 폰트 설정은 사용자가 직접 편집할 수 없다. 이 리소스의 실제값은 운영체제 버전이나 장비에 따라 다르다. 현재는 윈도우폰의 해상도가 480*800으로 고정되어 있어 리소스의 값도 고정적이지만 여러 가지 사정에 의해 이 값들은 언제든지 변경될 수 있다. 장비의 해상도가 향상되면 글꼴도 당연히 비례해서 커져야 하며 화면 크기에 따라 조정되기도 한다.

장비가 출시되는 지역에 따라 적용되는 글꼴이 달라질 수도 있고 폰트 라이센스 환경의 변화에 의해 바뀔 수도 있다. 에뮬레이터는 영문 글꼴만 제공하지만 한국에 출시되는 장비는 한글 글꼴이 기본으로 채택될 것이다. 이 리소스는 이런 변화에 대응하기 위해 정의된 것이며 프로그램은 상수값을 사용하지 말고 항상 이 리소스를 참조하여 글꼴과 크기를 선택해야 한다.

이 름	타 입	실제값
PhoneFontFamilyNormal	Font Family	Segoe WP
PhoneFontFamilyLight	Font Family	Segoe WP Light
PhoneFontFamilySemiLight	Font Family	Segoe WP Semilight
PhoneFontFamilySemiBold	Font Family	Segoe WP Semibold
PhoneFontSizeSmall	Double	18.667
PhoneFontSizeNormal	Double	20
PhoneFontSizeMedium	Double	22.667
PhoneFontSizeMediumLarge	Double	25.333
PhoneFontSizeLarge	Double	32
PhoneFontSizeExtraLarge	Double	42.667
PhoneFontSizeExtraExtraLarge	Double	72
PhoneFontSizeHuge	Double	186.667

◆텍스트 스타일

폰트 이름, 크기, 색상, 마진 등에 대한 여러 가지 속성을 스타일로 정의한 것이다. 다른 테마 리소스의 조합으로 정의되어 있으며 스타일끼리 상속 계층을 구성한다. 제목, 부제목, 본문, 강조 등 논리적인 용도에 따라 이름을 붙여 놓았으므로 텍스트 출력시 적합한 스타일을 골라 사용하면 된다.

이 름	실제값
PhoneTextBlockBase	FontFamily: PhoneFontFamilyNormal FontSize: PhoneFontSizeNormal Foreground: PhoneForegroundBrush Margin: PhoneHorizontalMargin
PhoneTextNormalStyle	BasedOn: PhoneTextBlockBase
PhoneTextSubtleStyle	BasedOn: PhoneTextBlockBase Foreground: PhoneSubtleBrush
PhoneTextTitle1Style	BasedOn: PhoneTextBlockBase FontFamily: PhoneFontFamilySemiLight FontSize: PhoneFontSizeExtraExtraLarge
PhoneTextTitle2Style	BasedOn: PhoneTextBlockBase FontFamily:PhoneFontFamilySemiLight FontSize: PhoneFontSizeLarge
PhoneTextTitle3Style	BasedOn: PhoneTextBlockBase FontFamily: PhoneFontFamilySemiLight FontSize: PhoneFontSizeMedium
PhoneTextSmallStyle	BasedOn: PhoneTextBlockBase FontSize: PhoneFontSizeSmall Foreground: PhoneSubtleBrush
PhoneTextLargeStyle	BasedOn: PhoneTextBlockBase FontFamily: PhoneFontFamilySemiLight FontSize: PhoneFontSizeLarge
PhoneTextExtraLargeStyle	BasedOn: PhoneTextBlockBase FontFamily: PhoneFontFamilySemiLight FontSize: PhoneFontSizeExtraLarge
PhoneTextGroupHeaderStyle	BasedOn: PhoneTextBlockBase FontFamily: PhoneFontFamilySemiLight FontSize: PhoneFontSizeLarge Foreground: PhoneSubtleBrush
PhoneTextContrastStyle	BasedOn: PhoneTextBlockBase FontFamily: PhoneFontFamilySemiBold Foreground: PhoneContrastForegroundBrush
PhoneTextAccentStyle	BasedOn: PhoneTextBlockBase FontFamily: PhoneFontFamilySemiBold Foreground: PhoneAccentBrush
PhoneTextHugeStyle	BasedOn: PhoneTextBlockBase FontFamily: PhoneFontFamilyLight FontSize: PhoneFontSizeHuge

◆크기

Thickness 타입이며 마진이나 패딩 등에 적용된다. 컨트롤의 크기나 간격 등에 이 값이 사용된다. 장비의 해상도에 따라 미세하게 이 값들이 조정된다. 가령 고해상도에서는 여백도 더 넉넉하게 주어야 하며 경계선의 획도 더 두꺼워진다.

이 름	실제값
PhoneHorizontalMargin	12, 0
PhoneVerticalMargin	0, 12
PhoneMargin	12
PhoneTouchTargetOverhang	12
PhoneTouchTargetLargeOverhang	12, 20
PhoneTextBoxInnerMargin	1,2
PhonePasswordBoxInnerMargin	3,2
PhoneBorderThickness	3
PhoneStrokeThickness	3

◆보임, 투명

테마에 따라 실제값이 달라지며 현재 테마를 조사하는 수단이기도 하다. 4개나 되는 값이 있지만 실질적으로는 dark냐 light냐 둘 중 하나이다. 테마에 따라 컨트롤을 선택적으로 배치할 때 이 속성이 유용하다. 예를 들어 배경색에 따라 다른 이미지를 출력할 때 두 이미지를 겹쳐 놓고 Visibility 속성에 이 테마 리소스를 적용하면 테마에 따라 둘 중 하나만 보인다.

이 름	타 입	설 명
PhoneDarkThemeVisibility	Visibility	dark 테마에서는 visible이고 light 테마에서는 collapsed이다.
PhoneLightThemeVisibility	Visibility	light 테마에서는 visible이고 dark 테마에서는 collapsed이다.
PhoneDarkThemeOpacity	Double	dark 테마에서는 1이고 light 테마에서는 0이다.
PhoneLightThemeOpacity	Double	dark 테마에서는 0이고 light 테마에서는 1이다.

시스템에 정의된 테마 리소스는 앱이 처음 실행될 때 앱으로 전달된다. 시스템의 값이지만 모든 앱으로 사본이 전달되므로 앱에서 이 값들을 자유롭게 참조할 수 있다. 앱 수준의 전역 리소스와 같은 레벨에 정의되므로 앱의 Resources 컬렉션으로 조사한다.

8-3-3 속성의 전파

리소스 테마를 알아보았으니 이제 마법사가 만든 프로젝트를 더 잘 이해할 수 있다. 페이지 객체에 선언된 다음 세 줄의 의미를 분석할 수 있을 것이다.

```
FontFamily="{StaticResource PhoneFontFamilyNormal}"
FontSize="{StaticResource PhoneFontSizeNormal}"
Foreground="{StaticResource PhoneForegroundBrush}"
```

이 속성들은 페이지의 폰트와 색상을 정의하되 모두 테마가 정의한 리소스들을 참조한다. 또 타이틀 패널의 앱 제목과 페이지 제목에도 테마 리소스가 지정되어 있다.

```
<TextBlock x:Name="..." Text="..." Style="{StaticResource PhoneTextNormalStyle}"/>
<TextBlock x:Name="..." Text="..." Margin="...." Style="{StaticResource
PhoneTextTitle1Style}"/>
```

테마 리소스 도표에서 이 값들을 찾아보면 20픽셀 크기의 Segoe WP 폰트를 사용하며 흰색으로 정의되어 있음을 알 수 있다. 앱 제목이나 페이지 제목의 스타일도 조사해 보면 구체적인 값을 알아낼 수 있다. 물론 이 값은 어디까지나 현재 환경에서의 값일 뿐이며 테마가 바뀌거나 장비, 심지어 망 사업자에 의해서도 조정될 수 있다.

페이지는 문자열을 직접 출력하지 않으므로 폰트에 관련된 속성이 의미가 없어 보인다. 그럼에도 페이지는 왜 이 속성들을 정의하는 것일까? 페이지의 폰트 관련 속성은 페이지에 포함된 모든 컨트롤에 전파하기 위해서이다. 일관된 글꼴로 출력하기 위해 부모가 글꼴을 정의하여 모든 자식에게 전달한다. 다음 예제를 보자.

InheritProp

```
<phone:PhoneApplicationPage
    x:Class="StyleInherit.MainPage"
    xmlns="http://schemas.microsoft.com/winfx/2006/xaml/presentation"
    xmlns:x="http://schemas.microsoft.com/winfx/2006/xaml"
    xmlns:phone="clr-namespace:Microsoft.Phone.Controls;assembly=Microsoft.Phone"
    xmlns:shell="clr-namespace:Microsoft.Phone.Shell;assembly=Microsoft.Phone"
    xmlns:d="http://schemas.microsoft.com/expression/blend/2008"
    xmlns:mc="http://schemas.openxmlformats.org/markup-compatibility/2006"
    mc:Ignorable="d" d:DesignWidth="480" d:DesignHeight="768"
```

```
FontFamily="{StaticResource PhoneFontFamilyNormal}"
FontSize="40"
Foreground="Red"
SupportedOrientations="Portrait" Orientation="Portrait"
shell:SystemTray.IsVisible="True">

....

<Grid x:Name="ContentPanel" Grid.Row="1" Margin="12,0,12,0">
    <StackPanel>
        <TextBlock Text="TextBlock" />
        <TextBlock Text="TextBlock" Foreground="Blue"/>
        <TextBox Text="TextBox" />
        <Button Content="Click" />
    </StackPanel>
</Grid>
```

페이지의 폰트 크기를 40으로 변경하고 전경색은 빨간색으로 지정했다. 테마 리소스를 사용하는 것이 원칙이지만 결과를 분명히 보기 위해 잠시 상수값을 적용했다. 이 속성은 스택 패널을 거쳐 스택 패널의 자식인 텍스트 블록과 버튼으로 상속된다.

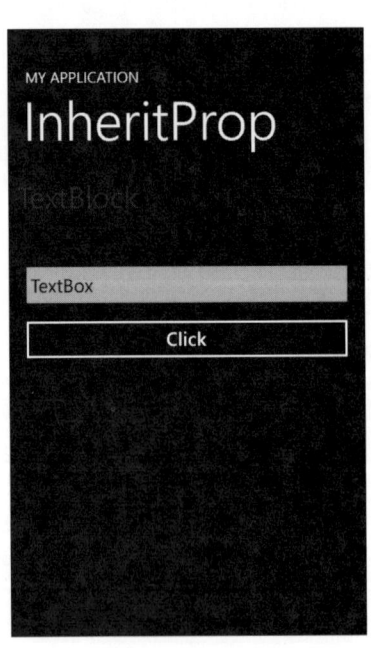

첫 번째 텍스트 블록은 글꼴에 대해 별다른 지정을 하지 않았지만 빨간색의 40픽셀 크기가 적용된다. 페이지가 정의한 글꼴 속성을 전달받기 때문이다. 그래서 별 지정없이 텍스트 블록을 배치하면 부모의 설정을 따라가며 통일성을 확보할 수 있다. 부모의 글꼴 속성을 변경하면 자식들의 설정도 같이 바뀐다. 게다가 부모의 글꼴은 시스템의 테마 리소스를 참조하므로 시스템 전체의 구성에도 영향을 받는다.

부모로부터 전달받은 속성을 강제적으로 사용해야 하는 것은 아니다. 일부 속성을 바꿀 수도 있고 추가 속성을 더 지정할 수도 있다. 두 번째 텍스트 블록은 크기값만 상속받고 색상은 자신이 직접 정의한다. 부모가 정의한 속성보다 자신이 직접 정의한 속성이 더 우선이다. 텍스트 박스나 버튼은 부모의 글꼴을 사용하지 않는데 그 이유는 버튼 자체에 고유의 스타일이 정의되어 있기 때문이다.

8-3-4 테마 테스트

호환성과 이식성을 확보하기 위해 앱은 절대색이나 임의의 크기를 사용하지 말고 항상 시스템의 테마 리소스를 참조해야 한다. 사용자가 테마에서 선택한 배경색, 강조색을 적극 반영하여 사용자의 취향을 존중해야 하며 장비 제작사가 설정해 놓은 폰트나 크기값을 참조해야 해당 장비에 가장 잘 어울리는 형태로 실행된다. 테마를 따르는 것이 얼마나 중요한지 다음 예제로 테스트해 보자.

ThemeTest

```
<Grid x:Name="ContentPanel" Grid.Row="1" Margin="12,0,12,0">
    <StackPanel>
        <StackPanel Orientation="Horizontal">
            <Button Content="Button"/>
            <TextBlock Text="TextBlock"/>
        </StackPanel>
        <StackPanel Orientation="Horizontal">
            <Button Content="Button" Background="Red"/>
            <TextBlock Text="TextBlock" Foreground="Yellow"/>
        </StackPanel>
        <StackPanel Orientation="Horizontal">
            <Button Content="Button" Background="{StaticResource PhoneAccentBrush}"/>
            <TextBlock Text="TextBlock" Foreground="{StaticResource PhoneForegroundBrush}"/>
```

```
        </StackPanel>
    </StackPanel>
</Grid>
```

버튼과 텍스트 블록을 세 쌍 배치했다. 첫 행은 아무 속성도 지정하지 않았으므로 디폴트 속성이 적용될 것이다. 가운데는 버튼에 빨간색 배경을 지정하고 텍스트 블록에 노란색을 지정했다. 제일 끝 행은 테마 리소스를 적용하여 버튼은 테마의 강조색을, 텍스트 블록은 테마의 전경색을 사용한다.

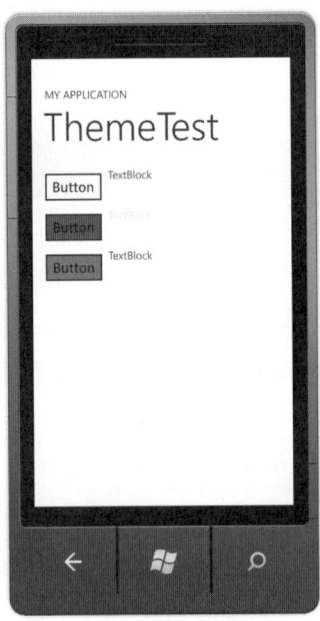

두 번째 행을 보면 마크업에서 지정한 대로 빨간색 버튼에 노란색 텍스트 블록이 출력되었으며 배경이 검은색이므로 눈에 잘 띈다. 그러나 테마를 바꾸면 사정이 달라진다. 설정창으로 가서 light 테마에 강조색은 초록색으로 바꿔 보자. 실행 중인 상태에서는 테마의 변경을 제대로 인식하지 못하므로 앱을 종료한 후 재실행해야 한다.

테마를 light로 바꾸어도 디폴트 속성대로 생성한 첫 행은 색상이 반대로 바뀌어 봐 줄만하다. 그러나 절대색을 사용한 가운데 행은 별 변화가 없다. 버튼은 여전히 빨간색이고 텍스트 블록은 노란색으로 출력되어 있다. 흰 바탕에 노란색 글씨는 제대로 보이지도 않으며 읽기도 무척 짜증난다. 만약 흰색이었다면 아예 존재 자체도 보이지 않을 것이다.

테마 리소스를 사용한 세 번째 행은 색상이 적절히 잘 바뀐다. 버튼은 사용자가 지정한 강조색 배경으로 그려지며 텍스트 블록의 전경색도 테마에 따라 읽기 편한 색으로 바뀌어 전혀 무리가 없다. 이 예제에서 보다시피 고정 색상을 사용하는 것은 사용자의 취향을 완전히 무시하며 호환성도 떨어지므로 바람직하지 않다. 가급적이면 시스템이 제공하는 테마 리소스를 사용하는 것이 원칙이다.

아쉽게도 이 책의 예제들은 이 원칙을 잘 지키지 않으며 항상 디폴트 테마를 기준으로 하는데 이는 예제로서의 간결성을 확보하기 위해서일 뿐이다. 예제의 코드는 설명과 이해가 절대절명의 임무여서 읽기 편하고 결과를 바로 이해할 수 있어야 하므로 원칙보다는 간결함이 더 중요하다. 실제 프로젝트에서는 원칙대로 테마 리소스를 사용해야 하며 테마를 바꿔 가며 잘 보이는지 수시로 테스트해 보아야 한다.

테마 리소스는 컨트롤의 속성들에 적용되므로 보통 XAML 마크업에서 직접 참조한다. 코드는 디자인보다 동작을 기술하는 역할을 하므로 코드에서 테마 리소스를 참조할 일이 많지 않다. 그러나 필요하다면 실행 중에 코드로도 테마 설정을 조사할 수 있다. 다음 예제는 현재 테마 설정을 조사하여 텍스트 블록에 표시한다.

ReadTheme

```
shell:SystemTray.IsVisible="True"
Loaded="PhoneApplicationPage_Loaded">

....

<Grid x:Name="ContentPanel" Grid.Row="1" Margin="12,0,12,0">
    <StackPanel>
        <TextBlock Name="txtNowTheme" Text="현재 테마"/>
        <Button Name="btnClick" Content="Click" Click="btnClick_Click" />
    </StackPanel>
</Grid>
==================================== CS ====================================
private void PhoneApplicationPage_Loaded(object sender, RoutedEventArgs e)
{
    Visibility dark = (Visibility)Application.Current.Resources["PhoneDarkThemeVisibility"];
    if (dark == Visibility.Visible)
    {
        txtNowTheme.Text = "dark theme";
```

```
    }
    else
    {
        txtNowTheme.Text = "light theme";
    }
}

private void btnClick_Click(object sender, RoutedEventArgs e)
{
    btnClick.Background = (Brush)Application.Current.Resources["PhoneAccentBrush"];
}
```

페이지가 로드될 때 현재 테마를 조사한다. 방법은 간단하다. PhoneDarkThemeVisibility 테마 리소스를 읽어 보고 이 값이 Visible이면 dark 테마로 설정되어 있는 상태이다. 시스템 테마는 앱의 전역 리소스와 같은 방법으로 조사한다. 버튼의 클릭 이벤트 핸들러에서 현재 강조색을 조사하여 자신의 배경색을 바꾼다. 통상 빨간색으로 바뀔 것이다.

테마에 따라 디자인뿐만 아니라 동작도 달라져야 한다면 이런 식으로 현재 테마를 조사한 후 결과에 따라 다른 코드를 실행하면 된다. 실버라이트 앱은 XAML로 페이지 디자인을 하므로 코드에서 리소스 테마를 참조할 일이 별로 없다. 그러나 XNA 게임앱은 XAML을 사용하지 않고 모든 동작을 코드로 처리하므로 코드에서 현재 설정을 조사해야 한다.

또 테마를 직접 사용하지 않고 약간 변형해서 적용하거나 단순히 참고만 할 때도 이런 기법이 필요하다. 예를 들어 강조색을 바로 사용하지 않고 약간 더 밝은색으로 채색하고 싶다면 현재 설정값을 읽어 색상 요소를 직접 조작해야 한다. 이미지의 그림은 테마의 영향을 받지 않으므로 테마별로 이미지를 따로 만들어 두고 코드에서 이미지를 선택해야 할 것이다.

변환

9-1 기본 변환

9-1-1 이동

변환(Transform)은 객체의 좌표에 수학 공식을 적용하여 위치와 크기, 모양에 변화를 주는 기법이다. 컨트롤을 배치하면 지정한 위치에 제 크기대로 똑바로 놓이는 것이 당연하다. 그러나 변환을 적용하면 도형의 위치와 크기를 마음대로 조작할 수 있으며 회전시키거나 모양을 찌그러뜨릴 수도 있다. 시간의 흐름에 따라 변환의 정도를 점차적으로 조정하면 애니메이션도 가능하다. 애니메이션은 바로 다음 장의 주제이다.

변환은 Transform 타입의 RenderTransform 속성으로 지정한다. 이 속성은 UIElement가 제공하며 따라서 UIElement로부터 파생되는 모든 클래스에 변환 속성이 존재한다. 화면에 놓이고 사용자 눈에 보이는 모든 객체가 변환의 대상이다. 버튼이나 텍스트 박스 같은 컨트롤은 물론이고 타원이나 사각형, 이미지 같은 도형들도 자유롭게 변환할 수 있다. 변환 객체들은 Transform 으로부터 파생되며 다음과 같은 것들이 있다.

변환 객체의 이름에 변환의 방식이 잘 표현되어 있다. 각 변환 객체마다 변환 방식을 지정하는 속성이 모두 다르지만 상식적이고 속성의 이름도 직관적이어서 이해하기는 무척 쉬운 편이다. 가장 쉬운 이동 변환부터 알아보자. 이동 변환을 지정하는 TranslateTransform은 X, Y 속성으로 수평, 수직 이동 거리를 지정한다.

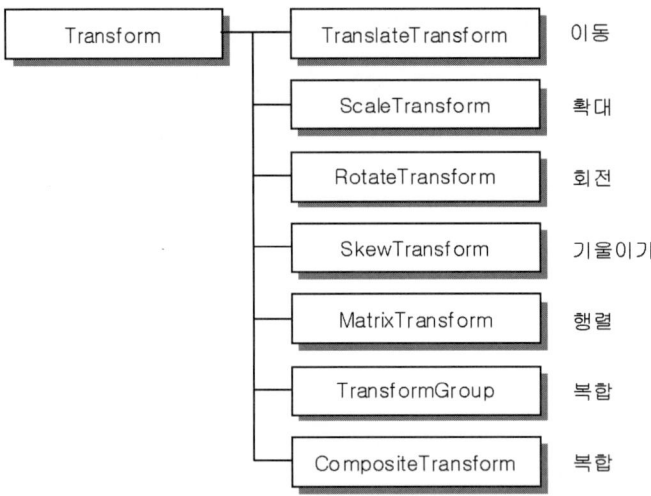

Transform	TranslateTransform	이동
	ScaleTransform	확대
	RotateTransform	회전
	SkewTransform	기울이기
	MatrixTransform	행렬
	TransformGroup	복합
	CompositeTransform	복합

Translate

```xml
<Grid x:Name="ContentPanel" Grid.Row="1" Margin="12,0,12,0">
    <StackPanel>
        <Button Content="Button" Width="200"/>

        <Button Content="X=100" Width="200">
            <Button.RenderTransform>
                <TranslateTransform X="100" Y="0" />
            </Button.RenderTransform>
        </Button>
        <Button Content="X=-100" Width="200">
            <Button.RenderTransform>
                <TranslateTransform X="-100" Y="0" />
            </Button.RenderTransform>
        </Button>
        <Button Content="X=100,Y=50" Width="200">
            <Button.RenderTransform>
                <TranslateTransform X="100" Y="50" />
            </Button.RenderTransform>
        </Button>
        <Canvas>
            <TextBlock Text="Shadow" FontSize="50" FontWeight="Bold" Foreground="Yellow">
                <TextBlock.RenderTransform>
                    <TranslateTransform X="2" Y="2" />
```

```
            </TextBlock.RenderTransform>
        </TextBlock>
        <TextBlock Text="Shadow" FontSize="50" FontWeight="Bold" Foreground="Red" />
    </Canvas>
  </StackPanel>
</Grid>
```

스택 패널에 여러 개의 버튼을 배치해 놓고 이동 변환을 적용해 보았다. RenderTransform 속성에 Transform 파생 객체를 생성하여 지정하되 변환 객체는 속성이 복잡하므로 보통 속성-엘리먼트 문법을 사용하여 별도의 엘리먼트로 분리하여 기술한다. 이동 변환은 TranslateTransform 객체를 생성하고 X, Y 속성을 적당히 설정한다.

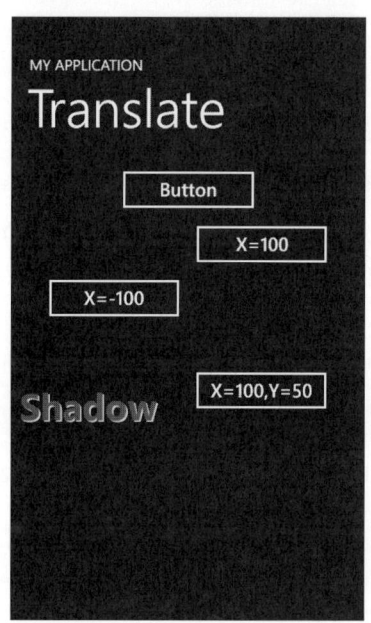

제일 위의 버튼은 폭을 200으로 지정하고 별다른 변환 지정이 없으므로 제 위치에 출력된다. 스택 패널은 중앙 정렬이 기본이므로 행의 중간쯤에 버튼이 얌전하게 배치되어 있다. 두 번째 버튼은 TranslateTransform 이동 변환 객체를 생성하여 RenderTransform 속성에 지정하였다. 이동 변환의 X 속성에 100을 대입했으므로 원래 자신의 위치보다 오른쪽으로 100만큼 이동한 위치에 나타난다.

음수도 물론 사용할 수 있다. X에 -100을 대입하면 왼쪽으로 100만큼 이동한다. X, Y를 둘 다 적용하면 수평, 수직 어느 방향으로나 원하는 만큼 이동시킬 수 있다. X에 100, Y에 50을 지정하면 오른쪽 아래로 이동한다. X, Y가 둘 다 음수이면 왼쪽, 위로 이동할 것이다. 스택 패널은 컨트롤을 위에서부터 아래로 순서대로 배치하지만 이동 변환이 적용되면 정해진 위치를 벗어날 수도 있다.

이동은 굉장히 단순한 변환이지만 잘 적용하면 색다른 효과를 낼 수 있다. 아래쪽의 실행예는 텍스트 블록 두 개를 겹쳐서 배치함으로써 그림자 효과를 낸다. 스택 패널은 객체를 겹칠 수 없으므로 캔버스에 2개의 텍스트 블록을 배치했다. 노란색 텍스트 블록을 오른쪽 아래로 2픽셀만큼 이동시켜 밑에 깔아놓고 그 위에 빨간색 텍스트 블록을 배치하면 그림자 효과가 난다. 원색이라 좀 유치해 보이지만 색상만 잘 선택하면 꽤 그럴듯해 보인다. 변환은 응용의 묘미가 있다.

9-1-2 확대

ScaleTransform은 확대 변환을 지정하며 ScaleX, ScaleY 속성으로 수평, 수직 확대 비율을 실수 단위로 섬세하게 지정한다. 둘 다 디폴트는 1이어서 속성을 생략하면 원래 비율이 유지된다. 1보다 작은 값을 지정하면 축소된다. CenterX, CenterY 속성은 확대의 중심점을 지정한다. 어디가 중심인가에 따라 확대에 의해 늘어나는 방향이 달라진다. 디폴트 중심점은 컨트롤의 좌상단 원점인 (0,0)이다.

Scale

```
<Grid x:Name="ContentPanel" Grid.Row="1" Margin="12,0,12,0">
    <StackPanel>
        <Button HorizontalAlignment="Left" Content="Button" Width="200"/>
        <Button HorizontalAlignment="Left" Content="ScaleX=2" Width="200">
            <Button.RenderTransform>
                <ScaleTransform ScaleX="2"/>
            </Button.RenderTransform>
        </Button>
        <Button HorizontalAlignment="Left" Content="Large" Width="200">
            <Button.RenderTransform>
                <ScaleTransform ScaleX="2.3" ScaleY="1.5"/>
            </Button.RenderTransform>
        </Button>
```

```
            <Button HorizontalAlignment="Left" Content="Small" Width="200">
                <Button.RenderTransform>
                    <ScaleTransform ScaleX="0.5" ScaleY="0.5"/>
                </Button.RenderTransform>
            </Button>
            <Button HorizontalAlignment="Left" Content="Mirror" Width="200">
                <Button.RenderTransform>
                    <ScaleTransform ScaleY="-1"/>
                </Button.RenderTransform>
            </Button>
            <TextBlock Text="Wide" FontSize="40">
                <TextBlock.RenderTransform>
                    <ScaleTransform ScaleX="2" />
                </TextBlock.RenderTransform>
            </TextBlock>
            <TextBlock Text="Narrow" FontSize="40">
                <TextBlock.RenderTransform>
                    <ScaleTransform ScaleX="0.5" />
                </TextBlock.RenderTransform>
            </TextBlock>
        </StackPanel>
</Grid>
```

스택 패널에 여러 개의 버튼을 배치하고 갖가지 방식으로 확대해 보았다. 확대 변환 객체를 지정하는 방법은 이동 변환과 동일하다. 다만, 변환 객체가 ScaleTransform으로 바뀌고 지정할 수 있는 속성이 달라지는 것뿐이다.

제일 위의 아무 변환도 지정하지 않은 버튼은 비교를 위해 배치해둔 것이다. ScaleX 속성을 2로 지정하면 가로 방향으로만 2배 확대되어 버튼이 수평으로 길쭉해진다. ScaleY는 지정하지 않았으므로 높이는 원본과 동일하다. 세로 방향으로도 물론 확대할 수 있으며 실수 단위로 배율을 섬세하게 지정할 수 있다. Large 버튼은 가로로 2.3배, 세로로 1.5배 확대했다. 원본에 비해 훨씬 더 거대한 형태로 나타난다.

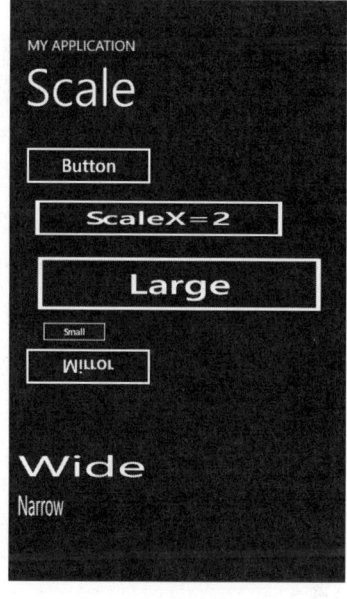

배율을 1보다 더 작은 값으로 지정하면 축소가 발생한다. Small 버튼은 ScaleX, ScaleY 속성을 둘 다 0.5로 지정하여 수평, 수직으로 절반 크기가 된다. 0.5배 확대한다는 것은 2배 축소하는 것과 같다. 확대 배율을 음수로도 지정할 수 있는데 이 경우는 반사된 모양이 된다. Mirror 버튼은 ScaleY 속성에 -1을 대입하여 아래위를 뒤집었다. 수평으로 뒤집을 수도 있는데 이 경우는 화면 왼쪽으로 사라져 버리는 문제가 있어 이동 변환과 함께 적용해야 한다.

변환은 컨트롤이 그려지는 모양에만 영향을 미칠 뿐이며 레이아웃에는 전혀 영향을 미치지 않는다. 변환에 의해 위치나 크기가 바뀌더라도 컨트롤은 원래 자신에게 할당된 영역만 차지한다. Large 버튼은 수직으로 1.5배 확대되었지만 그렇다고 해서 이 버튼이 차지하는 영역까지 1.5배 확대되는 것은 아니다. 자기 자리에서 크기만 1.5배 확대될 뿐이다.

스택 패널은 변환을 적용하기 전의 원래 크기만큼만 자리를 할당하며 그 아래쪽에 다음 컨트롤을 계속 배치한다. 그래서 이대로 출력하면 Large 버튼이 아래쪽의 Small 버튼에 할당된 자리까지 침범하여 두 버튼이 겹쳐서 나타난다. 또한, Mirror 버튼도 반사에 의해 위쪽으로 이동하여 Small 버튼과 겹친다. 이런 문제를 해결하기 위해 Small 버튼에 30만큼의 마진을 주어 아래위에 충분히 여백을 두었다. 마진이 없으면 컨트롤끼리 겹친다.

변환이 레이아웃에 영향을 미치지 않도록 되어 있는 이유는 주로 애니메이션 같은 임시적인 변화를 위해 사용되기 때문이다. 객체가 점점 커지는 애니메이션을 수행하기 위해 레이아웃을 계속 바꾸면 주변의 컨트롤 위치를 일일이 다시 계산해야 하므로 속도상으로도 불리하고 사실 그럴 필요도 없다. 애니메이션 중에 위치나 크기를 바꾸어도 레이아웃은 유지하고 해당 컨트롤만 애니메이션되는 것이 자연스럽다.

UIElement에 변환 객체를 지정하는 속성의 이름은 RenderTransform이다. 이 속성의 이름을 문자 그대로 해석해 보면 그릴 때의 변환을 지정한다는 뜻이다. 단지, 변환에 의해 그림만 바뀔 뿐이며 레이아웃은 전혀 손대지 않는다는 깊은 의미가 함축되어 있다. 만약 레이아웃까지 바뀐다면 이 속성의 이름은 LayoutTransform이 되어야 할 것이다. 실버라이트는 레이아웃 변환까지는 지원하지 않는다.

변환의 이런 특성은 아주 중요하므로 잘 기억해 두어야 한다. 만약 위 예제의 Large 버튼처럼 큼지막하게 확대한 모양으로 배치하고 싶다면 이때는 변환을 사용할 것이 아니라 Width, Height 속성으로 원하는 크기를 지정하는 것이 정석이다. 강제로 크기를 키운 Large 버튼은 버튼 자체뿐만 아니라 테두리까지 확대되어 모양이 볼썽사납다. 변환은 임시적인 조작에 불과하며 이 예제에서 변환으로 객체를 확대한 것은 어디까지나 변환 결과를 확실히 보여주기 위해서일 뿐이다.

확대 변환을 잘 적용하면 텍스트에 장평 효과를 구현할 수 있다. 가로 확대 비율에 따라 문자열이 뚱뚱해지기도 하고 날씬해지기도 하며 문자열을 반대로 뒤집어서 출력할 수도 있다. 원래 텍스트 블록에는 장평을 지정하는 속성이 없지만 확대 변환에 의해 장평 효과를 낼 수 있다. 이미지에 확대 변환을 적용하면 여러 가지로 응용 가능하다.

9-1-3 회전

RotateTransform은 컨트롤을 회전시킨다. 회전 각도는 Angle 속성으로 지정하며 시계 방향으로 증가하는 360분법의 각도이다. 3시 방향이 0도이고 90도면 6시 방향이다. CenterX, CenterY 속성은 회전의 중심점을 지정하며 디폴트는 0이다. 즉, 회전 중심점을 따로 지정하지 않으면 객체의 좌상단을 기준으로 회전한다.

Rotate

```
<Grid x:Name="ContentPanel" Grid.Row="1" Margin="12,0,12,0">
    <StackPanel>
        <Button HorizontalAlignment="Left" Content="Button" Width="200" Height="80"/>
        <Button HorizontalAlignment="Left" Content="Rotate 15" Width="200" Margin="0,0,0,40">
            <Button.RenderTransform>
                <RotateTransform Angle="15" />
            </Button.RenderTransform>
        </Button>
        <Button HorizontalAlignment="Left" Content="Center" Width="200" Margin="0,0,0,40">
            <Button.RenderTransform>
                <RotateTransform Angle="15" CenterX="100" CenterY="40"/>
            </Button.RenderTransform>
        </Button>
        <Button HorizontalAlignment="Left" Content="Origin" Width="200" Margin="0,0,0,40"
            RenderTransformOrigin="0.5, 0.5">
            <Button.RenderTransform>
```

```
                    <RotateTransform Angle="15"/>
                </Button.RenderTransform>
            </Button>
        </StackPanel>
    </Grid>
```

수직 스택 패널에 버튼들을 배치해 놓고 회전 변환을 적용했다. 앞에서 설명했다시피 변환은
레이아웃을 바꾸지 않으므로 회전하면 버튼끼리 겹칠 수 있다. 그래서 아래쪽으로 마진을 주어
버튼간의 간격을 충분히 띄웠다.

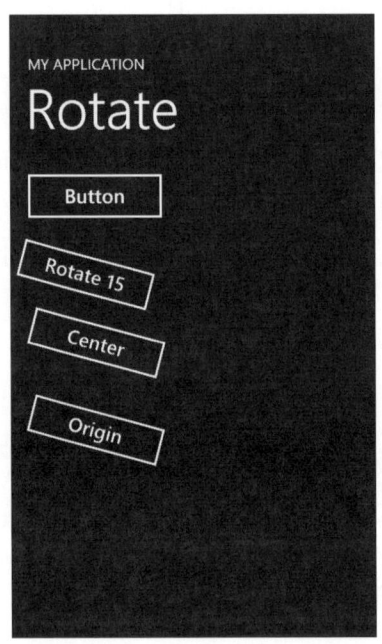

Angle 속성에 15를 대입하면 15도 회전한다. 수학에서 쓰는 각도기와는 달리 시계 방향으로
회전하므로 오른쪽 아래가 15도 내려간다. 만약 위쪽으로 15도 회전시키려면 -15를 지정하든가
아니면 아예 345(360-15)로 지정해야 한다. 360이 넘는 각도를 지정하면 한 바퀴 돌아서 계속
회전하며 360으로 나눈 나머지만큼 회전하는 것과 같다.

회전은 중심점을 기준으로 수행되므로 각도 외에도 중심점이 어디인가에 따라 결과가 달라진
다. 디폴트 중심점은 컨트롤의 좌상단이어서 왼쪽 위를 기준으로 회전한다. Rotate15 버튼이 이

방식으로 회전되었는데 왼쪽 아랫부분이 컨텐트 패널 바깥쪽으로 살짝 삐져 나갔다. 다행히 컨텐트 패널에 12만큼의 마진이 있어서 화면을 벗어나지는 않았지만 마진이 없다면 버튼의 일부가 잘려서 보이지 않게 된다.

회전 중심점은 CenterX, CenterY 속성으로 지정한다. 세 번째 Center 버튼은 중심점을 100, 40으로 지정하여 버튼의 중앙을 기준으로 회전한다. 버튼의 크기가 200, 80이므로 버튼의 중앙은 대충 100, 40이 될 것이다. 회전 중심점에 따라 어떤 차이점이 발생하는지 보자. 회전 결과 기울어진 각도는 같지만 버튼이 왼쪽으로 치우치지 않는다.

대개의 경우 컨트롤의 배꼽을 기준으로 회전하는 것이 자연스럽다. 그러나 CenterX, CenterY 속성으로 중심점의 좌표를 지정하는 방식은 관리하기 어렵다는 문제가 있다. 위 버튼의 경우 폭이 200, 높이가 80이라는 것을 미리 알고 있으므로 중심점을 쉽게 계산했다. 그러나 정확한 크기를 알 수 없는 경우가 많고 크기가 수시로 변하는 컨트롤도 있다. 위 버튼의 경우 Height를 80으로 강제 지정해서 중앙이 40임을 바로 계산했지만 그렇지 않다면 폰트 크기에 따라 계산해야 한다.

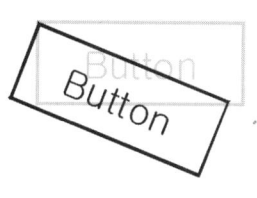 

좌상단 기준 회전   중앙 기준 회전

또 설사 정확한 중앙 지점을 안다 하더라도 픽셀 단위로 절대 좌표를 지정하는 것은 코드 관리에 불리하다. 차후 버튼의 크기를 변경하면 회전 중심점도 일일이 같이 조정해야 하는 번거로움이 있다. 그래서 절대적인 좌표가 아닌 상대적인 비율로 중심점을 지정하는 속성이 제공된다. 이 속성이 RenderTransformOrigin이며 0~1 사이의 실수값으로 컨트롤 크기에 상대적인 중심점을 지정한다.

상대적인 중심점을 (0.5, 0.5)로 지정하면 컨트롤의 크기와 상관없이 정확하게 중심을 기준으로 회전할 것이다. 위 예에서 Center 버튼과 Origin 버튼은 당장은 모양이 같지만 버튼 크기가 바뀌면 중심점이 달라짐으로 인해 회전 모양도 달라진다. 버튼의 크기를 키워 보면 차이점을 확인할 수 있다. 절대 좌표보다는 당연히 상대 좌표가 훨씬 더 유리하다.

중심점은 회전뿐만 아니라 확대나 기울이기에도 적용된다. 변환 후의 모양은 중심점과 상관없지만 확대나 기울인 후의 위치는 중심점이 어디인가에 따라 결정된다. 좌상단을 기준으로 확대하면 컨트롤이 오른쪽 아래로 커지지만 중앙을 기준으로 확대하면 사방으로 같은 비율만큼 커진다. 변환은 UIElement로부터 파생되는 모든 객체에 적용할 수 있는 기술이다. 그래서 변환 원점을 지정하는 RenderTransformOrigin 속성도 UIElement에 정의되어 있다.

변환 원점은 변환 객체의 속성이 아니라 변환을 적용할 컨트롤의 속성임을 유의하자. RenderTransformOrigin 속성을 Origin 버튼에 지정해야지 RotateTransform 변환 객체에 지정하는 어처구니 없는 실수를 해서는 안 된다. 다음 예제는 회전 변환을 이용하여 텍스트를 여러 단계로 회전시킨다.

TextRotate

```
<Grid x:Name="ContentPanel" Grid.Row="1" Margin="12,0,12,0">
    <Grid.Resources>
        <LinearGradientBrush x:Key="gradient" StartPoint="0,0" EndPoint="1,0">
            <GradientStop Color="Yellow" Offset="0" />
            <GradientStop Color="Blue" Offset="0.25" />
            <GradientStop Color="Red" Offset="0.5" />
            <GradientStop Color="Green" Offset="0.75" />
            <GradientStop Color="Yellow" Offset="1" />
        </LinearGradientBrush>
        <Style TargetType="TextBlock">
            <Setter Property="Text" Value="Windows Phone" />
            <Setter Property="FontFamily" Value="Arial Black" />
            <Setter Property="FontSize" Value="50" />
            <Setter Property="HorizontalAlignment" Value="Center" />
            <Setter Property="VerticalAlignment" Value="Center" />
            <Setter Property="RenderTransformOrigin" Value="0.5, 0.5" />
            <Setter Property="Foreground" Value="{StaticResource gradient}" />
        </Style>
    </Grid.Resources>
    <TextBlock />
    <TextBlock >
        <TextBlock.RenderTransform>
            <RotateTransform Angle="30" />
        </TextBlock.RenderTransform>
    </TextBlock>
    <TextBlock>
```

```
            <TextBlock.RenderTransform>
                <RotateTransform Angle="60" />
            </TextBlock.RenderTransform>
        </TextBlock>
        <TextBlock>
            <TextBlock.RenderTransform>
                <RotateTransform Angle="90" />
            </TextBlock.RenderTransform>
        </TextBlock>
        <TextBlock>
            <TextBlock.RenderTransform>
                <RotateTransform Angle="120" />
            </TextBlock.RenderTransform>
        </TextBlock>
        <TextBlock>
            <TextBlock.RenderTransform>
                <RotateTransform Angle="150" />
            </TextBlock.RenderTransform>
        </TextBlock>
    </Grid>
```

특별한 기법은 없고 반복을 최소화하기 위해 앞 장에서 배운 리소스를 적극적으로 활용하였다. 엘리먼트는 어쩔 수 없이 반복될 수밖에 없는데 코드에서 동적으로 생성하면 텍스트 블록 생성문도 하나로 합칠 수 있다.

지루한 실습에 눈요기나 하라고 만든 것인데 막상 만들어 놓고 보니 좀 유치해 보인다. 여러 가지 기법들을 활용하면 재미있는 효과를 구현할 수 있다는 감이 올 것이다. 애니메이션을 적용하면 응용할 여지가 더 많아진다.

9-1-4 기울이기

SkewTransform 변환은 컨트롤을 기울인다. AngleX, AngleY 속성으로 수평, 수직 기울기를 지정하고 CenterX, CenterY 속성으로 중심점을 지정한다.

Skew

```
<Grid x:Name="ContentPanel" Grid.Row="1" Margin="12,0,12,0">
    <StackPanel>
        <Button Content="Button" Width="200"/>
        <Button Content="AngleX=20" Width="200">
            <Button.RenderTransform>
                <SkewTransform AngleX="20"/>
            </Button.RenderTransform>
        </Button>
        <Button Content="AngleX=-20" Width="200">
            <Button.RenderTransform>
                <SkewTransform AngleX="-20"/>
            </Button.RenderTransform>
        </Button>
        <Button Content="AngleY=10" Width="200">
            <Button.RenderTransform>
                <SkewTransform AngleY="10"/>
            </Button.RenderTransform>
        </Button>
        <Button Content="AngleY=-10" Width="200">
            <Button.RenderTransform>
                <SkewTransform AngleY="-10"/>
            </Button.RenderTransform>
        </Button>
    </StackPanel>
</Grid>
```

앞 예제들과 구조는 거의 비슷하다. 4개의 버튼에 대해 각 방향으로 기울여 보았다.

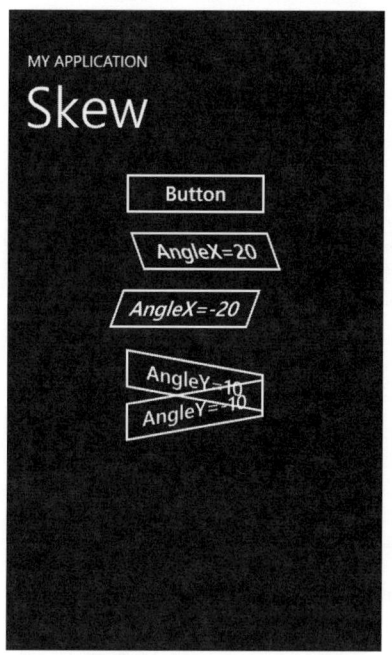

각도가 양수이면 오른쪽, 아래로 기울어지고 음수이면 왼쪽, 위로 기울어진다. 절대값이 커지면 기울어지는 각도도 비례해서 늘어난다. AngleX, AngleY 속성을 한꺼번에 지정하면 수평, 수직 방향으로 동시에 기울어지는 효과가 나타날 것이다. 모두 좌상단을 기준으로 기울였는데 CenterX, CenterY 속성이나 RenderTransformOrigin으로 기준점을 옮길 수 있다.

텍스트 블록에 이 변환을 적용하면 문자열이 기울어진 채로 출력된다. 텍스트 블록 자체에 Italic 스타일이 있지만 변환을 사용하면 각도까지 임의대로 결정할 수 있으며 기울어지는 방향도 조정할 수 있다는 이점이 있다. 이미지에 기울이기 효과를 적용하면 사각형이 아닌 평행사변형 형태로 출력된다.

9-2 고급 변환

9-2-1 복합 변환

　기본 변환은 한 번에 하나의 변환만 수행하므로 단순하고 응용의 여지가 풍부하지 못하다. 이에 비해 복합 변환은 여러 가지 변환을 한꺼번에 수행하므로 조합에 따라 변화무쌍한 효과를 낼 수 있다. RenderTransform 속성은 딱 하나의 변환 객체만 지정할 수 있지만 TransformGroup 변환 객체를 사용하면 여러 개의 변환을 한꺼번에 적용할 수 있다.

　TransformGroup의 Children 속성은 Transform 객체의 컬렉션이며 복수 개의 변환 객체를 저장한다. 이 컬렉션에 변환 객체들을 포함시키면 컬렉션내의 변환이 동시에 적용된다. 이동과 확대를 같이 할 수도 있고 확대하면서 회전시킬 수도 있다. 셋 이상의 변환을 한꺼번에 적용할 수도 있다.

TransformGroup

```
<Grid x:Name="ContentPanel" Grid.Row="1" Margin="12,0,12,0">
    <StackPanel>
        <Button HorizontalAlignment="Left" Content="Normal" Width="200"/>

        <Button HorizontalAlignment="Left" Content="Mirror" Width="200">
            <Button.RenderTransform>
                <ScaleTransform ScaleX="-1" />
            </Button.RenderTransform>
        </Button>

        <Button HorizontalAlignment="Left" Content="Mirror" Width="200">
            <Button.RenderTransform>
                <TransformGroup>
                    <ScaleTransform ScaleX="-1" />
                    <TranslateTransform X="200" />
                </TransformGroup>
            </Button.RenderTransform>
        </Button>

        <Button HorizontalAlignment="Left" Content="확대 후 이동" Width="200">
            <Button.RenderTransform>
                <TransformGroup>
```

```xml
                <ScaleTransform ScaleX="1.5" />
                <TranslateTransform X="100" />
            </TransformGroup>
        </Button.RenderTransform>
    </Button>

    <Button HorizontalAlignment="Left" Content="이동 후 확대" Width="200">
        <Button.RenderTransform>
            <TransformGroup>
                <TranslateTransform X="100" />
                <ScaleTransform ScaleX="1.5" />
            </TransformGroup>
        </Button.RenderTransform>
    </Button>
    </StackPanel>
</Grid>
```

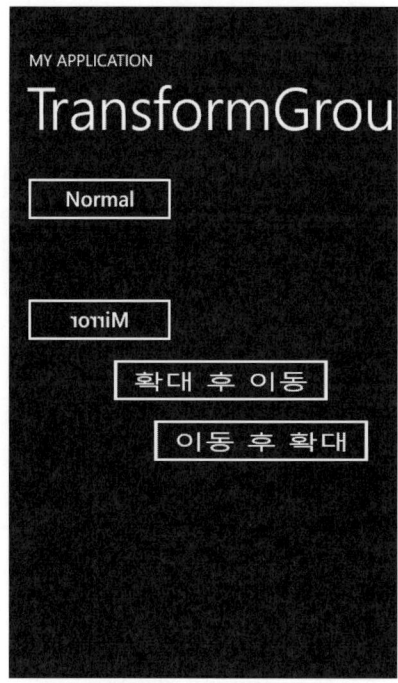

앞에서 배운 바에 의하면 확대 비율에 음수를 지정하면 뒤집힌 모양이 된다. ScaleTransform 의 ScaleX 속성에 -1을 대입하면 버튼이 수평으로 반사된 모양이 될 것이다. 그러나 이 방식으로 변환한 두 번째 버튼은 기대와는 달리 아예 화면에서 사라져 버리며 보이지도 않는다. 왜냐하면 확대 중심점이 왼쪽변이므로 반사됨과 동시에 화면 왼쪽으로 사라지기 때문이다.

반사된 후에도 화면 안에 있으려면 확대 중심점을 옮기든가 아니면 반사한 후 다시 화면 안쪽으로 이동시켜야 한다. 세 번째 버튼은 TransformGroup으로 확대 변환과 이동 변환을 동시에 지정한다. 확대에 의해 일단 반사된 후 오른쪽으로 200만큼 다시 이동하므로 화면 안으로 들어올 것이다.

복수 개의 변환을 동시에 적용할 때는 순서가 중요하다. 확대 후 이동하는 것과 이동 후 확대하는 것은 다르다. 아래쪽의 두 버튼은 1.5배 확대와 100픽셀 오른쪽 이동을 적용하되 그룹 내의 변환 객체 순서가 다르다. 확대 후 이동하면 먼저 커진 후 옮기지만 이동 후 확대하면 옮긴 후에 커지므로 좌표가 달라진다. 확대 변환은 곱셈이고 이동 변환은 덧셈인데 두 연산의 순서에 따라 결과값이 달라지기 때문이다. 버튼의 왼쪽 변이 변환 순서에 따라 어떻게 달라지는지 계산해 보자.

```
확대 후 이동 : 0 * 1.5 + 100 = 100
이동 후 확대 : (0 + 100) * 1.5 = 150
```

곱한 후에 더하는가, 더한 후에 곱하는가에 따라 최종 좌표에 차이가 발생한다. 그룹 내의 변환은 순서대로 처리되므로 먼저 적용할 변환 객체를 앞쪽에 두어야 한다. 회전이나 기울이기 등과 조합할 때도 원하는 순서대로 변환 객체를 잘 배치해야 의도대로 변환된다.

CompositeTransform 변환도 복수 개의 변환을 한꺼번에 수행하므로 변환 그룹과 유사한 효과를 낸다. 복수 변환을 지정하는 방식은 상당히 다른데 변환 그룹이 기본 변환을 차일드로 가지는데 비해 CompositeTransform은 모든 변환을 직접 수행한다. 각종 변환과 관련된 속성들을 모두 포함하며 이 속성들에 변환 방식을 지정한다.

```
TranslateX, TranslateY
ScaleX, ScaleY
Rotation
SkewX, SkewY
CenterX, CenterY
```

이동, 확대, 회전 각각에 대해 속성들이 제공되므로 이 속성에 값을 지정하여 여러 변환을 동시에 처리한다. 다음 예제는 복합 변환으로 버튼을 확대 및 이동시킨다.

```
<Grid x:Name="ContentPanel" Grid.Row="1" Margin="12,0,12,0">
    <StackPanel>
        <Button HorizontalAlignment="Left" Content="Composite" Width="200">
            <Button.RenderTransform>
                <CompositeTransform ScaleX="1.5" TranslateX="100" />
            </Button.RenderTransform>
        </Button>
    </StackPanel>
</Grid>
```

ScaleX 속성에 1.5를 대입하여 1.5배 확대하고 TranslateX 속성에 100을 대입하여 오른쪽으로 100만큼 이동시켰다. 실행 결과는 앞 예제의 "확대 후 이동" 버튼과 동일하다.

그룹 안에 변환 객체 여러 개를 생성할 필요없이 딱 하나의 변환 객체만으로 두 변환을 지정할 수 있어 코드가 더 간단하다. 하지만 여러 객체가 할 일을 하나로 통합하다 보니 몇 가지 기능적인 한계가 있다. 우선 모든 변환에 대한 지시 사항이 그야말로 한꺼번에 전달되므로 변환의 순서를 통제할 수 없다.

복합 변환이 적용되는 순서는 확대, 기울이기, 회전, 이동 순으로 정해져 있으며 임의로 변경할 수 없다. 알다시피 XML 문서의 속성 순서는 아무런 의미가 없으므로 속성을 지정하는 순서 따위는 적용 순서에 영향을 미치지 못한다. 이에 비해 변환 그룹은 차일드 변환 객체의 등장 순서에 따라 적용되므로 임의의 순서대로 배치할 수 있다.

또 모든 변환의 중심점이 하나뿐이어서 각각 다르게 지정할 수 없다. 가운데를 중심으로 회전한 후 오른쪽 아래를 기준으로 확대할 수는 없다는 얘기다. 결국, CompositeTransform은 단일 객체로 여러 변환을 지정할 수 있다는 편의성은 있지만 몇 가지 한계가 존재하므로 변환 그룹을 완전히 대체하지는 못한다.

9-2-2 행렬 변환

변환은 결국, 좌표를 조작하는 기술이다. 원본의 X, Y 좌표가 변환에 의해 X', Y'로 바뀌는데 두 값 사이의 함수 관계를 정의하는 것이 바로 변환이다. 변환 수식은 덧셈과 곱셈으로 수행되는 일차 방정식이며 방정식은 곱해지는 값과 더해지는 값의 집합으로 정의된다. 이 연산을 구성하는 여러 요인은 내부적으로 하나의 변환 행렬로 관리된다.

$$\begin{bmatrix} x' \\ y' \\ 1 \end{bmatrix} = \begin{bmatrix} m11 & m12 & offsetX \\ m21 & m22 & offsetY \\ 0 & 0 & 1 \end{bmatrix} \begin{bmatrix} x \\ y \\ 1 \end{bmatrix}$$

$$x' = m11 * x + m12 * y + offsetX$$
$$y' = m21 * x + m22 * y + offsetY$$
$$1 = 1$$

변환 행렬은 3*3크기이되 마지막 행은 0,0,1로 고정되어 있으므로 여섯 개의 원소로 구성된다. 행렬곱에 의해 원본과 새 좌표의 관계를 규정하는 두 개의 방정식이 만들어지며 이 방정식이 곧 변환을 정의한다. 행렬 연산의 우수한 점은 복합 변환까지도 하나의 행렬로 표현할 수 있다는 것이며 심지어 행렬곱은 변환의 순서까지도 완벽하게 정의할 수 있다.

변환 객체는 방정식의 계수(=행렬의 원소)들을 조작하여 변환에 영향을 미친다. 예를 들어 이동 변환은 offsetX, offsetY 요소에 이동할 거리를 지정하며 이 값은 곧 이전 x, y 값에 새로 더해지는 값을 규정함으로써 객체의 새 위치를 offsetX, offsetY만큼 이동시킨다. 확대 변환은 곱해지는 요소(m11, m22)를 조작하며 회전 변환은 삼각 함수로 각도를 적용한다.

행렬 변환은 변환 행렬 원소들의 값을 지정함으로써 변환 방식을 직접 통제한다. 고수준의 변환 객체와 달리 저수준으로 행렬을 조작하는 것이다. MatrixTransform 클래스의 Matrix 속성으로 행렬의 여섯 개 원소를 콤마로 구분하여 나열한다.

```
<MatrixTransform Matrix="m11, m12, m21, m22,. offsetX, offsetY"/>
```

행렬 변환은 상기의 모든 기본 변환을 대체할 수 있을 뿐만 아니라 복합 변환을 지정할 수도 있으며 변환 객체가 지정하지 못하는 복잡한 변환도 수행할 수 있다. 다음 예제는 행렬 변환으로 복합 변환을 구현한다.

MatrixTransform

```
<Grid x:Name="ContentPanel" Grid.Row="1" Margin="12,0,12,0">
    <StackPanel>
        <Button Content="Matrix" Width="200">
            <Button.RenderTransform>
                <MatrixTransform Matrix="1.3, 0, 0, 1, 50, 0"/>
            </Button.RenderTransform>
        </Button>
        <Button Content="Matrix" Width="200">
            <Button.RenderTransform>
                <MatrixTransform Matrix="0.8, 0.2, -0.3, 2, 10, 20"/>
            </Button.RenderTransform>
        </Button>
    </StackPanel>
</Grid>
```

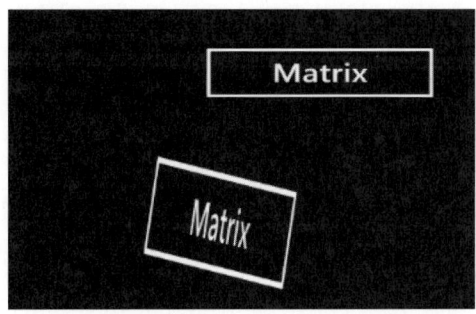

첫 번째 버튼에 적용된 행렬을 방정식으로 풀어 보면 다음 방정식이 도출된다.

```
x' = x * 1.3 + 50
y' = y
```

x에 곱해지는 값은 1.3이고 더해지는 값은 50이므로 1.3배 확대한 후 오른쪽으로 이동한다. 두 번째 버튼에는 확대, 기울이기, 평행 이동 3가지 변환을 동시에 수행했다. 삼각함수까지 동원하면 회전도 가능하며 수식이 좀 복잡해지지만 회전, 확대 중심점도 얼마든지 표현할 수 있다. 복합 변환은 개별 변환의 효과를 하나의 행렬로 취합한 후 적용하는데 비해 행렬 변환은 미리 계산된 행렬을 바로 적용하므로 속도도 훨씬 더 빠르다.

변환 행렬을 정확하게 이해하려면 약간의 수학적인 학습이 필요하다. 범용적이고 빠른 변환 방법이지만 초보자들이 사용하기는 어렵고 숙련자라 하더라도 숫자를 직접 다루는 것은 역시 번거롭다. 그래서 행렬을 생성하고 곱해주는 별도의 변환 객체들이 제공되는 것이다. 실버라이트에서는 고수준 변환 객체들의 지원이 충분하므로 행렬을 꼭 동원해야 하는 경우가 무척 드물다.

9-2-3 3차원 변환

3차원 그래픽은 모든 정점의 좌표를 3차원으로 기술한다. 평면이 아닌 공간상의 좌표를 정의하여 물체를 묘사하고 카메라나 시점을 이동시켜 임의의 위치에서 물체를 바라본 모습을 2D 화면에 투영함으로써 크기와 모양을 자유롭게 변형한다. 윈도우폰의 XNA는 완전한 3차원 그래픽을 지원하지만 실버라이트는 그렇지 못하며 흉내만 내는 정도다.

프로젝션은 원근법을 활용하여 3차원 효과를 낸다. 실제로 3차원은 아니지만 회전에 의해 마치 물체가 3차원 공간에 있는 것처럼 효과만 내는 것이다. 기본 변환의 RotateTransform은 Z축을 기준으로 한 회전의 특수한 예만 구현하는데 비해 프로젝션은 X, Y축에 대해서도 회전 가능하며 좀 더 사실적인 변환을 위한 여러 가지 속성을 제공한다.

프로젝션은 행렬을 통한 좌표 조작과는 알고리즘이 다르다. 그래서 Transform이 아닌 Projection 속성에 프로젝션 객체를 지정한다. Projection으로부터 Matrix3DProjection, PlaneProjection 두 개의 클래스가 파생된다. Matrix3DProjection는 4*4 크기의 3차원 행렬로 변환을 지정하므로 자유도는 높지만 수학적 공식이 개입되므로 어렵다. DirectX나 OpenGL 같은 전문 3차원 그래픽 라이브러리와 수학 이론에 대한 선행 학습이 필요하다.

반면 PlaneProjection은 고수준의 속성을 제공하며 수학적 과정을 잘 몰라도 속성을 통해 변환 형태를 지정할 수 있으므로 훨씬 더 쉽다. 3차원은 3개의 축으로 구성되며 그래서 각 속성도 X, Y, Z축에 대해 3쌍씩 제공된다. 12개의 속성 조합에 따라 회전 방식이 결정된다.

속 성	설 명
RotationX, Y, Z	각 축을 기준으로 한 회전 각도를 지정한다.
CenterOfRotationX, Y, Z	회전의 중심점을 지정한다.
GlobalOffsetX, Y, Z	화면을 기준으로 이동 거리를 지정한다.
LocalOffsetX, Y, Z	객체면을 기준으로 이동 거리를 지정한다.

각 속성이 변환에 어떤 영향을 미치는지는 직접 적용해 보고 값을 바꿔 보며 차이점을 관찰해 보는 것이 가장 확실하다. 다음 예제는 실행 중에 회전 속성 3개를 슬라이더로 조작하여 즉시 적용한다.

Projection3D

```
<Grid x:Name="ContentPanel" Grid.Row="1" Margin="12,0,12,0">
    <StackPanel>
        <StackPanel Background="LightGreen" Margin="50">
            <StackPanel.Projection>
                <PlaneProjection RotationX="{Binding ElementName=sliderX, Path=Value }"
                                 RotationY="{Binding ElementName=sliderY, Path=Value }"
                                 RotationZ="{Binding ElementName=sliderZ, Path=Value }"
                                 />
            </StackPanel.Projection>
            <Button Content="Button" Background="Red" />
            <ProgressBar IsIndeterminate="True" />
            <TextBox Text="TextBox" />
        </StackPanel>
        <Slider Name="sliderX" Minimum="-90" Maximum="90" />
        <Slider Name="sliderY" Minimum="-90" Maximum="90" />
        <Slider Name="sliderZ" Minimum="-90" Maximum="90" />
    </StackPanel>
</Grid>
```

밋밋한 사각형은 회전시켜 봐야 그 모양이 그 모양이므로 회전 모양을 분명히 확인하기 위해 스택 패널에 3개의 차일드 컨트롤을 배치했다. 스택 패널에 프로젝션 객체를 지정해 놓았으므로 스택 패널과 그 안의 차일드들이 통째로 회전될 것이다. 각 축의 회전값은 아래쪽의 슬라이더로 조정한다. 원칙적으로는 슬라이더의 값 변경 이벤트에서 썸의 위치값을 읽어 프로젝션의 각 속성에 대입해야 하지만 너무 번거롭다.

이 예제는 어디까지나 프로젝션 속성의 효과를 살펴보기 위한 테스트 예제이므로 아직 배우지 않은 바인딩이라는 기법을 사용했다. 바인딩은 속성값끼리 연결하는 기법이며 다음에 배우게 될 것이다. 슬라이더를 드래그하면 프로젝션의 연결된 속성이 즉시 변경된다. 최초 실행시 모든 회전값이 0이므로 스택 패널은 그냥 평평해 보인다. X축 슬라이더를 살짝 이동시켜보자.

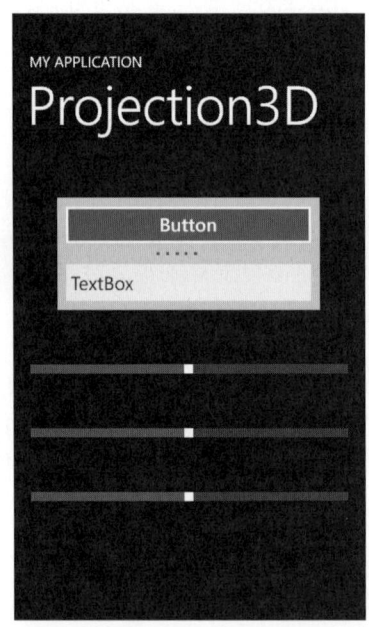 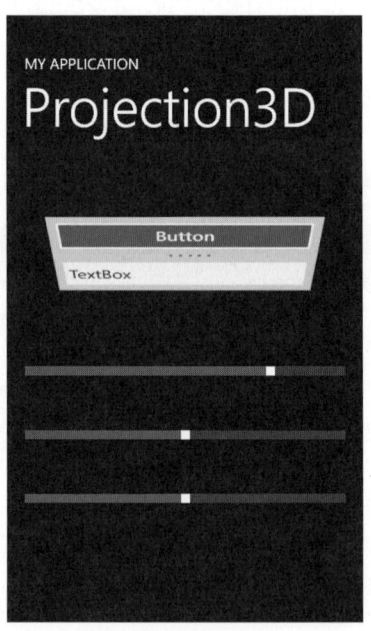

첫 번째 슬라이더는 RotationX 속성과 연결되어 있다. RotationX값이 변하면 수평축을 기준으로 스택 패널이 회전한다. 마치 앞쪽으로 고개를 숙이듯이 기울어지며 마름모꼴이 된다. 왼쪽으로 드래그하면 회전하는 방향이 반대가 되며 뒤로 드러눕는 모양새다.

다음은 Y축과 Z축으로도 기울여 보자. Y축은 상하 방향을 기준으로 회전하며 Z축은 사용자 시선축을 기준으로 회전한다. 세 축을 각각 움직여 보면 회전축이 의미하는 바를 이해할 수 있을 것이다. X, Y, Z 세 축을 동시에 기울이면 요상한 형태로 변형된다.

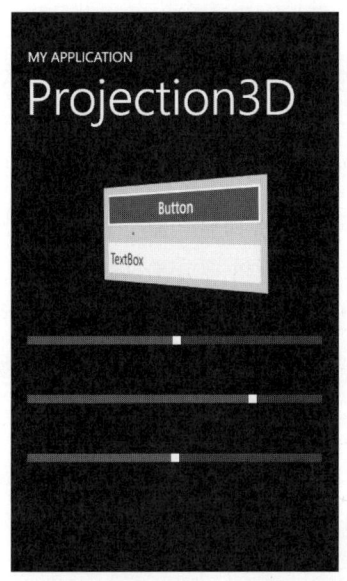
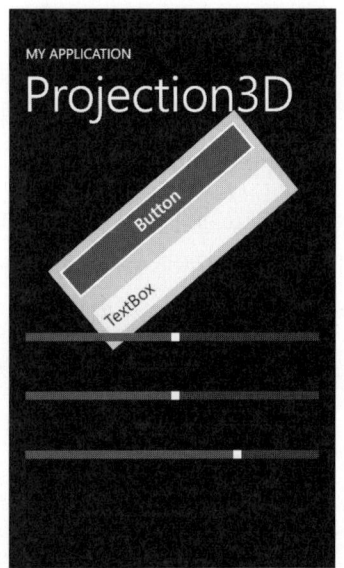

　나머지 속성들도 같은 방식으로 실행 중에 값을 바꿔 가며 효과를 관찰해 보면 된다. 역시 백문이 불여일견이지만 그렇다고 매번 예제를 만들어 보기에는 너무 번거롭다. 다행히 테스트 목적으로 잘 다듬어진 예제가 이미 있으므로 우리는 감사한 마음으로 구경만 하면 된다.

　레퍼런스에서 프로젝션의 아무 속성이나 열어 보면 관련 예제에 대한 도움말이 나타나고 도움 말 본문에 예제에 대한 링크가 포함되어 있다. XAML 코드창에서 RotationX 속성에 커서를 두고 F1키를 누르면 도움말이 나타나는데 이 도움말 안에 Run this sample이라는 링크를 클릭해 보자. 다음과 같은 실버라이트 앱이 웹 브라우저에 나타난다.

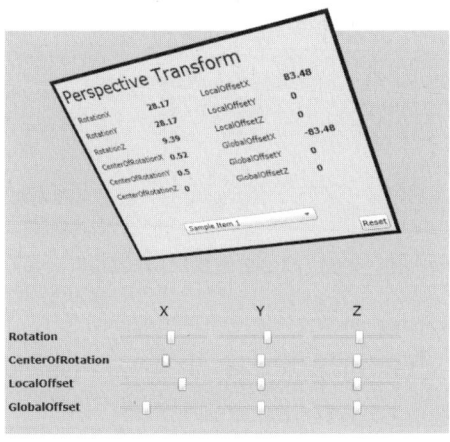

실버라이트 앱은 플래시처럼 원래 웹에서 실행되는 것이므로 별도의 컴파일 과정을 거칠 필요 없이 바로 실행 가능하다. 물론 PC에 실버라이트 애드온이 설치되어 있어야 한다. 따로 설명하지 않아도 척 보면 알 수 있을 정도로 사용법은 직관적이다. 아래쪽의 슬라이더를 드래그하여 프로젝션의 각 속성값을 변경하면 위쪽의 노란색 패널에 실시간으로 적용된다.

이 예제를 갖고 놀다 보면 프로젝션의 동작 방식에 대해 어렵지 않게 이해할 수 있으며 어디다 적용하면 좋을지 아이디어가 떠오를 것이다. 각 속성의 레퍼런스에는 속성별로 재미있는 애니메이션 예제들에 대한 링크가 제공된다. 애니메이션을 구경만 해 봐도 속성값의 의미와 실용성에 대해 감이 올 것이다. 프로젝션은 페이지 전환 효과 등에 적절하다는 것을 느낄 수 있다.

테스트 예제들이 풍부하게 제공되므로 프로젝션 자체를 이해하는 것은 전혀 어렵지 않다. 그러나 적재적소에 프로젝션을 잘 활용하여 멋들어진 효과를 내는 것은 별개의 문제이다. 자칫 잘못 적용하면 역효과가 나타날 수도 있다. 기술은 쉽지만 예술은 어렵다.

애니메이션

10-1-1 세 가지 애니메이션

애니메이션은 그림을 움직이는 기법이다. 디자인을 중요시하는 스마트폰에서 애니메이션 효과는 필수적이다. 컨트롤을 건드렸을 때 무뚝뚝하게 반응하는 것은 너무 밋밋하고 재미도 없다. 귀여운 움직임을 살짝 보여주면 눈도 즐겁고 터치하는 손맛도 살아난다. 페이지를 전환할 때도 갑자기 바뀌는 것보다 미끄러지듯 사라지거나 책장을 뒤집는 효과를 가미하면 훨씬 더 세련되어 보인다. 윈도우폰도 자세히 관찰해 보면 깜찍한 애니메이션들이 곳곳에 숨어 있다.

애니메이션을 구현하는 방법은 크게 두 가지가 있다. 프레임 애니메이션은 연속적인 그림들을 준비해 놓고 타이머를 돌려 주기적으로 교체하는 전통적인 기법이며 만화 영화 제작에 주로 사용된다. 자유로운 표현이 가능하지만 그림을 많이 준비해야 하므로 용량이 과다하게 커지는 단점이 있다. 윈도우폰은 프레임 애니메이션을 정식으로 지원하지 않지만 타이머를 돌려 직접 구현할 수는 있다.

윈도우폰이 공식적으로 지원하는 기법은 트윈 애니메이션이다. 속성값을 일정한 규칙에 따라 지속적으로 변경함으로써 부드러운 움직임을 구현한다. 별다른 데이터 파일을 준비하지 않아도 되고 타이머를 돌릴 필요도 없이 몇 가지 간단한 지정만으로도 움직임을 쉽게 구현할 수 있다. 주로 장식 용도로 사용되며 컨트롤의 상태 변화를 표현하기 위해서도 사용된다. 애니메이션 클래스의 계층도는 다음과 같다.

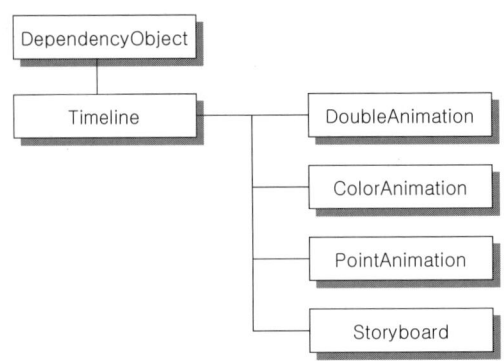

애니메이션은 시간에 기반한 동작이며 시간의 흐름에 따라 움직임을 구현한다. Timeline 클래스는 시간 조각을 표현하며 애니메이션을 구성하는 시간 조각을 어떻게 관리할 것인가를 규정한다. 시간 조각의 길이, 시작 시점, 반복 회수 등 애니메이션을 통제하는 주요한 속성들을 제공하는데 디폴트가 무난하므로 일단 디폴트를 사용하고 잠시 후에 따로 연구해 보자.

애니메이션은 특정 속성을 조작함으로써 수행된다. 어떤 타입의 속성을 조작하는가에 따라 Timeline으로부터 세 가지 종류의 애니메이션 클래스가 파생된다. 각각 Double 타입, Color 타입, Point 타입의 속성을 변경하여 애니메이션을 진행한다. 실수 형태의 속성값을 조정할 때는 Double 애니메이션, 색상을 조정할 때는 Color 애니메이션, 좌표값을 조정할 때는 Point 애니메이션을 사용한다.

타입에 따라 속성값을 변경하는 방법이 다르기 때문에 클래스가 나누어져 있을 뿐이지 구조나 사용 방법은 동일하다. 따라서 하나만 제대로 연구하면 나머지 둘도 쉽게 사용할 수 있다. 세 애니메이션은 다음 공통 속성을 가지며 움직임의 대상과 범위, 방법을 지정한다. 이 속성들은 애니메이션마다 타입이 다르기 때문에 Timeline 부모 클래스에 소속되지 않고 개별 애니메이션 클래스마다 따로 정의되어 있지만 논리적인 의미는 같다.

속 성	설 명
Storyboard.TargetName	애니메이션 대상 객체이다.
Storyboard.TargetProperty	애니메이션 대상 속성이다. 반드시 종속 속성이어야 한다.
From	애니메이션 시작값이다. NULL 가능 타입이며 디폴트는 null이다. 지정하지 않으면 현재값을 대신 사용한다.
To	애니메이션의 끝값이다.
By	현재값에서 상대적으로 얼마만큼 더 변할 것인가를 지정한다.

속성의 의미는 지극히 상식적이며 움직임에 꼭 필요한 정보밖에 없다. 애니메이션 대상 객체와 대상 속성, 어디서 시작해서 어디까지 변화를 줄 것인가를 지정한다. 예를 들어 버튼을 점차 크게 확대하고 싶을 때 Button의 Width 속성에 대해 From을 100, To를 200이라고 지정하면 주어진 시간 동안 100에서 200으로 점차적으로 커질 것이다.

동시에 복수 개의 움직임을 실행할 수도 있다. Stroyboard는 애니메이션 객체의 집합을 관리하는 애니메이션 그룹이며 Children 속성에 다른 애니메이션의 컬렉션을 담는다. 같은 스토리보드에 속한 애니메이션은 동시에 실행된다. 스토리보드는 애니메이션을 담는 컨테이너이며 하나의 움직임만 정의하더라도 일단 스토리보드 안에 애니메이션을 정의해야 한다.

스토리보드에 포함된 애니메이션을 재생 및 조작할 때는 다음 메서드를 호출한다. 시작, 중지, 재개 등의 메서드는 단순한 명령들이어서 인수도 없고 리턴값도 없으며 필요할 때 호출만 하면 된다. 나머지 메서드는 애니메이션의 상태나 재생 위치를 조사 및 변경한다.

메서드	설 명
Begin	애니메이션을 시작한다.
Stop	애니메이션을 중지한다. Completed 이벤트는 발생하지 않는다.
Pause	애니메이션을 잠시 중지한다.
Resume	애니메이션을 재개한다.
SkipToFill	AutoReverse가 true일 때 처음 상태로 돌아간다. RepeatBehavior가 Forever일 때는 완료 상태를 정의할 수 없으므로 예외가 발생한다.
GetCurrentState	현재 상태를 조사한다. Active, Filling, Stopped 중 하나이다.
GetCurrentTime	현재 애니메이션 진행 시간을 조사한다. 정지된 상태이면 null이 리턴된다.
Seek	애니메이션 재생 시간을 변경한다.

다음 예제는 3가지 애니메이션의 전형적인 예를 보여준다. 움직임이 있는 예제이므로 코드만 보지 말고 직접 실행해 봐야 한다.

Animation

```
<Grid x:Name="ContentPanel" Grid.Row="1" Margin="12,0,12,0">
    <StackPanel>
        <StackPanel.Resources>
            <Storyboard x:Name="DoubleAnim">
                <DoubleAnimation Storyboard.TargetName="btnDouble"
```

```
                    Storyboard.TargetProperty="Width" From="150" To="300"/>
            </Storyboard>

            <Storyboard x:Name="ColorAnim">
                <ColorAnimation Storyboard.TargetName="btnColor"
                    Storyboard.TargetProperty="(Button.Background).(SolidColorBrush.Color)"
                    From="Blue" To="Red"/>
            </Storyboard>

            <Storyboard x:Name="PointAnim">
                <PointAnimation Storyboard.TargetName="ellipse"
                    Storyboard.TargetProperty="Center" From="100,80" To="300,80"/>
            </Storyboard>
        </StackPanel.Resources>

        <Button Name="btnDouble" Content="Double" Width="150" Click="btnDouble_Click" />
        <Button Name="btnColor" Content="Color" Width="150" Click="btnColor_Click" />
        <Path Fill="Yellow">
            <Path.Data>
                <EllipseGeometry x:Name="ellipse" Center="300,80"
                                 RadiusX="50" RadiusY="30" />
            </Path.Data>
        </Path>
        <Ellipse Width="100" Height="50" />
        <Button Name="btnPoint" Content="Point" Width="150" Click="btnPoint_Click" />
    </StackPanel>
</Grid>
================================== CS ==========================================
private void btnDouble_Click(object sender, RoutedEventArgs e)
{
    DoubleAnim.Begin();
}

private void btnColor_Click(object sender, RoutedEventArgs e)
{
    ColorAnim.Begin();
}

private void btnPoint_Click(object sender, RoutedEventArgs e)
{
```

```
    PointAnim.Begin();
}
```

애니메이션은 화면에 직접 보이는 컨트롤이 아니라 움직임을 정의하는 데이터일 뿐이다. 그래서 패널 안에 배치하지 않고 리소스로 정의한다. 리소스는 사용하기 전에만 정의하면 되므로 직계 부모인 스택 패널의 리소스 섹션에 정의했다. 통상 페이지의 리소스 섹션에 정의하는 것이 일반적이지만 관련 코드를 모으기 위해 최대한 가까운 곳에 정의했다.

리소스 섹션에 <Storyboard> 객체를 정의하고 x:Name 속성으로 이름을 주었으며 스토리보드 안에 애니메이션을 정의한다. 세 버튼의 클릭 이벤트 핸들러에서 각 애니메이션을 시작한다. 이 예제에서 버튼은 애니메이션을 시작하는 명령으로도 사용되고 애니메이션 대상으로도 사용된다. 위에서부터 순서대로 버튼을 눌러 애니메이션을 감상해 보자.

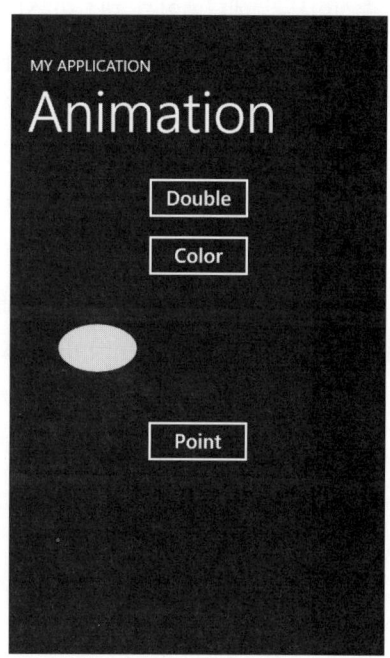

첫 번째 버튼은 DoubleAnimation으로 버튼의 폭을 점점 키운다. 타겟 이름은 btnDouble이고 타겟 속성은 Width이며 이 속성을 150에서 300까지 점차 늘린다. 애니메이션 진행 시간은 생략시 디폴트인 1초가 적용된다. btnDouble의 클릭 이벤트 핸들러에서는 DoubleAnim의 Begin 메서드를 호출하여 애니메이션을 시작한다. 1초 동안 버튼 폭이 점차적으로 늘어날 것이다. 움직임이라 지면으로 보여주기 어려운데 다음 3단계를 차례대로 거친다.

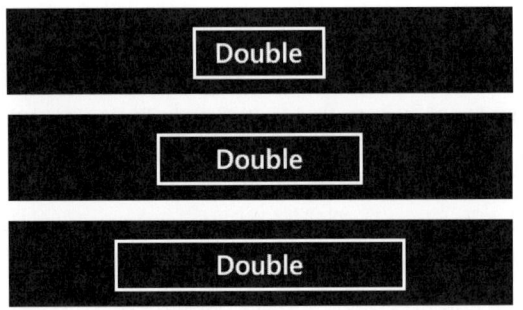

이 예제에서는 눈으로 확인하기 쉬운 Width 속성을 대상으로 애니메이션을 적용했지만 double 타입이기만 하면 어떤 속성이든지 애니메이션 대상이 될 수 있다. 속성들의 타입 중에 가장 흔한 타입이 double이므로 응용할 수 있는 곳은 무궁무진하다. Height 속성을 조정하면 높이가 바뀌고 FontSize 속성을 조정하면 폰트가 커진다.

두 번째 버튼은 ColorAnimation으로 버튼의 배경 색상을 파란색에서 빨간색으로 점점 변화시킨다. 흑백의 지면으로는 도저히 결과를 보일 수 없으므로 직접 실행해 보기 바란다. 버튼의 배경 색상을 지정하는 속성은 Background이지만 이 속성은 Brush 타입이라 Color 속성을 직접적으로 가지지 않는다. 단색 브러시인 SolidColorBrush로 캐스팅해야만 Color 속성을 애니메이션 타겟으로 지정할 수 있다. 타겟 속성의 표현식이 다소 복잡하다.

```
(Button.Background).(SolidColorBrush.Color)
```

이 표현식은 Button의 Background 속성을 조정하되 이 속성에 지정되는 객체가 단색의 SolidColorBrush 타입이고 SolidColorBrush의 Color 속성을 조정한다는 뜻이다. 다음과 같이 좀 더 간단하게 쓸 수도 있다.

```
(Button.Background).Color
Button.Background.Color
```

그러나 이 구문은 마치 Color가 Background라는 타입의 속성인 것처럼 착각할 소지가 있어 분명치 못하다. Background는 속성의 이름이고 이 속성에 대입된 객체가 SolidColorBrush 타입이며 SolidColorBrush의 속성인 Color를 조정하므로 원칙대로 다 쓰는 것이 바람직하다. 처음 보면 다소 헷갈리는 문법인데 이럴 때는 예제를 보고 따라하는 것이 더 쉽다.

애니메이션 타겟은 문자열 형태로 자유롭게 적을 수 있다. 어디까지나 문자열이므로 혹시 잘못 적더라도 컴파일 에러는 발생하지 않는다. 그러나 속성명에 오타가 있거나 구두점이 잘못되면 실행 중에 변경해야 할 대상 속성을 찾지 못하며 예외가 발생한다. 이 예외를 처리하지 않으면 강제 종료되므로 반드시 정확하게 기술해야 하며 테스트를 통해 제대로 동작하는지 확인해야 한다.

세 번째 버튼은 PointAnimation으로 패스의 타원 중심점을 점점 이동시킨다. 최초 100, 80에 두고 300, 80으로 이동시켰다. 수직 좌표는 같고 수평 좌표만 다르므로 가로로 부드럽게 이동할 것이다. 버튼에는 Point 타입의 속성이 없어 타원 패스를 대신 사용했다. 사실 컨트롤에는 Point 타입의 속성이 많지 않아 이 애니메이션은 사용 빈도가 떨어진다.

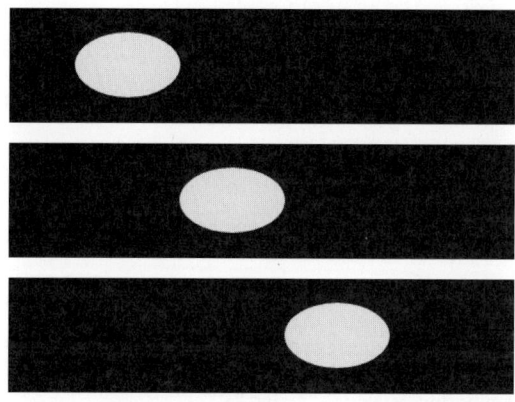

버튼이나 텍스트 블록 같은 컨트롤을 이동시키려면 캔버스에 놓고 Canvas.Left, Canvas.Top 속성을 조정하는 것이 더 편리하다. 또는 그리드에 배치해 놓고 왼쪽이나 위쪽 마진값을 조정할 수도 있다. 이 속성들은 좌표를 나타내지만 Point 타입이 아닌 실수형이므로 DoubleAnimation을 사용해야 한다.

10-1-2 애니메이션 속성

애니메이션의 주요 속성들은 루트 클래스인 Timeline에 정의되어 있다. 루트가 제공하는 속성 이므로 모든 애니메이션에 이 속성을 적용할 수 있다.

속 성	설 명
Duration	애니메이션이 진행될 시간을 지정한다. 시:분:초 의 포맷으로 되어 있으며 초는 실수 단위로 더 정밀하게 지정할 수 있다. 디폴트는 0:0:1초이다.
AutoReverse	애니메이션을 수행한 후 반대로도 한 번 더 수행한다.
BeginTime	애니메이션을 시작할 지연 시간을 지정한다. 복수 개의 애니메이션을 연이어 실행할 때 사용한다.
FillBehavior	애니메이션 완료 후의 동작을 지정한다. HoldEnd : 완료 상태를 유지한다. 이 값이 디폴트이다. Stop : 시작 상태로 복귀한다.
RepeatBehavior	반복 회수를 지정한다. 디폴트는 한 번만 수행하는 1x이다. 2x로 지정하면 2번 실행하며 Forever로 지정하면 계속 실행한다. hh:mm:ss 포맷으로 시간을 지정할 수도 있다.
SpeedRatio	애니메이션의 재생 속도를 지정한다. 1 미만의 값이면 속도가 느려지고 1보다 더 크면 속도가 빨라진다.

움직임에 대한 속성들이라 글로는 정확하게 설명하기 어렵다. 백문이 불여일견이므로 각 속성을 모두 적용해서 테스트해 보자. 속성의 효과를 눈으로 즉시 확인할 수 있으므로 한 번씩만 보면 금방 이해된다.

AnimationProp

```
<Grid x:Name="ContentPanel" Grid.Row="1" Margin="12,0,12,0">
    <Canvas>
        <Canvas.Resources>
            <Storyboard x:Name="Anim1">
                <DoubleAnimation Storyboard.TargetName="btnAnim1"
                Storyboard.TargetProperty="(Canvas.Left)" From="0" To="280"/>
            </Storyboard>
            <Storyboard x:Name="Anim2">
                <DoubleAnimation Storyboard.TargetName="btnAnim2"
                Storyboard.TargetProperty="(Canvas.Left)" From="0" To="280"
                Duration="0:0:3" />
            </Storyboard>
            <Storyboard x:Name="Anim3">
                <DoubleAnimation Storyboard.TargetName="btnAnim3"
                Storyboard.TargetProperty="(Canvas.Left)" By="20"
                Duration="0:0:0.3"/>
            </Storyboard>
```

```xml
<Storyboard x:Name="Anim4">
    <DoubleAnimation Storyboard.TargetName="btnAnim4"
    Storyboard.TargetProperty="(Canvas.Left)" From="0" To="280"
    AutoReverse="True" />
</Storyboard>
<Storyboard x:Name="Anim5">
    <DoubleAnimation Storyboard.TargetName="btnAnim5"
    Storyboard.TargetProperty="(Canvas.Left)" From="0" To="280"
    FillBehavior="Stop" />
</Storyboard>
<Storyboard x:Name="Anim6" >
    <DoubleAnimation Storyboard.TargetName="btnAnim6"
    Storyboard.TargetProperty="(Canvas.Left)" From="0" To="280"
    />
    <DoubleAnimation Storyboard.TargetName="btnAnim6"
    Storyboard.TargetProperty="Width" From="200" To="100"
    />
</Storyboard>
<Storyboard x:Name="Anim7">
    <DoubleAnimation Storyboard.TargetName="btnAnim7"
    Storyboard.TargetProperty="(Canvas.Left)" From="0" To="200"
    />
    <DoubleAnimation Storyboard.TargetName="btnAnim7"
    Storyboard.TargetProperty="(Canvas.Top)" By="-100"
    BeginTime="0:0:1"/>
</Storyboard>
<Storyboard x:Name="Anim8">
    <DoubleAnimation Storyboard.TargetName="btnAnim8"
    Storyboard.TargetProperty="(Canvas.Left)" From="0" To="280"
    RepeatBehavior="3x" />
</Storyboard>
<Storyboard x:Name="Anim9">
    <DoubleAnimation Storyboard.TargetName="btnAnim9"
    Storyboard.TargetProperty="(Canvas.Left)" From="0" To="280"
    SpeedRatio="3" />
</Storyboard>
<Storyboard x:Name="Anim10">
    <DoubleAnimation Storyboard.TargetName="btnAnim10"
    Storyboard.TargetProperty="(Canvas.Left)" From="0" To="280"
    AutoReverse="True" RepeatBehavior="3x" SpeedRatio="3" />
</Storyboard>
```

```xml
        </Canvas.Resources>

        <Button Name="btnAnim1" Content="Default" Width="200"
            Click="btnAnim1_Click" />
        <Button Name="btnAnim2" Content="3초간 이동" Width="200" Canvas.Top="60"
            Click="btnAnim2_Click" />
        <Button Name="btnAnim3" Content="현위치 기준" Width="200" Canvas.Top="120"
            Click="btnAnim3_Click" />
        <Button Name="btnAnim4" Content="역재생" Width="200" Canvas.Top="180"
            Click="btnAnim4_Click" />
        <Button Name="btnAnim5" Content="복귀" Width="200" Canvas.Top="240"
            Click="btnAnim5_Click" />
        <Button Name="btnAnim6" Content="동시" Width="200" Canvas.Top="300"
            Click="btnAnim6_Click" />
        <Button Name="btnAnim7" Content="연결" Width="200" Canvas.Top="360"
            Click="btnAnim7_Click" />
        <Button Name="btnAnim8" Content="3회반복" Width="200" Canvas.Top="420"
            Click="btnAnim8_Click" />
        <Button Name="btnAnim9" Content="3배속" Width="200" Canvas.Top="480"
            Click="btnAnim9_Click" />
        <Button Name="btnAnim10" Content="왕복" Width="200" Canvas.Top="540"
            Click="btnAnim10_Click" />
    </Canvas>
</Grid>
================================ CS ========================================
private void btnAnim1_Click(object sender, RoutedEventArgs e)
{
    Anim1.Begin();
}

private void btnAnim2_Click(object sender, RoutedEventArgs e)
{
    Anim2.Begin();
}

private void btnAnim3_Click(object sender, RoutedEventArgs e)
{
    Anim3.Begin();
}

private void btnAnim4_Click(object sender, RoutedEventArgs e)
```

```
{
    Anim4.Begin();
}

private void btnAnim5_Click(object sender, RoutedEventArgs e)
{
    Anim5.Begin();
}

private void btnAnim6_Click(object sender, RoutedEventArgs e)
{
    Anim6.Begin();
}

private void btnAnim7_Click(object sender, RoutedEventArgs e)
{
    Anim7.Begin();
}

private void btnAnim8_Click(object sender, RoutedEventArgs e)
{
    Anim8.Begin();
}

private void btnAnim9_Click(object sender, RoutedEventArgs e)
{
    Anim9.Begin();
}

private void btnAnim10_Click(object sender, RoutedEventArgs e)
{
    Anim10.Begin();
}
```

    캔버스 안에 10개의 버튼을 배치하고 각 버튼에 다양한 방식으로 애니메이션을 적용했다. 좌표를 자유롭게 변경할 수 있어야 하므로 스택 패널이나 그리드보다는 캔버스가 더 적합하다. 버튼 배치문이나 클릭 이벤트 핸들러 코드는 단순하므로 볼 필요 없고 리소스에 정의된 애니메이션 객체만 자세히 살펴보면 된다.

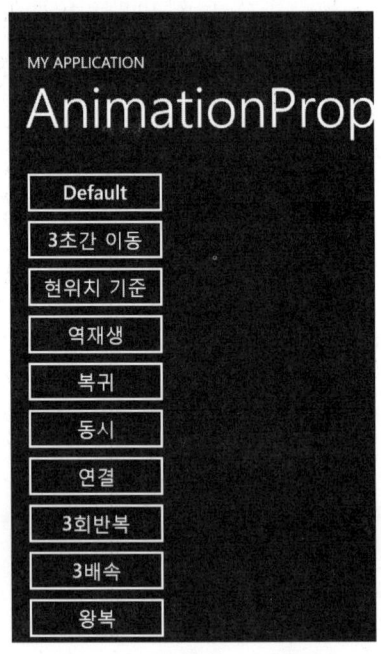

위에서부터 순서대로 버튼을 하나씩 눌러보고 어떤 동작을 하는지 관찰해 보자. Default 버튼은 Canvas.Left 속성만 0~280까지 변화시키며 나머지 속성은 모두 디폴트를 취하므로 1초간에 걸쳐 딱 한 번 애니메이션이 수행되며 다시 돌아오지도 않는다. 나머지 버튼들은 디폴트와는 조금씩 다른 동작을 한다.

Duration 속성을 3초로 지정하면 애니메이션 진행 시간이 3초로 늘어난다. 이동하는 거리는 같고 진행 시간은 늘어나므로 속도가 느려진다. 이동하는 속도만 다를 뿐 애니메이션 완료 후의 결과는 동일하다. 애니메이션 중인 버튼도 클릭할 수 있다. 좌표가 계속 조정되므로 원래 위치가 아니라 이동 중인 버튼을 클릭해야 한다. 애니메이션 중인 버튼에 다시 애니메이션을 적용하면 새로운 애니메이션으로 대체된다. 버튼을 클릭하면 이동하는 도중에 처음으로 돌아와서 오른쪽으로 다시 이동한다.

앞의 두 버튼은 애니메이션의 시작과 끝을 분명히 밝히기 위해 From, To 속성을 둘 다 지정했다. From~To까지 이동 범위가 확정적이며 지극히 자연스럽다. From, To는 당연히 밝혀야 할 필수 속성이지만 특수한 효과를 위해 두 속성을 생략할 수도 있다. From 속성을 생략하면 현재 값이 시작점으로 대신 사용된다. To 속성을 생략할 경우는 목표 지점을 지정하기 위해 By 속성으로 상대적 위치를 지정해야 한다.

세 번째 버튼은 From, To 속성을 생략하고 By 속성만 20으로 지정했다. 현재 위치를 기준으로 20만큼 오른쪽으로 이동하라는 의미이다. From이 생략되면 To도 같이 생략되는 것이 보통이며 대신 By 속성으로 상대적 변화값을 지정한다. By 속성에 음수를 주면 왼쪽으로 이동할 것이다. 이동 거리가 짧으므로 진행 시간도 0.3초로 짧게 주었다. 이 버튼을 계속 누르면 오른쪽으로 슬금슬금 도망가며 별도의 끝점 제한이 없으므로 자꾸 누르면 결국, 화면에서 사라진다.

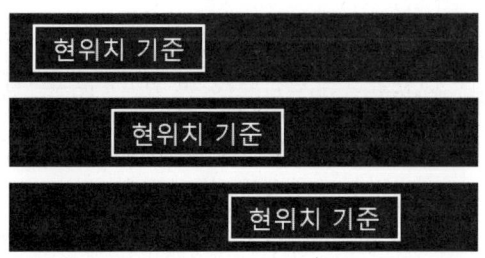

AutoReverse 속성은 애니메이션을 완료한 후 자동으로 반대 방향으로 재생하여 원래 상태로 돌아온다. FillBehavior 속성은 애니메이션 완료시의 동작을 지정한다. 디폴트인 HoldEnd는 끝난 상태를 그대로 유지하며 이 값을 Stop으로 바꾸면 이동한 후 처음 위치로 복귀한다. 두 속성 모두 애니메이션 완료 후의 결과는 같지만 중간 과정이 다르다. "역재생" 버튼을 누르면 오른쪽으로 갔다가 왼쪽으로 돌아올 때도 애니메이션되지만 "복귀" 버튼은 오른쪽으로 이동 후 애니메이션 없이 즉시 돌아온다.

스토리보드에 두 개 이상의 애니메이션을 포함시켜 동시에 실행할 수도 있다. 스토리보드는 애니메이션을 담는 컨테이너이며 Storyboard 엘리먼트 안에 필요한 만큼의 애니메이션 객체를 정의하면 된다. "동시" 버튼을 클릭하면 Canvas.Left 속성을 변경하여 이동하면서 Width 속성을 점점 줄인다. 결과적으로 버튼은 이동하면서 작아진다. Width의 To 속성을 0으로 지정하면 이동하다가 사라져버릴 것이다.

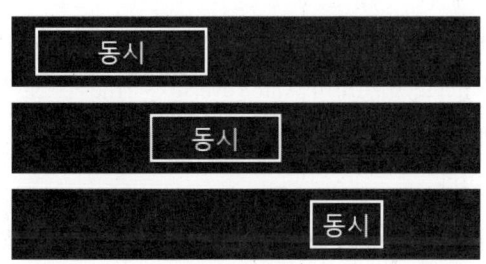

스토리보드에 속한 모든 애니메이션은 동시에 시작된다. 같이 시작하지 않고 한 애니메이션이 시작된 후 잠시 기다렸다가 다음 애니메이션을 시작하려면 BeginTime 속성으로 두 번째 애니메이션에 약간의 지연 시간을 둔다. "연결" 버튼은 Canvas.Left 속성을 0~200까지 변경하면서 Canvas.Top 속성을 현재 위치에서 -100만큼 변경한다.

두 애니메이션이 동시에 시작된다면 버튼은 오른쪽 위로 비스듬하게 움직일 것이다. 그러나 두 번째 애니메이션의 BeginTime 속성을 첫 번째 애니메이션의 시간과 같은 1초로 지정함으로써 잠시 대기하도록 했다. 두 애니메이션이 동시에 실행되는 것이 아니라 약간의 간격을 두고 순서대로 실행되므로 오른쪽으로 먼저 이동한 후 위쪽으로 이동한다.

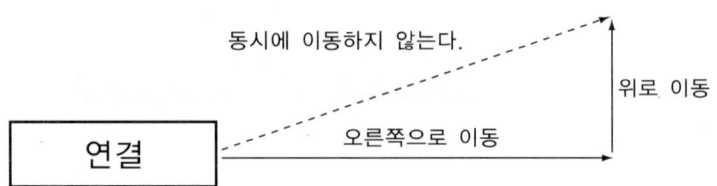

스토리보드에 속한 각 애니메이션들은 시작 시간뿐만 아니라 지속 시간, 속도 등이 모두 달라도 상관없다. 각 애니메이션의 고유 속성대로 실행된다. RepeatBehavior 속성은 반복 회수를 지정하며 여러 가지 포맷으로 지정할 수 있다. 예제에서는 3x로 지정하여 3회 반복하도록 했다.

속 성	설 명
0:0:3	지정한 시간 동안 반복한다. 1초짜리 애니메이션 반복 시간을 3초로 지정하면 3회 반복될 것이다. 0.5초로 지정하면 반만 진행하고 멈춘다.
2x	지정한 횟수만큼 반복한다. 3x로 지정하면 3회 반복하고 1.5x로 지정하면 1.5회 반복한다.
Forever	영원히 반복한다. 외부에서 멈추어야 한다. 주로 장식적인 용도로 사용된다.

SpeedRatio는 전체적인 속도를 조정한다. 마지막 버튼은 왔다리 갔다리 하면서 3배속으로 3번 반복한다. 진행 시간을 따로 지정하지 않았으므로 디폴트인 1초가 적용되지만 SpeedRatio가 3이므로 0.33초 만에 1회 이동하며 AutoReverse가 True이므로 반대편으로 역재생도 수행한다. 결국, 한 번 왕복에 0.66초 정도가 걸리며 이 동작을 3번 반복하므로 총 애니메이션 시간은 대충 2초 정도가 될 것이다.

이상으로 애니메이션에 영향을 미치는 여러 가지 속성들에 대해 알아보고 예제를 통해 속성의 적용예를 테스트해 보았다. 각 속성의 의미는 어렵지 않게 이해할 수 있지만 이 속성들을 적절하게 조합하여 상상속의 애니메이션을 정확하게 구현하는 것은 쉽지 않은 작업이다. 원하는 효과를 내려면 많은 시도와 테스트가 필요하다.

10-1-3 코드로 애니메이션 작성

애니메이션은 움직이는 동작을 기술하지만 그렇다고 애니메이션 객체 자신이 움직이는 것은 아니다. 애니메이션은 단지 움직임에 대한 정보를 담은 데이터 객체일 뿐이므로 미리 정의해놓을 수 있다. 그래서 보통 XAML 파일에 리소스로 등록해 놓고 사용한다. 애니메이션 객체에 각종 속성을 설정하고 고유한 이름을 지정해 놓으면 필요할 때 Begin 메서드만 호출하여 즉시 실행할 수 있다.

그러나 필요하다면 코드에서도 애니메이션 객체를 실시간으로 생성하여 실행할 수 있다. 대개의 경우 XAML 파일에서 정의하는 것이 편리하지만 불가피하게 코드에서 생성해야 하는 상황도 존재한다. 다음 예제는 버튼을 오른쪽으로 이동하는 애니메이션을 코드로 처리한다.

CodeAnimation

```
<Grid x:Name="ContentPanel" Grid.Row="1" Margin="12,0,12,0">
    <Canvas>
        <Button Name="btnAnim1" Content="Default" Width="200" Click="btnAnim1_Click" />
    </Canvas>
</Grid>
================================= CS =========================================
private void btnAnim1_Click(object sender, RoutedEventArgs e)
{
    DoubleAnimation anim = new DoubleAnimation();
    anim.From = 0;
    anim.To = 280;

    Storyboard.SetTarget(anim, btnAnim1);
    Storyboard.SetTargetProperty(anim, new PropertyPath(Canvas.LeftProperty));

    Storyboard story = new Storyboard();
    story.Children.Add(anim);
```

```
    story.Begin();
}
```

XAML 파일에는 캔버스 안에 버튼 하나만 배치했으며 애니메이션과 관련된 리소스 생성문이
전혀 없다. 버튼의 클릭 이벤트 핸들러에서 애니메이션 객체를 생성하고 실행한다. 생성 시점만
다를 뿐 XAML로 정의한 애니메이션과 동작은 동일하다.

XAML에서 정의하는 애니메이션도 결국은 객체이므로 코드로 객체를 못 만들 이유가 없다.
new 연산자로 anim 애니메이션 객체를 생성하고 옵션값을 대응되는 속성에 대입한다. 디폴트가
무난한 옵션은 굳이 대입할 필요가 없으므로 From과 To 속성만 지정했다. 애니메이션 대상은
스토리보드의 연결 속성이므로 다음 정적 메서드로 지정한다.

```
static void SetTarget(Timeline timeline, DependencyObject target)
static void SetTargetProperty(Timeline element, PropertyPath path)
```

첫 번째 인수로 애니메이션 객체를 지정하고 두 번째 인수로 대상 객체와 속성에 대한 정보를
전달한다. XAML에서는 대상 객체를 이름으로 지정하지만 코드에서는 객체에 대한 참조로 지정
한다. SetTarget 메서드로 anim 애니메이션의 대상 객체를 btnAnim1 버튼으로 지정했다.

애니메이션 대상 속성은 종속 속성이다. 종속 속성은 다소 어려운 개념이며 이 장 끝에서 상세
히 소개할 것이다. 종속 속성은 PropertyPath 객체로 지정하는데 생성자로 종속 속성의 정규 이름
문자열을 전달한다. 보통 속성 이름 다음에 Property를 붙이면 된다. Left 속성의 정규 이름은
LeftProperty이다. 두 메서드 호출문은 anim 애니메이션의 대상을 btnAnim1 버튼의 Canvas.Left
속성으로 지정한다는 뜻이다.

애니메이션 객체는 단독으로 존재하더라도 항상 스토리보드 안에 포함되어야 한다. new 연산자로 새 Storyboard 객체를 생성하고 Add 메서드를 호출하여 자식 목록에 anim 애니메이션을 포함시킨다. 둘 이상의 애니메이션을 만들어 포함시키는 것도 물론 가능하다. 여기까지 작업하면 모든 준비가 완료되며 스토리보드의 Begin 메서드를 호출하면 애니메이션이 실행된다.

XAML로 정의하는 방법에 비해서는 코드도 길고 번거롭다. 똑같은 속성을 지정하지만 코드는 대입문으로 간단하게 지정할 수 없어 관련 메서드를 호출해야 한다. 또 엘리먼트간의 계층으로 포함 관계를 명시할 수 없으므로 스토리보드 안에 애니메이션을 직접 넣어 주어야 한다. 이런 불편함이 있음에도 불구하고 코드로 애니메이션을 생성하는 이유는 다음 몇 가지 이점이 있기 때문이다.

❶ XAML은 정적인 선언만 가능하므로 디자인 중에 모든 속성을 확정적으로 결정해야 한다. 이에 비해 코드는 실행 중에 값을 선택할 수 있으므로 애니메이션 속성을 원하는 대로 변경할 수 있다. 뿐만 아니라 애니메이션의 종류 자체를 선택할 수도 있다.

❷ XAML은 애니메이션 정의에 대상 객체가 분명히 명시되므로 타겟 외의 객체에 대해서는 애니메이션을 수행할 수 없다. 즉 재사용이 불가능하다. 코드에서는 상황에 따라 타겟을 바꿔가며 적용할 수 있어 재사용성이 우수하다.

재사용의 문제는 선언적 언어인 XAML의 치명적인 단점이다. 10개의 버튼에 대해 똑같은 애니메이션을 적용하려면 10개의 대상 객체에 대해 각각 애니메이션을 정의하는 수밖에 없다. 반면 코드는 인수로 전달받은 객체를 타겟으로 하는 애니메이션을 정의할 수 있다. 과연 무엇이 다른지 다음 예제로 확인해 보자.

ShakeButton

```
<Grid x:Name="ContentPanel" Grid.Row="1" Margin="12,0,12,0">
    <Canvas>
        <Canvas.Resources>
            <Storyboard x:Name="Anim1">
                <DoubleAnimation Storyboard.TargetName="btnAnim1"
                    Storyboard.TargetProperty="(Canvas.Left)" From="0" To="10"
                    Duration="0:0:0.1" AutoReverse="True" RepeatBehavior="3x" />
            </Storyboard>
            <Storyboard x:Name="Anim2">
```

```xml
            <DoubleAnimation Storyboard.TargetName="btnAnim2"
                    Storyboard.TargetProperty="(Canvas.Left)" From="0" To="10"
                    Duration="0:0:0.1" AutoReverse="True" RepeatBehavior="3x" />
        </Storyboard>
    </Canvas.Resources>
    <Button Name="btnAnim1" Content="Button1" Width="200"
        Click="btnAnim1_Click" />
    <Button Name="btnAnim2" Content="Button2" Width="200" Canvas.Top="60"
        Click="btnAnim2_Click" />
    <Button Name="btnAnim3" Content="Button3" Width="200" Canvas.Top="120"
        Click="btnAnim3_Click" />
    <Button Name="btnAnim4" Content="Button4" Width="200" Canvas.Top="180"
        Click="btnAnim3_Click" />
    </Canvas>
</Grid>
================================= CS =========================================
private void btnAnim1_Click(object sender, RoutedEventArgs e)
{
    Anim1.Begin();
}

private void btnAnim2_Click(object sender, RoutedEventArgs e)
{
    Anim2.Begin();
}

private void btnAnim3_Click(object sender, RoutedEventArgs e)
{
    DoubleAnimation anim = new DoubleAnimation();
    anim.From = 0;
    anim.To = 10;
    anim.AutoReverse = true;
    anim.RepeatBehavior = new RepeatBehavior(3);
    anim.Duration = TimeSpan.FromMilliseconds(100);

    Storyboard.SetTarget(anim, sender as Button);
    Storyboard.SetTargetProperty(anim, new PropertyPath(Canvas.LeftProperty));

    Storyboard story = new Storyboard();
    story.Children.Add(anim);
```

```
        story.Begin();
    }
}
```

Anim1 애니메이션은 btnAnim1 버튼의 Canvas.Left 속성을 0~10까지 왕복하기를 0.1초의 짧은 시간에 3회 반복함으로써 버튼을 살짝쿵 흔드는 효과를 낸다. Anim2 애니메이션도 내용은 동일하되 타겟이 btnAnim2라는 것만 다르다. 실행해 보면 두 버튼 모두 잘 흔들린다.

문제는 Anim1과 Anim2의 내용이 대상 버튼만 다를 뿐 동일하다는 것이다. TargetName 속성의 글자 하나만 다를 뿐 나머지 애니메이션의 속성값들은 완전히 일치한다. 하지만 XAML은 문서 안에 객체의 모든 속성을 완전히 적어야 하므로 이 두 애니메이션 객체를 통합할 방법이 없다. 두 버튼의 클릭 이벤트 핸들러도 실행할 애니메이션의 이름이 다르므로 각각 따로 만들어야 한다.

이런 버튼이 2개뿐이라면 어느 정도 감수할만하다. 그러나 10개가 넘는다면 매 버튼에 대해 일일이 애니메이션 객체를 정의하기가 무척 짜증날 것이며 리소스의 낭비도 심하다. 예제를 위해 똑같은 모양의 똑같은 동작을 하는 버튼을 일부러 만든 것 같지만 사실 이런 경우는 실제 프로젝트에서도 예상외로 흔하다. 지뢰 찾기 게임을 봐라. 똑같은 버튼이 수백 개나 되며 보통 이런 버튼들은 실행 중에 생성한다.

아래쪽의 Button3, Button4는 코드로 애니메이션을 수행함으로써 이 문제를 해결했다. 두 버튼은 클릭 이벤트 핸들러를 공유하며 애니메이션 객체를 직접 생성하되 타겟을 인수로 전달받은 sender로 지정함으로써 클릭한 버튼을 흔든다. 실행 중에 애니메이션을 생성하므로 임의의 타겟을 지정할 수 있다. 이런 식이라면 2개 아니라 얼마든지 많은 버튼을 만들어도 똑같은 애니메이션을 적용할 수 있다. 스택 패널 아래쪽에 버튼을 하나 더 배치해 보자.

```
<Button Name="btnAnim5" Content="Button5" Width="200" Canvas.Top="300"
    Click="btnAnim3_Click" />
```

이름과 캡션, 위치만 다른 버튼을 하나 더 추가했으며 이벤트 핸들러는 이미 만들어 놓은 메서드를 공유한다. 새로 배치한 버튼이며 이 버튼을 위해 별도의 애니메이션을 따로 정의하지 않았지만 이 버튼도 잘 흔들린다. 코드의 융통성이 얼마나 뛰어난지를 실감할 수 있는 부분이다.

10-1-4 변환과 애니메이션

앞 예제들은 애니메이션의 동작을 설명하기 위해 주로 Canvas.Left 속성을 활용했다. 변화를 가장 분명히 확인할 수 있는 속성이 바로 위치이기 때문이다. 하지만 애니메이션과 가장 잘 어울리고 자주 활용되는 속성은 변환 객체이다. 이동, 확대, 회전, 기울이기의 정도를 조작함으로써 재미있고 신기한 효과를 구현할 수 있다. 적용 속성만 다를 뿐 방식은 앞에서 배운 것과 동일하므로 구경만 해 보자.

TransformAnim

```
<Grid x:Name="ContentPanel" Grid.Row="1" Margin="12,0,12,0">
    <StackPanel>
        <StackPanel.Resources>
            <Storyboard x:Name="AnimRotate">
                <DoubleAnimation Storyboard.TargetName="Rotate"
                        Storyboard.TargetProperty="Angle"
                        From="0" To="360" Duration="0:0:0.5" />
            </Storyboard>
            <Storyboard x:Name="AnimScale">
                <DoubleAnimation Storyboard.TargetName="Scale"
                        Storyboard.TargetProperty="ScaleX"
                        From="1" To="0.1" Duration="0:0:0.3"
                        AutoReverse="True" />
                <DoubleAnimation Storyboard.TargetName="Scale"
                        Storyboard.TargetProperty="ScaleY"
                        From="1" To="0.1" Duration="0:0:0.3"
```

```xml
                        AutoReverse="True" />
            </Storyboard>
            <Storyboard x:Name="AnimProjectionX">
                <DoubleAnimation Storyboard.TargetName="Projection"
                        Storyboard.TargetProperty="RotationX"
                        From="0" To="360" Duration="0:0:1" />
            </Storyboard>
            <Storyboard x:Name="AnimProjectionY">
                <DoubleAnimation Storyboard.TargetName="Projection"
                        Storyboard.TargetProperty="RotationY"
                        From="0" To="360" Duration="0:0:1" />
            </Storyboard>
        </StackPanel.Resources>

        <Button Name="btnRotate" Content="Rotate" Margin="50"
            RenderTransformOrigin="0.5,0.5" Click="btnRotate_Click">
            <Button.RenderTransform>
                <RotateTransform x:Name="Rotate" />
            </Button.RenderTransform>
        </Button>
        <Button Name="btnScale" Content="Scale" Margin="50"
            RenderTransformOrigin="0.5,0.5" Click="btnScale_Click">
            <Button.RenderTransform>
                <ScaleTransform x:Name="Scale" />
            </Button.RenderTransform>
        </Button>
        <StackPanel Background="LightGreen" Margin="50">
            <StackPanel.Projection>
                <PlaneProjection x:Name="Projection" />
            </StackPanel.Projection>
            <Button Name="btnRotateX" Content="RotateX" Background="Red"
                    Click="btnRotateX_Click" />
            <ProgressBar IsIndeterminate="True" />
            <Button Name="btnRotateY" Content="RotateY" Background="Blue"
                    Click="btnRotateY_Click" />
        </StackPanel>
    </StackPanel>
</Grid>
================================= CS =====================================
private void btnRotate_Click(object sender, RoutedEventArgs e)
{
```

```
    AnimRotate.Begin();
}

private void btnScale_Click(object sender, RoutedEventArgs e)
{
    AnimScale.Begin();
}

private void btnRotateX_Click(object sender, RoutedEventArgs e)
{
    AnimProjectionX.Begin();
}

private void btnRotateY_Click(object sender, RoutedEventArgs e)
{
    AnimProjectionY.Begin();
}
```

버튼 2개와 스택 패널에 변환 객체를 배치해 놓고 이 변환 객체의 속성을 조작하여 애니메이션을 수행한다. 버튼이 아니라 버튼 내의 변환 객체가 애니메이션 타겟임을 유의하자. 지면으로 실행 결과를 보여줄 수 없어 안타깝다.

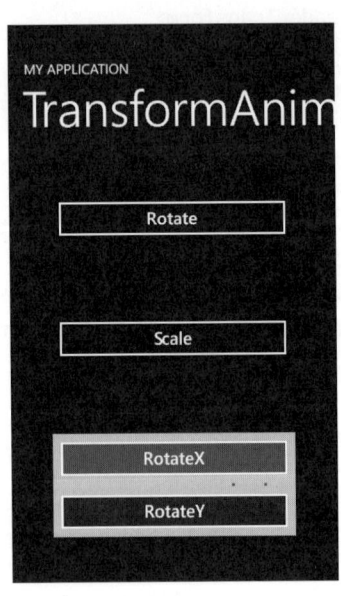

Rotate 버튼을 누르면 Rotate 변환 객체의 각도를 0~360도까지 변화시켜 버튼을 한 바퀴 뱅그르르 회전시킨다. Scale 버튼은 ScaleX와 ScaleY 속성을 동시에 변화시키기 위해 스토리보드에 두 애니메이션을 정의하고 같이 실행했으며 원래대로 복귀하기 위해 AutoReverse 속성을 True로 지정했다. 버튼이 거의 안보일 정도로 작아졌다가 원래 크기대로 돌아올 것이다.

스택 패널 안의 두 버튼은 프로젝션 변환 객체의 회전 값을 조작한다. RotateX 버튼은 X축을 기준으로 회전시키고 RotateY 버튼은 Y축을 기준으로 회전시킨다. 입체적으로 한바퀴 빙 돌아 원래 자리로 돌아오며 꽤 볼만하다. 회전 중에 다른 방향의 버튼을 누르면 동시에 양방향으로 회전도 가능하다. 루트 레이아웃에 대해 이 효과를 적용하면 재미있는 페이지 전환 효과를 구현할 수 있다.

이 간단한 예제만 봐도 애니메이션의 응용처가 실로 무궁무진하다는 느낌이 올 것이다. 알파 값을 조작하면 점점 사라지거나 솟아 오르듯 나타나는 효과를 낼 수 있으며 그라데이션의 색상이나 중간점을 조작하면 스크롤되는 듯한 착각을 일으키기도 한다. 선의 StrokeDashOffset 속성을 조작하면 점선이 움직이는 듯한 애니메이션이 실행된다. 어떤 속성에 적용하면 멋진 애니메이션이 될지 각자 연구해 보자.

10-2 키프레임 애니메이션

10-2-1 키프레임

애니메이션은 From 과 To로 시작과 끝값만을 지정하며 중간값은 시간의 흐름에 따라 자동으로 결정되는 방식을 취한다. 예를 들어 From이 0이고 To가 10이고 지속 시간이 10초면 매 초마다 값이 1씩 증가한다. 0에서 시작하여 5초 진행되었을 때는 중간값인 5에 와 있을 것이며 완료 시에는 10이 될 것이다. 애니메이션 진행 중의 중간값은 내부적인 알고리즘에 의해 자동으로 결정되며 구체적인 값을 직접 지정할 수는 없다.

이에 비해 키프레임 애니메이션은 각 진행 시간마다 특정값을 지정할 수 있어 애니메이션 중간 과정을 훨씬 더 섬세하게 통제할 수 있다. 키프레임이란 디자이너가 특정 시점의 상태를 명시적으로 지정한 것이며 이런 키프레임들을 모아 하나의 완성된 애니메이션을 이룬다. 물론 키프레임 사이의 중간값들은 자동으로 계산된다.

키프레임이 왜 필요한지, 어떤 점에서 더 섬세한지 예제를 만들어 보자. 다음 예제는 버튼을 클릭할 때 회전 각도를 -10~10도 사이로 빠르게 여러 번 왕복함으로써 버튼을 아래위로 짤래짤래 흔드는 귀여운 애니메이션을 보여준다.

KeyFrame

```xml
<Grid x:Name="ContentPanel" Grid.Row="1" Margin="12,0,12,0">
    <StackPanel>
        <StackPanel.Resources>
            <Storyboard x:Name="NoKeyAnim">
                <DoubleAnimation Storyboard.TargetName="NoKeyRotate"
                        Storyboard.TargetProperty="Angle"
                        From="-10" To="10" Duration="0:0:0.2"
                        AutoReverse="True" RepeatBehavior="2x" />
            </Storyboard>
            <Storyboard x:Name="KeyAnim">
                <DoubleAnimationUsingKeyFrames Storyboard.TargetName="KeyRotate"
                        Storyboard.TargetProperty="Angle">
                    <LinearDoubleKeyFrame KeyTime="0:0:0.1" Value="-10" />
                    <LinearDoubleKeyFrame KeyTime="0:0:0.3" Value="10" />
                    <LinearDoubleKeyFrame KeyTime="0:0:0.5" Value="-10" />
                    <LinearDoubleKeyFrame KeyTime="0:0:0.7" Value="10" />
                    <LinearDoubleKeyFrame KeyTime="0:0:0.8" Value="0" />
                </DoubleAnimationUsingKeyFrames>
            </Storyboard>
        </StackPanel.Resources>

        <Button Name="btnNoKey" Content="NoKey" Margin="50"
                RenderTransformOrigin="0.5,0.5" Click="btnNoKey_Click">
            <Button.RenderTransform>
                <RotateTransform x:Name="NoKeyRotate" />
            </Button.RenderTransform>
        </Button>

        <Button Name="btnKey" Content="Key" Margin="50"
                RenderTransformOrigin="0.5,0.5" Click="btnKey_Click">
            <Button.RenderTransform>
                <RotateTransform x:Name="KeyRotate" />
            </Button.RenderTransform>
        </Button>
    </StackPanel>
```

```
</Grid>
=================================== CS ====================================
private void btnNoKey_Click(object sender, RoutedEventArgs e)
{
    NoKeyAnim.Begin();
}

private void btnKey_Click(object sender, RoutedEventArgs e)
{
    KeyAnim.Begin();
}
```

두 개의 애니메이션을 정의하고 두 개의 버튼을 애니메이션 해보았다. 위쪽 버튼은 일반 애니메이션으로 구현한다. 버튼은 RotateTransform 객체를 가지며 회전 중심점은 버튼의 중앙으로 설정하였다. 회전 변환 객체의 Angle 속성이 애니메이션 대상이며 각도는 실수형이므로 DoubleAnimation으로 구현한다.

NoKeyRotate 애니메이션은 Angle의 각도를 -10 ~ 10 사이로 0.3초간 변화시키는 왕복 동작을 2번 수행한다. 두 각도 사이를 왔다 갔다 반복하여 잘 흔들릴 것 같다. 그러나 막상 실행해 보면 기대하는 결과와는 다른 모습을 보여준다. 버튼의 초기 각도는 0인데 애니메이션의 시작값이 -10이어서 시작하자마자 각도가 갑자기 바뀐다. 또 끝값이 -10이어서 두 번 왕복 후 기울어진 채로 끝나 버린다.

동작이 빨라 잘 안보이면 시간을 5초 정도로 충분히 길게 늘여 보아라. 귀엽게 짤래짤래 흔들어 보겠다는 처음의 취지와는 달리 동작이 굉장히 어색하다. 왜 이렇게 되는지 애니메이션 진행 과정과 Angle값의 변화를 그래프로 그려 보자.

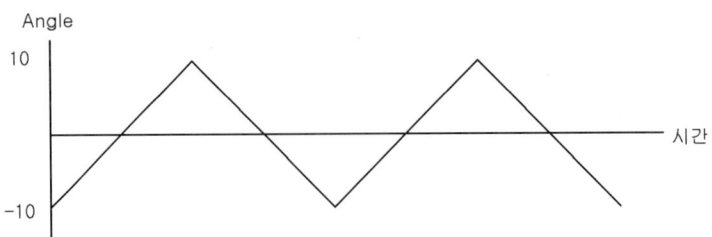

애니메이션 전의 버튼은 회전 각도가 0이지만 애니메이션 시작 직후의 각도는 시작값인 -10부터 시작한다. 갑자기 위로 툭 튀어 올라오는 것처럼 보일 것이다. 그리고 10으로 증가한 후 다시 -10으로 내려오기를 2회 반복한다. 애니메이션의 끝값도 -10이므로 원래 각도로 복귀하지 않는다. 좌우로 흔들리는 동작이라면 다음과 같이 되어야 한다.

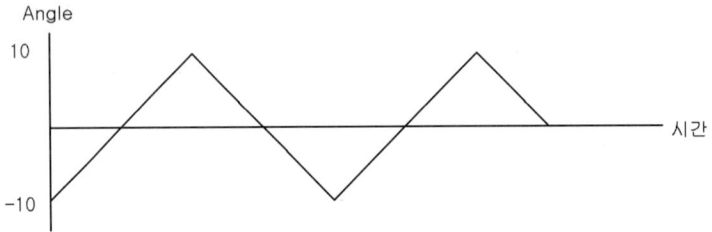

0에서 시작해서 -10~10 사이를 적당히 왕복하다가 0으로 복귀해야 한다. 일반 애니메이션은 시작값과 끝값만 지정할 수 있을 뿐 중간의 값을 명시적으로 지정할 수 없다. 각 단계의 값이 제각각이라 하나의 애니메이션으로는 이 동작을 구현할 수 없으며 여러 개의 애니메이션을 연결해야 한다. 4개의 애니메이션을 연속적으로 실행해야 하며 시간 경계도 잘 맞춰야 한다. 대충 다음과 같이 설계하면 될 것 같다.

```
<Storyboard x:Name="NoKeyAnim">
    <DoubleAnimation Storyboard.TargetName="NoKeyRotate"
                     Storyboard.TargetProperty="Angle"
                     From="0" To="-10" Duration="0:0:0.1"  />
    <DoubleAnimation Storyboard.TargetName="NoKeyRotate"
                     Storyboard.TargetProperty="Angle" AutoReverse="True"
                     To="10" Duration="0:0:0.2" BeginTime="0:0:0.1"  />
    <DoubleAnimation Storyboard.TargetName="NoKeyRotate"
                     Storyboard.TargetProperty="Angle"
```

```
                       To="10" Duration="0:0.2" BeginTime="0:0.5"  />
    <DoubleAnimation Storyboard.TargetName="NoKeyRotate"
                       Storyboard.TargetProperty="Angle"
                       To="0" Duration="0:0.2" BeginTime="0:0.7"  />
</Storyboard>
```

최초 0에서 -10으로 이동하며 이어서 현재값인 -10에서 10까지 왕복하는 애니메이션을 2회 수행한다. 그리고 0으로 다시 돌아오는 애니메이션으로 마무리한다. 그럴듯해 보이지만 이 코드는 허용되지 않는다. 왜냐하면 같은 스토리보드에 속한 애니메이션의 타겟 속성이 같아서는 안 된다는 규칙이 있기 때문이다.

여러 개의 애니메이션이 하나의 속성을 동시에 조정하면 혼란이 생길 것은 뻔하다. 위의 코드는 시작 시간이 모두 달라서 괜찮을 것 같지만 컴파일러가 그런 것까지 판단할 수는 없다. 원칙적으로 스토리보드는 여러 개의 애니메이션을 동시에 실행할 수 있지만 같은 속성을 둘이서 조정하는 것은 허용하지 않는다.

이런 복잡한 동작을 지정하는 것이 바로 키프레임 애니메이션이다. 키프레임 애니메이션은 일반 애니메이션과 마찬가지로 Timeline으로부터 파생되며 다음 세 가지가 있다. 뒤에 UsingKeyFrames가 붙은 것만 다르다.

```
DoubleAnimationUsingKeyFrames
ColorAnimationUsingKeyFrames
PointAnimationUsingKeyFrames
ObjectAnimationUsingKeyFrames
```

Timeline으로부터 Duration, AutoReverse, RepeatBehavior 등의 속성을 모두 상속받으며 추가로 각 키프레임의 속성을 지정하는 KeyFrames 컬렉션 속성을 추가로 가진다.

DoubleAnimationUsingKeyFrames의 KeyFrames 컬렉션은 DoubleKeyFrame으로부터 파생되는 다음 4개의 객체 배열이다.

```
DiscreteDoubleKeyFrame
LinearDoubleKeyFrame
SplineDoubleKeyFrame
EasingDoubleKeyFrame
```

키프레임에도 대상 속성의 타입명이 들어가 있다. 이 타입명은 키프레임 애니메이션 객체에 따라 달라진다. 예를 들어 LinearDoubleKeyFrame은 색상 애니메이션의 경우 LinearColorKeyFrame이 되고 좌표 애니메이션의 경우 LinearPointKeyFrame이 된다. 이름만 다를 뿐이지 사용하는 방법은 동일하다.

4가지 키프레임은 중간값을 계산하는 보간법이 다른데 잠시 후 따로 알아보자. 각 프레임은 KeyTime과 Value 속성을 가진다. KeyTime은 애니메이션 시작 후의 경과시간을 지정하며 Value 는 그때의 목표값을 지정한다. 예를 들어 0.1초 후에는 값이 3이 되어야 하고 0.2초 후에는 값이 8이 되어야 함을 지정하는 식이며 이런 키프레임의 컬렉션으로 전체 애니메이션의 구체적인 모양을 만든다.

예제의 키프레임은 위에 보인 그래프대로 시간과 각도를 지정한다. 첫 번째 프레임은 0.1초 후에 -10으로 변할 것을 지정하되 선형 보간법을 사용하므로 0 ~ 0.1초 사이의 프레임은 일차 함수 공식대로 중간값이 계산된다. 즉 0.01초에서 -1, 0.02초에서 -2식으로 계속 증가하다가 0.1 초에 이르면 -10이 된다.

두 번째 프레임은 0.3초 후에 10으로 가는 선형 보간을 지정한다. -10 ~ 10까지 20만큼 이동해 야 하므로 시간도 첫 번째 프레임에 비해 2배 더 길다. 이후 0.5초 후에 다시 -10으로 이동하며 0.7초 후에 10으로 이동했다가 마지막 프레임은 0.8초 후에 원래 출발점인 0으로 이동한다. 이 과정을 연속으로 실행하면 버튼이 좌우로 흔들흔들하는 모습을 제대로 볼 수 있다.

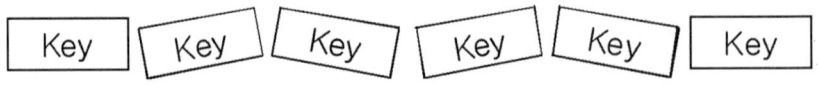

예제를 실행해 놓고 두 버튼을 차례대로 눌러 보면 어떤 점이 다르며 키프레임 애니메이션이 왜 필요한지 알 수 있다. ColorAnimationUsingKeyFrames, PointAnimationUsingKeyFrames도 마찬가지 키프레임 컬렉션을 가지되 KeyFrame 컬렉션에 포함되는 키프레임 객체의 이름과 Value 의 타입만 다르다.

10-2-2 보간법

보간(Interpolation)이란 프레임 사이를 부드럽게 연결하기 위해 중간값을 계산하는 공식이다. 애니메이션은 시작과 끝 또는 중간 지점의 키프레임 상태만 지정할 뿐이며 모든 장면에 대한 정보를 일일이 밝히지 않는다. 따라서 생략된 중간 프레임은 계산에 의해 만들어 내야 하는데 이 계산법을 보간이라고 한다.

키프레임 애니메이션은 보간 객체를 차일드로 가지는데 이 보간 객체들의 중간값 계산 과정에 대해 연구해 보자. Discrete 보간법은 아예 중간 과정을 생략해 버리고 시간이 되면 특정값으로 점프하는 방법이다. 따라서 애니메이션은 불연속적으로 뚝뚝 끊어진다. 보간법이라기보다는 특정값으로 강제 설정하는 무보간이라고 할 수 있다.

Linear는 두 프레임 사이의 값을 선형적으로 보간하여 중간값을 계산한다. 시간이 흐름에 따라 값이 변화하는 양이 일정하며 그래프로 그리면 일차원의 직선 그래프 형태가 된다. 속성값은 일정한 속도로 균일하게 목표값으로 점점 변한다. 일반 애니메이션은 이 방식의 보간법이 적용된다.

Spline은 3차 베지어 곡선 형태로 보간한다. KeySpline 속성으로 두 개의 x, y 좌표를 지정함으로써 베지어 곡선을 정의하고 이 곡선의 정의대로 보간을 적용한다. 시작점과 끝점은 0과 1로 고정되어 있고 나머지 두 조절점을 KeySpline 속성으로 지정한다. 조절점의 좌표는 0 ~ 1 사이에 있어야 한다.

KeySpline의 디폴트는 0,0,1,1로 시작점, 끝점과 일치되어 있어 일단은 선형 보간과 동일하다. 조절점을 바꾸면 곡선의 모양이 정의되고 이 곡선 그래프대로 보간이 수행된다. 예를 들어 다음 두 경우를 보자. 조절점 2는 끝점과 일치시켜 두고 조절점 1을 위쪽이나 오른쪽으로 이동시켰다. 그러면 베지어 곡선이 조절점 1쪽으로 당겨진다.

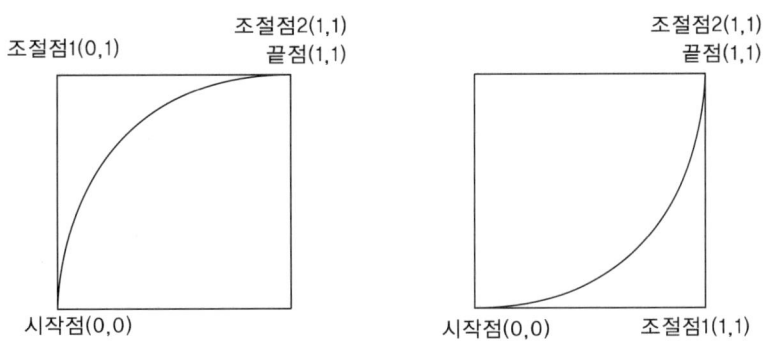

왼쪽의 경우 처음에는 중간값이 많이 적용되다가 갈수록 적게 적용되고 오른쪽의 경우는 반대로 적용된다. 하늘 위로 던진 공은 움직임이 점점 느려지며 자유 낙하하는 물체는 점점 빨라진다. 이런 자연스러운 움직임을 구현할 때 스플라인 보간이 적합하다. 다음 예제로 3가지 보간법을 테스트해 보자. 보간값을 시각적으로 확인하는 데는 색상값보다는 이동 변환이 가장 직관적이다.

```
<Grid x:Name="ContentPanel" Grid.Row="1" Margin="12,0,12,0">
    <StackPanel>
        <StackPanel.Resources>
            <Storyboard x:Name="aniDiscrete">
                <DoubleAnimationUsingKeyFrames Storyboard.TargetName="trDiscrete"
                    Storyboard.TargetProperty="X">
                    <DiscreteDoubleKeyFrame KeyTime="0:0:0" Value="0" />
                    <DiscreteDoubleKeyFrame KeyTime="0:0:1" Value="280" />
                </DoubleAnimationUsingKeyFrames>
            </Storyboard>
            <Storyboard x:Name="aniLinear">
                <DoubleAnimationUsingKeyFrames Storyboard.TargetName="trLinear"
                    Storyboard.TargetProperty="X">
                    <DiscreteDoubleKeyFrame KeyTime="0:0:0" Value="0" />
                    <LinearDoubleKeyFrame KeyTime="0:0:1" Value="280" />
                </DoubleAnimationUsingKeyFrames>
            </Storyboard>
            <Storyboard x:Name="aniSpline1">
                <DoubleAnimationUsingKeyFrames Storyboard.TargetName="trSpline1"
                    Storyboard.TargetProperty="X">
                    <DiscreteDoubleKeyFrame KeyTime="0:0:0" Value="0" />
                    <SplineDoubleKeyFrame KeyTime="0:0:1" Value="280"
                        KeySpline="0.0, 1.0, 1.0, 1.0"/>
                </DoubleAnimationUsingKeyFrames>
            </Storyboard>
            <Storyboard x:Name="aniSpline2">
                <DoubleAnimationUsingKeyFrames Storyboard.TargetName="trSpline2"
                    Storyboard.TargetProperty="X">
                    <DiscreteDoubleKeyFrame KeyTime="0:0:0" Value="0" />
                    <SplineDoubleKeyFrame KeyTime="0:0:1" Value="280"
                        KeySpline="1.0, 0.0, 1.0, 1.0"/>
                </DoubleAnimationUsingKeyFrames>
            </Storyboard>
        </StackPanel.Resources>

        <Button Name="btnDiscrete" Content="Discrete" Width="200"
            HorizontalAlignment="Left" Click="btnDiscrete_Click">
            <Button.RenderTransform>
                <TranslateTransform x:Name="trDiscrete" />
```

```xml
            </Button.RenderTransform>
        </Button>
        <Button Name="btnLinear" Content="Linear" Width="200"
            HorizontalAlignment="Left" Click="btnLinear_Click">
            <Button.RenderTransform>
                <TranslateTransform x:Name="trLinear" />
            </Button.RenderTransform>
        </Button>
        <Button Name="btnSpline1" Content="Spline1" Width="200"
            HorizontalAlignment="Left" Click="btnSpline1_Click">
            <Button.RenderTransform>
                <TranslateTransform x:Name="trSpline1" />
            </Button.RenderTransform>
        </Button>
        <Button Name="btnSpline2" Content="Spline2" Width="200"
            HorizontalAlignment="Left" Click="btnSpline2_Click">
            <Button.RenderTransform>
                <TranslateTransform x:Name="trSpline2" />
            </Button.RenderTransform>
        </Button>
    </StackPanel>
</Grid>
```

================================= CS ===

```csharp
private void btnDiscrete_Click(object sender, RoutedEventArgs e)
{
    aniDiscrete.Begin();
}

private void btnLinear_Click(object sender, RoutedEventArgs e)
{
    aniLinear.Begin();
}

private void btnSpline1_Click(object sender, RoutedEventArgs e)
{
    aniSpline1.Begin();
}

private void btnSpline2_Click(object sender, RoutedEventArgs e)
{
    aniSpline2.Begin();
```

```
}
```

소스의 구조는 무척 간단하다. 4개의 버튼에 대해 키프레임 애니메이션을 수행하되 각각 다른 보간 객체를 적용했다. 시간은 모두 1초로 지정했으며 버튼의 이동 변환 객체에 대해 X 속성을 0에서 280으로 변경한다.

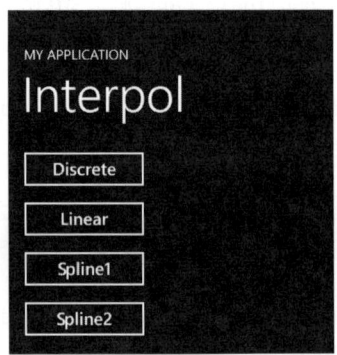

먼저 Discrete 버튼을 눌러 보자. 불연속 보간이므로 중간값이 계산되지 않으며 1초 동안 우두커니 있다가 갑자기 버튼이 오른쪽으로 이동한다. 애니메이션이라기보다는 점프라고 표현하는 것이 더 적당해 보인다. Linear 버튼을 누르면 0~280까지 순차적으로 좌표가 변한다. 선형 변환이므로 버튼의 이동 속도는 항상 일정하다.

Spline1 버튼은 위 그래프의 왼쪽 곡선 모양대로 보간하므로 처음에 빠르게 이동하다가 점점 느리게 이동한다. 마치 물체가 날아와 제 자리를 찾아가는 듯하므로 등장하는 효과에 적합하다. Spline2 버튼은 반대로 처음에는 느리다가 점점 빨라지며 물체가 퇴장하는 효과에 적합하다. 4 버튼 모두 결국, 280까지 가는 것은 동일하지만 중간 프레임의 모습이 각각 다르다.

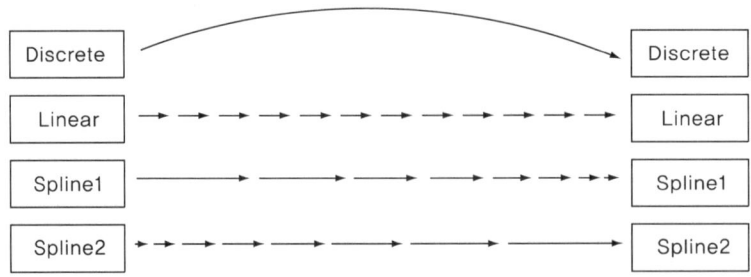

Easing 보간법은 실버라이트가 미리 제공하는 보간 함수를 사용하여 보간을 수행한다. 어떤 보간 함수를 사용할 것인가는 EasingFunction 속성으로 지정하며 다음과 같은 함수 객체들이 제공된다.

```
BackEase
BounceEase
CircleEase
CubicEase
ElasticEase
ExponentialEase
PowerEase
QuadraticEase
QuarticEase
QuinticEase
SineEase
```

각 함수는 고유한 보간 곡선을 그리며 이 곡선대로 보간한다. 움직임을 정의하는 것이라 말로 설명하기 어려우므로 예제를 만들어 직접 관찰해 보자. 예제의 형식은 앞 예제와 동일하다.

Easing

```xml
<Grid x:Name="ContentPanel" Grid.Row="1" Margin="12,0,12,0">
    <StackPanel>
        <StackPanel.Resources>
            <Storyboard x:Name="aniEase1">
                <DoubleAnimationUsingKeyFrames Storyboard.TargetName="trEase1"
                    Storyboard.TargetProperty="X">
                    <DiscreteDoubleKeyFrame KeyTime="0:0:0" Value="0" />
                    <EasingDoubleKeyFrame KeyTime="0:0:1" Value="280">
                        <EasingDoubleKeyFrame.EasingFunction>
                            <BackEase />
                        </EasingDoubleKeyFrame.EasingFunction>
                    </EasingDoubleKeyFrame>
                </DoubleAnimationUsingKeyFrames>
            </Storyboard>
            <Storyboard x:Name="aniEase2">
                <DoubleAnimationUsingKeyFrames Storyboard.TargetName="trEase2"
                    Storyboard.TargetProperty="X">
                    <DiscreteDoubleKeyFrame KeyTime="0:0:0" Value="0" />
```

```xml
                    <EasingDoubleKeyFrame KeyTime="0:0:1" Value="280">
                        <EasingDoubleKeyFrame.EasingFunction>
                            <BounceEase />
                        </EasingDoubleKeyFrame.EasingFunction>
                    </EasingDoubleKeyFrame>
                </DoubleAnimationUsingKeyFrames>
            </Storyboard>
            <Storyboard x:Name="aniEase3">
                <DoubleAnimationUsingKeyFrames Storyboard.TargetName="trEase3"
                    Storyboard.TargetProperty="X">
                    <DiscreteDoubleKeyFrame KeyTime="0:0:0" Value="0" />
                    <EasingDoubleKeyFrame KeyTime="0:0:1" Value="280">
                        <EasingDoubleKeyFrame.EasingFunction>
                            <ElasticEase />
                        </EasingDoubleKeyFrame.EasingFunction>
                    </EasingDoubleKeyFrame>
                </DoubleAnimationUsingKeyFrames>
            </Storyboard>
        </StackPanel.Resources>

        <Button Name="btnEase1" Content="Back" Width="200"
            HorizontalAlignment="Left" Click="btnEase1_Click">
            <Button.RenderTransform>
                <TranslateTransform x:Name="trEase1" />
            </Button.RenderTransform>
        </Button>
        <Button Name="btnEase2" Content="Bounce" Width="200"
            HorizontalAlignment="Left" Click="btnEase2_Click">
            <Button.RenderTransform>
                <TranslateTransform x:Name="trEase2" />
            </Button.RenderTransform>
        </Button>
        <Button Name="btnEase3" Content="Elastic" Width="200"
            HorizontalAlignment="Left" Click="btnEase3_Click">
            <Button.RenderTransform>
                <TranslateTransform x:Name="trEase3" />
            </Button.RenderTransform>
        </Button>
    </StackPanel>
</Grid>
================================ CS =======================================
```

```
private void btnEase1_Click(object sender, RoutedEventArgs e)
{
    aniEase1.Begin();
}
private void btnEase2_Click(object sender, RoutedEventArgs e)
{
    aniEase2.Begin();
}
private void btnEase3_Click(object sender, RoutedEventArgs e)
{
    aniEase3.Begin();
}
```

가장 특징적인 세 가지 보간 함수를 각 버튼에 적용해 보았다.

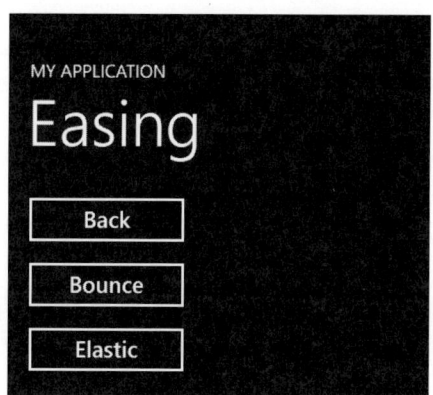

Back은 목표 지점보다 약간 더 뒤로 갔다가 다시 돌아온다. Bounce는 통통 튕기는 듯한 모습을 보여준다. Elastic은 목표 지점을 넘어서서 진동하는 모습이다. 구경만 해도 굉장히 재미있다.

10-2-3 객체 애니메이션

ObjectAnimationUsingKeyFrames는 DiscreteObjectKeyFrame만을 가지며 Double, Color, Point 타입이 아닌 기타 타입의 속성값을 변화시킨다. 이런 속성들은 연속적인 값을 가지지 않으므로 불연속적인 보간만 가능하다. 다음 예제는 버튼을 세 번 깜박거린다.

```
<Grid x:Name="ContentPanel" Grid.Row="1" Margin="12,0,12,0">
    <StackPanel>
        <StackPanel.Resources>
            <Storyboard x:Name="aniBlink">
                <ObjectAnimationUsingKeyFrames RepeatBehavior="3x"
                Storyboard.TargetName="btnBlink"
                Storyboard.TargetProperty="Visibility">
                    <DiscreteObjectKeyFrame KeyTime="0:0:0" Value="Visible" />
                    <DiscreteObjectKeyFrame KeyTime="0:0:0.2" Value="Collapsed" />
                    <DiscreteObjectKeyFrame KeyTime="0:0:0.4" Value="Visible" />
                </ObjectAnimationUsingKeyFrames>
            </Storyboard>
        </StackPanel.Resources>
        <Button Name="btnBlink" Content="Blink" Width="200" Click="btnBlink_Click" />
    </StackPanel>
</Grid>
================================= CS =========================================
private void btnBlink_Click(object sender, RoutedEventArgs e)
{
    aniBlink.Begin();
}
```

버튼의 Visibility 속성을 껐다가 다시 켜기를 3번 반복하였다. 버튼이 보였다 사라지기를 반복하므로 마치 깜박거리는 것처럼 보인다.

Visibility 속성은 보이거나 안 보이거나 둘 중 하나이며 수치값이 아니므로 중간에 다른 값이 존재하지 않는다. 중간값이 없으므로 보간의 의미가 없으며 그래서 불연속 보간만 가능하다. 만약 서서히 사라지는 효과를 원했다면 Visibility 속성이 아닌 Opacity 속성으로 불투명도에 대해 애니메이션을 적용해야 한다.

10-3 종속 속성

10-3-1 속성의 우선순위

속성값은 직접 대입할 수도 있고 스타일을 통해 간접적으로 지정할 수도 있으며 애니메이션으로 변화를 주기도 한다. 스타일이나 애니메이션이나 모두 속성값에 영향을 미치는데 이때 대상 속성은 반드시 종속 속성이어야 한다는 엄격한 제약이 있다. 다음에 알아볼 바인딩도 마찬가지로 종속 속성을 요구한다. 그렇다면 종속 속성(Dependency Property)이란 과연 무엇인지 여기서는 종속 속성 자체에 대해 연구해 보자.

종속 속성은 여러 가지 입력값에 의존하여 최종값이 결정되는 특수한 속성이다. 닷넷 문법이 정의하는 CLR 속성을 확장한 것이며 일반 속성과 달리 대입에 의해 명시적으로 결정되지 않고 다소 복잡한 과정을 거쳐 적용할 값이 결정된다. 정의만 봐서는 종속 속성의 정확한 의미를 파악하기 어려우므로 단계별로 종속 속성이 왜 필요한지 연구해 보자. 다음 예제는 버튼의 FontSize 속성을 다양한 방식으로 지정한다.

Precedence

```
<Grid x:Name="ContentPanel" Grid.Row="1" Margin="12,0,12,0">
    <StackPanel>
        <StackPanel.Resources>
            <Style x:Key="Button40" TargetType="Button">
                <Setter Property="FontSize" Value="40" />
            </Style>
            <Storyboard x:Name="SizeAnim">
                <DoubleAnimation Storyboard.TargetName="btnClick"
                    Storyboard.TargetProperty="FontSize"
                    From="30" To="100"/>
            </Storyboard>
        </StackPanel.Resources>
        <Button Name="btnClick" Content="Click" Style="{StaticResource Button40}"
```

```
                FontSize="80" Click="btnClick_Click" />
        </StackPanel>
</Grid>
================================== CS =========================================
private void btnClick_Click(object sender, RoutedEventArgs e)
{
        SizeAnim.Begin();
}
```

폰트의 크기를 결정하는 여러 가지 장치가 동시에 지정되어 있다. 실행하기 전에 코드를 읽어
보고 어떤 결과가 나올지 미리 예측해 보자. 스택 패널의 리소스 섹션에는 버튼의 폰트를 40픽셀
로 지정하는 Button40 스타일이 정의되어 있으며 폰트 크기를 30~100까지 증가시키는 애니메이
션도 정의되어 있다.

버튼 엘리먼트에는 Button40 스타일이 지정되어 있으며 또한, FontSize 속성에도 80으로 값을
명확히 대입해 놓았다. 차이점을 분명히 구분할 수 있도록 확실하게 큰 폰트를 사용했다. 클릭
이벤트 핸들러에서는 폰트 크기를 변경하는 애니메이션을 실행한다. 스타일과 지역 설정이 동시
에 되어 있는 상황에서는 과연 어떤 설정값을 따르게 될까? 실행해 보자.

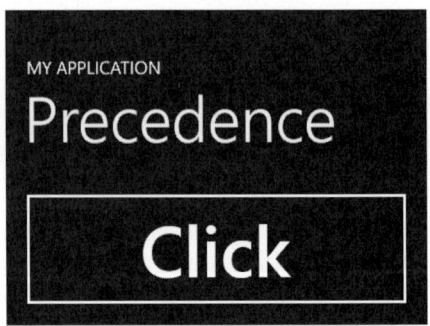

엄청나게 크게 출력된 걸로 봐서 80픽셀의 폰트 크기가 적용된 것이다. 이 예에서 보다시피
스타일에서 지정한 것보다는 지역 설정이 더 우선이다. 스타일은 여러 컨트롤에 공통적으로 적
용되는데 비해 지역 설정은 현재 컨트롤 하나에 대해 명시적으로 지정한 것이므로 지역 설정을
우선 적용하는 것이 합리적이다. 스타일을 적용했더라도 지역 설정으로 스타일의 값을 다른 값
으로 변경할 수 있다.

그렇다면 지역 설정을 빼면 어떻게 될까? Button 엘리먼트에서 FontSize="80" 대입문을 삭제한 후 다시 실행해 보자. 지역 설정이 사라졌으므로 스타일의 설정값인 40픽셀이 적용되며 버튼이 이전보다 훨씬 더 작아진다. 이번에는 한 단계 더 나아가 스타일 설정도 삭제한 후 실행해보자. 스타일 정의 자체를 지울 필요는 없고 Button 엘리먼트의 Style 대입문만 제거하면 된다.

 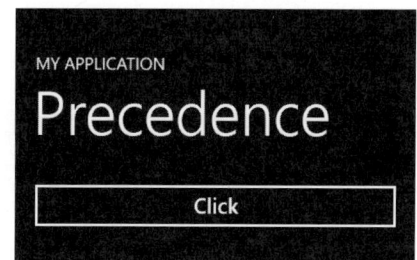

스타일 지정도 없는 경우는 부모의 FontSize 설정을 따른다. 버튼의 부모인 페이지에 다음과 같은 구문이 있다. 명시적인 픽셀 크기로 되어 있지 않고 테마 속성으로 지정되어 있다. 테마의 실제값은 테마 설정에 따라 달라진다. 페이지의 폰트 크기가 차일드에게 상속되어 적용된다.

```
FontSize="{StaticResource PhoneFontSizeNormal}"
```

이 구문까지 빼 버리면 이때는 버튼의 기본값이 적용된다. 버튼의 디폴트 폰트 크기가 부모의 테마값인 PhoneFontSizeNormal로 되어 있어 당장 차이는 느낄 수 없다. 그러나 테마 설정이 바뀐다거나 페이지의 폰트 속성을 일괄 편집하면 버튼도 영향을 받는다. 페이지의 FontSize 속성에 50 정도를 대입해 보면 당장 확인할 수 있다. 여기까지만 봐도 폰트의 크기를 결정하는데 여러 가지 요소가 개입하는 것을 알 수 있다.

지역 설정이 최우선인 것 같지만 사실은 그보다 더 높은 우선순위를 가지는 것이 하나 더 있다. 바로 애니메이션값이다. 버튼을 클릭하면 SizeAnim이 실행되어 버튼이 점점 커진다. 애니메이션 중에는 스타일이나 지역 설정값이 완전히 무시된다. 애니메이션을 위해 From에서 To까지 값이 변하며 끝나면 To 값으로 멈춘다. 이 실험에서 보다시피 FontSize 속성을 설정하는데 다음 요소들이 가장 높은 우선순위부터 순서대로 적용된다.

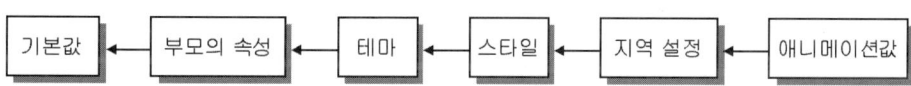

속성의 정확한 값을 결정하는 순서와 논리는 예상외로 복잡하다. 속성의 우선순위는 어떤 값이 적용될지 예측 가능한 질서를 부여한다. 닷넷 문법이 정의하는 CLR 속성은 값을 무조건 대입해 버리기 때문에 이런 정밀한 우선순위를 적용할 수 없다. 그래서 WPF는 CLR의 속성 문법을 더 확장하여 종속 속성이라는 것을 제공하며 WPF의 서브셋인 실버라이트도 종속 속성을 사용한다. WPF의 종속 속성에 비해 실버라이트의 종속 속성은 몇 가지 기능이 제외되었지만 큰 개념은 비슷하다.

종속 속성은 시스템 차원에서 속성 저장소를 마련하고 각 객체의 속성값을 저장하는 속성 저장 체계이다. 종속 속성을 사용하면 스타일을 적용할 수 있고 바인딩을 할 수 있으며 애니메이션에도 활용할 수 있다. 바꿔 얘기하면 이런 기법들을 적용하려면 대상 속성은 반드시 종속 속성이어야 한다는 뜻이다.

여기서는 직관적으로 이해하기 가장 쉬운 속성 적용 우선순위를 예로 들어 종속 속성의 필요성을 설명했는데 종속 속성은 그 외에도 많은 기능을 제공한다. 일일이 예제를 만들어 설명하기는 어렵지만 다음과 같은 기능이 추가로 더 필요하다.

- 속성값이 변경될 때 즉시 통지를 받아야 한다. 스타일이나 바인딩은 속성값이 바뀔 때 부효과 (Side Effect)가 발생하며 이런 효과를 처리해야 하기 때문이다.
- 이름으로부터 변경할 속성값을 검색할 수 있어야 한다. 애니메이션의 타겟을 문자열 형태로 "FontSize"라고 적어 놓아도 실제 어떤 속성을 조정할지 찾아낼 수 있어야 한다.
- 아무런 지정이 없을 때 적용할 기본값이 있어야 한다. 무난한 기본값이 지정되지 않으면 쓰레기 값으로 인해 엉뚱한 동작을 할 위험이 있다.

이런 여러 가지 이유로 실버라이트의 객체들이 제공하는 속성들 대부분은 종속 속성이다. 특정 속성이 종속 속성인가 아닌가는 레퍼런스를 보면 쉽게 구분할 수 있다. 다음은 FontSize 속성의 레퍼런스 문서 일부이다. 이 예처럼 Remark 섹션에 종속 속성의 id가 명시되어 있으면 종속 속성이다.

◢ **Remarks**

Dependency property identifier field: FontSizeProperty

실행 중에 변경할 가능성이 있고 애니메이션의 대상이 될 수 있는 거의 모든 속성은 다 종속 속성으로 정의되어 있다. 물론 그렇지 않은 경우도 있다. 패널의 Children 속성은 종속 속성이 아니다. 설정 가능한 속성들은 거의 대부분 종속 속성이며 사용 방법도 일반 속성과 외형적으로 차이가 없으므로 사실 종속 속성인지조차 몰라도 상관없는 경우가 많다.

10-3-2 종속 속성의 작성

종속 속성은 주로 사용의 대상이므로 그 세부 문법은 굳이 몰라도 상관없다. 종속 속성 기능이 필요한 속성들은 모두 종속 속성으로 정의되어 있으므로 스타일이나 애니메이션 등에 자유롭게 적용할 수 있다. 그러나 안쪽을 살짝 들여다보고 직접 종속 속성을 구현해 보면 더 잘 이해할 수 있을 것이다.

커스텀 컨트롤 작성시 필요한 속성을 자유롭게 추가할 수 있다. 이때 해당 속성이 애니메이션에 사용된다거나 스타일로 지정된다거나 바인딩 대상이 되려면 종속 속성으로 만들어야 한다. 물론 단순히 값만 저장하는 속성이라면 굳이 그럴 필요가 없다. 간단한 커스텀 컨트롤을 만들면서 종속 속성을 정의해 보자. 첫 예제는 종속 속성이 아닌 일반 속성을 사용한다.

ButtonCloneTest

```
xmlns:local="clr-namespace:ButtonCloneTest"
....
<Grid x:Name="ContentPanel" Grid.Row="1" Margin="12,0,12,0">
    <StackPanel>
        <local:ButtonClone Content="Clone1" Click="ButtonClone_Click"/>
        <local:ButtonClone Content="Clone2" BackColor="Blue"
                           Click="ButtonClone_Click" />
    </StackPanel>
</Grid>
================================= CS =======================================
namespace ButtonCloneTest
{
    public partial class MainPage : PhoneApplicationPage
    {
        public MainPage()
        {
            InitializeComponent();
        }
```

```
        private void ButtonClone_Click(object sender, RoutedEventArgs e)
        {
            (sender as ButtonClone).BackColor = Colors.Green;
        }
    }

    public class ButtonClone : Button
    {
        SolidColorBrush brush;

        public ButtonClone()
        {
            brush = new SolidColorBrush();
            brush.Color = Colors.Red;
            Background = brush;
        }

        public Color BackColor
        {
            set { brush.Color = value; }
            get { return brush.Color; }
        }
    }
}
```

Button으로부터 상속을 받아 ButtonClone 커스텀 컨트롤을 정의했다. 기능은 버튼과 동일하되 배경색에 대한 BackColor 속성을 가진다는 점만 다르다. 이 색상을 버튼의 Background 배경 브러시에 지정함으로써 버튼의 배경 색상으로 사용한다. 사실 BackColor 속성은 기존 버튼의 Background 속성과 동일하다. 디폴트는 빨간색으로 초기화하되 실행 중 언제라도 BackColor 속성에 값을 대입하여 다른 색으로 변경할 수 있다.

XAML에서 로컬 네임스페이스를 설정하고 두 개의 버튼을 배치했다. 코드에서 직접 정의한 컨트롤을 XAML에 배치하려면 프로젝트의 네임스페이스를 먼저 정의하고 컨트롤 엘리먼트에 접두를 붙여야 한다. local 네임스페이스를 정의하고 ButtonClone앞에 local:을 붙여 프로젝트 내에서 정의한 클래스임을 명시했다. 네임스페이스 이름인 local은 어디까지나 명칭일 뿐이므로 마음대로 붙여도 상관없다. 네임스페이스를 붙이지 않으면 ButtonClone이 어디에 정의된 클래스인지 찾지 못할 것이다.

배경색에 대해 별 지정이 없으면 디폴트 색인 빨간색으로 생성되고 BackColor 속성을 명시적으로 지정하면 지정한 색으로 나타난다. 첫 번째 버튼은 디폴트 색을 사용하도록 내버려 두었고 두 번째 버튼은 파란색으로 지정해 보았다. 버튼의 클릭 이벤트에서 배경색을 초록색으로 바꾸는 코드를 작성해 두었으므로 실행 중에 색상을 원하는 색으로 바꿀 수도 있다.

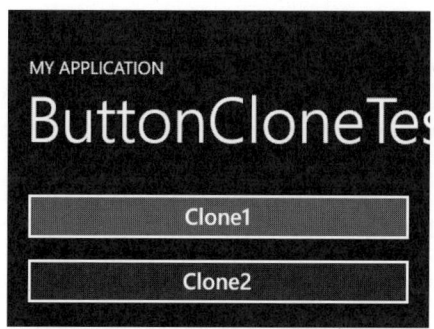

이 버튼은 정상적으로 잘 동작한다. 만약 이 버튼의 BackColor 속성을 스타일로 정의한다거나 애니메이션 타겟으로 사용하고 싶다면 BackColor 속성을 종속 속성으로 정의해야 한다. 종속 속성을 정의하기 위해서는 다소 복잡한 코드가 필요하다. 처음 보면 생소해 보이는데 차근 차근히 연구해 보자.

ButtonCloneTest2

```
xmlns:local="clr-namespace:ButtonCloneTest2"
....
<Grid x:Name="ContentPanel" Grid.Row="1" Margin="12,0,12,0">
    <StackPanel>
        <StackPanel.Resources>
            <Style x:Key="BlueButton" TargetType="local:ButtonClone">
                <Setter Property="BackColor" Value="Blue" />
            </Style>
            <Storyboard x:Name="ColorAnim">
                <ColorAnimation Storyboard.TargetName="btnColor"
                Storyboard.TargetProperty="BackColor"
                From="Blue" To="Red"/>
            </Storyboard>
        </StackPanel.Resources>
```

```xml
            <local:ButtonClone Content="CloneBlue" Style="{StaticResource BlueButton}"
                Click="ButtonClone_Click" />
            <local:ButtonClone x:Name="btnColor" Content="AnimButton"
                Click="btnColor_Click" />
        </StackPanel>
    </Grid>
```

================================ CS ==

```csharp
namespace ButtonCloneTest2
{
    public partial class MainPage : PhoneApplicationPage
    {
        public MainPage()
        {
            InitializeComponent();
        }

        private void ButtonClone_Click(object sender, RoutedEventArgs e)
        {
            (sender as ButtonClone).BackColor = Colors.Green;
        }

        private void btnColor_Click(object sender, RoutedEventArgs e)
        {
            ColorAnim.Begin();
        }
    }

    public class ButtonClone : Button
    {
        SolidColorBrush brush;
        public static readonly DependencyProperty BackColorProperty =
            DependencyProperty.Register("BackColor", typeof(Color), typeof
                (ButtonClone), new PropertyMetadata(Colors.Red, OnBackColorChanged));

        public ButtonClone()
        {
            brush = new SolidColorBrush();
            Background = brush;
        }

        public Color BackColor
```

```
    {
        set { SetValue(BackColorProperty, value); }
        get { return (Color)GetValue(BackColorProperty); }
    }

    static void OnBackColorChanged(DependencyObject obj,
        DependencyPropertyChangedEventArgs e)
    {
        ButtonClone btn = obj as ButtonClone;
        ((SolidColorBrush)(btn.Background)).Color = (Color)e.NewValue;
    }
  }
}
```

BlueButton 스타일에 BackColor 속성을 파란색으로 지정하고 ColorAnim 애니메이션은 BackColor 속성을 파란색에서 빨간색으로 변경한다. BackColor 속성에 대해 스타일을 정의하고 애니메이션 타겟으로도 사용했다. 그러기 위해서 이 속성은 종속 속성이 되어야 하며 다음과 같은 코드들이 필요하다.

❶ 종속 속성을 가지는 클래스는 DependencyObject로부터 상속받아야 한다. 이 클래스는 종속 속성 시스템에 참여하여 종속 속성을 관리하는 기능을 제공하며 대부분의 실버라이트 클래스의 기반 클래스로 사용된다. Object 바로 아래에 있으며 UIElement나 Control 등의 클래스도 모두 DependencyObject로부터 파생되므로 사실상 실버라이트의 루트 클래스나 마찬가지이다. 이 예제의 ButtonClone은 Button으로부터 상속받았으므로 간접적으로 DependencyObject를 상속받는다. 컨트롤이 아니라 비즈니스나 순수한 서비스 클래스라면 반드시 DependencyObject로부터 상속받아야 한다. 상속문을 생략한다거나 Object로부터 상속받아서는 종속 속성을 가질 수 없다.

❷ 종속 속성은 별도의 속성 저장소에 저장되어 관리되며 저장소에 저장할 속성은 먼저 등록해야 한다. 이때는 DependencyProperty의 다음 메서드를 사용한다. 등록에 필요한 여러 가지 정보를 인수로 제공한다.

```
static DependencyProperty Register(string name, Type propertyType,
    Type ownerType, PropertyMetadata typeMetadata)
```

첫 번째 인수는 종속 속성의 이름이며 두 번째 인수는 종속 속성의 타입이다. 세 번째 인수는 종속 속성을 가지는 클래스의 타입을 지정한다. 이 정보들은 외부의 툴이나 디자이너에서 리플렉션으로 이 속성을 참조할 때 꼭 필요하다. 예를 들어 XAML에서 Setter Property="BackColor" 라고 지정할 때 BackColor라는 속성 표현식으로부터 이 속성을 찾을 때 등록된 이름과 비교할 것이다.

마지막 인수는 속성에 대한 메타 정보를 지정하는 메타 객체이다. 메타 객체는 속성의 디폴트 값과 속성값이 변경될 때 호출될 값 변경 핸들러를 가지며 이 값들을 메타 객체의 생성자로 전달하여 초기화한다. 별도의 객체를 만든 후 사용할 수도 있지만 보통은 Register 메서드 호출문 내에서 new 연산자로 메타 객체를 바로 생성한다. 메타 정보가 필요치 않으면 null로 전달할 수도 있다.

> PropertyMetadata(Object defaultValue, PropertyChangedCallback
>   propertyChangedCallback)

결국, 메타 데이터의 정보 2개를 합쳐 총 5개의 속성 관련 정보가 필요하다. Register 메서드는 인수로 전달받은 정보대로 속성을 등록하고 종속 속성의 ID에 해당하는 DependencyProperty 객체를 리턴한다. 이 ID는 속성값의 등록 정보를 가지며 추후 종속 속성을 참조할 때 사용한다. 그래서 이 속성을 별도의 필드에 저장해 두어야 한다.

ID를 저장하는 필드는 거의 예외없이 public static readonly DependencyProperty 타입이며 속성의 이름 다음에 Property를 덧붙여 정의한다. BackColor 속성의 ID는 BackColorProperty 가 된다. 물론 어디까지나 명칭일 뿐이므로 다르게 이름을 붙일 수도 있지만 외부툴이 제대로 동작하지 않는 문제가 있으므로 관습대로 이름을 붙이는 것이 좋다.

위 예제에서는 속성을 등록하면서 리턴값을 ID 필드에 바로 대입받았는데 정적 생성자에서 이 작업을 나누어 할 수도 있다. 다음과 같이 등록해도 동일하다. 정적 필드 초기화문에 비해 메타 데이터를 미리 생성해 놓고 등록 메서드로 전달할 수 있다는 구문상의 차이가 있을 뿐 사실상 같은 코드이다.

```
public static readonly DependencyProperty BackColorProperty;

static ButtonClone()
{
    PropertyMetadata meta = new PropertyMetadata(Colors.Red, OnBackColorChanged);
    BackColorProperty = DependencyProperty.Register("BackColor", typeof(Color),
```

```
    typeof(ButtonClone), meta);
}
```

메타 데이터에 속성의 디폴트값이 명시되었으므로 생성자에서 빨간색으로 초기화하는 코드는 이제 필요없다.

❸ 종속 속성을 감싸는 래퍼 CLR 속성을 정의한다. 래퍼의 이름은 반드시 종속 속성의 이름과 일치해야 한다. 래퍼의 get, set 메서드는 DependencyObject의 다음 두 메서드로 종속 속성을 액세스한다.

```
void SetValue(DependencyProperty dp, Object value)
Object GetValue(DependencyProperty dp)
```

SetValue 메서드로 종속 속성의 ID와 변경할 값을 전달하여 변경하고 GetValue는 종속 속성의 ID로부터 값을 읽어 리턴한다. 이 두 메서드가 하는 일은 정해져 있으므로 CLR 래퍼의 형태는 거의 정형화되어 있다. 이 두 메서드를 대신 호출해 주는 것뿐이다.

CLR 래퍼 속성이 정의되어 있으므로 XAML에서나 코드에서나 이름으로부터 속성을 쉽게 액세스할 수 있다. 이 래퍼가 없다면 SetValue, GetValue를 직접 호출해야 하므로 무척 번거로워진다. 래퍼는 단순히 편의성을 위해서만 작성하는 것이 아니며 리플렉션이나 CLR 타입에 기반한 툴에 종속 속성을 노출하는 중요한 역할을 한다.

❹ 종속 속성의 값이 변경될 때 호출되는 값 변경 핸들러를 작성한다. 핸들러를 지정하는 곳이 정적 필드였으므로 핸들러도 정적 메서드일 수밖에 없다. 하지만 첫 번째 인수 obj로 호출 객체를 전달받으므로 실질적으로는 인스턴스 메서드와 마찬가지이며 이 속성을 가진 객체를 조작할 수 있다.

핸들러로 전달되는 인수의 OldValue, NewValue 속성으로 변경 전후의 값을 읽어 새로운 값을 적용하는 코드가 주로 작성된다. 이때 OldValue와 NewValue는 변경 전후의 값이므로 이 두 값은 반드시 다르다. 만약 같은 값을 대입했다면 이때는 불필요한 동작을 방지하기 위해 핸들러가 호출되지 않는다.

변경 핸들러는 주로 종속 속성 변경시 같이 변경되어야 할 다른 속성값을 조정하는 역할을 한다. 예제에서는 새 값으로 버튼의 배경 브러시 색상을 변경한다. BackColor가 논리적으로 배경색을 지정하는 속성이지만 실제 배경색을 변경하려면 Background 브러시의 Color값을 변경해야 한다. 변경 핸들러가 없으면 버튼을 클릭할 때 녹색으로 바꾸는 코드가 동작하지 않는다.

위 예제는 대상 속성인 BackColor가 종속 속성으로 정의되어 있으므로 애니메이션도 잘 되고 스타일도 잘 지정된다. BackColor가 일반 속성이라면 실행은 고사하고 컴파일도 제대로 되지 않는다. 속성값의 우선순위를 분명하게 결정할 수 없고 표현식으로부터 속성의 실제값을 찾을 방법도 없기 때문이다. 다음에 배울 바인딩 타겟의 경우도 마찬가지 이유로 반드시 종속 속성에 대해서만 사용할 수 있다.

위 예제에서 XAML은 그대로 두고 코드 파일만 첫 예제의 일반 속성으로 바꾸어 보면 에러가 발생하는 것을 확인할 수 있다. 요약하자면 커스텀 컨트롤 제작시 스타일 지정, 애니메이션 타겟, 바인딩 타겟으로 사용할 속성은 반드시 종속 속성으로 작성해야 한다. 복잡하지만 위의 예제를 따라하면 어렵지 않게 구현할 수 있다.

이상으로 종속 속성을 정의하는 방법을 간단하게 소개했는데 지금까지의 실습에 비해서는 난이도가 높은 내용이다. 사실 종속 속성을 제대로 다루고 활용하기 위해서는 여기서 알아본 것보다 훨씬 더 많은 것을 연구해 봐야 한다. 하지만 사용만을 목적으로 한다면 이 정도만 알아도 큰 지장은 없다.

10-3-3 연결 속성

연결 속성은 종속 속성에서 CLR 래퍼 속성을 제외한 특수한 형태이다. 임의의 객체에서 지정할 수 있는 전역적인 속성을 제공한다. 연결 속성의 대표적인 예는 캔버스에서 차일드의 좌표를 지정하는 Canvas.Left, Canvas.Top이다. 이 속성은 캔버스에 소속되는 모든 컨트롤이 사용할 수 있다. 다음 코드는 캔버스의 임의 위치에 텍스트 블록과 버튼을 배치한다.

```
<Canvas>
    <TextBlock Name="txt" Text="TextBlock" Canvas.Left="10" Canvas.Top="10" />
    <Button Name="btn" Content="Button" Canvas.Left="100" Canvas.Top="50"/>
</Canvas>
```

Left와 Right가 Canvas에 저장되는 속성은 아니며 그렇다고 버튼이나 텍스트 블록에 있는 것도 아니다. 이 속성은 Canvas가 정의하는 연결 속성이며 캔버스의 차일드로 포함되는 모든 컨트롤에서 사용할 수 있다. 차일드는 연결 속성을 통해 부모에게 자신이 어떻게 배치되었으면 좋겠다는 의사를 표현하며 캔버스는 자신의 차일드를 순회하며 이 속성들을 읽어 지시하는 좌표에 차일드 컨트롤을 배치한다.

전역적인 속성이므로 아무 컨트롤이나 이 속성을 지정할 수 있으며 심지어 캔버스가 아닌 패널에서도 지정할 수 있다. 스택 패널 안의 버튼에 이 속성을 써도 문법적인 문제는 없으며 아무 이상 없이 컴파일된다. 다만, 스택 패널이 이 속성을 참조하지 않으므로 메모리만 낭비하며 무시당할 뿐이다.

```
<StackPanel>
    <Button Name="btn" Content="Button" Canvas.Left="10" Canvas.Top="10" />
</StackPanel>
```

연결 속성은 종속 속성과는 달리 다음 메서드로 등록한다. Register 메서드와 인수의 구조는 거의 동일하다.

static DependencyProperty RegisterAttached(string name, Type propertyType, Type ownerType, PropertyMetadata defaultMetadata)

연결 속성은 이 속성을 가지는 클래스에 저장되는 것이 아니므로 CLR 래퍼 속성은 만들 필요가 없다. 대신 임의의 객체가 이 속성값을 액세스할 수 있는 정적 메서드를 제공해야 한다. 캔버스의 경우 SetLeft, GetLeft 정적 메서드를 제공한다. 버튼이 자신의 좌표를 변경하려면 다음 코드를 사용한다.

```
Canvas.SetLeft(btn, 123);
```

이 메서드 내부에서 SetValue 메서드를 호출하여 연결 속성을 변경할 것이다. 또는 버튼이 SetValue 메서드를 직접 호출할 수도 있다. SetValue는 DependencyObject의 메서드이며 거의 모든 클래스에 상속된다는 점을 상기하자. 인수로 연결 속성의 ID를 지정한다.

```
btn.SetValue(Canvas.LeftProperty, 123);
```

Canvas의 실제 코드는 아마도 다음과 같을 것이다. 정확하게 소스가 공개된 것은 아니지만 대충은 유추해 볼 수 있다. Top 속성도 동일할 것이므로 Left 속성만 예로 든다.

```
class Canvas : Panel
{
    public static readonly DependencyProperty LeftProperty =
```

```
            DependencyProperty.RegisterAttached("Left", typeof(double),
            typeof(Canvas), new PropertyMetadata(0.0, OnLeftChanged));

    public static void SetLeft(DependencyObject obj, double value)
    {
        obj.SetValue(LeftProperty, value);
    }

    public static double GetLeft(DependencyObject obj)
    {
        return (double)obj.GetValue(LeftProperty);
    }

    static void OnLeftChanged(DependencyObject obj,
                              DependencyPropertyChangedEventArgs e)
    {
        Canvas parent = (Canvas)VisualTreeHelper.GetParent(obj);
        parent.InvalidateArrange();
    }
}
```

Left라는 이름으로 연결 속성을 등록하고 그 ID를 LeftProperty 필드에 저장한다. SetLeft 메서드는 이 속성값이 적용되는 컨트롤을 인수로 전달받아 이 객체로부터 SetValue를 대신 호출하는 역할을 한다. 한 컨트롤의 속성값이 바뀌면 캔버스는 배치를 다시 하되 캔버스의 특성상 차일드의 위치가 바뀐다고 해서 다른 차일드의 위치나 크기가 영향을 받지는 않으므로 변경된 차일드의 위치만 조정하면 될 것이다.

그렇다면 연결된 속성은 실제로 어디에 저장될까? 몇개나 될지도 모르는 차일드의 좌표값을 캔버스가 전부 저장할 수는 없으므로 Canvas는 분명 아니다. 그렇다고 버튼이나 텍스트 블록같은 차일드에 저장되지도 않는다. 왜냐하면 연결 속성이 몇 개나 존재하는지 미리 알 수 없으므로 컨트롤이 연결 속성을 저장할 공간을 할당할 수 없기 때문이다.

부모도 아니고 자식도 아니므로 이 속성값은 결국, 외부의 어딘가에 저장되어야 하는데 이 장소가 바로 속성 저장소이다. 구체적인 구조가 공개되어 있지 않지만 객체와 속성값이 쌍으로 저장되어 있는 사전 형태임을 쉽게 유추해볼 수 있다. 문서상으로는 DependencyObject 객체가 저장소를 제공하는 것으로 되어 있는데 대충 그려보면 다음과 같을 것이다.

컨트롤	속 성	값
btn	LeftProperty	100
btn	TopProperty	50
txt	LeftProperty	10
txt	TopProperty	10

　사전이므로 임의 개수의 객체에 대해 임의 개수의 연결 속성을 저장할 수 있으며 객체키로부터 빠른 속도로 검색도 가능하다. 이런 저장소에서 객체로부터 연결 속성을 찾아내는 작업을 대신해 주는 메서드가 바로 DependencyObject의 SetValue, GetValue 메서드이며 그래서 종속, 연결 속성을 사용하는 클래스는 반드시 DependencyObject로부터 상속받아야 한다.

　객체 내부가 아니라 시스템이 관리하는 속성 저장소에 저장하기 위해 등록이라는 절차를 거쳐야 하고 ID를 받아 두어야 한다. 그리고 값을 액세스할 때는 이 저장소를 검색할 수 있는 GetValue, SetValue의 도움을 받아야 한다.

앱바

11-1-1 앱바

어플리케이션 바(Application Bar)는 자주 사용하는 명령들을 아이콘 형태로 제공하며 간단히 줄여서 앱바라고 부른다. 명령의 집합을 제공한다는 점에서 다른 환경의 메인 메뉴나 툴바에 해당하는 장치이다. 화면 하단의 고정된 위치에 있어 접근성이 좋고 클릭 한 번으로 신속하게 명령을 내릴 수 있어 편리하다. 앱바의 아이콘은 항상 보이며 아래쪽에는 메뉴 항목이 숨겨져 있어 필요할 때만 꺼내 사용할 수 있다.

마법사로 프로젝트를 생성하면 앱바에 대한 코드가 이미 포함되어 있다. 직접 작성하기에는 코드가 복잡하므로 무난한 형태로 템플릿을 제공하되 필요할 때 사용하라는 의미로 주석으로 묶여 있다. 앱바를 쓰지 않으면 이 문장을 통째로 삭제해도 무방하며 앱바를 사용하려면 주석을 풀고 원하는 대로 편집하면 된다. AppBar라는 이름으로 새 프로젝트를 생성하고 XAML 파일의 아래쪽을 보자. 다음 코드가 주석으로 처리되어 있을 것이다.

```
xmlns:shell="clr-namespace:Microsoft.Phone.Shell;assembly=Microsoft.Phone"

<!--Sample code showing usage of ApplicationBar-->
<!--<phone:PhoneApplicationPage.ApplicationBar>
    <shell:ApplicationBar IsVisible="True" IsMenuEnabled="True">
        <shell:ApplicationBarIconButton IconUri="/Images/appbar_button1.png"
            Text="Button 1"/>
        <shell:ApplicationBarIconButton IconUri="/Images/appbar_button2.png"
            Text="Button 2"/>
```

```
        <shell:ApplicationBar.MenuItems>
            <shell:ApplicationBarMenuItem Text="MenuItem 1"/>
            <shell:ApplicationBarMenuItem Text="MenuItem 2"/>
        </shell:ApplicationBar.MenuItems>
    </shell:ApplicationBar>
</phone:PhoneApplicationPage.ApplicationBar>-->
```

앱바의 항목 클래스는 Shell 네임스페이스에 선언되어 있으므로 네임스페이스를 따로 선언해 두었으며 버튼이나 메뉴 항목 엘리먼트에는 shell: 접두를 붙인다. 마법사가 만든 템플릿에는 두 개의 버튼과 두 개의 메뉴가 미리 작성되어 있는데 일종의 샘플이다. 필요없는 것은 삭제하고 더 필요한 항목은 복사한 후 늘리는 식으로 편집하면 된다.

마법사가 만든 템플릿은 앱바의 기본 형태만 갖추고 있을 뿐이며 아이콘에 표시할 이미지나 이벤트 핸들러는 없다. 이미지는 명령의 의미에 맞게 따로 제작해야 하며 이벤트 핸들러도 마찬 가지이다. 버튼 표면에 그릴 이미지는 여러 가지 조건을 만족해야 하므로 개발자가 직접 만들기 는 상당히 까다롭다. 그래서 SDK는 실습용이나 테스트용으로 사용할만한 이미지를 미리 제공한 다. 다음 경로에 자주 사용하는 32개의 이미지가 저장되어 있다.

```
C:\Program Files\Microsoft SDKs\Windows Phone\v7.1\Icons
```

차후 SDK 버전에 따라 이 경로는 바뀔 수도 있다. 이 폴더 아래에 어두운색 계열의 dark 폴더와 밝은색 계열의 light 폴더가 있는데 dark 폴더에서 다음 두 파일을 가져와 보자.

```
appbar.add.rest.png
appbar.delete.rest.png
```

솔루션 탐색기의 팝업 메뉴에서 Add/Existing Item 항목을 선택하고 두 파일을 프로젝트로 복사한다. AppBarImage 등의 서브 폴더를 만들고 폴더 안에 이미지를 모아 두는 것이 원칙적이고 관리에 유리하지만 실습에는 오히려 번거로우므로 프로젝트 루트에 그냥 복사하자. 이후에도 실습 예제 작성시에는 편의상 별도의 폴더를 만들지 않을 것이다.

솔루션 탐색기에서 두 파일을 선택하고 속성을 조정한다. Build Action은 Content로 변경하고 Copy to Ouput Directory옵션을 Copy if newer로 선택한다. 앱바는 실버라이트의 일부가 아니어서 실행 파일 안의 이미지를 추출해내지 못하므로 빌드 액션을 Content로 수정하여 실행 파일과 같은 폴더 에 별도의 파일로 두어야 한다. 빌드 액션을 Content로 변경하지 않으면 이미지가 나타나지 않는다.

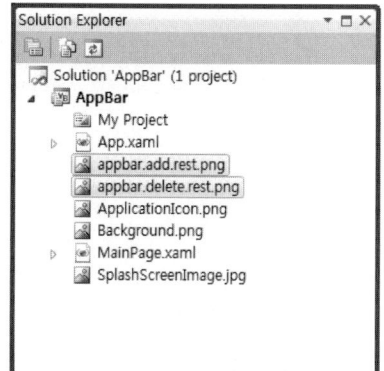 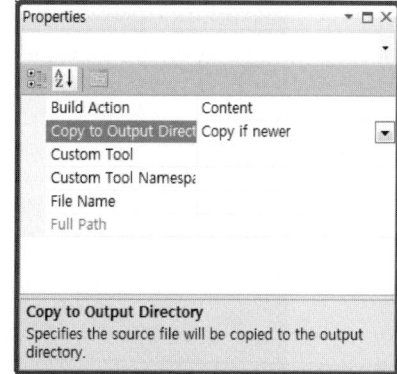

추가 및 속성 조정시 복수 선택이 가능하므로 두 이미지를 한꺼번에 선택해 놓고 작업할 수 있다. 개별 이미지별로 속성을 일일이 조정하지 말고 둘 다 선택해 놓고 통째로 바꾸는 것이 편리하다. 이미지를 복사한 후 마법사가 만든 템플릿의 주석을 풀고 다음과 같이 편집한다.

AppBar

```
SupportedOrientations="PortraitOrLandscape" Orientation="Portrait"
....
<!--Sample code showing usage of ApplicationBar-->
<phone:PhoneApplicationPage.ApplicationBar>
    <shell:ApplicationBar IsVisible="True" IsMenuEnabled="True">
        <shell:ApplicationBarIconButton IconUri="/appbar.add.rest.png" Text="add"/>
        <shell:ApplicationBarIconButton IconUri="/appbar.delete.rest.png" Text="DELETE"/>
        <shell:ApplicationBar.MenuItems>
            <shell:ApplicationBarMenuItem Text="Edit"/>
            <shell:ApplicationBarMenuItem Text="Setting"/>
        </shell:ApplicationBar.MenuItems>
    </shell:ApplicationBar>
</phone:PhoneApplicationPage.ApplicationBar>
```

템플릿의 골격은 유지하고 이미지의 경로와 캡션 정도만 편집했다. 아래쪽의 메뉴 항목도 캡션을 바꾸었으며 화면 회전시의 앱바 동작을 관찰하기 위해 페이지의 SupportedOrientations 속성도 조정했다. 실행해 보면 화면 아래쪽에 두 개의 버튼이 표시된다. 이미지 자체에는 원이 없지만 자동으로 원 모양의 테두리가 그려진다.

 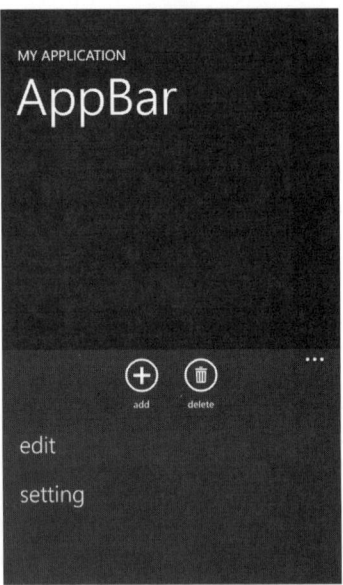

앱바 오른쪽의 ... 버튼을 누르면 버튼 아래에 작은 글자로 캡션이 표시되며 아래쪽에 숨어있는 메뉴 항목도 나타난다. 메뉴가 펼쳐질 때 부드럽게 애니메이션되면서 미끄러지듯이 나타나 멋져 보인다. 확장된 상태에서 ... 버튼을 다시 누르거나 Back 버튼을 누르면 원래 상태로 돌아간다. 앱바의 빈 영역을 잡아서 위, 아래로 드래그해도 확장 및 축소된다.

세로 화면에서는 앱바가 항상 아래쪽에 있지만 화면을 가로로 회전하면 앱바도 같이 회전하여 좌우의 변으로 이동한다. 가로 방향은 높이가 낮으므로 가급적 긴쪽에 앱바를 배치하여 화면에서 차지하는 면적을 일정하게 유지하기 위해서이다. 에뮬레이터 오른쪽의 회전 버튼을 눌러 각 방향 으로 에뮬레이터를 돌려 보자. 실장비에서는 폰을 잡고 직접 돌려 보면 된다.

앱바는 화면 방향과 상관없이 항상 하드웨어 버튼이 있는 곳에 배치된다. 화면의 방향이 바뀌면 이미지의 방향도 같이 바뀌며 이때도 아이콘이 빙그르르 돌아가는 재미있는 애니메이션을 볼 수 있다. 쓰레기통 아이콘은 화면 방향과 상관없이 항상 위쪽을 바라보며 사용자 시선에서 볼 때 모양이 일정하다. 에뮬레이터는 방향이 90도 단위로 바뀌므로 마치 앱바가 위치를 옮기는 것처럼 보이지만 실장비에서는 앱바가 항상 같은 자리를 지키고 아이콘만 돌아간다.

앱바의 이벤트 핸들러를 작성하는 방법은 버튼이나 체크 박스의 이벤트 핸들러를 작성하는 방법과 동일하다. 그러나 앱바는 루트 레이아웃 소속이 아니어서 디자인뷰에 그려지기만 할 뿐 선택은 할 수 없다. 그래서 더블클릭 같은 편리한 방법으로 이벤트 핸들러를 작성할 수는 없고 속성창을 사용해야 한다. XAML 코드창에서 버튼이나 메뉴에 커서를 위치시키면 속성창에 커서 위치의 객체가 나타난다. 아니면 Document Outline 창에서 버튼이나 메뉴를 선택해도 된다.

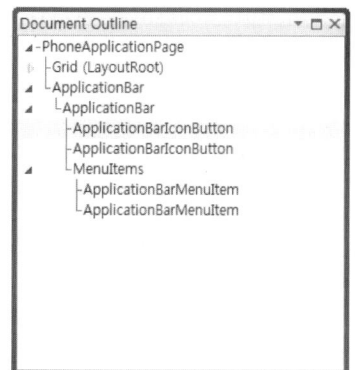
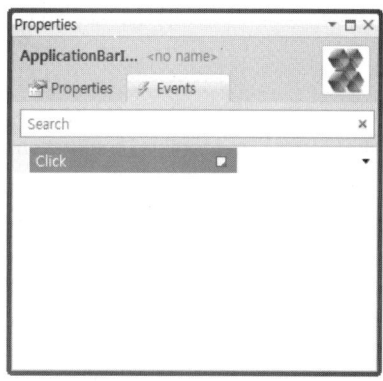

앱바 버튼과 메뉴는 사용자가 누르는 것 외에는 다른 조작 방법이 없으므로 오로지 Click 이벤

트 하나만 제공한다. 속성창에서 Click 이벤트를 더블클릭하여 핸들러를 생성하고 코드를 작성한다. 각 버튼의 이벤트 핸들러에서 메시지 박스를 열어 보았다.

```
private void ApplicationBarIconButton_Click(object sender, EventArgs e)
{
    MessageBox.Show("Add 버튼을 눌렀습니다");
}

private void ApplicationBarIconButton_Click_1(object sender, EventArgs e)
{
    MessageBox.Show("Delete 버튼을 눌렀습니다");
}

private void ApplicationBarMenuItem_Click(object sender, EventArgs e)
{
    MessageBox.Show("Edit 메뉴 항목을 눌렀습니다");
}

private void ApplicationBarMenuItem_Click_1(object sender, EventArgs e)
{
    MessageBox.Show("Setting 메뉴 항목을 눌렀습니다");
}
```

버튼과 메뉴에 별도의 이름을 주지 않아 이벤트 핸들러 이름이 디폴트로 붙여진다. 이러면 대응 관계를 파악하기 어려운데 속성창에서 핸들러 이름을 직접 입력하면 더 직관적인 이름을 붙일 수 있으며 여러 버튼의 핸들러를 통합할 수도 있다. 핸들러를 작성하면 XAML 파일에 Click 이벤트의 핸들러 이름이 대입된다.

```
<shell:ApplicationBarIconButton IconUri="/appbar.add.rest.png" Text="add"
                        Click="ApplicationBarIconButton_Click" />
<shell:ApplicationBarIconButton IconUri="/appbar.delete.rest.png" Text="DELETE"
                        Click="ApplicationBarIconButton_Click_1" />
<shell:ApplicationBar.MenuItems>
    <shell:ApplicationBarMenuItem Text="Edit"
                            Click="ApplicationBarMenuItem_Click" />
    <shell:ApplicationBarMenuItem Text="Setting"
                            Click="ApplicationBarMenuItem_Click_1" />
</shell:ApplicationBar.MenuItems>
```

버튼이나 메뉴 항목을 클릭하면 메시지 박스가 열릴 것이다. 물론 실제 프로젝트에서는 버튼의 의미에 맞는 동작을 해야 한다. 버튼을 클릭할 때도 아이콘이 위로 살짝 올라갔다가 서서히 내려오는 귀여운 애니메이션을 보여준다.

11-1-2 앱바 디자인

모바일 장비라는 특수성으로 인해 앱바에는 굉장히 많은 제약이 가해진다. 화면이 좁고 배터리로 동작하다 보니 어쩔 수 없는 한계도 있고 디자인에 통일성을 주기 위해 권장되는 사항도 있다. 앱바를 디자인할 때는 이 제약들을 항상 염두에 두어야 하며 마음 내키는 대로 멋대로 만들어서는 안 된다.

❶ 아이콘 크기는 48*48로 고정되어 있다. 버튼의 크기가 작고 근본적으로 화면이 좁기 때문에 어쩔 수 없다. 버튼을 큼직하게 만들 수 없으므로 그림이 단순해야 하며 표현의 한계가 존재한다.

❷ 아이콘 바깥으로 둥근 원이 자동으로 그려진다. 그래서 이 원 영역까지 고려하여 실제 이미지는 26*26 이하로 디자인해야 한다. 만약 48*48 영역을 이미지로 다 채워 버리면 바깥의 원과 이미지가 겹쳐서 나타난다.

❸ 원이 그려지는 이미지 바깥쪽은 투명해야 하며 이미지 내부는 흰색이나 검은색만 사용할 수 있다. 컬러 사용이 금지되는 것은 아니나 임의의 테마와 어울리지 않아 권장되지 않으며 결국, 흑백만 가능한 셈이다. 투명 영역이 존재하므로 이미지 포맷은 반드시 PNG여야 하며 JPG는 사용할 수 없다.

❹ 캡션 문자열은 반드시 소문자로 기술해야 하며 대문자는 강제로 소문자로 바뀐다. 캡션을 DELETE로 지정해도 무시되고 delete로 표시된다. 대문자는 폭이 너무 크기 때문이다. 다행히 한글에는 해당 사항이 없다. 메뉴의 캡션은 자동 개행되지 않으므로 한 줄에 표시될만한 길이로 작성해야 한다. 아이콘은 더 짧아 가급적 한 단어로 요약적으로 표기해야 한다.

❺ 버튼은 최대 4개까지만 배치할 수 있으며 5개 이상을 배치하면 아예 컴파일 에러로 처리된다. 따라서 정말 꼭 필요한 명령만 버튼으로 배치해야 하며 사용 빈도가 떨어지는 명령은 버튼 아래에 메뉴 항목으로 만들어야 한다.

❻ 메뉴 항목은 물리적인 개수 제약이 없지만 5개 이하로 작성할 것을 권장한다. 6개 이상이면 스크롤해야 메뉴를 선택할 수 있으므로 오히려 더 불편해진다. 버튼은 원 클릭, 메뉴는 투 클릭으로 선택 가능해서 실용성이 높은데 3번 이상 클릭할 바에야 메뉴로 두는 의미가 없다.

이 모든 조건을 만족하는 이미지를 개발자가 직접 디자인하기는 사실 무척 어렵다. 그래서 SDK는 자주 사용할만한 32개의 샘플 아이콘을 미리 제공한다. 충분한 개수는 아니지만 테스트 용으로는 쓸만한 분량이다. 이 아이콘을 그대로 사용할 수도 있고 아니면 샘플을 참조, 변형하여 원하는 아이콘을 디자인할 수도 있다.

테마에 따라 dark, light 두 가지 이미지가 제공되는데 light 폴더의 이미지는 모양을 확인할 때만 사용하고 실제 프로젝트에는 dark 폴더의 이미지를 사용해야 한다. dark 폴더의 아이콘은 투명 바탕에 흰색으로 디자인되어 있지만 테마에 따라 색상이 자동으로 조정된다. 즉, light 테마 일 경우 흰 바탕에 검은색으로 자동으로 바뀐다. SDK가 제공하는 이미지 목록은 다음과 같다.

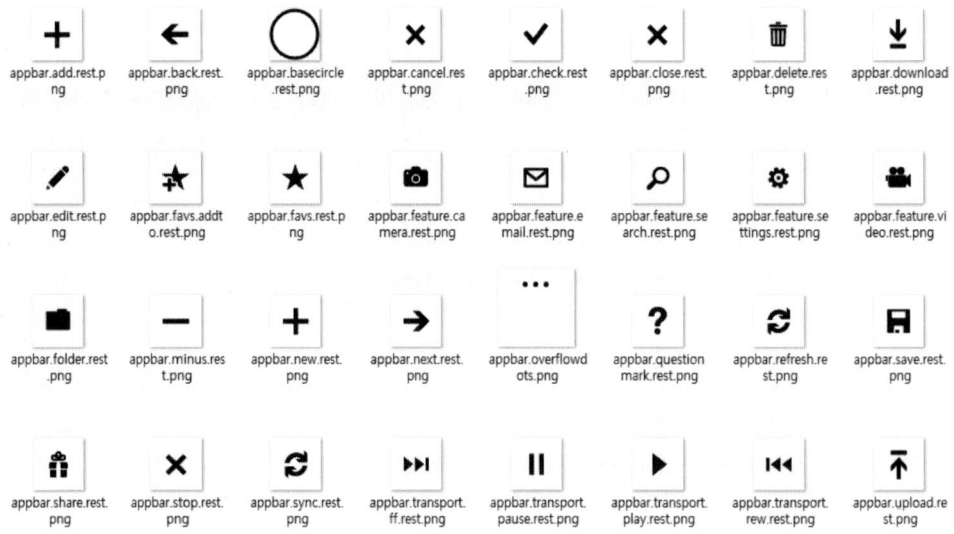

바깥에 그려질 원을 고려하여 투명 영역을 남겨 두었기 때문에 이미지 크기가 전반적으로 작은 편이다. 직접 이미지를 디자인할 때는 샘플 이미지를 참조하여 같은 형식으로 작성한다. 형식을 지키는 것도 어렵지만 저 좁은 영역에 명령의 의미를 함축적으로 표현하는 것은 더 어렵다. 아이콘 디자인은 풍부한 경험을 요구하므로 개발자가 할만한 일이 아니며 전문 디자이너에 게 맡기는 것이 좋다.

앱바에 대해 이런 강제적인 제약을 두는 이유는 모바일 장비의 한계 때문이기도 하지만 단순 함과 통일성을 위한 불가피한 정책이다. 그러나 최대 개수를 4개로 제한하는 것은 너무 강제적이 지 않나 하는 아쉬움이 남는다. 최적 개수에 대한 선택은 개발자에게 부여하는 것이 옳다고 생각한다. 너무 많은 것은 곤란하지만 정 공간이 부족하면 스크롤을 하거나 팝업을 여는 한이 있더라도 일단은 가능해야 한다. 차후 더 고해상도 장비로의 이전까지 고려해 보면 굳이 강제로 막을 필요까지는 없어 보인다.

만약 이런 제한들이 싫다면 화면 아래쪽에 수평 스택 패널을 배치하고 직접 원하는 크기대로 버튼을 배치하면 된다. 윈도우폰이 요구하는 통일성은 떨어지지만 개수나 디자인에 제약을 받지 않고 버튼을 배치할 수 있는 자유를 얻을 수 있다. 실제로 마켓 플레이스에는 벌써부터 풀 컬러의 커스텀 앱바를 사용하는 앱이 상당수 존재하는 걸로 봐서 디자인 가이드만으로 강제하기는 한계가 있어 보인다.

11-1-3 앱바의 속성

앱바는 여러 가지 제약이 많지만 사용자가 선택할 수 있는 속성들도 많이 준비되어 있어 어느 정도는 변형이 가능하다. 색상이나 투명도, 크기 등을 선택할 수 있다. 앱바의 주요 속성은 다음 과 같다.

속 성	설 명
Buttons	앱바 버튼의 컬렉션이다. 보통 XAML 파일에 ApplicationBarIconButton 엘리먼트로 생성한다.
MenuItems	앱바 메뉴 항목의 컬렉션이다. 보통 XAML 파일에 ApplicationBarMenuItem 엘리먼트로 생성한다.
ForegroundColor	버튼이나 메뉴 항목의 색상이다.
BackgroundColor	앱바의 배경색이다.
Opacity	앱바 배경의 불투명도를 지정한다. 이 값이 1.00이면 앱바는 자신의 고유 영역을 차지하며 페이지는 앱바 높이만큼 면적이 줄어든다. 1.0보다 작으면 앱바가 페이지위에 겹쳐서 표시된다.
IsVisible	앱바의 보임 여부를 지정한다. 디폴트는 true이며 잠시 숨기고 싶을 때 false로 변경하면 된다.
IsMenuEnabled	버튼 아래쪽에 배치되는 메뉴 항목의 사용 여부를 지정한다.
Mode	앱바의 기본 크기를 지정한다. 이 값이 Default이면 버튼이 보이며 Minimized이면 버튼은 보이지 않고 생략 표시만 보인다.
DefaultSize	Mode가 Default일 때의 앱바 높이이다. 현재는 72픽셀로 고정이다.
MiniSize	Mode가 Minimized일 때의 앱바 높이이다. 현재는 30픽셀로 고정이다.

실행 중에 속성들을 바꿔 가며 차이점을 관찰해 보면 의미를 쉽게 알 수 있다. 컨트롤로 앱바의 속성을 변경하는 예제를 만들어 보자. AppBarProp이라는 이름으로 프로젝트를 생성하고 다음 세 개의 아이콘을 추가한다.

```
appbar.feature.email.rest.png
appbar.feature.search.rest.png
appbar.questionmark.rest.png
```

테스트 예제이므로 아무 아이콘이나 선택해도 별 상관은 없되 속성창에서 빌드 액션을 반드시 Content로 변경해야 함을 유의하자. 전체 코드는 다음과 같다.

AppBarProp

```
SupportedOrientations="PortraitOrLandscape" Orientation="Portrait"

<Grid x:Name="ContentPanel" Grid.Row="1" Margin="12,0,12,0">
    <StackPanel>
        <StackPanel Orientation="Horizontal">
            <CheckBox Name="chkVisible" Content="Visible"
                      IsChecked="true" Click="chkVisible_Click" />
            <CheckBox Name="chkMini" Content="Mini Size"
                      Click="chkMini_Click" />
        </StackPanel>
        <Border Margin="10" Background="Gray" BorderBrush="White" BorderThickness="5">
            <Grid>
                <Grid.RowDefinitions>
                    <RowDefinition/>
                    <RowDefinition/>
                </Grid.RowDefinitions>
                <Grid.ColumnDefinitions>
                    <ColumnDefinition/>
                    <ColumnDefinition/>
                </Grid.ColumnDefinitions>
                <RadioButton Name="rColor1" Grid.Row="0" Grid.Column="0" IsChecked="true"
                    GroupName="Color" Content="Normal" Click="ColorRadio_Clicked" />
                <RadioButton Name="rColor2" Grid.Row="0" Grid.Column="1"
                    GroupName="Color" Content="Accent" Click="ColorRadio_Clicked" />
                <RadioButton Name="rColor3" Grid.Row="1" Grid.Column="0"
```

```xml
                    GroupName="Color" Content="Accent Back" Click="ColorRadio_Clicked"/>
                <RadioButton Name="rColor4" Grid.Row="1" Grid.Column="1"
                    GroupName="Color" Content="Custom" Click="ColorRadio_Clicked"/>
            </Grid>
        </Border>
        <Border Margin="10" Background="Gray" BorderBrush="White" BorderThickness="5">
            <Grid>
                <Grid.RowDefinitions>
                    <RowDefinition/>
                    <RowDefinition/>
                </Grid.RowDefinitions>
                <Grid.ColumnDefinitions>
                    <ColumnDefinition/>
                    <ColumnDefinition/>
                </Grid.ColumnDefinitions>
                <RadioButton Name="rOpacity1" Grid.Row="0" Grid.Column="0" IsChecked="true"
                    GroupName="Opacity" Content="불투명" Click="OpacityRadio_Clicked" />
                <RadioButton Name="rOpacity2" Grid.Row="0" Grid.Column="1"
                    GroupName="Opacity" Content="반투명(0.5)" Click="OpacityRadio_Clicked" />
                <RadioButton Name="rOpacity3" Grid.Row="1" Grid.Column="0"
                    GroupName="Opacity" Content="거의투명(0.2)" Click="OpacityRadio_Clicked"/>
                <RadioButton Name="rOpacity4" Grid.Row="1" Grid.Column="1"
                    GroupName="Opacity" Content="투명" Click="OpacityRadio_Clicked" />
            </Grid>
        </Border>
        <CheckBox Name="chkMenuEnable" Content="메뉴 항목 사용 가능"
                    IsChecked="true" Click="chkMenuEnable_Click" />
    </StackPanel>
</Grid>

<!--Sample code showing usage of ApplicationBar-->
<phone:PhoneApplicationPage.ApplicationBar>
    <shell:ApplicationBar x:Name="MyAppBar" IsVisible="True" IsMenuEnabled="True">
        <shell:ApplicationBarIconButton IconUri="/appbar.feature.email.rest.png"
            Text="email"/>
        <shell:ApplicationBarIconButton IconUri="/appbar.feature.search.rest.png"
            Text="search"/>
        <shell:ApplicationBarIconButton IconUri="/appbar.questionmark.rest.png"
            Text="help"/>
        <shell:ApplicationBar.MenuItems>
```

```
            <shell:ApplicationBarMenuItem Text="Menu Item 1"/>
            <shell:ApplicationBarMenuItem Text="Menu Item 2"/>
        </shell:ApplicationBar.MenuItems>
    </shell:ApplicationBar>
</phone:PhoneApplicationPage.ApplicationBar>
==================================== CS ========================================
private void chkVisible_Click(object sender, RoutedEventArgs e)
{
    //ApplicationBar.IsVisible = (chkVisible.IsChecked == true);
    MyAppBar = (Microsoft.Phone.Shell.ApplicationBar)ApplicationBar;
    MyAppBar.IsVisible = (chkVisible.IsChecked == true);
}

private void chkMini_Click(object sender, RoutedEventArgs e)
{
    if (chkMini.IsChecked == true)
    {
        ApplicationBar.Mode = Microsoft.Phone.Shell.ApplicationBarMode.Minimized;
    }
    else
    {
        ApplicationBar.Mode = Microsoft.Phone.Shell.ApplicationBarMode.Default;
    }
}

private void ColorRadio_Clicked(object sender, RoutedEventArgs e)
{
    switch (((RadioButton)sender).Name)
    {
        case "rColor1":
            ApplicationBar.ForegroundColor = (Color)Resources["PhoneForegroundColor"];
            ApplicationBar.BackgroundColor = (Color)Resources["PhoneChromeColor"];
            break;
        case "rColor2":
            ApplicationBar.ForegroundColor = (Color)Resources["PhoneAccentColor"];
            ApplicationBar.BackgroundColor = (Color)Resources["PhoneChromeColor"];
            break;
        case "rColor3":
            ApplicationBar.ForegroundColor = (Color)Resources["PhoneForegroundColor"];
            ApplicationBar.BackgroundColor = (Color)Resources["PhoneAccentColor"];
```

```
                break;
        case "rColor4":
            ApplicationBar.ForegroundColor = Colors.Brown;
            ApplicationBar.BackgroundColor = Colors.Yellow;
            break;
    }
}

private void OpacityRadio_Clicked(object sender, RoutedEventArgs e)
{
    switch (((RadioButton)sender).Name)
    {
        case "rOpacity1":
            ApplicationBar.Opacity = 1.0;
            break;
        case "rOpacity2":
            ApplicationBar.Opacity = 0.5;
            break;
        case "rOpacity3":
            ApplicationBar.Opacity = 0.2;
            break;
        case "rOpacity4":
            ApplicationBar.Opacity = 0.0;
            break;
    }
}

private void chkMenuEnable_Click(object sender, RoutedEventArgs e)
{
    ApplicationBar.IsMenuEnabled = (chkMenuEnable.IsChecked == true);
}
```

속성 적용 전과 후를 실시간으로 비교하기 위해 코드에서 앱바의 속성을 변경하는데 이는 어디까지나 테스트의 편의를 위해서이다. 적용할 속성을 결정했으면 XAML 파일에서 지정하는 것이 훨씬 더 편리하다. 컨텐트 패널에 배치된 체크 박스와 라디오 버튼들을 조작하면 아래쪽의 앱바 모양이 바뀔 것이다. Visible 체크 박스를 클릭하면 아래쪽의 앱바가 보이거나 사라진다.

앱바를 숨길 수 있으므로 일단 생성해 놓고 필요할 때만 보이도록 할 수 있다. Visible 체크 박스의 클릭 이벤트 핸들러는 다음과 같이 작성되어 있다.

```
private void chkVisible_Click(object sender, RoutedEventArgs e)
{
    ApplicationBar.IsVisible = (chkVisible.IsChecked == true);
}
```

이 코드에서 ApplicationBar라는 명칭은 PhoneApplicationPage의 속성이며 페이지에 부착된 앱바를 의미한다. 페이지의 속성으로 앱바를 칭할 수 있는 이유는 페이지당 앱바는 하나뿐이기 때문이다. 이름이 없어도 ApplicationBar 속성으로 언제든지 앱바를 참조할 수 있다. 이 객체의 IsVisible 속성에 체크 박스의 체크 상태를 대입하면 체크 여부에 따라 보이기, 숨기기가 토글된다. 아주 쉬워 보이는 코드지만 구조적 이유가 있어 따져볼 필요가 있다.

앱바는 원래 웹용 실버라이트에는 없었던 것이다. 웹 브라우저에서 실행되는 애플릿에 앱바 따위는 필요 없다. 웹 페이지의 중간에 열리므로 위치가 고정적이지도 않고 평범한 버튼으로도 충분히 명령을 입력받을 수 있다. 하지만 모바일용 앱은 그 자체로 하나의 프로그램이기 때문에 메뉴 바에 해당하는 앱바가 필요해졌다. 또 화면 크기가 고정적이므로 항상 아래쪽에 배치해 놓을 수도 있다. 그래서 모바일 실버라이트에 별도의 앱바 클래스가 추가된 것이다.

원래 없던 것을 급하게 추가하다 보니 앱바의 클래스 계층은 실버라이트의 클래스 계층과는 다르게 별도로 존재한다. UIElement로부터 파생되지 않으며 Object로부터 직접 상속받아 완전히 독립적이다. 다른 실버라이트 클래스들이 모두 DependencyObject로부터 파생되는 것에 비해 홀로 존재하며 어떤 클래스와도 친척 관계가 아니다. 패널의 차일드가 될 수 없으므로 비주얼 트리에도 포함되지 않는다.

태생이 특수하다 보니 앱바는 Name 속성으로 이름을 줄 수 없으며 심지어 x:Name 속성으로도 이름을 정의할 수 없다. 예제의 앱바에는 x:Name 속성으로 MyAppBar라는 이름이 대입되어 있는데 에러는 아니지만 원하는 대로 동작하지 않는다. 이 속성에 의해 MainPage.g.cs에 MyAppBar는 필드가 선언되지만 비주얼 트리의 일부가 아니므로 제대로 초기화되지 않으며 따라서 이름으로부터 앱바를 참조할 수 없다. 다음 코드는 동작하지 않으며 예외가 발생한다.

```
private void chkVisible_Click(object sender, RoutedEventArgs e)
{
    MyAppBar.IsVisible = (chkVisible.IsChecked == true);
}
```

일반 컨트롤은 이름만 주면 코드에서 언제든지 참조할 수 있는 것과 달리 앱바는 이름이 있어도 참조할 수 없다. 비주얼 트리의 일부가 아니어서 검색되지 않으므로 실행 중에 예외로 처리된다. 더 이상한 것은 MyAppBar라는 변수는 분명히 존재하므로 컴파일은 아무 이상없이 잘 된다는 점이다. 정 이름으로 참조하고 싶으면 다음과 같이 직접 초기화한 후 사용해야 한다. 이 코드는 정상적으로 동작한다.

```
private void chkVisible_Click(object sender, RoutedEventArgs e)
{
    MyAppBar = (Microsoft.Phone.Shell.ApplicationBar)ApplicationBar;
    MyAppBar.IsVisible = (chkVisible.IsChecked == true);
}
```

앱바 자체뿐만 아니라 앱바에 속한 버튼이나 메뉴 항목도 마찬가지 이유로 이름으로 참조할 수 없다. 대신 ApplicationBar의 Buttons, MenuItems 컬렉션을 검색해서 참조한다. 개별 버튼을 자주 참조한다면 위의 앱바 예에서처럼 x:Name 속성으로 이름을 지정하고 생성자에서 미리 초기화하는 것이 편리하다. 이 기법은 다음 항의 예제에서 소개한다.

다음은 Minimized 속성을 테스트해 보자. Mode 속성이 Minimized이면 앱바의 버튼이 보이지 않으며 오른쪽에 … 버튼만 살짝 보인다. 평소에는 밑에 숨어 있다가 … 버튼을 누르면 펼쳐진다. 보통 때는 숨겨 놓고 필요할 때만 열어서 사용함으로써 페이지를 덜 차지하고 화면이 단순해지는 효과가 있다. 단, Minimized이더라도 가로로 회전하면 화면 면적에 여유가 있어 아이콘이 표시된다.

Foreground, Background 속성은 앱바의 전경색과 배경색을 지정한다. 디폴트 색상은 테마에 따라 달라진다. dark 테마에서는 버튼이 짙은 회색 바탕에 흰색으로 표시되지만 light 테마에서는 흰 바탕에 검은색으로 표시된다. 흰색 버튼이 싫으면 강조색으로 지정하여 버튼을 눈에 잘 띄게 할 수 있으며 배경을 강조색으로 지정하여 앱바 자체를 강조할 수도 있다.

당연한 얘기겠지만 전경, 배경을 같은 색으로 지정하면 버튼이 보이지 않을 것이다. 전경색, 배경색을 임의의 색으로 지정할 수 있지만 가급적이면 테마의 색을 사용하는 것이 좋다. 마지막 옵션은 노란색 바탕에 브라운 색상을 사용한 것이다. 눈에 확 띄지만 테마에 상관없이 고정색으로 표시되므로 모든 테마에 어울리기 어렵다.

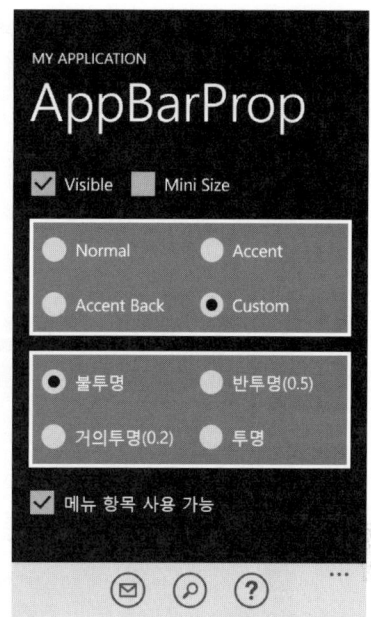

Opacity 속성은 앱바 배경의 불투명도를 지정하며 디폴트는 불투명한 1이다. 0.5로 지정하면 반투명해지며 앱바 뒤쪽의 페이지가 살짝 비쳐 보인다. 0으로 지정하면 배경이 투명해져 페이지 위에 앱바 버튼들이 떠 있는 듯한 효과를 낸다. 단, 이 속성은 앱바 배경의 투명도를 조정할 뿐이며 버튼은 항상 불투명하다.

Opacity 속성이 1이면 앱바는 불투명할 뿐만 아니라 자신의 고유 자리를 차지하며 앱바가 차지한 만큼 페이지의 면적은 줄어든다. Opacity가 1보다 작으면, 즉 조금이라도 투명하면 페이지는 화면 아래까지 확장되며 페이지 위에 앱바가 살짝 얹힌다. 투명도를 0.2나 0.8 등의 임의값으로 지정할 수 있지만 1, 0 또는 0.5 셋 중 하나만 선택할 것을 권장한다.

반투명한 앱바는 좀 봐줄만 한데 완전히 투명한 앱바는 뒤쪽의 페이지와 앱바의 버튼이 겹쳐 보여 오히려 지저분해 보인다. IsMenuEnabled 속성은 아주 이해하기 쉽다. 이 속성을 false로 변경하면 버튼 아래쪽의 메뉴가 보이지 않으며 선택할 수도 없다. 메뉴 전체를 사용 금지시키는 것과 같다. 메뉴를 만들어 놓되 필요할 때만 허용하고 싶을 때 이 속성을 사용한다.

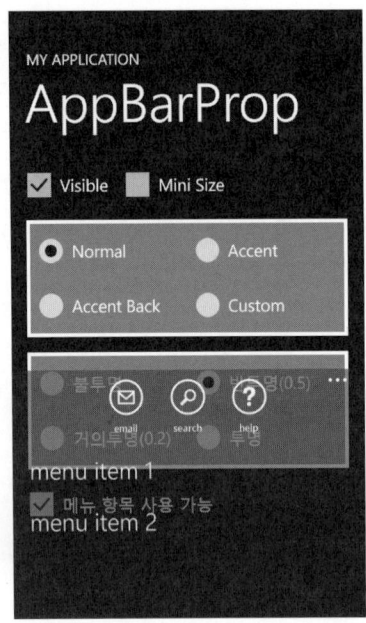

11-1-4 앱바 항목의 속성

앱바에는 버튼(ApplicationBarIconButton)과 메뉴 항목(ApplicationBarMenuItem)이 포함된다. 이 클래스들은 Microsoft.Phone.Shell 네임스페이스에 포함되어 있으므로 코드에서 참조할 때는 using 선언을 반드시 해야 한다. 두 클래스 모두 Object로부터 바로 파생되며 실버라이트의 비주얼 트리와는 아무런 상관이 없다. 앱바의 항목들도 조정 가능한 몇 가지 속성을 가진다. 다음은 앱바 버튼의 속성이다.

속 성	설 명
Text	버튼의 캡션이다. 소문자만 가능하며 길이가 너무 길면 잘린다.
IconUri	버튼의 표면에 표시할 아이콘이다.
IsEnabled	사용 가능한지를 지정한다. 디폴트는 true여서 사용 가능하다.

Text 속성은 버튼의 캡션이며 IconUri는 버튼 표면에 표시할 이미지이다. IsEnabled 속성은 버튼의 사용 가능성을 제어한다. 읽기 쓰기 가능한 속성이므로 실행 중에 이 속성들을 변경하여 버튼의 모양이나 클릭 허용 여부를 조작할 수 있다.

버튼에 비해 메뉴 항목은 아이콘이 없으며 Text와 IsEnabled 속성만 가진다. 두 클래스 모두 이벤트는 Click 딱 하나만 지원한다. 사실 클릭하는 것 외에 더 이상의 복잡한 동작을 지원할 필요도 없다. 다음 예제는 실행 중에 버튼의 속성을 조정한다.

AppBarIconProp

```
<Grid x:Name="ContentPanel" Grid.Row="1" Margin="12,0,12,0">
    <StackPanel>
        <Button Name="btnEnable" Content="삭제 가능" Click="btnEnable_Click" />
        <Button Name="btnDisable" Content="삭제 불가능" Click="btnDisable_Click" />
    </StackPanel>
</Grid>
....

<phone:PhoneApplicationPage.ApplicationBar>
    <shell:ApplicationBar IsVisible="True" IsMenuEnabled="True">
        <shell:ApplicationBarIconButton IconUri="/appbar.transport.play.rest.png"
            Text="play" Click="ApplicationBarIconButton_Click" />
        <shell:ApplicationBarIconButton IconUri="/appbar.delete.rest.png"
            Text="delete" Click="ApplicationBarIconButton_Click_1" />
    </shell:ApplicationBar>
</phone:PhoneApplicationPage.ApplicationBar>
==================================== CS ========================================
using Microsoft.Phone.Shell;

namespace AppBarIconProp
{
    public partial class MainPage : PhoneApplicationPage
    {
        public MainPage()
        {
            InitializeComponent();
        }

        private void ApplicationBarIconButton_Click(object sender, EventArgs e)
        {
            ApplicationBarIconButton btnPlay =
                (ApplicationBarIconButton)ApplicationBar.Buttons[0];
            if (btnPlay.Text == "play")
            {
```

```
            btnPlay.Text = "pause";
            btnPlay.IconUri = new Uri("/appbar.transport.pause.rest.png",
                           UriKind.Relative);
        }
        else
        {
            btnPlay.Text = "play";
            btnPlay.IconUri = new Uri("/appbar.transport.play.rest.png",
                           UriKind.Relative);
        }
    }

    private void ApplicationBarIconButton_Click_1(object sender, EventArgs e)
    {
        MessageBox.Show("음악을 삭제하였습니다.");
    }

    private void btnEnable_Click(object sender, RoutedEventArgs e)
    {
        ((ApplicationBarIconButton)ApplicationBar.Buttons[1]).IsEnabled = true;
    }

    private void btnDisable_Click(object sender, RoutedEventArgs e)
    {
        ((ApplicationBarIconButton)ApplicationBar.Buttons[1]).IsEnabled = false;
    }
    }
}
```

버튼은 두 개를 배치했지만 한 버튼이 두 개의 이미지를 번갈아 가며 표시하므로 이미지는
3개를 추가해야 한다. 이 프로젝트는 다음 3개의 이미지를 사용한다.

```
appbar.transport.play.rest.png
appbar.transport.pause.rest.png
appbar.delete.rest.png
```

음악을 재생하는 왼쪽의 버튼은 재생이 시작되면 중지 버튼으로 기능이 바뀐다. 두 명령이
상호 배타적이므로 따로 배치할 필요가 없으며 한 버튼을 두 가지 용도로 사용한다. 재생 버튼의

클릭 이벤트 핸들러에서는 버튼의 Text 속성을 보고 play와 pause를 토글한다. 캡션도 바꾸고 이미지도 캡션에 맞게 변경한다. 버튼 객체를 얻을 때는 다음 표현식을 사용한다.

```
(ApplicationBarIconButton)ApplicationBar.Buttons[0]
```

앞에서 설명했다시피 앱바의 버튼에 이름을 줄 수 없으므로 앱바의 Buttons 컬렉션으로부터 버튼 객체를 구한다. Buttons[0]가 첫 번째 버튼이고 Buttons[1]이 두 번째 버튼이다. 컬렉션 자체는 Object 타입을 리턴하므로 반드시 ApplicationBarIconButton 타입으로 캐스팅해야 한다. 첫 번째 버튼을 누를 때마다 버튼의 이미지와 캡션이 토글될 것이다. 물론 실제 프로젝트라면 음악을 재생하거나 중지하는 버튼 본연의 기능도 구현해야 한다.

오른쪽 버튼은 음악을 삭제하는데 조건에 따라 삭제 가능성 여부가 바뀐다. 예를 들어 로컬의 음악 파일은 삭제 가능하지만 네트워크에서 스트리밍 중이라면 삭제할 수 없다. 실제 프로젝트에서는 복잡한 조건에 따라 사용 가능성이 달라지겠지만 예제에서는 스택 패널에 두 개의 버튼을 배치하고 이 버튼으로 사용 가능성을 조정했다.

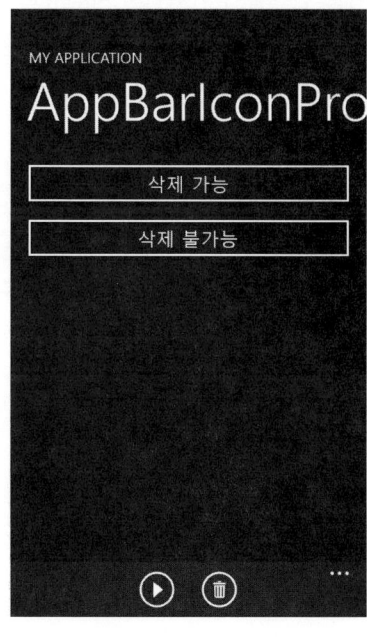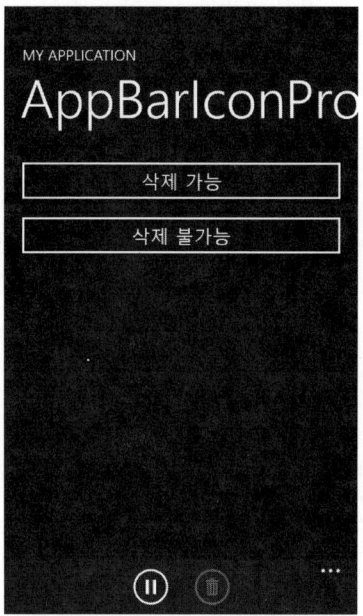

스택 패널의 두 버튼은 삭제 버튼의 IsEnabled 속성을 토글함으로써 앱바 버튼의 사용 가능성

을 변경한다. 버튼뿐만 아니라 메뉴 항목도 동일한 방법으로 텍스트와 사용 가능성을 제어할 수 있다.

11-2 ## 앱바 활용

11-2-1 코드로 앱바 생성

XAML 문서에서 마크업으로 앱바를 디자인하는 것은 객체 배치하고 속성만 지정하면 되므로 아주 쉽다. 그러나 XAML은 정적인 디자인만 가능해서 실행 중에 속성을 바꾼다거나 메뉴의 개수를 첨삭하는 것은 불가능하다. XAML은 모든 것을 디자인 타임에 완전히 결정해야 한다. 필요한 명령의 개수나 종류가 실행 중에 동적으로 결정되는 경우도 많은데 이는 XAML의 능력 밖이다.

버튼이나 메뉴 항목에는 Visibility 속성이 없어 살짝 숨긴 채 만들어 놓고 실행 중에 보이는 꼼수도 통하지 않는다. 또한, 앱바는 실버라이트 컨트롤이 아니어서 바인딩도 지원하지 않는다. DB나 연결된 데이터로부터 자료를 받아 앱바에 표시하고 동적으로 갱신하는 복잡한 동작은 할 수 없다. 캡션도 반드시 상수 문자열로만 지정할 수 있으므로 국제화, 지역화도 지원하지 않는다. 다중 언어를 지원하지 못한다는 것은 굉장히 심각한 문제이다.

가변적인 작업이 필요할 때는 코드의 도움을 받아야 한다. XAML로 앱바를 정의하지 않고 코드로 앱바를 생성하면 상기의 모든 한계를 극복할 수 있다. 코드는 앱바의 속성을 바꿀 수도 있고 실행 중에 버튼이나 메뉴를 추가, 삭제할 수도 있으며 캡션도 지역에 따라 다르게 설정할 수 있다. 다음 예제는 앱바의 버튼을 실행 직후에 생성하고 버튼 클릭 이벤트에서 메뉴 항목을 동적으로 생성한다.

CreateAppBar

```
<Grid x:Name="ContentPanel" Grid.Row="1" Margin="12,0,12,0">
    <StackPanel>
        <TextBlock Text="앱바의 버튼과 메뉴를 실행 중에 생성합니다."/>
    </StackPanel>
</Grid>
================================== CS =========================================
```

```csharp
using Microsoft.Phone.Shell;

namespace CreateAppBar
{
    public partial class MainPage : PhoneApplicationPage
    {
        int AddCount = 0;
        public MainPage()
        {
            InitializeComponent();

            ApplicationBar = new ApplicationBar();
            ApplicationBar.Opacity = 0.5;

            ApplicationBarIconButton btnAdd = new ApplicationBarIconButton();
            btnAdd.IconUri = new Uri("/appbar.add.rest.png", UriKind.Relative);
            btnAdd.Text = "add";
            btnAdd.Click += new EventHandler(btnAdd_Click);
            ApplicationBar.Buttons.Add(btnAdd);

            ApplicationBarIconButton btnMinus = new ApplicationBarIconButton();
            btnMinus.IconUri = new Uri("/appbar.minus.rest.png", UriKind.Relative);
            btnMinus.Text = "delete";
            btnMinus.Click += new EventHandler(btnMinus_Click);
            ApplicationBar.Buttons.Add(btnMinus);
        }

        private void btnAdd_Click(object sender, EventArgs e)
        {
            ApplicationBarMenuItem menu = new ApplicationBarMenuItem();
            AddCount++;
            menu.Text = "Added Menu : " + AddCount;
            menu.Click += new EventHandler(menu_Click);
            ApplicationBar.MenuItems.Add(menu);
        }

        private void btnMinus_Click(object sender, EventArgs e)
        {
            int Count = ApplicationBar.MenuItems.Count;
            if (Count > 0)
```

```
        {
            ApplicationBar.MenuItems.RemoveAt(Count - 1);
        }
    }

    private void menu_Click(object sender, EventArgs e)
    {
        MessageBox.Show("추가된 메뉴 항목을 눌렀습니다.");
    }
}
```

XAML 파일에는 안내를 위한 텍스트 블록 하나만 배치했으며 앱바는 아예 정의하지 않았다. 대신 MainPage의 생성자에서 실행 직후에 앱바와 버튼들을 생성한다. 앱바도 객체이므로 new 연산자로 생성할 수 있으며 원하는 속성을 자유롭게 대입할 수 있다. 디폴트 속성이 무난하므로 Opacity 속성만 0.5로 지정하여 반투명하게 생성했다.

앱바의 버튼도 마찬가지로 new 연산자로 생성하고 필수 속성을 대입한다. 이미지는 미리 프로젝트에 추가되어 있어야 하며 이벤트 핸들러도 작성되어 있어야 한다. 캡션은 Text 속성에 문자열로 대입하되 문자열을 리소스에서 읽어 오면 언어에 따라 다른 캡션을 붙일 수 있다. 버튼을 생성한 후 앱바의 Buttons 컬렉션에 추가한다. 이 버튼들의 이벤트 핸들러는 메뉴 항목을 추가하거나 삭제한다.

버튼의 클릭 핸들러에서 메뉴 항목을 생성하는 코드도 지극히 상식적이다. new 연산자로 메뉴 항목을 생성하고 AddCount 일련번호를 덧붙여 캡션을 정의한 후 앱바의 MenuItems 컬렉션에 추가한다. 이벤트 핸들러도 미리 작성해 놓았으며 메시지 박스로 선택되었음만 알린다. 추가할 때는 개수의 제한이 없지만 삭제할 때는 삭제할 메뉴 항목이 있는지 개수를 점검해야 한다. 메뉴 항목이 많아지면 스크롤도 가능하다.

같은 방식으로 앱바의 버튼들도 실행 중에 첨삭 가능하다. 그러나 메뉴 항목과는 달리 개수의 제한이 있어 별로 실용성이 없다. 고작 4개의 버튼만 배치 가능하므로 개수를 동적으로 조정한다기보다는 특정 버튼을 잠시 숨기는 정도만 실용성이 있다.

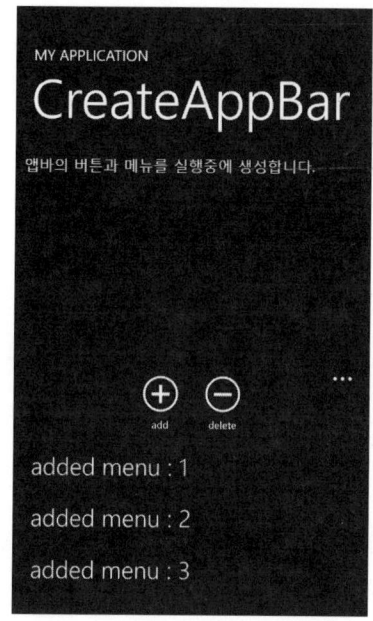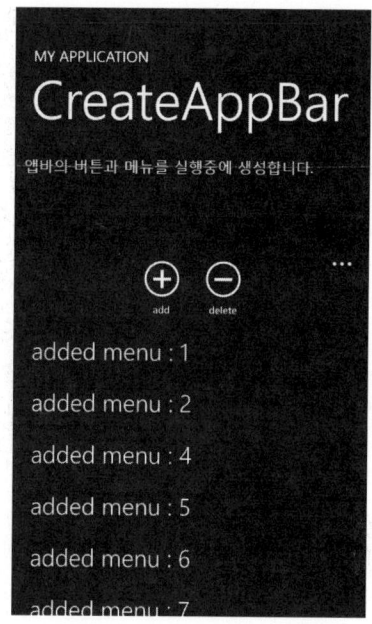

11-2-2 전역 앱바

앱바는 페이지에 배치되므로 매 페이지마다 개별적으로 앱바를 정의해야 한다. 여러 페이지로 구성된 프로그램의 경우 매 페이지마다 똑같은 앱바를 일일이 정의하는 것은 분명히 낭비이며 차후 관리하기도 어렵다. 여러 페이지에서 공유하는 앱바는 전역 리소스에 한 번만 정의해 놓고 페이지에서 불러와 사용할 수 있다.

프로젝트를 생성하고 앱바의 버튼에 표시할 이미지를 추가해 놓는다. appbar.add.rest.png 이미지 하나만 추가하자. 모든 페이지에서 공유할 리소스는 전역 앱 객체에 작성한다. App.xaml과 App.xaml.cs에 다음 코드를 작성한다.

AppBarResource : App.xaml

```
<Application.Resources>
    <shell:ApplicationBar x:Key="CommonAppBar" IsVisible="True" IsMenuEnabled="True">
        <shell:ApplicationBarIconButton IconUri="/appbar.add.rest.png"
            Text="add" Click="btnAdd_Click"/>
        <shell:ApplicationBar.MenuItems>
            <shell:ApplicationBarMenuItem Text="edit" Click="menuEdit_Click"/>
```

```
        </shell:ApplicationBar.MenuItems>
    </shell:ApplicationBar>
</Application.Resources>
================================ CS ========================================
private void btnAdd_Click(object sender, EventArgs e)
{
    MessageBox.Show("앱바의 버튼을 클릭했습니다.");
}

private void menuEdit_Click(object sender, EventArgs e)
{
    MessageBox.Show("앱바의 메뉴를 클릭했습니다.");
}
```

앱의 리소스 섹션에 앱바를 정의했다. 페이지에서 정의할 때와 문법은 동일하되 재사용을 위해 등록하는 리소스는 반드시 이름이 있어야 하므로 x:Key 속성으로 유일한 이름을 주어야 한다는 점만 다르다. 버튼 하나와 메뉴 하나만 배치했는데 얼마든지 많은 항목을 추가할 수 있다.

앱바가 앱 객체의 리소스로 등록되어 있으므로 이벤트 핸들러도 앱 객체에 존재해야 한다. App.xaml.cs에 버튼과 메뉴 항목의 클릭 이벤트 핸들러를 작성해 두었다. 모든 페이지에서 공유하는 앱바이므로 명령을 처리하는 코드도 공유한다. 페이지에서는 다음과 같이 앱바 리소스를 불러와 사용한다.

AppBarResource : MainPage.xaml

```
<phone:PhoneApplicationPage
    x:Class="AppBarResource.MainPage"
    xmlns="http://schemas.microsoft.com/winfx/2006/xaml/presentation"
    xmlns:x="http://schemas.microsoft.com/winfx/2006/xaml"
    xmlns:phone="clr-namespace:Microsoft.Phone.Controls;assembly=Microsoft.Phone"
    xmlns:shell="clr-namespace:Microsoft.Phone.Shell;assembly=Microsoft.Phone"
    xmlns:d="http://schemas.microsoft.com/expression/blend/2008"
    xmlns:mc="http://schemas.openxmlformats.org/markup-compatibility/2006"
    mc:Ignorable="d" d:DesignWidth="480" d:DesignHeight="768"
    FontFamily="{StaticResource PhoneFontFamilyNormal}"
    FontSize="{StaticResource PhoneFontSizeNormal}"
```

```
        Foreground="{StaticResource PhoneForegroundBrush}"
        SupportedOrientations="Portrait" Orientation="Portrait"
        shell:SystemTray.IsVisible="True"
        ApplicationBar="{StaticResource CommonAppBar}"
        >
....
            <Grid x:Name="ContentPanel" Grid.Row="1" Margin="12,0,12,0">
                <StackPanel>
                    <TextBlock Text="리소스로 정의한 앱바를 페이지에서 사용합니다."/>
                </StackPanel>
            </Grid>
```

페이지 엘리먼트의 ApplicationBar 속성에 리소스 이름만 밝혀 주면 된다. MainPage는 앱바를
정의하지 않지만 리소스의 앱바가 페이지에 부착되며 버튼이나 메뉴 항목의 이벤트 핸들러도
잘 호출된다.

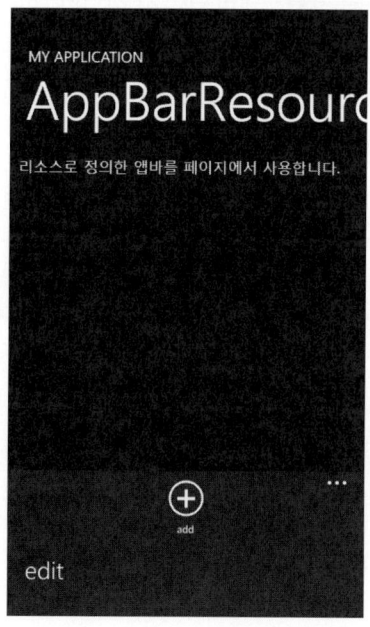

전역 리소스로 정의된 앱바이므로 다른 페이지에서도 같은 방식으로 이 앱바를 부착할 수
있다. 페이지에 따라 약간씩 다른 앱바가 필요하다면 여러 벌의 앱바 리소스를 정의해 놓고

선택적으로 사용할 수도 있다. 물론 특정 페이지에 고유의 앱바가 필요하다면 리소스를 쓰지 말고 페이지에 앱바를 따로 정의하면 된다.

이상으로 앱바에 대한 기본적인 사항을 연구해 보았다. 이 정도만 알아도 자주 사용하는 명령을 앱바로 배치하는 정도는 충분히 할 수 있을 것이다. 이 외에 피봇이나 파노라마의 경우는 다소 특수한 기법이 사용되는데 아직은 피봇을 모르므로 관련 부분에서 따로 연구해 보기로 하자.

11-2-3 상태란

상태란은 화면 위쪽에 있으며 폰의 현재 상태를 간략하게 보여준다. 정식 명칭은 시스템 트레이(SystemTray)이되 통상 상태란이라고 칭한다. 상태란에는 벨 모드, 현재 신호 세기, 시간 등의 주요 정보가 나타나며 장비 제작사에 따라 아이콘은 약간씩 달라질 수 있다. 에뮬레이터에는 신호 강도와 배터리 상태 정도의 아이콘만 표시한다.

상태란은 앱바와는 달리 프로그래밍 대상이 아니다. 임의의 아이콘을 추가할 수도 없고 기본 아이콘을 제거할 수도 없으며 사용자와 상호 작용도 하지 않는다. 프로그램에서 상태란을 조작할 수 있는 유일한 방법은 IsVisible 속성으로 숨기거나 보이는 것뿐이다. 페이지의 속성 제일 아래쪽에는 다음 속성 대입문이 있다.

```
shell:SystemTray.IsVisible="True"
```

상태란의 IsVisible 속성에 True를 대입함으로써 상태란을 보이도록 한다. 이 속성에 False를 대입하면 상태란은 숨겨지며 전체 화면을 다 사용할 수 있다. 상태란의 정보들은 사용자에게 늘 참고가 되는 중요한 의미가 있으므로 일반적인 앱은 가급적 상태란을 유지하는 것이 좋다. 그러나 게임처럼 전체 화면을 다 사용하고 싶다면 이때는 상태란을 숨겨야 한다. 다음 예제는 실행 중에 상태란의 보이기 상태를 토글한다.

Status

```
<Grid x:Name="ContentPanel" Grid.Row="1" Margin="12,0,12,0">
    <StackPanel>
        <Button Name="btnToggle" Content="상태란 토글" Click="btnToggle_Click" />
    </StackPanel>
```

```
</Grid>
================================ CS ======================================
using Microsoft.Phone.Shell;
....
private void btnToggle_Click(object sender, RoutedEventArgs e)
{
    SystemTray.IsVisible = !SystemTray.IsVisible;
}
```

코드의 내용은 아주 간단하다. 버튼의 클릭 이벤트 핸들러에서 상태란의 IsVisible 속성을 토글한다. 버튼을 누를 때마다 상태란 영역이 숨었다 보였다 하므로 페이지 타이틀이 상태란의 높이만큼 오르락내리락 거릴 것이다.

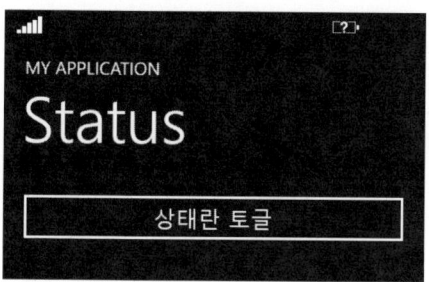
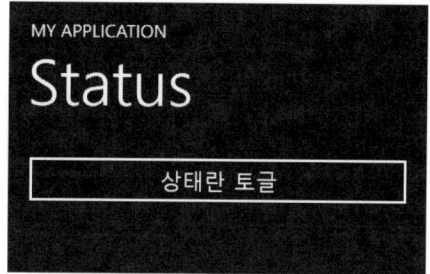

상태란이 없으면 그 높이만큼 페이지가 차지하는 영역이 넓어진다. 상태란이 보이는 상태에서 아이콘은 일정 시간이 지나면 자동으로 사라지며 상태란을 탭하면 아이콘이 다시 나타난다. 상태란의 아이콘이 잠시 사라졌더라도 상태란 자체의 영역은 보존된다.

저장소

12-1 격리 저장소

12-1-1 저장소

프로그램이 만든 데이터는 차후에 다시 사용하기 위해 영구적으로 저장되어야 한다. 사용자가 직접 만든 데이터는 물론이고 프로그램의 설정이나 현재 상태 등 사소한 것들도 일일이 저장할 필요가 있다. 사용자는 어제 사용하던 폰을 오늘 다시 켰을 때 원래 사용하던 대로 있기를 기대한다. 재부팅하거나 배터리를 교체하더라도 이전 상태를 그대로 복원해야 사용자 경험이 연속된다. 윈도우폰은 정보를 저장하는 여러 가지 방법을 제공한다.

- 파일 : 정보를 저장하는 가장 일반적인 방법이다. 이미지나 문서 같은 대용량의 정보에 적합하며 디렉토리를 구성하여 체계적으로 분류할 수도 있다.
- 세팅 : 키와 값의 쌍으로 간단한 정보를 신속하게 저장한다. 앱의 설정값이나 현재 상태 같은 짧은 정보 기억에 적합하다.
- DB : 관계형 데이터베이스를 테이블 형태로 저장한다. 복잡한 사무용 데이터나 자주 변경되는 정보를 체계적으로 관리할 때 주로 사용된다.
- 클라우드 : 장비 내부에 정보를 저장하는 것이 아니라 원격지의 네트워크에 업로드하여 저장한다. 장비를 분실해도 정보가 유지되며 여러 사용자와 정보를 공유할 수 있다.

여러 방법이 있지만 디스크의 파일 형태로 저장하는 것이 가장 보편적이다. 윈도우폰도 주요 정보를 파일에 저장하는데 응용 프로그램의 정보를 저장하는 장치를 격리 저장소(Isolated Storage)라고 한다. 저장소(Storage)라는 용어는 정보를 저장하는 곳이라는 뜻이며 파일이 저장되는 물리적인 장치를 의미한다. 전통적으로 하드 디스크가 이 역할을 수행했지만 모바일 환경에서는 플래시 메모리가 대신 사용된다. 그러나 아직까지도 관습적으로 디스크라고 칭하기도 한다.

저장소 앞에 붙어 있는 격리된(Isolated)이라는 수식어는 혼자만 사용한다는 뜻이다. 모바일 장비에는 개인적이고 중요한 정보들이 저장되므로 보안과 안전성이 지극히 중요하다. 절대로 깨져서는 안 되며 또 외부로 유출되어서도 안 된다. 각 앱은 자신의 격리된 저장소에 정보를 저장하며 오로지 자신만 읽고 쓸 수 있다. 다른 앱이 격리 저장소를 엿볼 수 없으므로 보안이 철저하게 유지되며 고의나 사고로 인해 저장소가 파괴될 가능성도 지극히 낮다.

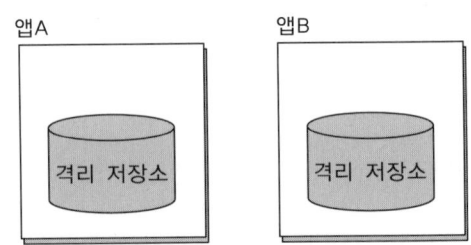

격리 저장소의 밀폐된 특성은 PC의 파일 시스템과는 상당히 다르다. PC 환경에서는 파일이 저장된 위치만 정확하게 알고 있으면 누구나 파일을 읽고 쓸 수 있다. 그러다 보니 민감한 정보를 고의적으로 유출할 수도 있고 실수로 엉뚱한 파일을 파괴할 위험성도 있다. 격리 저장소는 앱끼리 저장소를 철저히 분리함으로써 이런 사고를 원천적으로 방지한다. 격리가 너무 완벽하다 보니 앱끼리 정보를 공유하지 못하는 불편함이 있지만 대신 보안과 안전성을 확실하게 지킨다. 윈도우폰에는 응용 프로그램끼리 공유할 수 있는 공통의 저장소는 아예 없다.

격리 저장소의 개념은 웹의 쿠키를 확장한 것이다. 쿠키는 웹 페이지에 사용자가 입력한 정보를 임시적으로 저장하는 아주 작은 기억 장소이다. 실버라이트 애플릿은 RIA 구현을 위해 쿠키보다 조금 더 큰 자신의 고유 기억 장소를 가지는데 이것이 바로 격리 저장소이다. 애플릿이 생성한 정보나 설정을 저장하는 용도로 사용되며 너무 클 필요는 없고 보안상 바람직하지도 않으므로 1M의 용량 제한이 있었다. 같은 도메인에 소속된 애플릿들이 1M의 용량을 공유한다.

윈도우폰의 앱은 독립된 응용 프로그램으로서 웹 브라우저 안에서 실행되는 애플릿보다는 위상이 높고 앱 동작을 위해 더 많은 저장 공간이 필요하기 때문에 용량 제한은 없다. 하지만 모바일 폰의 메모리가 그다지 넓지 못하므로 무한대로 저장하기는 어렵다. 물리적 제한이 없더라도 꼭 필요한 정보만 저장하고 불필요해진 정보는 주기적으로 삭제해야 한다. 저장 공간이 10% 미만

남았을 때 사용자에게 경고 메시지가 전달된다.

격리 저장소는 앱이 설치될 때 같이 생성된다. 격리되어 있어 다른 앱과 정보를 공유할 수는 없지만 자신에게 주어진 공간이므로 허용된 범위 내에서는 자유가 주어진다. 자유롭게 파일을 생성, 삭제할 수 있고 디렉토리도 마음대로 구성할 수 있다. 최초 생성시 다음과 같은 특수 목적 폴더가 생성된다. 특정 용도로 사용하기 위해 미리 만들어 놓았을 뿐이며 안에 파일은 없다. 필요없는 폴더는 삭제해도 상관없다.

폴 더	설 명
Shared/Media	배경 음악을 백그라운드에서 재생할 때 앨범 아트를 표시하는 용도로 사용한다.
Shared/ShellContent	타일의 전면, 후면 이미지를 저장한다.
Shared/Transfer	백그라운드에서 파일을 전송할 때 이 폴더를 사용한다.

격리 저장소는 멀티 스레드에 안전하지 않다. 혼자서 사용하는 저장소이지만 여러 스레드가 동시에 액세스할 수는 있는데 이때 뮤텍스 같은 동기화 객체를 사용하여 특정 시점에 하나의 스레드만 저장소를 액세스해야 한다. 윈도우폰에서는 백그라운드 액세스가 일반적이지 않지만 에이전트와 동시에 액세스하는 경우가 있으므로 동기화도 신경 써야 한다.

12-1-2 파일 입출력

저장소는 격리되어 있다 뿐이지 정보를 저장한다는 면에서 일종의 파일 시스템이다. 다른 파일 시스템과 액세스 방법은 거의 유사하며 고수준의 파일 입출력 스트림으로 액세스한다. 그래서 다른 환경에서 파일 입출력을 해 본 경험이 있으면 쉽게 익숙해질 수 있다. 너무 상세하게 설명할 필요는 없을 것 같고 관련 클래스와 메서드 사용 방법, 입출력 절차만 간략하게 소개하기로 한다. 우선 다음 두 using 선언문이 필요하다.

```
using System.IO;
using System.IO.IsolatedStorage;
```

이 네임스페이스 안에 파일 입출력 관련 클래스가 정의되어 있다. IsolatedStorageFile 클래스는 격리 저장소를 표현한다. 공개된 생성자가 없으므로 다음 정적 메서드로 생성한다.

```
static IsolatedStorageFile GetUserStoreForApplication()
```

이 메서드는 앱에 할당된 고유의 저장소를 리턴한다. 저장소의 주요 속성들은 용량에 대한 정보를 리턴하는데 모바일에서는 할당량의 개념이 없으므로 큰 의미는 없다.

속 성	설 명
AvailableFreeSpace	사용 가능한 용량을 바이트 단위로 조사한다.
IsEnabled	저장소를 사용할 수 있는지 조사한다. 항상 사용 가능하다.
Quota	할당량을 조사한다. 폰에서는 무한대로 조사된다.
UsedSize	사용한 용량을 조사한다. 폰에서는 이 속성이 의미가 없다.

파일을 오픈할 때는 다음 두 메서드를 사용한다. CreateFile 메서드는 파일을 무조건 생성하고 OpenFile 메서드는 존재하는 파일을 열거나 생성하되 다양한 옵션을 지정할 수 있다.

```
IsolatedStorageFileStream CreateFile(string path)
public IsolatedStorageFileStream OpenFile(string path, FileMode mode,
    [FileAccess access, FileShare share])
```

path는 열고자 하는 스트림의 상대 경로이다. 저장소는 일종의 파일 시스템이므로 내부에 디렉토리를 가진다. 파일 이름만 주면 루트의 파일을 의미하며 서브 디렉토리를 지정하면 해당 위치의 파일을 의미한다. 파일을 생성하는 CreateFile 메서드는 경로만 지정하는데 비해 파일을 여는 OpenFile 메서드는 에러 처리 방식이나 액세스, 공유 모드 등의 인수도 지정해야 한다. mode는 필수 인수이고 access와 share는 생략 가능하다.

mode 인수는 파일을 열 때의 동작을 지정하며 이미 존재하는 파일을 같은 이름으로 생성할 경우나 존재하지 않는 파일을 열려고 하는 경우 어떻게 처리할 것인가를 지정한다. 지정한 모드에 따라 예외 상황에 대한 처리가 달라지므로 주의해서 선택해야 한다. 예를 들어 저장된 문서 파일을 단순히 열고자 할 때는 Open 모드를 사용하여 파일이 없으면 에러를 리턴하도록 해야 한다. OpenOrCreate를 사용하면 존재하지도 않는 파일을 만들어 놓고 리턴하므로 에러 처리를 할 수가 없다. 파일을 생성할 때도 무조건 생성하는 Create 모드와 같은 이름의 파일이 있을 때 에러를 리턴하는 CreateNew를 잘 구분해야 한다.

mode	설 명
CreateNew	새 파일을 만든다. 파일이 이미 존재하면 예외를 던진다.
Create	새 파일을 만들되 이미 존재하면 덮어쓴다.
Open	존재하는 파일을 연다. 파일이 없으면 예외를 던진다.
OpenOrCreate	파일이 있으면 열고 없으면 만든다.
Truncate	파일을 연후 0바이트로 만든다.
Append	파일을 연 후 파일 끝을 찾는다.

access 인수는 파일을 열어서 어떤 동작을 할 것인지를 지정하는데 Read, Write, ReadWrite 셋 중 하나를 선택한다. 보통 읽기 쓰기 가능한 상태로 열지만 실수로 인한 파일 손상을 방지하려면 읽기 전용 모드로 연다. Share는 파일 공유 모드를 지정하되 윈도우폰에서는 파일을 공유할 수 없으므로 별 의미가 없다.

파일을 성공적으로 생성하거나 열었으면 IsolatedStorageFileStream 객체가 리턴되며 어떤 이유로 파일 오픈에 실패했으면 예외가 던져질 것이다. IsolatedStorageFileStream 객체가 바로 파일이다. 주요 속성은 다음과 같다.

속 성	설 명
Name	파일의 이름을 조사한다.
Length	파일의 길이를 바이트 단위로 조사한다.
CanRead	파일을 읽을 수 있는지 조사한다.
CanWrite	파일에 기록할 수 있는지 조사한다.
CanSeek	임의 접근이 가능한지 조사한다.
Position	파일의 현재 위치를 조사하거나 설정한다.

이 속성들을 통해 파일의 이름이나 크기 등의 정보를 알 수 있으며 액세스 위치를 조사하거나 변경한다. 파일로 데이터를 입출력할 때는 다음 메서드를 호출한다.

```
int ReadByte()
void WriteByte(byte value)
public override int Read(byte[] buffer, int offset, int count)
public override void Write(byte[] buffer, int offset, int count)
void Close()
```

한 바이트씩 읽고 쓰거나 아니면 바이트 배열을 한꺼번에 입출력한다. 바이트 단위로 액세스하는 것보다 배열을 한꺼번에 액세스하는 것이 훨씬 더 빠르다. 액세스를 마친 후에는 파일을 반드시 닫아야 한다. 여기까지 정리하는 의미에서 간단한 파일 입출력 예제를 만들어 보자. 다음 예제는 격리 저장소에 문자열을 기록했다가 다시 읽는 시범을 보여준다.

IsolateReadWrite

```
<Grid x:Name="ContentPanel" Grid.Row="1" Margin="12,0,12,0">
    <StackPanel>
        <TextBox Name="textBox" Text="Input String" />
        <Button Content="Info" Name="btnInfo" Click="btnInfo_Click" />
        <Button Content="Write" Name="btnWrite" Click="btnWrite_Click" />
        <Button Content="Read" Name="btnRead" Click="btnRead_Click" />
        <TextBlock Name="textBlock" Text="Echo Here" />
    </StackPanel>
</Grid>
================================ CS ========================================
using System.IO;
using System.IO.IsolatedStorage;
....
private void btnInfo_Click(object sender, RoutedEventArgs e)
{
    IsolatedStorageFile storage = IsolatedStorageFile.GetUserStoreForApplication();
    string info = String.Format("avail={0}, quota={1}",
        storage.AvailableFreeSpace, storage.Quota);
    MessageBox.Show(info);
}

private void btnWrite_Click(object sender, RoutedEventArgs e)
{
    IsolatedStorageFile storage = IsolatedStorageFile.GetUserStoreForApplication();
    IsolatedStorageFileStream file = storage.CreateFile("testfile.txt");
    Byte[] data = System.Text.UTF8Encoding.UTF8.GetBytes(textBox.Text);
    file.Write(data, 0, data.Count());
    file.Close();
    MessageBox.Show("Write Success");
}

private void btnRead_Click(object sender, RoutedEventArgs e)
```

```
{
    IsolatedStorageFile storage = IsolatedStorageFile.GetUserStoreForApplication();
    try
    {
        IsolatedStorageFileStream file = storage.OpenFile("testfile.txt", FileMode.Open);
        Byte[] data = new Byte[file.Length];
        file.Read(data, 0, data.Count());
        textBlock.Text = System.Text.UTF8Encoding.UTF8.GetString(data, 0, data.Count());
        file.Close();
    }
    catch (IsolatedStorageException)
    {
        textBlock.Text = "file not found";
    }
}
```

스택 패널에 문자열을 입력할 수 있는 텍스트 박스와 정보 조사, 쓰기, 읽기 명령을 내리는 버튼, 그리고 읽은 문자열을 확인하기 위한 텍스트 블록을 배치했다. Info 버튼은 저장소의 사용 가능한 양과 할당량을 메시지 박스로 보여준다.

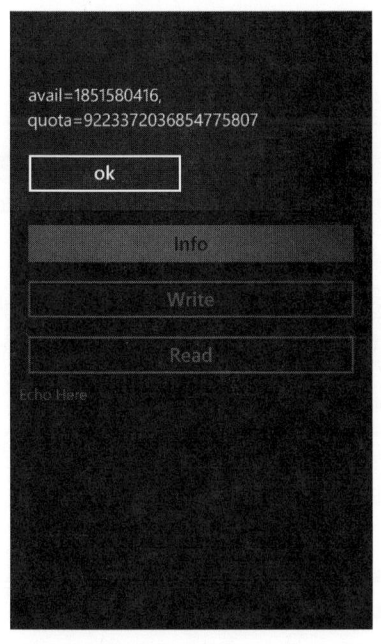
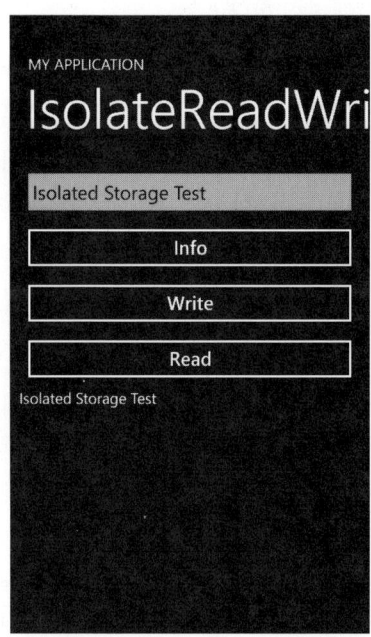

사용 가능한 양은 폰의 실장 메모리양만큼 조사된다. 할당량은 거의 무한대로 조사되는데 사실상 제한이 없는 셈이다. Write 버튼을 누르면 텍스트 박스에 입력한 문자열을 격리 저장소의 testfile.txt에 기록하며 메시지 박스로 성공했음을 알린다. Read 버튼을 누르면 이 파일에서 문자열을 다시 읽어와 아래쪽 텍스트 블록에 에코하여 잘 기록되었는지 확인한다. 텍스트 블록에 임의의 문자열을 입력한 후 Write, Read 버튼을 순서대로 누르면 입력한 문자열이 텍스트 블록에 나타난다.

입출력 코드는 아주 직선적이다. 먼저 저장소 객체를 열고 CreateFile 메서드로 testfile.txt 파일을 생성한다. 경로를 지정하지 않고 파일명만 주었으므로 루트에 생성되며 이미 파일이 존재해도 덮어쓰고 다시 생성한다. 텍스트 블록의 문자열을 읽어 Write 메서드로 출력하되 이 메서드는 문자열이 아닌 바이트 배열을 요구하므로 문자열을 인코딩해야 한다. 텍스트 박스에 입력한 문자열을 UTF8 형식으로 인코딩하여 저장했는데 영문은 사실 UTF8로 변환하나 마나 똑같다.

읽을 때는 OpenFile 메서드로 읽되 모드를 Open으로 지정하여 파일이 없을 때 예외를 던지도록 했다. OpenOrCreate 모드로 지정하면 없어도 무식하게 다시 생성해 버리므로 빈 파일이 열릴 것이다. 이 경우는 파일이 없을 때 에러 처리하는 것이 옳으며 예외 처리 블록에서 텍스트 블록으로 file not found라는 에러 메시지를 출력한다. 파일을 성공적으로 열었으면 파일 내용을 읽어 출력한다. 읽을 때는 기록할 때와는 반대로 바이트 배열로부터 UTF8 문자열을 만들어 텍스트 블록에 대입한다.

반드시 Write 버튼을 먼저 눌러 파일을 생성해 놓은 상태에서 Read 버튼을 눌러야 정상적으로 에코되며 순서가 바뀌면 파일이 아직 없으므로 예외가 발생한다. 이미 파일을 생성해 버렸다면 예외 처리 과정을 확인할 수 없는데 이때는 에뮬레이터를 재시작하면 된다. 에뮬레이터는 시작할 때마다 리셋되므로 새로 시작하면 파일이 자동으로 삭제되며 이 상태에서 Read 버튼을 누르면 예외 상황을 목격할 수 있다.

파일 입출력 코드는 여러 가지 변형이 존재하며 각각 장단점이 있다. 이번에는 예제를 약간 다른 방식으로 변형해 보자. 저장소의 메서드 대신 파일 객체의 생성자로도 파일을 생성하거나 열 수 있다. 인수의 의미는 저장소의 메서드와 동일하되 마지막 인수 isf로 대상 저장소를 지정한다는 것만 다르다. 저장소를 인수로 전달하는가 아니면 저장소의 메서드를 호출하는가의 차이만 있을 뿐 결국, 전달되는 정보는 같은 셈이다.

```
public IsolatedStorageFileStream(string path, FileMode mode, [ FileAccess
    access] , [ FileShare share ], IsolatedStorageFile isf)
```

데이터를 입출력할 때 StreamReader, StreamWriter의 ReadLine, WriteLine 메서드를 사용하면 바이트 배열이 아닌 문자열을 바로 입출력할 수 있다. 두 클래스는 다양한 타입에 대한 출력 메서드를 중복 정의하여 제공한다. 두 버튼의 클릭 이벤트 핸들러를 다음과 같이 수정해도 동작은 동일하며 인코딩, 디코딩을 할 필요가 없어 더 간편하다.

```
private void btnWrite_Click(object sender, RoutedEventArgs e)
{
    IsolatedStorageFile storage = IsolatedStorageFile.GetUserStoreForApplication();
    IsolatedStorageFileStream file = new IsolatedStorageFileStream("testfile.txt",
        FileMode.OpenOrCreate, storage);
    StreamWriter writer = new StreamWriter(file);
    writer.WriteLine(textBox.Text);
    writer.Close();
    MessageBox.Show("Write Success");
}

private void btnRead_Click(object sender, RoutedEventArgs e)
{
    IsolatedStorageFile storage = IsolatedStorageFile.GetUserStoreForApplication();
    IsolatedStorageFileStream file = new IsolatedStorageFileStream("testfile.txt",
        FileMode.Open, storage);
    if (file != null)
    {
        StreamReader reader = new StreamReader(file);
        textBlock.Text = reader.ReadLine();
        reader.Close();
    }
    else
    {
        textBlock.Text = "file not found";
    }
}
```

저장소는 정보를 영구적으로 저장하는 장치이다. 전자적인 플래시 메모리에 저장되므로 앱을 종료해도 정보는 그대로 유지되며 장비를 재부팅하거나 배터리를 교체해도 일부러 지우지 않는 한 정보는 유지된다. 단, 에뮬레이터를 재시작하면 저장된 정보가 모두 사라지는데 이는 테스트 장비인 에뮬레이터의 특성일 뿐 실장비에서는 잘 보존되므로 걱정할 필요가 없다.

마켓 플레이스에서 앱을 업그레이드하더라도 저장소는 일절 건드리지 않는다. 따라서 이전 버전의 앱이 생성한 데이터도 그대로 사용할 수 있다. 만약 데이터의 포맷이 바뀌어 업그레이드 해야 한다면 이 작업은 앱이 알아서 처리해야 한다. 단, 다운받은 앱을 삭제할 때는 앱 자체가 사라지므로 격리 저장소도 같이 사라진다.

12-1-3 파일 관리

앱 하나에 대해 개별적으로 생성되는 저장소는 그 자체로 파일 시스템이며 우리가 흔히 사용하는 하드 디스크와 동등하다. 전자식으로 동작하고 용량이 좀 작을 뿐이다. 루트 디렉토리가 있고 서브 디렉토리를 얼마든지 생성할 수 있으며 디렉토리 안에 파일을 자유롭게 생성, 삭제, 변경할 수 있다.

혼자서 독점적으로 사용하는 격리 저장소에 디렉토리까지 구성해서 파일을 관리해야 할 필요성은 크지 않지만 파일의 개수가 아주 많다면 용도별로 분류하여 저장하는 것이 깔끔하고 성능에도 유리하다. 디렉토리를 관리할 때는 다음 메서드를 사용한다.

```
void CreateDirectory(string dir)
void DeleteDirectory(string dir)
bool DirectoryExists(string path)
```

인수로 경로를 지정하면 디렉토리가 즉시 생성된다. 디렉토리 안에 또 다른 서브 디렉토리도 물론 만들 수 있으며 2단계 이상의 디렉토리도 한꺼번에 생성 가능하다. "a/b/c/d" 식으로 여러 단계의 디렉토리를 만들어야 한다면 각 단계의 디렉토리를 따로 생성할 필요없이 전체 경로를 주면 각 단계의 디렉토리가 차례대로 생성된다. 만약 디렉토리가 이미 존재한다면 새로 만들지 않고 그냥 리턴한다.

새로 만든 디렉토리는 당연히 아무 파일도 없으며 텅텅 비어 있다. 빈 디렉토리에 파일을 생성할 때는 CreateFile 등의 메서드에 디렉토리명을 포함한 경로를 지정한다. DeleteDirectory 메서드는 디렉토리를 삭제하되 이때 디렉토리는 빈 상태여야 한다. 한 번 삭제한 디렉토리는 복구할 방법이 없다. DirectoryExists 메서드는 디렉토리가 존재하는지 조사한다. 다음 예제는 앞 예제와 비슷하되 서브 디렉토리 안에 파일을 생성하고 데이터를 기록한다.

```
<Grid x:Name="ContentPanel" Grid.Row="1" Margin="12,0,12,0">
    <StackPanel>
        <TextBox Name="textBox" Text="Directory Test" />
        <Button Content="Write" Name="btnWrite" Click="btnWrite_Click" />
        <Button Content="Read" Name="btnRead" Click="btnRead_Click" />
        <TextBlock Name="textBlock" Text="Echo Here" />
    </StackPanel>
</Grid>
==================================== CS ========================================
using System.IO;
using System.IO.IsolatedStorage;
....
private void btnWrite_Click(object sender, RoutedEventArgs e)
{
    IsolatedStorageFile storage = IsolatedStorageFile.GetUserStoreForApplication();
    String path = "Folder/Sub";
    //String path = "Folder\\Sub";
    //String path = System.IO.Path.Combine("Folder", "Sub");
    storage.CreateDirectory(path);

    IsolatedStorageFileStream file = storage.CreateFile("Folder/Sub/testfile.txt");
    Byte[] data = System.Text.UTF8Encoding.UTF8.GetBytes(textBox.Text);
    file.Write(data, 0, data.Count());
    file.Close();
    MessageBox.Show("Write Success");
}

private void btnRead_Click(object sender, RoutedEventArgs e)
{
    IsolatedStorageFile storage = IsolatedStorageFile.GetUserStoreForApplication();
    try
    {
        IsolatedStorageFileStream file = storage.OpenFile("Folder/Sub/testfile.txt",
FileMode.Open);
        Byte[] data = new Byte[file.Length];
        file.Read(data, 0, data.Count());
        textBlock.Text = System.Text.UTF8Encoding.UTF8.GetString(data, 0, data.Count());
        file.Close();
    }
```

```
    catch (IsolatedStorageException)
    {
        textBlock.Text = "file not found";
    }
}
```

Write 버튼을 클릭하면 Folder 디렉토리와 그 안에 Sub 디렉토리까지 한꺼번에 생성하고 그 안에 파일을 저장한다. 디렉토리간의 구분에는 / 기호를 사용할 수도 있고 \ 기호를 사용할 수도 있다. 문자열 리터럴 안에서 \는 이스케이프 문자로 사용되며 두 번 써서 \\로 표기해야 한다. 디렉토리 구분자는 환경에 따라 다른데 Path.Combine 정적 메서드로 두 경로를 전달하면 정확한 구분자를 삽입해 준다.

디렉토리 안의 파일을 열 때는 CreateFile이나 OpenFile 메서드의 인수로 파일의 전체 경로를 지정한다. Read 버튼을 클릭하면 서브 디렉토리의 파일을 읽어 텍스트 블록으로 출력한다. 위쪽 텍스트 박스에 문자열을 적당히 입력하고 Write, Read 버튼을 차례대로 누르면 아래쪽 텍스트 블록에 에코된다.

디렉토리 내의 파일과 서브 디렉토리 목록을 조사할 때는 다음 두 메서드를 사용한다. 패턴 인수에는 *나 ? 같은 와일드 카드를 지정하여 조건에 맞는 파일만 검색한다. 인수를 생략하면 루트 디렉토리의 모든 파일과 서브 디렉토리의 목록이 배열로 리턴되며 배열의 크기를 조사하면 파일의 개수를 알 수 있다.

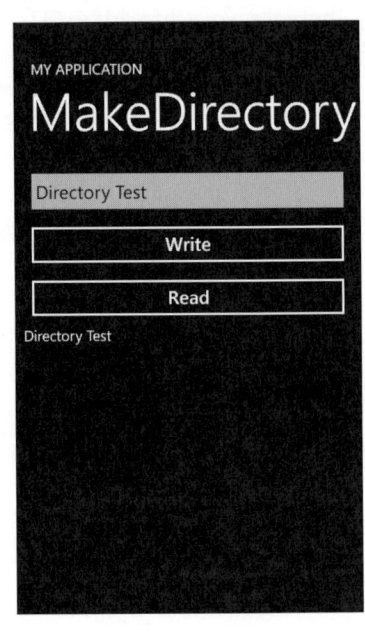

```
string[] GetFileNames([string searchPattern])
string[] GetDirectoryNames([string searchPattern])
```

다음 메서드들은 일반적인 파일 관리 기능을 제공한다. 상식적인 기능들이며 메서드 이름으로부터 기능을 쉽게 유추할 수 있으므로 더 부연 설명을 할 필요는 없을 것이다.

```
bool FileExists(string path)
```

```
void CopyFile(string sourceFileName, string destinationFileName, [bool overwrite])
void DeleteFile(string file)
void MoveFile(string sourceFileName, string destinationFileName)
void MoveDirectory(string sourceDirectoryName, string destinationDirectoryName)
```

파일의 이름을 변경하는 메서드는 따로 제공되지 않으며 MoveFile 메서드를 대신 사용한다. 동일한 위치에서 다른 이름으로 이동하는 것이 곧 파일의 이름을 바꾸는 것이다. 다음 메서드들은 파일의 시간을 조사한다.

```
DateTimeOffset GetCreationTime(string path)
DateTimeOffset GetLastAccessTime(string path)
DateTimeOffset GetLastWriteTime(string path)
```

파일 생성 시간, 마지막 읽은 시간, 마지막 기록한 시간 등을 조사할 수 있다. 조사되는 시간은 지역 시간이다.

12-1-4 저장소 탐색기

윈도우폰에는 파일을 살펴보고 관리할 수 있는 공식적인 탐색기가 없다. 기존 PC 사용자들에게 탐색기가 없다는 사실은 무척 황당하고 불편해 보이지만 윈도우폰뿐만 아니라 대부분의 모바일 장비들이 탐색기를 제공하지 않는다. 어르신이나 어린이들처럼 장비에 익숙하지 않은 사람들이 핵심 파일을 잘못 건드리는 문제가 있고 개별 파일들은 관련 앱으로 액세스 가능하므로 크게 불편하지는 않다.

탐색기가 없는 이유는 합당하지만 개발자 입장에서는 탐색기의 부재가 무척이나 불편하다. 파일이 제대로 만들어졌는지 확인할 방법이 없으며 테스트에 사용할 샘플 데이터를 PC에서 만들어 복사할 수도 없다. 파일을 보거나 생성하려면 코드를 직접 짜서 프로그램을 돌리는 수밖에 없어 너무 비효율적이다. 그래서 망고 버전부터는 저장소를 들여다보고 관리할 수 있는 유틸리티가 다음 경로에 제공된다.

```
C:\Program Files\Microsoft SDKs\Windows Phone\v7.1\Tools\IsolatedStorage
Explorer Tool\ISETool.exe
```

키보드로 옵션을 전달하는 콘솔 프로그램이므로 명령행을 열어야 사용할 수 있다. 저장 경로가 너무 길어서 찾아 들어가기 불편한데 자주 사용한다면 루트 디렉토리에 아예 복사를 해 놓는 것이 편리하다. 기본 문법은 다음과 같다. 인수없이 ISETool을 실행하면 도움말이 나타나므로 굳이 외울 필요는 없다.

dir, ts, rs는 명령이다. 명령 다음에는 대상 장비를 지정하는 구문이 오는데 xd는 에뮬레이터이며 de는 실장비이다. 실장비는 반드시 개발폰으로 등록되어 있어야 하며 개발 PC와 연결된 상태여야 한다. GUID는 살펴볼 앱의 고유 번호이다. 저장소가 운영체제 소속이 아니고 각 앱마다 따로 있으므로 어떤 앱의 저장소를 볼 것인지를 지정해야 한다.

각 앱의 GUID는 WMAppManifest.xml 파일에서 확인할 수 있다. App 엘리먼트의 ProductID 속성값이 바로 앱의 GUID이다. 바로 앞에서 만든 MakeDirectory 예제의 매니페스트 파일을 열어 보자. 16진수 32자리로 된 아주 긴 숫자가 보이는데 이것이 바로 GUID이다. GUID는 절대로 중복되지 않는 고유의 값이며 프로그램의 ID로 사용된다. 만약 MakeDirectory 예제를 직접 만들면서 실습을 했다면 배포 예제의 GUID와는 다른 값이 할당되어 있을 것이다.

```
<App xmlns="" ProductID="{c6bef327-ceb0-4ec3-8e3f-60676869ee56}"
Title="MakeDirectory" RuntimeType="Silverlight" Version="1.0.0.0"
Genre="apps.normal"  Author="MakeDirectory author" Description="Sample
description" Publisher="MakeDirectory">
```

데스크탑 경로는 장비와 PC 사이에 파일을 주고받을 때 PC의 대상 폴더를 지정한다. 파일을 살펴보기 위해 앱이 실행 중일 필요는 없고 설치만 되어 있으면 된다. 에뮬레이터는 물론 실행 중이어야 하며 실장비인 경우는 PC와 연결되어 있어야 한다. MakeDirectory 예제의 저장소를 들여다보자. 명령행에서 다음 명령을 내린다. GUID가 길고 복잡하므로 직접 입력하는 것보다는 매니페스트에서 복사하여 붙이는 것이 편하다.

```
>ISETool dir xd c6bef327-ceb0-4ec3-8e3f-60676869ee56
<DIR>        Shared
<DIR>        Folder
```

dir은 파일 목록을 보여 달라는 뜻이고 xd는 에뮬레이터를 의미하며 긴 숫자로된 GUID는 MakeDirectory 예제를 의미한다. 기본적으로 생성되는 Shared 디렉토리와 예제에서 생성한 Folder 디렉토리가 보인다. dir 명령 다음에 보고자 하는 폴더 이름을 지정하면 해당 폴더를 덤프한다. Folder/Sub 디렉토리 안을 들여다보자.

```
>ISETool dir:Folder/Sub xd c6bef327-ceb0-4ec3-8e3f-60676869ee56
           14 testfile.txt
```

디렉토리 안으로 이동하는 명령은 없으므로 dir: 다음에 보고자 하는 폴더의 경로를 적어야 한다. testfile.txt 파일이 있으며 크기는 14바이트이다. 파일 크기는 텍스트 박스에서 입력한 문자열 길이에 따라 다를 것이다. 장비의 저장소를 PC로 복사하려면 ts(Take Snapshot) 명령을 전달하며 마지막 인수로 파일을 가져올 PC의 경로를 지정한다.

```
>ISETool ts xd c6bef327-ceb0-4ec3-8e3f-60676869ee56 c:\Temp
Download Started ... Into Folder: c:\Temp
Download Successful Into Folder: c:\Temp
```

C 드라이브의 Temp 아래에 IsolatedStore라는 서브 디렉토리를 만들고 저장소를 통째로 복사한다. 로컬 경로가 없으면 직접 생성하며 이미 복사되어 있는 파일은 경고 없이 덮어쓴다. 탐색기로 살펴보면 C:\Temp\IsolatedStore\Folder\Sub 디렉토리 안에 testfile.txt 파일이 있으며 메모장으로 열 수도 있다.

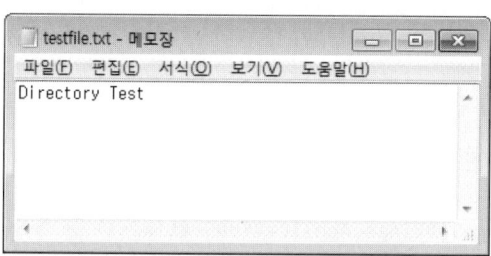

메모장으로 텍스트 파일의 내용을 수정해 보자. 그리고 다음 명령으로 다시 저장소로 복사한다. 주의할 것은 가져올 때와는 달리 로컬 폴더명뿐만 아니라 IsolatedStore 폴더명까지 완벽하게 적어야 한다는 점이다.

```
>ISETool rs xd c6bef327-ceb0-4ec3-8e3f-60676869ee56 c:\Temp\IsolatedStore
Upload Started ... From Folder: c:\Temp\IsolatedStore
Upload Successful From Folder: c:\Temp\IsolatedStore
```

파일이 하나밖에 없어 복사는 거의 실시간으로 처리된다. 복사한 후 MakeDirectory 예제를 실행하여 텍스트 파일을 읽어 보면 PC에서 편집한 내용이 나타날 것이다. 프로그램이 사용할 샘플 데이터가 필요하다면 이 방법대로 전체 스냅샷을 뜬 후 샘플 데이터를 적당한 위치에 복사해 놓고 저장소로 다소 복사한다.

ISETool로 격리 저장소를 관리할 수 있어서 다행스럽지만 인간적으로 너무 불편하다. GUI 툴도 아니고 일일이 명령을 입력해야 결과를 볼 수 있다. 전체 저장소를 통째로 가져와서 편집하고 다시 통째로 집어넣어야 하며 개별 파일을 복사할 수는 없다. 그래도 아예 없는 것보다는 낫지만 조금만 더 개선되었으면 좋겠다.

12-1-5 세팅 저장소

파일 입출력 메서드로 정수, 실수, 문자열 등 다양한 형태의 정보를 저장하려면 상당한 양의 코드를 작성해야 한다. 파일 입출력 메서드가 요구하는 이진 포맷으로 바꾸기 위해 인코딩해야 하며 읽을 때는 반대로 디코딩해야 원래값을 얻을 수 있다. 입출력 절차가 뻔해 어렵지는 않지만 매번 같은 변환을 하려면 귀찮기도 하고 코드도 길어진다.

이에 비해 세팅 저장소는 키와 Object 타입의 임의 데이터를 사전 형태로 관리하여 사용하기 편리하다. 거의 모든 데이터 타입에 대한 입출력을 지원하므로 별도의 변환없이 마치 변수에 값을 대입하듯이 저장할 수 있다. 적당한 이름으로 키를 지정하고 값을 저장해 놓으면 다음에 키로부터 저장해 놓은 값을 쉽게 찾을 수 있다. IsolatedStorageSettings 클래스가 세팅 저장소이며 별도의 생성자는 없고 다음 정적 속성으로 생성한다.

IsolatedStorageSettings.ApplicationSettings

세팅 저장소는 키와 값의 쌍을 사전으로 저장한다. 킷값 쌍의 총 개수는 Count 속성으로 알 수 있으며 키의 목록은 Keys 속성으로 조사하고 값의 목록은 Value 속성으로 액세스한다. 키로부터 값을 읽고 쓸 때는 Item 속성을 사용하되 이 속성을 쓰는 것보다 인덱서를 사용하는 것이 훨씬 더 간편하다. 인덱서는 ["키"] 형태로 사용한다. 다음 메서드는 사전을 관리한다.

```
void Add(string key, Object value)
public bool Remove(string key)
void Clear()
bool Contains(string key)
```

키 추가는 인덱서로도 가능하므로 메서드를 굳이 호출할 필요가 없으며 삭제할 때는 Remove 메서드를 호출한다. 특정키가 존재하는지 조사하는 Contains 메서드는 값의 유효성을 점검하기 위해 종종 사용된다. 다음 예제는 채팅 프로그램의 옵션창을 구현한다.

StoreSetting

```
<Grid x:Name="ContentPanel" Grid.Row="1" Margin="12,0,12,0">
    <StackPanel>
        <TextBlock Text="별명" />
        <TextBox Name="txtAlias" Text="날라리" MaxLength="8" />
        <CheckBox Name="chkMale" Content="남자" IsChecked="True" />
        <TextBlock Text="최대 인원" />
        <Slider Name="slideMax" Margin="20" Value="5" />
    </StackPanel>
</Grid>
================================== CS =======================================
using System.IO;
using System.IO.IsolatedStorage;
....
protected override void OnNavigatedFrom(System.Windows.Navigation.NavigationEventArgs e)
{
    IsolatedStorageSettings setting = IsolatedStorageSettings.ApplicationSettings;
    setting["alias"] = txtAlias.Text;
    setting["male"] = (chkMale.IsChecked == true);
    setting["max"] = slideMax.Value;

    base.OnNavigatedFrom(e);
}

protected override void OnNavigatedTo(System.Windows.Navigation.NavigationEventArgs e)
{
    IsolatedStorageSettings setting = IsolatedStorageSettings.ApplicationSettings;
    if (setting.Count != 0)
    {
        txtAlias.Text = setting["alias"].ToString();
```

```
        chkMale.IsChecked = (bool)setting["male"];
        slideMax.Value = (double)setting["max"];
    }

    base.OnNavigatedTo(e);
}
```

채팅 중에 사용할 별명이나 성별, 채팅 동시 참석 인원수 등의 동작 옵션을 가지며 사용자는 대응되는 컨트롤을 조작하여 옵션을 편집한다.

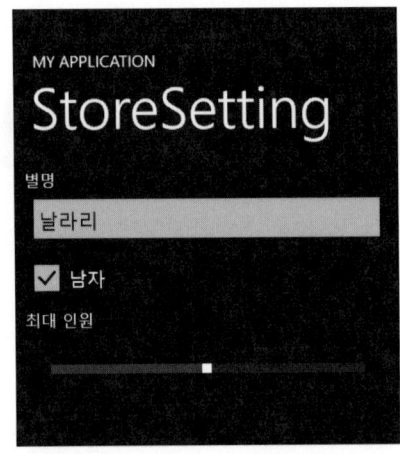

한 번 설정한 옵션은 계속 유지되어야 한다. 그래서 페이지를 종료할 때인 OnNavigatedFrom 메서드에서 이 옵션들을 세팅에 저장하고 다시 들어올 때인 OnNavigatedTo 메서드에서 저장된 세팅을 읽어들인다. 세팅 객체를 생성한 후 alias, male, max 등의 키 이름으로 컨트롤에 입력된 값을 세팅에 저장했다. 인덱서로 키를 지정하고 값을 대입하면 된다.

```
setting["alias"] = txtAlias.Text;
```

이 코드는 alias라는 키로 txtAlias 텍스트 박스에 입력된 텍스트를 세팅에 저장한다. 세팅값은 임의의 Object 타입이므로 임의 타입의 값을 저장할 수 있다. 메서드를 일일이 호출하지 않아도 대입문으로 정보를 간단하게 기억시킬 수 있어 간편하다. 읽을 때는 반대 방향으로 대입하되 값이 Object 타입으로 저장되어 있으므로 대입할 변수의 타입에 맞게 캐스팅하거나 변환해야 한다.

```
txtAlias.Text = setting["alias"].ToString();
```

기록할 때는 무조건 세팅에 값을 저장하는데 비해 읽을 때는 세팅에 값이 저장되어 있는지 반드시 점검해야 한다. 예제에서는 세팅의 Count 속성을 읽어 보고 저장된 정보가 있을 때만 값을 복원한다. 처음 실행할 때는 세팅에 값이 존재하지 않으므로 무난한 디폴트를 취하는데 이 경우는 XAML 문서에서 컨트롤에 대입한 기본값이 사용된다.

예제를 실행한 후 세팅값을 적당히 편집해 보자. 종료한 후 프로그램을 다시 실행하면 편집했던 값들이 그대로 복원될 것이다. 컨트롤에 입력된 값이 세팅에 저장되었다가 재실행시에 다시 읽혀지는 것이다. 이 정보는 일부러 지우지 않는 한 영구적으로 저장된다. 아쉽게도 세팅 정보는 탐색기로 살펴보거나 조작할 수 없다.

12-2 로컬 DB

12-2-1 구조적인 데이터

테이블 형태의 복잡하고 대용량인 정보는 전통적으로 데이터베이스로 관리한다. 일반 파일로도 정보의 저장은 가능하다. 빈틈없이 정보를 기록하므로 공간 효율은 좋지만 검색과 수정이 비효율적이라 바람직하지 않다. 특정 정보를 찾을 때 파일 전체를 다 읽어 반복적으로 비교해야 하므로 무척 느리다. 또 일부만 수정하거나 삭제해도 수정한 부분만 대체할 수 없고 전체를 다시 기록해야 하므로 갱신 속도도 형편없다.

반면 데이터베이스는 인덱스를 활용하여 이분 검색 등의 알고리즘을 적용하므로 실시간으로 검색된다. 정보를 트리 형태로 조직적으로 구성하여 수정된 부분만 바꿀 수 있어 갱신 속도도 빠르다. 또 여러 가지 규칙이 적용되어 무결성이 확보되며 외래키로 다수의 테이블을 연결하여 복잡한 정보를 구조적으로 저장할 수 있다. 윈도우폰은 7.1부터 로컬 데이터베이스를 지원한다. 로컬 DB의 특징은 다음과 같다.

■ 데이터베이스 표준 질의 언어인 SQL을 지원하지 않는다. 대신 LINQ to SQL로 데이터를 액세스한다. LINQ 명령을 SQL로 번역해서 실행하고 결과를 객체로 리턴한다.
■ 앱 프로세스 내에서 실행되므로 포그라운드로 실행 중일 때만 동작한다. C/S 환경의 대형 데이터베이스처럼 백그라운드에서 동작하는 기능은 없다.

■ 격리 저장소에 저장되는 로컬 전용이므로 데이터베이스를 만든 앱에서만 액세스할 수 있으며
다른 앱과 정보를 공유할 수는 없다.

로컬 DB는 이름 그대로 혼자서 사용하는 소형 데이터베이스이다. 상용 RDB에 비해 훨씬
더 규모가 작고 기능도 축소되어 있다. 데이터베이스라고 부르기도 민망한 수준이지만 일반 파
일보다는 자료 구조가 치밀하고 검색과 갱신에 유리한 방식 정도로 생각하면 된다. 아무리 소형
DB라고 해도 엄연한 데이터베이스이므로 선행 지식이 요구된다. 먼저 관계형 데이터베이스에
대한 기본 개념은 숙지해야 한다.

또 로컬 DB의 질의 언어가 LINQ이므로 LINQ에 대한 선행 학습이 필요하다. LINQ는 마이크
로소프트가 만든 언어에 통합된 쿼리 방법이며 닷넷 문법과 밀접하게 연관되어 있다. 간략한
표현식을 만들기 위해 축약된 문법을 사용하며 난이도가 높은 편이라 닷넷 문법서를 통해 체계
적으로 학습할 필요가 있다. 여기서는 LINQ에 대해서 학습이 되어 있다고 가정하고 따로 설명하
지 않는다.

아무리 간단하다고 해도 데이터베이스는 일정한 절차를 거쳐 사용해야 하므로 실습하기 까다
롭다. DbTest라는 이름으로 프로젝트를 생성하고 단계적으로 예제를 만들어 보자. LINQ 기능을
사용하기 위해 LINQ to SQL 어셈블리에 대한 참조를 추가한다. 메뉴에서 **Project/Add Reference**
항목을 선택하고 **System.Data.Linq** 어셈블리를 추가한다. 이후의 예제도 마찬가지로 이 어셈블
리를 추가해야 한다.

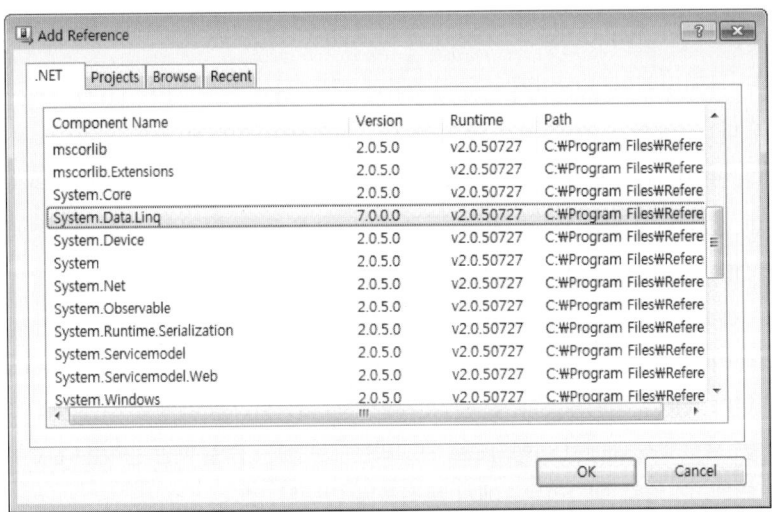

데이터베이스를 활용하려면 정보의 구조에 맞는 테이블을 설계해야 한다. 로컬 DB는 별도의 디자인 툴이 제공되지 않으므로 테이블도 코드로 정의한다. 테이블에 저장되는 레코드(Entity) 하나를 클래스로 정의하되 클래스나 속성에 어트리뷰트를 붙여 DB의 어떤 요소에 대응되는지 밝힌다. 어트리뷰트 목록은 다음과 같다.

어트리뷰트	설 명
[Table]	테이블의 엔터티 하나를 정의한다.
[Column]	테이블의 컬럼 하나를 정의한다. 세부 속성으로 컬럼의 속성을 지정한다. IsPrimaryKey 가 true이면 PK 컬럼으로 지정되며 인덱스가 생성된다.
[Index]	인덱스를 생성한다. 여러 컬럼에 동시에 인덱스를 걸 수 있다.
[Association]	외래키와의 연결을 지정한다.

테이블 클래스 하나당 별도의 소스 파일을 작성하는 것이 원칙이나 실습이 번거로우므로 MainPage.xaml.cs 파일의 아래쪽에 다음 클래스를 작성하자. LINQ를 사용하려면 관련 네임스페이스에 대한 using 선언을 추가해야 한다. System.Linq에 대한 using 문은 이미 작성되어 있으므로 추가로 필요한 2개의 using 문만 작성하면 된다.

DbTest.MainPage.xaml.cs

```
using System.Data.Linq;
using System.Data.Linq.Mapping;

....

[Table]
public class PriceItem
{
    [Column(IsPrimaryKey = true, IsDbGenerated = true, DbType = "INT NOT NULL Identity",
        CanBeNull = false, AutoSync = AutoSync.OnInsert)]
    public int PriceId
    {
        get;
        set;
    }

    [Column]
```

```csharp
    public string ProductName
    {
        get;
        set;
    }

    [Column]
    public int ProductPrice
    {
        get;
        set;
    }
}

public class PriceDataContext : DataContext
{
    public static string DBConnectionString = "Data Source=isostore:/price.sdf";
    public PriceDataContext(string connectionString) : base(connectionString)
    { }
    public Table<PriceItem> PriceItems;
}
```

PriceItem은 제품의 가격 정보를 가지는 엔터티이다. 좀 더 일반적인 용어로는 테이블을 구성하는 레코드 하나에 해당하며 이런 레코드 여러 개가 모여 테이블이 된다. 이 클래스가 엔터티임을 나타내기 위해 클래스 선언문 위쪽에 [Table] 어트리뷰트를 붙였다. PriceItem은 3개의 컬럼으로 구성되며 각 컬럼 속성은 [Column] 어트리뷰트로 지정한다.

PriceId 컬럼은 PK이며 자동으로 증가하고 NULL을 허용하지 않는다. 의무적인 것은 아니지만 대부분의 테이블은 관리의 편의상 PK를 정의하여 레코드의 고유한 ID로 사용한다. ProductName은 제품의 이름을 나타내는 문자열이며 ProductPrice는 제품의 가격이다. 관리 목적으로 필요한 PK를 제외하면 이름과 가격 단 두 개의 컬럼으로 구성된 극단적으로 간단한 테이블이다.

DataContext는 테이블 객체와 데이터베이스 스키마를 연결한다. DataContext 파생 클래스를 정의하고 생성자에서 base의 생성자로 연결 문자열을 전달한다. 정적 필드로 연결 문자열을 정의하고 이 문자열을 base로 전달했다. 연결 문자열에는 다음과 같은 정보가 기록된다. Data Source는 반드시 지정해야 하며 나머지 정보는 디폴트가 무난하므로 생략 가능하다. 예제에서는 격리 저장소에 price.sdf 파일로 저장하도록 했다.

정 보	설 명
Data Source	로컬 DB 파일의 경로와 이름을 지정한다. isostore: 이면 격리 저장소에 있는 파일이며 appdata: 로 시작되면 설치 폴더에 있다는 뜻이다.
Password	비밀번호를 지정하면 DB 내용이 암호화된다.
File Mode	DB 파일의 액세스 모드를 지정한다. 디폴트는 읽기 쓰기 가능한 Read Write이며 Read Only로 지정하면 읽기만 가능하다.
Case Sensitive	대소문자를 구분할 것인가를 지정한다.
max buffer size	DB가 사용할 최대 버퍼 크기를 킬로바이트 단위로 지정한다. 디폴트는 384이다.
max database size	DB의 최대 크기를 지정한다. 디폴트는 32M 바이트이다.

PriceDataContext는 PriceItem 엔터티의 집합을 Table 타입의 멤버로 선언하여 PriceItems 테이블을 정의한다. 이렇게 선언된 데이터 컨텍스트가 데이터베이스에 해당되며 이 안에 PriceItems 테이블이 들어 있다.

위 코드에 의해 컬럼, 엔터티, 테이블, 데이터베이스 등의 정의되었다. 다음은 데이터베이스를 생성한다. 데이터베이스는 앱의 모든 페이지에서 공유하므로 본질적으로 전역적이며 App 클래스의 생성자에서 초기화하는 것이 가장 이상적이다. App.xaml.cs 파일의 App 생성자 아래쪽에 다음 코드를 작성한다.

DbTest.App.xaml.cs

```
public App()
{
....

    using (PriceDataContext db = new PriceDataContext(PriceDataContext.
            DBConnectionString))
    {
        if (db.DatabaseExists() == false)
        {
            db.CreateDatabase();

            db.PriceItems.InsertOnSubmit(new PriceItem { ProductName = "초코파이",
                ProductPrice = 300 });
            db.PriceItems.InsertOnSubmit(new PriceItem { ProductName = "맛동산",
                ProductPrice = 2800 });
            db.PriceItems.InsertOnSubmit(new PriceItem { ProductName = "새우깡",
```

```
            ProductPrice = 1600 });

        db.SubmitChanges();
    }
  }
}
```

new 연산자로 DB 객체를 생성하며 생성자의 인수로 연결 문자열을 전달한다. 연결 문자열은 외부에서 지정할 수도 있지만 DB 별로 연결 방법이 고정적이므로 DB 자체의 정적 멤버에 연결 문자열을 내장해 두고 이 문자열을 전달했다. DB를 초기화할 때, 사용할 때 연결 문자열을 사용하는데 한 군데서 정의하고 일관되게 적용하는 것이 구조상 유리하다.

DatabaseExists 메서드로 파일이 생성되어 있는지 점검해 보고 아직 생성되지 않았으면 CreateDatabase 메서드로 DB 파일을 생성한다. 일단 생성되면 다음 실행시에는 파일이 존재하므로 이 코드는 더 이상 실행되지 않는다. 즉, DB 생성은 최초 실행시 딱 한 번만 하면 된다. 외부에서 파일을 생성해 주지 않으므로 앱 스스로 최초 실행시 파일을 초기화한다.

처음 생성된 DB 파일은 당연히 비어 있을 것이다. 테스트 편의상 DB 파일 생성 직후에 샘플 레코드를 3개 삽입했다. PriceItem 엔터티를 new 연산자로 생성하고 테이블의 InsertOnSubmit 메서드로 전달하면 새 레코드가 삽입된다. 삽입이 완료된 후 SubmitChanges를 호출해야 실제 파일에 기록되며 수정이나 삭제의 경우도 마찬가지이다.

실행 직후에 데이터베이스가 생성되고 3개의 샘플 레코드도 삽입된다. 이제 테이블에 레코드가 제대로 저장되었는지 읽어보고 삽입, 삭제, 갱신 명령을 실행해 보자. MainPage.xaml에는 DB 테이블 덤프를 위한 텍스트 블록과 테스트 명령 수행을 위한 버튼을 배치하고 코드 파일에서는 이 버튼들의 클릭 이벤트 핸들러를 작성한다.

DbTest.MainPage

```
<Grid x:Name="ContentPanel" Grid.Row="1" Margin="12,0,12,0">
    <StackPanel>
        <Button Name="btnSelect" Content="Select" Click="btnSelect_Click" />
        <Button Name="btnInsert" Content="Insert" Click="btnInsert_Click" />
        <Button Name="btnDelete" Content="Delete" Click="btnDelete_Click" />
        <Button Name="btnUpdate" Content="Update" Click="btnUpdate_Click" />
        <TextBlock Name="txtDump" />
```

```
        </StackPanel>
    </Grid>
=================================== CS =======================================
public partial class MainPage : PhoneApplicationPage
{
    PriceDataContext PriceDB;

    public MainPage()
    {
        InitializeComponent();

        PriceDB = new PriceDataContext(PriceDataContext.DBConnectionString);
    }

    private void btnSelect_Click(object sender, RoutedEventArgs e)
    {
        string result = "";
        var Query = from p in PriceDB.PriceItems select p;
        foreach (var p in Query)
        {
            string info = p.ProductName + ":" + p.ProductPrice + "\n";
            result = result + info;
            txtDump.Text = result;
        }
    }

    private void btnInsert_Click(object sender, RoutedEventArgs e)
    {
        PriceDB.PriceItems.InsertOnSubmit(new PriceItem { ProductName = "웨하스",
            ProductPrice = 900 });
        PriceDB.SubmitChanges();
    }

    private void btnDelete_Click(object sender, RoutedEventArgs e)
    {
        var Query = from p in PriceDB.PriceItems where p.ProductName == "웨하스" select p;
        foreach (var p in Query)
        {
            PriceDB.PriceItems.DeleteOnSubmit(p);
        }
        PriceDB.SubmitChanges();
```

```
        }

    private void btnUpdate_Click(object sender, RoutedEventArgs e)
    {
        var Query = from p in PriceDB.PriceItems where p.ProductName == "웨하스" select p;
        foreach (var p in Query)
        {
            p.ProductPrice = 1000;
        }
        PriceDB.SubmitChanges();
    }
}
```

PriceDataContext 타입의 PriceDB 필드가 곧 데이터베이스이며 생성자에서 DB 객체를 생성해 둔다. Select 버튼을 누르면 PriceItems 테이블에서 모든 레코드를 읽어 상품명과 가격을 조사하고 문자열 형태로 조립하여 아래쪽의 텍스트 블록에 출력한다. 샘플 레코드가 이미 삽입되어 있으므로 샘플 레코드가 출력될 것이다.

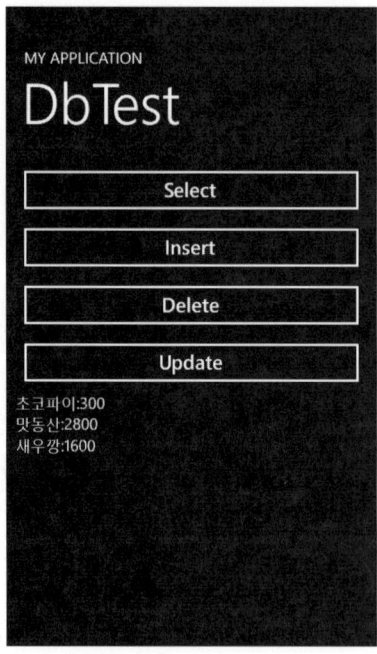
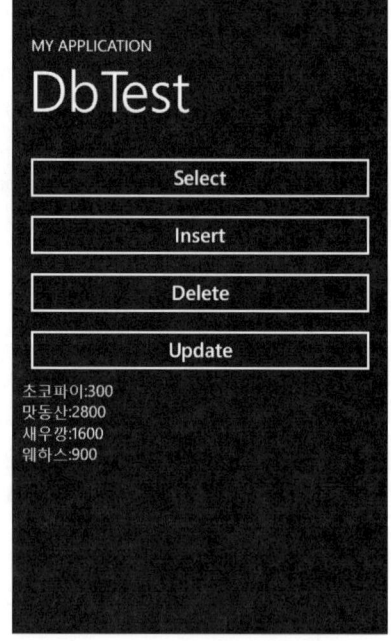

Insert 버튼을 누르면 추가로 새로운 레코드를 삽입한다. 사용자로부터 정보를 입력받아 추가해야겠지만 UI 관련 코드가 들어가면 번거로우므로 상수로 된 정보를 삽입했다. 엔터티를 삽입하고 SubmitChanges 메서드를 호출하면 DB에 적용된다. Insert를 누르고 Select를 다시 눌러 재조사해 보면 삽입된 레코드가 보일 것이다.

Delete는 상품명이 웨하스인 레코드를 찾아 삭제한다. 쿼리로 조건에 맞는 레코드를 찾은 후 루프를 돌며 검색된 레코드를 삭제한다. Update는 웨하스의 가격을 900원에서 1000원으로 변경한다. 삭제와 마찬가지로 쿼리로 레코드를 찾은 후 레코드의 컬럼을 원하는 값으로 변경한다. 두 메서드 모두 삭제, 갱신 후 반드시 SubmitChanges 메서드를 호출해야 한다.

삽입, 삭제, 갱신 버튼을 눌러 테이블에 변경을 가해보고 Select 버튼을 눌러 새로 덤프해 보면 내부 정보가 잘 변경됨을 확인할 수 있다. 초기화 상태로 돌리려면 에뮬레이터를 재시작하면 된다. UI와 연결되지 않은 코드라 사실감이 떨어지지만 사실 이 4가지 동작만 해도 관계형 DB의 거의 모든 기능을 커버한다. 이 예제만 완벽하게 이해해도 윈도우폰에서 로컬 DB를 활용하는 정도는 충분하다.

이 예제에서 사용한 from p in PriceDB.PriceItems select p 등의 문장이 바로 LINQ 쿼리문이다. PriceItems 테이블의 모든 레코드를 덤프하라는 명령이며 SQL 구문으로 표현하면 select * from PriceDB.PriceItems 정도 된다. 구문을 더 추가하면 원하는 순서대로 정렬할 수도 있고 조건절을 지정하여 일부 레코드만 뽑아낼 수도 있다. LINQ를 잘 모르는 사람들에게는 굉장히 생소해 보이고 어려울 것이다. LINQ 자체가 하나의 독립된 언어나 마찬가지이고 다소 부피가 있는 주제이므로 따로 연구해 보아야 한다.

12-2-2 참조 DB

샘플 데이터를 생성하는 별도의 디자인 툴이 없기 때문에 앞 예제는 자신이 사용할 데이터를 App 생성자에서 직접 초기화해서 사용한다. 실행 중에 빈번하게 첨삭되는 데이터는 따로 초기화하지 않더라도 관련 코드에서 넣고 빼며 실행되므로 초기 데이터가 없어도 상관없다. 하지만 참조용으로 사용되는 읽기 전용의 대용량 데이터는 미리 구축되어 있어야 한다.

예를 들어 우편 번호부 데이터나 영한사전 데이터는 프로그램을 설치할 때 같이 초기화되어야 바로 사용할 수 있다. 대량의 데이터를 앱이 직접 초기화하는 것은 합리적이지 못하다. 우편 번호부 정도 되면 책 한 권 분량이므로 생성 코드도 엄청나게 복잡할 것이다. 초기화 시간도 오래 걸릴뿐더러 딱 한 번만 사용될 데이터 초기화 코드를 앱에 내장하는 것도 분명 낭비이다. 필요한 것은 데이터이지 데이터를 생성하는 코드가 아니다.

이럴 때는 외부에서 데이터를 미리 생성해 놓고 완성된 데이터를 리소스로 포함하는 것이 정석이다. 하지만 안타깝게도 윈도우폰의 로컬 DB는 독립된 제품이 아니므로 데이터를 생성하는 디자인 툴이 없고 로컬 DB 포맷으로 된 데이터를 구할 방법도 없다. SQL 서버나 오라클 같은 데이터베이스 시스템은 스크립트만 돌리면 샘플 데이터를 쉽게 만들 수 있지만 로컬 DB는 그 수준이 못된다. 결국, 샘플 데이터를 얻으려면 도우미 프로그램을 따로 만들어야 한다.

도우미는 어떤 방법을 사용하든지 데이터만 만들어 내면 그만이다. 앞 예제처럼 생성자에서 무식하게 레코드를 삽입하는 방법을 쓸 수도 있고 텍스트 파일에서 정보를 추출하여 로컬 DB 포맷으로 변환할 수도 있다. 더 대용량의 정보라면 웹이나 다른 데이터베이스 서버와 통신하여 데이터를 빼내올 수도 있을 것이다. 단, 도우미는 데이터를 생성하는 임무만 띨 뿐이며 구축된 데이터만 얻으면 그만이므로 사용자에게 배포할 필요는 없다.

도우미 프로젝트를 만드는 실습은 생략하고 앞에서 만든 상품 정보 DB를 참조 DB로 사용해 보자. 비록 레코드가 3개뿐이지만 데이터가 저장되어 있으므로 참조 DB의 샘플로는 충분하다. ISETool을 사용하여 DbTest 앱의 저장소를 하드 디스크로 복사한다. 128K 크기의 price.sdf 파일이 하드 디스크로 복사된다. 영한사전 같은 실제 데이터라면 크기가 훨씬 더 거대할 것이다.

```
>ISETool.exe ts xd 941776ee-924f-4c25-9e20-5ce964c2645e c:\Temp
```

UseDBRef라는 이름으로 새 프로젝트를 생성하고 price.sdf 파일을 프로젝트에 포함시킨다. ISETool로 데이터를 복사하는 것이 번거롭다면 배포 예제에 포함된 price.sdf 파일을 사용해도 무방하다. 데이터베이스 모양의 아이콘과 함께 등록된다.

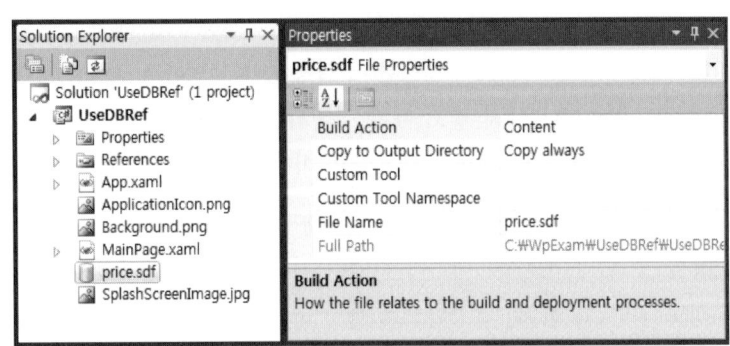

속성창의 빌드 액션은 Content로 되어 있고 복사 옵션은 Copy always로 되어 있는데 이대로 두면 된다. 실행 파일에 포함시킬 필요는 없고 실행 파일과 같은 위치에 분리된 파일로 복사될 것이다. 외부에서 생성된 파일이지만 로컬 DB 포맷으로 되어 있으므로 코드에서 이 파일을 읽어 사용할 수 있다. System.Data.Linq 어셈블리 참조 추가도 잊지 말아야 한다.

UseDBRef

```
<Grid x:Name="ContentPanel" Grid.Row="1" Margin="12,0,12,0">
    <StackPanel>
        <Button Name="btnDump" Content="Dump" Click="btnDump_Click" />
        <TextBlock FontSize="30" Name="txtDump" />
    </StackPanel>
</Grid>
==================================== CS ========================================
using System.Data.Linq;
using System.Data.Linq.Mapping;

namespace UseDBRef
{
    public partial class MainPage : PhoneApplicationPage
    {
        // Constructor
        public MainPage()
        {
            InitializeComponent();
        }

        private void btnDump_Click(object sender, RoutedEventArgs e)
        {
            PriceDataContext PriceDB;
            PriceDB = new PriceDataContext(PriceDataContext.DBConnectionString);
            string result = "";
            var Query = from p in PriceDB.PriceItems select p;
            foreach (var p in Query)
            {
                string info = p.ProductName + ":" + p.ProductPrice + "\n";
                result = result + info;
                txtDump.Text = result;
            }
```

```
        }
    }

    [Table]
    public class PriceItem
    {
        [Column(IsPrimaryKey = true, IsDbGenerated = true, DbType = "INT NOT NULL
            Identity", CanBeNull = false, AutoSync = AutoSync.OnInsert)]
        public int PriceId
        {
            get;
            set;
        }

        [Column]
        public string ProductName
        {
            get;
            set;
        }

        [Column]
        public int ProductPrice
        {
            get;
            set;
        }
    }

    public class PriceDataContext : DataContext
    {
        public static string DBConnectionString =
            "Data Source='appdata:/price.sdf';File Mode = read only";
        public PriceDataContext(string connectionString)
            : base(connectionString)
        { }
        public Table<PriceItem> PriceItems;
    }
}
```

XAML에는 DB를 읽는 버튼과 덤프 결과 출력을 위한 텍스트 블록 하나만 배치했다. 버튼을 누르면 참조 DB의 내용이 텍스트 블록으로 출력된다.

테이블 정의문이 샘플 데이터와 호환되어야 하므로 PriceItem 클래스 선언문도 그대로 복사했다. 앞 예제와 다른 점은 연결 문자열이다. isostore가 아니라 appdata로 지정함으로써 리소스로 포함된 데이터임을 밝혔으며 참조 데이터는 주로 읽기 전용이므로 read only 속성을 부여했다. 만약 참조 데이터를 수정해야 한다면 저장소로 복사한 후 사용해야 한다.

버튼 클릭 이벤트에서는 DB 객체를 생성하고 모든 레코드를 읽어 문자열로 조립한 후 텍스트 블록에 출력하여 제대로 읽었음만 보였다. 쿼리 문법은 동일하다. 실제 프로젝트라면 사용자가 요청한 지역의 우편 번호나 영어 단어에 대한 한글 해석 등을 검색하여 출력하면 될 것이다.

12-2-3 DBBinding

데이터베이스에서 정보를 읽어오려면 LINQ 쿼리를 실행하고 리턴되는 정보를 문자열 형태로 포맷팅해서 출력한다. 단순히 정보를 보여주는 것이 목적이라면 코드로 일일이 액세스하는 방법 대신 바인딩이라는 더 좋은 방법을 사용할 수도 있다. 컨트롤에 출력할 필드의 이름을 연결해 놓으면 알아서 출력된다.

당장은 이 예제를 이해하기 어렵고 바인딩, 템플릿을 알아야 응용할 수 있다. 간단하게 예제만 구경해 보고 차후 자세하게 분석해 보기 바란다. App.xaml.cs에서 데이터베이스를 생성하는 코드는 DbTest 예제와 동일하며 MainPage는 다음과 같이 작성한다. 레이아웃에는 리스트 박스를 배치하고 컬렉션의 각 항목과 텍스트 블록을 바인딩으로 연결해 두었다.

DBBinding

```
<Grid x:Name="ContentPanel" Grid.Row="1" Margin="12,0,12,0">
    <StackPanel>
        <ListBox x:Name="PriceItemsListBox" ItemsSource="{Binding PriceCollections}" >
            <ListBox.ItemTemplate>
                <DataTemplate>
                    <StackPanel Orientation="Horizontal">
                        <TextBlock Width="300" Text="{Binding ProductName}" />
                        <TextBlock Width="180" Text="{Binding ProductPrice}" />
                    </StackPanel>
                </DataTemplate>
            </ListBox.ItemTemplate>
        </ListBox>
    </StackPanel>
</Grid>
================================= CS =======================================
using System.Data.Linq;
using System.Data.Linq.Mapping;
using Microsoft.Phone.Data.Linq;
using Microsoft.Phone.Data.Linq.Mapping;
using System.ComponentModel;
using System.Collections.ObjectModel;

namespace DBBinding
{
    public partial class MainPage : PhoneApplicationPage, INotifyPropertyChanged
    {
        PriceDataContext PriceDB;

        private ObservableCollection<PriceItem> priceCollection;
        public ObservableCollection<PriceItem> PriceCollections
        {
            get
            {
                return priceCollection;
            }
            set
```

```csharp
        {
            if (priceCollection != value)
            {
                priceCollection = value;
                NotifyPropertyChanged("PriceCollections");
            }
        }
    }

    public MainPage()
    {
        InitializeComponent();
        PriceDB = new PriceDataContext(PriceDataContext.DBConnectionString);
        this.DataContext = this;
    }

    public event PropertyChangedEventHandler PropertyChanged;
    private void NotifyPropertyChanged(string propertyName)
    {
        if (PropertyChanged != null)
        {
            PropertyChanged(this, new PropertyChangedEventArgs(propertyName));
        }
    }

    protected override void OnNavigatedTo(System.Windows.Navigation.
      NavigationEventArgs e)
    {
        var Query = from p in PriceDB.PriceItems select p;
        PriceCollections = new ObservableCollection<PriceItem>(Query);

        base.OnNavigatedTo(e);
    }
}

[Table]
public class PriceItem : INotifyPropertyChanged, INotifyPropertyChanging
{
    private int _priceId;

    [Column(IsPrimaryKey = true, IsDbGenerated = true, DbType = "INT NOT NULL
```

```
    Identity", CanBeNull = false, AutoSync = AutoSync.OnInsert)]
public int PriceId
{
    get
    {
        return _priceId;
    }
    set
    {
        if (_priceId != value)
        {
            NotifyPropertyChanging("PriceId");
            _priceId = value;
            NotifyPropertyChanged("PriceId");
        }
    }
}

private string _productName;

[Column]
public string ProductName
{
    get
    {
        return _productName;
    }
    set
    {
        if (_productName != value)
        {
            NotifyPropertyChanging("ProductName");
            _productName = value;
            NotifyPropertyChanged("ProductName");
        }
    }
}

private int _productPrice;

[Column]
```

```csharp
        public int ProductPrice
        {
            get
            {
                return _productPrice;
            }
            set
            {
                if (_productPrice != value)
                {
                    NotifyPropertyChanging("ProductPrice");
                    _productPrice = value;
                    NotifyPropertyChanged("ProductPrice");
                }
            }
        }

        public event PropertyChangedEventHandler PropertyChanged;
        private void NotifyPropertyChanged(string propertyName)
        {
            if (PropertyChanged != null)
            {
                PropertyChanged(this, new PropertyChangedEventArgs(propertyName));
            }
        }

        public event PropertyChangingEventHandler PropertyChanging;
        private void NotifyPropertyChanging(string propertyName)
        {
            if (PropertyChanging != null)
            {
                PropertyChanging(this, new PropertyChangingEventArgs(propertyName));
            }
        }
    }

    public class PriceDataContext : DataContext
    {
        public static string DBConnectionString = "Data Source=isostore:/price.sdf";

        public PriceDataContext(string connectionString)
```

```
            : base(connectionString)
        { }
        public Table<PriceItem> PriceItems;
    }
}
```

바인딩되는 소스는 변화가 있을 때 통지를 보내야 한다. 그래서 PriceItem의 각 속성이 변경될 때 통지를 보내도록 하였다. 제품의 가격이 변경되면 연결된 컨트롤이 이 통지를 받아 텍스트를 갱신할 것이다. MainPage는 가격 컬렉션을 속성으로 가지며 이 속성이 변경될 때도 통지를 보낸다. 레코드 개수가 변하면 리스트 박스가 항목 개수를 자동으로 조정할 것이다.

생성자에서 DataContext를 자기 자신으로 지정하여 바인딩 소스가 되었으며 리스트 박스는 MainPage의 PriceCollections 컬렉션과 바인딩된다. 페이지로 들어올 때 쿼리문을 실행하여 컬렉션을 채워 두면 컬렉션의 값들이 리스트 박스를 거쳐 리스트 박스 항목의 텍스트 블록에 출력된다.

보기에는 그냥 출력한 것과 별 차이가 없어 보이지만 바인딩되어 있다는 점에서 활용성이 높다. 개수가 늘어나면 리스트 박스의 항목 수도 알아서 늘어나며 항목이 편집되면 리스트 박스의 항목도 같이 갱신된다.

실행모델

13-1-1 내비게이션

윈도우폰 앱은 하나의 프레임과 여러 개의 페이지로 구성된다. 프레임은 없을 수도 없고 2개일 수도 없고 무조건 하나이다. App 클래스에 RootFrame이라는 이름으로 유일한 프레임이 이미 생성되어 있으므로 이 프레임을 사용하면 된다. 프레임은 상단의 상태란, 하단의 앱바 그리고 중앙의 페이지 영역으로 구성된다. 프레임은 딱 하나이고 별로 조작할 일이 없는데 비해 페이지는 필요한 만큼 얼마든지 만들 수 있고 자유롭게 호출할 수 있는 프로그래밍 대상이다.

페이지는 내부에 패널과 컨트롤을 배치하여 정보를 보여주고 입력받으며 사용자를 직접 대면한다. 페이지에는 영구적인 정보가 출력되며 또한, 사용자가 직접 조작하므로 그 상태를 기억해야 한다. 이에 비해 팝업 윈도우나 대화상자, 스플래시 스크린 등과 같이 단순히 보여주기만 하고 정보를 가지지 않는 것을 화면(Screen)이라고 한다. 로그인 창도 ID나 비번을 질문하지만 상태를 가지지 않으므로 화면이다.

지금까지의 예제들은 마법사가 미리 생성해 준 MainPage라는 딱 하나의 페이지만으로 모든 것을 처리했다. 학습용 예제여서 특정 주제를 실습하는데 한 페이지면 충분하기 때문이다. 그러나 실무 프로젝트는 역할에 따라 여러 개의 페이지로 구성되는 것이 보통이다. 여러 개의 페이지로 구성된 앱은 페이지 사이를 이동할 수 있어야 하며 또 페이지끼리 정보를 전달하거나 공유할 수도 있어야 한다.

이번 장에서 여러 개의 페이지를 만들어 보고 페이지간의 이동 및 정보 전달 방법에 대해 연구해 보기로 한다. 내비게이션(Navigation)이란 페이지 사이를 이동하는 것을 의미한다. 메인 페이지에서 모든 작업을 처리할 수 없으므로 특정 작업을 분담하는 서브 페이지를 만들고 필요할 때 페이지를 전환해 가며 작업할 수 있다. 마치 함수가 서브 함수를 호출하여 작업을 분담하는 것과 비슷하다. 페이지를 이동하는 방법은 HyperlinkButton 컨트롤을 사용하는 방법과 NavigationService를 사용하는 방법이 있다.

하이퍼링크 버튼의 NavigateUri 속성에 이동할 페이지의 경로를 지정해 놓으면 클릭시 자동으로 이동한다. 속성에 의해 페이지를 연결하므로 이벤트 핸들러와 코드를 작성하지 않아도 된다는 점에서 편리하다. 그러나 링크 방식의 디자인이 획일적이고 클릭에 의해서만 동작한다는 점에서 활용성이 떨어진다. 또한, 디자인 타임에 이동할 곳을 미리 결정해야 하므로 인수를 전달하기 어렵다.

하이퍼링크 버튼은 단순히 미리 지정한 곳으로 이동만 하는데 비해 NavigationService 클래스는 다음 메서드를 통해 앞이나 뒤로 이동할 수 있고 임의의 경로를 지정하여 원하는 곳으로 이동할 수도 있다. 실행 중에 경로를 결정하므로 경로 문자열을 조립하여 여러 가지 인수를 전달할 수도 있다.

```
public void GoBack()
public void GoForward()
public bool Navigate(Uri source)
public void Refresh()
```

메서드 이름이 웹 브라우저와 비슷하다. 마치 웹 브라우징을 하듯이 전후 페이지로 이동하고 주소를 지정하여 원하는 곳으로 점프한다. CanGoBack, CanGoForward 속성은 앞뒤로 이동 가능한지를 조사한다. Navigate 메서드는 임의의 위치로 이동하며 인수로 이동할 곳의 경로를 밝히는 Uri 객체를 전달한다. 생성자로 이동할 Uri 주소와 주소의 종류를 지정한다. Absolute는 절대 주소이고 Relative는 현재 위치를 기준으로 한 상대 주소이다.

```
public Uri(string uriString, UriKind uriKind)
```

두 개의 페이지로 구성된 예제를 만들고 페이지 사이를 이동해 보자. 마법사로 NaviTest 프로젝트를 생성한다. 마법사는 MainPage 하나만 만들어 주지만 더 필요한 페이지를 얼마든지 추가할 수 있다. Project/Add New Item 메뉴를 선택하고 목록에서 Windows Phone Portrait Page 항목을 추가한다. 페이지 이름은 SubPage.xaml로 입력한다.

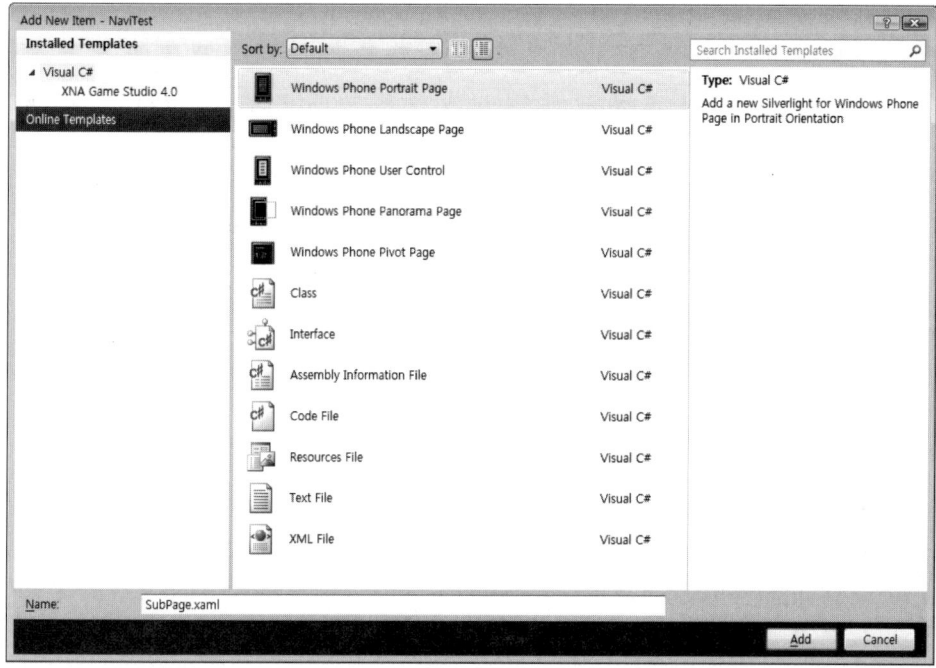

프로젝트에 SubPage.xaml과 SubPage.xaml.cs 파일이 추가되고 새로 추가한 페이지가 디자인
뷰에 열릴 것이다. 새 항목 추가 대화상자에서 Windows Phone Landscape Page 항목을 선택하면
가로 방향의 페이지가 추가되는데 SupportedOrientations 속성만 다를 뿐 별 차이점은 없다. 새
페이지의 템플릿 구조도 메인 페이지와 별반 다르지 않다. 서브 페이지의 레이아웃을 다음과
같이 편집하자.

NaviTest.SubPage.xaml

```
<!--TitlePanel contains the name of the application and page title-->
<StackPanel x:Name="TitlePanel" Grid.Row="0" Margin="12,17,0,28">
    <TextBlock x:Name="ApplicationTitle" Text="MY APPLICATION" Style=....
    <TextBlock x:Name="PageTitle" Text="SubPage" Margin=....
</StackPanel>

<!--ContentPanel - place additional content here-->
<Grid x:Name="ContentPanel" Grid.Row="1" Margin="12,0,12,0">
    <StackPanel>
        <Button Name="btnClose" Content="Close" Click="btnClose_Click" />
```

```
        </StackPanel>
    </Grid>
================================== CS =========================================
private void btnClose_Click(object sender, RoutedEventArgs e)
{
    NavigationService.GoBack();
}
```

서브 페이지임을 분명히 표시하기 위해 타이틀 패널에 페이지 이름을 적었다. 스택 패널에는 페이지를 닫는 버튼 하나만 배치하고 클릭 이벤트 핸들러에 뒤로 이동하는 명령을 작성했다. 이제 메인 페이지에서 서브 페이지를 호출해 보자. 두 가지 방법을 모두 테스트해 보기 위해 하이퍼링크 버튼과 일반 버튼을 배치한다.

NaviTest.SubPage.xaml

```
<Grid x:Name="ContentPanel" Grid.Row="1" Margin="12,0,12,0">
    <StackPanel>
        <HyperlinkButton Content="Call Sub" NavigateUri="/SubPage.xaml" />
        <Button Name="btnCall" Content="Call Sub" Click="btnCall_Click" />
    </StackPanel>
</Grid>
================================== CS =========================================
private void btnCall_Click(object sender, RoutedEventArgs e)
{
    Uri uri = new Uri("/SubPage.xaml", UriKind.Relative);
    NavigationService.Navigate(uri);
}
```

하이퍼링크의 NavigateUri 속성에 호출할 페이지 이름만 밝혀 놓으면 된다. 서브 페이지는 메인 페이지와 같이 루트에 있으므로 / 다음에 페이지 이름을 적어 경로를 작성한다. 웹 페이지가 html 파일들의 링크로 연결되듯이 실버라이트 앱은 xaml 페이지의 링크들로 연결된다. 하이퍼링크 버튼은 밑줄을 그어 링크를 표시한다.

사용자가 링크를 클릭하면 NavigateUri 속성의 경로로 알아서 이동하므로 클릭 이벤트를 따로 처리할 필요가 없다. 배치하는 것만으로도 이미 연결된 것이다. 이에 비해 일반 버튼은 클릭 이벤트 핸들러에 이동하는 코드를 작성해야 한다. 이동할 페이지의 주소를 Uri 객체로 작성하고

Navigate 메서드로 Uri를 전달한다.

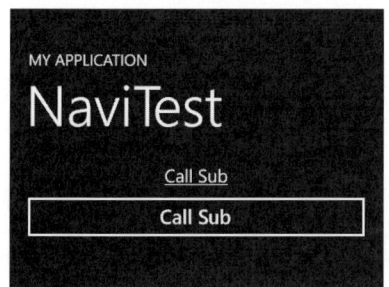 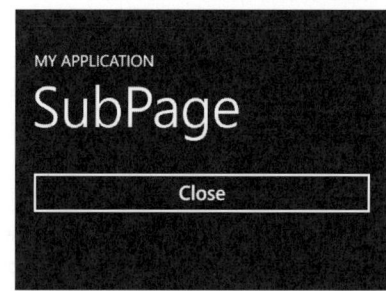

메인에서 어떤 버튼을 누르나 동작은 동일하다. 하이퍼링크 버튼을 눌러도 되고 일반 버튼을 눌러도 잘 이동한다. 서브 페이지의 Close 버튼을 누르며 뒤로 이동하며 다시 메인 페이지로 돌아올 것이다. 이 버튼이 없더라도 에뮬레이터 아래쪽의 Back 버튼을 누르면 호출한 원래 페이지로 돌아온다.

13-1-2 페이지로 인수 전달

실버라이트는 원래 웹 페이지의 애플릿을 제작하기 위한 프레임워크이다. 그러다 보니 실버라이트의 페이지 모델은 웹사이트의 동작 방식과 여러모로 흡사하다. 여러 페이지로 구성되며 페이지 사이를 앞뒤로 이동할 수 있고 주소를 주면 임의 페이지로도 이동한다. 내비게이션이라는 용어 자체도 웹의 용어이며 NavigationService의 메서드 명칭을 보면 확실히 그렇다는 것을 알 수 있다.

모바일 실버라이트에 기반한 윈도우폰 앱도 실버라이트의 페이지 모델을 그대로 계승했으며 그래서 페이지간에 정보를 전달하는 방법도 웹과 동일하다. 호출할 페이지로 인수를 전달할 때 Uri 뒤에 문자열로 덧붙이는 방식을 사용한다. 인수를 포함한 Uri의 형식은 다음과 같다.

Uri주소?변수1=값1&변수2=값2 ....

주소 다음에 ? 문자를 쓰고 변수에 값을 대입하는 식으로 인수를 전달한다. 전달 가능한 인수의 개수는 제한이 없으며 & 기호로 인수 사이를 구분한다. 다음 예제는 메인에서 서브 페이지로 인수를 전달한다.

```
<Grid x:Name="ContentPanel" Grid.Row="1" Margin="12,0,12,0">
    <StackPanel>
        <TextBox Name="txtArg1" Text="2" InputScope="Number"/>
        <TextBox Name="txtArg2" Text="3" InputScope="Number"/>
        <Button Name="btnCalculate" Content="Calculate" Click="btnCalculate_Click" />
    </StackPanel>
</Grid>
================================ CS =======================================
private void btnCalculate_Click(object sender, RoutedEventArgs e)
{
    Uri uri = new Uri("/CalcPage.xaml?arg1=" + txtArg1.Text +
        "&arg2=" + txtArg2.Text, UriKind.Relative);
    NavigationService.Navigate(uri);
}
```

스택 패널에 두 개의 텍스트 박스를 배치하고 사용자로부터 정수를 입력받는다. 두 정수의 합을 구하는 연산을 하되 연산이 굉장히 복잡하다면 다른 페이지에게 넘겨 작업을 분담시킬 수 있다. 다른 페이지에게 작업을 떠넘기려면 연산 대상을 인수로 전달해야 한다. CalcPage.xaml에게 덧셈 작업을 넘기되 입력받은 두 피연산자를 arg1, arg2라는 이름으로 전달한다. 사용자가 2와 3을 입력했다면 Uri는 다음과 같이 작성된다.

```
/CalPage.xaml?arg1=2&arg2=3
```

쿼리 문자열은 페이지의 NavigationContext 속성으로 전달된다. NavigationContext의 QueryString 속성은 키와 값의 쌍을 가지는 사전 컬렉션이며 이 안에 호출원에서 전달한 인수와 값이 저장되어 있다. CalcPage는 인수로 전달된 arg1과 arg2를 읽어 덧셈 연산을 수행한다. 덧셈 결과 출력을 위한 텍스트 블록을 배치하고 다음 코드를 작성한다.

```
<Grid x:Name="ContentPanel" Grid.Row="1" Margin="12,0,12,0">
    <StackPanel>
        <TextBlock Name="txtResult" FontSize="30" Text="Result"/>
    </StackPanel>
</Grid>
```

```
================================ CS ========================================
protected override void OnNavigatedTo(System.Windows.Navigation.NavigationEventArgs e)
{
    int arg1=0, arg2=0;
    if (NavigationContext.QueryString.ContainsKey("arg1"))
    {
        arg1 = Int32.Parse(NavigationContext.QueryString["arg1"]);
    }
    if (NavigationContext.QueryString.ContainsKey("arg2"))
    {
        arg2 = Int32.Parse(NavigationContext.QueryString["arg2"]);
    }

    txtResult.Text = "Result is " + (arg1 + arg2);

    base.OnNavigatedTo(e);
}
```

페이지로 들어올 때 OnNavigatedTo 메서드가 호출되며 종료하고 나갈 때는 OnNavigatedFrom 메서드가 호출된다. 이 두 메서드는 페이지의 초기화 및 종료 처리에 주로 사용된다. 페이지에도 생명 주기 메서드가 존재하는 것은 당연하지만 이름이 정말 너무 비직관적이고 헷갈리게 생겨 먹었다.

영어권 사용자들은 To와 From 전치사로 의미를 잘 알 수 있을지 몰라도 외국인들에게는 너무 어려운 이름이다. 차라리 OnStartPage, OnEndPage 정도로 이름을 정했다면 명확할 텐데 볼 때마다 너무 혼란스럽다. 메서드 이름 뒤에 here가 생략되어 있다고 외워 두면 그나마 좀 덜 헷갈린다.

페이지로 들어오는 OnNavigatedTo 메서드를 재정의하여 쿼리 문자열을 통해 전달된 값을 읽는다. 이때 호출원에서 필요한 인수를 반드시 전달했다고 보장할 수는 없다. QueryString 컬렉션의 ContainsKey 메서드로 원하는 키가 있는지 보고 전달되지 않으면 무난한 디폴트를 취해야 한다. 이 예제의 경우는 지역변수 arg1, arg2의 초기값을 디폴트로 사용한다.

인수가 전달되었으면 컬렉션에서 인수의 값을 읽는다. 인덱서를 사용하여 [ ] 괄호 안에 인수의 이름을 지정하면 그 값이 리턴된다. 인수는 예외 없이 문자열 형태로 전달되므로 원하는 타입으로 변환한 후 사용해야 한다. arg1, arg2 인수를 정수로 변환한 후 두 값을 더하고 결과를 텍스트 블록에 출력했다.

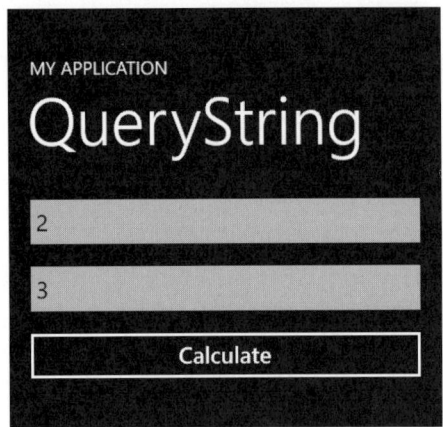
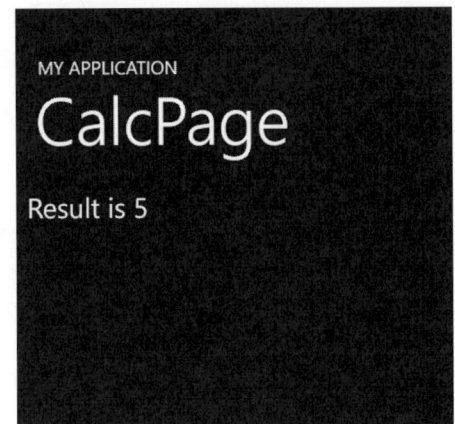

메인 페이지의 텍스트 박스에 입력된 값을 인수 형태로 계산 페이지로 전달하고 계산 페이지는 쿼리 문자열에서 이 값을 읽어 덧셈한 결과를 출력했다. 계산 페이지에는 별도의 종료 버튼이 없으므로 아래쪽의 Back키를 눌러 원래 페이지로 복귀해야 한다.

이 예제는 페이지 시작 시점을 가로채기 위해 OnNavigatedTo 메서드를 재정의했다. 앞으로도 부모 클래스의 메서드를 재정의할 경우가 많은데 메서드의 원형이 복잡해서 정확하게 입력하기 쉽지 않다. 이럴 때는 인텔리 센스의 도움을 받는 것이 좋다. 소스 편집창의 빈 줄에 override까지만 입력하고 공백 키를 눌러 보자.

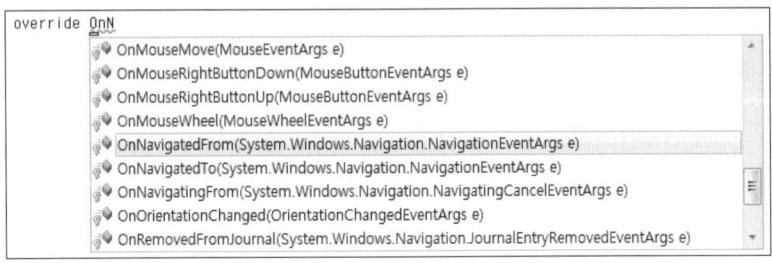

override 키워드를 입력했다는 것은 메서드를 재정의하겠다는 뜻이므로 인텔리 센스는 현재 클래스에서 재정의 가능한 메서드 목록을 보여준다. 이 상태에서 메서드의 앞글자를 입력하면 제일 가까운 메서드로 이동하며 목록에서 재정의하고 싶은 메서드를 선택하면 된다. OnN까지만 입력하면 OnNavigatedFrom으로 바로 이동하며 이 메서드를 선택하면 형식을 완전히 갖춘 빈 메서드가 소스창에 입력된다.

```
protected override void OnNavigatedFrom(System.Windows.Navigation.
   NavigationEventArgs e)
{
    base.OnNavigatedFrom(e);
}
```

이제 메서드의 안쪽에 코드만 작성하면 된다. 알아 두면 메서드를 빠르고 정확하게 입력할 수 있는 유용한 팁이다. 이미 재정의된 메서드는 목록에 나타나지 않을 정도로 진짜 인텔리하다. 심지어 override키워드도 다 입력할 필요 없이 o만 입력하고 엔터키를 누르면 된다. 익숙해지면 작업 속도가 굉장히 빨라질 것이다.

13-1-3 리턴값 전달

호출원에서 서브 페이지로 인수를 전달하는 방법은 있지만 반대 방향으로 값을 리턴하는 공식적인 방법은 없다. 왜 없는가 하면 웹 페이지가 그런 식으로 동작하기 때문이다. 뒤로 가기 버튼을 누르면 현재 페이지를 종료하고 이전 페이지로 복귀할 뿐이지 이미 로드되어 있는 이전 페이지로 값을 넘기지는 않는다. 실버라이트가 원래 웹용 프레임워크이므로 웹의 이런 특성을 그대로 물려받았다.

물론 비공식적인 방법은 얼마든지 생각할 수 있다. 웹에서 이전 페이지로 정보를 넘길 때는 쿠키를 사용한다. 실버라이트 앱도 마찬가지 방법을 사용할 수 있다. 별도의 기억 장소를 마련하고 약속된 방법으로 리턴값을 넘기면 된다. 이때 기억 장소는 격리 저장소일 수도 있지만 그보다는 전역변수나 페이지의 필드가 더 간편하다. 양쪽 페이지에서 공통적으로 액세스할 수 있는 기억 장소이기만 하면 된다. QueryReturn 이라는 이름으로 프로젝트를 만들고 App.xaml.cs에 결과를 리턴받기 위한 전역변수를 선언한다.

QueryReturn.App

```
public partial class App : Application
{
    /// <summary>
    /// Provides easy access to the root frame of the Phone Application.
    /// </summary>
    /// <returns>The root frame of the Phone Application.</returns>
    public PhoneApplicationFrame RootFrame { get; private set; }
```

```
    public int Result = -1;
```

앱에 선언된 변수는 전역이므로 어느 페이지에서나 액세스할 수 있다. 아직 연산되지 않았다는 의미로 -1로 초기화해 놓는다. 계산을 하는 서브 페이지부터 만들어 보자.

QueryReturn.CalcPage

```
<Grid x:Name="ContentPanel" Grid.Row="1" Margin="12,0,12,0">
    <StackPanel>
        <TextBox Name="txtArg1" Text="2" InputScope="Number"/>
        <TextBox Name="txtArg2" Text="3" InputScope="Number"/>
        <Button Name="btnCalculate" Content="Calculate" Click="btnCalculate_Click"
/>
    </StackPanel>
</Grid>
================================== CS ========================================
private void btnCalculate_Click(object sender, RoutedEventArgs e)
{
    int arg1 = Int32.Parse(txtArg1.Text);
    int arg2 = Int32.Parse(txtArg2.Text);
    (Application.Current as App).Result = arg1 + arg2;

    NavigationService.GoBack();
}
```

서브 페이지가 피연산자를 직접 입력받아 덧셈을 하고 그 결과는 App의 Result 필드에 저장한다. Application의 Current 정적 메서드로 전역 App 객체는 쉽게 구할 수 있으므로 앱의 전역변수도 누구나 액세스할 수 있다. 계산을 마쳤으므로 GoBack 메서드를 호출하여 메인 페이지로 돌아간다. 메인은 계산이 필요할 때 서브를 호출하고 서브가 리턴한 결과를 출력한다.

QueryReturn.MainPage

```
<Grid x:Name="ContentPanel" Grid.Row="1" Margin="12,0,12,0">
    <StackPanel>
        <Button Name="btnCall" Content="Call" Click="btnCall_Click" />
```

```
        <TextBlock Name="txtResult" FontSize="30" Text="Result"/>
    </StackPanel>
</Grid>
================================== CS =========================================
private void btnCall_Click(object sender, RoutedEventArgs e)
{
    Uri uri = new Uri("/CalcPage.xaml", UriKind.Relative);
    NavigationService.Navigate(uri);
}

protected override void OnNavigatedTo(System.Windows.Navigation.NavigationEventArgs e)
{
    int result = (Application.Current as App).Result;
    if (result != -1)
    {
        txtResult.Text = result.ToString();
    }

    base.OnNavigatedFrom(e);
}
```

버튼을 클릭하면 계산 페이지를 호출한다. 계산 페이지에서 피연산자까지 직접 입력받아서 연산하므로 인수를 넘길 필요는 없다. 계산을 마치고 다시 메인으로 리턴하면 OnNavigatedTo 메서드가 호출된다. 여기서 Result 값을 읽어 보고 계산이 제대로 수행되었으면 그 결과를 리턴한다. 최초 실행시에는 Result가 -1이므로 결과를 출력할 필요가 없다.

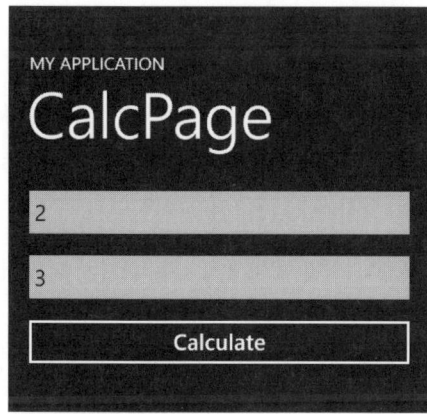

꼭 전역변수가 아니더라도 약속된 장소이기만 하면 리턴의 용도로 사용할 수 있다. 메인 페이지의 약속된 필드를 대신 사용하는 방법도 쓸 수 있고 설정값을 사용할 수도 있다. 어쨌든 양쪽에서 액세스 가능하면 된다. 실습의 편의상 리턴에만 집중했는데 인수를 양방향으로 전달할 수도 있다. 메인이 피연산자를 넘기면 서브는 피연산자로 계산을 하고 그 결과를 다시 메인으로 돌려주는 것도 가능하다.

서브 페이지로 인수를 넘기는 방법은 공식 지원되는데 비해 리턴값을 넘기는 방법은 공식적이지 않으므로 어떤 방법이든 간에 꼼수일 수밖에 없다. 그러다 보니 잘못하면 부작용이 발생할 소지가 있다. 예를 들어 전역변수의 경우 페이지 호출이 중첩되는 경우는 제대로 처리하지 못한다. 그래도 다른 방법이 없으니 꼼수를 좀 치밀하게 쓰는 수밖에 없다. 근본적인 이유는 모바일 앱이 불필요하게 웹을 모방하여 웹의 한계까지도 그대로 물려받았기 때문이다.

13-2 실행 모델

13-2-1 라이프 사이클

실행 모델(Execution Model)은 앱의 생명 주기를 관리하는 방법으로서 빠른 실행과 신속한 반응성을 그 목표로 한다. 아직도 모바일 환경의 자원은 굉장히 한정적이기 때문에 여러 개의 앱을 동시에 실행하기는 무리이다. CPU가 느려서 동시에 실행할 수 있는 스레드 수에 제한이 있고 메모리도 좁아서 실행 중인 모든 앱의 데이터를 유지할 수가 없다. 그래서 운영체제는 제한된 자원을 최대한 효율적으로 사용하기 위해 활성화 상태에 따라 앱의 생명을 적극적으로 관리한다.

윈도우폰은 전신인 윈도우 모바일과는 달리 근본적으로 멀티태스킹을 지원하지 않는다. 에이전트 같은 특별한 경우를 제외하고 대부분의 경우 한 번에 하나의 프로그램만 실행하는 싱글 테스킹 환경이다. 활성화 상태인 전경(Foreground) 앱 하나만 단독으로 실행되며 배경(Background)으로 전환된 프로그램은 종료되거나 일시 정지된다. 당장 사용자를 대면하고 있는 프로그램에게 모든 자원을 집중함으로써 속도와 반응성을 향상시키겠다는 전략이다.

그렇다고 해서 사용자들이 딱 하나의 프로그램만 사용해야 하는 것은 아니다. 동시에 실행할 수는 없지만 여러 개의 앱을 띄워 놓고 번갈아 가며 사용할 수는 있다. 운영체제는 앱의 활성 상태를 동적으로 관리하며 앱의 상태가 바뀔 때마다 이벤트를 보내 준다. 앱은 자신이 비활성화될 때의 상태를 저장해 두었다가 다시 활성화될 때 원래 상태를 복구한다. 그래서 앱이 종료되었다가 재실행되더라도 마치 메모리에 그대로 남아 있었던 것처럼 보인다.

윈도우끼리 겹칠 수 있는 PC 환경과 달리 어차피 화면에는 실행 중인 앱 하나만 보이며 백그라운드의 앱은 당장 그 존재가 보이지 않는다. 메모리에서 앱이 종료되었더라도 재실행할 때 종료 전의 상태로 완벽하게 돌아올 수 있다면 사용자가 보기에는 마치 멀티태스킹을 하고 있는 것처럼 보일 것이다. 치밀한 실행 모델 관리에 의해 메모리와 CPU를 최소한으로 사용하면서도 멀티태스킹을 그럴듯하게 흉내 내는 것이다.

이 작전이 원활하게 수행되려면 운영체제와 앱이 협동적으로 동작해야 한다. 운영체제는 사용자의 장비 조작이나 시스템 상황에 의해 앱의 상태가 바뀔 때마다 앱으로 이벤트를 보내 주어야 하고 앱은 이벤트를 받았을 때 자신의 상태를 적절히 저장하고 복구해야 한다. 앱은 다음 다섯 가지 상태를 거쳐 실행되며 각 상태에 대응되는 이벤트가 전달된다. 상태 변화에 대한 이벤트 핸들러는 App.xaml.cs 소스 파일에 이미 작성되어 있으므로 필요한 코드만 작성하면 된다.

❶ 시작(Launching) : 사용자가 시작 메뉴의 타일이나 앱 목록에서 앱을 선택할 때 또는 통지 토스트를 탭할 때 앱이 실행되며 이때 앱은 시작 상태가 된다. 앱이 시작될 때 이전 인스턴스가 계속 실행되는 것이 아니라 항상 새로운 인스턴스가 생성된다. 이때 필요한 초기화를 하여 실행을 준비한다. 단, 저장소에서 정보를 읽는 동작은 느려서 기동 시간이 오래 걸리므로 가급적 앱이 로드된 후 비동기적으로 처리하는 것이 좋다.

❷ 실행(Running) : 시작 상태를 거쳐 초기화가 완료되면 실행 상태로 전환되어 고유의 작업을 처리한다. 사용자의 명령을 받아 처리하고 결과를 보여준다. 앱은 생애의 대부분을 실행 상태에서 보내며 CPU를 혼자서 독차지한다. 화면 터치나 컨트롤의 이벤트를 처리하면서 실행될 것이다. 사용자가 Back 버튼을 눌러 종료하거나, Start 버튼을 눌러 다른 작업으로 전환하거나 화면 잠금이 실행되기 전까지 이 상태가 유지된다.

❸ 종료(Closing) : 앱 사용을 마치고 첫 페이지에서 Back 버튼을 누를 때 프로그램은 종료된다. 다음번 실행을 위해 필요한 영구 정보를 이 단계에서 저장해야 한다. 재실행시 새로운 인스턴스가 생성되므로 임시 정보는 저장할 필요 없다. 종료 처리는 10초 내로 수행해야 하며 10초를 넘기면 강제 종료된다. 저장할 정보가 적다면 상관없지만 아주 많다면 실행 중에 점진적으로 미리 저장해 놓아야 한다.

❹ 비활성화(Deactivating) : 다른 앱이 시작되면 실행 중인 앱은 비활성화 상태가 된다. Start 버튼을 누르거나 화면이 잠기거나 론처, 추저를 호출할 때 비활성화된다. 종료와는 달리 잠시 백그라운드 상태로 전환하는 것이므로 다시 돌아올 가능성이 있다. 재활성화될 때를 대비하

여 앱의 현재 상태를 저장해 두어야 한다. 이 작업은 10초 내로 완료해야 하며 그렇지 않을 경우 강제 종료된다.

⑤ 활성화(Activating) : 비활성화된 프로그램으로 다시 돌아오면 이때 재활성화된다. 이벤트의 이름이 활성화로 되어 있지만 최초 실행될 때, 즉 프로그램이 시작될 때는 이 상태를 거치지 않는다. 비활성화되었다가 다시 활성화될 때에만 이 이벤트가 발생한다. 이 단계에서는 비활성화시에 저장해 놓은 정보를 읽어 비활성화전의 상태로 돌아간다. 사용자는 원래 사용하던 상태 그대로의 앱을 보게 될 것이다.

백그라운드로 전환하는 비활성화 상태는 메모리에 데이터를 남겨 두는가 아닌가에 따라 다음 두 가지 상태로 세분되며 어떤 상태인가에 따라 재활성화시 복구 방법이 달라진다.

■ 수면(Dormant) : 스레드는 실행을 완전히 중단하지만 앱 자체는 메모리에 그대로 보존된다. 모든 객체 변수와 상태값들이 온전히 보존되므로 재활성화될 때 별도의 복구 처리를 할 필요가 없다. 메모리는 많이 사용하지만 재활성화 속도는 거의 실시간이다.

■ 동면(Tombstoned) : 프로그램이 완전히 종료되며 메모리에서 제거된다. 다만, 종료되기 전에 상태를 저장해 두므로 이 정보로부터 종료전의 상태로 복구할 수 있다. 메모리는 거의 사용하지 않지만 저장된 정보를 다시 읽어들여야 하므로 재활성화 속도는 느리다.

이전 버전에서는 비활성화시 무조건 동면 상태로 전환했었지만 7.1에서는 재활성화 속도를 향상시키기 위해 수면 상태를 추가로 지원한다. 모바일 장비는 메모리가 부족하지만 실행 중인 앱이 적을 때는 그래도 약간의 여유가 있기 마련이다. 또 앞으로는 대용량의 메모리를 장착한 장비들도 많이 발표될 것이다. 이 남는 메모리를 최대한 활용하기 위해 수면 상태를 도입했으며 덕분에 반응 속도가 훨씬 더 빨라졌다. 수면 상태로 들어갔다가도 메모리가 부족해지면 언제든지 동면 상태로 전환될 수 있다.

원어의 Dormant, Tombstoned가 너무 길고 어려우므로 수면, 동면이라는 말로 번역했다. Dormant 는 휴식을 취한다는 뜻이고 Tombstone은 비석을 의미하는데 죽은 자에 대한 기록을 남긴다는 뜻이다. 비유하자면 수면 상태는 얕은 잠을 자는 것이고 동면 상태는 깊은 잠을 자는 반쯤 죽은 상태이다. 어떤 수준의 잠인가에 따라 복구할 때의 방법이 달라진다. 운영체제는 최대 5개까지의 앱 상태를 저장한다.

재활성화 이벤트에서 IsApplicationInstancePreserved 속성을 점검해 보면 수면 상태에서의 복귀인지 동면 상태에서의 복귀인지를 알아낼 수 있다. 이 값이 true이면 수면 상태에서의 복귀이 므로 모든 상태가 메모리에 온전하게 저장되어 있다는 뜻이다. 이 값이 false이면 메모리에 아무 것도 남아 있지 않으므로 저장해 놓은 상태값을 읽어 비활성화전의 상태로 복구해야 한다. 복구 에 시간이 오래 걸린다면 백그라운드 스레드에서 복구하는 것이 좋다.

앱의 상태 변화와는 별개로 페이지도 실행되고 종료될 때 다음 이벤트를 받으며 이벤트와 관련된 메서드가 호출된다. 페이지와 관련된 상태값들은 이 이벤트에서 저장 및 복구한다. 사실 프로그램의 상태는 전역적인 것보다 페이지에 지역적인 것들이 많아 앱의 이벤트보다 페이지의 이벤트가 더 자주 사용된다. 단, XNA에서는 페이지 단위의 이벤트가 제공되지 않으므로 앱의 이벤트를 사용해야 한다.

- OnNavigatedFrom : 페이지를 종료할 때 이 메서드가 호출된다. 여기서 페이지의 상태를 저장 해야 한다. 단, Back 키를 눌러 뒤로 갈 때는 페이지를 완전히 종료하는 것이고 다시 들어올 때는 페이지가 새로 생성되므로 이때는 상태를 저장할 필요가 없다.
- OnNavigatedTo : 페이지를 시작할 때 이 메서드가 호출된다. 처음 시작할 때, 페이지 사이를 이동할 때, 수면, 동면 상태에서 재활성화될 때 모두 호출된다. 처음 시작할 때는 저장된 정보가 없으므로 복구할 필요가 없다. 재활성화될 때는 종료 전에 저장된 정보를 읽어 복구해야 한다.

앱과 페이지의 인생살이가 무척이나 복잡하다. 사용자의 조작이나 메모리 상황에 따라 수시로 상태가 바뀌며 앱은 변경된 상태에 따라 적절하게 반응해야 한다. 앱의 일생을 그림으로 정리해 보자.

가장 흔하고도 깔끔한 경우는 앱을 실행한 후 자신의 할 일을 다 하고 Back 버튼을 눌러 정상 종료하는 것이다. 중간에 다른 앱이 끼어들지 않았으므로 시작, 실행, 종료의 자연스러운 순서를 거치며 그림의 왼쪽 수직선을 타고 그대로 내려온다. 메모리에 잠시 올라와서 실행되었 다가 흔적도 없이 사라질 것이다.

실행 중에 앱 스위칭이 일어나면 다소 복잡해진다. 스위칭은 여러 가지 요인으로 인해 발생한 다. 사용자가 Start 버튼을 누르거나, 통지 토스트를 탭하거나, 전화가 오거나, 타임아웃되어 화면 이 잠기는 등이 스위칭의 예이다. 외부적인 요인 외에도 프로그램 내부에서 론처나 추저를 호출 하면 이때도 스위칭이 발생한다.

스위칭이 발생하면 앱은 비활성 상태로 진입하며 앱과 페이지에 각각 이벤트가 전달된다. 이때 수면 상태가 될 것인지 동면 상태가 될 것인지는 운영체제가 메모리의 여유 상황을 보고 판단하며 앱이 임의로 선택할 수는 없다. 비활성화된 상태에서 재활성화된다는 보장은 없으며 강제로 죽임을 당할 수도 있으므로 앱은 비활성화될 때마다 모든 정보를 다 저장해야 한다.

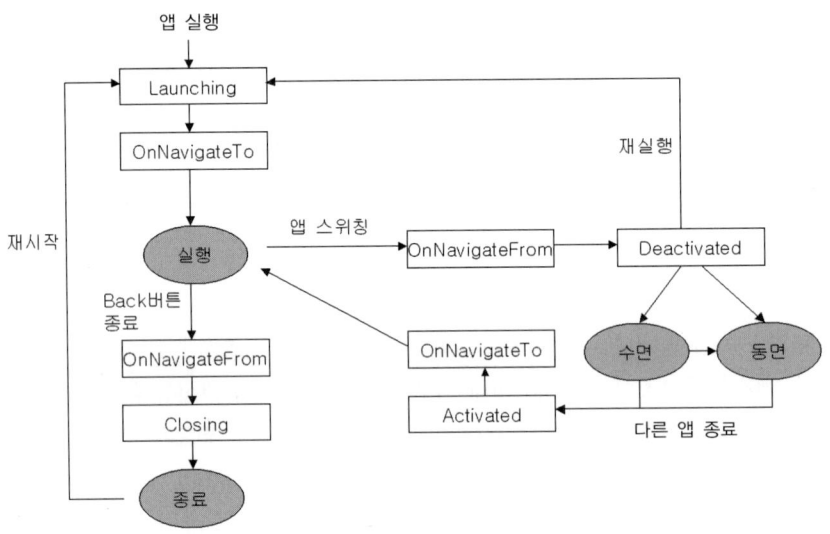

스위칭된 앱이 종료되면 최초의 앱으로 돌아오며 이때 앱은 재활성화되어 깨어난다. 재활성화 시 앱과 페이지로 이벤트가 전달되며 저장된 정보를 읽어 원래 상태로 복구한다. 저장과 복구 과정이 워낙 감쪽같아서 사용자는 앱이 비활성화되었다는 것을 눈치채지 못하고 계속 앱을 사용할 것이다.

13-2-2 툼스토닝

실행 모델은 흐름이 복잡해서 이론만으로 이해하기 어렵다. 다음 예제를 통해 가장 전형적인 툼스토닝 과정을 연구해 보자. 가상의 뉴스 프로그램이되 보고 싶은 채널과 검색어를 입력하면 관련된 뉴스를 조사하여 보여준다. 뉴스를 보여주는 부분은 생략하고 채널과 검색어 입력까지만 받아 보기로 한다.

TombStone

```
<Grid x:Name="ContentPanel" Grid.Row="1" Margin="12,0,12,0">
```

```xml
        <StackPanel>
            <TextBlock Text="채널:"/>
            <TextBox Name="txtChannel" />
            <TextBlock Text="뉴스 검색:"/>
            <TextBox Name="txtSearch" />
        </StackPanel>
    </Grid>
```
================================ CS ==
```csharp
using System.IO;
using System.IO.IsolatedStorage;

namespace TombStone
{
    public partial class MainPage : PhoneApplicationPage
    {
        bool isNewInstance = false;
        public MainPage()
        {
            InitializeComponent();
            isNewInstance = true;

            IsolatedStorageSettings setting = IsolatedStorageSettings.
                ApplicationSettings;
            if (setting.Contains("channel"))
            {
                txtChannel.Text = setting["channel"].ToString();
            }
        }

        protected override void OnNavigatedFrom(System.Windows.Navigation.
          NavigationEventArgs e)
        {
            IsolatedStorageSettings.ApplicationSettings["channel"] = txtChannel.Text;

            if (e.NavigationMode != System.Windows.Navigation.NavigationMode.Back)
            {
                State["search"] = txtSearch.Text;
            }

            base.OnNavigatedFrom(e);
        }
```

```
protected override void OnNavigatedTo(System.Windows.Navigation.
    NavigationEventArgs e)
{
    if (isNewInstance)
    {
        if (State.Count > 0)
        {
            txtSearch.Text = State["search"] as string;
        }
    }
    isNewInstance = false;

    base.OnNavigatedTo(e);
}
}
}
```

스택 패널에 정보를 입력받는 텍스트 박스 두 개를 배치했으며 각각 채널과 검색어를 입력받는다. 여기서 채널은 영구적으로 저장해야 하는 정보에 해당한다. KBS나 MBC를 한 번 선택했으면 다음번 실행시에도 이 채널이 계속 유지되며 일부러 바꾸지 않는 한 선택한 채널을 계속 사용한다.

검색식은 임시 정보에 해당한다. 사용자가 입력한 검색식을 실행 중에는 계속 유지하되 사용자의 필요에 따라 수시로 바뀔 수 있으므로 새로 실행할 때는 항상 빈 상태로 시작한다. 두 유형의 정보는 저장하고 복원하는 시점과 장소, 조건이 다르다. 코드 파일에는 페이지로 들어오고 나갈 때 텍스트 박스에 입력된 정보를 저장하는 코드가 작성되어 있다. 동작을 확인하기 위해 일단 실행해 보자.

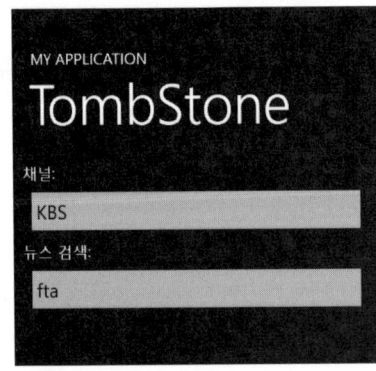 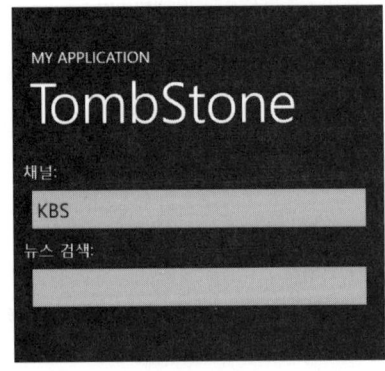

채널에 KBS, 검색식에 fta를 입력한다. 그리고 Back 버튼을 눌러 프로그램을 종료하고 다시 실행해 보자. 영구 정보인 KBS는 그대로 복원되지만 검색식은 사라진다. 프로그램을 명시적으로 종료했으므로 임시 정보까지 저장할 필요는 없다. 사용자는 뉴스 프로그램을 실행할 때마다 새로운 뉴스를 검색할 것이다.

이번에는 똑같이 입력해 놓고 Start 버튼을 눌러 보자. 이 상태는 프로그램이 종료된 것이 아니라 잠시 비활성화된 것이다. 시작 화면에서 Back 버튼을 눌러 원래 프로그램으로 돌아오면 다시 재활성화되는데 이때는 두 정보 모두 온전히 보전된다. 정보를 보관했다가 복구하는 코드가 작성되어 있기 때문이다. 뉴스 프로그램으로 뭔가를 검색하려다가 잠시 전화 통화를 한 후 돌아왔을 때 입력하던 검색식이 그대로 남아 있어야 한다.

영구 정보는 페이지를 떠날 때인 OnNavigatedFrom 메서드에서 저장한다. 항상 저장해야 할 정보이므로 조건은 없으며 무조건 저장한다. 정상 종료될 때는 물론이고 비활성화될 때도 저장할 필요가 있다. 비활성화는 차후 재활성화될 가능성이 있지만 보장은 없으므로 일단은 저장하고 보는 것이다. 저장 위치는 정보를 영구적으로 보관할 수 있어야 하되 짧은 정보이므로 굳이 파일까지 사용할 필요없이 세팅에 channel이라는 이름으로 간단하게 저장했다. 정보의 크기가 더 크다면 파일이나 DB에 저장할 수도 있다.

영구 정보를 복구하는 시점은 생성자이며 페이지가 만들어질 때 가장 먼저 복구한다. 단, 설치 후 최초 실행시에는 저장된 값이 없으므로 이때는 복구할 필요가 없다. 대신 무난한 디폴트를 줄 필요는 있다. 두 번째 실행 이후부터는 무조건 저장하고 무조건 복구하므로 이 정보는 영구적으로 유지된다.

다음은 임시 정보인 검색식의 경우를 보자. 저장하는 시점은 영구 정보와 마찬가지로 페이지를 떠날 때이되 무조건 저장할 필요는 없다. 이벤트의 인수로 전달되는 NavigationEventArgs 객체는 다음과 같은 속성을 제공한다.

속 성	설 명
Content	타겟 컨텐트 객체이다.
IsNavigationInitiator	앱 내에서의 이동이면 true, 아니면 false를 리턴한다. 내부적인인 이동인지, 외부적인 이동인지를 나타내며 이동 타입에 따라 전환 효과를 다르게 처리할 때 참조한다.
NavigationMode	어떤 종류의 이동인지를 나타낸다. 다음 4가지 값 중 하나이다. New : 새로 실행되는 것이다. Back : 뒤로 이동하는 것이다.

속 성	설 명
NavigationMode	Forward : 앞으로 이동하는 것이다. Refresh : 현재 내용을 다시 읽는 것이다.
Uri	이동 타겟의 경로를 나타낸다. 외부로 이동하면 app://external이 된다.

이 정보 중 NavigationMode를 참조하여 Back인 경우는 명시적인 종료이므로 정보를 저장하지 않는다. 그 외의 경우는 비활성화되는 것이므로 일단 저장해야 한다. 수면 상태로 갈 때는 메모리에 상태가 보존되지만 수면 상태로 가는 것인지 확인할 방법이 없다. 운영체제가 마음대로 결정할 뿐이다. 또 수면 상태로 갔다가도 언제 동면 상태로 전환될지 알 수 없으므로 일단 저장하고 봐야 한다.

임시 정보는 페이지의 State 속성에 저장한다. State 속성은 다음과 같이 정의된 사전이며 이름과 객체의 쌍을 저장하는 컬렉션이다. 인덱서가 정의되어 있으므로 저장하는 정보의 이름을 주고 편리하게 입출력할 수 있다. 단 직렬화 가능한 객체만 저장할 수 있다. 예제에서는 Back 이동이 아닌 경우 State에 search라는 이름으로 검색식 문자열을 저장했다.

```
public IDictionary<string, Object> State { get; }
```

복구 시점은 페이지로 다시 돌아오는 OnNavigatedTo 메서드이다. 이 메서드는 재활성화될 때뿐만 아니라 최초 시작할 때도 호출된다. 그래서 임시적으로 저장된 정보가 있는지 반드시 점검해야 한다. if 조건문으로 State에 저장된 정보가 있을 때만 검색식을 복원했다. 최초 시작할 때는 저장된 정보가 없으므로 복구할 필요가 없다.

또 isNewInstance 필드로 새로 생성된 인스턴스인지 점검하는데 이 필드는 수면 상태와 동면 상태를 구분하기 위해 필요하다. 이전 버전에는 수면이라는 상태가 없었으므로 무조건 저장했었지만 7.1부터는 이 구분이 필요해졌다. 이미 메모리에 존재하는 인스턴스라면 굳이 복구를 할 필요가 없다. 이 필드는 최초 false로 초기화되며 생성자에서 true를 대입한다. 즉 생성자를 거치면 새 인스턴스이며 OnNavigatedTo의 끝에서 false를 대입하므로 이후부터는 새 인스턴스가 아니라 기존 인스턴스로 취급된다.

디버거로 이 예제를 실행해 보면서 isNewInstance값의 변화와 코드의 동작을 관찰해 보자. 최초 실행시 isNewInstance는 true의 값을 가지므로 복구가 필요하다. 그러나 State에 저장된 정보가 없으므로 복구를 할 수 없다. 복구는 하지 않고 isNewInstance만 false로 변경하여 이미 생성된 인스턴스임을 표시한다. 검색식에 아무것도 입력되지 않은 채로 페이지가 뜰 것이다.

검색식에 fta라는 문자열을 입력한 후 Start 버튼을 눌러 비활성화하면 OnNavigatedFrom에서 검색식을 저장한다. 이 비활성화 상태는 수면 또는 동면 중의 하나인데 에뮬레이터에는 테스트 예제 하나만 실행하는 경우가 대부분이므로 수면 상태로 갈 확률이 아주 높다. 시작 화면에서 Back 버튼을 누르면 재활성화되면서 OnNavigatedTo로 들어온다. 이때 isNewInstance는 false이며 새 인스턴스가 아니므로 복구할 필요가 없다. 수면 상태이므로 객체가 메모리에 온전히 남아 있으며 굳이 복구하지 않아도 검색식은 잘 보존되어 있다.

그렇다면 동면 상태에는 달라질 수도 있다는 얘기인데 동면 상태의 경우를 테스트해 보자. 동면 상태는 메모리가 부족한 상황에서 앱이 비활성화될 때 발생한다. 그러나 이 상태를 에뮬레이터에서 의도적으로 만들어 보기는 무척 어렵고 설사 만든다 하더라도 정말 동면 상태로 들어가는지 확인할 방법이 없다. 그래서 테스트를 위해 강제로 동면 상태로 만드는 옵션이 존재한다. 프로젝트의 속성 페이지에서 Debug 탭을 열어 보자.

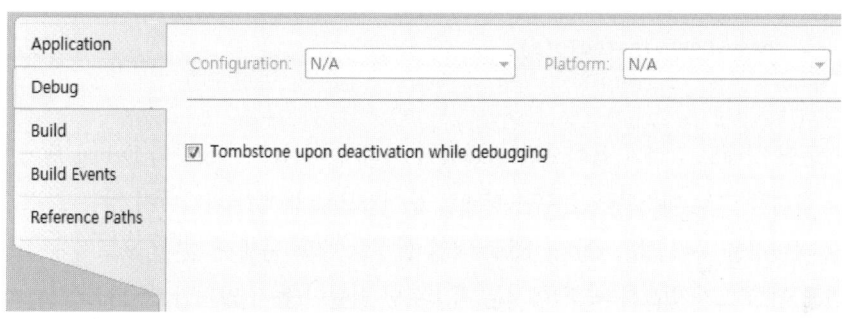

이 옵션이 의미하는 바는 디버깅 중에 비활성화되면 강제로 동면 상태로 만들라는 뜻이다. 수면과 동면을 운영체제가 결정하므로 동면 상태의 코드를 테스트하기 어려워 7.1부터 이런 옵션을 제공한다. 이 옵션을 선택해 놓고 다시 테스트해 보자. 실행 - fta 입력 - Start 버튼 - Back 버튼 순으로 눌러 보면 된다.

동면 상태는 수면 상태일 때와는 달리 비활성화될 때 메모리에서 제거되며 객체가 파괴된다. 재활성화될 때 객체가 다시 생성되며 이 과정에서 생성자가 호출되고 생성자에서 isNewInstance에 true를 대입하여 복구가 필요함을 기록한다. OnNavigatedTo 이벤트에서는 isNewInstance의 값을 보고 동면 상태로 들어갔다가 재생성된 페이지임을 알아내고 State에 저장해 놓은 검색 정보를 읽어 복구한다.

이 코드에 의해 동면 상태로 들어가도 잘 복구된다. 이것이 바로 죽기 전의 상태를 기록해 놓았다가 부활 후에 정보를 복원하는 툼스토닝이다. 그렇다면 이 코드가 없으면 동면 상태일 때 제대로 복구가 안되는지 테스트해 보자. 다음 복원 코드를 주석 처리해 놓으면 된다. 저장하는 코드는 굳이 막지 않아도 복원을 하지 않으므로 저장하나 마나이다.

```
protected override void OnNavigatedTo(System.Windows.Navigation.
  NavigationEventArgs e)
{
    if (isNewInstance)
    {
        if (State.Count > 0)
        {
            // txtSearch.Text = State["search"] as string;
        }
    }
    isNewInstance = false;

    base.OnNavigatedTo(e);
}
```

동면 상태로 갔다가 돌아오면 검색식이 사라져 버린다. 속성창의 Debug 탭에서 강제 툼스토닝 옵션을 끄고 테스트하면 수면 상태로 들어가므로 문제가 나타나지 않는다. 옵션을 켜 놨더라도 디버깅을 하지 않고 Ctrl + F5로 직접 실행할 때도 문제가 없다. 오로지 툼스토닝 될 때만을 위해 이 코드가 필요하다. 7.1에서는 툼스토닝 확률이 높지 않지만 언제라도 발생할 수 있으므로 이 코드는 필수적이다.

정보를 저장했다가 다시 읽어들이는 간단한 동작을 하는데 코드가 지나치게 복잡하다. 복잡도가 증가한 가장 큰 이유는 수면 상태가 원래 없다가 7.1에서 추가되는 바람에 불필요한 복구를 할 필요가 없어졌기 때문이다. 이전 버전에서는 항상 동면이었으므로 무조건 복구해야 했지만 이제는 그럴 필요가 없어졌고 그래서도 안 된다. 재활성화될 때 최대한 빠른 속도로 복구하려면 동면 상태였는지, 수면 상태였는지 알아내야 하며 그러기 위해 isNewInstance라는 어색한 필드를 선언하고 관리해야 한다.

앱의 Activating 이벤트는 객체의 보존 여부를 isApplicationInstancePreserved 속성으로 알려주므로 수면 상태에서의 재활성화인지 동면 상태에서의 재활성화인지를 알아내기 쉽다. 그러나 앱의 이벤트보다는 가급적이면 페이지의 이벤트를 쓸 것을 권장한다. 앱의 이벤트는 호출 빈도가 떨어지고 확실히 호출된다는 보장도 없고 한꺼번에 많이 저장하는 것도 바람직하지 않기 때문이다. 실버라이트 앱은 가급적이면 페이지의 이벤트에서 즉시즉시 저장하는 것이 바람직하다. 다만, XNA 앱은 페이지 이벤트가 없기 때문에 앱의 이벤트를 사용해야 한다.

13-2-3 백스택

응용 프로그램이 가질 수 있는 페이지 수에는 제한이 없으며 페이지 사이를 자유롭게 이동할수 있다. 아무리 깊은 단계까지 이동했더라도 Back 버튼을 누르면 정확하게 이전 페이지로 복귀한다. 마치 웹 브라우저의 앞뒤 이동과 비슷하다. 이것이 가능하려면 호출된 페이지의 순서를 어딘가에 기록해 두어야 한다.

방문한 페이지의 히스토리를 스택으로 관리하는데 이것을 백 스택(Back Stack)이라고 한다. Back 버튼을 눌렀을 때 이동할 페이지 목록을 가지는 스택이라는 뜻이다. 새 페이지로 이동하면 이전 페이지는 스택에 푸시되어 돌아올 페이지가 어디인가를 기록한다. 뒤로 이동하면 스택에 저장된 페이지를 꺼내 복원하되 만약 더 이상 뒤로 이동할 페이지가 없으면 응용 프로그램이 종료된다. 3개의 페이지로 구성된 응용 프로그램의 백 스택은 다음과 같이 동작한다.

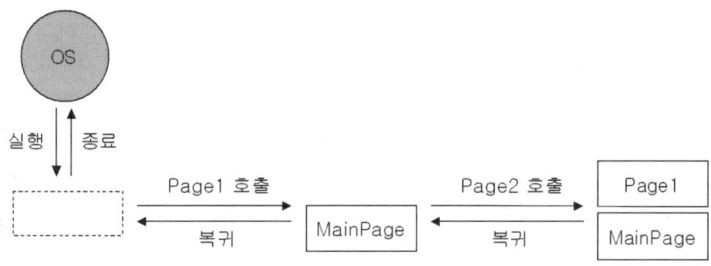

최초 응용 프로그램이 실행되면 MainPage가 호출되고 백 스택이 생성된다. 아직 다른 페이지를 호출하지 않았고 뒤로 이동할 수 없으므로 백 스택은 비어 있다. 이 상태에서 MainPage가 Page1을 호출하면 Page1 인스턴스가 생성되어 화면에 나타나며 백스택에는 돌아갈 페이지인 MainPage가 기록된다. Page1에서 다시 Page2를 호출하면 Page2가 생성 및 표시되고 백스택에는 Page1이 추가로 기록된다. 마찬가지 방식으로 Page2에서 다른 페이지를 호출하면 백스택 위쪽에 페이지가 계속 쌓일 것이다.

Page2에서 Back 버튼을 눌러 이전 페이지로 복귀하면 백스택의 기록을 읽어 돌아갈 페이지가 Page1임을 알아내고 Page1으로 복귀하며 백스택에서 Page1은 제거된다. 마찬가지로 Page1은

MainPage로 복귀하며 이때 백스택은 비게 된다. MainPage에서 Back 버튼을 누르면 더 이상 돌아갈 페이지가 없으므로 응용 프로그램은 종료된다.

페이지들이 순서대로 중첩되는 방식의 페이지 목록 관리는 지극히 자연스럽다. 또 호출된 순서의 역순으로 리턴하므로 후입선출의 스택을 사용하는 것도 상식적이다. 운영체제의 페이지 관리가 무난하여 더 이상 손델 부분이 없을 정도이지만 때로는 인위적으로 조정해야 하는 경우가 있다. 페이지가 대단히 많으면 너무 멀리 가는 경우가 있는데 예를 들어 다음 가상의 쇼핑앱을 생각해 보자.

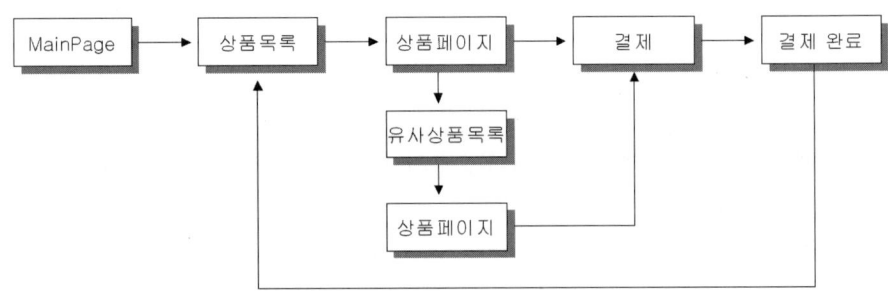

MainPage는 아마도 검색식을 입력받을 것이며 구입할 상품명을 입력하면 조건에 맞는 상품들을 상품 목록 페이지에 보여준다. 사용자는 상품 목록에서 사고 싶은 상품 페이지로 이동하며 이 상품이 마음에 들면 결제 페이지로 이동하여 결제를 하고 결제가 완료되면 상품을 구매할 것이다. 직선적이고 단순한 흐름이다.

좀 더 복잡해지는 경우도 있는데 사용자가 선택한 상품이 마음에 들지 않을 때를 위해 유사 상품을 볼 수 있는 기능을 제공한다. 사용자는 유사 상품 목록에서 마음에 드는 상품을 골라 구매할 수도 있다. 페이지의 흐름이 꼭 직선적일 수는 없으며 입체적일 수도 있고 그러다 보면 한 페이지가 여러 번 반복되기도 한다. 위 예에서 상품 페이지 인스턴스는 같은 클래스의 페이지 이지만 다른 상품을 보여주는 다른 인스턴스이다.

상품 목록에서 결제 완료 페이지에 이르기까지 중간에 쌓인 페이지들이 너무 많다는 것이 문제다. 결제 완료 상태에서 쇼핑 계속하기 버튼을 누르면 상품 목록으로 가야 하는데 중간 과정이 많으므로 다시 돌아가는 것도 어렵다. 디폴트 백스택의 논리대로라면 일일이 Back키를 눌러 중간의 결제, 상품 페이지를 거쳐야 상품 목록 페이지로 돌아갈 수 있다. 이미 구매를 완료한 상황에서 결제나 상품 페이지를 다시 볼 필요는 없으며 곧바로 상품 목록 페이지로 가는 것이 합리적이다.

또 정상적인 순서대로 실행된 페이지라도 때로는 중간의 한 페이지를 다시 방문할 필요가 없는 경우도 있다. 정보를 입력받는 임시적인 페이지가 그런데 로그인 페이지가 대표적인 예다. 사용자 정보가 필요한 앱은 로그인 페이지부터 실행을 시작하고 로그인에 성공하면 MainPage로 이동한다. 앱을 다 사용하고 MainPage에서 Back버튼을 누를 때 로그인 페이지로 가는 것보다는 프로그램을 종료하는 것이 합당하다. 즉 로그인 페이지는 백스택에 기록되어서는 안 된다.

이런 여러 가지 이유로 윈도우폰 7.1은 백스택을 살펴보고 조작할 수 있는 기능을 제공한다. 앞에서 설명했다시피 페이지를 관리하는 책임은 프레임에게 있다. 프레임(PhoneApplicationFrame)의 BackStack 속성은 다음과 같이 선언되어 있으며 실행된 페이지의 히스토리를 저장한다.

```
IEnumerable<JournalEntry> BackStack { get; }
```

BackStack은 JournalEntry의 컬렉션으로 정의되어 있다. JournalEntry는 백스택에 저장되는 항목이며 페이지 하나에 대한 정보를 가진다. JournalEntry의 Source 속성은 페이지의 URI 정보를 가지며 이 값을 읽어 보면 어떤 페이지로 가야 하는지 알 수 있다.

백스택은 앞으로 돌아가야 할 페이지에 대한 목록이므로 현재 실행 중인, 즉 화면에 떠 있는 페이지에 대한 정보는 기록되어 있지 않다. Page2가 떠 있는 상태일 때 Page2는 스택에 없다. 현재 페이지는 프레임의 Source 속성을 통해 조사한다. 백스택의 목록과 프레임의 Source 속성을 나열하면 현재 페이지를 포함한 완전한 페이지 히스토리를 얻을 수 있다. 프레임은 백스택의 항목을 제거할 수도 있는데 이때는 다음 메서드를 호출한다.

```
JournalEntry RemoveBackEntry()
```

이 메서드는 백스택의 최상위 페이지를 스택에서 제거한다. 여러 페이지를 한꺼번에 제거할 때는 루프를 돌며 필요한 만큼 이 메서드를 반복적으로 호출한다. 만약 백스택에 아무 페이지도 없으면 InvalidOperationException 예외가 발생하는데 처음 실행된 메인 페이지에서 이 메서드를 호출할 때가 여기에 해당된다. 루프를 돌릴 때는 백스택에 제거할 페이지가 남아 있는지 반드시 점검해야 한다.

자, 그럼 이제 백 스택을 조작하는 예제를 만들어 보자. 여러 페이지가 필요하므로 제작 절차가 다소 복잡하고 테스트하는 방법도 번거롭다. BackStack이라는 이름으로 예제를 만들면 MainPage.xaml은 기본적으로 생성되어 있다. 이 페이지에 다음 코드를 작성한다.

```
<!--TitlePanel contains the name of the application and page title-->
<StackPanel x:Name="TitlePanel" Grid.Row="0" Margin="12,17,0,28">
    <TextBlock x:Name="ApplicationTitle" Text="MY APPLICATION" Style="....
    <TextBlock x:Name="PageTitle" Text="MainPage" Margin="9,-7,0,0" Style="....
</StackPanel>

<!--ContentPanel - place additional content here-->
<Grid x:Name="ContentPanel" Grid.Row="1" Margin="12,0,12,0">
    <StackPanel>
        <Button Name="btnPage1" Content="Call Page1" Click="btnPage1_Click" />
    </StackPanel>
</Grid>
================================== CS =========================================
private void btnPage1_Click(object sender, RoutedEventArgs e)
{
    NavigationService.Navigate(new Uri("/Page1.xaml", UriKind.Relative));
}
```

지금까지의 예제는 타이틀 패널의 페이지 제목에 예제의 이름을 표시했다. 페이지가 곧 예제였기 때문이다. 이번 예제는 여러 페이지로 구성되어 있고 페이지를 명확히 표시할 필요가 있으므로 예제명 대신 페이지의 이름을 표시한다. 이후의 페이지도 마찬가지로 페이지의 이름을 타이틀 패널에 표시한다.

MainPage의 내용은 간단하다. 버튼 하나 배치하고 클릭 이벤트에서 Page1을 호출한다. Project/Add New Item 명령으로 Windows Phone Portrait Page 항목을 선택하여 새로운 페이지를 추가한다. 이름은 디폴트로 주어진 Page1을 그대로 받아들이고 다음 코드를 작성한다.

```
<Grid x:Name="ContentPanel" Grid.Row="1" Margin="12,0,12,0">
    <StackPanel>
        <Button Name="btnPage2" Content="Call Page2" Click="btnPage2_Click" />
        <Slider Name="horzSlider" Margin="20" />
    </StackPanel>
</Grid>
================================== CS =========================================
namespace BackStack
```

```
{
    public partial class Page1 : PhoneApplicationPage
    {
        bool isNewInstance = false;
        public Page1()
        {
            InitializeComponent();
            isNewInstance = true;
        }

        private void btnPage2_Click(object sender, RoutedEventArgs e)
        {
            NavigationService.Navigate(new Uri("/Page2.xaml", UriKind.Relative));
        }

        protected override void OnNavigatedFrom(System.Windows.Navigation.
          NavigationEventArgs e)
        {
            if (e.NavigationMode != System.Windows.Navigation.NavigationMode.Back)
            {
                State["slide"] = horzSlider.Value;
            }
            base.OnNavigatedFrom(e);
        }

        protected override void OnNavigatedTo(System.Windows.Navigation.
          NavigationEventArgs e)
        {
            if (isNewInstance)
            {
                if (State.Count > 0)
                {
                    horzSlider.Value = double.Parse(State["slide"] as string);
                }
            }
            isNewInstance = false;
            base.OnNavigatedTo(e);
        }
    }
}
```

코드양이 많아 보이지만 어려운 내용은 없다. Page2를 호출하는 버튼 하나와 페이지의 인스턴스 확인을 위한 슬라이더를 배치했다. 슬라이더의 현재값은 앞에서 배운바 대로 툼스토닝 처리한다. 다음은 Page2를 같은 방식으로 추가하고 코드를 다음과 같이 작성한다.

BackStack.Page2

```
shell:SystemTray.IsVisible="True" Loaded="PhoneApplicationPage_Loaded">
....
<Grid x:Name="ContentPanel" Grid.Row="1" Margin="12,0,12,0">
    <StackPanel>
        <Button Name="btnBack" Content="Back" Click="btnBack_Click" />
        <Button Name="btnPage1" Content="Call Page1" Click="btnPage1_Click" />
        <Button Name="btnMain" Content="Return Main" Click="btnMain_Click" />
        <TextBlock Text="Result" Name="txtResult"/>
    </StackPanel>
</Grid>
================================ CS =========================================
using System.Windows.Navigation;

namespace BackStack
{
    public partial class Page2 : PhoneApplicationPage
    {
        public Page2()
        {
            InitializeComponent();
        }

        private void PhoneApplicationPage_Loaded(object sender, RoutedEventArgs e)
        {
            App app = Application.Current as App;
            String list = "[" + app.RootFrame.Source + "]\n";
            foreach (JournalEntry j in app.RootFrame.BackStack)
            {
                list += (j.Source + "\n");
            }
            txtResult.Text = list;
        }

        private void btnBack_Click(object sender, RoutedEventArgs e)
```

```
    {
        NavigationService.GoBack();
    }

    private void btnPage1_Click(object sender, RoutedEventArgs e)
    {
        NavigationService.Navigate(new Uri("/Page1.xaml", UriKind.Relative));
    }

    private void btnMain_Click(object sender, RoutedEventArgs e)
    {
        App app = Application.Current as App;
        if (app.RootFrame.BackStack.Count() > 0)
        {
            app.RootFrame.RemoveBackEntry();
        }
        NavigationService.GoBack();
    }
  }
}
```

페이지 이동을 위한 버튼 3개와 백스택 덤프를 위한 텍스트 블록을 하나 배치했다. 여기서 백스택을 덤프해보면 Page2까지 오기 전에 거친 페이지 목록을 살펴볼 수 있다. 페이지 덤프는 페이지가 로드된 직후인 Loaded 이벤트에서 처리한다. 생성자에서 덤프하면 아직 페이지가 생성되기 전이어서 현재 페이지는 목록에 나오지 않으므로 페이지가 완전히 로드된 후에 덤프해야 한다.

프레임의 Source 속성을 읽어 현재 페이지를 제일 위에 추가하고 BackStack에 저장된 페이지 목록을 읽어 아래쪽에 덧붙이는 방식으로 문자열을 조립한다. 완성된 목록을 텍스트 블록에 출력했다. 예제를 실행하여 Page2까지 이동해 보자. 인스턴스 확인을 위해 중간의 Page1은 슬라이더를 약간 오른쪽으로 이동시켜 두자.

세 개의 페이지가 차례대로 나타난다. Page2가 떠 있는 상태일 때 아래쪽 스택에는 Page1, MainPage가 각각 기록되어 있다. 이 상태에서 Back 버튼을 3번 연속으로 누르면 Page1, MainPage로 이동했다가 종료한다. 가장 평범하고 일상적인 내비게이션이다.

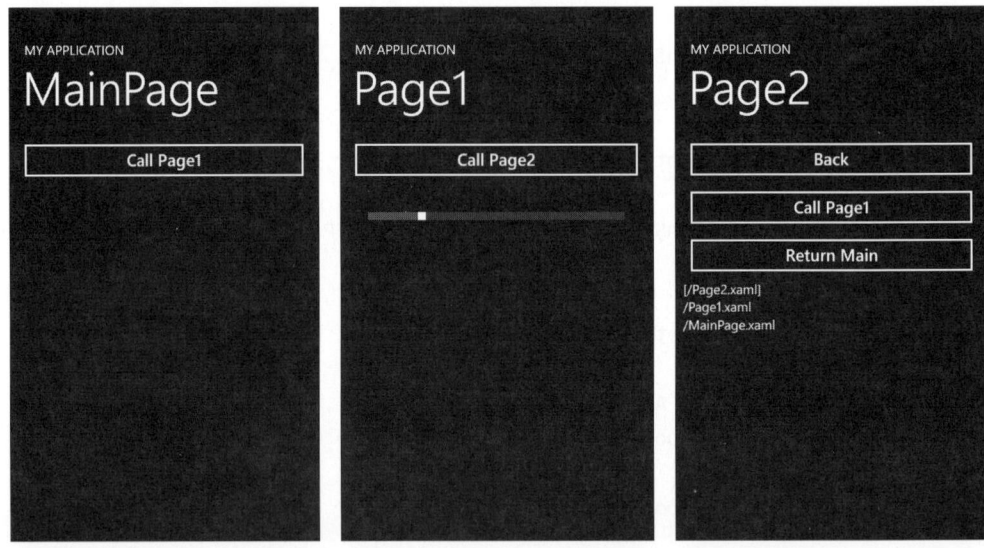

Page2의 제일 위 Back 버튼은 GoBack 메서드를 호출하여 뒤로 이동하는데 하드웨어 Back 버튼과 기능이 동일하다. 뒤로 이동하면 백스택 제일 위에 있는 Page1을 제거하고 Page1으로 이동한다. 가운데의 Call Page1 버튼은 뒤로 이동하는 것이 아니라 Page1 객체를 새로 생성하여 이동한다. 둘 다 결과적으로는 Page1으로 이동하지만 뒤로 간 것과 Page1을 새로 생성한 것은 분명히 다르다.

뒤로 이동했다가 다시 Page2로 돌아오면 백스택은 그대로이지만 Page1으로 이동했다가 다시 Page2를 호출했을 때의 백스택은 모양이 상당히 다르다. Page2에서 호출한 Page1의 슬라이더를 훨씬 더 오른쪽으로 이동시켜 놓은 상태에서 다시 Page2를 호출해 보자.

Page2에 출력된 백스택을 관찰해 보면 Page1이 스택에 2개 있음을 알 수 있다. 이 2개의 Page1은 각각 다른 인스턴스이며 서로 유지하는 상태값도 다르다. 이 상태에서 뒤로 가기를 눌러 보면 위쪽의 Page1과 아래쪽의 Page1의 슬라이더 위치가 다르다는 것을 확인할 수 있다. 즉, 이 둘은 같은 클래스의 다른 인스턴스이며 상태를 따로 유지한다.

뒤로 이동하지 않고 Page1에서는 Page2를 호출하고 Page2에서 Page1을 계속 호출해 대면 백스택에는 두 페이지의 인스턴스가 계속 새로 생성되어 쌓일 것이다. 많은 페이지가 쌓인 상태에서 MainPage로 돌아가려면 쌓여있는 수만큼 Back 버튼을 눌러야 한다.

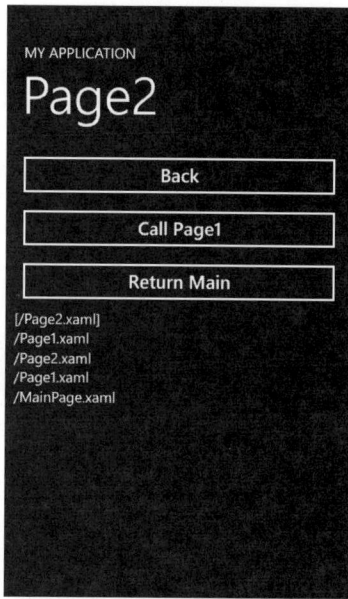

Return Main 버튼을 누르면 프레임의 RemoveBackEntry 메서드를 호출하여 최상위의 페이지 하나를 제거하고 뒤로 돌아간다. Page2가 실행된 상태에서 최상위 항목은 Page1이므로 이 페이지가 제거되며 이 상태에서 뒤로 돌아가면 MainPage로 점프한다.

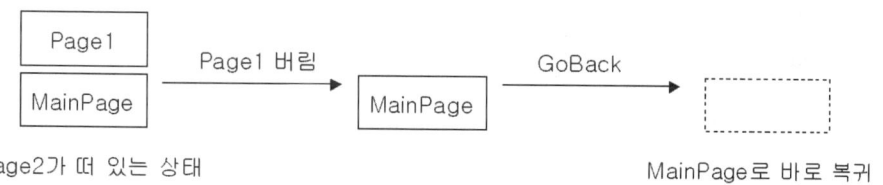

중간의 한 페이지를 건너뛰고 앞쪽의 페이지로 이동한 것이다. 만약 건너뛸 중간 페이지가 2개라면 RemoveBackEntry를 두 번 호출하면 되고 특정 페이지가 나타날 때까지 이동하고 싶다면 백스택을 검색해가며 이동할 수도 있다. 앞에서 예를 든 결제 완료 페이지에서 상품 목록으로 바로가기는 이 방법으로 구현하면 된다. 이 예제의 경우도 Page1, Page2가 여러 번 중첩되는 경우는 루프를 돌아야만 MainPage로 이동할 수 있다.

백스택이 빈 상태에서 RemoveBackEntry를 호출하면 예외가 발생하므로 원칙대로 백스택이 비어 있는지 점검하는 조건문이 작성되어 있는데 이 예제의 경우는 사실 이 조건문이 필요치 않다. 왜냐하면 Page2는 Page1에서만 호출하기 때문에 백스택이 비어 있을 수가 없기 때문이다. 하지만 차후 Page1이 메인이 될 수도 있고 루프를 돌다 보면 버그로 인해 오동작을 할 수도 있으므로 원칙대로 조건을 점검하는 것이 바람직하다.

13-2-4 아이들 탐지

이동 중에 사용하는 모바일 장비에서 배터리는 지극히 중요하면서도 기술 발전이 아직 취약한 부분이다. 항상 부족하기 때문에 절대적으로 아껴야 하며 운영체제는 배터리를 절약하기 위해 온갖 방법을 동원한다. 화면 배색은 가급적 어두운색 위주로 사용하고 조금이라도 불필요한 곳에 전원을 낭비하지 않도록 신경을 쓴다. 장비를 일정 시간 사용하지 않으면 전원을 차단하는데 이를 아이들 탐지(Idle Detection)라고 한다. 노는 시간을 찾아 전기를 절약하겠다는 작전이다. 아이들 탐지는 두 가지 종류가 있다.

첫 번째는 사용자 아이들 탐지 기능이다. 일정한 시간 동안 화면이나 버튼을 조작하지 않을 때 절전 모드로 전환하여 화면을 끈다. 사용자가 폰을 사용한 후 일일이 화면을 끄지 않기 때문에 일정 시간 동안 입력이 없다 싶으면 자동으로 전원을 차단하는 기본적인 정책이다. 절전 모드 전환 시간은 설정에서 선택할 수 있되 보통 1분 정도의 짧은 시간으로 설정한다.

이 정책은 배터리 방전 방지를 위해 꼭 필요하지만 가끔은 그래서는 안되는 경우가 있다. 대표적인 예가 동영상 재생인데 폰으로 영화를 볼 때 사용자는 멍청히 쳐다보기만 할 뿐 폰을 일체 조작하지 않는다. 폰을 건드리지 않지만 눈으로는 계속 화면을 주시하고 있으므로 영화 감상 중에 화면이 꺼져서는 안 된다. 이런 경우는 아이들 탐지 기능을 잠시 정지시켜야 한다.

센서만으로 조작하는 게임의 경우도 아이들 탐지를 해서는 안 된다. 터치는 하지 않지만 열심히 폰을 기울이고 흔들어가며 게임을 하고 있는 중이다. 이 경우도 아이들 상태이지만 게임은 계속 진행 중이며 결정적인 순간에 화면이 꺼지면 곤란하다. 이 외에도 내비게이션이나 스톱워치 등 배터리를 소모하는 한이 있더라도 계속 동작해야 하는 앱이 많으며 이런 경우 아이들 탐지를 금지시켜야 한다. 다음 코드 한 줄이면 된다.

```
PhoneApplicationService.Current.UserIdleDetectionMode = IdleDetectionMode.Disabled;
```

Application의 UserIdleDetectionMode 속성의 디폴트가 Enabled여서 항상 일정 시간이 지나면 절전 모드로 들어간다. 이 속성을 Disabled로 변경하면 더 이상 아이들 탐지를 수행하지 않는다. 간단한 테스트 예제를 만들어 보자.

```
<Grid x:Name="ContentPanel" Grid.Row="1" Margin="12,0,12,0">
    <StackPanel>
        <TextBlock Text="이 앱이 실행 중일 때는 화면을 잠그지 않습니다."/>
    </StackPanel>
</Grid>
================================== CS =========================================
using Microsoft.Phone.Shell;

namespace UserIdle
{
    public partial class MainPage : PhoneApplicationPage
    {
        public MainPage()
        {
            InitializeComponent();

            PhoneApplicationService.Current.UserIdleDetectionMode =
                IdleDetectionMode.Disabled;
        }
    }
}
```

별다른 컨트롤 없이 텍스트 블록으로 간단한 안내 메시지만 출력해 놓았다. 페이지의 생성자에서 사용자 아이들 모드를 금지시켰으므로 이 앱이 떠 있는 동안에는 화면이 잠기지 않을 것이다.

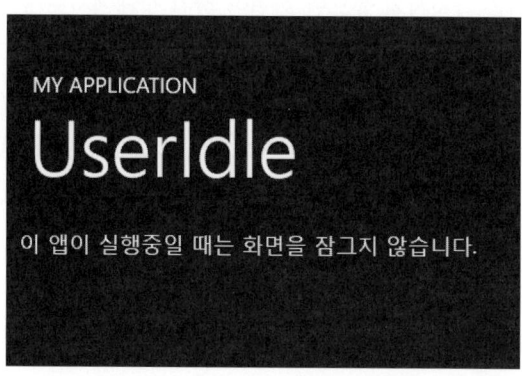

안타깝게도 에뮬레이터에서는 이 예제를 테스트할 수 없다. 에뮬레이터는 배터리를 사용하지 않으며 그래서 절전 모드의 개념이 없기 때문이다. 이럴 때는 실장비가 꼭 필요하다. 실장비에 이 앱을 실행해 놓으면 배터리가 방전될 때까지 화면이 계속 유지된다. 물론 앱을 종료하면 다시 아이들 탐지를 수행한다.

아이들 탐지를 무력화하는 기능이 꼭 필요한 때가 있지만 항상 주의해서 사용해야 한다. 꼭 필요할 때만 사용해야 하며 그것도 사용자의 명시적인 명령이나 최소한 암시적인 동의라도 있어야 한다. 동영상 재생 앱의 경우 실제 동영상이 재생되지 않고 정지 상태일 때는 아이들 탐지를 해야 하며 게임의 경우 일정 시간 센서 입력이 없으면 절전 모드로 들어가도록 허용해야 한다. 그렇지 않으면 원치 않게 배터리가 완전 방전될 수도 있다.

두 번째는 앱 아이들 탐지 기능이다. 이 기능은 앱 실행 중에 화면이 잠기면 앱의 실행을 중지하여 배터리를 절약한다. 대부분의 앱은 화면이 꺼진 상태에서는 굳이 실행될 필요가 없다. 화면에 보이지도 않는 애니메이션을 수행한다거나 출력되지도 않을 복잡한 그래픽 처리를 할 필요가 없으며 그래서 운영체제는 화면을 잠글 때 앱을 수면 상태로 만들거나 아니면 아예 종료 시켜 버린다. 물론 툼스토닝을 위한 준비는 해 둔다.

그러나 이 경우도 예외가 있는데 음악 재생 프로그램이 대표적인 예이다. 음악은 귀로 듣는 것이지 화면으로 보는 것이 아니므로 화면이 잠기더라도 계속 실행되어야 한다. 사용자의 이동 경로를 추적하여 운동량을 계산하는 프로그램도 비슷한 경우이다. 화면은 잠겼지만 GPS는 계속 좌표를 받고 있을 것이다. 이럴 때는 다음 코드 한 줄로 앱 아이들 탐지를 금지시킨다.

```
PhoneApplicationService.Current.ApplicationIdleDetectionMode =
    IdleDetectionMode.Disabled;
```

앱 아이들 탐지를 금지시켜 놓으면 화면이 잠긴 상태에서도 코드는 계속해서 실행된다. 그러나 이 경우라도 운영체제는 배터리가 지극히 부족한 경우 강제로 코드 실행을 정지시킬 수 있다. 아무리 앱의 요청이 있었다 하더라도 장비가 꺼지기 직전이므로 어쩔 수 없다. 사용자 아이들 탐지 기능은 필요에 따라 사용/금지를 토글할 수 있는데 비해 앱 아이들 탐지 기능은 한 번 정지하면 다시 재활성화할 수 없으므로 신중하게 결정해야 한다.

음악 재생을 위해서라면 백그라운드 오디오 에이전트 기능을 사용하는 것이 합당하다. 빠른 복귀를 위해 코드를 계속 실행상태로 유지하는 것도 타당하지 않다. 윈도우폰 7.1은 수면 상태를 지원하여 배터리를 전혀 축내지 않고도 메모리에 앱의 상태를 유지하므로 복귀 속도가 원래 빠르다. 다음 예제는 앱 아이들 탐지를 금지한다.

```
<Grid x:Name="ContentPanel" Grid.Row="1" Margin="12,0,12,0">
    <StackPanel>
        <TextBlock Text="화면이 잠겨도 계속 소리를 냅니다"/>
    </StackPanel>
</Grid>
================================= CS =======================================
using Microsoft.Phone.Shell;
using System.Windows.Threading;
using System.IO;
using Microsoft.Xna.Framework;
using Microsoft.Xna.Framework.Audio;

namespace AppIdle
{
    public partial class MainPage : PhoneApplicationPage
    {
        Stream wav;
        SoundEffect effect;
        public MainPage()
        {
            InitializeComponent();

            PhoneApplicationService.Current.ApplicationIdleDetectionMode =
                IdleDetectionMode.Disabled;

            wav = TitleContainer.OpenStream("bullet.wav");
            effect = SoundEffect.FromStream(wav);
            FrameworkDispatcher.Update();

            DispatcherTimer timer = new DispatcherTimer();
            timer.Interval = new TimeSpan(0, 0, 3);
            timer.Tick += OnTick;
            timer.Start();
        }

        void OnTick(object sender, EventArgs args)
        {
            effect.Play();
        }
```

```
    }
}
```

형식은 앞 예제와 동일하다. 화면에는 안내를 위한 텍스트 블록만 배치했으며 코드에서는
타이머를 돌려가며 3초에 한 번씩 총소리를 낸다.

이 예제도 화면이 잠기지 않은 에뮬레이터에서는 테스트할 수 없으며 반드시 실장비에 올려
보아야 한다. 실행 직후부터 계속 총소리를 내며 심지어 화면이 잠겨도 계속 소리가 난다. 화면
잠금과 상관없이 코드가 계속 실행됨을 소리로 확인할 수 있다. 화면을 다시 켜서 프로그램을
완전히 종료해야 소리가 사라진다.

보다시피 이 기능도 CPU를 계속 깨어 있게 하므로 잘못 사용하면 굉장히 위험하다. 정말
꼭 필요한 경우에 한해 그것도 사용자의 동의를 구한 후에 조심스럽게 사용해야 한다. 부주의하
게 사용하면 배터리 먹는 하마가 되어 사용자로부터 원망을 사게 될 것이다.

CHAPTER

14

바인딩

엘리먼트 바인딩

14-1-1 컨트롤 연결

요즘은 소형 프로젝트라도 여러 명이 팀을 이루어 같이 작업하는 것이 일반화되었다. 모바일 앱은 기능이 많지 않고 단순해서 사실 혼자서도 충분히 만들 수 있고 실제로도 1인 개발자들이 많이 활약하고 있다. 그러나 마켓에서 성공하려면 기능만큼이나 예쁘장한 모양이 중요해서 디자이너의 도움이 필수적이다. 개발자가 직접 디자인한 것과 전문 디자이너의 손길을 거친 것은 어디를 봐도 확실히 차이가 난다.

여러 명이 프로젝트에 참여할 경우 불가피하게 소통의 문제가 발생한다. 개발자는 디자인을 잘 모르고 디자이너는 코드를 잘 모르기 때문에 이견이 발생하고 때로는 다투기도 한다. 업무가 달라도 반드시 엮이는 부분이 있기 마련인데 가급적이면 같이 작업하는 부분을 줄이고 서로의 업무 영역을 분명히 구분하는 것이 좋다. 다음 코드를 보자.

```
<Slider Name="slider" ValueChanged="slider_ValueChanged" />
<TextBlock Name="value" />

private void slider_ValueChanged(object sender, RoutedPropertyChangedEventArgs
  <double> e)
{
    value.Text = slider.Value.ToString();
}
```

슬라이더를 드래그하면 그 값을 아래쪽의 텍스트 블록을 출력하는 간단한 코드이다. 그런데 이 간단한 코드를 작성하는데도 개발자와 디자이너가 모두 개입된다. 컨트롤의 배치나 모양은 디자이너가 담당하며 동작을 처리하는 이벤트 핸들러는 개발자가 작성한다. 연관된 작업이므로 둘이 만나 회의를 해야 한다. 최소한 컨트롤의 이름은 알아야 코드를 작성할 수 있으며 슬라이더 드래그 시 값을 어디다 출력할 것인지도 의논해야 한다.

더 큰 문제는 프로젝트는 항상 변한다는 것이다. 최초 기획대로 진행되는 경우는 드물고 중간에 업무 규칙이 수시로 바뀐다. 컨트롤의 이름이 바뀔 수도 있고 값 출력 컨트롤이 텍스트 블록에서 텍스트 박스로 변경될 수도 있다. 이럴 때마다 개발자와 디자이너는 다시 회의를 해야 한다. 엮이는 부분이 많다 보니 서로 귀찮아지고 생산성이 떨어지며 소통이 원활하지 못하면 엉뚱한 버그가 양산되기도 한다.

위에서 예로 든 코드는 지극히 평범하며 값을 출력하는 보편적인 코드이다. 이런 단순 작업은 사람이 하지 않아도 기계가 대신할 수 있다. 이런 문제를 해결하는 기술이 바로 바인딩(Binding)이다. 어디다 어떤 값을 출력할 것인지 데이터와 컨트롤의 관계를 선언적으로 연결해 놓으면 나머지는 바인딩 알고리즘이 처리한다. 모양과 동작이 모두 XAML에 정의되므로 이름을 정할 필요도 없고 코드를 작성하지 않아도 디자이너 혼자 원하는 곳에 값을 출력할 수 있다.

바인딩은 쉽게 말해서 둘 사이를 연결하는 기술이다. 이때 연결되는 정보를 소스(Source)라고 하며 데이터를 출력할 컨트롤을 타겟(Target)이라고 한다. 정보를 주는 쪽이 소스이고 받은 정보를 보여주는 쪽이 타겟이다. 위 예의 경우 소스는 슬라이더의 Value 속성이고 타겟은 그 값을 출력하는 텍스트 블록의 Text 속성이다. 이 둘을 연결해 놓으면 슬라이더의 Value값이 바뀔 때 텍스트 블록의 Text 속성이 자동으로 바뀐다. 바인딩을 하려면 다음 조건들이 성립되어야 한다.

❶ 타겟 객체는 DependencyObject의 파생 타입이어야 한다. UIElement로부터 파생되는 모든 긴트롤이 타겟이 될 수 있다.

❷ 타겟 속성은 반드시 종속 속성이어야 한다. 실버라이트 컨트롤의 속성들은 대부분 종속 속성으로 정의되어 있다.

바인딩 소스는 특별한 조건이 없으며 임의의 타입을 모두 사용할 수 있다. 바인딩의 기본 형식은 다음과 같다. 두 엘리먼트의 이름을 참조하여 연결한다고 해서 이 형식을 엘리먼트 이름 (element-name) 바인딩이라고 한다.

```
<컨트롤>
    <컨트롤.타겟속성>
        < Binding ElementName="소스객체" Path="소스속성" />
    </컨트롤.타겟속성>
<컨트롤>
```

Binding 클래스는 소스와 타겟의 연결을 정의하고 한쪽 값이 변경되면 연결된 반대쪽 속성을 자동으로 갱신하는 역할을 한다. 앞에서 예로 든 슬라이더값 에코 코드를 바인딩으로 작성해 보자. 새 프로젝트를 만들고 XAML에 다음 코드를 작성한다.

BindingText

```
<Grid x:Name="ContentPanel" Grid.Row="1" Margin="12,0,12,0">
    <StackPanel>
        <Slider Name="slider" Value="5" />
        <TextBlock>
            <TextBlock.Text>
                <Binding ElementName="slider" Path="Value" />
            </TextBlock.Text>
        </TextBlock>
    </StackPanel>
</Grid>
```

텍스트 블록의 Text 속성에 "slider의 Value" 속성을 출력하도록 연결했다. 슬라이더는 소스이므로 바인딩 연결을 위해 이름이 필요하지만 텍스트 블록은 코드에서 참조하지 않으므로 굳이 이름을 주지 않아도 상관없다. 아예 코드 자체가 필요 없으며 XAML에서 모든 처리가 가능하다. 실행해 보자.

코드는 단 한 줄도 작성하지 않았지만 슬라이더를 드래그하면 텍스트 블록에 슬라이더의 Value값이 잘 출력된다. 이 경우 슬라이더의 Value 속성이 소스이고 텍스트 블록의 Text 속성이 타겟이다. 소스의 값이 변경될 때마다 내부적인 통지 매커니즘에 의해 타겟이 자동으로 갱신된다.

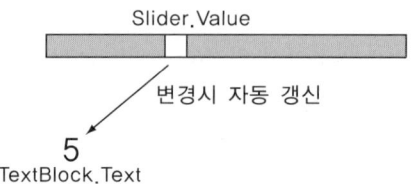

XAML 만으로 동작을 정의할 수 있으므로 개발자는 이 작업에 관여할 필요가 없다. 만약 슬라이더의 값을 텍스트 블록이 아닌 텍스트 박스에 출력하고 싶다고 하자. 이때도 개발자와 상의할 필요 없이 XAML의 TextBlock 엘리먼트를 TextBox로 바꾸기만 하면 된다. 디자이너 혼자서도 얼마든지 다양한 시도를 해 볼 수 있다.

BindingTextBox

```
<Grid x:Name="ContentPanel" Grid.Row="1" Margin="12,0,12,0">
    <StackPanel>
        <Slider Name="slider" Value="5" />
        <TextBox>
            <TextBox.Text>
                <Binding ElementName="slider" Path="Value" />
            </TextBox.Text>
        </TextBox>
    </StackPanel>
</Grid>
```

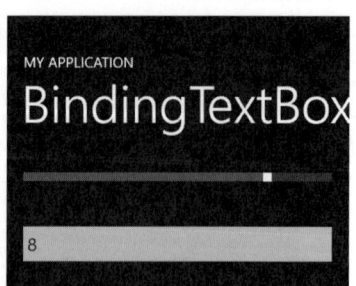

텍스트 박스와도 잘 연결된다. Value의 값을 받을 수만 있다면 어떤 속성과도 연결할 수 있다. 다음 예제는 슬라이더의 값을 텍스트 블록의 FontSize 속성과 연결한다.

BindingFontSize

```
<Grid x:Name="ContentPanel" Grid.Row="1" Margin="12,0,12,0">
    <StackPanel>
        <Slider Name="slider" Value="25" Minimum="15" Maximum="50" />
        <TextBlock Text="Binding Test">
            <TextBlock.FontSize>
                <Binding ElementName="slider" Path="Value" />
            </TextBlock.FontSize>
        </TextBlock>
    </StackPanel>
</Grid>
```

슬라이더를 드래그하면 텍스트 블록의 폰트 크기가 바뀐다. 폰트 크기의 범위는 15 ~ 25로 설정했다. XAML 문서만 편집해도 바인딩 타겟 컨트롤이나 타겟 속성을 마음대로 변경할 수 있다. 바인딩 방식이나 출력 포맷 등도 마찬가지로 디자이너 단독으로 작업할 수 있다.

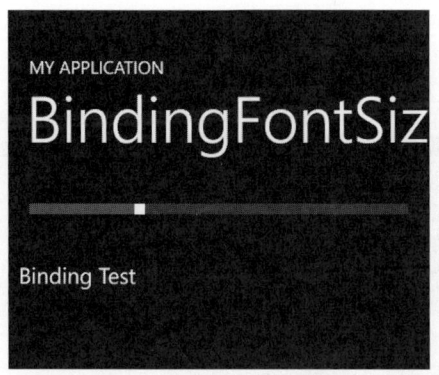

다음 예제는 슬라이더로 사각형의 회전 각도를 조정한다. Rectangle 객체를 하나 배치하고 RenderTransform 속성에 RotateTransform 객체를 지정하여 회전할 수 있도록 하고 회전 중심점 은 사각형의 중앙으로 지정했다. 슬라이더의 Value 속성을 회전 객체의 Angle 속성과 연결했다.

```
<Grid x:Name="ContentPanel" Grid.Row="1" Margin="12,0,12,0">
    <StackPanel>
        <Slider Name="slider" Value="45" Minimum="0" Maximum="360"/>
        <Rectangle Width="100" Height="100" Fill="White" RenderTransformOrigin=
            "0.5,0.5">
            <Rectangle.RenderTransform>
                <RotateTransform Angle="{Binding ElementName=slider, Path=Value }" />
            </Rectangle.RenderTransform>
        </Rectangle>
    </StackPanel>
</Grid>
```

슬라이더를 드래그하면 회전 객체의 각도가 바뀌므로 사각형이 회전한다. 슬라이더를 죽 끌면 사각형이 뱅글뱅글 돌아갈 것이다. 어떤 속성에 바인딩하는가에 따라 효과가 천차만별로 달라지므로 다양하게 응용할 수 있다. 9장의 Projection3D 예제에서 이미 바인딩을 한 번 사용해 본 적이 있는데 변환 객체의 각 값에 대해 슬라이더를 연결하여 코드 없이도 3차원 회전을 멋지게 해 보았었다.

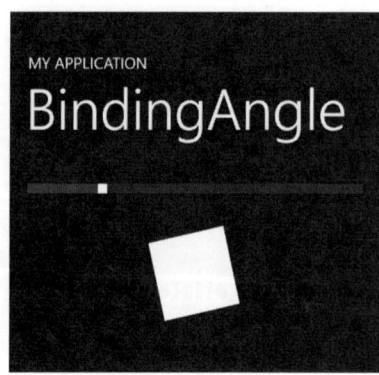 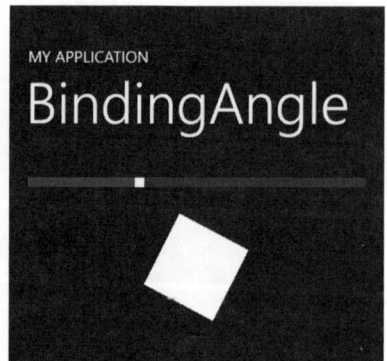

참고로 이 예제는 윈도우폰 7.0에서는 동작하지 않는다. 왜냐하면 실버라이트 3.0은 바인딩 타겟이 FrameworkElement의 파생 객체여야 한다는 제약이 있었기 때문이다. 이런 경우는 바인딩 소스와 타겟을 바꾸고 양방향으로 연결하는 특수한 기법을 사용해야 했다. 망고에서는 실버라이트가 4.0으로 업그레이드되면서 이 문제가 해결되어 특수한 기법을 쓸 필요가 없어졌다.

14-1-2 바인딩 마크업

바인딩은 굉장히 편리한 기법이며 자주 사용되지만 지정 문법이 복잡해서 편의성이 떨어진다. Binding 객체를 생성해서 타겟 속성에 지정하는 속성-엘리먼트 문법을 사용하므로 여러 줄을 작성해야 하는 불편함이 있다. 다행히 사용 빈도가 높으므로 좀 더 간편하게 사용할 수 있는 확장 마크업 문법을 제공한다. 타겟 속성에 문자열 형태로 확장 마크업을 지정한다.

타겟속성 = "{Binding ElementName=소스객체, Path=소스속성 }"

{Binding } 괄호 안에 Binding 객체의 속성들을 콤마로 구분하여 나열한다. 확장 마크업이 이미 따옴표 안에 있으므로 속성값에는 따옴표를 사용하지 않는다. 별도의 엘리먼트를 작성하지 않아도 되고 한 줄로 바인딩을 지정할 수 있어서 간편하다. 확장 마크업을 사용하면 BindingText 예제가 다음과 같이 간략해진다.

```
<Grid x:Name="ContentPanel" Grid.Row="1" Margin="12,0,12,0">
    <StackPanel>
        <Slider Name="slider" Value="5" />
        <TextBlock Text="{Binding ElementName=slider, Path=Value }"/>
    </StackPanel>
</Grid>
```

{ } 괄호 안에 바인딩 객체를 생성하여 타겟 속성에 대입하는 형식이라 직관적이고 쉽다. 텍스트 블록을 배치하는 문장 안에 바인딩 구문이 포함되며 다섯 줄이 한 줄로 압축된다. 길이가 짧아져서 입력하기 편리하며 꼭 필요한 구문만 있으므로 코드를 읽을 때 가독성도 훨씬 더 뛰어나다. 특별한 이유가 없다면 간략화된 확장 마크업을 사용하는 것이 유리하다.

확장 마크업은 여러 가지 변형이 존재하며 상황에 따라 다른 마크업을 쓰는 경우도 있으므로 변형된 형태도 알아두어야 한다. XML 규칙상 엘리먼트의 속성은 순서에 무관하므로 속성의 순서를 바꿀 수 있다. 확장 마크업도 마찬가지로 순서는 중요하지 않으며 Path 속성을 앞에 쓰고 ElementName 속성을 뒤에 써도 동일하다.

```
<TextBlock Text="{Binding Path=Value, ElementName=slider }"/>
```

Path 속성이 제일 앞에 올 때는 Path= 구문을 생략할 수 있다. 즉, 처음에 대입문이 아닌 속성 명이 바로 나타나면 Path 속성으로 간주한다. 다음과 같이 더 짧게 줄일 수 있다.

```
<TextBlock Text="{Binding Value, ElementName=slider }"/>
```

코드의 길이는 약간 더 짧아졌지만 더 큰 단위인 타겟 객체 이름이 뒤쪽에 있다는 점에서 어색하다. slider의 Value 속성이라고 읽는 것이 더 자연스럽다. Path는 타겟 속성 자체를 의미하는 것이 아니라 정확하게는 타겟 속성의 경로를 의미한다. 그래서 이름이 아닌 표현식 형태로 기술할 수 있다.

```
<Grid x:Name="ContentPanel" Grid.Row="1" Margin="12,0,12,0">
    <StackPanel Name="stack">
        <Slider Value="5" />
        <TextBlock Text="{Binding ElementName=stack, Path=Children[0].Value }"/>
    </StackPanel>
</Grid>
```

스택 패널에 이름을 주고 스택 패널의 첫 번째 차일드의 Value값과 연결했다. 이 표현식에서 Children[0]가 곧 슬라이더를 의미하며 Children[0].Value는 슬라이더의 Value 속성이다. 타겟 객체는 stack으로 지정되어 있지만 타겟 속성의 경로는 스택의 차일드 속성으로 지정되어 있다. 표현만 다를 뿐 슬라이더의 Value나 스택의 아들의 Value나 결국, 타겟 속성은 같다.

바인딩 구문에서 슬라이더를 직접 참조하지 않으므로 슬라이드 자체는 이름을 주지 않아도 상관없다. 물론 슬라이더 대신 스택 패널에 이름을 주었으므로 이 경우는 전체 길이가 비슷하다. 하지만 부모의 이름을 활용하면 차일드에게 일일이 이름을 주지 않아도 되는 이점이 있고 부모가 이미 이름을 가지고 있으면 코드도 더 짧아진다. 다음과 같은 형태도 가능하다.

```
<Grid x:Name="ContentPanel" Grid.Row="1" Margin="12,0,12,0">
    <StackPanel>
        <Slider Value="5" />
        <TextBlock Text="{Binding ElementName=ContentPanel,
            Path=Children[0].Children[0].Value }"/>
    </StackPanel>
</Grid>
```

ConentPanel에 할당되어 있는 이름을 사용했다. 바인딩 타겟이 컨텐트 패널이므로 대상 속성을 찾는 경로는 컨텐트 패널의 손자의 Value 속성으로 지정해야 한다. 부모의 이름을 대신 사용하므로 타겟 객체에 굳이 이름을 주지 않아도 된다. 사실 객체에 일일이 이름을 붙이는 것도 꽤나 성가신 일이다.

이 외에 DataContext 속성으로 소스를 한 번 지정해 놓고 ElementName 속성을 생략하는 방법도 있다. 이 방법을 사용하면 한 소스 객체의 속성들을 여러 개의 타겟에 연결할 때 중복을 제거할 수 있다는 이점이 있다. 잠시 후에 실습해 볼 것이다.

여러 가지 형식으로 바인딩을 허용함으로써 상황에 맞게 짧은 표현식을 쓸 수 있다는 것은 긍정적이다. 그러나 중복된 표현식이 많아 처음 배울 때 다소 어려워 보이며 실무를 할 때도 개발자간의 스타일이 불일치할 수 있어 일관성이 떨어지는 것은 부정적이다.

참고로 별 실용성은 없지만 속성창과 대화상자를 통해서 바인딩할 수도 있다. 실습을 위해 다음 코드까지만 입력해 보자. 귀찮으면 그냥 구경만 해 봐도 상관없다. 슬라이더와 텍스트 블록을 배치만 했을 뿐 아직 연결하지는 않은 상태이다.

```
<Grid x:Name="ContentPanel" Grid.Row="1" Margin="12,0,12,0">
    <StackPanel>
        <Slider Name="slider" Value="5" />
        <TextBlock />
    </StackPanel>
</Grid>
```

이 상태에서 텍스트 블록의 속성 창을 열고 Text 속성의 오른쪽에 있는 아이콘을 클릭한다. 어떤 속성의 아이콘을 클릭하는가가 곧 바인딩 타겟을 선택하는 것이다. 팝업 메뉴가 나타나는데 여기서 Apply Data Binding 항목을 선택한다.

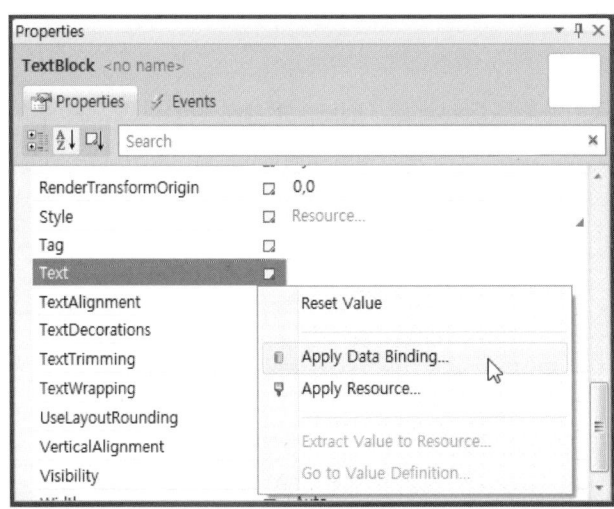

바인딩 소스와 옵션을 입력하는 대화상자가 나타날 것이다. 여러 개의 수직 탭으로 구성되어 있으며 처음 열릴 때는 Source 탭이 나타난다. 이 탭은 소스로 선택할 수 있는 후보 대상들을 계층적으로 보여주고 선택한다. 컨트롤의 이름으로 선택할 것이므로 ElementName을 누르고 이어서 slider를 누른다. 다음은 아래쪽의 Path탭을 클릭하여 속성을 선택한다. 슬라이더의 속성 목록이 나타나는데 여기서 Value 속성을 고른다.

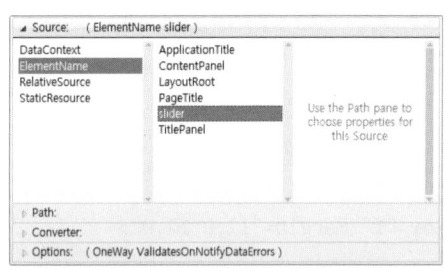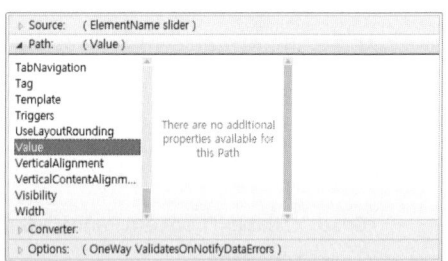

여기까지 작업하면 타겟 대상 컨트롤과 속성이 모두 선택되었다. 코드 창에는 다음과 같은 바인딩 구문이 작성되어 있을 것이다. 우리가 손으로 직접 작성한 구문과 같으며 실행 결과도 똑같다.

```
<Grid x:Name="ContentPanel" Grid.Row="1" Margin="12,0,12,0">
    <StackPanel>
        <Slider Name="slider" Value="5" />
        <TextBlock Text="{Binding ElementName=slider, Path=Value}" />
    </StackPanel>
</Grid>
```

이 외에도 아래쪽의 Converter, Options 탭에서 바인딩 모드나 컨버터도 선택할 수 있다. 키보드에 손대지 않고 마우스만 딸깍거려 바인딩을 할 수 있다는 면에서 편리하다. 그러나 잘 안 쓰는 옵션까지 총 망라하고 있어 대화상자가 지나치게 복잡하며 솔직히 키보드로 나다다닥 치는 것보다 빠르지는 않다.

14-1-3 바인딩 모드

바인딩 모드는 연결 방향과 회수를 지정한다. 이 속성값에 따라 소스값을 타겟으로만 출력할 것인지 타겟값을 소스로도 출력할 것인지가 결정된다. 속성의 이름은 Mode이며 확장 마크업을 사용할 때는 {Binding } 괄호 안에 Mode=모드 형식으로 지정한다. 다음 세 가지 모드가 있다.

모 드	연 결
OneTime	바인딩될 때 딱 한 번만 값이 타겟으로 대입된다.
OneWay	소스의 값이 변경될 때마다 새 값이 타겟으로 대입된다. 이 값이 디폴트이다.
TwoWay	타겟에서 값을 편집하면 소스의 값도 바뀐다. 양방향으로 연결된다.

다음 예제로 세 가지 모드를 테스트해 보자. 슬라이더의 Value 값을 3개의 컨트롤에 연결하되 각각 다른 모드를 지정했다. 바인딩은 꼭 1:1로만 하는 것은 아니며 하나의 소스를 여러 타겟에 바인딩할 수도 있다.

BindingMode

```
<Grid x:Name="ContentPanel" Grid.Row="1" Margin="12,0,12,0">
    <StackPanel>
        <Slider Name="slider" Value="5" />
        <TextBlock Text="{Binding ElementName=slider, Path=Value }"/>
        <TextBlock Text="{Binding ElementName=slider, Path=Value, Mode=OneTime }"/>
        <TextBox InputScope="Number" Text=
                    "{Binding ElementName=slider, Path=Value, Mode=TwoWay }"/>
    </StackPanel>
</Grid>
```

첫 번째 텍스트 블록은 Mode를 지정하지 않았으므로 디폴트인 OneWay가 적용된다. 앞에서 만들었던 예제와 동일한 방식으로 동작할 것이다. 두 번째 텍스트 블록은 OneTime으로 모드를 지정했으며 제일 아래쪽의 텍스트 박스는 TwoWay로 지정했다. 텍스트 박스는 숫자값만 입력받기 위해 InputScope 속성을 Number로 지정했다.

최초 실행될 때는 세 컨트롤 모두 슬라이더의 초기값인 5가 출력된다. 그러나 슬라이더를 드래그할 때 일회성으로 연결된 가운데 텍스트 블록은 값이 변하지 않는다. OneTime은 처음 초기화될 때 딱 한 번만 값을 대입 받을 뿐이며 이후 값이 변해도 갱신되지는 않는다. 소스의 값이 정적이고 앞으로도 변할 가능성이 없다면 OneTime 모드가 성능에는 가장 유리하다.

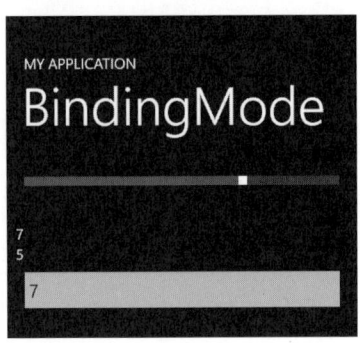

제일 아래쪽의 텍스트 박스는 양방향으로 연결되었으므로 텍스트 박스의 값을 편집하면 슬라이더의 눈금에도 반영된다. 화면 키보드로 값을 입력한 후 키보드를 닫을 때 새로 입력한 값이 슬라이더로 전달된다. 슬라이더의 범위를 벗어난 값을 입력하면 자동으로 범위 안으로 조정된다. 12를 입력하면 10이 될 것이다.

텍스트 박스의 값을 편집하면 새 값이 슬라이더로 전달되고 이 값은 다시 첫 번째 텍스트 블록에도 반영된다. 양방향으로 연결되는 컨트롤은 양쪽 모두 편집 가능한 컨트롤이어야 실질적으로 의미가 있다. 텍스트 블록은 값을 보여주기만 하며 값을 편집할 수는 없으므로 양방향으로 연결해도 아무 의미가 없다.

14-1-4 바인딩 컨버터

바인딩으로 두 컨트롤을 연결해 놓으면 소스의 값이 타겟에 문자열 형태로 출력된다. 값 자체는 정확하지만 있는 그대로 뿌리기 때문에 포맷이 마음에 들지 않는 경우가 있다. 앞에서 만든 예제에서 슬라이더를 드래그하면 텍스트 블록에 소수점 이하 14자리까지의 정밀도로 출력되는데 이 정도까지 정밀할 필요는 없으며 오히려 지저분해 보인다.

소스의 값을 원하는 형태로 바꾸거나 보기 좋게 포맷팅하고 싶을 때는 컨버터를 사용한다. 컨버터 객체를 생성하여 Converter 속성에 지정하면 값을 출력하기 전에 컨버터가 값을 변환하여 보기 좋게 포맷팅해 준다. 컨버터 객체는 IValueConverter인터페이스의 다음 두 메서드를 구현하여 작성한다.

```
Object Convert(Object value, Type targetType, Object parameter, CultureInfo culture)
Object ConvertBack(Object value, Type targetType, Object parameter, CultureInfo culture)
```

Convert 메서드는 소스의 값을 타겟에 대입할 때 호출되어 값을 변환하며 ConvertBack 메서드는 양방향 바인딩 시 반대 방향으로 변환한다. 인수는 둘 다 동일하다. value가 소스의 값이고 targetType은 소스의 타입이다. parameter는 변환 방식을 지정하는 임의의 객체이며 컨버터 호출 측에서 ConverterParameter 속성으로 지정하는 일종의 인수이다. culture는 변환에 참고할 로케일 정보이다.

이 인터페이스를 구현하는 클래스를 먼저 작성한 후 XAML 파일에서 컨버터를 사용한다. 별도의 분리된 소스 파일로 작성하는 것이 좋지만 실습의 편의상 MainPage.xaml.cs에 같이 작성하자. 인터페이스를 구현하는 클래스를 작성할 때 메서드의 헤더 부분을 직접 타이핑할 필요는 없다. 인터페이스 상속문까지만 작성한 후 인터페이스 아래쪽의 버튼을 누르고 Implement 명령을 선택한다.

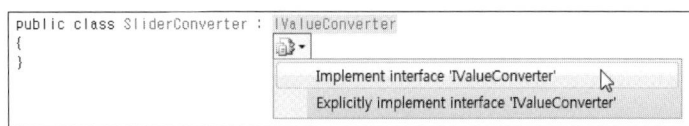

인터페이스에 속한 모든 메서드의 헤더 부분이 자동으로 작성된다. 이제 메서드의 본체 안쪽에만 코드를 채워 넣으면 된다. 알아두면 무척 유용한 팁이다.

BindingConverter

```
xmlns:local="clr-namespace:BindingConverter"
....
<Grid x:Name="ContentPanel" Grid.Row="1" Margin="12,0,12,0">
    <StackPanel>
        <StackPanel.Resources>
            <local:SliderConverter x:Key="sc" />
        </StackPanel.Resources>
        <Slider Name="slider" Value="5" />
        <TextBlock Text="{Binding Value, ElementName=slider,
            Converter={StaticResource sc}, ConverterParameter=percent}"/>
            <TextBlock Text="{Binding Value, ElementName=slider,
            Converter={StaticResource sc}, ConverterParameter=hal}"/>
    </StackPanel>
</Grid>
================================== CS =======================================
```

```csharp
using System.Windows.Data;
using System.Globalization;

namespace BindingConverter
{
    public partial class MainPage : PhoneApplicationPage
    {
        public MainPage()
        {
            InitializeComponent();
        }
    }

    public class SliderConverter : IValueConverter
    {
        public Object Convert(Object value, Type targetType, Object parameter,
         CultureInfo culture)
        {
            if (parameter.Equals("percent"))
            {
                return ((double)value * 10).ToString("0.00") + "%";
            }
            else
            {
                return ((double)value).ToString("0.00") + "할";
            }
        }

        public Object ConvertBack(Object value, Type targetType, Object parameter,
         CultureInfo culture)
        {
            return null;
        }
    }
}
```

MainPage 아래쪽에 SliderConverter라는 이름으로 컨버터 클래스를 작성했다. 이 예제는 단방향 바인딩만 사용하므로 Convert 메서드만 구현한다. ConvertBack은 사용되지 않지만 인터페이스의 요구사항이므로 본체를 작성하지 않더라도 메서드 자체는 구현해야 한다. 어차피 호출되지도 않으므로 null을 리턴하여 문법적 형식만 맞춰 주면 된다.

Convert 메서드는 두 가지 변환 방식을 제공한다. percent 방식은 값에 10을 곱하고 뒤에 % 기호를 붙여 백분율로 표시하고 hal은 한글로 '할' 글자를 뒤에 붙인다. 슬라이더의 범위가 0~10 까지이므로 할 방식은 값을 그대로 사용하면 되지만 백분율로 표시할 때는 10을 곱해야 한다. 소수점 이하는 간략하게 두 자리까지만 표시했다. 수치값이라 변환 방식이 단순한데 날짜나 화 폐 단위 같은 복잡한 정보는 변환 방식도 훨씬 더 다양하고 복잡할 것이다.

XAML 문서에서 이 컨버터를 사용한다. 로컬 프로젝트에 정의된 클래스를 참조하므로 local 네임스페이스를 선언하고 컨버터 앞에 local: 접두를 붙여야 한다. SliderConverter는 어디까지나 클래스일 뿐이어서 직접 사용할 수 없고 이 타입의 객체를 생성해야 한다. 코드에서는 new 연산 자로 객체를 생성하겠지만 XAML에서는 그럴 수 없고 대신 리소스로 등록함으로써 객체를 생성 한다. sc라는 이름으로 컨버터를 리소스로 등록하고 텍스트 블록에서 이 컨버터를 사용한다.

두 개의 텍스트 블록에 슬라이더를 바인딩하고 Converter 속성으로 sc 컨버터를 지정했다. ConverterParameter 속성값은 컨버터 메서드의 parameter 인수로 전달된다. 하나는 percent 방식 으로 컨버팅하고 하나는 hal 방식으로 컨버팅했다. 이 속성값은 Convert 메서드의 parameter 인 수로 전달된다. 실행해 보자. 소수점 이하 2자리까지만 표시되며 방식에 따라 %나 할 문자가 뒤에 붙여진다.

컨버터를 리소스로 등록해 놓고 사용하는 것이 번거롭다면 Binding 객체의 Converter 속성에 직접 컨버터 객체를 지정할 수도 있다.

```
<Grid x:Name="ContentPanel" Grid.Row="1" Margin="12,0,12,0">
    <StackPanel>
        <Slider Name="slider" Value="5" />
```

```
            <TextBlock>
                <TextBlock.Text>
                    <Binding ElementName="slider" Path="Value" ConverterParameter="percent">
                        <Binding.Converter>
                            <local:SliderConverter />
                        </Binding.Converter>
                    </Binding>
                </TextBlock.Text>
            </TextBlock>
            <TextBlock>
                <TextBlock.Text>
                    <Binding ElementName="slider" Path="Value" ConverterParameter="hal">
                        <Binding.Converter>
                            <local:SliderConverter />
                        </Binding.Converter>
                    </Binding>
                </TextBlock.Text>
            </TextBlock>
        </StackPanel>
</Grid>
```

이 코드도 동작은 동일하지만 확장된 마크업 문법을 쓸 수 없고 속성-엘리먼트 문법으로 일일이 객체를 생성해야 하므로 소스는 훨씬 더 길어진다. 또한, 똑같은 컨버터 객체 생성문이 반복되어 보기에도 좋지 않은데 리소스로 등록해 놓으면 여러 번 재사용할 수 있어 편리하다. 설사 두 번 이상 사용하지 않더라도 가급적 리소스로 정의한 후 확장 마크업으로 리소스를 대입하는 것이 훨씬 더 간편하다.

컨버터는 포맷 변환을 하는 코드이므로 개발자가 작성해야 한다. 이는 XAML만으로 연결한다는 바인딩의 애초 의도와는 어긋나 보인다. 하지만 개발자가 여러 가지 포맷팅 방법을 미리 프로그래밍해 놓으면 디자이너가 상황에 따라 적절한 컨버터를 골라 사용할 수 있다. 사실 포맷팅 방법이 그리 많지는 않아 자주 쓰는 몇 가지 컨버터만 있으면 파라미터를 적절히 조정하여 디자이너 혼자서도 적용할 수 있다. 잘 만들어진 컨버터도 쉽게 구할 수 있어 매번 개발자에게 요구하지 않아도 되므로 관련성이 줄어드는 효과는 확실히 있다.

14-1-5 런타임 바인딩

바인딩은 원래 코드를 작성하지 않고 XAML 문서만으로 컨트롤을 연결하기 위한 기법이다.

그러나 역설적이게도 코드로도 바인딩을 지정할 수 있다. 사실 XAML의 모든 엘리먼트도 결국은 코드로 변환되어 적용되므로 어찌 보면 당연하다. 다음 예제로 이를 확인해 보자.

RunTimeBinding

```
<Grid x:Name="ContentPanel" Grid.Row="1" Margin="12,0,12,0">
    <StackPanel>
        <Slider Name="slider" />
        <TextBlock Name="value" />
    </StackPanel>
</Grid>
================================= CS =========================================
using System.Windows.Data;

namespace RuntimeBinding
{
    public partial class MainPage : PhoneApplicationPage
    {
        public MainPage()
        {
            InitializeComponent();

            Binding binding = new Binding();
            binding.ElementName = "slider";
            binding.Path = new PropertyPath("Value");
            value.SetBinding(TextBlock.TextProperty, binding);
        }
    }
}
```

XAML 문서에는 슬라이더와 텍스트 블록을 배치해 두기만 했다. 코드에서 이 컨트롤들을 참조해야 하므로 이름은 모두 주어야 한다. 생성자에서 바인딩 객체를 생성하고 바인딩 소스 객체와 바인딩 속성을 각각 대입한다. 그리고 텍스트 블록의 SetBinding 메서드를 호출하여 Text 속성에 바인딩 객체를 지정했다. 슬라이더의 Value와 텍스트 블록의 Text 속성이 바인딩되며 이상 없이 잘 연결된다.

코드에서 바인딩을 해야 할 경우는 사실 그리 흔하지 않다. 하지만 코드는 XAML과는 달리 융통성이 있고 실행 중에도 가변적인 조작이 가능하다는 이점이 있다. 어디에 바인딩할지 디자인 타임에 미리 결정하기 힘들다거나 동적으로 생성된 컨트롤에 바인딩을 적용할 경우는 어쩔 수 없이 실행 중에 바인딩 객체를 생성하는 수밖에 없다. 소스, 타겟뿐만 아니라 바인딩 모드나 컨버터, 컨버터 파라미터 등도 실행 중에 원하는 대로 선택할 수 있다.

바인딩은 여러 가지 이점을 제공한다. 뻔한 작업에 코드를 일일이 작성하지 않아도 되고 개발자와 디자이너의 작업 경계가 분명해지며 프로젝트의 관리면에서도 효율적이다. 그러나 아무리 그래 봤자 선언적 마크업이 코드의 융통성을 능가할 수는 없다. 바인딩으로 가능한 모든 것이 코드로도 모두 가능하지만 반대는 그렇지 않다. 어떤 경우는 바인딩보다 코드가 훨씬 더 간단하게 문제를 해결하기도 한다.

14-2 데이터 바인딩

14-2-1 데이터 연결

바인딩은 컨트롤끼리만 연결하는 것이 아니라 객체와 컨트롤을 연결할 수도 있다. 임의 객체의 속성을 컨트롤에 연결하면 별도의 코드 없이도 객체의 값이 컨트롤에 출력된다. 날씨 정보를 가지는 객체로부터 현재 날씨와 기온 정보를 받아 텍스트 블록에 출력하는 예제를 만들어 보자. 이 실습은 바인딩을 하는 여러 가지 기법들을 살펴본다는 의미가 있으므로 결과 코드만 중요한 것이 아니라 예제를 만드는 과정도 잘 살펴보아야 한다.

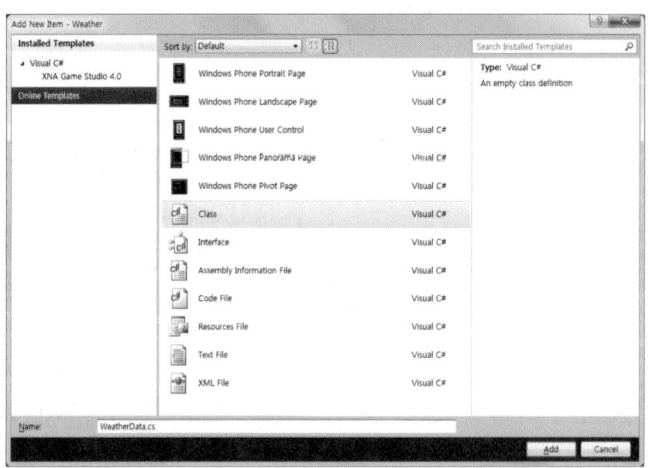

Weather1이라는 이름으로 프로젝트를 생성하고 다음 실습을 따라 한다. 일련의 실습을 순서대로 해 볼 것이다. 출력해볼 데이터가 필요하므로 날씨 정보를 조사하는 WeatherData 클래스를 작성한다. 메뉴에서 Project/Add Class 명령을 선택한다.

파일명을 WeatherData.cs로 지정하면 이 클래스를 정의하는 파일을 생성해 준다. 다음 코드를 입력한다.

Weather1.WeatherData.cs

```
namespace Weather1
{
    public class WeatherData
    {
        public WeatherData()
        {
            String[] arDescription = { "맑음", "흐림", "눈", "비" };
            Random rnd = new Random();
            Description = arDescription[rnd.Next(4)];
            Temperature = rnd.Next(55) - 20;
        }

        private String description;
        public String Description
        {
            get
            {
                return description;
            }
            set
            {
                description = value;
            }
        }

        private int temperature;
        public int Temperature
        {
            get
            {
                return temperature;
```

```
            }
            set
            {
                temperature = value;
            }
        }
    }
}
```

WeatherData는 날씨와 온도를 속성으로 가진다. 바인딩은 속성끼리 연결하는 기술이므로 바인딩을 하려면 소스 정보가 반드시 속성으로 정의되어야 한다. 생성자는 날씨와 온도를 난수로 초기화한다. 날씨는 4가지 중 하나이고 온도는 -20~35까지의 범위에서 무작위로 선택한다. 실제 프로젝트에서는 날씨 서버에 네트워크로 접속하여 훨씬 더 복잡한 정보를 수신하겠지만 예제에서 그렇게 할 수 없으므로 임의의 값을 가지도록 했다. 이 정보를 화면에 출력해 보자.

Weather1

```
shell:SystemTray.IsVisible="True" Loaded="PhoneApplicationPage_Loaded">
....
<Grid x:Name="ContentPanel" Grid.Row="1" Margin="12,0,12,0">
    <StackPanel>
        <TextBlock Name="textDescription" Text="날씨 : "/>
        <TextBlock Name="textTempeature" Text="온도 : "/>
    </StackPanel>
</Grid>
================================= CS =========================================
private void PhoneApplicationPage_Loaded(object sender, RoutedEventArgs e)
{
    WeatherData data - new WeatherData();

    textDescription.Text = data.Description;
    textTempeature.Text = data.Temperature.ToString();
}
```

스택 패널 안에 날씨 정보를 보여줄 텍스트 블록 두 개를 배치했다. 페이지가 로드되는 Loaded 이벤트 핸들러에서 날씨 정보를 조사하여 두 텍스트 블록에 출력한다. 코드는 아주 간단하다.

WeatherData 객체를 new 연산자로 생성하고 Description속성과 Temperature 속성을 읽어 대응되는 텍스트 블록의 Text 속성에 대입했다. 날씨 정보가 난수로 초기화되므로 매번 실행할 때마다 출력 결과는 달라질 것이다.

날씨 정보가 속성으로 공개되어 있어 이 정보를 읽어 출력하는 것은 무척 쉽다. 그러나 이 형식대로면 개발자와 디자이너가 엮이는 부분이 많아 곤란하다. 정보를 출력할 텍스트 블록에 이름이 있어야 하고 어떤 순서로 출력할 것인지 둘이서 합의해야 한다. 페이지 디자인이 바뀌어 출력 타겟이 달라질 때도 둘이 같이 작업해야 한다.

날씨 정보의 포맷이 바뀌면 더 번거로워진다. 날씨, 온도 외에도 습도, 강수 확률, 기압 등의 정보가 추가되면 이 정보를 보여줄 컨트롤을 더 배치해야 하고 코드에서도 출력문을 일일이 조정해야 한다. 바인딩을 사용하면 좀 더 간단하게 문제를 해결할 수 있다. 바인딩 방식으로 날씨를 출력하는 Weather2 예제를 만들어 보자.

출력할 날씨 정보 자체는 동일하므로 WeatherData.cs 파일은 앞 예제와 동일하게 작성한다. 새 프로젝트를 만들기 번거로우면 이전 프로젝트를 직접 수정하거나 아니면 사본을 뜬 후 수정해도 상관없다. 바인딩으로 날씨 정보를 출력하므로 Loaded 이벤트의 코드는 더 이상 필요 없다. XAML 문서만으로도 충분히 정보를 출력할 수 있다.

Weather2

```
xmlns:local="clr-namespace:Weather2"
....
<Grid x:Name="ContentPanel" Grid.Row="1" Margin="12,0,12,0">
    <StackPanel>
        <TextBlock>
            <TextBlock.Text>
                <Binding Path="Description">
```

```
            <Binding.Source>
                <local:WeatherData />
            </Binding.Source>
        </Binding>
    </TextBlock.Text>
</TextBlock>
<TextBlock>
    <TextBlock.Text>
        <Binding Path="Temperature">
            <Binding.Source>
                <local:WeatherData />
            </Binding.Source>
        </Binding>
    </TextBlock.Text>
</TextBlock>
    </StackPanel>
</Grid>
```

WeatherData 클래스는 DependencyObject로부터 파생되지 않았으므로 종속 객체가 아니며 날씨, 기온 속성도 종속 속성이 아니다. 규칙상 바인딩 소스는 종속 속성이 아니어도 상관없다. 대신 바인딩 소스가 종속 객체가 아닌 경우는 ElementName 대신 Source 속성으로 바인딩 소스를 지정한다. 실행결과는 다음과 같다.

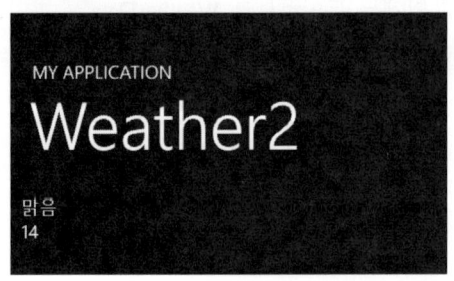

Source가 단순한 값이 아니라 객체이므로 엘리먼트로 분리해서 표기해야 하고 그러다 보니 코드가 너무 길다. 이럴 때는 앞에서 배운 대로 객체를 리소스로 정의하고 압축된 문법으로 리소스 이름을 지정하면 된다. 실행결과가 같은 구문이므로 별도의 프로젝트로 되어 있지 않으며 같은 프로젝트에 주석으로 처리되어 있다.

```xml
<Grid x:Name="ContentPanel" Grid.Row="1" Margin="12,0,12,0">
    <StackPanel>
        <StackPanel.Resources>
            <local:WeatherData x:Key="weather" />
        </StackPanel.Resources>
        <TextBlock Text="{Binding Source={StaticResource weather}, Path=
            Description}"/>
        <TextBlock Text="{Binding Source={StaticResource weather}, Path=
            Temperature}"/>
    </StackPanel>
</Grid>
```

WeatherData를 weather라는 이름으로 스택 패널의 리소스로 등록했다. 텍스트 블록은 weather 리소스를 바인딩 소스로 참조한다. 리소스로 한 번 정의해 놓으면 여러 컨트롤이 소스로 활용할 수 있어 편리하다. 두 텍스트 블록을 모두 weather에 바인딩하되 위쪽 텍스트 블록은 날씨 속성에 연결하고 아래쪽 텍스트 블록은 기온 속성에 연결했다.

앞의 코드보다는 많이 짧아졌지만 이 경우도 Source={StaticResource weather} 구문이 매 컨트롤마다 중복적으로 나타난다. 텍스트 블록이 2개뿐이라 심각해 보이지 않지만 아주 많은 속성이 있다면 매 컨트롤마다 리소스를 지정하는 문장이 반복될 것이다. 이를 방지하기 위해 부모에 소스를 딱 한 번만 지정하고 차일드는 부모가 지정한 소스를 사용할 수 있다. 이때 사용하는 속성이 DataContext이다.

DataContext 속성은 바인딩 소스를 지정한다. 루트 엘리먼트에 지정해 놓으면 비주얼 트리의 아래쪽으로 전파되므로 루트의 모든 차일드가 이 소스를 바인딩하여 사용한다. 위쪽의 부모가 소스를 지정하므로 차일드는 일일이 소스를 밝힐 필요가 없어 중복된 소스 지정문이 제거되며 바인딩 구문이 단순화되는 효과가 있다. 다음과 같이 수정해 보자.

```xml
<phone:PhoneApplicationPage.Resources>
    <local:WeatherData x:Key="weather" />
</phone:PhoneApplicationPage.Resources>
```

```xml
<Grid x:Name="ContentPanel" Grid.Row="1" Margin="12,0,12,0">
    <StackPanel DataContext="{Binding Source={StaticResource weather}}">
        <TextBlock Text="{Binding Path=Description}"/>
        <TextBlock Text="{Binding Path=Temperature}"/>
    </StackPanel>
</Grid>
```

weather 리소스의 선언 위치가 스택 패널에서 페이지로 옮겨졌다. 리소스는 사용하기 전에 선언해야 하는데 스택 패널 안에 선언하면 DataContext 지정문보다 더 아래쪽이어서 리소스를 찾지 못한다. 그래서 더 상위의 페이지로 리소스 정의문을 옮겼다.

스택 패널은 DataContext 속성으로 weather 리소스를 지정했으며 이 소스는 스택 패널내의 모든 차일드가 공유한다. 텍스트 블록에는 소스를 지정할 필요가 없고 바인딩할 속성 이름만 지정하면 된다. 한 단계 더 나아가 다음과 같이 좀 더 간략하게 줄일 수 있다.

```
<phone:PhoneApplicationPage.Resources>
    <local:WeatherData x:Key="weather" />
</phone:PhoneApplicationPage.Resources>

<Grid x:Name="ContentPanel" Grid.Row="1" Margin="12,0,12,0">
    <StackPanel DataContext="{StaticResource weather}">
        <TextBlock Text="{Binding Description}"/>
        <TextBlock Text="{Binding Temperature}"/>
    </StackPanel>
</Grid>
```

DataContext 속성 자체가 바인딩 소스를 지정한다는 것을 이미 알고 있으므로 Binding Source= 구문은 생략 가능하다. 리소스 이름만 지정하면 된다. 바인딩 확장 마크업 구문의 규칙상 Path가 선두에 올 때는 Path= 구문도 생략 가능하다. 줄 수는 변함없지만 코드는 짧아졌다.

상위의 스택 패널에서 DataContext 속성으로 바인딩 소스를 지정했으므로 하위의 텍스트 블록은 소스의 이름을 밝힐 필요 없이 "{Binding 속성}" 형식으로 연결할 속성만 밝히면 된다. 텍스트 블록은 상위 레이아웃의 DataContext 속성으로 지정된 객체로부터 날씨의 각 정보를 조사하여 출력한다.

Weather1 예제에 비해 코드의 길이는 비슷하지만 개발자와 디자이너의 관련성이 많이 감소하였다. 타겟 컨트롤 변경 시 디자이너 혼자 바인딩만 수정하면 된다. 날씨 정보의 포맷이 바뀌어도 추가된 정보를 출력할 타겟 컨트롤을 배치하고 연결만 해 주면 된다. 애초부터 코드가 없었으므로 개발자가 개입될 필요가 없다.

14-2-2 변경 통지

네트워크를 통해 수신하는 정보들은 본질적으로 계속해서 바뀌는 값들이다. 주식, 환율 같은 정보가 대표적인 예이고 이 예제에서 사용하는 날씨 정보도 수시로 바뀐다. 컨트롤끼리 연결을 해 놓은 경우도 사용자가 소스를 조작하거나 시스템 상황이 바뀌면 언제든지 소스의 값이 변경될 수 있다. 소스의 값이 바뀌면 바인딩된 타겟도 즉시 변경된 값을 갱신해야 한다.

날씨 예제는 바인딩 모드를 특별히 지정하지 않았으므로 디폴트인 OneWay가 적용되며 일회성 연결이 아닌 지속적 연결이므로 날씨 정보가 바뀌면 타겟인 텍스트 블록의 값도 바뀔 것이다. 하지만 앞의 예제는 내부의 날씨 정보를 변경할 수 있는 장치가 없으므로 이를 확인하기 어렵다. Weather3 예제를 만들어 내부 정보 변경시 바인딩 타겟이 잘 바뀌는지 테스트해 보자. WeatherData.cs는 일단 앞 예제의 것을 그대로 가져온다.

Weather3

```
xmlns:local="clr-namespace:Weather3"
....
<phone:PhoneApplicationPage.Resources>
    <local:WeatherData x:Key="weather" />
</phone:PhoneApplicationPage.Resources>
....
<Grid x:Name="ContentPanel" Grid.Row="1" Margin="12,0,12,0">
    <StackPanel Name="stack" DataContext="{StaticResource weather}">
        <TextBlock Text="{Binding Description}"/>
        <TextBlock Text="{Binding Temperature}"/>
        <Button Name="btnUpdate" Content="날씨 갱신" Click="btnUpdate_Click" />
    </StackPanel>
</Grid>
================================== CS =========================================
private void btnUpdate_Click(object sender, RoutedEventArgs e)
{
    WeatherData data = (WeatherData)stack.DataContext;

    if (data != null)
    {
        data.Temperature++;
    }
}
```

Weather2 예제와 동일하되 아래쪽에 버튼을 하나 더 배치하고 버튼을 클릭할 때마다 온도를 1 증가시켰다. stack으로 전달된 DataContext를 다시 읽어 온도값만 증가시켰다. 값이 조사되지 않은 경우에는 아직 소스가 연결되지 않은 것이므로 아무것도 하지 말아야 한다. 새로 정보를 생성하는 것이 아니라 연결된 정보를 바꾸는 것이다.

좀 인위적이라 실감이 나지 않지만 날씨 데이터의 온도는 잘 바뀔 것이다. 실제 프로젝트라면 주기적으로 정보를 다시 요청하여 갱신하거나 푸시 통지 등으로 변경된 날씨 정보를 받을 것이다. 코드를 작성한 후 잘 동작하는지 실행해 보자. 갱신 버튼을 눌러도 화면의 온도는 변화가 없다. 디버깅해 보면 날씨 객체의 온도는 잘 바뀌지만 변경된 값이 타겟으로 전달되지 않으며 타겟은 값이 바뀌었는지 모르므로 자신을 갱신하지 못한다.

바인딩 소스는 값이 바뀔 때 통지를 보내야 한다. 컨트롤끼리 연결할 때는 이 통지 메커니즘이 아주 잘 동작하는데 왜냐하면 종속 속성에는 이 기능이 이미 구현되어 있기 때문이다. 바인딩 규칙상 바인딩 소스는 종속 속성일 필요가 없으며 실제로 WeatherData의 Description, Temperature 속성은 종속 속성이 아니다. 통지 기능을 위해 굳이 이 속성들을 종속 속성으로 바꿀 필요는 없으며 값 변경시 통지를 보내기만 하면 된다. 다음과 같이 수정해 보자.

Weather3.WeatherData.cs

```csharp
using System.ComponentModel;

namespace Weather3
{
    public class WeatherData : INotifyPropertyChanged
    {
        public event PropertyChangedEventHandler PropertyChanged;
        public WeatherData()
        {
            String[] arDescription = { "맑음", "흐림", "눈", "비" };
            Random rnd = new Random();
            Description = arDescription[rnd.Next(4)];
            Temperature = rnd.Next(55) - 20;
        }

        private String description;
        public String Description
        {
            get
            {
                return description;
```

```
        }
        set
        {
            if (value != description)
            {
                description = value;
                if (PropertyChanged != null)
                {
                    PropertyChanged(this, new PropertyChangedEventArgs
                        ("Description"));
                }
            }
        }
    }

    private int temperature;
    public int Temperature
    {
        get
        {
            return temperature;
        }
        set
        {
            if (value != temperature)
            {
                temperature = value;
                if (PropertyChanged != null)
                {
                    PropertyChanged(this, new PropertyChangedEventArgs
                        ("Temperature"));
                }
            }
        }
    }
  }
}
```

값 변경 통지 기능을 구현하려면 INotifyPropertyChanged 인터페이스를 상속받아야 한다. 이 인터페이스는 속성값 변경을 통지하는 PropertyChanged 이벤트를 제공한다. 값이 변경되었을 때 이 이벤트를 발생시키되 인수로 이벤트를 일으킨 주체와 변경된 데이터에 대한 정보인 PropertyChangedEventArgs 객체를 전달한다.

속성이 변경되는 set 블록 안쪽을 보자. 먼저 if 문으로 속성이 정말 바뀌었는지 점검한다. 이전값과 동일하다면 굳이 바꿀 필요도 없고 불필요한 동작을 방지하기 위해 통지를 해서도 안 된다. 값이 확실하게 바뀌었으면 속성에 새 값을 대입한다. 그리고 PropertyChanged 이벤트를 발생시킨다. 첫 번째 인수는 이벤트를 발생시키는 주체이므로 통상 this이다. 두 번째 인수는 이벤트의 상세한 내용이되 단순히 값이 변경된 것이라면 변경된 속성의 이름을 전달하면 된다.

바인더는 변경 이벤트를 받았을 때 어떤 속성이 바뀌었는지 알아내고 연결된 타겟으로 값을 다시 보낸다. 타겟은 이 값을 받아 연결된 속성을 조정하고 기타 필요한 처리를 할 것이다. 이 예제의 경우 새로 받은 값으로 텍스트 블록의 Text 속성만 갱신하면 되므로 새 값이 즉각 반영된다. 때로는 속성 변경에 의해 레이아웃까지 바뀔 수도 있으므로 시간이 오래 걸릴 수도 있다. 갱신 버튼을 누르면 온도가 1도 증가하고 이 값이 다시 타겟으로 재출력된다.

내부 정보가 바뀔 때마다 통지 이벤트가 발생하고 이벤트를 받은 타겟이 새 값을 적용하는 것이다. 속성이 굉장히 많을 경우는 이벤트를 호출하는 코드가 계속 반복된다. 반복을 제거하기 위해 이벤트 호출 코드를 가상 메서드로 분리하는 것이 좋다. 다음 형식도 종종 사용된다.

```
private String description;
public String Description
{
    get
    {
        return description;
```

```
    }
    set
    {
        if (value != description)
        {
            description = value;
            OnPropertyChanged(new PropertyChangedEventArgs("Description"));
        }
    }
}

private int temperature;
public int Temperature
{
    get
    {
        return temperature;
    }
    set
    {
        if (value != temperature)
        {
            temperature = value;
            OnPropertyChanged(new PropertyChangedEventArgs("Temperature"));
        }
    }
}

protected virtual void OnPropertyChanged(PropertyChangedEventArgs arg)
{
    if (PropertyChanged != null)
    {
        PropertyChanged(this, arg);
    }
}
```

이벤트 호출문을 가상 메서드로 분리한 것뿐이며 앞 코드와 내용은 사실상 같다. 데이터 클래스가 계층을 이룰 경우 변경 통지 기능을 메서드로 작성해 놓으면 파생 클래스에서 추가되는 속성의 변경 알림이 간편해진다는 이점이 있다.

OneTime 모드로 연결하지 않는 한 데이터 객체는 통지 기능을 필수적으로 제공해야 한다. 따라서 바인딩에 사용할 데이터는 무조건 INotifyPropertyChanged 인터페이스를 상속받고 값 변경 시 통지 이벤트를 보내는 것이 원칙이다.

14-2-3 양방향 연결

날씨 예제를 양방향으로 바인딩해 보자. 날씨 정보는 일방적으로 수신하는 것이라 양방향 바인딩을 할 필요가 없지만 각 지역의 사용자들이 현재 온도를 서버로 보고하는 기능이 있다고 가정하자. 이 경우 사용자가 값을 입력하면 날씨 데이터의 값을 바꿔야 한다. 실습을 위해 Weather3 예제와 똑같은 Weather4 예제를 만들고 기온을 출력하는 텍스트 블록을 텍스트 박스로 교체한다.

```
<TextBox InputScope="Number" Text="{Binding Temperature, Mode=TwoWay}" />
```

양방향 연결이 가능하려면 사용자가 값을 입력할 수 있어야 하므로 텍스트 박스에 바인딩해야 한다. 기온은 수치값이므로 InputScope 속성을 Number로 지정하였고 양방향 연결을 위해 Mode 속성을 TwoWay로 변경하였다. 양방향 연결이 잘 되는지 확인해 보자. 임의의 온도값이 출력될 텐데 텍스트 블록에 11을 입력하여 온도를 바꾸어 보자.

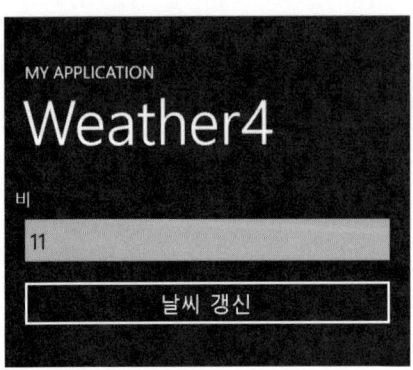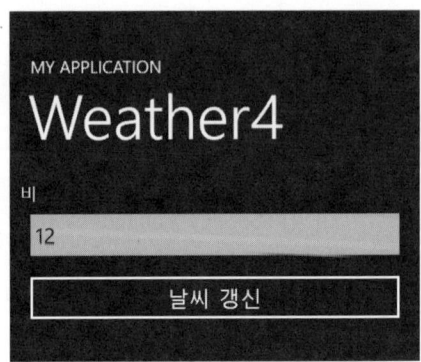

텍스트 블록의 값은 잘 바뀌지만 이것만 가지고 내부의 날씨 데이터도 같이 바뀌었다고 볼 수는 없다. 아래쪽의 날씨 갱신 버튼을 눌러 보면 12도로 온도가 증가하는데 이를 보면 내부의 값이 11로 잘 변경되었다는 것을 확인할 수 있다.

양방향 연결 자체는 Mode 속성만 변경하면 되므로 굉장히 쉽다. 하지만 사용자가 값을 편집할 수 있게 됨으로써 부수적으로 유효성을 점검해야 하는 새로운 문제가 발생한다. 온도가 89도나 -280도가 될 수는 없으며 아무 값이나 입력되도록 내 버려두어서는 안 된다. 여러 가지 방법을 생각할 수 있는데 유효한 값으로 강제 조정하는 방법이 가장 먼저 떠오른다. 그러나 이 경우 과연 의도한 것이 맞는지가 애매하다. 예를 들어 32라고 입력할 것을 42로 잘못 입력했을 때 온도의 상한값인 35로 조정해 버리면 의도한 것과는 완전히 달라진다.

어설프게 유효 범위 안으로 값을 강제 조정하는 것보다는 예외를 던져 잘못된 값임을 알리고 원래 값은 건드리지 않는 것이 더 낳을 수도 있다. 이 기능을 사용하려면 바인딩에 다음 두 속성을 넣어 예외를 점검하도록 해야 한다. 코드를 다음과 같이 수정한다.

Weather4.MainPage

```
xmlns:local="clr-namespace:Weather4"
....
<phone:PhoneApplicationPage.Resources>
    <local:WeatherData x:Key="weather" />
</phone:PhoneApplicationPage.Resources>
....
<Grid x:Name="ContentPanel" Grid.Row="1" Margin="12,0,12,0">
    <StackPanel Name="stack" DataContext="{StaticResource weather}">
        <TextBlock Text="{Binding Description}"/>
        <TextBox Name="textbox" InputScope="Number"
            Text="{Binding Temperature, Mode=TwoWay,
            ValidatesOnExceptions=True, NotifyOnValidationError=True}"/>
        <Button Name="btnUpdate" Content="날씨 갱신" Click="btnUpdate_Click" />
    </StackPanel>
</Grid>
================================== CS ======================================
namespace Weather4
{
    public partial class MainPage : PhoneApplicationPage
    {
        public MainPage()
        {
            InitializeComponent();
            BindingValidationError += OnBindingValidationError;
        }
```

```csharp
        private void btnUpdate_Click(object sender, RoutedEventArgs e)
        {
            WeatherData data = (WeatherData)stack.DataContext;

            if (data != null)
            {
                data.Temperature++;
            }
        }

        void OnBindingValidationError(object sender, ValidationErrorEventArgs e)
        {
            if (e.Action == ValidationErrorEventAction.Added)
            {
                textbox.Background = new SolidColorBrush(Colors.Red);
                MessageBox.Show("온도는 -20~35사이여야 합니다");
            }
            else if (e.Action == ValidationErrorEventAction.Removed)
            {
                textbox.Background = new SolidColorBrush(Colors.White);
            }
        }
    }
}
```

ValidatesOnExceptions 속성은 유효성을 점검한 후 예외를 발생시키라는 뜻이다. 디폴트는 false인데 이 경우 예외는 조용히 처리되며 아무도 예외를 처리하지 않으므로 응용 프로그램이 종료된다. 예외는 소스 객체의 set 함수나 컨버터에 의해 던져진다. 이 예외를 받으려면 NotifyOnValidationError 속성도 true로 설정해야 한다.

예외 발생시 BindingValidationError 이벤트가 호출된다. 예제에서는 생성자에서 이 이벤트의 핸들러를 등록하고 예외 발생 시 텍스트 박스의 배경색을 빨간색으로 변경하고 메시지 박스로 잘못된 입력임을 알린다. WeatherData.cs의 set 메서드에서 온도의 범위를 점검해 보고 유효한 값이 아닐 경우 예외를 던진다.

```csharp
private int temperature;
public int Temperature
{
```

```
    get
    {
        return temperature;
    }
    set
    {
        if (value < -20 || value > 35)
        {
            throw new Exception();
        }

        if (value != temperature)
        {
            temperature = value;
            OnPropertyChanged(new PropertyChangedEventArgs("Temperature"));
        }
    }
}
```

유효 범위는 간단한 if 문으로 점검할 수 있다. 온도를 44 정도로 입력하고 키보드를 닫으면 잘못된 유효 범위라는 친절한 메시지 박스가 나타나고 텍스트 박스의 배경색이 빨간색으로 바뀌어 유효하지 않음을 적극적으로 알린다.

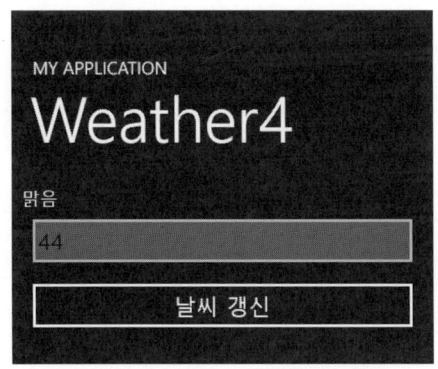

사용자는 메시지 박스를 통해 자신이 실수했음을 알고 정확한 값을 다시 입력할 것이다. 텍스트 블록에는 잘못된 값이 표시되어 있지만 내부 데이터의 값은 아직 변경되지 않고 원래 값을 잘 유지하고 있다. 날씨 갱신 버튼을 눌러 보면 원래 값보다 1 많은 값으로 갱신될 것이다.

템플릿

15-1 DataTemplate

15-1-1 템플릿의 종류

컨트롤은 하나의 기능만 전문적으로 수행하도록 특화하여 제작하므로 모양과 기능이 단순하다. 사실 쓸데없이 복잡하게 만드는 것보다 맡은 바 임무에 충실하도록 간결하게 작성하는 것이 더 바람직하며 원칙적이다. 비록 기본 컨트롤은 단순하지만 단순한 컨트롤 여러 개를 조합하면 예쁜 모양과 복잡한 기능을 얼마든지 구현할 수 있다.

간결한 컨트롤의 대표적인 예가 바로 버튼이다. 네모 모양의 테두리 안에 명령의 의미를 설명하는 캡션만 배치하여 군더더기가 없다. 입체적으로 장식되어 있지도 않고 눌러 봐야 색깔만 반전된다. 타 운영체제에 비해 초라해 보이지만 다행히 멋지게 장식하고 기능을 확장할 수 있는 좋은 방법들이 제공된다. 예를 들어 버튼에 예쁜 이미지를 표시하고 싶다면 스택 패널을 버튼의 내용물로 넣고 스택 패널 안에 이미지와 텍스트 블록을 배치하면 된다.

```
<StackPanel>
    <Image Source="face.png"/>
    <TextBlock Text="Caption" />
</StackPanel>
```

이 방법으로 이미지 버튼을 만드는 예를 4장에서 잠시 소개한 바 있다. 버튼의 Content 속성에 패널을 넣고 패널 안에 원하는 컨트롤을 배치하면 패널 전체가 버튼 표면에 나타난다. 버튼 안에 조그만 비주얼 트리가 들어가는 셈이며 트리를 복잡하게 구성하면 얼마든지 색다르게 디자인할 수 있다.

문제는 이런 거대한 비주얼 트리를 가진 버튼이 여러 개 필요할 때이다. 버튼마다 똑같은 비주얼 트리를 반복적으로 정의해야 하므로 코드의 낭비가 심해진다. 컨트롤이 크고 복잡해질수록 낭비는 더 심해질 것이다. 물론 멋진 해결책이 있다. 이럴 때 필요한 것이 바로 이장의 주제인 템플릿이다.

템플릿(Template)은 XAML문서에서 정의하는 비주얼 트리이다. 템플릿이라는 용어는 똑같은 모양을 빠른 속도로 찍어내는 틀을 의미하며 실버라이트 템플릿도 용도는 같다. 자주 사용되는 비주얼 트리를 템플릿으로 등록해 놓고 이후 다른 컨트롤을 생성하기 위한 틀로 사용한다.

템플릿은 재사용을 목적으로 하며 여러 컨트롤에 의해 공유되므로 리소스로 정의한다. 템플릿이라고 해서 항상 같은 모양만 찍어내지는 않으며 컨트롤마다 약간씩 달라지는 부분을 표현할 수 있다. 이를 위해 컨트롤의 속성값이나 외부의 다른 객체를 참조하기 위해 템플릿에는 바인딩 구문이 포함되는 것이 보통이다. 템플릿은 다음 세 가지 종류가 있다.

❶ DataTemplate : 컨트롤의 내용물을 어떤 방식으로 그릴 것인가를 정의한다. 템플릿이 정의한 형식대로 그리되 바인딩된 속성에 컨트롤의 내용물을 적용한다.

❷ ControlTemplate : 컨트롤 자체의 비주얼 트리를 정의한다. 컨트롤의 모양을 자유롭게 커스터마이징한다.

❸ ItemsPanelTemplate : 리스트 박스의 항목을 담는 컨테이너를 정의한다. 자식 항목들을 출력하는 방법을 커스터마이징한다.

간략하게 각 템플릿에 대한 설명을 해 두었는데 템플릿의 개념이 부피가 커서 이 짧은 설명만으로 이해하기는 무리이다. 또 템플릿의 이름도 직관적이지 못해 이름으로 뜻을 가늠하기도 쉽지 않다. 세 가지 템플릿은 비슷비슷해 보이면서도 용도가 확실히 구분된다. 이 장에서는 위쪽 두 개의 템플릿에 대해 집중적으로 연구해 보고 마지막 ItemsPanelTemplate은 다음 장에서 알아보기로 하자.

템플릿은 윈도우폰 프로그래밍 토픽 중에 다소 난이도가 높은 문법이다. 한 문장으로 명확하게 정의하기 힘들고 워낙 용도가 많다 보니 전형적인 사용 예를 들기도 어렵다. 왜 템플릿이 필요한지, 템플릿을 사용하면 어떤 이점이 있는지 단계별로 예제를 만들어 보면서 연구해 보자.

15-1-2 Content 속성

ContentControl 클래스는 내부에 내용물을 가지는 컨트롤을 정의한다. 버튼이나 리스트 박스, 스크롤 뷰어가 대표적인 예이며 안에 뭔가 보여줄 것을 가지고 있다. ContentControl과 그 서브 클래스는 내용물을 표시하기 위해 다음 두 개의 주요 속성을 제공한다.

```
Object Content;
DataTemplate ContentTemplate;
```

Content 속성은 지금까지 많이 사용해왔으며 컨트롤의 내용을 정의한다. Object 타입이므로 임의의 객체를 내용으로 포함할 수 있다. 다음이 가장 간단한 예이다.

```
<Button>
    <Button.Content>
        <TextBlock Text="Click" />
    </Button.Content>
</Button>
```

버튼 안의 내용물로 텍스트 블록을 배치했다. 텍스트 블록의 Text 속성에 대입된 문자열이 버튼 표면에 나타날 것이다. Content가 내용 속성으로 지정되어 있으므로 <Content> 엘리먼트를 생략하고 다음과 같이 간략하게 표기할 수 있다.

```
<Button>
    <TextBlock Text="Click" />
</Button>
```

물론 버튼의 Content 속성에 문자열을 바로 대입하여 <Button Content ="Click" />으로 더 간단하게 표현할 수 있으며 캡션이 문자열인 경우가 많으므로 보통 이렇게 사용한다. 하지만 Content 속성의 타입이 Object이므로 사실상 어떤 객체든지 내용물로 넣을 수 있는 셈이다. 도형이나 이미지도 넣을 수 있다.

```
<Button>
    <Rectangle Width="100" Height="50" Fill="Yellow" RadiusX="20" RadiusY="20" />
</Button>
```

노란색의 둥근 사각형이 버튼 표면에 나타날 것이다. 여러 개의 컨트롤을 배치할 때는 앞에서 설명한대로 스택 패널이나 그리드를 배치한 후 패널 안에 다른 컨트롤을 넣으면 된다. 닷넷의 모든 객체는 Object로부터 파생되므로 어떤 컨트롤을 배치하나 문법적으로 합당하다.

그러나 실제로는 화면에 직접 자신을 그릴 수 있는 FrameworkElement의 파생 타입일 때만 객체 내용이 제대로 표시된다. 그 외의 타입은 스스로를 그릴 수 있는 능력이 없으므로 ToString 메서드의 결과 문자열이 대신 표시된다. 과연 그런지 브러시를 내용물로 넣어 보자.

ButtonContent1

```xml
<Grid x:Name="ContentPanel" Grid.Row="1" Margin="12,0,12,0">
    <StackPanel>
        <Button>
            <TextBlock Text="Click" />
        </Button>
        <Button>
            <Rectangle Width="100" Height="50" Fill="Yellow" RadiusX="20" RadiusY="20" />
        </Button>
        <Button>
            <StackPanel>
                <Image Source="/ButtonContent1;component/playbtn_normal.png"
                        Stretch="None" />
                <TextBlock Text="Play" HorizontalAlignment="Center" />
            </StackPanel>
        </Button>
        <Button>
            <LinearGradientBrush>
                <GradientStop Offset="0" Color="Black" />
                <GradientStop Offset="1" Color="White" />
            </LinearGradientBrush>
        </Button>
    </StackPanel>
</Grid>
```

앞에서 예로 든 코드들이 제대로 버튼 표면에 출력되는지 확인해 보기 위해 버튼의 내용물로 각종 컨트롤을 넣어 보았다. 텍스트 블록이나 도형은 물론이고 이미지도 잘 표시된다. 물론 이미지 파일은 프로젝트에 미리 포함시켜 놓아야 한다. 그러나 마지막 줄의 브러시는 제대로 출력되지 않았다.

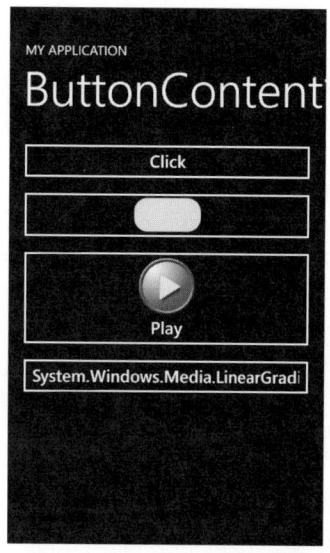

Content가 요구하는 타입과 틀리지는 않으므로 에러 없이 잘 컴파일되지만 브러시가 엉뚱한 문자열 형태로 표시된다. 브러시는 ToString 메서드를 별도로 재정의하지 않으므로 디폴트 구현에 의해 클래스의 풀 경로명이 대신 표시되어 자신이 브러시라는 것만 표시한다.

사실 브러시는 화면에 뭔가를 그리는 객체이지만 스스로는 모양이 없기 때문에 화면에 자신을 나타낼 방법이 없다. 동그랗게 그려야 할지 네모로 그려야 할지 크기는 얼마인지에 대한 정의가 없어 브러시만으로는 아무것도 그리지 못한다.

브러시가 화면에 보이려면 브러시를 사용하는 다른 객체나 객체 집합, 즉 비주얼 트리가 있어야 한다. 어딘가에 색칠을 해야만 비로소 브러시의 존재가 보인다. 이때 사용하는 것이 바로 DataTemplate이다.

15-1-3 DataTemplate

DataTemplate 타입의 ContentTemplate 속성은 컨트롤의 내용물을 출력하는 비주얼 트리를 정의한다. 템플릿 안의 비주얼 트리는 하나의 루트 엘리먼트를 가지며 루트 안에 모양을 가지는 객체가 포함되고 이 객체에 의해 내용물이 출력된다. 내용물을 비주얼 트리의 어떤 객체에 어떤 속성으로 출력할지를 지정하기 위해 바인딩 구문이 포함되며 이 구문에 의해 비시각적인 객체를 랜더링하는 방법이 정의된다. 다음 예제는 템플릿에 사각형을 정의하고 브러시로 채색한다.

```
<Grid x:Name="ContentPanel" Grid.Row="1" Margin="12,0,12,0">
    <StackPanel>
        <Button Width="200" Height="100" >
            <Button.Content>
                <LinearGradientBrush>
                    <GradientStop Offset="0" Color="Black" />
                    <GradientStop Offset="1" Color="White" />
                </LinearGradientBrush>
            </Button.Content>

            <Button.ContentTemplate>
                <DataTemplate>
                    <Rectangle Width="200" Height="100" Fill="{Binding}" />
                </DataTemplate>
            </Button.ContentTemplate>
        </Button>
    </StackPanel>
</Grid>
```

이 버튼은 200*100의 크기를 가지며 Content 속성과 ContentTemplate 속성을 정의한다. 두 속성을 명확하게 구분하여 보이기 위해 완전한 형식으로 기술했지만 위 소스에서 <Button.Content> 엘리먼트는 내용 속성이므로 태그를 생략할 수 있다. Content 속성은 직선 그래디언트 브러시를 정의하고 ContentTemplate 속성은 사각형을 정의하되 사각형의 Fill 속성이 {Binding}으로 지정되어 있어 두 속성이 연결된다.

```
<Button Width="200" Height="100" >
내용물 정의      <Button.Content>
                   <LinearGradientBrush>
                      <GradientStop Offset="0" Color="Black" />
                      <GradientStop Offset="1" Color="White" />
                   </LinearGradientBrush>
                </Button.Content>

비주얼 트리 정의  <Button.ContentTemplate>
                   <DataTemplate>
                      <Rectangle Width="200" Height="100" Fill="{Binding}" />
                   </DataTemplate>
                </Button.ContentTemplate>
             </Button>
```

컨트롤의 내용물이 바인딩 소스이므로 Source 속성을 따로 지정할 필요가 없으며 브러시의 특정 속성을 사용하는 것이 아니라 브러시 그 자체를 사용하므로 Path도 지정할 필요가 없다. {Binding}은 버튼의 내용 그 자체와 연결되어 버튼의 Content 속성으로 정의되어 있는 리니어 그래디언트 브러시로 채워진다. 브러시는 모양이 없지만 템플릿의 사각형에 바인딩되어 화면에 출력된다.

이 예제를 보면 템플릿이 어떤 역할을 하는지 어렴풋이 이해될 것이다. 그러나 결과만 놓고 보면 템플릿의 정확한 용도나 장점을 선뜻 이해하기 어렵다. 위와 같은 출력을 원했다면 굳이 이런 복잡한 구문을 쓸 필요 없이 사각형의 Fill 속성에 직선 그래디언트 브러시를 지정하면 될 것이다. 다음과 같이 작성해도 출력 결과는 완전히 같으며 오히려 더 읽기 쉽고 직관적이다.

```
<Button Width="200" Height="100" >
    <Rectangle Width="200" Height="100">
        <Rectangle.Fill>
            <LinearGradientBrush>
                <GradientStop Offset="0" Color="Black" />
                <GradientStop Offset="1" Color="White" />
            </LinearGradientBrush>
        </Rectangle.Fill>
    </Rectangle>
</Button>
```

그러나 템플릿은 재사용 가능한 리소스라는 점에서 차이가 발생한다. 저런 모양의 버튼이 여러 개 필요할 때 비주얼 트리를 템플릿으로 정의해 놓고 재사용하면 여러 컨트롤이 비주얼 트리를 공유할 수 있다. 또한, 바인딩 구문에 의해 각 객체의 내용물에 따라 같은 템플릿으로도 여러 가지 다른 모양을 만들어낼 수 있다. 다음 예제를 보자.

```
<Grid x:Name="ContentPanel" Grid.Row="1" Margin="12,0,12,0">
    <StackPanel>
        <StackPanel.Resources>
            <DataTemplate x:Key="linearback">
                <Rectangle Width="200" Height="100" Fill="{Binding}" />
            </DataTemplate>
        </StackPanel.Resources>

        <Button Width="200" Height="100" ContentTemplate="{StaticResource linearback}">
            <LinearGradientBrush>
                <GradientStop Offset="0" Color="Black" />
                <GradientStop Offset="1" Color="White" />
            </LinearGradientBrush>
        </Button>

        <Button Width="200" Height="100" ContentTemplate="{StaticResource linearback}">
            <SolidColorBrush Color="Yellow" />
        </Button>

        <Button Width="200" Height="100" ContentTemplate="{StaticResource linearback}">
            <RadialGradientBrush>
                <GradientStop Offset="0" Color="Black" />
                <GradientStop Offset="1" Color="White" />
            </RadialGradientBrush>
        </Button>
    </StackPanel>
</Grid>
```

사각형을 정의한 템플릿을 스택 패널의 리소스로 정의했으며 사각형의 Fill 속성은 바인딩되어 있어 내용물에 따라 채색이 달라진다. 스택 패널의 세 버튼은 ContentTemplate 속성에 리소스를 대입하여 템플릿을 공유하되 템플릿내의 사각형을 채울 브러시를 각자의 내용물로 정의한다. 버튼의 내용물인 브러시에 따라 다른 모양의 사각형이 그려진다.

내용물이 직선 그래디언트 브러시이면 사각형 안이 수평 그래디언트 무늬로 채색된다. 내용물이 단색 브러시이면 단색으로 채색되며 래디얼 그래디언트 브러시이면 원형으로 채색된다. 다른 브러시를 사용하면 이미지로 채울 수도 있고 동영상으로도 채울 수 있다. 모양은 모두 사각형이지만 내용물에 따라 무늬가 달라진다.

템플릿에 정의된 비주얼 트리가 고작 사각형 하나뿐이라서 중복 제거 효과가 덜해 보이지만 템플릿의 비주얼 트리는 얼마든지 복잡해질 수 있다. 구조적인 정보를 보여주려면 그리드 같은 패널 안에 여러 컨트롤을 오밀조밀하게 배치해야 한다. 거대한 비주얼 트리를 표현할 때는 템플릿이 꼭 필요하다.

15-1-4 WeatherContent

앞 예제는 템플릿의 바인딩 구문으로 내용물 전체를 하나의 속성에 연결했다. 내용물이 다수의 속성을 가지고 있다면 여러 컨트롤을 배치하여 내용물의 속성을 개별적으로 연결할 수도 있다. 템플릿을 좀 더 연구해 보기 위해 앞 장에서 만든 날씨 객체를 버튼에 출력해 보자.

WeatherContent라는 이름으로 프로젝트를 생성한 후 앞 장의 Weather1 예제에서 사용했던 WeatherData.cs 파일을 그대로 추가한다. 단순히 출력만 해 볼 것이므로 변경 통지 기능은 필요 없으며 날씨와 기온 속성만 있으면 충분하다. 소스는 동일하지만 소속 네임스페이스가 다르므로 클래스 파일은 새로 만들어야 한다.

WeatherContent.WeatherData.cs

```
namespace WeatherContent
{
    public class WeatherData
    {
```

```csharp
    public WeatherData()
    {
        String[] arDescription = { "맑음", "흐림", "눈", "비" };
        Random rnd = new Random();
        Description = arDescription[rnd.Next(4)];
        Temperature = rnd.Next(55) - 20;
    }

    private String description;
    public String Description
    {
        get
        {
            return description;
        }
        set
        {
            description = value;
        }
    }

    private int temperature;
    public int Temperature
    {
        get
        {
            return temperature;
        }
        set
        {
            temperature = value;
        }
    }
    }
}
```

상속 구문 없이 WeatherData 클래스를 정의했으므로 이 클래스는 자동으로 Object로부터 상속받는다. 따라서 날씨 객체도 ContentControl의 Content 속성에 대입할 수 있다. 이 객체를 버튼에 출력해 보자.

```
xmlns:local="clr-namespace:WeatherContent"
....
<Grid x:Name="ContentPanel" Grid.Row="1" Margin="12,0,12,0">
    <StackPanel>
        <Button>
            <local:WeatherData />
        </Button>

        <Button>
            <local:WeatherData />
            <Button.ContentTemplate>
                <DataTemplate>
                    <StackPanel>
                        <TextBlock Text="{Binding Description}" />
                        <TextBlock Text="{Binding Temperature}" />
                    </StackPanel>
                </DataTemplate>
            </Button.ContentTemplate>
        </Button>

        <Button>
            <local:WeatherData />
            <Button.ContentTemplate>
                <DataTemplate>
                    <StackPanel Orientation="Horizontal">
                        <TextBlock Text="날씨:" />
                        <TextBlock Text="{Binding Description}" />
                        <TextBlock Text=", 온도:" />
                        <TextBlock Text="{Binding Temperature}" />
                    </StackPanel>
                </DataTemplate>
            </Button.ContentTemplate>
        </Button>
    </StackPanel>
</Grid>
```

스택 패널에 세 개의 버튼을 배치하고 날씨 객체를 출력했다. WeatherData 객체를 <Button>

엘리먼트 안에 기술하되 로컬 프로젝트에 정의된 클래스이므로 local 네임스페이스를 정의하고 접두를 붙여야 한다.

첫 번째 버튼은 템플릿 없이 날씨 객체만 내용으로 지정했다. 날씨 객체는 Object로부터 파생되었으며 FrameworkElement의 파생 클래스가 아니어서 스스로 그릴 수 있는 능력이 없으므로 클래스 이름만 나타난다. 날씨 객체도 브러시와 마찬가지로 화면에 표시되지 않는 비 시각적 객체이다. 버튼 표면에 출력된 클래스 이름은 날씨와 별 상관이 없으며 사실상 아무짝에도 도움이 안되는 정보이다.

현재 날씨를 제대로 보여주려면 날씨 객체의 Description 속성과 Temperature 속성을 출력해야 한다. 이 두 속성을 출력하기 위해 비주얼 트리를 정의하는 템플릿이 필요하다. 템플릿에 스택 패널을 놓고 스택 패널 안에 두 개의 텍스트 블록을 배치했다. 두 텍스트 블록의 Text 속성에 바인딩을 적용하여 각각 Description, Temperature 속성을 연결했다. 소스는 물론 버튼의 내용물인 WeatherData 객체이다.

내용물은 날씨의 정보를 제공하며 템플릿은 내용물을 보여줄 비주얼 트리를 정의한다. 이 두 객체가 바인딩으로 연결되어 텍스트 블록을 통해 화면에 나타난다. 이 예제에서는 동작을 확인하기 어렵지만 OneWay 모드로 바인딩되어 있으므로 내부의 날씨 정보가 바뀌면 텍스트 블록의 정보도 같이 갱신된다.

정보를 어떻게 출력할 것인가는 템플릿의 비주얼 트리에 의해 결정된다. 세 번째 버튼은 수평 스택 패널 안에 텍스트 블록을 배치하되 중간 중간에 정보에 대한 설명 문자열을 삽입했다. 폰트 크기나 색상 등도 마음대로 선택할 수 있으며 다른 컨트롤을 활용하면 날씨를 그림으로 표시할 수도 있고 온도를 슬라이더 눈금으로 보여줄 수도 있다.

15-2 ControlTemplate

15-2-1 ControlTemplate

다음은 DataTemplate과는 다른 ControlTemplate에 대해 알아보자. 이 둘은 비슷하지만 용도가 아주 다르다. 먼저 두 속성의 소속과 타입, 이름부터 정리해 보자. 템플릿이라는 명칭이 여기저기 나타나기 때문에 무척이나 헷갈린다.

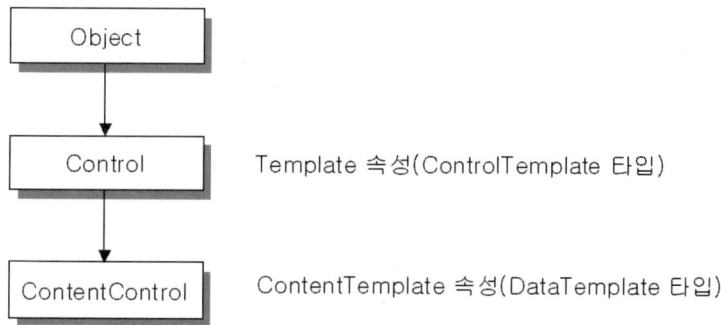

앞 절에서 연구해 본 DataTemplate 타입의 ContentTemplate 속성은 컨트롤의 내용을 출력하는 방법을 정의한다. 이에 비해 ControlTemplate 타입의 Template 속성은 컨트롤의 모양 그 자체를 정의한다는 점이 다르다. Template 속성은 컨트롤의 표면에 나타날 비주얼 트리를 정의한다. 컨트롤의 비주얼 트리는 보통 원작자가 작성해 놓지만 필요할 경우 템플릿을 재정의할 수 있다.

두 속성의 소속도 확실히 다르다. Control로부터 파생되는 모든 컨트롤은 Template 속성을 가지며 자신의 비주얼 트리를 원하는 대로 변경할 수 있다. Control 파생 클래스 중에서도 ContentControl로부터 파생되는 클래스들은 내용물을 가지며 ContentTemplate 속성으로 내용물의 출력 방법도 커스터마이징 할 수 있다.

템플릿은 한 번 정의해 놓고 여러 컨트롤에 반복적으로 재사용되므로 보통 리소스에 스타일 형태로 정의된다. Template 속성의 비주얼 트리를 스타일로 정의하는 것이다. 템플릿은 특정 컨트롤의 모양을 정의하므로 TargetType 속성으로 대상 컨트롤을 분명히 밝혀야 한다. 다음 예제는 타원 모양의 템플릿으로 타원 버튼을 생성한다.

```xml
<Grid x:Name="ContentPanel" Grid.Row="1" Margin="12,0,12,0">
    <StackPanel>
        <StackPanel.Resources>
            <Style x:Key="EllipseBtn" TargetType="Button">
                <Setter Property="Template">
                    <Setter.Value>
                        <ControlTemplate TargetType="Button">
                            <Grid>
                                <Ellipse Fill="Red" Stroke="Yellow"
                                    StrokeThickness="5"/>
                                <ContentPresenter HorizontalAlignment="center"
                                        VerticalAlignment="center" />
                            </Grid>
                        </ControlTemplate>
                    </Setter.Value>
                </Setter>
            </Style>
        </StackPanel.Resources>

        <Button Width="200" Height="100" Content="Ellipse Button"
            Style="{StaticResource EllipseBtn}" Click="Button_Click" />
    </StackPanel>
</Grid>
================================= CS =======================================
private void Button_Click(object sender, RoutedEventArgs e)
{
    MessageBox.Show("Button Clicked");
}
```

스택 패널의 리소스로 EllipseBtn 스타일을 정의한다. TargetType이 Button으로 명시되어 있어 버튼에만 적용 가능하며 Template 속성만 정의하고 있다. Template은 ControlTemplate 타입이며 타겟이 역시 버튼으로 지정되어 있다. 1셀짜리 그리드로 비주얼 트리를 구성하고 그 안에 타원을 배치했다. 5픽셀의 굵은 노란색 테두리를 두르고 내부는 빨간색으로 칠하여 존재를 확실히 보이 도록 했다.

그리드의 같은 셀에 ContentPresenter를 중앙 정렬하여 같이 배치했다. ContentPresenter는 Content 속성의 내용을 읽어와 템플릿의 비주얼 트리에 추가함으로써 컨트롤의 내용을 출력하는 역할을 한다. 버튼의 내용물은 보통 문자열이므로 텍스트 블록을 생성하고 텍스트 블록의 캡션에 문자열을 출력할 것이다. 타원과 ContentPresenter가 같은 셀에 배치되어 있으므로 타원과 캡션이 겹쳐서 나타난다.

스택 패널에 폭 200, 높이 100의 버튼을 배치하고 스타일을 EllipseBtn으로 지정했다. 이 스타일에 의해 Template 속성의 비주얼 트리가 적용된다. 커스텀 템플릿이 적용되었으므로 버튼의 원래 모양인 네모 테두리에 문자열 캡션이 표시되는 대신 원색의 타원 안에 캡션이 표시된다. 캡션은 물론 Content 속성으로 지정한 문자열이다.

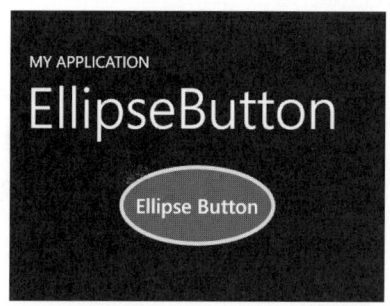

모양이 좀 특이하지만 분명히 버튼이다. 과연 버튼으로서 제 기능을 발휘하는지 확인하기 위해 클릭 이벤트 핸들러를 작성하고 메시지 박스를 열었다. 버튼의 가장 중요한 기능은 클릭 이벤트를 발생시켜 명령을 받아들이는 것이다. 버튼을 누르면 메시지 박스가 나타나는 것으로 보아 모양이 좀 다를 뿐이지 분명히 버튼으로 동작하고 있다.

비주얼 트리의 색상이나 크기 등이 너무 고정적이고 버튼을 눌러도 화면상으로는 아무 변화가 없다는 점에서 아직은 미완성이지만 이 예제는 템플릿의 가장 단순한 응용예를 보여준다. 템플릿을 재정의함으로써 버튼의 디자인을 임의대로 수정한 것이다. 예제에서는 재사용을 위해 템플릿을 리소스로 정의했지만 버튼 하나에만 적용하려면 Template 속성에 템플릿 객체를 바로 지정해도 상관없다.

```
<Button Width="200" Height="100" Content="Ellipse Button" Click="Button_Click">
    <Button.Template>
        <ControlTemplate>
            <Grid>
                <Ellipse Fill="Red" Stroke="Yellow" StrokeThickness="5"/>
                <ContentPresenter HorizontalAlignment="center"
```

```
                              VerticalAlignment="center" />
            </Grid>
        </ControlTemplate>
    </Button.Template>
</Button>
```

이 경우 템플릿이 버튼 컨트롤 안에 정의되어 있으므로 TargetType 속성은 생략 가능하다. 버튼 안에 모든 것이 다 정의되어 있으므로 코드를 이해하기는 더 쉽다. 그러나 템플릿은 본질적으로 같은 종류의 여러 컨트롤에 일관성 있게 적용하는 틀이므로 가급적이면 원칙대로 리소스로 정의하는 것이 바람직하다.

여기까지 두 종류의 템플릿 예제를 만들어 봤는데 간략하게 정리해 보자. Control의 Template 속성은 비주얼 트리를 정의함으로써 컨트롤의 모양을 커스터마이징한다. ContentControl의 ContentTemplate은 내용물을 출력하는 방식을 정의함으로써 내용물을 어떻게 그릴 것인가를 커스터마이징한다. 정의 대상이 컨트롤 자체인가 내용물인가가 다르다.

15-2-2 TemplateBinding

리소스에 정의된 EllipseBtn 스타일을 적용하면 타원 모양의 버튼을 얼마든지 찍어낼 수 있다. 그러나 모든 버튼의 모양이 획일적일 수는 없으므로 변화를 줄 수 있는 속성이 많아야 활용성이 높아진다. EllipseBtn 스타일은 항상 빨간색 바탕에 5픽셀 두께의 노란색 경계선으로 그려지는데 값을 고정하는 것보다 개별 버튼들이 원하는 대로 선택할 수 있어야 한다.

앞 예제에서 만든 템플릿은 색상과 두께를 상수로 지정하여 변경할 수 없다. 템플릿은 똑같은 모양을 찍어 내기 위한 도구이지만 어느 정도는 변화를 허용해야 하며 그러기 위해서는 템플릿이 적용되는 컨트롤의 고유한 속성값을 반영해야 한다. 다음 예제는 3개의 버튼에 대해 여러 가지 속성들을 다르게 지정해 보았다.

EllipseButtons
```
<Grid x:Name="ContentPanel" Grid.Row="1" Margin="12,0,12,0">
    <StackPanel>
        <StackPanel.Resources>
            <Style x:Key="EllipseBtn" TargetType="Button">
                <Setter Property="Template">
                    <Setter.Value>
```

```xml
                            <ControlTemplate TargetType="Button">
                                <Grid>
                                    <Ellipse Fill="{TemplateBinding Background}"
                                        Stroke="{TemplateBinding BorderBrush}"
                                        StrokeThickness="5"/>
                                    <ContentPresenter HorizontalAlignment="center"
                                        VerticalAlignment="center" />
                                </Grid>
                            </ControlTemplate>
                        </Setter.Value>
                    </Setter>
                </Style>
            </StackPanel.Resources>

            <Button Width="200" Height="100" Style="{StaticResource EllipseBtn}"
                    Content="Green Button" Background="Green" BorderBrush="Red"  />
            <Button Width="200" Height="100" Style="{StaticResource EllipseBtn}"
                    Content="Blue Button" Background="Blue" BorderBrush="Yellow"  />
            <Button Width="200" Height="100" Style="{StaticResource EllipseBtn}"
                    Content="Black Button" />
        </StackPanel>
    </Grid>
```

같은 템플릿을 적용한 버튼들이지만 모양이 조금씩 다르다.

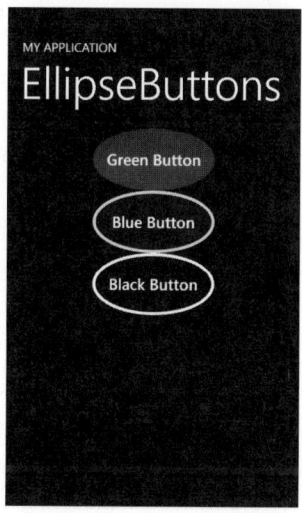

템플릿의 타원을 보면 Fill 속성과 Stroke 속성이 상수가 아니라 부모 컨트롤의 속성값을 참조하는 바인딩 구문으로 바뀌었다. 대표적으로 Fill 속성을 보자.

```
Fill="{TemplateBinding Background}"
```

TemplateBinding 구문은 템플릿이 적용되는 부모 컨트롤의 특정 속성을 읽어 템플릿의 비주얼 트리를 구성하는 컨트롤의 속성에 대입한다. Fill 속성은 이 템플릿을 적용하는 버튼의 Background 속성으로 설정된다. 이 구문의 원래 형식은 다음과 같다.

```
Fill="{Binding RelativeSource={RelativeSource TemplatedParent}, Path=Background}"
```

앞 장에서 배운 바인딩 구문의 축약형이되 소스 지정문이 RelativeSource로 되어 있으며 TemplatedParent 객체가 바인딩 소스로 지정되어 있다. TemplatedParent를 그대로 번역하면 템플릿의 부모라는 뜻인데 템플릿이 적용되는 컨트롤을 의미한다. 이 예제에서는 템플릿의 부모가 모두 버튼이며 사실 부모보다는 사용자라는 용어가 더 어울린다.

이 형식이 너무 길고 복잡하기 때문에 좀 더 간략화된 형식을 제공하는데 그것이 바로 TemplateBinding 구문이다. TemplateBinding 다음에 연결하고자 하는 부모 객체의 속성만 지정하면 된다. 축약형은 꼭 필요한 정보만 표기하므로 짧다는 이점이 있지만 단방향 바인딩만 지원한다. 만약 바인딩 모드를 단방향이 아닌 양방향으로 지정하고 싶다면 원래 형식대로 길게 써야한다. 타원의 Stroke 속성은 BorderBrush 속성으로 바인딩했다.

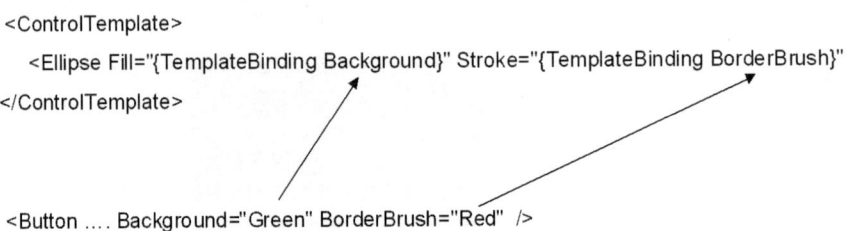

스택 패널에는 이 템플릿을 사용하는 세 개의 버튼을 배치하되 각 버튼별로 고유한 속성을 주었다. 배경색은 각각 초록, 파랑으로 지정하고 경계선은 빨강, 노랑으로 지정했으며 이 속성들이 바인딩을 통해 템플릿의 타원에 적용된다. Content 속성의 캡션은 타원 중앙에 나타난다. 마지막 버튼은 배경색과 경계선색을 따로 지정하지 않았는데 이 경우 디폴트가 적용되어 흰 경계선에 검정 바탕으로 그려진다. 물론 테마가 바뀌면 반대로 뒤집어질 것이다.

TemplateBinding시 소스와 타겟이 반드시 같은 속성이 아니어도 상관없다. 타입만 일치하면 부모 컨트롤의 임의 속성을 템플릿의 임의 속성에 바인딩할 수 있다. 위 예에서도 Background 속성을 타원의 Fill 속성에 바인딩했으며 BorderBrush 속성을 Stroke 속성에 바인딩했다. 이 속성들은 모두 Brush 타입으로 일치하며 논리적인 의미가 비슷해서 별 무리가 없다.

어떤 경우는 의도적으로 다른 속성끼리 바인딩하는 경우도 있다. 예를 들어 부모 컨트롤의 Padding 속성은 템플릿 내의 내부 컨트롤에 대해서 Margin 속성에 바인딩되는 것이 옳다. 부모 컨트롤의 안쪽 여백은 내부 컨트롤의 입장에서는 바깥 여백에 해당하기 때문이다. 속성끼리 타입이 일치하고 논리적인 용도가 부합되면 바인딩 가능하다.

StrokeThickness 속성에 대해서는 상수를 적용했으며 바인딩을 하지 않았는데 이는 버튼에 연결할만한 적당한 속성이 없기 때문이다. 버튼에 BorderThickness 속성이 있는데 이름만 비슷할 뿐 타입이 일치하지 않는다. BorderThickness는 4변에 대한 두께를 지정하는 Thickness 타입이지만 타원의 StrokeThickness 속성은 double 타입이다. 꼭 획 두께를 바인딩하려면 Button을 상속받은 MyButton을 정의하여 속성을 추가하는 방법을 쓸 수 있다.

15-2-3 ContentPresenter

ContentPresenter는 컨트롤의 내용물을 출력하는 역할을 한다. 이름 그대로 내용물을 표현하는 역할을 하며 타원 버튼 안에 캡션을 출력하기 위해 이 객체가 사용되었다. 캡션은 단순한 문자열일 뿐인데 왜 이런 복잡한 클래스가 필요할까? 다음 예제를 통해 ContentPresenter의 기능을 연구해 보자.

CPTest

```
<Grid x:Name="ContentPanel" Grid.Row="1" Margin="12,0,12,0">
    <StackPanel>
        <StackPanel.Resources>
            <Style x:Key="EllipseBtn1" TargetType="Button">
                <Setter Property="Template">
                    <Setter.Value>
                        <ControlTemplate TargetType="Button">
                            <Grid>
```

```
                    <Ellipse Fill="Red" Stroke="Yellow"
                        StrokeThickness="5"/>
                    <TextBlock Text="sometext"  HorizontalAlignment=
                        "center"
                    VerticalAlignment="center"/>
                </Grid>
            </ControlTemplate>
        </Setter.Value>
    </Setter>
</Style>
<Style x:Key="EllipseBtn2" TargetType="Button">
    <Setter Property="Template">
        <Setter.Value>
            <ControlTemplate TargetType="Button">
                <Grid>
                    <Ellipse Fill="Red" Stroke="Yellow"
                        StrokeThickness="5"/>
                    <TextBlock Text="{TemplateBinding Content}"
                    HorizontalAlignment="center"
                    VerticalAlignment="center"/>
                </Grid>
            </ControlTemplate>
        </Setter.Value>
    </Setter>
</Style>
<Style x:Key="EllipseBtn" TargetType="Button">
    <Setter Property="Template">
        <Setter.Value>
            <ControlTemplate TargetType="Button">
                <Grid>
                    <Ellipse Fill="Red" Stroke="Yellow"
                        StrokeThickness="5"/>
                    <Image Source="{TemplateBinding Content}" />
                    <ContentPresenter HorizontalAlignment="center"
                        VerticalAlignment="center" />
                </Grid>
            </ControlTemplate>
        </Setter.Value>
    </Setter>
</Style>
</StackPanel.Resources>
```

```
        <Button Width="200" Height="100" Content="Ellipse Button"
            Style="{StaticResource EllipseBtn1}" />
        <Button Width="200" Height="100" Content="Ellipse Button"
            Style="{StaticResource EllipseBtn2}" />
        <Button Width="200" Height="100" Style="{StaticResource EllipseBtn2}">
            <Button.Content>
                <Rectangle Width="50" Height="50" Fill="Blue" />
            </Button.Content>
        </Button>
        <Button Width="200" Height="100" Style="{StaticResource EllipseBtn}">
            <Button.Content>
                <Rectangle Width="50" Height="50" Fill="Blue" />
            </Button.Content>
        </Button>
        <Button Width="200" Height="100" Style="{StaticResource EllipseBtn}"
                Content="EllipseButton" />
        <Button Width="200" Height="100" Style="{StaticResource EllipseBtn}">
            <Button.Content>
                <StackPanel>
                    <Rectangle Width="80" Height="40" Fill="Green" RadiusX="20"
                        RadiusY="20" />
                    <Ellipse Width="80" Height="30" Fill="Gray" />
                </StackPanel>
            </Button.Content>
        </Button>
    </StackPanel>
</Grid>
```

3개의 템플릿과 이 템플릿을 사용하는 6개의 버튼이 배치되어 있다. 각 버튼의 내용물이 어떻게 출력되는지 주의 깊게 살펴보자.

첫 번째 버튼이 사용하는 EllipseBtn1 템플릿은 캡션 출력을 위해 텍스트 블록을 배치하였다. 문자열 형태의 캡션이 잘 표시된다. 그러나 템플릿에 정의된 텍스트 블록의 Text 속성에 sometext라는 상수 문자열이 대입되어 있어 부모 컨트롤의 캡션이 아닌 상수 문자열이 나타난다. 이 템플릿을 적용한 버튼의 캡션은 언제나 sometext일 것이며 변경 불가하다.

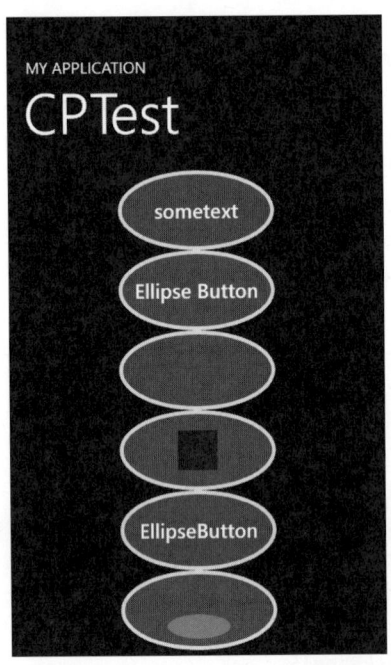

    템플릿은 여러 컨트롤에 의해 공유되는 것이므로 상수를 사용해서는 안 되며 부모 컨트롤의 속성을 반영해야 한다. 앞에서 배운바 대로 부모 컨트롤의 속성을 바인딩하면 이 문제가 해결된다. EllipseBtn2 템플릿은 똑같이 텍스트 블록을 사용하되 다음 구문으로 부모 컨트롤의 Content 속성과 Text 속성을 바인딩한다.

```
<TextBlock Text="{TemplateBinding Content}"
          HorizontalAlignment="center"
          VerticalAlignment="center"/>
```

    부모 컨트롤의 Content 속성을 조사하여 텍스트 블록에 출력하므로 적용된 컨트롤 속성에 따라 캡션이 달라질 것이다. 두 번째 버튼은 자신의 Content 속성으로 지정한 Ellipse Button 문자열이 캡션으로 표시되며 Content 속성을 바꾸면 템플릿내의 텍스트 블록 캡션도 같이 바뀔 것이다. 임의의 캡션을 지정할 수 있으므로 활용도가 훨씬 더 높아졌다.

    그러나 이 방법도 문제가 있다. 임의의 문자열을 캡션으로 출력할 수는 있지만 버튼의 내용물이 반드시 문자열이라는 보장이 없는 것이다. 알다시피 Content 속성은 Object 타입이며 임의의 객체를 내용물로 지정할 수 있다. 텍스트 블록뿐만 아니라 이미지나 도형을 놓을 수도 있고 더 복잡하게는 패널을 놓을 수도 있다. 세 번째 버튼은 EllipseBtn2 템플릿을 적용하되 내용물이 사각형 도형이다.

```
<Button Width="200" Height="100" Style="{StaticResource EllipseBtn2}">
    <Button.Content>
        <Rectangle Width="50" Height="50" Fill="Blue" />
    </Button.Content>
</Button>
```

템플릿의 텍스트 블록은 부모 컨트롤의 Content 속성과 바인딩되어 있지만 도형을 표시할 능력이 없다. 텍스트 블록은 어디까지나 문자열만 출력할 수 있을 뿐이다. 간단한 사각형도 하나 출력하지 못하는데 더 복잡한 이미지나 패널은 오죽하겠는가?

이 문제를 해결하려면 부모 컨트롤의 실제 내용물에 따라 템플릿에 배치되는 컨트롤이 달라져야 한다. 내용물이 도형이라면 템플릿도 도형을 배치해야 하고 내용물이 이미지라면 이미지 컨트롤이 필요하다. 바인딩된 컨트롤의 내용물을 판별하여 필요한 컨트롤을 동적으로 생성해야 한다. 하지만 정적으로 선언되는 템플릿이 실행 중의 동적인 처리를 할 수는 없다.

이런 처리를 대신해 주는 것이 바로 ContentPresenter이다. 부모 컨트롤의 내용물이 무슨 타입인가 조사하여 출력할만한 적당한 비주얼 트리를 생성해서 배치하는 역할을 한다. 내용물이 문자열이면 텍스트 블록을 배치하고 도형이면 도형을 알아서 배치할 것이다. 예제의 EllipseButton 템플릿은 ContentPresenter로 내용물을 출력한다.

4번째 이후의 버튼은 모두 EllipseButton 템플릿을 적용하되 내용물로 각각 도형, 문자열, 패널을 배치했다. 내용물의 타입이 무엇이든 간에 ContentPresenter가 알아서 필요한 객체를 배치해 주므로 정확하게 출력된다. ContentControl에 대한 템플릿을 작성할 때는 어설프게 직접 바인딩할 필요 없이 ContentPresenter로 내용물 출력을 맡기고 나머지 장식만 잘 작성하면 된다.

15-2-4 상태 관리자

타원 버튼은 템플릿에 의해 껍데기를 바꾸기는 했지만 분명히 버튼이다. 앞에서 클릭 이벤트 핸들러를 작성하여 이벤트가 잘 발생하는지도 확인해 보았다. 그러나 아직 실용적으로 사용하기에는 부족한 점이 있다. 템플릿에 정의된 모습으로만 나타날 뿐 눌렀을 때 아무런 변화가 없어 밋밋해 보인다. 템플릿에는 상태 변화에 대처하는 방법이 지정되어 있지 않기 때문이다.

표준 버튼은 자신의 상태 변화를 확실하게 보여준다. 사용자가 버튼을 누르면 색상이 반전되어 시각적인 힌트를 분명히 제공한다. 이 힌트는 단순히 장식적인 의미보다 사용자에게 터치가 정확했다는 것을 알리는 중요한 역할을 한다. 또한, 버튼이 사용 금지되면 흐릿한 색상으로 바뀌어 클릭할 수 없다는 것을 표시한다. 모바일폰에서는 해당 사항이 없지만 포커스를 가질 때나 마우스가 버튼 위로 올라올 때도 다른 모양이 될 수 있다.

컨트롤의 상태가 바뀔 때 각 상태별로 모양을 어떻게 바꿀 것인가는 비주얼 상태 관리자(VSM:Visual State Manager)로 지정한다. 컨트롤이 가질 수 있는 상태는 클래스 선언문에 닷넷 어트리뷰트로 지정되어 있다. 레퍼런스의 클래스 선언문을 보면 컨트롤의 모든 상태를 확인할 수 있다. Button의 레퍼런스를 보자.

```
[TemplateVisualStateAttribute(Name = "Disabled", GroupName = "CommonStates")]
[TemplateVisualStateAttribute(Name = "Normal", GroupName = "CommonStates")]
[TemplateVisualStateAttribute(Name = "MouseOver", GroupName = "CommonStates")]
[TemplateVisualStateAttribute(Name = "Pressed", GroupName = "CommonStates")]
[TemplateVisualStateAttribute(Name = "Unfocused", GroupName = "FocusStates")]
[TemplateVisualStateAttribute(Name = "Focused", GroupName = "FocusStates")]
public class Button : ButtonBase
```

버튼은 총 6가지의 상태를 가진다. 각 상태는 고유의 이름이 있고 그룹에 소속되는데 그룹명이 같은 상태끼리는 상호 배타적이어서 동시에 두 상태가 적용되지 않는다. 예를 들어 Normal과 Pressed는 같은 그룹이어서 보통 상태와 눌러진 상태는 상호 배타적이다. 반면 Normal과 Focused는 그룹이 틀리므로 두 상태가 동시에 적용될 수 있다. 보통 상태에서 포커스를 가질 수도 있고 그렇지 않을 수도 있다.

상태 관리자는 템플릿 내의 루트 컨트롤 직후에 정의한다. 타원 컨트롤은 루트 레이아웃이 그리드이므로 그리드의 헤더 부분에 상태 관리자를 정의한다. 각 그룹별로 또 각 상태별로 엘리먼트를 작성하고 각 상태가 될 때 수행할 애니메이션을 정의한다. 애니메이션은 특정 속성을 원하는 값으로 바꾸되 다양한 효과를 적용할 수 있어 상태 변화를 정의하는데 적합하다.

VSMTest

```
<Grid x:Name="ContentPanel" Grid.Row="1" Margin="12,0,12,0">
    <StackPanel>
        <StackPanel.Resources>
            <Style x:Key="EllipseBtn" TargetType="Button">
```

```xml
                <Setter Property="Template">
                    <Setter.Value>
                        <ControlTemplate TargetType="Button">
<Grid>
    <VisualStateManager.VisualStateGroups>
        <VisualStateGroup x:Name="CommonStates">
            <VisualState x:Name="Normal">
            </VisualState>
            <VisualState x:Name="Pressed">
                <Storyboard>
                    <ObjectAnimationUsingKeyFrames Storyboard.TargetName="ell"
                        Storyboard.TargetProperty="Fill">
                        <DiscreteObjectKeyFrame KeyTime="0:0:0" Value="Blue" />
                    </ObjectAnimationUsingKeyFrames>
                </Storyboard>
            </VisualState>
        </VisualStateGroup>
    </VisualStateManager.VisualStateGroups>

    <Ellipse Name="ell" Fill="Red" Stroke="Yellow" StrokeThickness="5"/>
    <ContentPresenter HorizontalAlignment="center"
        VerticalAlignment="center" />
</Grid>
                        </ControlTemplate>
                    </Setter.Value>
                </Setter>
            </Style>
        </StackPanel.Resources>

        <Button Width="200" Height="100" Content="Ellipse Button"
            Style="{StaticResource EllipseBtn}" />
    </StackPanel>
</Grid>
```

CommonStates 그룹의 Normal 상태와 Pressed 상태를 정의한다. Pressed 상태일 때 타원의 Fill 속성을 Blue로 변경하되 Duration을 0으로 설정하여 변경값을 즉시 적용했다. 원칙대로 하자면 테마의 색상을 사용하는 것이 옳지만 번거로우므로 그냥 상수를 사용했다. 버튼을 누르면 배경색이 파란색으로 바뀔 것이다.

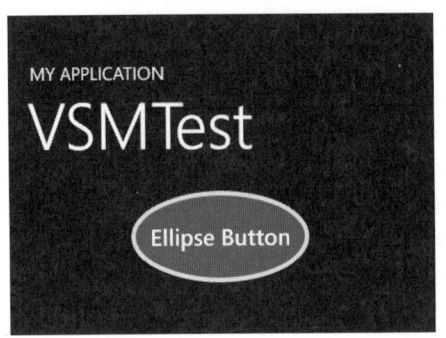 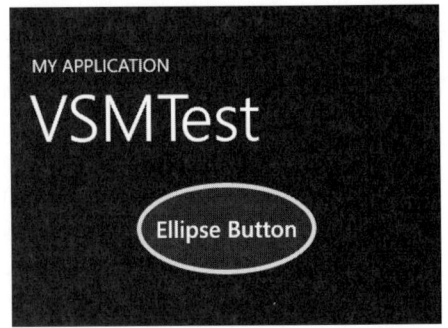

　　Normal 상태는 템플릿의 원래 값으로 복귀하는 것이므로 애니메이션을 굳이 작성하지 않아도 상관없다. 단, 빈 태그라도 있어야 Normal 상태로 복귀하므로 태그는 작성해야 한다. Duration을 1초로 지정하면 1초 동안 대기한 후 색상이 바뀌며 색상 애니메이션을 적용하면 서서히 바뀌도록 할 수도 있다. 그러나 버튼은 워낙 빠르게 클릭되므로 상태 변화도 신속하게 처리하는 것이 좋다.

　　상태 변화를 애니메이션으로 표현하므로 응용의 여지가 무궁무진하다. 스토리보드에 두 개 이상의 애니메이션을 넣어 여러 속성을 동시에 바꿀 수도 있다. 누를 때 크기를 약간 줄여서 웅크리는 모양을 표현할 수도 있고 위치를 옮겨 덜덜 떠는 모양을 보여줄 수도 있다. 사용 금지 상태일 때는 반투명한 도형을 위에 덮어 흐릿하게 보이도록 한다.

16

항목 컨트롤

16-1 리스트 박스

16-1-1 리스트 박스

모바일 장비는 비슷비슷하게 생긴 정보의 집합을 보여줄 일이 굉장히 많다. 일단 휴대폰의 가장 중요한 정보인 전화번호부가 목록 형태이며 통화 목록이나 메시지 수신 내역도 목록 형태로 되어 있다. 이동 중에 자주 보는 뉴스나 온라인 쇼핑몰의 상품도 목록 형태로 보여주는 것이 일반적이며 음악 재생기도 재생할 순서를 목록으로 관리한다. 가장 가까운 목록은 시작 화면의 타일 목록이며 앱 리스트도 목록의 전형적인 예이다.

좁은 화면에 복잡한 정보를 일목요연하게, 그러면서도 시원스럽게 배치해야 하므로 세심하게 디자인해야 한다. 또 목록들은 하나같이 용량이 커서 한 화면에 다 표시하기 어려우므로 스크롤을 필수적으로 지원해야 한다. 목록을 표시할 일이 워낙 많기 때문에 윈도우폰은 다수의 목록 관련 컨트롤을 제공한다. 항목의 집합을 관리하는 컨트롤의 계층은 다음과 같다.

항목 컨트롤의 루트에 해당하는 ItemsControl 클래스는 복수 개의 항목을 관리하고 화면에 표시한다. 추상 클래스가 아니므로 그 자체로도 바로 사용할 수 있다. ItemCollection 타입의 Items 속성으로 항목의 집합을 정의하면 컬렉션내의 항목들이 화면에 순서대로 나타난다. ItemCollection은 Object의 컬렉션이므로 임의의 객체를 담을 수 있다.

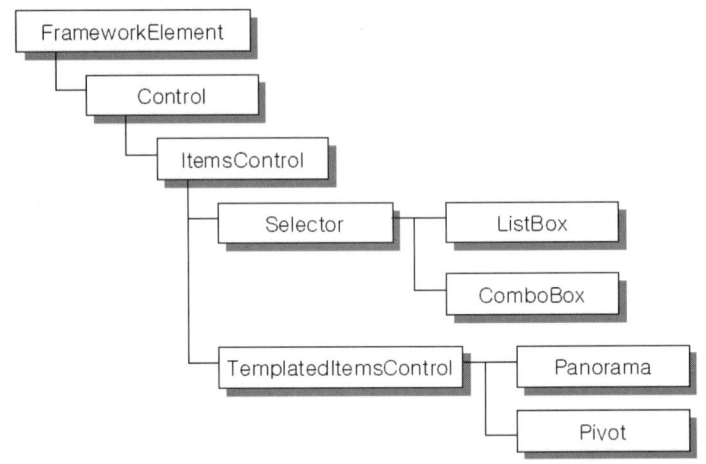

컬렉션에 항목을 추가하는 방법은 세 가지가 있다. 디자인 타임에 XAML 문서에 정적으로 정의할 수도 있고 실행 중에 Add, Insert, Remove 등의 메서드로 첨삭할 수도 있다. 또 바인딩하여 객체로부터 데이터를 받을 수도 있다. 가장 쉬운 XAML 방법부터 실습해 보자. 다음 코드는 9개의 텍스트 블록을 목록으로 표시한다.

ItemsControlTest

```
<Grid x:Name="ContentPanel" Grid.Row="1" Margin="12,0,12,0">
    <StackPanel>
        <ItemsControl>
            <TextBlock Text="태연" />
            <TextBlock Text="유리" />
            <TextBlock Text="윤아" />
            <TextBlock Text="써니" />
            <TextBlock Text="제시카" />
            <TextBlock Text="티파니" />
            <TextBlock Text="효연" />
            <TextBlock Text="서연" />
            <TextBlock Text="수영" />
        </ItemsControl>
    </StackPanel>
</Grid>
```

스택 패널 안에 ItemsControl을 넣고 텍스트 블록 9개를 나열했다. Items 속성이 내용 속성으로 정의되어 있으므로 <ItemsControl.Items> 태그를 쓸 필요는 없으며 ItemsControl 엘리먼트 안에 항목을 바로 나열하면 된다.

마치 수직 스택 패널에 컨트롤을 배치한 것과 모습이 비슷하다. ItemCollection은 항목을 표시만 할 뿐 선택이나 스크롤에 대한 기능은 제공하지 않는다. 화면을 탭해도 항목이 선택되지 않으며 항목들의 수가 많아도 아래쪽으로 스크롤해서 내려갈 수 없다. 스택 패널의 높이를 200으로 줄이면 9개의 항목이 다 보이지 않으며 아래쪽 일부는 잘린다. 이런 기능은 더 하위의 클래스를 사용해야 한다.

ItemsControl로부터 파생되는 Selector 클래스는 이름이 의미하는 바대로 항목 선택 기능을 제공하며 선택과 관련된 여러 가지 속성과 이벤트를 제공한다. Selector는 추상 클래스이므로 바로 사용할 수 없으며 하위의 클래스를 사용해야 한다. 가장 전형적이고도 자주 사용되는 목록 컨트롤은 Selector로부터 파생되는 ListBox이다.

ListBox는 복수 개의 항목을 나열해 놓고 사용자가 선택하는 컨트롤이며 스크롤 및 선택 기능도 제공한다. 임의의 객체 컬렉션을 표시할 수 있지만 보통 ListBoxItem 항목을 차일드로 가진다. ListBoxItem은 ContentControl의 서브 클래스이며 Content 속성으로 내용물을 표시한다. 또한, 사용자가 항목을 탭하면 강조색으로 그려 선택되었음을 표시한다. 다음은 선택과 관련된 주요 속성들이다.

속 성	설 명
SelectionMode	선택 가능한 항목의 개수를 지정한다. Single은 한 개만 선택할 수 있고 Multiple은 여러 개, Extended는 Ctrl, Shift 조합키로 여러 개를 선택할 수 있되 모바일에서는 조합키가 없으므로 해당되지 않는다.
SelectedItem	선택된 항목이다. 선택이 없을 경우 null이다.
SelectedItems	복수 선택된 항목들의 목록이다.
SelectedIndex	선택된 항목의 순서값이다. 선택이 없을 경우 −1이다.

항목 선택이 변경되었을 때는 SelectionChanged 이벤트가 발생한다. 이벤트 인수로 새로 선택된 항목과 선택에서 제외된 항목의 목록이 전달되어 선택이 어떻게 바뀌었는지를 상세히 알 수 있다. 하지만 선택의 변화보다는 현재 선택된 항목이 중요하므로 리스트 박스의 선택 관련 속성을 읽는 것이 더 편리하다. 다음 예제는 여러 개의 문자열 항목을 리스트 박스 안에 배치하고 선택 시 아래쪽 텍스트 블록에 선택한 항목을 보여준다.

ListBoxTest

```
<Grid x:Name="ContentPanel" Grid.Row="1" Margin="12,0,12,0">
    <StackPanel>
        <ListBox Name="listBox1" Height="200" VerticalAlignment="Top" Background="Gray"
            SelectionChanged="listBox1_SelectionChanged">
            <ListBoxItem Content="태연" />
            <ListBoxItem Content="유리" />
            <ListBoxItem Content="윤아" />
            <ListBoxItem Content="써니" />
            <ListBoxItem Content="제시카" />
            <ListBoxItem Content="티파니" />
            <ListBoxItem Content="효연" />
            <ListBoxItem Content="서연" />
            <ListBoxItem Content="수영" />
        </ListBox>
        <TextBlock Name="text1" Text="Selection" FontSize="30" Foreground="Yellow"/>
    </StackPanel>
```

```
</Grid>
================================= CS =======================================
private void listBox1_SelectionChanged(object sender, SelectionChangedEventArgs e)
{
    ListBoxItem item = ((sender as ListBox).SelectedItem as ListBoxItem);
    text1.Text = "가장 좋아하는 소녀는 : " + item.Content.ToString();
}
```

스크롤 기능을 테스트해 보기 위해 리스트 박스의 높이를 항목의 총 높이보다 작은 200으로 지정하고 배경을 회색으로 하여 영역을 분명히 표시했다. 9명의 소녀가 한 눈에 다 보이지는 않지만 리스트 박스가 내부적으로 ScrollViewer를 자식으로 포함하고 있기 때문에 아래쪽으로 스크롤해서 이동할 수 있다. 항목을 선택하면 선택된 항목이 빨간색으로 강조된다.

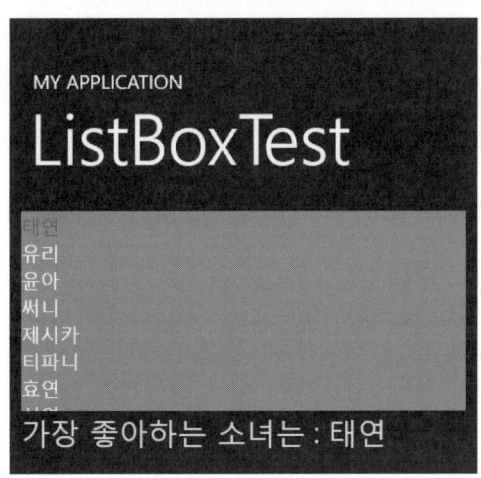

선택 변경 이벤트 핸들러에서는 리스트 박스의 SelectedItem 속성으로 선택된 항목을 조사하고 그 Content 속성을 읽어 항목 문자열을 조사하였다. 이벤트 인수로 전달된 e.AddedItems[0]를 통해서도 선택 항목을 알아낼 수 있다. 조사된 선택 항목을 텍스트 블록으로 출력했다.

디폴트 선택 모드는 Single이어서 하나를 선택하면 기존의 선택은 해제된다. 여러 항목을 한꺼번에 선택하려면 SelectionMode 속성을 Multiple로 지정한다. 이 속성이 설정되면 개별 항목은 클릭할 때마다 선택이 토글된다. 복수 선택이 가능해지면 선택된 항목을 읽는 코드는 모든 선택 항목을 읽도록 작성해야 한다.

```
<Grid x:Name="ContentPanel" Grid.Row="1" Margin="12,0,12,0">
    <StackPanel>
        <ListBox Name="listBox1" Height="200" VerticalAlignment="Top" Background="Gray"
            SelectionMode="Multiple" SelectionChanged="listBox1_SelectionChanged">
            <ListBoxItem Content="태연" />
            <ListBoxItem Content="유리" />
            <ListBoxItem Content="윤아" />
            <ListBoxItem Content="써니" />
            <ListBoxItem Content="제시카" />
            <ListBoxItem Content="티파니" />
            <ListBoxItem Content="효연" />
            <ListBoxItem Content="서연" />
            <ListBoxItem Content="수영" />
        </ListBox>
        <TextBlock Name="text1" Text="Selection" FontSize="30"
                   Foreground="Yellow" TextWrapping="Wrap" />
    </StackPanel>
</Grid>
================================= CS =======================================
private void listBox1_SelectionChanged(object sender, SelectionChangedEventArgs e)
{
    ListBox list = sender as ListBox;
    String text = "선택 목록:";
    foreach (ListBoxItem item in list.SelectedItems)
    {
        text += item.Content.ToString();
        text += ",";
    }
    text1.Text = text;
}
```

선택 변경 이벤트 핸들러의 코드가 조금 달라졌다. SelectedItems 속성은 컬렉션이므로 foreach
로 루프를 순회하면서 선택된 모든 항목을 조사해야 한다. 선택된 모든 소녀들을 콤마로 구분하
여 하나의 문자열로 조립한 후 텍스트 블록에 출력했다.

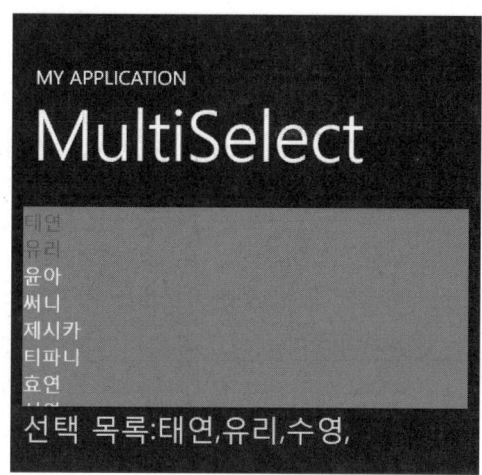

디자인 타임에 XAML 문서에 항목을 정의하는 것은 아주 쉽다. 필요한 항목만큼 ListBoxItem 엘리먼트만 반복하면 된다. 참고로 속성창에서 대화상자를 통해 항목들을 추가할 수도 있다. 리스트 박스를 선택해 놓고 속성창의 Items 속성옆에 있는 ... 버튼을 클릭하면 컬렉션을 편집할 수 있는 대화상자가 열린다.

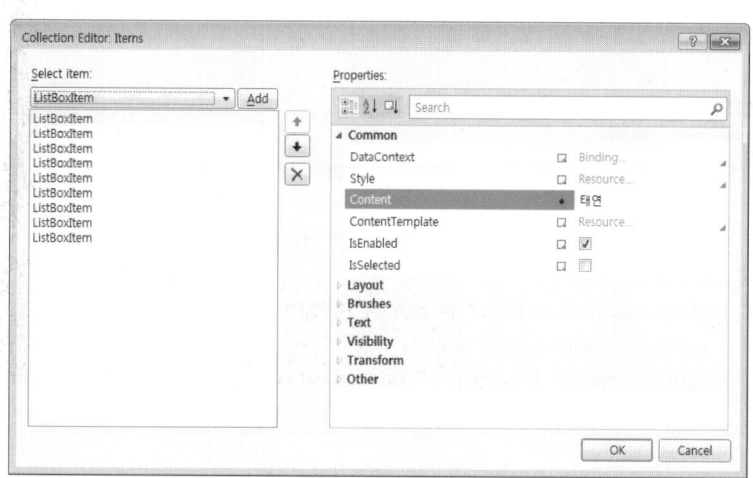

왼쪽에 이미 추가되어 있는 항목들의 목록이 나타나는데 여기서 Add 버튼을 눌러 새 항목을 추가하고 오른쪽에서 추가된 항목의 속성을 편집한다. 항목의 순서를 편집할 수도 있고 삭제할 수도 있다. 솔직히 키보드로 직접 항목을 입력하는 것보다 편리하지는 않다.

16-1-2 항목 편집

　　XAML 문서에 항목을 미리 등록해 놓는 것은 아주 쉽지만 정적인 집합만 보여줄 수 있다. 사용자에게 선택 가능한 여러 가지 옵션을 보여주고 그 중 하나를 선택받을 때는 이 방법이 적절하다. 그러나 목록은 대개 디자인 타임에 미리 알 수 없으며 실행해 봐야 실제 항목을 구할 수 있는 경우가 많다.

　　뉴스나 주식 시황처럼 실시간으로 변하는 정보들은 매번 네트워크를 통해 최신 목록을 받아야 한다. 통화 목록이나 주소록도 장비의 상태에 따라 달라진다. 이런 정보는 실행 중에 코드로 항목을 추가한다. Items 속성은 일반적인 컬렉션이므로 컬렉션 관리 메서드로 실행 중에 항목을 자유롭게 첨삭할 수 있다.

```
void Add(T value);
void Clear()
void Insert(int index, T value)
bool Remove(T value)
void RemoveAt(int index)
```

　　워낙 일반적인 메서드들이라 따로 설명할 필요는 없을 것이다. 다음 예제는 빈 리스트 박스를 배치해 놓고 실행 중에 항목을 추가한다.

ListInsertRemove

```
shell:SystemTray.IsVisible="True" Loaded="PhoneApplicationPage_Loaded">
....
<Grid x:Name="ContentPanel" Grid.Row="1" Margin="12,0,12,0">
    <StackPanel>
        <ListBox Name="list" Height="200"/>
        <TextBox Name="edit" />
        <Button Name="btnInsert" Content="Insert" Click="btnInsert_Click" />
        <Button Name="btnRemove" Content="Remove" Click="btnRemove_Click" />
    </StackPanel>
</Grid>
================================= CS =========================================
private void PhoneApplicationPage_Loaded(object sender, RoutedEventArgs e)
{
    string[] Number = { "하나", "둘", "셋", "넷", "다섯", "여섯", "일곱" };
    foreach (String n in Number)
```

```
    {
        list.Items.Add(n);
    }
}

private void btnInsert_Click(object sender, RoutedEventArgs e)
{
    string str;
    str = edit.Text;
    if (str.Length == 0) return;

    int index;
    index = list.SelectedIndex;
    if (index == -1)
    {
        list.Items.Add(str);
    }
    else
    {
        list.Items.Insert(index, str);
    }
}

private void btnRemove_Click(object sender, RoutedEventArgs e)
{
    int index;
    index = list.SelectedIndex;
    if (index == -1)
    {
        return;
    }
    else
    {
        list.Items.RemoveAt(index);
    }
}
```

폼 로드 시에 일곱 개의 문자열을 Add 메서드로 삽입한다. 미리 선언되어 있는 배열의 문자열
을 삽입했는데 실제 프로젝트에서는 네트워크나 장비로부터 정보를 실시간으로 조사하여 삽입

할 것이다. 간단하게 구할 수 있는 정보는 이 예제처럼 폼 초기화시에 삽입하되 원격지에서 가져오는 정보는 조사 속도가 느리므로 별도의 스레드로 비동기적으로 추가해야 한다.

폼 초기화 후에도 항목은 언제든지 편집할 수 있다. 아래쪽의 컨트롤을 사용하여 사용자가 실행 중에 항목을 추가하거나 삭제한다. Insert 버튼은 텍스트 박스에 입력된 문자열을 현재 선택된 위치에 삽입하되 선택이 없으면 제일 끝에 추가한다. Remove 버튼은 선택된 항목을 삭제하되 선택이 없으면 아무 동작도 하지 않는다.

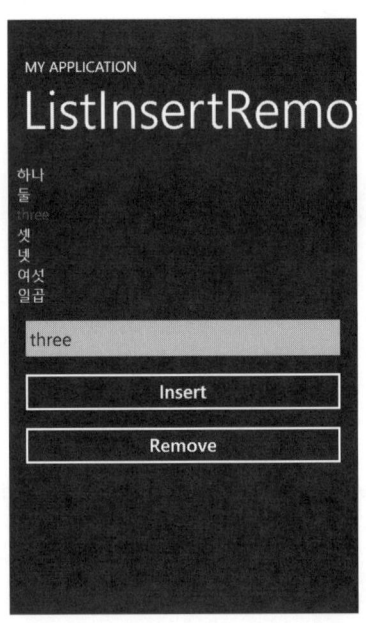

"셋" 항목을 선택한 상태에서 three 항목을 삽입하면 "셋" 항목 위치에 three 항목이 새로 추가된다. "다섯" 항목을 선택해 놓고 삭제하면 이 항목이 삭제된다. 항목의 개수가 많아지면 리스트 박스 아래쪽의 항목은 가려져서 보이지 않지만 스크롤해서 이동할 수 있다.

16-1-3 컨트롤 목록

리스트 박스의 Items 속성은 Object 타입의 컬렉션이다. 보통은 문자열 항목을 가지지만 임의 타입의 객체를 항목으로 가질 수도 있다. 버튼이나 도형은 물론이고 심지어 패널을 넣는 것도 가능하다. 다음 예제로 확인해 보자.

```
<Grid x:Name="ContentPanel" Grid.Row="1" Margin="12,0,12,0">
    <StackPanel>
        <ListBox Name="listBox1" Height="300">
            <TextBlock Text="텍스트 블록" />
            <TextBox Text="텍스트 박스"/>
            <Button Content="버튼" />
            <Ellipse Fill="Yellow" Width="100" Height="30"/>
            <SolidColorBrush Color="Yellow" />
        </ListBox>
    </StackPanel>
</Grid>
```

리스트 박스 안에 텍스트 블록, 텍스트 박스, 버튼, 타원 같은 컨트롤들을 항목으로 등록했다. 각 항목은 자신의 높이만큼 자리를 차지하며 고유의 기능도 잘 수행된다. 텍스트 박스는 문자열을 입력받을 수 있고 버튼은 클릭 이벤트를 발생시킨다. 전체 항목이 리스트 박스의 높이보다 더 높으면 스크롤도 된다.

리스트 박스의 항목인 ListBoxItem은 ContentControl의 파생 클래스이며 임의의 객체를 내용물로 가진다. 컨트롤은 자신의 원래 모습 그대로 나타나지만 FrameworkElement 파생 클래스가 아닌 객체는 혼자서 자신을 그릴 수 없으므로 ToString 메서드의 결과 문자열이 대신 출력된다. 제일 아래쪽의 브러시 항목은 클래스의 풀 경로명이 출력된다.

브러시의 경로명이 출력되는 이유는 앞에서 템플릿 실습시에 이미 연구해 본 바 있다. 현상이 비슷하므로 해결 방법도 동일하다. 내용물을 어떻게 그릴 것인가를 지정하는 템플릿이 필요하다. 다음 예제를 보자.

```xml
<Grid x:Name="ContentPanel" Grid.Row="1" Margin="12,0,12,0">
    <StackPanel>
        <ListBox Name="listBox1" Height="300">
            <SolidColorBrush Color="Red" />
            <SolidColorBrush Color="Green" />
            <SolidColorBrush Color="Blue" />
            <SolidColorBrush Color="Yellow" />
            <SolidColorBrush Color="Cyan" />
            <SolidColorBrush Color="Magenta" />
            <SolidColorBrush Color="Gray" />
            <SolidColorBrush Color="LightGray" />
            <SolidColorBrush Color="DarkGray" />
        </ListBox>
    </StackPanel>
</Grid>
```

여러 색상을 가지는 브러시들을 리스트 박스의 항목으로 포함시켰다. 각 브러시는 색상이 다르지만 전부 클래스 이름만 나타나므로 무슨 색인지 전혀 구분되지 않는다.

항목으로 지정된 것은 브러시의 색상이 아니라 브러시 자체이므로 모두 같을 수밖에 없다. ItemsControl의 DisplayMemberPath 속성을 사용하면 항목 객체의 어떤 멤버를 리스트 박스에 출력할 것인가를 지정할 수 있다. ListBox 엘리먼트에 다음 속성 지정문을 추가해 보자.

```
<ListBox Name="listBox1" Height="300" DisplayMemberPath="Color">
```

DisplayMemberPath 속성을 Color로 지정하여 브러시의 Color 속성을 리스트 박스의 항목으로 출력했다. 과연 이 지정대로 각 브러시의 Color 속성이 나타나기는 한다. 그러나 Color값은 32비트의 정수일 뿐이며 16진 정수 형태로 출력된다. 사용자가 이 숫자를 보고 무슨 색인지 알아보기는 어렵다. 실제 무슨 색인지 색상으로 보여주어야 한다.

브러시의 색상을 시각적으로 보여주려면 템플릿이 필요하다. 리스트 박스의 각 항목에 대한 템플릿은 ItemTemplate 속성으로 지정한다. 이 속성은 DataTemplate 타입이며 템플릿 안에 출력할 형식을 지정하고 브러시와 바인딩한다. ContentControl의 ContentTemplate과 같은 타입이며 사용하는 방법도 같되 컨트롤의 전체적인 모양이 아니라 개별 항목의 모양을 정의한다는 점이 다르다.

다음 예제는 템플릿(ItemTemplate) 안에 100*30 크기의 사각형 도형(Rectangle)을 정의하고 도형의 Fill 속성을 브러시와 바인딩함으로써 브러시의 배열을 출력한다. 브러시의 특정 속성에 연결하는 것이 아니라 브러시 자체를 연결하는 것이므로 {Binding}이라고만 적으면 된다. 리스트 박스의 각 항목에 이 템플릿이 적용되어 브러시 색상으로 채색된 사각형 목록이 나타난다.

ColorList

```
<Grid x:Name="ContentPanel" Grid.Row="1" Margin="12,0,12,0">
    <StackPanel>
        <ListBox Name="listBox1" Height="300">
            <ListBox.ItemTemplate>
                <DataTemplate>
                    <Rectangle Width="100" Height="30" Margin="5" Fill="{Binding}" />
                </DataTemplate>
            </ListBox.ItemTemplate>

            <SolidColorBrush Color="Red" />
            <SolidColorBrush Color="Green" />
            <SolidColorBrush Color="Blue" />
            <SolidColorBrush Color="Yellow" />
            <SolidColorBrush Color="Cyan" />
```

```
            <SolidColorBrush Color="Magenta" />
            <SolidColorBrush Color="Gray" />
            <SolidColorBrush Color="LightGray" />
            <SolidColorBrush Color="DarkGray" />
        </ListBox>
        <Button Content="Test Button" Background=
                "{Binding ElementName=listBox1,Path=SelectedItem}" />
    </StackPanel>
</Grid>
```

아래쪽에는 선택된 색상을 보여주기 위해 버튼을 배치하고 버튼의 Background 속성을 리스트 박스의 선택 항목에 바인딩한다. OneWay 모드로 연결되므로 소스의 선택이 바뀔 때마다 버튼의 배경색이 자동으로 바뀔 것이다.

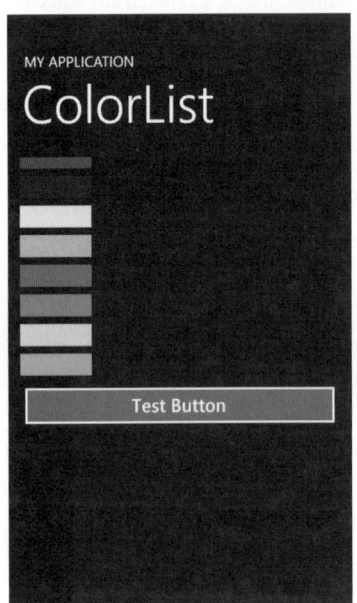 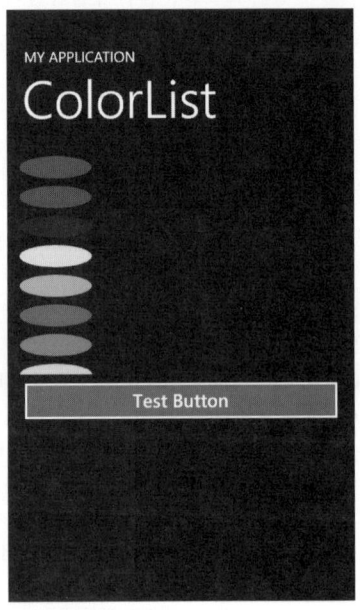

선택 변경 시에 버튼의 색상을 동적으로 바꾸려면 리스트 박스의 선택 변경 이벤트에서 선택된 항목의 색상을 조사하여 버튼의 배경색에 대입해야 한다. 코드를 작성해야 하는 것이 원칙적이지만 바인딩으로 연결해 놓으면 모든 처리가 자동으로 수행된다. 리스트 박스의 SelectedItem은 종속 속성이며 바인딩을 잘 지원한다.

위 예제는 꽤 복잡한 처리를 하지만 코드는 단 한 줄도 작성하지 않았다. 템플릿과 바인딩을 사용하면 이 정도 예제는 쉽게 만들 수 있으며 위력을 실감할 수 있는 예제이다. 템플릿을 수정하면 항목을 출력하는 방식도 마음대로 바꿀 수 있다. 예제의 템플릿을 다음과 같이 수정하면 사각형이 아닌 타원으로 항목의 색상이 출력된다.

```xml
<ListBox.ItemTemplate>
    <DataTemplate>
        <Ellipse Width="100" Height="30" Margin="5" Fill="{Binding}" />
    </DataTemplate>
</ListBox.ItemTemplate>
```

템플릿과 바인딩을 이해하니 이제 슬슬 재미가 붙을 것이다. 비슷한 예제를 하나 더 만들어 보자. 다음 예제도 개념은 거의 같으며 동일한 기법으로 작성한 것이다. 리스트 박스의 목록으로 폰트의 실제 모습을 보여주고 선택하면 바로 텍스트 블록에 적용한다. 폰트를 고를 때 꽤나 실용성이 높은 예제이다.

FontList

```xml
xmlns:dotnet="clr-namespace:System;assembly=mscorlib"

<Grid x:Name="ContentPanel" Grid.Row="1" Margin="12,0,12,0">
    <StackPanel>
        <ListBox Name="listBox1" Height="300" SelectedIndex="0">
            <ListBox.ItemTemplate>
                <DataTemplate>
                    <TextBlock Text="{Binding}" FontFamily="{Binding}" FontSize="32"/>
                </DataTemplate>
            </ListBox.ItemTemplate>

            <dotnet:String>Times New Roman</dotnet:String>
            <dotnet:String>Arial</dotnet:String>
            <dotnet:String>Courier New</dotnet:String>
            <dotnet:String>Webdings</dotnet:String>
        </ListBox>
        <TextBlock Text="Font 1234 !@#$" FontSize="32" Foreground="Yellow"
            FontFamily="{Binding ElementName=listBox1,Path=SelectedItem}" />
    </StackPanel>
</Grid>
```

폰트 패밀리명을 문자열로 지정하므로 dotnet 네임스페이스 선언문이 필요하다. 윈도우폰이 지원하는 폰트 중 일부를 리스트 박스의 항목으로 등록했다. 항목 템플릿에는 텍스트 블록을 배치하고 Text와 FontFamily를 모두 항목 문자열로 바인딩했다. 폰트 패밀리명을 항목의 문자열 자체로도 사용하고 폰트 모양으로도 사용한다.

아래쪽의 텍스트 블록은 선택된 항목의 폰트 패밀리를 적용하여 샘플 문자열을 보여준다. 선택된 폰트가 실제 어떤 모양으로 출력될지 미리 보기를 할 수 있다. 앞 예제와 마찬가지로 리스트 박스의 SelectedItem 속성과 바인딩하면 코드는 더 작성할 필요가 없다.

앞 예제와 다른 점은 리스트 박스의 SelectedIndex 속성을 0으로 초기화하여 최초 실행 시부터 Times New Roman 폰트를 선택했다는 점이다. 브러시는 null일 경우 채색만 하지 않을 뿐이지만 폰트 패밀리는 null이면 예외가 발생하므로 처음부터 반드시 하나는 선택되어 있어야 한다. 두 예제를 결합하여 폰트와 색상 리스트 박스 2개를 배치하고 버튼의 각 속성에 연결하면 두 옵션을 각 리스트 박스에서 선택할 수도 있다.

16-1-4 객체와 바인딩하기

리스트 박스는 가변 개수의 항목을 저장할 수 있고 내용이 많을 경우 스크롤도 가능해서 대용량의 정보를 출력하기에 적합하다. 템플릿으로 항목을 원하는 대로 출력할 수 있어 포맷팅 능력도 뛰어나고 꾸미기에 따라서 아주 예쁜 디자인을 구현할 수 있다. 바인딩을 잘 활용하면 실시간으로 정보를 알아서 갱신하기도 한다. 네트워크로부터 수신한 임의 정보나 폰의 내부 데이터를 일목요연하게 출력할 때 리스트 박스가 제격이다.

리스트 박스를 외부 데이터와 연결할 때는 ItemsSource 속성을 사용한다. IEnumerable 타입이어서 배열이나 임의의 컬렉션을 바인딩 소스로 지정할 수 있다. 비슷한 형태의 정보가 반복되는 구조라면 거의 다 표시할 수 있다는 얘기다. 게다가 INotifyCollectionChanged 인터페이스를 구현하는 ObservableCollection 타입을 바인딩하면 실시간으로 목록을 편집할 수도 있으며 편집된 목록이 리스트 박스에도 즉시 갱신된다.

리스트 박스로 뉴스 목록을 출력해 보자. 뉴스는 사진, 제목, 본문 등으로 구성되며 비슷한 형식의 뉴스가 배열 형태로 반복되므로 리스트 박스로 출력하기에 적합하다. 뉴스는 매 시간 새로 생성되므로 네트워크를 통해 최신 정보를 읽어와야 한다. 그러나 예제에서 네트워크 접속을 하기는 번거로우므로 로컬에 배열 형태로 더미 뉴스 목록을 작성하고 이 목록을 리스트 박스에 출력해 보자. 프로젝트를 생성하고 News 클래스를 새로 추가하여 작성한다.

NewsList.News.cs

```
namespace NewsList
{
    public class News
    {
        static News()
        {
            Today = new News[10];

            Today[0] = new News();
            Today[0].Title = "윈도우폰 시장 점유율 증가";
            Today[0].Desc = "안드로이드, 아이폰 등을 재치고 스마트폰 1위로";
            Today[0].Picture = new SolidColorBrush(Colors.Red);

            Today[1] = new News();
            Today[1].Title = "휘발유값 폭락";
            Today[1].Desc = "국제 유가 안정으로 인해 휘발유가 리터당 1200원";
```

```
        Today[1].Picture = new SolidColorBrush(Colors.Blue);

        Today[2] = new News();
        Today[2].Title = "한달동안 쓰는 배터리 발명";
        Today[2].Desc = "한 번 충전으로 스마트폰을 한달동안 가동할 수 있는";
        Today[2].Picture = new SolidColorBrush(Colors.Yellow);

        for (int i = 3; i < 10; i++)
        {
            Today[i] = new News();
            Today[i].Title = i + "번째 뉴스";
            Today[i].Desc = i + "번째 뉴스에 대한 설명";
            Today[i].Picture = new SolidColorBrush(Colors.Gray);
        }
    }
    public string Title { set; get; }
    public string Desc { set; get; }
    public Brush Picture { set; get; }
    public static News[] Today { get; set; }
    }
}
```

News 클래스가 뉴스 하나를 표현하며 제목, 설명, 사진으로 구성된다. 이런 News 객체 여러 개가 모여 Today 배열을 구성하며 Today가 곧 뉴스의 목록이다. Today 자체는 뉴스의 집합일 뿐 뉴스의 일부는 아니므로 정적으로 선언했다. 뉴스의 각 정보가 템플릿의 출력 컨트롤과 바인 딩 되어야 하므로 모두 공개된(public) 속성으로 작성했다. 바인딩은 속성끼리 연결하는 기술이 므로 바인딩 대상 정보는 반드시 속성으로 공개되어야 한다.

실제 프로젝트에서는 네트워크에서 최신 뉴스를 다운로드하여 Today 배열에 추가하겠지만 예제에서는 편의상 정적 생성자에서 임의의 뉴스를 배열에 추가했다. 그나마도 3개만 대입했고 나머지는 루프를 돌려 대충 개수만 채웠다. 사진도 네트워크를 통해 다운받을 수 있지만 가짜이 므로 간단하게 단색 브러시로 정의했다. Today 배열이 네트워크로부터 받은 최신 정보라고 생각 하면 된다. 이 정보를 리스트 박스에 바인딩하여 출력해 보자.

NewsList.MainPage

```
xmlns:local="clr-namespace:NewsList"
```

```
<phone:PhoneApplicationPage.Resources>
    <local:News x:Key="news" />
</phone:PhoneApplicationPage.Resources>

<Grid x:Name="ContentPanel" Grid.Row="1" Margin="12,0,12,0">
    <ListBox Name="newslist" ItemsSource=
        "{Binding Source={StaticResource news}, Path=Today}"
         SelectionChanged="newslist_SelectionChanged">
        <ListBox.ItemTemplate>
            <DataTemplate>
                <StackPanel Orientation="Horizontal" Margin="10">
                    <Rectangle Width="70" Height="70" Margin="5" Fill=
                        "{Binding Picture}"/>
                    <StackPanel>
                        <TextBlock FontSize="25" Text="{Binding Title}" />
                        <TextBlock FontSize="15" Text="{Binding Desc}" />
                    </StackPanel>
                </StackPanel>
            </DataTemplate>
        </ListBox.ItemTemplate>
    </ListBox>
</Grid>
================================ CS =======================================
private void newslist_SelectionChanged(object sender, SelectionChangedEventArgs e)
{
    MessageBox.Show("" + newslist.SelectedIndex + "번째 뉴스를 봅니다.");
}
```

XAML 문서에서 객체를 생성하려면 리소스로 등록해야 한다. 뉴스 객체 생성을 위해 News 클래스를 news라는 이름의 리소스로 등록했다. 이 과정에서 News의 정적 생성자가 호출되며 여기서 10개의 더미 뉴스를 가지는 Today 배열이 초기화된다. 리스트 박스의 ItemsSource 속성에 news의 Today 속성을 바인딩했다. Today 배열의 뉴스들이 리스트 박스의 각 항목에 출력될 것이다.

뉴스를 어떻게 출력할 것인가는 항목 템플릿으로 지정한다. 수평 스택 패널과 수직 스택 패널을 조합하여 사각형을 왼쪽에 놓고 텍스트 블록 두 개를 아래위로 배치했다. 사각형은 Picture 속성과 바인딩하여 뉴스의 사진을 보여주고 텍스트 블록은 각각 Title과 Desc 속성과 바인딩하여 뉴스의 제목과 설명을 보여준다. 스택 패널에 마진을 적당히 주어 항목끼리 너무 인접하지 않도록 띄웠다. 실행 결과는 다음 그림과 같다.

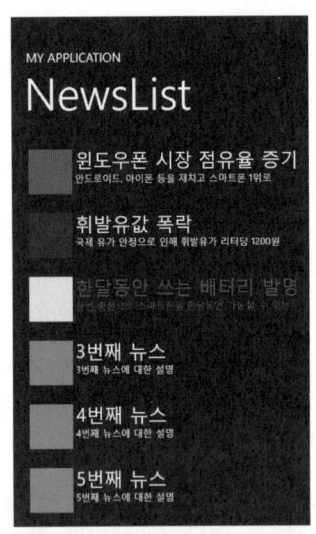

ItemsSource 속성에 지정된 Tdoay 배열의 모든 뉴스가 항목 템플릿을 통해 리스트 박스 항목으로 출력된다. 리스트 박스는 바인딩된 Today 배열의 개수만큼 템플릿에 정의된 비주얼 트리를 생성하고 각 뉴스의 정보를 비주얼 트리에 바인딩하여 출력할 것이다. 배열의 크기만큼 10개의 뉴스가 화면에 출력되며 가려진 아래쪽으로 스크롤도 잘 수행된다.

보다시피 리스트 박스에는 항목을 정의하는 어떤 코드도 없다. 단지 정보의 소스를 밝히는 ItemsSource 지정문과 이 정보를 출력할 항목 템플릿만 있을 뿐이다. 항목 템플릿이 없어도 일단 실행은 가능하지만 오른쪽 그림처럼 항목의 클래스 이름만 나타나 실질적 의미가 없으며 포맷팅을 위해 항목 템플릿을 제공해야 한다. 항목 템플릿 안에 비주얼 트리를 어떻게 배치하는가에 따라 원하는 형태로 정보를 포맷팅할 수 있다.

뉴스의 항목을 클릭하면 뉴스 본문을 읽어 보여주어야 할 것이다. 예제에서는 편의상 메시지 박스로 항목을 클릭했음만 표시하는데 어차피 더미 뉴스라 보여줄 본문이 없다. 실제 프로젝트에서는 뉴스의 상세 본문을 보여주는 페이지로 이동하여 본문을 새로 다운로드하여 보여주어야 할 것이다. 이 예제는 리스트 박스로 스크롤 가능한 목록을 작성하는 가장 전형적인 예를 잘 보여준다.

16-1-5 ItemsPanelTemplate

리스트 박스는 항목의 집합을 보여주기 위해 내부적으로 패널을 사용한다. 항목의 개수가 가변적이고 스크롤도 가능해야 하므로 내부에 패널이 있을 것임은 쉽게 추측할 수 있다. 리스트 박스의 디폴트 항목 패널은 수직 스크롤 뷰어 안의 스택 패널(VirtualizingStackPanel)이며 아래 위로 스크롤 기능을 제공한다. 폰을 보통 세로 방향으로 사용하므로 수직 스크롤 방식이 가장 무난하고 일반적이다. 흔하지는 않지만 원한다면 내부 패널을 다른 것으로 교체할 수 있다.

지금까지 설명을 보류한 마지막 템플릿인 ItemsPanelTemplate이 이때 사용된다. 이 타입의 ItemsPanel 속성을 변경하여 원하는 패널을 설정한다. 아무 패널이나 다 되는 것은 아니고 조건이 있다. 동일한 항목들의 집합을 순서대로 보여주므로 자식들의 컬렉션을 다룰 수 있어야 하며 스크롤도 가능해야 한다. 대표적으로 임의의 위치에 자식들을 배치하는 캔버스는 부적합하며 수평 스택 패널로 바꾸는 경우가 가장 일반적이다.

리스트 박스 내부의 스크롤 뷰어는 수직 스크롤만 지원하므로 수평 스택 패널로 변경하면 별도의 스크롤 뷰어로 감싸 수평 스크롤이 가능하도록 해야 한다. 새 예제를 만든 후 앞 예제에서 만든 News.cs 클래스를 가져온다. 샘플 데이터는 그대로 사용하고 XAML 문서의 리스트 박스만 수정하면 된다.

NewsListHorz

```
xmlns:local="clr-namespace:NewsListHorz"
....
SupportedOrientations="Landscape" Orientation="Landscape"
shell:SystemTray.IsVisible="True">

<phone:PhoneApplicationPage.Resources>
    <local:News x:Key="news" />
</phone:PhoneApplicationPage.Resources>

<Grid x:Name="ContentPanel" Grid.Row="1" Margin="12,0,12,0">
    <ScrollViewer HorizontalScrollBarVisibility="Auto"
       VerticalScrollBarVisibility="Disabled">
        <ListBox Name="newslist" ItemsSource=
        "{Binding Source={StaticResource news}, Path=Today}">
            <ListBox.ItemTemplate>
                <DataTemplate>
                    <StackPanel Margin="10">
                        <Rectangle Width="70" Height="70" Margin="5" Fill=
                         "{Binding Picture}"/>
                        <TextBlock FontSize="25" Text="{Binding Title}" />
                        <TextBlock FontSize="15" Text="{Binding Desc}" />
```

```
                </StackPanel>
            </DataTemplate>
        </ListBox.ItemTemplate>
        <ListBox.ItemsPanel>
            <ItemsPanelTemplate>
                <StackPanel Orientation="Horizontal" />
            </ItemsPanelTemplate>
        </ListBox.ItemsPanel>
    </ListBox>
  </ScrollViewer>
</Grid>
```

수평 리스트 박스는 화면이 가로일 때 어울리므로 화면 방향을 가로로 변경했다. 리스트 박스를 별도의 수평 스크롤 뷰어로 감싸 수평 스크롤을 지원하도록 했다. 수평 방향에 맞게 ItemTemplate 속성을 수정하여 수직 스택 패널에 사진, 제목, 본문을 아래위로 배치했다. 물론 얼마든지 다른 형태로 포맷팅할 수 있다. 마지막으로 ItemsPanel에 수평 스택 패널을 지정하여 뉴스들을 옆으로 배열했다.

뉴스들이 옆으로 나열되며 스크롤도 잘 된다. 이런 식으로 항목 컨트롤의 패널을 바꿀 수는 있지만 일반적이지는 않다. 텍스트가 보통 수평 방향으로 길쭉하므로 뉴스 앱의 경우는 수평 방향으로 나열하는 것이 사실 잘 어울리지 않는다. 이미지 목록이나 음악 앨범 자켓 목록 정도라면 수평으로 스크롤되는 것이 꽤 그럴듯해 보일 것이다.

16-2-1 허브 스타일

모바일 장비는 다양한 정보를 소비하는 기계이다. 보여줄 정보는 엄청나게 많고 복잡한데 비해 모바일 장비의 화면은 아직까지도 너무나 작다. 그래서 좁은 화면에 많은 정보를 효율적으로 표시할 수 있는 여러 가지 방법들이 고안되었다. 가장 먼저 도입된 것은 보고 싶은 쪽으로 이동하는 스크롤 기능이다. 대량의 정보를 표시할 수 있지만 목록이 길어지면 항목을 찾기 어렵고 일차원적으로 정보를 나열하는 식이라 분류를 할 수 없다는 단점이 있다.

성격이 다른 정보는 같이 섞어서 보여주는 것보다 구분해서 보여주는 것이 좋다. 이 개념에 의해 등장한 것이 페이지를 나누고 탭으로 페이지를 전환하는 것이다. 전체 정보를 성격에 따라 몇 개의 그룹으로 나누고 각 그룹에 속한 정보를 하나의 페이지에 배치한다. 정보가 2차원적으로 분류되어 육안 검색이 쉽고 비슷한 정보들을 한꺼번에 볼 수 있어서 편리하다. 탭 방식은 모바일 환경뿐만 아니라 데스크탑 환경에서도 광범위하게 사용되고 있다.

윈도우폰은 탭 방식 대신 허브라는 새로운 개념을 사용한다. 정보를 그룹화하여 페이지로 나눈다는 점에서는 탭 방식과 유사하되 페이지를 옆으로 나란히 배치하여 좌우로 스크롤하여 이동하는 방식이다. 개별 페이지는 수직으로도 스크롤되므로 가상의 화면을 수평, 수직 양방향으로 확장한 형태라고 할 수 있다. 윈도우폰은 게임, 마켓, 음악과 비디오 등의 주요 앱을 허브 스타일로 제공한다.

허브는 전통적인 탭 방식보다는 확실히 예쁘고 색다르다. 클릭보다는 터치를 기반으로 하는 모바일 장비의 특성과도 잘 어울린다. 탭 클릭 시 페이지를 갑자기 전환하는 방식에 비해 부드럽게 스크롤되며 넘어가므로 이동한다는 사실을 분명히 보여주고 화면을 쓰다듬는 재미를 더해준다. 허브 스타일은 독특하고 신선하지만 그렇다고 해서 전통적인 방식보다 우수하다고 평가할 수는 없다. 페이지가 많을 때는 순차적으로 이동해야 하므로 편의성은 다소 떨어진다.

윈도우폰의 허브 스타일은 피봇과 파노라마 두 가지 종류가 있다. 이 둘은 거의 유사하지만 모양과 동작이 약간씩 다르다. 어떻게 다른지 마법사로 각 타입의 예제를 만들어 관찰 및 분석해보자. 새 프로젝트를 시작하고 템플릿에서 Windows Phone Panorama Application과 Windows Phone Pivot Application을 각각 선택하면 파노라마와 피봇 앱의 기본 뼈대를 생성해 준다.

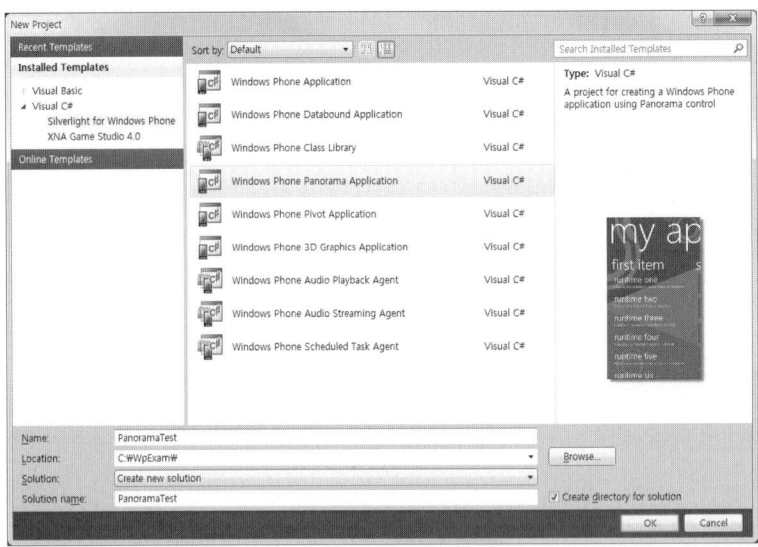

지금까지 실습하던 예제와는 템플릿이 다르므로 새 프로젝트 대화상자에서 템플릿을 바꿔야 함을 유의하자. PanoramaTest, PivotTest라는 이름으로 각 타입의 프로젝트를 만들어 실행해 보자. 각 예제의 실행 모습은 다음과 같다.

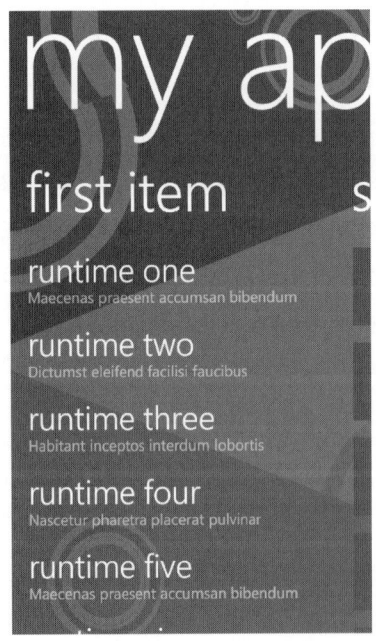

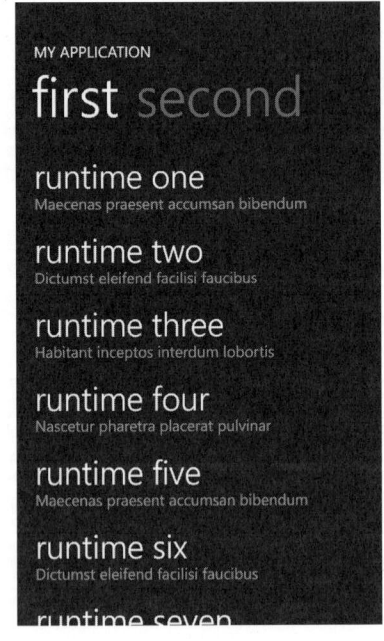

두 예제 모두 2개의 페이지로 구성되어 있으며 옆으로 스크롤된다는 면에서 동작 방식이 거의 유사하다. 그러나 자세히 관찰해 보면 전반적인 디자인이 다르며 세부적인 동작도 차이가 나는 부분이 많다. 주요 차이점은 다음과 같다.

❶ 파노라마는 배경 이미지를 지정하여 멋지게 장식할 수 있지만 피봇은 배경을 깔 수 없어 테마색으로 나타난다. 외모로만 보면 파노라마가 훨씬 더 멋지고 장식의 여지가 많다.

❷ 파노라마는 타이틀이 크게 강조되며 페이지와 함께 스크롤되지만 피봇은 타이틀이 고정 위치에 작게 표시된다. 타이틀이 크므로 내용을 표시할 영역은 그만큼 좁아진다.

❸ 피봇은 페이지 제목이 동시에 여러 개 나타나며 제목을 탭하여 페이지를 전환할 수 있다. 하지만 파노라마는 현재 페이지 하나만 보이며 드래그해야 전환된다.

❹ 파노라마는 다음 페이지의 일부가 오른쪽에 보여 뒤쪽에 페이지가 더 있음을 표시하며 비록 일부지만 다음 페이지 내용을 미리 볼 수 있다. 그러나 피봇은 현재 페이지만 보인다.

❺ 스크롤 중에 파노라마는 두 페이지 내용이 동시에 보이지만 피봇은 완전히 넘겨야만 다음 페이지가 나타난다.

이런저런 미세한 차이점이 있지만 이 둘은 용도가 비슷해서 서로 대체 가능하다. 전체적인 디자인이나 동작을 살펴보고 용도에 맞는 타입을 선택하면 된다. 윈도우폰의 기본 앱들은 파노라마 방식을 더 많이 사용한다.

16-2-2 피봇 예제 분석

상대적으로 더 간단한 피봇 예제를 먼저 분석해 보자. 예상외로 구조는 그렇게 복잡하지 않다. MainPage.xaml 파일을 보면 일반 앱에 비해 다음 네임스페이스가 추가로 더 선언되어 있는데 Pivot, Panorama 등의 클래스가 이 네임스페이스에 포함되어 있다. 마법사로 생성하지 않고 직접 만들 때는 이 네임스페이스를 추가해야 하며 XAML 문서에서 Pivot을 배치할 때도 controls:Pivot 으로 접두를 붙여야 한다.

```
xmlns:controls="clr-namespace:Microsoft.Phone.Controls;assembly=Microsoft.
    Phone.Controls"
```

Pivot과 Panorama는 둘 다 ItemsControl로부터 파생된 TemplatedItemsControl<T>로부터 파생된다. Pivot은 PivotItem 컬렉션을 가지며 Panorama는 PanoramaItem 컬렉션을 가진다는 점이 다르다. PivotItem, PanoramaItem 타입은 ContentControl 파생 타입이므로 임의의 컨트롤을 배치할 수 있다. 메인 페이지의 구조는 다음과 같다.

```xml
<Grid x:Name="LayoutRoot" Background="Transparent">
    <!--Pivot Control-->
    <controls:Pivot Title="MY APPLICATION">
        <!--Pivot item one-->
        <controls:PivotItem Header="first">
            <!--Double line list with text wrapping-->
            <ListBox x:Name="FirstListBox" Margin="0,0,-12,0" ItemsSource=
                "{Binding Items}">
                <ListBox.ItemTemplate>
                    <DataTemplate>
                        <StackPanel Margin="0,0,0,17" Width="432" Height="78">
                            <TextBlock Text="{Binding LineOne}" TextWrapping="Wrap"
                                Style="{StaticResource PhoneTextExtraLargeStyle}"/>
                            <TextBlock Text="{Binding LineTwo}" TextWrapping=
                                "Wrap" Margin="12,-6,12,0" Style=
                                    "{StaticResource PhoneTextSubtleStyle}"/>
                        </StackPanel>
                    </DataTemplate>
                </ListBox.ItemTemplate>
            </ListBox>
        </controls:PivotItem>

        <!--Pivot item two-->
        <controls:PivotItem Header="second">
            <!--Triple line list no text wrapping-->
            <ListBox x:Name="SecondListBox" Margin="0,0,-12,0" ItemsSource=
                "{Binding Items}">
                <ListBox.ItemTemplate>
                    <DataTemplate>
                        <StackPanel Margin="0,0,0,17">
                            <TextBlock Text="{Binding LineOne}" TextWrapping=
                                "NoWrap" Margin="12,0,0,0" Style=
                                    "{StaticResource PhoneTextExtraLargeStyle}"/>
                            <TextBlock Text="{Binding LineThree}" TextWrapping
```

```
                                             ="NoWrap" Margin="12,-6,0,0" Style=
                                                 "{StaticResource PhoneTextSubtleStyle}"/>
                                </StackPanel>
                            </DataTemplate>
                        </ListBox.ItemTemplate>
                    </ListBox>
                </controls:PivotItem>
            </controls:Pivot>
        </Grid>
```

Pivot 클래스의 Title 속성은 화면 상단에 앱의 이름으로 나타난다. Pivot 안에 PivotItem의 배열이 배치되는데 마법사가 만든 프로젝트에는 두 개의 항목이 있으며 그래서 두 개의 페이지를 가진다. PivotItem의 Header 속성은 페이지의 제목이다. 각 항목에는 리스트 박스가 배치되어 있다. 그래서 피봇은 좌우로 스크롤되고 리스트 박스는 상하로 스크롤된다. 양방향으로 스크롤되는 셈인데 최초 손가락을 누른 위치에서 어느 방향으로 움직이는가에 따라 스크롤 방향이 결정된다.

두 리스트 박스의 구조는 동일하므로 하나만 분석해 보면 된다. 리스트 박스의 ItemsSource 속성을 보면 Items와 바인딩되어 있고 템플릿의 텍스트 블록들은 LineOne, LineTwo 속성과 바인딩되어 있다. Items는 배열이고 LineOne, LineTwo는 배열에 저장된 객체의 속성임을 쉽게 짐작할 수 있을 것이다. 리스트 박스와 바인딩되는 샘플 데이터는 ViewModels 폴더의 MainViewModel.cs 파일에 작성되어 있다.

```
namespace PivotTest
{
    public class MainViewModel : INotifyPropertyChanged
    {
        public MainViewModel()
        {
            this.Items = new ObservableCollection<ItemViewModel>();
        }

        public ObservableCollection<ItemViewModel> Items { get; private set; }

        private string _sampleProperty = "Sample Runtime Property Value";
        public string SampleProperty
        {
```

```
        get
        {
            return _sampleProperty;
        }
        set
        {
            if (value != _sampleProperty)
            {
                _sampleProperty = value;
                NotifyPropertyChanged("SampleProperty");
            }
        }
    }

    public bool IsDataLoaded
    {
        get;
        private set;
    }

    public void LoadData()
    {
        // Sample data; replace with real data
        this.Items.Add(new ItemViewModel() { LineOne = "runtime one",
LineTwo = "Maecenas praesent accumsan bibendum", LineThree = "Facilisi faucibus
habitant inceptos interdum lobortis nascetur pharetra placerat pulvinar sagittis
senectus sociosqu" });
        ....
        this.Items.Add(new ItemViewModel(){ LineOne = "runtime sixteen",
LineTwo = "Nascetur pharetra placerat pulvinar", LineThree = "Pulvinar sagittis
senectus sociosqu suscipit torquent ultrices vehicula volutpat maecenas praesent
accumsan bibendum" });

        this.IsDataLoaded = true;
    }

    public event PropertyChangedEventHandler PropertyChanged;
    private void NotifyPropertyChanged(String propertyName)
    {
        PropertyChangedEventHandler handler = PropertyChanged;
```

```
            if (null != handler)
            {
                handler(this, new PropertyChangedEventArgs(propertyName));
            }
        }
    }
}
```

Items 속성이 ItemViewModel의 컬렉션으로 정의되어 있다. 생성자에서 초기화되며 LoadData 메서드에서 총 16개의 요소가 채워진다. Items의 요소인 ItemViewModel 클래스는 같은 폴더의 ItemViewModel.cs 파일에 정의되어 있다.

```
namespace PivotTest
{
    public class ItemViewModel : INotifyPropertyChanged
    {
        private string _lineOne;
        public string LineOne
        {
            get
            {
                return _lineOne;
            }
            set
            {
                if (value != _lineOne)
                {
                    _lineOne = value;
                    NotifyPropertyChanged("LineOne");
                }
            }
        }

        private string _lineTwo;
        public string LineTwo
    ....

        private string _lineThree;
        public string LineThree
```

....

```
        public event PropertyChangedEventHandler PropertyChanged;
        private void NotifyPropertyChanged(String propertyName)
        {
            PropertyChangedEventHandler handler = PropertyChanged;
            if (null != handler)
            {
                handler(this, new PropertyChangedEventArgs(propertyName));
            }
        }
    }
}
```

세 개의 문자열을 속성으로 가지며 변경 통지 기능이 구현되어 있는 간단한 클래스이다. 예제에서는 리스트 박스에 두 개의 텍스트 블록만 배치하되 첫 페이지는 LineOne과 LineTwo를, 두 번째 페이지는 LineOne과 LineThree를 출력한다. 전체 컬렉션인 MainViewModel 객체는 App 클래스에 속성으로 선언되어 있다.

```
public partial class App : Application
{
    private static MainViewModel viewModel = null;
    public static MainViewModel ViewModel
    {
        get
        {
            // Delay creation of the view model until necessary
            if (viewModel == null)
                viewModel = new MainViewModel();

            return viewModel;
        }
    }
```

선언할 때는 null로 초기화했다가 최초로 get 할 때 생성하는 지연 초기화 기법을 사용한다. 메인 페이지의 Loaded 이벤트에서 실데이터를 로드한다.

```
public partial class MainPage : PhoneApplicationPage
```

```
{
    public MainPage()
    {
        InitializeComponent();

        DataContext = App.ViewModel;
        this.Loaded += new RoutedEventHandler(MainPage_Loaded);
    }

    private void MainPage_Loaded(object sender, RoutedEventArgs e)
    {
        if (!App.ViewModel.IsDataLoaded)
        {
            App.ViewModel.LoadData();
        }
    }
}
```

LoadData에서 16개의 샘플 데이터를 생성하는데 이 데이터는 실행 중에 생성되므로 디자인 타임에는 사용할 수 없다. 실제로 폼이 로드되어야만 생성되는 데이터이다. 실제 프로젝트에서도 프로그램을 실행해야 목록 데이터를 얻을 수 있는 경우가 많다.

그렇다고 해서 디자인 뷰에 아무것도 출력하지 않을 수는 없으므로 별도의 디자인 타임 샘플 데이터를 제공한다. 디자인 타임에는 SampleData 폴더의 MainViewModelSampleData.xaml에 정의된 여섯 개의 샘플 데이터를 대신 사용한다.

```
<local:MainViewModel
    xmlns="http://schemas.microsoft.com/winfx/2006/xaml/presentation"
    xmlns:x="http://schemas.microsoft.com/winfx/2006/xaml"
    xmlns:local="clr-namespace:PivotTest"
    SampleProperty="Sample Text Property Value">

    <local:MainViewModel.Items>
        <local:ItemViewModel LineOne="design one" LineTwo="Maecenas praesent acc
umsan bibendum" LineThree="Maecenas praesent accumsan bibendum dictumst eleifend
facilisi faucibus habitant inceptos interdum lobortis nascetur"/>
....
        <local:ItemViewModel LineOne="design six" LineTwo="Torquent ultrices veh
icula volutpat" LineThree="Senectus sociosqu suscipit torquent ultrices vehicula
```

```
volutpat maecenas praesent accumsan bibendum dictumst eleifend"/>
    </local:MainViewModel.Items>

</local:MainViewModel>
```

MainViewModel에 포함되는 ItemViewModel 객체 여섯 개를 정의한다. 이 파일의 Build Action 속성이 DesignData로 되어 있으며 메인 페이지에는 이 데이터를 사용하라는 다음 지시문이 작성되어 있다.

```
d:DataContext="{d:DesignData SampleData/MainViewModelSampleData.xaml}"
```

이 지정문에 의해 디자인 타임에는 샘플 데이터가 보이지만 실행할 때는 LoadData 메서드가 생성한 16개의 항목이 보인다. 디자인 중에 사용할 데이터와 실행 중에 사용할 데이터가 따로 존재한다는 점이 흥미롭다. 디자인 화면에서는 design one이라는 캡션으로 6개의 항목이 보이며 실행하면 runtime one이라는 항목 16개가 보인다.

프로젝트 자체의 부피도 크고 구성 파일이 많으며 템플릿, 바인딩, 변경 통지 기능, MVVM, 샘플 데이터 등등 윈도우폰 프로그래밍의 고급 기법들이 거의 총동원되어 있어 한 번에 이 예제를 완벽하게 분석하기는 쉽지 않다. 하지만 앞 예제들을 차분히 잘 실습해 왔다면 사실 그리 어려운 구문도 없다. 이 예제가 무난히 분석되면 기초 학습이 튼튼하다고 자부해도 좋다.

16-2-3 파노라마 예제 분석

다음은 파노라마 형식으로 작성된 PanoramaTest 예제를 분석해 보자. 피봇과 비슷한 복잡도를 가지지만 구조가 거의 비슷해서 피봇을 이해했다면 차이점 정도만 살펴보면 된다. 샘플 데이터는 동일하므로 MainPage만 분석해 보자.

PanoramaTest/MainPage.xaml

```
<!--LayoutRoot is the root grid where all page content is placed-->
<Grid x:Name="LayoutRoot" Background="Transparent">

    <!--Panorama control-->
    <controls:Panorama Title="my application">
        <controls:Panorama.Background>
```

```xml
            <ImageBrush ImageSource="PanoramaBackground.png"/>
    </controls:Panorama.Background>

    <!--Panorama item one-->
    <controls:PanoramaItem Header="first item">
        <!--Double line list with text wrapping-->
        <ListBox Margin="0,0,-12,0" ItemsSource="{Binding Items}">
            <ListBox.ItemTemplate>
                <DataTemplate>
                    <StackPanel Margin="0,0,0,17" Width="432" Height="78">
                        <TextBlock Text="{Binding LineOne}" TextWrapping="Wrap
                            " Style="{StaticResource PhoneTextExtraLargeStyle}"/>
                            <TextBlock Text="{Binding LineTwo}" TextWrapping="Wrap
                            " Margin="12,-6,12,0" Style=
                                "{StaticResource PhoneTextSubtleStyle}"/>
                    </StackPanel>
                </DataTemplate>
            </ListBox.ItemTemplate>
        </ListBox>
    </controls:PanoramaItem>

    <!--Panorama item two-->
    <!--Use 'Orientation="Horizontal"' to enable a panel that lays out horizontally-->
    <controls:PanoramaItem Header="second item">
        <!--Double line list with image placeholder and text wrapping-->
        <ListBox Margin="0,0,-12,0" ItemsSource="{Binding Items}">
            <ListBox.ItemTemplate>
                <DataTemplate>
                    <StackPanel Orientation="Horizontal" Margin="0,0,0,17">
                        <!--Replace rectangle with image-->
                        <Rectangle Height="100" Width="100" Fill=
                            "#FFE5001b" Margin="12,0,9,0"/>
                        <StackPanel Width="311">

                            <TextBlock Text="{Binding LineOne}"
                                TextWrapping="Wrap" Style=
                                "{StaticResource PhoneTextExtraLargeStyle}"/>
                            <TextBlock Text="{Binding LineTwo}"
                                TextWrapping="Wrap" Margin="12,-6,12,0" Style=
                                "{StaticResource PhoneTextSubtleStyle}"/>
                        </StackPanel>
```

```
                </StackPanel>
            </DataTemplate>
        </ListBox.ItemTemplate>
    </ListBox>
    </controls:PanoramaItem>
    </controls:Panorama>
</Grid>
```

1셀 그리드 안에 Panorama 컨트롤이 배치되어 있다. Title 속성은 전체 앱의 제목이며 화면 상단에 큼지막하게 표시된다. 피봇과 다른 점은 Background 속성으로 배경 이미지를 지정하고 있다는 점인데 마법사가 만든 프로젝트는 다음 이미지를 사용한다.

이 이미지가 페이지의 배경에 나타나며 페이지가 바뀌면 따라서 스크롤된다. 물론 어디까지나 샘플 이미지이므로 원하는 다른 이미지로 교체할 수 있다. 배경으로 사용할 이미지 파일을 프로젝트에 포함시키고 Panorama 컨트롤의 Background 속성에 대입하면 된다. 특별한 이유가 없다면 크기는 기본 이미지와 같게 만드는 것이 좋다.

Panorama 컨트롤 안에 두 개의 PanoramaItem이 배치되어 있다. 이 컨트롤의 Header 속성이 페이지의 제목이다. 항목 안에는 리스트 박스가 배치되어 있으며 구조는 피봇 예제와 거의 동일하다. 샘플 데이터가 같으므로 바인딩 구문이 비슷할 수밖에 없다. 다만, 두 번째 페이지는 빨간색 사각형을 하나 더 배치한다는 점만 다르다.

보다시피 피봇과 파노라마는 동작 방식은 상당히 다르지만 프로젝트의 구조는 거의 동일하며 프로그래밍하는 방법도 별반 차이가 없다. 꼭 어떤 타입을 사용해야 한다는 강제 규칙 같은 것은 없으므로 표현하고자 하는 정보의 성격에 따라 적합한 형식을 선택하면 된다.

16-2-4 PivotNews

마법사가 만들어준 프로젝트를 다 분석했다면 유사한 프로그램을 개조해서 만드는 것은 아주 쉽다. 타이틀과 제목은 적당히 수정하고 필요한 페이지 수만큼 PivotItem 항목을 늘려 주면 된다. 피봇 형태로 프로젝트를 만드는 것은 쉽지만 피봇에 출력할 실제 데이터를 읽어오고 관리하는 것이 어려울 뿐이다.

여기서는 마법사의 도움을 받지 말고 직접 피봇 앱을 만들어 보자. 샘플 데이터가 프로젝트마다 천차만별로 틀려서 사실 마법사가 만든 프로젝트가 크게 유용하지도 않다. PivotNews라는 이름으로 프로젝트를 생성하되 템플릿은 Windows Phone Application으로 선택한다. Controls 네임스페이스는 기본적으로 포함되지 않으므로 직접 Reference에 추가해야 한다. Project/Add Reference를 선택하고 Controls를 추가한다.

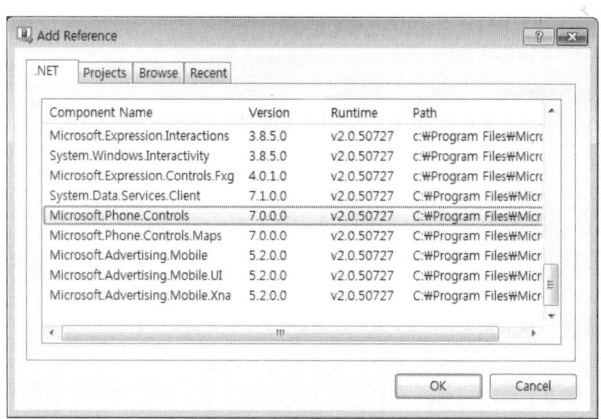

출력할 대상이 무엇인가에 따라 데이터를 저장할 수 있는 클래스를 디자인하고 바인딩 대상이 되는 정보를 속성으로 노출시켜야 한다. PivotNews 앱은 뉴스를 보여주는 앱이므로 뉴스 하나를 정의하는 클래스를 다음과 같이 작성한다.

```
namespace PivotNews
{
    public class NewsItem
    {
        public string Title { get; set; }
        public string Desc { get; set; }
        public Brush Picture { get; set; }
    }
}
```

뉴스와 관련된 세 개의 속성을 정의한다. 제목과 설명은 문자열 타입이며 사진은 단색 브러시로 대체한다. 진짜 사진을 보여준다면 사진의 웹 경로 주소나 아니면 다운로드한 파일명 등을 저장하면 될 것이다.

실행 중에 값이 변할 수 있다면 마법사가 만든 예제처럼 INotifyPropertyChanged 인터페이스도 구현해야 하는데 이 예제는 정적 데이터를 사용하므로 편의상 생략했다. 뉴스의 집합은 Today 클래스가 저장한다.

```
using System.Collections.ObjectModel;

namespace PivotNews
{
    public class Today
    {
        public ObservableCollection<NewsItem> PolNews { get; private set; }
        public ObservableCollection<NewsItem> EcoNews { get; private set; }

        public Today()
        {
            PolNews = new ObservableCollection<NewsItem>();
            EcoNews = new ObservableCollection<NewsItem>();
        }

        public void LoadData()
        {
            PolNews.Add(new NewsItem() { Title = "대통령 유럽 순방",
```

```
            Desc = "영국, 프랑스, 이탈리아 등을 순방 중인 김",
            Picture=new SolidColorBrush(Colors.Red) });
    PolNews.Add(new NewsItem() { Title = "지방 선거법 개정",
            Desc = "자체 단체장을 뽑는 지방 선거 제도가",
            Picture = new SolidColorBrush(Colors.Blue) });
    EcoNews.Add(new NewsItem() { Title = "외환 보유액 1조 돌파",
            Desc = "한국의 외한 보유액이 사상 최초로 1조달러를",
            Picture = new SolidColorBrush(Colors.Blue) });
    EcoNews.Add(new NewsItem() { Title = "부동산 거래 활성",
            Desc = "집값이 하향 평준화 되면서 거래가 활발해지고",
            Picture = new SolidColorBrush(Colors.Green) });
    EcoNews.Add(new NewsItem() { Title = "스마트폰 대세",
            Desc = "윈도우폰을 비롯한 스마트폰이 대세다.",
            Picture = new SolidColorBrush(Colors.Cyan) });
    }
  }
}
```

정치, 경제 뉴스에 대한 컬렉션 두 개를 선언하고 LoadData에서 샘플 뉴스를 생성하여 추가한다. 실제 프로젝트라면 네트워크에서 읽어오는 코드를 작성해야 하며 데이터 갱신 시 통보도 해야 한다. 샘플 뉴스가 실행 중에 생성되므로 디자인 타임에 쓸 데이터는 따로 작성한다. Project/Add/New Item 대화상자에서 XML File로 추가한다.

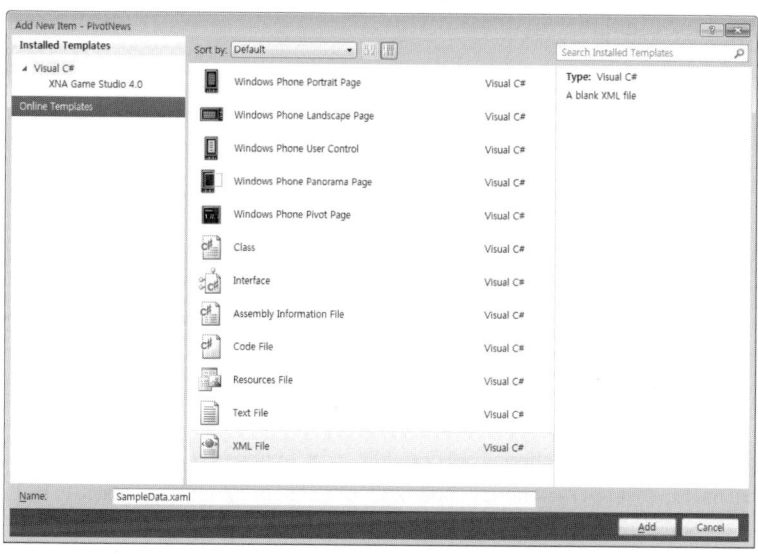

이름은 SampleData.xaml로 지정하고 빌드 액션은 Design Data로 수정한다. 디자인 중에 사용할 샘플을 다음과 같이 입력한다. 디자인만 확인하면 되므로 너무 상세하게 작성할 필요없다.

SampleData.xaml

```xml
<local:Today
    xmlns="http://schemas.microsoft.com/winfx/2006/xaml/presentation"
    xmlns:x="http://schemas.microsoft.com/winfx/2006/xaml"
    xmlns:local="clr-namespace:PivotNews">

    <local:Today.PolNews>
        <local:NewsItem Title="정치 뉴스 1" Desc="정치 뉴스 1의 설명" Picture="Blue"/>
        <local:NewsItem Title="정치 뉴스 2" Desc="정치 뉴스 2의 설명" Picture="Red"/>
        <local:NewsItem Title="정치 뉴스 3" Desc="정치 뉴스 3의 설명" Picture="Yellow"/>
    </local:Today.PolNews>

    <local:Today.EcoNews>
        <local:NewsItem Title="경제 뉴스 1" Desc="경제 뉴스 1의 설명" Picture="Blue"/>
        <local:NewsItem Title="경제 뉴스 2" Desc="경제 뉴스 2의 설명" Picture="Red"/>
        <local:NewsItem Title="경제 뉴스 3" Desc="경제 뉴스 3의 설명" Picture="Yellow"/>
    </local:Today.EcoNews>
</local:Today>
```

데이터가 다 준비되었으므로 이제 메인 페이지를 만들자. 레이아웃뿐만 아니라 여러 가지 설정이나 선언도 필요하다.

MainPage.xaml

```xml
<phone:PhoneApplicationPage
    x:Class="PivotNews.MainPage"
    xmlns="http://schemas.microsoft.com/winfx/2006/xaml/presentation"
    xmlns:x="http://schemas.microsoft.com/winfx/2006/xaml"
    xmlns:phone="clr-namespace:Microsoft.Phone.Controls;assembly=Microsoft.Phone"
    xmlns:shell="clr-namespace:Microsoft.Phone.Shell;assembly=Microsoft.Phone"
    xmlns:controls="clr-namespace:Microsoft.Phone.Controls;assembly=
        Microsoft.Phone.Controls"
    xmlns:d="http://schemas.microsoft.com/expression/blend/2008"
    xmlns:mc="http://schemas.openxmlformats.org/markup-compatibility/2006"
    mc:Ignorable="d" d:DesignWidth="480" d:DesignHeight="768"
```

```xml
        d:DataContext="{d:DesignData SampleData.xaml}"
        FontFamily="{StaticResource PhoneFontFamilyNormal}"
        FontSize="{StaticResource PhoneFontSizeNormal}"
        Foreground="{StaticResource PhoneForegroundBrush}"
        SupportedOrientations="Portrait" Orientation="Portrait"
        shell:SystemTray.IsVisible="True" Loaded="PhoneApplicationPage_Loaded">

    <controls:Pivot Title="오늘의 뉴스">
        <controls:PivotItem Header="소개">
            <TextBlock TextWrapping="Wrap" Text=
                            "이 프로그램은 오늘의 주요 뉴스를 섹션별로 페이지를 나누어 보여줍
                            니다. 위쪽의 페이지 제목을 탭하거나 좌우로 스크롤하십시오." />
        </controls:PivotItem>

        <controls:PivotItem Header="정치">
            <ListBox ItemsSource="{Binding PolNews}">
                <ListBox.ItemTemplate>
                    <DataTemplate>
                        <StackPanel Orientation="Horizontal">
                            <Rectangle Width="70" Height="70" Margin="5"
                                        Fill="{Binding Picture}"/>
                            <StackPanel>
                                <TextBlock FontSize="30" Text="{Binding Title}"/>
                                <TextBlock FontSize="15" Text="{Binding Desc}"/>
                            </StackPanel>
                        </StackPanel>
                    </DataTemplate>
                </ListBox.ItemTemplate>
            </ListBox>
        </controls:PivotItem>

        <controls:PivotItem Header="경제">
            <ListBox ItemsSource="{Binding EcoNews}">
                <ListBox.ItemTemplate>
                    <DataTemplate>
                        <StackPanel Orientation="Horizontal">
                            <Rectangle Width="70" Height="70" Margin="5"
                                        Fill="{Binding Picture}"/>
                            <StackPanel>
                                <TextBlock FontSize="30" Text="{Binding Title}"/>
                                <TextBlock FontSize="15" Text="{Binding Desc}"/>
```

```
                    </StackPanel>
                  </StackPanel>
                </DataTemplate>
              </ListBox.ItemTemplate>
            </ListBox>
        </controls:PivotItem>
      </controls:Pivot>

</phone:PhoneApplicationPage>
================================ CS =======================================
namespace PivotNews
{
    public partial class MainPage : PhoneApplicationPage
    {
        Today today = null;
        public MainPage()
        {
            InitializeComponent();
            today = new Today();
            DataContext = today;
        }

        private void PhoneApplicationPage_Loaded(object sender, RoutedEventArgs e)
        {
            today.LoadData();
        }
    }
}
```

controls 네임스페이스 선언과 샘플 데이터의 위치를 알려주는 구문이 있어야 한다. 피봇 안에 세 개의 PivotItem 항목을 선언했다. 첫 번째 페이지는 단순한 소개이며 텍스트 블록으로 프로그램에 대한 소개를 출력한다. 꼭 리스트 박스로 목록만 만들어야 하는 것은 아니다. PivotItem도 하나의 컨테이너이므로 텍스트뿐만 아니라 이미지나 버튼 등의 컨트롤을 배치하여 원하는 대로 디자인할 수 있다.

두 번째, 세 번째 페이지는 사실상 구조가 동일하되 바인딩되는 컬렉션만 다르다. 정치 페이지는 PolNews 컬렉션과 바인딩되고 경제 페이지는 EcoNews 컬렉션과 바인딩된다. 각 항목에는 사각형 하나와 텍스트 블록 두 개를 배치하여 사진과 기사를 보여주도록 했다. 샘플 데이터의 사진이 단색 브러시이므로 사각형으로 출력했는데 실제 프로젝트라면 Image 컨트롤을 사용해야 할 것이다.

　MainPage의 생성자에서 Today 객체를 생성하고 폼이 로드될 때 LoadData를 호출하여 샘플 데이터를 만든다. 다섯 개의 뉴스가 각 컬렉션에 생성되며 이 정보는 바인딩을 거쳐 두 페이지에 분류되어 출력된다. 다음 세 개의 페이지로 구성된 피봇 앱이 완성되었다.

　데이터가 가짜이다 보니 프로젝트도 그리 복잡하지 않은데 실용적인 프로젝트를 작성하려면 데이터 변경, 네트워크 연결 등 훨씬 더 많은 처리가 필요하다. 기사를 클릭하면 본문을 다운로드하여 보여주는 페이지도 작성해야 한다. 이 프로젝트를 파노라마 형식으로 바꾸는 것도 그리 어렵지 않다. XAML 파일의 클래스명만 바꿔 주고 배경 이미지만 그럴듯하게 깔아 주면 멋진 파노라마 앱이 된다.

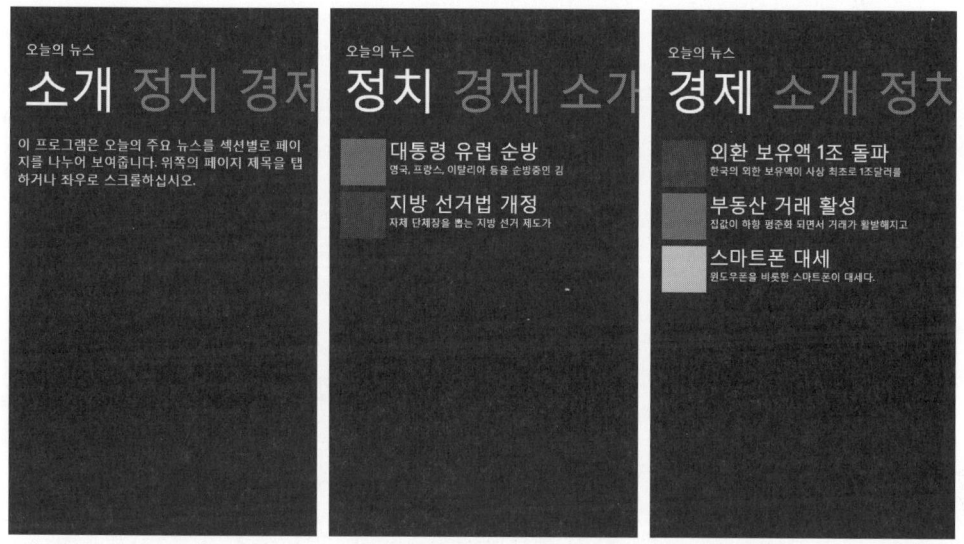

16-2-5 피봇의 이벤트

　피봇과 파노라마는 페이지가 변경될 때 리스트 박스와 마찬가지로 SelectionChanged 이벤트가 발생한다. 페이지마다 다른 처리가 필요할 때 이 이벤트를 사용한다. 현재 선택된 항목과 순서값은 SelectedItem, SelectedIndex 속성으로 구할 수 있다.

　피봇은 SelectionChanged 이벤트와는 별도로 항목이 로드될 때, 로드 완료시 LoadingPivotItem,

LoadedPivotItem 이벤트가 발생하고 항목이 해제될 때, 해제 완료시 UnloadingPivotItem, UnloadedPivotItem 이벤트가 발생한다. 파노라마는 이 이벤트가 없다. 피봇, 파노라마의 이벤트 중 가장 유용한 것은 페이지가 바뀐 후에 발생하는 SelectionChanged 이벤트이며 이 이벤트를 사용하면 페이지마다 다른 앱바를 부착할 수 있다.

앱바는 기본적으로 페이지(PhoneApplicationPage)에 부착되는 것이어서 전체 피봇 페이지가 하나의 앱바를 공유한다. 앱바는 MainPage.xaml 아래쪽에 정적으로 선언되며 선언 위치상 피봇에 소속되는 것이 아니라 피봇과 같은 형제 레벨이므로 피봇의 모든 페이지가 이 앱바를 공유한다. 피봇의 페이지가 바뀌어도 앱바는 바뀌지 않는다.

피봇 페이지별로 앱바를 정적으로 선언하는 방법은 제공되지 않는다. 만약 피봇 페이지마다 다른 앱바를 쓰고 싶다면 앱바를 전역 리소스로 정의해 놓고 페이지가 바뀔 때마다 앱바를 동적으로 교체해야 한다.

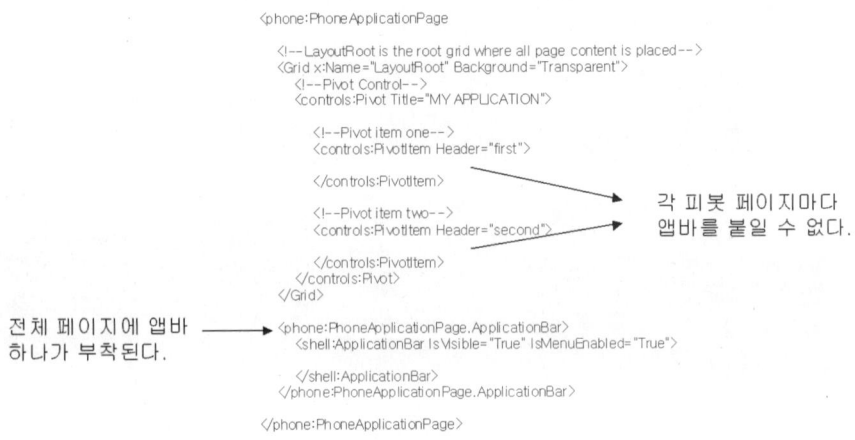

실습을 위해 Windows Phone Pivot Application 템플릿으로 PivotAppBar 프로젝트를 생성한다. 앞에서 만든 테스트 예제와 동일한 예제가 만들어질 것이다. 앱바에 사용할 다음 4개의 이미지 파일을 가져오고 빌드 액션을 Content로 설정한다.

```
appbar.add.rest.png
appbar.delete.rest.png
appbar.favs.rest.png
appbar.check.rest.png
```

페이지 아래쪽에 다음 앱바를 부착한다. 4개의 버튼과 하나의 메뉴 항목을 넣어 보았다.

```
<phone:PhoneApplicationPage.ApplicationBar>
    <shell:ApplicationBar IsVisible="True" IsMenuEnabled="True">
        <shell:ApplicationBarIconButton IconUri="/appbar.add.rest.png" Text="page1"/>
        <shell:ApplicationBarIconButton IconUri="/appbar.delete.rest.png" Text="page1"/>
        <shell:ApplicationBarIconButton IconUri="/appbar.favs.rest.png" Text="page1"/>
        <shell:ApplicationBarIconButton IconUri="/appbar.check.rest.png" Text="page1"/>
        <shell:ApplicationBar.MenuItems>
            <shell:ApplicationBarMenuItem Text="page1 menu"/>
        </shell:ApplicationBar.MenuItems>
    </shell:ApplicationBar>
</phone:PhoneApplicationPage.ApplicationBar>
```

실행해 보면 피봇의 페이지가 바뀌어도 앱바는 항상 같다. 앱바가 페이지 전체에 소속되므로 피봇의 페이지 변화에는 전혀 영향을 받지 않는다.

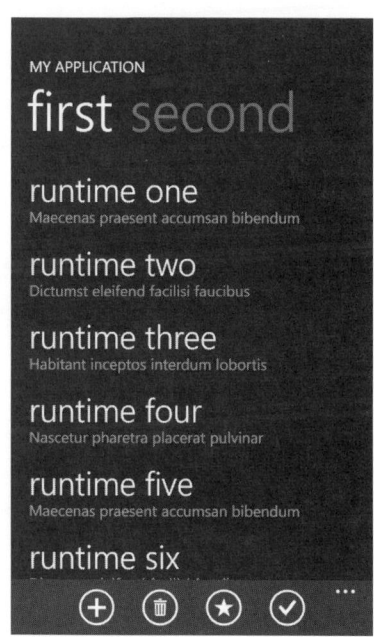 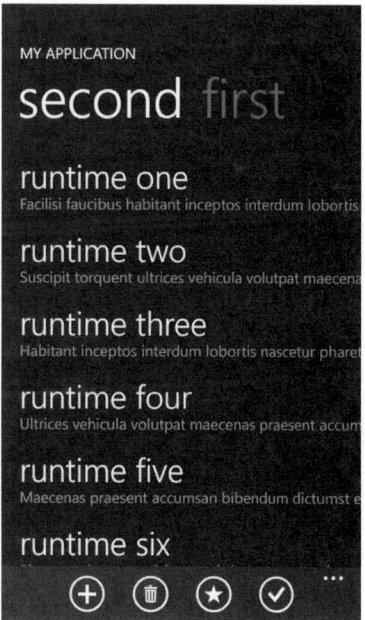

피봇의 모든 페이지가 명령을 공유한다면 더 고민할 필요 없이 이렇게 만들면 된다. 하지만 피봇 페이지마다 보여주는 정보가 다르므로 필요한 명령도 다를 것이다. 이럴 때는 앱바를 정적으로 선언해서는 안 되며 리소스로 정의한 후 페이지별로 교체해야 한다.

위 앱바 선언문을 제거하고 다시 만들어 보자. App.xaml의 앱 리소스 섹션에 앱바를 필요한 만큼 미리 만들어 놓는다. 피봇 페이지 수에 맞게 2개의 앱바를 만들고 버튼과 메뉴 항목을 대충 넣어 보았다. 페이지 수가 더 많다면 필요한 만큼 앱바 리소스를 만들어 놓는다.

PivotAppBar.App.xaml

```
<!--Application Resources-->
<Application.Resources>
    <shell:ApplicationBar x:Key="AppBar1" IsVisible="True" IsMenuEnabled="True">
        <shell:ApplicationBarIconButton IconUri="/appbar.add.rest.png" Text="page1" />
        <shell:ApplicationBarIconButton IconUri="/appbar.delete.rest.png" Text="page1" />
        <shell:ApplicationBarIconButton IconUri="/appbar.favs.rest.png" Text="page1" />
        <shell:ApplicationBar.MenuItems>
            <shell:ApplicationBarMenuItem Text="page1 menu" />
        </shell:ApplicationBar.MenuItems>
    </shell:ApplicationBar>

    <shell:ApplicationBar x:Key="AppBar2" IsVisible="True" IsMenuEnabled="True">
        <shell:ApplicationBarIconButton IconUri="/appbar.check.rest.png" Text="page2" />
    </shell:ApplicationBar>
</Application.Resources>
```

페이지별로 앱바가 잘 교체되는지 모양만 확인해 볼 것이므로 이벤트 핸들러는 굳이 작성하지 않았다. 앱바끼리 버튼을 공유할 수도 있는데 이 경우 이벤트 핸들러도 자연스럽게 공유된다. 피봇의 SelectionChanged 이벤트를 다음과 같이 작성한다.

PivotAppBar.MainPage.xaml.cs

```
private void Pivot_SelectionChanged(object sender, SelectionChangedEventArgs e)
{
    Pivot pivot = sender as Pivot;
    ResourceDictionary res = Application.Current.Resources;
    switch (pivot.SelectedIndex)
    {
        case 0:
            ApplicationBar = (Microsoft.Phone.Shell.IApplicationBar)res["AppBar1"];
```

```
            break;
        case 1:
            ApplicationBar = (Microsoft.Phone.Shell.IApplicationBar)res["AppBar2"];
            break;
    }
}
```

피봇 페이지가 바뀔 때마다 페이지에 대응되는 앱바로 교체했다. 실행해 보면 페이지 변경 시 앱바가 바뀌며 이때 앱바 버튼이 위로 올라오는 재미있는 애니메이션도 볼 수 있다.

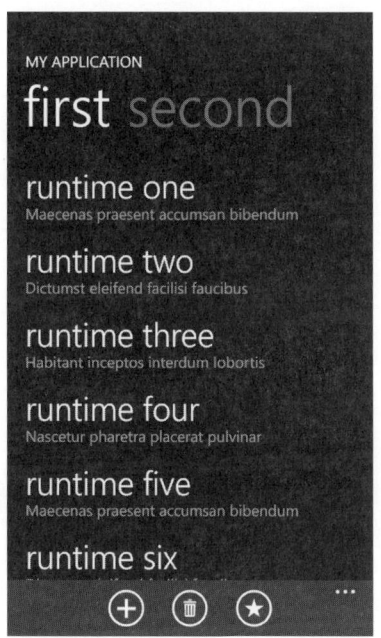 

파노라마의 경우도 동일한 방식으로 페이지마다 다른 앱바를 붙일 수 있다. 윈도우폰의 기본 앱들도 이 방식으로 파노라마 페이지마다 각각 다른 앱바를 사용한다.

태스크

론처와 추저

17-1-1 기능 공유

데스크탑 환경을 살펴보면 특정 앱이 모든 기능을 혼자서 다 제공하지 않으며 설치된 다른 프로그램과 상호 협조적으로 동작한다. 예를 들어 프로그램 내부에서 웹 페이지를 보여주어야 한다면 웹 브라우저를 열고 주소를 전달하여 부탁하며 동영상 재생이 필요하면 미디어 플레이어를 호출하고 동영상의 경로를 알려 준다. 프로그램끼리 지속적으로 데이터를 주고받으며 동작하는 복잡한 경우도 있다.

모바일 환경에서도 마찬가지로 앱끼리 서로 협조한다. 주소록이나 연락처가 필요하면 직접 데이터베이스를 조사하지 않고 주소록 앱에 요청하며 사진을 보거나 음악을 재생할 때도 전문 프로그램으로 넘긴다. 프로그램간의 분업 및 협업은 아주 자연스러워서 대부분의 사람이 이런 식의 동작에 익숙하다. 메시지에 첨부할 파일을 선택하기 위해 다른 프로그램이 실행되어도 당황해하지 않는다. 프로그램끼리 작업을 나누어 하면 다음과 같이 이점이 생긴다.

❶ 중복된 기능을 매 프로그램마다 따로 작성하지 않고 이미 만들어진 기능을 공유하므로 전체적으로 시스템 자원이 절약된다.

❷ 공유 자원을 조사하거나 보여주는 복잡한 작업을 별도의 전용 앱이 담당하므로 앱은 고유의 작업에 치중할 수 있다. 개발 기간도 단축된다.

❸ 사용자 경험이 일관된다. 주소록의 목록이나 폰의 사진 목록이 항상 일정한 형태로 보이므로 어떤 앱에서건 동일한 방식으로 선택할 수 있다.

그러나 윈도우폰 환경에서는 분업을 위한 앱간의 통신이 상당히 어렵다. 앱은 자신만의 샌드박스(SandBox)에 갇혀서 실행되므로 다른 앱과 통신할 수 없으며 심지어 어떤 앱이 설치되어 있는지조차도 알기 어렵다. 자신만의 고립된 메모리 공간에서 실행되며 저장소도 앱마다 완벽하게 격리되어 있어 파일을 공유할 수도 없다. 다른 앱의 기능을 빌려 쓰는 것은 고사하고 앱에게 신호를 보낼 방법조차도 없다.

앱끼리 이렇게 철저하게 격리되어 있는 이유는 보안 및 안정성 때문이다. 앱끼리 서로 상호작용하거나 상대방의 자원을 마음대로 액세스하도록 내버려 두면 필히 보안상의 문제가 발생한다. 민감한 개인 정보를 빼낸다거나 설정을 잘못 건드려 시스템 전체를 위태롭게 만들 수도 있다. 모바일 장비는 소수의 전문가만 사용하는 것이 아니라 초보자들도 사용하는 장비이므로 사소한 고장도 큰 문제가 된다.

그래서 완벽한 보안과 안정성을 위해 앱간의 기능 공유를 원천적으로 막아 놓았다. 하지만 윈도우폰도 모든 프로그램이 공유해야 할 자원이 있고 공동으로 사용해야 하는 기능이 분명히 존재한다. 윈도우폰은 일반 앱끼리는 철저하게 격리하지만 몇몇 공유가 필요한 시스템 앱에 대해서는 다음 두 가지 방법으로 호출을 허용한다.

- 론처(Launcher) : 특정 기능을 사용하기 위해 전문적인 앱을 실행한다. 요청하는 기능에 대한 인수를 전달할 수는 있으나 실행 결과에 대한 리턴은 받을 수 없다.
- 추저(Chooser) : 공유 자원의 선택을 요청한다. 별도의 앱이 실행되어 공유 자원의 목록을 보여주고 선택된 결과가 호출한 앱으로 리턴된다.

한국말로 번역하자면 론처는 실행기이고 추저는 선택기이다. 론처와 추저는 모두 Microsoft.Phone.Tasks 네임스페이스에 정의되어 있으므로 이 네임스페이스에 대한 using 선언을 해야 한다. 정해진 절차에 따라 호출하고 결과를 리턴받으면 되므로 론처, 추저를 통해 기능을 사용하는 것은 무척 쉬운 편이다.

그러나 호출 후의 앱 관리가 어렵다. 윈도우폰은 싱글 태스킹 시스템이며 론처, 추저도 별도의 분리된 앱이다. 론처, 추저가 실행되면 호출한 앱은 비활성화된다. 호출 앱 위에 론처, 추저가 모달 형태로 잠시 실행되는 것이 아니라 아예 앱 스위칭이 발생하며 이때 호출앱의 존재가 잠시 사라진다. 론처, 추저가 리턴하면 호출앱은 아예 처음부터 다시 실행되는 셈이다.

7.1에서 수면 상태가 도입됨으로써 론처, 추저가 실행되어도 호출앱은 잠시 중지할 뿐 대부분 메모리에 남아 있다. 그래서 전환 및 복귀 속도가 빨라졌고 상태 유지도 쉬워졌다. 그러나 사용자

가 론처에서 리턴하지 않고 또 다른 앱을 실행할 경우는 호출원이 동면 상태로 들어갈 가능성이 언제나 존재하며 최악의 경우 강제 종료되기도 한다. 그러므로 개발자는 동면을 위한 툼스토닝 코드를 선택의 여지없이 작성해야 한다.

17-1-2 론처

론처(Launcher)는 폰에 내장된 시스템 프로그램을 호출하는 기능을 제공한다. 앱이 직접 구현하기 어려운 기능들이 주로 론처로 제공된다. 7.0에서 10개의 론처를 제공했는데 7.1에서 5개가 더 늘어났다. 폰의 기능이 계속 확장되고 있으며 론처는 외부 앱을 호출하는 유일한 방법이므로 앞으로도 더 늘어날 예정이다. 다음과 같은 론처들이 있다.

론 처	설 명
WebBrowserTask	웹 브라우저를 연다.
PhoneCallTask	전화 통화 앱을 연다.
SmsComposeTask	문자 작성 앱을 실행한다.
EmailComposeTask	이메일 작성 앱을 실행한다.
MarketplaceDetailTask	마켓 플레이스의 제품 상세 정보 페이지를 연다.
MarketplaceHubTask	마켓 플레이스 클라이언트를 실행한다
MarketplaceReviewTask	마켓 플레이스의 제품의 리뷰 페이지를 연다.
MarketplaceSearchTask	마켓 플레이스의 검색 결과를 표시한다.
MediaPlayerLauncher	미디어 플레이어를 실행한다.
SearchTask	검색 앱을 실행한다.
BingMapsTask	빙맵 앱을 실행한다.
BingMapsDirectionsTask	빙맵 앱을 실행하고 경로를 보여준다.
ConnectionSettingsTask	네트워크 연결 설정 앱을 실행한다.
ShareLinkTask	링크 공유 앱을 실행한다.
ShareStatusTask	소셜 네트워크의 상태 공유 앱을 실행한다.

에뮬레이터는 론처 테스트를 위한 샘플 데이터를 풍부하게 제공하지만 안타깝게도 모든 론처를 다 테스트해 볼 수는 없다. 예를 들어 이메일 작성앱은 실제 이메일이 등록되어 있어야 동작하며 마켓 플레이스는 과금을 해야 하므로 등록된 Live ID가 있어야 원활하게 동작한다. 이런 론처는 실장비가 필요할 뿐만 아니라 실제로 개통까지 되어 있어야 제대로 테스트할 수 있다.

다행히 론처는 사용 방법이 비슷비슷해서 몇 개만 사용해 보면 나머지들도 어렵지 않게 사용 방법을 터득할 수 있다. 직관적으로 이해하기 쉬운 론처 몇 개를 실행해 보자. 스택 패널에 버튼들을 배치하고 각 버튼의 클릭 이벤트에서 론처를 호출한다.

LauncherTest

```
<Grid x:Name="ContentPanel" Grid.Row="1" Margin="12,0,12,0">
    <StackPanel>
        <Button Name="btnWeb" Content="Web" Click="btnWeb_Click" />
        <Button Name="btnSms" Content="Sms" Click="btnSms_Click" />
        <Button Name="btnPhone" Content="Phone" Click="btnPhone_Click" />
    </StackPanel>
</Grid>
================================= CS =========================================
using Microsoft.Phone.Tasks;
....
private void btnWeb_Click(object sender, RoutedEventArgs e)
{
    WebBrowserTask web = new WebBrowserTask();
    web.Uri = new Uri("http://www.microsoft.com", UriKind.Absolute);
    web.Show();
}

private void btnSms_Click(object sender, RoutedEventArgs e)
{
    SmsComposeTask smsComposeTask = new SmsComposeTask();
    smsComposeTask.To = "0151234567";
    smsComposeTask.Body = "어제 빌려준 돈 갚아 줘";
    smsComposeTask.Show();
}

private void btnPhone_Click(object sender, RoutedEventArgs e)
{
    PhoneCallTask phoneCallTask = new PhoneCallTask();
    phoneCallTask.PhoneNumber = "0129991234";
    phoneCallTask.DisplayName = "멋쟁이";
    phoneCallTask.Show();
}
```

론처도 동작을 하려면 필요한 인수를 전달받아야 한다. 작업에 필요한 인수는 론처마다 다르다. 웹 페이지를 보여주는 웹 브라우저 론처는 이동할 주소를 요구한다. new 연산자로 론처 객체를 생성하고 Uri 속성에 원하는 주소를 대입한 후 Show 메서드를 호출하면 웹 브라우저가 실행될 것이다. 예제에서는 마이크로소프트의 홈페이지 주소를 전달했다.

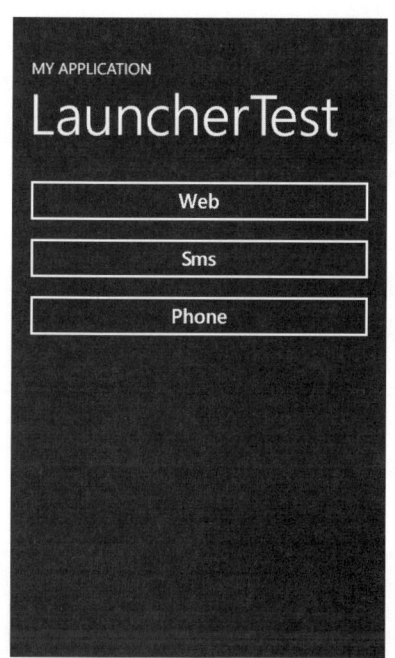

Web 버튼을 누르면 웹 브라우저가 실행되고 지정한 주소로 이동한다. 단, 에뮬레이터 기동 후 웹 브라우저를 처음 연 경우 정책 동의 페이지가 먼저 나타나는데 동의해야 한다. 실장비에서는 이 페이지가 딱 한 번만 열리지만 에뮬레이터는 기동시마다 리셋되므로 좀 귀찮지만 이 과정을 매번 반복해야 한다. 마이크로소프트의 모바일 웹 페이지가 열린다. 물론 웹 페이지 모습은 실행 시점에 따라 달라질 것이다.

브라우저 내에서 링크를 따라 마음대로 이동할 수 있으며 Back 버튼을 눌러 종료하면 원래 프로그램으로 돌아간다. 프로그램 제작사의 홈페이지로 이동한다거나 웹을 통해 배포되는 도움말을 보여주고 싶을 때 직접 웹브라우저 컨트롤을 프로그래밍할 필요가 없다. 위 코드대로 WebBrowserTask 론처를 실행하고 홈페이지나 도움말 주소를 Uri 속성으로 전달하면 된다. 물론 도움말은 홈페이지의 고정된 주소에 미리 작성해 놓아야 할 것이다.

브라우저를 호출해서 실행시켰을 뿐 호출한 앱과 호출당한 앱은 아무런 관계가 없다. 론처에 의해 실행된 앱은 완전한 별개의 앱이다. 브라우저 실행 중에 Start 버튼을 눌러 시작 화면으로 돌아가 버릴 수도 있고 다른 앱을 실행할 수도 있다. 호출된 웹 브라우저만 남겨 놓고 호출 앱을 종료하는 것도 가능하다. 대개의 경우 웹 브라우저를 호출한 후 다시 원래 앱으로 돌아오겠지만 그렇지 않을 수도 있다.

사용자는 자신이 론처를 통해 웹 브라우저를 실행했다는 사실을 깜박 잊어버릴 수도 있으며 최초의 호출 앱은 비활성화된 채로 언제 종료될지 알 수가 없다. 안전하게 복귀한다는 보장이 없으므로 론처를 호출하기 전에 자신의 모든 데이터를 완전히 저장해야 한다. 이 예제의 경우는 따로 저장할 정보가 없어 툼스토닝 코드가 생략되었지만 론처 호출시 일단 종료할 준비를 해 두고 호출하는 것이 원칙적이다.

Sms 작성 론처는 문자 발송 앱을 실행한다. To 속성으로 수신자 번호를 지정하고 Body 속성으로 전송할 메시지를 전달한다. 둘 다 생략하면 빈 메시지 작성창이 열리며 수신자를 직접 선택하고 메시지도 입력해야 한다. 메시지 발송창만 열어줄 뿐 메시지를 바로 보내지는 않는다. 메시지를 편집한 후 전송 버튼을 눌러야 실제로 전송된다. 에뮬레이터는 전송하는 흉내만 낼 뿐이지만 실장비에서는 메시지가 잘 전송된다.

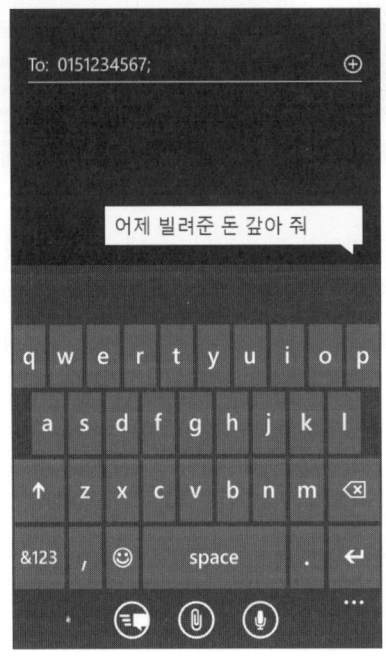 

PhoneCall 론처는 전화 발신창을 연다. PhoneNumber 속성으로 수신자 전화번호를 전달하고 DisplayName으로 발신자의 이름 표시명을 전달한다. 발신자 이름은 생략할 수 있지만 전화번호는 반드시 전달해야 한다. Phone 버튼을 누르면 발신을 할 것인지를 묻는 메시지 박스가 나타나며 이 질문에 OK라고 응답하면 발신창이 열리며 바로 전화를 건다. 에뮬레이터에서는 항상 발신에 성공하며 통화 상태가 된다. 물론 가짜로 통화를 하는 흉내만 낼 뿐이다. end call 버튼을 누르면 통화가 종료되고 호출원으로 복귀한다.

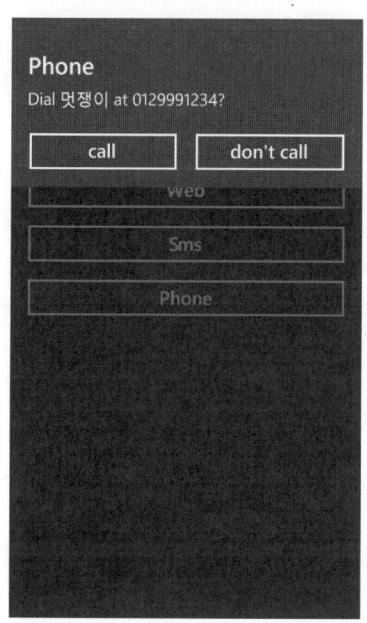 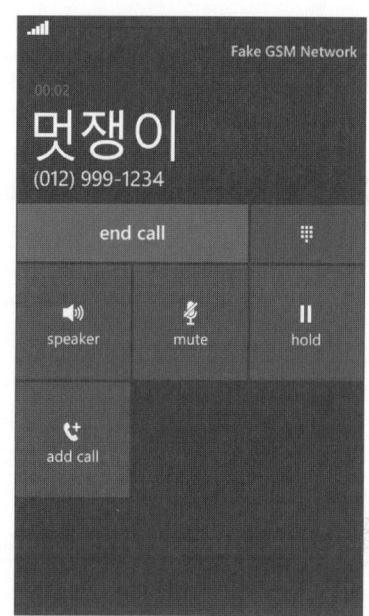

나머지 론처들도 사용 방법은 거의 동일하다. 론처 객체를 지역적으로 선언해서 바로 사용할 수 있으므로 특별히 준비할 것도 없고 다음 세 단계만 처리하면 된다.

론처에 따라 어떤 인수들이 필요한가는 레퍼런스를 통해 알 수 있으며 상식적으로 필요한 인수만 요구한다. 예를 들어 빙맵 지도는 초기 좌표와 확대 레벨을 인수로 요구하며 검색창은 검색식을 인수로 요구한다.

17-1-3 추저

추저(Chooser)도 론처와 비슷하되 호출원으로 돌려주는 리턴값이 있다는 점이 다르다. 카메라로 찍은 영상을 선택한다든가 주소록에서 연락처 하나를 선택할 때 추저를 사용한다. 공유 자원 중 하나를 선택받아야 한다든가 특정 작업을 위임하되 성공 여부를 반드시 알아야 하는 경우는 론처 대신 추저가 사용된다. 리턴을 받아야 하므로 론처보다는 사용하는 방법이 조금 더 복잡하다. 다음 10개의 추저가 제공된다.

추 저	설 명
PhoneNumberChooserTask	주소록에서 전화번호를 구한다.
PhotoChooserTask	사진 선택 앱을 실행하여 사진을 구한다.
EmailAddressChooseTask	이메일 주소를 선택한다.
CameraCaptureTask	카메라를 실행하여 사진을 찍고 찍은 사진을 받는다.
SavePhoneNumberTask	연락처 앱을 실행하고 전화번호 저장 페이지를 연다.
SaveEmailAddressTask	연락처 앱을 실행하고 이메일 저장 페이지를 연다.
AddressChooserTask	연락처 앱에서 주소를 선택한다.
GameInviteTask	멀티 플레이어 게임에서 특정 사용자를 초대한다.
SaveContactTask	연락처를 저장한다.
SaveRingtoneTask	전화벨 소리를 저장한다.

추저의 수가 많지만 사용하는 방법은 대체로 비슷비슷하다. 대표적으로 전화 번호 선택 앱을 호출하여 주소록에서 전화번호 하나를 선택하고 그 결과를 텍스트 블록에 출력해 보자.

ChooserPhone

```
<Grid x:Name="ContentPanel" Grid.Row="1" Margin="12,0,12,0">
    <StackPanel>
        <Button Name="btnNumber" Content="Phone Number" Click="btnNumber_Click" />
        <TextBlock Name="txtNumber" Text="전화 번호"/>
    </StackPanel>
</Grid>
================================= CS =========================================
using Microsoft.Phone.Tasks;

namespace ChooserPhone
```

```
{
    public partial class MainPage : PhoneApplicationPage
    {
        PhoneNumberChooserTask phoneNumberChooserTask;

        public MainPage()
        {
            InitializeComponent();

            phoneNumberChooserTask = new PhoneNumberChooserTask();
            phoneNumberChooserTask.Completed += new
                EventHandler<PhoneNumberResult>(phoneNumberChooserTask_Completed);
        }


        private void btnNumber_Click(object sender, RoutedEventArgs e)
        {
            phoneNumberChooserTask.Show();
        }

        void phoneNumberChooserTask_Completed(object sender, PhoneNumberResult e)
        {
            if (e.TaskResult == TaskResult.OK)
            {
                txtNumber.Text = "수신자 : " + e.DisplayName + " ,번호 " + e.PhoneNumber;
            }
        }
    }
}
```

추저는 론처와 달리 리턴값이 있으며 복귀 후에도 객체를 계속 참조해야 한다. 그래서 추저 객체를 메서드의 지역변수가 아닌 페이지 수준의 멤버로 선언해야 한다. 생성자에서 객체를 생성하고 추저 작업 완료시에 호출될 메서드를 Completed 이벤트에 등록한다. 모든 추저는 리턴값을 돌려주기 위해 Completed 이벤트를 제공한다. 호출원은 추저의 선택값을 받기 위해 Completed 이벤트에 대한 핸들러를 반드시 등록해야 한다.

생성자에서 추저 호출을 위한 모든 준비를 해 놓고 버튼 클릭 이벤트에서 Show 메서드를 호출하면 추저가 실행된다. 이 예제의 경우 주소록 앱이 실행되는데 실장비에서 실행 중이라면 등록해 놓은 연락처 목록이 나타날 것이다. 다행히 에뮬레이터도 원활한 테스트를 위해 기본 주소록이 제공되므로 빈 목록이 나타나지는 않는다. 목록에서 연락처 하나를 클릭해서 선택하면 추저는 선택 항목을 호출원으로 리턴한다.

추저가 선택을 마치고 리턴하면 미리 등록해 놓은 Completed 이벤트의 핸들러가 호출되며 인수인 PhoneNumberResult 객체로 선택한 내용에 대한 정보가 리턴된다. 이 객체의 TaskResult 속성은 선택이 제대로 되었는지를 알려준다. 사용자가 추저에서 연락처를 선택했으면 OK가 리턴되며 연락처 선택 없이 Back 키를 눌렀다면 Cancel이 리턴된다. 추저를 호출했다고 해서 사용자가 반드시 연락처를 선택한다는 보장은 없으므로 이 리턴값은 꼭 점검해 보아야 한다.

TaskResult가 OK이면 나머지 정보를 읽어 사용자가 선택한 정보를 조사한다. DisplayName 속성은 주소록의 이름이며 PhoneNumber는 전화번호이다. 예제에서는 리턴된 정보를 문자열로 조립하여 아래쪽의 텍스트 블록에 출력했다. TaskResult가 Cancel이면 선택하지 않은 것이므로 아무 동작도 하지 않는다. 만약 선택을 잘못했다면 추저를 다시 호출하여 새로운 연락처를 다시 선택할 수 있다.

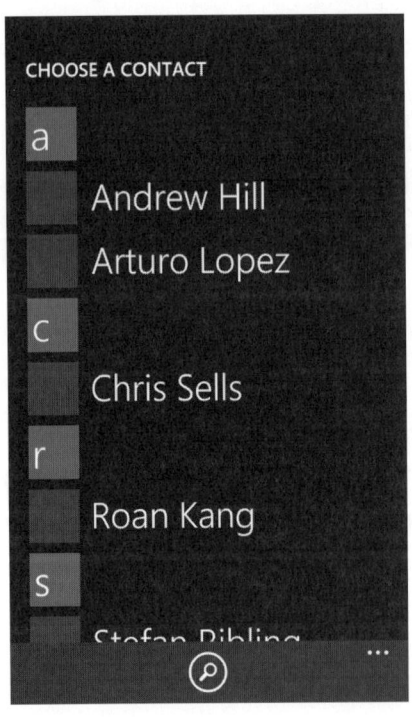

연락처 정보는 민감한 개인 정보여서 아무나 액세스해서는 안 된다. 설사 전화번호 데이터베이스가 공개되어 있다 하더라도 이 정보를 읽어 연락처 목록을 직접 표시하고 선택받기는 굉장히 어렵다. 추저를 사용하면 정확한 목록을 보여주며 안전하게 연락처 하나를 선택받을 수 있다. 어떤 앱에서 호출하나 항상 같은 연락처 목록을 사용하므로 사용자 경험이 일관된다는 이점이 있다. 추저가 리턴한 전화번호로 바로 전화를 걸 수도 있는데 이때는 물론 PhoneCall 론처를 호출해야 한다.

호출앱과 추저는 일시적으로 부모 자식 관계가 되며 추저가 실행 중인 동안 호출 앱은 잠시 비활성화 상태가 된다. 추저가 종료되면 호출앱으로 돌아가며 이벤트를 통해 선택 결과를 보고한다. 이 둘은 일시적으로 호출/비호출 관계이지만 엄밀히 말하면 별개의 앱이다. 추저가 열린 상태에서 Start 버튼을 눌러 시작 화면으로 가 버릴 수도 있는데 이 경우 추저는 선택을 취소한 것으로 간주하고 종료된다. 시작 화면에서 Back 버튼을 누르면 추저로 돌아가는 것이 아니라 호출앱으로 돌아간다.

다음 예제는 photoChooserTask 추저를 호출하여 장비에 저장된 사진 중 하나를 선택받는다. 배경으로 사용할 이미지나 MMS 메시지에 첨부할 사진 하나를 고른다고 생각하면 된다. 예제는 선택한 사진을 이미지 컨트롤에 출력하여 리턴된 사진을 보여주기만 한다.

ChooserPhoto

```
<Grid x:Name="ContentPanel" Grid.Row="1" Margin="12,0,12,0">
    <StackPanel>
        <Button Name="btnPhoto" Content="View Photo" Click="btnPhoto_Click" />
        <Image Name="imgPhoto" />
    </StackPanel>
</Grid>
================================= CS =========================================
using Microsoft.Phone.Tasks;

namespace ChooserPhoto
{
    public partial class MainPage : PhoneApplicationPage
    {
        PhotoChooserTask photoChooserTask;
        public MainPage()
        {
            InitializeComponent();
```

```
        photoChooserTask = new PhotoChooserTask();
        photoChooserTask.Completed += new
            EventHandler<PhotoResult>(photoChooserTask_Completed);
    }

    private void btnPhoto_Click(object sender, RoutedEventArgs e)
    {
        photoChooserTask.Show();
    }

    void photoChooserTask_Completed(object sender, PhotoResult e)
    {
        if (e.TaskResult == TaskResult.OK)
        {
            System.Windows.Media.Imaging.BitmapImage bmp =
                new System.Windows.Media.Imaging.BitmapImage();
            bmp.SetSource(e.ChosenPhoto);
            imgPhoto.Source = bmp;
        }
    }
}
}
```

전체적인 구조는 앞 예제와 거의 동일하다. 추저 객체 생성하고 Completed 이벤트 핸들러를 등록한 후 Show 메서드를 호출한다. 버튼을 누르면 폰에 저장된 사진 목록이 나타나는데 에뮬레이터는 테스트를 위한 사진 몇 장을 제공한다. 실장비라면 카메라에서 찍어 놓은 사진도 선택할 수 있다.

사용자가 선택한 사진은 Completed 이벤트의 PhotoResult 객체로 전달된다. 이 객체의 ChoosenPhoto 속성에 선택한 사진이 저장되어 있다. 이 사진으로부터 비트맵을 생성하여 이미지 컨트롤에 출력하여 잘 선택되었는지 확인해 보았다. 물론 실제 프로젝트에서는 사진을 MMS 메시지에 첨부할 수도 있고 배경 이미지로 사용할 수도 있다.

딱 2개의 추저에 대해서만 예제를 작성해 봤는데 나머지 추저들도 비슷한 방식대로 사용하면 된다. 전체적인 코드의 흐름은 비슷하되 추저 호출전에 전달해야 할 인수 목록이나 리턴되는 데이터의 정보가 각각 다를 뿐이다. 이 정보들은 레퍼런스를 통해 언제든지 확인할 수 있으며 상식적인 수준에서 이해할 수 있는 정도다.

론처, 추저는 윈도우폰의 강력하면서도 한편으로는 불편한 샌드박스를 보완해 주는 장치이다. 시스템 내부의 복잡한 정보를 직접 다룰 필요 없이 론처, 추저만 호출해서 원하는 기능이나 정보를 쉽게 얻을 수 있다. 그러나 사용자 앱끼리는 서로 호출할 수 없다는 면에서 여전히 불편함은 존재한다. 가령 서로 협조적으로 동작하는 두 개의 앱을 만들기가 무척 어렵다.

17-2 백그라운드 작업

17-2-1 에이전트

윈도우폰은 본질적으로 한 번에 하나의 작업만 수행하는 싱글 태스킹 운영체제이다. 빠른 반응성을 위해 전경에서 실행 중인 앱만 CPU를 사용할 수 있다. 하지만 본질적으로 백그라운드에서 실행할 수밖에 없는 작업이 존재한다. 그래서 7.1부터는 비록 제한적이지만 백그라운드 에이전트라는 것을 도입하여 배경에서도 작업을 수행할 수 있다.

사실 윈도우폰의 기반 OS인 CE는 완벽한 멀티태스킹 기능을 제공한다. 하지만 모바일 자원이 넉넉하지 않아 멀티태스킹 기능이 오히려 나쁜 사용감의 주된 원인으로 작용하여 막아 놓은 것이다. 사용자 앱은 한 번에 하나만 실행되지만 배경에는 다양한 프로세스들이 동시에 실행된다. 에이전트는 백그라운드에서 실행되는 프로세스와 사용자 앱 사이를 중계하는 역할을 한다. 백그라운드 에이전트의 클래스 계층은 다음과 같다.

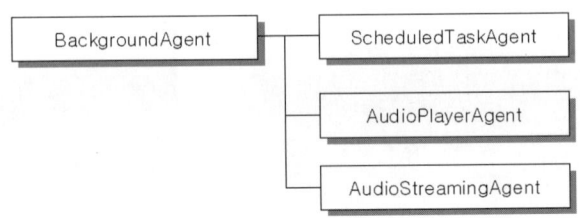

BackgroundAgent는 추상 클래스라 직접 사용할 수 없다. 이 클래스로부터 배경에서 음악을 재생하는 클래스와 주기적인 작업을 처리하는 클래스가 파생된다. 클래스 계층도에서 보다시피 백그라운드에서 처리할 수 있는 작업이 극히 제한적이어서 멀티태스킹을 제대로 지원한다고 보기는 어렵다. 꼭 필요한 필수 동작만 지원하는 정도이다.

ScheduledTaskAgent는 주기적으로 호출되어 배경에서 짬짬이 필요한 작업을 실행한다. 동시 실행이라기보다는 시스템이 지원하는 전역적인 타이머 정도로 이해하면 된다. 별다른 속성은 없고 주요 메서드는 다음과 같다.

메서드	설 명
OnInvoke	실행 시점이 되면 운영체제가 이 메서드를 호출하여 에이전트를 실행한다. 이 메서드를 재정의하여 백그라운드에서 할 작업을 처리한다. 인수로 백그라운드 작업 객체를 전달한다.
NotifyComplete	백그라운드 작업을 무사히 완료했음을 운영체제에게 보고한다. 운영체제는 이 메서드가 호출되어야 자원을 다른 프로세스를 위해 재활용한다.
Abort	백그라운드 작업을 처리하지 못했음을 보고한다. 서버에 연결할 수 없다거나 데이터 오류가 발생한 경우 등이다. 이 메서드 호출 후 전경에서 재등록하기 전까지 더 이상 에이전트가 호출되지 않는다.

백그라운드에서 처리할 수 있는 작업의 종류는 다음과 같다.

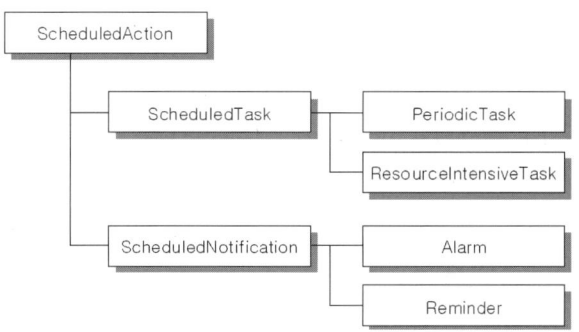

알람과 리마인더는 잠시 후 따로 알아보기로 하고 ScheduledTask로부터 파생되는 두 작업에 대해 먼저 실습해 보자.

- 단기적 에이전트(PeriodicTask) : 일정한 주기로 실행되는 짧은 작업을 처리한다. 자신의 위치를 전송한다거나 적은 양의 데이터 동기화 작업 등에 사용된다.

- 장기적 에이전트(ResourceIntensiveTask) : 대규모의 리소스를 처리하는 작업이다. 대량의 데이터를 서버로 전송하는 등의 작업이 해당된다.

작업의 길이와 강도에 따라 두 가지 종류로 구분된다. 앱 하나당 하나의 백그라운드 에이전트만 등록할 수 있으며 여러 개를 등록할 수는 없다. 단, 한 작업에 대해 단기, 장기 종류를 선택할 수 있으며 두 종류를 모두 등록할 수는 있다. 작업의 주요 속성은 다음과 같다.

속 성	설 명
Name	작업의 이름 문자열이다. 작업은 이름으로 구분되므로 반드시 중복되지 않는 고유한 이름을 주어야 한다. 최대 63자까지 가능하며 영문자만 쓸 수 있다.
Description	작업에 대한 설명 문자열이다. 사용자가 선택할 수 있는 설정창에 나타나므로 반드시 지정해야 한다.
ExpirationTime	파기 시점을 지정한다. 불필요한 백그라운드 작업을 방지하기 위해 현재 시간으로부터 14일로 설정된다. 계속 실행하려면 2주에 한 번꼴로 재등록해야 한다.
LastExitReason	마지막 종료한 이유이다.
LastScheduledTime	마지막 실행한 시간이다.

하고자 하는 작업의 종류에 따라 ScheduledAction 파생 객체를 생성한다. 스케줄 작업은 ScheduledActionService의 다음 메서드로 관리한다. 추가, 삭제, 검색 시 작업의 이름을 사용하므로 반드시 고유한 이름을 주어야 한다.

```
static void Add(ScheduledAction action)
static void Remove(string name)
static ScheduledAction Find(string name)
```

에이전트는 사용자를 대면하지 않고 백그라운드에서 실행되는 만큼 제약이 많다. 카메라를 사용할 수 없고, 기기를 진동시킬 수 없으며 메시지 박스도 열 수 없다. 사용자가 그 존재를 모르므로 갑자기 나타난다거나 장비를 진동시키면 깜짝 놀랄 것이다. 배경에서 실행되는 것이므로 사용자 눈에 띄어서는 안 되며 조용히 할 일만 하고 종료해야 한다.

API뿐만 아니라 사용 가능한 메모리에도 제약이 있다. 6M까지의 메모리를 사용할 수 있되 오디오 에이전트는 버퍼를 많이 사용하므로 16M까지 허용된다. 만약 허용량을 초과한 메모리를 사용하면 강제 종료된다. 단, 이 제한은 릴리즈 버전에만 적용되며 디버그 버전에는 적용되지 않는다. 디버그 버전은 개발용 코드를 같이 실행하므로 메모리 요구량이 더 많으며 그래서 약간의 융통성을 제공한다. 작업 종류별로도 다음과 같은 제약이 있다.

- 단기적 제약 : 매 30분마다 호출하되 배터리 효율을 위해 다른 작업과 동기화되어 처리되므로 호출 간격이 정확하지는 않다. 한 번 호출 시 25초 안에 작업을 신속하게 완료해야 한다. 최대 개수에도 제약이 있어 6개 정도까지밖에 등록되지 않으며 그나마도 배터리 절약 모드에서는 무시당할 수 있다.

- 장기적 제약 : 외부 전원이 연결되어 있거나 배터리 양이 90% 이상이어야만 호출된다. 네트워크를 사용할 경우 WiFi로 접속되어 있어야 하며 통화 중이 아니어야 하고 화면 잠김 상태여야 한다. 이 조건 중 하나라도 맞지 않으면 실행 중에라도 즉시 종료된다. 한 번 호출시 작업 완료 시간은 10분으로 넉넉하게 주어진다.

보다시피 제약이 많아 어떤 장비에서는 아예 실행되지 않을 수도 있다. 예를 들어 무선랜을 지원하지 않는 장비에서는 장기적 에이전트는 결코 실행되지 않을 것이다. 사용자가 세팅에서 에이전트를 금지시켜 놓을 수도 있으므로 등록 시 반드시 예외 처리하고 대안을 찾아야 한다. 즉, 반드시 호출된다는 신뢰성이 무척 낮다.

17-2-2 시간 에이전트

주기적으로 호출되는 예제 중 가장 구현하기 쉬운 전형적인 예가 타이머이다. 재미는 없지만 주기적으로 토스트를 열어 현재 시간을 알려 주는 간단한 예제를 만들어 보자. 여러 가지 요소가 개입되므로 작성 절차는 다소 복잡한 편이다.

먼저 TimeAgent라는 이름으로 프로젝트를 생성한다. 일반적인 앱이므로 템플릿은 Windows Phone Application으로 선택한다. 평범한 솔루션이 생성되고 이 솔루션 안에는 TimeAgent 프로젝트 하나가 들어 있을 것이다. 백그라운드 작업을 위해 에이전트는 별도의 프로젝트로 추가해야 한다. 솔루션을 열어둔 채로 File/New Project 항목을 선택하여 프로젝트를 추가한다.

실버라이트 템플릿에서 제일 아래쪽의 Windows Phone Scheduled Task Agent 항목을 선택하고 프로젝트 이름은 디폴트를 받아들인다. 어차피 솔루션에 지역적인 프로젝트이므로 프로젝트 이름을 굳이 바꿀 필요 없다. 주의할 것은 Solution 콤보 박스를 Create new solution에서 Add to solution으로 변경해야 한다는 점이다. 그래야 같은 솔루션에 두 프로젝트가 포함된다. 아니면 애초에 프로젝트를 추가할 때 솔루션의 팝업 메뉴에서 Add/New Project 항목을 선택하면 된다.

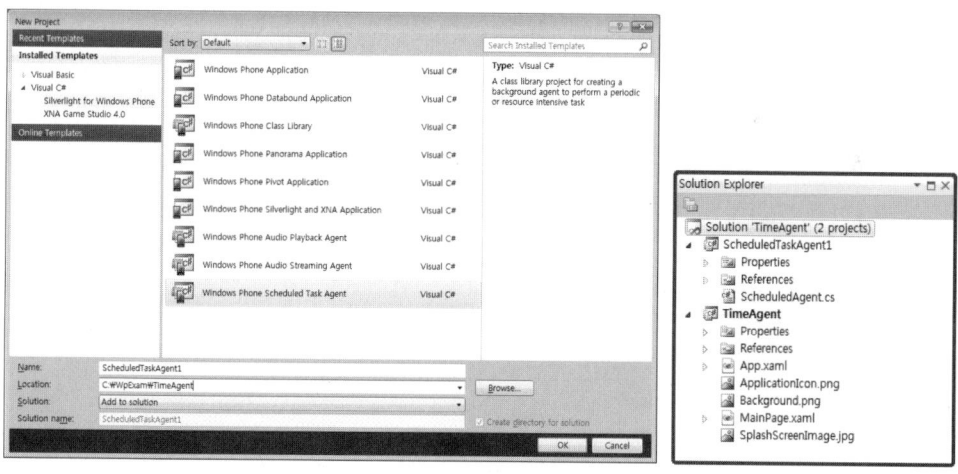

이렇게 되면 TimeAgent 솔루션에 TimeAgent와 ScheduledTaskAgent1 프로젝트 2개가 포함되어 있을 것이다. 메인 프로젝트에서 에이전트를 참조하므로 에이전트 프로젝트를 참조로 추가한다. 솔루션 탐색기의 TimeAgent 프로젝트 팝업에서 Add Reference 항목을 선택하고 Projects 탭에서 방금 생성한 에이전트 프로젝트를 추가한다.

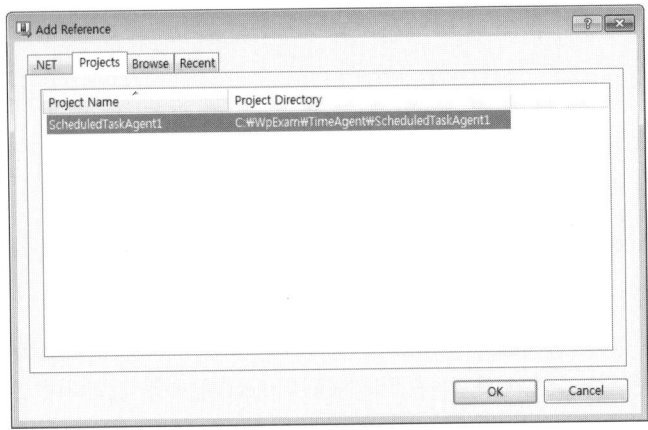

에이전트를 추가하면 TimeAgent 프로젝트의 WMAppManifest.xml에 다음 코드가 자동으로 작성된다. 이 프로젝트에 백그라운드에서 동작하는 에이전트가 있다는 뜻이다.

```xml
<ExtendedTask Name="BackgroundTask">
  <BackgroundServiceAgent Specifier="ScheduledTaskAgent" Name="ScheduledTaskAgent1" Source="ScheduledTaskAgent1" Type="ScheduledTaskAgent1.ScheduledAgent" />
</ExtendedTask>
```

에이전트 프로젝트의 ScheduledAgent.cs 소스 파일에 코드를 작성한다. 마법사가 작성해 놓은 뼈대는 그대로 유지하고 위쪽에 using 선언 2개를 추가한 후 OnInvoke 메서드에 코드를 작성한다.

TimeAgent.ScheduledAgent.cs

```csharp
using Microsoft.Phone.Shell;
using System;

....

protected override void OnInvoke(ScheduledTask task)
{
    if (task is PeriodicTask)
    {
        ShellToast toast = new ShellToast();
        toast.Title = "TimeAgent";
```

```
        toast.Content = DateTime.Now.ToString();
        toast.Show();
        ScheduledActionService.LaunchForTest(task.Name, TimeSpan.FromSeconds(60));
        NotifyComplete();
    }
}
```

에이전트가 실행되면 운영체제는 OnInvoke 메서드를 호출한다. 하나의 에이전트를 단기, 장기로 모두 등록할 수 있으므로 OnInvoke에서는 자신이 어떤 타입으로 등록된 것인가에 따라 동작을 다르게 할 수 있다. 예제에서는 단기로 등록된 경우에만 동작하도록 조건 처리했는데 사실 이 예제에서는 단기로만 등록하므로 별 의미가 없다.

OnInvoke 메서드는 현재 시간을 조사하여 토스트로 출력한다. 에이전트는 메시지 박스를 출력할 수 없으므로 전달 사항은 토스트로 출력해야 한다. 토스트는 화면 위에 열리며 이벤트가 발생했음을 사용자에게 알려 준다. 백그라운드 작업에서 알림을 출력하는 방법이므로 전경에서 호출했을 때는 출력되지 않는다. 주요 속성은 다음과 같다.

속 성	설 명
Title	토스트의 제목 문자열이다. 굵은 문자로 표시된다.
Content	토스트의 내용 문자열이다. 보통 문자로 표시된다.
NavigationUri	토스트를 클릭했을 때 이동할 위치를 지정한다.

출력 가능한 문자 개수에 제한이 있으므로 너무 길게 쓰지 말아야 한다. 굵은 타입의 제목은 대략 40문자, 보통 타입의 내용은 대략 47문자 정도까지 표현할 수 있다. 물론 영문 기준이며 한글을 사용하면 더 짧아질 것이다. 토스트와 함께 앱의 아이콘도 출력되는데 임의의 아이콘으로 변경하는 기능은 제공되지 않는다.

토스트 객체를 만든 후 Show 메서드로 출력했다. LaunchForTest 메서드는 지정한 시간 후에 에이전트를 실행시키며 주로 테스트용이다. 에이전트가 언제 호출될 것인가는 시스템 상황에 따라 달라지므로 정확한 호출 시점을 알기 어렵다. 제대로 호출되는지 테스트하기 위해 30분 이상 에뮬레이터를 째려보고 있을 수는 없으므로 디버깅 중에는 좀 더 자주 호출되도록 한다.

예제이므로 확인을 쉽게 하기 위해 1분에 한 번꼴로 자주 호출되도록 했다. 실제 프로젝트에서는 배터리 성능에 굉장히 부정적인 영향을 미치므로 너무 자주 호출되면 안 된다. 조건부 컴파일 구문으로 감싸서 릴리즈 버전에서는 이 문장을 반드시 제거해야 한다. 메인 프로젝트는 다음과 같이 작성한다. 두 개의 버튼으로 단기 작업을 등록 및 해제한다.

TimeAgent

```
<Grid x:Name="ContentPanel" Grid.Row="1" Margin="12,0,12,0">
    <StackPanel>
        <Button Name="btnRegister" Content="단기 작업 등록" Click="btnRegister_Click" />
        <Button Name="btnRemove" Content="단기 작업 해제" Click="btnRemove_Click" />
    </StackPanel>
</Grid>
================================ CS ========================================
using Microsoft.Phone.Scheduler;

namespace TimeAgent
{
    public partial class MainPage : PhoneApplicationPage
    {
        public MainPage()
        {
            InitializeComponent();
        }

        private void btnRegister_Click(object sender, RoutedEventArgs e)
        {
            string Name = "TimeAgent";
            RemoveTask(Name);

            PeriodicTask task = new PeriodicTask(Name);
            task.Description = "현재 시간을 알려줍니다.";

            try
            {
                ScheduledActionService.Add(task);
                ScheduledActionService.LaunchForTest(Name, TimeSpan.FromSeconds(60));
                MessageBox.Show("단기 작업이 등록되었습니다. 이 프로그램은 종료하십시오");
            }
            catch (Exception)
            {
            }
```

```
        }

        private void btnRemove_Click(object sender, RoutedEventArgs e)
        {
            RemoveTask("TimeAgent");
            MessageBox.Show("단기 작업이 해제되었습니다.");
        }

        void RemoveTask(string name)
        {
            PeriodicTask task = (PeriodicTask)ScheduledActionService.Find(name);
            if (task != null)
            {
                ScheduledActionService.Remove(name);
            }
        }
    }
}
```

이중으로 등록해서는 안 되므로 먼저 이미 등록되어 있는지 살펴보고 기등록된 작업을 먼저 제거한 후 재등록해야 한다. RemoveTask 메서드에서 이름으로 전달받은 작업이 있는지 검색해 보고 이미 등록되어 있으면 ScheduledActionService의 Remove 메서드를 호출하여 제거한다. 물론 등록되어 있지 않으면 아무것도 하지 않는다. PeriodicTask 객체를 생성하되 생성자로 이름을 주고 Description 속성에 설명 문자열을 대입했다.

ScheduledActionService의 Add 메서드로 에이전트를 등록하되 사용자가 에이전트를 금지해 놓은 경우는 등록에 실패할 수 있으므로 예외 처리를 반드시 해야 한다. 사용자에게 실패 사실을 분명히 알려 다른 대안을 찾도록 알리는 것이 좋다. 테스트 환경이므로 좀 더 자주 호출되도록 했으며 등록 성공 여부를 메시지 박스로 출력한다. 제거할 때는 RemoveTask 메서드만 호출하면 된다.

여기까지 작업하면 예제가 완성되었다. 예제를 실행한 후 등록 버튼을 누르면 등록되었다는 메시지 박스가 나타날 것이다. 에이전트는 백그라운드에서만 동작하므로 반드시 종료하거나 시작 화면으로 나와 있어야 토스트를 볼 수 있다. 포그라운드로 실행 중일 때는 토스트가 나타나지 않으며 반드시 백그라운드 상태여야 한다.

 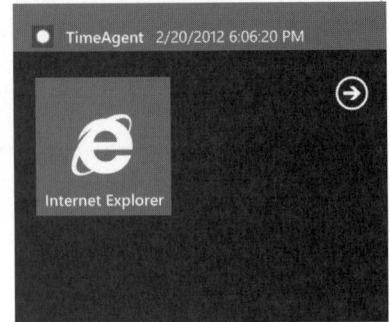

시작 화면에서 1분간 기다리면 토스트가 나타날 것이다. 이 토스트를 클릭하면 등록한 앱으로 이동한다. NavigationUri 속성을 사용하여 임의의 위치로 이동하도록 할 수 있다. 예제에서는 백그라운드 작업이 실행됨을 확인하기 위해 토스트를 출력했는데 실제 프로젝트에서는 좀 더 의미있는 작업을 해야 할 것이다.

일단 등록되면 자신이 멈추지 않는 한은 계속 호출된다. 제거하려면 프로그램을 다시 실행하여 해제 버튼을 눌러야 한다. 또는 사용자가 직접 백그라운드 작업을 관리할 수도 있다. Settings 의 applications 페이지에서 background tasks를 선택해 보자.

 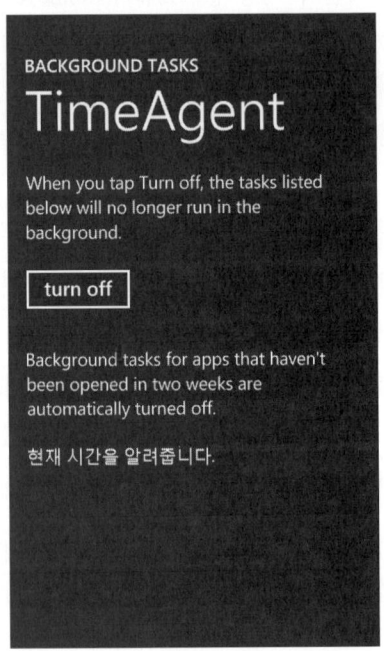

등록된 스케줄이 나타나며 세부 창으로 이동하면 이 스케줄에 대한 설명이 표시되고 취소할 수 있는 버튼도 있다. 이 버튼을 누르면 스케줄은 즉시 취소된다.

17-2-3 알람과 리마인더

알람과 리마인더는 미리 지정한 시간이 되면 화면 위쪽에 대화상자를 열어 시간이 되었음을 알려 주는 기능이다. 가장 대표적인 용도는 모닝콜이며 사실 모바일 장비의 가장 필수적이고도 실용적인 기능이라고 할 수 있다. 통화는 안 해도 모닝콜은 쓴다. 사용자는 대화상자를 보고 시간이 되었다거나 특정 사건이 발생했음을 알게 되며 대화상자를 닫거나 잠시 연기할 수 있다.

알람과 리마인더는 용도가 거의 비슷하되 대화상자의 모양과 약간의 기능적인 차이점이 있을 뿐이다. 대화상자를 띄운 앱의 이름이 표시되고 snooze, dismiss 버튼이 하단에 나타나는 점은 동일하되 다음과 같은 차이점이 있다.

항 목	알 람	리마인더
사운드	임의의 사운드 재생 가능	디폴트 사운드만 재생 가능
탭시의 동작	알람을 연 앱으로 이동한다.	임의의 페이지로 이동하며 인수 전달 가능
제목	Alarm으로 고정	임의의 문자열 지정 가능

알람과 리마인더의 부모 클래스인 ScheduledNotification에 다음 속성들이 정의되어 있다.

속 성	설 명
BeginTime	시작 시간을 지정한다. 장비의 지역 시간을 사용한다. 시작 시간이 4시간 이상 지났으면 무시된다.
ExpirationTime	파기 시간을 지정한다. 이 시간이 지났으면 무시된다.
Content	알람의 내용 문자열이다. 최대 256문자까지만 지정할 수 있다.
Title	제목 문자열이다. 최대 63자까지만 지정할 수 있다. 알람에는 이 문자열이 Alarm으로 고정되어 있다.
RecurrenceType	반복 형태를 지정한다. 디폴트는 딱 한 번만 울리는 None이되 다음 값 중 하나로 변경 가능하다.

속 성	설 명
RecurrenceType	Daily : 매일 반복 Weekly : 매주 반복 Monthly : 매달 반복 EndOfMonth : 각 달의 마지막 날에 반복 Yearly : 매년 반복

알람은 이 속성들 외에 알람 시간이 되었을 때 재생할 사운드 파일을 Sound 속성으로 지정할 수 있다. 사운드 파일은 반드시 리소스로 포함되어 있어야 하며 저장소의 파일은 사용할 수 없다. 알람 시간이 되면 사운드가 처음에는 약하게 울리다가 볼륨이 점점 증가한다. 리마인더는 NavigationUri 속성을 추가로 가진다. 탭 할 시 이 URI가 지정하는 페이지로 이동하며 인수를 전달할 수도 있다.

다음 예제로 알람과 리마인더를 같이 테스트해 보자. 프로젝트를 생성한 후 알람을 위해 적당한 사운드 파일을 하나 추가해 놓는다. 이 예제는 경쾌한 테크노 음악을 재생하는 techno.wav 파일을 사용한다. 사운드 파일을 프로젝트에 포함시켜 놓기만 하면 된다.

AlarmTest

```
<Grid x:Name="ContentPanel" Grid.Row="1" Margin="12,0,12,0">
    <StackPanel>
        <Button Name="btnAlarm" Content="Alarm" Click="btnAlarm_Click" />
        <Button Name="btnReminder" Content="Reminder" Click="btnReminder_Click" />
    </StackPanel>
</Grid>
================================= CS =========================================
using Microsoft.Phone.Scheduler;
....
private void btnAlarm_Click(object sender, RoutedEventArgs e)
{
    string Name = "AlarmTest";
    Alarm alarm = (Alarm)ScheduledActionService.Find(Name);
    if (alarm != null)
    {
        ScheduledActionService.Remove(Name);
    }

    alarm = new Alarm(Name);
```

```
    alarm.Content = "Wake up. you must go school";
    alarm.Sound = new Uri("techno.wav", UriKind.Relative);
    DateTime now = DateTime.Now;
    alarm.BeginTime = DateTime.Now.AddMinutes(1.0);
    alarm.ExpirationTime = DateTime.Now.AddMinutes(10.0);
    alarm.RecurrenceType = RecurrenceInterval.None;
    ScheduledActionService.Add(alarm);

    MessageBox.Show("약 1분 후에 알람이 울립니다");
}

private void btnReminder_Click(object sender, RoutedEventArgs e)
{
    string Name = "ReminderTest";
    Reminder rem = (Reminder)ScheduledActionService.Find(Name);
    if (rem != null)
    {
        ScheduledActionService.Remove(Name);
    }

    rem = new Reminder(Name);
    rem.Title = "Appointment";
    rem.Content = "It's time to meet IU";
    rem.BeginTime = DateTime.Now.AddMinutes(1.0);
    rem.ExpirationTime = DateTime.Now.AddMinutes(10.0);
    rem.RecurrenceType = RecurrenceInterval.None;
    rem.NavigationUri = new Uri("/MainPage.xaml", UriKind.Relative);
    ScheduledActionService.Add(rem);

    MessageBox.Show("약 1분 후에 리마인더가 울립니다");
}
```

화면은 간단하게 디자인했다. 스택 패널에 2개의 버튼을 배치하고 각 버튼의 이벤트 핸들러에서 알람과 리마인더를 등록한다. 등록 방법은 둘 다 비슷하다. 같은 이름으로 이미 등록되어 있는 경우는 재등록되지 않으므로 반드시 이전 객체를 삭제한 후 다시 등록해야 한다. new 연산자로 객체를 생성하고 속성에 값을 대입한 후 Add 메서드로 등록한다.

원칙대로 하자면 사용자가 시간을 직접 입력할 수 있어야 하지만 UI 작업이 번거롭고 동작을 확인하기 위해 기다리기도 지겨우므로 현재 시간에서 1분 후로 설정했다. 알람과 리마인더는 등록하는 속성에 약간의 차이가 있을 뿐 등록하는 방법은 거의 비슷하다. Alarm 버튼을 누른 후 잠시 기다려 보자. 등록 후에는 앱을 종료해도 상관없다. 1분이 지나면 알람 대화상자가 화면 위쪽에 나타나며 사운드 파일이 점점 크게 재생된다.

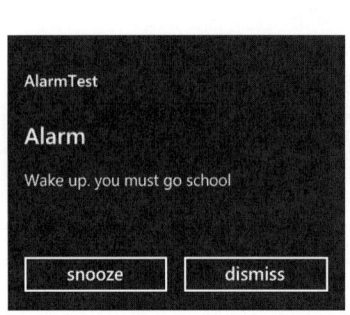

dismiss 버튼을 누르면 대화상자가 닫히며 snooze 버튼을 누르면 잠시 후 다시 알람이 열린다. 알람 대화상자를 클릭하면 알람을 등록한 앱의 첫 페이지로 이동한다. 다음은 Reminder 버튼을 눌러 보자. 대화상자가 더 크게 나타나며 클릭 시 첫 페이지가 아닌 임의의 페이지로 이동할 수 있다. 예를 들어 약속을 알려 준다면 약속 장소나 준비물 등의 추가 정보를 알려주는 페이지로 이동하면 적당할 것이다.

17-2-4 백그라운드 음악 재생

AudioPlayerAgent는 백그라운드에서 음악을 재생한다. 이 기능을 사용하면 다른 앱을 실행하거나 화면이 잠겨 있어도 음악을 계속 들을 수 있다. 음악을 들을 때 장비를 켜 놓고 감상하지 않으므로 이 기능은 모바일 장비의 가장 필수적인 기능이라고 할 수 있다.

백그라운드 음악 재생도 앞에서 알아본 바와 마찬가지로 에이전트를 사용하며 프로그래밍하는 방법도 유사하다. 윈도우폰에서 모든 미디어는 준 미디어 큐(Zune Media Queue)를 통해 재생된다. 음악 재생 앱은 큐로 명령을 보내 음악을 재생하고 앞뒤로 이동한다. 큐와의 통신은 BackgroundAudioPlayer 클래스를 통해 수행한다.

백그라운드에서 오디오를 재생하는 방법은 크게 재생 목록을 전송하는 방법과 오디오 샘플을 보내 스트리밍하는 방법이 있다. 스트리밍은 이 책의 범위를 벗어나므로 여기서는 재생 목록을 전송하는 방법에 대해서만 알아본다. 배경에서 음악을 재생하는 에이전트와 전면에서 사용자를 대면할 UI 앱 두 개를 제작해야 한다.

다음 절차대로 실습을 해 보자. BackMusic이라는 이름으로 새 프로젝트를 작성한다. 에이전트는 마법사로 쉽게 추가할 수 있다. 프로젝트를 열어 놓은 채로 솔루션 탐색기의 팝업 메뉴에서 Add/New Project 항목을 선택하고 템플릿에서 Windows Phone Audio Playback Agent를 선택한다. 프로젝트 이름은 디폴트를 받아들이고 Solution 콤보 박스는 반드시 Add to solution 항목을 선택한다.

앞항의 예제와 마찬가지로 새로 만든 에이전트 프로젝트를 메인 프로젝트의 참조로 추가한다. 새 프로젝트의 AudioPlayer.cs에 뼈대가 이미 작성되어 있는데 여기에 다음 추가 코드를 작성한다.

AudioPlayer.cs

```
using System.Collections.Generic;

namespace AudioPlaybackAgent1
{
    public class AudioPlayer : AudioPlayerAgent
    {
        private static volatile bool _classInitialized;

        static List<AudioTrack> list = new List<AudioTrack>
        {
            new AudioTrack(new Uri("Sample1.mp3", UriKind.Relative), "Sample1","","", null),
            new AudioTrack(new Uri("Sample2.mp3", UriKind.Relative), "Sample2","","", null),
            new AudioTrack(new Uri("Sample3.mp3", UriKind.Relative), "Sample3","","", null),
        };
        static int nowtrack = 0;

        void PlayTrack(BackgroundAudioPlayer player)
        {
            player.Track = list[nowtrack];
        }

        void PlayNext(BackgroundAudioPlayer player)
        {
            nowtrack++;
            if (nowtrack >= list.Count) nowtrack = 0;
            PlayTrack(player);
        }

        void PlayPrev(BackgroundAudioPlayer player)
        {
            nowtrack--;
            if (nowtrack < 0) nowtrack = list.Count - 1;
            PlayTrack(player);
        }
```

.....

```csharp
    protected override void OnPlayStateChanged(BackgroundAudioPlayer player,
    AudioTrack track, PlayState playState)
    {
        switch (playState)
        {
            case PlayState.TrackEnded:
                PlayNext(player);
                break;
            case PlayState.TrackReady:
                player.Play();
                break;
        }

        NotifyComplete();
    }

    protected override void OnUserAction(BackgroundAudioPlayer player,
    AudioTrack track, UserAction action, object param)
    {

        switch (action)
        {
            case UserAction.Play:
                PlayTrack(player);
                break;

            case UserAction.Pause:
                player.Pause();
                break;

            case UserAction.SkipPrevious:
                PlayPrev(player);
                break;

            case UserAction.SkipNext:
                PlayNext(player);
                break;
        }

        NotifyComplete();
    }
```

재생할 음악 목록을 list 필드에 작성한다. AudioTrack의 생성자로 파일의 위치, 타이틀, 가수, 앨범명, 앨범 자켓 이미지 등을 전달한다. 재생 대상 파일은 격리 저장소에 미리 복사되어 있어야 하는데 이 예제는 Sample1.mp3 ~ Sample3.mp3까지 세 개의 샘플 파일이 있는 것으로 가정한다. nowtrack은 현재 재생곡의 번호이되 0으로 초기화한다. 에이전트는 백그라운드에서 실행되며 호출시마다 클래스가 재생성되기도 하는데 이때마다 필드가 초기화되지 않도록 주요 필드는 반드시 정적으로 선언해야 한다.

PlayTrack 메서드는 현재 트랙을 재생한다. 인수로 전달되는 BackgroundAudioPlayer 객체는 배경 음악 재생 기능을 통제하는 기능을 제공하며 Track 속성에 재생할 오디오 트랙을 대입하면 기존 재생 중이던 곡은 즉시 중지되고 새로운 트랙을 재생할 준비를 한다. OnPlayStateChanged 에서 재생 준비가 되면 Play 메서드로 바로 재생하도록 해 두었으므로 Track에 재생 대상만 지정하면 된다.

PlayNext와 PlayPrev는 nowtrack 변수를 조정하여 다음, 이전 곡으로 이동한다. 총 3곡이 있으므로 0, 1, 2 사이의 트랙 번호를 순회하며 끝이나 처음에 도달하면 반대쪽으로 돌아가 계속 순회한다. OnPlayStateChanged에서는 한곡 재생이 끝나면 바로 다음 곡을 재생하도록 하여 3곡 이 계속 재생되도록 했다. OnUserAction 메서드는 앱이 제공하는 UI나 시스템이 제공하는 UVC(Universal Volume Control)를 통해 사용자의 명령을 받아들인다. action에 대응되는 동작을 수행하면 된다. 다음은 에이전트를 통제할 메인 앱을 작성해 보자.

BackMusic

```
<StackPanel>
    <Button Name="btnPlay" Content="Play/Pause" Click="btnPlay_Click" />
    <Button Name="btnPrev" Content="Prev" Click="btnPrev_Click" />
    <Button Name="btnNext" Content="Next" Click="btnNext_Click" />
    <TextBlock Name="txtTrack" Text="현재 재생곡" />
</StackPanel>
================================= CS =========================================
using System.Windows.Navigation;
using Microsoft.Phone.BackgroundAudio;

namespace BackMusic
{
    public partial class MainPage : PhoneApplicationPage
    {
```

```csharp
public MainPage()
{
    InitializeComponent();
    BackgroundAudioPlayer.Instance.PlayStateChanged +=
        new EventHandler(OnPlayStateChanged);
}

private void btnPlay_Click(object sender, RoutedEventArgs e)
{
    if (BackgroundAudioPlayer.Instance.PlayerState == PlayState.Playing)
    {
        BackgroundAudioPlayer.Instance.Pause();
    }
    else
    {
        BackgroundAudioPlayer.Instance.Play();
    }
}

private void btnPrev_Click(object sender, RoutedEventArgs e)
{
    BackgroundAudioPlayer.Instance.SkipPrevious();
}

private void btnNext_Click(object sender, RoutedEventArgs e)
{
    BackgroundAudioPlayer.Instance.SkipNext();
}

void OnPlayStateChanged(Object sender, EventArgs e)
{
    RefreshTrack();
}

protected override void OnNavigatedTo(NavigationEventArgs e)
{
    RefreshTrack();
                    base.OnNavigatedTo(e);
}

void RefreshTrack()
{
```

```
        if (BackgroundAudioPlayer.Instance.Track != null)
        {
            txtTrack.Text = BackgroundAudioPlayer.Instance.Track.Title;
        }
    }
  }
}
```

스택 패널에 3개의 버튼과 현재 재생 중인 곡명을 보여줄 텍스트 블록 하나를 배치했다. Play 버튼은 현재 상태에 따라 재생과 중지를 토글한다. RefreshTrack 메서드는 텍스트 블록에 현재 재생 중인 곡명을 출력한다. 플레이어의 상태가 변경될 때, 외부로 나갔다가 다시 돌아올 때 이 메서드를 호출하여 현재 곡명을 갱신해야 한다. Prev, Next 버튼은 각각 이전, 다음 곡으로 이동한다.

예제는 완성되었지만 이 상태에서는 아직 예제를 실행해 볼 수 없다. 이 예제는 3개의 샘플 음원이 있는 것으로 가정하고 작성되어 있으므로 음원 파일을 제공해야 한다. 임의 경로의 파일을 재생할 수는 없고 저장소에 복사된 파일만 재생할 수 있어 사실 실용성이 좀 떨어지는 편이다. 실제 프로젝트에서는 네트워크를 통해 재생할 파일을 다운로드하거나 아니면 리소스로 미리 포함해 놓은 파일을 저장소로 복사하여 재생하는 방법을 사용한다.

하지만 그렇게 하자면 재생 관련 코드보다 음원을 준비하는 코드가 더 많아 예제로서의 가치가 떨어질 것이다. 좀 불편하지만 개발 PC의 MP3 파일을 직접 앱의 저장소로 복사하여 샘플 파일을 준비하기로 한다. 파일을 복사할 때는 ISETool을 사용한다. 이 툴을 사용하려면 먼저 예제가 에뮬레이터에 설치되어야 하므로 일단 실행한 후 종료하자. 그리고 명령행에서 다음 명령을 실행한다. 직접 프로젝트를 만들었다면 GUID는 자신의 프로젝트의 것으로 사용해야 한다.

```
>ISETool.exe ts xd dca142b9-269c-4b1a-87de-f598b5aaee60 c:\Temp
Download Started ... Into Folder: c:\Temp
Download Successful Into Folder: c:\Temp
```

3개의 Mp3 파일을 IsolatedStore 폴더로 복사한다.

```
>ISETool.exe rs xd dca142b9-269c-4b1a-87de-f598b5aaee60 c:\Temp\IsolatedStore
Upload Started ... From Folder: c:\Temp\IsolatedStore
Upload Successful From Folder: c:\Temp\IsolatedStore
```

복사하는 방법은 간단하다. ts 명령으로 저장소의 스냅샷을 뜬 후 3개의 mp3 파일을 저장소의 루트로 복사한다. 아무 파일이나 상관없으므로 PC의 흔한 MP3 파일 3개를 골라 이름을 Sample1.mp3 등으로 바꾸고 복사하면 된다. 복사된 파일을 rs 명령으로 에뮬레이터로 전송하면 샘플 음원이 준비된다. 이제 실행해 보자.

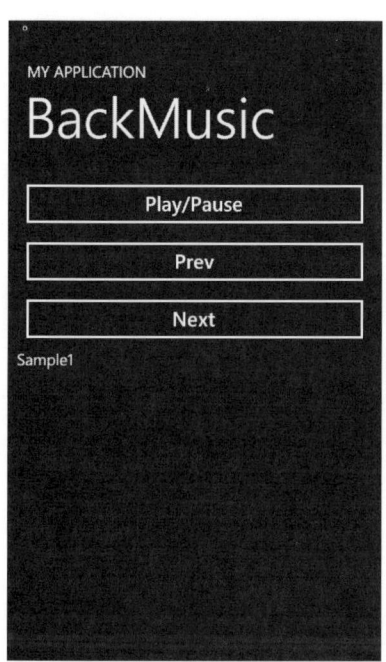
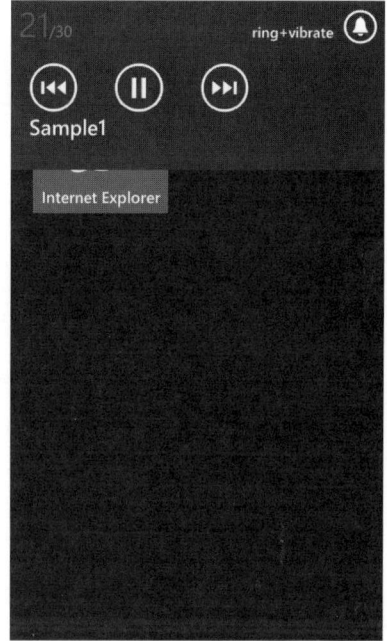

Play 버튼을 누르면 첫 번째 음악이 재생되며 Prev, Next 버튼으로 이전, 다음 파일로 자유롭게 이동할 수 있다. UI가 너무 촌스러운데 빨리 감기, 랜덤 재생 등의 기능을 더 추가할 수도 있다. 재생을 시작한 후 시작 화면으로 이동해도 되며 앱을 종료해도 음악은 계속 재생된다. 재생 중인 음악을 멈추거나 곡을 바꾸고 싶으면 다시 예제를 실행하여 버튼을 누르면 된다.

앱을 실행하는 대신 UVC를 호출해도 상관없다. 장비가 어떤 상태에 있건간에 볼륨 조절 버튼을 누르면 화면 상단에 UVC가 나타난다. 에뮬레이터에서는 볼륨 조절 버튼이 노출되어 있지 않으므로 키보드의 F9나 F10키를 눌러 UVC를 호출한다. 화면 상단의 UVC에서 재생 중인 곡명을 확인할 수 있고 재생, 중지, 전후 곡으로의 이동 등의 기본적인 명령을 내릴 수 있다. UVC의 바닥을 클릭하면 재생을 시작한 앱이 재실행된다.

XNA

18-1-1 게임 라이브러리

윈도우폰은 개발하려는 앱의 용도에 따라 두 개의 프레임워크를 제공한다. 지금까지 학습한 실버라이트는 업무용, 교육용 등의 일반적인 앱을 작성하는 프레임워크이다. 규격화된 패널이나 컨트롤을 배치하여 화면을 디자인하고 이벤트를 처리하여 동작을 정의한다. 게임은 사무용 소프트웨어와는 구조가 확연히 달라 일정한 틀이 없으므로 규격화된 컨트롤보다는 비트맵을 더 많이 사용한다. 게임 화면은 언제나 활발하게 움직이므로 이벤트보다는 타이머로 동작하는 것이 더 적합하다.

이런 구조의 게임앱 제작에 주로 사용되는 프레임워크가 바로 XNA이다. 두 프레임워크의 용도가 완전히 다르므로 프로젝트 초기에 어떤 프레임워크를 기반으로 할 것인지를 미리 선택해야 한다. 그러나 프레임워크의 구분은 어디까지나 권장 사항일 뿐 용도가 강제적으로 나누어져 있는 것은 아니다. 퍼즐 게임 정도는 실버라이트로도 만들 수 있고 그래픽 처리가 많은 앱은 XNA로도 만들 수 있다. 7.1부터는 두 프레임워크를 섞어서 사용하는 것도 가능하다.

실버라이트와 마찬가지로 XNA의 역사도 생각보다 상당히 오래되었다. 윈도우폰을 위해 새로 만들어진 것이 아니라 훨씬 이전부터 존재했으며 꾸준히 발전해 온 라이브러리이다. 최초 PC와 Xbox 게임 콘솔을 위한 라이브러리로 탄생했으며 최근에 윈도우폰에 맞도록 기능을 추가한 것이다. XNA의 대략적인 역사는 다음과 같으며 거의 10년 가까운 역사를 가지고 있다.

발표시점	버 전	특 징
2004년	알파	GDC에서 최초 공개
2006년 10월	1.0	첫 버전
2007년 12월	2.0	네트워크 지원 강화
2008년 12월	3.0	Xbox 360과 PC, Zune에서 개발 가능
2010년 3월	4.0	윈도우폰 프레임워크에 통합. Zune은 제외

XNA의 가장 큰 특징은 C# 언어를 기반으로 하며 여러 플랫폼을 지원한다는 것이다. DirectX 의 닷넷 버전이라고 할 수 있다. 게임은 속도를 중요시하므로 보통 C/C++ 같은 저수준 언어를 사용하지만 XNA는 관리 코드를 사용한다. 그래서 실행 속도상으로는 다소 불리하지만 생산성 이 월등히 높고 닷넷 환경에서는 호환성이 보장되는 장점이 있다. 비트맵 출력이나 3D 처리는 대부분 하드웨어의 도움을 받기 때문에 실행 속도도 생각보다 느리지 않다.

마이크로소프트는 윈도우폰 게임을 위해 새로운 라이브러리를 만들지 않고 기존의 라이브러리를 수정하는 정책을 취했는데 가장 큰 이유는 기존 개발자들이 쉽게 접근할 수 있도록 하기 위해서이다. 하지만 적어도 우리나라 상황에서는 별 설득력이 없는 장점이다. 국내에서는 XNA 의 저변이 넓지 못하며 아마도 이 책을 읽는 대부분의 독자도 XNA는 생소할 것이다. 여기서는 XNA를 전혀 모른다고 가정하고 처음부터 소개할 것이다.

다행히 XNA 자체의 난이도는 높지 않아서 C# 언어만 알고 있다면 누구나 쉽게 접근할 수 있다. 물론 본격적인 게임 제작을 위해서는 일반적인 게임 제작 기법과 3D 관련 이론에 대한 풍부한 경험이 요구된다. 이 책은 XNA 자체에만 집중하므로 관련 이론은 별도의 게임 제작 실습서를 참고하기 바란다. 게임을 제작해 본 경험이 있다면 XNA는 정말 쉬운 과목이며 또한, 한 번 배워 여러 플랫폼에 적용할 수 있으므로 매력적이기도 하다.

참고로 XNA는 XNA is Not Acronym의 약자이다. 굳이 번역하자면 "XNA는 약자가 아니다."라는 뜻이며 일종의 언어유희이다. 다소 황당하지만 XNA라는 말 자체에는 아무런 뜻이 없는 셈이다.

18-1-2 XnaFirst

마법사로 첫 번째 XNA 예제를 만들고 구조를 분석해 보자. File/New Project 메뉴 항목을 선택하고 왼쪽 템플릿 분류에서 XNA Game Studio 4.0을 선택하면 오른쪽에 게임 제작과 관련된 여러 가지 템플릿이 나타난다. 지금은 윈도우폰용 게임을 작성하고 있으므로 제일 위의

Windows Phone Game(4.0) 항목을 선택한다. 이외에 데스크탑 윈도우용 게임이나 Xbox용 게임도 제작할 수 있다.

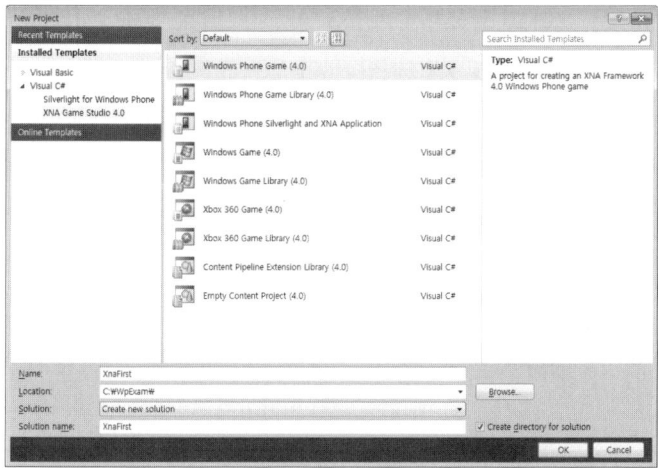

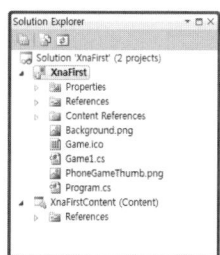

프로젝트 이름은 XnaFirst로 입력하고 OK 버튼을 누른다. 타겟 버전을 묻는 대화상자가 나타나는데 디폴트로 선택되어 있는 7.1을 받아들인다. 솔루션 탐색기를 보면 두 개의 프로젝트가 생성되어 있다. XnaFirst가 게임 프로젝트이며 XnaFirstContent는 게임 제작에 필요한 애셋을 저장하는 프로젝트이다.

게임에는 다량의 애셋이 필요하고 정해진 규칙에 따라 애셋을 컴파일해야 하므로 별도의 프로젝트로 분리되어 있다. 애셋 프로젝트는 게임 프로젝트의 이름 뒤에 Content가 붙으며 차후 이미지나 폰트 등의 애셋은 이 프로젝트에 저장한다. 분석은 잠시 후 해보기로 하고 일단 실행해 보자.

첫 예제는 그야말로 썰렁하다. XNA판 Hello World인 셈인데 아무런 출력이 없고 파란색 화면만 나오며 화면을 터치해도 일체의 반응이 없다. 이미지나 문자열 하나 정도 출력해 놓으면 좋을 듯한데 간단한 출력도 준비해야 할 것이 많아 게임 화면의 배경까지만 칠해 놓은 것이다. 이후 이 배경위에 이미지를 그리고 움직여서 게임을 만든다. 현재 상태에서는 파란색 배경만 구경하고 Back 버튼을 눌러 종료하는 것밖에 할 것이 없다.

가끔 시스템에 따라 그래픽 카드가 호환되지 않는다는 에러가 발생할 수 있다. 게임은 화면 갱신이 잦으므로 고사양의 그래픽 카드를 요구하며 호스트 PC의 그래픽 카드가 DirectX 10을 지원해야 한다. 최신 장비임에도 이 예제가 실행되지 않는다면 그래픽 카드 자체의 성능이 떨어져서라기보다는 드라이버의 소프트웨어 버전이 낮아서일 확률이 높다. 이 예제가 실행되지 않을 경우 그래픽 카드의 드라이버를 최신 버전으로 업데이트하면 문제가 대부분 해결된다.

마법사가 만든 프로젝트를 분석해 보자. 애셋을 저장하는 Content 프로젝트는 텅 비어 있으므로 분석할 필요가 없다. 메인 프로젝트도 매니페스트나 이미지, 아이콘 등의 애셋을 제외하면 주요 소스는 Program.cs와 Game1.cs 딱 두 개뿐이다. XNA는 실버라이트와는 달리 화면 배치를 위해 XAML 마크업을 사용하지 않으며 모든 출력을 코드로 처리한다. 프로그램 자체를 표현하는 Program.cs의 내용은 다음과 같다.

```
using System;

namespace XnaFirst
{
#if WINDOWS || XBOX
    static class Program
    {
        /// <summary>
        /// The main entry point for the application.
        /// </summary>
        static void Main(string[] args)
        {
            using (Game1 game = new Game1())
            {
                game.Run();
            }
        }
    }
#endif
}
```

조건부 컴파일 처리되어 있는데 PC 환경이나 Xbox 환경일 때 Main 메서드에서 Game1 객체를 만들어 Run 메서드를 호출하는 진입점 코드가 작성되어 있다. 윈도우폰 환경에서는 프레임워크가 객체를 생성하고 실행을 시작하므로 이 코드가 없어도 무방하다. 결국, Program.cs는 Xbox나 PC 환경에서 컴파일될 때를 대비한 시작 코드만 있을 뿐 윈도우폰에서는 별다른 코드가 없는 셈이다.

Game1.cs가 주 소스 파일이며 게임을 진행하는 모든 코드는 이 파일에 작성된다. 마법사에 의해 게임 제작에 필요한 메서드들의 골격이 작성되어 있으며 기본 코드들도 이미 채워져 있다. 이 메서드 안에 게임 로직에 해당하는 코드를 채워 넣어 게임을 만든다.

```csharp
using System;
using System.Collections.Generic;
using System.Linq;
using Microsoft.Xna.Framework;
using Microsoft.Xna.Framework.Audio;
using Microsoft.Xna.Framework.Content;
using Microsoft.Xna.Framework.GamerServices;
using Microsoft.Xna.Framework.Graphics;
using Microsoft.Xna.Framework.Input;
using Microsoft.Xna.Framework.Input.Touch;
using Microsoft.Xna.Framework.Media;

namespace XnaFirst
{
    /// <summary>
    /// This is the main type for your game
    /// </summary>
    public class Game1 : Microsoft.Xna.Framework.Game
    {
        GraphicsDeviceManager graphics;
        SpriteBatch spriteBatch;

        public Game1()
        {
            graphics = new GraphicsDeviceManager(this);
            Content.RootDirectory = "Content";

            // Frame rate is 30 fps by default for Windows Phone.
```

```csharp
        TargetElapsedTime = TimeSpan.FromTicks(333333);

        // Extend battery life under lock.
        InactiveSleepTime = TimeSpan.FromSeconds(1);
    }

    /// <summary>
    /// Allows the game to perform any initialization it needs
    ///      to before starting to run.
    /// This is where it can query for any required services and load any non-graphic
    /// related content.  Calling base.
    ///    Initialize will enumerate through any components
    /// and initialize them as well.
    /// </summary>
    protected override void Initialize()
    {
        // TODO: Add your initialization logic here

        base.Initialize();
    }

    /// <summary>
    /// LoadContent will called once per game and is the place to load
    /// all of your content.
    /// </summary>
    protected override void LoadContent()
    {
        // Create a new SpriteBatch, which can be used to draw textures.
            spriteBatch = new SpriteBatch(GraphicsDevice);

        // TODO: use this.Content to load your game content here
    }

    /// <summary>
    /// UnloadContent will be called once per game and is the place to unload
    /// all content.
    /// </summary>
    protected override void UnloadContent()
    {
        // TODO: Unload any non ContentManager content here
    }
```

```
/// <summary>
/// Allows the game to run logic such as updating the world,
/// checking for collisions, gathering input, and playing audio.
/// </summary>
/// <param name="gameTime">Provides a snapshot of timing values.</param>
protected override void Update(GameTime gameTime)
{
    // Allows the game to exit
    if (GamePad.GetState(PlayerIndex.One).Buttons.Back ==
     ButtonState.Pressed)
        this.Exit();

    // TODO: Add your update logic here

    base.Update(gameTime);
}

/// <summary>
/// This is called when the game should draw itself.
/// </summary>
/// <param name="gameTime">Provides a snapshot of timing values.</param>
protected override void Draw(GameTime gameTime)
{
    GraphicsDevice.Clear(Color.CornflowerBlue);

    // TODO: Add your drawing code here

    base.Draw(gameTime);
}
    }
}
```

Game1 클래스를 Microsoft.Xna.Framework.Game으로부터 상속받는다. Game 클래스를 별도로 연구해 보지 않더라도 일반적인 게임 제작에 필요한 속성, 메서드 등이 대거 정의되어 있음은 쉽게 유추할 수 있다. 이로부터 상속받은 Game1은 게임의 골격을 전부 물려받으며 변화를 줄 만한 부분에 대해서만 메서드를 재정의하면 된다. 자주 재정의되는 메서드는 마법사가 이미 재정의해 놓았다.

Game의 공개된 메서드는 실행을 시작하는 Run과 종료하는 Exit 정도가 있다. Run은 프레임 워크가 호출하므로 우리가 직접 호출할 필요가 없다. Exit는 사용자의 명시적인 게임 종료 명령이 있을 시 프로그램 종료를 위해 호출되지만 그나마도 Back키에 대한 디폴트 처리가 잘 되어 있어 직접 호출할 경우는 많지 않다. 보호된 메서드는 Initialize, LoadContent, Update, Draw 등등 이 있으며 모두 재정의 대상이다. 이 메서드에 게임 초기화, 상태 갱신, 그리기 코드가 작성된다.

멤버는 두 개가 선언되어 있다. graphics는 그래픽 장치를 관리하는 객체이며 spriteBatch는 텍스처나 문자열 등을 일괄 출력하기 위한 객체이다. 생성자는 graphics 객체를 초기화하고 컨텐 트를 읽어올 루트 디렉토리를 지정한다. 애셋들은 xap 파일과 같은 레벨의 Content 폴더에 복사 되는데 디폴트가 무난하므로 특별히 건드릴 필요는 없다. 또한, 화면 갱신 주기나 비활성화 시간 등을 초기화한다. 프로그램의 전체 흐름은 다음과 같다.

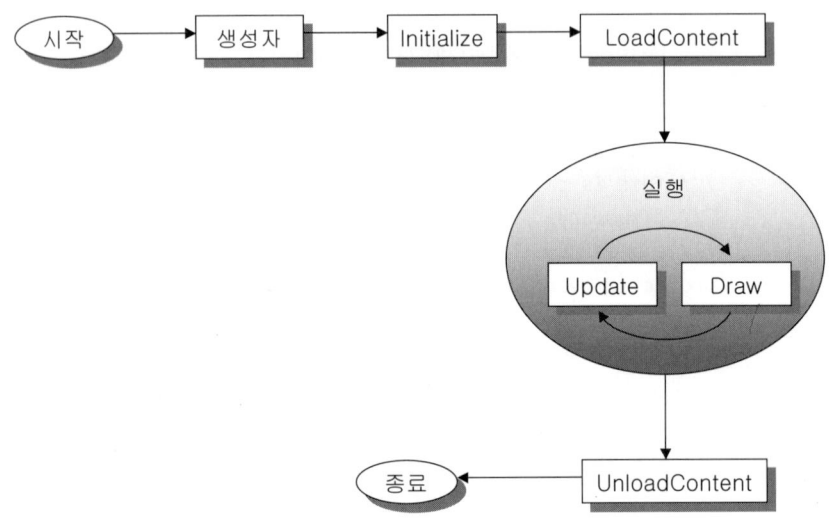

Initialize 메서드는 프로그램 초기화를 담당하는데 주로 비그래픽 자원을 로드하고 준비한다. LoadContent 메서드는 그래픽이나 멀티미디어 등 게임 실행에 필요한 애셋을 로드하고 spriteBatch 를 초기화함으로써 출력을 준비한다. UnloadContent 메서드는 로드한 애셋을 종료 직전에 해제 한다. 예제 프로젝트는 별도의 자원을 사용하지 않으므로 초기화 관련 메서드는 모두 비어 있다. 차후 애셋 초기화문이 이 메서드에 작성된다.

초기화가 완료되면 Update 메서드와 Draw 메서드가 주기적으로 호출된다. 통상 초당 30회씩 번갈아 호출되며 이 과정은 프로그램이 종료될 때까지 계속 반복된다. 그래서 XNA가 루프 방식 으로 동작한다고 하는 것이다. Update는 입력을 조사하여 게임의 상태를 갱신하고 Draw는 현재 상태를 화면에 그리는 역할을 한다. 이 두 메서드는 각각 입력과 출력을 담당하며 게임을 진행하는 실질적인 역할을 한다.

Update에는 게임 패드의 Back 버튼을 조사하여 프로그램을 종료하는 코드가 작성되어 있지만 폰에는 게임 패드가 없으므로 해당되지 않는다. 폰에서는 아래쪽의 하드웨어 Back 버튼을 눌러 종료해야 한다. 마법사가 만들어준 코드는 폰에서는 아무짝에도 쓸모없는 코드이지만 한 소스로 Xbox 개발도 가능하므로 일부러 지울 필요는 없다.

Draw는 파란색으로 화면을 지우는 코드만 작성되어 있다. 이 코드에 의해 파란색 배경이 그려진다. Clear 메서드로 전달된 CornflowerBlue가 바로 파란색이며 이 인수를 변경하면 게임의 배경색을 바꿀 수 있다. 차후 게임 화면을 그리는 대량의 코드가 Draw 메서드에 작성된다. 결국, Update와 Draw는 껍데기만 있고 현재는 비어 있는 셈이다.

마법사가 만들어준 프로젝트의 골격은 아직까지는 별다른 내용이 없다. 하지만 필요한 메서드를 모두 재정의해 놓았으며 어떤 코드를 어디에 작성해야 하는지를 짧은 주석으로 안내하고 있다. XNA를 배운다는 것은 각 메서드의 역할을 숙지하고 적재적소에 원하는 코드를 작성하는 방법을 익히는 것이다.

18-1-3 Airplane

마법사로 만든 첫 번째 예제는 XNA 프로젝트의 기본 구조만 보여줄 뿐 화면에 아무것도 나오지 않고 터치에 반응도 하지 않아 재미가 없다. 조금이라도 동작을 하는 예제를 만들어 보자. 예제 제작에 사용되는 메서드들은 잠시 후 상세하게 연구해 볼 것이므로 일단은 예제 작성에 집중하고 동작을 관찰해 보자.

Windows Phone Game(4.0) 템플릿으로 Airplane이라는 이름의 새 프로젝트를 만든다. 임의의 그림 파일을 사용하되 여기서는 200 * 130 크기의 장난감 비행기 그림을 사용하기로 한다. 게임에 사용될 애셋은 Content 프로젝트에 추가한다. 솔루션 탐색기의 AirplaneContent 프로젝트 팝업 메뉴에서 Add/Existing Item 항목을 선택하고 airplane.jpg 파일을 선택하면 프로젝트 폴더로 복사된다. 탐색기에서 파일을 Content 프로젝트로 드래그해도 잘 추가된다.

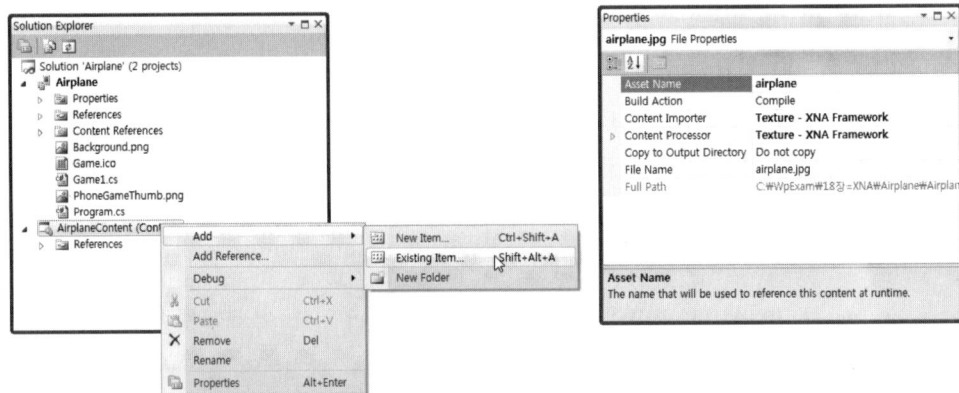

추가된 airplane.jpg 파일의 속성창을 보면 Asset Name이 확장자를 제외한 airplane으로 되어 있다. 이 이름이 코드에서 사용하는 애셋 이름이다. 특별한 이유가 없는 한 디폴트로 주어지는 이름을 그대로 사용하면 된다. 다음은 비행기 텍스처와 위치를 저장하기 위한 필드를 멤버로 추가한다. Texture2D가 이미지 애셋이며 Vector2가 좌표를 저장하는 타입이다.

```csharp
public class Game1 : Microsoft.Xna.Framework.Game
{
    GraphicsDeviceManager graphics;
    SpriteBatch spriteBatch;
    Texture2D picture;
    Vector2 picPos;

protected override void LoadContent()
{
    // Create a new SpriteBatch, which can be used to draw textures.
    spriteBatch = new SpriteBatch(GraphicsDevice);

    picture = Content.Load<Texture2D>("airplane");
    picPos.Y = 0;
    picPos.X = graphics.GraphicsDevice.Viewport.Width / 2 - picture.Bounds.Width / 2;
}
```

이미지 애셋은 LoadContent 메서드에서 로드한다. 초기 위치는 수직 좌표를 0으로 하고 수평 좌표를 화면 폭의 절반에서 이미지 폭의 절반을 빼 초기화함으로써 중앙에 배치했다. Draw 메서드에서 이미지를 Pos 위치에 출력한다.

```
protected override void Draw(GameTime gameTime)
{
    GraphicsDevice.Clear(Color.CornflowerBlue);

    spriteBatch.Begin();
    spriteBatch.Draw(picture, picPos, Color.White);
    spriteBatch.End();

    base.Draw(gameTime);
}
```

spriteBatch의 Begin과 End 블록 사이에서 Draw 메서드를 호출하여 이미지를 출력한다. 여기까지 작성한 후 실행하면 화면 위쪽에 비행기 그림이 나타날 것이다. 그러나 좌표값이 고정되어 있으므로 아직 움직임은 없다. 변화를 주려면 Update 메서드에서 이미지의 좌표를 갱신해야 한다.

```
protected override void Update(GameTime gameTime)
{
    if (GamePad.GetState(PlayerIndex.One).Buttons.Back == ButtonState.Pressed)
        this.Exit();

    picPos.Y++;
    if (picPos.Y == graphics.GraphicsDevice.Viewport.Height) picPos.Y = 0;

    base.Update(gameTime);
}
```

매 호출시마다 Y를 1씩 증가시키되 이미지가 화면 하단에 닿으면 0으로 리셋한다. 이제 실행해 보면 비행기가 아래로 내려오다가 바닥에 닿으면 다시 위로 이동할 것이다. 게임 화면은 디폴트 방향이 가로이므로 에뮬레이터를 옆으로 돌려서 봐야 한다.

Update와 Draw 메서드가 번갈아 호출되면서 좌표를 이동하고 새 좌표에 비행기를 다시 그리기를 반복한다. 비행기의 이동 속도를 측정해 보면 대략 초당 30픽셀씩 움직인다. Update에서 어떻게 좌표를 조작하는가에 따라 비행기의 움직임이 달라지고 Draw에서 어떻게 출력하는가에 따라 비행기의 모양이 달라진다.

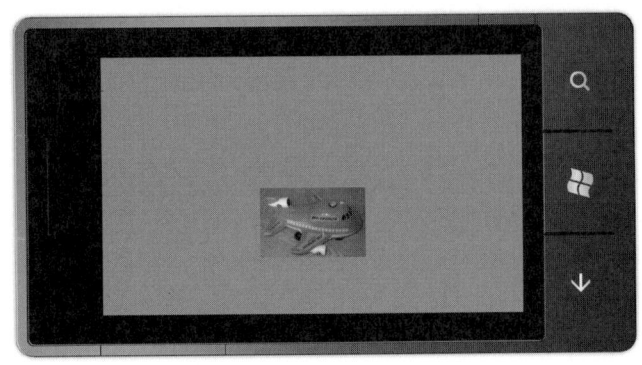

이 실습에서 보다시피 어떤 코드를 어디에 작성할 것인가가 미리 정해져 있으며 코드를 작성할 위치만 잘 지키면 아주 쉽다. 애셋은 Content 프로젝트에 추가하고 LoadContent 메서드에서 읽어 출력할 준비를 한다. Draw 메서드는 무조건 그리기만 하고 Update 메서드는 Draw 메서드가 참조하는 변수를 조작함으로써 움직임을 만들어 낸다. 아직 입력은 받지 않았는데 Update에서 사용자 입력을 받아 캐릭터를 조정한다.

18-1-4 게임 루프

Game 클래스는 게임 그 자체이며 그래픽 장치의 초기화, 게임의 진행 등을 구현하는 클래스이다. 주요 속성은 다음과 같으며 주로 게임의 진행 속도를 제어한다.

속 성	설 명
TargetElapsedTime	Update 메서드를 호출할 주기이며 곧 게임의 진행 속도를 의미한다. 디폴트는 1/60초이다.
InactiveSleepTime	게임이 비활성화될 때 슬립 상태로 진입할 시간을 초 단위로 지정한다.
GraphicsDevice	그래픽 장치 객체를 구한다. LoadContent 이전에는 액세스하지 말아야 한다.
IsFixedTimeStep	고정된 호출 주기를 사용할 것인가를 지정하며 디폴트는 true이다.
Content	ContentManager 객체를 구한다.
Components	GameComponent의 컬렉션이다.

Airplane 예제는 생성자에서 TargetElapsedTime 멤버를 0.03초로 초기화함으로써 초당 30회씩 비행기가 이동한다. 이 대입문을 주석 처리하면 디폴트인 초당 60회의 주기가 적용되므로

비행기 이동 속도가 2배로 증가한다. 반대로 주기를 늘리면 이동 속도는 느려질 것이다. 다음과 같이 수정하면 비행기가 절반의 속도로 이동한다.

```
TargetElapsedTime = TimeSpan.FromTicks(666666);
```

게임은 매 갱신 주기마다 Update 메서드를 호출하며 다음 호출 주기까지 시간이 남으면 Draw 메서드를 호출하여 화면을 그린다. Draw가 리턴한 후에도 다음 갱신 주기가 되지 않았으면 잠시 동안이나마 아이들 상태로 진입하여 휴식을 취한다. 정상적인 경우의 메서드 호출 순서는 다음과 같으며 이 과정은 게임이 끝날 때까지 계속 반복된다.

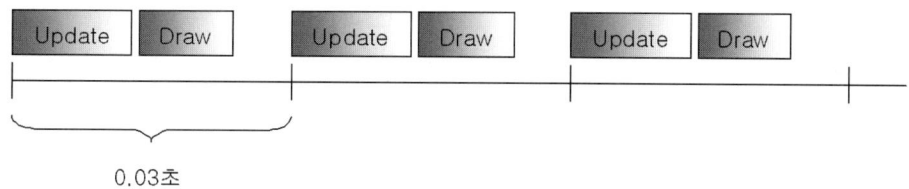

게임은 사용자가 화면을 조작하지 않아도 계속 진행되는 것이 보통이므로 이벤트 방식으로 동작하지 않고 루프를 돌며 일정한 시간 간격으로 계속 갱신된다. Update 메서드의 논리가 복잡하거나 시스템 외부적인 상황으로 인해 Update 처리가 지연될 수도 있다. 이때는 Draw 메서드는 건너뛰고 다음 Update를 계속 호출하며 시간이 남을 때 Draw가 가끔씩 호출된다.

이렇게 되면 화면을 자주 갱신하지 못하므로 움직임이 둔해지고 게임의 사실감이 떨어진다. 그럼에도 Draw보다 Update에 더 우선순위를 두는 이유는 화면은 약간 느리게 그리더라도 게임은 제 속도대로 진행해야 하기 때문이다. 게임은 느려서는 안 되지만 빠를수록 좋은 것도 아니고 CPU의 속도와 상관없이 일정한 속도를 유지하는 것이 가장 이상적이다.

쾌적한 속도를 유지하려면 가급적 빠른 속도로 갱신 및 그리기를 할 수 있도록 코드를 최적화해야 한다. 시스템은 이를 위해 Update와 Draw 메서드로 GameTime 타입의 인수 gameTime을 전달하며 이 인수에는 다음과 같은 중요한 속성이 들어 있다.

속 성	설 명
TotalGameTime	게임 시작 후 경과한 시간을 조사한다.
ElapsedGameTime	마지막 업데이트 후 경과한 시간이다.
IsRunningSlowly	갱신 속도가 지정한 주기보다 느려졌음을 표시한다.

두 메서드는 이 속성들을 참조하여 게임 진행 속도와 보조를 맞춘다. 이동의 경우 매 업데이트 마다 일정 거리만큼 움직이는 것보다 경과 시간을 계산하여 이동하는 것이 더 부드럽고 시스템 속도에 무관한 진행 속도를 얻을 수 있다. 갱신 속도가 느려져 그리기가 생략되는 상태면 IsRunningSlowly 속성을 true로 전달하여 실행 속도가 떨어지고 있음을 알린다. Update 메서드는 가급적 신속하게 처리하되 IsRunningSlowly 속성을 주기적으로 점검해 보고 느리다 싶으면 당장 꼭 필요치 않은 처리를 생략하여 처리 속도를 끌어 올려야 한다.

게임에서 속도 유지는 굉장히 중요한 문제이며 루프 내에서 반복적으로 호출되는 Update, Draw 메서드는 가급적 빨라야 한다. 메서드내에서 new 연산자로 객체를 생성해서는 안 되며 필요한 모든 객체는 외부에서 미리 준비해 두는 것이 좋다. 또 코드는 가능한 최적화하고 꼭 필요한 처리만 하여 최고속으로 실행되도록 해야 한다. 만약 정 안 된다면 프레임 수를 떨어뜨려 서라도 속도를 맞추어야 한다.

게임은 빠른 속도만큼이나 일정한 속도가 중요하다. 하드웨어 스펙, 외부적인 시스템 상황, 내부적인 연산 속도 등과 무관하게 항상 일정한 속도를 유지해야 한다. 느린 폰에서는 느리고 빠른 폰에서는 빨라서는 안 된다. 섬세한 시간 관리 코드를 작성하는 것은 결코 쉽지 않으며 풍부한 경험을 요구하는데 이런 복잡하고 어려운 처리를 XNA가 대신해 준다. 그래서 XNA 개발자는 프레임워크에게 루프 관리를 맡기고 게임의 고유 논리만 잘 작성하면 된다.

18-1-5 방향과 해상도

GraphicsDeviceManager 클래스는 게임에 필요한 그래픽 장치를 관리한다. Game1의 graphics 멤버로 선언되어 있으며 Game1의 생성자에서 초기화된다. 생성자의 인수로 Game 객체를 요구 하는데 통상 this를 전달하면 된다. 주요 속성은 다음과 같다.

속 성	설 명
GraphicsDevice	GraphicsDevice 객체를 구한다.
IsFullScreen	전체 화면 모드로 실행할 것인지를 지정한다. 디폴트는 false이다.
SupportedOrientations	지원할 화면 방향을 지정한다. 디폴트는 가로 왼쪽, 오른쪽을 지원한다.
PreferredBackBufferWidth	백 버퍼의 폭을 지정한다.
PreferredBackBufferHeight	백 버퍼의 높이를 지정한다.
PreferredBackBufferFormat	백 버퍼의 색상 포맷을 지정한다.

화면의 해상도와 좌표계는 백 버퍼의 크기, 방향, 상태란의 보임 여부 등에 영향을 받는다. 윈도우폰은 화면 깜빡임을 제거하기 위해 기본적으로 더블 버퍼링을 하며 그래서 프론트 버퍼 외에도 백 버퍼를 별도로 가진다. 백 버퍼에 먼저 그린 후 프론트 버퍼로 고속 복사함으로써 화면 깜박임을 제거한다. 전, 후면 버퍼는 통상 크기가 같지만 다를 경우는 하드웨어에 의해 자동으로 스케일링된다.

백 버퍼의 디폴트 크기는 800 * 480이며 이는 윈도우폰의 물리적인 해상도와 동일하다. 그러나 상태란이 보이는 경우는 상태란에 의해 폭이 조금 줄어 전면 버퍼의 크기가 800 * 480보다는 작아진다. 이 경우 스케일링이 발생하여 화면이 조금 더 작게 보인다. IsFullScreen의 디폴트가 false이므로 화면 왼쪽에 상태란이 보인다. 검은색으로 보이지만 클릭해 보면 배터리 게이지, 현재 시간, 전파 세기 등이 나타난다.

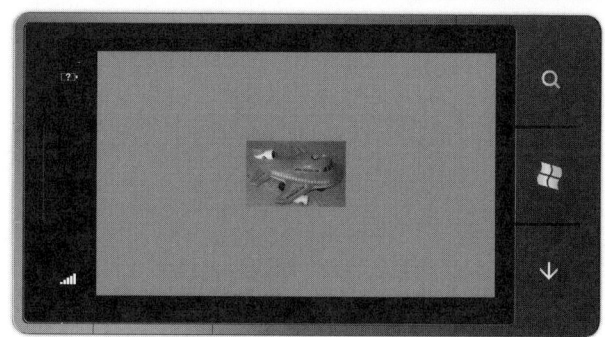

게임 중에도 배터리 양을 확인해 보고 싶은 사용자에게는 상태란이 있는 것이 좋겠지만 게임의 몰입도를 높이기 위해 풀화면으로 작성하는 것이 더 일반적이다. 전체 화면을 사용하려면 Game1의 생성자에 다음 코드를 작성한다.

```
graphics.IsFullScreen = true;
```

상태란 영역까지도 파란색으로 완전히 덮이며 전체 화면을 다 사용한다. 이때는 전, 후면 버퍼 크기가 동일하므로 스케일링이 발생하지 않는다. 육안으로 구분하기 어렵지만 자세히 비교해 보면 비행기가 조금 더 커 보인다.

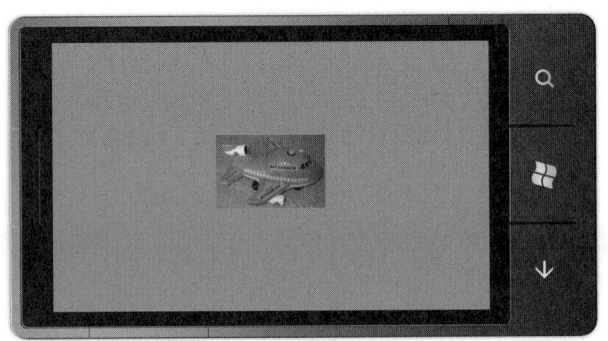

화면의 방향을 지정하는 SupportedOrientations 속성은 DisplayOrientation 열거형이며 다음 멤버들을 가진다.

방 향	설 명
Default	가로 왼쪽, 오른쪽을 모두 지원한다.
LandscapeLeft	단말기의 왼쪽이 밑변인 방향
LandscapeRight	단말기의 오른쪽이 밑변인 방향
Portrait	세로 방향

디폴트인 상태에서 에뮬레이터를 회전시켜 보면 가로 모드는 양쪽 모두 제대로 지원하는데 비해 세로 모드는 지원하지 않음을 알 수 있다. 가로 모드는 왼쪽, 오른쪽 두 가지 방향이 있는데 장비의 방향만 달라질 뿐 게임 화면 자체는 동일하므로 굳이 구분할 필요가 없다. 그러나 불필요하게 회전되는 것이 싫은 경우는 가로 모드의 한쪽만 지원하면 된다. 예를 들어 가로 왼쪽만 지원하려면 생성자에 다음 코드를 작성한다.

```
graphics.SupportedOrientations = DisplayOrientation.LandscapeLeft;
```

이 상태에서는 에뮬레이터를 가로 오른쪽으로 회전시켜도 화면 방향이 바뀌지 않으며 비행기가 아래에서 위로 올라갈 것이다. 에뮬레이터에서 보면 좀 이상해 보이지만 실장비에서는 장비를 잡는 방향을 바꾸면 결국, 같은 모습이다.

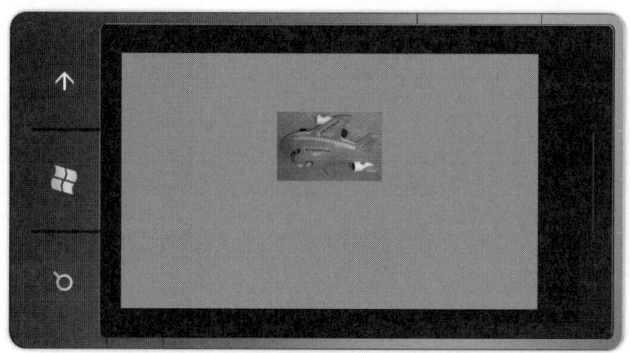

게임은 보통 양손으로 컨트롤하므로 가로 모드로 작성하는 것이 일반적이다. 하지만 종 스크롤 게임같은 경우는 세로 모드로 작성하기도 한다. 화면을 세로 모드로 작성하려면 다음과 같이 코드를 작성한다.

```
public Game1()
{
    graphics = new GraphicsDeviceManager(this);
    Content.RootDirectory = "Content";

    graphics.IsFullScreen = true;
    graphics.SupportedOrientations = DisplayOrientation.Portrait;
    graphics.PreferredBackBufferWidth = 480;
    graphics.PreferredBackBufferHeight = 800;

    TargetElapsedTime = TimeSpan.FromTicks(333333);
    InactiveSleepTime = TimeSpan.FromSeconds(1);
}
```

화면 방향만 Portrait로 바꾸는 것이 아니라 백 버퍼의 크기도 480 * 800으로 세로에 맞게 바꾸어야 한다. 다음 왼쪽 그림과 같이 세로로 긴 화면이 나타나며 비행기가 위에서 아래로 내려온다. 방향만 바꾸고 백 버퍼의 크기는 디폴트인 800 * 480으로 그대로 두면 백 퍼버의

800폭이 프론트 버퍼의 480폭에 맞게 축소되고 높이도 같은 비율로 축소되어 아래위로 여백이 많이 남는 이상한 모양이 된다.

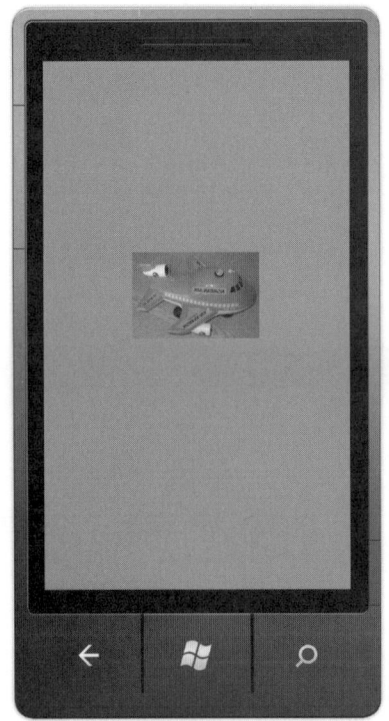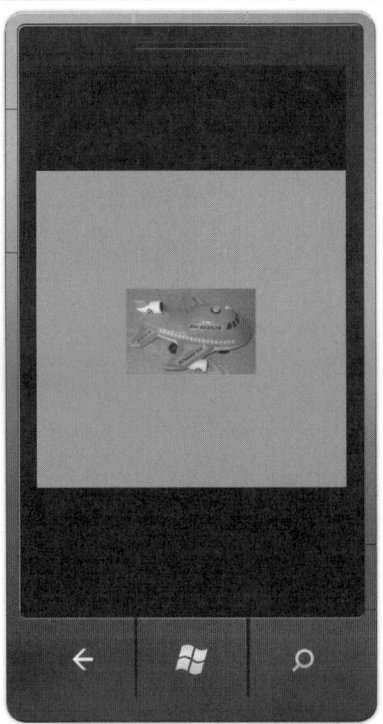

이번에는 백 버퍼의 크기를 화면의 물리적인 해상도보다 작은 320 * 240으로 지정해 보자.

```
public Game1()
{
    graphics = new GraphicsDeviceManager(this);
    Content.RootDirectory = "Content";

    graphics.PreferredBackBufferWidth = 320;
    graphics.PreferredBackBufferHeight = 240;

    TargetElapsedTime = TimeSpan.FromTicks(333333);
    InactiveSleepTime = TimeSpan.FromSeconds(1);
}
```

이 경우 스케일링이 발생하며 실장비의 화면에 가급적 가득 찬 형태로 출력된다. 비행기가 훨씬 더 크게 나타나는데 종횡비는 유지되므로 모양이 찌그러지지는 않는다.

작은 백 버퍼를 프론트 버퍼에 맞추어 더 크게 확대하는 과정이 필요하므로 느려질 것 같지만 하드웨어가 스케일링을 처리하므로 속도상의 불이익은 없다. 오히려 백 버퍼에 그리는 이미지가 더 작으므로 코드 실행 속도가 더 빨라질 것이다. 대신 장비의 해상도를 다 사용하지 않고 작은 이미지를 크게 확대하므로 출력 품질은 떨어진다.

XNA가 알아서 스케일링하므로 백 버퍼와 프론트 버퍼는 꼭 일치하지 않아도 상관없다. 사실 일부러 맞추려고 해도 장비의 해상도가 제각각으로 나올 가능성이 있기 때문에 특정 해상도를 가정하기도 어렵고 그럴 필요도 없다. 프론트 버퍼의 크기에는 신경 쓸 필요 없이 백 버퍼에만 제대로 그리면 나머지는 XNA가 알아서 처리하므로 하나의 소스로 만든 게임을 여러 플랫폼에서 실행할 수 있는 것이다.

18-2 애셋

18-2-1 애셋

이미지, 사운드, 동영상, 폰트 등 게임 제작에 필요한 각종 데이터를 리소스 또는 애셋이라고 한다. 리소스라는 표현이 더 일반적이지만 XNA에서는 주로 애셋이라는 용어를 사용한다. 두 용어의 뜻은 비슷하지만 애셋이 포괄하는 범위가 좀 더 넓다. 이 책에서는 XNA의 용어대로 애셋을 사용하기로 한다.

애셋은 메인 프로젝트가 아닌 Content 프로젝트에 별도로 등록하며 모든 애셋은 컨텐트 파이프라인을 통해 XNB 포맷으로 컴파일한 후 사용한다. XNB 포맷은 XNA 코드에서 빠른 속도로 액세스할 수 있도록 효율적으로 형태를 바꾼 포맷이다. 네이티브 포맷을 그대로 사용하지 않고 XNB 포맷으로 컴파일하면 다음과 같은 이점이 생긴다.

❶ 애셋 로드 속도가 빨라진다. 정교한 알고리즘으로 압축된 이미지를 미리 풀어놓아야 단순 복사만으로 손쉽게 출력할 수 있다.

❷ 용량이 적어진다. 오디오나 동영상 같은 대용량 데이터는 컴파일 과정에서 재인코딩하여 용량을 줄인다. 폰에서는 과다한 고음질, 고화질이 딱히 필요 없는 경우가 많으므로 게임이 필요한 정도의 품질이면 충분하다.

❸ 특수 효과를 미리 적용할 수 있다. 투명 처리나 밉맵 등을 위한 처리를 미리 해 두면 실행 시에 다양한 효과를 사용할 수 있다.

이런 장점들이 있기 때문에 별도의 프로젝트에 애셋을 모아서 따로 컴파일하며 메인 프로젝트는 Content 프로젝트로부터 변환된 애셋을 로드하여 사용한다. Content 프로젝트의 팝업 메뉴에서 Add 항목으로 애셋을 추가한다. 실버라이트에 비해 지원 가능한 포맷이 더 다양하다.

종 류	타 입	확장자
이미지(텍스처)	Texture2D	bmp, jpg, png, tga, dds
사운드	SoundEffect, Song	mp3, wav, wma, xap
동영상		wmv
폰트	SpriteFont	spritefont
모델	Model	fbx, x
효과	Effect	fx
XML		xml

애셋을 저장하는 폴더는 필요에 따라 자유롭게 구성할 수 있다. 이미지끼리, 사운드끼리 모아놓는다거나 또는 논리적인 용도에 따라 폴더를 구성하면 차후 관리하기 편리하다. 대형 실무 프로젝트에서는 종류별로 폴더를 나누어 관리하는 것이 일반적이다.

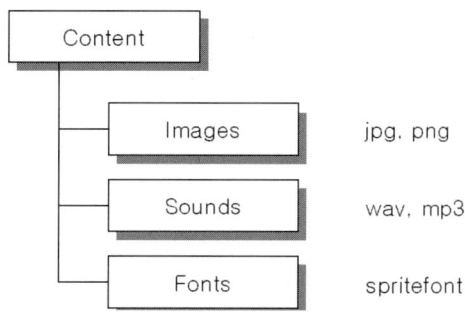

이 책의 실습 예제들처럼 애셋 수가 많지 않으면 루트에 추가해도 별상관은 없다. 애셋을 추가한 후 속성창에서 개별적으로 속성을 조정할 수 있다. 디폴트 속성이 무난하게 설정되지만 컴파일 방법을 바꾸고 싶다면 이 속성들을 조정한다. 애셋의 타입에 따라 조정 가능한 속성 목록이 다른데 대표적으로 airplane.jpg 파일의 속성창을 보고 각 속성의 의미에 대해 알아보자.

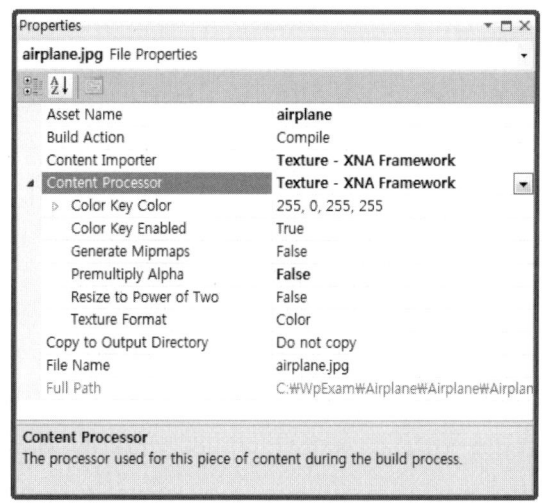

◆Asset Name

코드에서 애셋을 참조할 때 명칭으로 사용하는 이름이다. 디폴트 이름은 애셋 파일의 이름에 확장자를 뺀 형태로 붙여진다. 디폴트가 무난하지만 필요하다면 다른 이름으로 수정할 수 있다. 문자열 형태의 이름으로 애셋을 참조하므로 굳이 명칭 규칙에 맞출 필요는 없으며 공백이 있거나 한글명으로 된 파일도 별문제는 없다. 애셋의 이름을 바꾸어도 파일명은 바뀌지 않는다.

◆ Build Action

자원을 어떻게 컴파일하여 실행 파일에 포함시킬 것인가를 지정한다. 대개의 경우 Compile로 지정하여 XNB 형식으로 컴파일하도록 두는 것이 좋다. 애셋의 양이 많을 경우 미리 변환된 애셋을 등록하면 컴파일 시간을 절약할 수 있다. 미리 컴파일한 애셋인가 빌드 중에 컴파일해야 하는 애셋인가의 차이가 있을 뿐 실행 속도와는 큰 상관이 없다.

◆ Content Importer

컨텐트를 읽어올 방법을 지정한다. 애셋의 타입에 맞게 적당한 임포터가 지정되는데 대부분의 경우 파일의 확장자에 따라 무난하게 설정되므로 굳이 변경할 필요가 없다. 이미지 파일은 Texture 임포터가 설정된다. XNA가 직접적으로 지원하지 않는 타입에 대해서는 커스텀 임포터를 지정할 수 있다.

◆ Content Processor

읽어온 컨텐트를 어떻게 가공할 것인가를 지정한다. 임포터와 마찬가지로 애셋 타입에 맞게 무난한 디폴트가 설정된다. 애셋 타입에 따라 좀 더 상세한 부분까지 처리 방법을 지정하는 세부 속성이 제공된다. 이미지 애셋이 세부 속성은 제일 많다.

◆ 투명 색상 처리

이미지의 경우 투명으로 사용할 색상을 지정한다. Color Key Enabled 속성이 True이면 Color Key Color가 지정하는 색상이 투명색으로 간주된다. 투명색은 이미지에 잘 사용되지 않는 색을 사용하는데 디폴트로 Magenta 색상이 지정되어 있다. 자홍색은 이미지에서 사용되는 빈도가 낮아 도스 시절부터 전통적으로 투명키로 많이 사용되었다. 알파 채널을 가진 PNG 이미지 포맷은 자체적으로 투명 출력을 할 수 있으므로 이 값을 굳이 지정하지 않아도 상관없다.

◆ Generate Mipmaps

밉맵이란 크기별로 이미지 여러 개를 제공하는 것이다. 텍스처의 용량이 크면 품질은 좋아지지만 출력 속도에 불리하고 반대로 용량이 적으면 출력 속도는 빠르지만 품질이 떨어진다. 이런 문제를 해결하기 위해 크기별로 여러 단계의 이미지를 제공하여 그래픽 엔진이 적당한 크기의 이미지를 자동으로 선택하도록 한다. 이 옵션을 선택하면 원본 이미지의 절반 크기 이미지를 계속 생성하여 같이 저장해 둔다.

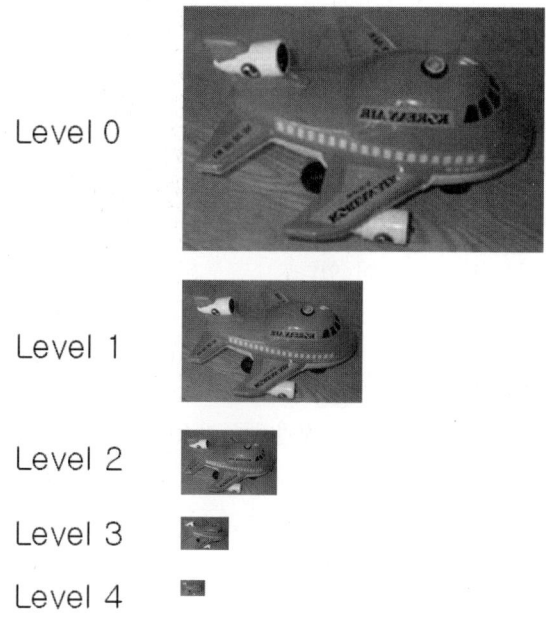

이 옵션은 특히 3D 게임에서 자주 사용된다. 3D 화면은 줌이 가능하며 거리에 따라 물체의 상세도가 달라진다. 가까이 있으면 큰 이미지를 사용하여 세밀하게 표현하고 멀리 떨어지면 작은 이미지를 사용하여 출력 속도를 높인다.

◆Premultiply Alpha
알파값을 색상값에 미리 곱하여 이미지를 압축하는 기법을 사용한다.

◆Resize to Power of Two
이미지의 크기를 2의 거듭승 크기로 조정한다. 특정 그래픽 시스템은 2의 거듭승 크기로 된 이미지를 더 빠르게 처리하는데 이런 장점을 활용하기 위해 이미지 크기를 강제로 조정해 두는 것이다. 원본 이미지의 폭이 120이라면 128로 확대하거나 64로 축소해 둘 것이다.

◆Texture Format

텍스처의 색상 정보를 저장하는 방식을 지정한다. NoChange는 원래의 애셋 형식대로 저장하며 Color는 XNA의 내부 색상 포맷으로 변환하여 저장함으로써 로드 속도를 향상시킨다. DxtCompressed는 DirectX 방식의 포맷으로 압축 변환하여 저장하는데 배포 크기가 줄어든다는 장점이 있지만 크기가 2의 거듭승인 경우에만 사용 가능하다.

◆Compression Quality

오디오 애셋의 압축률을 지정한다. Best, Medium, Low 중 하나를 선택할 수 있다. 디폴트는 가장 좋은 음질의 Best로 되어 있다.

◆Copy to Ouptput Directory

애셋을 출력 디렉토리로 복사할 것인가를 지정한다. 사본을 복사하면 컴파일에 사용할 파일과 실행에 사용할 파일을 분리하여 디버깅 중에도 애셋의 교체나 배포가 쉬워지는 이점이 있다. 폰에서는 실행 파일이 다른 장비로 복사되어 실행되므로 사실 별의미가 없다.

◆FileName

애셋의 파일명을 보여주고 편집한다. 이미 추가한 파일의 이름을 변경할 때 이 속성을 조정하면 실제 애셋 파일명도 같이 바뀐다. 솔루션 탐색기에서 파일명을 변경해도 효과는 동일하다. FullPath는 파일의 실제 경로를 보여주며 읽기 전용이다.

애셋의 속성들은 로드 속도나 성능, 실행 파일의 크기에 영향을 미친다. 게임은 속도에 민감하므로 품질과 속도 사이에 균형을 이루는 적절한 값을 찾아야 하며 그러기 위해서는 많은 테스트가 필요하다. 각 속성의 구체적인 의미나 효과에 대해서 잘 모르겠으면 일단은 디폴트대로 사용해도 무방하다.

18-2-2 이미지

이미지는 전문 편집툴로 미리 제작된 그림 파일이다. XNA에서는 이미지를 비트맵, 텍스처, 스프라이트 등의 여러 가지 용어로 부르는데 문맥에 따라 약간씩 의미가 다르지만 한국말로 번역하자면 전부 그림이라는 뜻이다. 프로젝트에 추가한 애셋은 ContentManager 클래스의 Load 메서드로 읽어들인다. 템플릿 인수로 애셋의 타입을 지정하고 인수로 애셋의 이름을 전달하면 로드된다.

```
T Load<T> (string assetName)
```

Game 클래스는 ContentManager를 내부적으로 가지며 Content 속성으로 이 객체를 바로 구할 수 있다. 게임에 사용할 애셋은 Game 클래스의 필드로 선언하고 애셋 로드 명령은 통상 LoadContent 메서드에 다음 형식으로 작성한다.

```
필드 = Content.Load<타입>("이름");
```

애셋은 본질적으로 대용량의 데이터이며 그래서 화면으로 출력하는데 상당한 시간이 걸린다. 개별 애셋을 따로따로 출력하는 것보다 한 번에 몰아서 출력하면 속도가 더 향상될 것이다. 애셋을 한꺼번에 출력하는 작업은 SpriteBatch 클래스가 담당한다. Begin 메서드로 출력 옵션을 지정하고 End 메서드로 출력을 종료하며 그 사이에 출력문이 작성된다.

```
void Begin (SpriteSortMode sortMode, BlendState blendState, SamplerState samplerState,
    DepthStencilState depthStencilState, RasterizerState rasterizerState, Effect
    effect, Matrix transformMatrix)
void End ()
```

출력을 시작하는 Begin 메서드는 7개나 되는 인수를 받아들이며 이 인수들은 출력 방식을 지정하는 일종의 옵션값이다. 굉장히 많은 옵션이 있고 이 옵션들의 의미도 복잡해서 다 살펴보는데 꽤 많은 실습을 필요로 한다. 다행히 옵션들은 뒤쪽부터 차례대로 생략 가능하며 생략된 인수에 대해서는 무난한 디폴트가 적용된다. 이 책은 지면 관계상 디폴트 옵션으로만 출력하는데 차후 꼭 따로 연구해 볼 필요가 있는 부분이다.

Begin 메서드 후에 각종 애셋을 출력하는 메서드가 오며 End 메서드로 출력을 종료한다. SpriteBatch에는 애셋의 타입에 따른 출력 메서드들이 정의되어 있으며 이 메서드들은 Begin과 End 호출문 사이에 위치한다. SpriteBatch 타입의 spriteBatch 멤버가 Game1의 멤버로 선언되어 있고 LoadContent 메서드에서 초기화되어 있다. 그래서 Draw 메서드에서 애셋을 출력하는 문장은 통상 다음 형태로 작성된다.

```
spriteBatch.Begin([옵션]);
애셋 출력 메서드 호출
spriteBatch.End();
```

이제 애셋 출력 메서드를 순서대로 공부해 보고 하나씩 실습해 보자. 이미지를 출력하는 Draw
메서드는 총 7개의 오버로드가 제공된다. 모든 오버로드를 다 소개할 필요는 없으므로 자주
사용되는 다음 3가지만 먼저 연구해 보자.

```
void Draw (Texture2D texture, Vector2 position, Color color)
void Draw (Texture2D texture, Rectangle destinationRectangle, Color color)
void Draw (Texture2D texture, Rectangle destinationRectangle, Nullable<Rectangle>
sourceRectangle, Color color)
```

첫 번째 인수로 전달되는 Texture2D 타입의 texture 인수는 의심할 여지없이 출력할 이미지
애셋이다. 게임에서는 이미지가 보통 3차원 물체의 표면을 입히는 용도로 사용되므로 텍스처라
고 부른다. Content 프로젝트에 이미지를 추가해 놓고 Texture2D 타입의 필드로 선언한 후
LoadContent에서 로드한 애셋 객체를 이 인수로 전달한다. 나머지 인수는 이미지를 출력할 방법
을 지정한다.

첫 번째 버전이 제일 단순하다. Vector2는 평면상의 X, Y 좌표를 가지는 구조체이며 이 타입
의 position 인수로 이미지의 출력 위치를 지정한다. color 인수는 텍스처의 픽셀들과 혼합할
색상을 지정하는데 Color.White로 주면 원래색 그대로 출력된다. 텍스처와 좌표만 지정했으므로
지정한 좌표에 텍스처 전체가 원래 크기대로 출력된다.

두 번째 버전은 출력 목적지의 사각 영역을 지정함으로써 텍스처를 확대하거나 축소할 수
있다. 세 번째 버전은 원본의 사각 영역도 지정할 수 있어 이미지의 일정 부분만 원하는 크기대
로 출력한다. 다음 예제로 이 메서드들을 테스트해 보자. 180 * 180 크기의 케이크 이미지
(cake.jpg)를 다양한 방법으로 출력해 보았다.

DisplayTexture

```
public class Game1 : Microsoft.Xna.Framework.Game
{
    GraphicsDeviceManager graphics;
    SpriteBatch spriteBatch;
    Texture2D cake;
```

```
protected override void LoadContent()
{
    spriteBatch = new SpriteBatch(GraphicsDevice);
    cake = Content.Load<Texture2D>("cake");
}

protected override void Draw(GameTime gameTime)
{
    GraphicsDevice.Clear(Color.CornflowerBlue);

    spriteBatch.Begin();
    spriteBatch.Draw(cake, new Vector2(0, 10), Color.White);
    spriteBatch.Draw(cake, new Vector2(200, 10), Color.Black);
    spriteBatch.Draw(cake, new Vector2(400, 10), Color.Red);
    spriteBatch.Draw(cake, new Vector2(600, 10), Color.Green);

    spriteBatch.Draw(cake, new Rectangle(10, 200, 360, 360), Color.White);
    spriteBatch.Draw(cake, new Rectangle(400, 200, 90, 90), Color.White);
    spriteBatch.Draw(cake, new Rectangle(520, 200, 120, 120),
        new Rectangle(60,60,60,60), Color.White);
    spriteBatch.End();

    base.Draw(gameTime);
}
```

참고로 위의 소스 리스트는 꼭 필요한 부분만 보였다. 필드 선언하고 LoadContent 메서드에서 로드하고 Draw 메서드에서 출력하면 된다. Draw 메서드의 인수에 따라 출력 결과가 어떻게 달라지는지 살펴보자.

첫 번째 호출문이 가장 평이하다. cake 이미지를 0, 10 좌표에 출력하되 색상을 White로 주면 이미지의 원래 색대로 출력된다. 색상으로 Black을 주면 이미지가 사라지며 Red나 Green으로 주면 해당 색상만 강조된다. 출력 영역을 360 * 360으로 원본보다 더 크게 지정하면 2배 확대되고 90 * 90으로 줄이면 절반으로 축소된다. 원본과 목적지의 사각형을 다 지정하면 이미지의 특정 부분만 원하는 영역에 출력할 수도 있다.

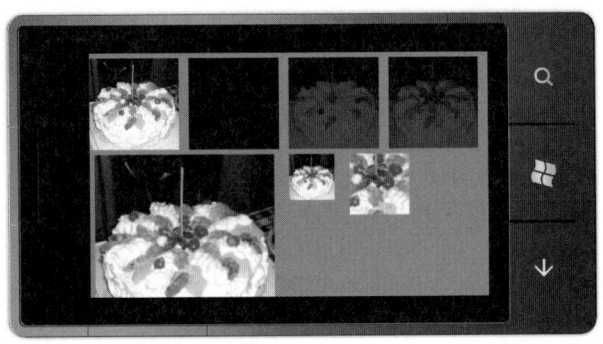

다음은 가장 복잡한 Draw 메서드의 원형이다. 대상 이미지와 출력 영역뿐만 아니라 회전, 회전 중심점, 각종 효과 등을 추가로 더 지정할 수 있다. 각 인수를 바꿔 가며 이미지를 출력해 보고 실습해 보면 좋겠으나 지면 관계상 실습은 생략하기로 한다. 필요할 때 레퍼런스를 참조하여 스스로 연구해 보기 바란다.

void Draw (Texture2D texture, Rectangle destinationRectangle, Nullable<Rectangle> sourceRectangle, Color color, float rotation, Vector2 origin, SpriteEffects effects, float layerDepth)

이미지 파일은 직사각형으로 정의되지만 게임의 캐릭터들은 사각형이 아닌 경우가 훨씬 더 많다. 그래서 알맹이를 제외한 바깥쪽 부분은 투명 처리해야 하는데 XNA는 게임 전문 라이브러리답게 투명 처리에 대한 지원이 잘 마련되어 있다. 이미지의 Color Key를 설정하고 Color Key Enabled 속성을 켜 놓으면 키로 지정된 색상이 투명 처리된다. 또는 원래부터 알파 채널을 지원하는 PNG 포맷을 사용할 수도 있다. 다음 예제는 투명 이미지 여러 장을 출력한다.

DisplayAlpha

```
public class Game1 : Microsoft.Xna.Framework.Game
{
    GraphicsDeviceManager graphics;
    SpriteBatch spriteBatch;
    Texture2D car1,car2;
    Texture2D playbtn;
    Texture2D redtotrans;

    protected override void LoadContent()
```

```
    {
        spriteBatch = new SpriteBatch(GraphicsDevice);
        car1 = Content.Load<Texture2D>("Galloper");
        car2 = Content.Load<Texture2D>("Galloper2");
        playbtn = Content.Load<Texture2D>("playbtn_normal");
        redtotrans = Content.Load<Texture2D>("redtotrans");
    }

    protected override void Draw(GameTime gameTime)
    {
        GraphicsDevice.Clear(Color.CornflowerBlue);

        spriteBatch.Begin();
        spriteBatch.Draw(car1, new Vector2(10, 10), Color.White);
        spriteBatch.Draw(car2, new Vector2(220, 10), Color.White);
        spriteBatch.Draw(playbtn, new Vector2(10, 200), Color.White);
        spriteBatch.Draw(redtotrans, new Vector2(220, 200), Color.White);
        spriteBatch.End();

        base.Draw(gameTime);
    }
```

Content 프로젝트에 4장의 이미지를 추가했다. Galloper.bmp 파일은 차 모양의 이미지이되 차의 바깥쪽 부분은 자홍색으로 채색되어 있으며 이 색상이 키로 지정되어 있다. 꼭 자홍색이어야 하는 것은 아니며 이미지에서 잘 사용되지 않는 임의의 색상이어도 상관없다.

Galloper2.bmp도 동일한 이미지이다. 한 애셋에 두 가지 속성을 줄 수 없으므로 불가피하게 별도의 사본을 다시 등록하고 Color Key Enabled 속성만 False로 지정했다. 두 이미지를 출력하는 명령은 동일하지만 컬러키 사용 여부에 따라 출력 결과는 완전히 달라진다.

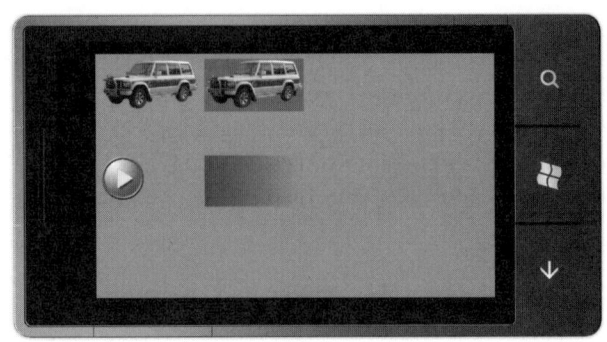

컬러키를 사용한 이미지는 바깥쪽이 투명해서 배경 색상이 보이지만 그렇지 않은 이미지는 직사각형 형태로 나타난다. 투명 출력이 필요한 이미지는 bmp나 png 등의 무손실 압축 포맷을 사용해야 제대로 표현된다. 손실 압축 알고리즘을 사용하는 jpg는 색상 정보가 정확하게 저장되지 않으므로 컬러키가 제대로 적용되지 않는다.

알파 채널을 지원하는 PNG 포맷을 사용하면 투명 영역을 훨씬 더 섬세하게 표현할 수 있다. playbtn_normal.png와 redtotrans.png 파일을 포토샵이나 GIMP 등 알파 채널을 지원하는 그래픽 편집 프로그램으로 보면 투명 영역이 보인다. 별도의 알파 채널을 가지는 이미지는 모든 색을 자유롭게 사용할 수 있을 뿐만 아니라 256단계의 투명도를 지정할 수 있어 반투명한 영역까지도 처리할 수 있다.

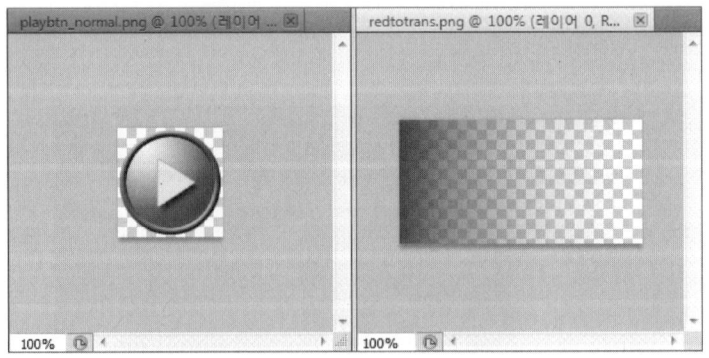

버튼의 바깥쪽은 투명하게 처리되어 둥근 모양으로 출력된다. redtotrans는 왼쪽이 빨간색이고 오른쪽으로 갈수록 점점 투명해진다. PNG 포맷을 사용하면 경계 부근이 흐릿하게 투명해지는 효과도 구현할 수 있다. 디자인하기는 조금 까다롭지만 잘 만들어 놓으면 복잡한 코드를 쓰지 않고도 특수한 효과를 쉽게 구현할 수 있어 편리하다. 단, 개발자가 직접 만들기는 쉽지 않으므로 전문 디자이너에게 부탁하는 것이 좋다.

18-2-3 폰트

XNA는 문자열조차도 이미지로 출력한다. 시스템 내장 폰트를 사용하지 않고 폰트의 각 글자를 이미지로 만든 후 일련의 그림 조각을 나열함으로써 문자열을 출력하는 식이다. 글자를 그린다는 것이 다소 의아해 보이지만 다음과 같이 이유가 있다.

❶ 게임은 주로 이미지 위주이며 문자열이 차지하는 비중이 낮다. 기껏해야 Start, Option, Score 같은 간단한 단어만 사용하며 긴 문장을 출력하는 경우가 별로 없다.

❷ 게임용 폰트는 장식이 많이 들어가서 사무용 폰트와는 모양새가 많이 다르다. 예쁘장한 팬시 스타일의 폰트를 많이 사용하며 크기도 훨씬 더 크다.

❸ 이미지 출력 장치가 잘 갖추어져 있어 시스템 폰트를 출력하는 것보다 미리 제작되어 있는 이미지를 출력하는 것이 더 편리하고 다양한 효과를 낼 수 있다.

글자를 출력하기 전에 폰트 애셋을 미리 준비해야 한다는 점이 번거롭지만 고수준 메서드가 제공되므로 출력하는 방법은 일반적인 문자열 출력과 같다. 문자열 출력 메서드는 6개의 오버로드가 제공되는데 주요 3가지 원형만 보자.

```
void DrawString (SpriteFont spriteFont, string text, Vector2 position, Color color)
void DrawString (SpriteFont spriteFont, StringBuilder text, Vector2 position, Color color)
void DrawString (SpriteFont spriteFont, string text, Vector2 position, Color color, float
rotation, Vector2 origin, float scale, SpriteEffects effects, float layerDepth)
```

첫 번째 원형은 폰트, 문자열, 위치, 색상 등 꼭 필요한 정보만 인수로 요구한다. 두 번째 원형은 문자열을 string 타입 대신 StringBuilder 타입으로 받는다는 것만 다르다. 문자열이 수시로 변하거나 여러 정보를 조립해서 출력한다면 StringBuilder 타입이 편리하다. 세 번째 원형은 회전, 회전 중심점, 확대 배율, 효과 등을 추가로 지정할 수 있다.

폰트를 사용하는 예제를 작성해 보자. DisplayFont라는 이름으로 프로젝트 생성하고 Content 프로젝트의 팝업 메뉴에서 Add/New Item 명령을 선택하여 폰트 애셋을 추가한다. 목록에서 SpriteFont 항목을 선택한다.

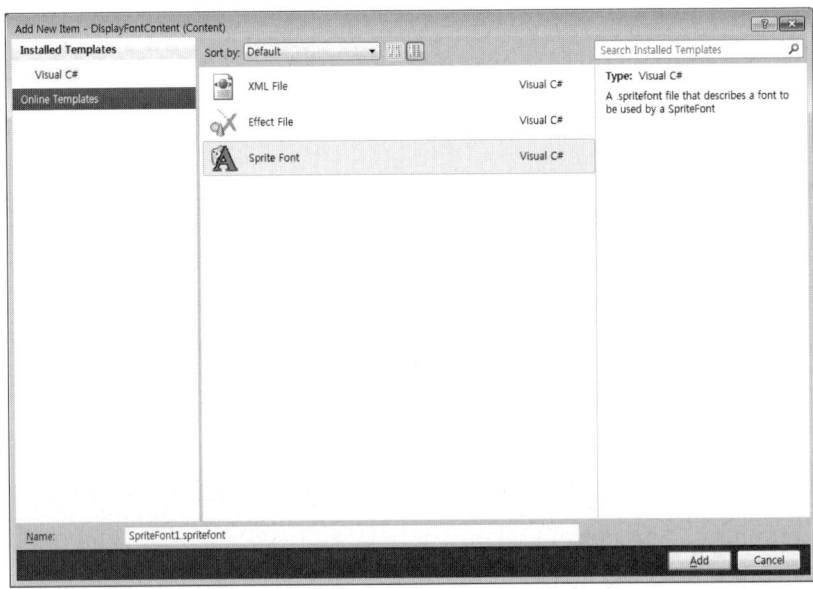

하나의 폰트만 사용하므로 이름은 디폴트인 SpriteFont1.spritefont로 그대로 둔다. 여러 개의 폰트를 사용한다면 폰트 특성에 맞는 이름을 붙여 주는 것이 관리하기 편리하다. 특별히 조정할 속성은 없으며 가장 무난한 설정으로 폰트를 생성해 준다. 이후 폰트 설정은 마음대로 편집할 수 있다.

DisplayFont

```
public class Game1 : Microsoft.Xna.Framework.Game
{
    GraphicsDeviceManager graphics;
    SpriteBatch spriteBatch;
    SpriteFont font;

    protected override void LoadContent()
    {
        spriteBatch = new SpriteBatch(GraphicsDevice);
        font = Content.Load<SpriteFont>("SpriteFont1");
    }

    protected override void Draw(GameTime gameTime)
    {
        GraphicsDevice.Clear(Color.CornflowerBlue);
```

```
        spriteBatch.Begin();
        spriteBatch.DrawString(font, "DisplayFont", new Vector2(100, 100), Color.Black);
        spriteBatch.End();

        base.Draw(gameTime);
    }
```

사용하는 방법은 이미지와 유사하다. 폰트 애셋 타입에 맞는 SpriteFont형의 변수를 선언하고 LoadContent 메서드에서 로드하고 Draw 메서드에서 문자열을 출력한다. 가장 간단한 첫 번째 원형으로 (100,100) 좌표에 짧은 문자열을 출력했다.

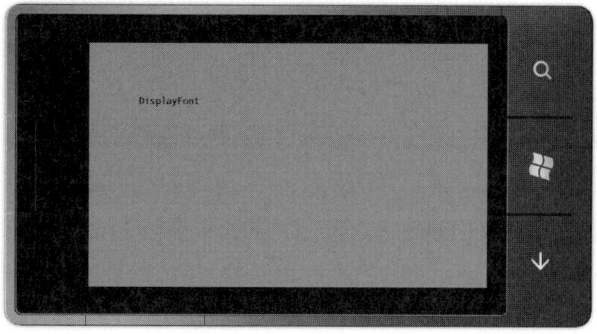

검은색의 작은 폰트로 문자열이 출력되었다. 기본 폰트라 별로 예쁘지 않은데 속성을 편집하면 모양과 스타일을 바꿀 수 있다. 생성된 폰트 파일을 보자. 주석들이 굉장히 많은데 주석은 빼고 핵심 요소들만 표시하면 다음과 같다.

```xml
<?xml version="1.0" encoding="utf-8"?>
<XnaContent xmlns:Graphics="Microsoft.Xna.Framework.Content.Pipeline.Graphics">
  <Asset Type="Graphics:FontDescription">
    <FontName>Segoe UI Mono</FontName>
    <Size>14</Size>
    <Spacing>0</Spacing>
    <UseKerning>true</UseKerning>
    <Style>Regular</Style>
    <!-- <DefaultCharacter>*</DefaultCharacter> -->
    <CharacterRegions>
      <CharacterRegion>
```

```
        <Start>&#32;</Start>
        <End>&#126;</End>
      </CharacterRegion>
    </CharacterRegions>
  </Asset>
</XnaContent>
```

XML 문서이므로 XML 헤더로 시작되며 Asset 엘리먼트 안에 폰트의 속성들이 자식 엘리먼트로 기술되어 있다. 엘리먼트 이름이 워낙 직관적이어서 폰트 관련 용어를 알고 있다면 이해하기 아주 쉽다. FontName 엘리먼트는 폰트의 이름을 지정하는데 폰트 자체를 직접 사용하는 것이 아니라 폰트로부터 글리프 정보만 추출하여 컨텐트 파이프라인을 통해 애셋으로 컴파일하여 사용한다. 이 속성이 참조하는 폰트는 폰에 있는 것이 아니라 개발 PC의 폰트이다. 따라서 개발 PC에 설치되어 있는 모든 폰트를 사용할 수 있으며 글꼴을 같이 배포할 필요는 없다.

단, 저작권에 의해 보호되는 유료 폰트는 함부로 사용할 수 없다. 그래서 마이크로소프트는 게임 제작에 자유롭게 사용할 수 있는 무료 폰트를 제공한다. 앱 허브 사이트의 education/education catalog에서 Font로 검색하면 Redistributable Font Pack을 다운로드할 수 있다. 압축 파일을 풀어 운영체제의 Fonts 폴더에 설치하면 바로 사용 가능하다. 단, 영문 폰트뿐이라 아쉽게도 한글 글꼴은 포함되어 있지 않은데 국내에도 여러 업체가 배포하는 공개 글꼴을 쉽게 구할 수 있다.

Andy Bold - ABC abc 123
JING JING - ABC ABC 123
Kootenay - ABC abc 123
Lindsey - ABC abc 123
Miramonte, Miramonte Bold - ABC abc 123
Moire Bold, Moire ExtraBold, Moire Light, Moire Regular - ABC abc 123
MOTORWERK - ABC ABC 123
News Gothic, **News Gothic Bold** - ABC abc 123
OCRA Extended - ABC abc 123
PERICLES, PERICLES LIGHT : ABC ABC 123
Pescadero, **Pescadero Bold** - ABC abc 123
QUARTZ MS - ABC ABC 123
[S][e][g][o][e][ ][K][e][y][c][a][p][s][.] *Segoe Print, Segoe Print Bold* - ABC abc 12
Segoe UI Mono Bold, Segoe UI Mono - ABC abc 123
Wasco Sans Bold, *Wasco Sans Bold Italic*, Wasco Sans Italic, Wasco Sans - ABC abc

Size는 폰트의 크기이다. 범위는 1~250까지이며 단위는 96dpi 기준의 포인트여서 픽셀보다는 조금 더 크게 그려진다. Spacing은 문자 사이의 간격인 자간이다. 0으로 되어 있는데 1 이상의 값을 주면 문자 사이가 벌어지며 음수를 주면 문자의 간격이 밀착된다. UseKerning은 커닝 기법을 사용할 것인가를 지정하는데 디폴트로 이 기능은 선택되어 있다. 커닝은 글자의 모양에 따라 여백을 조정하여 너무 벌어지지 않도록 하는 기법인데 대표적으로 A와 V는 오른쪽 위와 왼쪽 아래에 여백이 있으므로 다른 문자들보다 조금 더 붙여 쓰는 것이 보기에 좋다.

Style은 Bold, Italic 등의 글자 모양을 의미하며 두 스타일을 개별적으로 또는 동시에 지정할 수도 있다. DefaultCharacter는 폰트 파일에 존재하지 않는 문자 코드를 대신 출력할 문자를 지정하는데 *로 지정된 채로 주석 처리되어 있다. 디폴트 문자를 지정하지 않은 상태에서 범위외의 문자를 출력하면 실행 중에 예외가 발생한다. 즉, 디폴트 설정은 개발자에게 예외를 적극적으로 알림으로써 문자가 깨지는 것을 방지하도록 되어 있다. 실행 중에는 예외가 발생해서는 안 되므로 모든 문자의 글꼴을 준비해 놓거나 아니면 디폴트 문자를 지정해야 한다.

CharacterRegions는 폰트 파일에서 출력할 대상 문자 코드의 범위를 지정한다. 범위가 넓을수록 애셋이 커지므로 꼭 필요한 문자만 포함시켜야 한다. CharacterRegion 자식 엘리먼트 안의 Start와 End로 범위를 지정하며 분리된 범위 여러 개를 지정할 수 있다. 마법사가 만들어준 폰트는 너무 작아서 잘 보이지 않는데 필요할 경우 폰트 파일을 편집하여 글꼴 속성을 바꿀 수 있다. 폰트 파일을 다음과 같이 수정한 후 다시 실행해 보자.

```
<Size>48</Size>
....
<Style>Italic</Style>
```

엘리먼트의 순서가 바뀌면 안 되므로 반드시 원래 엘리먼트 위치의 값을 편집해야 한다. 크기를 48포인트로 늘리고 이탤릭 속성을 주었다.

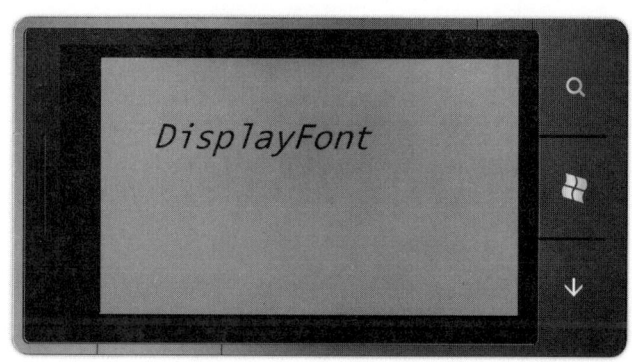

한글을 출력하려면 한글 글리프를 포함한 폰트를 지정하고 CharacterRegions 엘리먼트에 출력할 한글의 문자 범위를 지정해야 한다. 마법사가 만든 폰트의 디폴트 범위는 영문, 기호만 포함하므로 이 상태로는 한글을 출력할 수 없다. 범위만 편집하면 한글뿐만 아니라 유니코드에 정의된 모든 문자를 출력할 수 있다. 폰트 파일을 다음과 같이 편집해 보자.

```xml
<XnaContent xmlns:Graphics="Microsoft.Xna.Framework.Content.Pipeline.Graphics">
  <Asset Type="Graphics:FontDescription">
    <FontName>궁서</FontName>
    <Size>72</Size>
    <Style>Regular</Style>
    <CharacterRegions>
      <CharacterRegion>
        <Start>&#32;</Start>
        <End>&#126;</End>
      </CharacterRegion>
      <CharacterRegion>
        <Start>&#54620;</Start>
        <End>&#54620;</End>
      </CharacterRegion>
      <CharacterRegion>
        <Start>&#44544;</Start>
        <End>&#44544;</End>
      </CharacterRegion>
    </CharacterRegions>
  </Asset>
</XnaContent>
```

FontName을 궁서로 바꾸고 크기는 72포인트로 큼직하게 지정했다. 영문자 범위 외에 한글에 대한 범위도 포함시켰다. '한'의 유니코드가 0xd55c이므로 십진수로 바꾸면 54620이 되고 '글'의 경우 0xae00 = 44544이므로 이 값을 범위에 포함시켜 주면 두 글자를 출력할 수 있다. Draw 메서드도 한글을 출력하도록 문자열 상수를 변경한다.

```
spriteBatch.DrawString(font, "한글 Font", new Vector2(100, 100), Color.Black);
```

실행해 보면 큼지막한 한글 폰트로 출력되며 데스크탑에서 보던 글꼴과 모양이 같다. 컴파일 중에 글리프를 애셋으로 변환하여 포함시키므로 운영체제의 기본 폰트가 아니더라도 시스템에 설치된 모든 폰트를 다 사용할 수 있다.

　당장 출력할 문자 딱 2개만 범위에 포함시켰는데 모든 한글을 다 포함할 수도 있다. 한글 유니코드 문자 범위는 0xac00 ~ 0xd7a3까지이며 십진수로 44032 ~ 55203을 범위로 지정하면 된다. 그러나 이렇게 넓은 범위를 지정하면 모든 글꼴을 이미지화해야 하므로 컴파일 시간이 너무 오래 걸린다. 마치 개발툴이 다운된 것처럼 보이며 설사 컴파일은 한다 하더라도 폰트 때문에 배포 용량이 커져 바람직하지 않으므로 꼭 필요한 글자만 넣어야 한다.

　비트맵 폰트는 문자를 이미지 형식으로 미리 변환하여 사용하는 방식이다. TTF 방식에 비해 그리는 속도가 빠르지만 매 글자마다 이미지를 만들어야 하므로 용량에는 불리하다. 비트맵 폰트 제작툴은 비주얼 스튜디오에 포함되어 있지 않으며 앱 허브 사이트에서 별도로 배포하므로 다운로드받아서 사용해야 한다.

Bitmap Font Maker
Area　games: 2d graphics
Submitted　4/26/2007

　실행 파일이 아니라 소스 형태로 제공되므로 컴파일한 후 사용한다. 지금 실습하고 있는 VSE 로 간단하게 컴파일된다. 실행하면 글꼴 선택 대화상자가 나타나며 이 대화상자에서 트루타입 폰트를 비트맵으로 변환한다.

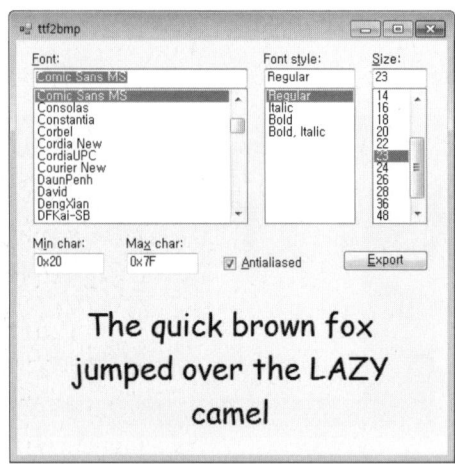

비트맵으로 만들 글꼴의 이름, 스타일, 크기, 문자 범위, 안티 알리아싱 사용 여부 등을 선택하고 Export 버튼을 눌러 이미지 파일로 저장한다. 디폴트 옵션대로 폰트를 생성하면 다음 이미지 파일이 생성된다. 이 파일을 comicfont.bmp로 저장했다.

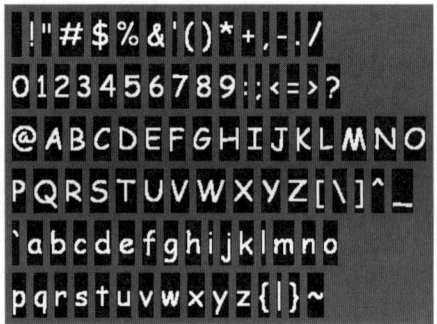

한 장의 이미지에 각 글자의 모양이 조각조각 나누어져 배치되어 있다. 이 조각 그림에서 각 문자를 잘라 연이어 출력하면 문장이 완성된다. 왠지 구닥다리 같아 보이지만 옛날에는 이런 식으로 폰트를 만들어 사용했으며 성능도 괜찮은 편이다.

이 폰트로 문자열을 출력해 보자. 프로젝트를 생성한 후 comicfont.bmp를 추가하되 확장자가 bmp여서 임포터와 프로세서 속성이 모두 Texture로 설정된다. 이미지가 아니라 폰트이므로 속성 창에서 프로세서 속성을 Sprite Font Texture로 수정하여 폰트 이미지임을 가르쳐 주어야 한다. 소스는 다음과 같다.

```
public class Game1 : Microsoft.Xna.Framework.Game
{
    GraphicsDeviceManager graphics;
    SpriteBatch spriteBatch;
    SpriteFont font;

    protected override void LoadContent()
    {
        spriteBatch = new SpriteBatch(GraphicsDevice);
        font = Content.Load<SpriteFont>("comicfont");
    }

    protected override void Draw(GameTime gameTime)
    {
        GraphicsDevice.Clear(Color.CornflowerBlue);

        spriteBatch.Begin();
        spriteBatch.DrawString(font, "Display Bitmap Font", new Vector2(100, 100),
         Color.Black);
        spriteBatch.End();

        base.Draw(gameTime);
    }
```

사용 방법은 TTF 폰트와 사실상 동일하다. SpriteFont 타입의 변수를 선언하고 LoadContent
메서드에서 읽어 DrawString으로 출력한다. 기본 폰트에 비해 모양이 훨씬 더 아기자기해서 게
임에 잘 어울린다.

영문, 기호 등의 일부 문자만 사용한다면 비트맵 폰트가 오히려 더 빠르다. 하지만 문자의 범위를 하나밖에 선택할 수 없다는 단점이 있다.

18-2-4 사운드

박진감 넘치는 사운드는 게임의 필수적인 요소여서 소리가 안 나는 게임은 거의 없다. XNA는 wav, mp3, wma 등의 오디오 포맷을 지원한다. 압축된 오디오는 CPU를 더 많이 사용하므로 간단한 효과음 정도는 비압축 포맷을 사용하는 것이 유리하다. 사운드 애셋은 다음 두 가지가 있다.

- SoundEffect : 주로 짧은 효과음을 재생하기 위한 용도로 사용한다. 동시에 여러 개의 음을 재생할 수 있다.
- Song : 주로 배경 음악 재생용으로 사용하며 길이가 길다. 한 번에 하나의 음만 재생할 수 있으며 반복적으로 재생할 수 있다.

효과음은 SoundEffect 클래스의 Play 메서드로 재생한다.

```
bool Play ()
bool Play (float volume, float pitch, float pan)
```

volume 인수는 0 ~ 1 사이의 실수값으로 음량을 지정한다. pitch는 재생 속도를 조정하며 -1 ~ 1 사이의 값을 가진다. 디폴트는 보통 속도인 0이며 음수이면 느리게, 양수이면 빠르게 재생된다. pan은 좌우 스피커의 볼륨 비율을 지정한다. -1은 왼쪽만 1은 오른쪽만 소리를 내며 0이면 양쪽 모두 소리를 낸다. 인수를 취하지 않는 Play 메서드는 최대 볼륨, 정상 속도, 좌우 균등한 소리를 재생한다. 두 메서드 모두 재생 성공 여부를 리턴한다.

여러 개의 효과음을 준비해 놓고 동시에 출력할 수도 있다. 게임에서는 사건들이 동시에 발생하므로 효과음 동시 출력은 반드시 필요한 기능이다. 총알이 날아가는 소리와 터지는 소리가 같이 들려야 한다. PC 환경에서는 메모리 용량만큼 동시 재생이 가능하고 Xbox 에서는 300개 정도의 효과음을 동시에 재생할 수 있지만 폰에서는 메모리 제약이 있어 대략 64개 정도의 소리를 동시에 재생할 수 있다. 이 정도만 해도 일반적인 게임 제작에는 딱히 부족한 수준은 아니다.

Song 타입의 배경 음악은 MediaPlayer 클래스의 다음 메서드로 재생한다. Song 하나만 재생할 수도 있고 컬렉션에 넣어두고 순차적으로 재생할 수도 있다. 모두 정적 메서드이므로 별도로 객체를 생성하지 않아도 호출할 수 있다.

```
static void Play (Song song)
static void Play (SongCollection songs, int index)
static void Pause ()
static void Resume ()
static void Stop ()
```

MediaPlayer의 IsMuted, IsRepeating, IsShuffled 정적 메서드로 무음, 반복, 무작위 재생 옵션을 지정한다. 배경 음악의 경우 게임이 진행되는 동안 계속 백그라운드에 깔려야 하므로 반복적으로 재생하는 것이 보통이다. 현재 재생 상태는 State 속성으로 조사하며 Playing, Paused, Stopped 셋 중 하나의 상태를 리턴한다.

배경 음악과 효과음을 재생하는 예제를 작성해 보자. 배경 음악은 saemaul1.mp3 파일을 사용했다. 직접 실습하고 있다면 최신 가요나 팝송을 사용해도 상관없지만 배포 예제에서는 저작권을 위반할 수 없어 건전 가요를 선곡했다. 효과음은 짧은 북소리를 들려주는 drumsound.wav 파일을 준비했다. 둘 다 똑같은 오디오 파일이지만 속성창을 확인해 보면 프로세서 지정이 다르다. 비압축 포맷인 wav는 SoundEffect로 설정되고 mp3는 Song으로 설정된다. 확장자에 따라 용도를 자동으로 추측하여 선택해 주는 것이다.

PlaySound

```
public class Game1 : Microsoft.Xna.Framework.Game
{
    GraphicsDeviceManager graphics;
    SpriteBatch spriteBatch;
    Song song;
    SoundEffect sound;

    protected override void LoadContent()
    {
        spriteBatch = new SpriteBatch(GraphicsDevice);
        song = Content.Load<Song>("saemaul1");
        sound = Content.Load<SoundEffect>("drumsound");
```

```
        MediaPlayer.IsRepeating = true;
        MediaPlayer.Play(song);
    }

    protected override void Update(GameTime gameTime)
    {
        if (GamePad.GetState(PlayerIndex.One).Buttons.Back == ButtonState.Pressed)
            this.Exit();

        TouchCollection touch = TouchPanel.GetState();
        if (touch.Count != 0)
        {
            if (touch[0].State == TouchLocationState.Pressed)
            {
                sound.Play();
            }
        }

        base.Update(gameTime);
    }
```

Game1의 멤버로 song과 sound를 선언하되 용도가 다르므로 타입도 다르다. LoadContent 메서드에서 준비해 둔 사운드 파일을 로드한다. 배경 음악은 게임 시작 직후부터 반복적으로 재생해야 하므로 LoadContent에서 바로 재생을 시작했으며 IsRepeating 속성으로 true로 지정하여 무한 반복하도록 했다. 실제 게임에서는 게임 시작 메뉴를 선택할 때 배경 음악 재생을 시작하면 된다.

효과음은 화면을 터치할 때 재생한다. 이미지나 텍스트와는 달리 소리는 화면에 보이는 것이 아니므로 반복적으로 호출되는 Draw에서 출력하는 것이 아니라 특정 이벤트가 발생할 때만 재생해야 한다. Update 메서드에서 터치의 상태를 점검해 보고 화면을 누를 때 재생했다. XNA는 실버라이트와 달리 이벤트 드리븐으로 동작하지 않으므로 루프에서 터치 상태를 직접 조사하여 반응해야 한다.

별다른 출력은 없으므로 실행해 봤자 화면에는 파란색 배경만 나타난다. 새마을 운동 음악이 잔잔하게 백그라운드에 깔리며 화면을 터치하면 북소리가 들린다. 북소리 재생 중에 화면을 또 터치하면 두 개의 북소리가 동시에 재생되기도 한다.

18-3-1 키보드 입력

게임을 진행하려면 사용자로부터 입력을 받아야 한다. XNA는 여러 플랫폼을 지원하는 프레임워크인 만큼 지원하는 입력 방법도 다양하다. PC나 Xbox를 위한 입력 장치도 모조리 지원하지만 폰에는 이런 장치들이 없으므로 제약이 많다. 대표적으로 게임 패드와 마우스가 지원되지 않는다. 차후에 이런 장치를 지원하는 폰이 나올 가능성도 배제할 수 없지만 그렇다 하더라도 대상 장비가 너무 작아 실용성이 없다.

키보드는 제한적으로만 지원된다. 스마트폰 게임에서 문자열을 입력하는 경우는 랭킹에 남기기 위해 자기 이름을 쓰는 정도밖에 없다. 또 키보드를 내장한 스마트폰이 흔치 않으므로 게임 컨트롤을 위한 주 입력 장치로는 적합하지 않다. 스마트폰에서의 주 입력 장치는 터치스크린이며 화면을 두드리고 문지르면서 캐릭터를 조종한다. 보조 입력 장치로 폰 자체를 기울이거나 흔들어서 조종하는 가속도 센서 정도가 가끔 사용된다.

비록 자주 사용되지는 않지만 키보드는 가장 기본적인 입력 장치이므로 키보드 입력부터 연구해 보자. 폰에서는 별 실용성이 없지만 XNA로 데스크탑 게임도 개발할 수 있으므로 차후의 활용을 위해 잠시 구경이나마 해 보자. 키보드의 상태는 Keyboard 클래스의 다음 메서드로 조사한다.

```
static KeyboardState GetState ([PlayerIndex playerIndex])
```

인수로는 조사할 게이머의 번호를 전달하는데 여러 명의 게이머가 동시에 게임을 진행할 때는 게이머별로 키보드도 각각 따로 존재한다. 혼자 게임을 한다면 인덱스는 생략하며 이 경우 주 키보드의 상태를 조사한다. 이 메서드는 KeyboardState 구조체를 리턴하며 이 구조체의 다음 메서드로 키의 상태를 조사한다.

```
bool IsKeyDown (Keys key)
bool IsKeyUp (Keys key)
Keys[] GetPressedKeys ()
```

특정키의 눌러짐이나 떨어짐 여부를 조사할 수 있고 눌러진 키의 목록을 배열로 한꺼번에 조사할 수도 있다. 키 여러 개를 동시에 누르면 눌러진 키의 목록이 Keys 배열로 리턴된다.

키보드에 따라 동시 입력 가능한 개수에는 제약이 있으며 동시에 누를 수 없는 키 조합도 있다. 전문 게임용 키보드는 동시 입력을 더 많이 지원하지만 일반적인 키보드는 4~6개 정도의 동시 입력만 지원된다.

특정키의 현재 상태는 IsKeyDown, IsKeyUp 메서드로 쉽게 조사할 수 있다. 그러나 게임에서 중요한 것은 키의 현재 상태가 아니라 눌러지는 시점과 떨어지는 시점이다. 키를 누르고 있다고 해서 총알이 발사되는 것이 아니라 키를 누르는 시점에 총알이 발사된다. XNA는 이벤트를 받지 않으므로 눌러짐, 떨어짐을 통보받을 수 없으며 그래서 이전 상태를 저장해 놓고 비교해 보는 방식으로 시점을 알아낸다. 예를 들어 A키가 눌러지는 시점을 알고 싶다면 다음 조건문을 사용한다.

```
if (이전키상태.IsKeyUp(A) && 현재키상태.IsKeyDown(A))
```

이전에는 키가 떨어져 있었는데 지금은 눌러져 있다면 이때가 바로 키가 눌러진 시점이다. 키가 떨어지는 시점은 반대 조건으로 구하면 된다. 다음 예제는 키보드의 ASDW키로 비행기를 상하 좌우로 조종하고 M키로 총알을 발사하는 소리를 낸다. 비행기 이미지와 총알 발사 사운드 파일을 애셋으로 준비해 두었다.

MoveKeyboard

```
public class Game1 : Microsoft.Xna.Framework.Game
{
    GraphicsDeviceManager graphics;
    SpriteBatch spriteBatch;
    Texture2D airplane;
    Vector2 nowPos;
    SoundEffect shoot;
    KeyboardState prevks;

    protected override void LoadContent()
    {
        spriteBatch = new SpriteBatch(GraphicsDevice);
        airplane = Content.Load<Texture2D>("airplane");
        nowPos.X = graphics.GraphicsDevice.Viewport.Width / 2 - airplane.Bounds
            .Width / 2;
        nowPos.Y = graphics.GraphicsDevice.Viewport.Height / 2 - airplane.Bounds
            .Height / 2;
```

```
        shoot = Content.Load<SoundEffect>("shoot");
    }

    protected override void Update(GameTime gameTime)
    {
        if (GamePad.GetState(PlayerIndex.One).Buttons.Back == ButtonState.Pressed)
            this.Exit();

        KeyboardState ks = Keyboard.GetState();

        if (ks.IsKeyDown(Keys.A)) nowPos.X--;
        if (ks.IsKeyDown(Keys.D)) nowPos.X++;
        if (ks.IsKeyDown(Keys.W)) nowPos.Y--;
        if (ks.IsKeyDown(Keys.S)) nowPos.Y++;

        if (prevks.IsKeyUp(Keys.M) && ks.IsKeyDown(Keys.M))
        {
            shoot.Play();
        }

        prevks = ks;
        base.Update(gameTime);
    }

    protected override void Draw(GameTime gameTime)
    {
        GraphicsDevice.Clear(Color.CornflowerBlue);

        spriteBatch.Begin(SpriteSortMode.BackToFront, BlendState.AlphaBlend);
        spriteBatch.Draw(airplane, nowPos, Color.White);
        spriteBatch.End();

        base.Draw(gameTime);
    }
```

Draw 메서드는 nowPos 위치에 비행기를 출력하며 Update 메서드는 키의 상태에 따라 nowPos의 좌표를 조정한다. 키보드의 상태는 Update 메서드에서 폴링 방법으로 직접 조사한다. ASDW 키를 누르면 비행기가 상하좌우로 이동하며 누르고 있는 동안 좌표를 조정하므로 키를 누른 채로 가만히 있으면 비행기가 계속 이동한다. 또한, 두 개의 키를 같이 누르면 대각선 방향으로도 잘 이동한다.

이 예제는 화면 키보드가 아니라 물리적인 키보드를 요구하므로 실장비의 경우는 하드웨어 키보드가 있어야 테스트 가능하다. 에뮬레이터에서는 Pause키나 PgUp키를 눌러 하드웨어 키보드 기능을 켜 놓고 개발 PC의 키보드를 눌러 보면 된다. 또 화면이 포커스를 가져야 키 입력을 받으므로 화면을 한 번 클릭해야 동작한다.

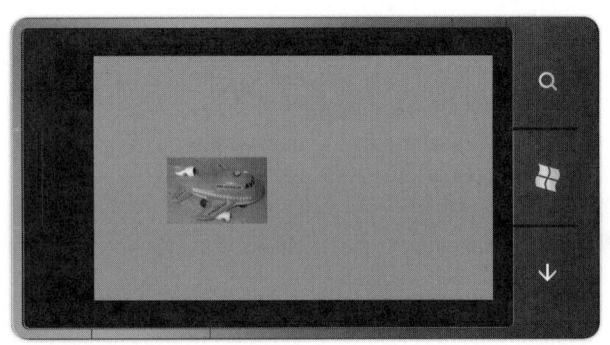

비행기 이동 중에 M키를 누르면 총알이 발사되는 소리를 낸다. M 키를 누르는 시점에만 소리를 내기 위해 이전 키 상태를 prevks에 저장해 두고 이전 상태와 현재 상태를 모두 점검한다. 이전에는 M 키가 떨어져 있었는데 새로 조사할 때는 눌려져 있다면 이때가 총알을 발사할 때이다. M키를 누를 때 소리를 내고 싶다고 해서 다음과 같이 작성해서는 안 된다. 어떤 차이점이 있는지 코드를 직접 수정한 후 테스트해 보아라.

```
if (ks.IsKeyDown(Keys.M)) shoot.Play();
```

이렇게 해도 소리는 나지만 키를 누르고 있으면 초당 30번씩 새로운 발사음이 재생됨으로써 소리가 겹쳐 제대로 들리지도 않는다. 매번 새로운 소리를 발생시켜야 하므로 시스템에도 엄청난 무리가 갈 것이다. 키를 누르고 있는 동안 총알을 계속 발사하는 것이 아니라 누를 때 딱 한 번만 발사해야 한다. 그러기 위해서는 이전 상태와 비교해 보는 수밖에 없다.

테스트 방법이 좀 어렵지만 에뮬레이터에서는 이 예제가 그럭저럭 잘 동작한다. 하지만 실제 프로젝트에서는 이 방법으로 입력을 받아서는 안 된다. 왜냐하면 실장비에 키보드가 없으면 이 게임을 할 방법이 없기 때문이다. 물론 키보드 내장 모델 전용으로 개발한다면 가능은 하겠지만 망하려고 작정하지 않은 한 그럴 수 없으므로 터치도 반드시 같이 지원해야 한다.

18-3-2 터치 입력

폰에서 가장 기본적이고도 중요한 입력 장치는 터치스크린이다. 스마트폰의 게임들도 주로 화면을 터치하는 방식으로 컨트롤한다. 터치의 현재 상태는 TouchPanel의 다음 정적 메서드로 조사한다. 키보드와 마찬가지로 이벤트로 입력을 받는 것이 아니라 폴링 방법으로 주기적으로 상태를 조사해야 한다.

static TouchCollection GetState ()

조사되는 TouchCollection 객체는 손가락 터치 하나에 대한 정보를 가지는 TouchLocation 객체의 컬렉션이다. 멀티 터치를 지원하므로 이런 객체 여러 개가 리턴된다. TouchLocation의 주요 속성은 다음과 같다.

속 성	설 명
Id	터치한 손가락의 고유한 ID이며 터치를 뗄 때까지 ID가 유지된다.
Position	터치한 화면 좌표이다.
State	터치의 현재 상태이다. Pressed이면 눌러진 것이고 Released이면 뗀 것이며 Moved이면 누른 상태로 이동 중인 것이다.

이 정보들을 분석하여 화면의 어디를 눌렀는지 알아낸다. 실버라이트의 저수준 터치 입력과 객체나 속성의 구조는 다소 차이가 있지만 개념은 비슷하다. 다음 예제는 화면을 터치하여 비행기를 이동하고 총알을 발사한다.

MoveTouch

```
public class Game1 : Microsoft.Xna.Framework.Game
{
    GraphicsDeviceManager graphics;
    SpriteBatch spriteBatch;
    Texture2D airplane;
    Vector2 nowPos;
    SoundEffect shoot;
    int mx, my;
```

```
protected override void LoadContent()
{
    spriteBatch = new SpriteBatch(GraphicsDevice);
    airplane = Content.Load<Texture2D>("airplane");
    nowPos.X = graphics.GraphicsDevice.Viewport.Width / 2 - airplane.Bounds.Width / 2;
    nowPos.Y = graphics.GraphicsDevice.Viewport.Height / 2 - airplane.Bounds.Height / 2;
    shoot = Content.Load<SoundEffect>("shoot");
}

protected override void Update(GameTime gameTime)
{
    if (GamePad.GetState(PlayerIndex.One).Buttons.Back == ButtonState.Pressed)
        this.Exit();

    TouchCollection touch = TouchPanel.GetState();
    if (touch.Count == 1)
    {
        TouchLocation tl = touch[0];
        if (tl.State == TouchLocationState.Pressed)
        {
            Rectangle area = new Rectangle((int)nowPos.X, (int)nowPos.Y,
                airplane.Bounds.Width, airplane.Bounds.Height);
            if (area.Contains((int)tl.Position.X, (int)tl.Position.Y))
            {
                shoot.Play();
            }
            else
            {
                float cx = nowPos.X + airplane.Bounds.Width / 2;
                float cy = nowPos.Y + airplane.Bounds.Height / 2;

                float dx = cx - tl.Position.X;
                float dy = cy - tl.Position.Y;

                if (Math.Abs(dx) > Math.Abs(dy))
                {
                    if (dx > 0)
                    {
                        mx = -1;
                    }
                    else
```

```
                    {
                        mx = 1;
                    }
                }
                else
                {
                    if (dy > 0)
                    {
                        my = -1;
                    }
                    else
                    {
                        my = 1;
                    }
                }
            }
        }

        if (tl.State == TouchLocationState.Released)
        {
            mx = 0;
            my = 0;
        }
    }

    nowPos.X += mx;
    nowPos.Y += my;

    base.Update(gameTime);
}

protected override void Draw(GameTime gameTime)
{
    GraphicsDevice.Clear(Color.CornflowerBlue);

    spriteBatch.Begin(SpriteSortMode.BackToFront, BlendState.AlphaBlend);
    spriteBatch.Draw(airplane, nowPos, Color.White);
    spriteBatch.End();

    base.Draw(gameTime);
}
```

사용하는 애셋과 LoadContent, Draw 메서드는 키보드 예제와 동일하다. 이동 방향을 기억하기 위한 mx, my 멤버가 추가된 정도만 다르다. Update 메서드에서 터치의 상태를 읽어 비행기를 조종한다. 에뮬레이터에서는 멀티 터치를 테스트할 수 없으므로 터치 개수가 1인 경우에만 터치로 인정한다. 터치가 눌러진 경우 비행기 안쪽이면 총알을 발사한다. 그렇지 않은 경우 비행기의 중심에서 어느 쪽을 눌렀는가에 따라 이동 방향을 결정한다.

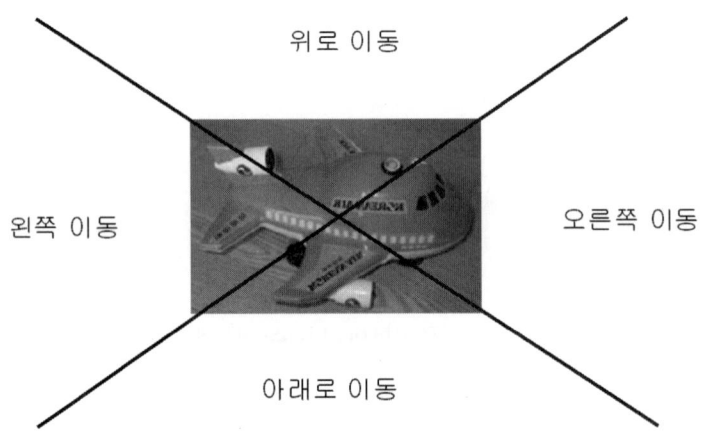

중심점과 터치 좌표의 수평, 수직차 중 큰 쪽을 취하고 부호에 따라 증감 방향을 결정하는 간단한 알고리즘을 사용했다. 조건문이 좀 길어 보이지만 따로 설명이 필요할 정도로 어렵지는 않다. 화면을 누르고 있으면 계속 이동하기 위해 mx, my에 비행기 좌표의 증감값을 대입하고 Update 호출시마다 이 값만큼 비행기를 이동시킨다. 터치를 놓으면 mx, my는 0으로 리셋되어 이동을 중지한다.

최초 터치를 누른 위치를 기준으로 방향을 결정하기 때문에 비행기가 이동하면 방향이 맞지 않는 문제가 있다. 비행기의 현 위치를 기준으로 이동 방향을 결정하는 것보다 별도의 이동 패드와 총알 발사 버튼을 배치하고 패드와 버튼의 터치를 감지하여 조종하는 방법도 흔히 사용된다. 화면에 작은 게임 패드를 그려 놓고 사용하는 방식이다.

저수준 터치를 직접 입력받아 움직임을 파악하는 방법 외에 고수준의 제스처를 입력받을 수도 있다. 원하는 제스처를 TouchPanel의 EnableGestures 속성에 대입해 놓으면 시스템이 터치 입력을 분석하여 제스처를 추출하여 알려준다. 제스처 타입은 GestureType 열거형으로 표현하며 다음과 같은 종류가 있다.

제스처 타입	설 명
None	아무 제스처도 검출되지 않았다.
Tab	화면상의 한 지점을 가볍게 두드린다.
DoubleTap	같은 위치를 빠른 속도로 두 번 두드린다.
Hold	한 지점을 누른 채로 1초 이상 기다린다. 계속 누르고 있어도 한 번만 발생한다.
HorizontalDrag	화면을 누른 채로 좌우로 드래그한다.
VerticalDrag	화면을 누른 채로 상하로 드래그한다.
FreeDrag	화면을 누른 채로 임의의 위치로 이동한다.
Pinch	두 손가락으로 누르고 오므리거나 펼친다. 두 손가락으로 터치한 경우 드래그보다 이 제스처가 더 우선이다.
Flick	화면을 누른 채로 빠른 속도로 움직인다.
DragComplete	드래그 동작이 완료되었다. 위치나 속도에 대한 정보는 제공되지 않는다.
PinchComplete	핀치 동작이 완료되었다. 위치나 속도에 대한 정보는 제공되지 않는다.

검출된 제스처가 있는지는 ToucnPanel의 IsGestureAvailable 속성을 읽어보면 알 수 있다. 이 속성이 true이면 다음 메서드로 검출된 제스처의 정보를 구한다.

```
static GestureSample ReadGesture ()
```

제스처에 대한 정보를 제공하는 GestureSample 객체가 리턴되며 이 객체에 다음과 같은 정보가 저장되어 있다.

속 성	설 명
GestureType	검출된 제스처의 종류를 리턴한다.
Position	제스처가 검출된 첫 번째 손가락의 좌표이다.
Position2	제스처가 검출된 두 번째 손가락의 좌표이다. Pinch 제스처에서만 유효하다.
Delta	처음 누른 위치와 이동한 위치의 거리이다. 드래그한 거리에 해당한다.
Delta2	두 번째 손가락의 이동 거리이다.
Timestamp	제스처가 검출된 시간이다.

이 정보를 분석하여 사용자가 어디를 눌렀고 얼마만큼 이동했는지를 알아낸다. 다음 예제는 제스처로 비행기를 이동한다.

```
public class Game1 : Microsoft.Xna.Framework.Game
{
    GraphicsDeviceManager graphics;
    SpriteBatch spriteBatch;
    Texture2D airplane;
    Vector2 nowPos;
    SoundEffect shoot;

    protected override void LoadContent()
    {
        spriteBatch = new SpriteBatch(GraphicsDevice);
        airplane = Content.Load<Texture2D>("airplane");
        nowPos.X = graphics.GraphicsDevice.Viewport.Width / 2 - airplane.Bounds.Width / 2;
        nowPos.Y = graphics.GraphicsDevice.Viewport.Height / 2 - airplane.Bounds.Height / 2;
        shoot = Content.Load<SoundEffect>("shoot");

        TouchPanel.EnabledGestures = GestureType.FreeDrag | GestureType.Tap |
            GestureType.Hold;
    }

    protected override void Update(GameTime gameTime)
    {
        if (GamePad.GetState(PlayerIndex.One).Buttons.Back == ButtonState.Pressed)
            this.Exit();

        while (TouchPanel.IsGestureAvailable)
        {
            GestureSample gesture = TouchPanel.ReadGesture();

            switch (gesture.GestureType)
            {
                case GestureType.Tap:
                    shoot.Play();
                    break;
                case GestureType.FreeDrag:
                    nowPos.X += gesture.Delta.X;
                    nowPos.Y += gesture.Delta.Y;
                    break;
                case GestureType.Hold:
                    nowPos.X = graphics.GraphicsDevice.Viewport.Width / 2 -
```

```
                airplane.Bounds.Width / 2;
            nowPos.Y = graphics.GraphicsDevice.Viewport.Height / 2 -
                airplane.Bounds.Height / 2;
            break;
        }
    }

    base.Update(gameTime);
}

protected override void Draw(GameTime gameTime)
{
    GraphicsDevice.Clear(Color.CornflowerBlue);

    spriteBatch.Begin(SpriteSortMode.BackToFront, BlendState.AlphaBlend);
    spriteBatch.Draw(airplane, nowPos, Color.White);
    spriteBatch.End();

    base.Draw(gameTime);
}
```

LoadContent 메서드에서 FreeDrag와 Tab, Hold 세 가지 제스처를 입력받겠다는 것을 등록했다. Update 메서드에서 IsGestureAvailable 속성을 보고 제스처가 검출되었는지 점검하여 처리한다. 두 개 이상의 제스처가 동시에 발생할 수도 있으므로 while 루프를 돌며 검출된 모든 제스처를 처리해야 한다. 각 제스처에 대해 ReadGesture 메서드로 정보를 구하고 검출된 제스처 타입에 따라 분기한다.

Tab 제스처는 총알 발사음을 내며 화면의 아무 위치라도 툭 건드리기만 하면 사운드가 재생된다. 특정 위치를 탭 했을 때만 소리를 내고 싶다면 Position 속성으로 좌표를 점검해 보면 된다. FreeDrag 제스처는 비행기를 드래그한 거리만큼 이동시킨다. Delta 속성에 드래그한 이동 거리가 전달되므로 비행기의 현재 위치인 nowPos를 Delta만큼 이동시키면 된다. Hold 제스처는 비행기를 화면 정 중앙으로 리셋한다.

전형적인 세 가지 제스처만 처리해 봤는데 이 외에도 핀치나 더블탭 등의 동작까지 활용하면 캐릭터를 섬세하게 조작할 수 있다. 제스처를 정확하게 추출하려면 저수준 터치 정보를 정밀하게 분석해야 하며 보기보다 쉽지 않은 작업이다. 이런 복잡하고 어려운 작업을 시스템이 해주므로 개발자는 검출된 제스처를 편하게 잘 써먹을 수 있다.

18-3-3 XNA와 실버라이트

윈도우폰이 지원하는 2개의 프레임워크인 실버라이트와 XNA는 구조가 완전히 다르며 용도
도 분명히 구분된다. 실버라이트는 일반 사무용 앱과 잘 어울리며 XNA는 게임 개발에 적합하다.
개발 절차도 판이하게 다르므로 프로젝트를 생성할 때부터 어떤 프레임워크를 사용할 것인지
신중하게 잘 결정해야 한다. 한번 결정하면 프로젝트를 완전히 다시 만들지 않는 한 중간에
바꿀 수도 없다.

두 프레임워크는 구분이 엄격해서 화면 출력과 상관없는 일부 클래스만 양쪽에서 교차 사용
가능한 정도였다. 그러나 윈도우폰 7.1 버전부터는 한 프로젝트에 두 프레임워크를 혼용하는
것이 가능해졌다. 두 프레임워크를 동시에 사용하는 마법사가 새로 추가되었고 서로의 차이점을
이어주는 보조 클래스도 추가되었다.

마법사로 샘플 예제를 만들어 구조를 분석해보자. 새 프로젝트를 시작하고 Windows Phone
Silverlight and XNA Application 템플릿을 선택한다. 이 템플릿은 실버라이트와 XNA 양쪽 카테
고리에 모두 있으며 어느 쪽을 선택하나 동일하다. 프로젝트명은 SilverXNA로 입력한다. 프로젝
트가 생성되고 MainPage.xaml 파일이 열릴 것이다. 솔루션 탐색기를 보면 한 솔루션에 3개의
프로젝트가 포함되어 있다.

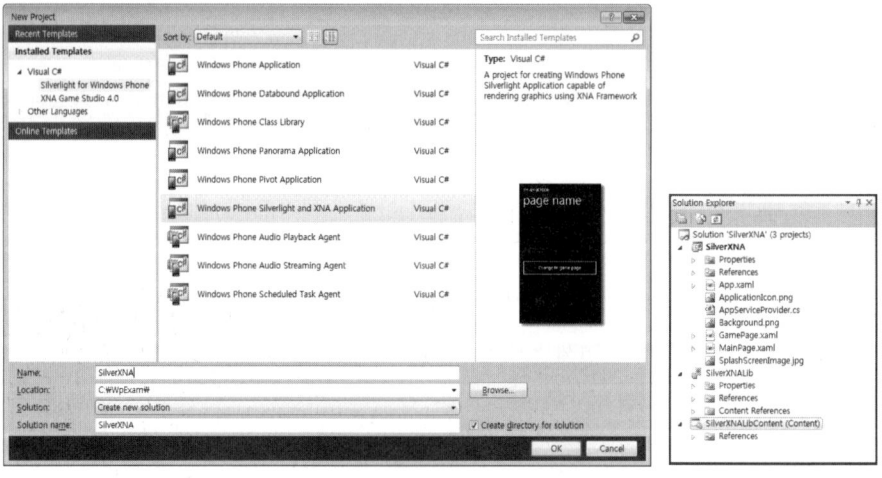

메인 앱은 실버라이트 프로젝트이며 주 프로그래밍 대상이다. Lib 프로젝트는 두 프레임워크
를 연결하는 역할을 하되 빌드에 필요할 뿐이며 우리가 직접 프로그래밍하는 대상은 아니다.

Content 프로젝트는 XNA의 애셋을 저장한다. 이미지나 사운드를 Content에 추가해 놓으면 메인 프로젝트의 GamePage에서 참조할 수 있다.

전역 App 클래스부터 분석해 보자. 전역 애셋을 액세스하기 위한 ContentManager 객체가 멤버로 선언되어 있다. GameTimer 객체는 XNA 프레임워크의 FrameworkDispatcher.Update를 주기적으로 호출하는 역할을 한다. XNA는 이 메서드를 매 프레임마다 자동으로 호출하지만 실버라이트는 그런 장치가 없으므로 타이머를 돌려가며 직접 호출해야 한다.

```
public ContentManager Content { get; private set; }
public GameTimer FrameworkDispatcherTimer { get; private set; }
```

App 생성자에서 호출하는 InitializeXnaApplication 메서드는 서비스 타이머와 컨텐트 매니저를 초기화한다. 전역 객체인 App에서 실행 직후에 XNA 실행에 필요한 초기화를 수행함으로써 한 앱에서 두 프레임워크가 동시에 실행될 수 있다.

```
private void InitializeXnaApplication()
{
    Services = new AppServiceProvider();

    foreach (object obj in ApplicationLifetimeObjects)
    {
        if (obj is IGraphicsDeviceService)
            Services.AddService(typeof(IGraphicsDeviceService), obj);
    }

    // Create the ContentManager so the application can load precompiled assets
    Content = new ContentManager(Services, "Content");

    // Create a GameTimer to pump the XNA FrameworkDispatcher
    FrameworkDispatcherTimer = new GameTimer();
    FrameworkDispatcherTimer.FrameAction += FrameworkDispatcherFrameAction;
    FrameworkDispatcherTimer.Start();
}

private void FrameworkDispatcherFrameAction(object sender, EventArgs e)
{
    FrameworkDispatcher.Update();
}
```

MainPage에는 별 특별한 내용이 없다. 버튼 하나가 배치되어 있고 이 버튼의 클릭 이벤트 핸들러에서 GamePage.xaml을 호출할 뿐이다. XNA 페이지를 실행하기 전에 해야 할 초기화 작업이나 메뉴 처리 등을 이 페이지에 작성한다. 예를 들어 게임에 로그인한다거나 난이도 모드를 선택하는 정도면 적당하다.

```
private void Button_Click(object sender, RoutedEventArgs e)
{
    NavigationService.Navigate(new Uri("/GamePage.xaml", UriKind.Relative));
}
```

MainPage를 프로그래밍하는 방법은 실버라이트 프레임워크를 프로그래밍하는 방법과 동일하다. 모든 XAML 구문을 다 사용할 수 있으므로 지금까지 배운대로 실버라이트 컨트롤을 프로그래밍하면 된다. 이미지 컨트롤을 배치하여 멋진 시작 화면을 만들 수도 있고 버튼을 제거하고 GamePage로 이동하는 별도의 방법을 제공해도 상관없다.

GamePage.xaml에는 아무 내용이 없다. 왜냐하면 XNA는 기본적으로 XAML 마크업을 인식하지 못하며 실버라이트 컨트롤을 그릴 수도 없기 때문이다. 그럼에도 빈 XAML 파일이 필요한 이유는 차후 실버라이트 컨트롤을 여기다 추가하기 위해서이기도 하지만 실버라이트의 내비게이션이 XAML 단위로 이루어지기 때문이다. 모든 것은 GamePage.xaml.cs 파일에 코드로 작성되어 있으며 결국, 이 파일이 메인인 셈이다. 전체 소스를 보자.

GamePage.xaml.cs

```
namespace SilverXNA
{
    public partial class GamePage : PhoneApplicationPage
    {
        ContentManager contentManager;
        GameTimer timer;
        SpriteBatch spriteBatch;

        public GamePage()
        {
            InitializeComponent();

            // Get the content manager from the application
```

```csharp
        contentManager = (Application.Current as App).Content;

        // Create a timer for this page
        timer = new GameTimer();
        timer.UpdateInterval = TimeSpan.FromTicks(333333);
        timer.Update += OnUpdate;
        timer.Draw += OnDraw;
    }

    protected override void OnNavigatedTo(NavigationEventArgs e)
    {
        // Set the sharing mode of the graphics device to turn on XNA rendering
        SharedGraphicsDeviceManager.Current.GraphicsDevice.SetSharingMode(true);

        // Create a new SpriteBatch, which can be used to draw textures.
        spriteBatch = new SpriteBatch(SharedGraphicsDeviceManager.Current.
          GraphicsDevice);

        // TODO: use this.content to load your game content here

        // Start the timer
        timer.Start();

        base.OnNavigatedTo(e);
    }

    protected override void OnNavigatedFrom(NavigationEventArgs e)
    {
        // Stop the timer
        timer.Stop();

        // Set the sharing mode of the graphics device to turn off XNA rendering
        SharedGraphicsDeviceManager.Current.GraphicsDevice.SetSharingMode(false);

        base.OnNavigatedFrom(e);
    }

    /// <summary>
    /// Allows the page to run logic such as updating the world,
    /// checking for collisions, gathering input, and playing audio.
```

```
        /// </summary>
        private void OnUpdate(object sender, GameTimerEventArgs e)
        {
            // TODO: Add your update logic here
        }

        /// <summary>
        /// Allows the page to draw itself.
        /// </summary>
        private void OnDraw(object sender, GameTimerEventArgs e)
        {
            SharedGraphicsDeviceManager.Current.GraphicsDevice.Clear(Color.
              CornflowerBlue);

            // TODO: Add your drawing code here
        }
    }
}
```

생성자에서 컨텐트 매니저를 초기화하여 애셋을 읽을 준비를 한다. Content 프로젝트에 애셋을 추가해 놓기만 하면 contentManager 객체의 Load 메서드로 읽어들일 수 있다. 또 타이머를 설치하여 초당 30회씩 OnUpdate와 OnDraw를 호출하도록 설정한다. XNA 프레임워크가 하던 일을 타이머로 비슷하게 흉내 내는 것이다.

페이지가 열리는 OnNavigatedTo 메서드에서 게임 실행을 초기화한다. 그래픽 장치의 SharingMode를 true로 설정하여 실버라이트 페이지에 XNA 애셋을 출력할 수 있도록 하며 spriteBatch 객체를 생성하여 그래픽 출력을 준비한다. 그리고 타이머를 시작하여 게임 루프를 실행한다. 이후부터 OnUpdate와 OnDraw가 주기적으로 호출되어 게임이 실행된다. 주석에 적혀 있는 대로 추가 애셋도 타이머 동작 직전에 읽어들이면 된다.

페이지를 벗어나는 OnNavigatedFrom 메서드는 타이머를 정지하고 SharingMode를 false로 설정한다. 게임을 종료하면 더 이상 타이머를 돌릴 필요가 없다. 페이지에 들어올 때 게임 루프를 동작시키고 페이지를 나갈 때 중지시킴으로써 XNA와 동일한 실행 모델을 인위적으로 만들어내는 것이다.

OnUpdate는 비어 있고 OnDraw는 파란색 배경을 그리기만 한다. XNA 프로젝트와 마찬가지로 애셋을 추가하고 이 두 메서드에 코드를 채워 넣으면 게임이 진행될 것이다. 실행해 보면 버튼만 가진 메인 페이지가 뜨고 이 버튼을 클릭하면 파란색 게임 화면이 나타난다. 마법사가 만든 프로젝트는 골격만 갖추고 있을 뿐 아직 별다른 내용이 없다. XNA 프로젝트와는 달리 기본 방향이 세로 모드로 되어 있는데 필요하다면 가로 모드로 바꿀 수도 있다.

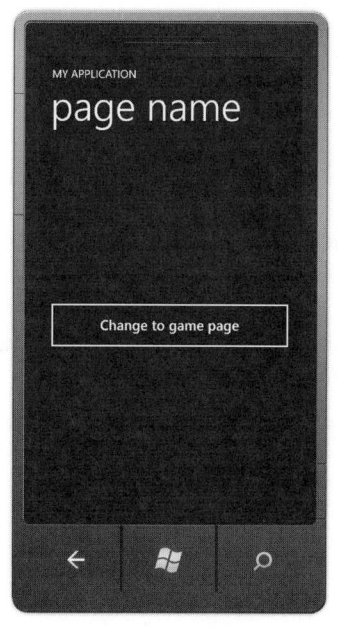

마법사가 만든 프로젝트를 분석해 보면 두 프레임워크가 어떤 식으로 융합되는지 대충 감을 잡을 수 있다. 이제 실제 예제를 만들어 보자. SilverWithXNA라는 이름으로 프로젝트를 생성하고 다음 단계를 따라 해 보자. 여기저기에 코드가 추가되므로 실습 과정이 다소 길고 복잡하다.

먼저 출력할 대상인 애셋을 추가한다. 지금까지 계속 사용해왔던 airplane.jpg 파일을 Content 프로젝트에 추가한다. 비행기 텍스처와 좌표를 저장할 멤버를 선언하고 페이지로 들어오는 OnNavigatedTo 메서드에서 이 애셋을 읽어들인다. OnDraw 메서드에서 비행기를 그리고 OnUpdate에서는 제스처를 읽어 비행기를 이동시킨다. 코드를 작성하는 메서드 위치가 약간씩 다르지만 앞에서 다 실습한 내용이다.

```
using Microsoft.Xna.Framework.Input.Touch;
....
public partial class GamePage : PhoneApplicationPage
```

```
{
    ContentManager contentManager;
    GameTimer timer;
    SpriteBatch spriteBatch;
    Texture2D airplane;
    Vector2 nowPos;

    protected override void OnNavigatedTo(NavigationEventArgs e)
    {
        ....
        if (airplane == null)
        {
            airplane = contentManager.Load<Texture2D>("airplane");
            nowPos.X = SharedGraphicsDeviceManager.Current.GraphicsDevice.
                Viewport.Width /2 - airplane.Width/2;
            nowPos.Y = SharedGraphicsDeviceManager.Current.GraphicsDevice.
                Viewport.Height / 2 - airplane.Height / 2;
        }

        TouchPanel.EnabledGestures = GestureType.FreeDrag;

        // Start the timer
        timer.Start();

        base.OnNavigatedTo(e);
    }

    private void OnUpdate(object sender, GameTimerEventArgs e)
    {
        while (TouchPanel.IsGestureAvailable)
        {
            GestureSample gesture = TouchPanel.ReadGesture();

            switch (gesture.GestureType)
            {
                case GestureType.FreeDrag:
                    nowPos.X += gesture.Delta.X;
                    nowPos.Y += gesture.Delta.Y;
                    break;
            }
        }
```

```
    }

    private void OnDraw(object sender, GameTimerEventArgs e)
    {
        SharedGraphicsDeviceManager.Current.GraphicsDevice.Clear(Color.
            CornflowerBlue);

        spriteBatch.Begin();
        spriteBatch.Draw(airplane, nowPos, Color.White);
        spriteBatch.End();
    }
```

여기까지 코드를 작성한 후 실행해 보면 비행기가 잘 이동할 것이다. 그러나 아직까지는 XNA 프레임워크로 만든 예제와 별반 차이점이 없다. 두 프레임워크가 잘 혼용되는지 게임 화면 위에 실버라이트 컨트롤을 얹어 보자. GamePage.xaml 파일에 다음 코드를 작성하여 컨트롤들을 배치한다.

```
<StackPanel>
    <StackPanel Orientation="Horizontal">
        <Button Name="btnRed" Content="Red" Click="btnRed_Click" />
        <Button Name="btnGreen" Content="Green" Click="btnGreen_Click" />
        <Button Name="btnBlue" Content="Blue" Click="btnBlue_Click" />
    </StackPanel>
    <TextBlock Text="Silverlight On XNA" FontSize="50" Foreground="Yellow" />
    <TextBox />
</StackPanel>
```

수평 스택 패널에 게임의 배경색을 선택하는 버튼 3개를 배치하고 아래쪽에는 텍스트 블록과 텍스트 박스를 배치했다. 이벤트 핸들러는 실버라이트에서와 마찬가지로 디자인뷰의 컨트롤을 더블클릭하면 생성된다.

```
public partial class GamePage : PhoneApplicationPage
{
    ....
    Color backColor = Color.Blue;

    private void OnDraw(object sender, GameTimerEventArgs e)
```

```
    {
        SharedGraphicsDeviceManager.Current.GraphicsDevice.Clear(backColor);

        spriteBatch.Begin();
        spriteBatch.Draw(airplane, nowPos, Color.White);
        spriteBatch.End();
    }

    private void btnRed_Click(object sender, RoutedEventArgs e)
    {
        backColor = Color.Red;
    }

    private void btnGreen_Click(object sender, RoutedEventArgs e)
    {
        backColor = Color.Green;
    }

    private void btnBlue_Click(object sender, RoutedEventArgs e)
    {
        backColor = Color.Blue;
    }
```

배경색을 기억하는 backColor 필드를 추가하고 파란색으로 초기화한 후 OnDraw에서 이 색상으로 그린다. 버튼의 클릭 이벤트 핸들러에서 backColor만 변경하면 다음번 Draw 호출 시에 이 색상으로 배경이 채색될 것이다. 아주 상식적인 코드이다.

그러나 이 상태로는 버튼이 화면에 나타나지 않는다. 왜냐하면 XNA는 모든 것을 비트맵으로 출력하며 XAML 컨트롤을 해석하지도 못하고 그리는 방법도 모르기 때문이다. 그래서 비트맵 위에 컨트롤을 그린 후 화면에 출력하는 UIElementRenderer라는 클래스가 새로 추가되었다. 이 클래스는 UIElement를 텍스처, 즉 비트맵 형태로 그린다. 생성자를 보자.

```
UIElementRenderer (UIElement rootElement, int textureWidth, int textureHeight)
```

첫 번째 인수는 그리고자 하는 UIElement의 루트 엘리먼트이다. 나머지 두 인수는 이 엘리먼트를 그릴 폭과 높이이되 보통은 페이지 전체의 크기와 같다. 페이지의 크기는 LayoutUpdated 이벤트에서 확정되므로 이때 객체를 생성하면 된다. 다음 코드를 작성한다.

```
UIElementRenderer renderer;

public GamePage()
{
    ....
    LayoutUpdated += OnLayoutUpdated;
}

void OnLayoutUpdated(object sender, EventArgs e)
{
    if (ActualWidth > 0 && ActualHeight > 0 && renderer == null)
    {
        renderer = new UIElementRenderer(this, (int)ActualWidth, (int)ActualHeight);
    }
}
```

renderer 객체를 필드로 선언하고 LayoutUpdated 이벤트에서 렌더러를 생성한다. 첫 번째 인수 this는 곧 GamePage.xaml을 의미하며 이 페이지에 포함된 모든 컨트롤을 그린다는 뜻이다. OnDraw에 다음 두 줄을 추가하여 컨트롤을 출력한다.

```
private void OnDraw(object sender, GameTimerEventArgs e)
{
    SharedGraphicsDeviceManager.Current.GraphicsDevice.Clear(backColor);

    renderer.Render();

    spriteBatch.Begin();
    spriteBatch.Draw(airplane, nowPos, Color.White);
    spriteBatch.Draw(renderer.Texture, Vector2.Zero, Color.White);
    spriteBatch.End();
}
```

렌더러의 Render 메서드를 호출하여 비트맵에 컨트롤을 그린다. 랜더러에 의해 XAML 페이지가 XNA가 직접 출력할 수 있는 비트맵으로 바뀌는 것이다. 내부 비트맵에만 그렸을 뿐 아직 화면에는 출력되지 않았다. 이렇게 준비된 비트맵을 spriteBatch의 Begin~End 블록에서 출력한다. 비행기를 먼저 그리고 UI를 그렸으므로 겹칠 경우 비행기가 더 아래쪽에 나타나는데 순서를 바꾸면 비행기가 더 위에 그려진다.

비행기를 드래그하여 자유롭게 움직일 수 있으며 버튼을 클릭하면 배경색이 바뀐다. 텍스트 블록 컨트롤을 사용하면 폰트 애셋을 준비하지 않아도 문자열을 출력할 수 있다. 텍스트 박스를 클릭하면 화면 키보드가 열리며 문자열 입력도 가능하다. 실습 편의상 간단한 컨트롤 몇 개만 배치했는데 얼마든지 더 복잡한 컨트롤을 배치할 수 있다.

이상으로 여기까지 XNA에 대한 소개와 입력, 출력 등 가장 기초적인 내용에 대해 다루어 보았다. 간략한 소개 정도만 하고 예제 몇 개 만들어 보았을 뿐인데 그래도 분량이 꽤 많다. 그럴듯한 게임을 만들어 보려면 여기서 소개한 것보다 훨씬 더 많은 것을 알아야 한다. XNA는 그 자체가 하나의 과목이라 별도의 책 한 권을 따로 봐야 할 정도로 부피가 크다.

제대로 된 게임을 만들어 보고 싶다면 사실 XNA만 공부해서는 안 된다. 게임 제작에 관한 다양한 이론들을 두루 섭렵하고 수학적인 지식도 요구되며 각종 예제를 분석해 보고 응용력도 키워야 한다. 이런 것들도 같이 연구해 보면 좋겠지만 이는 이 책의 소임과는 거리가 멀어서 이 정도로만 소개하기로 한다. 게임에 관심이 있다면 별도의 XNA 관련 자료와 게임 관련 서적을 탐독해 보기 바란다.

센서

19-1 가속도 센서

19-1-1 센서

센서는 폰 자체를 흔들거나 기울여서 의사를 전달하는 또 다른 입력 도구이다. 고정된 위치에 얌전히 앉아 있는 데스크탑에서는 이런 입력이 불가능하지만 모바일 장비는 덩치도 작고 이동 가능하므로 센서로부터 유용한 정보를 입력받을 수 있다. 키보드, 마우스가 없는 모바일 장비의 입력 장치 공백을 잘 메워 주는 것이 바로 센서이다.

센서는 특히 게임에 유용하다. 자동차 경주 게임의 핸들 대신 폰 자체를 요리조리 기울여가며 장애물을 피해 다니면 진짜 차를 운전하는 듯한 사실감을 준다. 손목으로 게임을 조작할 수 있어 섬세하며 터치를 하지 않아도 되므로 화면을 가리지 않아 몰입도를 높여 준다. 게임뿐만 아니라 일반 유틸리티에도 활용도가 높다. 폰을 뒤집어 놓으면 진동 모드로 자동으로 전환한다든가 흔들어서 멀티미디어 재생을 조작하기도 한다.

윈도우폰 SDK는 지금까지 발표된 거의 모든 센서를 지원한다. 스펙상으로는 가속도 센서만 필수이고 콤파스와 자이로스코프는 선택 사양이다. 아직은 초창기라 실장비의 센서 지원이 충분하지 않지만 장래에는 훨씬 더 많은 센서를 탑재한 장비가 출시될 것이다. 센서 라이브러리를 사용하려면 두 개의 참조를 추가해야 한다. Project/Add Reference 메뉴 항목을 선택한 후 목록에서 Ctrl 키로 둘을 한꺼번에 선택한 후 추가하면 된다.

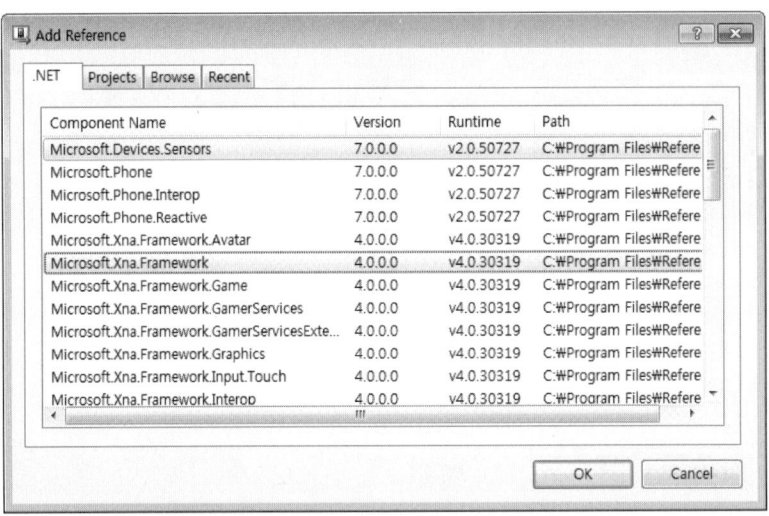

센서 관련 기능은 Microsoft.Devices.Sensors에 의해 지원되므로 이 라이브러리에 대한 참조는 당연히 추가해야 한다. 가속도 센서를 비롯한 각종 센서는 X, Y, Z 각 축의 센서값을 전달하며 3가지 값을 표현하기 위해 Vector3 구조체를 사용한다. 이 구조체는 XNA 프레임워크가 정의하므로 Microsoft.Xna.Framework에 대한 참조도 필요하다.

Vector3는 세 개의 수치값을 한 묶음으로 표현할 수 있는 편리한 구조체이며 주로 게임 제작에 사용된다. 아쉽게도 실버라이트가 이 구조체를 지원하지 않으므로 XNA 라이브러리의 것을 대신 사용해야 한다. XNA에 대한 참조는 순전히 이 구조체 하나를 사용하기 위해서이다. 센서를 사용하는 모든 프로젝트는 두 라이브러리를 참조해야 하며 소스 선두에 네임스페이스에 대한 using 선언을 해야 한다.

```
using Microsoft.Devices.Sensors;
using Microsoft.Xna.Framework;
```

또 매니페스트에 센서 기능을 사용한다는 신고도 해야 한다. WMAppManifest.xml 파일의 <Capabilities> 섹션에 다음 구문으로 센서를 사용한다는 것을 밝힌다. 이 구문을 빼면 센서와 관련된 어떤 코드도 사용할 수 없다. 마법사로 만든 프로젝트에는 이 구문이 이미 작성되어 있으므로 일부러 지우지만 않으면 된다.

```
<Capability Name="ID_CAP_SENSORS"/>
```

센서의 클래스 계층 구조는 다음과 같다. SensorBase 루트 클래스 아래에 4개의 센서 관련 클래스가 제공된다.

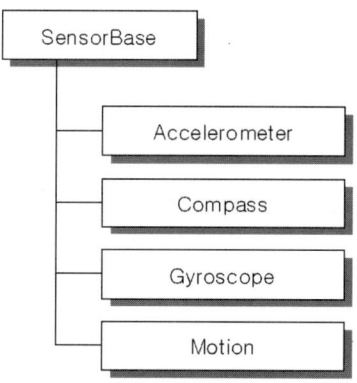

SensorBase 그 자체는 센서가 아니므로 추상으로 선언되어 있다. 하위 클래스마다 센서 정보를 표현하는 방법이 달라 생성자는 템플릿을 받아들인다.

```
abstract class SensorBase<TSensorReading> : IDisposable where TSensorReading :
    ISensorReading
```

ISensorReading 인터페이스로부터 각 센서의 값을 전달하는 구조체가 파생되는데 잠시 후 각 센서별로 따로 소개하기로 한다. SensorBase의 주요 속성은 다음과 같다.

속 성	설 명
CurrentValue	센서의 현재값을 조사한다. 센서값을 표현하는 구조체는 센서의 타입에 따라 다르다.
IsSupported	파생 클래스에서 지원되는 속성이며 장비가 각 센서를 지원하는지를 조사하는 읽기 전용 속성이다.
IsDataValid	센서값이 유효한지를 나타내는 읽기 전용 속성이다.
TimeBetweenUpdates	센서값 갱신 주기를 지정한다. 디폴트는 2/1000초로 굉장히 자주 갱신하도록 되어 있다.

메서드는 다음 두 개가 있다. Start는 센서값 측정을 시작하고 Stop은 센서 측정을 중지한다. 센서는 배터리를 많이 소모하므로 꼭 필요할 때만 시작하고 다 사용한 후 즉시 중지하는 것이 좋다.

```
void Start()
void Stop()
```

센서에서 가장 중요한 것은 새로운 센서값을 전달받는 이벤트이다. 센서값이 필요할 때 CurrentValue 속성을 통해 현재 값은 언제든지 조사할 수 있다. 하지만 센서는 현재값보다 값이 새로 바뀌는 시점이 중요하며 값이 변경될 때마다 새로운 값을 즉시 적용해야 한다. 센서로부터 새로운 값을 실시간으로 전달받으려면 CurrentValueChanged 이벤트 핸들러를 설치해야 한다.

```
void OnCurrnetValueChanged(Object sender, SensorReadingEventArgs<T> e)
```

이벤트의 인수 타입은 센서에 따라 달라지며 이벤트 인수 e의 SensorReading 속성을 통해 구한다. 센서에 따른 센서값 구조체는 다음과 같으며 이 구조체 안에 센서의 최신값이 저장되어 있다.

```
AccelerometerReading
CompassReading
GyroscopeReading
MotionReading
```

이 구조체들은 모두 ISensorReading 인터페이스로부터 파생되며 이 인터페이스는 센서 정보를 구한 시간인 Timestamp 속성을 제공한다. 상위 인터페이스가 시간값 속성을 제공하므로 모든 센서 구조체는 시간값 정보를 가지는 셈이다. 사용자의 동작을 정확하게 읽어 내려면 현재값뿐만 아니라 값이 변한 추이까지도 고려해야 하는데 이때 시간 정보가 필요하다. 시간 외에 각 구조체는 개별 센서와 관련된 추가 속성을 가지는데 각 센서별로 소개할 것이다.

19-1-2 가속도 센서

가속도 센서는 장비에 가해지는 힘을 측정한다. 지구상의 모든 물체는 중력이라는 힘을 받고 있으며 물체를 움직이면 속도가 변하면서 가속도가 붙는데 가속도 센서는 이 값을 조사한다. 물체가 단위 시간당 움직인 거리인 속도를 감지하는 것이 아니라 속도의 변화량인 가속도를 감지함을 유의하자. 물체가 존재하는 공간이 3차원 공간이므로 움직일 수 있는 방향도 3가지이다. 그래서 가속도 센서는 각 방향으로 3축에 대한 가속도를 측정하여 전달한다.

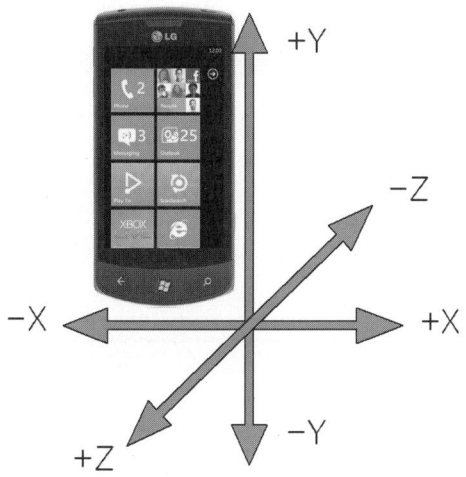

폰을 바닥에 평평하게 눕혀 놓으면 Z축으로만 -1의 가속도를 받으며 X, Y 축은 둘 다 가속도가 0이다. 왜 가만히 있는데 Z축 가속도가 존재하는가 하면 모든 물체는 지구 중력의 영향을 받기 때문이다. 이때 절대값 1은 중력 가속도인 초속 9.8m를 의미하며 기호로는 1G로 표기한다. Z축은 화면 위쪽으로 증가하는데 비해 중력은 아래쪽으로 잡아당기고 있으므로 부호가 마이너스이다. 폰은 뒤집어 놓으면 이때는 Z 가속도가 1이 된다.

폰을 위로 똑바로 세워 놓으면 Y 축으로만 -1의 가속도를 받으며 거꾸로 물구나무 선 자세로 세워 놓으면 Y축으로 1의 가속도를 받는다. 폰을 옆으로 모로 눕혀 놓으면 X 축으로 가속도를 받되 오른쪽으로 세웠는가 왼쪽으로 세웠는가에 따라 부호가 달라진다. 만약 폰을 진공 상태에서 자유 낙하시키면 이때는 3축 모두 가속도는 0이 되며 지구와 화성 중간쯤에 갖다 놓으면 거의 0에 가까운 가속도가 될 것이다.

가속도 센서의 값이 바뀌면 미리 등록한 이벤트 핸들러가 호출되어 현재 가속도값이 보고된다. 윈도우폰 7.0에서는 이벤트 이름이 ReadingChanged였으나 윈도우폰 7.1에서 다른 센서와 이벤트 형식을 통일하기 위해 CurrentValueChanged로 이름이 변경되었다. 예전에 작성된 소스는 아직도 ReadingChanged 이벤트를 사용하는 경우가 있으므로 이후에는 지원되지 않더라도 이 이벤트의 존재 자체는 알아 둘 필요가 있다.

가속도 센서는 이벤트 인수로 AccelerometerReading 구조체를 전달하며 이 구조체의 Acceleration 속성에 3축의 가속도값이 저장되어 있다. 가속도는 3차원 공간상에서 장비가 받는 힘이므로 Vector3 구조체로 표현한다. 다음 예제는 가속도 센서의 값이 변경될 때마다 센서값을 읽어 텍스트 블록에 덤프한다. 특별한 동작은 없고 단순히 값을 확인해 본다. 프로젝트를 생성한 후 앞에서 설명한대로 두 개의 라이브러를 참조로 추가해야 하는데 이 장의 나머지 예제들도 마찬 가지이다.

AccelTest

```
<Grid x:Name="ContentPanel" Grid.Row="1" Margin="12,0,12,0">
    <StackPanel>
        <TextBlock Name="txtResult" Text="Result" FontSize="40" />
    </StackPanel>
</Grid>
================================= CS =========================================
using Microsoft.Devices.Sensors;
using Microsoft.Xna.Framework;

namespace AccelTest
{
    public partial class MainPage : PhoneApplicationPage
    {
        public MainPage()
        {
            InitializeComponent();

            if (Accelerometer.IsSupported)
            {
                Accelerometer accel = new Accelerometer();
                accel.TimeBetweenUpdates = TimeSpan.FromMilliseconds(100);
                accel.CurrentValueChanged += OnCurrnetValueChanged;
                try
                {
                    accel.Start();
                }
                catch (InvalidOperationException)
                {
                }
            }
            else
            {
                txtResult.Text = "Accel is not supported";
```

```
        }
    }

    void OnCurrnetValueChanged(Object sender,
        SensorReadingEventArgs<AccelerometerReading> e)
    {
        Dispatcher.BeginInvoke(() => DisplayValue(e.SensorReading));
    }

    void DisplayValue(AccelerometerReading a)
    {
        txtResult.Text =
            "X : " + a.Acceleration.X.ToString("0.00") + "\n" +
            "Y : " + a.Acceleration.Y.ToString("0.00") + "\n" +
            "Z : " + a.Acceleration.Z.ToString("0.00") + "\n";
    }
    }
}
```

생성자에서 IsSupported 정적 속성을 읽어 가속도 센서가 지원되는지 점검하고 만약 지원되지 않는다면 이 기능은 사용할 수 없으므로 에러를 출력한다. 윈도우폰의 경우 가속도 센서는 하드웨어 요구 스펙에 있으므로 모든 장비에서 지원된다. 따라서 이 조건문은 항상 true이며 사실상 점검할 필요가 없다. 그러나 콤파스나 자이로스코프는 그렇지 않으므로 센서 사용 전에 항상 지원 여부를 점검해 볼 필요가 있으며 가속도 센서도 일관성을 위해 점검 코드를 작성했다.

지원 여부를 확인한 후 가속도 센서를 생성하고 속성을 지정한다. 측정 주기는 디폴트가 0.002초로 되어 있는데 사실 이렇게까지 자주 점검할 필요는 없으므로 TimeBetweenUpdates 속성을 조정하여 0.1초 정도로 느리게 지정했다. 조사 주기가 빠를수록 더 정확하지만 그만큼 배터리를 더 많이 소모하므로 필요한 만큼만 점검해야 한다. 다음은 이벤트 수신을 위해 핸들러를 지정하되 센서는 패널에 배치하는 컨트롤이 아니므로 += 연산자로 이벤트를 등록해야 한다.

모든 준비가 완료되면 Start 메서드를 호출하여 가속도 센서를 시작한다. 예외가 발생할 수도 있으므로 try 블록으로 감쌌다. 가속도 센서를 시작할 수 없을 경우 대안을 찾거나 사용자에게 가속도 센서를 사용할 수 없음을 알려야 하며 정상 동작할 수 없는 최악의 경우는 프로그램을 종료해야 한다. Start가 호출되면 이후 0.1초마다 새로운 가속도 센서값을 측정하여 핸들러를 호출할 것이다.

이벤트 핸들러에서는 센서값을 문자열 형태로 조립하여 텍스트 블록에 출력한다. 센서값은 수시로 바뀌며 매 순간마다 값을 갱신해야 하므로 메인 스레드가 조사하지 않고 별도의 작업 스레드가 전담한다. 사용자를 대면하는 UI 스레드가 센서값을 일일이 조사하고 주기적으로 이벤트를 보내면 사용자의 입력을 제대로 처리하지 못하며 반응성이 심각하게 떨어져 바람직하지 않다. 그래서 센서 라이브러리는 센서만 관리하는 별도의 작업 스레드를 실행시킨다.

그러다 보니 센서값 변경시 호출되는 이벤트 핸들러도 작업 스레드에서 실행된다. 백그라운드에서 연산만 처리하는 작업 스레드는 UI를 직접 조작할 수 없다. 작업 스레드가 텍스트 블록을 참조하면 즉시 예외로 처리된다. 그래서 이벤트 핸들러는 텍스트 블록에 문자열을 출력할 수 없으며 디스패처로 UI 스레드에게 신호를 보내 출력하도록 요청해야 한다. 예제에서는 가장 짧은 람다 표현식을 사용했는데 원칙대로 하자면 다음과 같이 작성해야 한다.

```
delegate void DisplayDele(AccelerometerReading a);

void OnCurrnetValueChanged(Object sender,
    SensorReadingEventArgs<AccelerometerReading> e)
{
    Dispatcher.BeginInvoke(new DisplayDele(DisplayValue), e.SensorReading);
}
```

델리게이트를 생성하여 디스패처 이벤트 큐로 전달하는 방식인데 별도의 타입을 선언해야 하므로 너무 번거롭다. 익명 메서드를 사용하면 좀 더 간단해진다.

```
void OnCurrnetValueChanged(Object sender,
    SensorReadingEventArgs<AccelerometerReading> e)
{
    Dispatcher.BeginInvoke(delegate
    {
        DisplayValue(e.SensorReading);
    });
}
```

이 호출문을 더 압축한 것이 바로 예제의 람다 표현식이며 단 한 줄로 줄어든다. 람다 표현식은 상당한 고급 문법이라 간략하게 설명하기는 어려우므로 헷갈린다면 C# 문법서를 참고하기 바란다. 이벤트 인수로 전달된 AccelerometerReading 구조체의 Acceleration 속성을 읽으면 각 방향으로 받는 가속도 센서값을 구할 수 있다. DisplayValue 메서드는 이 값을 구해 소수점 2자리까지 구해 텍스트 블록에 출력했다.

이 예제는 실행 직후 생성자에서 가속도 센서를 바로 가동하며 Stop 메서드는 따로 호출하지 않는다. 따라서 이 예제가 실행 중인 동안 가속도 센서를 계속 사용하며 예제를 종료하면 센서도 자동으로 중지된다. 예제 자체가 가속도 센서값을 보여주는 것이 목적이므로 이렇게 했지만 실제 프로젝트에서는 가속도 센서가 필요한 시점에 가동을 시작하고 다 사용한 후에는 반드시 Stop 메서드로 중지시켜야 한다.

센서를 강제 종료하지 않더라도 화면이 잠금 상태가 되면 센서도 자동으로 중지된다. 화면에 보이지도 않는데 굳이 배터리를 낭비하면서까지 센서값을 계속 측정할 이유가 없는 것이다. 센서는 현재 앱이 포그라인드에서 실행 중일 때만 동작한다. 백그라운드에서 동작하는 에이전트에서는 센서값을 아예 조사할 수 없도록 되어 있다.

19-1-3 센서 테스트

앞항에서 만든 가속도 센서 예제가 잘 동작하는지 테스트해 보자. 가속도 센서는 실제 하드웨어이므로 실장비가 있어야만 정확하게 테스트할 수 있다. 장비를 손에 쥐고 흔들어도 보고 기울여도 보면서 값이 어떻게 바뀌는지 관찰해야 한다. 에뮬레이터는 가속도 센서를 가지고 있지 않으므로 정확한 테스트가 어려우며 실제로 7.0에서는 테스트 불가능했다. 그러나 7.1에서는 가속도 센서 시뮬레이터가 제공되므로 에뮬레이터로도 동작 여부를 테스트할 수 있다.

물론 시뮬레이터는 센서값을 인위적으로 생성하여 보내주는 가짜이므로 실감은 나지 않으며 복잡한 동작을 테스트하기도 한계가 있다. 하지만 센서 이벤트 핸들러가 값 변경에 대해 적절히 반응하는지 정도는 테스트해 볼 수 있다. 에뮬레이터 오른쪽의 >> 버튼을 누르면 추가 툴이 나타나며 이 툴의 Accelerometer 페이지에서 에뮬레이터를 테스트한다.

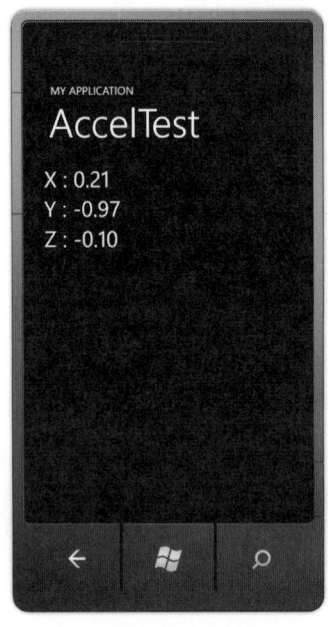

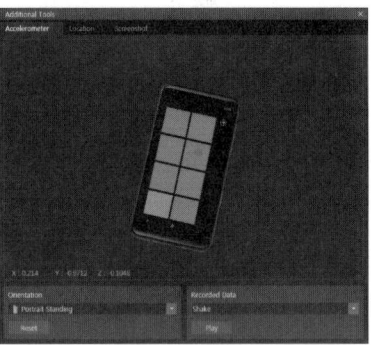

시뮬레이터에는 폰이 그려져 있고 중앙에 빨간색 점이 있는데 이 점을 드래그하면 폰이 기울어지고 가속도값이 바뀐다. 변경된 값은 에뮬레이터로 전달되어 이벤트를 발생시키며 폰에서 실행 중인 프로그램의 핸들러가 호출될 것이다. 예제의 가속도값 덤프가 변경되며 시뮬레이터 아래쪽에도 현재 가속도값이 표시된다. 아래쪽의 Reset 버튼을 눌러 폰의 위치를 리셋하며 Orientation 콤보 박스에서 폰의 방향을 변경한다.

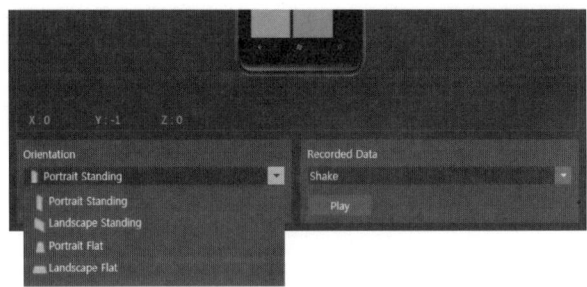

우리가 폰을 실제로 손에 잡고 흔드는 공간은 3차원인데 비해 시뮬레이터가 동작하는 화면은 평평한 2차원이므로 3축으로 자유자재로 흔들 수는 없다. 그래서 시뮬레이터는 폰을 세우거나

눕혀 놓은 것으로 가정하고 나머지 2 방향으로 폰을 기울이도록 되어 있으며 폰의 방향을 옵션으로 선택할 수 있도록 되어 있다. 실장비가 아니다 보니 사실감이 떨어지지만 최소한 이벤트 핸들러가 호출되는 것은 확인할 수 있다.

폰을 짤래짤래 흔들어 보고 싶다면 빨간점을 누른 후 마우스를 좌우로 빠르게 이동시켜야 하는데 무척 힘들다. 그래서 시뮬레이터는 흔드는 동작에 대해서도 흉내를 내 준다. Recorded Data 콤보 박스에서 Shake 항목을 선택한 후 Play 버튼을 누르면 폰을 흔든 것처럼 가속도값이 지속적으로 변할 것이다. 기울기값이 시간에 따라 변하는 추이를 살펴보면 폰을 어느 방향으로 흔들었는지 알 수 있으며 일정 강도 이상이면 특정한 명령으로 인식한다.

비록 가짜이기는 하지만 에뮬레이터의 테스트 지원이 나름대로 쓸 만은 하다. 하지만 평면상에서 폰을 기울여야 하므로 축의 제한이 있고 흔드는 느낌도 아무래도 실감이 나지 않는다. 초기 개발 시에는 시뮬레이터로도 충분히 테스트할 수 있지만 정확도가 떨어지므로 최종 테스트는 반드시 실장비를 사용해야 한다. 센서로부터 유용한 명령을 오차 없이 정확하게 읽어내는 알고리즘은 생각보다 복잡하고 많은 테스트가 필요하다.

19-1-4 수평계

가속도 센서를 활용하여 제작할 수 있는 가장 전형적인 예제는 수평계이다. 수평계는 중력이 작용하는 방향을 조사하여 장비가 수평으로 평평한지를 알아내고 어느 정도 기울어졌는지도 표시한다. 공사장에서 사용하는 물방울 수평계의 전자식 버전이라고 할 수 있으며 실생활에도 가끔 유용하게 사용된다. 제작하는 방법은 앞 예제와 거의 동일하다. 2개의 참조 라이브러리를 추가해야 함을 잊지 말자.

WaterLevel

```
<Grid x:Name="ContentPanel" Grid.Row="1" Margin="12,0,12,0">
    <Canvas>
        <Image Name="waterOrigin" Canvas.Left="178" Canvas.Top="253"
            Source="/WaterLevel;component/water.png" Opacity="0.2" />
        <Image Name="water" Canvas.Left="178" Canvas.Top="253"
            Source="/WaterLevel;component/water.png" />
    </Canvas>
</Grid>
================================== CS ==================================
```

```csharp
using Microsoft.Devices.Sensors;
using Microsoft.Xna.Framework;

namespace WaterLevel
{
    public partial class MainPage : PhoneApplicationPage
    {
        public MainPage()
        {
            InitializeComponent();

            if (Accelerometer.IsSupported)
            {
                Accelerometer accel = new Accelerometer();
                accel.CurrentValueChanged += OnCurrnetValueChanged;
                try
                {
                    accel.Start();
                }
                catch (InvalidOperationException)
                {
                }
            }
            else
            {
                MessageBox.Show("Accel is not supported");
            }
        }

        void OnCurrnetValueChanged(Object sender,
            SensorReadingEventArgs<AccelerometerReading> e)
        {
            Dispatcher.BeginInvoke(() => DisplayValue(e.SensorReading));
        }

        void DisplayValue(AccelerometerReading a)
        {
            double cw = ContentPanel.ActualWidth;
            double ch = ContentPanel.ActualHeight;
            double iw = water.ActualWidth;
```

```
        double ih = water.ActualHeight;

        double x = cw/2 - a.Acceleration.X * (cw - iw)/2 - iw/2;
        double y = ch/2 + a.Acceleration.Y * (ch - ih)/2 - ih/2;

        Canvas.SetLeft(water, x);
        Canvas.SetTop(water, y);
    }
  }
}
```

장비의 각도에 따라 이미지를 임의 좌표로 이동시켜야 하므로 패널은 캔버스가 적합하다. 캔버스 안에 똑같은 이미지를 2개 배치하되 하나는 Opacity 속성을 0.2로 지정하여 흐릿하게 보이도록 했고 나머지 하나는 또렷하게 보인다. 흐릿한 이미지는 여기가 원점임을 표시하며 또 렷한 이미지는 기울기에 따라 이동시킨다. 완전한 수평 상태일 때 두 이미지가 겹쳐 보일 것이다.

앞 예제와 가속도 센서 초기화 코드는 동일하되 TimeBetweenUpdates 속성은 특별히 건드리 지 않음으로써 디폴트값을 사용하도록 했다. 물방울이 가급적 신속하게 움직여야 정확한 위치를 보여줄 수 있다. 예제에 사용한 이미지는 100 * 100 크기를 가지는 동그란 모양의 투명 이미지이 다. 최대한 물방울 모양과 비슷한 이미지를 사용했다. 이미지 자체가 면적이 있으므로 움직일 수 있는 범위는 컨텐트 패널 크기에서 이미지 크기를 제외한 영역이다.

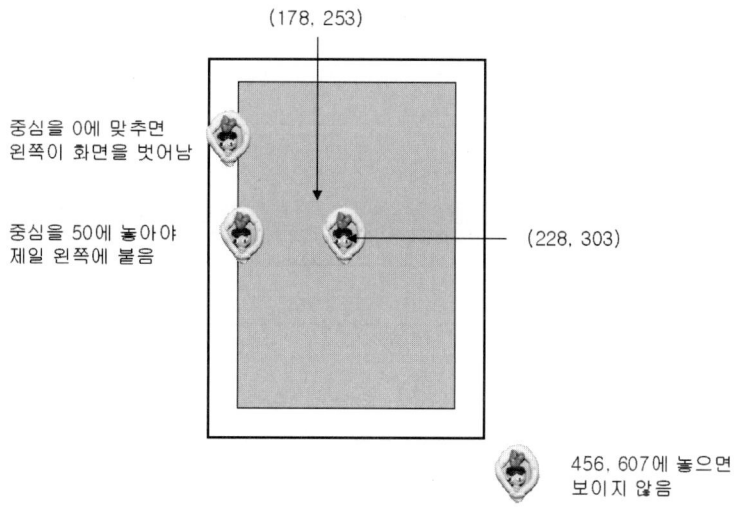

가속도 센서를 기동하는 코드와 이벤트 핸들러는 앞 예제와 거의 동일하되 센서값을 표시하는 DisplayValue 메서드만 다르다. 텍스트 블록에 값을 덤프하는 대신 이미지의 위치를 가속 센서의 값에 맞추어 조정한다. 코드는 복잡하지 않지만 산수 계산이 다소 어렵다. 물방울이 놓이는 컨텐트 패널의 크기는 456 * 607이다. 화면 전체에서 상태바, 위쪽의 타이틀 패널을 빼고 약간의 마진까지 적용되어 있어 조금 더 작다.

컨텐트 패널의 중심 좌표는 크기를 반으로 나누어 228, 303이 된다. 그러나 이미지의 출력 좌표가 좌상단을 지정하므로 정확하게 중앙에 놓으면 오른쪽 아래로 치우질 것이다. 중심 좌표에서 이미지의 폭과 높이의 절반을 빼 178, 253 좌표에 출력해야 이미지가 패널의 중앙에 나타난다. 이미지의 중심부를 컨텐트 패널의 중심부와 맞추는 것이다. 그래서 물방울의 초기 좌표가 178, 253으로 되어 있다.

물방울이 움직일 수 있는 범위는 컨텐트 패널에서 물방울이 다 보이는 영역으로 국한된다. 제일 하단이나 오른쪽에 출력하면 물방울이 컨텐트 영역을 벗어나 보이지 않을 것이다. 수평의 경우만 분석해 보자. 컨텐트 패널폭이 456이므로 중심은 228이 된다. 이 중심을 기준으로 좌우로 움직이되 가속도 센서의 값이 -1~1사이이므로 여기에 좌우의 이동 범위값을 곱해서 더한다. 이동 범위의 폭은 패널폭에서 이미지폭을 뺀 456-100=356이며 이 범위를 좌우로 이동하므로 2로 나눈 178이 이동 범위이다.

가속도 X가 0일 때 228을 기준으로 하여 -1이면 178을 더하고 1이면 178을 빼고 중간값이면 그 사이의 적당한 위치에 비례적으로 좌표를 결정한다. 이렇게 구해진 좌표는 이미지의 중심 좌표이므로 출력 좌표는 이미지의 절반을 다시 빼야 한다. 결국, 이미지 출력 좌표는 0~356까지가 된다. 수식으로 설명하면 복잡해 보이지만 알고 보면 간단한 일차 함수일 뿐이며 다음 대응표를 통해 쉽게 완성할 수 있다. 사실 이런 산수 계산식은 설명을 듣고 이해하는 것보다 직접 만드는 것이 더 쉽다.

가속도 X의 값	−1	0	1
이미지의 중심 위치	406	228	50
이미지의 왼쪽 위치	356	178	0

수직 쪽의 경우도 수식은 동일하되 폭 대신 높이를 적용한다는 것과 Y 좌표는 아래쪽으로 증가하여 가속도 Y의 증가 방향과는 부호가 반대이므로 빼는 것이 아니라 더해야 한다는 점이 다르다. 이렇게 계산된 x, y 좌표를 이미지의 Canvas.Left, Canvas.Right에 대입하면 물방울이

장비의 기울임대로 이동한다. 실행해 보자.

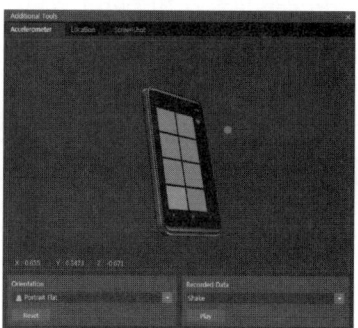

    실행 직후에는 장비가 세워진 상태이므로 물방울이 제일 위쪽에 나타날 것이다. 시뮬레이터
아래쪽의 Orientation 콤보 박스에서 Portrait Flat을 선택하여 장비를 눕힌 채로 테스트한다. 빨간
점을 드래그하면 기울인 정도에 따라 물방울이 움직일 것이다. 실장비에서 테스트해 보면 장비
의 기울인 정도에 따라 물방울이 움직이며 수평 여부를 비교적 정확하게 판단할 수 있다. 다음은
실장비 인증샷이다.

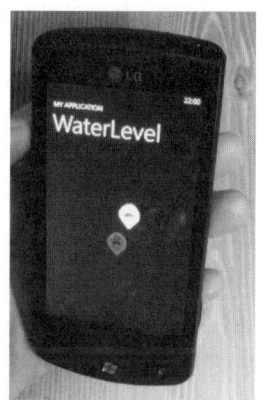
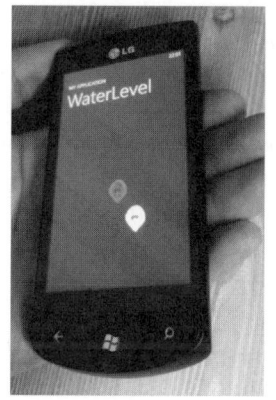

이 예제는 설명의 편의를 위해 이미지의 초기 좌표를 상수로 사용했는데 호환성을 높이려면 실행 중에 장비의 실제 크기에 맞게 계산하는 것이 좋다. 또 더 사실적이고 실용적인 프로그램을 작성하려면 약간의 기울임에도 물방울이 움직이도록 해야 한다. 물의 점도가 높지 않으므로 조금만 기울여도 물방울이 이동하며 그렇게 하는 편이 눈으로 수평 상태를 쉽게 확인할 수 있다. 가속도값을 과장하거나 이동 범위를 좀 더 넓게 잡아주면 된다.

19-1-5 게임 캐릭터 조정

가속도 센서를 가장 잘 활용할 수 있는 분야가 바로 게임이다. 화면 터치만으로 조정하기에는 게임에 등장하는 캐릭터가 너무 많다. 또 화면을 터치하자면 손가락에 의해 게임 화면이 가려져서 불편하며 터치할 때마다 화면이 흔들려서 재미도 반감된다. 이럴 때 가속도 센서는 게임 캐릭터를 움직이는 훌륭한 입력 수단이다. 화면을 그대로 두고 폰을 상하좌우로 기울이고 흔들면서 게임을 즐길 수 있다.

다음 예제는 폰의 기울기를 감지하여 비행기를 움직인다. 가속도 센서로 캐릭터를 조정하는 전형적인 예제라고 할 수 있다. 이런 게임은 바닥에 평평하게 폰을 위치시키거나 또는 손바닥에 올린 채로 시작하며 좌우나 앞뒤를 기울여 움직이므로 X, Y 축 센서값만 참조하면 된다. 예제의 전체적인 구조는 앞 예제와 비슷하며 센서값을 사용하는 방법만 다르다.

MoveAirplane

```
<Grid x:Name="ContentPanel" Grid.Row="1" Margin="12,0,12,0">
    <Canvas>
        <Image Name="airplane" Canvas.Left="190" Canvas.Top="300"
            Source="/MoveAirplane;component/airplane2.jpg" />
    </Canvas>
</Grid>
================================== CS ======================================
using Microsoft.Devices.Sensors;
using Microsoft.Xna.Framework;
using System.Windows.Threading;

namespace MoveAirplane
{
    public partial class MainPage : PhoneApplicationPage
    {
```

```
float dx, dy;
public MainPage()
{
    InitializeComponent();

    if (Accelerometer.IsSupported)
    {
        Accelerometer accel = new Accelerometer();
        accel.TimeBetweenUpdates = TimeSpan.FromMilliseconds(100);
        accel.CurrentValueChanged += OnCurrnetValueChanged;
        try
        {
            accel.Start();
        }
        catch (InvalidOperationException)
        {
        }
    }
    else
    {
        MessageBox.Show("Accel is not supported");
    }

    DispatcherTimer timer = new DispatcherTimer();
    timer.Interval = new TimeSpan(0, 0, 0, 0, 10);
    timer.Tick += OnTick;
    timer.Start();
}

void OnCurrnetValueChanged(Object sender,
    SensorReadingEventArgs<AccelerometerReading> e)
{
    dx = e.SensorReading.Acceleration.X * 5;
    dy = e.SensorReading.Acceleration.Y * -5;
}

void OnTick(object sender, EventArgs args)
{
    double x = Canvas.GetLeft(airplane) + dx;
    x = Math.Min(Math.Max(x, 0), ContentPanel.ActualWidth - airplane.
        ActualWidth);
    Canvas.SetLeft(airplane,  x);
```

```
        double y = Canvas.GetTop(airplane) + dy;
        y = Math.Min(Math.Max(y, 0), ContentPanel.ActualHeight - airplane.
            ActualHeight);
        Canvas.SetTop(airplane, y);
    }
  }
}
```

dx, dy 필드는 비행기의 이동 방향과 속도를 기억한다. 센서 핸들러는 센서로부터 전달된 X, Y 기울기값을 dx, dy에 대입하되 센서값의 범위가 -1~1 사이로 절대값이 작으므로 5배 크게 해 주었다. 이때 곱해주는 값은 비행기의 이동 속도를 결정하며 곱하는 값이 클수록 비행기가 빨리 이동한다. dx, dy는 단순한 필드일 뿐이므로 작업 스레드에서도 얼마든지 참조할 수 있으므로 따라서 디스패처를 쓸 필요는 없다.

핸들러는 dx, dy에 센서값을 기록해 놓기만 하며 이 값은 타이머 이벤트에서 사용한다. 폰을 기울인채로 가만히 있어도 캐릭터가 계속 움직여야 하므로 타이머 이벤트에서 현재 센서값을 지속적으로 적용하여 비행기를 움직인다. 이 예제에서는 센서값이 변하는 시점이 중요한 것이 아니라 현재 센서값이 중요하다. 타이머에서 비행기의 좌표에 현재 센서값 dx, dy를 더해서 조정하되 화면 경계를 벗어나지 않도록 했다.

센서 시뮬레이터는 폰이 위로 똑바로 서 있는 상태로 시작하므로 시뮬레이터 아래쪽의 방향 콤보 박스에서 Portrait Flat을 선택해야 비행기를 제대로 조종할 수 있다. 폰을 기울인 방향으로 비행기가 움직이며 기울인 정도가 클수록 이동 속도도 빨라진다.

이 예제에서 이벤트 핸들러가 하는 일은 dx, dy에 현재 기울기값을 대입하는 것밖에 없으며 기울기를 실제 적용하는 곳은 타이머이다. 따라서 이벤트 발생 주기는 중요하지 않으며 타이머 주기마다 비행기가 움직인다. 이 말의 의미를 잘 생각해 보면 결국, 이벤트 핸들러가 필요 없다는 얘기와도 같다. 타이머에서 가속도값을 직접 구해 사용해도 효과는 동일하다. 다음 코드는 똑같은 예제를 폴링 방식으로 재작성해 본 것이다.

```csharp
namespace MoveAirplane
{
    public partial class MainPage : PhoneApplicationPage
    {
        Accelerometer accel = new Accelerometer();
        public MainPage()
        {
            InitializeComponent();

            accel.Start();

            DispatcherTimer timer = new DispatcherTimer();
            timer.Interval = new TimeSpan(0, 0, 0, 0, 10);
            timer.Tick += OnTick;
            timer.Start();
        }

        void OnTick(object sender, EventArgs args)
        {
            float dx, dy;
            dx = accel.CurrentValue.Acceleration.X * 5;
            dy = accel.CurrentValue.Acceleration.Y * -5;
            double x = Canvas.GetLeft(airplane) + dx;
            x = Math.Min(Math.Max(x, 0), ContentPanel.ActualWidth - airplane.
                ActualWidth);
            Canvas.SetLeft(airplane, x);
            double y = Canvas.GetTop(airplane) + dy;
            y = Math.Min(Math.Max(y, 0), ContentPanel.ActualHeight - airplane.
                ActualHeight);
```

```
            Canvas.SetTop(airplane, y);
        }
    }
}
```

가속도 센서를 페이지의 필드로 미리 생성해 놓고 생성자에서는 Start 메서드만 호출해 놓는다. 타이머 이벤트에서 가속도 센서 객체의 CurrentValue 속성으로 현재값을 조사하여 dx, dy를 바로 알아낼 수 있으며 이 값을 적용하여 비행기의 이동 방향과 속도를 결정한다. dx, dy는 타이머 핸들러내에서만 잠시 사용되므로 지역변수로 선언했다. 두 코드의 실행 결과는 동일하다.

실버라이트 코드가 이해하기 더 쉽고 실습도 간편해서 예제를 주로 실버라이트에서 제작하고 있는데 사실 센서는 게임에 더 잘 어울리므로 XNA로 작성하는 것이 더 실감 난다. 이 예제를 XNA로 작성한다면 굳이 타이머를 돌릴 필요 없이 Update 메서드에서 센서값을 적용하여 좌표를 조정하면 된다.

과연 그런지 XNA용 예제를 만들어 보자. MoveAirplaneXna라는 이름으로 프로젝트를 새로 생성하되 Windows Phone Game(4.0)으로 템플릿을 바꿔야 함을 유의하자. XNA 프로젝트이므로 XNA 프레임워크에 대한 참조는 추가할 필요가 없으며 Microsoft.Devices.Sensors 어셈블리만 참조로 추가하면 된다.

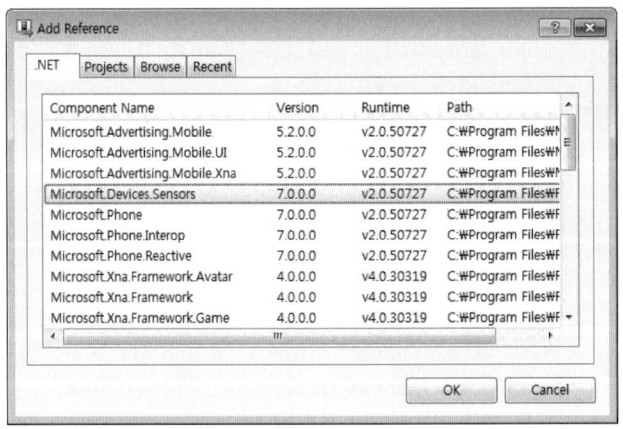

출력에 사용할 airplane2.jpg 애셋을 Content 프로젝트에 추가하고 다음 코드를 작성한다. 여기 저기 코드가 많이 추가되므로 전체 소스를 보이되 마법사가 작성해 놓은 주석은 지저분해 보이므로 모두 제거했다.

```
using Microsoft.Devices.Sensors;

namespace MoveAirplaneXna
{
    public class Game1 : Microsoft.Xna.Framework.Game
    {
        GraphicsDeviceManager graphics;
        SpriteBatch spriteBatch;
        Texture2D airplane;
        Vector2 nowPos;
        Accelerometer accel = new Accelerometer();

        public Game1()
        {
            graphics = new GraphicsDeviceManager(this);
            Content.RootDirectory = "Content";

            TargetElapsedTime = TimeSpan.FromTicks(333333);
            InactiveSleepTime = TimeSpan.FromSeconds(1);

            graphics.IsFullScreen = true;
            graphics.SupportedOrientations = DisplayOrientation.LandscapeLeft;
        }

        protected override void Initialize()
        {
            accel.Start();

            base.Initialize();
        }

        protected override void LoadContent()
        {
            spriteBatch = new SpriteBatch(GraphicsDevice);
            airplane = Content.Load<Texture2D>("airplane2");
            nowPos.X = graphics.GraphicsDevice.Viewport.Width / 2 - airplane.
              Bounds.Width / 2;
            nowPos.Y = graphics.GraphicsDevice.Viewport.Height / 2 - airplane.
              Bounds.Height / 2;
```

```
        }

        protected override void UnloadContent()
        {
        }

        protected override void Update(GameTime gameTime)
        {
            if (GamePad.GetState(PlayerIndex.One).Buttons.Back == ButtonState.Pressed)
                this.Exit();

            float dx, dy;
            dx = accel.CurrentValue.Acceleration.Y * -10;
            dy = accel.CurrentValue.Acceleration.X * -10;
            nowPos.X += dx;
            nowPos.X = Math.Min(Math.Max(nowPos.X, 0),
                graphics.GraphicsDevice.Viewport.Width - airplane.Bounds.Width);
            nowPos.Y += dy;
            nowPos.Y = Math.Min(Math.Max(nowPos.Y, 0),
                graphics.GraphicsDevice.Viewport.Height - airplane.Bounds.Height);

            base.Update(gameTime);
        }

        protected override void Draw(GameTime gameTime)
        {
            GraphicsDevice.Clear(Color.CornflowerBlue);

            spriteBatch.Begin(SpriteSortMode.BackToFront, BlendState.AlphaBlend);
            spriteBatch.Draw(airplane, nowPos, Color.White);
            spriteBatch.End();

            base.Draw(gameTime);
        }
    }
}
```

XNA의 기본 구조를 이해했고 센서에 대해서도 이미 학습이 되어 있으므로 특별히 더 설명할
내용은 없다. 논리는 동일하되 컨트롤이 아닌 애셋이므로 화면이나 이미지의 크기를 구하는 방

법이 약간 다르며 화면이 더 넓어져서 이동 속도를 2배 더 빠르게 적용했다. 두 프레임워크의 차이와 화면 방향이 다름으로 인해 뜻밖의 함정이 존재하는데 몇 가지 사항만 주의하면 된다.

- 전체 화면을 사용하고 화면 방향은 가로 왼쪽으로 고정했다. 센서를 사용하는 예제가 센서에 따라 방향이 마구 바뀌면 게임을 진행할 수가 없다.
- 가속 센서는 비그래픽 자원이므로 Initialize 메서드에서 기동시켜야 한다. LoadContent 메서드에서 기동시켜도 문제는 없지만 논리적으로 맞지 않다.
- 가속 센서의 축은 화면 방향에 영향을 받지 않는다. 그래서 가로 화면에서 가로축의 기울기는 여전히 Y센서값으로 읽어야 한다. dx, dy에 적용되는 센서값이 반대임을 유의하자.

이렇게 정리하지 않아도 실제 예제를 만들어 보면 어떤 차이점이 있고 어떻게 해결해야 하는지 스스로 알게 될 것이다. 게임은 기본이 가로 화면이므로 에뮬레이터에서 테스트할 때는 방향을 Landscape Flat으로 놓고 테스트해야 한다.

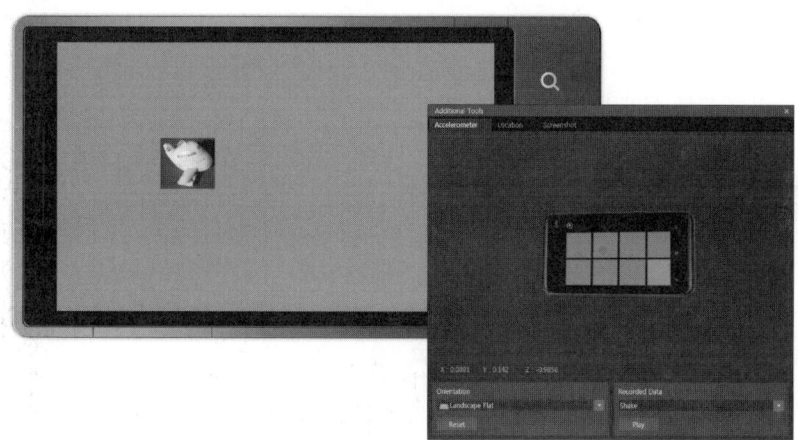

실장비에서는 폰의 각도에 따라 비행기가 움직여 나름대로 신기하고 실제로 손에 쥐고 기울여 보면 재미있기도 하다. 장애물만 등장하면 재미있는 피하기 놀이 게임이 될 것이며 충돌 처리를 추가하고 총알까지 발사하면 그 자체로 그럭저럭 할 만한 게임이 된다.

19-2 그 외의 센서

19-2-1 콤파스

윈도우폰 7.0은 가속도 센서 API만 제공했었으나 7.1부터는 콤파스, 자이로스코프 등의 센서에 대한 API도 추가로 제공된다. 게다가 여러 가지 센서로부터 조합된 값을 제공하는 모션 API까지 지원하여 다양한 센서값을 입력받을 수 있게 되었다. 새 API가 추가됨은 물론 이벤트를 전달하는 방법도 기존의 가속도 센서를 포함하여 하나로 통일됨으로써 해서 비슷한 코드로 여러 센서값을 쉽게 읽을 수 있게 되었다.

콤파스는 주변의 자기장 강도를 구하고 북극을 기준으로 기울어진 각도를 측정하는 센서이다. 쉽게 말해서 나침반이며 장비의 방향이나 자세를 파악할 수 있다. 폰을 평평한 바닥에 놓아두기만 해도 어느 쪽이 북쪽인지, 어디로 가고 있는지를 알 수 있다. 지구의 북극에는 두 가지 종류가 있다. 자전축의 북쪽을 진북(True North)이라고 하며 지구 자기장의 북쪽을 자북(Magnetic North)이라고 하는데 이 둘은 정확하게 일치하지 않는다. 콤파스는 자북과 진북에 대한 방향값을 모두 구할 수 있다.

콤파스의 각도는 장치의 왼쪽변이 북쪽을 향하고 있다고 가정하고 장치의 위쪽면, 즉 Y축과 북쪽의 각도를 시계 방향으로 증가하는 360분법의 각도로 표현한다. 장치 왼쪽을 북쪽에 맞추었을 때 윗면은 북쪽과 90도의 각도를 이루며 이때 장비의 윗면은 실제로는 동쪽을 가리킨다. 윗면이 북쪽을 가리킬 때 콤파스는 -90(=270)의 각도값을 돌려준다.

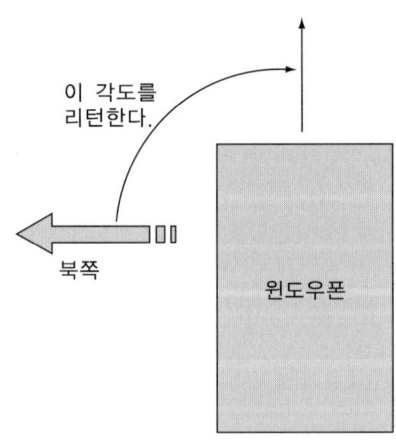

콤파스의 각도 체계가 다소 비직관적인데 어차피 계산에 의해 보정될 수 있으므로 중요한 문제는 아니다. 콤파스는 Compass 클래스로 표현한다. 가속도 센서와 형제 관계이므로 사용하는 방법은 거의 유사하다. 속성, 메서드는 동일하며 콤파스 값을 조정할 필요가 있을 때 전달되는 Calibrate 이벤트가 추가된다는 점이 다르다. 그리고 값 변경 이벤트 인수로 전달되는 CompassReading 구조체가 다르다. 콤파스의 이벤트로 전달되는 객체는 다음 속성으로 현재 센서값을 알려준다.

속 성	설 명
HeadingAccuracy	각도값의 정확도인 오차 범위를 각도로 나타낸다. 이 값이 10이면 최대 10만큼의 오차가 발생할 수 있다는 뜻이다. 콤파스는 주변의 자석 영향을 많이 받으므로 다른 센서에 비해 오차가 심한 편이다.
MagnetometerReading	3축에 대한 지자기의 강도를 마이크로 테슬라 단위로 나타낸다.
MagneticHeading	자북과의 각도이다.
TrueHeading	진북과의 각도이다.

예제를 작성하는 방법도 거의 동일하다. 2개의 라이브러리에 대한 참조를 추가하고 다음 소스를 작성한다.

CompassTest

```
<Grid x:Name="ContentPanel" Grid.Row="1" Margin="12,0,12,0">
    <StackPanel>
        <TextBlock Name="txtResult" Text="Result" FontSize="40" />
    </StackPanel>
</Grid>
================================= CS =========================================
using Microsoft.Devices.Sensors;
using Microsoft.Xna.Framework;

namespace CompassTest
{
    public partial class MainPage : PhoneApplicationPage
    {
        public MainPage()
        {
            InitializeComponent();
```

```
        if (Compass.IsSupported)
        {
            Compass com = new Compass();
            com.TimeBetweenUpdates = TimeSpan.FromMilliseconds(100);
            com.CurrentValueChanged += OnCurrnetValueChanged;
            try
            {
                com.Start();
            }
            catch (InvalidOperationException)
            {
            }
        }
        else
        {
            txtResult.Text = "Compass is not supported";
        }
    }

    void OnCurrnetValueChanged(Object sender,
        SensorReadingEventArgs<CompassReading> e)
    {
        Dispatcher.BeginInvoke(() => DisplayValue(e.SensorReading));
    }

    void DisplayValue(CompassReading c)
    {
        txtResult.Text =
            "Accuracy : " + c.HeadingAccuracy.ToString("0.00") + "\n" +
            "X : " + c.MagnetometerReading.X.ToString("0.00") + "\n" +
            "Y : " + c.MagnetometerReading.Y.ToString("0.00") + "\n" +
            "Z : " + c.MagnetometerReading.Z.ToString("0.00") + "\n" +
            "Magnetic : " + c.MagneticHeading.ToString("0.00") + "\n" +
            "True : " + c.TrueHeading.ToString("0.00") + "\n";
    }
    }
}
```

생성자에게 먼저 콤파스가 지원되는지를 점검한다. 지원되면 콤파스 객체를 생성하고 이벤트 핸들러를 등록하며 Start 메서드를 호출하여 측정을 시작한다. 장비가 콤파스를 지원하지 않으면 안내 메시지를 출력하여 에러 처리한다. 이벤트 핸들러에서는 센서로부터 전달된 모든 정보를 텍스트 블록에 덤프했다. 실행 결과는 다음과 같다.

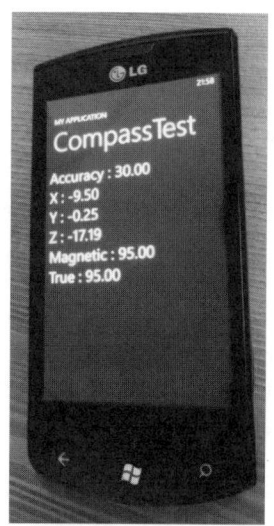

안타깝게도 에뮬레이터는 콤파스를 지원하지 않으므로 IsSupported 속성이 false로 평가되므로 콤파스 센서를 테스트해볼 수 없다. 가속도 센서와는 달리 시뮬레이터도 제공되지 않아 동작 여부를 테스트할 방법이 없다. 이 예제를 테스트하려면 역시 실장비가 필요하며 그것도 콤파스를 내장한 장비여야 한다.

콤파스는 윈도우폰의 필수 장비가 아니어서 초기에 발표된 장비들은 콤파스를 내장하지 않은 것들도 있다. 그래서 코드에서 콤파스 지원 여부를 반드시 점검해 보아야 하며 에러 처리를 생략해서는 안 된다. 다행히 내가 가진 장비에서는 콤파스가 지원되어 테스트 가능했는데 싸구려라 그런지 오차가 너무 심하다. 폰을 회전시키면 각도가 변하는 것을 확인할 수 있다.

19-2-2 자이로스코프

자이로스코프(Gyroscope)는 장비의 회전 속도를 측정하는 센서이다. 장비의 X, Y, Z 3축에 대한 각각의 회전 속도를 피치(Pitch), 롤(Roll), 요(Yaw)라고 한다. 회전 속도는 초당 회전한 각도이되 라디안값이다. 2 * PI이면 1초에 한 바퀴를 회전했다는 뜻이다.

회전 속도를 실시간으로 조사하므로 장비의 자세와 상관없이 가만히 있으면 3축의 회전값은 모두 0이다. 이는 정지 상태에서도 중력의 영향을 받는 가속도 센서와는 다른 점이며 중력으로부터 무관한 정확한 센서값을 조사하므로 게임의 정밀한 조정 등에 적합하다.

자이로스코프는 Gyroscope 클래스로 표현하며 앞서 알아본 가속도 센서나 콤파스와 사용하는 방법은 거의 동일하다. 속성, 메서드, 이벤트가 동일하되 다만, 이벤트로 전달되는 인수가 GyroscopeReading 구조체라는 점만 다르다. 이 구조체의 RotationRate 속성은 3축의 회전 속도를 나타낸다.

GyroTest

```
<Grid x:Name="ContentPanel" Grid.Row="1" Margin="12,0,12,0">
    <StackPanel>
        <TextBlock Name="txtResult" Text="Result" FontSize="40" />
    </StackPanel>
</Grid>
=============================== CS =======================================
using Microsoft.Devices.Sensors;
using Microsoft.Xna.Framework;

namespace GyroTest
{
    public partial class MainPage : PhoneApplicationPage
    {
        public MainPage()
        {
            InitializeComponent();

            if (Gyroscope.IsSupported)
            {
                Gyroscope gyro = new Gyroscope();
                gyro.TimeBetweenUpdates = TimeSpan.FromMilliseconds(100);
                gyro.CurrentValueChanged += OnCurrnetValueChanged;
                try
                {
                    gyro.Start();
                }
                catch (InvalidOperationException)
                {
```

```
                }
            }
            else
            {
                txtResult.Text = "Gyroscope is not supported";
            }
        }

        void OnCurrnetValueChanged(Object sender,
            SensorReadingEventArgs<GyroscopeReading> g)
        {
            Dispatcher.BeginInvoke(() => DisplayValue(g.SensorReading));
        }

        void DisplayValue(GyroscopeReading g)
        {
            txtResult.Text =
                "X : " + g.RotationRate.X.ToString("0.00") + "\n" +
                "Y : " + g.RotationRate.Y.ToString("0.00") + "\n" +
                "Z : " + g.RotationRate.Z.ToString("0.00") + "\n";
        }
    }
}
```

이벤트 핸들러에서 3축의 회전값을 읽어 텍스트 블록으로 출력한다. 안타깝게도 에뮬레이터가 자이로스코프를 지원하지 않으므로 에뮬레이터에서는 이 예제를 테스트해 볼 수 없다. 자이로스코프가 내장된 실장비가 있어야만 회전값을 조사할 수 있다. 아직까지 자이로스코프를 지원하는 실장비는 드물며 내가 가진 장비도 마찬가지여서 이 예제를 실제로 실행해 보지 못했다.

19-2-3 모션 센서

센서로부터 값을 얻는 것 자체는 굉장히 쉽다. 그러나 센서값으로부터 사용자의 동작을 읽어내고 의도를 파악하여 입력으로 처리하는 것은 다소 복잡하다. 장비를 흔드는 동작을 특정한 명령으로 인식하고 싶다면 일정한 강도를 넘을 때만 흔드는 것으로 인정해야 한다. 그렇지 않으면 걸어가면서 장비가 흔들릴 때도 명령으로 인식해 버리므로 사용자의 진의와는 상관없이 오동작할 것이다.

센서값을 사용자의 입력으로 받아들이기에는 몇 가지 문제가 있다. 우선은 센서값이 항상 정확하지 않고 어느 정도의 오차가 존재한다는 점이다. 가속도 센서는 중력의 영향을 받으므로 장소에 따라 값이 조금씩 달라질 수 있고 지자기 센서는 주변의 스피커나 전자 장비의 자석으로 인해 잡음이 심하다.

또 장비를 조작하는 사용자의 동작도 부정확하다. 좌우로만 장비를 흔들고 싶어도 자신도 모르게 상하로 같이 흔들리기 마련이다. 정확하게 수평으로 유지하는 것도 사람으로서는 힘든 일이다. 그래서 어느 정도의 오차나 작은 변화는 무시해야 하며 하나의 센서만으로는 정확한 동작을 인식하는데 한계가 있어 여러 센서의 값을 종합적으로 받아들여 수학적으로 분석해야 한다. 센서가 입력된 시간까지 고려한 패턴 분석을 해야 하며 때로는 인공 지능적인 판단을 해야 할 때도 있다.

프로그램이 직접 이런 계산을 하기는 어려우므로 윈도우폰은 고차원의 모션 센서를 제공한다. 모션 센서는 여러 센서값을 조합하여 사용하기 쉬운 형태로 가공하여 전달한다. Motion이라는 이름대로 사용자의 동작을 추출한 고차원 정보를 제공한다. 모션 센서는 두 가지 모드로 동작하는데 일반 모드는 가속도계와 콤파스를 사용하고 고급 모드는 자이로스코프의 정보도 사용한다. 고급 모드가 더 정확하지만 자이로스코프가 장착되어 있을 때만 사용할 수 있다.

모션 센서는 Motion 클래스로 표현한다. 다른 센서와 사용하는 방법은 거의 동일하며 이벤트 인수로 전달되는 정보가 MotionReading 구조체라는 점만 다르다. 이 구조체에는 다음과 같은 여러 정보가 전달된다.

속 성	설 명
Altitude	피치, 롤, 요 등 장치의 자세를 나타낸다.
DeviceAcceleration	장치의 선형 가속도를 나타낸다.
DeviceRotationRate	장치의 회전 속도를 나타낸다.
Gravity	중력 벡터를 나타낸다.
Timestamp	센서값을 읽은 시간이다.

이 정보들을 사용하면 섬세한 동작을 판별하여 게임에 적용할 수 있고 GPS 정보까지 같이 활용하면 증강 현실 같은 프로그램 제작에도 유용하게 사용된다. 이 값들을 정확하게 사용하려면 약간의 물리학적 지식도 필요하다. 센서값을 덤프하는 예제를 만들어 보자. 앞서 작성한 예제와 구조는 동일하다.

```
<Grid x:Name="ContentPanel" Grid.Row="1" Margin="12,0,12,0">
    <StackPanel>
        <TextBlock Name="txtResult" Text="Result" FontSize="35" />
    </StackPanel>
</Grid>
================================ CS ========================================
using Microsoft.Devices.Sensors;
using Microsoft.Xna.Framework;

namespace MotionTest
{
    public partial class MainPage : PhoneApplicationPage
    {
        public MainPage()
        {
            InitializeComponent();
            if (Motion.IsSupported)
            {
                Motion mot = new Motion();
                mot.TimeBetweenUpdates = TimeSpan.FromMilliseconds(100);
                mot.CurrentValueChanged += OnCurrnetValueChanged;
                try
                {
                    mot.Start();
                }
                catch (InvalidOperationException)
                {
                }
            }
            else
            {
                txtResult.Text = "Motion is not supported";
            }
        }

        void OnCurrnetValueChanged(Object sender,
            SensorReadingEventArgs<MotionReading> a)
        {
            Dispatcher.BeginInvoke(() => DisplayValue(a.SensorReading));
```

```
        }

        void DisplayValue(MotionReading m)
        {
            txtResult.Text =
                "Pitch : " + m.Attitude.Pitch.ToString("0.00") + "\n" +
                "Roll : " + m.Attitude.Roll.ToString("0.00") + "\n" +
                "Yaw : " + m.Attitude.Yaw.ToString("0.00") + "\n" +
                "Accel.X : " + m.DeviceAcceleration.X.ToString("0.00") + "\n" +
                "Accel.Y : " + m.DeviceAcceleration.Y.ToString("0.00") + "\n" +
                "Accel.Z : " + m.DeviceAcceleration.Z.ToString("0.00") + "\n" +
                "Rotate.X : " + m.DeviceRotationRate.X.ToString("0.00") + "\n" +
                "Rotate.Y : " + m.DeviceRotationRate.Y.ToString("0.00") + "\n" +
                "Rotate.Z : " + m.DeviceRotationRate.Z.ToString("0.00") + "\n" +
                "Gravity.X : " + m.Gravity.X.ToString("0.00") + "\n" +
                "Gravity.Y : " + m.Gravity.Y.ToString("0.00") + "\n" +
                "Gravity.Z : " + m.Gravity.Z.ToString("0.00") + "\n";
        }
    }
}
```

이벤트에서 센서값을 텍스트 블록에 덤프한다. 이 예제도 마찬가지로 에뮬레이터에서는 테스트할 수 없다. 실장비로 테스트할 때도 장비가 장착한 센서의 종류에 따라 결과가 조금씩 달라진

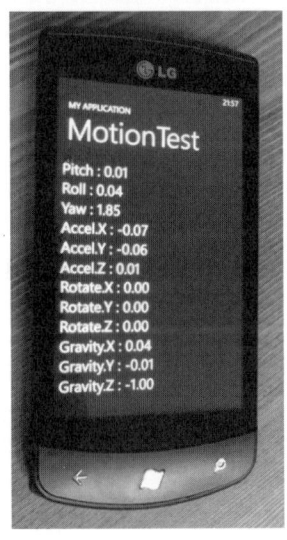

다. 비싼 장비일수록 정확한 측정값이 보고될 것이다. 자이로스코프가 없는 장비에서는 회전값이 모두 0으로 출력된다.

단순히 센서값을 구하는 것과 잘 가공하여 적재적소에 사용하는 것은 별개의 문제이다. 실제 프로젝트에서 모션값을 읽어 사용자의 입력으로 받아들이는 것은 보기보다 훨씬 더 어려우며 본질적으로 완벽하기 어려워서 어느 정도 오차는 감안해야 한다.

위치 정보

20-1 위치 정보

20-1-1 위치 정보

모바일 장비는 이동 가능하며 항상 휴대한다. 모바일 장비가 있는 곳에 거의 언제나 사용자가 있는 셈이며 휴대폰의 위치가 곧 사용자의 위치이다. 사용자가 있는 위치를 알면 여러 가지로 응용할 수 있다. 가장 기본적인 응용예로 자동차의 길을 안내해주는 내비게이션이 있고 주변의 맛집 정보나 관광지 정보를 안내해주는 앱도 제작할 수 있다. 이외에도 위치 정보의 활용 예는 일일이 예를 들기 힘들 정도로 무궁무진하다.

윈도우폰은 위치 수신 장비인 GPS를 기본적으로 내장하고 있다. 옵션이 아니라 공식적인 스펙에 의해 요구되는 기능이므로 모든 윈도우폰이 GPS를 지원한다. 이제 GPS가 없는 폰은 휴대폰 자격이 없다고 할 정도로 일반화되었다. 위치 관련 기능은 고급 기능이고 모든 앱이 이 기능을 다 사용하는 것은 아니므로 마법사로 만든 프로젝트에는 위치 라이브러리에 대한 참조가 추가되어 있지 않다. 위치 관련 프로젝트를 작성하려면 System.Device 어셈블리를 참조로 추가해야 한다.

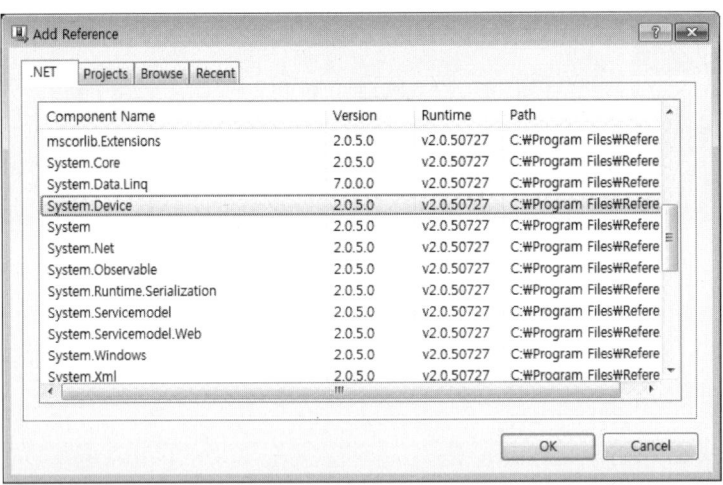

위치 정보는 GeoCoordinateWatcher 클래스로 수신한다. 주요 속성은 다음과 같다.

속 성	설 명
DesiredAccuracy	위치 정확도를 지정한다. 적당한 수준의 Default와 높은 정확도를 보장하는 High가 있으며 기본값은 Default이다.
MovementThreshold	위치 변경 이벤트가 발생할 최소 이동 거리를 지정한다.
Permission	위치 조사 권한이 있는지 조사한다. 사용자가 GPS 사용을 금지시켜 놓았다면 이 속성은 false가 된다.
Position	현재 위치를 조사한다. 이벤트로도 이 값이 전달되므로 보통은 이벤트 핸들러에서 위치값을 읽는다.
Status	위치 수신기의 현재 상태를 조사한다.

주로 배터리 효율과 정확도를 지정하는 속성들인데 이 둘은 정확하게 반비례 관계에 있으므로 필요에 따라 적당한 수준을 결정해야 한다. 정확도는 생성자의 인수로도 지정할 수 있으며 인수를 생략하면 Default가 적용된다.

```
GeoCoordinateWatcher([GeoPositionAccuracy desiredAccuracy])
```

Default 정확도는 기지국간의 삼각 측량 방법이나 WiFi의 액세스 포인트 주소를 통해 위치를 조사한다. 기지국간의 거리가 상당히 떨어져 있기 때문에 최대 킬로미터 단위까지 오차가 발생할 수도 있지만 예상외로 정확도가 높다고 한다. 적당한 오차는 큰 문제가 되지 않는 경우도 많은데 예를 들어 사용자의 현재 위치를 기준으로 날씨 정보를 조사한다면 수 킬로미터 정도 오차가 나도 별 상관이 없다. 이런 경우는 Default 정확도만 해도 비교적 충분하다.

정확도를 High로 지정하면 이때는 장비의 모든 장치를 총동원하여 가급적 정확한 위치를 조사하는데 통상 GPS를 사용한다. GPS는 지구 주위를 도는 인공위성의 전파를 받아 거리를 판별하므로 오차 범위가 불과 5미터 미만일 정도로 정확하다. 하지만 GPS는 인공위성과 지속적으로 통신해야 하므로 배터리가 금방 소진되는 치명적인 단점이 있다. 정확할수록 좋은 것은 사실이지만 그렇다고 해서 배터리까지 낭비해가며 정확할 필요까지는 없으므로 적당한 수준에서 정확도를 선택해야 한다.

최소 이동 거리인 MovementThreshold 속성은 객체를 생성한 후 따로 설정한다. 모바일 장비의 GPS는 별도의 안테나가 없어서 최대한 감도를 높여서 제작한다. 그러다 보니 미세한 잡음에도 민감하게 반응하여 이벤트를 너무 자주 발생시킨다. 최소 이동 거리는 일정한 거리 이상 움직일 때만 이벤트를 발생시킴으로써 배터리를 절약하는 역할을 하는데 20미터 정도가 적합하다. 이 값을 0으로 지정하면 초당 한 번씩 이벤트가 발생하는데 이렇게까지 자주 위치를 갱신할 필요는 없다.

위치나 상태값은 필요할 때 속성을 통해서도 조사할 수 있지만 값이 변할 때마다 이벤트를 받는 것이 더 합리적이다. 이벤트 핸들러를 등록해 놓으면 최소 이동 거리만큼의 위치 변화가 있을 때마다 핸들러가 호출되므로 위치가 바뀔 때 즉시 반응할 수 있다. GPS 수신기는 두 개의 이벤트를 제공하는데 첫 번째 이벤트는 상태가 변할 때마다 발생한다.

event EventHandler<GeoPositionStatusChangedEventArgs> StatusChanged

이벤트 인수의 Status 속성값은 장비의 현재 상태를 나타낸다. 네트워크가 끊어지면 WiFi 신호를 받지 못하며 터널에 들어가면 GPS 정보를 수신하지 못하는데 상태가 변할 때마다 이벤트를 보내 준다. 상태값의 종류는 다음과 같다.

상 태	설 명
Ready	준비되어 있으며 위치 정보를 제공한다.
Initializing	초기화 중이다.
NoData	위치 정보를 사용할 수 없다.
Disabled	위치 수신기가 사용 금지되어 있다.

GPS 상태는 수시로 바뀌며 언제라도 다시 재개될 수 있으므로 조사할 수 없는 상태라고 해서 즉시 에러 처리하는 것은 바람직하지 않다. 일시적으로 데이터를 수신할 수 없는 상태라면 적당한 조치를 취해야 한다. 기존의 움직이는 평균 속도를 고려하여 계속 이동하는 것처럼 할 수도 있고 사용자에게 수신할 수 없음을 알리고 다른 장소로 이동할 것을 권하기도 한다. 다음 이벤트는 위치 정보가 변경될 때마다 발생한다.

```
event EventHandler<GeoPositionChangedEventArgs<GeoCoordinate>> PositionChanged
```

이벤트의 인수가 이중으로 겹친 템플릿이라 포함 관계가 다소 복잡하다. 이벤트 인수의 Position 속성에는 다음 두 가지 정보가 전달된다.

속 성	설 명
Location	현재 위치에 대한 정보이다.
Timestamp	위치가 조사된 시간이다.

위치 정보인 Location은 GeoCoordinate 타입이며 위치와 관련된 정보들을 다음 속성으로 제공한다. 이 속성을 통해 장비가 현재 어디에 있고 어느 방향으로 이동 중인지 등의 상세한 정보를 알 수 있다.

속 성	설 명
Latitude	위도값이다. -90~90 사이의 값이며 양수이면 북위이고 음수이면 남위이다.
Longitude	경도값이다. -180~180 사이의 값이며 양수는 동경, 음수는 서경이다.
Altitude	고도를 미터 단위로 나타낸다.
HorizontalAccuracy, VerticalAccuracy	수평, 수직 정확도를 나타낸다. 이 값이 지정하는 반경까지는 오차가 발생할 수도 있다. 오차 범위가 좁을수록 정확한 값이다.
Speed	이동 속도를 나타낸다.
Course	진북을 기준으로 한 방향값이다. 0~360까지의 각도로 표현된다.
IsUnknown	이 값이 true이면 위도, 경도 등의 위치값이 없다는 뜻이다.

다음 메서드는 위치 정보 수신을 시작 및 중지한다.

```
void Start()
void Stop()
public bool TryStart(bool suppressPermissionPrompt, TimeSpan timeout)
```

Start 메서드는 비동기적으로 동작하며 호출 즉시 리턴하지만 TryStart는 동기적으로 동작한다
는 점이 다르다. 좌표를 수신했거나 두 번째 인수로 전달한 타임아웃이 되기 전에는 계속 블록
상태를 유지하며 성공 여부를 리턴한다. UI 스레드에서는 흐름을 막는 문제가 있으므로 가급적
이면 Start로 시작하고 이벤트가 수신될 때까지 기다리는 것이 좋다.

GpsTest

```
<Grid x:Name="ContentPanel" Grid.Row="1" Margin="12,0,12,0">
    <StackPanel>
        <TextBlock Name="txtStatus" Text="현재 상태" FontSize="50" />
        <TextBlock Name="txtLatitude" Text="위도" FontSize="50" />
        <TextBlock Name="txtLongitude" Text="경도" FontSize="50" />
        <TextBlock Name="txtAltitude" Text="고도" FontSize="50" />
        <TextBlock Name="txtAccuracy" Text="정확도" FontSize="50" />
        <TextBlock Name="txtSpeed" Text="속도" FontSize="50" />
        <TextBlock Name="txtCourse" Text="방향" FontSize="50" />
    </StackPanel>
</Grid>
================================= CS =========================================
using System.Device.Location;

namespace GpsTest
{
    public partial class MainPage : PhoneApplicationPage
    {
        public MainPage()
        {
            InitializeComponent();

            GeoCoordinateWatcher watcher =
                new GeoCoordinateWatcher(GeoPositionAccuracy.High);
            watcher.MovementThreshold = 10;
            watcher.StatusChanged += new
                EventHandler<GeoPositionStatusChangedEventArgs>(OnStatusChanged);
            watcher.PositionChanged += new
                EventHandler<GeoPositionChangedEventArgs<GeoCoordinate>>
                (OnPositionChanged);
            watcher.Start();
        }
```

```csharp
void OnStatusChanged(object sender, GeoPositionStatusChangedEventArgs e)
{
    switch (e.Status)
    {
        case GeoPositionStatus.Disabled:
            txtStatus.Text = "Disabled";
            break;
        case GeoPositionStatus.Initializing:
            txtStatus.Text = "Initializing ";
            break;
        case GeoPositionStatus.NoData:
            txtStatus.Text = "NoData ";
            break;
        case GeoPositionStatus.Ready:
            txtStatus.Text = "Ready";
            break;
    }
}

void OnPositionChanged(object sender, GeoPositionChangedEventArgs
  <GeoCoordinate> e)
{
    txtLatitude.Text = "위도 : " + e.Position.Location.Latitude.
      ToString("0.00");
    txtLongitude.Text = "경도 : " + e.Position.Location.Longitude.
      ToString("0.00");
    txtAltitude.Text = "고도 : " + e.Position.Location.Altitude.
      ToString("0.00");
    txtAccuracy.Text = "정확도 : (" +
        e.Position.Location.HorizontalAccuracy.ToString("0.00") + "," +
        e.Position.Location.VerticalAccuracy.ToString("0.00") + ")";
    txtSpeed.Text = "속도 : " + e.Position.Location.Speed.ToString("0.00");
    txtCourse.Text = "방향 : " + e.Position.Location.Course.ToString("0.00");
}
    }
}
```

스택 패널에 위치 정보를 덤프하기 위한 텍스트 블록을 여러 개 배치해 놓았다. 생성자에서 GeoCoordinateWatcher 객체를 높은(High) 정확도로 생성한다. 실장비에 GPS가 있으면 GPS를 활용할 것이다. 최소 이동 거리는 10미터로 지정하고 두 개의 핸들러를 설치한 후 Start 메서드를 호출하여 위치 정보 수신을 시작했다. 시작하자마자 기동시켰으며 끝날 때까지 계속 수신하므로 Stop 메서드는 따로 호출하지 않았다.

상태 변화 핸들러는 현재 상태를 텍스트 블록에 출력하는데 실제 프로젝트에서는 상태 변화에 따른 적절한 조치를 취해야 한다. 대안을 찾거나 불가피할 경우 사용자에게 알린다. 사용자가 배터리 절약을 위해 설정에서 GPS 사용을 금지시켜 놓았으면 Disabled 상태가 되는데 이때는 사용자에게 장비를 켜 줄 것을 요청해야 한다. 사용 가능하다 하더라도 수신 음영 지역으로 들어가면 일시적으로 사용 불가 상태가 되기도 한다.

위치 변경 핸들러는 인수로 전달된 값을 읽어 대응되는 텍스트 블록에 덤프한다. 실제 프로젝트에서는 수신된 위치 정보를 프로그램의 고유 목적에 맞게 사용할 것이다. 예를 들어 새로 이동한 장소의 지도를 보여준다거나 위치에 따라 장비의 상태를 바꾸는 처리를 할 수 있다. 사용자가 도서관에 들어갈 때 장비를 조작하지 않아도 진동 모드로 알아서 전환하는 등의 서비스를 해 준다면 유용할 것이다.

20-1-2 GPS 테스트

GPS는 지구 주위를 뱅글뱅글 도는 인공위성과 통신하는 물리적인 장비여서 에뮬레이터 따위로는 실제값을 수신할 수 없다. 하지만 다행스럽게도 GPS 시뮬레이터가 제공되므로 비록 가짜 정보라도 전달하여 테스트는 할 수 있다. GpsTest 예제를 실행한 후 에뮬레이터 오른쪽의 >> 버튼을 눌러 추가 툴을 끄집어내고 두 번째 페이지인 Location 탭을 선택해 보자.

지도가 표시되며 지도의 한 지점을 클릭함으로써 장비가 이 위치에 있는 것처럼 흉내 낼 수 있다. 최초 미국 지도가 열리는데 왼쪽 위의 Search에 seoul을 입력하여 서울을 검색해 보자. 유명한 도시이므로 우리나라 서울이 바로 나타난다. 서울 중심 부근을 클릭하면 이 위치의 좌표가 에뮬레이터로 전달되며 앱은 시뮬레이터가 보낸 좌표를 GPS가 보낸 좌표로 인식하여 화면에 위치 정보를 출력한다.

시뮬레이터의 한 지점을 클릭하는 즉시 좌표 정보가 전송되므로 바로 Ready 상태로 표시되며 클릭한 곳의 위치 정보가 텍스트 블록에 출력된다. 하지만 실장비의 GPS는 대기권 밖에서 날아오는 신호를 잡아야 하므로 초기 위치를 잡는데 상당한 시간이 걸린다. 빠르면 10초, 늦으면 분 단위가 넘어갈 수도 있다.

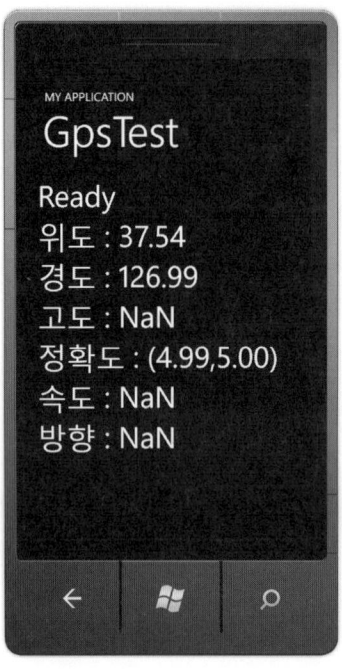

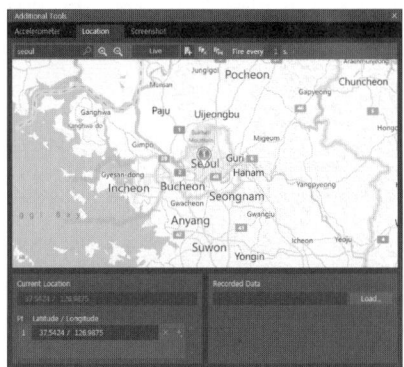

출력 결과를 보면 위도, 경도 좌표만 제대로 조사되었으며 고도나 속도 정보는 알 수 없다고 표시되어 있다. 시뮬레이터는 평면상의 좌표를 클릭하여 가짜 위치 정보를 만들어 내므로 이 정도 정보밖에 흉내 낼 수 없다. 실제 장비는 고도나 속도 등도 제대로 조사된다.

다음은 시뮬레이터의 사용법에 대해 정리해 보자. 돋보기 모양의 🔍, 🔍 버튼을 누르면 줌 레벨이 조정되며 지도를 드래그하면 다른 곳으로 위치를 옮긴다. ➕ 버튼이 눌러진 상태에서 마우스 왼쪽 버튼은 지도 이동뿐만 아니라 경로점을 추가하는 기능도 제공한다. 단순히 위치를 옮기기 위해 드래그할 때는 오른쪽 버튼을 누른 채로 이동하는 것이 더 편리하다.

시뮬레이터는 두 가지 방식으로 좌표값을 전달하는데 Live 버튼으로 토글한다. Live 모드에서 는 지도를 클릭할 때마다 경로점이 생성되면서 좌표를 바로 전송한다. 기록 모드는 일단 경로점 을 먼저 배치한 후 순차적으로 이동하면서 좌표를 차례대로 전송하는 방식이다. 상단의 ➕ 버튼 을 눌러 고정해 놓은 채로 경로점을 차례대로 클릭하여 추가한다. 시뮬레이터 아래쪽에 클릭한 경로점의 좌표 목록이 나타난다. 화면이 좁아 2개밖에 안 보이는데 아래쪽으로 스크롤해서 이동 할 수 있으며 X 버튼을 눌러 삭제할 수 있다. 상단의 🔻 버튼은 모든 경로점을 삭제한다.

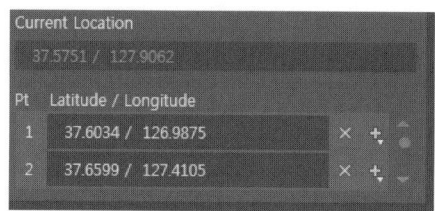

경로점 사이를 이동할 간격은 Fire every 에디트에서 지정하되 디폴트는 1초로 되어 있다. 모든 경로점을 제거하고 다음과 같이 서울에서 강릉까지 여섯 개의 경로점을 배치해 보자. 각 경로점에 번호가 매겨진다.

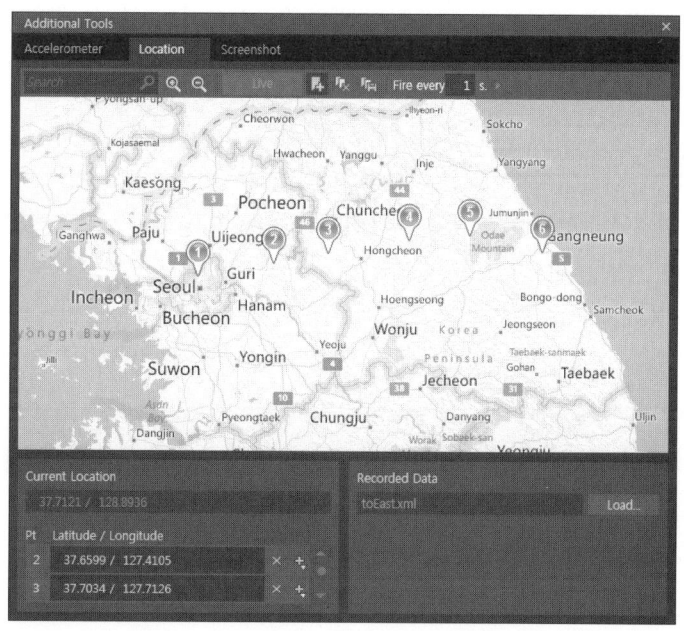

경로점을 설정해 놓은 상태에서 오른쪽 위의 Play all poins 버튼(▶)을 누르면 경로점을 순서 대로 방문하면서 에뮬레이터에게 경로점의 좌표를 전달한다. 앱은 매 이벤트마다 경로점의 좌표 를 순서대로 수신하여 정보를 출력할 것이다. 서울에서 강릉까지 5초에 이동시켜 봤는데 실제 프로젝트 작성 시에는 좁은 거리를 이동하는 경로점을 설정해 두고 매 이동시마다 앱이 제대로 동작하는지 테스트하면 된다.

여러 경로점을 섬세하게 지정하는 것은 상당히 어려운 일이다. 매번 테스트할 때마다 경로점을 새로 설정하기는 번거로우므로 한 번 지정한 경로점을 저장하는 기능을 제공한다. 경로점 배치 후 🖫 버튼을 누르면 저장 대화상자가 나타나며 설정한 경로점을 XML 포맷으로 저장한다. 위 경로점을 toEast.xml로 저장해 보자. 다음과 같은 파일이 생성된다.

```
<?xml version="1.0" encoding="utf-8"?>
<WindowsPhoneEmulator xmlns="http://schemas.microsoft.com/WindowsPhoneEmulator
/2009/08/SensorData">
    <SensorData>
        <Header version="1" />
        <GpsData latitude="37.6033533012791" longitude="126.987510681152" />
        <GpsData latitude="37.6599075349085" longitude="127.410484313965" />
        <GpsData latitude="37.7033814988713" longitude="127.712608337402" />
        <GpsData latitude="37.7598595534298" longitude="128.157554626465" />
        <GpsData latitude="37.781570410089" longitude="128.492637634277" />
        <GpsData latitude="37.7120732340253" longitude="128.89363861084" />
    </SensorData>
</WindowsPhoneEmulator>
```

XML 파일이므로 직접 읽을 수 있으며 구조는 어렵지 않게 짐작할 수 있다. 설정한 경로점의 위도, 경도 정보를 저장한 일종의 경로점 배열인 셈이다. 일일이 클릭해서 경로를 만드는 것이 귀찮으면 XML 파일의 좌표값을 직접 편집해도 상관없다. 이 경로점들을 다시 사용하고 싶으면 아래쪽의 Load 버튼으로 저장된 파일을 다시 읽어 반복적으로 테스트할 수 있다. 테스트를 위한 편의 장치가 꽤 잘 갖추어져 있는 셈이다.

실제 장비가 있다면 시뮬레이터를 사용할 필요 없이 폰을 들고 밖으로 나가 왔다리 갔다리 돌아다녀 보면 된다. 장비가 이동하는 족족 위치가 실시간으로 변경될 것이다. 마켓 플레이스에 제출할 앱이라면 반드시 실제 장비로 동작 여부를 테스트한 후 릴리즈해야 한다.

20-2 빙맵

20-2-1 개발자 등록

GPS로부터 얻은 위치 정보는 위도, 경도의 실수값 형태로 이벤트 핸들러에게 전달된다. 좌표 값은 정확하지만 37.54, 126.99 형태의 숫자를 보고 여기가 어디쯤인지 짐작할 수 있는 사람은 아무도 없을 것이다. 게다가 이 좌표는 평면상의 좌표가 아니라 구면상의 좌표라 정확하게 해석하려면 지도에 관한 약간의 지식을 요구한다. 사람이 바로 이해하려면 숫자로 된 좌표값이 아닌 시각적인 지도로 보여주어야 한다.

윈도우폰은 이런 목적으로 빙맵 지도 서비스를 제공한다. 원래 이름은 Live Maps였으나 빙 검색 서비스와 엮이면서 빙맵으로 이름이 바뀌었다. 지도뿐만 아니라 내비게이션이나 지도 검색 등 위치와 관련된 여러 가지 부가 서비스도 같이 제공한다. 윈도우폰은 빙맵 서비스를 위해 실버라이트 빙맵 컨트롤을 제공하며 모바일 환경에서도 이 컨트롤을 통해 지도를 편리하게 사용할 수 있다.

아쉽게도 미국 중심이기 때문에 한국의 지도 데이터는 상당히 부실한 편이어서 네이버나 다음 지도에 눈높이가 맞춰진 국내 사용자에게는 한참 부족하다. 지은 지 7년이 지난 아파트가 아직도 공사 중으로 보이며 최근 개통한 고속도로는 아예 존재하지도 않는다. 또한, 지도의 상세도가 떨어져 시/구 단위의 큰 명칭들만 나오는 정도여서 실용적 가치가 떨어진다. 현재는 수준 미달의 실망스러운 모습이지만 앞으로는 점차적으로 개선될 것이다.

빙맵 서비스를 사용하려면 먼저 개발자 등록을 해야 한다. 빙맵은 누구에게나 공개된 서비스지만 그렇다고 방만하게 관리할 수는 없다. 트래픽을 너무 많이 사용한다든가 불순한 의도로 공격할 수도 있으므로 최소한 누가 어떤 용도로 지도 데이터를 사용하는지는 파악하고 관리할 필요성이 있다. 그래서 빙맵을 사용하고 싶은 사람은 자신의 신원을 밝혀야 하는데 이 과정이 개발자 등록이다. 별도의 비용이 드는 것은 아니며 Live ID만 있으면 누구나 키를 발급받을 수 있다. 개발자 등록을 위해 다음 사이트를 방문한다.

```
https://www.bingmapsportal.com
```

로그인 창이 나타나는데 자신의 Live ID로 로그인한다. 윈도우폰 개발자로 등록되어 있지 않더라도 Live ID만 있으면 빙맵키를 발급받을 수 있다. 이 책의 실습 초반부에 개발툴 등록을 위해 만든 Live ID를 사용하면 된다. 만약 아직도 Live ID가 없다면 지금 당장이라도 가입하도록 하자. 로그인을 하면 신상 정보를 입력하는 간단한 양식창이 나타난다.

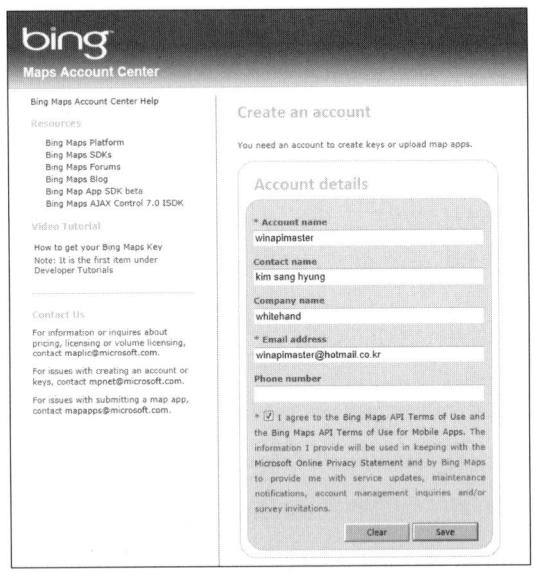

계정 이름과 이메일은 필수이고 나머지는 옵션이다. 이메일은 로그인한 Live ID로 이미 채워져 있으므로 계정만 새로 할당받으면 된다. 아래쪽의 정책에 동의한다는 체크 박스를 반드시 선택하고 Save 버튼을 누른다. 등록이 완료되면 확인창이 나타나는데 잘못 입력한 것이 있으면 여기서 수정할 수 있다.

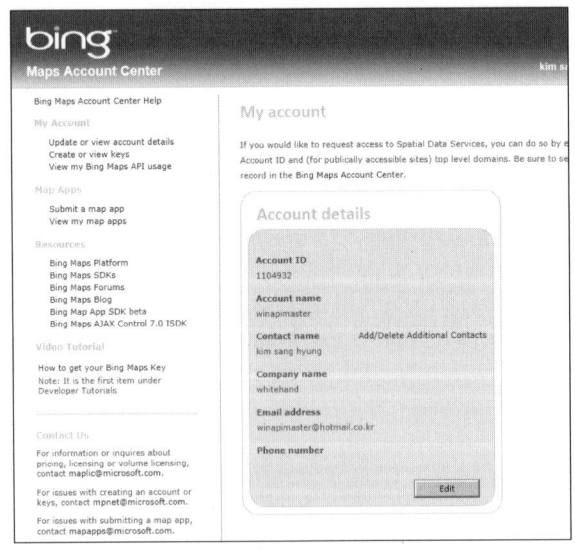

정보가 제대로 입력되었으면 왼쪽에서 Create or view keys 링크를 눌러 키를 발급받는다. 계정 하나당 5개까지의 키를 발급받을 수 있다. 그 이상의 키가 필요하면 홈페이지에 안내된 메일 주소로 메일을 보내 사정을 잘 설명하면 발급해 준다. 키 생성 양식이 나타난다.

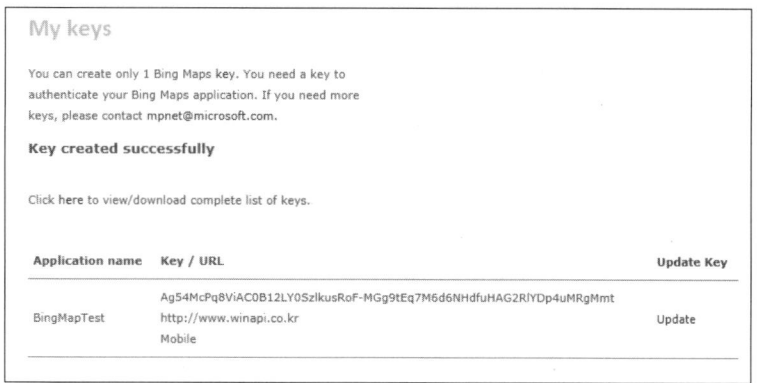

어떤 응용 프로그램에서 사용할 것인지, 이 응용 프로그램의 홈페이지는 어디인지를 기입한다. 응용 프로그램 유형은 빙맵의 사용용도를 지정하는데 모바일 장비에서 사용할 것이므로 Mobile로 선택한다. Submit 버튼을 누르면 키가 즉시 발급된다.

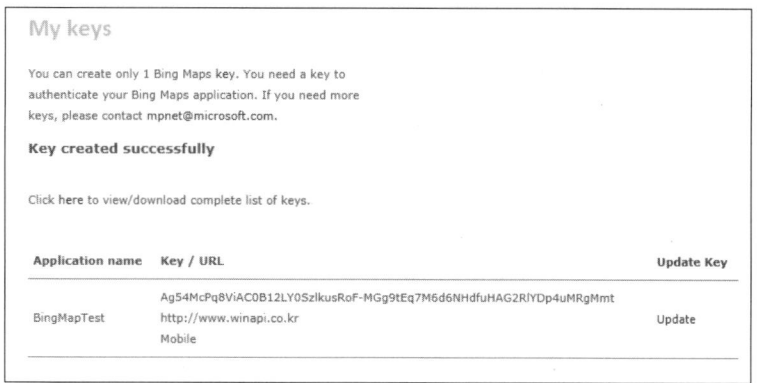

Ag54M~ 어쩌고 하는 긴 문자열이 바로 키이다. 차후 이 키는 빙맵 컨트롤의 속성에 대입되어 허가받은 접근임을 증명하는 용도로 사용된다. 이 키는 나 개인의 신상 정보를 넘기는 대가로

얻은 것이므로 사실 출판된 책에 버젓이 적어 놓는 것은 바람직하지 않으며 악의적으로 사용될 위험도 있다. 원칙대로 하자면 독자들이 자신의 키를 발급받아 예제에 사용해야 하지만 실습이 너무 번거로우므로 독자 편의를 위해 대범하게 공개하기로 했다.

빙맵 컨트롤의 개발자 등록은 허가제가 아니라 신고제이다. 내가 어떤 용도로 쓰겠다는 의사 표현만 하면 요건 없이 키를 발급해 준다. 개발자 등록 절차는 무척 간소한 편이어서 국내의 사이트 가입하는 것보다 훨씬 더 쉽다. 단, 웹사이트의 특성상 위 등록 과정은 언제라도 바뀔 수 있으며 정책이 변경될 수도 있어 이 책에서 안내한 것과 달라질 수도 있다. 사실 그럴 확률이 훨씬 더 높은데 이때는 홈페이지의 최신 안내를 따르면 된다.

20-2-2 BingMapTest

빙맵 컨트롤을 사용하는 예제를 만들어 보자. 지도는 보통 GPS와 연동하여 사용하지만 독립 적으로도 사용할 수 있다. Map 클래스가 빙맵 컨트롤이며 주요 속성은 다음과 같다. 지도가 복잡한 만큼 이 외에도 굉장히 많은 속성들이 제공되는데 전체 속성 목록은 레퍼런스를 참고하기 바란다.

속 성	설 명
Center	최초 표시할 좌표이며 위도, 경도 순으로 지정한다.
ZoomLevel	확대 레벨이다. 1~21단계까지 지정할 수 있다. 1은 전 세계가 다 보일 정도의 레벨이며 21이 가장 상세하다.
ZoomBarVisibility	줌 버튼을 보여줄 것인가를 지정한다. 이 버튼이 없어도 멀티 터치로 확대, 축소는 언제나 가능하다.
CredentialsProvider	발급받은 빙맵키를 명시한다.
ScaleVisibility	현재 축적으로 보여줄 것인지를 지정한다.
Mode	지도 보기 모드를 지정한다. 디폴트는 간략한 지도로 보이지만 항공사진 모드로 변경할 수 있다.
LogoVisibility	빙맵 로고를 표시할 것인가를 지정한다.
Children	지도 위에 놓이는 차일드 컨트롤이다.

BingMapTest라는 이름으로 새 프로젝트를 생성하고 Project/Add Reference 명령으로 빙맵 컨트롤이 정의되어 있는 Maps 라이브러리에 대한 참조를 추가한다.

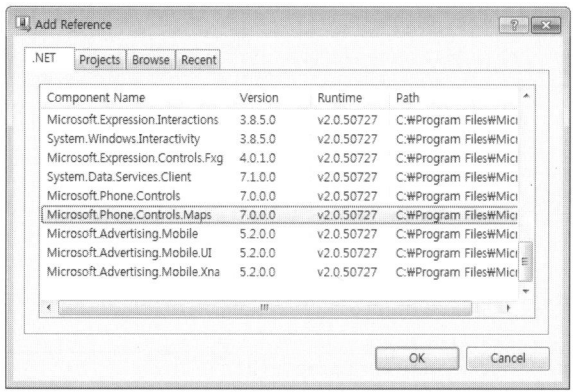

Map 컨트롤은 Maps.dll에 정의되어 있으므로 maps라는 이름으로 네임스페이스를 정의하고 패널에 맵 컨트롤을 배치할 때는 접두를 붙여 maps:Map으로 쓴다.

BingMapTest

```
xmlns:maps="clr-namespace:Microsoft.Phone.Controls.Maps;assembly=Microsoft.Phone.
Controls.Maps"
....
<Grid x:Name="ContentPanel" Grid.Row="1" Margin="12,0,12,0">
    <StackPanel>
        <maps:Map Name="map" Height="400" ZoomBarVisibility="Visible" ZoomLevel="10"
            Center="37.5968, 127.0520" ScaleVisibility="Visible" CredentialsProvider=
            "Ag54McPq8ViAC0B12LY0SzlkusRoF-MGg9tEq7M6d6NHdfuHAG2RlYDp4uMRgMmt"
            />
        <Button Name="btnRoad" Content="Road" Click="btnRoad_Click" />
        <Button Name="btnAerial" Content="Aerial" Click="btnAerial_Click" />
    </StackPanel>
</Grid>
================================== CS =========================================
using Microsoft.Phone.Controls.Maps;

namespace BingMapTest
{
    public partial class MainPage : PhoneApplicationPage
    {
        public MainPage()
        {
```

```
        InitializeComponent();
    }

    private void btnRoad_Click(object sender, RoutedEventArgs e)
    {
        map.Mode = new RoadMode();
    }

    private void btnAerial_Click(object sender, RoutedEventArgs e)
    {
        map.Mode = new AerialMode();
    }
}
}
```

Center 속성의 초기 위치는 북위 37도 동경 127도 부근으로 설정했는데 정확하게는 경희대학교 본관앞 분수대의 좌표이다. 좌표 조사를 위해 구글 어스를 사용했으며 네이버나 다음 지도에서도 조사할 수 있다.

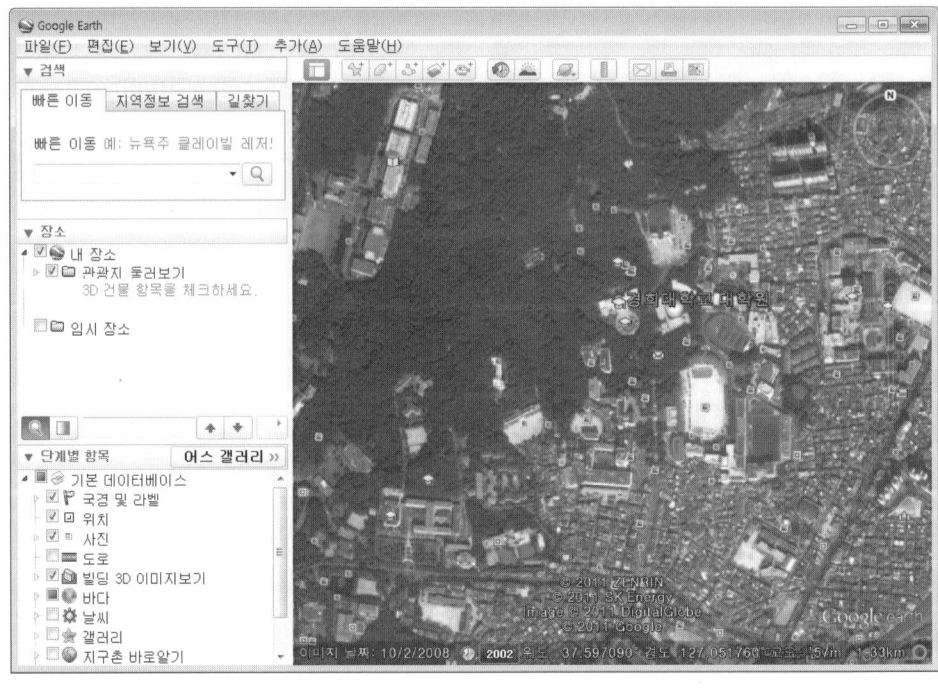

줌 레벨은 서울시가 한눈에 보일 정도인 10으로 설정하되 줌바를 표시하여 실행 중에 줌 레벨을 직접 변경할 수 있도록 했다. XAML 문서에 빙맵 컨트롤을 배치하기만 해도 디자인 뷰에 벌써 지도가 나타난다. 아래쪽 두 버튼의 클릭 이벤트 핸들러에서는 Mode 속성을 변경하여 지도 모드와 항공 모드를 토글하도록 했다. 실행해 보자.

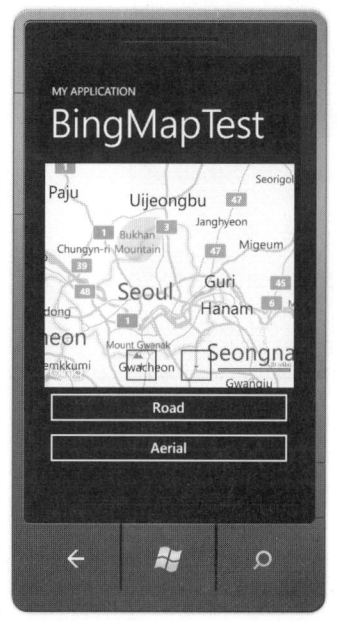 

지도 아래쪽의 +/- 버튼으로 줌 레벨을 자유롭게 조정할 수 있으며 드래그하여 위치를 이동한다. 지도 모드는 너무 대충이라 별 볼 게 없지만 항공 모드는 비행기에서 촬영한 영상이 나타나므로 그래도 꽤 볼만하다. 마치 하늘에서 땅위를 내려다보는 듯한 느낌이다. 크게 확대해 보면 길거리를 주행하는 자동차 모습까지도 알아볼 수 있을 정도로 상세하다.

CredentialsProvider 속성에는 앞에서 발급받은 개발자 키를 대입하였다. Map 컨트롤은 빙맵 서버로 지도 데이터를 요청할 때 이 키를 보내 허가 받은 사용자인지 점검한다. 빙맵 키가 지정되지 않았거나 잘못된 키를 주어도 빙맵을 일단은 사용할 수 있지만 지도 중간에 경고 메시지가 나타난다. 지도의 중앙 부분을 보기 흉하게 가려서 사실상 키가 없으면 사용하기 무척 불편하다.

최근에 등록한 개발자 키라 현재는 이 키가 잘 동작하며 당분간은 그럴 것이다. 그러나 불특정 다수에게 공개된 키이다 보니 언제든지 블록 당할 가능성이 있다. 수천 명의 독자들이 이 예제를 실행하면 빙맵 서버가 비정상 접속으로 판단할 수도 있고 누군가가 악의적으로 키를 사용할 수도 있다. 만약 배포 예제에서 위와 같은 메시지가 나타난다면 버림받은 키이므로 자신의 개발자 키로 바꿔서 사용해야 한다.

20-2-3 GPS와 연동

GPS로부터 현재 좌표를 받는 방법과 빙맵으로 지도를 출력하는 방법까지 실습해 보았다. 이 두 가지 기술을 결합하면 현재 사용자 위치를 지도에 표시할 수 있다. GPS로부터 받은 좌표를 빙맵 컨트롤에게 넘겨주기만 하면 현재 위치의 지도가 화면에 나타난다.

GPS는 Device 라이브러리가 제공하고 빙맵은 Maps 라이브러리가 제공하므로 이 두 라이브러리에 대한 참조를 추가해야 한다. 코드는 무척 간단하다. XAML에 빙맵 컨트롤을 배치하고 GPS의 위치 변경 이벤트에서 새로 조사한 좌표를 맵으로 전달하면 그만이다.

```
xmlns:maps="clr-namespace:Microsoft.Phone.Controls.Maps;assembly=Microsoft.Phone.
Controls.Maps"
....
<Grid x:Name="ContentPanel" Grid.Row="1" Margin="12,0,12,0">
    <maps:Map Name="map" ZoomBarVisibility="Visible" ZoomLevel="10"
        Center="37.5968, 127.0520" ScaleVisibility="Visible" CredentialsProvider=
        "Ag54McPq8ViAC0B12LY0SzlkusRoF-MGg9tEq7M6d6NHdfuHAG2RlYDp4uMRgMmt"
    />
</Grid>
================================== CS =========================================
using System.Device.Location;
using Microsoft.Phone.Controls.Maps;

namespace GpsMap
{
    public partial class MainPage : PhoneApplicationPage
    {
        public MainPage()
        {
            InitializeComponent();

            GeoCoordinateWatcher watcher =
                new GeoCoordinateWatcher(GeoPositionAccuracy.High);
            watcher.PositionChanged += new
                EventHandler<GeoPositionChangedEventArgs<GeoCoordinate>>
                (OnPositionChanged);
            watcher.Start();
        }

        void OnPositionChanged(object sender, GeoPositionChangedEventArgs
          <GeoCoordinate> e)
        {
            map.Center = new GeoCoordinate(e.Position.Location.Latitude,
                e.Position.Location.Longitude);
        }
    }
}
```

컨텐트 그리드 안에 빙맵 컨트롤만 배치했으며 크기를 별도로 제한하지 않았으므로 지도가 그리드의 셀을 가득 채운다. 위치 변경 이벤트 핸들러에서 새로 받은 좌표를 맵의 Center 속성에 대입하면 새 위치로 지도가 즉시 이동한다.

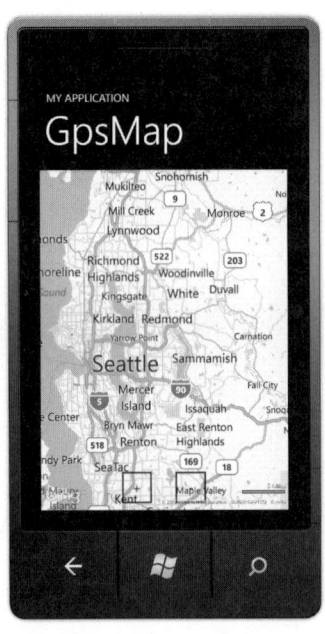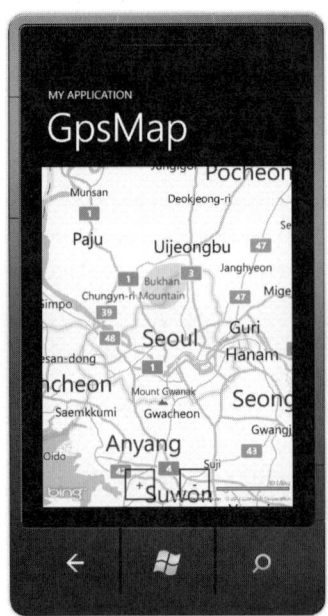

에뮬레이터에서 이 예제를 실행하면 최초 미국의 시애틀이 나타난다. 시뮬레이터의 지도를 드래그하여 우리나라로 옮기면 빙맵의 지도도 같이 이동할 것이다. 실장비에서 이 예제를 실행한다면 실제 장비가 있는 좌표가 지도에 나타나며 폰을 들고 이동하면 지도도 계속 바뀐다.

20-2-4 지도 표식

지도는 그 자체로도 유용하지만 지도 앱이 아닌 한 응용 프로그램 고유의 추가 정보를 지도 위에 더 출력할 수 있어야 한다. 예를 들어 사용자가 검색한 맛집의 위치라든가 현재 가고 있는 길에 대한 안내 등을 지도위에 겹쳐서 보여주면 훨씬 더 직관적으로 지도상의 위치를 판별할 수 있다. 지도 위에 마치 압정을 꽂아 놓은 것 같다고 하여 지도상에 덧출력된 정보를 푸시핀이라고 부른다.

빙맵의 Children 속성은 맵 위에 얹히는 차일드 컨트롤을 정의한다. 주로 MapLayer 객체를 차일드로 등록하고 MapLayer 위에 표식을 배치한다. 다른 레이아웃에 비해 MapLayer의 차일드는 지도상의 좌표를 가지므로 지도가 이동할 때 같이 이동한다는 장점이 있다. 지도위에 간단한 표식을 배치하는 예제를 작성해 보자. Device와 Maps에 대한 참조를 추가하고 다음 코드를 작성한다.

PushPin

```
xmlns:maps="clr-namespace:Microsoft.Phone.Controls.Maps;assembly=Microsoft.Phone.
Controls.Maps"
....
<Grid x:Name="ContentPanel" Grid.Row="1" Margin="12,0,12,0">
    <maps:Map Name="map" ZoomBarVisibility="Visible" ZoomLevel="10"
        Center="37.5968, 127.0520" ScaleVisibility="Visible" CredentialsProvider=
        "Ag54McPq8ViAC0B12LY0SzlkusRoF-MGg9tEq7M6d6NHdfuHAG2RlYDp4uMRgMmt"
            Mode="Aerial">
        <maps:MapLayer Name="layer" />
    </maps:Map>
    <Rectangle Width="100" Height="50" Fill="Red"
        HorizontalAlignment="Left" VerticalAlignment="Top"  />
</Grid>
==================================== CS ========================================
using Microsoft.Phone.Controls.Maps;
using Microsoft.Phone.Controls.Maps.Platform;

namespace PushPin
{
    public partial class MainPage : PhoneApplicationPage
    {
        public MainPage()
        {
            InitializeComponent();

            Ellipse ell = new Ellipse();
            ell.Width = 32;
            ell.Height = 32;
            ell.Fill = new SolidColorBrush(Color.FromArgb(128,0,0,255));

            Location loc = new Location();
            loc.Latitude = 37.5969;
            loc.Longitude = 127.0518;
            layer.AddChild(ell, loc);
```

```
        }
    }
}
```

컨텐트 패널 안에 빙맵 컨트롤과 빨간색 사각형을 같이 배치했다. 그리드의 같은 셀에 2개의 컨트롤을 배치할 수 있는데 이때 순서는 나중에 배치된 컨트롤이 위에 표시된다. 빙맵 컨트롤을 먼저 배치하고 사각형을 나중에 배치했으므로 사각형이 지도 위에 나타난다. 순서가 바뀌면 사각형이 지도에 의해 가려지므로 표식을 반드시 더 나중에 배치해야 한다.

확실히 눈에 띄도록 빨간색 사각형을 배치했는데 텍스트 블록을 놓아 안내 메시지를 출력할 수도 있고 예쁜 이미지를 놓아 장식을 할 수도 있다. 단, 텍스트 블록의 경우 작아 보여도 투명한 부분이 있어 그리드의 전체 영역을 덮으며 자신이 터치를 먼저 받으므로 빙맵 컨트롤이 터치를 받지 못하는 문제가 있다. 지도 위에 컨트롤을 놓을 때는 터치 영역을 가리지 않도록 크기를 적당히 제한해야 한다.

빙맵의 차일드로 MapLayer를 배치하고 이름만 지정해 두었다. 이 레이어 안에 임의의 컨트롤을 배치할 수 있되 위치 정보가 같이 전달되어야 하므로 XAML에서는 추가할 수 없고 코드로 실행 중에 추가해야 한다. 메인 페이지의 생성자에서 반투명한 파란색의 원을 생성하고 좌표를 지정하여 레이어의 차일드로 추가했다. 실행해 보자.

위쪽에는 빨간색 사각형이 있고 중앙쯤에는 파란색 원이 있다. 사각형은 고정된 위치에 배치되어 있으므로 지도를 따라 움직이지 않는다. 그러나 파란색 원은 지도상의 한 좌표에 배치되었으므로 지도를 움직이면 따라 움직인다. 위치에 상관없는 안내 정보나 제목 등은 이 예제의 사각형처럼 배치하면 되고 위치를 가리키는 푸시핀은 이 예제의 원처럼 MapLayer에 배치하되 AddChild로 추가할 때 좌표 정보를 제공한다.

CHAPTER

21

네트워크

21-1 네트워크

21-1-1 상태 조사

휴대폰은 본질적으로 네트워크에 항상 연결되어 있는 장비이다. 사실 스마트 폰 이전의 일반 폰도 기지국의 음성 네트워크에 연결되어 있었으며 스마트 폰은 더 빠른 데이터 네트워크에 연결되어 있다. 이동 중에도 언제든지 네트워킹이 가능하므로 활용성이 아주 높다. 최신 뉴스와 날씨 정보를 장소와 시간에 구애받지 않고 확인할 수 있으며 SNS로 언제든지 친구들과 대화도 가능하다. 온라인 뱅킹, 주식 거래 등도 모두 네트워크에 기반한 서비스이다.

이동 가능한 모바일 장비의 특성상 네트워크 연결 상태는 수시로 변한다. 평소에는 망 사업자의 셀룰러망에 연결되어 있다가 실내로 들어오면 WiFi로 연결되며 엘리베이터나 지하에 들어가면 일시적으로 연결이 끊어지기도 한다. 연결된 네트웨터의 종류에 따라 속도와 비용에 차이가 있으므로 네트워크를 사용하는 프로그램은 항상 연결 상태에 관심을 가지고 변화에 능동적으로 대처해야 한다.

윈도우폰 7.0 버전에서는 네트워크 상태를 조사하는 방법이 다소 복잡했지만 7.1에서는 훨씬 더 간단해졌다. DeviceNetworkInformation 클래스의 관련 속성을 통해 네트워크의 상태를 실시간으로 확인할 수 있다. 이 클래스의 속성들은 각 연결 타입별로 사용 가능성을 조사하는데 도표를 따로 보일 필요 없이 예제 소스에 바로 적용해 보자.

```
<Grid x:Name="ContentPanel" Grid.Row="1" Margin="12,0,12,0">
    <StackPanel>
        <TextBlock Name="txtResult"/>
    </StackPanel>
</Grid>
================================= CS =======================================
using Microsoft.Phone.Net.NetworkInformation;

namespace NetInfo
{
    public partial class MainPage : PhoneApplicationPage
    {
        public MainPage()
        {
            InitializeComponent();

            txtResult.Text = "Network 사용 가능 : " +
                DeviceNetworkInformation.IsNetworkAvailable + "\n";
            txtResult.Text += "Cellular 사용 가능 : " +
                DeviceNetworkInformation.IsCellularDataEnabled + "\n";
            txtResult.Text += "Roaming 사용 가능 : " +
                DeviceNetworkInformation.IsCellularDataRoamingEnabled + "\n";
            txtResult.Text += "WiFi 사용 가능 : " +
                DeviceNetworkInformation.IsWiFiEnabled + "\n";
            txtResult.Text += "망 사업자 : " +
                DeviceNetworkInformation.CellularMobileOperator + "\n";
        }
    }
}
```

DeviceNetworkInformation 클래스의 각 속성값을 조사하여 텍스트 블록에 덤프했다. 에뮬레이터에서의 실행결과는 다음과 같다.

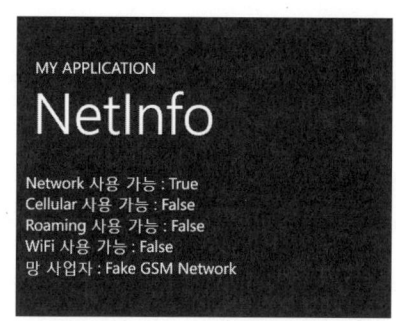

망 사업자의 Fake GSM Network를 통해 네트워크에 연결되어 있다고 나오는데 에뮬레이터의 연결은 개발 PC의 인터넷을 경유한 연결이다. 이름에 나타나 있듯이 가짜 망이며 개발 PC와 네트워크를 공유한다. 실장비가 아니므로 셀룰러나 와이파이에는 연결되지 않은 것으로 조사된다. 개통한 실장비는 보통 망 사업자의 셀룰러로 연결되며 실내에서는 저렴하고 빠른 와이파이로 전환된다.

네트워크를 액세스하는 프로그램은 항상 이 정보를 조사하여 연결 방식과 동작을 결정해야 한다. 셀룰러망은 속도가 느릴 뿐만 아니라 비용이 발생하므로 꼭 필요할 때에 한해 아껴서 사용해야 한다. 돈의 문제이므로 사용자의 동의를 받거나 아니면 최소한 암묵적인 동의라도 있어야 한다. 셀룰러로 연결되어 있는 상태에서 무식하게 데이터를 많이 사용했다가는 숙청당하는 수가 있다. 사용자는 돈 아껴주는 프로그램을 좋아한다.

이에 비해 와이파이는 속도도 빠르고 무료이므로 대용량의 자료를 주고받아도 무관하다. 만약 셀룰러와 와이파이 둘 다 사용 가능한 상태라면 가급적 와이파이를 선택하는 것이 유리하다. 네트워크 연결이 일시적으로 끊어진 경우는 연결될 때까지 대기하거나 아니면 최소한 에러 메시지라도 출력해야 한다. 데스크탑과는 달리 연결이 불안정하고 신뢰성이 떨어지므로 에러 처리를 섬세하게 해야 한다.

21-1-2 WebClient

네트워크 통신의 기본은 소켓이다. 실버라이트는 원래부터 소켓 통신을 지원하지만 윈도우폰은 소켓을 지원하지 않다가 7.1부터 지원하기 시작했다. 저수준의 소켓은 섬세한 제어를 할 수 있고 다양한 기교를 부릴 수 있지만 코드가 복잡하고 배우기도 어렵다. 폰에서는 단순한 정보를 주고받는 경우가 많으므로 소켓씩이나 동원할 필요는 드물고 대개의 경우 고수준 클래스로도 충분하다. 이 책은 고수준 클래스 위주로만 소개한다.

WebClient는 HTTP 프로토콜로 서버와 통신하는 고수준의 클래스이다. 웹 서버의 URI 주소를 지정하여 데이터를 주고받는다. 자주 사용하는 입출력문을 잘 정리된 고수준의 메서드로 제공하므로 최소한의 코드만으로 통신할 수 있어 간편하다. 그러나 메서드 내부에서 데이터 입출력을 일괄적으로 처리해 버리므로 섬세함은 떨어진다.

클라이언트가 웹 서버와 주고받는 데이터는 HTML 문서나 XML 문서 또는 텍스트 파일 등 주로 문자열 형태로 되어 있다. WebClient의 다음 메서드로 문자열 형태의 데이터를 다운로드 및 업로드한다. 문자열 리소스가 저장되어 있는 주소만 밝히면 다운로드할 수 있다.

```
public void DownloadStringAsync(Uri address)
public void UploadStringAsync(Uri address, string method, string data)
```

이 메서드들은 이름 뒤에 붙은 Async가 의미하는 대로 비동기적으로 동작한다. 동기적으로 통신하는 메서드도 있으나 윈도우폰에서는 사용할 수 없다. 원격지의 서버에서 데이터를 받는 것은 상당한 시간이 걸릴 수도 있으므로 입출력이 끝날 때까지 대기하는 것이 아니라 요청만 한 후 일단 리턴한다. 이후 입출력 경과는 DownloadProgressChanged 이벤트로 보고 받으며 핸들러 원형은 다음과 같다.

```
void ProgressChanged(object sender, DownloadProgressChangedEventArgs e)
```

이벤트 인수의 속성으로 현재 다운로드 상태를 전달한다.

속 성	설 명
TotalBytesToReceive	다운로드받아야 할 총 바이트 수
BytesReceived	다운로드받은 바이트 수
ProgressPercentage	다운로드받은 비율
UserState	통신의 현재 상태

네트워크 통신은 망 상태에 따라 시간이 오래 걸리기도 하므로 입출력 경과를 사용자에게 보여 주는 것이 원칙적이다. 하지만 다운로드받을 데이터가 아주 작고 네트워크 속도가 충분히 빠르다면 경과 이벤트를 생략하기도 한다. 최근에는 모바일의 네트워크 속도가 과거와는 달리 엄청나게 개선되어 웬만한 데이터는 실시간으로 받아낸다. 장래에는 보나 마나 더 빨라질 것이다.

다운로드가 완료되면 DownloadStringCompleted 이벤트가 발생하며 핸들러의 원형은 다음과 같다. 경과 이벤트는 꼭 필요할 때만 받아도 되는 옵션 사항이지만 완료 이벤트는 반드시 처리해야 한다. 비동기적으로 다운로드를 받는 상태에서 완료 이벤트를 받지 않으면 다운로드받은 문자열을 확인할 방법이 없다.

void StringCompleted(object sender, DownloadStringCompletedEventArgs e)

완료 이벤트는 인수를 통해 에러 여부를 리턴하는데 취소되었으면 Cancelled 속성이 true이며 에러 발생시 Error 속성에 예외 객체가 대입된다. 취소도 아니고 에러도 발생하지 않았으면 Result 속성에 다운로드받은 문자열이 대입된다. 다음 예제는 마이크로소프트 사이트의 첫 페이지를 다운로드하여 텍스트 블록에 출력한다.

WebClientString

```
<Grid x:Name="ContentPanel" Grid.Row="1" Margin="12,0,12,0">
    <StackPanel>
        <Button Name="btnClick" Content="Download" Click="btnClick_Click" />
        <TextBlock Name="txtProgress"/>
        <TextBlock Name="txtResult"/>
    </StackPanel>
</Grid>
==================================== CS =========================================
namespace WebClientString
{
    public partial class MainPage : PhoneApplicationPage
    {
        public MainPage()
        {
            InitializeComponent();
        }

        private void btnClick_Click(object sender, RoutedEventArgs e)
        {
            WebClient web = new WebClient();
            web.DownloadProgressChanged += ProgressChanged;
            web.DownloadStringCompleted += StringCompleted;
            web.DownloadStringAsync(new Uri("http://www.microsoft.com",
                UriKind.Absolute));
```

```
    }

    void ProgressChanged(object sender, DownloadProgressChangedEventArgs e)
    {
        txtProgress.Text = String.Format("{0}/{1} {2}%",
            e.BytesReceived, e.TotalBytesToReceive, e.ProgressPercentage);
    }

    void StringCompleted(object sender, DownloadStringCompletedEventArgs e)
    {
        if (e.Error == null && e.Cancelled == false)
        {
            txtResult.Text = e.Result;
        }
        else
        {
            MessageBox.Show("Error");
        }
    }
    }
}
```

버튼 클릭 이벤트 핸들러에서 WebClient 객체를 생성하고 경과, 완료 이벤트를 연결한 후 DownloadStringAsync 메서드로 마이크로소프트의 첫 페이지를 다운로드받았다. 비동기적 호출이므로 다운로드되는 동안 다른 작업을 할 수도 있다. 워낙 큰 사이트라 다소 시간이 걸리는데 더 작은 사이트로 주소를 바꾸면 신속하게 다운로드될 것이다.

에뮬레이터는 개발 PC를 통해 인터넷에 연결되어 있으므로 Download 버튼을 누르기만 하면 다운로드된다. 경과 프로그래스가 점점 증가하며 100%가 되면 HTML 문서가 아래쪽 텍스트 블록에 출력된다. 복잡한 문자열로 출력되는데 이 문서를 웹 브라우저 컨트롤에 출력하면 잘 정돈된 웹 페이지가 보일 것이다. 만약 에뮬레이터에서 이 예제가 제대로 실행되지 않는다면 개발 PC의 인터넷 연결 문제일 확률이 높다.

웹은 HTML 문서에 기반하며 웹 페이지의 기본 구조는 HTML 문서로 되어 있다. HTML 문서 외에 웹 서비스의 리턴 파일인 XML이나 일반 텍스트 파일도 이 코드대로 다운로드받는다. 하옇든 문자열 형태로 된 정보는 문서가 있는 주소만 정확하게 알고 있으면 모두 다운로드 가능하다. ASP, PHP, JSP 등 동적으로 생성되는 페이지도 물론이다.

웹을 구성하는 나머지는 이미지나 멀티미디어 등의 이진 파일이며 HTML 문서 사이사이에 끼어 웹 페이지에 나타난다. 동영상이나 zip 압축 파일 등도 포함되지만 주로 이미지 파일이다. 이진 파일을 다운로드 받을 때는 다음 메서드를 호출한다.

```
void OpenReadAsync(Uri address)
```

문자열과 마찬가지로 다운로드받을 데이터의 URI만 전달하면 비동기적으로 다운로드가 시작된다. 완료시는 OpenReadCompleted 이벤트가 호출되며 핸들러의 원형은 다음과 같다.

```
void OpenCompleted(object sender, OpenReadCompletedEventArgs e)
```

이벤트 인수 e의 Result 속성으로 읽기 가능한 스트림이 전달된다. 이 스트림으로부터 데이터를 읽어 사용하며 다 사용한 후 꼭 닫아야 한다. 다음 예제는 웹으로부터 이미지를 다운로드받는다. 대상 이미지는 운영하는 웹사이트에 미리 업로드해 두었다. 혹시 이 사이트가 망했다면 주소만 적당한 다른 이미지로 교체하면 된다.

```
<Grid x:Name="ContentPanel" Grid.Row="1" Margin="12,0,12,0">
    <StackPanel>
        <Button Name="btnClick" Content="Download" Click="btnClick_Click" />
        <TextBlock Name="txtProgress"/>
        <Image Name="imgResult" />
    </StackPanel>
</Grid>
================================= CS =========================================
using System.Windows.Media.Imaging;

namespace WebClientImage
{
    public partial class MainPage : PhoneApplicationPage
    {
        public MainPage()
        {
            InitializeComponent();
        }

        private void btnClick_Click(object sender, RoutedEventArgs e)
        {
            WebClient web = new WebClient();
            web.DownloadProgressChanged += ProgressChanged;
            web.OpenReadCompleted += OpenCompleted;
            web.OpenReadAsync(new Uri("http://www.winapi.co.kr/data/korandoc1.jpg",
                UriKind.Absolute));
        }

        void ProgressChanged(object sender, DownloadProgressChangedEventArgs e)
        {
            txtProgress.Text = String.Format("{0}/{1} {2}%",
                e.BytesReceived, e.TotalBytesToReceive, e.ProgressPercentage);
        }

        void OpenCompleted(object sender, OpenReadCompletedEventArgs e)
        {
            if (e.Error == null && e.Cancelled == false)
            {
                BitmapImage img = new BitmapImage();
```

```
            img.SetSource(e.Result);
            imgResult.Source = img;
            e.Result.Close();
        }
        else
        {
            MessageBox.Show("Error");
        }
    }
  }
}
```

코드는 앞 예제와 별반 다르지 않다. 경과와 완료 이벤트를 연결하고 웹 서버의 이미지 파일을 읽었다. 완료 이벤트에서 e.Result로 전달된 스트림을 비트맵의 소스로 지정하여 이미지 컨트롤에 출력했다.

네트워크 속도가 빨라서 웬만큼 큰 이미지도 한 번에 다운로드되어 바로 나타난다. 어디에 저장된 이미지이건 URL만 정확하게 알고 있으면 다운로드받을 수 있다.

21-1-3 WebRequest

고수준의 WebClient 클래스에 비해 저수준으로 동작하는 HttpWebRequest는 좀 더 섬세한 제어를 할 수 있다. WebRequest로부터 파생되며 Http외에 Ftp를 지원하는 클래스도 있으나 윈도 우폰 환경에서는 Http만 지원된다. 생성자가 따로 없으므로 WebRequest의 다음 정적 메서드로 생성한다.

```
static WebRequest Create(Uri requestUri)
```

인수로 액세스 대상 URI를 전달한다. 부모 클래스인 WebRequest 타입을 리턴하므로 생성된 객체를 대입받을 때는 HttpWebRequest로 캐스팅해야 한다. 객체 생성 후 다음 메서드로 요청을 보낸다.

```
IAsyncResult BeginGetResponse(AsyncCallback callback, Object state)
```

이 메서드도 비동기적으로 동작하며 따라서 결과를 전달받을 콜백 메서드가 필요하다. 첫 번째 인수로 콜백 메서드를 전달한다. 두 번째 인수는 통신 상태 객체이다. 콜백 메서드의 원형은 다음과 같다.

```
delegate void AsyncCallback(IAsyncResult ar)
```

이벤트의 인수로 전달된 ar 객체는 비동기 동작의 상태를 가진다. 이 객체의 AsyncState 속성은 비동기 통신을 시작한 요청 객체를 조사한다. 요청 객체의 다음 메서드로 ar을 전달하면 응답 객체가 리턴된다.

```
WebResponse EndGetResponse(IAsyncResult asyncResult)
```

응답 객체의 GetResponseStream 메서드로부터 스트림을 얻고 이 스트림에서 다운로드받은 데이터를 읽어들인다. 과정이 다소 복잡해 보이는데 다음 예제를 따라 하면 된다.

RequestString
```
<Grid x:Name="ContentPanel" Grid.Row="1" Margin="12,0,12,0">
    <StackPanel>
        <Button Name="btnClick" Content="Download" Click="btnClick_Click" />
```

```xml
        <TextBlock Name="txtProgress"/>
        <TextBlock Name="txtResult"/>
    </StackPanel>
</Grid>
```
================================== CS ==
```csharp
using System.IO;
using System.Text;

namespace RequestString
{
    public partial class MainPage : PhoneApplicationPage
    {
        public MainPage()
        {
            InitializeComponent();
        }

        private void btnClick_Click(object sender, RoutedEventArgs e)
        {
            HttpWebRequest web = (HttpWebRequest)WebRequest.Create(
                new Uri("http://www.microsoft.com", UriKind.Absolute));
            web.BeginGetResponse(new AsyncCallback(ResponseCallback), web);
        }

        void ResponseCallback(IAsyncResult ar)
        {
            HttpWebRequest request = (HttpWebRequest)ar.AsyncState;
            HttpWebResponse response = (HttpWebResponse)request.EndGetResponse(ar);

            Stream stream = response.GetResponseStream();
            StreamReader reader = new StreamReader(stream);
            StringBuilder sb = new StringBuilder();
            for (int l = 0;reader.Peek() >= 0;l++)
            {
                sb.Append(reader.ReadLine() + "\n");
                Dispatcher.BeginInvoke(() => txtProgress.Text = "line : " + l);
            }
            stream.Close();

            Dispatcher.BeginInvoke(() => txtResult.Text = sb.ToString());
```

```
        }
    }
}
```

버튼 클릭 이벤트 핸들러에서 요청 객체를 생성하고 요청을 시작한다. 콜백 메서드에서 응답 객체로부터 스트림을 얻어 문자열을 읽는다. 이 콜백은 작업 스레드에서 호출되므로 UI를 변경하려면 디스패처를 통해야 한다. 다운로드하는 방법만 다를 뿐 주소는 동일하므로 실행 결과는 앞 예제와 동일하다.

전체 문자열을 전달받는 고수준 클래스에 비해 스트림을 전달받으므로 필요한 만큼 받을 수 있고 받으면서 경과를 세세히 출력할 수도 있다. ReadToEnd 메서드로 한꺼번에 받을 수도 있지만 경과를 출력하기 위해 ReadLine 메서드로 한 줄씩 읽으면서 줄 수를 출력했다. 그러나 스레드 간의 호출이라 중간 과정이 화면에 출력되지는 않는다.

한꺼번에 다 읽는 것이 아니라 스트림을 통해 원하는 만큼 읽어들일 수 있으므로 중간에서 조작할 수 있다는 것이 장점이다. 긴 문자열 전체를 꼭 다 받아야 하는 것은 아니며 필요한 정보를 얻었으면 중간에 그만 둘 수도 있다. 또 시간이 너무 오래 걸린다 싶으면 중간에 다운로드를 취소할 수도 있다. 한 번에 다운로드받는 WebClient에 비해서는 훨씬 더 섬세한 제어가 가능함을 알 수 있다.

WebClient는 WebRequest의 래퍼이며 스트림을 받아 결과 문자열만 UI 스레드의 이벤트 핸들러로 전달하므로 사용하기 훨씬 더 쉽다. 이에 비해 작업 스레드로 결과를 전달하는 WebRequest는 출력은 번거롭지만 다운로드 받은 문자열을 분석하거나 가공하는 작업을 별도의 스레드에서 처리하므로 사용자 UI를 블록하지 않는 이점이 있다. 다음 예제는 WebRequest 클래스로 이미지를 다운로드받는다.

RequestImage

```
<Grid x:Name="ContentPanel" Grid.Row="1" Margin="12,0,12,0">
    <StackPanel>
        <Button Name="btnClick" Content="Download" Click="btnClick_Click" />
        <Image Name="imgResult" />
    </StackPanel>
</Grid>
==================================== CS ========================================
using System.IO;
using System.Windows.Media.Imaging;

namespace RequestImage
{
    public partial class MainPage : PhoneApplicationPage
    {
        public MainPage()
        {
            InitializeComponent();
        }

        private void btnClick_Click(object sender, RoutedEventArgs e)
        {
            HttpWebRequest web = (HttpWebRequest)HttpWebRequest.Create(
                new Uri("http://www.winapi.co.kr/data/korandoc2.jpg",
                UriKind.Absolute));
            web.BeginGetResponse(new AsyncCallback(ResponseCallback), web);
        }

        void ResponseCallback(IAsyncResult ar)
```

```
        {
            HttpWebRequest request = (HttpWebRequest)ar.AsyncState;
            HttpWebResponse response = (HttpWebResponse)request.EndGetResponse(ar);

            Stream stream = response.GetResponseStream();

            Dispatcher.BeginInvoke(() =>
                {
                    BitmapImage img = new BitmapImage();
                    img.SetSource(stream);
                    imgResult.Source = img;
                    stream.Close();
                }
            );
        }
    }
}
```

다운로드받은 스트림을 비트맵의 SetSource 메서드로 넘기면 나머지는 이미지 컨트롤이 알아서 처리한다. 이미지 컨트롤이 스트림으로부터 비트맵을 생성하는 기능을 제공한다.

이미지를 통째로 비트맵으로 넘겼으므로 경과 출력은 제외했는데 꼭 하려면 가능은 하다. 스트림을 통째로 넘기지 말고 별도의 버퍼에 받으면서 경과를 출력하고 다 받은 후에 출력하면 된다. 간단하게 예제를 만들어 동작만 확인해 봤는데 깊게 들어가면 상당히 복잡하므로 더 많이 연구해 봐야 한다. 업로드의 경우는 이보다 더 복잡하다.

21-2 웹 서비스

21-2-1 개발자 키

웹 서비스는 HTTP 프로토콜로 이기종간의 범용적인 통신을 수행하는 방법 중 하나이다. RPC 기반의 DCOM이나 CORBA 등은 프로토콜이나 컴포넌트에 종속적이어서 범용성이 떨어지고 외부망과 통신이 어렵다는 문제가 있었다. 이에 비해 웹 서비스는 어느 컴퓨터에나 열려 있는 HTTP 프로토콜을 사용하므로 연결의 문제가 없고 국제 표준 문서 포맷인 XML로 데이터를 교환하므로 범용성이 확보되어 있다.

원격지에서 실행할 메서드의 이름과 인수를 전달하는 SOAP 방식과 URL에 쿼리 문자열을 덧붙여 요청 사항을 전달하는 REST 방식 등이 있다. 정보 전달을 위해서 주로 XML 문서를 사용하는데 요즘은 더 짧고 간략한 JSON을 리턴 포맷으로 사용하는 경우도 종종 있다. 최근에는 SOAP보다는 GET, POST 표준 메서드를 활용하는 REST가 더 많이 사용된다.

웹 서비스는 모바일 환경에서 특히 유용하다. 휴대폰으로 날씨나 주식 시세, 환율 등을 서버에게 요청하고 리턴된 결과를 사용자에게 잘 정리하여 보여준다. 네트워크에만 연결되어 있으면 이동 중에라도 간단한 쿼리만으로 사용자가 필요로 하는 정보를 실시간으로 구할 수 있다. 차 안에서 고속도로 상황을 즉시 확인하는 것이 좋은 예이며 원활한 도로 소통에 큰 도움을 주고 생활에 상당한 편리를 제공한다. 버스나 지하철 운행 정보도 휴대폰으로 조회할 수 있다.

웹 서비스를 위해 컨텐트 제공자들은 기존의 폐쇄적인 데이터를 외부로 공개하는데 이를 Open API라고 한다. 페이스 북이나 트위터같은 SNS 서비스는 물론이고 날씨, 뉴스, 환율, 도로 소통 상황 등의 공공적인 데이터도 Open API로 제공된다. 국내의 네이버나 다음 같은 포털도 자신의 데이터를 외부로 공개하여 누구나 쓸 수 있도록 하며 이런 추세는 앞으로도 계속 이어질 것이다.

Open API 서비스를 사용하려면 호출 방법과 리턴된 정보의 구조를 알아야 하므로 API에 대한 학습이 필요하다. 서비스의 종류에 따라 복잡도의 차이가 있다. 간단한 것은 주소와 인수

정도만 알아도 바로 사용할 수 있지만 대규모의 서비스일수록 체계적으로 따로 공부해야 할
정도로 구조가 복잡하다. 각 업체들은 서비스 사용법에 대한 상세한 문서를 제공하며 어떤 경우
는 샘플과 관련 라이브러리까지 배포할 정도로 열성적이다.

　　Open API의 서비스를 받으려면 개발자로 등록해야 한다. 아무리 공개된 서비스라도 누가
어떤 목적으로 사용하는지 파악해야 하며 악의적인 사용을 방지할 필요가 있어 신원 확인 절차
를 거친다. 또 트래픽상의 제약이 존재하며 값비싼 서비스는 비용을 받거나 광고를 올리는 경우
도 있다. 관리상의 목적으로 개발자를 등록하며 등록된 사용자에 한해서만 서비스를 제공한다.
앞 장에서 실습해본 빙맵도 같은 이유로 개발자 등록을 받았었다. 네이버의 경우 다음 사이트에
서 Open API를 관리한다.

```
http://dev.naver.com/openapi/
```

　　이 사이트는 네이버의 Open API를 관리하고 정보를 제공하는 홈페이지이다. 왼쪽의 메뉴에는
제공하는 API의 목록들이 정리되어 있고 링크를 클릭하면 각 API의 사용법, 예제, 에러 코드
등이 문서로 정리되어 있다. 네이버가 제공하는 서비스이므로 당연히 네이버의 ID로 로그인해야
이 서비스를 사용할 수 있다.

개발자 등록을 위해 왼쪽 메뉴 아래쪽에 있는 키 등록/관리 항목을 선택한다. 네이버의 서비스
는 검색 API와 지도 API, 단축 URL API 3가지 종류가 있으며 앞으로는 계속 늘어날 것이다.
최초 로그인했으면 아직 개발자 등록 내역이 없으므로 발급 정보는 비어 있다. 사용하고자 하는
API의 키를 발급받는데 여기서는 검색 API를 사용해 보기로 하자. 검색 API의 오른쪽 끝에
있는 키추가 버튼을 누른다.

어떤 환경에서 어떤 용도로 검색 API를 사용할 것인지에 대한 간략한 질문 양식이 나타난다.
네이버에 로그인되어 있는 상태이므로 신원 확인 절차는 이미 완료된 상태이며 그래서 질문
내용도 무척 간단하다. 사용환경에 웹, 안드로이드, iOS 중 하나를 선택하고 해당 앱의 URL을
입력한다. 윈도우폰은 아직 등록되어 있지 않으므로 안드로이드를 대신 선택했다. URL은 해당
제품의 홈페이지이되 대충 입력하면 된다.

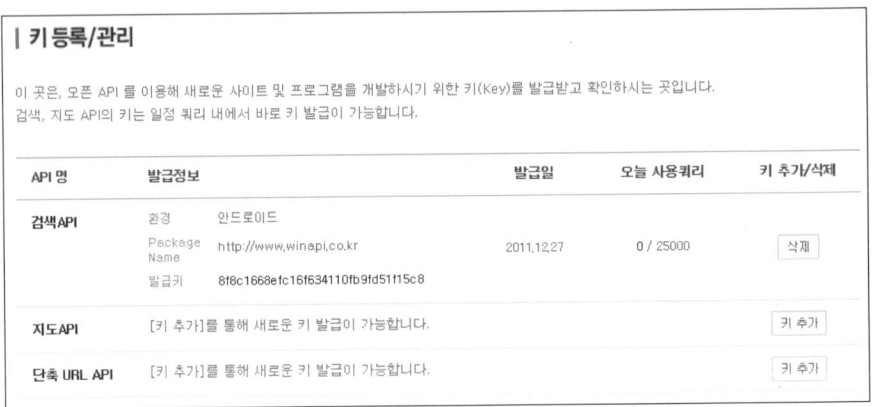

| 검색 API 키 발급

검색키로 지도 API를 제외한 모든 API 서비스를 이용하실 수 있습니다.
지도 서비스 개발을 위해서는 반드시 지도 API용 키를 별도로 발급 받으시기 바랍니다.

검색 API

✔ 사용환경   ☐ 웹   ☑ 안드로이드   ☐ iOS

사용환경	안드로이드
URL	http://www.winapi.co.kr

모바일용으로 사용하실 경우, 소개 페이지 또는 다운로드 URL을 입력해주세요.

이용약관

제 1 조 [목적]
이 약관은 엔에이치엔주식회사(이하 '회사'라 합니다)와 이용 고객(이하 '회원'이라 합니다)간에 회사가 제공하는 네이버서비스
(www.naver.com, 이하 '네이버서비스'라 합니다) 내의 검색 Open API 서비스(이하 'API 서비스'라 합니다)의 이용에 관한 제반 사항과 기
타 필요한 사항를 구체적으로 규정함을 목적으로 합니다.

제 2 조 [용어의 정의]
① 이 약관에서 사용하는 용어의 정의는 다음과 같습니다.
가. 회원이라 함은 네이버 회원으로서 이 약관에 동의한 후 API 서비스를 제공받는 자를 말합니다.

☐ 해당 약관의 내용를 숙지하였으며, 이에 동의합니다.

아래쪽에는 이용 약관이 명시되어 있는데 잘 읽어 보고 동의한다는 체크 박스를 선택해야 한다. Open API 사용에 대한 권리와 의무를 명시한 요식적인 약관이다. 약관에만 동의하면 키가 즉시 발급되며 발급받은 키가 메인 페이지에 표시된다.

| 키 등록/관리

이 곳은, 오픈 API 를 이용해 새로운 사이트 및 프로그램을 개발하시기 위한 키(Key)를 발급받고 확인하시는 곳입니다.
검색, 지도 API의 키는 일정 쿼리 내에서 바로 키 발급이 가능합니다.

API 명	발급정보		발급일	오늘 사용쿼리	키 추가/삭제
검색 API	환경	안드로이드			
	Package Name	http://www.winapi.co.kr	2011.12.27	0 / 25000	삭제
	발급키	8f8c1668efc16f634110fb9fd51f15c8			
지도 API	[키 추가]를 통해 새로운 키 발급이 가능합니다.				키 추가
단축 URL API	[키 추가]를 통해 새로운 키 발급이 가능합니다.				키 추가

8f8c~ 등으로 길게 표시되어 있는 문자열이 바로 키이다. 네이버외에 다른 Open API 들도 개발자 키를 얻는 방법은 거의 유사하다. 로그인되어 있는 상태에서 사용 목적을 밝히고 약관에

만 동의하면 된다. 단, 개발자 키를 발급받는 절차는 이 글을 쓰는 시점을 기준으로 한 것이므로 언제든지 바뀔 수 있으며 실제로도 자주 바뀐다. 각 서비스 업체별로 키를 관리하는 정책은 다르므로 이 글보다는 해당 업체의 웹사이트 지시를 따르기 바란다.

검색 API의 사용 방법은 네이버 Open API 홈페이지에 자세하게 설명되어 있지만 다행히 따로 공부해야 할 정도로 복잡하지는 않다. URL 주소는 정해져 있으며 주소 뒤에 개발자 키와 검색 요청을 전달하는 3개의 파라미터만 지정하면 된다. 간략하게 요약하자면 다음 형식대로 호출한다.

```
http://openapi.naver.com/search?key=개발자키&query=종류&target=카테고리
```

key 변수에 앞에서 발급받은 개발자키를 전달한다. 키가 전달되지 않거나 잘못된 키 또는 허용 트래픽을 초과한 경우는 요청한 결과 대신 에러 메시지가 리턴된다. 이는 웹 서비스가 스스로를 방어하기 위한 장치이다. target은 영역별 검색 순위인지 주제별 검색 순위인지를 지정한다. query는 어떤 주제나 영역에 대한 순위인지를 지정하는데 music, video, news, cafe 등의 영역이나 people, book, movie 등의 주제를 지정한다. 통합 검색 순위를 조사하고 싶다면 다음과 같이 전달한다.

```
http://openapi.naver.com/search?key=8f8c1668efc16f634110fb9fd51f15c8&query
    =nexearch&target=rank
```

target에 rank, query에 nexearch를 전달하면 통합 검색 영역의 순위가 리턴된다. 키는 여러분이 발급받은 것을 사용해야 하나 실습이 번거로우므로 일단 본인의 것을 공개해 두었다. 당분간은 이 키가 유효하므로 웹 브라우저에서 위 주소를 입력하면 검색 순위가 XML 문서로 리턴된다. 실시간 조사 결과이므로 실제 리턴되는 값은 매 순간마다 다르다.

리턴되는 XML 문서의 구조는 네이버 홈페이지에 상세하게 설명되어 있지만 사실 이 정도 문서는 따로 설명을 읽지 않아도 바로 알 수 있을 정도로 직관적이다. R1, R2, R3가 검색 순위를 의미하며 K는 검색어, S는 순위 증감 여부, V는 순위 증감양이다. 갤럭시S2를 아이스크림 샌드위치로 업그레이드 해 준다는 소식이 1위이며 차인표는 162위 상승해서 현재 2위이다. 이 정보를 읽어 모바일 장비의 화면에 보여주면 된다.

21-2-2 검색 순위 조사

다음 예제는 네이버의 검색 순위를 조사하여 모바일 장비의 화면으로 출력한다. 앞에서 이미
작성해 본 이진 파일을 다운로드하는 코드를 그대로 재사용하여 웹 서비스를 호출한다. 다만,
주소 뒤에 개발자 키와 조사하고자 하는 정보를 쿼리 문자열로 전달한다는 점이 다르다.

NaverSearch

```
<Grid x:Name="ContentPanel" Grid.Row="1" Margin="12,0,12,0">
    <StackPanel>
        <Button Name="btnClick" Content="검색 순위 조사" Click="btnClick_Click" />
        <TextBlock Name="txtResult"/>
    </StackPanel>
</Grid>
================================ CS ========================================
using System.Text;
using System.Xml;

namespace NaverSearch
{
```

```csharp
public partial class MainPage : PhoneApplicationPage
{
    public MainPage()
    {
        InitializeComponent();
    }

    private void btnClick_Click(object sender, RoutedEventArgs e)
    {
        WebClient web = new WebClient();
        web.OpenReadCompleted += OpenCompleted;
        web.OpenReadAsync(new Uri("http://openapi.naver.com/search?key=" +
            "8f8c1668efc16f634110fb9fd51f15c8&query=nexearch&target=rank",
            UriKind.Absolute));
    }

    void OpenCompleted(object sender, OpenReadCompletedEventArgs e)
    {
        if (e.Error == null && e.Cancelled == false)
        {
            XmlReader reader = XmlReader.Create(e.Result);
            StringBuilder result = new StringBuilder();

            for (int i = 1; i <= 10; i++)
            {
                reader.ReadToFollowing("R" + i);

                XmlReader info = reader.ReadSubtree();
                info.ReadToFollowing("K");
                string Key = info.ReadElementContentAsString();
                string Sign = info.ReadElementContentAsString();
                string Value = info.ReadElementContentAsString();

                result.Append("" + i + "위 : " + Key + " " + Sign + Value + "\n");
            }
            txtResult.Text = result.ToString();
        }
        else
        {
            MessageBox.Show("Error");
        }
    }
```

```
            }
        }
    }
}
```

웹 서비스의 리턴 결과는 XML 문서이므로 문자열 형태로 다운로드받을 수도 있다. 하지만 XML 파서가 파일 또는 스트림을 요구하므로 이진 파일 형태로 받았다. 다운로드가 완료되면 리턴된 XML 문서에서 정보를 추출하여 출력 포맷으로 가공한다. XML 문서는 XmlReader나 LINQ to XML로 분석하는데 이 예제에서는 상대적으로 간단한 XMLReader 클래스를 사용하여 순위, 키워드, 순위 변동 등을 추출하였다.

루프를 돌며 R1~R10까지의 엘리먼트를 찾고 이 엘리먼트의 K, S, V 엘리먼트를 차례대로 읽어 검색어, 순위, 변동폭 등을 조사한다. 빈 StringBuilder 객체 하나를 준비해 놓고 조사되는 정보를 보기 좋게 문자열 형태로 포맷팅하여 뒤에 계속 덧붙여서 전체 검색어 목록을 하나의 문자열로 만든다. 최종적으로 완성된 문자열은 텍스트 블록의 Text 속성에 대입하여 화면에 출력한다.

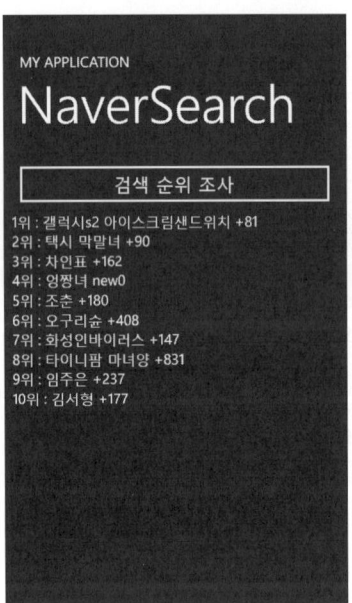
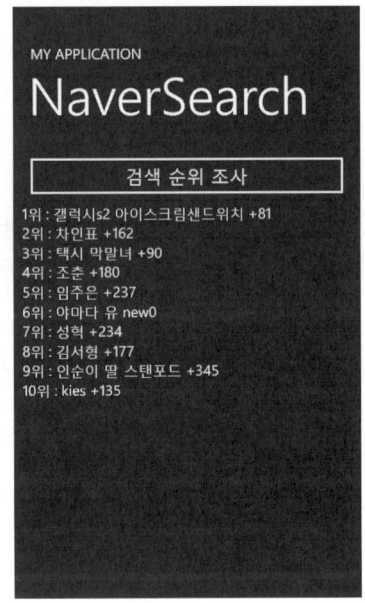

실시간 검색 결과이므로 실행 결과는 매번 다르게 나타난다. 단 몇 분후에 재조사한 것인데도 순위가 다소 변동되었음을 알 수 있다. 단, 웹 서비스의 결과는 캐시 정책을 사용하므로 이 앱을 띄워 놓은 채로 버튼을 계속 눌러도 실제로 값을 다시 조사하지 않는다. 프로그램을 종료했다가 다시 시작해야 순위가 갱신된다. 코드에서 강제로 재조사하려면 더미 파라미터를 넘겨 매번 URL을 다르게 지정하는 꽁수를 쓰기도 한다.

여러분들이 이 예제를 실행할 때쯤에는 개발자 키가 무효화되어 동작하지 않을 수도 있다. 개발자 키 하나로 하루에 25000번 쿼리를 실행할 수 있는데 동시에 너무 많은 사용자가 검색을 요청하면 부당한 공격으로 간주하여 네이버가 서비스를 거부할 수도 있다. 또 최악의 경우 누군가가 이 키를 불순한 의도로 사용하면 키 자체를 몰수당하기도 한다. 만약 이 예제가 제대로 실행되지 않는다면 본인 스스로 개발자로 등록한 후 자신의 키를 사용해 보기 바란다.

Open API가 워낙 쉽게 되어 있고 신뢰성 높은 서비스를 제공하므로 원하는 정보를 얻기는 정말 쉬운 편이다. 관건은 조사한 정보를 얼마나 예쁘게 포맷팅해서 일목요연하게 보여주는가이다. 위 예제는 결과만을 중시하므로 텍스트 블록에 무성의하게 출력했지만 객체 배열을 구성하고 리스트 박스에 바인딩하면 목록 형태로 가지런하게 나타난다. 갖가지 화려한 장식을 할 수 있고 목록 클릭 시 해당 검색어로 검색하는 추가 서비스도 제공할 수 있다.

21-2-3 웹브라우저

윈도우폰에는 별도의 웹 브라우저 앱(IE)이 있으며 웹사이트를 방문할 때는 론처로 별도의 브라우저를 호출하는 것이 일반적이다. 이에 비해 WebBrowser 컨트롤을 사용하면 개별 앱에 내장할 수 있어 앱 내부에서 웹 페이지를 보여줄 수 있다. 윈도우폰의 웹 브라우저 컨트롤은 다음과 같은 여러 경로의 웹 페이지를 보여줄 수 있다.

① 일반적인 웹 브라우저와 마찬가지로 네트워크에서 읽은 웹 페이지를 표시한다. 주소만 제공하면 해당 사이트로 이동한다.

② 앱 내부에 저장해둔 로컬 페이지를 보여준다. 도움말이나 프로그램 소개 등을 HTML 문서로 작성하여 리소스로 포함시켜 놓고 이 컨트롤로 보여줄 수 있다.

③ 실행 중에 웹 페이지를 동적으로 생성하여 보여줄 수도 있다. 보고서나 DB의 내용을 HTML 포맷으로 생성하여 출력 가능하다.

이 컨트롤은 웹 브라우저의 거의 모든 기능을 제공하지만 보안상의 이유로 약간의 기능 제약이 있다. 가장 큰 제약은 크로스 사이트 제한(Cross-site restrictions)이며 A 사이트를 로드해 놓고 링크를 타고 B 사이트로 이동하지 못하도록 막혀 있다. 처음 연 사이트 안에서만 이동하도록 제한된다. 링크를 따라 이동하는 것은 웹 브라우저의 가장 기본적인 기능이지만 컨트롤에는 이 기능이 막혀 있다. 왜냐하면 피싱이나 바이러스 등 부적절한 사이트로 빠지는 위험성이 너무 크기 때문이다.

보안상의 요건도 충분히 만족하지 못한다. https 프로토콜을 사용하는 사이트는 보여줄 수 없으며 쿠키도 공유되지 않는다. 스크립트도 기본적으로 막혀 있어 동작을 처리하지 못하며 단순히 HTML 문서를 출력할 뿐이다. 컨트롤이 웹 브라우저 수준의 보안이나 기능성을 모두 갖추기 어렵다. 윈도우폰의 컨트롤 대부분은 실버라이트의 것을 그대로 가져온 것이며 기능도 비슷하지만 웹브라우저 컨트롤의 경우는 데스크탑 버전에 비해 상당히 다르게 동작한다.

- 앞서 소개한 크로스 사이트 제한이 여전히 있지만 저장소의 파일이나 동적으로 생성한 문서에서는 이 제한이 없다. 앱이 내장한 문서는 안전하기 때문이다.

- InvokeScript, SaveToString 등의 메서드는 XAP 패키지와 같은 위치에서 로드한 것으로 제한되지만 모바일은 그렇지 않다.

- 데스크탑 버전은 사용자의 파일을 함부로 액세스할 수 없다. 모바일에서는 저장소를 직접 액세스할 수 있다.

- 데스크탑 버전은 링크를 클릭하여 이동할 수 없으며 HTML을 단순히 표시하기만 한다. 모바일에서는 링크를 클릭하여 이동 가능하다.

- 모바일은 ActiveX 컨트롤을 지원하지 않는다. ActiveX는 CPU에 종속적인 네이티브 코드이므로 사실 모바일에서는 지원할 방법도 없다.

기능상의 제약이 워낙 많아 이걸로 뭘 할 수 있을까 싶을 정도인데 그냥 단순한 HTML 출력기 정도라고 생각하면 된다. Control로부터 파생되며 대부분의 속성을 상속받는다. 고유 속성은 다음과 같다.

속 성	설 명
Source	출력할 사이트의 URI 주소이다.
Base	상대 경로를 해석하기 위한 기본 디렉토리를 지정한다.
IsScriptEnabled	스크립트를 허용할 것인가 아닌가를 지정한다. 디폴트는 false이다. 이미 로드된 페이지에는 적용되지 않고 다음 이동할 페이지부터 적용된다.

속 성	설 명
IsGeolocationEnabled	장비의 위치 서비스를 사용할 것인지를 지정한다. 디폴트는 false이다. 이 속성을 변경하면 로드된 페이지에도 즉시 적용된다.

웹 브라우저의 가장 기본 용도인 웹 페이지를 표시해 보자. Source 속성에 주소만 제대로 대입해도 사이트가 표시된다.

WebTest

```
<Grid x:Name="ContentPanel" Grid.Row="1" Margin="12,0,12,12">
    <Grid.RowDefinitions>
        <RowDefinition Height="Auto"/>
        <RowDefinition Height="*"/>
    </Grid.RowDefinitions>
    <StackPanel>
        <TextBox Name="textUrl" Text="http://www.chosun.com"/>
        <Button Name="btnGo" Content="Go" Click="btnGo_Click" />
    </StackPanel>
    <phone:WebBrowser Name="web" Grid.Row="1" Grid.Column="0"
        Source="http://www.naver.com" IsScriptEnabled="True"/>
</Grid>
=================================== CS ===================================
private void btnGo_Click(object sender, RoutedEventArgs e)
{
    string url = textUrl.Text;

    web.Source = new Uri(url, UriKind.Absolute);
    //web.Navigate(new Uri(url, UriKind.Absolute));
}
```

컨텐트 패널 그리드를 2행으로 나누고 1행에 스택 패널을 배치했다. 스택 패널에는 주소를 입력받는 텍스트 박스와 이동 버튼을 배치한다. 2행에는 웹 브라우저 컨트롤을 배치하되 전체 높이를 다 할당하여 페이지 전체를 가득 채운다. 너무 아래쪽까지 채우면 마치 페이지가 아래쪽에서 잘린듯한 느낌이 들어 컨텐트 그리드의 아래쪽에도 12픽셀만큼 마진을 주어 좌우 마진과 동일한 폭만큼 여백을 두었다.

Source 속성에 네이버 주소를 대입하여 최초 네이버가 열리도록 해 두었다. 텍스트 박스에 이동할 사이트의 주소를 입력한 후 Go 버튼을 누르면 임의의 다른 사이트로 이동할 수 있다. 텍스트 박스의 Text 속성에 조선일보 사이트 주소가 미리 입력되어 있으므로 실행직후에 Go 버튼을 누르면 조선일보 사이트로 이동한다. 타이틀 패널이 너무 높아 웹 브라우저의 영역이 좁게 보이는데 이런 페이지는 타이틀을 생략하는 것이 좋다.

위쪽 주소란에 임의의 사이트 주소를 입력하고 Go 버튼을 눌러 이동할 수 있다. 사이트를 이동할 때는 Source 속성에 새로운 사이트 주소를 대입해도 되고 NavigateTo 메서드를 호출해도 된다. 단 NavigateTo 메서드는 웹 브라우저 컨트롤이 비주얼 트리에 완전히 추가된 후 호출해야 제대로 동작하며 그렇지 않으면 예외가 발생한다. 초기화 중에는 이 메서드를 아직 호출할 수 없다는 뜻이다.

다음은 HTML 문서를 앱의 리소스로 저장해 두고 실행 중에 읽어 표시해 보자. 간단한 도움말은 외부 사이트로 링크를 거는 것보다 앱에 내장해 두면 속도도 빠르고 네트워크 상태에 상관없이 표시할 수 있다는 이점이 있다. 또 프로그램 소개문서도 동적으로 생성해 출력해 보기로 한다. 먼저 도움말 문서를 HTML로 작성한다.

```
<html>
<head>
```

```
<title>Help</title>
</head>
<body>
If you want view static help document, Press <i>Help</i> button<br>
If yoy want view dynamically generated, Press <i>About</i> button
</body>
</html>
```

샘플 문서이므로 간단하게 작성하되 단순한 텍스트 문서가 아니라 HTML 문서임을 확실히 하기 위해 <i> 태그를 적용해 보았다. 이 외에도 HTML의 모든 포맷팅 태그를 다 사용할 수 있다. 폰트나 색상을 바꿀 수도 있고 테이블이나 목록 등으로 정보를 구조적으로 표현할 수도 있다. 이 문서를 help.html이라는 이름으로 저장하되 어차피 프로젝트에 추가하는 과정에서 복사되므로 임의의 위치에 저장해 두면 된다. 배포 예제의 애셋 폴더에도 이 파일이 있으므로 직접 만들기 싫으면 배포된 샘플 파일을 사용하자.

WebResource라는 이름으로 새 프로젝트를 생성하고 솔루션 탐색기의 팝업 메뉴에서 Add/Existing Item 항목을 선택하여 help.html 파일을 프로젝트에 추가한다. 프로젝트의 루트 폴더로 파일이 복사될 것이다. Build Action은 반드시 Content여야 하는데 디폴트이므로 그냥 두면 된다. 다음 예제는 이 파일을 읽어 웹 브라우저 컨트롤에 출력한다.

WebResource

```
<Grid x:Name="ContentPanel" Grid.Row="1" Margin="12,0,12,12">
    <Grid.RowDefinitions>
        <RowDefinition Height="Auto"/>
        <RowDefinition Height="*"/>
    </Grid.RowDefinitions>
    <StackPanel>
        <Button Name="btnHelp" Content="도움말 보기" Click="btnHelp_Click" />
        <Button Name="btnAbout" Content="프로그램 소개" Click="btnAbout_Click" />
    </StackPanel>
    <phone:WebBrowser Name="web" Grid.Row="1" Grid.Column="0" />
</Grid>
================================= CS =====================================
using System.IO;
using System.IO.IsolatedStorage;
using System.Windows.Resources;
....
```

```
private void btnHelp_Click(object sender, RoutedEventArgs e)
{
    IsolatedStorageFile iso = IsolatedStorageFile.GetUserStoreForApplication();
    if (iso.FileExists("help.html") == false)
    {
        StreamResourceInfo info = Application.GetResourceStream(new Uri("help.html",
            UriKind.Relative));
        BinaryReader br = new BinaryReader(info.Stream);
        byte[] data = br.ReadBytes((int)info.Stream.Length);
        BinaryWriter bw = new BinaryWriter(iso.CreateFile("help.html"));
        bw.Write(data);
        bw.Close();
    }

    web.Navigate(new Uri("help.html", UriKind.Relative));
}

private void btnAbout_Click(object sender, RoutedEventArgs e)
{
    web.NavigateToString("<html><head><title>About</title></head><body>" +
        "This Program is <b>mobile</b> web browser control sample<br>" +
        "This string is generated dynamically</body></html>");
}
```

컨텐트 패널의 구조는 앞 예제와 동일하다. Help 버튼의 클릭 이벤트 핸들러는 리소스에 저장
된 help.html 문서를 저장소로 복사한다. 컨트롤은 파일을 읽을 수는 있지만 실행 파일에 포함된
리소스를 직접 읽지는 못하므로 저장소에 파일로 복사해야 한다. 매 실행시마다 파일을 복사할
필요는 없고 파일이 없을 때 딱 한 번만 복사하면 되므로 생성자나 기타 초기화 메서드에서
처리하는 것이 구조적으로 바람직하다.

저장소에 있는 HTML 문서를 여는 것은 무척 간단하다. Navigate 메서드로 파일 이름만 알려
주면 된다. 파일에 저장된 HTML 문서가 웹 브라우저 컨트롤에 표시된다. NavigateToString 메
서드를 사용하면 코드에서 HTML 문서를 문자열 형태로 조립하여 바로 출력할 수 있다. 웹
서비스로부터 조사한 정보라든가 사용자가 실행 중에 생성한 정보를 보여줄 때는 이 방법으로
동적인 페이지를 작성하여 표시한다.

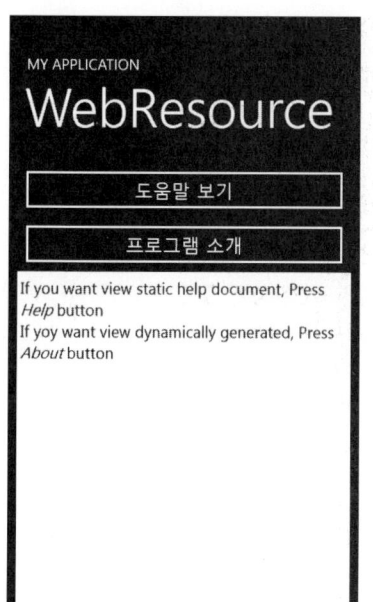 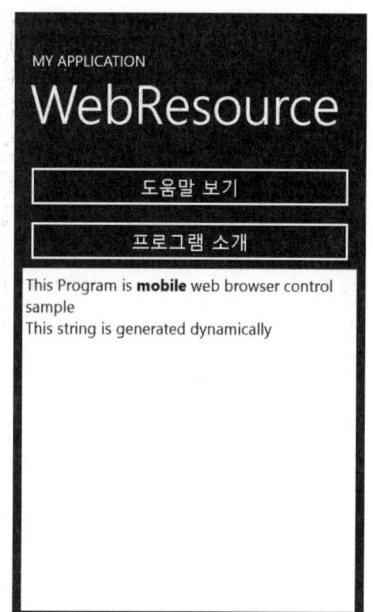

단순 텍스트가 아니라 기울임꼴과 굵은 모양이 적용되었다. HTML은 일반 텍스트에 비해 서식을 적용할 수 있다는 면에서 유용하다. 예제의 샘플이 워낙 초라해서 별 볼품이 없지만 태그를 복잡하게 적용하면 훨씬 더 미려하게 포맷팅할 수 있다.

멀티미디어

22-1-1 미디어 DB

스마트 폰에서 멀티미디어가 차지하는 비중은 꽤 높은 편이다. 이동 중에 음악을 듣거나 지하철에서 동영상을 감상하는 것은 굉장히 실용적이며 전화기보다 오히려 멀티미디어 장비로 더 많이 활용된다. 예전에도 멀티미디어 장비들이 있었지만 스마트 폰은 하나의 장비로 MP3, PMP, DBM 등을 통합함으로써 휴대하기 편하고 사용하기도 좋다. 초기에 이런 통합성 때문에 스마트 폰을 구입한 사람들이 꽤 많다.

윈도우폰은 다른 장비에 비해 멀티미디어 파일을 관리하는 방법이 독특하다. 철저한 샌드박스 모델로 동작하므로 파일을 임의의 위치에 복사할 수도 없고 복사한다고 해서 바로 사용할 수 있는 것도 아니다. 자신의 격리 저장소만 액세스할 수 있으므로 임의의 위치에 있는 음악이나 동영상을 재생할 수 없다. 오로지 Zune 소프트웨어를 통해서만 장치에 파일을 복사할 수 있으며 공유된 파일만 재생할 수 있다.

샌드박스 모델의 주된 목적은 보안성과 안정성이다. 그러나 사실 멀티미디어 파일은 단순한 데이터일 뿐이어서 보안이나 안전과는 직접적인 상관이 없으며 본질적으로 여러 프로그램이 공유해야 하는 파일이다. 그래서 윈도우폰은 멀티미디어 파일들을 미디어 라이브러리라는 데이터베이스로 관리하며 모든 앱이 DB를 통해서 파일을 사용할 수 있도록 한다. 미디어 DB는 다수의 파일을 빠르게 액세스할 수 있는 이점이 있지만 일일이 싱크해야 하는 불편함도 있다.

앱에서 미디어 라이브러리에 액세스할 때는 **MediaLibrary** 클래스를 사용한다. 이 클래스의 속성을 통해 장치에 저장된 모든 음악, 그림 목록과 음악의 분류인 음악가, 앨범, 장르 등의 목록을 얻는다. 운영체제가 항상 동기화를 수행하므로 이 클래스의 속성만 읽으면 정확한 목록을 쉽게 구할 수 있다.

속 성	설 명
Songs	장치의 모든 음악 목록이다.
Albums	앨범 목록
Artists	음악가 목록
Genres	장르 목록
Pictures	장치의 모든 그림 목록이다.
SavedPictures	저장된 그림 목록이다.
Playlists	재생 목록의 목록이다.

대표적으로 음악 목록인 Songs 속성에 대해 연구해 보자. 선언문에서 보다시피 Song 객체의 컬렉션임을 쉽게 유추할 수 있다.

```
public SongCollection Songs { get; }
```

미디어 라이브러리의 모든 컬렉션은 읽기 전용이다. get 메서드만 제공되므로 목록을 얻을 수만 있으며 다른 목록으로 바꿀 수는 없다. 컬렉션 자체에도 정보를 읽는 메서드만 있어서 임의로 노래를 추가하거나 삭제할 수 없다. 다만, 노래에 대한 선호도나 즐겨 찾기 기록 정도만 할 수 있다. Song은 장치에 저장된 음악 하나를 표현하며 주요 속성은 다음과 같다.

속 성	설 명
Name	음악의 제목이다.
Album	앨범명
Artist	음악가
Genre	장르
Duration	음악의 재생 길이
IsProtected	DRM으로 보호된 음악인지를 나타낸다.
IsRated	사용자가 즐겨찾기한 음악인지를 나타낸다.
IsDisposed	해제된 음악인지를 나타낸다.
PlayCount	음악을 재생한 횟수이다.

속 성	설 명
Rating	사용자가 이 음악에 대해 매긴 점수이다.
TrackNumber	앨범내에서의 트랙 번호이다.

음악 파일 자체의 정보뿐만 아니라 음악가, 앨범명, 장르, 트랙 번호 등 음악에 포함된 주요 정보들까지도 모두 추출되어 저장된다. 예를 들어 아이유-좋은날.mp3라는 파일을 장치로 복사했다면 이 노래를 부른 가수의 이름, 분류, 앨범명, 앨범 내의 번호 등의 부가 정보와 앨범 자켓 이미지까지도 추출하여 데이터베이스에 모조리 기록해 놓는다. 앱은 파일을 직접 액세스하지 않아도 음악에 대한 거의 모든 정보를 얻을 수 있다.

파일 자체의 정보뿐만 아니라 재생횟수, 사용자의 선호도, 즐겨 찾기 여부 등의 관리 정보까지도 기록되고 관리된다. 음악을 듣다가 마음에 드는 곡에 대해 특별한 표식을 남길 수 있고 별점을 매겨 개인적인 선호도를 기록하기도 한다. 이렇게 관리된 정보들에 의해 특정 가수의 음악만 골라 듣기, 좋아하는 노래만 듣기 등의 기능이 가능해진다.

미디어 라이브러리의 Albums, Artists, Genres 등의 목록은 음악 파일로부터 추출되어 정리된 것이다. 이 컬렉션은 음악 파일을 분류하여 정렬하는데 사용된다. 팝 음악만 골라 듣기, 소녀시대 노래만 듣기 등이 가능하려면 분류나 가수에 대한 컬렉션도 필요하므로 미디어 라이브러리는 이 분류 정보들을 인위적으로 생성하여 관리한다.

22-1-2 음악 목록

멀티미디어 관련 기능은 실버라이트가 아닌 XNA 프레임워크에 정의되어 있다. 소리를 내는 기능과 이미지를 보여주는 기능은 아무래도 게임과 더 가깝기 때문이다. 하지만 실버라이트 프로젝트에서도 XNA 프레임워크에 대한 참조만 추가하면 멀티미디어나 미디어 라이브러리 기능을 자유롭게 사용할 수 있다. 프로젝트 생성 후 Project/Add Reference 메뉴를 선택하고 Microsoft.Xna.Framework에 대한 참조를 추가한다. 멀티미디어 관련 프로젝트는 모두 이 참조를 필요로 하며 이장의 모든 예제도 마찬가지이다.

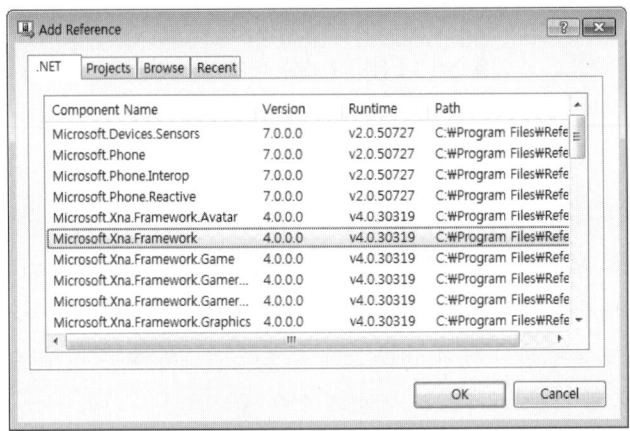

다음 예제는 장치의 음악 목록을 조사하여 출력한다. 미디어 라이브러리의 Songs 컬렉션에 필요한 정보가 모두 들어 있으므로 이 정보를 읽어 음악 목록을 구하고 개별 음악의 속성들을 보기 좋게 포맷팅하여 출력하면 된다. 프로젝트 생성 후 Microsoft.Xna.Framework에 대한 참조를 추가해야 함을 잊지 말자.

MusicList

```xml
<Grid x:Name="ContentPanel" Grid.Row="1" Margin="12,0,12,0">
    <ScrollViewer>
        <StackPanel>
            <TextBlock Name="txtResult"/>
        </StackPanel>
    </ScrollViewer>
</Grid>
```
================================ CS ==
```csharp
using Microsoft.Xna.Framework.Media;

namespace MusicList
{
    public partial class MainPage : PhoneApplicationPage
    {
        public MainPage()
        {
            InitializeComponent();
            MediaLibrary library = new MediaLibrary();
```

```
txtResult.Text = "==Songs==\n";
foreach (Song s in library.Songs)
{
    txtResult.Text += s.Name + " => " + s.Duration + "\n    " +
        s.Genre + "," + s.Album + "," + s.Artist + "\n";
}

txtResult.Text += "\n==Albums==\n";
foreach (Album a in library.Albums)
{
    txtResult.Text += a.Name + "\n";
}

txtResult.Text += "\n==Artists==\n";
foreach (Artist ar in library.Artists)
{
    txtResult.Text += ar.Name + "\n";
}

txtResult.Text += "\n==Genres==\n";
foreach (Genre g in library.Genres)
{
    txtResult.Text += g.Name + "\n";
}
            }
        }
}
```

목록 출력을 위해 텍스트 블록을 배치하되 목록이 길어질 수도 있으므로 스크롤 뷰어 안에 배치했다. 좀 더 형식성 있고 보기 좋게 출력하려면 리스트 박스를 배치하고 컬렉션을 리스트 박스에 바인딩하는 것이 좋으나 예제 작성이 너무 번거로우므로 문자열 형태로 출력하여 결과만 확인해 보자.

생성자에서 목록을 조사하여 바로 출력하므로 별도의 명령을 내릴 필요 없이 실행만 하면 목록이 나타난다. 미디어 라이브러리의 각 컬렉션을 순회하며 주요 정보를 뽑아 문자열 뒤에 덧붙이는 간단한 코드이다. 음악 목록을 먼저 덤프하고 앨범, 음악가, 장르도 같이 덤프해 보았다. 에뮬레이터에서의 실행 결과는 다음과 같다.

에뮬레이터는 기본적으로 3개의 샘플 음악 파일을 제공하므로 테스트를 위해 파일을 따로 복사하지 않아도 된다. 세 음악의 장르는 각각 다르지만 가수와 앨범명은 모두 같은 것으로 되어 있다. 실장비에서는 사용자가 복사해 놓은 실제 음악 목록이 나타나며 음악이 많을 경우 길이가 상당하다. 그러나 음악이 아무리 많아도 실제 파일을 읽는 것이 아니고 미디어 DB에 미리 추출해 놓은 정보를 가져오는 것이므로 조사 속도는 굉장히 빠르다.

22-1-3 오디오 재생

미디어 DB의 오디오를 재생할 때는 MediaPlayer 클래스를 사용한다. 음악 재생기는 동시에 두 개의 인스턴스가 생성될 필요가 없으므로 이 클래스는 정적으로 선언되어 있고 모든 멤버도 정적이다. 따라서 new 연산자로 객체를 생성할 필요 없이 속성을 변경하고 필요한 멤버를 호출하면 된다. 주요 속성은 다음과 같으며 속성들도 전부 정적이다.

속 성	설 명
State	재생기의 현재 상태를 나타내는데 Playing, Stopped, Paused 셋 중 하나의 상태를 가진다.
PlayPosition	현재 재생 위치를 나타낸다.
IsMuted	음을 소거할 것인지를 지정한다.
IsRepeating	반복 재생할 것인가 아닌가를 지정한다. 이 값이 true이면 큐의 모든 노래를 재생한 후 처음부터 다시 재생한다.

속 성	설 명
IsShuffled	무작위 재생할 것인가를 지정한다.
Volume	볼륨을 지정한다. 0이면 무음이며 1이면 현재 장치의 볼륨을 모두 사용한다.

재생과 관련된 메서드는 다음 4개가 있다. 모두 정적으로 선언되어 있으므로 전역 함수 호출하듯이 MediaPlayer. 다음에 메서드를 호출하면 된다.

```
static void Play (Song song)
static void Stop ()
static void Pause ()
static void Resume ()
```

Play 메서드는 인수로 전달된 노래를 즉시 재생한다. 나머지 세 메서드는 굳이 설명하지 않아도 이름으로부터 동작을 알 수 있을 것이다. 이벤트는 다음 두 가지가 있으며 재생 곡이 바뀌거나 재생기의 상태가 바뀔 때 전달된다.

```
static event EventHandler<EventArgs> ActiveSongChanged
static event EventHandler<EventArgs> MediaStateChanged
```

다음 예제는 미디어 라이브러리의 모든 음악을 재생한다.

SongPlayer

```
<Grid x:Name="ContentPanel" Grid.Row="1" Margin="12,0,12,0">
    <StackPanel>
        <Button Name="btnPlay" Content="재생" Click="btnPlay_Click" />
        <Button Name="btnStop" Content="정지" Click="btnStop_Click" />
        <Button Name="btnNext" Content="다음 곡" Click="btnNext_Click" />
        <Button Name="btnPrev" Content="이전 곡" Click="btnPrev_Click" />
        <TextBlock Name="txtTrack"/>
        <TextBlock Name="txtPosition"/>
        <TextBlock Name="txtStatus"/>
    </StackPanel>
</Grid>
================================== CS ========================================
using Microsoft.Xna.Framework;
using Microsoft.Xna.Framework.Media;
```

```csharp
using System.Windows.Threading;

namespace SongPlayer
{
    public partial class MainPage : PhoneApplicationPage
    {
        MediaLibrary library;
        int track;

        public MainPage()
        {
            InitializeComponent();
            library = new MediaLibrary();

            track = 0;
            DisplayTrack();
            MediaPlayer.MediaStateChanged += OnStateChanged;

            DispatcherTimer timer = new DispatcherTimer();
            timer.Interval = TimeSpan.FromMilliseconds(30);
            timer.Tick += OnTick;
            timer.Start();
        }

        void OnStateChanged(object sender, EventArgs e)
        {
            txtStatus.Text = "현재 상태 : " + MediaPlayer.State.ToString();
        }

        void OnTick(object sender, EventArgs args)
        {
            FrameworkDispatcher.Update();
            txtPosition.Text = "재생 위치 : " + MediaPlayer.PlayPosition.ToString();
        }

        private void btnPlay_Click(object sender, RoutedEventArgs e)
        {
            switch (MediaPlayer.State)
            {
                case MediaState.Stopped:
                    MediaPlayer.Play(library.Songs[track]);
```

```
            btnPlay.Content = "일시 정지";
            break;
        case MediaState.Paused:
            MediaPlayer.Resume();
            btnPlay.Content = "일시 정지";
            break;
        case MediaState.Playing:
            MediaPlayer.Pause();
            btnPlay.Content = "재개";
            break;
    }
}

private void btnStop_Click(object sender, RoutedEventArgs e)
{
    MediaPlayer.Stop();
    btnPlay.Content = "재생";
}

private void btnNext_Click(object sender, RoutedEventArgs e)
{
    track++;
    if (track >= library.Songs.Count) track = 0;
    DisplayTrack();

    if (MediaPlayer.State == MediaState.Playing)
    {
        MediaPlayer.Play(library.Songs[track]);
    }
}

private void btnPrev_Click(object sender, RoutedEventArgs e)
{
    track--;
    if (track < 0) track = library.Songs.Count - 1;
    DisplayTrack();

    if (MediaPlayer.State == MediaState.Playing)
    {
        MediaPlayer.Play(library.Songs[track]);
    }
```

```
        }

        void DisplayTrack()
        {
            txtTrack.Text = "현재 트랙 : " + track + "(" + library.Songs[track].Name + ")";
        }

        protected override void OnNavigatedFrom(System.Windows.Navigation.
         NavigationEventArgs e)
        {
            MediaPlayer.Stop();
            base.OnNavigatedFrom(e);
        }
    }
}
```

재생을 제어하는 4개의 버튼과 현재 상태를 출력하는 3개의 텍스트 블록을 배치했다. 생성자에서는 0번 트랙으로 초기화하고 상태 변경 이벤트 핸들러를 등록했다. 그리고 초당 30번씩 호출되는 타이머를 설치하고 타이머 핸들러에서는 매 호출시마다 FrameworkDispatcher.Update 메서드를 호출한다. 음악을 재생하려면 주기적으로 미디어 파일의 내용을 읽어 버퍼에 채워 넣어야 한다.

미디어 플레이어 기능은 XNA 프레임워크에 의해 지원되는데 XNA는 원래부터 타이머가 제공되며 매 타이머 호출시마다 음악 재생에 필요한 동작을 수행한다. 그러나 실버라이트는 기본 타이머가 없으므로 XNA와 유사한 타이머를 직접 설치하고 Update 메서드를 주기적으로 호출해야 한다. 이 코드가 없으면 음악 재생에 필요한 준비를 할 수 없으므로 예외가 발생한다. 또 타이머는 현재 재생 위치를 텍스트 블록에 출력하기도 한다.

Play 버튼은 재생 시작과 일시중지, 재개의 3가지 기능을 동시에 수행한다. State 속성으로부터 미디어 플레이어의 현재 상태를 조사하고 상태에 따라 각각 다른 동작을 처리하며 버튼의 캡션도 적당히 바꾼다. 정지 상태에서는 재생을 시작하고 이미 재생 중이면 일시 정지하고 일시 정지 상태에서는 재개한다.

Stop 버튼은 재생을 즉시 중지한다. 미디어 플레이어는 배경에서 독립적으로 실행되므로 페이지를 종료해도 노래가 계속 재생된다. 페이지를 떠날 때 재생을 중지하기 위해 OnNavigatedFrom 메서드를 재정의하고 재생을 중지했다. 백그라운드에서도 음악을 재생하려면 에이전트를 사용해야 한다.

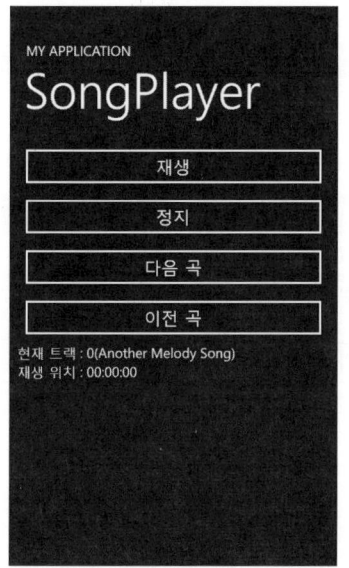
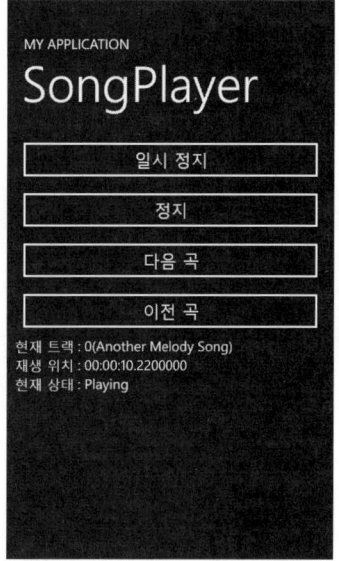

다음 버튼은 트랙을 증가시켜 다음 곡으로 이동하되 마지막 곡이면 첫 곡으로 이동한다. 노래 목록을 원형의 큐처럼 관리하여 계속 순환하는 식이다. 만약 재생 중에 다음 버튼을 눌렀다면 다음 노래로 바꾼 후 자동으로 재생을 시작한다. 이전 버튼도 비슷한 구조이되 첫 곡에서 마지막 곡으로 점프한다는 점만 다르다. 다음, 이전 곡으로 재생 곡이 바뀔 때마다 DisplayTrack 메서드를 호출하여 현재 재생 중인 곡을 보여준다.

각 버튼으로 재생기의 상태가 변경되면 MediaStateChanged 이벤트가 발생하는데 이 이벤트의 핸들러에서는 현재 상태를 텍스트 블록에 출력한다. 노래 하나가 끝나면 자동으로 Paused 상태가 되므로 이 방법으로는 곡을 연속 재생하기 어렵다. 연속 재생하려면 큐를 사용해야 하며 다음 메서드로 재생 목록을 넘긴다.

```
static void Play (SongCollection songs [, int index])
```

노래 하나를 전달하는 것이 아니라 노래의 목록을 전달한다. 목록을 전달하면 큐에 노래의 목록이 기록되고 노래가 순서대로 재생된다. 목록은 최초 재생을 시작할 때만 초기화할 수 있으며 실행 중에는 편집할 수 없다. 목록 내의 다른 노래로 이동하려면 다음 두 메서드를 호출한다.

```
static void MoveNext ()
static void MovePrevious ()
```

큐는 순환적인 구조를 가진다. 마지막 노래에서 MoveNext를 호출하면 첫 곡으로 돌아가며 첫 곡에서 MovePrevious를 호출하면 마지막 곡으로 이동한다. 큐는 MediaPlayer의 Queue 속성으로 액세스하며 다음 속성을 제공한다.

속 성	설 명
ActiveSong	현재 재생 중인 노래이다.
ActiveSongIndex	큐 내에서 현재 재생 중인 노래의 순서값이다.
Count	큐에 저장된 노래의 개수이다.
Item	지정한 인덱스의 노래를 조사한다.

다음 예제는 큐에 노래를 넣어 놓고 순서대로 재생한다.

QueuePlayer

```
<Grid x:Name="ContentPanel" Grid.Row="1" Margin="12,0,12,0">
    <StackPanel>
        <Button Name="btnPlay" Content="재생" Click="btnPlay_Click" />
        <Button Name="btnStop" Content="정지" Click="btnStop_Click" />
        <Button Name="btnNext" Content="다음 곡" Click="btnNext_Click" />
        <Button Name="btnPrev" Content="이전 곡" Click="btnPrev_Click" />
        <TextBlock Name="txtTrack"/>
        <TextBlock Name="txtPosition"/>
        <TextBlock Name="txtStatus"/>
    </StackPanel>
</Grid>
================================= CS =========================================
using Microsoft.Xna.Framework;
using Microsoft.Xna.Framework.Media;
using System.Windows.Threading;

namespace QueuePlayer
{
    public partial class MainPage : PhoneApplicationPage
    {
        MediaLibrary library;

        public MainPage()
        {
```

```
        InitializeComponent();
        library = new MediaLibrary();

        MediaPlayer.MediaStateChanged += OnStateChanged;
        MediaPlayer.ActiveSongChanged += OnActiiveSongChanged;

        DispatcherTimer timer = new DispatcherTimer();
        timer.Interval = TimeSpan.FromMilliseconds(30);
        timer.Tick += OnTick;
        timer.Start();
    }

    void OnStateChanged(object sender, EventArgs e)
    {
        txtStatus.Text = "현재 상태 : " + MediaPlayer.State.ToString();
    }

    void OnActiiveSongChanged(object sender, EventArgs e)
    {
        txtTrack.Text = "현재 트랙 : " + MediaPlayer.Queue.ActiveSongIndex +
            "(" + MediaPlayer.Queue.ActiveSong.Name + ")";
    }

    void OnTick(object sender, EventArgs args)
    {

        FrameworkDispatcher.Update();
        txtPosition.Text = "재생 위치 : " + MediaPlayer.PlayPosition.ToString();
    }

    private void btnPlay_Click(object sender, RoutedEventArgs e)
    {
        switch (MediaPlayer.State)
        {
            case MediaState.Stopped:
                MediaPlayer.Play(library.Songs);
                break;
            case MediaState.Paused:
                MediaPlayer.Resume();
                btnPlay.Content = "일시 정지";
                break;
            case MediaState.Playing:
```

```
                    MediaPlayer.Pause();
                    btnPlay.Content = "재개";
                    break;
            }
        }

        private void btnStop_Click(object sender, RoutedEventArgs e)
        {
            MediaPlayer.Stop();
            btnPlay.Content = "재생";
        }

        private void btnNext_Click(object sender, RoutedEventArgs e)
        {
            MediaPlayer.MoveNext();
        }

        private void btnPrev_Click(object sender, RoutedEventArgs e)
        {
            MediaPlayer.MovePrevious();
        }

        protected override void OnNavigatedFrom(System.Windows.Navigation.
         NavigationEventArgs e)
        {
            MediaPlayer.Stop();
            base.OnNavigatedFrom(e);
        }
    }
}
```

구조는 앞 예제와 거의 비슷하되 노래의 목록을 넘긴다는 점이 다르다. 한 곡 재생이 끝나면 자동으로 다음 곡이 재생된다. 재생 중인 노래는 ActiveSongChanged 이벤트에서 출력하며 Queue의 ActiveSong 속성으로 재생 중인 노래의 곡명을 조사할 수 있다. 이전, 다음 곡으로의 이동도 메서드 호출 하나로 해결되므로 훨씬 더 간편하다.

22-1-4 그림 목록

다음은 장치의 그림 파일 목록을 뽑아 출력해 보자. 미디어 라이브러리의 Pictures 컬렉션은 그림 파일의 목록을 제공한다. 그림과 음악은 형태가 다르므로 속성도 당연히 다르다. 그림 하나를 표현하는 Picture의 주요 속성은 다음과 같다.

속 성	설 명
Name	그림의 이름이다.
Width, Height	그림의 폭과 높이이다.
Album	그림을 포함한 앨범명이다.
Date	촬영한 날짜이다.

그림 파일에 꼭 필요한 정보들만 포함되어 있다. 이 목록을 조사하면 장치에 저장된 그림, 사진들의 상세한 정보를 알 수 있다. 다음 예제는 그림 목록을 출력한다. 프로젝트의 제작 방법이나 구조는 MusicList 예제와 거의 동일하되 참조하는 컬렉션과 속성들만 다르다.

PictureList

```
<Grid x:Name="ContentPanel" Grid.Row="1" Margin="12,0,12,0">
    <ScrollViewer>
        <StackPanel>
            <TextBlock Name="txtResult"/>
        </StackPanel>
    </ScrollViewer>
</Grid>
==================================== CS =======================================
using Microsoft.Xna.Framework.Media;

namespace PictureList
{
    public partial class MainPage : PhoneApplicationPage
    {
        public MainPage()
        {
            InitializeComponent();
            MediaLibrary library = new MediaLibrary();
```

```
txtResult.Text = "==Pictures==\n";
foreach (Picture p in library.Pictures)
{
    txtResult.Text += p.Name + " => " + p.Width + "*" + p.Height +
        "\n      " + p.Album + "," + p.Date + "\n";
}
        }
    }
}
```

생성자에서 그림 목록을 출력한다. Pictures 컬렉션을 순회하며 개별 그림 항목을 구하고 각 그림의 속성을 통해 이름, 크기, 앨범명, 날짜 등을 조사하여 문자열로 조립하여 출력했다. 에뮬레이터에서의 실행 결과는 다음과 같다.

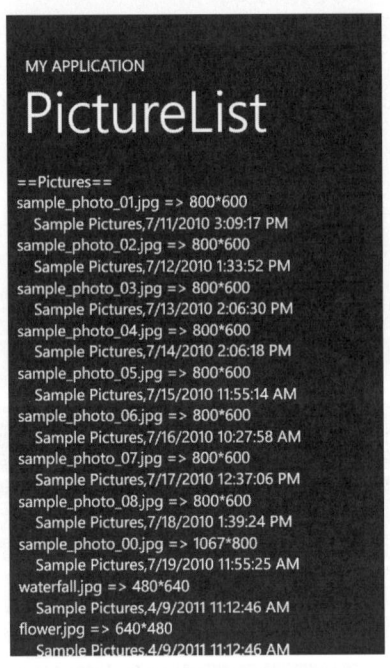

에뮬레이터에는 모두 11개의 샘플 이미지가 저장되어 있다. 샘플들이 충분하게 제공되어 테스트 예제 제작에 꽤 편리함을 제공한다. 카메라로 촬영을 하거나 이미지를 다운로드 받으면 이 개수는 점점 늘어난다. 실장비라면 더 많은 그림이 목록에 나타날 것이다.

22-2-1 MediaElement

동영상 재생에는 MediaElement 클래스를 사용한다. 동영상은 음악이나 그림보다는 훨씬 더 복잡한 구조를 가지며 용량이 크기 때문에 네트워크를 통해 재생하는 스트리밍을 지원한다. 필요한 기능이 많다 보니 MediaElement는 지원하는 속성이나 메서드, 이벤트의 수가 엄청난 대단히 거대한 클래스이다. 주요 속성부터 정리해 보자.

속 성	설 명
Source	재생할 동영상의 주소를 나타낸다.
NaturalDuration	총 재생 시간이다.
AutoPlay	Source 속성에 주소가 설정된 직후 자동으로 재생을 시작할 것인지를 지정한다. 디폴트는 False이다.
Position	현재 재생 위치를 나타낸다.
Stretch	동영상 확대 방식을 지정한다. 디폴트는 Uniform이다.
Volume	동영상의 볼륨이다.
CurrentState	현재 상태를 조사한다. Buffering, Closed, Opening, Paused, Playing, Stopped 중 하나이며 디폴트는 Closed이다.
BufferingProgress	버퍼링 진행 상태이다. 0~1 사이의 값이며 100을 곱해 백분율로 표시한다.
BufferingTime	버퍼링할 양을 지정한다. 디폴트는 5초이다.
DownloadProgress	다운로드 진행 상태이다. 0~1사이의 값이며 100을 곱해 백분율로 표시한다.
DownloadProgressOffset	다운로드하는 곳의 오프셋이다. 사용자가 현재 지점을 변경하면 이 값도 변경된다.

대부분의 속성은 디폴트가 무난하므로 굳이 변경하지 않아도 되지만 재생 대상 동영상을 지정하는 Source 속성은 반드시 지정해야 한다. 재생 관련 메서드는 다음 3가지가 있다.

```
void Play()
void Pause()
void Stop()
```

Resume은 따로 없고 Play가 역할을 대신한다. 동영상은 덩치가 크고 네트워크 기반의 스트리밍은 에러가 발생할 가능성이 높으므로 사소한 사건에 대해서도 이벤트를 보내 준다.

이벤트	설 명
MediaOpened	미디어가 성공적으로 열렸다.
MediaFailed	지원하지 않는 미디어이거나 주소가 틀렸다.
MediaEnded	동영상 전체를 재생 완료했다.
CurrentStateChanged	재생 상태가 변경되었다.
BufferingProgressChanged	버퍼링 상태가 변경되었다.
DownloadProgressChanged	다운로드 상태가 변경되었다.

앱은 이벤트를 받을 때마다 사용자에게 현재 상태를 적절하게 보여주어야 한다. 이벤트는 사건이 발생했음을 알리기만 할 뿐 인수는 따로 없으므로 객체의 속성값을 통해 현재 상태를 조사해야 한다. 예를 들어 현재 상태가 바뀌었다는 이벤트를 받았을 때 변경된 상태는 CurrentState 속성으로 알아낸다.

22-2-2 MoviePlayer

간단한 동영상 재생기를 만들어 보자. 격리 저장소의 동영상도 재생할 수 있지만 샘플 동영상을 준비하는 과정이 번거로우므로 네트워크의 동영상을 재생해 보기로 한다. 동영상은 이미지나 음악보다 커서 로컬 저장소에 두기가 어려우며 그래서 스트리밍 방식을 많이 사용한다.

MoviePlayer

```
<Grid x:Name="ContentPanel" Grid.Row="1" Margin="12,0,12,0">
    <StackPanel>
        <Button Name="btnPlay" Content="재생" Click="btnPlay_Click" />
        <Button Name="btnStop" Content="중지" Click="btnStop_Click" />
        <TextBlock Name="txtStatus" Text="현재 상태" />
        <Slider Name="slider" ValueChanged="slider_ValueChanged" />
        <MediaElement Name="player" AutoPlay="False"
            Source="http://www.winapi.co.kr/data/appa.wmv"
            CurrentStateChanged="player_CurrentStateChanged"
            MediaOpened="player_MediaOpened" />
    </StackPanel>
</Grid>
================================= CS =======================================
using System.Windows.Threading;

namespace MoviePlayer
```

```
{
    public partial class MainPage : PhoneApplicationPage
    {
        bool SliderChanging = false;
        public MainPage()
        {
            InitializeComponent();

            DispatcherTimer timer = new DispatcherTimer();
            timer.Interval = TimeSpan.FromSeconds(1);
            timer.Tick += OnTick;
            timer.Start();
        }

        void OnTick(object sender, EventArgs args)
        {
            SliderChanging = true;
            slider.Value = player.Position.TotalSeconds;
            SliderChanging = false;
        }

        private void btnPlay_Click(object sender, RoutedEventArgs e)
        {
            if (player.CurrentState == MediaElementState.Playing)
            {
                player.Pause();
                btnPlay.Content = "재생";
            }
            else
            {
                player.Play();
                btnPlay.Content = "일시정지";
            }
        }

        private void btnStop_Click(object sender, RoutedEventArgs e)
        {
            player.Stop();
        }

        private void player_CurrentStateChanged(object sender, RoutedEventArgs e)
        {
```

```
            txtStatus.Text = player.CurrentState.ToString();
        }

        private void player_MediaOpened(object sender, RoutedEventArgs e)
        {
            slider.Maximum = player.NaturalDuration.TimeSpan.TotalSeconds;
        }

        private void slider_ValueChanged(object sender,
         RoutedPropertyChangedEventArgs<double> e)
        {
            if (player.CanSeek)
            {
                if (SliderChanging == false)
                {
                    player.Position = TimeSpan.FromSeconds(slider.Value);
                }
            }
        }
    }
}
```

Source 속성에 샘플 동영상의 주소를 미리 입력해 두었으며 AutoPlay 속성에 False를 지정하여 즉시 재생하지 않고 대기하도록 했다. 재생 버튼은 재생과 일시 정지를 토글하며 중지 버튼은 재생을 중지한다. 실행 후 재생 버튼을 누르면 네트워크의 동영상 파일을 다운로드받아 재생을 시작한다. 개발 PC의 인터넷 속도가 웬만큼만 지원되면 에뮬레이터에서의 동영상도 꽤나 부드럽게 잘 실행되며 실장비에서도 마찬가지이다.

샘플 동영상은 320 * 240 크기에 고작 15초밖에 안 되는 5M 크기의 작은 파일이다. 요즘 인터넷 환경상 이 정도 용량은 거의 실시간으로 스트리밍 된다. 귀여운 아기들의 율동 모습을 촬영한 것인데 오른쪽에서 3번째 파란색 아기가 특히 예뻐 보인다. 이 파일이 아니더라도 웹상의 어느 위치에나 있는 임의의 파일을 사용해도 상관없다. 단, 용량이 큰 고화질 동영상인 경우는 재생 과정이 꽤 복잡하므로 다운로드, 버퍼링 과정도 상세하게 보여주어야 한다.

현재 재생 위치는 슬라이더바에 보여준다. 슬라이더는 동영상의 길이에 맞게 범위를 지정하는데 동영상의 길이는 실제 미디어를 열어 봐야 알 수 있다. 그래서 MediaOpened 이벤트에서 동영상 길이의 전체 초를 조사하여 슬라이더의 최대 범위로 지정했다. 15초 길이의 동영상이면 슬라이더의 최대값도 15가 될 것이고 2분 10초짜리면 130이 될 것이다.

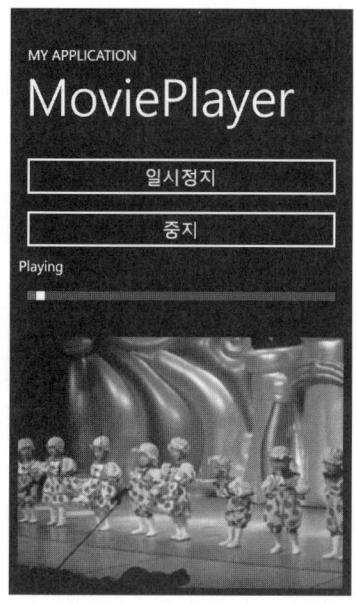

동영상 재생 중에 현재 위치는 늘 상 바뀌기 때문에 별도의 이벤트가 전달되지 않는다. 그래서 타이머를 설치하고 1초에 한 번씩 갱신한다. 초당 수십 번 바뀌는 위치에 대해 일일이 이벤트를 보내자면 너무 느리고 그렇게까지 자주 갱신할 필요는 없기 때문에 재생 위치 변경에 대한 이벤트가 제공되지 않는다. 재생 위치를 슬라이더와 바인딩할 수도 있지만 이 경우도 너무 자주 값이 바뀌어 성능에 불리하다. 타이머를 설치하고 원하는 빈도로 위치를 갱신하는 것이 더 좋다.

슬라이더는 현재 재생 위치를 보여주기도 하지만 재생 위치를 변경하는 수단이기도 하다. 슬라이더의 값이 바뀌면 Position 속성을 조정하여 재생 위치도 변경한다. 즉, 슬라이더를 조정하면 재생 위치가 바뀌며 재생 위치가 바뀔 때마다 슬라이더 위치도 같이 변경된다. 이 둘은 상호 순환적이어서 서로서로를 바꾸는 문제가 있다.

이 연결 고리를 끊기 위해 SliderChanging이라는 변수를 선언하고 타이머에서 슬라이더의 값을 변경할 때는 잠시 true로 지정하였다. 이때는 슬라이더의 ValueChanged 이벤트가 발생하더라도 사용자가 슬라이더를 직접 드래그한 것이 아니므로 동영상의 재생 위치를 변경해서는 안된다. 이 처리를 하지 않으면 위치가 변할 때 슬라이더가 변하고 슬라이더는 다시 재생 위치를 강제로 조정하는 과정이 불필요하게 반복되어 동영상이 뚝뚝 끊어진다.

CurrentStateChanged에서는 플레이어의 현재 상태를 보여준다. 실행 직후에는 Opening 상태이며 재생 버튼을 누르면 Playing 상태가 되고 일시 정지하거나 중지하면 Paused, Stopped가

된다. 사용자가 직접 버튼을 조작하지 않더라도 재생 중에 Buffering으로 가끔 바뀌기도 하는데 동영상이 클수록, 네트워크가 느릴수록 이런 경우가 빈번하다.

22-3 카메라

22-3-1 촬영 과정

요즘 휴대폰에는 웬만하면 카메라가 내장되어 있다. 사진을 찍을 일은 늘 상 있는데 디지털카메라를 항상 소지하고 다니기는 불편하기 때문이다. 스마트폰 이전에도 카메라는 핸드폰의 필수 장비였었다. 사진 촬영 자체는 물론이고 QR 코드 읽기나 증강 현실 등에도 두루 사용된다. 또한, 최근에는 영상 통화라는 것도 생겨서 핸드폰의 가장 기본적인 기능을 위해서도 카메라가 더 이상 옵션이 아닌 필수이다.

그런데 윈도우폰에서 카메라의 위치는 다소 애매하다. 원래 7.0에서는 5M 이상의 플래시를 내장한 카메라가 하드웨어 필수 요건이었다. 따라서 별도의 에러 처리 없이 카메라가 항상 사용 가능하다고 판단할 수 있었다. 그러나 7.1에서는 보급형 핸드폰을 위해 카메라가 옵션 사항으로 바뀌었으며 그래서 에러 처리가 필요해졌다. 앞으로는 또 어떻게 바뀔지 알 수 없지만 옵션이더라도 대부분의 장비는 카메라를 내장하고 발표될 것이다.

윈도우폰에서 사진을 촬영하려면 추저를 호출하는 것이 제일 쉽다. 추저를 호출하면 카메라를 기동하여 촬영된 사진만 돌려주므로 바로 사용할 수 있다. 단순히 사진을 얻을 목적이라면 추저가 제일 쉬운 선택이며 윈도우폰 7.0에서는 사실상 유일한 방법이었다. 윈도우폰 7.1부터는 카메라 API가 제공되어 앱에서 직접 카메라를 제어할 수 있다. 카메라를 사용하려면 매니페스트에 다음 능력치가 반드시 포함되어 있어야 한다.

```
<Capability Name="ID_CAP_ISV_CAMERA"/>
```

마법사로 만든 프로젝트는 이 능력치가 기본으로 포함되어 있다. 그러나 7.0 프로젝트는 그렇지 않으므로 기존 프로젝트를 업그레이드했다면 직접 기입해야 한다. 또 전면 카메라를 사용할 경우는 다음 능력치가 추가로 필요하다. 7.1의 마법사는 이 능력치를 따로 작성하지 않으므로 직접 추가해야 한다.

```
<Capability Name="ID_HW_FRONTCAMERA"/>
```

전면 카메라가 없는 앱 사용자가 이 능력치를 요구하는 앱을 다운로드받으려면 경고가 발생한다. 경고가 발생하더라도 설치는 일단 가능하다. 또 카메라는 윈도우폰 7.1의 필수 사항이 아니므로 장치에 존재하지 않을 수도 있다. 따라서 앱은 전면이든 후면이든 카메라가 실제로 부착되어 있는지 항상 확인해야 한다.

윈도우폰에서 카메라는 두 가지 방법으로 사용할 수 있다. 윈도우폰의 카메라 API를 사용할 수도 있고 실버라이트 4의 웹캠을 사용할 수도 있다. 웹캠은 주로 비디오 녹화용으로 사용되며 고화질 사진에는 카메라 API가 적합하다. 카메라는 Camera로부터 파생된 PhotoCamera 클래스로 표현한다. Camera 클래스는 기본 기능만 가지는 추상적인 카메라를 정의하며 PhotoCamera는 플래시나 포커스 등의 구체적인 기능을 제공한다. 생성자부터 보자.

```
PhotoCamera([CameraType type])
```

인수로 사용할 카메라의 종류를 밝히는데 CameraType 열거형에 Primary와 FrontFacing 두 가지가 있다. 타입을 생략하면 사용 가능한 카메라를 자동으로 선택하되 대개의 경우 후면의 Primary 카메라가 선택된다.

카메라 객체를 생성한다고 해서 카메라를 즉시 사용할 수 있는 것은 아니다. 객체는 어디까지나 메모리상에 존재할 뿐이고 실제 하드웨어 카메라를 기동하고 연결해야 하는데 이는 다소 시간이 걸린다. 그래서 카메라 초기화 작업은 UI 스레드가 처리하지 않고 별도의 작업 스레드가 처리하되 초기화 완료 후 다음 이벤트로 결과를 통보한다.

```
event EventHandler<CameraOperationCompletedEventArgs> Initialized
```

이벤트 인수의 Succeeded 속성은 초기화 성공 여부를 가리킨다. 카메라의 능력치를 조사하거나 세팅을 변경하고 싶다면 이 이벤트에서 해야 한다. 객체 생성 직후에는 하드웨어 카메라가 아직 준비되지 않았으므로 설정을 조사할 수 없고 변경할 수도 없다. 다음은 주요 속성에 대해 정리해 보자.

속 성	설 명
CameraType	후면의 주 카메라(Primary)인지 전면의 카메라(FrontFacing)인지 조사한다.
AvailableResolutions	카메라가 지원하는 해상도의 배열이다.
Resolution	캡처할 이미지의 해상도를 지정한다.
PreviewResolution	미리 보기의 해상도를 지정한다.

속 성	설 명
FlashMode	플래시 지원 모드이다. On, Off, Auto, RedEyeReduction 등이 있다. 지원하지 않는 모드를 지정하면 Off로 간주된다.
IsFocusSupported	오토포커스를 지원하는지 조사한다.
IsFocusAtPointSupported	특정 좌표에 대한 포커스를 지원하는지 조사한다.
Orientation	뷰파인더 브러시의 각도를 조사한다. 읽기 전용이다.

사진을 촬영하려면 정확한 영상을 얻기 위해 먼저 포커스를 잡아야 한다. 카메라의 반셔터 버튼을 누를 때 포커스를 잡는다. 포커스를 제어하는 메서드는 다음과 같다.

```
void Focus()
void FocusAtPoint(double x, double y)
void CancelFocus()
```

Focus 메서드는 렌즈로 입수된 영상을 분석하여 자동으로 포커스를 잡으며 FocusAtPoint 메서드는 지정한 좌표에 대해 포커스를 잡는다. 포커스를 잡기 위해서는 이미지를 분석하고 물리적인 렌즈를 이동시켜야 하므로 다소 시간이 걸린다. 그래서 포커스를 잡는 처리도 백그라운드의 작업 스레드가 담당하며 작업 완료 후 다음 이벤트로 결과를 통보한다.

```
event EventHandler<CameraOperationCompletedEventArgs> AutoFocusCompleted
```

포커스 잡기에 성공하면 이벤트 인수의 Succeeded 속성에 true가 전달된다. 포커스를 잡지 않은 상태로도 촬영은 가능하지만 좋은 사진을 얻기는 어렵다. 아주 어두운 상황이거나 빠르게 움직이는 물체를 촬영할 때는 어쩔 수 없이 포커스를 잡지 않고도 촬영해야 한다. 포커스 처리 후 다음 메서드로 이미지를 캡처한다.

```
void CaptureImage()
```

이미지를 캡처하는 동안 여러 가지 이벤트가 순서대로 발생한다. 각각 캡처 시작, 캡처한 이미지 사용 가능, 썸네일 이미지 사용 가능, 캡처 완료 이벤트이다.

```
event EventHandler CaptureStarted
event EventHandler<ContentReadyEventArgs> CaptureImageAvailable
event EventHandler<ContentReadyEventArgs> CaptureThumbnailAvailable
event EventHandler<CameraOperationCompletedEventArgs> CaptureCompleted
```

이 이벤트를 모두 다 처리할 필요는 없고 꼭 필요한 이벤트만 처리하면 된다. CaptureImageAvailable 이벤트 인수의 ImageStream 속성으로 캡처한 사진이나 썸네일의 이미지가 전달된다. 이 사진이 최종 목표로 한 사진이며 미디어 라이브러리나 격리 저장소에 파일 형태로 저장하면 사진 촬영이 완료된다.

사진을 촬영하는 주요 절차는 포커스 잡고 사진을 얻어 기록하는 것이며 두 동작은 모두 사용자의 명령으로부터 시작된다. 화면에 별도의 버튼을 배치하여 클릭으로 입력받을 수도 있지만 윈도우폰은 셔터 버튼이 있으므로 특별한 이유가 없는 한 이 버튼을 사용하는 것이 합당하다. 셔터 버튼에 대한 이벤트 핸들러는 다음 3가지가 제공된다. 이 이벤트는 CameraButtons 정적 클래스에 의해 제공되며 이벤트들도 모두 정적으로 선언되어 있다. CameraButtons 클래스는 오로지 이 이벤트들을 정의하는 역할만 한다.

```
event EventHandler ShutterKeyHalfPressed
event EventHandler ShutterKeyPressed
event EventHandler ShutterKeyReleased
```

반셔터는 셔터 버튼을 0.8초 이상 누르고 있을 때 발생하며 이때 포커스를 잡는다. 이 상태에서 셔터 버튼을 다시 한 번 더 세게 누르면 ShutterKeyPressed 이벤트가 발생하며 이때 사진을 촬영한다. 셔터를 놓으면 ShutterKeyReleased 이벤트가 발생하며 여기서 뒷정리를 한다.

22-3-2 CameraTest

간단한 카메라 앱을 작성해 보자. 어디까지나 예제이므로 섬세한 에러 처리, 고급 기능 등은 제외한다. 제대로 만들려면 훨씬 더 많은 코드가 필요하지만 복잡도가 증가하므로 예제답게 가장 기본적이고 핵심적인 절차만 보인다. 우선 Microsoft.Xna.Framework에 대한 참조를 추가하고 다음 코드를 작성한다.

CameraTest

```
SupportedOrientations="Landscape" Orientation="LandscapeLeft"
....
<Grid x:Name="ContentPanel" Grid.Row="1" Margin="12,0,12,0">
    <StackPanel>
        <Canvas Width="400" Height="250" HorizontalAlignment="Left" >
```

```
            <Canvas.Background>
                <VideoBrush x:Name="Preview" />
            </Canvas.Background>
        </Canvas>
        <TextBlock Name="txtStatus"/>
    </StackPanel>
</Grid>
```
=============================== CS =======================================
```
using Microsoft.Devices;
using Microsoft.Xna.Framework.Media;

namespace CameraTest
{
    public partial class MainPage : PhoneApplicationPage
    {
        PhotoCamera camera;
        MediaLibrary library = new MediaLibrary();
        int Count = 1;

        public MainPage()
        {
            InitializeComponent();
        }

        protected override void OnNavigatedTo(System.Windows.Navigation.
         NavigationEventArgs e)
        {
            if (PhotoCamera.IsCameraTypeSupported(CameraType.Primary))
            {
                camera = new PhotoCamera();
                Preview.SetSource(camera);

                camera.Initialized += OnInitialized;
                camera.AutoFocusCompleted += OnAutoFocusCompleted;
                camera.CaptureImageAvailable += OnCaptureImageAvailable;
                camera.CaptureCompleted += OnCaptureCompleted;

                CameraButtons.ShutterKeyHalfPressed += OnShutterKeyHalfPressed;
                CameraButtons.ShutterKeyPressed += OnShutterKeyPressed;
                CameraButtons.ShutterKeyReleased += OnShutterKeyReleased;

                txtStatus.Text = "촬영 준비";
```

```csharp
        }
        else
        {
            txtStatus.Text = "카메라가 없는 장비임";
        }
        base.OnNavigatedTo(e);
    }

protected override void OnNavigatedFrom(System.Windows.Navigation.
 NavigationEventArgs e)
{
    if (camera != null)
    {
        camera.Dispose();

        camera.Initialized -= OnInitialized;
        camera.AutoFocusCompleted -= OnAutoFocusCompleted;
        camera.CaptureImageAvailable -= OnCaptureImageAvailable;
        camera.CaptureCompleted -= OnCaptureCompleted;

        CameraButtons.ShutterKeyHalfPressed -= OnShutterKeyHalfPressed;
        CameraButtons.ShutterKeyPressed -= OnShutterKeyPressed;
        CameraButtons.ShutterKeyReleased -= OnShutterKeyReleased;
    }

    base.OnNavigatedFrom(e);
}

void OnShutterKeyHalfPressed(object sender, EventArgs e)
{
    camera.Focus();
    txtStatus.Text = "포커스 시작";
}

void OnAutoFocusCompleted(object sender, CameraOperationCompletedEventArgs e)
{
    if (e.Succeeded)
    {
        Dispatcher.BeginInvoke(() => { txtStatus.Text = "포커스 성공"; });
    }
    else
    {
```

```
            Dispatcher.BeginInvoke(() => { txtStatus.Text = "포커스 실패"; });
        }
    }

    void OnShutterKeyPressed(object sender, EventArgs e)
    {
        camera.CaptureImage();
        txtStatus.Text = "사진 촬영 중";
    }

    void OnShutterKeyReleased(object sender, EventArgs e)
    {
        camera.CancelFocus();
    }

    void OnCaptureImageAvailable(object sender, ContentReadyEventArgs e)
    {
        library.SavePictureToCameraRoll("cameratest" + Count + ".jpg",
         e.ImageStream);
        Dispatcher.BeginInvoke(() => { txtStatus.Text = "사진 저장 완료"; });
    }

    void OnCaptureCompleted(object sender, CameraOperationCompletedEventArgs e)
    {
        if (e.Succeeded)
        {
            Count++;
        }
    }

    void OnInitialized(object sender, CameraOperationCompletedEventArgs e)
    {
    }
    }
}
```

사진 촬영은 보통 가로 방향으로 많이 찍으며 또 실장비의 셔터 버튼이 가로 방향 기준으로 배치되어 있으므로 페이지의 방향도 가로로 고정했다. 컨텐트 패널에는 미리 보기를 위한 캔버스를 배치했다. 꼭 캔버스일 필요는 없고 VideoBrush로 채색 가능한 어떤 객체든지 상관없다.

배경을 가진 사각형이기만 하면 된다. Rectangle도 가능하고 Button도 가능하지만 사용자와 상호 작용이 없는 Canvas가 제일 간편하다.

미리 보기 아래쪽에는 텍스트 블록을 배치하여 현재 상태를 출력한다. 카메라의 상태를 실시간으로 확인하기 위해서인데 이는 개발 예제이기 때문에 필요한 것이다. 사진 촬영 시에는 문자열을 읽을 겨를이 없으므로 실제 프로젝트에서는 문자열보다는 포커스 표시나 애니메이션, 사운드 등으로 대체하는 것이 좋다.

카메라의 초기화는 페이지로 들어올 때인 OnNavigatedTo에서 하고 OnNavigatedFrom에서 해제한다. 카메라는 모든 앱이 공유해야 하는 귀중한 자원이므로 페이지가 실행 중일 때만 사용해야 한다. 그래서 생성자에서 초기화하지 않고 페이지로 들어올 때 초기화하고 페이지를 나갈 때 즉시 해제했다.

카메라를 초기화하기 전에 해당 카메라가 지원되는지 살펴보아야 한다. 예제에서는 주 카메라만 보았는데 정석대로 하자면 전면 카메라까지 다 점검하여 존재하는 카메라를 사용하는 것이 옳다. 그러나 주 카메라 없이 전면 카메라만 제공하는 모델은 사실상 없으므로 그렇게까지 할 필요는 없다. 만약 카메라가 지원되지 않는다면 에러 메시지를 출력한다.

캔버스에 미리 보기를 출력하는 것은 아주 간단하다. 캔버스의 배경 브러시에 SetSource 메서드로 카메라를 던져 주면 카메라 렌즈로부터 입수된 영상이 캔버스 배경에 나타난다. 캔버스의 브러시가 동영상을 채색하는 VideoBrush이므로 동영상을 얻는 방법만 알려주면 된다. 미리 보기 출력 후 필요한 이벤트 핸들러를 연결한다. 포커스, 캡처와 관련된 이벤트들과 셔터 버튼에 대한 이벤트의 핸들러를 연결했다.

OnNavigatedFrom에서는 카메라를 즉시 해제하고 이벤트 핸들러도 분리한다. 이 코드를 생략해도 동작에는 사실 별문제가 없지만 종료 후 다른 앱이 카메라를 사용할 수도 있으므로 가급적이면 빨리 해제하는 것이 바람직하다. 이벤트 핸들러도 메모리 절약을 위해 즉시 제거하였다. 실행 직후의 모습은 다음과 같다.

에뮬레이터는 카메라를 지원하지만 실제 영상을 얻을 수 있는 렌즈를 가진 것은 아니므로 미리 보기도 더미 이미지가 대신 출력된다. 흰 바탕의 가장자리를 돌아다니는 사각형이 카메라 렌즈에 보이는 이미지라고 생각하자. 촬영은 셔터 버튼을 누를 때 시작된다. 반 셔터를 누르면 Focus 메서드를 호출하여 포커스를 잡는다. 포커스를 잡는 것은 렌즈로부터 입수된 영상을 분석하여 모터를 움직여야 하므로 상당한 시간이 걸릴 수도 있다.

포커스 잡기가 끝나면 AutoFocusCompleted 이벤트가 발생하는데 이 핸들러에서 포커스 성공 여부를 텍스트 블록에 출력한다. 주의할 것은 포커스를 잡는 동작은 별도의 스레드에서 처리하므로 이 핸들러도 작업 스레드에서 호출한다는 점이다. 따라서 UI 스레드의 텍스트 블록을 액세스하려면 반드시 디스패처를 사용해야 한다.

셔터 버튼을 완전히 누르면 CaptureImage 메서드를 호출하여 사진을 촬영한다. 포커스 성공 여부는 따지지 않고 무조건 촬영하도록 했는데 사진의 품질이 나빠질 수도 있으므로 포커스를 제대로 잡았을 때만 찍는 것도 괜찮은 방법이다. 그러나 이렇게 강제해 버리면 어두운 곳에서는 촬영이 안 되는 또 다른 문제가 있다. 즉 포커스 성공 여부와 촬영 시작은 일종의 옵션으로 처리해야 한다.

셔터를 놓을 때는 CancelFocus 메서드를 호출하여 포커스 잡기를 중지한다. 사진을 정상적으로 촬영했을 때는 다음 셔터를 누를 때 포커스를 다시 잡으므로 사실 이 코드가 굳이 필요치 않다. 그러나 반셔터만 누른 상태에서 셔터를 놓는 경우는 최대한 빠른 속도로 다음 촬영을 준비해야 하므로 포커스를 즉시 취소하는 것이 좋다.

촬영을 시작하면 일련의 이벤트가 차례대로 전달된다. 촬영 시작 시에는 특별히 할 일이 없고 이미지가 획득되었을 때가 가장 중요하다. CaptureImageAvailable 이벤트를 받았을 때 미디어 라이브러리의 저장 메서드를 호출하여 이미지 파일을 저장한다. 파일명은 1씩 증가하는 카운트를 뒤에 붙여 매 촬영시마다 구분되게 하였다. 좀 더 좋은 방법은 현재 날짜와 시간을 파일명으로 사용하는 것이다.

필요하다면 격리 저장소에도 사본을 저장할 수 있다. 또 사진을 빠른 속도로 검색할 수 있도록 썸네일도 별도로 저장하는 것이 좋다. 격리 저장소에 저장한 이미지는 자기 혼자만 사용할 수 있다. 캡처 완료시는 특별히 더 할 일은 없고 다음 촬영을 위해 카운트를 1 증가시킨다.

예제를 테스트해 보자. 하드웨어 버튼을 사용하므로 실장비를 사용하는 것이 가장 좋다. 에뮬레이터에서는 F6키로 반셔터를 잡고 F7키로 셔터를 누른다. F7 키를 누르면 사진이 바로 촬영되고 저장될 것이다. 포커스를 잡고 촬영하려면 F6키를 0.8초 이상 누른 상태에서 "포커스 성공" 메시지가 출력된 후에 F7키를 눌러야 한다. 조작 방법이 복잡해서 아무래도 실장비보다는 현실감이 떨어진다.

에뮬레이터가 촬영하는 사진은 물론 가짜 사진이다. 실장비에서는 갤러리를 통해 촬영 여부를 확인할 수 있지만 에뮬레이터에는 갤러리가 없으므로 앞에서 작성한 PictureList 사진 덤프 프로그램을 실행하여 목록을 뽑아 봐야 촬영되었는지 알 수 있다. cameratest1.jpg 등의 이름으로 3264 * 2448 크기의 사진이 존재할 것이다.

22-3-3 카메라 옵션

카메라는 단순히 사진 한 장을 찍는 것이지만 옵션이 상상을 초월할 정도로 많다. 사진 품질에 영향을 미치는 요소들이 많기 때문이다. 줌, 타이머, 접사, 노출, ISO, 장면 모드, 화이트 밸런싱, 연속 촬영, 파노라마, 각종 효과, 등등 나열하기 힘들 정도로 많다. 고급 카메라는 손떨림 보정, 얼굴 인식, 눈 깜박임 인식, 적목 감소, GPS 좌표 기록 등의 기능을 제공하기도 한다.

카메라 옵션 중에 가장 빈번하게 조정하는 것이 바로 해상도이다. 사진을 얼마나 크게 찍을 것인가를 선택하는 옵션이며 품질과 용량의 균형을 선택하는 것이다. 지원하는 해상도는 카메라의 성능에 따라 달라지며 최대 해상도에 따라 가격도 다르다. 윈도우폰의 카메라는 최소 5M이며 요즘은 8M나 그 이상의 카메라도 많이 사용된다.

지원 해상도 목록은 AvailableResolutions 속성으로 구할 수 있다. 카메라별로 지원 해상도가 다양하다. 이 컬렉션의 크기들을 사용자에게 보여주고 선택된 해상도를 카메라의 Resolution 속성에 대입하면 이후 이 크기대로 사진이 촬영된다. 어차피 미리보기는 축소된 것이어서 해상도가 변경되어도 미리 보기에는 영향을 미치지 않는다.

플래시 모드도 종종 조정하는 옵션이다. 플래시 모드는 On, Off, Auto, RedEyeReduction 4가지가 정의되어 있는데 모든 카메라가 플래시 모드를 다 지원하는 것은 아니다. 카메라에 따라 지원하는 모드의 종류가 다르다. 특정 모드를 지원하는지는 IsFlashModeSupported 메서드로 조사할 수 있으며 모드를 변경할 때는 FlashMode 속성에 대입하면 된다.

앞 예제를 확장하여 두 옵션을 추가해 보자. 별도의 설정 페이지를 따로 만드는 것이 좋으나 페이지가 둘 이상이면 여러 가지 귀찮은 문제가 발생하여 예제 수준에서 핵심을 살펴보기 어려우므로 리스트 박스로 두 옵션을 선택받기로 한다. XAML에 다음 코드를 추가한다. 수평 스택 패널 안에 캔버스를 넣고 그 옆에 두 개의 리스트 박스를 나란히 배치했다.

```xml
<Grid x:Name="ContentPanel" Grid.Row="1" Margin="12,0,12,0">
    <StackPanel>
        <StackPanel Orientation="Horizontal">
            <Canvas Width="400" Height="250" HorizontalAlignment="Left" >
                <Canvas.Background>
                    <VideoBrush x:Name="Preview" />
                </Canvas.Background>
            </Canvas>
            <ListBox Name="ListRes" Width="150"
                        SelectionChanged="listRes_SelectionChanged" />
            <ListBox Name="ListFlash" Width="150"
                        SelectionChanged="ListFlash_SelectionChanged" />
        </StackPanel>
        <TextBlock Name="txtStatus"/>
    </StackPanel>
</Grid>
```

코드에서는 지원 가능한 해상도와 플래시 모드를 리스트 박스에 채운다. 카메라의 능력치는 카메라가 초기화되어야 조사 가능하므로 Initialized 이벤트에서 조사한다. 이 이벤트는 작업 스레드에서 호출되므로 디스패처를 통해 UI 스레드의 메서드를 호출했다. 리스트 박스의 선택이 바뀌면 카메라의 옵션을 변경한다.

```csharp
void OnInitialized(object sender, CameraOperationCompletedEventArgs e)
{
    if (e.Succeeded)
    {
        Dispatcher.BeginInvoke(() => { InitList(); });
    }
}

void InitList()
{
    IEnumerable<Size> res = camera.AvailableResolutions;
    foreach (Size s in res)
```

```
    {
        listRes.Items.Add(String.Format("{0} * {1}", s.Width, s.Height));
    }

    if (camera.IsFlashModeSupported(FlashMode.On))
        listFlash.Items.Add("On");
    if (camera.IsFlashModeSupported(FlashMode.Off))
        listFlash.Items.Add("Off");
    if (camera.IsFlashModeSupported(FlashMode.Auto))
        listFlash.Items.Add("Auto");
    if (camera.IsFlashModeSupported(FlashMode.RedEyeReduction))
        listFlash.Items.Add("RedEyeReduction");
}

private void listRes_SelectionChanged(object sender, SelectionChangedEventArgs e)
{
    IEnumerable<Size> res = camera.AvailableResolutions;
    Size s = res.ElementAt<Size>(listRes.SelectedIndex);
    camera.Resolution = s;
}

private void listFlash_SelectionChanged(object sender, SelectionChangedEventArgs e)
{
    string flash = listFlash.SelectedItem as string;
    if (flash == "On") camera.FlashMode = FlashMode.On;
    if (flash == "Off") camera.FlashMode = FlashMode.Off;
    if (flash == "Auto") camera.FlashMode = FlashMode.Auto;
    if (flash == "RedEyeReduction") camera.FlashMode = FlashMode.RedEyeReduction;
}
```

코드의 내용은 무척 단순하다. 목록 채워 넣고 선택 변경 시 해당 옵션을 읽어 카메라의 Resolution 속성이나 FlashMode 속성에 대입하면 된다. 에뮬레이터는 지원 해상도가 고작 4개뿐이지만 실장비에서는 10개 이상의 해상도가 지원된다.

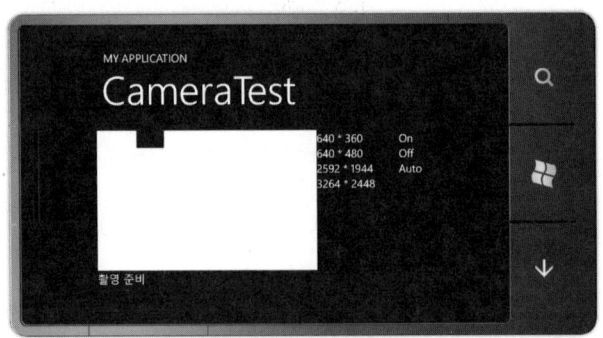

옵션이 제대로 바뀌는지 테스트해 보자. 디폴트 해상도는 카메라의 최대 해상도로 설정되어 있는데 더 낮은 해상도로 바꾼 후 촬영해 보자. PictureList 예제로 확인해 보면 지정한 해상도대로 파일이 생성되어 있을 것이다. 플래시 모드는 에뮬레이터에서는 테스트할 방법이 없으므로 실 장비를 사용해야 한다.

개발자 등록

23-1 개발자 등록

23-1-1 마켓 플레이스

스마트폰의 가장 큰 장점은 소프트웨어를 추가로 설치하여 기능을 확장할 수 있다는 점이다. 설치한 소프트웨어에 따라 운동 보조 도구가 될 수도 있고 학습용 장비가 될 수도 있다. 피처폰과 구별되는 이런 장점을 극대화하기 위해서는 전문가가 아닌 초보자들도 원하는 소프트웨어를 쉽게 검색하여 편리하게 설치할 수 있어야 한다. 또한, 개발자들도 힘들게 개발한 프로그램이 불법 복제되는 것을 방지하고 업그레이드 및 관리가 용이해야 한다.

이를 위해 모바일 운영체제 제작사들은 온라인으로 소프트웨어를 판매하는 서비스를 제공한다. 개발자는 판매를 위한 마케팅이나 영업, 배포 등에 신경 쓸 필요 없이 온라인에 앱을 올려놓고 사용자들은 개발자가 등록한 앱을 검색하여 설치한다. 다운로드로 인한 수익금의 일부는 개발자에게 배분된다. 검색, 판매, 관리 등의 잡스러운 업무를 온라인 상점이 대신 해주므로 개발자는 순수한 개발에만 전념할 수 있고 그래서 질 좋은 소프트웨어를 더 많이 생산할 수 있게 되었다.

애플의 앱스토어가 온라인 장터의 선구적인 역할을 하였으며 뒤이어 안드로이드의 마켓도 유사한 서비스를 제공하였고 각 통신사도 고유의 온라인 서비스를 제공한다. 요즘은 온라인 소프트웨어 거래가 일반화되어 개발자나 사용자나 모두 익숙해졌다. 마이크로소프트는 마켓 플레이스라는 이름으로 온라인 소프트웨어 판매 서비스를 제공한다. 타 운영체제에 비해 출발이 늦은 만큼 등록된 앱의 개수도 아직은 적은 편이다.

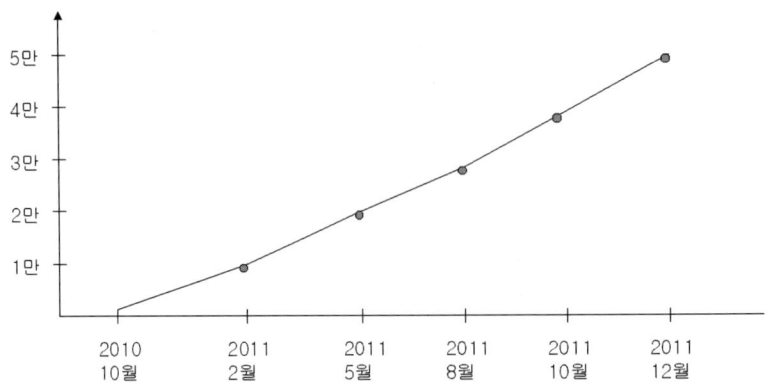

계속 늘어나고 있는 추세지만 애플 앱스토어의 50만 개, 안드로이드 마켓의 30만 개에 비하면 아직도 절대적인 수가 많이 부족하다. 또한, 필수 앱도 미발표된 것이 많고 초기에 양만 불리는데 집중하다 보니 질적으로도 열세를 면치 못하고 있다. 마켓 플레이스의 주요 운영 방식은 다음과 같으며 타 서비스와 유사하다. 물론 정책은 차후에 언제라도 바뀔 수도 있다.

- 유료앱은 개수에 상관없이 올릴 수 있다.
- 무료앱은 5개까지만 올릴 수 있으며 초과시 개당 19.99$의 비용을 낸다.
- 가격은 0.99$ ~ 499.99$의 범위 내에서 자유롭게 매길 수 있다.
- 개발자는 판매 금액의 30%를 수수료로 내고 70%를 수익금으로 지급받는다.
- 개발자 등록비는 년간 99$이다. 애플과 동일하며 마켓의 25$에 비해서는 비싸다.
- 드림스파크(DreamSpark)에 등록한 학생은 개발자 등록비를 면제받는다.
- 업데이트에 대한 비용은 무료이다.

앱을 등록한다는 것은 마켓 플레이스에 개인 상점 하나를 여는 것과 같다. 돈이 오갈 수 있는 거래를 트는 것이며 때로는 법적 책임의 문제가 발생할 수도 있다. 그래서 아무나 앱을 올릴 수 없으며 일정한 절차를 거쳐 등록한 개발자만 앱을 판매할 수 있다. 약간의 비용도 들어가며 구비해야 할 서류도 많고 절차도 복잡하다. 앱을 등록할 때도 요건을 충족하는지 인증을 받아야 하므로 시간이 꽤 오래 걸리는 편이다.

23-1-2 개발자 등록

마켓 플레이스에 앱을 올리려면 먼저 개발자로 등록해야 한다. 거대한 온라인 장터를 유지, 관리하려면 비용이 들고 아무나 무분별하게 앱을 올리도록 방치할 수는 없으므로 수수료를 징수하고 앱을 올린 개발자를 관리하기 위해서이다. 초창기에 한국 개발자는 등록할 수 없었으나 2011년 7월부터 한국 개발자도 등록할 수 있게 되었다. 개발자 등록 절차도 한글로 안내되며 앱의 판매 가격과 이익금 정산도 원화로 환산되어 지불된다.

개발자로 등록하면 마켓 플레이스에 앱을 판매할 수 있음은 물론이고 3대까지의 장비를 연락하여 개발 중인 프로그램을 실제폰에서 테스트할 수도 있다. 꼭 판매를 하지 않더라도 원활한 테스트를 위해서는 개발자 등록이 필수적이다. 다음 과정을 따라 개발자 등록을 해 보자. 단, 이 과정은 2012년 2월을 기준으로 한 것이며 차후 마이크로소프트의 정책이 언제든지 바뀔 수 있으므로 정확한 등록 절차는 항상 온라인을 참조하기 바란다.

윈도우폰 개발의 포탈인 앱 허브에서 개발자 등록을 받으며 작성한 앱도 앱 허브에 제출하고 관리한다. 브라우저를 열고 앱 허브(http://create.msdn.com) 사이트를 연다. 우측상단에 언어를 선택하는 콤보 박스에서 한국어로 변경한다.

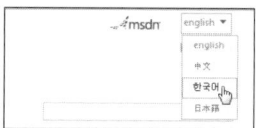

로그인 버튼을 누르면 다음과 같은 로그인창이 나타난다. Live ID로 로그인하되 ID가 없다면 지금이라도 가입한다. Live ID 가입 자체는 비용이 들지 않으며 가입 즉시 바로 사용할 수 있다.

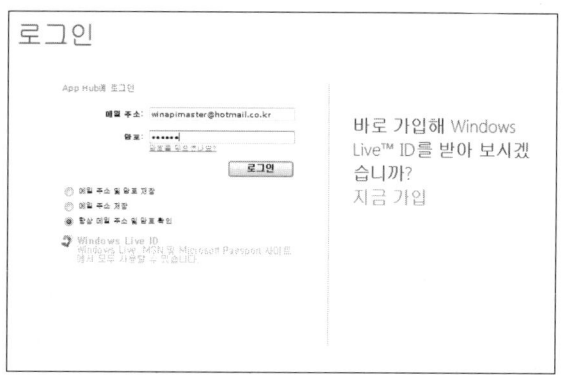

로그인한 개발자가 이미 등록되어 있다면 메인 화면으로 들어가며 그렇지 않다면 계정 등록 절차가 진행된다. 질문에 차례대로 답변하면 된다.

소속 국가와 계정 유형을 선택한다. 계정 유형에 따라 등록 과정이 조금씩 달라지는데 학생은 등록비가 면제되며 회사는 법인 대표 이사의 승인 절차가 추가된다. 나는 집에서 혼자 일하는 프리랜서이므로 개인으로 등록하였다. 아래쪽의 약관에는 반드시 동의해야 한다. 동의 버튼을 누르면 개인 정보를 입력하는 양식이 나타난다.

선택 사항이라고 표시된 항목을 제외하고 모두 상세하게 입력해야 한다. 아직 국제화가 완벽하지 않으므로 영문으로 입력하는 것이 더 안전하다고 하는데 앞으로는 한글로 입력해도 별문제가 없을 것이다. 다음은 자신의 프로필을 선택한다.

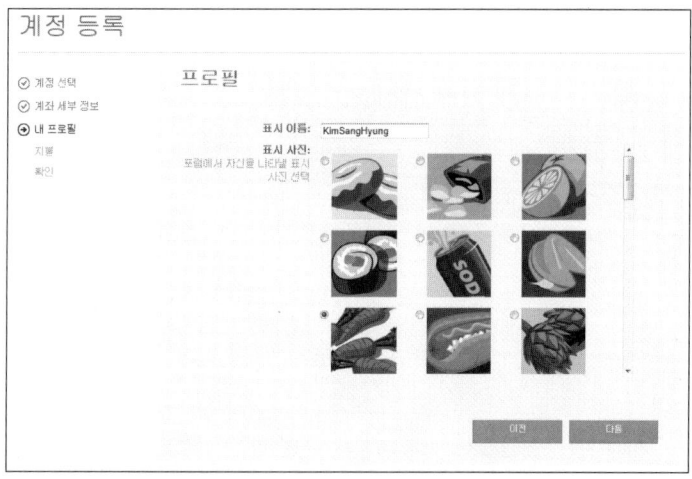

앱 허브에 표시될 자신의 이미지를 선택하고 표시 이름을 입력한다. 벌써 등록한 동명이인이 있는지 한글명을 누군가가 사용하고 있어 어쩔 수 없이 영문 이름을 적었다. 다음은 등록비를 지불하는데 온라인 쇼핑할 때와 비슷한 절차를 거친다. 다음 결제창이 나타날 것이다.

신용 카드와 휴대폰 소액 결제 2가지 방법으로 등록비를 납부한다. 신용 카드를 선택하면 공인 인증서가 있어야 하며 휴대폰을 선택하면 인증 문자를 받아 확인하는 방식이다. 휴대폰이 간편하므로 소액 결제를 했다. 결제가 완료되면 계정이 활성화되었다는 보고서가 출력된다.

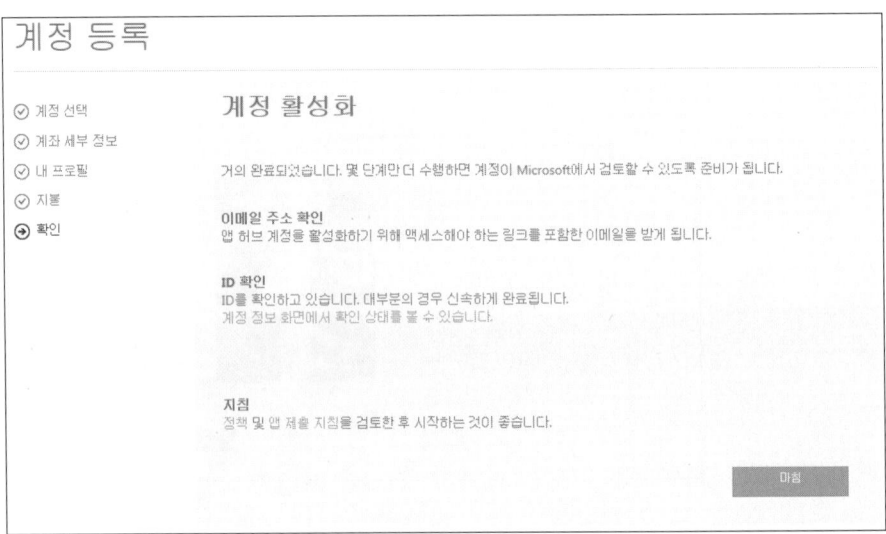

계정을 등록할 때 입력한 메일 주소로 활성화 안내 메일이 발송되며 이 메일의 활성화 링크를 눌러야 계정이 활성화된다. 이어서 등록비 99$를 빼 간다는 안내 메일이 오며 통신사 사이트에서 확인해 보면 99$를 현재 환율로 환산한 12만 원하고도 250원을 잽싸게 빼 갔음을 알 수 있다. 계정을 등록한 후에도 여러 가지 할 일이 더 있다. 내 대시보드의 Windows Phone을 클릭하여 계정 관리 페이지로 이동한다.

등록 직후 대시보드에는 은행 정보가 없다는 알림 메시지가 나타난다. 앱이 판매될 때 수익을 배분받기 위해서는 통장이 있어야 한다. 알림 메시지의 링크를 클릭하여 계좌 정보를 입력하는 페이지로 이동하고 양식을 채워 넣는다. 통장 계좌 번호는 반드시 대시(-) 기호 없이 숫자만 나열해야 한다.

내 계정

계좌 정보　　　포럼 옵션　　　지불 설정　　　단말기　　　인증서

지불 설정

은행 예금주 이름: `KimSangHyung`

은행 이름: `ShinHan`

지점 이름:
선택 사항

주소: `blabla`

구/군/시: `KyungGiDo YongInSi SujiGu SinBon`

국가/지역: 한국

BIC/SWIFT:
선택 사항

은행 계좌 번호: `********2418`

이 외에도 계정 유형에 따라 추가 작업이 더 필요한 경우가 많은데 홈페이지의 안내를 따르면 된다. 판매 수익금은 세금이나 국제적인 관세 등의 법률적인 문제와도 연관되므로 서류를 팩스로 보내는 등의 복잡한 절차를 거쳐야 한다. 또 법인 회원의 경우 GeoTrust라는 대행사를 통해 믿을만한 개발사인지를 인증받아야 하는데 서류 작업이 많아 최장 2주 정도의 시간이 소요된다.

23-1-3 개발폰 등록

개발자 등록을 하면 실제폰에 예제를 올려 테스트할 수 있다. 일반 사용자는 설사 자신이 만든 프로그램이라 하더라도 자신의 폰에 직접 프로그램을 올려 볼 수 없는데 이는 불법 복제를 원천적으로 차단하기 위해서이다. 등록을 하지 않고도 폰에 프로그램을 올리는 여러 가지 편법이나 저렴한 방법들이 존재하지만 어차피 앱을 제출하여 판매까지 하려면 개발자 등록을 하는 것이 정석이다.

개발폰 등록 자체는 어렵지 않지만 준비해야 할 것이 많다. 우선 폰과 개발 PC를 연결하기 위한 Zune 소프트웨어를 설치해야 한다. Zune은 PC와 폰을 동기화하는 유일한 방법이며 이 소프트웨어가 없으면 폰 관리는 물론 앱 배포도 할 수 없고 디버깅도 불가능하다. Zune은 다음 사이트에서 무료로 배포된다.

```
http://www.zune.net
```

이 사이트에서 Zune 소프트웨어 다운로드 링크를 누르면 최신 버전을 내려받을 수 있다. 실행 파일이므로 더블클릭하여 바로 설치 가능하다. 설치 후 폰을 PC에 연결하면 Zune이 자동으로 실행되며 폰과 즉시 연결된다. 특정 폰의 경우 베타 버전과만 연결된다거나 영문 버전으로만 연결되는 경우도 가끔 있으며 폰이 요구하는 디바이스 드라이버를 같이 설치해야 하는 경우도 있다. 특히 초기에 발표된 개발폰이 그런데 최신 발표된 폰은 별문제없이 잘 연결되는 편이다.

연결된 전화기가 나타나며 상단에 메뉴가 있다. quickplay는 즐겨찾기, 새 항목, 히스토리 등의 주요 정보를 보여준다. 컬렉션은 PC의 파일 목록이며 전화는 폰의 파일 목록이다. 컬렉션에 파일을 추가하고 전화로 드래그하면 파일이 복사되어 동기화된다. 상단의 설정 링크를 누르면 Zune 자체의 설정과 전화기에 대한 설정을 조정할 수 있다.

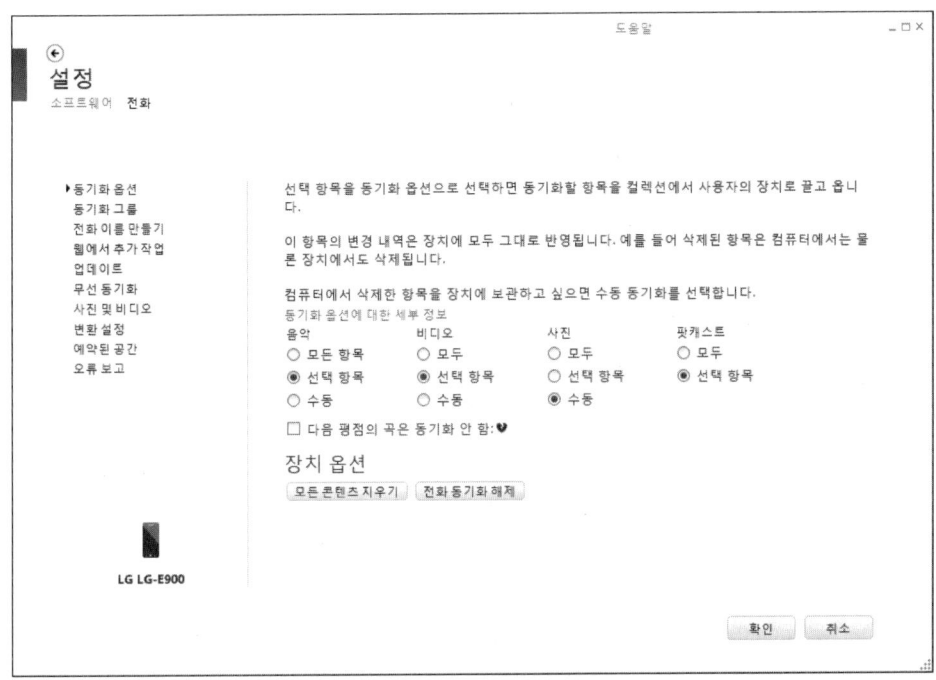

윈도우폰이 업그레이드될 경우 설정의 전화 탭에서 업데이트를 선택하면 최신 버전을 받아 폰의 운영체제를 자동으로 업그레이드해 준다. 모든 것이 자동화되어 있어 Zune과 연결하기만 하면 폰에 대한 대부분의 관리 작업을 쉽게 수행할 수 있다. OS 업그레이드를 위해 군이 서비스 센터를 방문하지 않아도 되므로 이 점은 무척 편리하다. Zune에 대한 상세한 사용 방법은 Zune 의 온라인 도움말을 참고하기 바란다.

폰과 PC를 연결한 상태에서 개발폰을 등록한다. 한 계정당 최대 3개까지의 개발폰을 등록할 수 있다. 개발폰 등록툴은 SDK와 함께 이미 설치되어 있다. 시작 메뉴의 Windows Phone SDK 7.1에서 Windows Phone Developer Registration 항목을 선택한다.

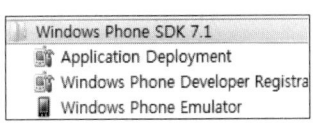

이 프로그램을 실행할 때 폰은 Zune과 반드시 연결되어 있어야 하며 폰의 화면은 잠금 상태가 아니어야 한다. 모든 조건이 완벽하게 구비되어 있다면 다음과 같은 대화상자가 나타날 것이다.

아래쪽의 Status 란에 현재 상태가 표시되는데 폰이 연결되어 있으면 Phone ready라는 문구가 나타난다. 지시대로 Live ID와 비밀번호를 입력하고 아래쪽의 Register 버튼을 누르면 개발폰으로 등록된다. 이때 Live ID는 반드시 개발자로 등록된 유효한 ID여야 한다. 등록툴은 개발자의 ID가 유효한지 점검한 후 폰의 잠금을 풀어(Unlock) 개발폰으로 등록한다.

등록이 완료되면 대화상자는 오른쪽 그림과 같이 바뀐다. Status 란에는 성공적으로 등록되었다는 메시지가 출력된다. 같은 방식으로 최대 3개까지의 폰을 등록할 수 있는데 만약 장비를 바꾸고 싶다면 등록했던 폰을 해지해야 한다. 아래쪽의 Unregister 버튼을 누르면 개발폰 등록을 언제든지 취소할 수 있다. 개발폰에 설치된 앱은 개발폰 등록이 해지되면 라이센스가 무효해지므로 더 이상 실행되지 않는다.

개발폰으로 등록했으면 이제 예제를 폰으로 전송하여 테스트할 수 있다. 과연 그런지 폰으로 예제를 전송해 보자. 별도의 툴을 사용할 필요 없이 비주얼 스튜디오에서 개발폰으로 프로그램을 바로 설치할 수 있다. 5장에서 만들었던 멀티 터치 예제인 DrumPlay 프로젝트를 열고 툴바에서 배포 타겟을 Windows Phone Device로 지정한다.

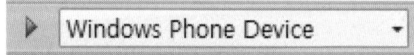

이 상태에서 Ctrl+F5를 누르면 프로그램이 폰으로 전송되어 실행된다. F5를 누르면 폰에서 실행한 상태로 디버깅도 가능하다. 이때도 폰은 반드시 Zune과 연결되어 있어야 하며 화면 잠금 상태가 아니어야 한다. 다음은 폰에 예제를 올려서 실행하는 모습을 디지털카메라로 촬영한 것이다. 이 예제는 멀티 터치를 사용하므로 폰에서 실행해 봐야 제대로 테스트해볼 수 있다.

개발폰으로 등록한다고 해서 예제를 무한히 설치해 볼 수 있는 것은 아니며 최대 10개까지만 설치할 수 있다. 10개를 넘어가면 개수를 초과했다는 메시지가 나타나며 설치가 거부된다. 이 또한, 무분별한 불법 복제를 방지하기 위한 정책이다. 만약 더 많은 예제를 테스트해야 한다면 앞서 올린 예제를 삭제해야 한다. 10개면 충분한 것 같지만 실제로 학습이나 개발을 해 보면 다소 아쉬운 개수이다.

23-2 제품 등록

23-2-1 TabsTabs

개발자 등록을 완료하면 이제 앱을 만들어 팔 수 있다. 여기서는 그럴듯한 앱을 하나 만들어서 마켓 플레이스에 제출하는 실습을 해 볼 것이다. 상용으로 판매할만한 제품을 만드는 데는 많은 시간과 노력이 필요하다. 돈 받고 파는 상품이므로 예제 수준과는 품질이 확실히 달라야 한다. 그러나 어디까지나 제출 실습을 하는 중일뿐이고 시간도 넉넉하지 않으므로 대충 만들어 보자.

그렇다고 Hello World를 제출할 수는 없으니 그래도 조금이나마 실용성이 있는 예제를 올려 보자. 여기서는 5장에서 만들었던 TabTabTab 게임을 개량하여 게임을 작성하고 이 게임을 올려 보기로 한다. 프로젝트 이름을 TabsTabs로 바꾸고 재미를 느낄만한 몇 가지 요소를 더 추가하였다. 지금까지 작성한 어떤 예제보다 길지만 한글로 주석을 상세하게 달아 놓았으므로 분석하기 어렵지 않을 것이다.

```xml
<phone:PhoneApplicationPage.Resources>
    <LinearGradientBrush x:Key="NumBack" StartPoint="0,0" EndPoint="0,1">
        <GradientStop Color="#000060" Offset="0" />
        <GradientStop Color="#000020" Offset="1" />
    </LinearGradientBrush>
</phone:PhoneApplicationPage.Resources>

<StackPanel>
    <TextBlock Text="TabsTabs : Tab sequential number button quickly" />
    <StackPanel Name="TrialNotice" Orientation="Horizontal">
        <TextBlock Text="Trial version can't off sound, vibrate " Foreground="Red" />
        <HyperlinkButton Name="btnBye" Content="Buy it now" Click="btnBye_Click" />
    </StackPanel>
    <Grid>
        <Grid.ColumnDefinitions>
            <ColumnDefinition Width="18*"/>
            <ColumnDefinition Width="30*"/>
            <ColumnDefinition Width="22*"/>
        </Grid.ColumnDefinitions>
        <StackPanel >
            <RadioButton Name="Radio32" GroupName="Num" Content="to 32"
                            IsChecked="True"/>
            <RadioButton Name="Radio48" GroupName="Num" Content="to 48" />
        </StackPanel>
        <Button Name="btnStart" Grid.Row="0" Grid.Column="1" Content="Start"
                Foreground="Green" FontSize="50" Margin="5" Click="btnStart_Click" />
        <StackPanel Grid.Row="0" Grid.Column="2" >
            <CheckBox Name="chkSound" Content="Sound" IsChecked="True"/>
            <CheckBox Name="chkVibrate" Content="Vibrate" IsChecked="True"/>
        </StackPanel>
    </Grid>
    <StackPanel Orientation="Horizontal">
        <TextBlock Name="txtTimer" Text="Time:" FontSize="40" Margin="20" Width="250"/>
        <TextBlock Name="txtNext" Text="Next:" FontSize="40" Foreground="Yellow"
        Margin="20" Width="150" TextAlignment="Right" />
    </StackPanel>
    <Canvas Width="480" Height="480" Name="board" >
        <TextBlock Name="txtOver" Text="Press Start" Canvas.Top="200" Width="480"
                    TextAlignment="Center" FontSize="50" />
```

```
        </Canvas>
    </StackPanel>
================================ CS ========================================
using System.Diagnostics;
using System.Windows.Threading;
using System.IO;
using Microsoft.Xna.Framework;
using Microsoft.Xna.Framework.Audio;
using Microsoft.Phone.Tasks;
using Microsoft.Phone.Marketplace;
using Microsoft.Devices;

namespace TabsTabs
{
    public partial class MainPage : PhoneApplicationPage
    {
        // 최대 페이지수. 경계 점검 생략을 위해 실제 최대 페이지 수보다 충분히 더 크게 설정
        const int MAX = 5;
        const int PAGE = 16;                        // 한 페이지의 버튼 개수
        Button[] arBtn = new Button[PAGE];          // 버튼의 배열
        int Pages = 2;                              // 페이지 수. 최대 4까지 가능
        int[] arOrder = new int[MAX * PAGE + 1];    // 숫자 출현 순서 배열. 첨자 0은 버림
        int nextnum;
        Random rnd = new Random();
        Stopwatch watch = new Stopwatch();
        DispatcherTimer timer = new DispatcherTimer();
        SoundEffect correct, wrong;
        Stack<Button> animStack = new Stack<Button>();
        LicenseInformation lic = new LicenseInformation();
        VibrateController vibrate = VibrateController.Default;

        public MainPage()
        {
            InitializeComponent();

            // 16개의 버튼 생성하여 숨겨둔다.
            for (int y = 0; y < 4; y++)
            {
                for (int x = 0; x < 4; x++)
                {
                    int idx = y * 4 + x;
```

```csharp
            arBtn[idx] = new Button();
            arBtn[idx].Width = 120;
            arBtn[idx].Height = 120;
            Canvas.SetLeft(arBtn[idx], x * 120);
            Canvas.SetTop(arBtn[idx], y * 120);

            arBtn[idx].RenderTransform = new ScaleTransform();
            arBtn[idx].RenderTransformOrigin = new System.Windows.Point
                (0.5, 0.5);
            arBtn[idx].Background = (LinearGradientBrush)Resources
                ["NumBack"];
            arBtn[idx].Foreground = new SolidColorBrush(Colors.LightGray);

            arBtn[idx].Visibility = System.Windows.Visibility.Collapsed;
            arBtn[idx].IsHitTestVisible = false;
            arBtn[idx].FontSize = 40;

            arBtn[idx].Click += OnBtnClick;
            board.Children.Add(arBtn[idx]);
        }
    }

    // 0.1초 단위의 타이머 생성
    timer.Interval = new TimeSpan(0, 0, 0, 0, 100);
    timer.Tick += OnTick;

    // 사운드 파일 읽음
    correct = SoundEffect.FromStream(TitleContainer.OpenStream("correct.wav"));
    wrong = SoundEffect.FromStream(TitleContainer.OpenStream("wrong.wav"));
    FrameworkDispatcher.Update();

    // 밝은 테마이면 다음 숫자의 색상을 빨간색으로 변경한다.
    Visibility dark = (Visibility)Application.Current.Resources
        ["PhoneDarkThemeVisibility"];
    if (dark != Visibility.Visible)
    {
        txtNext.Foreground = new SolidColorBrush(Colors.Red);
    }

    // 라이센스 점검. 평가판이면 소리, 진동을 토글할 수 없음
    if (CheckTrial())
```

```
        {
            chkSound.IsEnabled = false;
            chkVibrate.IsEnabled = false;
        }
        else
        {
            TrialNotice.Visibility = Visibility.Collapsed;
        }
    }

    private void btnStart_Click(object sender, RoutedEventArgs e)
    {
        int idx;
        bool[] used = new bool[MAX * PAGE + 1];

        // 모든 숫자는 미사용, 순서값은 미할당으로 표시. 첨자 0은 버림
        for (idx = 1; idx <= MAX * PAGE; idx++)
        {
            used[idx] = false;
            arOrder[idx] = -1;
        }

        // 선택한 옵션에 따라 페이지 수 결정
        if (Radio32.IsChecked == true) Pages = 2;
        if (Radio48.IsChecked == true) Pages = 3;

        // 숫자 출현 순서를 arOrder에 미리 작성. 페이지 단위로 난수 배치
        for (int p = 0; p < Pages; p++)
        {
            // 페이지별로 1~16, 17~32까지의 수를 무작위 배치
            for (int i = 1; i <= PAGE; i++)
            {
                int num;
                do
                {
                    num = rnd.Next(p * PAGE + 1, p * PAGE + PAGE + 1);
                } while (used[num] == true);
                used[num] = true;

                arOrder[p * PAGE + i] = num;
            }
```

```
        }

        // 첫 페이지의 난수들을 버튼에 채우고 모든 버튼 표시
        for (idx = 0; idx < 16; idx++)
        {
            arBtn[idx].Content = arOrder[idx + 1].ToString();
            arBtn[idx].Visibility = System.Windows.Visibility.Visible;
            arBtn[idx].IsHitTestVisible = true;

            ScaleTransform scale = (ScaleTransform)arBtn[idx].RenderTransform;
            scale.ScaleX = 1;
            scale.ScaleY = 1;
        }

        // 다음 찾을 숫자 1로 초기화
        nextnum = 1;
        txtNext.Text = "Next:" + nextnum.ToString();

        // 시간 초기화. 타이머 시작
        watch.Reset();
        watch.Start();
        timer.Start();
        txtOver.Visibility = System.Windows.Visibility.Collapsed;
    }

    private void OnBtnClick(object sender, RoutedEventArgs e)
    {
        Button btn = sender as Button;
        int num = Int32.Parse((string)btn.Content);

        // 애니메이션 중인 버튼은 클릭해도 반응하지 않는다.
        if (num < nextnum)
        {
            return;
        }

        // 진동 발생
        if (chkVibrate.IsChecked == true)
        {
            vibrate.Start(TimeSpan.FromMilliseconds(50));
        }
```

```csharp
// 다음 찾을 숫자가 아니면 잘못 누른 것이므로 경고음 출력하고 리턴
if (num != nextnum)
{
    ShakeAnim(btn);
    if (chkSound.IsChecked == true)
    {
        wrong.Play();
    }
    return;
}

// 차례에 맞는 숫자를 누른 경우
if (chkSound.IsChecked == true)
{
    correct.Play();
}

// 다음 표시할 숫자의 인덱스. 예를 들어 1을 클릭했을 때 17번째 숫자 표시
int replaceindex = num + PAGE;

// 다음 표시할 숫자. 배열 밖이면 자연스럽게 -1이 대입된다.
int replace = arOrder[replaceindex];

// 숫자 교체. replace가 -1이면 사라지기만 한다.
OutAnim(btn, replace);

// 게임 끝 처리
if (nextnum == Pages * PAGE)
{
    watch.Stop();
    timer.Stop();
    txtOver.Text = "Game Over";
    txtOver.Visibility = System.Windows.Visibility.Visible;
}
else
{
    // 다음 숫자 증가
    nextnum++;
    txtNext.Text = "Next:" + nextnum.ToString();
}
}
```

```csharp
// 경과 시간 표시
void OnTick(object sender, EventArgs args)
{
    txtTimer.Text = String.Format("Time:{0:0}:{1:00}",
        watch.Elapsed.TotalSeconds, watch.Elapsed.Milliseconds / 10);
}

// 숫자 교체 애니메이션. Scale을 점차 줄인다.
void OutAnim(Button btn, int replace)
{
    ScaleTransform scale = (ScaleTransform)btn.RenderTransform;

    DoubleAnimation animX = new DoubleAnimation();
    animX.To = 0;
    animX.Duration = TimeSpan.FromMilliseconds(150);
    Storyboard.SetTarget(animX, scale);
    Storyboard.SetTargetProperty(animX,
        new PropertyPath(ScaleTransform.ScaleXProperty));

    DoubleAnimation animY = new DoubleAnimation();
    animY.To = 0;
    animY.Duration = TimeSpan.FromMilliseconds(150);
    Storyboard.SetTarget(animY, scale);
    Storyboard.SetTargetProperty(animY,
        new PropertyPath(ScaleTransform.ScaleYProperty));

    Storyboard story = new Storyboard();
    story.Children.Add(animX);
    story.Children.Add(animY);

    // 교체할 숫자가 있으면 애니메이션 완료시에 교체
    if (replace != -1)
    {
        btn.Tag = replace;
        animStack.Push(btn);
        story.Completed += OutCompleted;
    }

    story.Begin();
}
```

```
// 새로운 숫자를 표시하고 Scale을 점차 늘린다.
void OutCompleted(object sender, EventArgs e)
{
    Button btn = animStack.Pop();
    btn.Content = btn.Tag.ToString();
    ScaleTransform scale = (ScaleTransform)btn.RenderTransform;

    DoubleAnimation animX = new DoubleAnimation();
    animX.To = 1;
    animX.Duration = TimeSpan.FromMilliseconds(200);
    Storyboard.SetTarget(animX, scale);
    Storyboard.SetTargetProperty(animX,
        new PropertyPath(ScaleTransform.ScaleXProperty));

    DoubleAnimation animY = new DoubleAnimation();
    animY.To = 1;
    animY.Duration = TimeSpan.FromMilliseconds(200);
    Storyboard.SetTarget(animY, scale);
    Storyboard.SetTargetProperty(animY,
        new PropertyPath(ScaleTransform.ScaleYProperty));

    Storyboard story = new Storyboard();
    story.Children.Add(animX);
    story.Children.Add(animY);

    story.Begin();
}

// 틀린 숫자를 눌렀을 때 약간 축소했다가 원위치한다.
void ShakeAnim(Button btn)
{
    ScaleTransform scale = (ScaleTransform)btn.RenderTransform;

    DoubleAnimation animX = new DoubleAnimation();
    animX.From = 1;
    animX.To = 0.8;
    animX.Duration = TimeSpan.FromMilliseconds(50);
    animX.AutoReverse = true;
    Storyboard.SetTarget(animX, scale);
    Storyboard.SetTargetProperty(animX,
        new PropertyPath(ScaleTransform.ScaleXProperty));
```

```
        DoubleAnimation animY = new DoubleAnimation();
        animY.From = 1;
        animY.To = 0.8;
        animY.Duration = TimeSpan.FromMilliseconds(50);
        animY.AutoReverse = true;
        Storyboard.SetTarget(animY, scale);
        Storyboard.SetTargetProperty(animY,
            new PropertyPath(ScaleTransform.ScaleYProperty));

        Storyboard story = new Storyboard();
        story.Children.Add(animX);
        story.Children.Add(animY);

        story.Begin();
    }

    // 평가판인지 조사한다.
    bool CheckTrial()
    {
        /*
        #if DEBUG
        if (MessageBox.Show("평가판으로 테스트할까요?", "질문",
            MessageBoxButton.OKCancel) == MessageBoxResult.OK)
        {
            return true;
        }
        else
        {
            return false;
        }
        #endif
         //*/
        return lic.IsTrial();
    }

    private void btnBye_Click(object sender, RoutedEventArgs e)
    {
        MarketplaceDetailTask market = new MarketplaceDetailTask();
        market.ContentType = MarketplaceContentType.Applications;
        market.ContentIdentifier = null;
        market.Show();
```

```
        }
    }
}
```

이 소스에서 사용된 기법들은 지금까지 모두 실습해 왔던 것들이며 새로운 것은 없다. 여기까지 제대로 공부를 해 왔다면 총 복습한다는 기분으로 이 소스는 스스로 분석 가능해야 한다. 아직도 모르는 부분이 있다면 앞으로 돌아가 복습하고 오기 바란다. 소스에 대한 상세한 설명은 생략하고 어떤 기능들이 추가되었는지만 간략히 요약하기로 한다.

■ 기존 게임은 30까지 숫자가 고정되어 있었지만 페이지 개수를 가변적으로 선택할 수 있도록 하여 난이도 설정이 가능하다. Pages 변수는 게임을 진행할 페이지 수이며 20이면 32까지, 30이면 48까지 게임을 진행한다. 페이지가 여럿이면 숫자의 등장 순서도 신경 써야 한다. 마지막 수인 48이 너무 일찍 나오면 31이 아예 나타나지 않아 게임을 풀 수 없는 경우가 생길 수도 있다. 그래서 게임을 시작할 때 arOrder 배열에 페이지별로 미리 출현 순서를 배치하여 이런 경우가 없도록 하였다. Start 버튼 왼쪽의 라디오 버튼으로 난이도를 조정한다.

■ 버튼을 누를 때 애니메이션 동작을 재생한다. 숫자가 뿅 하고 바뀌거나 사라져 버리면 게임이 진행된다는 느낌이 없어 심심한 감이 있다. 사라지는 숫자는 점점 작아지는 애니메이션을 적용하고 나타나는 숫자는 점점 커지는 애니메이션을 적용하여 활력을 불어넣었다. 다른 숫자로 대체될 때는 애니메이션 완료 이벤트를 활용하여 축소, 확대를 연속으로 수행한다. 틀린 숫자를 누르면 버튼이 약간 작아졌다가 다시 원상태로 복귀하는 애니메이션을 재생하여 틀렸음을 분명히 표시한다.

■ 게임에 사용되는 메시지를 모두 영문으로 바꾸었다. 마켓 플레이스는 전 세계를 대상으로 하므로 범용적인 언어를 사용하는 것이 유리하다. 한국 사람은 영어를 읽을 수 있지만 미국 사람은 한글을 모르기 때문이다. 원론적인 해법은 장비의 언어 설정에 따라 메시지의 언어를 동적으로 결정하는 것이지만 실습 예제에 이런 국제화 기능을 넣기는 쉽지 않다. 언어별로 리소스 DLL을 따로 작성해야 하는데 VSE로는 이 작업을 할 수 없어 별도의 컴파일러를 설치해야 하기 때문이다.

■ 버튼을 클릭할 때의 손맛을 위해 진동 기능을 넣었다. 진동은 버튼을 확실히 눌렀다는 것을 사용자에게 분명히 전달하는 효과가 있고 피부로 박진감을 느낄 수 있어 게임의 재미를 향상시킨다. Start 버튼 오른쪽에는 소리, 진동 여부를 선택하는 옵션을 배치하여 공공장소에서도 조용히 게임을 즐길 수 있도록 하였다. 코드에서 체크 박스의 상태를 실시간으로 점검하므로 이 옵션은 게임 진행 중이라도 언제든지 변경할 수 있다.

■ 버튼에 파란색의 그래디언트 브러시를 적용하여 다소간의 장식을 해 보았다. 게임 화면이 전체적으로 흑백이라 초라한 감이 있는데 파란색이 들어가니 조금 더 예뻐 보인다. 게임 전체의 배경이나 Start 버튼도 멋지게 장식할 수 있지만 너무 요란스러우면 괜히 촌스러워 보일 것 같고 또 차후 전문 디자이너의 조언을 받는 게 좋을 것 같아 그대로 두었다. 화면 상단에는 간략한 게임 방법을 설명하는 문구를 넣었다.

이 외에도 몇 가지 잔손질이 더 들어갔다. 평가판 기능이 추가되었는데 이 기능은 복잡하므로 다음 항에서 따로 설명하기로 한다. 마켓 플레이스에 발표할 앱이므로 아이콘과 배경 이미지를 새로 디자인했다. 타일에 배치될 아이콘이므로 바깥쪽을 투명하게 처리했다.

판매를 위한 앱이므로 프로젝트의 버전과 속성 정보도 제대로 기입해야 한다. 프로젝트 속성 창에서 Assembly Information 버튼을 눌러 다음 정보를 입력한다. 프로젝트에 대한 간략한 설명과 버전, 제작자 정보 등을 기입했다.

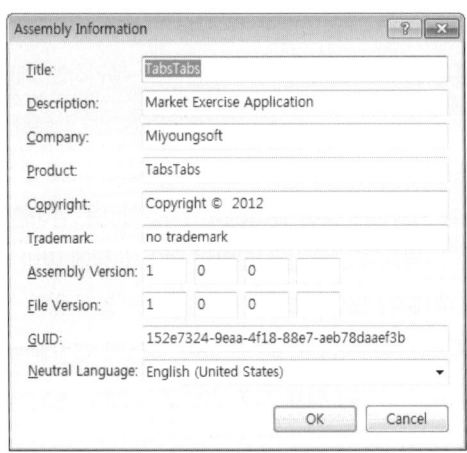

처음 발표하는 앱이므로 버전은 1.0이다. 차후 기능을 추가하거나 버그 수정을 위해 업데이트를 발표하면 이전 버전과의 구분을 위해 버전 번호를 조금씩 올릴 것이다. 실행 모습은 다음과 같다.

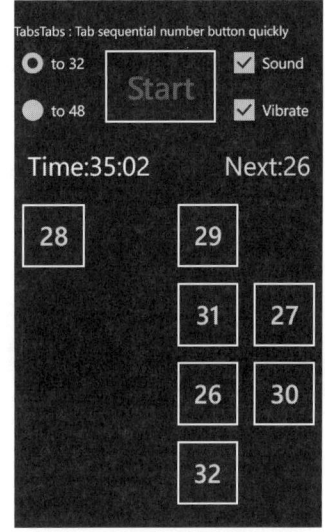

에뮬레이터에서도 잘 실행되지만 진동 기능을 테스트해 보려면 실장비에 올려 봐야 한다. 또 게임의 규칙상 양손으로 버튼을 빨리 눌러야 하므로 에뮬레이터에서 마우스로 게임을 해서는 재미를 느끼기 어렵다. 5장에서 만든 TabTabTab 예제에 비해서는 기능이나 모양이 많이 다듬어 졌다. 그러나 마켓 플레이스에 상용으로 판매하기에는 아직도 한참 부족하고 초라하다. 애니메이션을 더 보강하고 여러 가지 옵션들을 더 넣어 개선할 여지가 많다.

23-2-2 평가판

앱의 가격은 목표가 무엇인가에 따라 개발자가 자유롭게 결정할 수 있다. 공익적인 앱이라든가 취미 생활로 만든 앱의 경우는 가급적 많은 사람이 다운로드받는 것이 좋으며 이런 경우는 무료로 배포한다. 수입이 목적인 경우는 유료로 하되 예상 판매량에 따라 가격을 잘 결정해야 한다. 2$짜리를 100개 파는 것보다 1$짜리를 1,000개 파는 것이 훨씬 더 이득이다. 개발자는 가급적 많은 사람이 자신의 앱을 사용하고 또 짭짤한 수입도 바라지만 두 가지를 만족시키는 적정한 가격을 결정하는 것은 참 어려운 일이다.

사용자 입장에서도 무료는 일반적으로 기능이 부족한 경우가 많고 유료로 구입해도 만족스럽지 못해 실망하는 경우가 많다. 그래서 정식 버전외에도 체험판이나 기능 제약이 있는 Lite 버전을 따로 배포하는 작전을 흔히 사용한다. 무료로 쓰고 싶은 사람은 Lite 버전을 쓰고 마음에 들면 정식 버전을 구입하면 되므로 양쪽으로 모두 이익이다. 그러나 두 버전을 관리하는 것은 사용자 입장에서나 개발자 입장에서나 모두 번거로운 것이 사실이다.

마켓 플레이스는 이 문제에 대해 평가판(Trial Version)이라는 명쾌한 해법을 제시한다. 한 실행 파일 안에 평가판과 정식 버전을 모두 작성해 넣을 수 있다. 개발자는 두 버전을 따로 관리할 필요가 없으며 사용자는 평가판을 우선 받아보고 마음에 들면 정식 라이센스만 다시 구입하면 된다. 평가판인지 아닌지는 구입시의 라이센스에 의해 결정되는데 코드에서는 다음 메서드 호출 하나로 평가판 여부를 쉽게 판별할 수 있다.

```
LicenseInformation.IsTrial()
```

이 메서드는 사용자가 평가판으로 앱을 설치했으면 true를 리턴하고 유료로 결제했으면 false를 리턴한다. 코드에서는 이 메서드의 리턴값을 보고 특정 기능에 적절한 제약을 가해 정식판과 차별을 둔다. 평가판은 앱의 모든 기능을 드러내야 하므로 너무 심한 제약을 두는 것은 바람직하지 않으며 또 너무 제약이 작으면 정식 버전이 팔리지 않는다. 기능 전체를 두루 경험해 볼 수 있도록 하되 고급 기능 일부를 제약하여 약간 아쉬움을 남기는 정도가 가장 바람직하다.

TabsTabs 앱은 평가판인 경우 소리와 진동 기능을 토글하는 체크 박스를 사용 금지시키는 제약을 둔다. 생성자에서 평가판 여부를 점검하여 두 컨트롤의 사용 가능성을 조정하였다. 평가판인 경우는 무조건 소리가 남으로써 도서관이나 조용한 곳에서는 게임을 하기 어렵게 만드는 것이다. 또 평가판인 경우 상단의 텍스트 블록에 공짜 손님이라는 안내 메시지를 띄우고 정식판을 구입할 수 있는 링크를 제공한다.

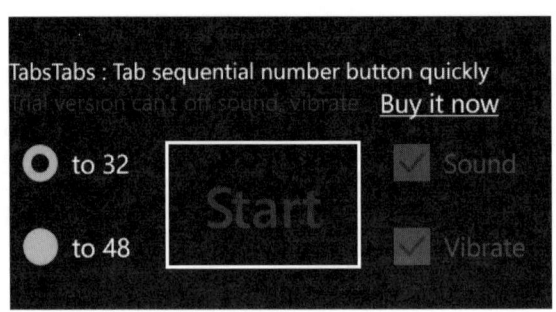

이 링크를 누르면 마켓 플레이스로 즉시 이동하여 결제를 하고 당장 정식판을 구입할 수 있다. 결제 수단이 앱 내에 존재해야 유료 결제를 유도하기 쉬우며 그래야 가급적 많은 사람이 정식

버전을 구매할 것이다. 메시지 박스를 열어 평가판임을 알리고 좀 더 귀찮게 만들면 구매율이 더 높아지겠지만 이런 초라한 앱이 그렇게까지 하면 버림받을 것 같아 최대한 사용자를 괴롭히지 않는 방법을 선택했다.

기능 제약을 두는 대신 광고를 보여주는 것도 좋은 방법이다. 사용자는 앱의 모든 기능을 다 활용할 수 있고 개발자는 광고 수입을 통해 개발비를 회수할 수 있어 이 방법도 요즘 많이 시도되고 있다. 그러나 광고는 화면의 일부를 차지해 게임 몰입도를 떨어뜨리고 주기적으로 광고를 바꾸기도 하므로 흐름을 끊어 놓는 부정적인 면도 있다. 평가판 여부를 판별하는 CheckTrial 메서드는 다음과 같이 작성되어 있다.

```
bool CheckTrial()
{
    /*
    #if DEBUG
    if (MessageBox.Show("평가판으로 테스트할까요?", "질문", MessageBoxButton.OKCancel)
        == MessageBoxResult.OK)
    {
        return true;
    }
    else
    {
        return false;
    }
    #endif
    //*/
    return lic.IsTrial();
}
```

IsTrial 메서드의 리턴값만으로 평가판 여부를 판별할 수 있으므로 사실 군이 이 메서드를 따로 만들 필요가 없다. 그러나 라이센스 점검은 마켓에서 실제 내려받은 앱에 대해서만 평가할 수 있으므로 개발 중에는 평가판의 코드를 점검하기 어렵다는 개발상의 문제가 있다. 그래서 디버그 버전인 경우에 한해 메시지 박스로 개발자에게 평가판으로 테스트할 것인지를 묻는 코드를 작성해 두었다.

개발자는 실행 직후에 이 질문에 답하여 정식판인 경우와 평가판인 경우를 모두 테스트할 수 있다. 그러나 실행할 때마다 매번 메시지 박스의 버튼을 누르는 것도 귀찮은 일이라 일단은 주석 처리해 두었다. 마켓에서 받은 앱이 아닌 경우 IsTrial은 false를 리턴한다. 평가판으로 테스트를 하려면 이 메서드에서 true를 리턴하도록 하드 코딩하거나 메시지 박스 주석문을 풀어둔 채로 테스트하면 된다.

23-2-3 테스트 키트

마켓 플레이스의 요구 사항은 굉장히 복잡하다. 실행 파일이 너무 커서는 안 되며 실행 중에 에러가 발생해서도 안 된다. 보안상의 문제점이 있다거나 사용자의 폰에 나쁜 영향을 끼치는 앱은 당연히 거절당한다. 사회 통념의 미풍양속을 해치는 내용이 있다거나 저작권법을 위반한 앱도 등록되지 않는다. 함량 미달의 앱이나 성인물, 폭력물 같은 앱을 아무 제약 없이 등록하도록 내버려 둘 수는 없다.

세심하게 테스트를 했더라도 막상 제출하면 미처 생각하지 못했던 이유로 거절당할 수 있다. 이 경우 문제점을 해결해서 다시 제출해야 하는데 매 테스트마다 상당한 시간이 소모된다. 제출하기 전에 미리 문제점을 알 수 있다면 등록 시간을 절약할 수 있을 것이다. 이런 목적으로 비주얼 스튜디오는 테스트 키트를 제공한다. 테스트 키트는 마켓 플레이스가 요구하는 요건을 충족하는지 기본적인 테스트를 오프라인에서 수행하는 도구이다.

앱 제출은 릴리즈 버전을 대상으로 하므로 테스트 키트로 점검할 때도 릴리즈 버전으로 미리 컴파일해 두어야 한다. 비주얼 스튜디오의 디폴트 설정은 디버그 버전만 선택할 수 있으며 Tools/Settings 메뉴에서 Expert Settings로 바꾸어야 릴리즈 모드로 컴파일할 수 있다. 릴리즈 파일을 준비해 두고 Project/Open Marketplace Test Kit 항목을 선택한다. 아래쪽에 다음과 같은 노란 알림 메시지가 나타날 경우 Update 버튼을 누른 후 다시 실행한다. 마켓의 정책이 수시로 바뀌므로 테스트 키트도 최신 버전으로 업데이트한 후 테스트를 수행해야 한다.

Marketplace test cases have been updated. Would you like to install the updated test cases?   Update

테스트 키트는 여러 개의 탭으로 구성되어 있다. Application Details는 테스트할 XAP 파일과 마켓에 제출할 이미지 파일을 지정한다. XAP 파일은 기본적으로 Release 폴더의 경로가 지정되어 있다. 화면상의 안내에 따라 아이콘, 타일, 마켓에 올릴 타일, 스크린 샷 등의 이미지를 준비하고 경로를 지정한다. 스크린 샷은 에뮬레이터의 도구로 캡처한다.

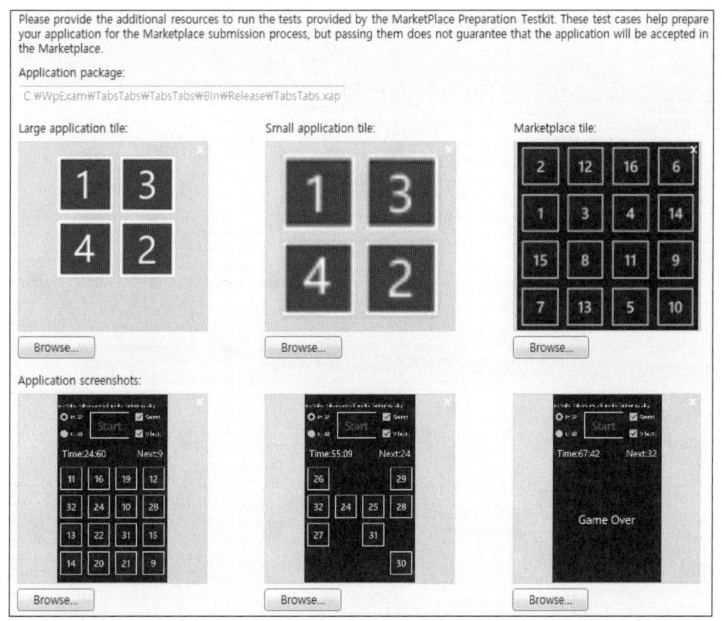

Automated Tests는 실행 파일의 크기, 이미지 파일의 크기, 능력치 사용 여부 등을 자동으로 점검한다. Failed가 발생하면 안내에 따라 적절한 조치를 취한다.

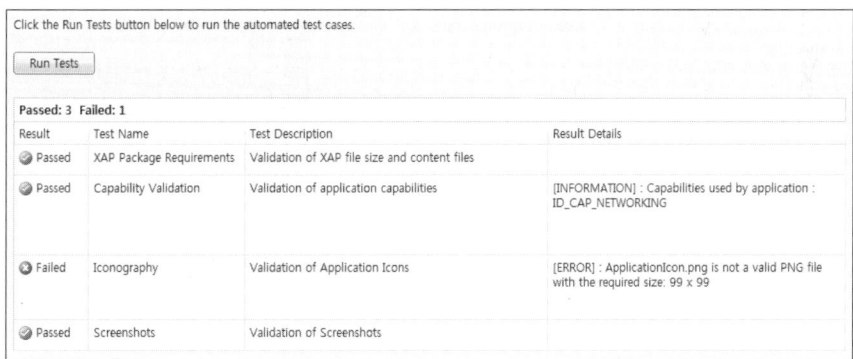

Monitored Tests는 실제 앱을 실행해 보고 성능이나 기타 동작상의 문제점을 점검한다. 에뮬레이터로는 성능을 정확하게 테스트하기 어려우므로 반드시 실 장비가 연결되어 있어야 한다. Start 버튼을 누르고 앱의 각 기능을 골고루 사용해 본 후 종료하면 보고서가 출력된다. 앱 기동 시간과 메모리 사용량, 예외 발생 여부, 정상 종료 여부 등을 점검해 준다. 만약 여기서 이상이 생기면 에러를 반드시 수정해야 한다.

Start Application		**Close Application**	

Passed: 4 Failed: 0 Not Analyzed: 0

Result	Test Name	Test Description	Result Details
✅ Passed	Launch time	Validation of application launch time.	[INFORMATION] : Application took 2.3 seconds to launch.
✅ Passed	Peak memory consumption	Validation of application peak memory consumption	[INFORMATION] : The peak memory used by the application is 17.61 MB.
✅ Passed	Application closure	Validation of all exceptions being handled and application not closing unexpectedly.	[INFORMATION] : No unhandled exception was encountered. If an exception occurs and is handled, make sure that your application shows a user-friendly message and remains responsive.
✅ Passed	Use of Back Button	Validation of proper behavior when pressing the Back button.	

Manual Tests는 수작업으로 직접 테스트해야 하는 항목들을 도표 형태로 정리한 일종의 체크
리스트이다. 이 도표를 참조하여 여러 장비를 지원하는지, 반응성이 충분히 빠른지 등을 직접
점검하면 된다.

Below are the list of manual testcases. Follow the instructions below to execute the testcases before submitting the app to marketplace.

Passed : 0 Failed : 0 Pending : 50

Result	Test Name	Test Description
ℹ️ Pending	Applicable Application Tile Images	• View the Application list. • Verify that the small mobile app tile image is representative of the application. • From the Application list, tap and hold the small mobile app tile of your application and select 'pin to start'. • Verify that the large mobile tile image on the Start screen is representative of the application. More info...
ℹ️ Pending	Multiple Devices Support	• Install your application on two or more Windows Phone devices. • Verify that the application can install and uninstall without error. • After testing the above, ensure your application is installed, and launch it. • Comprehensively test application functionality and features to verify that there are no device-specific issues. • Verify that the application does not cause the device to stop responding or crash. More info...
ℹ️ Pending	Application Closure	• Launch your application. • Navigate throughout the application, and then close the application. • Verify that unexpected behavior does not occur during the closing process. • Verify that the application remains responsive to user input and user interaction following an application error. More info...

테스트 키트의 모든 항목을 통과하면 최소한의 기본 요건은 갖추었다고 볼 수 있다. 물론
테스트 키트가 완벽하지는 않으므로 이 테스트를 통과했더라도 실제 마켓에서 다양한 이유로
거절당할 수도 있다.

23-2-4 제품 등록

비록 공을 많이 들이지는 않았지만 어쨌든 그럴듯한 게임 하나가 만들어졌고 테스트도 수행했다. 이제 앱을 마켓 플레이스에 제출해 보자. 앱 허브에 로그인하고 대시보드 오른쪽의 새 앱 제출 버튼을 클릭한다.

잠시 기다리면 양식이 나타나며 여러 페이지로 구성된 앱 등록 단계가 시작된다. 각 단계에서 앱에 대한 정보를 입력한다. 첫 번째 페이지는 앱에 대한 기본 정보와 xap 파일을 입력한다. 이름은 TabsTabs로 지정하고 릴리즈로 컴파일해둔 xap 파일의 경로를 지정한다. 첫 릴리즈이므로 버전은 1.0이다. 서명은 제출 후 자동으로 수행되므로 따로 하지 않아도 상관없다. 다 입력했으면 아래쪽의 다음 버튼을 눌러 다음 단계로 진행한다.

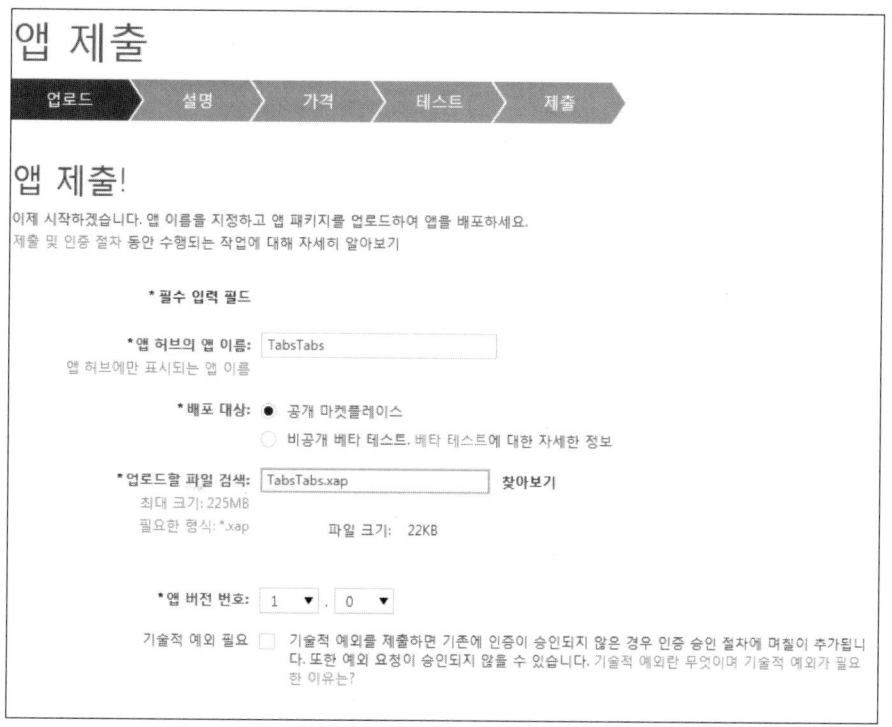

설명 페이지는 앱에 대한 설명, 키워드, 아트워크 등을 제공한다. 여기서 입력한 정보가 제품 상세 페이지에 나타날 것이다. 캡처 화면이나 아이콘 등도 정성스럽게 잘 디자인해야 한다. 전 세계를 대상으로 배포할 것이므로 설명은 영문으로 작성했으며 게임 실행 화면 캡처는 3장 정도를 준비했다. 캡처는 최대 8장까지 게시할 수 있으며 폰 테두리는 제외한 화면 이미지만 올려야 한다. 이미지 파일을 적당한 곳에 준비해 두고 아트워크의 + 버튼을 눌러 경로를 가르쳐 주면 된다.

다음은 가격을 설정한다. 최소 가격은 0.99$이며 이를 원화로 환산하면 1,200원 정도이다. 많이 팔릴 것 같지 않으므로 하나라도 더 팔기 위해 가급적 싸게 책정했다. 사실 이 정도 게임은 무료로 배포해도 전혀 아깝지 않지만 지금은 실습 중이므로 유료로 올린 것이다. 평가판 기능이 내부에 있으므로 평가판 다운로드를 허용하여 누구나 부담 없이 받을 수 있도록 했다. 딱히 언어를 가리는 앱이 아니므로 배포 지역은 전 세계로 선택했다.

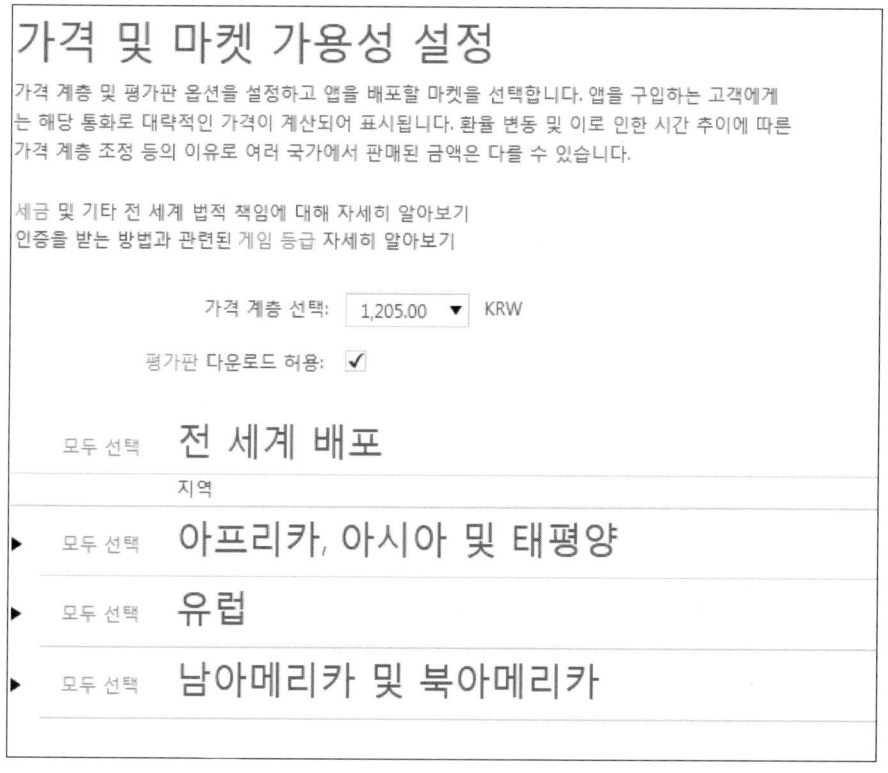

다음 단계는 테스트 실무자에게 전달할 지침을 간단하게 입력한다. 잘 봐 달라고 써 놓고 싶은데 영어가 짧아 그냥 한 판 해 보라고 써 났다. 게시 옵션은 인증 후에 어떻게 할 것인가를 지정한다. 인증되면 별도의 조치를 하지 않아도 바로 게시하도록 선택했는데 인증 완료 후 수동으로 직접 게시할 수도 있다.

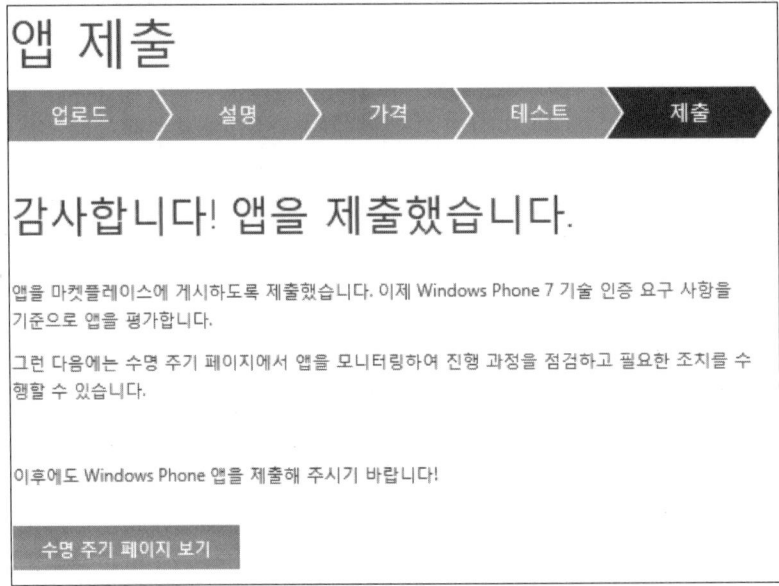

앱 테스트 및 인증
선택 사항으로 테스트 지침을 입력하고 게시 옵션을 선택하세요.

* 필수 입력 필드

테스트 노트 또는 지침: `just play one game.`

*게시 옵션: 앱을 게시할 방법과 시기를 선택하세요. 게시 옵션에 대해 자세히 알아보기

`인증되는 즉시` ▼

여기까지 진행하면 제출이 완료된다. 아래쪽의 제출 버튼을 누르면 앱이 제출되었다는 보고서가 나타나며 앱은 인증 대기 상태가 된다. 대시보드에는 앱의 현재 상태가 표시되며 이를 통해 인증 진행 상태를 언제든지 확인할 수 있다.

앱 제출

업로드 〉 설명 〉 가격 〉 테스트 〉 **제출**

감사합니다! 앱을 제출했습니다.

앱을 마켓플레이스에 게시하도록 제출했습니다. 이제 Windows Phone 7 기술 인증 요구 사항을 기준으로 앱을 평가합니다.

그런 다음에는 수명 주기 페이지에서 앱을 모니터링하여 진행 과정을 점검하고 필요한 조치를 수행할 수 있습니다.

이후에도 Windows Phone 앱을 제출해 주시기 바랍니다!

`수명 주기 페이지 보기`

제출만 되었고 아직 인증을 통과하지 않았으므로 당분간은 마켓 플레이스에 보이지 않는다. 인증 완료까지는 짧게는 3일 정도, 길게는 일주일 정도가 소요된다. 만약 문제가 있으면 조치를

하라는 메시지가 날아오고 문제가 없으면 마켓에 등록된다. 이 예제의 경우 메인 아이콘에 약간의 문제가 있는 채로 제출했지만 다행히 등록이 완료되었다. 아직은 질보다는 양을 늘려야 하는 상황이라 대충 그냥 봐 준 것 같다.

마켓 플레이스에 등록되면 검색도 되고 누구라도 자신의 장비에 게임을 내려받을 수 있다. 최초 며칠간은 별 반응이 없다가 일주일 후에 2카피가 팔렸고 또 일주일 후에 7카피가 팔렸다. 전부 평가판만 받은 공짜 손님들이고 유료 결제를 한 사람은 없다. 그 후에도 계속 살펴보고는 있지만 게임이 워낙 초라해서 그런지 판매량이 쑥쑥 늘지는 않는다. 타 운영체제의 마켓에 비해서는 아직 사용자가 많지 않아 다운로드수도 급격하게 늘지는 않는 것 같다.